Die wissenschaftlichen Grundlagen der Elektrotechnik

Von

Prof. Dr. **Gustav Benischke**

Sechste, vermehrte Auflage

Mit 633 Abbildungen im Text

Berlin
Verlag von Julius Springer
1922

ISBN-13:978-3-642-89531-9 e-ISBN-13:978-3-642-91387-7
DOI: 10.1007/978-3-642-91387-7

Softcover reprint of the hardcover 6th edition 1922

Aus dem Vorwort zur 3. Auflage.

Bei der Behandlung der Wechselströme habe ich auch in dieser Auflage nicht die symbolische, sondern die natürliche Rechnungsweise angewendet. Da aber jener Methode Vorzüge zugeschrieben werden, habe ich den Versuch gemacht und einen Teil dieses Buches in die symbolische Methode umgeschrieben. Dabei habe ich mich von neuem überzeugt, daß die angeblichen Vorzüge nicht vorhanden sind, wohl aber ein erheblicher Nachteil. Es wird behauptet, die symbolische Methode sei kürzer. Das Gegenteil ist der Fall. Sie scheint nur kürzer, wenn man darauf verzichtet, die Formeln vom Anfang an bis zur gebrauchsfertigen Form zu entwickeln. Da heißt es z. B. „Der Widerstandsoperator ist . . . .“, und nun wird einfach das von mir an anderer Stelle auf natürlichem Rechnungsweg gefundene Ergebnis über die Wirkungsweise des unvollkommenen Kondensators hingeschrieben. Die Schlußformel wird dann entweder in symbolischer, für die Zahlenausrechnung unbrauchbarer Form belassen, oder es wird unter Weglassung der langen Zwischenrechnung das reelle Endergebnis einfach hingeschrieben. Daß die Rechnung bis zur gebrauchsfertigen Formel langwierig ist, wird wohl nicht mehr bestritten werden können, nachdem schon eine Rechnungstafel erschienen ist, die die Ausrechnung der komplexen Formeln erleichtern soll. Dazu kommt, daß man sich besondere Rechnungsregeln einüben muß. Fast in allen Büchern, die die symbolische Methode anwenden, wird es für notwendig gehalten, ein besonderes Kapitel über die Rechnungsweise einzuschalten. Mit der Kürze ist es also nichts. Ein anderer angeblicher Vorteil soll darin bestehen, daß man die Gleichungen in effektiven Werten anschreiben kann. Sehen wir zu, was es mit diesem Vorteil für eine Bewandtnis hat. Ich entnehme folgende Grundgleichung des allgemeinen Transformators einem neueren Buche:

$$\dot{K}_1 = w_1 \dot{J}_{1g} + \dot{E}_{1s}.$$

Das sind effektive Werte. Wer diese aber entsprechend dem $+$Zeichen addieren würde, würde ein falsches Ergebnis erhalten. Und damit man die angezeigte Addition auch gewiß nicht ausführt, muß ein Warnungszeichen in Form eines Punktes über die Buchstaben oder durch besondere Typen errichtet werden. Diese Unterscheidung ist besonders beim Schreiben auf der Tafel lästig. Nun stelle ich dieser symbolischen, in Wirklichkeit falschen Gleichung die gegenüber, die in § 147 dieses Buches auf natürlichem Wege für die Augenblickswerte entwickelt ist:

$$k_1 = w_1 i_1 + L_{1s} \frac{di_1}{dt} + L_{1f} \frac{di_1}{dt} + M \frac{di_2}{dt} = w_1 i_1 + e_{1s} + e_{1\delta}.$$

Diese Gleichung ist streng richtig und bedeutet eine wirkliche Addition. Außerdem hat diese Gleichung einen physikalischen Inhalt, denn die Differentialquotienten sagen, welche Phase jedes Glied hat. In der symbolischen Schreibweise wird die Phase dadurch zum Ausdruck gebracht, daß man $\sqrt{-1}$ hinzufügt. Die symbolische Gleichung lehrt dieses Phasenverhältnis aber nicht, sondern man hat es ihr beigelegt, weil man es von den natürlichen Gleichungen her weiß. Daß die Ausrechnung der effektiven Werte bis zur brauchbaren Form nicht die geringsten Schwierigkeiten bereitet, ist aus §§ 133, 142, 149, 151, 152, 154, 174, 184, 186, 201 dieses Buches zu ersehen.

Daß in der symbolischen Schreibweise die graphische Darstellung enthalten sei, in der natürlichen Schreibweise aber nicht, ist unrichtig, denn auch die letztere Gleichung besagt durch die Differentialquotienten ohne weiteres, daß das zweite Glied auf der rechten Seite ein Spannungsvektor ist, der im positiven Sinne senkrecht auf dem Vektor des primären Stromes steht usw. bei den anderen Gliedern. Wie groß der effektive Wert jedes Gliedes in Abhängigkeit von der Stromstärke oder von der Kraftlinienmenge ist, ist aus dem Grundgesetz des einfachen Stromkreises bekannt. Die symbolische Methode weiß es auch nur von dort her.

Der Hauptgrund, warum ich die symbolische Methode ablehne, ist ihre physikalische Undurchsichtigkeit. Wer nicht nur formalistisch rechnen, sondern die Rechnungen mit physikalischen Vorstellungen begleiten will — und das ist unbedingt nötig, wenn man neue Erkenntnisse zutage fördern will — muß die natürliche Rechnungsweise anwenden. Wer meine Darstellung des allgemeinen Transformatorproblems, ausgehend vom Grundgesetz der Induktion bis zum Leerlauf und Kurzschluß und bis zur Ermittelung des Streufaktors mit einer symbolischen Darstellung desselben Themas vergleicht, wird sich davon überzeugen. Es gibt allerdings schon Bücher, wo die von mir auf natürliche Rechnungsart erhaltenen neuen Ergebnisse in symbolische Form umgesetzt sind. Gesagt wird das nicht, aber die Tatsache besteht, daß diese Ergebnisse in vorher erschienenen Büchern nicht enthalten sind. Sehr deutlich tritt die physikalische Überlegenheit der natürlichen Rechnungsart über die symbolische auch in dem Problem der Wechselstromfernleitungen zutage. In dem Buche von C. Breitfeld, wo beide Darstellungen enthalten sind, kann es jeder sehen. Die natürliche Darstellung zeigt die hin- und rücklaufenden Wellen der Spannung, des Stromes, des Spannungsabfalles usw.; die symbolische Darstellung nicht.

Über das elektrotechnische Kauderwelsch (Resistanz, Konduktanz, Reaktanz, Induktanz, Impedanz, Admitanz, Suszeptanz, Reluktanz, Kondensanz, Restriktanz, Koaktanz, Retardanz usw.) brauche ich in dieser Auflage nichts mehr zu sagen, es ist nun auch schon vom Ausschuß für Einheiten und Formelgrößen abgelehnt worden.

Schließlich möchte ich noch begründen, warum ich in diesem Buche nicht „Dielektrikum", sondern „Dielektrik" schreibe. In früheren Zeiten, wo das Sprachgefühl noch nicht so abgestumpft war, sagte man einfach Technik statt Technikum, Plastik statt Plastika usw. Jetzt wird das Wort Dielektrikum, dessen lateinische Endung der Wortbiegung im Deutschen durchaus widersteht, in den unmöglichsten Formen angewendet. Folgende Wendungen habe ich gefunden: „In den Dielektrikas, welche ....", oder „in den Dielektrizis ....", oder „in den Dielektrikums ....", oder „Kraftwirkung in den flüssigen Dielektrika". Das wollte ich nicht mitmachen und schrieb daher: Das Dielektrik, des Dielektriks, im Dielektrik, die Dielektriken, in den Dielektriken usw.

Vorwort zur 6. Auflage.

Trotz der durch steigende Unkosten gebotenen Beschränkung wurden doch zahlreiche Zusätze insbesondere in den Kapiteln über nicht stationäre Stromzustände, über den Durchgang der Elektrizität durch Nichtleiter und über die Meßtechnik eingefügt, um den Fortschritten Rechnung zu tragen, so daß sich eine Vermehrung der Seiten um 42 und der Abbildungen um 38 ergeben hat.

Berlin-Zehlendorf, im Juli 1922.

Dr. G. Benischke.

Inhaltsverzeichnis.

Erstes Kapitel.

Allgemeine Grundgesetze über Magnetismus und Elektrizität.

Zweites Kapitel.

Grundgesetze der Elektrostatik.

Drittes Kapitel.

Grundgesetze der strömenden Elektrizität.

Viertes Kapitel.

Die elektrolytischen Vorgänge.

Fünftes Kapitel.

Magnetische Wirkungen des Stromes.

Sechstes Kapitel.

Magnetische Induktion.

Siebentes Kapitel.

Elektrodynamik.

Achtes Kapitel.

Elektrische Induktion.

Neuntes Kapitel.

Der einfache Wechselstrom.

Zehntes Kapitel.

Gegenseitige Induktion.

Elftes Kapitel.

Die Kapazitätserscheinungen.

Zwölftes Kapitel.

Nichtstationäre Stromzustände.

Dreizehntes Kapitel.

Zusammengesetzte Wellenformen.

Vierzehntes Kapitel.

Die mehrphasigen Wechselströme.

Fünfzehntes Kapitel.

Der Durchgang der Elektrizität durch Nichtleiter.

Sechzehntes Kapitel.

Die Grundlagen der Meßtechnik.

Strom- und Spannungsmessung.

Seite

Leistungsmessung.

Widerstandsmessungen.

Die Messung der charakteristischen Wechselstromgrößen.

Magnetische Messungen.

Siebzehntes Kapitel.

Das absolute und praktische Maßsystem.

Verzeichnis der Zahlentafeln und Schaulinien.

Zusammenstellung der wichtigsten Bezeichnungen.

a, A = Arbeit.
a = senkrechter Abstand.
a = Atomgewicht.
α = Spezifischer elektrischer Widerstand (S. 68).
$\mathfrak{B}$ = Kraftliniendichte (S. 42).
β = Wirbelstromkoeffizient (S. 282).
C = Kapazität (S. 31).
c = Proportionalitätsfaktor.
D = Drehmoment.
D = Spannungsänderung (S. 278).
D = Durchgriff (bei Glühkathodenröhren S. 535).
δ = Streufaktor nach Behn-Eschenburg (S. 267).
e = Elektromotorische Kraft, Augenblickswert (S. 217).
E = „ „ effektiver Wert (S. 222).
$\mathfrak{E}$ = „ „ Scheitelwert (S. 217).
E_{mi} = „ „ arithmetischer Mittelwert (S. 220).
ε = Elektrisierungszahl (S. 56).
ε = Ladung eines Elektrons (S. 507).
η = Hysteresekoeffizient (S. 284).
$\mathfrak{f}$ = Magnetomotorische Kraft, Augenblickswert (S. 168).
$\mathfrak{F}$ = „ „ Scheitelwert.
f, F = Kraft.
f = Formfaktor (S. 468).
f_1, f_2 = Wicklungsfaktoren (S. 254).
γ = Temperaturkoeffizient.
$\mathfrak{H}$ = Feldstärke, Potentialgefälle, elektrisierende Kraft, magnetisierende Kraft (S. 3, 9, 16, 42, 139).
i = Stromstärke, Augenblickswert.
J = „ effektiver Wert.
$\mathfrak{J}$ = „ Scheitelwert.
J_{mi} = „ arithmetischer Mittelwert.
i_0, J_0 = Leerlaufstrom.
i_m, J_m = reiner Magnetisierungsstrom.
i_μ, J_μ = Magnetisierungsstrom mit Hysterese.
k = Klemmenspannung, Augenblickswert (S. 73).
K = „ effektiver Wert.
$\mathfrak{K}$ = „ Scheitelwert.
$\varkappa$ = magnetisches Aufnahmevermögen (S. 138).
$\varkappa$ = Kupplungsfaktor (S. 266).

l = Länge.
L = Koeffizient der Selbstinduktion (S. 199, 223).
λ = Koeffizient der äquivalenten Selbstinduktion (S. 272).
m = magnetische und elektrische Masse (Polstärke).
$\mathfrak{M}$ = magnetisches Moment (S. 12).
M = Koeffizient der gegenseitigen Induktion (S. 196, 257).
μ = magnetische Durchlässigkeit (S. 138).
μ = Masse eines Elektrons (S. 507).
n = Windungszahl einer Längeneinheit.
N = Windungszahl, gesamt.
ν = Schwingungszahl, Periodenzahl (S. 217).
p, P = Leistung.
q, Q, $\mathfrak{Q}$ = Elektrizitätsmenge.
r = Radius.
ϱ = äquivalenter Widerstand (S. 272).
S = Fläche, Querschnitt.
S = Steilheit (bei Glühkathodenröhren S. 537).
σ = Flächendichte, elektrische oder magnetische (S. 14).
σ = Scheitelfaktor (S. 468).
t = Zeit.
T = Trägheit.
τ = Streufaktor nach Heyland (S. 179, 267).
ϑ = Dielektrizitätskonstante (S. 41).
U = Potential (S. 15).
$ü$ = Übersetzungsverhältnis (S. 255).
v = Streufaktor nach Hopkinson (S. 179, 268).
v = Rauminhalt.
V = Verlust an elektrischer Leistung.
w, W = elektrischer Widerstand (S. 67).
$\mathfrak{w}$, $\mathfrak{W}$ = magnetischer Widerstand (S. 168).
$\mathfrak{z}$ = Kraftlinienmenge, Augenblickswert.
$\mathfrak{Z}$ = „ Scheitelwert.
ω = Wechselgeschwindigkeit $= 2\pi\nu$ (S. 217).
ω = Gesichtswinkel (S. 14).

Erstes Kapitel.

Allgemeine Grundgesetze über Magnetismus und Elektrizität.

1. Grundanschauungen über Magnetismus und Elektrizität.

Magnetismus und Elektrizität sind uns ihrem eigentlichen Wesen nach unbekannt, und zwar auch dann noch, wenn wir sie als schwingende Bewegungen des sogenannten Äthers betrachten, oder gemäß den ältesten und jüngsten Hypothesen als einen wirklichen Stoff mit Gleichgewichts- und Bewegungszuständen. Bekannt sind und werden uns nur die Wirkungen des Magnetismus und der Elektrizität, und nur diese können wir durch Versuche verfolgen und rechnerisch bestimmen.

Da wir wissen, daß sowohl Magnetismus als auch Elektrizität in zwei derartig verschiedenen Zuständen auftreten, daß sie sich gegenseitig in ihren Wirkungen aufheben, so erklären wir sie uns durch die Annahme eines positiven und eines negativen Stoffes oder Fluidums; und je nachdem das eine oder das andere auf einem Körper im Überschuß vorhanden ist, nennen wir ihn positiv oder negativ magnetisch bzw. elektrisch.

Weiterhin zeigt sich aber schon ein Unterschied zwischen Magnetismus und Elektrizität. Denn während ein elektrisierter Körper in seiner ganzen Ausdehnung ausschließlich positiv oder ausschließlich negativ elektrisch sein kann, enthält ein magnetisierter Körper immer gleiche Mengen positiven und negativen Fluidums, die örtlich voneinander getrennt sind. Selbst wenn man einen Magnet zerbricht, so hat doch jeder der beiden Teile ein positives und ein negatives Ende. Die Elektrizität kann ferner von einem Körper auf einen anderen übergehen, der Magnetismus nicht; das elektrische Fluidum kann sich also auf seinem Träger fortbewegen, strömen, das magnetische ist immer an ihn gebunden. Aus einem unelektrischen Körper kann man durch Verteilung oder Influenz unbegrenzte Mengen Elektrizität erhalten; die Magnetisierung eines Körpers aber hat eine Grenze, die Sättigung (§ 93). Man muß daher die magnetische Masse in jedem Körper von vornherein als gegeben betrachten in der Form von „Molekularmagneten“, die beim unmagnetischen Zustande so unregelmäßig gelagert sind, daß ihre Gesamtwirkung nach außen Null ist. Bei der Magnetisierung findet eine regelmäßige Lagerung statt, und zwar so, daß die positiven Enden der Molekularmagnete nach der einen, die negativen nach der anderen Seite gerichtet sind.

Je stärker die Magnetisierung, desto größer ist die Anzahl der geordneten Moleküle gegenüber den ungeordneten. Die „Sättigung“ ist erreicht, wenn alle gleich gerichtet sind. Die Gesamtwirkung eines Magnetes nach außen scheint von einem einzigen Punkte am Ende jeder Hälfte auszugehen, den wir den positiven oder negativen Pol nennen. In diesem Sinne können wir nun ebenso wie bei der Elektrizität punktförmige magnetische Massen betrachten.

2. Das Coulombsche Gesetz.

Zwei gleichnamige magnetische oder elektrische Massen m und m', die sich in der Entfernung r voneinander befinden, stoßen sich mit einer Kraft

$$F = c\frac{mm'}{r^2} \quad \ldots\ldots\ldots\ldots (1)$$

ab, wobei c ein Proportionalitätsfaktor ist. Haben wir ungleichnamige Massen $+m$ und $-m'$, so ist die Kraft, mit der sie aufeinander wirken, $F = -c\frac{mm'}{r^2}$. Das negative Vorzeichen besagt, daß die Kraft jetzt entgegengesetzte Richtung hat wie vorhin, d. h., daß sich ungleichnamige Massen anziehen.

Dieses Gesetz lautet ebenso wie das Newtonsche Gravitationsgesetz und wurde von Coulomb mittels der von ihm erfundenen Drehwage festgestellt. Der Wert des Proportionalitätsfaktors c hängt ab von der Wahl des Maßsystems, nach dem m und m' gemessen werden, und von dem Medium, in dem sich diese Massen befinden. Das magnetische und das elektrostatische Maßsystem (§ 297) sind so gewählt, daß für Luft $c = 1$ ist. Für diese Maßsysteme ist also

$$F = \frac{mm'}{r^2} \quad \ldots\ldots\ldots\ldots (2)$$

Daraus gewinnen wir den Begriff der magnetischen und der elektrischen Masseneinheit, indem wir festsetzen, daß jene magnetische bzw. elektrische Masse als Einheit gilt, die auf eine gleich große, 1 cm entfernte Masse die Krafteinheit[1]) ausübt.

Sind die elektrischen oder magnetischen Massen mit ihren Trägern, den materiellen Massen fest verbunden, wie dies bei den magnetischen immer der Fall ist, und bei den elektrischen, wenn sie auf Nichtleitern (Isolatoren) sitzen, so wirkt diese Kraft auch zwischen den Trägern. Sitzen aber die elektrischen Massen auf Leitern, die eine freie Bewegung der Elektrizität zulassen, so unterliegen nur sie dem Coulombschen

[1]) Die absolute Krafteinheit (das Dyn) ist angenähert gleich dem Gewichte eines Milligramms (§ 296).

Gesetz, d. h. gleichnamige elektrische Massen müssen sich, soweit es der leitende Körper zuläßt, voneinander entfernen, ungleichnamige soweit als möglich nähern und schließlich gegenseitig aufheben.

3. Kraftfeld, Kraftlinien.

Würden wir um die Masse m mehrere andere Massen beliebig verteilen, so würde zwischen jeder von diesen und der Masse m eine Kraft F bestehen. Die Wirkung der Masse m erstreckt sich also über den ganzen umgebenden Raum, und diesen nennt man daher das Kraftfeld, und zwar entweder magnetisches oder elektrisches Kraftfeld. Genau genommen reicht das Kraftfeld jeder Masse bis ins Unendliche; praktisch genommen aber nur so weit, als noch eine meßbare Wirkung besteht. Die Abb. 2 bis 9 zeigen die Gestaltung verschiedener Kraftfelder.

Die magnetischen und elektrischen Kräfte sind ebenso wie die mechanischen durch zwei Stücke, Größe und Richtung, bestimmt. Es besitzt demnach auch das magnetische und elektrische Kraftfeld an jeder Stelle eine bestimmte Stärke und Richtung.

Die Stärke des Feldes an einer gewissen Stelle ist bestimmt durch die Größe der Kraft, welche die das Feld erzeugende Masse auf eine an dieser Stelle befindliche Masse Eins ausüben würde.

Demnach ist die Stärke $\mathfrak{H}$ des Feldes einer punktförmigen Masse m in der Entfernung r

$$\mathfrak{H} = \frac{m}{r^2} \quad \ldots \ldots \ldots \ldots (3)$$

Die Masse 1 erzeugt also in der Entfernung 1 die Feldstärke 1. Damit ist die Einheit der Feldstärke im elektrostatischen Maßsystem definiert.

Befindet sich statt der Masse Eins an dieser Stelle die Masse m', so ist die Kraft

$$F = \frac{m m'}{r^2} = \mathfrak{H} m', \quad \ldots \ldots \ldots \ldots (4)$$

d. h. die Kraft zwischen zwei Massen ist gleich der Stärke des von der einen Masse erzeugten Feldes multipliziert mit der zweiten Masse.

Die Richtung des Kraftfeldes an irgendeiner Stelle ist bestimmt durch die Bewegungsrichtung, die eine positive Probemasse an jener Stelle einschlagen würde. Ist die das Feld erzeugende Masse positiv, so wird sich, wenn wir von jedem Bewegungshindernis absehen, jene Probemasse von dem Pole weg auf einer gewissen Bahn bis ins Unendliche oder bis zu irgendeiner negativen Masse fortbewegen; das ist die positive Richtung des Feldes. Rührt das Feld von einer negativen Masse her, so würde sich jene Probemasse auf derselben Bahn bis in unmittelbare Nähe dieses Poles bewegen.

Man nennt diese Bahnen Kraftlinien[1]). Der Inbegriff aller Kraftlinien, deren man sich natürlich unendlich viele denken kann, ist das Kraftfeld. Durch die Form der Kraftlinien ist die Gestalt des Feldes bestimmt.

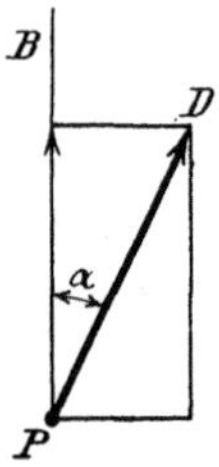

Abb. 1.

Es ist zu beachten, daß nach den vorstehenden Bestimmungen die Feldstärke, und die auf die Masseneinheit ausgeübte Kraft nur dann identisch sind, wenn die Kraft gemeint ist, welche in der Richtung der Kraftlinien wirkt, also auf eine frei bewegliche Masseneinheit. Kann sich die Masseneinheit aber nur in der Richtung PB (Abb. 1) bewegen, während PD die Richtung der durch P gehenden Kraftlinie ist, so ist die in der Richtung PB wirkende Kraft gleich der in diese Richtung fallenden Komponente von PD, also gleich $\frac{m}{r^2}\cos\alpha$.

4. Bildliche Darstellung magnetischer und elektrischer Kraftfelder.

Die magnetischen Kraftlinien kann man leicht sichtbar machen- wenn man über den Magnet ein steifes Blatt Papier legt und Eisen, feilspäne gleichmäßig darüberstreut. Erschüttert man leise das Papier, so ordnen sich die Eisenfeilspäne in der Richtung der Kraftlinien, weil jedes Spänchen zu einem induzierten Magnet wird, der sich in die Richtung der Kraftlinien einstellt[2]). Natürlich werden auf diese Weise nur diejenigen Kraftlinien sichtbar, welche in die Ebene des Papiers fallen. Abb. 2 zeigt das auf solche Weise dargestellte Kraftfeld eines einzelnen magnetischen Poles. Ein Stabmagnet stand senkrecht unter der Papierfläche.

Ist dieser Pol ein positiver, so gehen, nach der früheren Richtungsbestimmung, die Kraftlinien von ihm aus (Quelle des Feldes); ist er ein negativer, so laufen sie in ihm zusammen (Senke des Feldes).

Die elektrischen Kraftlinien lassen sich in so einfacher Weise nicht sichtbar machen. Klebt man jedoch dünne, leicht bewegliche Papier-

---

[1]) Die Kraftlinien sind also nur gedachte oder gezeichnete Richtungen, nicht etwa Fäden, die an der Masse befestigt sind. Infolgedessen sind Untersuchungen darüber, ob sich die Kraftlinien mitdrehen oder nicht, wenn man die Masse (Magnet) dreht, von vornherein aussichtslos, indem dabei schon die Vorstellung unterlegt wird, als seien die Kraftlinien wirkliche Fäden. Die fortschreitende Bewegung eines Magnetes oder eines Ankers bewirkt natürlich eine fortschreitende Änderung des Feldes; mehr kann darüber nicht ausgesagt werden, ohne daß man weitergehende willkürliche Vorstellungen hinzutut. Aber es ist sehr anschaulich und für die Darstellung der physikalischen Gesetze sehr nützlich, sich die Kraftlinien in bildlicher Weise als Fäden vorzustellen, die sich mitdrehen, wenn ein Magnet um seine Achse gedreht wird. Vgl. § 127.

[2]) Die Fixierung der Eisenfeilspäne auf dem Papier geschieht am besten dadurch, daß man mit einem Zerstäuber eine Lösung von Schellack in Alkohol darauf bläst. In unmittelbarer Nähe der Pole finden sich blanke Stellen; dort ist die Kraft so stark, daß die Eisenfeilspäne von dem Pol an sich gerissen werden.

streifen auf eine leitende Kugel und ladet diese mit einer hinreichenden Elektrizitätsmenge, so stellen sich dieselben strahlenförmig zur Kugel und geben ein Bild des räumlichen elektrischen Feldes.

Abb. 3 zeigt das Kraftfeld zweier ungleichnamigen, gleich großen Massen, wie man es erhält, wenn man ein mit Eisenfeilspänen bestreutes Papier über zwei aufrechtstehende, gleich starke Stabmagnete bringt. Man sieht, daß ein Teil der Kraftlinien von dem einen — nach der früheren Bestimmung dem positiven Pole — ausgehen und auf dem negativen enden, während die übrigen im Unendlichen verlaufen. Eine positive Probemasse würde sich vom positiven Pole weg zum negativen hin oder in das Unendliche fortbewegen.

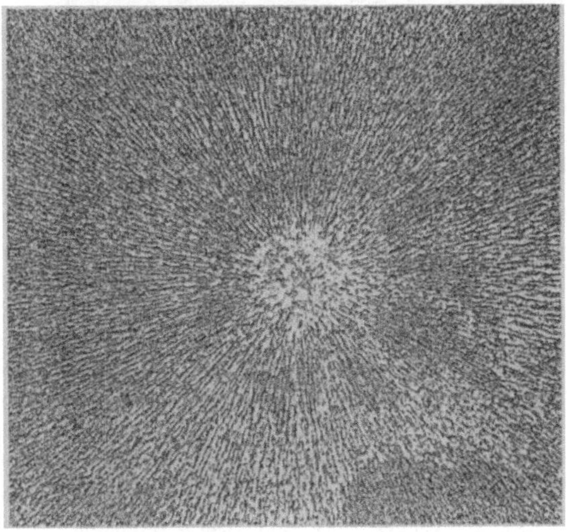

Abb. 2. Magnetisches Feld eines Poles.

Abb. 4 zeigt dasselbe Feld, aber von zwei ungleichnamigen elektrischen Massen herrührend[1]).

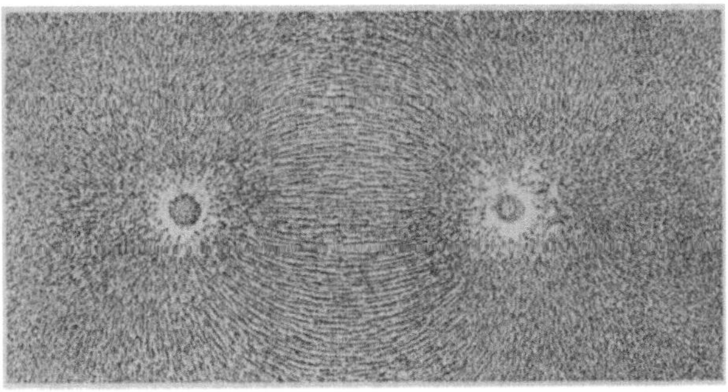

Abb. 3. Magnetisches Feld zweier ungleichnamigen Pole.

Abb. 5 zeigt das Kraftfeld zweier gleichnamigen, gleich großen Pole. Die Kraftlinien enden alle im Unendlichen, wenn sie nicht vorher

[1]) Diese und das in Abb. 49 abgebildete elektrische Feld wurde von Seddig (Physik. Zeitschr. 5, 1904, S. 403) dadurch erhalten, daß Glyzin-Pulver in reinstes Terpentinöl geschüttet und diese Suspension in eine flache Schale gegossen wurde, in die zwei kleine Kugeln tauchten, die mit einer Elektrisiermaschine verbunden waren.

auf eine andere ungleichnamige Masse stoßen. Sind die beiden Pole z. B. negativ, so würde sich eine positive Probemasse aus dem Unendlichen her zu einem der beiden Pole, aber niemals von einem zum andern bewegen. In der Mitte gibt es eine Stelle, wo sich die von beiden Polen herrührenden Kräfte das Gleichgewicht halten. Eine Probemasse, die an diese Stelle gebracht wird, bleibt in Ruhe (labiles Gleichgewicht). Über diese Stelle gehen keine Kraftlinien, daher liegen die Eisenfeilspäne dort ungeordnet. Würde die Probemasse nur ein wenig seitlich verschoben, so würde sie sich, wenn sie ungleichnamig ist, bis zu einem der Pole oder, wenn sie gleichnamig ist, bis ins Unendliche weiter bewegen. Ganz gleich ist die Gestalt eines elektrischen Feldes bei derselben Anordnung zweier elektrischen Massen.

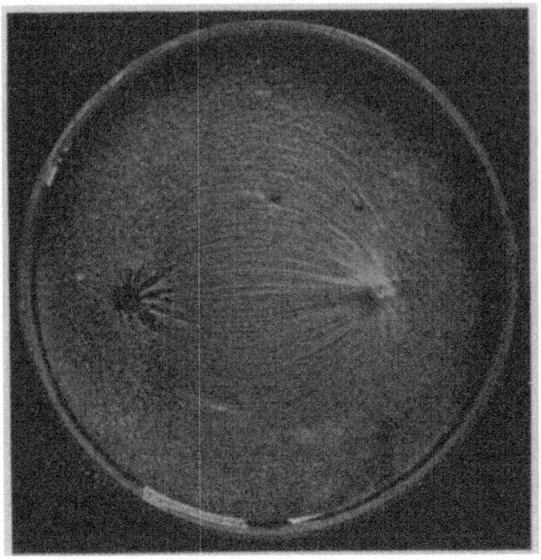

Abb. 4. Elektrisches Feld zweier ungleichnamigen Ladungen.

Wie äußert sich Anziehung oder Abstoßung zweier Pole in den

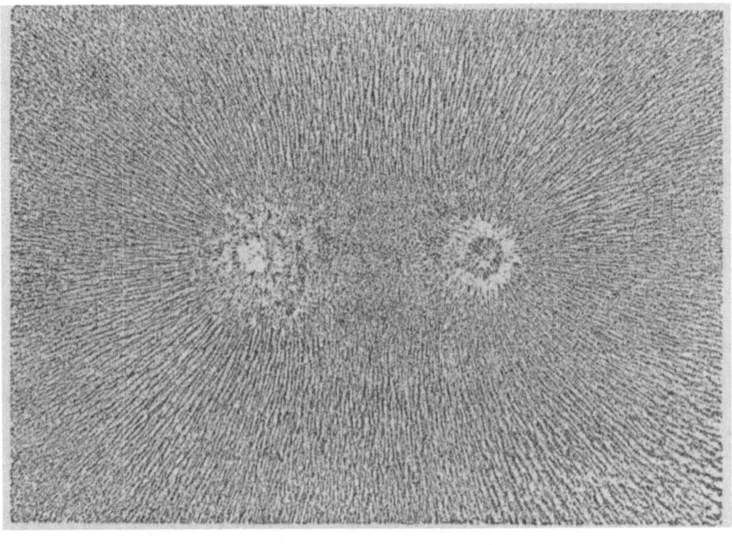

Abb. 5. Magnetisches Feld zweier gleichnamigen Pole.

Kraftlinien? Den Kraftlinien kommt die Eigenschaft zu, daß sich jede einzelne wie ein elastischer Faden[1] zu verkürzen strebt, während sie sich untereinander gegenseitig abstoßen. So erkennt man aus Abb. 3 und 4, daß sich die Pole anziehen, also ungleichnamig sind, und aus Abb. 5, daß sie sich abstoßen, also gleichnamig sind. Aber man erkennt nicht, welcher Pol positiv und welcher negativ ist. Um dies zu erfahren, muß man bei magnetischen Feldern eine kleine, frei bewegliche Magnetnadel in die Nähe bringen. Diese stellt sich in die Richtung der Kraftlinien ein und zeigt mit dem positiven Ende nach dem negativen Pole, mit dem negativen Ende nach dem positiven Pole. Bei elektrischen Feldern muß man eine leichte, z. B. mit positiver Elektrizität geladene Kugel (Holundermark an einem Seidenfaden hängend) in das Feld hereinbringen.

5. Zu- und Abnahme der Kraft. Homogenes Feld.

Aus den drei einfachsten Fällen von Kraftfeldern (Abb. 2 bis 5) lassen sich einige Sätze ableiten, die für die Beurteilung anderer Fälle wertvoll sind. Man sieht, daß die Kraftlinien, je weiter man sich von

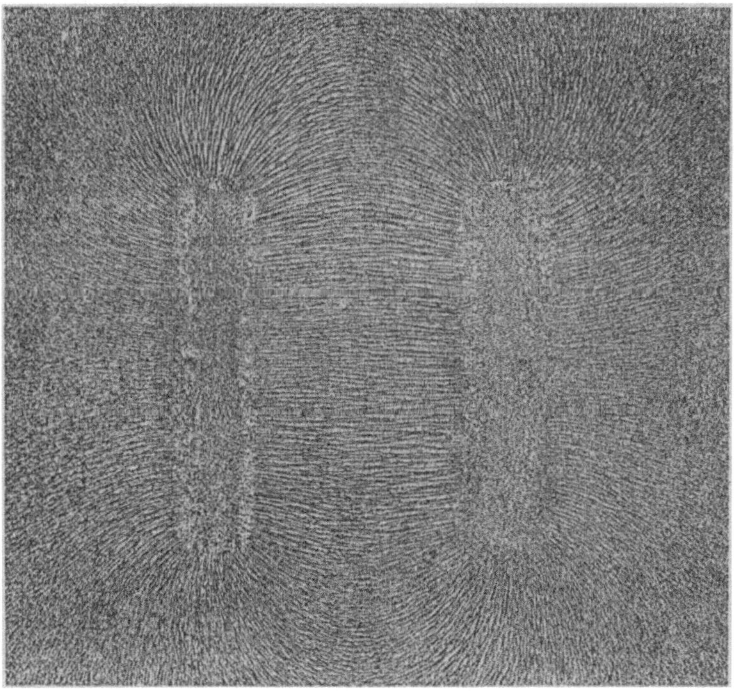

Abb. 6. Homogenes Feld.

[1]) Das ist nur eine bildliche Ausdrucksweise. Vgl. Anmerk. auf S. 4.

den Polen entfernt, d. h. in der Richtung der abnehmenden Kraft, auseinanderlaufen und umgekehrt. Man gewinnt daraus den Satz, daß in der Richtung der divergierenden Kraftlinien eine Abnahme, und in der Richtung der konvergierenden Kraftlinien eine Zunahme der Kraft stattfindet. Was folgt daraus für eine Fläche, auf der die Kraftlinien parallel verlaufen? Nichts anderes, als daß die Kraft an allen Punkten dieselbe, also in der ganzen Fläche konstant ist. Man nennt solche Felder homogene Kraftfelder. Abb. 6 zeigt ein solches, wie es zwischen zwei ungleichnamigen, in die Länge gezogenen (linearen) Polen entsteht. Zwischen zwei Polen, die aus parallelen Flächen bestehen, ist der ganze Raum bis in die Nähe des Randes ein homogenes Feld (vgl. Abb. 22). Homogene Felder von geringer Ausdehnung finden sich endlich in größerer Entfernung von jeder magnetischen oder elektrischen Anordnung. Denn es gibt immer Stellen, wo die Kraftlinien innerhalb eines gewissen Raumes mit großer Annäherung als parallel betrachtet werden können. So ist auch das magnetische Feld der Erde für den Raum eines Laboratoriums ein homogenes, da die Ausdehnung eines solchen verschwindend klein ist gegenüber der Entfernung von den magnetischen Polen der Erde.

Da im Felde selbst keine neuen Kraftlinien entstehen, so ist ihre Dichte ein relatives Maß für die Stärke des Feldes an der betreffenden Stelle im Vergleiche zu einer anderen. Nach diesem Grundsatze kann man aus dem Bilde, das die Eisenfeilspäne von einem magnetischen Felde geben, leichter und schneller eine übersichtliche Beurteilung der gesamten Kraftverteilung einer magnetischen Anordnung gewinnen als durch Berechnung, die in den meisten Fällen gar nicht ausführbar ist.

6. Anzahl der Kraftlinien.

Wie schon in § 3 bemerkt wurde, kann man sich unendlich viele Kraftlinien bei jeder Anordnung denken. Bei der sichtbaren Darstellung derselben ist ihre Zahl allerdings durch die vorhandenen Eisenteilchen beschränkt, und darum ist ihre Dichte nur ein relatives Maß für die Stärke des Feldes an verschiedenen Stellen.

Es hat sich aber als zweckmäßig erwiesen, für die räumliche Dichte der Kraftlinien eine Bestimmung zu treffen und eine Einheit festzustellen. Diese Bestimmung lautet: Die Flächeneinheit einer Kugelschale vom Radius Eins, in deren Mittelpunkt sich die Masse Eins befindet, wird von **einer** Kraftlinie getroffen[1]). Da die Kraftlinien einer punktförmigen Masse gleichmäßig im Raume verteilt sind, und die Oberfläche dieser Kugel 4π ist, so wird sie von 4π Kraftlinien getroffen[2]). Da wir nur die Masse Eins voraussetzen, und in einem von

[1]) Demnach kann man einer Kraftlinie einen entsprechenden Querschnitt bzw. einen prismatischen oder röhrenförmigen Raum zuerkennen. Daher wird zuweilen von „Kraftröhren“ gesprochen. Ein Vorteil ergibt sich dabei aber nicht.

[2]) Hierin liegt der Grund, warum in den folgenden Gesetzen mehrmals der Faktor π auftritt. Man könnte ihn beseitigen, wenn man im Coulombschen Gesetz (§ 2) den Faktor c nicht gleich 1 sondern gleich $\frac{1}{4\pi}$ setzen würde.

anderen magnetischen oder elektrischen Massen freien Raume keine Kraftlinien entstehen und keine verschwinden können, so ist die Gesamtzahl der von einem Einheitspole ausgehenden Kraftlinien 4π. Befindet sich im Mittelpunkte dieser Kugelschale die Masse m, so treffen m Kraftlinien die Flächeneinheit, und die Gesamtzahl aller Kraftlinien oder die Kraftlinienmenge ist $4\pi m$*). Da die Fläche einer anderen Kugelschale mit dem Radius r gleich $4\pi r^2$ ist, so wird die Flächeneinheit derselben von $\frac{4\pi m}{4\pi r^2} = \frac{m}{r^2}$ Kraftlinien getroffen; und weil nach § 4 die Feldstärke in der Entfernung r von dieser Masse $\frac{m}{r^2}$ ist, so ist die Feldstärke $\mathfrak{H}$ an irgendeiner Stelle nichts anderes, als die Anzahl der Kraftlinien, die die **Flächeneinheit** einer die Kraftlinien an dieser Stelle senkrecht schneidenden Fläche treffen. Man bezeichnet diese Anzahl als Kraftliniendichte. Die Feldstärke ist also gleich der Kraftliniendichte. Das gilt aber, wie wir später (§ 27) sehen werden, nicht mehr, wenn sich die wirkenden Massen in einem andern Medium als Luft befinden.

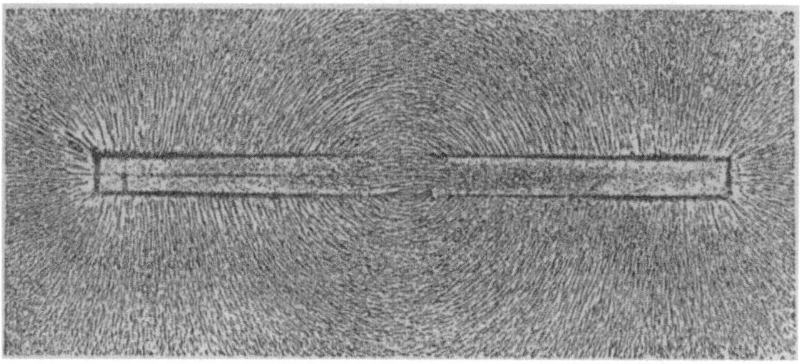

Abb. 7. Kraftfeld eines Stabmagnetes.

Die Einheit der Feldstärke hat demnach jenes Feld, wo eine Kraftlinie auf 1 cm^2 entfällt. Diese Einheit heißt „Gauß“. Wenn also in einem Felde (in Luft) auf die magnetische oder elektrische Masse 1 eine Kraft von x Dyn ausgeübt wird, so hat dieses Feld die Stärke von x Kraftlinien oder x Gauß.

*) Es ist ohne weiteres klar, daß die Kraftlinienmenge, die durch eine diese Kugel umhüllende aber sonst beliebig gestaltete Fläche hindurchtritt, auch gleich $4\pi m$ ist. Das gilt auch dann noch, wenn sich innerhalb der geschlossenen Fläche mehrere Massen von gleicher oder entgegengesetzter Polarität befinden (Satz von Gauß). Befinden sich z. B. innerhalb der geschlossenen Fläche die Massen $+ m_1$ und $- m_2$, so ist die Kraftlinienmenge, die durch diese Fläche hindurchtritt, gleich $4\pi(m_1 - m_2)$, während $4\pi m_2$ Kraftlinien innerhalb dieser Fläche von der Masse m_2 zur Masse m_1 verlaufen. Bringt man die Masse m_2 aus dieser Fläche heraus, so werden auch die $4\pi m_2$ Kraftlinien herausgenommen, so daß dann die Gesamtzahl der hindurchtretenden Kraftlinien wieder gleich $4\pi m_1$ ist.

Aus der obigen Festsetzung über den Zahlenwert einer Kraftlinie folgt ferner, daß die Anzahl der Kraftlinien, die von einem Magnet mit der Polstärke m ausgehen, gleich $4\pi m$ ist. Denn alle Kraftlinien eines Magnetes gehen von dem positiven Pole aus und treten beim negativen in den Magnet ein. Daher gehen durch einen Querschnitt des Magnetes sämtliche $4\pi m$ Kraftlinien. In Wirklichkeit ist aber

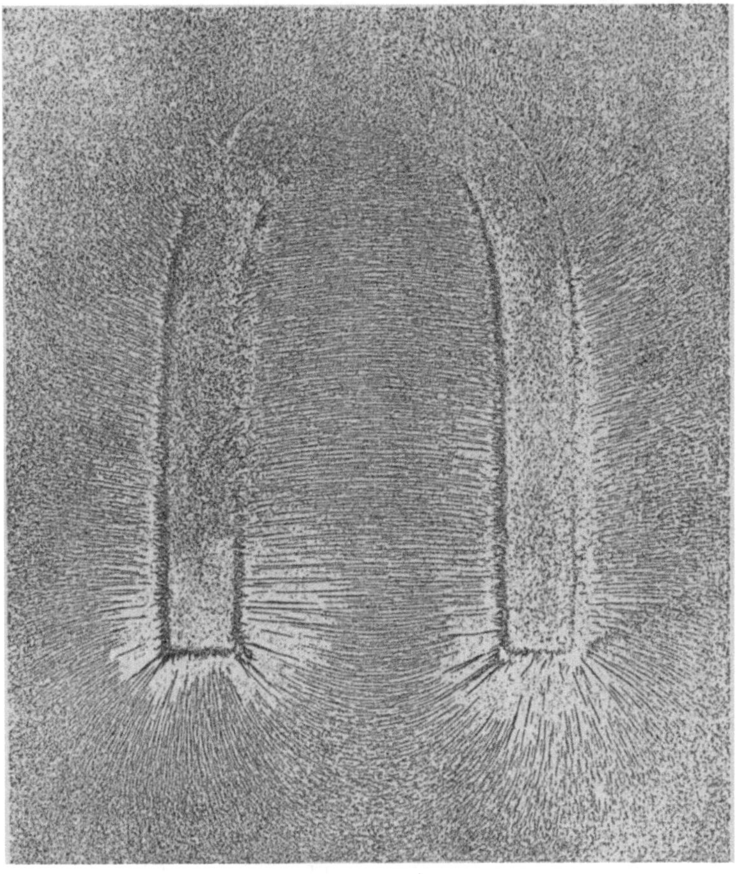

Abb. 8. Kraftfeld eines Hufeisenmagnetes.

nicht die ganze magnetische Masse in den Polen konzentriert, sondern teilweise auch auf die Seiten verteilt. Daher gehen auch nicht alle Kraftlinien von den Enden aus, wie uns die Betrachtung der Kraftfelder eines Stabmagnetes und eines Hufeisenmagnetes (Abb. 7 und 8) lehrt. Wir können dann nur sagen, daß von der einen Hälfte $4\pi m$ Kraftlinien ausgehen und auf der anderen Hälfte endigen. Es gehen dann alle $4\pi m$ Kraftlinien nur durch den mittleren Querschnitt des Magnetes.

7. Zusammensetzung von Kraftfeldern.

Zwei oder mehrere Pole geben zusammen ein resultierendes Feld. Solche haben wir schon in den Abb. 3 bis 8 kennen gelernt. Die Zusammensetzung geht an jeder Stelle des Feldes nach denselben Gesetzen vor sich, wie die Zusammensetzung zweier Kräfte nach dem Kräfteparallelogramm. Abb. 9 zeigt das resultierende Feld von 4 Polen, von denen je zwei gegenüberliegende ungleichnamig sind. Man kann sich daher dieses Feld auch entstanden denken durch kreuzweise Übereinanderlagerung zweier in Abb. 3 dargestellten Felder, wie man aus Abb. 10 erkennt.

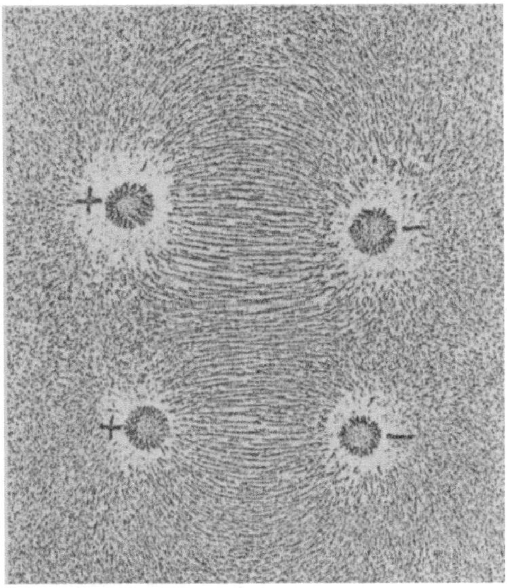

Abb. 9.
Zusammengesetztes Feld von vier Polen.

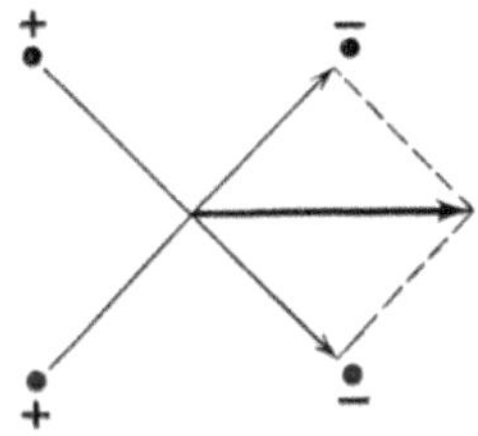

Abb. 10. Zusammensetzung zweier sich kreuzender Kraftlinien zu einer resultierenden.

Solche zusammengesetzte Felder kommen in allen elektrischen Maschinen vor[1]).

---

[1]) In den Fachzeitschriften ist öfter die Frage aufgeworfen worden, ob Kraftlinien sich kreuzen können. Kraftlinien eines wirklichen, d. h. resultierenden Feldes können sich nicht kreuzen, weil sie gemäß § 4 nichts anderes sind als Kraftrichtungen. Könnten sich solche kreuzen, so würde das nichts anderes bedeuten, als daß die Kraft an der Kreuzungsstelle zweideutig ist; denn eine an diese Stelle gebrachte Probemasse könnte die eine oder die andere Richtung einschlagen. Das ist unmöglich, sondern es kann an jeder Stelle nur eine bestimmte Kraftrichtung geben. Dagegen können sich Kraftlinien komponentaler Felder beliebig kreuzen, und umgekehrt kann eine Kraftlinie an jeder beliebigen Stelle in zwei oder mehrere Komponenten und daher das ganze Feld in zwei oder mehrere komponentale Felder zerlegt werden.

Die Zusammensetzung oder Zerlegung von Feldern kann aber nur dann nach dem Kräfteparallelogramm wie in Abb. 10 erfolgen, wenn die Kraftlinienmenge von der elektrisierenden bzw. magnetisierenden Kraft unabhängig ist, d. h. wenn die Dielektrizitätskonstante bzw. magnetische Durchlässigkeit konstant ist. Bei Eisen ist das nicht der Fall (§ 91), so daß die Zusammensetzung und Zerlegung eines magnetischen Feldes im Eisen sehr verwickelt und der rechnerischen oder geometrischen Lösung unzugänglich ist (vgl. § 113).

8. Magnetisches Moment.

Wir haben bisher nur die Wirkung magnetischer Massen als einzelner Pole betrachtet. Da aber jeder Magnet zwei Pole besitzt, so ist für die Fernwirkung die Gesamtwirkung beider Pole maßgebend. Dann kommt aber nicht nur die Stärke jedes Poles, sondern auch ihr Abstand in Betracht. Befindet sich z. B. ein Magnet mit der Polstärke m und dem Polabstande l in einem homogenen Felde von der Stärke $\mathfrak{H}$, dessen Richtung durch die Pfeile (Abb. 11) bestimmt ist, so wirkt nach § 4 auf den einen Pol die Kraft $+m\mathfrak{H}$, auf den andern $-m\mathfrak{H}$. Jede sucht den Magnet in demselben Sinne zu drehen mit einem Drehmomente $\frac{l}{2}m\mathfrak{H}$. Daher ist das gesamte Drehmoment das doppelte, also gleich $lm\mathfrak{H}$. Es kommt also für die Kraft, mit der das homogene Feld $\mathfrak{H}$ den Magnet zu drehen sucht, das Produkt aus der Polstärke und dem Polabstande in Betracht, und man nennt es das magnetische Moment $\mathfrak{M}$ des Magnetes. Es ist also

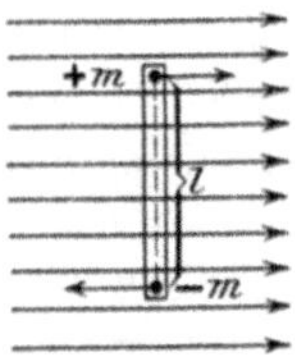

Abb. 11.

$$\mathfrak{M} = ml \quad . \quad . \quad . \quad . \quad . \quad . \quad . \quad . \quad . \quad . \quad (5)$$

Dann ist das Drehmoment, das auf den Magnet wirkt, gleich $\mathfrak{M}\mathfrak{H}$, Bildet der Magnet mit der Richtung der Kraftlinien einen Winkel α, so ist der senkrechte Abstand des Drehpunktes von der Kraft nicht $\frac{l}{2}$, sondern $\frac{l}{2}\sin\alpha$; daher auch das Drehmoment $\mathfrak{M}\mathfrak{H}\sin\alpha$. Für $\alpha = 0$ ist das Drehmoment null, d. h. die magnetische Achse stellt sich parallel zu den Kraftlinien und zwar so, daß die Kraftlinien des Magnetes gleiche Richtung haben wie die des Feldes.

Nun ist in Wirklichkeit niemals die ganze magnetische Masse m in einem Punkte konzentriert, sondern, wie die Abb. 7 und 8 zeigen, auch auf die Seitenflächen verteilt. Es gibt aber — ebenso wie bei schweren Körpern einen Schwerpunkt — auch hier einen Punkt, in dem die ganze magnetische Kraft anzugreifen scheint, und diesen bezeichnet man als den Pol. Dieser liegt nicht ganz am Ende, so daß bei einem Stabmagnete der Polabstand nicht gleich der Länge des Magnetstabes, sondern etwa $^5/_6$ desselben ist. Die genaue Kenntnis der Lage der Pole und des Polabstandes hat übrigens gar kein praktisches Interesse, da für alle Wirkungen des Magnetes das magnetische Moment $\mathfrak{M}$ in Betracht kommt und auch nur dieses der experimentellen Bestimmung zugänglich ist.

Die Erklärung dafür, daß für das Drehmoment eines Magnetes nicht allein seine Polstärke m, sondern auch der Abstand der Pole maßgebend ist, ergibt sich aus folgender Überlegung. Würden die beiden Pole zusammenfallen, so würden sie keinerlei Wirkung nach außen ausüben, weil sie sich gegenseitig aufheben. Rücken sie auseinander, so heben sie sich teilweise auf, aber um so weniger, je weiter sie voneinander entfernt sind.

9. Das magnetische Feld der Erde.

Die Erde kann als ein Stabmagnet, jedoch von sehr ungleichmäßiger Magnetisierung, betrachtet werden. Da die Lage der Pole nur beiläufig bekannt ist, so kann man zur Bestimmung des Einflusses der Erde auf einen Magnet das Coulombsche Gesetz nicht anwenden, sondern man bestimmt für jeden Ort der Erde die Stärke $\mathfrak{H}$ ihres magnetischen Feldes. Dann gelten für die Wirkungen der Erde auf einen Magnet die Gesetze der §§ 3 und 8. Die Erde hat natürlich wie jeder andere Magnet ihre Kraftlinien, die uns an jeder Stelle die Richtung des Feldes angeben (Abb. 12). Ihre Neigung zur horizontalen Ebene eines Ortes ist nichts anderes als der Inklinationswinkel, wie er von einer frei beweglichen Nadel angezeigt wird. Der Deklinationswinkel eines Ortes ist der Winkel zwischen der Richtung der Kraftlinien und dem geographischen Meridian dieses Ortes. Er wäre Null, wenn der magnetische und geographische Pol zusammenfielen. Da der magnetische Nordpol[1]) im Norden von Amerika liegt, so haben wir in Europa eine westliche Deklination.

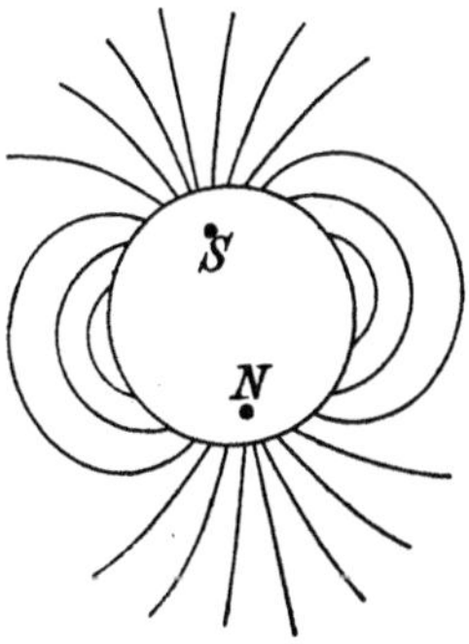

Abb. 12. Magnetisches Feld der Erde.

In den meisten Fällen haben wir es mit Magnetnadeln zu tun, die nur in einer horizontalen Ebene beweglich sind. Auf solche kann natürlich nur die in die horizontale Ebene fallende Komponente des Erdmagnetismus einwirken. Nach dem Vorigen ist der Inklinationswinkel i der Winkel zwischen der horizontalen Ebene des betreffenden Ortes und der Richtung der erdmagnetischen Kraft. Um also die horizontale Komponente des magnetischen Feldes der Erde zu finden, haben wir die Zerlegung nach einem Kräfteparallelogramm vorzunehmen, das den Winkel i enthält (Abb. 13). Dann ist die horizontale Komponente $\mathfrak{H}_1 = \mathfrak{H} \cos i$ und die vertikale Komponente $\mathfrak{H}_2 = \mathfrak{H} \sin i$. Die folgende Tabelle enthält die Größe der horizontalen Komponente für einige Orte oder die Anzahl der Kraftlinien, die nach den Bestimmungen des § 6 die Flächeneinheit einer zur horizontalen Ebene senkrechten Fläche treffen:

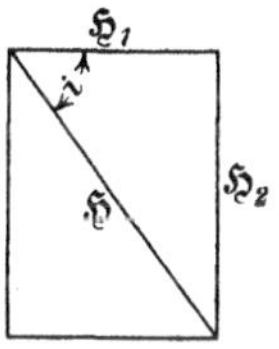

Abb. 13.

Berlin	0,187	Kiel	0,178	Petersburg	0,165
Darmstadt	0,195	London	0,183	Rom	0,235
Graz	0,212	München	0,205	Wien	0,207
Hamburg	0,181	Paris	0,197	Zürich	0,206

Diese Werte bleiben aber nicht konstant, sondern ändern sich im Laufe der Zeit.

[1]) Der magnetische Nordpol besitzt negativen Magnetismus, da sich ihm das positive Ende einer Magnetnadel zuwendet.

Beispiel. Um in Wien eine um eine lotrechte Achse drehbare Magnetnadel von 24 cm Länge senkrecht zum magnetischen Meridian zu stellen und in dieser Stellung festzuhalten, so daß sie senkrecht zur wagerechten Komponente der Kraftlinien steht wie in Abb. 11, ist eine Kraft von 0,1 Grammgewicht erforderlich. Wie groß ist das magnetische Moment und die Polstärke der Magnetnadel (in absol. Einheiten)? Da ein Grammgewicht gleich 980 absol. Krafteinheiten (Dyn, § 296) ist, ist das Drehmoment gleich $24 \cdot 98 = 2352$ absol. Einh. Dieses ist nach § 9 gleich dem Drehmoment, das von der Horizontalkomponente des Erdmagnetismus herrührt, nämlich $\mathfrak{M}\mathfrak{H}_1$. Da $\mathfrak{H}_1$ für Wien nach obiger Tabelle 0,207 ist, so ist $\mathfrak{M} = \frac{2352}{0{,}207} = 11\,362$. Nimmt man an, daß der Abstand der Pole der Nadel $^5/_6$ ihrer Länge, also 20 cm ist, so ist die Polstärke $m = \frac{11\,362}{20} = 568$ absol. Einh. Nach § 7 ist die Anzahl der von einem Pol ausgehenden Kraftlinien $4\pi m$, also hier $4 \cdot 3{,}14 \cdot 568 = 7134$.

10. Feldstärke neben und zwischen Flächen, die gleichmäßig mit magnetischer oder elektrischer Masse bedeckt sind.

Die Linie Ob (Abb. 14) sei ein Schnitt durch eine ebene Fläche, die gleichmäßig mit Masse belegt ist. Ist σ die Masse auf einer Flächeneinheit, so nennt man σ die Flächendichte. Wir wollen die Stärke des Feldes im Punkte D bestimmen, der sich im Abstande x von der Mitte O der Fläche befindet, und in dem wir uns die Masse Eins denken. Greifen wir ein ein kleines Stück s, dargestellt durch ab, aus der Fläche heraus, so befindet sich auf dieser die Masse σs. Ist diese Fläche sehr klein, so können wir die Masse darauf als punktförmig betrachten, und die Kraft, die von ihr auf den Punkt D ausgeübt wird, ist $\frac{\sigma s}{r^2}$. Die zur Ebene senkrechte Komponente derselben ist $\frac{\sigma s}{r^2} \cos \alpha$. Vom Punkte D aus gesehen, erscheint die Fläche s als die Projektion ac auf die von D aus beschriebene Kugelfläche. Die Größe dieser Projektion ist $s \cos \alpha$. Dann

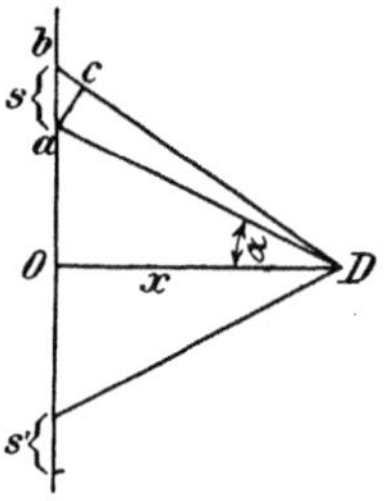

Abb. 14.

ist $\frac{s \cos \alpha}{r^2}$ die Projektion der Fläche s auf eine Kugelschale vom Radius Eins; das ist nichts anderes als der Gesichtswinkel, unter dem die Fläche s von D aus gesehen erscheint. Bezeichnen wir diesen mit ω, so ist die zur Fläche senkrechte Komponente der Kraft $\omega\sigma$. Die Kraft, die von der ganzen Fläche auf den Punkt D ausgeübt wird, erhalten wir, wenn wir die Wirkung aller dieser Flächenstücke summieren. Da vorausgesetzt wurde, daß die Senkrechte vom Punkt D in den Mittelpunkt der Fläche fällt, so entspricht jedem Flächenstück s ein ebensolches bei s'. Daher gibt es unter den in die Fläche fallenden Komponenten immer je zwei von entgegengesetzter Richtung, die sich gegenseitig aufheben. Es bleiben also für die Summierung nur die senkrechten Komponenten. Da diese aber nur von der Flächendichte und dem Gesichtswinkel abhängen, so ist die ganze von der Fläche auf den Punkt D wirkende Kraft gleich dem Produkte aus der Flächendichte und dem Gesichtswinkel, unter dem die Fläche von D aus erscheint.

Ist diese Fläche unendlich groß, so ist ihr Gesichtswinkel von jedem in endlicher Entfernung befindlichen Punkte aus eine halbe Kugelfläche vom Radius Eins, also gleich 2π. Die Kraft auf den Punkt D mit der Masse Eins oder die Feldstärke der Fläche im Punkte D ist also $2\pi\sigma$. Dasselbe gilt von einer endlichen Fläche, wenn die Entfernung des Punktes von der Fläche so klein ist, daß sie gegenüber dem Durchmesser der Fläche vernachlässigt werden kann. Denn dann ist der Gesichtswinkel auch 2π und daher auch die Feldstärke der Fläche in einem solchen Punkte: $\mathfrak{H} = 2\pi\sigma$.

Befindet sich in D eine Masse m, so ist die zwischen ihr und der Fläche wirkende Kraft $F = \mathfrak{H} m = 2\pi\sigma m$. Haben σ und m gleiche Vorzeichen, so wirkt die Kraft von der Fläche weg, also abstoßend, und umgekehrt, wenn sie entgegengesetzte Vorzeichen haben.

Befindet sich die Masse m rechts von der Fläche, so ist die Kraft nach rechts gerichtet, befindet sie sich links, so ist die Kraft nach links gerichtet. Sie hat also zu beiden Seiten der Fläche entgegengesetzte Richtung. Bildet man die Differenz zwischen diesen Kräften, so ist

$$F_r - F_l = 2\pi\sigma m - (-2\pi\sigma m) = 4\pi\sigma m.$$

Geht man also durch eine solche Fläche von der einen Seite zur anderen, so findet man eine sprunghafte Änderung der Kraft um den Betrag $4\pi\sigma m$ oder der Feldstärke um den Betrag $4\pi\sigma$.

Haben wir zwei parallele Flächen (Abb. 15) mit gleich großen, gleichnamigen Flächendichten σ, so heben sich die Kräfte in allen zwischen ihnen liegenden Punkten D auf, wenn der Abstand der Flächen klein ist gegenüber ihrer Größe; die Feldstärke zwischen den Platten ist also Null. Haben die beiden Flächen ungleichnamige Flächendichten, so wirkt die eine abstoßend, die andere anziehend. Die Kräfte summieren sich also, und die Feldstärke zwischen den Platten ist

Abb. 15.

$$\mathfrak{H} = 4\pi\sigma \quad \ldots\ldots\ldots\ldots (6)$$

Wir haben demnach ein homogenes Feld bis in die Nähe der Ränder (Abb. 6, 22).

Hat der Punkt zwischen den Flächen die Masse m, so ist die auf ihn wirkende Kraft: $F = 4\pi\sigma m$.

11. Das Potential; seine mathematische und physikalische Bedeutung.

Für die Lösung sehr vieler magnetischer und elektrischer Aufgaben ist es von Vorteil, statt der Kraftfunktion $\mathfrak{H} = \frac{m}{r^2}$, welche die von einer Masse m auf eine in der Entfernung r befindliche Masse Eins ausgeübte Kraft darstellt, die Potentialfunktion $U = \frac{m}{r}$ einzuführen. Zwischen beiden besteht eine einfache mathematische Beziehung.

Differenziert man nämlich die Potentialfunktion nach r, so erhält man

$$\frac{dU}{dr} = \frac{d}{dr}\left(\frac{m}{r}\right) = -\frac{m}{r^2} = -\mathfrak{H}$$

oder

$$\mathfrak{H} = -\frac{dU}{dr} \quad \ldots \ldots \ldots \ldots \quad (7)$$

Man findet also die von einer Masse m aus in irgendeiner Richtung auf die Masseneinheit wirkende Kraft oder die Feldstärke, wenn man das Potential nach dieser Richtung differenziert und negativ nimmt.

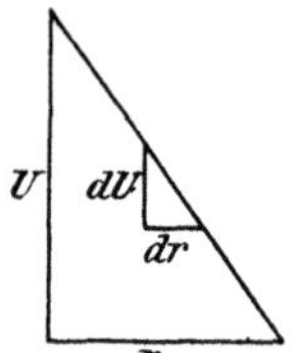

Abb. 16.

Aus Abb. 16, wo die unendlich kleinen Größen dU und dr als Seiten eines rechtwinkligen Dreiecks dargestellt sind, ersieht man ohne weiteres, daß das Verhältnis $\frac{dU}{dr}$ nichts anderes ist als das Gefälle des Potentiales. Das heißt, die in irgendeinem Punkte herrschende Feldstärke ist gleich dem negativen Potentialgefälle an dieser Stelle in der Richtung der Kraft.

Das Potential $\frac{m}{r}$ hat aber auch eine wichtige physikalische Bedeutung, es stellt nämlich eine Arbeitsgröße vor. Nach den Gesetzen der Mechanik ist die Arbeit, die eine konstante Kraft F längs eines mit der Richtung der Kraft zusammenfallenden Weges l leistet, ausgedrückt durch $A = F \cdot l$. Um die Arbeit bei der Bewegung einer Masse 1 unter dem Einflusse einer Masse m zu bestimmen, hat man zu bedenken, daß die zwischen beiden wirkende Kraft $\mathfrak{H}$ nicht konstant ist, sondern mit dem Quadrate der Entfernung abnimmt. Man darf daher diese Definition der Arbeit nur auf ein unendlich kleines Wegstückchen dr, für das die Kraft als konstant angenommen werden kann, anwenden (Abb. 17). Die auf diesem Wegstückchen geleistete Arbeit ist dann

Abb. 17.

$$dA = \mathfrak{H} \cdot dr = \frac{m}{r^2}\, dr\,.$$

Will man die Arbeit bestimmen, die durch diese Kraft geleistet wird bei der Bewegung der Masse 1 von r bis in unendliche Entfernung, so hat man das Differential der Arbeit von r bis ∞ zu integrieren. Also

$$A = \int_r^\infty dA = \int_r^\infty \frac{m}{r^2}\, dr = -\left[\frac{m}{r}\right]_r^\infty = -\left(\frac{m}{\infty} - \frac{m}{r}\right) = \frac{m}{r} = U.$$

Das Potential der Masse m, bezogen auf einen Punkt in der Entfernung r, ist also gleich der Arbeit, die die von der Masse m ausgehende Kraft leistet, wenn sich eine gleichartige Masse 1 aus der Entfernung r bis ins Unendliche bewegt, oder jene Arbeit, die von äußeren Kräften aufgewendet werden muß, um eine gleichartige Masse 1 aus dem Unendlichen bis zum Abstand r von der Masse m heranzubringen. Dabei ist es gleichgültig, welchen Weg die Masse 1 einschlägt, ob den kürzesten oder mit Umwegen; es kommt nur auf den Anfangs- und Endpunkt an, wie man aus der Integration ersieht. Das Potential hat also ebenso wie die Arbeit keine Richtung (skalare Größe), während zum Begriffe der Kraft notwendig auch die Richtung derselben gehört (Vektor-Größe). Das ist der Hauptvorteil des Potentialausdruckes vor dem Kraftausdruck.

Hat man statt der Masse 1 eine Masse m', so ist der Arbeitswert (potentielle Energie) zwischen den Massen m und m'

$$A = \frac{m\,m'}{r} = m'\,U \quad . \; . \; . \; . \; . \; . \; . \; . \; (8)$$

Oder wenn man von der Masse m' und ihrem Potential

$$U' = \frac{m'}{r}$$

ausgeht, so ist der Arbeitswert $A = m\,U'$ [1]).

Da wir die Kraft und das Potential als positiv angenommen haben, so haben wir es nach § 2 mit abstoßenden Kräften, also mit gleichnamigen Massen zu tun. Die Bewegung einer frei beweglichen Masse 1 bis ins Unendliche erfolgt also von selbst, und die Arbeit U ist von der Kraft geleistet worden und erscheint daher positiv. Wären die Massen ungleichnamig, so wäre auch F und U und A negativ; wir hätten dann eine anziehende Kraft, und die Bewegung ins Unendliche hätte gegen die Kraft F von einer anderen äußeren Kraft geleistet, also Arbeit aufgewendet werden müssen.

Das Entfernen einer magnetischen oder elektrischen Masse bis ins Unendliche ist gleichbedeutend mit dem Verschwinden oder der Vernichtung derselben. Ihr Heranbringen aus unendlicher Entfernung ist gleichbedeutend mit der Erzeugung derselben durch Induktion oder Influenz.

Da die Feldstärke gleich dem negativen Differentialquotienten des Potentiales U ist, ist die Kraft auf eine Masse m gleich dem negativen Differentialquotienten des Arbeitswertes A.

---

[1]) Es ist zu beachten, daß U nur den Arbeitswert zwischen den Massen m und 1 darstellt, also nicht die Dimension einer Arbeit hat, sondern erst nach Multiplikation mit einer Masse die Dimension einer Arbeit erhält, ebenso wie die Feldstärke erst nach Multiplikation mit einer Masse die Dimension einer Kraft erhält (vgl. § 297).

12. Potential mehrerer Massen.

Um das Potential mehrerer verschieden gelegener Massen auf eine Masse 1 zu finden, kann man die Potentiale der einzelnen Massen ohne weiteres addieren, da nach dem Vorigen das Potential keine Richtung besitzt.

Es ist also

$$U = \frac{m_1}{r_1} + \frac{m_2}{r_2} + \frac{m_3}{r_3} + \dots .$$

Um die gesamte Kraft aller dieser Massen auf die Masse 1 in irgendeiner Richtung zu erhalten, hat man U nach dieser Richtung zu differenzieren und negativ zu nehmen. Die Kräfte dürfte man nicht ohne weiteres addieren, sondern nur die in die betreffende Richtung fallenden Komponenten. Man erkennt daraus den Vorteil des Potentiales.

13. Bewegungsrichtung und Potential.

Der Potential- oder Arbeitswert zweier gleichnamigen Massen ist $\frac{m m'}{r}$. Sind sie beweglich, so stoßen sie sich ab; dabei wird r immer größer und der Potentialwert kleiner. Sind die Massen ungleichnamig, so ist der Potentialwert $-\frac{m m'}{r}$. Sind sie beweglich, so ziehen sie sich an; dabei wird r und damit auch der Potentialwert immer kleiner, da er jetzt negativ ist. Die Bewegung geht also wie bei jeder potentiellen Energie immer so vor sich, daß der Potentialwert kleiner wird. Jede Masse bewegt sich so, daß sie von Punkten höheren Potentiales zu Punkten kleineren Potentiales gelangt. Dabei wird von den Kräften selbst Arbeit geleistet. Eine umgekehrte Bewegung kann nur mit Hilfe anderer Kräfte und Arbeitsaufwand durchgeführt werden. Zwischen zwei Punkten gleichen Potentiales findet von selbst keine Bewegung statt. Erfolgt sie dennoch infolge anderer Umstände, so wird dabei weder Arbeit geleistet noch aufgewendet. Daß zwischen zwei Punkten gleichen Potentiales von selbst keine Bewegung elektrischer oder magnetischer Massen eintreten kann, folgt mathematisch auch aus der Gleichung (7), denn zwischen zwei Punkten, deren Potential U denselben Wert hat, ist die Änderung $dU = 0$, also auch $\mathfrak{H}$ und F gleich null. Wenn aber die Kraft Null ist, kann keine Bewegung eintreten.

Dies hat auch praktische Wichtigkeit für die Hochspannungstechnik, denn es folgt daraus, daß der Durchgang der Elektrizität durch Luft oder einen anderen Isolierstoff niemals in der Richtung einer Niveaufläche erfolgen kann, sondern nur in der Richtung einer Kraftlinie, wenn in dieser Richtung kein Hindernis besteht.

14. Die Niveauflächen und ihre Beziehung zu den Kraftlinien.

Flächen, deren Punkte denselben Potentialwert haben, bezeichnet man als Flächen gleichen Potentiales oder Niveauflächen. Da das Potential einer punktförmigen Masse m gleich $\frac{m}{r}$ ist, so müssen ihre Niveauflächen konzentrische Kugelflächen sein, deren Mittelpunkt die Masse m bildet. Ist beispielsweise $m = 5$ Einheiten, so hat die Niveaufläche vom Radius 1 den Potentialwert 5, die Niveaufläche vom Radius $\frac{5}{4}$ den Wert 4, die Niveaufläche vom Radius $\frac{5}{3}$ den Wert 3 usw., die Niveaufläche vom Radius 5 den Wert 1 (Abb. 18). Die Abstände zwischen den einzelnen Niveauflächen, deren Werte sich um denselben Betrag unterscheiden, werden also immer größer, je weiter man sich von der Masse entfernt. Selbstverständlich kann man sich zwischen je zweien der in Abb. 18 angedeuteten Niveauflächen noch unendlich viele denken.

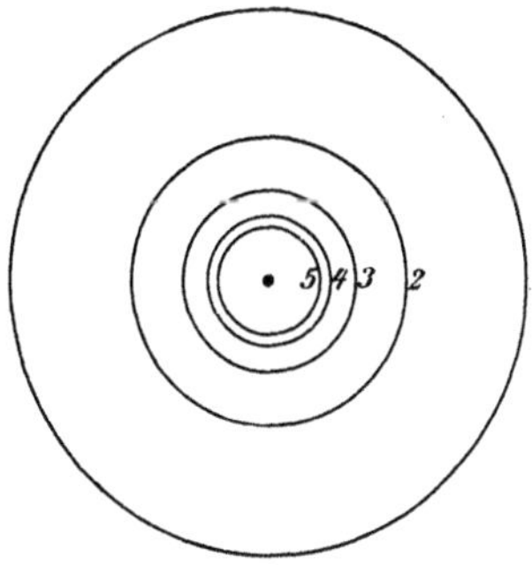

Abb. 18.

Die Kraftlinien, die von einer einzelnen punktförmigen Masse m ausgehen, müssen radial verlaufen (wie auch Abb. 2 zeigt), da kein Grund zu irgendeiner Unsymmetrie vorliegt. Die Kraftlinien stehen also senkrecht zu den Niveauflächen. Das gilt aber nicht nur für diesen besonderen Fall, sondern ganz allgemein. Denn wie auch ein Kraftfeld beschaffen sein mag, eine in dasselbe hineingebrachte frei bewegliche Probemasse wird sich immer auf dem kürzesten Wege von einer Niveaufläche zur unmittelbar benachbarten bewegen. Dieser kürzeste Weg ist die Senkrechte zwischen zwei unendlich nahen Niveauflächen.

Da die Feldstärke bestimmt ist durch die Kraft, die auf eine Masse 1 ausgeübt wird (§ 3), und diese Kraft, wie wir eben gesehen haben, senkrecht zu den Niveauflächen wirkt, so ist die Feldstärke $\mathfrak{H}$ nach Gl. 7

$$\mathfrak{H} = -\frac{dU}{ds}, \quad \dots \dots \dots \quad (9)$$

wenn mit s die an der betreffenden Stelle zur Niveaufläche senkrechte Richtung bezeichnet wird.

Die Feldstärke ist also auch definiert durch das negative Potentialgefälle senkrecht zu den Niveauflächen.

Kennt man die Niveauflächen irgendeiner magnetischen oder elektrischen Anordnung, so kann man demnach die Gestalt der Kraftlinien oder die Richtung der Kraft in jedem beliebigen Punkte angeben, und umgekehrt: kennt man die Kraftlinien, so kann man die

Niveauflächen einzeichnen. So ergeben sich z. B. die Niveauflächen in Abb. 19 (gestrichelte Linien) aus dem in Abb. 3 dargestellten Kraftlinienbild zweier *ungleichnamigen* punktförmigen Massen von gleicher Größe.

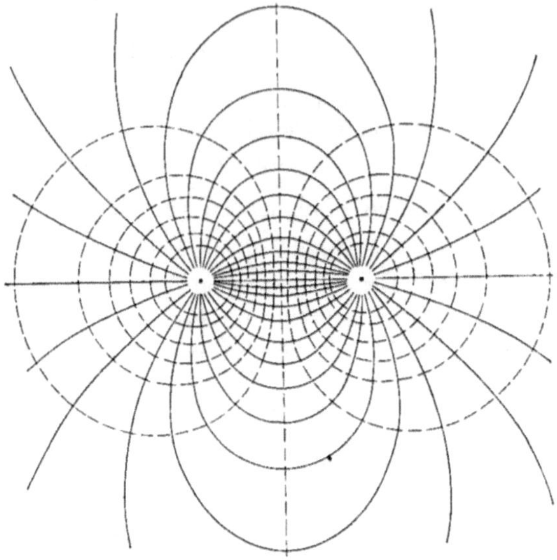

Abb. 19. Kraftlinien und Niveauflächen (gestrichelt) zweier ungleichnamigen Massen von gleicher Größe.

Abb. 20 zeigt die Kraftlinien und Niveauflächen zweier *gleichnamigen* Massen von verschiedener Größe. Wie man sieht, ist die Gestalt der Niveauflächen und Kraftlinien in nächster Nähe der beiden

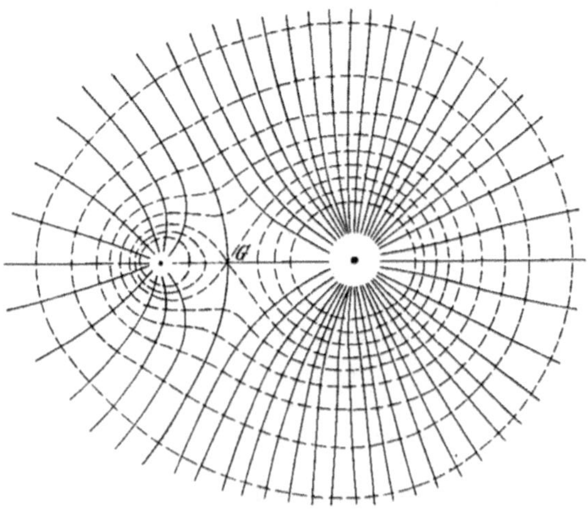

Abb. 20. Kraftlinien und Niveauflächen (gestrichelt) zweier gleichnamigen Massen von verschiedener Größe.

Massen so, als wenn jede allein vorhanden wäre. Dann kommt eine Niveaufläche, die sich in der Mitte zwischen den beiden Massen zu einem Punkte G vereinigt wie zwei mit der Spitze zusammenstoßende Kegelflächen. Die folgenden Niveauflächen vereinigen sich bereits und umschließen beide Massen. In einer Entfernung, gegen welche der gegenseitige Abstand beider Massen verschwindend klein ist, werden die Niveauflächen zu Kugelflächen wie bei einer einzelnen Masse. Im Punkte G herrscht labiles Gleichgewicht. Eine Probemasse in diesem Punkte erfährt keine Kraft, da hier beide Massen gleich stark, aber in entgegengesetzter Richtung wirken.

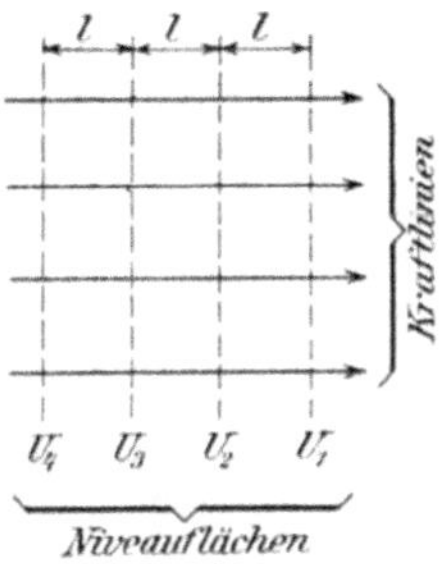

Abb. 21. Homogenes Feld.

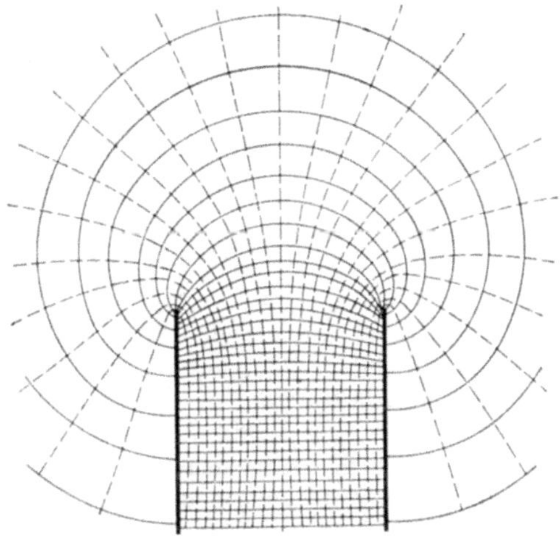

Abb. 22. Kraftlinien und Niveauflächen (gestrichelt) zweier paralleler Ebenen mit entgegengesetzter Ladung.

Betrachten wir zwei Niveauflächen vom Werte U_1 und U_2; nach § 11 ist U_1 nichts anderes als die Arbeit bei der Bewegung der Masse 1 vom Unendlichen bis auf die Niveaufläche U_1, und U_2 nichts anderes als die Arbeit bei der Bewegung der Masse 1 vom Unendlichen bis auf die Niveaufläche U_2. Mithin ist die Potentialdifferenz $U_2 - U_1$ nichts anderes als die Arbeit bei der Bewegung der Masse 1 von der Niveaufläche U_1 bis zur Niveaufläche U_2. Betrachten wir nun ein Kraftfeld, dessen sämtliche Niveauflächen parallele Ebenen sind, und dessen ganzzahlige Niveauflächen (4, 3, 2, 1) gleichen Abstand l haben (Abb. 21 im Gegensatz zu Abb. 18—20, wo die Abstände der ganzzahligen Niveauflächen immer größer werden), so ist die Feldstärke zwischen zwei solchen Niveauflächen nach Gl. 9

$$\mathfrak{H} = -\frac{dU}{ds} = -\frac{U_2 - U_1}{l} = -\frac{U_3 - U_2}{l} = \dots,$$

d. h., die Feldstärke ist im ganzen Bereich dieses Feldes konstant; mithin ist es (nach der Definition in § 5) ein homogenes Feld. Da nach dem Vorigen die Kraftlinien senkrecht zu den Niveauflächen verlaufen, so sieht man sofort, daß die Kraftlinien in Abb. 21 parallele Geraden sein müssen. Und weil die Kraftliniendichte gleich der Feldstärke ist, diese aber konstant ist, so ist die Kraftliniendichte in einem homogenen Felde konstant, d. h. die Kraftlinien haben gleiche Abstände.

Bei einem homogenen Felde, d. h. bei einem solchen, dessen Feldstärke an allen Stellen gleich ist, sind demnach nicht nur die Kraftlinien parallele Geraden und die Niveauflächen parallele Ebenen, sondern es sind sogar die Abstände der Kraftlinien und die Abstände der aufeinanderfolgenden Niveauflächen gleich[1]).

Homogene Felder treten nach § 10 zwischen 2 parallelen Flächen auf, die mit ungleichnamigen Massen von gleichmäßiger Dichte belegt sind. Abb. 22 zeigt die Niveauflächen und Kraftlinien eines solchen Feldes (Kondensatorfeld) entsprechend dem Feilspanbilde in Abb. 6. In der Nähe des Randes und außerhalb dessen ist das Feld nicht mehr homogen.

Gl. 9 kann man auch in der Form schreiben:

$$U = -\int \mathfrak{H} \cdot ds .$$

Man kann also auch sagen, das Potential ist gleich dem negativen Linienintegral der elektrischen bzw. magnetischen Kraft senkrecht zu den Niveauflächen oder in Richtung einer Kraftlinie. Und aus der vorletzten Gleichung folgt, daß eine Potentialdifferenz $U_2 - U_1$ zwischen 2 Punkten gleich dem negetiven Linienintegral der elektrischen bzw. magnetischen Kraft zwischen diesen Punkten ist, oder allgemein

$$U_2 - U_1 = -\int_1^2 \mathfrak{H} \cdot ds .$$

---

[1]) Kraftfelder, deren Niveauflächen parallele Ebenen mit verschiedenen gegenseitigen Abständen bilden, sind demnach physikalisch unmöglich. Niveauflächen, deren aufeinanderfolgende Abstände verschieden sind, können niemals Ebenen, sondern nur krumme Flächen sein.

Zweites Kapitel.

Grundgesetze der Elektrostatik.

15. Potential auf sich selbst.

Nach § 11 ist der Ausdruck $\frac{m}{r}$ das Potential einer Masse m auf eine in der Entfernung r befindliche Masse 1. Das Potential der gesamten elektrischen Ladung irgendeines Leiters in bezug auf eine der Einheit gleiche Masse von sich selbst nennt man das Potential der Ladung auf sich selbst, oder kurzweg das Potential des Leiters oder auch Selbst-Potential. Es ist dies jene Arbeit, die notwendig ist, um diese Einheit aus unendlicher Entfernung auf diesen Leiter zu bringen. Befindet sich die Ladung im Gleichgewicht, so muß das Selbst-Potential an allen Stellen des Leiters gleich sein; denn wäre dies nicht der Fall, so würde nach § 13 die Elektrizität von den Punkten höheren Potentials zu Punkten kleineren Potentials strömen, so lange, bis das Gleichgewicht hergestellt ist. Die Oberfläche jedes geladenen Leiters muß daher zugleich eine Niveaufläche sein. Da nach § 14 die Kraftlinien an jeder Stelle senkrecht zu den Niveauflächen sind, müssen sie auch senkrecht auf der Oberfläche des Leiters stehen. Beides gilt jedoch nur für elektrische, nicht aber für magnetische Massen, da sich die letzteren auf ihrem Träger nicht bewegen können.

16. Elektrizitätserzeugung. Hypothesen der Elektrizität.

Die einfachste Art der Elektrizitätserzeugung ist die, daß man zwei Körper aus verschiedenem Material miteinander reibt. Hat man auf diese Weise einen geladenen Körper erhalten, so kann man damit unbegrenzte Mengen Elektrizität erzeugen, indem man ihm einen anderen, gut leitenden Körper nähert. Auf der zugewendeten Seite zeigt sich dann eine jenem entgegengesetzte Elektrizitätsmenge, auf der abgewendeten Seite eine gleichnamige. Man nennt diesen Vorgang Elektrisierung durch Verteilung oder Influenz. Verbindet man diesen influenzierten Leiter mit einem dritten, unelektrischen Leiter, so strömt die gleichnamige Elektrizität auf diesen ab, während die ungleichnamige vermöge der durch das Coulombsche Gesetz ausgedrückten Kraft festgehalten wird. Hebt man die Verbindung mit dem dritten Körper wieder auf und entfernt den influenzierten Körper von dem ersten, so verteilt sich die zurückgebliebene Ladung über den ganzen influenzierten Körper. Diese, sowie die entgegengesetzte Ladung auf dem dritten Körper kann man nun irgendwoandershin ableiten und dann denselben Vorgang mit dem zweiten und dritten Körper wiederholen. Auf diesem Vorgang beruhen alle Influenz-Elektrisiermaschinen. Da jede der so erzeugten Ladungen eine gewisse Energie darstellt, so entsteht die Frage, wo das nach dem Gesetz von der Erhaltung der Arbeit notwendige Arbeitsäquivalent zu suchen ist. Es besteht in der bei der Entfernung des zweiten, influenzierten Körpers zur Überwindung der elektrischen Anziehungskraft nötigen Arbeit. Darum dreht sich eine Influenz-Maschine schwerer, wenn sie Elektrizität abgibt, als wenn sie leer gedreht wird.

Die Erscheinung der Influenz führt zu der ältesten Hypothese über das Wesen der Elektrizität, nach der man annimmt, daß jeder Körper unbegrenzte Mengen eines positiven und eines negativen Fluidums enthält (dualistische Hypothese). Im fluenzierten Körper findet eine Trennung der beiden dadurch statt, daß entsprechend dem Coulombschen Gesetz das ungleichnamige Fluidum angezogen, das gleichnamige abgestoßen wird.

Eine andere Hypothese ist die, daß es nur ein Fluidum gibt, von dem eine gewisse Menge in jedem Körper steckt (unitarische Hypothese). Hat ein Körper mehr von diesem Fluidum als im gewöhnlichen Zustande, so ist er beispielsweise positiv elektrisch; hat er weniger, so ist er negativ elektrisch. Der Vorgang der Influenz erklärt sich nach dieser Hypothese in der Weise, daß ein Teil des im influenzierten Körper vorhandenen Fluidums nach der dem influenzierenden Körper zugewendeten Seite strömt und daher auf dieser Seite ein Überschuß, auf der entgegengesetzten Seite aber ein entsprechender Mangel auftritt.

In neuerer Zeit nimmt man an, daß die Elektrizität — ebenso wie die materiellen Stoffe aus Atomen — aus kleinsten Teilchen bestehe, die man Elektronen nennt, und die mit den Atomen in einer Art chemischer Verbindung stehen. Dabei schwankt man noch ebenso wie früher zwischen der Annahme, ob es zwei verschiedene Arten von Elektronen oder nur eine Art gibt (vgl. § 237).

Ist einer der beiden Körper, der influenzierende oder der influenzierte, leicht beweglich, z. B. an einem isolierenden Seidenfaden aufgehängt, so nähern sich die beiden, weil die ungleichnamige influenzierte Elektrizität näher an dem influenzierenden Körper liegt, als die gleichnamige. Infolgedessen überwiegt nach dem Coulombschen Gesetz die Anziehung über die Abstoßung. Ist kein Hindernis vorhanden, so nähern sich die beiden Körper mit wachsender Kraft bis zur Berührung. In diesem Augenblick findet ein Ausgleich zwischen den ungleichnamigen Elektrizitäten beider Körper statt, so daß schließlich nur eine Art Elektrizität vorhanden ist. Sind beide Körper gute Leiter, so findet die Verteilung über beide nach dem im vorigen Paragraphen gewonnenen

Satz statt, nämlich so, daß das Potential beider Körper gleich wird. Da sie durch die Berührung gleichnamige Ladung erhalten haben, so tritt jetzt eine Abstoßung zwischen ihnen ein.

Abb. 23 zeigt die Kraftlinien und Niveauflächen, wenn eine leitende Kugel B in das Feld einer punktförmigen Masse m, wie es durch Abb. 2 dargestellt ist, gebracht wird. Da nach dem im vorigen Paragraphen gewonnenen Satz die Oberfläche dieser Kugel eine Niveaufläche sein muß, so müssen alle vorher an der Stelle der Kugel vorhandenen Niveauflächen von dieser zurückweichen bis auf eine, die denselben Wert hat, wie die Oberfläche der Kugel, und die vorher durch jene Stelle des Raumes ging, wo sich jetzt der Mittelpunkt dieser Kugel befindet. Wo diese Niveaufläche die Oberfläche der Kugel trifft, befindet sich die Grenze zwischen der ungleichnamigen und gleichnamigen induzierten Elektrizität. Daher endet ein Teil der von m ausgehenden Kraftlinien auf dem links von dieser Niveaufläche liegenden Teil der Kugeloberfläche, während von dem rechtsliegenden Teil, auf dem die mit m gleichnamige Elektrizität sitzt,

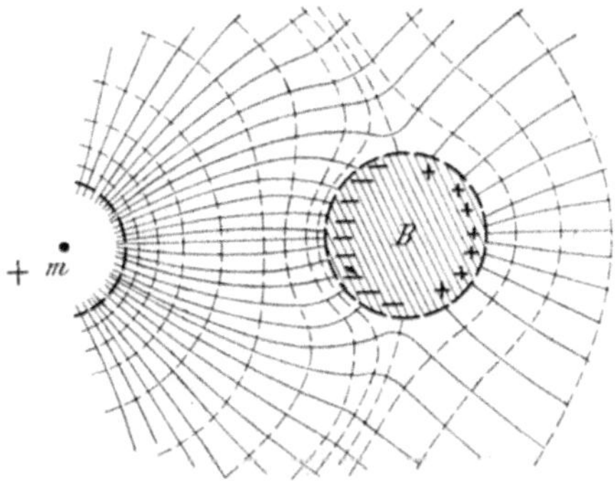

Abb. 23. Kraftlinien und Niveauflächen einer von m influenzierten Kugel.

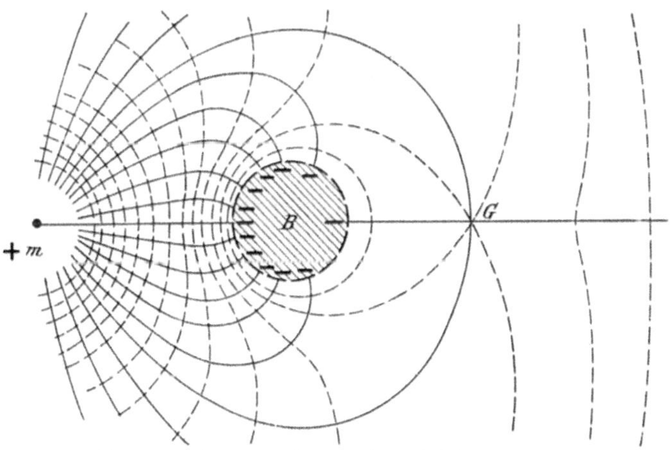

Abb. 24. Kraftlinien und Niveauflächen (gestrichelt) zweier ungleichnamigen Ladungen von verschiedener Größe.

neue Kraftlinien ausgehen. Wird nun diese Elektrizität abgeleitet, so daß nur die zu m entgegengesetzte Ladung zurückbleibt, so geht das Kraftfeld über in das durch Abb. 24 dargestellte Feld zweier verschieden großen, ungleichnamigen Ladungen. Es hat ähnlichen Charakter wie das in Abb. 19 dargestellte Feld. Bemerkenswert ist hierbei die Niveaufläche, die die Kugel B umschließt und sich jenseits derselben zum Punkt G zusammenzieht, der ein Punkt labilen Gleichgewichtes ist. Von hier aus bildet sie wieder eine geschlossene Fläche, die nun beide Ladungen umschließt. Auch alle folgenden Niveauflächen umschließen beide Ladungen, weil die induzierende Ladung m größer ist als die auf B induzierte und daher überwiegt. Nur wenn entgegengesetzte Ladungen genau gleich groß sind (Abb. 19), gibt es keine Niveauflächen, die beide umschließen, weil keine Ladung überwiegt.

17. Verteilung der Elektrizität auf Leitern und auf Isolatoren.

Befindet sich eine elektrische Ladung auf einem Leiter im Gleichgewicht, so muß ihre Verteilung eine solche sein, daß auf keinen Punkt im Innern des Leiters eine elektrische Kraft ausgeübt wird. Denn wäre eine solche Kraft an irgendeiner Stelle vorhanden, so würde hier Elektrizität durch Influenz erzeugt werden und eine Bewegung derselben so lange stattfinden, bis das Gleichgewicht hergestellt ist, d. h. bis diese Kraft wieder verschwunden ist. Es ist dabei ganz gleichgültig, ob sich Elektrizität nur auf dem betreffenden Leiter selbst oder auch auf anderen benachbarten Leitern befindet.

Dasselbe ergibt sich aus dem in § 15 gewonnenen Satz, wonach das Potential eines Leiters in allen Punkten dasselbe ist. Da die elektrische Kraft gleich dem negativen Differentialquotienten des Potentials ist, und der Differentialquotient einer nach allen Richtungen konstanten Größe null ist, so ist auch die Kraft nach jeder beliebigen Richtung im Innern des Leiters null. Daraus folgt, daß die von einem geladenen Leiter ausgehende Kraft nur nach außen wirken kann. Ferner folgt daraus, daß sich keine Elektrizität im Innern eines Leiters, sondern nur in einer sehr dünnen Schicht auf der Oberfläche befinden kann. Denn gäbe es irgendwo im Innern elektrische Massen, so müßten zwischen diesen und den auf der Oberfläche befindlichen Kräfte auftreten.

Diese Sätze sind durch sorgfältige experimentelle Untersuchungen Faradays bestätigt worden. Der bemerkenswerteste dieser Versuche ist folgender. Führt man einen geladenen Leiter an einer isolierenden Handhabe in das Innere eines genügend tiefen, leitenden Hohlzylinders ein und berührt damit die innere Fläche, so gibt er seine ganze Ladung an den Zylinder ab, und sie findet sich dann nur auf der äußeren Oberfläche des Zylinders vor, während auf der inneren keine Spur einer Ladung nachzuweisen ist. Hätte man den geladenen Leiter von außen mit dem Zylinder in Berührung gebracht, so hätte er nur einen Teil seiner Ladung abgegeben, nämlich nur so viel, um auf beiden Leitern gleiches Potential herzustellen.

Wenn es im Innern eines Leiters keine elektrische Kraft gibt, kann es da auch keine Kraftlinien geben. Sie beginnen oder endigen immer in der auf der Oberfläche des Leiters sitzenden Ladung. Und da schließlich alle elektrischen Kräfte von irgendwelchen Ladungen herrühren, so folgt, daß die elektrischen Kraftlinien überhaupt keine geschlossenen Linien sein können, sondern daß sie immer einen Anfang und ein Ende auf irgend zwei Ladungen haben[1]). Dabei ist es gleichgültig, ob die Ladungen ruhen oder sich bewegen, weil die elektrischen Kräfte unter allen Umständen bestehen. Elektrische Kraftlinien gehen also auch von den elektrischen Strömen aus. Sie beginnen auf einem positiven und endigen auf einem negativen Leitungsdraht (vgl. Abb. 276).

Für magnetische Kraftlinien gelten diese Schlüsse nicht, da die magnetischen Körper auch im Innern magnetische Massen haben. Desgleichen gelten sie nicht für solche Körper, auf denen sich die Elektrizität nicht frei bewegen kann, also für Isolierstoffe. Denn wenn sich die elektrischen Massen nicht bewegen können, so verbleiben sie an ihren Stellen auch dann, wenn Kräfte auf sie wirken. Aus demselben Grunde kann auf solchen Körpern auch keine freie Ladung influenziert werden. Infolgedessen ist das Potential im Innern eines Isolierstoffes nicht konstant, die Kraftlinien können auf einem solchen nicht anfangen oder enden, sondern gehen durch ihn hindurch. Nur infolge dieses Umstandes ist es möglich, die Kraftlinien in Luft oder in einer isolierenden Flüssigkeit sichtbar darzustellen, wie in Abb. 4. Darum nennt man einen isolierenden Stoff auch Diëlektrikum oder einfacher Diëlektrik. Streng genommen gibt es allerdings keine vollkommenen Isolatoren, denn unter dem Einfluß sehr starker Kräfte tritt auch in den besten Isolatoren, wie Gummi, Glimmer, Glas, Porzellan, eine langsame Bewegung der Elektrizität auf. Infolgedessen erscheinen freie Ladungen im Innern und an der Oberfläche (Grenzfläche) solcher Stoffe. In diesen Ladungen beginnen oder endigen eine entsprechende Anzahl elektrischer Kraftlinien, während andere an ihnen vorbeigehen, um irgendwoanders (auf den influenzierenden Ladungen) zu endigen bzw. zu beginnen.

18. Elektrostatische Schirmwirkung.

Das im Vorigen gewonnene Gesetz, daß auf das Innere eines leitenden Körpers keine elektrische Kraft wirken kann, hat eine für die Praxis wichtige Folge. Bringt man in das Innere eines hohlen Leiters einen anderen, so kann auf diesen keine Elektrizität durch Influenz von außen her erzeugt werden, weil eben keine Kraft auf ihn wirkt, die die Verteilung der Elektrizität bewirken würde. Die äußere Oberfläche eines Leiters wirkt auf den ganzen inneren Raum wie ein Schirm. Versuche haben gezeigt, daß dies auch dann noch gilt, wenn der schirmende Leiter nicht aus einer geschlossenen Fläche, sondern aus einem engmaschigen leitenden Gitter besteht. Der Grund

[1]) Das elektrische Feld ist also immer ein wirbelfreies oder lamellares. Tatsächlich ist es noch nie gelungen, elektrische Kraftlinien, die in sich geschlossen sind wie magnetische Kraftlinien, irgendwie nachzuweisen. Daher sind Behauptungen, daß es solche elektrische Kraftlinien geben müsse, nur Fiktionen, die mit der physikalischen Wirklichkeit in Widerspruch stehen (vgl. auch § 117 u. 171).

liegt darin, daß die auf den Drähten des Gitters influenzierte Elektrizität die äußeren Kraftlinien an sich heranzieht, wie Abb. 25 zeigt, so daß keine übrigbleiben, die in das Innere gelangen könnten. Nur wenn die Maschen so weit sind, daß nicht alle Kraftlinien an die Drähte des Gitters herangezogen werden, gelangen einzelne in das Innere. — Für die Schirmwirkung genügt auch schon eine zylindrische Fläche oder ein zylindrisches Gitter, wenn es so aufgestellt ist, daß alle Kraftlinien die Mantelfläche treffen und nicht durch die offenen Basisflächen in das Innere eintreten können. Solche Schirme werden angewendet, wenn man z. B. beim Experimentieren einen Körper von elektrischen Kräften schützen will, sowie als Schutz gegen atmosphärische Entladungen[1]).

Eine Schirmwirkung nach einer Seite wird auch von einer vollen oder gegitterten leitenden

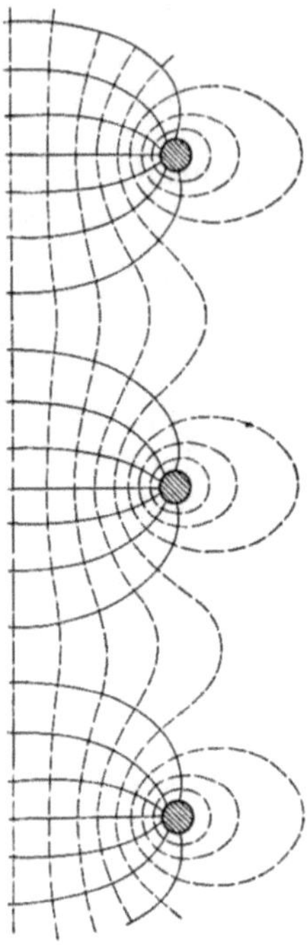

Abb. 25. Schirmwirkung eines Drahtgitters.

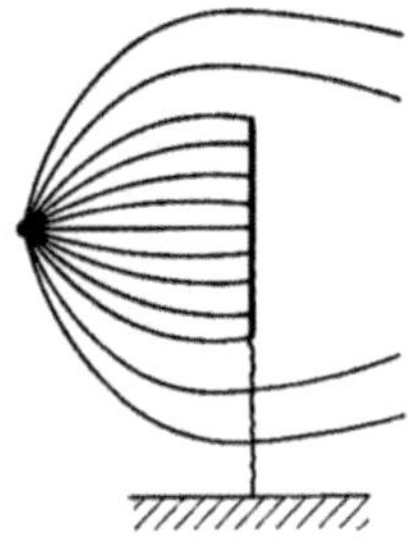

Abb. 26. Schirmwirkung einer zur Erde abgeleiteten Fläche.

Fläche ausgeübt, wenn sie zur Erde abgeleitet ist. Die Kraftlinien, die z. B. von einer positiven Ladung ausgehen und von links auf diese Fläche treffen (Abb. 26), induzieren auf ihrer linken Seite eine negative Ladung. In dieser finden die Kraftlinien ihr Ende. Der Raum rechts von der Fläche ist demnach frei von Kraftlinien. Wäre aber die Fläche nicht mit der Erde verbunden, so wäre eine gleichgroße positive Ladung auf der rechten Seite der Fläche vorhanden und würde Kraftlinien nach rechts aussenden.

---

[1]) Solche Schutzgitter sind zuerst von der österreichischen technischen Militärverwaltung zum Schutz von Wachhäusern und Pulvertürmen in dem häufigen atmosphärischen Entladungen ausgesetzten Karstgebiete angewendet und dann vom Elektrotechnischen Verein zum Schutze von Sprengstoffabriken und -Lagerhäusern empfohlen werden. ETZ 1904, S. 835; 1906, S. 576.

19. Potential einer geladenen Kugel auf sich selbst und auf einen äußeren Punkt.

Befindet sich eine mit der Elektrizitätsmenge Q geladene[1]), leitende Kugel außerhalb des Bereiches aller anderen elektrischen Massen, so muß die Dichte der auf der Oberfläche sitzenden Elektrizität an allen Stellen dieselbe sein, weil eine Kugel ein nach allen Richtungen symmetrisches Gebilde ist. Da das Potential der Ladung auf alle Punkte der Kugel dasselbe ist, so muß dies auch vom Mittelpunkt gelten. Ist σ die Ladung auf der Flächeneinheit, also die Flächendichte, so ist das Potential derselben auf den Mittelpunkt $\frac{\sigma}{r}$ wenn r der Radius der Kugel ist. Da alle Teilchen der Ladung gleichweit vom Mittelpunkt entfernt sind, und die Potentiale mehrerer Massen ohne weiteres addiert werden können (§ 12), so ist das Potential U der gesamten Ladung Q auf den Mittelpunkt: $U = \frac{Q}{r}$, und das ist zugleich das Potential der Kugelladung auf sich selbst.

Infolge der allseitigen Symmetrie einer gleichmäßig geladenen Kugel ist nicht nur die Oberfläche, sondern auch jede andere die Kugel konzentrisch umschließende Kugelfläche eine Niveaufläche. Daran ändert sich nichts, wenn wir uns die Kugel mit ihrer Ladung zu einer kleineren Kugel zusammengeschrumpft denken. Die frühere Oberfläche ist jetzt auch eine Niveaufläche. Schließlich können wir uns die Kugel ganz in ihren Mittelpunkt zusammengeschrumpft denken, wo nun die ganze Ladung Q sitzt. An den äußeren Niveauflächen der früheren Kugel ist dadurch nichts geändert worden und daher ist das Potential der geladenen Kugel auf einem äußeren Punkt so, als ob die Ladung im Mittelpunkt konzentriert wäre, also gleich $\frac{Q}{a}$, wenn a der Abstand dieses Punktes vom Mittelpunkt ist. Die Feldstärke in diesem Punkte ist $\mathfrak{H} = -\frac{dU}{da} = \frac{Q}{a^2}$. Und weil nach obigem $Q = rU$, so ist $\mathfrak{H} = \frac{rU}{a^2}$.

Da die Oberfläche einer Kugel gleich $4\pi r^2$ ist, so ist die ganze Ladung derselben $Q = 4\pi r^2 \sigma$, und $U = 4\pi r \sigma$. Mithin $\mathfrak{H} = \frac{4\pi r^2 \sigma}{a^2}$. Für die Oberfläche oder ihre unmittelbare Nähe ist $a = r$, also $\mathfrak{H} = 4\pi\sigma$. Das steht in Übereinstimmung mit dem auf S. 15 erhaltenen Satz, daß sich beim Durchgang durch eine mit der Flächendichte σ versehene Fläche die Feldstärke um $4\pi\sigma$ ändert. Da die elektrische Feldstärke im Innern eines Leiters Null, außen aber $4\pi\sigma$ ist, so ist eben die Änderung gleich $4\pi\sigma$.

Da eine gleichmäßige Kugelladung so wirkt, als ob sie im Mittelpunkt vereinigt wäre, wirkt auch eine gleichmäßige Ladung eines **Zylinders** so, als ob sie in gleichmäßiger linearer Verteilung auf der Achse säße. Streng genommen gilt das nur, wenn man von der Ladung auf den Endflächen des Zylinders absieht, oder von einem im Verhältnis zum Durchmesser sehr langen Zylinder (Leitungs-

---

[1]) In der Elektrostatik wird die auf einem Leiter sitzende elektrische Masse gewöhnlich „Ladung" Q genannt. Es gilt dafür alles, was im 1. Kapitel über eine dem Coulombschen Gesetz unterworfene Masse m gesagt wurde.

draht). Es sei hier gleich bemerkt, daß auch ein elektrischer Strom in einem zylindrischen Leiter so nach außen wirkt, als wenn er in der Achse konzentriert wäre.

Ist Q die Ladung, so gehen $4\pi Q$ Kraftlinien vom Zylinder aus (§ 6) und sind gleichmäßig verteilt, wenn keine störenden Einflüsse vorhanden sind. Denkt man sich eine diesen Zylinder konzentrisch umschließende Zylinderfläche mit dem Radius a, so ist ihr Flächeninhalt $2\pi a l$, wenn l die Länge bedeutet. Mithin ist die Kraftliniendichte oder Feldstärke $\mathfrak{H}$ im Abstande a von der Achse: $\mathfrak{H} = \frac{4\pi Q}{2\pi a l} = \frac{2Q}{al}$. Ist U das Potential der Ladung, so ist (§ 14) $\mathfrak{H} = -\frac{dU}{da}$.

Mithin $U = -\int \frac{2Q}{al}\, da = -\frac{2Q}{l} \log \operatorname{nat} a + c$, wobei c die Integrationskonstante ist. Zu ihrer Bestimmung nehmen wir an, daß U in genügend großer Entfernung Null ist. Diese Entfernung wird offenbar um so größer angenommen werden müssen, je länger der Zylinder ist. Im Abstande l wird das annähernd gelten[1]). Dann ist $0 = -\frac{2Q}{l} \log \operatorname{nat} l + c$. Somit ist

$$U = -\frac{2Q}{l} \log \operatorname{nat} a + \frac{2Q}{l} \log \operatorname{nat} l = \frac{2Q}{l} \log \operatorname{nat} \frac{l}{a}.$$

Das Potential der Ladung auf sich selbst ist an allen Stellen des Zylinders gleich und ergibt sich aus $a = r$ zu:

$$U = \frac{2Q}{l} \log \operatorname{nat} \frac{l}{r}.$$

20. Abhängigkeit der elektrischen Dichte vom Krümmungsradius. Spitzenwirkung.

Werden zwei geladene, leitende Kugeln durch einen dünnen Draht verbunden (Abb. 27), so stellt sich nach § 15 das elektrische Gleichgewicht derart her, daß das Potential beider Kugeln gleich ist. Ist Q die Elektrizitätsmenge auf der einen, Q' die auf der anderen Kugel, so ist demnach $U = \frac{Q}{r} = \frac{Q'}{r'}$; d. h. die Ladungen verteilen sich so zwischen den beiden Kugeln, daß die Elektrizitätsmengen sich so verhalten wie die Radien.

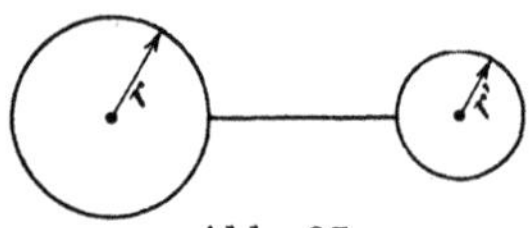

Abb. 27.

Aus der letzten Gleichung folgt

$$Q = rU \quad \text{und} \quad Q' = r'U.$$

Da die Oberfläche der einen Kugel $4\pi r^2$, die der anderen $4\pi r'^2$ ist, so ist die Flächendichte der elektrischen Ladung auf der einen $\sigma = \frac{Q}{4\pi r^2} = \frac{U}{4\pi r}$ und auf der anderen $\sigma' = \frac{Q'}{4\pi r'^2} = \frac{U}{4\pi r'}$.

---

[1]) In diesem Verfahren zur Bestimmung der Integrationskonstante c liegt eine gewisse Willkür. In praktischen Fällen endigen die vom Zylinder ausgehenden Kraftlinien entweder auf benachbarten Leitern oder auf der Erde. Im letzteren Falle gilt also die in Abb. 31 dargestellte Anordnung mit den entsprechenden Formeln auf S. 39 und 50.

Mithin

$$\frac{\sigma}{\sigma'} = \frac{r'}{r},$$

d. h. die Dichten verhalten sich umgekehrt wie die Radien.

Daraus folgt, daß auf irgendeinem anders geformten Körper die elektrische Dichte dort am größten ist, wo der Krümmungsradius am kleinsten ist. Hat der Leiter eine Spitze, so muß demnach die Dichte am äußersten Ende der Spitze theoretisch unendlich groß, praktisch jedenfalls sehr groß sein.

Da die Feldstärke in unmittelbarer Nähe einer geladenen Oberfläche nach § 10 gleich $2\pi\sigma$ und andererseits nach § 14 gleich dem negativen Potentialgefälle $-\frac{dU}{ds}$ ist, so folgt, daß auch das Potentialgefälle gegenüber einer Spitze am größten ist, d. h., daß die Niveauflächen hier am dichtesten an die Oberflächen herantreten, wie Abb. 28 zeigt. Daraus folgt weiter, daß in der Spitze verhältnismäßig am meisten Kraftlinien zusammenlaufen und in ihrer Nähe am stärksten konvergieren müssen.

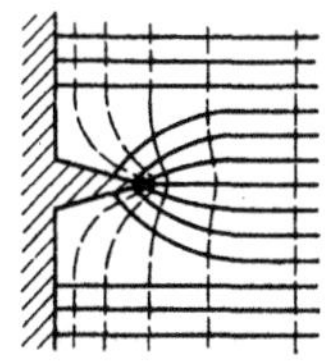

Abb. 28. Kraftlinien und Niveauflächen bei einer leitenden Spitze.

21. Kapazität.

Ebenso wie ein Gefäß ein bestimmtes Fassungsvermögen für irgendein Gas hat, so besitzt auch jeder Leiter ein bestimmtes Fassungsvermögen für Elektrizität. Man nennt es die Kapazität des Körpers.

So wie die von einem Gefäß aufgenommene Gasmenge dem Druck, unter dem es steht, proportional ist, ist auch die auf einem Leiter befindliche Elektrizitätsmenge dem Potential proportional, also

$$Q = CU \quad \ldots\ldots\ldots\ldots \quad (10)$$

Mithin ist C die Kapazität des Leiters. Setzt man $U = 1$, so ist $C = Q$. Das heißt: Die Kapazität eines Leiters ist ausgedrückt durch jene Elektrizitätsmenge, die nötig ist, um ihn auf das Potential Eins zu bringen.

Nach § 6 ist die von einer Elektrizitätsmenge ausgehende Kraftlinienmenge gleich dem 4π-fachen derselben. Mithin ist

$$4\pi Q = 4\pi CU = \mathfrak{Z},$$

wenn $\mathfrak{Z}$ die gesamte von dem Leiter ausgehende Kraftlinienmenge bedeutet. Daraus folgt

$$C = \frac{\mathfrak{Z}}{4\pi U} \quad \ldots\ldots\ldots\ldots \quad (11)$$

Die Kapazität eines Leiters ist also proportional der von ihm ausgehenden Kraftlinienmenge.

Die Kapazität ist abhängig von der Größe und Gestalt des Leiters. Für eine Kugel kann man sie leicht angeben, wenn man Gl. 10 mit $Q = rU$ vergleicht (§ 19). Man sieht, daß $C = r$ ist, d. h. die Kapazität einer Kugel ist gleich ihrem Radius. Drückt man den Radius in cm aus, so erhält man die Kapazität in absoluten elektrostatischen Einheiten. Die üblichen praktischen Einheiten der Elektrotechnik sind das Farad und das Mikrofarad. 1 Farad $= 9 \cdot 10^{11}$, 1 Mikrofarad $= 9 \cdot 10^{5}$ absoluten elektrostatischen Einheiten (§ 300).

Aus dem auf S. 30 berechneten Selbstpotential U eines Kreiszylinders, dessen Länge l groß ist gegenüber dem Radius r (Leitungsdraht), ergibt sich nach obiger Definition seine Kapazität:

$$C = \frac{Q}{U} = \frac{l}{2 \log \operatorname{nat} \frac{l}{r}}.$$

Bei den Rechnungen der drahtlosen Telegraphie wird für die Kapazität eines auf der Erde senkrecht stehenden Leiters die Formel

$$C = \frac{l}{2 \log \operatorname{nat} \frac{2l}{r}}$$

benutzt.

Die Kapazität einer kreisförmigen Scheibe vom Radius r, auf deren beiden Seiten Elektrizität sitzt, ist:

$$C = \frac{2r}{\pi} = \frac{r}{1{,}57}.$$

Für Rotationsellipsoide gelten folgende Formeln, wenn die beiden Achsen mit a und b, die Exzentrizität $\frac{a^2 - b^2}{a^2}$ mit g bezeichnet wird. Es ist dann für ein Rotationsellipsoid, entstanden durch Rotation um die große Achse:

$$C = \frac{2ag}{\log \operatorname{nat} \frac{1+g}{1-g}}$$

und für das Rotationsellipsoid um die kleine Achse

$$C = \frac{ag}{\operatorname{arc} \sin g}.$$

Befinden sich diese Leiter nicht in Luft, sondern in einem Dielektrikum von der Konstante ϑ, so sind diese Formeln noch mit ϑ zu multiplizieren (vgl. § 27). Über die Kapazität von Kondensatoren vgl. § 26.

22. Potential und Kapazität der Erde.

Die Kapazität der Erde, als leitende Kugel betrachtet, ist gleich ihrem Radius. Demnach ist ihre Kapazität gegenüber allen unseren Apparaten so groß, daß man sie ohne weiteres als unendlich groß annehmen kann. Wenn man eine elektrische Ladung, wie man sie im Laboratorium herstellt, der Erde zuführt, so ist dies ebenso, als würde man ein Glas Wasser ins Meer schütten.

Die Erde besitzt jedoch, wie unzweifelhaft nachgewiesen ist, ein gewisses Potential und daher auch eine Ladung[1]). Daß wir davon nichts merken, kommt daher, daß wir uns in unmittelbarer Nähe der Erde befinden und daher dasselbe Potential haben wie sie. Eine Ladung wird aber nur dann bemerkbar, wenn ein Unterschied gegen eine andere Ladung, also eine Potentialdifferenz besteht.

Wir nehmen daher das Potential der Erde als den Nullwert des Potentials an und beziehen alle anderen darauf, ebenso wie wir die Meeresoberfläche als Nullpunkt für die Bodenerhebungen und den Gefrierpunkt als Nullpunkt für die Temperaturmessung annehmen. Die Definition des Potentiales als Arbeitswert (§ 11, 15) ist jetzt dahin abzuändern, daß es jene Arbeit darstellt, die notwendig ist, um eine gleichnamige Masse 1 von der Erde aus an die betreffende Stelle oder auf den betreffenden Leiter zu bringen. Ein positives Potential hat dann jeder Körper, der ein größeres Potential besitzt als die Erde; wir sagen kurz: er ist positiv geladen. Ein negatives Potential besitzt jeder Körper, der ein kleineres Potential besitzt als die Erde; wir sagen kurz: er ist negativ geladen. Das Potential U eines Körpers ist nun also gleich der Potentialdifferenz gegen Erde.

Wird ein Leiter mit einem Pol einer Stromquelle, deren elektromotorische Kraft E ist, verbunden, während der andere Pol mit der Erde verbunden ist, so ist sein Potential $U - 0 = U = E$.

[1]) Ist σ die Flächendichte der Erdladung, so ist diese $Q = 4\pi r^2 \sigma$, weil $4\pi r^2$ die Oberfläche einer Kugel ist. Die Feldstärke an der Oberfläche ist nach § 19: $\mathfrak{H} = 4\pi\sigma$. Infolge des riesigen Radius der Erde kann man in einer Ebene das Potentialgefälle bis zu 10 m über der Erde als konstant betrachten. Mißt man also die Potentialdifferenz zwischen zwei Punkten in senkrechtem Abstande mittels eines in Volt geeichten Elektrometers (Abb. 29 oder 30) und mittels einer Flammen- oder Tropfelektrode, so erhält man $\mathfrak{H}$. Dieses ist im Durchschnitt gleich 1 Volt $= \frac{1}{300}$ ESE (§ 300) für 1 cm. Mithin ist

$$\sigma = \frac{1}{300 \cdot 4\pi} = 2{,}6 \cdot 10^{-4}\ \text{ESE}.$$

Der Radius der Erde in Zentimetern ist rund $64 \cdot 10^7$. Daher ist die ganze Ladung der Erde

$$Q = 4\pi(64 \cdot 10^7)^2\, 2{,}6 \cdot 10^{-4} = 13 \cdot 10^{14}\,\text{ESE} = 43 \cdot 10^4\ \text{Coulomb (§ 300)},$$

und das Potential

$$U = \frac{Q}{r} = \frac{13 \cdot 10^{14}}{64 \cdot 10^7} = 2 \cdot 10^6\,\text{ESE} = 6 \cdot 10^8\ \text{Volt}.$$

Die Erdladung hat sich als negativ erwiesen.

Die vorstehende Berechnung setzt allerdings voraus, daß die Flächendichte der Ladung gleichmäßig ist, was wegen der Unebenheiten und wegen der in höheren Schichten der Atmosphäre nachweisbaren positiven Ladungen nur angenähert zutrifft. Diese positiven Ladungen außerhalb der Erde legen den Schluß nahe, daß diese Ladungen und die negative Ladung der Erde dadurch entstanden sind, daß durch radioaktive Stoffe, ultraviolette Lichtstrahlen u. dgl. eine Ionisierung neutraler Atome (§ 243) und Auseinanderführung der + und — Ionen stattfindet. Ist auf solche Weise die Potentialdifferenz zwischen Erde und einer Atmosphärenschicht sehr groß geworden, so findet durch atmosphärische Entladungen ein Ausgleich statt.

23. Elektroskop, Elektrometer.

Zur Vergleichung des Potentiales (Messung der Potentialdifferenz) dient das Elektroskop, das aus zwei an einem Draht befestigten Streifen von Blatt-Gold oder Blatt-Aluminium besteht (Abb. 29), die zum Schutz gegen Luftzug in einem Glasgefäße eingeschlossen sind. Die durch den herausragenden Draht der beiden Blättchen zugeführte Ladung bringt eine Divergenz der Blättchen infolge gegenseitiger Abstoßung hervor, die um so größer ist, je größer die zugeführte Elektrizitätsmenge ist. Da die Kapazität der Blättchen konstant ist, so ist nach Gl. 10 diese Elektrizitätsmenge proportional dem Potential desjenigen Leiters, von dem die Blättchen ihre Ladung erhalten. Die Divergenz der Blättchen ist also ein Maß für das Potential des Leiters, mit dem man das Elektroskop in Berührung gebracht hat. Das gilt aber nur, wenn sich in der Nähe des Elektroskops keine Ladung befindet, die einen Einfluß auf die Blättchen ausüben kann. Insbesondere darf auf dem Glasgehäuse des Elektroskops keine Ladung sitzen. Da dies im allgemeinen schwer zu erreichen ist, macht man den Mantel des Gehäuses aus Metall und verbindet ihn mit der Erde. Die Divergenz der Blättchen hängt dann ab von ihrem Potential, bezogen auf das Nullpotential der Erde. Bringt man die Blättchen mit einem Körper vom Potential U_1 und das Gehäuse mit einem Potential U_2 in Verbindung, so hängt die Divergenz von der Potentialdifferenz $U_1 - U_2$ ab. Potentialdifferenzen in einem bestimmten Maßsystem kann man leicht durch galvanische Zellen oder elektrische Maschinen herstellen; man ist dadurch in der Lage, ein Elektroskop empierisch zu eichen. Um die Divergenz der Blättchen ablesen zu können, bringt man auf der vorderen Glasplatte eine Skala an. Die Rückwand trägt zweckmäßigerweise einen Spiegel, um die Blättchen auf ihr Spiegelbild projizieren zu können und so eine schiefe Ablesung zu vermeiden.

Abb. 29. Goldblattelektroskop.

Abb. 30. Elektrometer nach Braun.

Abb. 30 zeigt ein ähnliches Instrument, das Braunsche Elektrometer (ausgeführt von Günther & Tegetmeyer, Braunschweig), das sich für größere Potentialdifferenzen eignet. Es besteht aus einem doppelarmigen, um die Mitte drehbaren Aluminiumstreifen. Die untere Hälfte ist etwas schwerer als die obere, so daß sich der Streifen lotrecht einstellt. Die Achse des Streifens wird von dem durch die Mitte des Gehäuses gehenden, isolierten Metallstab getragen. Wird diesem von oben eine Ladung zugeführt, so teilt sie sich durch die Achse dem Streifen mit, dessen oberer und unterer Teil infolgedessen von dem Stabe abgestoßen wird. Der Streifen stellt sich mithin um so schräger ein, je größer das Potential der zugeführten Ladung, bzw. die Potentialdifferenz zwischen ihr und dem Gehäuse ist.

24. Oberflächenspannung einer elektrischen Ladung.

In § 11 haben wir gefunden, daß die Kraft, die zwischen der mit der Dichte σ geladenen Oberfläche eines Leiters und einer in unmittelbarer Nähe befindlichen elektrischen Masse m wirkt, $F = 2\pi\sigma m$ ist. Haben σ und m gleiches Vorzeichen, so wird m abgestoßen. Setzt man für m die Elektrizitätsmenge ein, die auf der Flächeneinheit des Leiters selbst sitzt, das ist die Flächendichte σ, so ist

$$F_{ob} = 2\pi\sigma^2 \quad . \; . \; . \; . \; . \; . \; . \; . \; . \quad (12)$$

Das ist also die Kraft, die von der Ladung eines Leiters auf jede Flächeneinheit dieser Ladung selbst ausgeübt wird. Da nach § 17 auf das Innere eines Leiters keinerlei Kraft wirken kann, so muß F_{ob} nach außen wirken, und zwar an jeder Stelle senkrecht zur Oberfläche, da nach § 14 die Oberfläche eines Leiters eine Niveaufläche ist. Die Ladung eines Leiters wirkt mithin so, wie eine nach außen drückende Oberflächenspannung. Elektrisiert man eine Seifenblase, so dehnt sie sich dementsprechend aus.

Ist die Flächendichte σ sehr groß, so kann diese abstoßende Kraft der Ladung auf ihre eigenen Elektrizitätsteilchen so stark werden, daß sie auf den umgebenden Isolierstoff (Luft) übergehen. Ist diese Erscheinung noch schwach, so nennt man sie Zerstreuung der Elektrizität, ist sie stark, so spricht man von Entladung. Besondere Umstände begünstigen das. (§ 243, 246.)

Zahlenbeispiel. Eine leitende Kugel von 5 cm Radius werde mit einer Elektrizitätsquelle von 3000 Volt Spannung gegen Erde verbunden. Da eine absolute Einheit gleich 300 Volt ist (§ 300), so sind dies 10 absolute Einheiten. Nach § 21 ist die Elektrizitätsmenge auf der Kugel $Q = rU = 5 \cdot 10 = 50$ absol. Einheiten. Die Oberfläche der Kugel ist $4\pi r^2 = 314$ cm². Daher die elektrische Dichte auf der Kugel $\sigma = \frac{50}{314} = 0{,}16$. Wird die Kugel mit einer kurzen Spitze versehen, deren äußerster Krümmungsradius 0,001 cm ist, so ist nach § 20 die elektrische Dichte an der Spitze $\sigma = \sigma' \frac{r}{r'} = 0{,}16 \frac{5}{0{,}001} = 80$. Daher wäre die Oberflächenspannung an dieser Spitze $F_{ob} = 2 \cdot 3{,}14 \cdot 80^2 = 40000$ Dyn $= \frac{40000}{980} = 41$ Grammgewicht, wenn die Spitze eine Oberfläche von 1 cm² hätte. Da sie aber entsprechend dem angenommenen Radius nur ungefähr 0,000001 cm² Fläche hat, ist der Druck der Ladung nach außen ungefähr 0,000041 Grammgewicht.

25. Einfluß eines benachbarten mit der Erde verbundenen Leiters. Kondensator.

Nach § 15 ist das Potential eines geladenen Leiters jene Arbeit die geleistet werden muß, wenn man die Elektrizitätsmenge 1 aus unendlicher Entfernung oder von der Erde aus auf diesen Leiter bringt.

Wir setzen den Fall, daß sich in der Nähe eines positiv geladenen Körpers ein anderer, negativ geladener befinde. Wenn wir nun eine positive Elektrizitätsmenge 1 von der Erde aus heranbringen, so wird uns dabei die von dem negativ geladenen Körper ausgehende Anziehung auf diese Elektrizitätsmenge unterstützen. Wir werden infolgedessen weniger Arbeit zu leisten haben; d. h. durch die Anwesenheit des negativen Körpers ist das Potential des positiven erniedrigt worden. Dasselbe gilt natürlich auch für den negativen Körper; auch sein Potential ist durch die Nachbarschaft des positiven erniedrigt worden.

Eine derartige Anordnung kann man am leichtesten dadurch herstellen, daß man in die Nähe eines geladenen Leiters einen anderen bringt, der zur Erde abgeleitet ist. In diesem wird eine entgegengesetzte Ladung induziert, während eine gleich große gleichnamige zur Erde abströmt. Wir haben also zwei entgegengesetzt geladene Körper, für die das oben Gesagte gilt. Die günstigste Anordnung wird natürlich die sein, wo die beiden Leiter möglichst nahe beieinander sind und möglichst große Oberflächen haben; also parallele Flächen wie z. B. 2 konzentrische Hohlkugeln, 2 konaxiale Zylinder oder 2 ebene parallele Platten. Man nennt solche Anordnungen Kondensatoren, da jede der beiden Flächen jetzt mehr Elektrizität aufnehmen kann als für sich allein. Der Grund dafür liegt in der eben geschilderten Erniedrigung des Potentiales; denn nach § 21 ist die Kapazität einer der beiden Flächen $C = \frac{Q}{U}$. Wird nun durch die Anwesenheit der zweiten Platte U kleiner, so ist bei gleicher Elektrizitätsmenge der Wert des Bruches größer. Die Kapazität ist also größer geworden, und man muß jetzt, um wieder das Potential U zu erreichen, mehr Elektrizität zuführen[1]).

Die Ladung der beiden Leiter mit entgegengesetzten Elektrizitäten kann natürlich auch dadurch geschehen, daß man sie mit den beiden Polen einer Stromquelle verbindet. Diese liefert dann soviel Elektrizität, als nötig ist, um jeden Leiter auf dasselbe Potential zu bringen

[1]) Die Abnahme des Potentiales bei gleichbleibender Elektrizitätsmenge kann man zeigen, wenn man eine Platte mit einem Elektroskop verbindet und entfernt von der anderen lädt. Nähert man nun die zweite zur Erde abgeleitete Platte, so wird der Ausschlag kleiner. Die Fähigkeit, bei konstantem Potential eine größere Elektrizitätsmenge aufzunehmen, also die Vergrößerung der Kapazität, kann man dadurch zeigen, daß man die eine Platte entfernt von der anderen mit einer Elektrizitätsquelle von bestimmtem Potentiale verbindet, also etwa mit einem Pole eines galvanischen Elementes, dessen anderer Pol zur Erde abgeleitet ist. Die Elektrizitätsmenge, die der Platte zuströmt, kann man an dem Ausschlag eines empfindlichen Galvanometers ersehen. Macht man nun denselben Versuch, nachdem die andere zur Erde abgeleitete Platte genähert wurde, so ist dieser Ausschlag größer.

wie die entsprechenden Pole der Stromquelle. Die Potentialdifferenz zwischen den beiden Platten ist dann gleich der elektromotorischen Kraft der Stromquelle E.

Im allgemeinen ist jede Anordnung von zwei aufeinander einwirkenden Leitern, die sich auf verschiedenen Potentialen befinden, so daß Kraftlinien zwischen ihnen verlaufen, ein Kondensator.

26. Kapazität von Kondensatoren.

Die Kapazität eines Kondensators, der aus zwei gleich großen parallelen Platten besteht, läßt sich leicht berechnen, wenn ihre Innenflächen mit gleich großen, entgegengesetzten Ladungen versehen sind[1]), denn dann ist das Feld zwischen ihnen ein homogenes und die Flächendichte der Elektrizität auf beiden gleich groß. Sie ist auch an allen Stellen jeder Platte dieselbe, wenn wir von den Rändern absehen. Die Feldstärke zwischen den Platten ist also nach Gl. 6

$$\mathfrak{H} = 4\pi\sigma.$$

Andererseits ist die Feldstärke in einem homogenen Felde (§ 14)

$$\mathfrak{H} = \frac{U_2 - U_1}{a},$$

wenn U_2 das Potential der einen, U_1 das der anderen Platte und a ihr gegenseitiger Abstand ist. Mithin

$$\sigma = \frac{U_2 - U_1}{4\pi a} \quad \ldots\ldots\ldots\ldots \quad (13)$$

Ist S die Fläche jeder der beiden Platten, so ist die Ladung auf der einen

$$Q = \sigma S = \frac{U_2 - U_1}{4\pi a} S,$$

auf der anderen

$$Q = -\sigma S = -\frac{U_2 - U_1}{4\pi a} S.$$

Das Verhältnis der Ladung Q auf einer der Platten zu der Potentialdifferenz zwischen beiden $(U_2 - U_1)$ ist die Kapazität C des Kondensators.

Mithin ist

$$C = \frac{Q}{U_2 - U_1} = \frac{S}{4\pi a}.$$

Es ist zu beachten, daß hier nicht etwa $\frac{Q}{U_2}$ oder $\frac{Q}{U_1}$ wie bei einem

[1]) Infolge der gegenseitigen Influenzierung ist das immer der Fall, wenn nicht andere Leiter in solcher Nähe sind, daß sie die Verteilung der Ladungen stören.

einzelner Leiter als Kapazität gilt, denn die Kraftlinienmenge, die von U_1 ausgeht, ist dieselbe, welche auf U_2 endigt. Daher ist gemäß § 21

$$C = \frac{3}{4\pi(U_2 - U_1)} \quad \ldots\ldots\ldots \quad (14)$$

Setzt man die Potentialdifferenz $U_2 - U_1$ gleich E (z. B. die elektromotorische Kraft einer Stromquelle, an deren Pole die Platten des Kondensators angeschlossen sind), so ist

$$Q = CE \quad \ldots\ldots\ldots\ldots \quad (15)$$

Stehen nicht nur zwei Leiter in gegenseitiger Wirkung, sondern drei oder mehrere, wie z. B. bei Drehstromleitungen (Abb. 34 und 35), so ist die Kapazität gemäß der Überlegung in § 25 und der vorstehenden Definition zu definieren durch jene Ladung, welche einer der Leiter hat, wenn zwischen ihm und allen anderen die Potentialdifferenz 1 besteht.

Die vorstehenden Formeln sind abgeleitet worden unter der Voraussetzung, daß das Feld zwischen den Platten bis zum Rand homogen ist, so daß alle Kraftlinien geradlinig zwischen den Platten verlaufen. Wie Abb. 22 zeigt, ist aber das Feld in der Nähe des Randes nicht homogen. Daher sind die übrigen Formeln um so ungenauer, je größer der Abstand a ist. Genauere Werte gibt folgende Formel von Kirchhoff für kreisförmige Platten vom Radius r und der Dicke b

$$C = \frac{r^2}{4a} + \frac{r}{4\pi}\left[1 + \log\text{nat}\,\frac{16\pi(a+b)r}{a^2} + \frac{b}{a}\log\text{nat}\,\frac{a+b}{b}\right].$$

Nebst dem Plattenkondensator sind für die Elektrotechnik noch folgende Anordnungen von Wichtigkeit. Drückt man alle Größen in cm aus, so erhält man C in absoluten elektrostatischen Einheiten. Dividiert man durch $9 \cdot 10^{11}$, so erhält man C in Farad (§ 300).

2) Zwei konzentrische Kreiszylinder, deren Länge l groß ist gegenüber den Radien r_2 und r_1. Auf S. 30 wurde das Potentialgefälle eines Zylinders in der Richtung der Kraftlinien berechnet. Demnach ist die Potentialdifferenz zwischen zwei Zylindern mit den Radien r_1, r_2:

$$U_2 - U_1 = -\int_{a=r_1}^{a=r_2} \frac{2Q}{al}\,da = \frac{2Q}{l}\log\text{nat}\,\frac{r_2}{r_1}.$$

Hier ist also die in der Integrationskonstante liegende Unsicherheit des Potentiales eines einzelnen Zylinders (S. 30) nicht vorhanden, weil durch den zweiten Zylinder die Enden der Kraftlinien und das dort herrschende Potential sicher gegeben ist. Mithin ist die Kapazität

$$C = \frac{Q}{U_2 - U_1} = \frac{l}{2\log\text{nat}\,\frac{r_2}{r_1}}.$$

3) Zwei konzentrische Kugelflächen mit den Radien r_2, r_1

$$C = \frac{r_2 r_1}{r_2 - r_1}.$$

4) Zwei parallele Zylinder (Drähte), mit den Radien r_1, r_2, deren Achsen den Abstand a haben

$$C = \frac{l}{2 \log \text{nat} (b + \sqrt{b^2 - 1})}, \quad \text{wobei } b = \frac{a^2 - r_1^2 - r_2^2}{2 r_1 r_2}.$$

Ist $r_1 = r_2 = r$, so ist

4a) $$C = \frac{l}{2 \log \text{nat} \frac{a^2 - 2r^2 + a\sqrt{a^2 - 4r^2}}{2r^2}} = \frac{l}{4 \log \text{nat} \frac{a + \sqrt{a^2 - 4r^2}}{2r}}.$$

Sind r_1 und r_2 klein gegen a, so ist

4b) $$C = \frac{l}{2 \log \text{nat} \frac{a^2}{r_1 r_2}}.$$

Ist ferner $r_1 = r_2 = r$, so ist

4c) $$C = \frac{l}{4 \log \text{nat} \frac{a}{r}}.$$

5) Zylinder und Ebene (Abb. 31), r Radius der Zylinders, h Abstand seiner geometrischen Achse O von der Ebene[1]).

$$C = \frac{l}{2 \log \text{nat} \frac{h - r + \sqrt{h^2 - r^2}}{r - h + \sqrt{h^2 - r^2}}}.$$

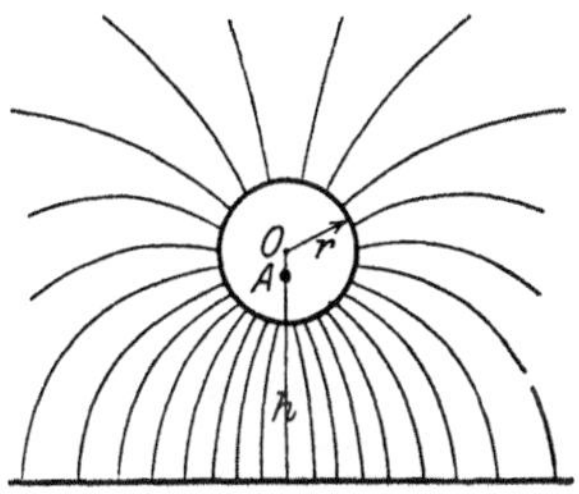

Abb. 31.

Ist h sehr groß gegen r (Drahtleitung in der Höhe h über dem Erdboden), so vereinfacht sich die Formel in

$$C = \frac{l}{2 \log \text{nat} \frac{2h}{r}}.$$

Es ist zu betonen, daß diese Formeln die gesamte Kapazität der betreffenden Anordnung angeben; es ist also nicht etwa die Kapazität des Drahtes für sich nach der in § 21 angegebenen Formel und dann noch dazu nach vorstehender Formel auszurechnen.

Für die in der Elektrotechnik vorkommenden Leiteranordnungen gelten folgende Näherungsformeln[2]).

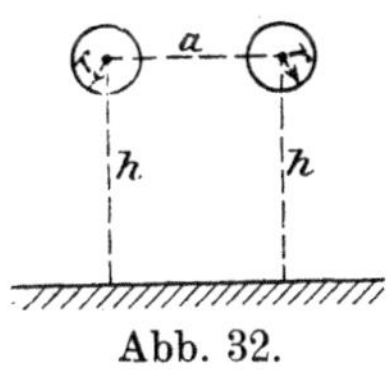

Abb. 32.

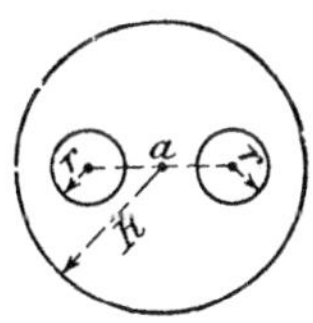

Abb. 33.

6) Zwei parallele Drähte vom Radius r, im Abstand a und in der Höhe h über dem Erdboden in der Luft (Abb. 32).

$$C = \frac{l}{2 \log \text{nat} \frac{\left(\frac{2h}{r}\right)^2}{1 + \left(\frac{2h}{a}\right)^2}} = \frac{l}{4 \log \text{nat} \frac{2ah}{r\sqrt{a^2 + 4h^2}}}.$$

---

[1]) Die elektrische Achse A, d. h. jene Linie, in welcher man sich die Ladung des Zylinders vereinigt denken kann, liegt infolge der Influenz nicht in der geometrischen Achse, sondern näher an der Ebene.

[2]) Lichtenstein, ETZ 1904, S. 126.

Ist a klein gegen $2h$, so geht dieser Ausdruck über in die Formel 4c, für zwei parallele Zylinder ohne Berücksichtigung der Erde.

7) Kabel bestehend aus 2 exzentrischen Leitern mit leitender Hülle (Abb. 33)

$$C = \frac{l}{4 \log \text{nat} \frac{a\,(4R^2 - a^2)}{r\,(4R^2 + a^2)}}.$$

Ist ϑ die Dielektrizitätskonstante des Isolierstoffes, durch welchen alle Kraftlinien verlaufen, so sind die vorstehenden Formeln mit ϑ zu multiplizieren (§ 27).

Für die vorstehenden Formeln ist die Ladung Q auf einem der Leiter (nach § 26) $Q = CE$, wobei $E = U_2 - U_1$ die Potentialdifferenz (Spannung) zwischen den beiden Leitern bedeutet. Ist $U_1 = -U_2 = U$, so ist $U = \frac{E}{2}$, wenn U das Potential jedes Leiters gegen Erde (§ 22) bedeutet. Das ist aber nur dann der Fall, wenn die Isolation an allen Stellen gut ist. Ist die Isolation gegen Erde an einer Stelle mangelhaft, so ist hier das Potential Null.

Beispiel: Zwei Drähte von 1000 m Länge, Radius $r = 0{,}5$ cm; gegenseitiger Abstand $a = 80$ cm; Abstand von der Erde $h = 8$ m.

Nach Formel 6) ist

$$C = \frac{100000}{4 \log \text{nat} \frac{2 \cdot 80 \cdot 800}{0{,}5 \sqrt{80^2 + 4 \cdot 800^2}}} = 4930 \text{ absol. Einh.}$$

Nach Formel 4c) ist

$$C = \frac{100000}{4 \log \text{nat} \frac{80}{0{,}5}} = 4940 \text{ absol. Einh.}$$

Der Unterschied zwischen diesen beiden Werten ist so klein, daß die letzte Formel genügt; um so mehr als die Kapazität der Porzellanisolatoren, die nur roh geschätzt werden kann, noch dazukommt. Werden diese beiden Drähte mit einer Stromquelle verbunden, deren Potentialdifferenz 10 absol. elektrost. Einh. (= 3000 Volt) ist, so erhält jeder eine Ladung von $Q = CE = 4940 \cdot 10 = 49400$ absol. elektrost. Einh. $= 16470 \cdot 10^{-9}$ Coulomb (§ 300).

27. Der Einfluß des Dielektriks. Anziehungskraft und Kraftlinien im Kondensator.

Alle bisherigen Betrachtungen gingen aus von dem Coulombschen Fernwirkungsgesetz (§ 2), nach welchem zwischen zwei Massen, die in keiner Verbindung miteinander stehen, eine direkte Kraftwirkung besteht, ohne daß der dazwischenliegende Isolierstoff eine Rolle spielt. Das entspricht aber nicht den Tatsachen, sondern die Versuche von Faraday haben gezeigt, daß das Zwischenmedium den absoluten Betrag der Kraft derart verändert, daß er mit einem Faktor $\frac{1}{\vartheta}$ multipliziert werden muß.

Das Coulombsche Gesetz lautet also in der allgemeinsten Form

$$F = \frac{1}{\vartheta} \frac{m m'}{r^2} \quad \dots\dots\dots\dots \quad (16)$$

Dementsprechend ist auch das Potential einer elektrischen Masse m in der Entfernung r

$$U = \frac{1}{\vartheta}\frac{m}{r} \quad \ldots\ldots\ldots\ldots \quad (17)$$

Daher geht die Feldstärke $\mathfrak{H} = -\frac{dU}{ds}$ über in

$$\mathfrak{H} = \frac{m}{\vartheta r^2} \quad \ldots\ldots\ldots\ldots \quad (18)$$

weil sie ja nichts anderes ist als die auf die Elektrizitätsmenge 1 wirkende Kraft.

Für den luftleeren Raum ist $\vartheta = 1$. Da aber für alle unsere Versuche die atmosphärische Luft das ursprügliche Zwischenmedium ist, so setzen wir den Faktor ϑ für diese gleich 1 und beziehen alle anderen isolierenden Stoffe auf Luft. Da man ein isolierendes Zwischenmedium Dielektrikum oder einfacher Dielektrik nennt, so nennt man den ihm eigentümlichen konstanten Faktor ϑ die Dielektrizitätskonstante.

Wird in einem mit der Elektrizitätsmenge Q geladenen Kondensator die Luft durch einen anderen Stoff mit der Dielektrizitätskonstante ϑ ersetzt, ohne daß Q verändert wird, so steigt die Kapazität auf das ϑ-fache, weil das Potential um das ϑ-fache sinkt. Die Kapazität eines Plattenkondensators ist also

$$C = \vartheta \frac{S}{4\pi a}, \quad \ldots\ldots\ldots\ldots \quad (19)$$

wenn a der Abstand der Platten ist.

Wird hingegen die Potentialdifferenz eines Kondensators konstant gehalten (z. B. durch Verbindung seiner Platten mit einer Stromquelle von konstanter Spannung $E = U_2 - U_1$), so muß wegen der Vergrößerung der Kapazität die auf den Platten sitzende Ladung um das ϑ-fache wachsen.

Das gilt natürlich auch von der Kapazität eines einzelnen Leiters, wenn er sich in einem Dielektrik von solcher Ausdehnung befindet, daß seine Wirkung auf Punkte außerhalb des Dielektriks verschwindend klein ist. Bringt man also eine geladene Kugel in ein Dielektrik von der Konstanten ϑ, so ist ihre Kapazität nicht mehr r, sondern ϑr. Ist ihre Ladung konstant, so sinkt ihr Potential um das ϑ-fache. Wird hingegen das Potential konstant gehalten (indem sie z. B. mit einem Pol einer Batterie verbunden ist, deren anderer Pol an Erde liegt), so steigt ihre Ladung auf das ϑ-fache.

Da die gesamte Anzahl der Kraftlinien gleich der 4π-fachen Ladung ist (§ 6), so muß bei konstantem Potential auch die Kraftlinienmenge um das ϑ-fache wachsen. In demselben Verhältnis muß daher auch die Kraftlinienzahl pro Flächeneinheit, das ist die Kraftliniendichte, wachsen. Die Gl. 6 geht also über in

$$\vartheta \mathfrak{H} = 4\pi\sigma.$$

Dasselbe folgt aus Gl. 18. Bezeichnen wir nun die Kraftliniendichte in Luft wie bisher mit $\mathfrak{H}$, und die Kraftliniendichte in einem anderen Dielektrik mit $\mathfrak{B}$, so ist

$$\mathfrak{B} = \vartheta\, \mathfrak{H} \qquad (20)$$

und

$$\mathfrak{B} = 4\,\pi\,\sigma \qquad (21)$$

Die vorletzte Gleichung besagt also, daß die Kraftliniendichte um das ϑ-fache wächst, wenn unter sonst gleichen Verhältnissen an Stelle der Luft ein Dielektrik mit der Konstanten ϑ tritt. Da $\mathfrak{H}$ nach § 14 das Potentialgefälle und nach § 3 die Feldstärke bedeutet, so folgt, daß in einem Dielektrik die Kraftliniendichte nicht mehr gleich dem Potentialgefälle oder der Feldstärke ist, sondern dem ϑ-fachen. Um Mißverständnisse zu vermeiden, ist es am besten, wenn man $\mathfrak{H}$ in einem Dielektrik nicht als Feldstärke, sondern als elektrische oder elektrisierende Kraft bezeichnet, da sie das Dielektrik tatsächlich elektrisiert (vgl. § 33), so daß die Gl. 20 lautet: Die Kraftliniendichte ist gleich der ϑ-fachen elektrischen Kraft.

Wir wollen noch die mechanische Kraft berechnen, mit welcher sich die beiden Platten eines Plattenkondensators anziehen. Nach § 10 ist die Kraft zwischen einer mit der Flächendichte σ belegten Platte und einer in unmittelbarer Nähe befindlichen Ladung m in Luft gleich $2\,\pi\,\sigma\,m$. In einem Dielektrik mit der Konstanten ϑ ist diese Kraft gemäß Gl. 16:

$$F = \frac{2\,\pi\,\sigma\,m}{\vartheta}.$$

Dabei ist m nichts anderes als die Ladung der zweiten Platte von entgegengesetztem Vorzeichen; mithin ist

$$m = -\,\sigma\,S.$$

$$F = -\,\frac{2\,\pi\,\sigma^2\,S}{\vartheta}.$$

Das negative Vorzeichen besagt, daß die beiden Platten sich anziehen.

Setzt man Gl. 21 ein, so ist

$$F = -\,\frac{S\,\mathfrak{B}^2}{8\,\pi\,\vartheta}, \qquad (22)$$

und gemäß Gl. 20

$$F = -\,\frac{\vartheta\,S\,\mathfrak{H}^2}{8\,\pi} \qquad (23)$$

Da aber $\mathfrak{H}$ nichts anderes ist als das Potentialgefälle

$$\mathfrak{H} = \frac{U_2 - U_1}{a} = \frac{E}{a},$$

so ist

$$F = -\,\frac{\vartheta\,S\,E^2}{8\,\pi\,a^2} \qquad (24)$$ [1]

[1]) Da die Kraft im quadratischen Verhältnis wächst, wenn der Abstand a abnimmt, so ergeben sich bedeutende Anziehungskräfte, wenn E auch nur 100

Nach Einführung der Kapazitätsformel (Gl. 19) wird endlich

$$F = -\frac{C E^2}{2a} \quad . \quad . \quad . \quad . \quad . \quad . \quad . \quad . \quad (25)$$

Da die gesamte Kraftlinienmenge $\mathfrak{Z}$ gleich dem Produkte aus der Kraftliniendichte und der Fläche einer Platte ist ($\mathfrak{Z} = S\mathfrak{B}$), so folgt aus Gl. 22

$$F = -\frac{\mathfrak{Z}^2}{8\pi\vartheta S}.$$

Setzt man hier Gl. 24 ein, so findet man

$$\mathfrak{Z} = \frac{\vartheta S E}{a} = \frac{E}{\frac{a}{\vartheta S}} = \frac{E}{\mathfrak{w}_d}.$$

Diese Gleichung hat dieselbe Form wie die Gl. 68 (§ 105) für die magnetische Kraftlinienmenge, die von einer magnetomotorischen Kraft erzeugt wird. Der Nenner, der dort als magnetischer Widerstand bezeichnet wurde, ist hier ein dielektrischer Widerstand

$$\mathfrak{w}_d = \frac{a}{\vartheta S}.$$

Dann ist die elektrische Kraftlinienmenge $\mathfrak{Z}$ gleich dem Quotienten aus der elektromotorischen Kraft (Spannung) zwischen den Flächen, auf denen die Kraftlinien enden, und dem dielektrischen Widerstand $\mathfrak{w}_d$. Dieses $\mathfrak{Z}$ hat aber für die Elektrotechnik keine solche Wichtigkeit wie die magnetische Kraftlinienmenge, denn die Beanspruchung eines Isolierstoffes, d. h. der Eintritt der zu einem Elektrizitätsdurchgang erforderlichen Ionisierung (§§ 248, 253) hängt nicht davon, sondern von der elektrischen Kraft $\mathfrak{H} = \frac{\mathfrak{B}}{\vartheta} = \frac{\mathfrak{Z}}{\vartheta S} = \frac{E}{a}$ ab.[1])

---

oder 200 V beträgt. Sehr kleine Abstände zwischen Metallplatten lassen sich jedoch nicht einstellen, ohne daß Berührung eintritt, und dadurch die Spannung E kurzgeschlossen wird. Es hat sich aber gezeigt, daß die Kondensatorwirkung auch dann besteht, wenn die eine Platte nicht aus Metall, sondern aus einem Halbleiter (Schiefer, lithographischer Stein) besteht. Ist dieser eben, so daß eine ebene Metallplatte gut anliegt, so ist dies trotz der Berührung ein Kondensator, dessen a vielleicht 0,001 cm beträgt. Der Stein und die anliegende Metallplatte wird durch Anschluß an eine Stromquelle E geladen. Der Anschluß an die Steinplatte geschieht durch eine auf die Rückseite aufgelegte Metallbelegung (Stanniol). Zwischen den sich berührenden Kondensatorflächen findet zwar ein Austausch von Elektrizität statt; weil aber der hohe Ohmsche Widerstand des Steines dazwischen liegt, ist die Spannung E nicht kurzgeschlossen. Der Stein läßt aber doch so viel Elektrizität durch, daß die sich berührenden Flächen immer ihre Ladung Q haben. Diese Kraft konnte bereits zu Hilfsapparaten verwendet werden. Rahbek und Jahnsen ETZ. 1920 S. 898. Rottgardt ETZ. 1921 S. 1291.

[1]) Der dielektrische Widerstand hat nichts zu tun mit dem Leitungswiderstand (Isolationswiderstand) eines mangelhaften Dielektriks (Isolierstoffes S. 69). Dieser erzeugt Stromwärme, jener nicht.

Ist dS ein kleines Stück einer Fläche S, so sind die Kraftlinien $\mathfrak{z}$, die dS senkrecht treffen:

$$\mathfrak{z} = \mathfrak{B} \cdot dS = \vartheta\, \mathfrak{H} \cdot dS$$

Ist $\mathfrak{Z}$ die gesamte, von einer Ladung Q ausgehende Kraftlinienmenge, so ist

$$\mathfrak{Z} = \vartheta \int \mathfrak{H} \cdot dS = 4\pi Q$$

Das ist die allgemeinste Form des Gaußschen Satzes, dessen besondere Form in der Anmerkung auf S. 9 erwähnt wurde. Ist dS ein Stück einer Niveaufläche von Q, so ist die elektrische Kraft $\mathfrak{H}$ auf dieser Fläche konstant und in Gesamtheit gleich

$$\mathfrak{H} \int dS = \frac{4\pi Q}{\vartheta}.$$

Die Dielektrizitätskonstanten der wichtigsten Stoffe.

Bezogen auf Luft bei gewöhnlichem atmosphärischem Druck.

Paraffin	1,9—2,3	Schellack	2,7—3,7	Eis (trocken)	3
Paraffiniertes Papier (in Kabeln)	3—4	Schwefel[1])	2,4	Petroleum	2,0—2,2
Hartgummi	2,5—3,2	Glas	5—9	Terpetinöl	2,2—2,6
Kautschuk rein	2,5	Porzellan[1])	5,3—5,7	Mineralöl (Transformatoröl)	2,2—2,5
„ vulkanisiert	2,5—3	Marmor	6—8	Rizinusöl	4,7—4,9
Guttapercha	3—4	Glimmer	5,5—7	Alkohol	5—27?
Kolophonium	2,5	Kunstglimmer[1]) (Mikanit)	5—6	Wasser (reinstes)	75—90?
Quarz	4,5	Hartpapier[2])	4—5,5		

Luft bei einem Druck von weniger als 1 mm Quecksilbersäule: 0,99.

Die bei manchen Stoffen sehr großen Abweichungen erklären sich aus der verschiedenen Zusammensetzung (Hartgummi, Glas) oder Verunreinigungen (Glimmer, Alkohol). Der hohe Wert für Wasser ist sehr unwahrscheinlich, da es nicht gelingt, unbedingt reines Wasser herzustellen, und die geringste Leitfähigkeit Fehler bei der Messung verursacht[3]).

28. Kapazität bei mehr als zwei Leitern.

In § 26 wurde die Kapazität eines Platten- und eines Zylinderkondensators unter der Voraussetzung abgeleitet, daß sämtliche Kraftlinien zwischen diesen Flächen verlaufen. Das ist um so weniger der Fall, je näher sich ein anderer Leiter oder die Erde befindet. Es kommen dann zwei oder mehrere Kraftlinienbündel in Betracht.

Wir untersuchen daher den allgemeineren Fall, daß drei Leiter mit den Potentialen u_1, u_2, u_3 von einer gemeinsamen Hülle mit dem Potential u_0 umgeben sind (Abb. 34). Durch diese Hülle ist jede weitere Kraftlinienstreuung ausgeschlossen. Im besonderen entspricht

---

[1]) Nach Messungen des Verfassers mit Wechselstrom. Für Schwefel erhielt J. J. Thomson denselben Wert mittels Hertzscher Wellen.

[2]) Pertinax, Geax, Bituba u. dgl. (vgl. § 253).

[3]) Eine Zusammenstellung zahlreicher Messungen an zahlreichen Stoffen findet sich in Winkelmann, Handbuch der Physik 4. Bd., 1905.

das einem Dreileiterkabel. Dabei gibt es 6 Kraftlinienbündel, die aus Abb. 34 zu ersehen sind. Jedem zwischen den Leitern x und y verlaufenden Bündel $\mathfrak{Z}_{xy}$ entspricht eine Teilkapazität c_{xy}, und es ist gemäß Gl. 14

$$\mathfrak{Z}_{xy} = 4\pi c_{xy}(u_x - u_y).$$

Abb. 35 zeigt die Verbindung dieser Teilkapazitäten.

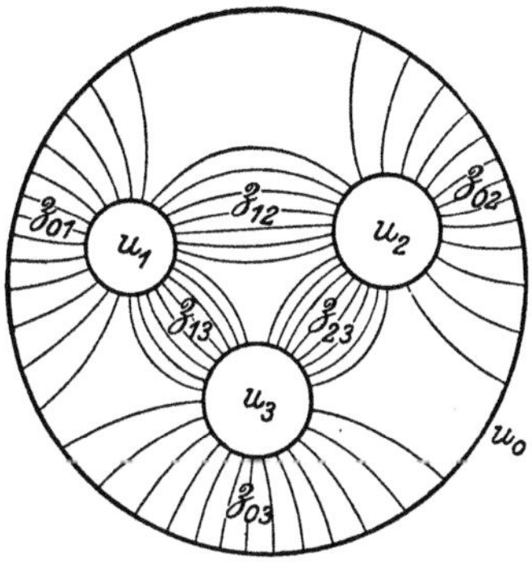

Abb. 34.

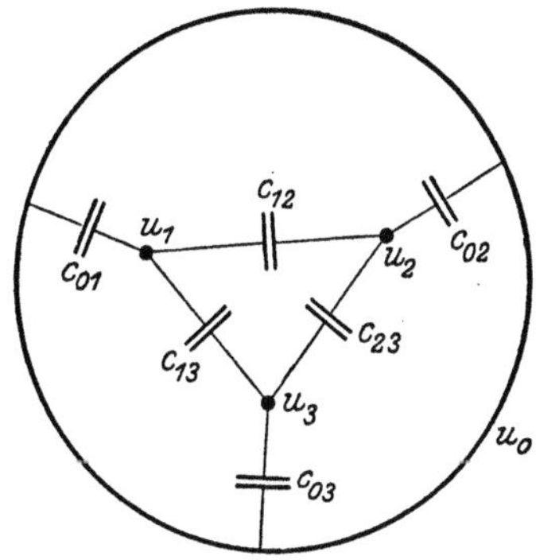

Abb. 35.

Die gesamte vom Leiter 1 ausgehende Kraftlinienmenge $\mathfrak{Z}_1$ ist nach Abb. 34:

$$\mathfrak{Z}_1 = \mathfrak{Z}_{01} + \mathfrak{Z}_{12} + \mathfrak{Z}_{13} = 4\pi\,[c_{01}(u_1 - u_0) + c_{12}(u_1 - u_2) + c_{13}(u_1 - u_3)].$$

Die vom Leiter 2 ausgehende Kraftlinienmenge ist:

$$\mathfrak{Z}_2 = \mathfrak{Z}_{02} + \mathfrak{Z}_{12} + \mathfrak{Z}_{23} = 4\pi\,[c_{02}(u_2 - u_0) + c_{12}(u_2 - u_1) + c_{23}(u_2 - u_3)].$$

Hier muß $(u_2 - u_1)$ stehen im Gegensatz zu $(u_1 - u_2)$ in der ersten Gleichung, weil die Kraftlinien $\mathfrak{Z}_{12}$ vom Leiter 1 ausgehen und auf den Leiter 2 endigen, die Kraftlinien $\mathfrak{Z}_2$ aber vom Leiter 2 ausgehen[1]).

Die vom Leiter 3 ausgehende Kraftlinienmenge ist:

$$\mathfrak{Z}_3 = \mathfrak{Z}_{03} + \mathfrak{Z}_{13} + \mathfrak{Z}_{23} = 4\pi\,[c_{03}(u_3 - u_0) + c_{13}(u_3 - u_1) + c_{23}(u_3 - u_2)].$$

Wären 4 Leiter vorhanden, so käme noch eine vierte Gleichung hinzu, und jede hätte noch ein Glied mehr.

Aus diesen Gleichungen ergeben sich nun die jeweiligen Kombinations- oder Betriebskapazitäten unter Berücksichtigung der den Betriebsverhältnissen entsprechenden Schaltung der Teilkapazitäten[2]).

[1]) Geht man rein mathematisch formalistisch vor, so schreibt man wie Maxwell c_{21} gegen c_{12} in der ersten Gleichung. Physikalisch aber ist ohne weiteres klar, daß c_{12} und c_{21} gleichbedeutend sind, weil es sich um dieselben Kraftlinien handelt; nur ihre Richtung bezüglich 1 und 2 ist entgegengesetzt.

[2]) Einen rein mathematischen, physikalisch undurchsichtigen Weg hat Maxwell bei dieser Aufgabe eingeschlagen. Diesen haben auch die „Vorschläge für die Definition der elektrischen Eigenschaften gestreckter Leiter" des Elektrotechnischen Vereins (ETZ 1909 S. 1155) eingehalten, der aus dem genannten Grunde

Wir betrachten folgende für die Elektrotechnik wichtigen Fälle:

I. Kabel, bestehend aus zwei exzentrischen Leitern mit Blei- oder Eisenmantel oder Erdumschüttung als Hülle (Abb. 33). Ferner zwei parallele Leiter über der Erde (Abb. 32), wobei die Erde dieselbe Rolle spielt wie die geerdete Hülle des Kabels. Jedenfalls ist $u_0 = 0$. Der Unterschied liegt nur in den Werten der Teilkapazitäten. Da der dritte Leiter fehlt, sind $\mathfrak{Z}_{03}$, $\mathfrak{Z}_{13}$, $\mathfrak{Z}_{23}$ und daher auch c_{03}, c_{13}, c_{23} null. Es bleibt nur

$$\mathfrak{Z}_1 = 4\pi\left[c_{01}u_1 + c_{12}(u_1 - u_2)\right]$$
$$\mathfrak{Z}_2 = 4\pi\left[c_{02}u_2 + c_{12}(u_2 - u_1)\right].$$

Sind die Betriebsverhältnisse derart, daß $\mathfrak{Z}_2 = -\mathfrak{Z}_1$, so muß

$$c_{01}u_1 = -c_{02}u_2$$

sein. Mit Hilfe dieser Gleichung läßt sich $\mathfrak{Z}_1$ auf die Form bringen:

$$\mathfrak{Z}_1 = 4\pi(u_1 - u_2)\left(\frac{c_{01}\cdot c_{02}}{c_{01}+c_{02}} + c_{12}\right).$$

Hieraus ergibt sich das Verhältnis

$$\frac{\mathfrak{Z}_1}{4\pi(u_1 - u_2)} = \frac{Q}{u_1 - u_2}$$

gemäß § 26 als Kapazität. Und weil $\mathfrak{Z}_1$ die gesamte Kraftlinienmenge jedes Leiters ist, so ist dies die gesamte Kombinations- oder Betriebskapazität C.

$$C = \frac{c_{01}\cdot c_{02}}{c_{01}+c_{02}} + c_{12} \quad \ldots\ldots\ldots\ldots \quad \text{(Ia)}$$

Ist nebst der obigen Bedingung $\mathfrak{Z}_2 = -\mathfrak{Z}_1$ auch noch die Anordnung symmetrisch, d. h. sind die beiden Leiter und ihre Abstände von der Hülle bzw. Erde gleich, oder ist ein dritter geerdeter Leiter mit gleichen Abständen vorhanden, so ist $c_{02} = c_{01}$ und daher die Betriebskapazität in diesem Falle

$$C = \frac{c_{01}}{2} + c_{12} \quad \ldots\ldots\ldots\ldots \quad \text{(Ib)}$$

Wäre die Hülle nicht vorhanden bzw. die Erde so weit entfernt, daß keine Kraftlinien zu ihr übergehen, so wäre $\mathfrak{Z}_{01}$ und daher auch c_{01} gleich null. Dann ist $C = c_{12}$, also gleich der auf S. 39 angegebenen Formel für zwei parallele Zylinder ohne Berücksichtigung der Erde.

Für 2 parallele Drähte über der Erde ist c_{01} gleich den auf S. 39 unter 5) angegebenen Werten und c_{12} gleich dem auf S. 39 unter 4) angegebenen Werten.

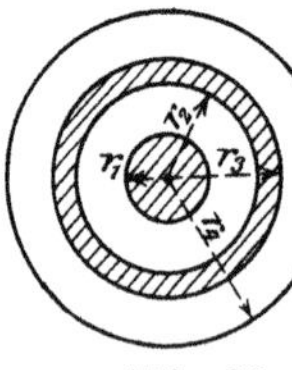
Abb. 36.

II. Kabel, bestehend aus zwei konzentrischen Leitern und geerdeter Hülle (Abb. 36). Hier gibt es nur zwei Kraftlinienbündel, nämlich $\mathfrak{Z}_{12}$, das zwischen den beiden Leitern, und $\mathfrak{Z}_{01}$, das zwischen Außenleiter und Hülle verläuft. Mithin bestehen nur die entsprechenden Teilkapazitäten c_{12} und c_{01}; alle anderen sind null. Die gesamte vom Innenleiter ausgehende Kraftlinienmenge $\mathfrak{Z}_i$ ist daher

$$\mathfrak{Z}_i = \mathfrak{Z}_2 = 4\pi c_{12}(u_2 - u_1).$$

Mithin ist die Betriebskapazität C_i des Innenleiters gleich der eines Zylinderkondensators[1] (S. 38, 2).

hier nicht benützt wird. Übersichtlicher ist schon die Ableitung aus dem Gaußschen Satz über die Symmetrie zweier elektrischer Systeme (vgl. Lang: Theoretische Physik, 2. Aufl. § 147). Am einfachsten ist es, von den Kraftlinien auszugehen, wie hier.

[1]) Dabei ist es gleichgültig, ob der Mantel geerdet ist oder nicht, und ob der Außenleiter geerdet ist oder nicht, weil die vom Innenleiter ausgehenden Kraftlinien nur zum Außenleiter gehen können.

$$C_i = c_{12} = \frac{\vartheta_i\, l}{2 \log\mathrm{nat} \dfrac{r_2}{r_1}},$$

wenn ϑ_i die Dielektrizitätskonstante zwischen Innen- und Außenleiter bedeutet. Die Ladung des Innenleiters ist $Q_i = \dfrac{\mathfrak{Z}_i}{4\pi} = C_i(u_2 - u_1) = C_i E$.

Die vom Außenleiter ausgehende Kraftlinienmenge $\mathfrak{Z}_a$ ist

$$\mathfrak{Z}_a = \mathfrak{Z}_1 = \mathfrak{Z}_{01} + \mathfrak{Z}_{12} = 4\pi\,[c_{01}(u_1 - u_0) + c_{12}(u_1 - u_2)]\,.$$

Da hier zwei verschiedene Potentialdifferenzen vorkommen, so läßt sich die Betriebskapazität nur definieren, wenn sie gleich groß sind, also wenn

$$u_1 - u_0 = u_1 - u_2\,.$$

Das ist der Fall, wenn $u_2 = u_0$, d. h. wenn die Hülle mit dem Innenleiter verbunden ist (beide geerdet sind). Dann ist

$$\mathfrak{Z}_a = 4\pi(u_1 - u_0)(c_{01} + c_{12}).$$

Mithin ist die Betriebskapazität des Außenleiters

$$C_a = \frac{\mathfrak{Z}_a}{4\pi(u_1 - u_0)} = c_{01} + c_{12} \quad \ldots\ldots\ldots\ldots \quad \text{(II)}$$

$$C_a = \frac{\vartheta_i\, l}{2 \log\mathrm{nat} \dfrac{r_2}{r_1}} + \frac{\vartheta_a\, l}{2 \log\mathrm{nat} \dfrac{r_4}{r_3}},$$

wenn ϑ_a die Dielektrizitätskonstante zwischen Außenleiter und Hülle bedeutet. Die Ladung des Außenleiters ist

$$Q_a = \frac{\mathfrak{Z}_a}{4\pi} = (c_{01} + c_{12})(u_1 - u_0) = -(c_{01} + c_{12})\,E\,.$$

Sind Innenleiter und Hülle nicht miteinander verbunden, so kann schon ein kleiner Isolationsfehler (kleiner Ableitungsstrom) zwischen Außenleiter und Hülle eine wesentlich andere Spannungsverteilung bewirken. Denn es ist dann $u_1 = u_0$ und daher $c_{01} = 0$. Mithin

$$C_a = c_{12} = C_i\,.$$

III. Drehstromkabel in symmetrischer Anordnung (Abb. 37) und symmetrischer Spannung. Letztere ist dann vorhanden, wenn die Spannungen zwischen den Leitern und der Hülle (Sternspannungen) gleich sind, und ihre Summe in jedem Augenblick null ist, also wenn

$$(u_1 - u_0) + (u_2 - u_0) + (u_3 - u_0) = 0\,.$$

Die Hülle bildet dann den neutralen Punkt, d. h. es ist $u_0 = 0$, so daß $u_1 + u_2 + u_3 = 0$ ist[1]). Damit diese Bedingung nicht durch einen kleinen Isolationsfehler verloren geht, muß die Hülle mit dem neutralen Punkt des Stromerzeugers verbunden, oder beide müssen geerdet sein. Dann sind folgende gleiche Teilkapazitäten vorhanden:

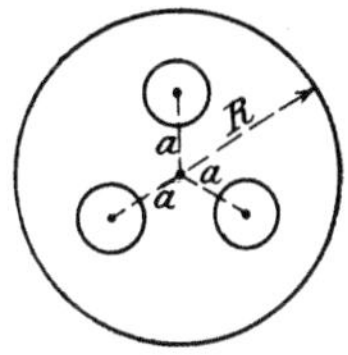

Abb. 37.

$$c_{01} = c_{02} = c_{03} = c_0$$
$$c_{12} = c_{13} = c_{23} = c_v$$

und die von einem Leiter ausgehende Kraftlinienmenge ist

$$\mathfrak{Z}_1 = 4\pi\,[c_0 u_1 + c_v(u_1 - u_2 + u_1 - u_3)],$$

[1]) Das bezieht sich auf die Augenblickswerte (§ 128), weil nur für diese die allgemeinen Grundgesetze gelten.

weil aber nach obiger Spannungsgleichung $-u_2 - u_3 = u_1$ ist, so ist

$$\mathfrak{Z}_1 = 4\pi\,[c_0 u_1 + 3\,c_v u_1].$$

Mithin ist die Betriebskapazität jedes Leiters

$$C = \frac{\mathfrak{Z}_1}{4\pi u_1} = c_0 + 3\,c_v \quad \ldots\ldots\ldots\ldots \quad \text{(III)}$$

Hieraus ergibt sich[1])

$$C = \frac{\vartheta\, l}{\log\operatorname{nat}\dfrac{3\,a^2(R^2-a^2)^2}{r^2(R^4+R^2a^2+a^4)}} = \frac{\vartheta\, l}{\log\operatorname{nat}\dfrac{3\,a^2(R^2-a^2)^3}{r^2(R^6-a^6)}}.$$

Die Ladung eines Leiters ist $Q = C u_1$, wenn u_1 die Sternspannung bedeutet.

IV. Drehstromfreileitung in symmetrischer Anordnung. Macht man in der letzten Formel $R = 0$, so bedeutet das, daß die Hülle zu einer Linie in der Mitte der drei Leiter, also in den Punkt O der Abb. 38 zusammengeschrumpft ist, wo ebenfalls das Potential Null herrscht (neutraler Punkt). Man erhält so die Betriebskapazität für eine symmetrische Drehstromfreileitung ($\vartheta = 1$):

$$C = \frac{l}{\log\operatorname{nat}\dfrac{3\,a^2}{r^2}} = \frac{l}{2\log\operatorname{nat}\dfrac{a\sqrt{3}}{r}} = \frac{l}{2\log\operatorname{nat}\dfrac{d}{r}}.$$

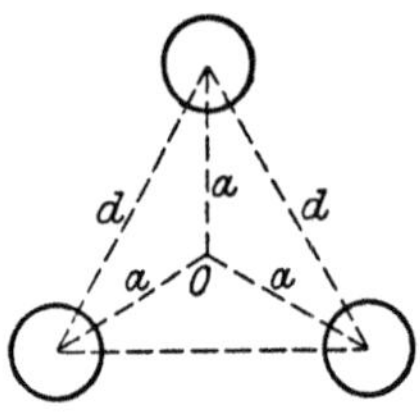

Abb. 38.

Der Abstand von der Erde, wie bei einer Doppelleitung (S. 39), kommt hier nicht in Betracht, weil die Anordnung als symmetrische Drehssromleitung vorausgesetzt wurde, so daß im Punkte O das Potential Null herrscht. Diese Symmetrie besteht so lange, als der Abstand a klein ist gegen den Abstand von der Erde. Ist eine vierte, und zwar geerdete Leitung (Blitzschutzseil) vorhanden, so gilt auch dafür Gl. III, weil sie an Stelle der Kabelhülle getreten ist. Für c_0 und c_v gelten dann die Formeln auf S. 39 unter 6), wobei für a und h Mittelwerte einzusetzen sind. Näherungsweise ist

$$c_0 = c_v = \frac{l}{4\log\operatorname{nat}\dfrac{a}{r}}, \quad \text{also} \quad C = 4\,c_v = \frac{l}{\log\operatorname{nat}\dfrac{a}{r}}.$$

Von Wichtigkeit sind die Teilkapazitäten bei jenen experimentellen Bestimmungen, wo sich die Betriebskapazität nicht unmittelbar messen läßt. Für fertige Leitungen ist allerdings der Ladestrom (Leerlaufstrom) maßgeblich, der einfach durch ein Amperemeter gemessen wird (bei Drehstrom in jeder Leitung). Wenn es sich aber um kürzere Leitungen handelt, wo die Messung nur mit einem empfindlichen Galvanometer möglich ist, müssen die Teilkapazitäten gemessen werden gemäß der Definition auf S. 38, daß nämlich die Kapazität jene Ladung ist, welche ein Leiter aufnimmt, wenn zwischen ihm und allen anderen Leitern die Potentialdifferenz 1 besteht. Daher müssen alle anderen Leiter an denselben Pol der Stromquelle angeschlossen werden. So zeigt Abb. 39 die Schaltung für die Messung der Teilkapazität c_{01} einer Drehstromleitung mit neutralem Leiter oder Man-

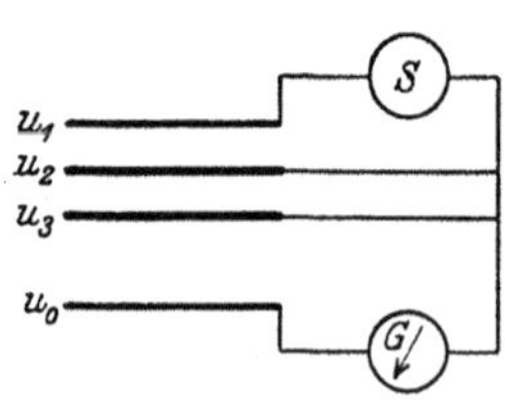

Abb. 39.

[1]) Lichtenstein, ETZ 1904, S. 109.

tel[1]). Stromquelle und Galvanometer sind in den von den Leitern 1 und 0 gebildeten Stromkreis eingeschaltet, während die Leiter 2 und 3 an denselben Pol angeschlossen sind, wie der Leiter 0.

Ist der Isolierstoff eines Kabels kein vollkommenes Dielektrik, sondern besitzt er Leitfähigkeit, so gehen Ströme hindurch, deren Fäden ebenso verlaufen, wie die Kraftlinien in Abb. 34. Sie sind dem Isolationswiderstand (§ 43, 181) verkehrt, also dem Leitwert, der in der Kabeltechnik als Ableitung bezeichnet wird (damit er nicht mit dem Leitwert des Drahtes verwechselt wird), direkt proportional. Daher gelten dafür dieselben Beziehungen wie für die Kapazität. So ist z. B. die „Betriebsableitung" eines Drehstromkabels gemäß Gl. III: $G = g_0 + 3 g_v$, wenn g_0 die Ableitung zwischen einem Draht und Hülle, g_v die Ableitung zwischen zwei Drähten bedeutet. Eine unmittelbare Messung der Ableitung ist allerdings nicht möglich, denn bei jeder Strommessung wie in Abb. 39 wird sowohl der Ladestrom wie der Ableitungsstrom gemessen, gemäß dem in § 182 definierten äquivalenten Kapazitätswiderstand. Eine Bestimmung der Ableitung allein kann nur durch Messung des Stromwärmeverlustes im Dielektrik oder des entsprechenden Verlustwiderstandes geschehen (§ 287, 288).

29. Berechnung der elektrischen Kraft aus der Kapazität.

Nach § 14 ist $\mathfrak{H} = -\frac{dU}{ds}$, wenn s die zur Niveaufläche senkrechte Richtung, also die Richtung einer Kraftlinie an der betreffenden Stelle bedeutet. Denkt man sich bei einem Kondensator mit der Potentialdifferenz $U_2 - U_1 = E$ einen der beiden Leiter mit der Erde verbunden ($U_1 = 0$), so ist $U_2 = E$. An dem Potentialgefälle, also an der elektrischen Kraft $\mathfrak{H}$ ändert sich dadurch nichts; somit ist

$$\mathfrak{H} = -\frac{dE}{ds}.$$

Und weil (Gl. 15): $E = \frac{Q}{C}$, so ist

$$\mathfrak{H} = -Q \frac{d}{ds}\left(\frac{1}{C}\right).$$

Hiernach kann man die elektrische Kraft — sie ist für die Beanspruchung des Isolierstoffes auf Durchschlag maßgebend (§ 252) — an jenen Stellen berechnen, wo eine in der betr. Kapazitätsformel vorkommende Größe mit der Kraftlinienrichtung zusammenfällt, wie folgende Beispiele zeigen.

1) Zwei konzentrische Zylinder mit den Radien r_1, r_2 (Kapazitätsformel 2 auf S. 38).

---

[1]) Sumec, Elektr. u. Maschinenbau 1915, Heft 27.

Die elektrische Kraft $\mathfrak{H}_1$ an der Zylinderfläche ist nach obigem:

$$\mathfrak{H}_1 = -Q\frac{d}{d r_1}\left(\frac{1}{C}\right) = -\frac{2Q}{\vartheta l}\frac{d}{d r_1}\left(\log\text{nat}\frac{r_2}{r_1}\right) = \frac{2Q}{\vartheta l r_1}.$$

Aus $Q = CE$ folgt weiter

$$\mathfrak{H}_1 = \frac{E}{r_1 \log\text{nat}\frac{r_2}{r_1}}.$$

Auf gleiche Weise findet man für die elektrische Kraft $\mathfrak{H}_2$ an der inneren Fläche des äußeren Zylinders

$$\mathfrak{H}_2 = -Q\frac{d}{d r_2}\left(\frac{1}{C}\right) = -\frac{2Q}{\vartheta l r_2} = -\frac{E}{r_2 \log\text{nat}\frac{r_2}{r_1}}.$$

Da die Kraftlinien zwischen den beiden Zylindern wie die Radien verlaufen und gleichmäßig verteilt sind, so ist die Kraft an jedem Punkte im Abstande r von der Achse:

$$\mathfrak{H} = \frac{E}{r \log\text{nat}\frac{r_2}{r_1}}.$$

Das gilt natürlich auch für ein konzentrisches Kabel.

2) Zwei konzentrische Kugeln mit den Radien r_1, r_2 (Kapazitätsformel 3 auf S. 38). Die elektrische Kraft an der äußeren Fläche der inneren Kugel ist

$$\mathfrak{H}_1 = -Q\frac{d}{d r_1}\left(\frac{1}{C}\right) = -\frac{Q}{\vartheta}\frac{d}{d r_1}\left(\frac{r_2 - r_1}{r_1 r_2}\right) = \frac{Q}{\vartheta r_1^2}.$$

Aus $Q = CE$ folgt weiter

$$\mathfrak{H}_1 = E\frac{r_2}{r_1(r_2 - r_1)}.$$

Die elektrische Kraft an der inneren Fläche der äußeren Kugel ist

$$\mathfrak{H}_2 = -Q\frac{d}{d r_2}\left(\frac{1}{C}\right) = -\frac{Q}{\vartheta r_2^2} = E\frac{r_1}{r_2(r_2 - r_1)}.$$

3) Zwei parallele Zylinder mit den Radien r_1, r_2, deren Achsen den Abstand a haben (Kapazitätsformel 4 auf S. 39). Die elektrische Kraft an der Oberfläche des Zylinders r_1 in der Verbindungslinie der beiden Achsen ist

$$\mathfrak{H}_{r1} = -Q\frac{d}{d r_1}\left(\frac{1}{C}\right) = -\frac{2Q}{l\sqrt{b^2-1}}\cdot\frac{db}{d r_1} = \frac{Q(a^2 + r_1^2 - r_2^2)}{l r_1^2 r_2\sqrt{b^2-1}}.$$

Aus $Q = CE$ folgt weiter

$$\mathfrak{H}_{r1} = E\frac{a^2 + r_1^2 - r_2^2}{2 r_1^2 r_2\sqrt{b^2-1}\log\text{nat}(b + \sqrt{b^2-1})}.$$

Sind r_1 und r_2 klein gegen a, so ist

$$\mathfrak{H}_{r1} = E\frac{1}{r_1 \log\text{nat}\frac{a^2}{r_1 r_2}}.$$

Für die el. Kraft $\mathfrak{H}_{r2}$ am andern Zylinder findet man die entsprechenden Ausdrücke nach Vertauschung der Indexe 1 und 2.

Ist ferner $r_1 = r_2 = r$, so ist[1])

$$\mathfrak{H}_r = E\frac{1}{2r \log\text{nat}\frac{a}{r}}.$$

[1]) Die Formeln 4a und 4c auf S. 39, in denen schon $r_1 = r_2$ gemacht wurde, dürfen zur Ausrechnung von $\mathfrak{H}$ nicht benützt werden, weil sich sonst die Differentiation auf beide Zylinder beziehen würde.

Da a der Achsenabstand der beiden Drähte ist, so ist $\frac{a}{2}$ die Entfernung des Mittelpunktes der Verbindungslinie. In diesem Punkte ist die elektrische Kraft

$$\mathfrak{H}_m = \frac{E}{a \log \operatorname{nat} \frac{a}{r}}.$$

4) Zylinder und Ebene (Abb. 31). Aus der Kapazitätsformel auf S. 39 ergibt sich die elektrische Kraft an der Oberfläche des Zylinders in der Richtung h

$$\mathfrak{H}_r = -Q\frac{d}{dr}\left(\frac{1}{C}\right) = \frac{2Qh}{l r \sqrt{h^2 - r^2}} = \frac{Eh}{r\sqrt{h^2 - r^2} \log \operatorname{nat} \dfrac{h - r + \sqrt{h^2 - r^2}}{r - h + \sqrt{h^2 - r^2}}}.$$

Ist h sehr groß gegen r, so ist

$$\mathfrak{H}_r = \frac{E}{r \log \operatorname{nat} \frac{2h}{r}}.$$

Auf gleiche Weise kann man aus $\mathfrak{H}_h = -Q\frac{d}{dh}\left(\frac{1}{C}\right)$ die el. Kraft an der Ebene gegenüber dem Zylinder berechnen.

5) Kabel bestehend aus 2 exzentrischen Leitern mit leitender Hülle (Abb. 33, S. 39 Formel 7). Differenziert man hier nach r, so erhält man die el. Kraft $\mathfrak{H}_r$ an der Oberfläche des Leiters gegenüber der Hülle. Differenziert man nach R, so erhält man die el. Kraft an der Innenseite der Hülle gegenüber dem Leiter, weil hier die Kraftlinienrichtung mit r und R zusammenfällt. Dabei ist zu beachten, daß es zwei solche Stellen gibt. Daher erhält man die doppelte el. Kraft; man muß also durch 2 dividieren, um die einfache zu erhalten. Mithin ist

$$\mathfrak{H}_r = -\frac{Q}{2}\frac{d}{dr}\left(\frac{1}{C}\right) = \frac{E}{2r \log \operatorname{nat} \dfrac{a(4R^2 - a^2)}{r(4R^2 + a^2)}}$$

$$\mathfrak{H}_R = -\frac{Q}{2}\frac{d}{dR}\left(\frac{1}{C}\right) = -\frac{8ERa^2}{(16R^4 - a^4) \log \operatorname{nat} \dfrac{a(4R^2 - a^2)}{r(4R^2 + a^2)}}.$$

Ist a^2 klein gegen $4R^2$, so ist

$$\mathfrak{H}_r = \frac{E}{2r \log \operatorname{nat} \frac{a}{r}},$$

also wie bei 2 exzentrischen Zylindern ohne leitende Hülle.

$$\mathfrak{H}_R = -\frac{Ea^2}{2R^3 \log \operatorname{nat} \frac{a}{r}}.$$

Ist $a = R$, so ist $$\mathfrak{H}_R = -\frac{E}{2R \log \operatorname{nat} \frac{a}{r}}.$$

Das neg. Vorzeichen bei $\mathfrak{H}_R$ bringt zum Ausdruck, daß die el. Kraft an der Hülle nach innen gerichtet ist.

Werden in obigen Formeln die Spannungen E in Volt, die Längenmaße in cm eingesetzt, so erhält man die elektrische Kraft in Volt/cm, da sie nach § 14 gleich dem Potentialgefälle ist.

30. Kondensatoren in Nebeneinanderschaltung.

Befinden sich mehrere Kondensatoren mit den Kapazitäten C_1 C_2, C_3 in Nebeneinanderschaltung (Abb. 40), so gelten folgende Beziehungen

$$Q_1 = C_1 (U_2 - U_1)$$
$$Q_2 = C_2 (U_2 - U_1)$$
$$Q_3 = C_3 (U_2 - U_1),$$

weil alle an dieselben Potentialpunkte U_2 und U_1 angeschlossen sind so daß auf alle drei dieselbe Potentialdifferenz $U_2 - U_1$ wirkt. Bezeichnet man mit Q die gesamte Elektrizitätsmenge und mit C die gesamte Kapazität, so gilt

$$Q = C (U_2 - U_1).$$

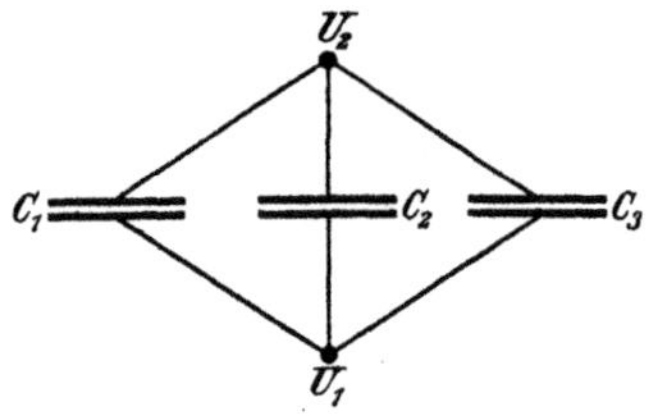

Abb. 40.

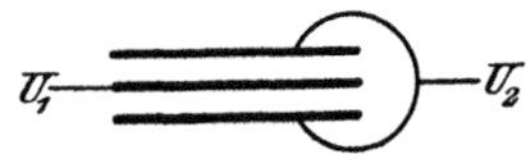

Abb. 41.

Und da die gesamte Elektrizitätsmenge gleich sein muß der Summe der auf allen Kondensatoren sitzenden Ladungen, so ist

$$Q = Q_1 + Q_2 + Q_3 = C_1 (U_2 - U_1) + C_2 (U_2 - U_1) + C_3 (U_2 - U_1)$$
$$= (C_1 + C_2 + C_3)(U_2 - U_1),$$

also ist $$C = C_1 + C_2 + C_3,$$

d. h. die gesamte Kapazität mehrerer parallelgeschalteter Kondensatoren ist gleich der Summe aller Kapazitäten.

Hierher gehören auch Doppelkondensatoren wie Abb. 41. Solche verwendet man, wenn Kraftlinienstreuung von den Außenseiten der Platten zur Erde vermieden werden soll; man verbindet zu diesem Zweck U_2 mit der Erde, so daß die andere Platte gewissermaßen von Erde umschlossen, und die Potentialdifferenz $U_1 - U_2$ gleich dem Potential gegen Erde ist[1]).

31. Kondensatoren in Hintereinanderschaltung.

Befinden sich mehrere Kondensatoren in Hintereinanderschaltung oder Kaskadenschaltung (Abb. 42), so entsteht die Frage, wie groß ist die Kapazität C der ganzen Anordnung, oder mit anderen Worten, welche Kapazität muß ein einziger Kondensator haben, wenn er diese Anordnung ersetzen soll. U_0, U_1, U_2, U_3 seien die Potentiale der aufeinanderfolgenden Klemmen. Nimmt die erste Kondensatorplatte

[1]) Grüneisen und Giebe, Verh. d. D. Physik. Gesellsch. 1912, S. 921.

die Ladung $+Q$ auf, so erhält die andere Platte desselben Kondensators die Ladung $-Q$, während eine Ladung $+Q$ auf die Platte des nächsten Kondensators abströmt. Hier spielt sich derselbe Vorgang ab; d. h. es findet sich schließlich auf jedem Kondensator dieselbe Ladung Q vor. Es gelten also für die einzelnen Kondensatoren folgende Beziehungen

$$U_3 - U_2 = \frac{Q}{C_3}$$
$$U_2 - U_1 = \frac{Q}{C_2}$$
$$U_1 - U_0 = \frac{Q}{C_1}.$$

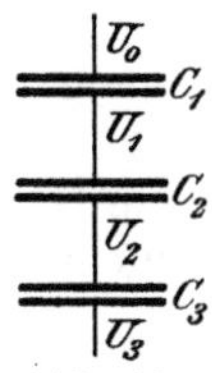

Abb. 42.

Bedeutet C die Kapazität der ganzen Anordnung, so gilt

$$U_3 - U_0 = \frac{Q}{C}.$$

Addiert man die vorletzten drei Gleichungen, so ist

$$U_3 - U_0 = Q\left(\frac{1}{C_1} + \frac{1}{C_2} + \frac{1}{C_3}\right).$$

Aus den beiden Gleichungen folgt dann

$$\frac{1}{C} = \frac{1}{C_1} + \frac{1}{C_2} + \frac{1}{C_3}$$

Für zwei hintereinandergeschaltete Kondensatoren folgt daraus

$$C = \frac{C_1 C_2}{C_1 + C_2}.$$

Ist $C_1 = C_2$, so ist $C = \frac{C_1}{2}$.

Haben diese hintereinandergeschalteten Kondensatoren gleiche Plattenfläche S, aber verschiedene Dielektriken mit den Schichtdicken a_1, a_2, a_3 und den Dielektrizitätskonstanten ϑ_1, ϑ_2, ϑ_3, so ändert sich nichts, wenn man die miteinander verbundenen Platten zusammenfallen läßt, so daß aus Abb. 42 die Abb. 43 wird. Dann ist gemäß Gl. 19

$$\frac{1}{C} = \frac{4\pi a_1}{\vartheta_1 S} + \frac{4\pi a_2}{\vartheta_2 S} + \frac{4\pi a_3}{\vartheta_3 S}$$

und daraus

$$C = \frac{S}{4\pi\left(\frac{a_1}{\vartheta_1} + \frac{a_2}{\vartheta_2} + \frac{a_3}{\vartheta_3}\right)}.$$

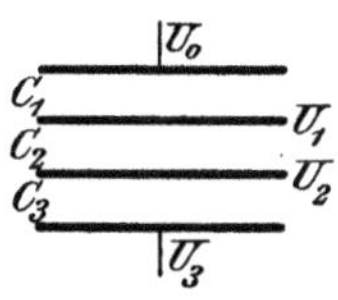

Abb. 43.

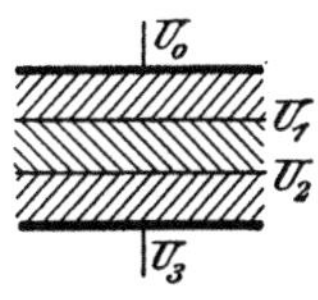

Abb. 44.

Sind die Dielektriken von homogener Beschaffenheit, so daß ihre Grenzflächen den Niveauflächen parallel sind, so ändert sich nichts, wenn man die Zwischenplatten entfernt. Man erhält dann die aus Abb. 44 ersichtliche Anordnung, nämlich einen Kondensator mit drei dielektrischen Schichten in Hintereinanderschaltung. Von dieser Anordnung macht man Gebrauch bei Bestimmung der Dielektrizitätskonstante ϑ eines Stoffes, der in Form einer Platte vorhanden ist. Man schiebt diese Platte in einen Luftkondensator ein, und es ist nun

$$C = \frac{S}{4\pi\left(\frac{a}{\vartheta} + a_2\right)},$$

wenn a die Dicke der Platte und a_2 die Dicke der verbleibenden Luftschicht ist[1]). Über die Messung der Kapazität C vgl. § 287.

32. Ladungsenergie.

Unter Ladungsenergie eines elektrisch geladenen einfachen Leiters oder Kondensators versteht man jene potentielle Energie, die seiner Ladung (gemäß der in § 24 erläuterten Oberflächenspannung) innewohnt. Es ist jene Arbeit, die aufgewendet werden muß, um die betreffende Ladung vom Unendlichen oder von der Erde aus auf den betreffenden Leiter zu bringen, oder sie auf dem betreffenden Leiter (z. B. durch Influenz) zu erzeugen. Sie entspricht — um ein Beispiel aus der Mechanik heranzuziehen — der potentiellen Energie einer gespannten Feder. Diese Arbeit wird frei und setzt sich teils in lebendige Kraft, teils in Wärme um, sobald die Feder losgelassen bzw. der geladene Leiter entladen wird.

Die Ladungsenergie ist nicht identisch mit dem Potential einer Ladung auf sich selbst, das in § 15 als Energie einer Ladung in bezug auf eine der Einheit gleiche Masse von sich selbst definiert wurde, sondern die Ladungsenergie ist die Summe aller Energien, die zwischen der ganzen Ladung und jedem ihrer einzelnen Teilchen besteht.

Bezeichnet man die ganze auf dem Leiter sitzende Ladung mit Q, und ein unendlich kleines Teilchen derselben mit dQ, und ist U das Potential des Leiters oder Kondensators, auf dem die Ladung sitzt, so ist nach § 11 die unendlich kleine Arbeit dA, die geleistet werden muß, um dieses Teilchen vom Potential Null auf das Potential U zu bringen

$$dA = dQ \cdot U.$$

Aus Gl. 10 folgt durch Differentiation (da C konstant ist)

$$dQ = C \cdot dU.$$

Mithin

$$dA = C \cdot U \cdot dU.$$

Durch Integration erhält man nun die gesamte Ladungsenergie A.

$$A = C\int U \cdot dU = \frac{C\,U^2}{2} \quad \text{. . . . . (26)}$$

---

[1]) Über die elektrische Kraft in diesen Schichten vgl. § 253.

Setzt man Gl. 10 ein, so erhält man zwei weitere Ausdrücke für die Ladungsenergie, nämlich

$$A = \frac{QU}{2} \quad \dots\dots\dots\dots \quad (27)$$

und

$$A = \frac{Q^2}{2C} \quad \dots\dots\dots\dots \quad (28)$$

Für einen Kondensator, dessen Platten die Potentiale $+U_2$ und $-U_1$ haben, ist die gesamte Ladungsenergie gleich der beider Platten, also

$$A = \frac{QU_2}{2} - \frac{QU_1}{2}.$$

Setzt man $U_2 - U_1 = E$, so ist

$$A = \frac{QE}{2} \quad \dots\dots\dots\dots \quad (29)$$

oder

$$A = \frac{CE^2}{2}.$$ [1]

33. Die Clausiussche Vorstellung über die Beschaffenheit des Dielektriks. Wahre und scheinbare Ladung.

Über die Beschaffenheit des Dielektriks hat Clausius eine Annahme gemacht, die genügt, um alle Erscheinungen zu erklären. Demnach hat man sich das Dielektrik vorzustellen als einen Stoff, in dem sich sehr kleine leitende Teilchen (vielleicht von der Größe eines Moleküles) in großer Zahl eingestreut vorfinden. Wirkt auf einen so beschaffenen Stoff eine elektrische Kraft, indem er z. B. zwischen die Platten eines Kondensators gebracht wird, so findet in jedem Teilchen eine Elektrisierung durch Influenz statt, so daß auf der einen Seite positive, auf der entgegengesetzten Seite negative Pole auftreten (Abb. 45). Man sagt daher auch, das Dielektrik ist polarisiert. Die elektrische Kraft oder Feldstärke $\mathfrak{H}$ bewirkt also die Elektrisierung des Dielektriks, weshalb man sie auch (wie schon auf S. 42 bemerkt wurde) elektrisierende Kraft nennt.

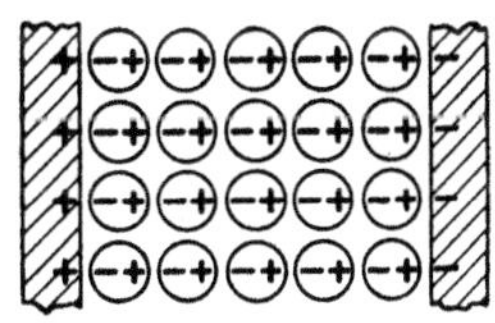

Abb. 45.

Aus der Abb. 45 erklärt sich jetzt auch, warum die Kraftlinien wie elastische Fäden wirken, die sich zu verkürzen streben, und die sich gegenseitig abstoßen (§ 4). Denn die in der Kraftlinienrichtung

[1] Aus Gl. 25 erkennt man, daß diese Ladungsarbeit gleich jener Arbeit ist, welche geleistet werden muß, wenn die Platten unter Überwindung der anziehenden Kraft F vom Abstand Null auf den Abstand a gebracht werden.

nebeneinanderliegenden ungleichnamigen Pole der verschiedenen Teilchen ziehen sich an, während senkrecht zur Kraftlinienrichtung gleichnamige Pole nebeneinanderliegen, so daß senkrecht zur Kraftlinienrichtung Abstoßung zwischen den einzelnen Teilchen herrscht.

Ferner ersieht man aus dieser Abbildung, daß sich hinsichtlich der Wirkung nach außen alle Pole der leitenden Teilchen im Innern gegenseitig aufheben, da immer zwei ungleichnamige nebeneinander liegen, Dagegen treten auf den an den Kondensatorplatten liegenden Endflächen des Dielektriks freie elektrische Ladungen auf, und zwar an der positiven Platte eine negative und umgekehrt. Man erkennt hieraus, warum infolge der Anwesenheit des Dielektriks die Kraft und das Potential nach Gl. 16 und 17 um das ϑ-fache sinkt, wenn die Ladung konstant ist. Denn durch die auf der linken Endfläche des Dielektriks auftretende freie negative Ladung wird ein Teil der positiven Ladung der linken Kondensatorplatte neutralisiert; ebenso auf der rechten Seite. Wird hingegen die Potentialdifferenz zwischen den Platten konstant gehalten, indem diese mit einer Elektrizitätsquelle von konstanter Spannung verbunden werden, so strömt so viel Elektrizität auf die Platten nach, als durch die Endflächen des Dielektriks neutralisiert wurde, so daß die Ladung auf das ϑ-fache steigt.

Während die auf den Kondensatorplatten sitzenden Ladungen abgeleitet werden können (durch Verbindung mit der Erde), ist dies bei den auf den Endflächen des Dielektriks sitzenden Ladungen nicht möglich, da sie eben auf einem Nichtleiter sitzen. Da ferner die auf einem Leiter sitzende Ladung Anfang oder Ende von Kraftlinien darstellt, während durch das Dielektrik die Kraftlinien hindurchgehen, so bezeichnet man die Ladungen auf einem Leiter als wahre oder wirkliche Ladungen, und die auf den Endflächen eines Dielektriks infolge Polarisation entstehenden als scheinbare. Beim Verschwinden der elektrisierenden Kraft verschwinden diese scheinbaren Ladungen dadurch, daß sich die getrennten Ladungen in jedem Teilchen der Abb. 45 wieder vereinigen und neutralisieren.

Greifen wir aus dem Dielektrik einen Würfel von 1 cm Seitenlänge heraus und zwar so, daß zwei gegenüberliegende Flächen parallel zu den Kondensatorplatten sind, so ist die auf diesen Flächen sitzende Ladung, das ist die Flächendichte σ_d, ein Maß für die Elektrisierung des Dielektriks[1]). Betrachten wir ein zylindrisches Stück des Dielektriks, dessen Endflächen S sind, so ist

$$\sigma_d = \frac{m_d}{S},$$

wenn m_d die ganze auf einer Endfläche sitzende Ladung bedeutet.

Es entsteht nun die Frage nach der Kraftlinienmenge, die durch dieses zylindrische Stück des Dielektriks geht. Wäre Luft an Stelle des Dielektriks vorhanden, so wäre die Kraftlinienmenge gleich $\mathfrak{H} S$, weil $\mathfrak{H}$ die Kraftliniendichte in Luft bedeutet (§ 6). Von der an den

---

[1]) Der Index d bei σ und m bedeutet, daß es sich um die Ladung des Dielektriks, nicht um die der Platten handelt.

Endflächen des Zylinders sitzenden Ladung m_d kommen aber neue Kraftlinien hinzu, deren Anzahl nach § 6 gleich $4\pi m_d$ ist. Die gesamte Kraftlinienmenge $\mathfrak{Z}$ ist also

$$\mathfrak{Z} = \mathfrak{H} S + 4\pi m_d.$$

Daraus ergibt sich die Kraftliniendichte $\mathfrak{B}$, wenn man durch die Fläche S dividiert. Es ist also

$$\mathfrak{B} = \frac{\mathfrak{Z}}{S} = \mathfrak{H} + 4\pi \frac{m_d}{S},$$

und nach Einsetzung der obigen Gleichung:

$$\mathfrak{B} = \mathfrak{H} + 4\pi\sigma_d \quad \text{. . . . .} \quad (30)$$

34. Elektrisierungszahl und Dielektrizitätskonstante.

Aus dem Vorstehenden läßt sich ohne weiteres die durch Messungen bestätigte Folgerung ziehen, daß die Stärke der Elektrisierung eines Dielektriks, d. h. die an den Endflächen einer Volumseinheit auftretende Ladung σ_d der elektrisierenden Kraft $\mathfrak{H}$ proportional ist, weil eben in jedem Teilchen um so mehr Elektrizität durch Influenz erzeugt wird, je stärker die elektrisierende Kraft ist. Es ist also

$$\sigma_d = \varepsilon \mathfrak{H}, \quad \text{. . . . .} \quad (31)$$

wobei ε ein Faktor ist, der nach den bisherigen Messungen für denselben Stoff als konstant betrachtet werden kann[1]). Für verschiedene Stoffe ist er verschieden, was sich nach der Faradayschen Vorstellung erklären läßt, wenn man annimmt, daß die Anzahl der leitenden Teilchen in der Volumseinheit verschieden ist. Man nennt ε die Elektrisierungszahl des betreffenden Stoffes.

Aus der letzten und vorletzten Gleichung folgt

$$\mathfrak{B} = \mathfrak{H} + 4\pi\varepsilon\mathfrak{H} = \mathfrak{H}(1 + 4\pi\varepsilon).$$

Vergleicht man diese mit der Gl. 20, so erhält man

$$\vartheta = 1 + 4\pi\varepsilon \quad \text{. . . . .} \quad (32)$$

als Beziehung zwischen der Dielektrizitätskonstante und der Elektrisierungszahl[2]).

35. Innere Energie eines polarisierten Dielektriks.

In § 33 haben wir gesehen, warum in der Richtung der Kraftlinien ein Zug, und senkrecht zu den Kraftlinien eine Abstoßung wirkt: die in den einzelnen Teilchen induzierten Ladungen wirken derart auf-

---

[1]) Das gilt aber nur für homogene Stoffe. Bei Kristallen ist ε je nach der Richtung, in der die elektrische Kraft den Kristall durchsetzt, verschieden.

[2]) Für die obige Größe $\sigma_d = \varepsilon\mathfrak{H}$ wird nach Maxwell auch der Ausdruck „elektrische Verschiebung" angewendet. Es liegt kein Grund vor, den anschaulicheren Ausdruck „Flächendichte", den Gauß eingeführt hat, aufzugeben. Es herrscht auch keine Einheitlichkeit, denn manche bezeichnen als elektrische Verschiebung die Flächendichte auf einem Leiter: $\sigma = \frac{\mathfrak{B}}{4\pi} = \frac{\vartheta\mathfrak{H}}{4\pi}$ (§ 27).

einander. Das unter dem Einfluß einer elektrischen Kraft stehende Dielektrik befindet sich also in einem inneren Spannungszustand[2]). Diesem Spannungszustand muß wie bei einer gespannten Feder eine potentielle Energie entsprechen. Greifen wir einen Einheitswürfel aus dem Dielektrik heraus, so befindet sich entsprechend Abb. 45 auf seinen zu den Kraftlinien senkrechten Endflächen die Ladung σ_d. Nach Gl. 29 ist dann die Ladungsenergie dieses Einheitswürfels

$$A_{einh} = \frac{\sigma_d E}{2},$$

wenn E die Potentialdifferenz zwischen den Endflächen bedeutet. Zufolge Gl. 21 ist dann

$$A_{einh} = \frac{\mathfrak{B} E}{8\pi}.$$

Da $\mathfrak{H} = \frac{E}{a}$, und in dem angenommenen Einheitswürfel $a = 1$ ist, so ist $\mathfrak{H} = E = \frac{\mathfrak{B}}{\vartheta}$. Mithin

$$A_{einh} = \frac{\mathfrak{B}^2}{8\pi\vartheta} \quad \ldots \ldots \ldots \ldots (33)$$

oder

$$A_{einh} = \vartheta \frac{\mathfrak{H}^2}{8\pi} \quad \ldots \ldots \ldots \ldots (34)$$

Für einen Kondensator mit den Flächen S und dem Abstand a erhält man die ganze innere Energie A, wenn man mit dem Rauminhalt aS multipliziert, also

$$A = \vartheta \frac{aS\mathfrak{H}^2}{8\pi}.$$

Weil $\mathfrak{H} = \frac{E}{a}$ und $C = \vartheta \frac{S}{4\pi a}$ ist (§ 27), so folgt

$$A = \frac{CE^2}{2}.$$

Das ist dieselbe Formel, die wir in § 32, ausgehend von der wirklichen Ladung der Kondensatorplatten, erhalten haben. Die beiden müssen gleich groß sein, ebenso wie beim Spannen einer Feder die Kraft, welche spannt, und die Gegenkraft der Feder.

36. Anziehung und Abstoßung eines Nichtleiters in einem elektrischen Felde.

Wir betrachten nun den Fall, daß sich zwei nichtleitende Stoffe mit den Dielektrizitätskonstanten ϑ und ϑ' nebeneinander in einem elektrischen Felde befinden, das von einer positiv geladenen Platte CD (Abb. 46) erzeugt wird. GH sei die Grenzfläche zwischen den beiden Stoffen, von der wir voraussetzen, daß sie senkrecht zu den Kraft-

[2]) Dieser Spannungszustand äußert sich in Gestaltsveränderungen mancher Isolatoren, die man als Elektrostriktion bezeichnet.

linien verläuft. Da Kraftlinien in einem Dielektrik nicht entstehen oder verschwinden können, so ist ihre Dichte $\mathfrak{B}$ an allen Stellen dieselbe. Daher ist nach Gl. 20

$$\mathfrak{B} = \vartheta\mathfrak{H} = \vartheta'\mathfrak{H}', \quad . \quad . \quad (35)$$

d. h. die elektrisierenden Kräfte in den beiden Stoffen verhalten sich umgekehrt wie die Dielektrizitätskonstanten. Das steht in Übereinstimmung mit Gl. 10, wonach die in einem Dielektrik wirkende Kraft umgekehrt proportional der Dielektrizitätskonstante ist. Die Flächendichte der scheinbaren Ladung an der Endfläche des einen Stoffes ist nach Gl. 31

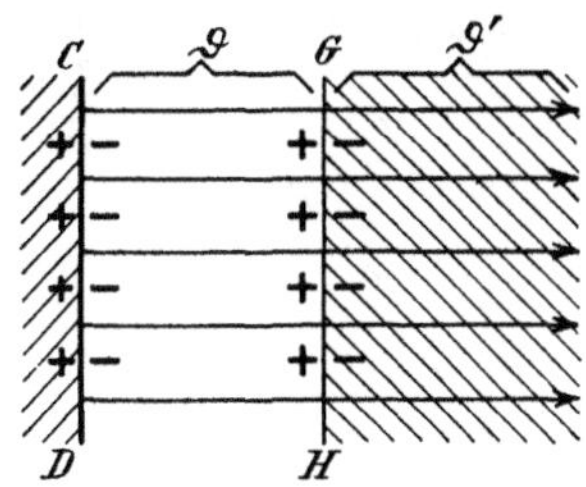

Abb. 46.

$$\sigma_d = \varepsilon\mathfrak{H}$$

und an der Endfläche des anderen Stoffes

$$\sigma_d' = \varepsilon'\mathfrak{H}'.$$

An der Grenzfläche GH sind diese Ladungen entgegengesetzt. Mithin ist die resultierende Flächendichte an der Grenzfläche

$$\sigma_d' - \sigma_d = \varepsilon'\mathfrak{H}' - \varepsilon\mathfrak{H}.$$

Zufolge Gl. 32 ist

$$\varepsilon' = \frac{\vartheta' - 1}{4\pi} \qquad \text{und} \qquad \varepsilon = \frac{\vartheta - 1}{4\pi}.$$

Nach Einsetzung dieser Werte und des Wertes für $\mathfrak{H}'$ aus Gl. 35 ergibt sich

$$\sigma_d' - \sigma_d = \frac{\mathfrak{H}}{4\pi}\left(1 - \frac{\vartheta}{\vartheta'}\right) \quad . \quad . \quad . \quad . \quad . \quad . \quad (36)$$

oder nach Einsetzung von Gl. 20

$$\sigma_d' - \sigma_d = \frac{\mathfrak{B}}{4\pi}\left(\frac{1}{\vartheta} - \frac{1}{\vartheta'}\right) \quad . \quad . \quad . \quad . \quad . \quad . \quad (37)$$

Ist $\vartheta' > \vartheta$, so ist die rechte Seite der Gleichung positiv und umgekehrt. D. h. in der resultierenden Flächendichte $\sigma_d' - \sigma_d$ überwiegt die Ladung jenes Stoffes, der die größere Dielektrizitätskonstante hat, und zwar ohne Rücksicht auf das Vorzeichen der Ladungen, das ja nur davon abhängt, ob die Platte CD positiv oder negativ geladen ist. Ist in Abb. 46 $\vartheta' > \vartheta$, so überwiegt die Ladung des rechts von GH gelegenen Stoffes, und daher ist die resultierende Ladung an der Grenzfläche GH negativ, wird also von der positiven Platte CD angezogen. Ist hingegen $\vartheta' < \vartheta$, so ist die resultierende Ladung der Grenzfläche positiv und wird daher von der positiven Platte CD abgestoßen. Ist der zweite Stoff ein begrenzter Körper, z. B. $GHKL$ (Abb. 47), der in einem homogenen

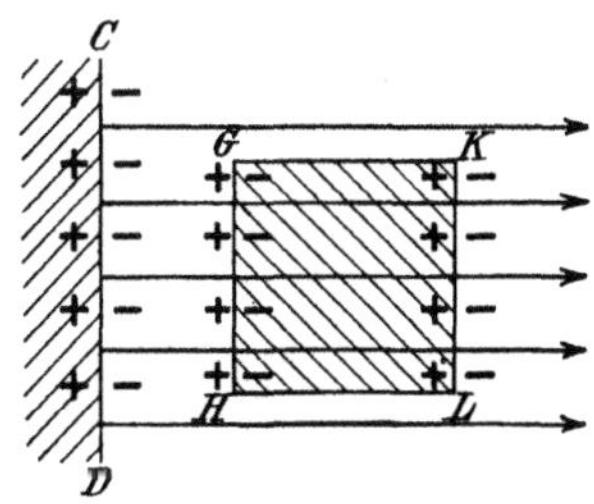

Abb. 47.

Felde von dem ersten Stoff allseitig umgeben ist, so wird die Grenzfläche GH, wie eben gezeigt, abgestoßen. — An der Grenzfläche KL überwiegt die negative Ladung; sie wird also von CD angezogen. Da nun in einem homogenen Felde die Kraft an allen Stellen des Feldes dieselbe ist, heben sich die Anziehung der Fläche KL und die Abstoßung der Fläche GH gegenseitig auf und der Körper bleibt in Ruhe.

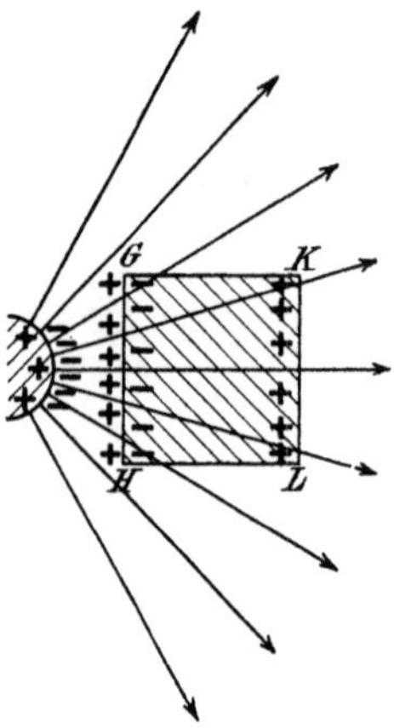

Abb. 48.

Ist aber das Feld nicht homogen (Abb. 48), so ist die Kraft an der Fläche GH größer als an der Fläche KL, es überwiegt die Abstoßung der Fläche GH und daher wird der ganze Körper in der Richtung der divergierenden Kraftlinien abgestoßen. Ist also ein nichtleitender, begrenzter Körper von einem anderen nichtleitenden Stoff umgeben, und ist das Feld homogen, so bleibt der Körper in Ruhe; ist aber das Feld nicht homogen, so sucht sich der Körper in der Richtung der divergierenden Kraftlinien zu bewegen, wenn seine Dielektrizitätskonstante kleiner ist als die des umgebenden Stoffes, d. h. er wird abgestoßen. Dagegen bewegt er sich in der Richtung der konvergierenden Kraftlinien (also in gleicher Weise wie ein leitender Körper), wenn seine Dielektrizitätskonstante größer ist als die des umgebenden Stoffes, d. h. er wird angezogen. Gegenüber den Nichtleitern verhält sich ein Leiter so wie ein Körper, dessen Dielektrizitätskonstante unendlich groß ist.

Auch aus der elektrischen Energie erkennt man, wie sich ein Körper in einem elektrischen Felde verhält. Nach einem allgemeinen Naturgesetz bewegt sich ein Körper von selbst so, daß die potentielle Energie des ganzen Systems vermindert wird. Aus Gl. 33 ersieht man, daß diese Energie der Dielektrizitätskonstante ϑ verkehrt proportional ist. Bringt man einen Körper, dessen D.K. ϑ' kleiner ist als die D.K. ϑ des vorhandenen Feldes, in dieses hinein, so vergrößert sich die gesamte elektrische Energie. Die Vergrößerung ist gleich jener mechanischen Arbeit, die man aufwenden mußte, um den Körper in das Feld hineinzubringen. Kommt hingegen der Körper aus dem Felde heraus, so vermindert sich die gesamte elektrische Energie, d. h. der Körper bewegt sich von selbst aus dem Felde heraus. Die mechanische Arbeit, die er dabei leistet, ist gleich jenem Betrage, um den sich die potentielle Energie des Feldes vermindert. Das Entfernen aus dem Felde heraus ist gleichbedeutend mit einer Bewegung in der Richtung der divergierenden Kraftlinien.

Hat der Körper eine D.K., die größer ist als die des vorhandenen Feldes, so findet eine Verminderung der gesamten elektrischen Energie statt, wenn der Körper in das Feld hineinkommt, d. h. er wird von den elektrischen Kräften hineingezogen. Das Hineinkommen ist gleichbedeutend mit einer Bewegung in der Richtung, in der die Kraftlinien konvergieren.

Befindet sich der Körper in einem homogenen Felde, so kann von selbst keine Bewegung eintreten, denn die elektrische Energie bleibt unverändert, ob der Körper seine Lage ändert oder nicht.

37. Brechung der Kraftlinien an der Grenzfläche zweier Nichtleiter.

Wir betrachten nun den Fall, wo eine elektrisierende Kraft schief durch die Grenzfläche GH zweier nichtleitender Stoffe hindurchgeht (Abb. 49). α und α' seien ihre Einfallswinkel in den beiden Stoffen. Die Größe der elektrisierenden Kraft $\mathfrak{H}$ im linken Stoff sei durch die Strecke OK, die der elektrisierenden Kraft $\mathfrak{H}'$ im rechten Stoff durch die Strecke ON dargestellt. Wir zerlegen beide in ihre Komponenten parallel und senkrecht zur Grenzfläche. Die parallelen Komponenten sind

$$OR = \mathfrak{H} \sin \alpha$$
$$OT = \mathfrak{H}' \sin \alpha'.$$

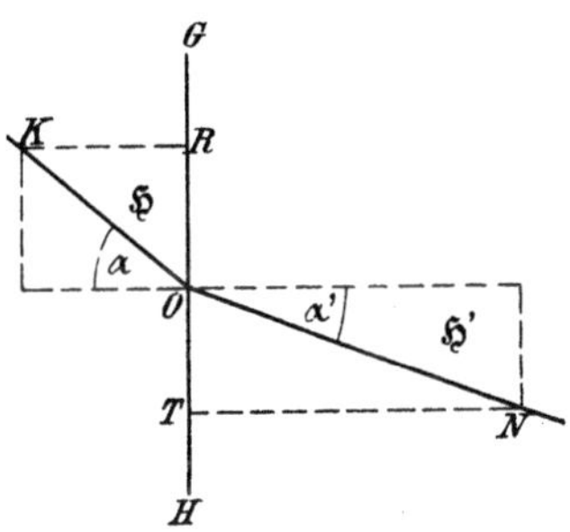

Abb. 49.

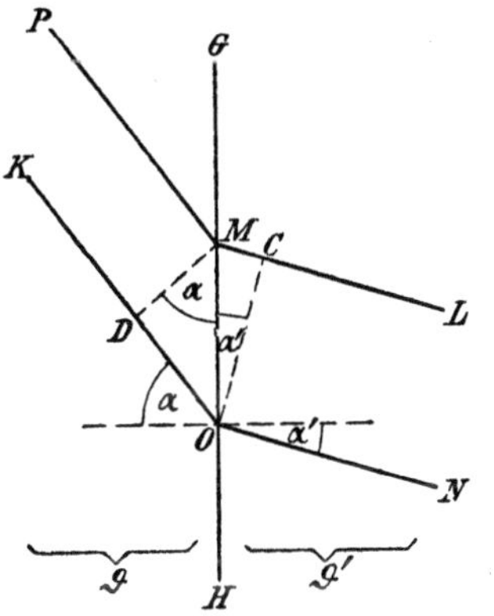

Abb. 50.

Da diese nach Voraussetzung parallel zur Grenzfläche sind, also nicht von einem Stoff in den andern übergehen, sondern beide nur in dem einen oder in dem anderen verlaufen, so müssen sie einander gleich sein und sich aufheben, weil auf denselben Punkt O nicht zwei verschiedene Komponenten derselben Kraft wirken können[1]). Es ist also

$$OR = OT$$

und daher
$$\frac{\mathfrak{H}}{\mathfrak{H}'} = \frac{\sin \alpha'}{\sin \alpha} \quad \ldots \ldots \ldots \quad (38)$$

d. h. die Sinus der Einfallswinkel zu beiden Seiten der Grenzfläche verhalten sich umgekehrt wie die elektrisierenden Kräfte in den beiden Stoffen.

---

[1]) Es ist hier vorausgesetzt, daß es sich um eine und dieselbe elektrisierende Kraft mit der Richtung KON handelt, die in Komponenten zerlegt wurde. Bei verschiedenen Kräften könnten natürlich auch verschiedene Größen auf denselben Punkt wirken.

Wie verhalten sich nun die Kraftliniendichten in den beiden Stoffen? Aus Abb. 50, die ein durch die Kraftlinien KON und PML begrenztes Kraftlinienbündel darstellt, erkennt man schon, daß die Kraftliniendichte in dem Stoff mit dem kleineren Einfallswinkel (α') kleiner sein muß als in dem anderen, weil der Querschnitt des Kraftlinienbündels größer ist. Zieht man von O und M aus die Senkrechten OC und MD, so ist

$$MD = OM \cdot \cos\alpha$$
$$OC = OM \cdot \cos\alpha'.$$

Die Kraftliniendichten $\mathfrak{B}$ und $\mathfrak{B}'$ sind umgekehrt proportional den Strecken MD und OC, weil diese den entsprechenden Querschnitten des Bündels proportional sind. Es ist also

$$\frac{\mathfrak{B}}{\mathfrak{B}'} = \frac{OC}{MD}.$$

Mithin

$$\frac{\mathfrak{B}}{\mathfrak{B}'} = \frac{\cos\alpha'}{\cos\alpha} \quad \ldots\ldots\ldots\ldots \quad (39)$$

d. h. die Kraftliniendichten in den beiden Stoffen verhalten sich umgekehrt wie die Cosinus der Einfallswinkel. Die Kraftliniendichte ist also um so größer, je größer der Einfallswinkel ist.

Dividiert man die letzte Gleichung durch Gl. 38, so ist

$$\frac{\mathfrak{B}}{\mathfrak{B}'} : \frac{\mathfrak{H}}{\mathfrak{H}'} = \frac{\cos\alpha'}{\cos\alpha} : \frac{\sin\alpha'}{\sin\alpha}.$$

Zufolge der Gl. 20 wird daraus

$$\frac{\vartheta}{\vartheta'} = \frac{\operatorname{tg}\alpha}{\operatorname{tg}\alpha'}, \quad \ldots\ldots\ldots\ldots \quad (40)$$

d. h. die trig. Tangenten der Einfallswinkel verhalten sich wie die Dielektrizitätskonstanten. Das ist das Brechungsgesetz der Kraftlinien. Gehen z. B. die Kraftlinien von einem Stoffe (ϑ) über in einen Stoff, dessen Dielektrizitätskonstante $\vartheta' = \infty$ ist, so muß nach der letzten Gleichung $\operatorname{tg}\alpha' = \infty$, also $\alpha' = 90^0$ sein, selbst wenn α nahezu 90^0 ist. Nur wenn $\alpha = 90$ ist, verliert die Formel ihre Bedeutung, denn dann laufen die Kraftlinien parallel zur Trennungsfläche. Leitende Körper kann man als

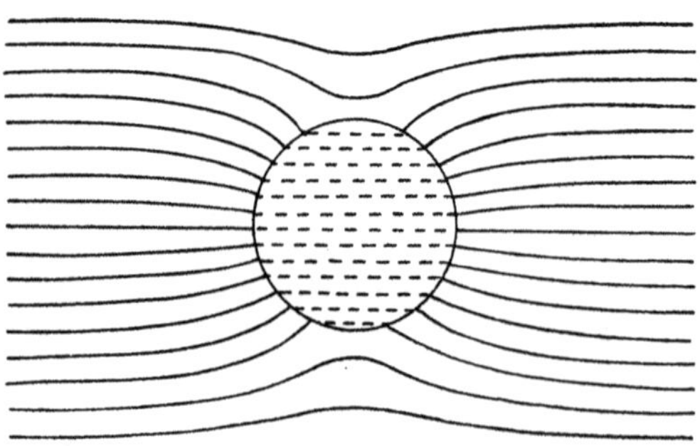

Abb. 51. Kraftlinienverlauf, wenn die Dielektrizitätskonstante der Kugel größer ist als die der Umgebung.

Stoffe betrachten, deren $\vartheta = \infty$ ist. Dann müssen also alle Kraftlinien von der Oberfläche eines Leiters senkrecht ausgehen. Dasselbe hat sich in § 14 daraus ergeben, daß die Oberfläche eines Leiters eine Niveaufläche ist.

Aus den Gl. 38, 39 und 40 läßt sich in jedem Fall der Verlauf der Kraftlinien konstruieren, wenn ihre Richtung in einem der nichtleitenden Stoffe gegeben ist. Abb. 51 zeigt den Verlauf, wenn in ein homogenes Feld eine nichtleitende Kugel gebracht wird, deren Dielektrizitätskonstante größer ist als die des umgebenden Stoffes. Man sieht, die Kraftlinien werden von der Kugel an sich gezogen, wie von einem Leiter (vgl. Abb. 23). Je größer die Dielektrizitätskonstante der Kugel ist, desto mehr Kraftlinien zieht sie an sich. Abb 52 zeigt den Verlauf der Kraftlinien, wenn die Dielektrizitätskonstante der Kugel kleiner ist als die des umgebenden Stoffes. Abb. 53 zeigt dasselbe; es ist die photographische Aufnahme[1]) der durch suspendiertes Glyzinpulver in Öl sichtbar gemachten Kraftlinien eines elektrischen Feldes, in dem sich ein Hartgummiring befindet. Die Kraftlinien werden von dem Ring abgedrängt, weil seine Dielektrizitätskonstante kleiner ist als die des Öles. Infolgedessen ist die Kraftliniendichte innerhalb des Ringes kleiner als außerhalb.

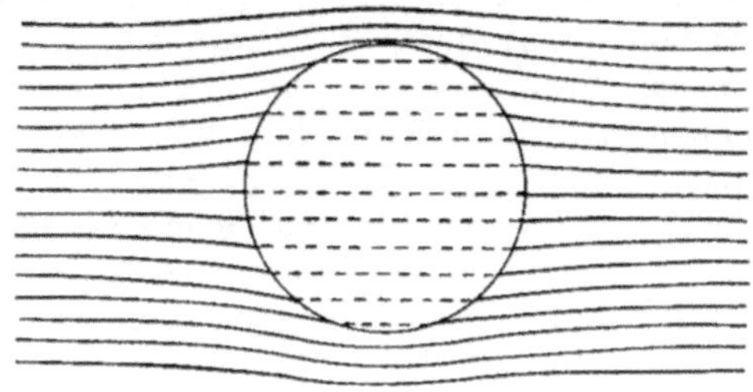

Abb. 52. Kraftlinienverlauf, wenn die Dielektrizitätskonstante der Kugel kleiner ist als die der Umgebung.

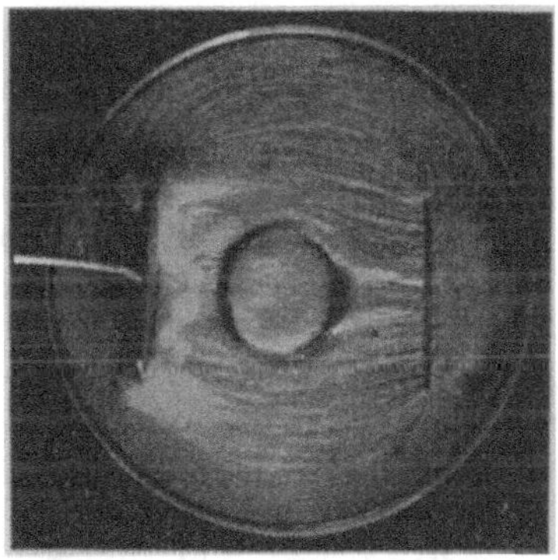

Abb. 53. Hartgummiring in Öl.

Es ist zu beachten, daß beim Durchgang der Kraftlinien durch irgendein anderes Dielektrik keine unterbrochen oder vernichtet, sondern nur ihre Richtung verändert wird. Anfang und Ende elektrischer Kraftlinien befindet sich nur auf freien elektrischen Ladungen.

Über die Bezeichnung „Kraftlinien" als 𝔅-Linien zum Unterschiede von den elektrischen Kräften vgl. die Anmerk. auf S. 139.

---

[1]) Von M. Seddig. Siehe die Anmerk. auf S. 5.

38. Rückstandsbildung im Dielektrik.

Wir haben im Vorhergehenden Stoffe vorausgesetzt, die vollkommene Nichtleiter (Isolatoren) sind, d. h. solche, die auch unter den stärksten elektrischen Kräften keine Leitung der Elektrizität, sondern nur Polarisation (§ 33) zulassen. Die Elektrizität, die an den Endflächen eines solchen Stoffes durch die Wirkung der elektrisierenden Kraft entsteht und sich nicht ableiten läßt, wurde als scheinbare Ladung bezeichnet, im Gegensatz zu der Ladung eines Leiters, die sich ableiten läßt, und die wir als wahre oder wirkliche Ladung bezeichnet haben. Die scheinbare Ladung eines vollkommenen Isolators verschwindet, sobald die elektrisierende Kraft verschwindet, weil sich die in Abb. 45 eingezeichneten Ladungen der einzelnen Teilchen wieder gegenseitig ausgleichen. Die Erfahrung lehrt aber, daß dies bei keinem bekannten Stoff vollkommen zutrifft, sondern daß nach jeder Einwirkung der elektrisierenden Kraft immer eine gewisse Ladung zurückbleibt, die man als Rückstand bezeichnet. Sie entsteht dadurch, daß eine Bewegung der durch Influenz getrennten Elektrizitäten wie bei einem Leiter eintritt. Wegen des großen Leitungswiderstandes im Isolator geschieht dies verhältnismäßig (d. h. im Vergleich zu einem Leiter) langsam; und aus demselben Grunde kann die Wiedervereinigung der durch Influenz getrennten Elektrizitäten nur langsam erfolgen. In der Regel kann der nach einer starken Elektrisierung an der Oberfläche verbleibende Rückstand nur dadurch beseitigt werden, daß man den betreffenden festen Isolator von einer Flamme oder wenigstens den Flammengasen bestreichen läßt (vgl. § 243). Aber auch dadurch wird nur die auf der Oberfläche zurückgebliebene Ladung beseitigt, nicht aber diejenige, die im Innern sitzt. Diese verschwindet nur allmählich[1]). Die geringste Rückstandsbildung zeigen jene Stoffe, die am reinsten erhalten werden können (Paraffin, Quarz, Glimmer). Je größer die Verunreinigung (oder Mischung mit anderen Stoffen), desto größer die Rückstandsbildung. Die Bildung eines solchen Ladungsrückstandes läßt sich mit der elastischen Nachwirkung bei elastischen Körpern und mechanischen Kräften vergleichen, weshalb man bei Rückstandsbildung auch von elektrischer Nachwirkung sprechen kann.

Bei festen und flüssigen Isolatoren, die mit geladenen Leitern in unmittelbarer Berührung (ohne Luftzwischenschicht) stehen, können Ladungen natürlich auch von diesen auf jene übergehen. Bei wechseln der Elektrisierung (Kondensator in einem Wechselstromkreis) verursacht die Rückstandsbildung einen Arbeitsverlust, weil sich die aufeinanderfolgenden, entgegengesetzten Ladungen unter Wärmebildung gegenseitig vernichten. Es ist dies der Hauptteil der dielektrischen Verluste (vgl. § 181).

[1]) Man erhält daher aus einem Kondensator, dessen Platten an einem festen Dielektrik anliegen, einen allmählich abnehmenden und erst nach längerer Zeit Null werdenden Strom (Greinacher, Ann. d. Phys., Bd. 17, 1905; Bd. 18, 1905). Nach Messungen von M. Weiset (ETZ 1920, S. 73) zeigte sich an einem Kabel, das nach Anschluß an 100000 Volt eine Minute lang geerdet und dann wieder isoliert wurde, eine aus dem Isolierstoff allmählich herauskriechende Ladung von 7000 Volt Spannung. Dauerte die Erdung 5 Minuten, so erschien allmählich wieder eine Ladung von 800 Volt.

Drittes Kapitel.

Grundgesetze der strömenden Elektrizität.

39. Das Zustandekommen eines elektrischen Stromes.

In § 13 sind wir zu dem Ergebnis gekommen, daß bei allen magnetischen und elektrischen Anordnungen das Bestreben vorhanden ist, eine solche Bewegung einzuschlagen, daß dadurch der Potentialwert verkleinert wird. Bei den elektrischen Erscheinungen haben wir zu unterscheiden zwischen Bewegungen der Träger, d. h. jener Körper, auf denen die elektrischen Massen sitzen (ponderomotorisch), und zwischen Bewegungen der elektrischen Massen selbst auf ihren Trägern (elektromotorisch). Bei den magnetischen Erscheinungen gibt es nur die erste Art von Bewegung.

Wenn also auf einem leitenden Körper zwei Punkte mit verschiedenem Potentiale vorhanden sind, so findet eine Bewegung der Elektrizität vom höheren zum niederen Potentiale so lange statt, bis der Unterschied ausgeglichen ist. Gelingt es durch irgendwelche Vorrichtung, einen Potentialunterschied beständig aufrechtzuerhalten, so findet ein beständiges Strömen der Elektrizität statt, und man hat einen elektrischen Strom.

Da wir aus der Mechanik gewohnt sind, die Ursache einer Bewegung Kraft zu nennen, so nennen wir die Ursache eines elektrischen Stromes elektromotorische Kraft E und bezeichnen damit den Potentialunterschied $U_2 - U_1$ zwischen jenen Punkten[1]). Dann ist die elektromotorische Kraft auch gleich dem Linienintegral der elektrischen Kraft (§ 14).

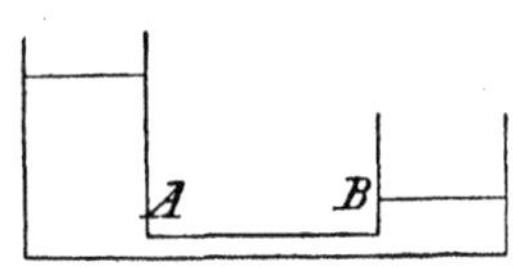

Abb. 54.

Der Ausdruck Strom ist daraus entstanden, daß die elektrischen Vorgänge dieselben Gesetze befolgen wie eine strömende Flüssigkeit. Verbindet man nämlich zwei mit einer Flüssigkeit gefüllte Gefäße A und B (Abb. 54) durch eine Röhre, so strömt die Flüssigkeit von A

[1]) In dieser Gleichstellung der Begriffe Potentialunterschied und elektromotorische Kraft liegt eine unrichtige Ausdrucksweise, die sich leider nicht mehr wird beseitigen lassen. Denn nach § 11 ist Potential und daher auch Potentialunterschied eine auf die Masseneinheit bezogene Arbeit, aber keine Kraft. Über die Dimensionen s. § 298.

nach B so lange, als das Niveau der Flüssigkeit in A höher steht als in B. Den analogen Fall für die Elektrizität stellt Abb. 55 dar, wo zwei leitende Kugeln durch einen Draht verbunden sind. Durch diesen strömt so lange Elektrizität, als die eine Kugel höheres Potential hat wie die andere.

Abb. 55.

40. Stromquellen.

Einen beständigen Potentialunterschied kann man dadurch in einfacher Weise herstellen, daß man ein Metall in eine Flüssigkeit taucht, die auf dasselbe chemisch einwirkt. Es besitzt dann, solange eine chemische Reaktion stattfindet, die Flüssigkeit einen höheren Potentialwert als das Metall. Verbindet man das Metall A (Abb. 56) durch einen Leiter, der selbst nicht von der Flüssigkeit angegriffen wird (Kohle oder Platin), mit dieser, so findet ein Strömen der Elektrizität von der Flüssigkeit durch diesen Leiter zum Metalle statt. Es ist die einfachste Form eines galvanischen Elementes, nämlich das von Smee, wenn als wirksames Metall Zink und als Flüssigkeit verdünnte Schwefelsäure verwendet wird. Man bezeichnet dann die Kohle oder das Platin als den positiven, das Zink als den negativen Pol des Elementes.

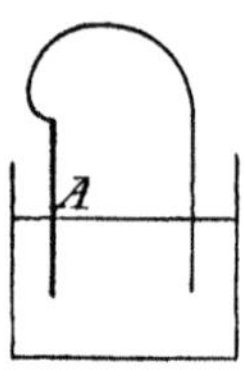

Abb. 56.

Die Vorgänge in der Flüssigkeit selbst zwingen zu der Annahme, daß der Strom auch durch diese und zwar vom Zink zur Kohle geht. Die Elektrizität vollführt also einen Kreislauf; die Strombahn ist eine geschlossene. Das gilt für alle wie immer erzeugten dauernden Ströme, so daß wir zu dem Grundsatz gelangen, es gibt überhaupt keine ungeschlossenen Ströme, und in einer Stromquelle wird die Elektrizität nur in Bewegung gesetzt, nicht aber erzeugt. Die Potentialdifferenz zwischen Metall und Flüssigkeit besteht natürlich immer, auch wenn der Stromkreis nicht geschlossen ist.

41. Begriff der Stromstärke.

Die Stärke eines elektrischen Stromes oder kurz Stromstärke, die wir mit J bezeichnen, ist jene Elektrizitätsmenge, die in der Zeiteinheit durch den Querschnitt des betreffenden Leiters fließt.

Um daraus die während einer Zeit t durch den Leiter geflossene Elektrizitätsmenge Q zu erfahren, hat man mit der Zeit zu multiplizieren; es ist also

$$Q = J \cdot t.$$

Man erkennt sofort, daß diese Begriffsbestimmung den Gesetzen der strömenden Flüssigkeiten entnommen ist; sie ist allgemein gültig, ohne Rücksicht darauf, in welchen Maßeinheiten wir diese Größen messen.

42. Das Ohmsche Gesetz.

Allgemein nehmen wir Kraft und Bewegung proportional an. Wir setzen daher auch die Ursache eines elektrischen Stromes, die Potentialdifferenz oder elektromotorische Kraft, proportional der Stromstärke. Lehnen wir uns wieder an das Beispiel aus der Hydrodynamik (§ 39) an, so sieht man ein, daß auch dort die in der Zeiteinheit durch die Röhre strömende Flüssigkeitsmenge proportional ist der Niveaudifferenz in beiden Gefäßen. Man erkennt aber auch, daß an den Wänden der Röhre eine Reibung stattfindet, die der Strömung einen Widerstand entgegensetzt, und daß die Strömung um so schwächer ist, je größer dieser Widerstand ist.

Ganz analog ist auch die elektrische Stromstärke proportional der Potentialdifferenz $U_2 - U_1$ und verkehrt proportional dem elektrischen Leitungswiderstande W, so daß wir haben

$$J = k\,\frac{U_2 - U_1}{W}.$$

Dieses Gesetz gewinnt an Einfachheit, wenn man die Maßeinheiten, durch die die vorkommenden Größen ausgedrückt werden, so wählt, daß der Proportionalitätsfaktor $k = 1$ wird. Dann ist

$$J = \frac{U_2 - U_1}{W} = \frac{E}{W} \text{ (Ohmsches Gesetz).}$$

Die Potentialdifferenz zwischen zwei Punkten eines Stromkreises wird Spannung genannt; insbesondere Klemmenspannung, wenn die Potentialdifferenz zwischen den Anschlußklemmen eines Apparates oder einer Maschine gemeint ist (§ 46). Die Bezeichnung „Elektromotorische Kraft“ wird auf jene Stellen beschränkt, wo die Ursache einer Stromerzeugung sitzt (galvanische Zellen, Dynamomaschinen, Transformationen usw.).

Die praktischen Einheiten, die der Bedingung $k = 1$ entsprechen, sind (nach dem Gesetz des Deutschen Reiches vom 1. VI. 1898): Für die Stromstärke das Ampere; das ist ein Strom, der aus einer Lösung von Silbernitrat in einer Sekunde 1,118 mg Silber ausscheidet. Für den Leitungswiderstand das Ohm. Diesen Widerstand besitzt eine Quecksilbersäule von 106,3 cm Länge und 1 mm^2 Querschnitt bei 0^0 Celsius. Für die Potentialdifferenz und elektromotorische Kraft ist die Einheit das Volt. Diese besteht zwischen zwei Punkten eines Leiters, zwischen denen der Widerstand 1 Ohm beträgt, und der von einem Strome von 1 Ampere durchflossen wird. Denn nach der letzten Gleichung ist $E = 1$, wenn J und W gleich 1 sind (vgl. § 299).

43. Leitungswiderstand und Leitfähigkeit.

Der Widerstand eines Leiters von der Länge l und dem Querschnitt q ist

$$W = \alpha\,\frac{l}{q},$$

wobei α ein Proportionalitätsfaktor ist, dessen Bedeutung man erkennt, wenn man $l = 1$ und $q = 1$ setzt; dann ist $W = \alpha$, d. h. α ist der Widerstand eines Leiters von der Länge 1 und dem Querschnitt 1. Sind diese Einheiten cm, so heißt α der spezifische Leitungswiderstand. Dieser ist natürlich für verschiedene Stoffe verschieden und hängt außerdem auch noch vom physikalischen Zustande und der Temperatur ab.

Für die Praxis ist es bequemer, den Wert von α so anzugeben, daß man den Widerstand in Ohm erhält, wenn man die Länge in Metern und den Querschnitt in mm^2 mißt. Die folgende Tabelle enthält diese Werte von α bei 15^0 Celsius und den Temperaturkoeffizienten γ (vgl. § 44) für käuflich reine Metalle.

	Widerstand von 1 m Länge, 1 mm^2 Querschnitt in Ohm bei 15^0	Temperatur-koeffizient γ
Aluminum[1])	0,029	0,0039
Duraluminium[2])	0,047	0,0039
Blei (gepreßt)	0,21	0,0039
Eisen[3]) (Draht und Blech)	0,12—0,14	0,0048
Gold	0,022	0,0037
Kupfer[4])	0,017—0,018	0,0043
Nickel (geglüht)	0,13	0,0038
Platin	0,094	0,0025
Quecksilber	0,954	0,0009
Silber (weich)	0,016	0,0039
Tantal	0,15	0,003
Zink[5]) (gepreßt)	0,06	0,0039
Zinn	0,14	0,0040
Osmium	0,095	0,004
Wolfram	0,053	0,004
Messing (Cu, Zn)	0,07—0,085	0,0015
Nickelin (Cu, Ni, Zn)	0,35—0,44	0,0002
Neusilber (Cu, Ni, Zn)	0,2—0,4	0,0003
Rheotan (Cu, Ni, Zn)	0,47	0,00023
Konstantan (Cu, Ni)	0,46—0,5	0,00001—0,0003
Manganin (Cu, Mn, Ni)	0,4—0,45	— 0,00001
Achenrainer Draht 000	0,5	— 0,00002
Kruppin (Fe, Ni)	0,8	0,00065

[1]) Über Aluminium als Leitungsmaterial: ETZ 1919 S. 150, 265. 1920 S. 170, 253. 1921 S. 1447.

[2]) Elektr. u. Maschinenb. 1912 S. 809, 829.

[3]) Über reines Eisen vgl. § 44, über den „Wechselstromwiderstand“ von Eisendrähten vgl. § 169.

[4]) Von der internationalen elektrotechnischen Kommission wurden folgende Werte für „mustergültig geglühtes Kupfer“ angenommen: Widerstand bei 20^0 0,01724, Temperaturkoeffizient 0,00428 (ETZ 1914 S. 747).

[5]) Über Zink als Leitungsmaterial vgl. das „Merkblatt“ des Verb. deutscher Elektrot. ETZ 1917 S. 569.

Den reziproken Wert des Widerstandes $\frac{1}{W}$ nennt man Leitwert; seine dem Ohm entsprechende praktische Einheit ist das Siemens[1] (S). Dementsprechend gibt es auch einen spezifischen Leitwert $\varkappa$, der Leitfähigkeit heißt[1]). Es ist dies der reziproke Wert des spezifischen Widerstandes, also $\varkappa = \frac{1}{\alpha}$. Das elektrische Verhalten eines Stoffes ist durch diese Zahl ebenso gut charakterisiert wie durch den spezifischen Widerstand.

Bei den Legierungen hängt der Widerstand natürlich sehr vom Mischungsverhältnis ab, weshalb die vorstehenden Werte nur als durchschnittliche zu betrachten sind.

Kohlenstoff zeigt in seinen Modifikationen als Steinkohle, Koks Retortenkohle, Graphit metallisches Leitungsvermögen. Der spezifische Widerstand (1 m Länge, 1 mm^2 Querschnitt) liegt zwischen 10 und 100 Ohm (Glühlampenfäden etwa 40, Bogenlampenkohlen 50—80, Graphit aus Bleistiften bis zu 800). Der Widerstand nimmt im Gegensatz zu den Metallen mit wachsender Temperatur ab. Der Temperaturkoeffizient γ ist — 0,0003 bis — 0,0008. Die Modifikationen Diamant und reine Holzkohle gehören zu den Isolatoren.

Der Widerstand des Selens nimmt plötzlich sehr stark ab, wenn es belichtet wird. Wird es wieder abgedunkelt, so nimmt der Widerstand wieder zu, und zwar anfangs schneller, dann langsamer. Den anfänglichen Wert erreicht es oft erst nach stundenlanger Verdunkelung. Der Einfluß des Lichtes von verschiedener Wellenlänge ist verschieden, geht aber weder der chemischen, noch der physiologischen Wirkung proportional, sondern die Wirkung des roten Lichtes ist am stärksten. Amorphes, grobkörniges Selen zeigt die größte Lichtempfindlichkeit. Im Dunkeln ist sein spezifischer Widerstand (ein Zentimeterprisma) $4 \cdot 10^9$ Ohm. Im diffusen Tageslicht vermindert er sich bis auf die Hälfte, im direkten Tageslicht selbst bis auf ein Zehntel.

Auch die gewöhnlich als „Nichtleiter" (Isolatoren) bezeichneten Stoffe zeigen eine gewisse Leitfähigkeit, die hauptsächlich elektrolytischer Art sein dürfte (§ 65), weil der Widerstand mit wachsender Temperatur stark abnimmt (vgl. z. B. Porzellan in der folgenden Zahlentafel), und weil die Messergebnisse große Unterschiede aufweisen. Dies dürfte zum Teil aber auch darauf zurückzuführen sein, daß die Stoffe Feuchtigkeit enthalten, und daß bei der Messung (natürlich auch bei der praktischen Anwendung) die Stromleitung über die Oberfläche mitspielt. Diese Leitung beruht hauptsächlich darauf, daß die Oberfläche unter dem Einfluß der Luft oxydiert oder Feuchtigkeit annimmt. Der Durchgangswiderstand w_d und der Oberflächenwiderstand w_o sind nebeneinandergeschaltet, und daher ist nach § 50 der gesamte Isolationswiderstand

$$w_i = \frac{w_d\, w_o}{w_d + w_o}.$$

[1]) Nach Beschlüssen des Ausschusses für Einheiten und Formelgrößen.

Auf diesen kommt es bei der praktischen Anwendung dieser Stoffe zu Isolierzwecken an. Nur wenn sie sich unter einer Flüssigkeit befinden, welche besser isoliert, oder wenn sie ganz eingeschlossen sind, wie bei Kabeln, kommt es nur auf den Durchgangswiderstand w_d an. Bei sehr hoher Spannung kann zur Oberflächenleitung auch noch ein Nebenschluß durch Entladungen (dunkle Entladungen, Glimm- und Büschelentladungen § 246) hinzukommen. Bei Wechselstrom kann zum Durchgangswiderstand noch ein Verlustwiderstand hinzukommen (natürlich auch in Nebeneinanderschaltung), wenn die in § 181 unter 2 bis 4 besprochenen Verluste auftreten[1]).

Spezifische Widerstände (Würfel von 1 cm) von sehr schlechten Leitern[2]) (Isolatoren) in Ohm bei Zimmertemperatur.

Zement (trocken)	10^3—10^5	Porzellan bei 10°	10^{18}
Schiefer	10^5—10^8	Porzellan bei 90°	10^{12}
Marmor	10^8—10^{10}	Porzellan bei 727°	10^4
Holzkohle	10^{11}	Wasser (reinstes)	10^9
Glimmer	10^{12}—10^{17}	Alkohol	10^{20}
Glas	10^{12}—10^{18}	Benzin	10^{14}
Gummi (rein)	10^{14}—10^{20}	Olivenöl	10^{12}—10^{15}
Hartgummi	10^{13}—10^{22}	Rizinusöl	10^{15}
Schwefel	10^{17}	Schmieröl	10^{18}
Paraffin	10^{13}—10^{23}	Petroleum	10^{18}

44. Abhängigkeit des Widerstandes von der Temperatur.

Der Widerstand aller Substanzen ändert sich mit der Temperatur und zwar nimmt bei steigender Temperatur der Widerstand der Metalle zu, der der Kohle und elektrolytischen Leiter hingegen ab.

Bezeichnet man die Zunahme der Widerstandseinheit bei einer Temperaturerhöhung um 1° Celsius mit γ, so ist die Zunahme des Widerstandes W bei einer Temperaturerhöhung um t Grade $W t \gamma$. Daher ist der Widerstand bei t Graden

$$W_t = W + W \gamma t = W(1 + \gamma t) \quad \text{(I)}$$

Der Wert von γ ist aber selbst wieder von der Temperatur abhängig, so daß die vorstehende Gleichung nur innerhalb enger Grenzen — mit den auf S. 68 angegebenen Werten von γ nur in der Nähe von 15° — genau ist. Für Temperaturen unter 15° ist zu setzen: $W_t = W(1 - \gamma t)$.

Für Flüssigkeiten, Kohle, Karborundum u. dgl. ist γ bei zunehmenden Temperaturen negativ. Für Temperaturen über 100° ist

[1]) Alle diese wirksamen, d. h. wärmeerzeugenden Widerstände sind wohl zu unterscheiden von dem dielektrischen Widerstand $\mathfrak{w}_d$ (S. 43), der ebenso wie der magnetische Widerstand (§ 105) keine Wärme erzeugt, sondern nur ein fingierter Widerstand ist, wenn man die Kraftlinienmenge im Isolator durch eine ähnliche Formel wie das Ohmsche Gesetz ausdrückt.

[2]) Nach Koller, Ber. d. Wiener Akad., Bd. 98, 1889. Humann, ETZ 1903 S. 1082. Curties, ETZ 1916 S. 469.

der Widerstand durch folgende Formel darzustellen, wenn W_0 den Widerstand bei 0^0 bedeutet

$$W_t = W_0 (1 + \beta t + \delta t^2) \quad \ldots \ldots \ldots \quad \text{(II)}$$

Für die Koeffizienten β und δ gelten folgende Werte:

	β	δ
Aluminium	0,00388	0,0000013
Kupfer	0,00364	0,0000006
Platin	0,00245	0,0000006
Silber	0,00397	0,0000007
Quecksilber	0,00088	0,0000011

Zur Berechnung der Temperatur t_2 einer Leitung aus dem bei dieser Temperatur gemessenen Widerstand w_2 und dem bei einer anderen Temperatur t_1 gemessenen Wert w_1 gilt:

$$w_2 = w_0 (1 + \gamma t_2)$$
$$w_1 = w_0 (1 + \gamma t_1).$$

Eliminiert man w_0 (Widerstand bei 0^0), so erhält man

$$w_2 = w_1 \left[1 + \frac{\gamma}{1 + \gamma t_1} (t_2 - t_1)\right] = w_1 [1 + \gamma_1 (t_2 - t_1)].$$

Den Faktor $\gamma_1 = \frac{\gamma}{1 + \gamma t_1} = \frac{1}{\frac{1}{\gamma} + t_1} = \frac{1}{\mathfrak{G} + t_1}$ kann man als „Temperaturziffer bei der Temperatur t_1" bezeichnen. Verwendet man für Kupfer den Wert $\gamma = 0{,}00427$, so ist $\mathfrak{G} = \frac{1}{\gamma} = 235$. Dann ergibt sich die vom Verband deutsch. Elektrot. zur Berechnung der Temperaturzunahme einer Kupferwicklung empfohlene Formel: $t_2 - t_1 = \frac{w_2 - w_1}{w_1} (235 + t_1)$. Genau gilt diese Formel nicht, weil $\mathfrak{G}$ ebenso wie γ von der Temperatur abhängig ist.

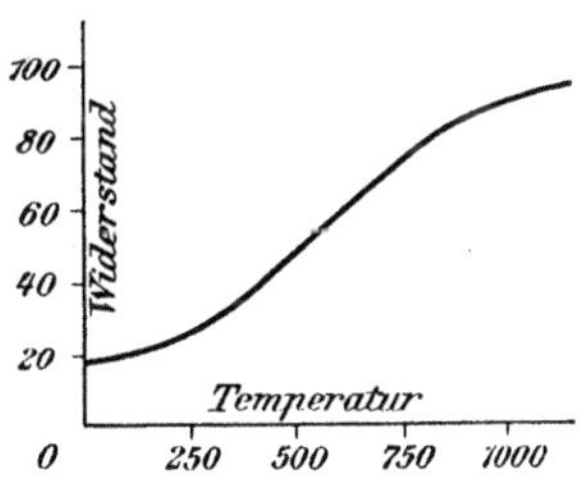

Abb. 57.

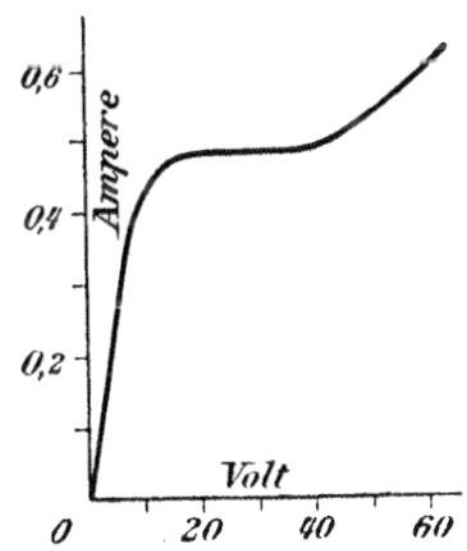

Abb. 58.

Ein eigentümliches Verhalten zeigt chemisch reines Eisen. Der Temperaturkoeffizient γ ist unter 100^0 gleich 0,0048, nimmt dann zu und erreicht bei etwa 850^0 den Wert 0,018. Dann fällt er rasch wieder auf 0,0067. Abb. 57 zeigt die Abhängigkeit des Widerstandes von der Temperatur eines chemisch reinen Eisendrahtes, der (in Wasserstoff) bis zur Weißglut durch einen Strom erhitzt wird. Von technischer Bedeutung ist es, daß der Widerstand zwischen 500^0 und 750^0

ungefähr proportional der Temperatur zunimmt. Infolgedessen bleibt die Stromstärke in einem solchen Draht über einen gewissen Bereich konstant, trotz zunehmender Spannung. Abb. 58 zeigt dies, die Stromstärke ist zwischen 20 und 35 Volt nahezu konstant[1]).

1. Beispiel: Ein dünner Platindraht von 500 Ω Widerstand bei 15° nimmt bei einer Temperaturerhöhung von 1° um $500 \cdot 0{,}0024 = 1{,}2\ \Omega$ zu. Das ist eine Größe, die noch sehr leicht meßbar ist. Man kann daher, wenn man eine solche Widerstandsänderung gemessen hat, daraus die Temperaturänderung berechnen. Man nennt eine solche Vorrichtung Bolometer.

2. Beispiel: Wie groß ist der Temperaturkoeffizient x eines Voltmeters, dessen Kupferdrahtwicklung einen Widerstand von $w_1 = 100$ Ohm und einen Temperaturkoeffizienten von $\gamma_1 = 0{,}004$ hat; dessen Vorschaltwiderstand $w_2 = 500$, $\gamma_2 = 0{,}00001$ ist. Der gesamte Widerstand ist also $W = 600$. Es gilt folgende Gleichung $W(1 + x) = w_1(1 + \gamma_1) + w_2(1 + \gamma_2)$. Daraus

$$x = \frac{w_1(1+\gamma_1) + w_2(1+\gamma_2)}{W} - 1 = \frac{100{,}4 + 500{,}005}{600} - 1 = 1{,}0007 - 1 = 0{,}0007.$$

Einen von der Temperatur sehr stark abhängigen Temperaturkoeffizienten haben die meisten Oxyde (wie z. B. Magnesia im Leuchtkörper der Nernstlampe, Karborundum, Porzellan u. a.), sowie die meisten Sulfide. Bei niedriger Temperatur ist ihr Widerstand so groß, daß sie als Isolatoren betrachtet werden können. Bei höheren Temperaturen wird ihr Widerstand sehr klein, so daß sie als gute Leiter betrachtet werden können. Man rechnet sie daher auch zu den elektrolytischen Leitern (vgl. § 65).

45. Spannungsabfall.

Wie aus der Begründung in § 42 hervorgeht, läßt sich das Ohmsche Gesetz

$$J = \frac{E}{W} \quad \text{oder} \quad E = J W$$

nicht nur auf die EMK der Stromquelle und den ganzen Stromkreis, sondern auch auf jeden beliebigen Teil desselben anwenden. Dann bedeutet E die Potentialdifferenz zwischenden Enden dieses Teiles und W seinen Widerstand. Das Verständnis dessen wird durch folgende Darstellung gefördert. In Abb. 59 sei die Größe der EMK einer Stromquelle durch die eine Kathete und der Widerstand des ganzen Stromkreises W durch die andere Kathete dargestellt. Dann gibt die Neigung der Hypotenuse einen Begriff von der Abnahme des Potentiales längs des Stromkreises. Aus dem Ohmschen Gesetze

[1]) Diese Eigenschaft wird bei den Nernstlampen und anderen Apparaten, wo eine gewisse Unabhängigkeit der Stromstärke von der Temperatur erstrebt wird, benützt. Da der Widerstand des Leuchtkörpers (Magnesiastäbchen) bei Weißglut sehr rasch abnimmt, wird ein solcher Eisendraht in einer mit Wasserstoff gefüllten Glasröhre vorgeschaltet und dadurch ein Ausgleich bewirkt, wenn die Betriebsspannung über den Sollwert steigt. Mit anderen Worten: während der Temperaturkoeffizient des Glühkörpers bei Weißglut abnimmt, nimmt der des vorgeschalteten Eisendrahtes in der oben angegebenen Weise bis 0,018 zu, d. h. die Stromstärke ist innerhalb dieses Bereiches von der Temperatur unabhängig.

$J = \frac{E}{W} = \operatorname{tg} \beta$ folgt, daß die Stromstärke dargestellt ist durch den trig. Tangens des der EMK gegenüberliegenden Winkels.

Greifen wir nun aus dem Stromkreise ein Stück mit dem Widerstande w heraus, so stellen die Linien U_2 und U_1 die Potentialwerte an den Endpunkten dieses Leiterstückes vor. Die Potentialdifferenz für dieses Stück ist $U_2 - U_1 = e$, und das kleine Dreieck $a\,b\,c$ stellt nun die Stromverhältnisse für dasselbe dar. Wir ersehen daraus, daß die Stromstärke in diesem Leiterstücke dieselbe ist wie im ganzen Stromkreise, da der Winkel β derselbe ist, und es gilt das Ohmsche Gesetz auch für dieses Stück allein: $J = \frac{e}{w}$.

Die Potentialdifferenz e eines Leiterstückes nennt man auch den Potential- oder Spannungsabfall, und dieser ist für ein Leiterstück mit dem Widerstande w nach dem Ohmschen Gesetze $e = w\,J$, also gleich dem Produkte aus Stromstärke und Widerstand. Den Spannungsabfall in jenem Teile eines Stromkreises, der nicht nutzbar gemacht werden kann (Zuleitungsdrähte, Fernleitungen), bezeichnet man häufig als Spannungsverlust.

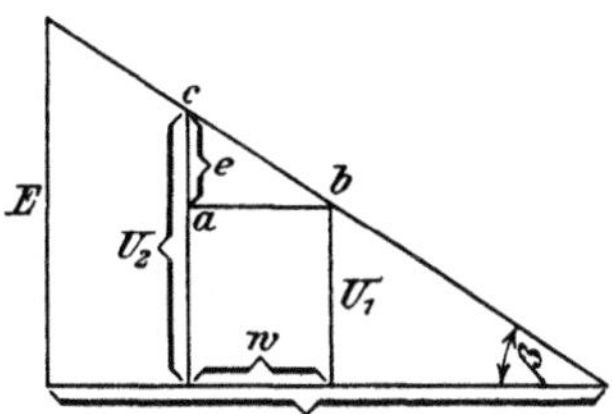

Abb. 59.

Wird in irgendeinem Stromkreis jede EMK gleich Null, so ist (trotz geschlossenem Stromkreis) auch der Spannungsabfall $W\,J = 0$ [1]).

46. Klemmerspannung.

Aus dem Vorhergehenden folgt, daß ein Spannungsabfall auch schon im Innern der Stromquelle stattfindet, da sie einen inneren Widerstand besitzt (bei galvanischen Zellen die Flüssigkeit zwischen den Elektroden, bei Dynamomaschinen die Ankerwicklung). Bezeichnet man diesen inneren Widerstand mit w_i und den äußeren Schließungskreises mit w_a, so ist der gesamte Widerstand

$$W = w_i + W_a.$$

Nach dem Vorigen entfällt daher auf das Innere der Stromquelle ein Spannungsabfall $w_i\,J$, und für den äußeren Stromkreis bleibt eine verfügbare Potentialdifferenz $w_a\,J = E'$. Das ist die Potentialdifferenz zwischen jenen Punkten, wo der äußere Stromkreis an die Stromquelle angeschlossen ist, also zwischen den Polklemmen. Man nennt sie daher Klemmenspannung oder auch kurz Spannung des Stromes. Die Summe beider gibt die EMK der Stromquelle nach der Gleichung

$$E = W\,J = (w_i + w_a)\,J.$$

---

[1]) Diese Selbstverständlichkeit wird in der mathematischen Physik sehr umständlich dadurch ausgedrückt, daß man sagt, das Linienintegral der elektrischen Kraft längs des geschlossenen Kreises ist null ($\int \mathfrak{H} \cdot d\,l = 0$).

Abb. 60 zeigt, wie sich der Abfall der Spannung längs des Stromkreises verteilt. Aus der Definition und der Figur folgt, daß die Klemmenspannung nichts anderes ist als $E' = E - w_i J$, das ist die Differenz zwischen der EMK und dem Spannungsabfall (Spannungsverlust) im Innern der Stromquelle. Man erkennt ferner, daß bei gegebener EMK E die Klemmenspannung um so größer ist (um so weniger verschieden von E), je größer der äußere Widerstand im Verhältnis zum inneren ist.

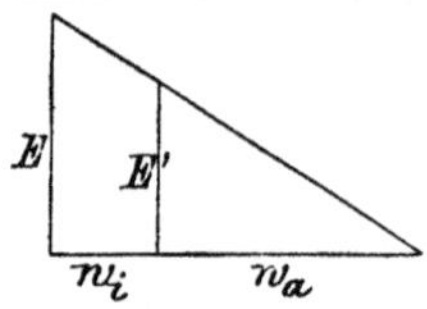

Abb. 60.

Beispiel: Die EMK eines Daniellschen Elementes ist 1,1 Volt. Der innere Widerstand sei $w_i = 0{,}3$, und der Widerstand des äußeren Schließungskreises $w_a = 0{,}7$. Dann ist $W = 1$, und daher die Stromstärke $J = 1{,}1$. Der Spannungsverlust im Innern des Elementes ist dann 0,33 Volt, die Klemmenspannung 0,77 Volt. Ist aber der äußere Widerstand $w_a = 2$, so ist $W = 2{,}3$; daher die Stromstärke $J = 0{,}48$ und der Spannungsverlust im Innern $0{,}48 \cdot 03 = 0{,}144$ Volt, die Klemmenspannung aber $0{,}48 \cdot 2 = 0{,}96$ Volt.

47. Mehrere elektromotorische Kräfte in einem Stromkreise.

Treten mehrere EMKe: $e_1\ e_2\ e_3$ an verschiedenen Stellen des Stromkreises auf, so addieren sie sich, und die gesamte EMK ist $E = e_1 + e_2 + e_3$.

Abb. 61 stellt den Fall dar, wo e_2 und e_3 entgegengesetzte Richtung haben wir e_1. Dann ist $E = e_1 - e_2 - e_3$. Die Stromstärke ist natürlich auch in diesem Falle an allen Stellen die gleiche: $J = \frac{E}{W}$.

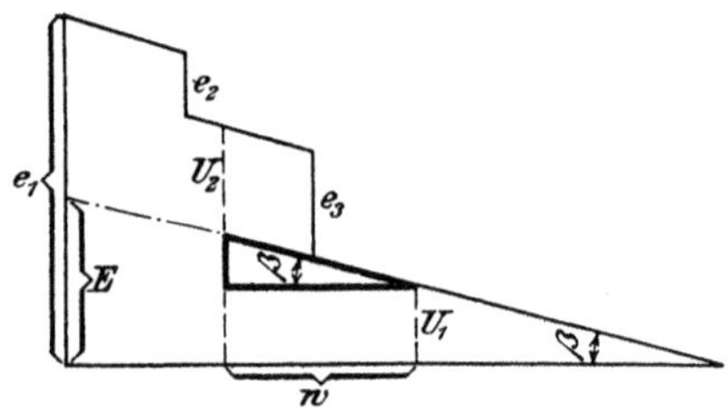

Abb. 61.

Will man das Ohmsche Gesetz auf ein Stück des Stromkreises mit dem Widerstand w anwenden, so muß man darauf achten, ob nicht innerhalb dieses Stückes eine EMK vorhanden ist. Z. B. gilt für das in der Figur abgegrenzte Stück w:

$$J = \frac{(U_2 - U_1) - e_3}{w},$$

das ist das stark gezeichnete Dreieck.

48. Ableitung zur Erde.

Für die Stromstärke ist nicht der Potentialwert (bezogen auf die Erde), sondern die Potential**differenz** maßgebend. Wenn man einen Punkt des Stromkreises mit der Erde verbindet, so besitzt er ebenso wie die Erde den Potentialwert Null. Nichtsdestoweniger muß die Potentialdifferenz oder EMK der Stromquelle dieselbe bleiben, da ja an dieser nichts geändert wurde. Abb. 62 zeigt die graphische Darstellung dieses Falles, wobei C der zur Erde abgeleitete Punkt des Stromkreises AB ist. Die EMK ist

$$AF - (-BD) = FG.$$

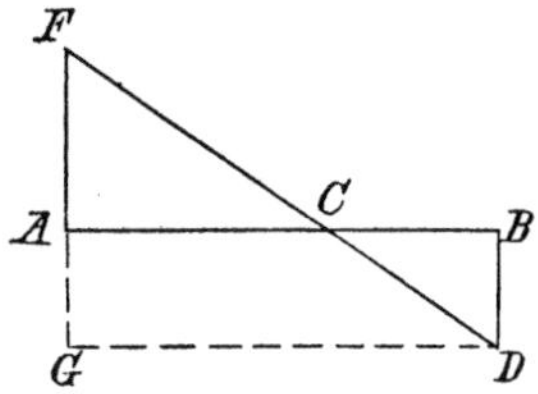

Abb. 62.

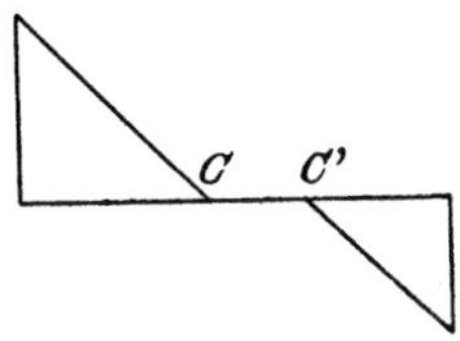

Abb. 63.

Werden zwei Punkte zur Erde abgeleitet, so ist die Potentialdifferenz zwischen beiden Null, und daher gibt es auch keinen Strom zwischen beiden. Abb. 63 stellt diesen Fall dar. Es ist dann so, als würden diese beiden Punkte C und C' in einen zusammenfallen.

49. Die Kirchhoffschen Sätze über Stromverzweigung.

Teilt sich ein Strom i in zwei Zweige i_1 und i_2 mit den Widerständen w_1 und w_2 (Abb. 64), so gilt zunächst

$$i = i_1 + i_2,$$

da die einem Verzweigungspunkte zuströmende Elektrizitätsmenge gleich sein muß der abströmenden. Schreibt man diese Gleichung in der Form $i - i_1 - i_2 = 0$, so gilt der Satz, daß die algebraische Summe aller Stromstärken an einem Verzweigungspunkte Null ist. Das ist der erste Kirchhoffsche Satz. Hat man z. B. drei Verzweigungen (Abb. 65), so gilt

$$i - i_1 - i_2 - i_3 = 0.$$

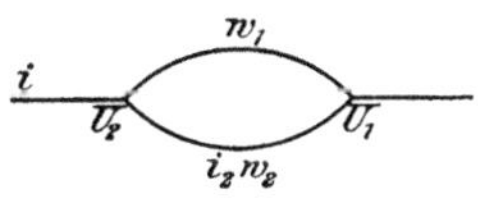

Abb. 64.

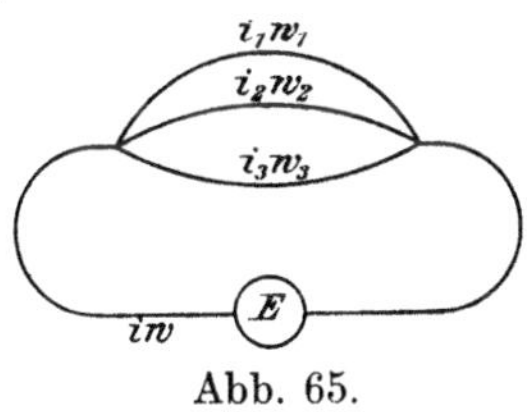

Abb. 65.

Der zweite Kirchhoffsche Satz folgt aus dem Grundsatze, daß die gesamte Potentialdifferenz oder die gesamte EMK in einem geschlossenen Kreise gleich ist der Summe der einzelnen Potentialdifferenzen. Enthält der Zweig i (Abb. 65) die EMK E und den Widerstand w, so gilt für den geschlossenen Kreis, der von i und i_1 gebildet wird,

$$E = iw + i_1 w_1;$$

ebenso gilt

$$E = iw + i_2 w_2,$$

$$E = iw + i_3 w_3.$$

Der geschlossene Kreis, der von i_1 und i_2 gebildet wird, enthält keine EMK; daher ist

$$0 = i_1 w_1 - i_2 w_2;$$

ebenso ist

$$0 = i_2 w_2 - i_3 w_3,$$
$$0 = i_1 w_1 - i_3 w_3.$$

Diese drei Gleichungen folgen auch aus den vorhergehenden.

Hätte der Zweig i_1 auch eine EMK, etwa E_1, so würde die erste Gleichung lauten

$$E + E_1 = i w + i_1 w_1;$$

und die erste der zweiten Gruppe

$$E_1 = i_1 w_1 - i_2 w_2.$$

Da man bei zwei oder mehreren EMKen nicht mehr übersehen kann, wie die Stromrichtung in den einzelnen Zweigen ist, so setzt man alle Stromglieder mit positiven Zeichen ein. Bei der Ausrechnung ergeben sich die Ströme mit ihrem richtigen Vorzeichen.

Wir gewinnen daraus den allgemeinen Satz: In jedem geschlossenen Stromkreise ist die Summe der elektromotorischen Kräfte gleich der Summe der Produkte aus Stromstärke und zugehörigem Widerstand. Dabei müssen die in gleichem Sinne wirkenden EMKe mit demselben Vorzeichen, entgegengesetzte mit entgegengesetztem Vorzeichen versehen werden.

Aus diesen beiden von Kirchhoff aufgestellten Sätzen gewinnen wir genug Gleichungen, um aus den gegebenen EMKen und Widerständen die Stromstärken aller Zweige berechnen zu können.

Für den Fall zweier Zweige (Abb. 64) z. B. haben wir

$$i - i_1 - i_2 = 0$$

und

$$E = i w + i_1 w_1,$$
$$0 = i_1 w_1 - i_2 w_2.$$

Sind E, w, w_1, w_2 bekannt, so erhalten wir daraus i, i_1, i_2.

Um i_1 und i_2 durch i auszudrücken, genügt schon die erste und dritte Gleichung.

Die dritte Gleichung können wir auch in die Form bringen:

$$i_1 : i_2 = w_2 : w_1$$

oder

$$i_1 : i_2 = \frac{1}{w_1} : \frac{1}{w_2}$$

d. h. die beiden Zweigströme verhalten sich umgekehrt wie die Widerstände. Die letzte Form können wir auf beliebig viele Zweige anwenden, z. B.:

$$i_1 : i_2 : i_3 = \frac{1}{w_1} : \frac{1}{w_2} : \frac{1}{w_3}.$$

50. Hintereinander- und Nebeneinanderschaltung.

Mehrere Widerstände oder Apparate, die in einem einfachen Stromkreise aufeinander folgen, nennt man hintereinander oder in Reihe geschaltet. Es ist ohne weiteres klar, daß der gesamte Widerstand gleich ist der Summe der Widerstände.

Teilt sich ein Strom in zwei oder mehrere Zweige (§ 49), so nennt man dies eine Nebeneinander- oder Parallelschaltung. Dabei entsteht nun die Frage, wie groß ist der gesamte Widerstand W aller Zweige zusammen, d. h. wie groß muß der Widerstand W eines einzigen Drahtes sein, wenn er die ganze Verzweigung ersetzen soll? Sind U_1 und U_2 (Abb. 64) die Potentiale an den Verzweigungspunkten, so ist nach dem Ohmschen Gesetze

$$i = \frac{U_2 - U_1}{W}$$

ferner

$$i_1 = \frac{U_2 - U_1}{w_1} \qquad i_2 = \frac{U_2 - U_1}{w_2}$$

und nach dem vorigen

$$i = i_1 + i_2 .$$

Daraus folgt

$$i_1 + i_2 = (U_2 - U_1)\left(\frac{1}{w_1} + \frac{1}{w_2}\right) = i.$$

Vergleicht man diese Gleichung mit der ersten, so findet man

$$\frac{1}{W} = \frac{1}{w_1} + \frac{1}{w_2}.$$

Man sieht sofort, daß diese Gleichung für beliebig viele Zweige erweitert werden kann:

$$\frac{1}{W} = \frac{1}{w_1} + \frac{1}{w_2} + \frac{1}{w_3} + \dots .$$

Nun sind nach § 43 die reziproken Werte der Widerstände nichts anderes, als die betreffenden Leitwerte, so daß man den Satz gewinnt: Der gesamte Leitwert einer Stromverzweigung ist gleich der Summe der Leitwerte der einzelnen Zweige.

Für den Fall zweier Zweige erhält man aus der obigen Gleichung

$$W = \frac{w_1 w_2}{w_1 + w_2}.$$

Ist $w_1 = w_2$, so ist

$$W = \frac{w_1}{2}.$$

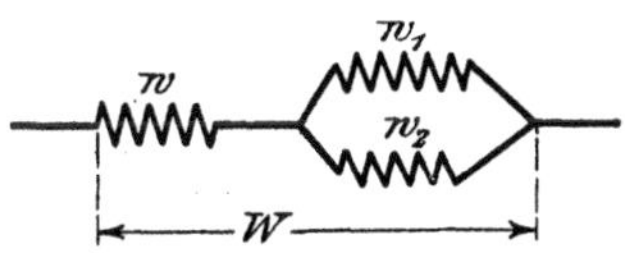

Abb. 66.

Ist der Verzweigung ein Widerstand w vorgeschaltet (Abb. 66), so ist der gesamte Widerstand

$$W = w + \frac{w_1 w_2}{w_1 + w_2}.$$

51. Arbeit und Leistung eines Stromes.

Nach § 11 ist das Potential an irgendeiner Stelle jene Arbeit, die geleistet wird, wenn sich die Elektrizitätsmenge 1 von dieser Stelle bis in unendliche Entfernung bewegt. Bewegt sich diese Masse 1 von einem Punkte mit dem Potentiale U_2 zu einem anderen, U_1, so ist die geleistete Arbeit $U_2 - U_1$. Haben wir eine Elektrizitätsmenge Q, so ist die Arbeit $(U_2 - U_1)\,Q$. Sind U_2 und U_1 die Enden eines Leiterstückes und setzen wir, wie schon früher, für $U_2 - U_1$ die EMK E, so ist die Stromarbeit

$$A = EQ.$$

Nun ist $Q = Jt$, wenn t die Zeit ist, während welcher der Strom J die Elektrizitätsmenge geliefert hat.

Daher

$$A = EJt.$$

Daraus folgt für die Leistung P, d. i. die Arbeit in einer Zeiteinheit (Sekunde)[1])

$$P = EJ.$$

Diese Gesetze gelten ebenso wie das Ohmsche sowohl für einen ganzen Stromkreis, als auch für ein beliebiges Stück desselben. Im ersten Falle bedeutet E die EMK, im zweiten bedeutet E die Spannung zwischen den Enden des betreffenden Leiterstückes.

Sind E und J in den praktischen Einheiten: Volt, Ampere ausgedrückt, so erhält man die Leistung in Watt, die Arbeit in Joule (vgl. § 299).

52. Stromwärme. Joulesches Gesetz.

Die elektrische Arbeit setzt sich in verschiedene andere Arbeitsformen um, und zwar in chemische Arbeit bei den elektrolytischen Prozessen, in mechanische Arbeit bei den elektrischen Motoren, und endlich in Wärme in jedem Leiter mit Widerstand.

Besteht zwischen zwei Punkten eines Stromleiters mit der Potentialdifferenz (Spannung) E keine EMK, sondern nur der Widerstand W, so ist $E = WJ$. Dann ist die elektrische Arbeit zwischen diesen zwei Punkten

$$A = EJt = WJ^2t \text{ (Joulesches Gesetz)}$$

und die elektrische Leistung

$$P = wJ^2.$$

---

[1]) Bei veränderlichen Strömen (Wechselströmen) kann natürlich nicht eine endliche Zeitdauer, wie die Sekunde zur Definierung der Leistung benützt werden, sondern nur eine unendlich kleine Zeit dt, so daß die Leistung allgemein zu definieren ist durch $\frac{dA}{dt}$.

Diese setzt sich nur in Wärme um. Werden E, J, W in praktischen Einheiten eingesetzt, so erhält man wie oben A in Joule, P in Watt. Um A in Wärmeeinheiten (Gramm-Kalorien) auszudrücken, muß man mit dem Faktor $\alpha = 0{,}24$ (genauer 0,239) multiplizieren.

53. Das Gesetz der kleinsten Stromwärme.

Teilt sich ein Strom i in zwei Zweige i_1 und i_2 (Abb. 64), so ist die in Wärme umgesetzte Arbeit in den Zweigen $w_1 i_1^2 t$ und $w_2 i_2^2 t$, Die gesamte Arbeit in beiden Zweigen ist also

$$A = (w_1 i_1^2 + w_2 i_2^2) t.$$

Es entsteht die Frage, bei welcher Stromverteilung die Arbeit am kleinsten ist. Man findet das Minimum, wenn man das Differential gleich null setzt; also

$$dA = (2 i_1 di_1 w_1 + 2 i_2 di_2 w_2) t = 0.$$

Aus dem ersten Kirchhoffschen Gesetz $i = i_1 + i_2$ ergibt sich durch Differentiation (weil i konstant ist)

$$di = di_1 + di_2 = 0.$$

Aus den beiden Gleichungen folgt nun

$$i_1 : i_2 = w_2 : w_1,$$

d. h. die Bedingung für die kleinste Stromwärme führt zum zweiten Kirchhoffschen Gesetz. Wie man sich leicht überzeugen kann, gilt dies auch für beliebig viele Zweige. D. h. also: die Verzweigung eines gleichgerichteten konstanten Stromes erfolgt so, daß die gesamte Stromwärme ein Minimum ist.

Dieses Gesetz gilt natürlich auch für die Verteilung eines Gleichstromes in einem Leiterstück von beliebiger Gestalt. Jeden Strom kann man sich in unendlich viele nebeneinander geschaltete Stromfäden oder Stromlinien zerlegt denken. In einem linearen Leiterstück von gleichmäßigem Querschnitt sind sie alle parallel zu seiner Achse; nur unter dieser Voraussetzung gilt das Gesetz in § 43 über den Widerstand eines Leiters. In einem Leiterstück von ungleichmäßigem Querschnitt sind die Stromfäden nicht mehr parallel zueinander, sondern sie verteilen sich so, daß der gesamte Widerstand ein Minimum ist, denn nur dann ist bei gegebener Stromstärke die Stromwärme ein Minimum.

54. Berührungswärme des Stromes. Thermoelektromotorische Kraft.

Außer der im vorstehenden behandelten Wärme, welche in jedem Leiter mit Widerstand auftritt, erzeugt der elektrische Strom noch eine Wärmewirkung an jeder Stelle, wo sich verschiedene Leiter berühren. Wird z. B. in einen Kupferdraht ein Stück Eisendraht eingeschaltet, so zeigt sich an der einen Berührungsstelle eine Erwärmung, an der anderen eine Abkühlung, je nach der Stromrichtung (Peltier-Effekt). Diese Erscheinung ist im Gegensatz zur Stromwärme umkehrbar; d. h. wenn die beiden Berührungsstellen auf verschiedene Temperatur gebracht werden, so entsteht eine EMK, welche bei geschlossenem Stromkreis einen Strom erzeugt (Thermostrom). Dieser hat solche Richtung, daß durch den genannten Peltier-Effekt die wärmere Berührungsstelle abgekühlt, die kältere aber erwärmt wird. Das folgt mit Notwendigkeit aus dem Gesetze von der Erhaltung der Arbeit. Denn hätte der Thermostrom eine solche Richtung, daß die wärmere Berührungsstelle noch mehr erwärmt würde, so würde dadurch auch Strom erzeugt werden, d. h. der gesamte Strom würde sich von selbst vergrößern. Die vom Thermostrom an der einen Berührungsstelle erzeugte Abkühlung (Verlust an Wärmeeinheiten) ist größer als die Zunahme an der anderen Berührungsstelle, so daß ein Verbrauch an Wärme stattfindet. In Arbeitseinheiten ausgedrückt ist dieser Verbrauch ebenso groß wie die elektrische Arbeit des erzeugten Stromes.

Die erzeugte EMK ist $E = c\,(T_2 - T_1)$, wenn T_2 die absolute Temperatur der wärmeren, T_1 die der kälteren Berührungsstelle, und c einen Proportionalitätsfaktor bedeutet, der von der Art der Metalle abhängt. Man kann folgende Reihe aufstellen: + Antimon, Eisen, Zink, Silber, Gold, Zinn, Blei, Quecksilber, Kupfer, Platin, Wismut —. Je ein vorhergehendes mit einem nachfolgenden verbunden ist positiv, das andere negativ, und der Faktor c ist um so größer, je weiter die beiden Metalle in dieser Reihe voneinander entfernt sind. Antimon und Wismut geben etwa 0,0001 Volt, wenn ihre Berührungsstellen einen Temperaturunterschied von 1^0 haben. Diese Erscheinung dient zur Messung von Temperaturdifferenzen. Am besten eignet sich dazu Platin (oder Eisen) und Konstantan, für sehr hohe Temperaturen Platin und die Legierung Platin-Rhodium. Die Eichung erfolgt empierisch.

Genaue Untersuchungen haben gezeigt, daß das vorstehende Gesetz, obwohl es theoretisch richtig ist, nicht immer genau stimmt. Der Grund liegt darin, daß eine weitere EMK hinzukommt, wenn in einem gleichartigen, von Strom durchflossenen Leiter ein Temperaturunterschied besteht (Thomson-Effekt). Die Metalle verhalten sich in dieser Hinsicht verschieden. Bei Wismut ist die Wirkung am größten, bei Blei ist sie verschwindend klein. Diese Erscheinung bewirkt natürlich auch Abweichungen vom Jouleschen Gesetz, wenn in einem Leiter verschiedene Temperatur herrscht.

Viertes Kapitel.

Die elektrolytischen Vorgänge.

55. Einteilung der Stoffe in bezug auf die Leitung der Elektrizität.

Alle Stoffe lassen sich hinsichtlich ihres Verhaltens gegenüber der Elektrizität in drei Gruppen einreihen, und zwar

I. in solche, die die Elektrizität nicht leiten, sondern die Wirkung in die Ferne vermitteln (§ 27); das sind alle isolierenden Stoffe. Sie sind charakterisiert durch die Dielektrizitätskonstante,

II. in solche, die den elektrischen Strom leiten, ohne von ihm verändert zu werden. Das sind alle Metalle, weshalb man diese Art der Leitung metallische Leitung nennt. Sie sind charakterisiert durch den spezifischen Widerstand oder durch den spezifischen Leitwert (§ 43),

III. in solche, die den elektrischen Strom leiten und gleichzeitig chemische Veränderungen erleiden. Hierher gehören alle Säuren, Salze und Basen (gelöst oder geschmolzen). Sie heißen Elektrolyte, und die Art der Leitung elektrolytische Leitung. Ihr spezifischer Widerstand hängt ab von der Art des chemischen Prozesses, der eintritt, wenn ein elektrisches Feld auf sie einwirkt.

Manche Stoffe, namentlich Mischungen haben zwei von den genannten Eigenschaften an sich. So gibt es Isolierstoffe, die eine gewisse metallische oder elektrolytische Leitfähigkeit zeigen (§ 43). Zu ihrer Charakterisierung gehört dann nebst der Dielektrizitätskonstante auch der Leitwert.

56. Die Elektrolyse und ihre Benennungen.

Taucht man zwei Kohlenstäbe in eine Lösung von Chlorsilber AgCl und verbindet sie mit den Polen einer Stromquelle, so scheidet sich an dem einen Kohlenstabe Silber, an dem anderen Chlor aus. Macht man den Versuch mit anderen Salzen oder Säuren oder Basen (gelöst oder geschmolzen), so findet man folgendes Gesetz: Der Wasserstoff und die Metalle oder metallischen Radikale (NH_4, PH_4) wandern immer in der Richtung des (positiven) Stromes, werden also an jener Elektrode ausgeschieden, die mit dem negativen Pole der Stromquelle verbunden ist, der übrige nichtmetallische Rest (Cl, Br, J, Fl, SO_4, OH, NO_2, NO_3, CN, ClO_3, ClO_4) wandert immer entgegen dem Strome, wird also an jener Elektrode ausgeschieden, die mit dem positiven Pole verbunden ist.

Faraday, der diese Wirkungen des Stromes zuerst untersuchte, hat folgende Benennung eingeführt: Jene Elektrode, bei der der Strom in die Flüssigkeit eintritt (also die mit dem positiven Pole verbundene), heißt Anode, jene, bei der er die Flüssigkeit verläßt (also die mit dem negativen Pole verbundene), heißt Kathode; der zu zersetzende Stoff heißt Elektrolyt, die Bestandteile, in die er zerlegt wird, heißen Ionen, und zwar der an der Kathode auftretende Kation (Metalle und Wasserstoff), der an der Anode auftretende Anion (Nichtmetalle). Die Potentialdifferenz zwischen den beiden Elektroden nennt man Elektrodenspannung oder Klemmenspannung.

57. Sekundäre Prozesse.

Würde man bei der im vorigen beschriebenen Zersetzung von Chlorsilber Elektroden aus Metall statt aus Kohle verwenden, so würde wohl an der Kathode das Silber in gleicher Weise ausgeschieden, das Chlor aber würde mit dem Metalle der Anode eine Chlorverbindung eingehen. Dieser zweite Vorgang, der nicht unmittelbar durch den Strom bewirkt wird, sondern durch die starke chemische Verwandtschaft des Chlors zu den Metallen, ist darum ein sekundärer Prozeß.

Ein anderes Beispiel eines sekundären Prozesses, wo auch das Lösungsmittel mitwirkt, und die unmittelbaren Zersetzungsprodukte (Ionen) gar nicht auftreten, bietet eine Kochsalzlösung in Wasser ($NaCl + H_2O$) zwischen Metallelektroden. Der Strom zerlegt das Kochsalz, und das frei werdende Natrium geht mit dem Wasser sofort eine Verbindung zu Natriumhydroxyd ein nach der Formel $Na + H_2O = NaHO + H$, so daß an der Kathode Natriumhydroxyd und Wasserstoff frei werden. Das Chlor verbindet sich mit dem Metalle der Anode zu dem betreffenden Metallchlorid.

Ein weiteres Beispiel möge die Zersetzung einer Kupfervitriol-Lösung ($CuSO_4 + H_2O$) bilden, und zwar einmal zwischen Platinelektroden und ein zweites Mal zwischen Kupferelektroden.

Abb. 67 stellt den ersten Fall dar.

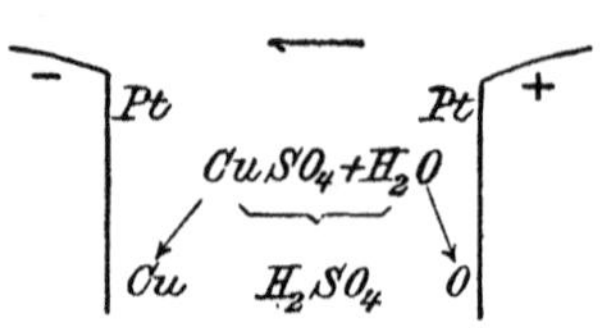

Abb. 67. Elektrolyse von Kupfervitriollösung zwischen Platinelektroden.

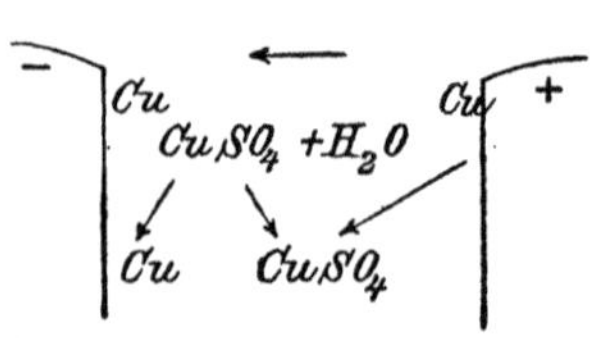

Abb. 68. Elektrolyse von Kupfervitriollösung zwischen Kupferelektroden.

Das Kupfer scheidet sich wie gewöhnlich an der Kathode aus; das Radikal SO_4 zerstört ein Wassermolekül und bildet Schwefelsäure, während der Sauerstoff des Wassers an der Anode frei wird. Bestehen hingegen die Elektroden aus Kupfer (Abb. 68), so verbindet sich das Radikal SO_4 mit dem Kupfer der Anode wieder zu Kupfervitriol, das sofort in Lösung geht, und das Wasser bleibt unbehelligt. Der Grund dafür liegt darin, daß die chemische Verwandtschaft des Radikals SO_4 zu Kupfer größer ist als zu Wasserstoff. Das Resultat dieses ganzen Vorganges ist ein Verschwinden des Kupfers von der Anode in demselben Maße, als es an der Kathode abgeschieden wird. Es hat den Anschein, als würde das Kupfer durch den Strom von der Anode zur Kathode überführt. Der Vorgang bleibt derselbe, wenn als Kathode statt des Kupfers irgendein anderes Metall, das mit dem Elektrolyten selbst keine chemische Reaktion gibt, also z. B. Eisen, Messing, Nickel oder auch Kohle verwendet wird. Diese erhalten so einen Überzug aus Kupfer, den man als galvanischen Niederschlag bezeichnet. Durch ähnliche Vorgänge lassen sich galvanische Niederschläge von Nickel, Silber, Kupfer, Eisen usw. erzeugen. Der in Abb. 68 dargestellte Vorgang findet ferner zur Reinigung des Kupfers Anwendung. Das unreine Kupfer wird als Anode eingehängt, an der Kathode wird reines Kupfer ausgeschieden. Das in der Elektrotechnik zu Leitungsdrähten verarbeitete Kupfer wird auf diese Weise gereinigt (raffiniert). Gold z. B. wird dadurch gewonnen, daß es zunächst in Zyankali gelöst wird, indem das goldhaltige Erz mit diesem vermischt wird. Aus der Lösung wird das Gold dann elektrolytisch ausgeschieden.

Bei Ammoniaksalzen, z. B. Salmiak (NH_4Cl), scheidet sich das metallische Radikal NH_4 an der Kathode aus und zerfällt sogleich in H und NH_3 (Ammoniak). Das an der Anode frei werdende Chlor zersetzt hier die Salmiaklösung und bildet den explosiven Chlorstickstoff.

Da das Kation immer den metallischen (und Wasserstoff-) Bestandteil, das Anion immer den Sauerstoff- oder Chlorbestandteil enthält, kann man sagen, daß bei der Elektrolyse an der Kathode Reduktion, an der Anode Oxydation eintritt.

58. Wasserzersetzung.

Die Zersetzung des Wassers beruht ebenfalls auf einem sekundären Prozesse. Absolut reines Wasser scheint ein Isolator zu sein. Gewißheit besteht darüber nicht, weil das im chemischen Sinne reine Wasser noch lange nicht absolut rein ist. Das ergibt sich daraus, daß destillierte Wässer verschiedener Herkunft, bei denen auf chemischem Wege keine Spur eines fremden Bestandteiles mehr nachgewiesen werden kann, sehr verschiedenen elektrischen Widerstand zeigen. Man weiß nur, daß der Widerstand um so höher ist, je reiner das Wasser ist. Das, was man gewöhnlich als Elektrolyse des Wassers bezeichnet, ist in Wirklichkeit eine Zersetzung der darin gelösten Salze oder Säuren.

Abb. 69 erläutert den Vorgang, wenn eine Mischung von Wasser und Schwefelsäure zwischen Platinelektroden elektrisiert wird. In Wirklichkeit wird die Schwefelsäure zersetzt. Das Resultat aber ist so, als wäre das Wasser in seine Bestandteile: Wasserstoff und Sauerstoff zerlegt worden. Fängt man die beiden Gase gemischt auf, so erhält man das Knallgas. Man kann aber auch jedes für sich auffangen, wenn man über jede Elektrode eine mit Wasser gefüllte Glasröhre stülpt

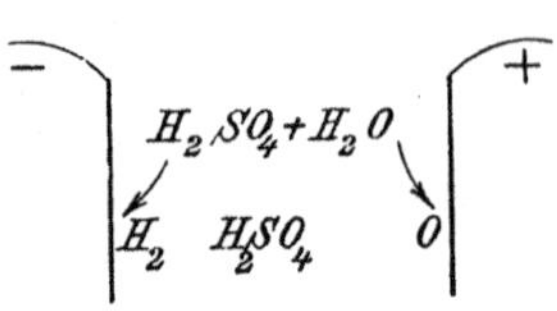

Abb. 69.
Elektrolyse verdünnter Schwefelsäure.

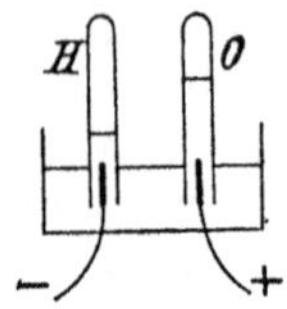

Abb. 70.
Zersetzungsapparat.

(Abb. 70). H und O sind dann schon äußerlich zu unterscheiden, da dem Volumen nach doppelt soviel Wasserstoff entwickelt wird als Sauerstoff (2 Atome Wasserstoff gegen 1 Atom Sauerstoff). Nach diesem Beispiele geht auch die Zersetzung des gewöhnlichen Wassers vor sich. Dasselbe enthält immer Salze und Säuren gelöst, und diese werden vom Strome zersetzt, während die Ausscheidung von Wasserstoff und Sauerstoff durch sekundäre Vorgänge erfolgt.

Manchmal treten aber auch noch kompliziertere sekundäre Vorgänge auf, indem sich Ozon (O_3), Wasserstoffsuperoxyd (H_2O_2) und andere Schwefelverbindungen wie z. B. S_2O_7 bilden.

59. Faradays Gesetze der Elektrolyse.

1. Die Gewichtsmassen G der von einem Strome ausgeschiedenen Ionen sind der Stromstärke und der Zeit proportional; also

$$G = bJt,$$

oder wenn Q die während der Zeit t vom Strome J gelieferte Elektrizitätsmenge bedeutet,

$$G = bQ.$$

Sind J und t gleich 1, so sieht man, daß b die vom Strome 1 während der Zeit 1 ausgeschiedene Masse ist; man nennt es das elektrochemische Äquivalent. Es beträgt z. B. für Wasserstoff, bezogen auf Ampere und Sekunde (Coulomb), 0,0000104 g.

Das zweite Faradaysche Gesetz bezieht sich auf das Verhältnis der ausgeschiedenen Ionen untereinander und lautet:

2. Gleiche Stromstärken lösen in gleichen Zeiten gleiche chemische Valenzen aus. Dies wird durch folgenden Versuch erläutert: Man schickt einen Strom durch drei hintereinander geschaltete Zersetzungszellen (Abb. 71), die verdünnte Schwefelsäure, Kupfervitriollösung und verdünnte Salzsäure enthalten; dann werden gleichzeitig in der ersten Zelle 2 Atome H und 1 Atom O (zweiwertig), in der zweiten

Zelle 1 Atom Cu (zweiwertig), in der dritten Zelle 2 Atome H und 2 Atome Cl ausgeschieden; überall also werden zwei Valenzen gleichzeitig gelöst. Fängt man die Gase in darüber gestülpten Glasröhren auf, so erkennt man diese Verhältnisse an dem Volumen, da doppelt soviel H und Cl ausgeschieden wird als O. Vergleicht man die Gewichte, so erhält man gleichzeitig 1 g H und 8 g O, weil das Atomgewicht des Wasserstoffes 1, das des Sauerstoffes 16 ist, von ersterem aber doppelt soviel Atome ausgeschieden werden. In der zweiten Zelle werden gleichzeitig 31,6 g Cu ausgeschieden, da Cu das Atomgewicht 63,2 hat und zweiwertig ist. Oder mit anderen Worten: während von einem Strome 0,0000104 g H ausgeschieden werden, werden von demselben Strome 0,0000104 · 8 g O und 0,0000104 · 31,6 g Cu ausgeschieden. Daraus folgt allgemein für das elektrochemische Äquivalent eines Elementes

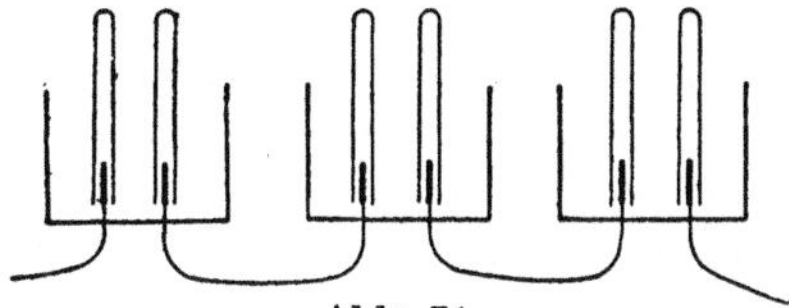

Abb. 71.

$$b = 0{,}0000104\,\frac{a}{y},$$

wobei a das Atomgewicht und y die Wertigkeit (Valenz) des betreffenden Elementes bedeuten.

Setzt man dies in das erste Gesetz ein, so erhält man als Vereinigung beider für das Gewicht eines von J Ampere während t Sekunden ausgeschiedenen Elementes

$$G = 0{,}0000104\,\frac{a}{y}\,J t.$$

Die folgende Tabelle enthält das elektrochemische Äquivalent einiger Stoffe, bezogen auf Gramm und Ampere-Sekunde (Coulomb).

	Atom-gewicht a	Wertig-keit y	Elekt. Äquiv. b	Chem. (Verbindungs-) Äquivalent
Wasserstoff	1	1	0,0000104	1
Sauerstoff	16	2	0,0000832	8
Chlor	35,4	1	0,000367	35,4
Schwefel	32	2	0,000166	16
Zink	65	2	0,000338	32,5
Silber	107,7	1	0,001118	107,7
Kupfer (Oxydul)	63,2	1	0,000656	63,2
„ (Oxyd)	63,2	2	0,000328	31,6

Häufig scheinen die Faradayschen Gesetze nicht erfüllt zu sein. Das ist aber immer nur auf Störungen zurückzuführen, indem z. B. bereits abgeschiedene Teile von der Elektrode wieder abfallen, oder indem Gase von der Flüssigkeit absorbiert werden. Das letztere tritt fast immer, auch bei der Wasserzersetzung ein.

60. Theorie der elektrolytischen Leitung.

Da jede Molekel eines elektrolytischen Stoffes bei der Elektrolyse in zwei Teile, und zwar nur in zwei Teile — Kation und Anion — gespalten wird, von denen sich das Kation in der Richtung des Stromes, also in der Richtung der positiven Elektrizität, das Anion aber in entgegengesetzter Richtung bewegt, so denkt man sich das Kation mit einer gewissen positiven, und das Anion mit einer gleich großen negativen Elektrizitätsmenge (Elementarquantum) geladen[1]). Die Summe aller Ladungen eines Elektrolyten ist also null.

Nach der älteren Hypothese dachte man sich jede Molekel als eine feste Verbindung des betreffenden Kations und Anions, die erst durch den elektrischen Strom gelöst wird. Da aber zur Auflösung einer Verbindung eine gewisse Arbeit erforderlich ist, so würde daraus folgen, daß eine Zersetzung erst bei einer gewissen Stromstärke auftreten kann, und das würde dem Faradayschen Gesetze widersprechen, nach welchem die zersetzten Mengen der Stromstärke proportional sind. Dagegen läßt sich dieses Gesetz aus der neueren Dissoziations-Hypothese über die Beschaffenheit der Lösungen (Clausius, Hittorf, Arrhenius) erklären, nach welcher in jeder Lösung ein Teil der Molekeln in Kation und Anion getrennt (dissoziiert) ist, und der übrige Teil aus geschlossenen Molekeln besteht. Und zwar sind es nicht bestimmte Molekeln, die geschlossen oder getrennt sind, sondern es findet fortwährend ein Zerfall geschlossener Molekeln und eine Wiedervereinigung der Teile mit solchen anderer Molekeln zu neuen Molekeln statt.

Der Zerfall der Molekeln erfolgt durch eine nicht näher bekannte Einwirkung des Lösungsmittels (Wasser, Alkohol usw.) auf den gelösten Stoff und durch die der Temperatur entsprechende Eigenbewegung[2]) der Molekeln. Man bezeichnet sie in ihrer Gesamtheit als dissoziierende Kraft. Der Zerfall einer Molekel kann natürlich erst eintreten, wenn die dissoziierende Kraft stärker ist als die Kraft, die die Ionen im Molekül zusammenhält. Diese zusammenhaltende Kraft besteht aus der Anziehung zwischen der positiven und negativen Ladung der Ionen. Nach erfolgter Trennung hat jedes Ion eine gewisse selbständige Bewegung. Kommen sich dabei entgegengesetzte Ionen so nahe, daß die Anziehungskraft ihrer Ladungen stark genug ist, so vereinigen sie sich zu einer neuen Molekel, die elektrisch neutral ist.

---

[1]) Während aber Faraday unter Ionen nur die betreffenden chemischen Massen verstand, versteht man heute darunter die chemischen Massen samt ihren zugehörigen Ladungen. Bei Chlorsilber besteht also das Kation aus einer gewissen Masse Silber und einer gewissen positiven Ladung, das Anion aus einer äquivalenten Masse Chlor und einer negativen Ladung von gleicher Größe wie die positive des Kations. Will man besonders hervorheben, wenn man es mit Ionen zu tun hat, so versieht man die chemischen Zeichen mit dem + oder — Zeichen; also z. B. Silber-Kation: $\overset{+}{Ag}$, Chlor-Anion: $\overset{-}{Cl}$.

[2]) Man kann sich vorstellen, daß diese Eigenbewegung eine rotierende ist. Bei einer gewissen Geschwindigkeit fliegen die beiden Ionen einer Molekel infolge der Zentrifugalkraft auseinander, nachdem schon die zusammenhaltende Kraft durch eine Wirkung des Lösungsmittels gelockert wurde.

Das Verhältnis der Anzahl der dissoziierten Molekeln zur Gesamtzahl der Molekeln wird als **Dissoziationsgrad** bezeichnet. Er hängt von der Temperatur und von der Konzentration der Lösung ab, und zwar ist er um so größer, je höher die Temperatur und je geringer die Konzentration ist. Das erstere erklärt sich nach obiger Annahme aus der mit der Temperatur zunehmenden Eigenbewegung der Molekeln, das letztere aus der Einwirkung des Lösungsmittels, die um so stärker ist, je mehr von dem Lösungsmittel gegenüber dem gelösten Stoff vorhanden ist. Bei sehr geringer Konzentration sind fast alle vorhandenen Molekeln dissoziiert.

Wird nun in der Lösung ein elektrisches Feld erzeugt durch Einsetzung zweier Elektroden, zwischen denen durch irgendeine äußere Stromquelle eine Potentialdifferenz (Elektrodenspannung) hervorgerufen wird, so werden die positiv geladenen Kationen von der negativen Kathode (Abb. 72) und die negativ geladenen Anionen von der positiven Anode angezogen, während die jeweils geschlossenen Molekeln unberührt bleiben, weil sie neutral sind. Die elektrische Kraft hat also nicht erst die Molekeln zu spalten, sondern die schon vorhandenen Ionen nur an die Elektroden zu führen. Da freie Ionen in der ganzen Lösung, also auch in nächster Nähe der Elektroden vorhanden sind, tritt ein Strom sofort nach Entstehung des elektrischen Feldes auf. Tritt kein sekundärer Prozeß ein, so treten Kationen und Anionen an den Elektroden als freie Gase oder feste Niederschläge auf. Ihre Anzahl hängt bei gleicher Konzentration und Temperatur von der Stärke des elektrischen Feldes zwischen den Elektroden, also von der Elektrodenspannung ab. Der elektrische Strom, der durch den Elektrolyten geht, ist demnach nichts anderes als die Summe der in einer Zeiteinheit von den Kationen zur Kathode und der in derselben Zeit von den Anionen zur Anode mitgeführten Ladungen. Hier, an den Elektroden, werden diese fortgesetzt zuströmenden Ladungen neutralisiert durch jene Elektrizitätsmenge, die aus der äußeren Stromquelle, an welche die Elektroden angeschlossen sind, zufließt, so daß das Ergebnis derart ist, als wenn die äußere Stromquelle einen Strom durch den Elektrolyten wie durch einen metallischen Leiter hindurchschicken würde.

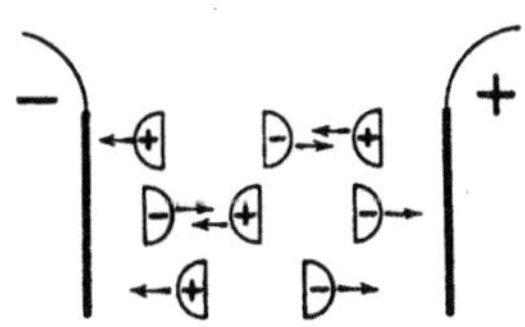

Abb. 72.

Dadurch erklärt sich ohne weiteres das erste **Faradaysche** Gesetz, wonach die ausgeschiedenen Ionen der Stromstärke und der Zeit proportional sind, weil eben der im Elektrolyten vorhandene Strom in Wirklichkeit nichts anderes ist als die von den Ionen mitgeführten Ladungen.

Die elektrische Ladung einer aus gleichen Ionen bestehenden Masseneinheit läßt sich leicht berechnen. Ist N die Anzahl der in einer Sekunde an einer Elektrode ausgeschiedenen Ionen (Kationen oder Anionen) und M die Gewichtsmasse eines Ions, so ist die in einer Sekunde an einer Elektrode ausgeschiedene Masse $G = MN$. Ist ferner

ε die elektrische Ladung eines Ions, so ist die in einer Sekunde an einer Elektrode auftretende Elektrizitätsmenge $Q = \varepsilon N$.

Daraus folgt durch Division

$$\frac{Q}{G} = \frac{\varepsilon}{M}.$$

$\frac{\varepsilon}{M}$ ist nichts anderes als die elektrische Ladung pro Masseneinheit eines Ions (spezifische Ionenladung), und $\frac{Q}{G}$ ist nach § 59 nichts anderes als der reziproke Wert des elektrochemischen Äquivalentes. Für Wasserstoff ist also die Ladung einer Masseneinheit gleich $\frac{1}{0{,}0000104} = 96\,500$ Coulomb, für Sauerstoff gleich $\frac{1}{0{,}0000832} = 12\,060$ Coulomb, für Cu aus Kupfervitriol gleich $\frac{1}{0{,}000328} = 3050$ Coulomb. Daraus erkennt man, daß 8 g des Sauerstoffes oder 31,6 g des Kupfers dieselbe Ladung wie 1 g Wasserstoff, nämlich 96 500 Coulomb mit sich führen, d. h. daß jede Masse eines beliebigen Ions, die der Masseneinheit des Wasserstoffes äquivalent ist, das ist das sogenannte Grammäquivalent, eine Elektrizitätsmenge von 96 500 Coulomb als Ladung mit sich führt. Da nach der kinetischen Gastheorie in einem Gramm Wasserstoff etwa $70 \cdot 10^{22}$ Atome enthalten sind[1]), so ist die auf 1 Atom entfallende Elektrizitätsmenge d. h. die Ladung eines Ions gleich $1{,}4 \cdot 10^{-19}$ Coulomb. Diese Ladung wird als Elementarquantum der Elektrizität (Elektron) bezeichnet. Da 8 g Sauerstoff dieselbe Ladung führen wie 1 g Wasserstoff, während sein Atomgewicht 16 ist, so folgt, daß 1 Atom Sauerstoff mit $^{16}/_{8} = 2$ Elementarquanten behaftet ist. Daher ist es zweiwertig. Ebenso ist es bei jedem anderen zweiwertigen Ion (Atom oder Radikal). Dreiwertige Ionen besitzen drei Elementarquanten.

Über die Dissoziierung der Gase und die dadurch bewirkte Stromleitung vgl. § 241.

61. Dissoziierte Stoffe und Ionisatoren.

Nach dem Vorstehenden besitzen nur jene Flüssigkeiten elektrisches Leitungsvermögen, die irgend einen Stoff dissoziiert enthalten. Von einer Zuckerlösung muß man aus anderen physikalischen und chemischen Gründen annehmen, daß die Zuckermolekeln nicht zerfallen, sondern alle geschlosen sind. Tatsächlich vermag eine Zuckerlösung, wenn sie nicht andere elektrolytische Stoffe enthält, den Strom nicht zu leiten. Chlorwasserstoffgas läßt sich durch Kälte und Druck verflüssigen. Diese Flüssigkeit leitet aber nicht, weil sie nur aus geschlossenen HCl-Molekeln

[1]) Diese Zahl (Loschmidtsche Zahl) schwankt je nach der Methode, aus der sie gewonnen wurde, zwischen $63 \cdot 10^{22}$ und $75 \cdot 10^{22}$.

besteht. Leitet man aber diese Flüssigkeit oder das Gas in Wasser, so tritt sofort Dissoziation ein, d. h. ein Teil der Molekeln zerfällt in Kation und Anion nach der Gleichung $HCl = \overset{+}{H} + \overset{-}{Cl}$. Aus diesen Beispielen ersieht man, daß die Dissoziation sowohl von dem gelösten Stoff als auch dem Lösungsmittel abhängt. Dissoziieren lassen sich alle Säuren, Basen und Salze. Das Lösungsmittel, das die Dissoziation bewirkt, nennt man Ionisator. Der wichtigste und stärkste Ionisator ist Wasser. Ionisatoren von ähnlicher Stärke sind: alle Alkohole, insbesondere Methylalkohol, Ameisensäure, verflüssigtes Ammoniak (NH_3), Azeton u. a. Schwächere Ionisatoren sind: Salpetersäure, Schwefelsäure, Aldehyde, Ketone u. a.

Gar nicht dissoziierend wirken alle Kohlenwasserstoffe, sowohl fette als aromatische. Daher eignen sich die Öle besonders für Isolierzwecke. Denn wenn auch kleine Verunreinigungen in sie hineinkommen, verursachen sie noch kein Leitungsvermögen, während kleine Verunreinigungen der Alkohole ein Leitungsvermögen zur Folge haben.

Die genannten Ionisatoren — auch Wasser — für sich allein und im reinsten Zustande, haben kein elektrolytisches Leitungsvermögen, da sie nicht dissoziiert sind. Einige (z. B. Wasser, Schwefelsäure, Salpetersäure) zeigen zwar ein gewisses Leitungsvermögen, das ist aber nicht elektrolytischer, sondern metallischer Art, wie bei Quecksilber. Dagegen können Ionisatoren, die in einem anderen stärkeren Ionisator gelöst sind, z. B. Schwefelsäure oder Salpetersäure in Wasser ein starkes elektrolytisches Leitungsvermögen haben. Anderseits haben die Ionisatoren im reinsten Zustande als Nichtleiter eine Dielektrizitätskonstante, und es scheint, daß diese zur Stärke des Ionisators in Beziehung steht, denn die stärksten Ionisatoren (Wasser, Alkohol) haben die größte Dielektrizitätskonstante (80 bzw. 25).

62. Spezifischer Widerstand der Elektrolyte.

Das Ohmsche Gesetz $J = \frac{E}{W}$ hat zur Voraussetzung, daß der Widerstand W oder sein reziproker Wert, die Leitfähigkeit, von der Stromstärke und der Spannung unabhängig sind. Das ist, wie die Messungen gezeigt haben, nicht nur bei den metallischen, sondern auch bei den elektrolytischen Leitern der Fall, und man kann daher auch für sie einen spezifischen Widerstand angeben. Da der Strom in einem Elektrolyten aus den Ladungen der zu den Elektroden wandernden Ionen besteht, so muß bei gleicher Elektrodenspannung der durch eine Querschnittseinheit des Elektrolyten fließende Strom um so stärker sein, der Widerstand also um so kleiner sein, je mehr freie Ionen in der Raumeinheit des Elektrolyten vorhanden sind, und je schneller sie wandern, d. h. je geringer der Bewegungswiderstand ist. Der spezifische Widerstand ändert sich also mit der Konzentration und der Temperatur des Elektrolyten. Die meisten Ionen in der Raumeinheit sind aber nicht bei der größten Konzentration vorhanden, weil der

Dissoziationsgrad um so kleiner ist, je konzentrierter die Lösung ist. Der spezifische Widerstand geht also weder mit der Konzentration noch mit dem Dissoziationsgrad proportional; häufig hat er ein Minimum. Die Abb. 73 zeigt die Abhängigkeit des Widerstandes von der Konzentration bei Schwefelsäure und Wasser durch eine Schaulinie und die folgende Zahlentafel gibt für einige andere Lösungen die spezifischen Widerstände α für verschiedene Konzentrationen und in der letzten Zeile jene Konzentration, bei der der spezifische Widerstand am kleinsten ist.

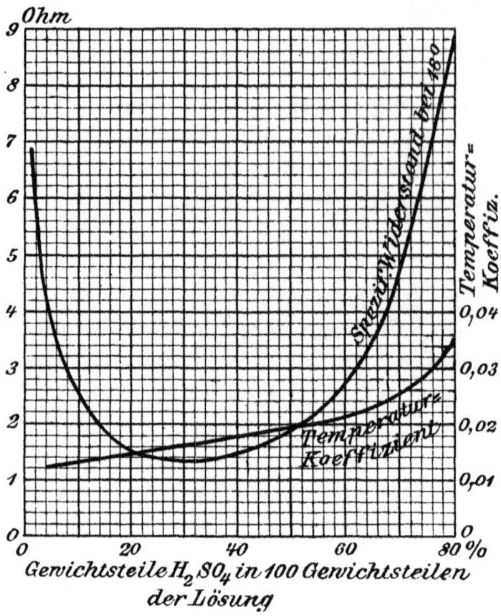

Abb. 73.

Da die Dissoziation mit der Temperatur zunimmt, der Bewegungswiderstand abnimmt, so folgt aus beiden Gründen eine Abnahme des spezifischen Widerstandes. Der Temperaturkoeffizient ist also im Gegensatz zu den Metallen negativ und seinem Werte nach erheblich größer als bei diesen.

Spezifischer Widerstand (Zentimeterprisma) in Ohm und Temperaturkoeffizient einiger wässeriger Lösungen bei 18°.

Prozentgehalt	Salpetersäure HNO_3	Salzsäure HCl	Soda Na_2CO_3	Zinksulfat $ZnSO_4$	Kupfersulfat $CuSO_4$	Kochsalz NaCl	Silbernitrat $AgNO_3$	Kalilauge KOH
1	—	9,2	75	—	—	57		
5	3,9	2,5	22	53	53	16	42	5,8
10	2,2	1,6	14	31	31	8,9	23	3,2
15	1,63	1,34	12	24	24	6,5	16	2,4
20	1,4	1,3		21		5,5	12,3	2,0
25	1,3	1,4		21		5	10,1	1,85
30	1,28	1,5		23			8,6	1,85
35	1,3	1,7					7,6	2,0
40	1,37	1,95					6,8	2,2
50	1,6						5,8	
60	1,95						5,1	
70	2,5							
80	3,7							
Minimum bei	1,27 29,7%	1,3 18,3%		20,8 23,5%				1,84 28%
Temperaturkoeffiz. γ	−0,014	−0,016	−0,026	−0,024	−0,022	−0,022	−0,022	−0,02

Mit einer für praktische Zwecke hinreichenden Genauigkeit läßt sich der Widerstand bei der Temperatur t darstellen durch

$$W_t = W_{18}(1 + \gamma t),$$

wenn W_{18} die in der Zahlentafel enthaltenen Werte bei 18^0 und γ den Temperaturkoeffizienten bedeutet.

63. Konzentrationsänderung durch elektrolytische Leitung. Beweglichkeit der Ionen.

Geht ein Strom durch einen Elektrolyten, so muß infolge der Ausscheidung der Ionen an den Elektroden eine Verminderung der Konzentration der elektrolytischen Lösung eintreten. Auffallend dabei ist, daß diese Konzentration an verschiedenen Stellen verschieden ist. Teilt man eine elektrolytische Zelle (Abb. 74) durch zwei durchlässige Wände (Diaphragmen) in drei Abteilungen, und untersucht nach dem Stromdurchgang die Konzentration, so findet man, daß sie in der mittleren Abteilung unverändert geblieben, in den beiden äußeren Abteilungen aber vermindert ist, und zwar in der einen mehr als in der anderen[1]). Diese Escheinung läßt sich nur dadurch erklären, daß die Wanderungsgeschwindigkeit der Kationen zur Kathode und der Anionen zur Anode verschieden ist. Der obere Teil der Abb. 75 soll schematisch

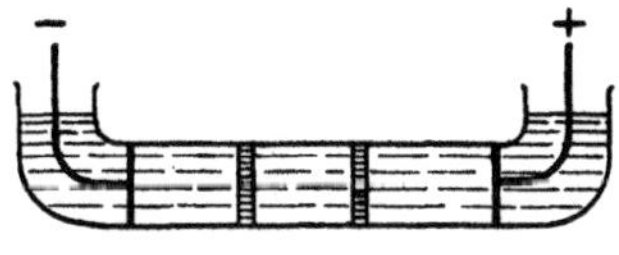

Abb. 74.

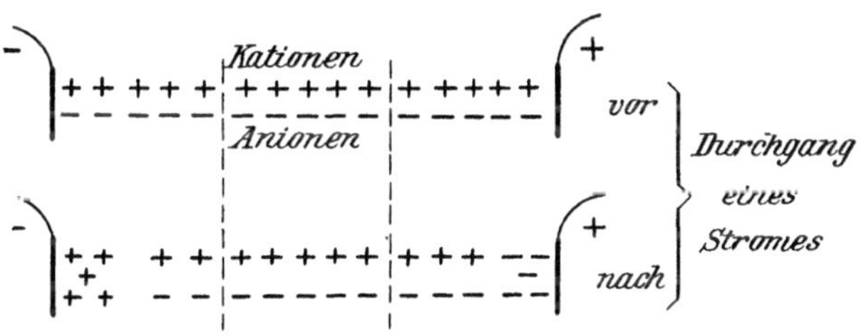

Abb. 75.

den Zustand des Elektrolyten vor dem Durchgang eines Stromes darstellen, indem durch + und — die durch Zerfall der Moleküle entstandenen freien Ionen bezeichnet sind. In Wirklichkeit liegen sie natürlich nicht so regelmäßig nebeneinander, sondern vermischt; hier kommt es uns aber nur auf ihre Anzahl an. Ist nun die Wanderungsgeschwindigkeit der Ionen unter der Wirkung eines elektrischen Feldes verschieden, so daß z. B. die Kationen in einer Sekunde um zwei Einheiten nach links fortschreiten, während die Anionen um drei Einheiten

[1]) Diese der verschiedenen Wanderungsgeschwindigkeit entsprechenden Konzentrationsänderungen bestehen natürlich nur, wenn nicht durch sekundäre Prozesse Störungen eintreten. Es können dadurch sogar Vergrößerungen der Konzentration vorkommen.

nach rechts fortschreiten, so zeigt der untere Teil der Abb. 75 den Zustand, nachdem der Strom eine Sekunde lang hindurchgegangen ist. Man sieht, daß in der mittleren Abteilung die Konzentration dieselbe geblieben ist, während in der rechten Abteilung nur mehr drei Ionenpaare, in der linken gar nur zwei vorhanden sind. Trotzdem ist die Anzahl der ausgeschiedenen Ionen an beiden Elektroden die gleiche, nämlich fünf. Das Verhältnis der nach einer Elektrode hin wandernden Ionen zu der Anzahl der daselbst frei werdenden Ionen wird nach Hittorf als Überführungszahl bezeichnet. In dem obigen Beispiel ist also die Überführungszahl des Kations $\ddot{u}_k = {}^2/_5 = 0{,}4$, die des Anions $\ddot{u}_a = {}^3/_5 = 0{,}6$. Hieraus folgt ohne weiteres: $\ddot{u}_k + \ddot{u}_a = 1$, und daß sich die Überführungszahlen so verhalten wie die Wanderungsgeschwindigkeiten v_k bzw. v_a, also

$$\frac{\ddot{u}_k}{\ddot{u}_a} = \frac{v_k}{v_a}.$$

Die Überführungszahlen sind Eigenschaften des betreffenden Elektrolyten. So ist z. B. bei Chlornatrium die Überführungszahl des + Na : 0,38, die des — Cl : 0,62. Bei Chlorkalium hingegegen ist sie für + K : 0,49, für — Cl : 0,51.

Da alle Ionen Ladungen von gleicher Größe ε haben, so ist die von der Stromquelle den Elektroden zum Zwecke der Neutralisierung zugeflossene Elektrizitätsmenge im obigen Beispiel $5\,\varepsilon$. Die Stromstärke ist also gleich der Elektrizitätsmenge, die einer der beiden Elektroden (Kathode oder Anode) in einer Sekunde zugeflossen ist, und diese ist gleich der Summe der nach beiden Seiten während einer Sekunde gewanderten Ionen (in unserem Beispiel $2 + 3 = 5$). Daraus kann man folgern, daß die Wanderung der einen Ionengattung unabhängig ist von der anderen Ionengattung, und daß die elektrischen Eigenschaften eines Elektrolyten sich aus der Summe der entsprechenden Eigenschaften beider Ionengattungen ergeben (Kohlrausch). Insbesondere gilt dies von den spezifischen Widerständen, wie sich aus folgender Betrachtung ergibt.

Die Weglänge, die ein Kation in einer Sekunde zurücklegt, wenn zwischen den um 1 cm voneinander abstehenden Elektroden (homogenes Feld vorausgesetzt) 1 Volt Spannung herrscht, nennt man „Beweglichkeit“ c_k der Kationen; in gleicher Weise bedeutet c_a die Beweglichkeit der Anionen. Setzt man Proportionalität voraus, so ist bei einer Spannung von E Volt der zurückgelegte Weg in einer Sekunde oder die Wanderungsgeschwindigkeit für die Kationen

$$v_k = c_k E,$$

für die Anionen

$$v_a = c_a E.$$

Ist n die Anzahl der Kationen bzw. die der Anionen in einem Zentimeterprisma, so ist nach obigem die in einer Sekunde durch eine Querschnittseinheit fließende Elektrizitätsmenge, also die Stromstärke

$$i = n\varepsilon v_k + n\varepsilon v_a = (n\varepsilon c_k + n\varepsilon c_a) E.$$

Alle Größen innerhalb der Klammer sind von E unabhängig. Vergleicht man mit dem Ohmschen Gesetz, so sieht man, daß der Klammerausdruck gleich dem spezifischen Leitungsvermögen ist, und daß dieses gleich der Summe aus dem spezifischen Leitungsvermögen $n\varepsilon c_k$ des Kations und dem spezifischen Leitungsvermögen $n\varepsilon c_a$ des Anions ist.

Wären die Wanderungsgeschwindigkeiten v_k und v_a nicht proportional mit E, also c_k und c_a von E nicht unabhängig, so wäre auch der Klammerausdruck nicht unabhängig von E, d. h. für die elektrolytische Leitung könnte das Ohmsche Gesetz nicht gelten. Tatsächlich könnte man nach den Gesetzen der Mechanik nicht ohne weiteres annehmen, daß die Geschwindigkeiten der Ionen gleichförmige seien, denn die elektrische Kraft wirkt während ihrer ganzen Bewegung auf sie ein, so daß ihre Bewegung eine beschleunigte sein müßte. Nur wenn der Reibungswiderstand während der Bewegung sehr groß ist, wird die beschleunigte Bewegung zu einer gleichförmigen (fallende Schneeflocken). Da nun die Messungen zeigen, daß für die elektrolytische Leitung wirklich das Ohmsche Gesetz gilt, so müssen v_k und v_a gleichförmige Geschwindigkeiten sein, was sich aus dem großen Reibungswiderstand, den die Ionen in der Flüssigkeit finden, erklärt. So legt das Wasserstoffion bei 1 Volt Spannung auf 1 cm in einer Sekunde nur 0,003 cm zurück (Kohlrausch). Die anderen Ionen wandern noch langsamer.

64. Elektrolyse geschmolzener Salze.

Nach dem Vorstehenden ist zu einer elektrolytischen Leitung erforderlich: erstens, daß Molekeln in dissoziiertem Zustande vorhanden sind, zweitens, daß sich die Ionen nach den Elektroden hin bewegen können. Beide Bedingungen sind nicht nur bei gelösten, sondern auch geschmolzenen Salzen erfüllt. Die Elektrolyse geschmolzener Salze zeichnet sich dadurch aus, daß in der Regel das reine Metall auftritt, während es bei gelösten Salzen häufig durch sekundäre Prozesse wieder in andere Verbindungen übergeführt wird. Das wichtigste Beispiel ist die Gewinnung des Aluminiums aus dem geschmolzenen Oxyd Al_2O_3 (Tonerde). Ein mit diesem Oxyd und mit Al_2Fl_6 6 NaFl (Kryolith) gefülltes Gefäß bildet die Kathode, ein Bündel von Kohlenstäben die Anode. Durch Herstellung eines Lichtbogens zwischen den Kohlenstäben und der Füllung wird zunächst der Kryolith geschmolzen und zersetzt. Das Fluor entnimmt der Tonerde das Aluminium und verbindet sich mit ihr, wird aber durch Elektrolyse wieder zersetzt. Das Aluminium wird also aus der Tonerde gewonnen, die nachgefüllt werden muß, während von dem Kryolith nur die unvermeidlichen Verluste ersetzt werden müssen. Das Aluminium sammelt sich in geschmolzenem Zustand am Boden des Gefäßes und kann von hier abgelassen werden.

Auch die Alkalimetalle (K, Na, Li) werden aus geschmolzenen Salzen (an Kohle- oder Eisenelektroden) gewonnen, und nicht aus Lösungen, weil sich bei diesen nach Abscheidung des Metalles sofort das betreffende Hydroxyd bildet.

65. Elektrolytische Leitung in festen Stoffen.

Auch im festen Zustande zeigen die meisten Salze ein Leitungsvermögen, wenn auch sehr viel kleiner als im gelösten oder geschmolzenen Zustande, weil im festen Zustande sowohl die Anzahl der dissoziierten Molekeln, als auch ihre Beweglichkeit sehr viel geringer ist. Bei manchen ist es zweifelhaft, ob ihre Leitung elektrolytischer oder metallischer Art ist. Ein deutliches elektrolytisches Leitungsvermögen zeigen die durch Zusammenschmelzen, Zusammenbacken (Sintern) hergestellten festen Körper aus Oxyden des Magnesiums, Kalziums und Bariums, wie sie von Jablochkoff und Nernst zur Herstellung elektrischer Leuchtkörper verwendet wurden. An der Kathode kommt unzweifelhaft das betreffende Metall zur Ausscheidung, wird aber durch Sauerstoffaufnahme aus der Luft sofort wieder in Oxyd verwandelt. Daher muß die Nernstlampe unter Luftzutritt brennen und wird nicht in eine Glasbirne eingeschlossen wie die anderen Glühlampen. Bei den Sulfiden der Metalle (z. B. PbS, Ag_2S, HgS), und bei den verschiedenen Silikaten, die die wesentlichen Bestandteile von Glas, Porzellan und Ton bilden, ist die elektrolytische Leitung nur bei sehr hohen Temperaturen erkennbar. Sie haben alle die auffallende Eigenschaft, daß sie unterhalb einer gewissen, für jeden Stoff charakteristischen Temperatur einen sehr hohen spezifischen Widerstand haben, so daß sie zum Teil, wie z. B. Porzellan und Glas, zu den besten Isolatoren gehören. Oberhalb einer gewissen Temperatur aber ist ihr spezifischer Widerstand so klein, daß sie den guten Leitern nahe kommen. So ist beispielsweise der Leuchtkörper der Nernstlampe unter 200^0 ein Isolator und muß daher erst durch andere Hilfsmittel angewärmt werden. Hat er die Grenze überschritten, so geht ein schwacher Strom hindurch und erwärmt ihn noch mehr, so daß der Widerstand sehr rasch sinkt. Da gleichzeitig sein negativer Temperaturkoeffizient wächst, muß ein Widerstand aus reinem Eisen (§ 44), der zwischen 500^0 und 800^0 einen wachsenden positiven Temperaturkoeffizienten hat, vorgeschaltet werden, um dem weiteren Sinken des Widerstandes und dem daraus folgenden Steigen des Stromes eine Grenze zu setzen. Ähnlich verhält sich das Porzellan (vgl. S. 70). Glas zeigt bei einer Zunahme der Temperatur von 18^0 auf 200^0, dann auf 350^0 eine Abnahme des spezifischen Widerstandes von 10^{20} auf 10^{16}, auf 10^{13}. Wahrscheinlich ist das sehr geringe Leitungsvermögen, das unterhalb der charakteristischen Temperatur nachgewiesen werden kann, metallischer Art, während bei steigender Temperatur elektrolytische Leitung eintritt, weil da erst die Dissoziation der Moleküle beginnt. Die rasche Abnahme des Widerstandes, die erst bei höherer Temperatur beginnt und die bei Metallen nicht vorhanden ist, erklärt sich daraus, daß mit der Temperatur sowohl die Zahl der dissoziierten Molekeln, als auch ihre Beweglichkeit wächst.

Im Gegensatz zu diesen Körpern haben die Verbindungen einiger sehr gut leitender Metalle, z. B. PbO_2, Cu_2S, CdO metallisches Leitungsvermögen, denn sie zeigen schon bei gewöhnlicher Temperatur einen geringen Widerstand (das für Akkumulatoren wichtige PbO_2 hat nur den zwei- bis dreifachen Widerstand des Quecksilbers) und einen positiven Temperaturkoeffizienten. Streintz[1]) hat gefunden, daß nur jene Metallverbindungen ein gutes Leitungsvermögen zeigen, die dunkelfarbig sind und sich im pulverisierten Zustande ohne Bindemittel in Stäbchen oder Platten von metallischem Glanz pressen lassen, wie die letztgenannten. Das läßt ebenfalls auf metallische Leitung schließen. Über die spezifischen Widerstände der sehr schlechten Leiter vgl. die Zusammenstellung auf S. 70.

66. Polarisation.

Nach dem Faradayschen Gesetz sind die bei der Elektrolyse ausgeschiedenen Ionen der Stromstärke proportional, d. h. es tritt auch schon bei der kleinsten Stromstärke eine Zersetzung ein. Legt man an einen Wasserzersetzungsapparat, wie er in Abb. 70 dargestellt ist, eine Spannung von 1 Volt an, so geht ein Strom durch, der sich aus dieser Spannung und dem Widerstand des Elektrolyten zwischen den beiden Elektroden ergibt. Dementsprechend müßte eine Ausscheidung von H und O stattfinden. Es ist aber keine zu beobachten; erst wenn die Spannung über 1,48 Volt gesteigert wird, tritt sie ein. Das scheint also dem Faradayschen Gesetz zu widersprechen. Der Widerspruch ist aber nur ein scheinbarer, denn bei genauer Untersuchung zeigt sich, daß sofort nach Anlegung der Spannung eine Zersetzung stattfindet, daß aber nach kurzer Zeit der Strom und damit auch die Zersetzung aufhört.

Daß man die Zersetzungsprodukte H und O nicht bemerkt, hat seinen Grund darin, daß sie von dem Wasser und den Elektroden absorbiert werden (auch Platin absorbiert Gase). Daß der Strom nach ganz kurzer Zeit wieder verschwindet, hat seinen Grund darin, daß die eben erst entwickelten und absorbierten Gase sich wieder chemisch zu verbinden streben und, indem sie dies tun, eine EMK erzeugen, die der an die Elektroden angelegten Spannung (aufgedrückte Spannung) entgegen gerichtet und mindestens ebenso groß ist. Man kann sich davon überzeugen, wenn man die Spannung wieder wegnimmt, und an die Elektroden ein Elektrometer anschließt. Es zeigt sich dann eine gegenelektromotorische Kraft, welche nahezu gleich der vorher angelegten Spannung ist. Man nennt sie EMK der Polarisation, weil der Elektrolyt bestimmte Pole wie eine Stromquelle erhalten hat. Dies gilt, solange die aufgedrückte Spannung unter 1,48 Volt liegt. Ist sie höher, so zeigt das Elektrometer nach Abschaltung der aufgedrückten Spannung stets nur 1,48 Volt, wie hoch auch die aufgedrückte Spannung gewesen sein mag. Läßt man auf den in Abb. 70 dargestellten Wasserzersetzungsapparat, wo H und O getrennt aufgefangen werden, längere Zeit eine Spannung von mehr als 1,48 Volt wirken, so daß in den beiden Glasröhren eine gewisse Menge der Gase sich ansammelt, und schließt dann die Elektroden nach Abschaltung

[1]) Annal. d. Phys. 1902, Bd. 9, S. 854.

der aufgedrückten Spannung über einen Strommesser, so zeigt er einen Strom an. Gleichzeitig verschwinden die in den Glasröhren angesammelten Gase allmählich. Sind sie ganz verschwunden, so hört auch der Strom auf. Dieser Versuch zeigt, daß die beiden Gase, trotzdem sie bereits räumlich getrennt sind, durch Diffusion in die Flüssigkeit zurückkehren, sich hier wieder zu Wasser vereinigen und während dieser Zeit eine chemische Stromquelle (galvanische Zelle) darstellen.

Die EMK der Polarisation verhält sich also zur aufgedrückten Spannung so wie die Elastizität einer Feder zu der Kraft, die sie zu biegen strebt. Die kleinste Kraft, die sie zu biegen sucht, ruft die elastische Gegenkraft hervor. Ebenso ruft die kleinste aufgedrückte Spannung eine Gegen-EMK hervor. Eine dauernde Biegung der Feder kann nur eintreten, wenn die äußere Kraft größer ist als die elastische Kraft der Feder; läßt jene nach, so kommt diese zur Wirkung. Ebenso kann eine dauernde Zersetzung nur eintreten, wenn die aufgedrückte Spannung die dem chemischen Prozeß eigentümliche Gegen-EMK überwiegt. Hört jene auf, so tritt diese in Wirkung.

Dieses Gleichnis aus der Mechanik gilt jedoch nur dann, wenn der bei der Elektrolyse stattgefundene chemische Vorgang umkehrbar ist. Wenn aber bei der Wasserzersetzung dafür gesorgt wird, daß der an der Kathode auftretende Wasserstoff durch Zuführung von Sauerstoff oxydiert, oder der an der Anode auftretende Sauerstoff durch Zuführung von Wasserstoff reduziert wird, so kann eben keine Zurückbildung zu Wasser stattfinden, und daher auch keine Polarisation auftreten. Dies kann man in vielen Fällen schon durch geeignete Wahl der Elektroden erreichen. Betrachten wir z. B. die durch Abb. 67 dargestellte Zersetzung von $CuSO_4$ zwischen Platinelektroden, so tritt hier eine Polarisation auf, die der Zurückbildung der ausgeschiedenen Ionen Cu und O zu $CuSO_4$ unter Zuhilfenahme des vorher gebildeten H_2SO_4 entspricht. Ersetzt man aber die Platinelektroden durch Kupferelektroden, so sieht man aus dem durch Abb. 68 dargestellten Vorgang, daß eine Zurückbildnng deshalb nicht eintreten kann, weil das ausgeschiedene SO_4-Ion mit dem Kupfer der Anode sogleich eine neue Molekel $CuSO_4$ bildet. An der Kathode tritt keinerlei chemischer Vorgang auf, weil sich hier Cu auf Cu niederschlägt. Infolgedessen tritt in der ganzen Zelle keine Polarisation auf, und es ist eine dauernde Zersetzung schon durch die kleinste aufgedrückte Spannung möglich. Das ist bei allen elektrolytischen Vorgängen der Fall, bei denen die Elektroden aus demselben Metall wie das gelöste Salz bestehen, also z. B. bei der Elektrolyse von Zinksulfat zwischen Zinkelektroden, oder bei der Elektrolyse von Silbernitrat zwischen Silberelektroden. Man nennt solche Mittel, die die Polarisation verhindern, *depolarisierende Mittel*.

Bei jedem elektrolytischen Vorgang tritt also eine Polarisation auf, wenn sie nicht durch depolarisierende Mittel verhindert wird. Aber selbst da kann nach längerem Stromdurchgang noch eine Polarisation aus anderer Ursache eintreten. Wie wir aus § 63 wissen, tritt im Elektrolyten eine Konzentrationsänderung infolge der verschiedenen Wanderungsgeschwindigkeit der Ionen ein. Dadurch allein entsteht schon eine EMK, selbst wenn die Elektroden aus demselben Metall bestehen wie das gelöste Salz, und zwar ist diese EMK von entgegengesetzter Richtung wie der Strom, der die Konzentrationsänderung verursacht hat. Doch ist diese Konzentrations-Polarisation erheblich kleiner, als die Polarisation bei chemischer Verschiedenheit. (Vgl. § 70.)

Ist E die Spannung, die an eine elektrolytische Zelle angelegt wird, W der Widerstand des Elektrolyten zwischen den beiden Elektroden, so ist die Stromstärke in dem Augenblick, wo die Spannung angelegt wird: $i = E/W$. Sowie aber dieser Strom auftritt, tritt sogleich auch eine Gegen-EMK der Polarisation e ein, so daß nur noch die Differenz der beiden Spannungen $E - e$ wirkt. Die Stromstärke ist dann

$$i = \frac{E - e}{W}.$$

Ist die angelegte Spannung E gleich oder kleiner als die dem chemischen Vorgang entsprechende EMK der Polarisation e, so wird der Zähler und daher auch i in ganz kurzer Zeit nach dem Anlegen der Spannung Null. Die Abnahme des Stromes erfolgt also nicht durch Vergrößerung des Widerstandes der Zelle, sondern durch das Auftreten der Gegen-EMK. Es kann aber auch eine Vergrößerung des Widerstandes eintreten, wenn Gase ausgeschieden werden, die Bläschen an die Elektroden ansetzen. Dadurch wird die wirksame Oberfläche der Elektroden verkleinert. Dasselbe tritt ein, wenn der Elektrolyt Verunreinigungen enthält, die sich als Schlamm an den Elektroden ansetzen. Durch Umrühren oder Bewegen des Elektroden kann das verhindert werden.

Der im vorstehenden geschilderte Stromverlauf beim Anlegen einer Spannung, die kleiner ist als die Polarisationsspannung, wonach der Strom in kurzer Zeit auf Null sinkt, gleicht dem Laden eines Kondensators, wenn eine Spannung an ihn angelegt wird. Auch da geht zuerst ein Strom von voller Stärke durch die Anschlußleitung, der rasch abnimmt und Null wird, sobald die Platten des Kondensators die der Kapazität entsprechende Ladung aufgenommen haben. Man spricht daher von einer Polarisationskapazität einer elektrolytischen Zelle, die eine Rolle spielt, wenn Wechselstrom durch die Zelle gesandt wird.

67. Stromerzeugung durch chemische Vorgänge.

Wir wissen schon aus dem Vorhergehenden, daß die chemische Zersetzung durch den elektrischen Strom ein umkehrbarer Prozeß ist d. h. daß durch einen chemischen Prozeß ein Strom erzeugt werden kann. Dazu eignet sich am besten die Verbindung eines Metalles mit einer Säure zu einem Salze. Es tritt dabei eine Potentialdifferenz zwischen Metall und Flüssigkeit auf, die von der Art des chemischen Vorganges abhängt. Wird der Stromkreis geschlossen, so entsteht ein Strom nach dem Ohmschen Gesetze, der im äußeren Schließungsdrahte von der Flüssigkeit zum Metall, in der Zelle selbst aber vom Metall zur Flüssigkeit geht. In dieser wirkt er wie in einer Zersetzungszelle, d. h. die Mengen der zur chemischen Wirkung gelangenden Stoffe sind proportional der Stromstärke und der Zeit (§ 59). An der Austrittsstelle des Stromes (das ist der positive Pol) scheiden sich der Wasserstoff und die Metalle aus, und an der Eintrittsstelle (das ist der negative Pol) die nicht metallischen Bestandteile.

Ebenso kann — wie in einer elektrolytischen Zelle — eine Gegen-EMK durch Polarisation auftreten, welche die dem ursprünglichen chemischen Vorgange entsprechende EMK vermindert. Sie wird hier in den meisten Fällen durch den an der positiven Elektrode auftretenden Wasserstoff verursacht. Außerdem erhöht der Wasserstoff durch Bläschenbildung noch den Widerstand, wie schon am Schluß des vorigen Paragraphen erwähnt. Man nennt daher Zellen, bei denen diese Wirkung eintritt, **inkonstante**, wie z. B. die schon in § 40 erwähnte **Smeesche**, dann die **Voltasche** Zelle, bestehend aus Zink und Kupfer in verdünnter Schwefelsäure. Zink in einer Säure ist die häufigste Art der Stromerzeugung in galvanischen Zellen.

Zur Unschädlichmachung des Wasserstoffes, also als **depolarisierende Mittel**, dienen am besten sauerstoffreiche Verbindungen, wie Mangansuperoxyd (Braunstein), Bleisuperoxyd, Salpetersäure, Chromsäure usw. Diese Stoffe müssen den positiven Pol umgeben, da hier der Wasserstoff frei wird. Von der wirksamen Säure, die die negative Elektrode umgibt, werden sie durch poröse Scheidewände (Tonzellen, Häute) getrennt. Die Chromsäure wird aber auch manchmal damit vermischt. Sowie nun Wasserstoff frei wird, entzieht er diesen Verbindungen Sauerstoff und bildet Wasser. Solche Zellen weisen eine nahezu konstante EMK auf; man nennt sie daher **konstante Zellen**.

68. Die wichtigsten konstanten Zellen.

Die **Daniellsche Zelle** besteht aus Zink in verdünnter Schwefelsäure (1 : 12) und, davon durch eine poröse Tonzelle getrennt, Kupfer in einer gesättigten Lösung von Kupfervitriol. Der chemische Vorgang ist aus Abb. 76 ersichtlich. Hier wird also der Wasserstoff dadurch unschädlich gemacht, daß er mit dem Kupfervitriol Schwefelsäure bildet und dafür metallisches Kupfer frei macht. Die EMK dieser Zelle ist etwa 1 Volt. Statt Schwefelsäure kann auch Zinkvitriollösung verwendet werden. Es ist dann die in § 66 erwähnte Bedingung zur Vermeidung der Polarisation erfüllt, wonach die Elektrode aus demselben Metall besteht wie die Lösung, in die sie eintaucht.

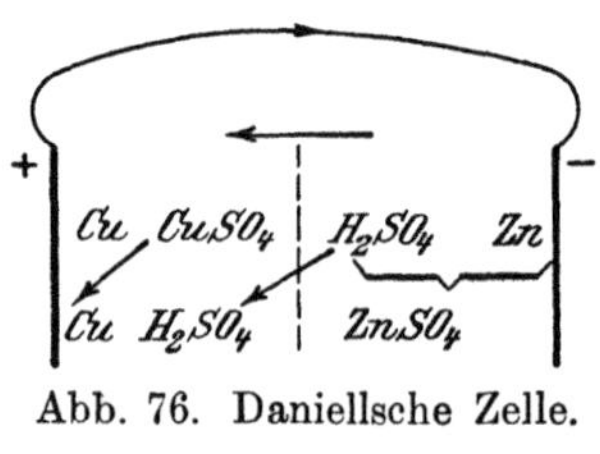

Abb. 76. Daniellsche Zelle.

Die **Bunsensche Zelle** besteht aus Zink in verdünnter Schwefelsäure und, davon durch eine Tonzelle getrennt, Kohle in konzentrierter Salpetersäure. Der Wasserstoff wird dadurch unschädlich gemacht, daß er mit dem Sauerstoff der Salpetersäure Wasser bildet. Der Rest sind Stickoxyde (NO_2 und N_2O_2), die als braunrote, den Atmungsorganen schädliche Dämpfe entweichen. Eine Abänderung ist die Grovesche Zelle, die statt der Kohle ein Platinblech enthält. Statt der Salpetersäure kann auch Chromsäure verwendet werden. Die EMK ist 1,9 bis 2 Volt.

Die Chromsäure-Tauchzelle hat nur eine Flüssigkeit, Zink und Kohle tauchen in eine Chromsäurelösung; da diese aber teuer ist, ersetzt man sie häufig durch eine Lösung von 1 Teil doppeltchromsaurem Natrium in 2 Teilen Schwefelsäure und 12 Teilen Wasser. Der frei werdende Wasserstoff entzieht der Chromsäure Sauerstoff und bildet Wasser. Die EMK ist etwa 2 Volt. Um den Verbrauch von Zink und Säure einzuschränken, sind diese Zellen so eingerichtet, daß die Elektroden erst im Moment des Gebrauches in die Flüssigkeit eingetaucht werden.

Die Zelle von Leclanché. Zink taucht in Salmiaklösung und in einer Tonzelle befindet sich ein Kohlenstab, umgeben von einem Gemenge aus Kohle und Braunstein. Der Wasserstoff reduziert den Braunstein (Mangansuperoxyd) zu Manganoxyd. Die EMK ist etwa 1,4 Volt, der innere Widerstand aber wegen des trockenen Gemenges in der Tonzelle bedeutend. Sie eignet sich besonders zu Haustelegraphen und Telephonen.

69. Lokalströme.

Taucht man chemisch reines Zink in verdünnte Schwefelsäure, so wird es von dieser nicht angegriffen. Taucht man aber noch ein Kupferstück hinein und verbindet Zink und Kupfer durch einen leitenden Draht, so findet eine Auflösung des Zinkes zu Zinkvitriol statt; man hat jetzt eine Voltasche Zelle. Dasselbe tritt — wenn auch in schwächerem Maße — ein, wenn der Verbindungsdraht nicht vorhanden ist. Der Stromkreis schließt sich dann durch die Säure selbst. Dasselbe tritt ein, wenn sich Kupfer oder ein anderes Metall auf dem Zink selbst befindet. Man nennt solche im Metall und in der Säure selbst verlaufende Ströme Lokalströme.

Auf diese Weise erklärt es sich, warum gewöhnliches Zink, das immer mehr oder weniger verunreinigt ist, von verdünnter Schwefelsäure angegriffen wird; das ist natürlich auch dann der Fall, wenn gewöhnliches Zink als Elektrode in einer der in § 68 beschriebenen Zellen angewendet wird. Es findet eine Auflösung des Zinkes auch dann statt, wenn der Zelle kein Strom entnommen wird. Da chemisch reines Zink für solche Zwecke zu teuer ist, so hilft man sich dadurch, daß man das Zink mit Quecksilber amalgamiert. Es kommt dann nur das im Amalgam enthaltene Zink mit der Säure in Berührung, während die Verunreinigungen, die sich mit Quecksilber nicht amalgamieren, unter diesen liegen bleiben[1]).

[1]) Das Amalgamieren geschieht am einfachsten in der Weise, daß man das Zink in verdünnte Schwefelsäure taucht und Quecksilber mit einer Bürste oder einem Lappen aufreibt, oder dem geschmolzenen Zink 4% Quecksilber zufügt.

Auf elektrolytischer Ausscheidung von Kupfer durch Lokalströme beruht auch die bekannte Erscheinung, daß sich Eisen mit Kupfer überzieht, wenn es in einer Lösung von Kupfervitriol liegt.

70. Konzentrationsketten.

Eine galvanische Zelle erhält man auch dann, wenn Elektroden von demselben Metall in dieselbe Lösung aber von verschiedener Konzentration eintauchen, z. B. Kupferelektroden in Kupfervitriollösung, oder Silberelektroden in Silbernitratlösung. Die verschiedene Konzentration an den beiden Elektroden kann durch eine poröse Zwischenwand (Tonzelle) aufrechterhalten werden (Abb. 84). Die Richtung des Konzentrationsstromes in der Zelle geht in der Regel von der kleineren zur größeren Konzentration. In einer elektrolytischen Zelle, durch die zum Zwecke der Zersetzung Strom hindurch geschickt wird, wie z. B. die Kupferzersetzungszelle in Abb. 68, entsteht die Verschiedenheit der Konzentration durch die Zersetzung. Denn wie man sieht, verschwindet an der Kathode eine Molekel $CuSO_4$, während an der Anode eine neue entsteht. Die Folge davon ist eine Gegen-EMK der Konzentrationspolarisation. Sie ist erheblich kleiner und entsteht nicht sofort wie die auf chemischer Verschiedenheit beruhende Polarisation, weil eben die Konzentrationsverschiedenheit erst merklich ist, wenn der Strom schon eine Weile gedauert hat.

71. Normalelemente.

Einzelne galvanische Elemente zeichnen sich durch solche Konstanz ihrer EMK aus, daß sie als Normalien für Spannungsmessungen benützt werden können.

Die größte Konstanz haben die nach den Vorschriften der physikalisch-technischen Reichsanstalt ausgeführten Clark-Elemente (Abb. 77). Als positive Elektrode dient ein mit Quecksilber amalgamiertes Platinblech, das von einer Pasta aus Quecksilberoxydulsulfat (Hg_2SO_4), Zinksulfat und Quecksilber umgeben und in eine Tonzelle eingeschlossen ist. Diese sowie der unten umgebogene Zinkstab tauchen in Zinksulfatkristalle ($ZnSO_4 + 7\,H_2O$). Der übrige Raum des gut verschlossenen Gefäßes ist mit Zinksulfatlösung ausgefüllt. Die EMK eines solchen Elementes bei der Temperatur t ist

$$E = 1{,}433 - 0{,}0012\,(t - 15).$$

Das Weston-Element (Abb. 78) ist in bezug auf seine Konstanz nicht so zuverlässig wie das Clark-Element, hat aber den Vorteil, von der Temperatur nahezu unabhängig zu sein. An der positiven Elektrode befindet sich dieselbe Pasta als Depolarisator wie beim Clark-Element, an der negativen aber $12{,}5\,^0/_0$ Cadmiumamalgam. Die Flüssigkeit besteht aus Cadmiumsulfatlösung mit einem Bodensatz von festem Cadmiumsulfat. Die EMK ist 1,0183 Volt[1]). Der Temperaturkoeffizient

[1]) Nach einer internationalen Vereinbarung (ETZ 1910, S. 1303).

ist innerhalb der in Laboratoriumsräumen vorkommenden Temperaturgrenzen kleiner als 0,00005, also verschwindend klein gegenüber dem des Clark-Elementes.

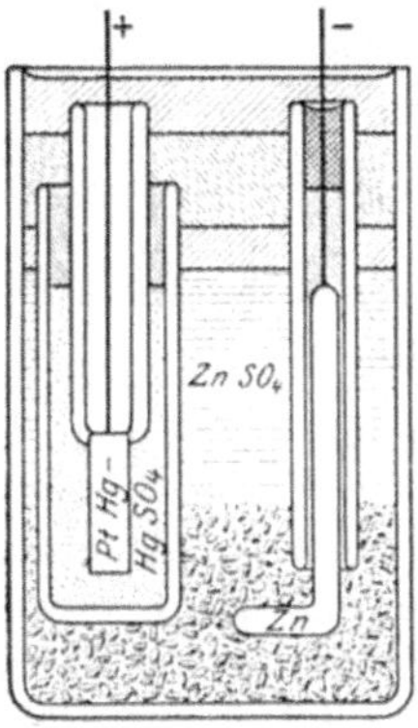

Abb. 77. Clark-Normalelement.[1])

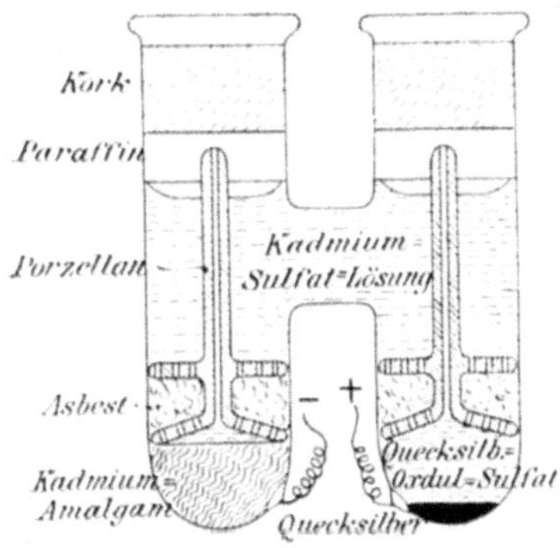

Abb. 78. Weston-Normalelement.

Natürlich darf solchen Normalelementen nur ein sehr schwacher Strom entnommen werden, da sie sonst nicht unverändert bleiben. Insbesondere müssen nach einem unzulässigen Stromdurchgang diese Elemente längere Zeit ruhen.

72. Trockenelemente.

Sehr bequem sind in vielen Fällen wegen ihrer leichten Transportfähigkeit die sogenannten Trockenelemente. Die Elektroden sind von porösen Massen (Sägespäne, Gips, Infusorienerde, Fließpapier, Gelatine u. dgl.) umgeben, die mit den betreffenden Flüssigkeiten getränkt oder verkocht sind. Um das Austrocknen zu verhüten, sind sie durch eine Schicht von Wachs oder Asphalt abgeschlossen, und es bleibt nur eine kleine Öffnung zum Abzug der frei werdenden Gase.

Solche Zellen enthalten nur eine gewisse Elektrizitätsmenge, entsprechend den vorhandenen wirksamen Stoffen. Sie sind daher um so früher verbraucht, je stärkere Ströme man ihnen entnimmt.

Zu Meßzwecken bedarf man häufig großer, konstant bleibender Potentialdifferenzen. Solche erhält man durch Zambonische Säulen, die aus runden Scheiben von sogenanntem Gold- und Silberpapier bestehen, die abwechselnd übereinander gelegt sind. Die metallischen Schichten bilden die Elektroden, die durch das Papier, das immer eine gewisse Feuchtigkeit enthält, voneinander getrennt sind. Solcher kann man viele hundert aufeinanderschichten, und erhält so, trotz der geringen EMK eines einzelnen Elementes, beliebig hohe Potentialdifferenzen an den Enden der Säule. Zur Stromabgabe sind sie natürlich nicht

---

[1]) In Abb. 77 soll Hg_2SO_4 statt $HgSO_4$ stehen.

verwendbar; sie würden in kurzer Zeit unbrauchbar sein. Man muß sie daher vor einem Kurzschluß hüten.

Zur Herstellung kleiner Potentialdifferenzen verwendet man häufig sogenannte Wasserelemente. Es sind kleine, mit Wasser gefüllte Gläschen, in welche je ein Zink- und ein Platindraht tauchen. Das gewöhnliehe Wasser enthält genug gelöste Salze, um eine chemische Reaktion am Zink hervorzurufen. Zur Stromabgabe sind sie natürlich auch nicht geeignet.

73. Berechnung der elektromotorischen Kraft aus der Verbindungswärme.

Nach dem Gesetz von der Erhaltung der Arbeit kann keinerlei Arbeit aus Nichts gewonnen werden, sondern jede in irgendwelcher Form auftretende Arbeit kann nur aus einer anderen Arbeitsform gewonnen werden. Es handelt sich also immer nur um Umwandlungsvorgänge, bei denen zwar nicht alles für den gewünschten Zweck nutzbar gemacht, aber nichts verloren gehen kann. Ist E die EMK einer galvanischen Zelle, J der von ihr gelieferte Strom, so ist die während einer Zeiteinheit geleistete Arbeit gleich EJ. Diese kann nur aus der chemischen Arbeit der Zelle gewonnen worden sein, da keine andere Arbeitsquelle vorhanden ist. Betrachten wir z. B. die in § 66 besprochene Rückbildung der in dem Wasserzersetzungsapparat (Abb. 70) angesammelten Gase H und O, wobei der Apparat als galvanische Zelle arbeitet, so muß die elektrische Arbeit gleich jener Wärmearbeit sein, welche aufgetreten wäre, wenn dieselbe Menge H und O außerhalb der Zelle durch Verbrennung in Wasser umgewandelt worden wäre, also gleich der chemischen Verbindungswärme. Man kann demnach aus dieser die EMK des elektrolytischen Vorganges berechnen.

Nach § 59 ist die von einem Strome J in einer Sekunde ausgeschiedene Menge Wasserstoff $0{,}0000104\,J$ Gramm. Verbindet sich dieser mit der äquivalenten Menge Sauerstoff wieder zu Wasser, so entsteht eine Wärmemenge von $0{,}0000104\,Js$ Gramm-Kalorien, wenn s die bei der Vereinigung von 1 g Wasserstoff frei werdende Wärmemenge ist. Multipliziert man mit $42 \cdot 10^6$, so erhält man diese Wärmemenge in absoluten Arbeitseinheiten (Erg). Drückt man auch die Stromstärke J in absoluten Einheiten statt in Ampere aus, so hat man noch mit 10 zu multiplizieren (§ 299). Das sind also $0{,}0000104\,J \cdot s \cdot 42 \cdot 10^7$ absolute Einheiten. Diese Arbeit muß gleich sein der Arbeit jenes Stromes J, welcher diese Gewichtsmassen ausgeschieden hat, oder zu dessen Erzeugung diese Gewichtsmassen notwendig waren. Ist E die Spannung dieses Stromes in absoluten Einheiten, so ist seine Arbeit in der Zeiteinheit EJ.

Wir haben also die Gleichung

$$EJ = 0{,}0000104 \cdot J \cdot s \cdot 42 \cdot 10^7.$$

Und weil 10^8 absolute Einheiten gleich 1 Volt sind, so ist

$$E = 0{,}0000104 \cdot s \cdot 4{,}2 \text{ Volt.}$$

Für die Verbindung von H und O zu Wasser ist

$$s = 34200 \text{ Gramm-Kalorien.}$$

Also ist die dabei entstehende EMK, bzw. die zur Wasserzersetzung mindestens nötige Spannung

$$E = 1{,}48 \text{ Volt},$$

wozu noch der Spannungsabfall in der Zelle kommt, so daß man in der Regel 2 Volt braucht.

Für einen anderen Stoff gilt, wenn b sein elektrochemisches Äquivalent ist,

$$E = 4{,}2 \cdot b \cdot s \text{ Volt.}$$

Oder mit Benützung von § 59

$$E = 4{,}2 \cdot 0{,}0000104 \frac{a\,s}{y}$$

$$E = 0{,}0000436 \frac{R}{y},$$

wobei $R = a\,s$ die **Wärmetönung** der betreffenden Verbindung genannt wird, die für die meisten Verbindungen bereits bekannt ist[1]).

Man kann also auf diese Weise die EMK einer Zelle oder die Gegenkraft der Polarisation berechnen, wenn man die chemischen Vorgänge genau kennt. Für R ist immer die algebraische Summe aller Wärmetönungen, auch jener, die bei der Lösung der Ionen auftreten, einzusetzen. Die chemischen Vorgänge sind allerdings in den seltensten Fällen so genau bekannt, daß eine genügende Übereinstimmung mit der gemessenen EMK besteht.

Beispiel: Berechnung der EMK einer Daniellschen Zelle. Bei der Auflösung von 1 g Zink entsteht eine Wärmemenge von $s = 1635$ Kal. Das elektrochemische Äquivalent ist $b = 0{,}000338$ (§ 59). Daher ist die dabei auftretende EMK: $4{,}2 \cdot 0{,}000338 \cdot 1635 = 2{,}3$ Volt. Außerdem wird aber Kupfer aus dem Kupfervitriol ausgeschieden. Dabei wird Wärme verbraucht; d. h. diese EMK wirkt der des Zinkes entgegen. Dabei ist $b = 0{,}00033$, $s = 881$. Also die EMK $= 4{,}2 \cdot 0{,}00033 \cdot 881 = 1{,}2$. Die EMK der Zelle ist also $2{,}3 - 1{,}2 = 1{,}1$.

Die letzte Gleichung genügt jedoch nur dann zur Berechnung der EMK einer elektrolytischen Zelle, wenn ihre EMK von der Temperatur unabhängig ist. In einem aus verschiedenen Leitern zusammengesetzten Stromkreis tritt eine EMK auf, wenn die Berührungsstellen verschiedene Temperatur haben (§ 54). Hier wird also Wärme unmittelbar in Elektrizität umgesetzt. Tritt dies in einer elektrolytischen Zelle ein, so addiert oder subtrahiert sich diese EMK von der durch den chemischen Vorgang erzeugten EMK. Die Größe dieser EMK ist ausgedrückt durch $T \frac{dE}{dT}$, wenn T die absolute Temperatur (von -270^0 an gerechnet) bedeutet. Der Differentialquotient $\frac{dE}{dT}$ gibt die Änderung

---

[1]) Naumanns Lehr- und Handbuch der Thermochemie.

pE der EMK an, wenn sich die Temperatur um dT ändert, das ist also der Temperaturkoeffizient der Zelle hinsichtlich der EMK (nicht hinsichtlich des Widerstandes der Lösung). Für das Clark-Element (§ 71) ist er z. B. 0,001. Diese EMK kommt zu der chemischen hinzu und daher lautet dann die vollständige Gleichung

$$E = 0{,}0000436\,\frac{R}{y} + T\frac{dE}{dT}.$$

Das ist die Gleichung von **Helmholtz**. **van't Hoff** und **Nernst** sind auf anderen Wegen zu anderen Gleichungen für die EMK einer elektrolytischen Zelle gekommen. Darauf einzugehen, würde den Rahmen dieses Buches überschreiten. Es muß daher auf die Lehrbücher der Elektrochemie verwiesen werden.

74. Akkumulatoren.

Die Akkumulatoren beruhen auf der Umkehrbarkeit der chemischen und elektrischen Erscheinungen oder, was auf dasselbe herauskommt, auf der Nutzbarmachung der Polarisation, wobei mit Einrechnung der unvermeidlichen Verluste das Gesetz von der Erhaltung der Arbeit gilt. Der Wasserzersetzungsapparat (Abb. 70), bei dem die Gase getrennt aufgefangen werden, ist das älteste Beispiel dieser Art. Denn wie in § 66 ausgeführt wurde, vereinigen sich die ausgeschiedenen Gase wieder zu Wasser, wenn die Elektroden durch einen Leiter geschlossen werden. Man nennt diesen Strom **Entladestrom**, während derjenige, welcher vorher die Zersetzung bewirkt hat, **Ladestrom** genannt wird. Da die EMK der Polarisation der aufgedrückten Spannung entgegengerichtet ist, hat auch der Entladestrom entgegengesetzte Richtung wie der Ladestrom.

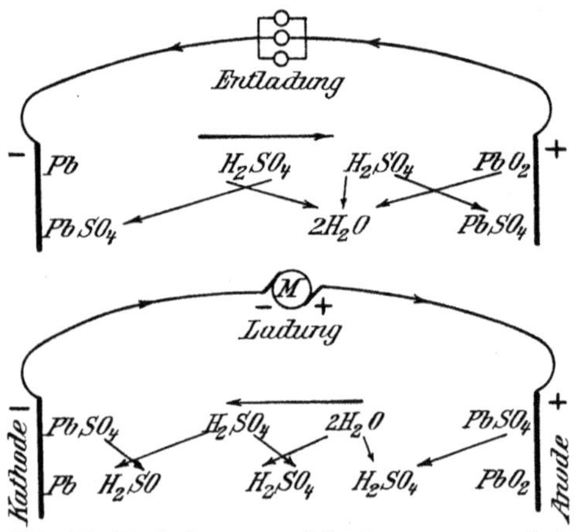

Abb. 79. Entladungs- und Ladungsvorgang beim Bleiakkumulator.

Bleiakkumulator. Viel besser eignen sich zu diesem umkehrbaren Prozesse Bleiplatten in verdünnter Schwefelsäure. Wird ein Strom durchgeschickt, so oxydiert der frei werdende Sauerstoff die Anode zu Bleisuperoxyd PbO_2, während der Wasserstoff die oberflächliche, natürliche Oxydschicht der Kathode zu metallischem Blei reduziert. Verbindet man dann die beiden Platten nach Ausschaltung der Stromquelle, so entsteht ein Strom entgegengesetzter Richtung (Entladung) wobei jetzt der Wasserstoff an der früheren Anode auftritt, und das Bleisuperoxyd mit Hilfe der Schwefelsäure zu Bleisulfat reduziert wird (Abb. 79), während das Blei der anderen Platte zu Bleisulfat oxydiert wird gemäß der Gleichung

$$Pb + 2\,H_2SO_4 + PbO_2 = PbSO_4 + 2\,H_2O + PbSO_4\,.$$

Bei der Ladung wird eine Molekel H_2SO_4 zu Hilfe genommen, so daß der Vorgang ist:

$$2\,PbSO_4 + 2\,H_2O + H_2SO_4 = Pb + PbO_2 + 3\,H_2SO_4\,.$$

Das Endergebnis ist

$$2\,PbSO_4 + 2\,H_2O = Pb + PbO_2 + 2\,H_2SO_4$$

wie vor der Entladung. Der Vorgang ist also ein vollständig umkehrbarer.

Dies ist der ideale, chemische Vorgang; in Wirklichkeit werden neben Bleisulfat und -superoxyd noch andere Oxyde (PbO und Pb_2O_2) gebildet, während H und O frei werden und in Form von Bläschen aufsteigen.

Da der Akkumulator abwechselnd als Zersetzungszelle und als galvanische Zelle arbeitet, bezeichnet man, um Verwechslungen zu vermeiden, die Platten nach ihrer Polarität als positive und negative. Denn wie aus Abb. 79 hervorgeht, bleibt die Polarität bei der Ladung und Entladung ungeändert, nur die Stromrichtung ist eine andere. Der Wasserstoff der Elektrolyten wandert nach § 56 immer in der Richtung des Stromes, das SO_4-Radikal gegen diese Richtung. Die in; Abb. 79 eingezeichnete Maschine *M* arbeitet als Stromerzeuger (Lademaschine), wenn ihre EMK höher ist als die EMK des Akkumulators dagegen als Stromverbraucher (Motor), wenn sie kleiner ist als die des Akkumulators.

Bei neuen Bleiplatten haben die anfänglichen Bleioxyd- und Bleisulfatschichten nur geringe Dicke. Durch wiederholte Ladungen und Entladungen werden sie immer dicker, und man erhält schließlich Platten mit dicken, porösen Schichten (aktive Masse). Solche brauchen bei gleicher Stromstärke längere Zeit zur Ladung und liefern dafür bei der Entladung längere Zeit Strom. Es steigert sich also ihre Aufnahmefähigkeit, oder, wie man auch sagt, ihre Kapazität. Das Wort Kapazität hat hier nicht dieselbe Bedeutung wie bei einem Kondensator, denn nicht die Elektrizität wird hier angesammelt, wie auf den Platten eines Kondensators, sondern die Arbeit, indem die zugeführte elektrische Arbeit in chemische Arbeit umgewandelt wird, und hier verbleibt, solange nicht ein Entladestromkreis geschlossen und dadurch Gelegenheit zur Rückverwandlung in elektrische Arbeit gegeben wird.

Das abwechselnde Laden und Entladen in der Absicht, die wirksamen Schichten der Platten dicker zu machen, nennt man das Formieren des Akkumulators (Planté). Um diesen Vorgang abzukürzen, bedeckte Faure die Bleiplatten mit einer Schicht von Mennige (Pb_3O_4). Diese wird beim ersten Laden einerseits in metallisches Blei, andererseits in Superoxyd verwandelt. Da diese Schichten leicht abfallen, verwendet man Bleigitter, in die ein dicker Teig aus Mennige und Bleiglätte hineingepreßt wird. Wie aus Abb. 79 ersichtlich ist, erfolgt die Umwandlung der negativen Platte von metallischem Blei in Sulfat und umgekehrt, während die Umwandlung der positiven Platte von Superoxyd in Sulfat und umgekehrt stattfindet. Infolgedessen wird diese lockerer als jene und zerfällt schließlich, während jene noch brauchbar ist. Um ihr daher größere Festigkeit zu geben, wird jetzt die positive Platte meist aus metallischem Blei hergestellt. Da aber das vollständige Formieren derselben zu lange dauern würde, versieht man die Oberfläche mit engen Furchen und streicht in diese eine dünne Schicht von Oxyd ein (Tudorsches Verfahren). Dieses fällt während des Betriebes allmählich heraus, während sich das metallische Blei in immer tieferen Schichten zu aktiver Masse formiert. In neuester Zeit fabriziert man die + Platten wieder ganz aus metallischem Blei (mit sehr tiefen, durch Querleisten versteiften Furchen) und wendet ein Schnellformierungsverfahren an, welches darin besteht, daß die Platten vorher in ein Bad aus Schwefelsäure und Natriumperchlorat ($NaClO_4$) gebracht werden.

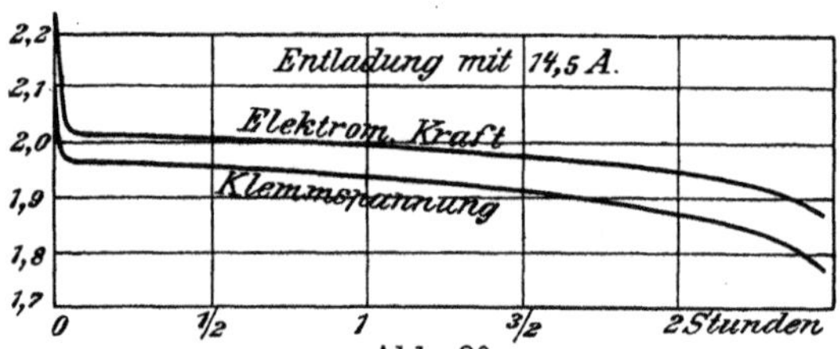

Abb. 80.

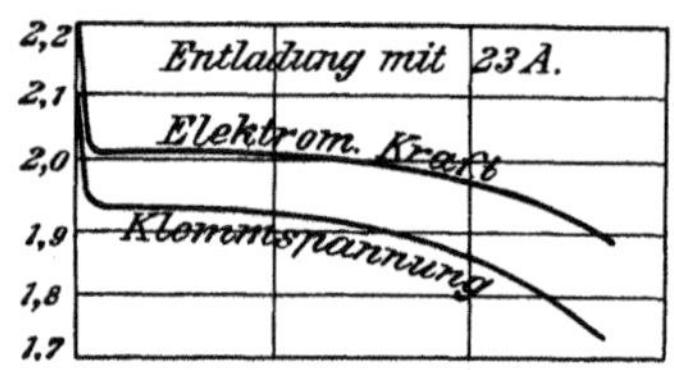

Abb. 81.

In diesem findet eine Lockerung des Bleis statt, so daß die aktive Oberfläche sehr vergrößert wird. Die negative Platte besteht aus einem Bleigitter, in welches eine aus Bleioxyden, Schwefelsäure und einem neutralen Stoff (Sand, Porzellanmehl, Ton) hergestellte Masse eingebracht wird. Damit diese nicht herausfällt, bestehen die Seitenwände der Platte aus durchlöchertem Bleiblech. Die erwähnte neutrale Masse verhindert, daß sich die schwammige Masse allmählich in festes Blei umwandelt, wodurch die aktive Oberfläche kleiner würde.

Die EMK des Bleiakkumulators hängt von der Konzentration der Säure ab. Sie beträgt nach Streintz bei einer Konzentration von 86 g Schwefelsäure in einem Liter Flüssigkeit 1,9 Volt, bei 300 g in einem Liter 2,02 Volt, und bei 685 g 2,24 Volt. Nach Strasser läßt sich die EMK innerhalb praktischer Grenzen darstellen durch $e = d + 0{,}85$ Volt, wenn d die Säuredichte zwischen 1,1 und 1,3 bedeutet. Daraus erklärt es sich, warum bei der Ladung die EMK steigt, bei der Entladung aber sinkt (Abb. 80 bis 82), selbst wenn die chemische Umwandlung noch nicht vollständig stattgefunden hat. Denn aus der Abb. 79 ersieht man, daß bei der Ladung eine Zunahme der Konzentration stattfindet, weil neue H_2SO_4-Molekeln entstehen, während Wassermolekeln verschwinden, daß hingegen bei der Entladung eine Verminderung der Konzentration stattfindet, weil H_2SO_4-Molekeln verschwinden, während Wassermolekeln neu entstehen. Würde die Entladung bis zur vollständigen chemischen Umwandlung fortgesetzt werden, so würde die EMK natürlich auf Null sinken, was aber im Interesse der Haltbarkeit der Platten nicht stattfinden darf.

Bei der Ladung muß die angelegte Spannung (Klemmenspannung) um den Betrag des Spannungsabfalles JW im Elektrolyten größer sein als die EMK. Umgekehrt ist bei der Entladung die Klemmenspannung um den Spannungsabfall kleiner als die EMK. Abb. 80 und 81[1]) zeigt die Abnahme der EMK und der Klemmenspannung mit der Zeit für zwei verschiedene Stromstärken. Abb. 82 zeigt die Zunahme der EMK und Klemmenspannung desselben Akkumulators bei der Ladungt Der senkrechte Abstand zwischen den zusammengehörigen Schaulinien isr der Spannungsabfall im Akkumulator. Abb. 83 zeigt die Abnahme de. Klemmenspannung bei verschiedenen Entladestromstärken[2]). Im Interesse der Haltbarkeit der Platten soll die Entladung nicht unter 1,95 Volt sinken. Die Abnahme der EMK bei der Entladung erfolgt anfangs sehr rasch, dann langsamer und schließlich wieder rascher. Die Zunahme der EMK bei Ladung erfolgt anfangs rasch, dann langsamer; schließlich steigt sie plötzlich auf 2,4 bis 2,45 und bleibt auf diesem Wert, selbst wenn die Ladung noch so lange fortgesetzt wird. Das ganze Bleisulfat ist umgewandelt und daher findet jetzt nur eine Zersetzung der Schwefelsäure unter Abscheidung von 2 H und O (Knallgas) nach dem in Abb. 69 dargestellten Vorgang statt. Wichtig ist, daß die Ladung bis zur Umwandlung des ganzen Sulfates fortgesetzt wird, da sich sonst feste Krusten in kristallinischer statt

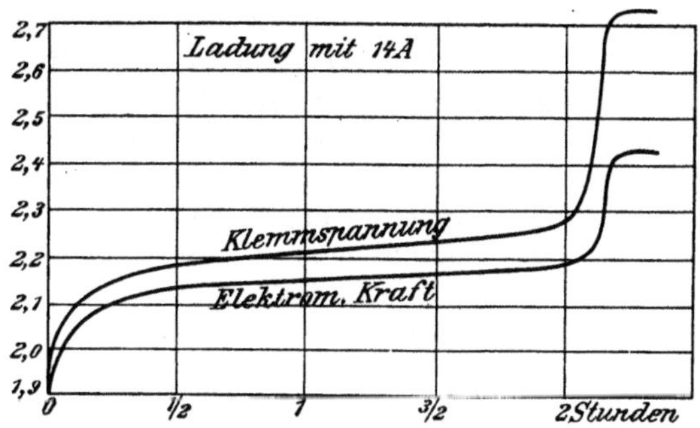

Abb. 82.

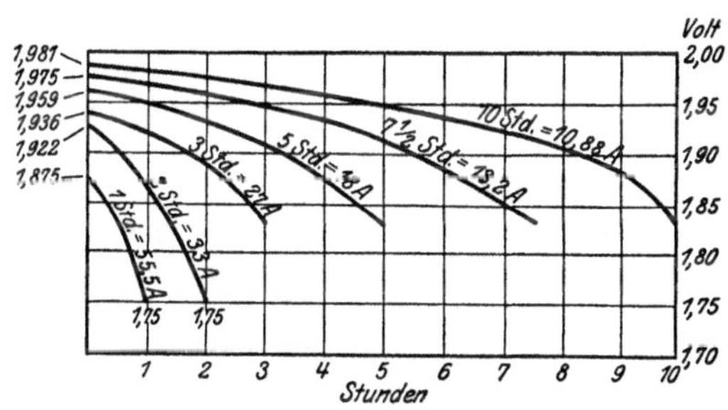

Abb. 83.

---

[1]) Abb. 80 bis 82 nach einem Prospekt der Kölner Akkumulatorenwerke Gottfried Hagen.

[2]) Nach Büttner, aus dem Hilfsbuch f. d. Elektrotechnik.

schwammiger Form daraus bilden (Sulfatation), die sich nur schwer umwandeln.

Mißt man die EMK gleich nach einer Unterbrechung der Entladung und eine Weile später, so bemerkt man eine kleine Zunahme; man sagt, der Akkumulator erholt sich. Der Grund liegt in einer während der Entladung aufgetretenen Konzentrationspolarisation (§ 70). Denn wie aus Abb. 79 zu ersehen ist, findet die Umwandlung der Schwefelsäure in Wasser, also die Abnahme der Konzentration hauptsächlich an der positiven Platte statt. Infolgedessen tritt während der Entladung eine Gegen-EMK auf. Nach Unterbrechung der Entladung findet aber durch Diffusion und durch Konzentrationsströme (§ 70) im Inneren der Zelle ein Ausgleich der verschiedenen Konzentration statt und dadurch verschwindet diese Gegen-EMK. Die wirkliche EMK eines Akkumulators kann man also erst messen, nachdem er eine Weile stromlos war. Diese Gegen-EMK ist auch die Ursache, daß die gesamte (resultierende) EMK der Zelle nach einer gewissen Stromentnahme sehr rasch zu sinken beginnt (Abb. 80, 81), und zwar lange bevor das ganze Blei und Bleisuperoxyd in Bleisulfat umgewandelt ist.

Die in § 69 besprochenen Lokalströme kommen auch im Akkumulator vor. Infolgedessen findet eine langsame Entladung (Selbstentladung) statt. Die Folge davon ist, daß eine Batterie, die lange Zeit unbenutzt blieb, wieder aufgeladen werden muß, denn eine vollständige Entladung beeinträchtigt die Haltbarkeit der Platten.

Die Aufnahmefähigkeit eines Akkumulators ist bestimmt durch jene elektrische Arbeit, die er bei der Entladung abgeben kann. Der Wirkungsgrad ist gleich dem Verhältnis der abgegebenen zur aufgenommenen Arbeit. Er liegt zwischen 75% und 85%. Für praktische Anwendung kann man aber nur mit 70 bis 75% rechnen. Die Fabrikanten der Akkumulatoren pflegen Aufnahmsfähigkeit und Wirkungsgrad in Amperestunden anzugeben. Dieser Wirkungsgrad ist viel höher als der richtige, auf die Arbeit bezogene, weil die Klemmenspannung bei der Entladung kleiner ist als bei der Ladung, was bei den Angaben in Amperestunden außer Betracht bleibt. Der größte Teil des Verlustes besteht in der dem inneren Widerstande entsprechenden Stromwärme, der kleinere aus chemischen Verlusten (Verlust an aktiver Masse, Knallgasbildung durch Wasserzersetzung).

Eisen-Nickel-Akkumulator. Nebst dem sauren Blei-Akkumulator gibt es noch den von Jungner angegebenen und von Edison etwas abgeänderten alkalischen Eisen-Nickel-Akkumulator. Die negative Elektrode enthält feinverteiltes Eisen, die positive Nickeloxydhydrat: $Ni_2(OH)_6$. Die Flüssigkeit besteht aus 24% Kalilauge. Der chemische Vorgang bei der Ladung ist:

$$Ni_2(OH)_6 + Fe = 2\,Ni(OH)_2 + Fe(OH)_2.$$

Bei der Entladung findet derselbe Vorgang rückwärts statt. Die Klemmenspannung steigt bei der Ladung bis auf 1,8 Volt. Bei der Entladung beginnt sie mit 1,4 und sinkt bis 1 Volt. Unter diese Spannung soll die Entladung nicht fortgesetzt werden. Der innere Widerstand ist unter gleichen Verhältnissen größer, mithin der Wirkungsgrad kleiner als beim Blei-Akkumulator. Praktische Wichtigkeit hat dieser Akkumulator bisher nicht erlangt[1]).

75. Elektrische Kataphorese (Mitführung).

Wird in eine U-förmig gebogene Kapillarröhre Wasser gebracht, und werden von beiden Enden Platindrähte als Elektroden eingetaucht, so findet bei Anlegung einer hohen Spannung eine Verschiebung des Wassers in der Richtung des Stromes statt, so daß das Niveau an der negativen Elektrode höher steht, als an der positiven. Teilt man ein Gefäß (Abb. 84) durch eine poröse Wand in 2 Abteilungen und schickt Strom hindurch, so wird das Wasser durch die poröse Wand von der positiven Abteilung nach der negativen überführt. Daher wird diese Erscheinung auch als Elektrosmose bezeichnet. Die Menge des überführten Wassers ist der Stromstärke ungefähr proportional. Auch andere Flüssigkeiten, wie Alkohol, Kupfervitriol, werden in gleicher Weise überführt; verdünnte Schwefelsäure nicht; einige Flüssigkeiten werden auch in entgegengesetzter Richtung überführt. Treibt man umgekehrt eine solche Flüssigkeit durch eine poröse Wand, so entsteht ein Strom, den man als Strömungsstrom bezeichnet. Der Grund der Erscheinung liegt in der Reibung der Flüssigkeit an der Wand. Da die berührte Wandfläche bei einer porösen Wand am größten ist, ist hier die Wirkung am stärksten. Die elektrische Mitführung ist nichts anderes, als die Umkehrung dieser Erscheinung. Die elektrische Mitführung hat eine gewisse technische Bedeutung zur Austrocknung von Stoffen, wie z. B. Torf, da die Wirkung um etwa 50% stärker ist, als wenn die gleiche Arbeit in Form von Wärme zur Austrocknung benützt wird; ferner zur Wasserentziehung aus Emulsionen (Milch, Blut).

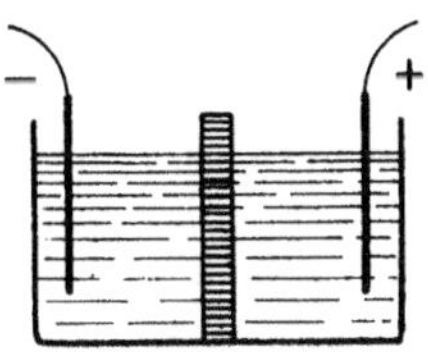

Abb. 84.

Befinden sich in der Flüssigkeit feste Stoffe in fein verteilter, suspendierter oder kolloidaler Form, so wandern diese in entgegengesetzter Richtung wie die Flüssigkeit und setzen sich an der Elektrode ab. Das wird zum Reinigen von Wasser, zur Gewinnung reinen Tons[2]) u. dgl. benützt.

---

[1]) Näheres bei: Kammerhoff, „Der Edison-Akkumulator", Berlin 1910. Strasser, ETZ 1916 S. 326. Foerster, „Elektrochemie wässeriger Lösungen", Leipzig 1915.

[2]) ETZ 1921 S. 42.

Fünftes Kapitel.

Magnetische Wirkungen des Stromes.

76. Ampèresche Regel. Das magnetische und elektrische Feld des Stromes.

Ein zu einer Magnetnadel paralleler Strom lenkt diese ab, indem er sie senkrecht zum Stromleiter zu stellen sucht. Die Ampèresche Regel bestimmt die Richtung der Ablenkung: sie lautet in etwas abgeänderter Form: Man lege die rechte Hand so an den Stromleiter, daß die Fingerspitzen in der Richtung des Stromes zeigen, und die innere Handfläche dem Magnete zugekehrt ist; dann wird der Nordpol des Magnetes in der Richtung des weggespreizten Daumens (also nach links) abgelenkt. Oder: Wenn ein Bohrer so gehalten wird, daß seine vordringende Spitze in die Richtung des Stromes zeigt, so wird ein Nordpol im Sinne der Drehrichtung des Bohrers bewegt. Noch einfacher: Ein Strom in der Richtung des ausgestreckten Daumens der rechten Hand erzeugt um sich ein Feld in der Richtung der gekrümmten Finger.

Aus der Ablenkung eines Magnetes durch den Strom folgt, daß dieser ein magnetisches Feld besitzt; man kann es wie in § 4 sichtbar machen, wenn man Eisenfeilspäne auf ein steifes Papier streut und den Stromleiter senkrecht durchsteckt (Abb. 85). Die magnetischen Kraftlinien sind konzentrische Kreise, deren Ebenen senkrecht zum Stromleiter sind. In räumlicher Darstellung umgeben sie natürlich den Leiter auf seiner ganzen Länge (Abb. 86). In diesen Figuren sind nur die innersten Kraftlinien sichtbar; in Wirklichkeit aber erstrecken sie sich, immer weniger werdend, bis ins Unendliche, wo ihre Dichte Null ist. Die Pfeilrichtung der Kraftlinien ist die Drehrichtung des erwähnten Bohrers.

Da die Niveauflächen nach § 14 an jeder Stelle senkrecht zu den Kraftlinien stehen, so folgt aus den Fig. 85 und 86, daß die magnetischen Niveauflächen eines geradlinigen Stromes ebene Flächen sind, die in der Richtung der Radien der Kraftlinien verlaufen.

Daß die magnetischen Kraftlinien Kreise sind, gilt natürlich nur für kreisrunde Leiter, und wenn keine anderen Felder in der Nähe sind. Andernfalls entsteht ein resultierendes Feld, dessen Kraftlinien verschieden gestaltete, aber immer geschlossene Kurven sind, wie die Abbildungen 178 bis 182 für mehrere Stromleiter zeigen, im Gegensatz zu den elektrischen Kraftlinien, die niemals geschlossene Kurven sind, sondern auf einer positiven Ladung den Anfang und auf einer negativen das Ende haben.

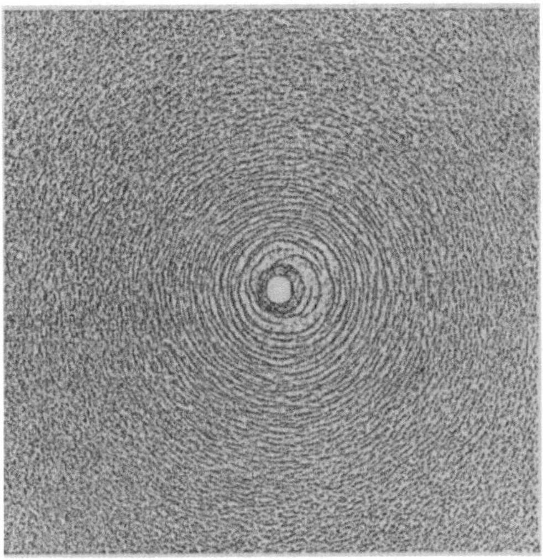

Abb. 85. Magnetisches Feld eines Stromes in einer zum Stromleiter senkrechten Ebene.

Auch im Innern des Stromleiters gibt es magnetische Kraftlinien, die sich der Querschnittform des Leiters anpassen. Ihre Dichte ist um so kleiner, je näher man der elektrischen Achse des Leiters kommt. In dieser ist die Feldstärke Null. Man erkennt dies, wenn man den Leiter in Stromfäden zerlegt. Jeder hat ein komponentales Feld wie Abb. 85. Verfolgt man den Kraftlinienverlauf zweier gegenüberliegender Stromfäden, so sieht man, daß in der Mitte gleich starke aber entgegengesetzte Kräfte zusammentreffen und sich daher gegenseitig aufheben (vgl. Abb. 178 mit den resultierenden Kraftlinien zweier Ströme von gleicher Richtung. Die Mitte ist frei von Kraftlinien). Als resultierendes Feld aller Stromfäden ergeben sich sowohl außerhalb wie innerhalb des Leiters geschlossene Kraftlinien, die sich der Oberfläche anschmiegen und hier am dichtesten sind. Je weiter man von der Oberfläche weggeht, desto geringer wird ihre Dichte, und desto mehr nähern sie sich der Kreisform. Daß es eine Linie im Innern des Leiters gibt, wo die Feldstärke Null ist, folgt auch daraus, daß sich die Niveauflächen im Innern des Leiters schneiden, wenn man sie ins Innere hinein verlängert. Diese Linie ist die elektrische Achse des Leiters.

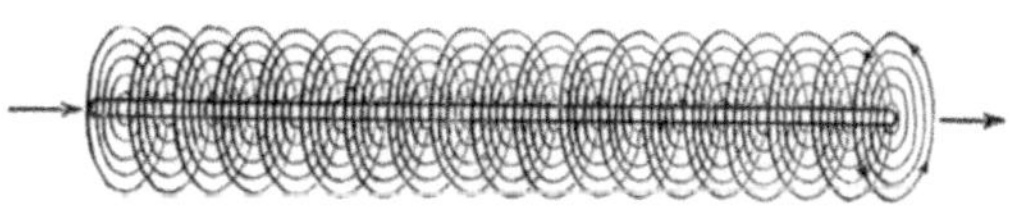

Abb. 86. Magnetisches Feld eines Stromes (perspektivisch).

Ist der Stromleiter ein Rohr, so folgt aus der gleichen Überlegung, daß die Feldstärke im ganzen Hohlraum Null ist.

Da von jeder Elektrizitätsmenge elektrische Kraftlinien ausgehen, so müssen solche auch von jedem stromführenden Leiter ausgehen. Ihr Ende finden sie entweder auf einem Stromleiter von entgegengesetzter

Polarität oder einem anderen leitenden Körper (wozu auch die Erde gehört), auf dem sie eine entgegengesetzte Elektrizitätsmenge induzieren. Sind keine anderen, störenden Felder vorhanden, so verlaufen sie radial; und immer sind sie senkrecht zu den magnetischen Kraftlinien. Außer dem **magnetischen** hat also jeder stromführende Leiter auch noch ein **elektrisches** Feld. Die elektrische Kraft $\mathfrak{H}_e$ dieses Feldes ist gemäß § 11 gleich dem Potentialgefälle. Zwischen zwei parallelen schienenförmigen Leitern von entgegengesetzter Polarität besteht ein homogenes elektrisches Feld, dessen $\mathfrak{H}_e$ nach § 14 gleich der Potentialdifferenz, dividiert durch den Abstand ist. Daher ist die elektrische Kraft bei einem Strome von niedriger Spannung sehr klein; so klein, daß man das elektrische Feld eines solchen Stromes neben seinem magnetischen gar nicht beachtet. Auch die elektrische Kraftliniendichte $\mathfrak{B}_e = \vartheta \, \mathfrak{H}_e$ ist klein, weil es keinen Stoff gibt, dessen Dielektrizitätskonstante größer als 10 ist. Anders ist es bei Strömen von hoher Spannung, wo das elektrische Feld so stark sein kann, daß es die Isolation zerstört. (§ 252). Über das magnetische und elektrische Feld zwischen zwei Stromleitern vgl. § 117. Im folgenden betrachten wir nur die magnetische Kraft **eines** Stromleiters.

77. Elektromagnetische Bewegungsvorrichtungen.

Nach der in § 3 gegebenen Definition der magnetischen Kraftlinien müßte ein magnetischer Nordpol einen Stromleiter in der durch die Amperesche Regel bestimmten Richtung umkreisen. Da aber ein einzelner

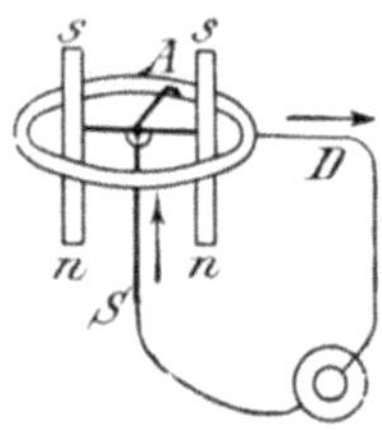

Abb. 87. Drehung eines Magnetes um einen Strom.

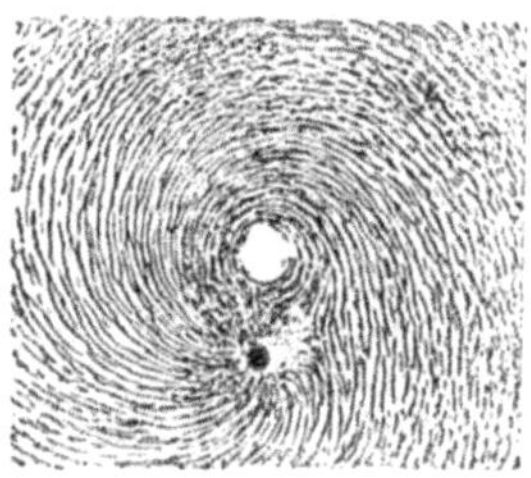

Abb. 88. Magnetisches Feld eines Stromes und eines Magnetpoles.

Pol unmöglich ist, und der Südpol gleichzeitig die entgegengesetzte Richtung einschlagen will, so ist keine fortschreitende Bewegung, sondern nur eine Drehung des Magnetes möglich mit dem Bestreben, sich senkrecht zum Strome zu stellen. Eine dauernde Drehung läßt sich nur dann erreichen, wenn der eine Pol der Einwirkung des Stromes entzogen wird, wie es z. B. bei dem in Abb. 87 abgebildeten Apparate der Fall ist. Zwei festverbundene Stabmagnete *ns* schweben mittels einer Spitze auf einem Quecksilbernäpfchen, das von der Stütze *S* getragen wird. Von der Mitte des

Verbindungsstückes reicht ein Metallarm *A* in eine Quecksilberrinne. Der Strom geht durch die Stütze *S* und durch *A* in die Quecksilberrinne und von da durch den Draht *D* zurück. Die beiden Nordpole befinden sich also im Felde des durch *S* fließenden Stromes und werden daher von diesem im Sinne der Ampereschen Regel um *S* gedreht[1]).

Abb. 88 zeigt das resultierende magnetische Feld eines Stromes und eines Magnetpoles (Ende einer magnetisierten Stricknadel). Man erkennt auch hieraus, daß der Pol den Strom zu umkreisen sucht. Bemerkenswert ist dabei, daß es zwar in nächster Nähe des Stromleiters und in größerem Abstande davon geschlossene Kraftlinien gibt, daß hingegen die dazwischen liegenden durch den Einfluß des Poles aufgelöst sind und sich mit dessen Kraftlinien zu resultierenden vereinigt haben, welche vom Nordpol ausgehen und auf dem Südpol der Stricknadel endigen, was natürlich in einer Ebene nicht sichtbar gemacht werden kann.

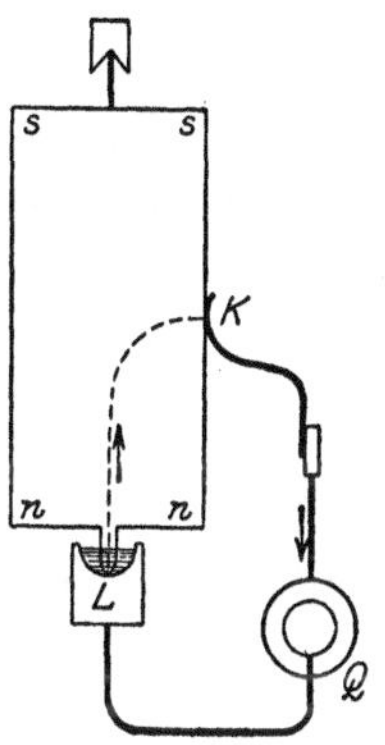

Abb. 89. Drehung eines zylindrischen Magnetes um seine Achse.

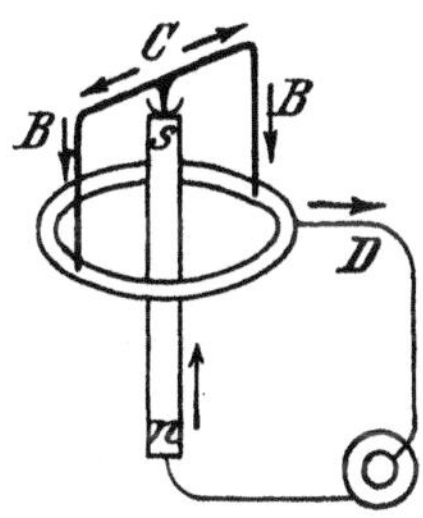

Abb. 90. Drehung eines Stromleiters um einen Magnet.

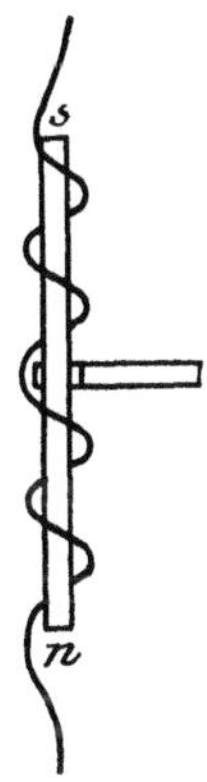

Abb. 91. Selbsttätige Aufwicklung eines Stromleiters auf einen Magnet.

Man kann bei dem in Abb. 87 dargestellten Motor natürlich auch mehr als zwei Magnete anwenden. Denkt man sich viele zu einem zylindrischen Magnet mit den Polen *nn*, *ss* vereinigt (Abb. 89), so dreht sich dieser um seine Achse, wenn ein Strom über den in einem Quecksilbernäpfchen *L* stehenden Lagerzapfen und den Schleifkontakt *K* durch den Magnet geleitet wird, weil sich die Pole *nn* neben diesem Stromweg befinden. Über die Umkehrung dieser Vorrichtung zur Stromerzeugung (unipolare Induktion) vgl. § 127.

Steht umgekehrt ein Magnet fest, während der Stromleiter beweglich ist, so wird letzterer natürlich in entgegengesetzter Richtung ab-

[1]) Das entgegengesetzte Drehmoment der Südpole *s* ist wegen ihres größeren Abstandes von *S* nur schwach. Zur vollständigen Ermittlung des Drehmomentes müssen aber die Wirkungen aller 4 Pole auf alle Teile des geschlossenen Stromkreises berücksichtigt werden.

gelenkt. Eine solche Vorrichtung zeigt Abb. 90. Ein Draht *BCB* schwebt mittels einer Spitze auf einem Quecksilbernäpfchen, das von dem Magnete *ns* getragen wird. Die Enden reichen in eine Quecksilberrinne, die an die Stromquelle angeschlossen ist. Bei Stromdurchgang werden die beiden senkrechten Leiterstücke entgegen der durch die Amperesche Regel bestimmten Richtung um den festen Magnetpol *s* gedreht. Ein noch schöneres Beispiel ist der rotierende Lichtbogen (Abb. 450) und der auf einen Stabmagnet sich aufwickelnde Leiter (Abb. 91). Läßt man nämlich neben einem Stabmagnet *ns* ein sehr dünnes Kupferband (oder Kupferlitze) herabhängen und schickt plötzlich einen Strom hindurch, so wird es vom Nordpol in dem einen, vom Südpol im andern Sinne abgelenkt und wickelt sich daher spiralförmig um den Magnetstab.

78. Die Kraft zwischen einem Stromelement und einem Magnetpol.

Nach einem von Laplace aufgestellten Elementargesetz besteht zwischen einem kurzen Stück dl eines Stromleiters mit der Stromstärke i und einem Magnetpol m eine Kraft dF (mit Beziehung auf Abb. 92):

$$dF = \frac{i \cdot m \cdot dl \cdot \sin\alpha}{r^2} \quad \ldots \ldots \quad (41)$$

Führt man für $\frac{m}{r^2}$ die Feldstärke des Poles m ein, die wir jetzt zum Unterschied von der Feldstärke des Stromes mit $\mathfrak{H}_m$ bezeichnen, so ist

$$dF = \mathfrak{H}_m \cdot i \cdot dl \cdot \sin\alpha \quad \ldots \ldots \quad (42)$$

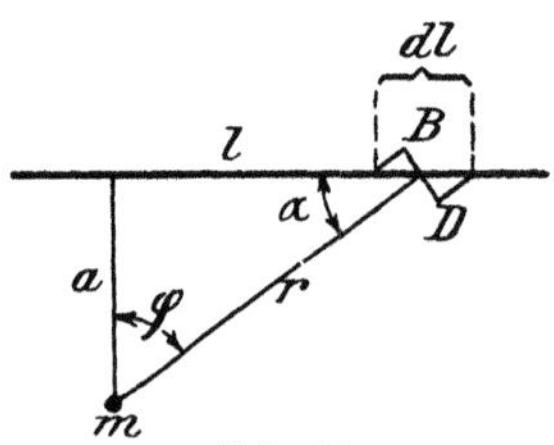

Abb. 92.

Die Richtung dieser Kraft ist (abweichend von der zwischen zwei elektrischen oder zwischen zwei magnetischen Massen wirkenden Kraft) nicht die Verbindungslinie zwischen m und dl, sondern die Senkrechte zu der durch m und dl gelegten Ebene und wird durch die Amperesche Regel bestimmt.

Ist $\alpha = 0$, so ist auch $dF = 0$; d. h. zwischen einem in der Verlängerung des Stromleiterstückes dl liegenden Pol und diesem besteht keine Kraft.

Zerlegt man das Stromelement dl in zwei Komponenten, eine senkrecht zu r und eine in der Richtung von r (Abb. 92), so ist $dl \cdot \sin\alpha = BD$ und daher $dF = \mathfrak{H}_m \cdot i \cdot \overline{BD}$, d. h. die Kraft geht nur von der auf r renkrechten Komponente des Leiterstückes aus[1]).

[1]) Laplace hat obige Formel aus der von Biot und Savart experimentell festgestellten Kraft zwischen einem langen geradlinigen Stromleiter und einem

79. Die Kraft zwischen einem unendlich langen Strom und einem Magnetpol.

Aus dem vorstehenden Grundgesetz erhält man die Kraft F zwischen einem unendlich langen geradlinigen Strom von der Stärke i und einem Magnetpol m, wenn man die Wirkungen der unendlich vielen Elemente dl summiert. Dies geschieht durch Integration von $-\infty$ bis $+\infty$.

$$F = \int dF = \int_{-\infty}^{+\infty} \frac{im \sin\alpha}{r^2}\, dl.$$

Der leichteren Integration wegen wollen wir α durch φ und r durch a (d. i. der senkrechte Abstand der Masse m vom Stromleiter ausdrücken.

Es ist nämlich (Abb. 92)

$$\alpha = 90 - \varphi \qquad \text{also} \qquad \sin\alpha = \cos\varphi,$$

$$r = \frac{a}{\cos\varphi}$$

$$l = a \operatorname{tg}\varphi \qquad \text{also} \qquad dl = \frac{a}{\cos\varphi^2}\, d\varphi.$$

Dann ist
$$F = \frac{im}{a} \int_{-\frac{\pi}{2}}^{+\frac{\pi}{2}} \cos\varphi \cdot d\varphi.$$

Die Grenzen des Integrals sind jetzt $\frac{\pi}{2}$, weil der Winkel φ veränderlich ist; und dieser ist für den einen Grenzfall, wo dl rechts im Unendlichen liegt, $+90^0$, für den anderen, wo dl links im Unendlichen liegt, -90^0. Führt man die Integration aus, so ist

---

Magnetpol m (die im folgenden § 79 berechnet ist) abgeleitet. Die Formel 41 wird daher auch als Biot-Savartsches Gesetz bezeichnet, Über die Bedeutung dieses Gesetzes herrscht vielfach Unklarheit. Man wirft ihm vor, daß man beliebige konstante Glieder zu ihm hinzuaddieren könne, ohne daß sich bei der Integration über einen geschlossenen Stromkreis etwas ändert, weil eben jedes konstante Glied bei der Integration über einen geschlossenen Weg verschwindet. Dazu ist zu bemerken, daß das B.-S.-Gesetz kein Naturgesetz sein soll, wie z. B. das Coulombsche Gesetz. Eine solche Auffassung hätte schon deswegen keinen Sinn, weil in einzelnen, abgetrennten Leiterstücken kein Strom möglich ist. Das B.-S.-Gesetz ist nichts anderes, als eine zum Zwecke der Ausrechnung der magnetischen Kräfte eines geschlossenen Stromes aufgestellte mathematische Hilfsformel, deren Berechtigung ganz einfach darin liegt, daß sie in jedem Falle eines wirklichen Stromes zum richtigen Ergebnis führt. Zu diesem Zwecke denkt man sich den Stromleiter in Längenelemente dl zerlegt, auf die sich das B.-S.-Gesetz nun bezieht.

$$F = \frac{i\,m}{a} \left| \sin\varphi \right|_{-\frac{\pi}{2}}^{+\frac{\pi}{2}} = \frac{i\,m}{a}(1+1) = \frac{2\,i\,m}{a} \quad . \; . \; . \quad (43)$$

Dies gilt angenähert auch für ein endliches, geradliniges Leiterstück, wenn der Abstand a klein ist gegenüber der Länge des Leiterstückes.

Aus der letzten Gleichung erhält man die Arbeit, die vom Strom geleistet wird, wenn sich ein einzelner Pol einmal um den Stromleiter herumbewegt, indem man die Kraft mit dem Weg multipliziert. Da dieser Weg ein Kreis vom Radius a ist, so ist die Arbeit

$$A = F\,2\,\pi\,a = 4\,\pi\,i\,m,$$

und das Potential (potentieller Arbeitswert) an einer Stelle mit der magnetischen Masse 1 ist $U = 4\,\pi\,i$.

Über die Kraft zwischen zwei Stromleitern s. § 118.

80. Magnetische Feldstärke eines Stromes in seiner nächsten Umgebung.

Nach § 3 ist die magnetische Feldstärke nichts anderes als die auf eine magnetische Masseneinheit in der Richtung der Kraftlinien wirkende Kraft. Wir finden daher die magnetische Feldstärke des Stromelementes $d\,l$ aus Gl. 41, wenn wir eine Masseneinheit in einem Punkte O (Abb. 93) annehmen, der in senkrechter Entfernung a von $d\,l$ liegt. Durch diesen Punkt geht die von dem Stromelement $d\,l$ herrührende kreisförmige Kraftlinie, deren Radius a ist. Da jetzt $\alpha = 90^0$ ist, so folgt aus Gl. 41 für die Feldstärke $\mathfrak{h}_i$ des Stromelementes $d\,l$

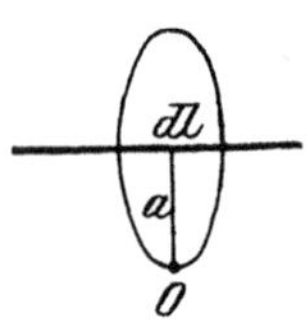

Abb. 93.

$$\mathfrak{h}_i = \frac{i \cdot d\,l}{a^2},$$

und für die Feldstärke $\mathfrak{H}_i$ eines im Vergleiche zu a langen Leiters aus Gl. 43

$$\mathfrak{H}_i = \frac{2\,i}{a},$$

und für die Kraft F zwischen diesem Leiter und einem Magnetpol m

$$F = m\,\mathfrak{H}_i\,.$$

Diese Formel ist gleichlautend mit der Gl. 4 (§ 3) für die Kraft, die auf einen Pol m in einem magnetischen Felde $\mathfrak{H}$ ausgeübt wird. Das war auch nicht anders zu erwarten, denn für den Pol m ist es gleichgültig, ob das magnetische Feld, in dem er sich befindet, von einem Strom oder von einem anderen magnetischen Pol herrührt.

Es ist zu beachten, daß in den Formeln für die Feldstärke und die Kraft eines Leiterstückes die Länge desselben nicht vorkommt. Sie gelten eben strenge genommen nur für solche Punkte, deren Abstand a vom Stromleiter gegen die Länge des Leiterstückes verschwindend klein ist. Für Punkte größeren Abstandes gelten diese Formeln nur näherungsweise.

Beispiel: Um die Feldstärke $\mathfrak{H}_i$ in absoluten elektromagnetischen Einheiten, d. h. in Kraftlinien pro cm² zu erhalten, müssen alle Größen, also auch die Stromstärke i in absoluten Einheiten ausgedrückt werden. Da 1 Ampere = 0,1 absol. Einh. (§ 299) ist, so ist die Feldstärke eines Stromes von 1 Ampere in 0,5 cm Abstand von der Achse des Leitungsdrahtes

$$\mathfrak{H}_l = \frac{2 \cdot 0{,}1}{0{,}5} = 0{,}4 .$$

Befindet sich an dieser Stelle ein Magnetpol $m = 1000$, so ist die Kraft die ihn um den Leiter herumzutreiben sucht,

$$F = m\mathfrak{H}_l = 1000 \cdot 0{,}4 = 400 \text{ Dyn} = \frac{400}{980} \text{ Grammgewicht} = 0{,}4 \text{ Grammgewicht.}$$

81. Magnetische Feldstärke einer geschlossenen Stromfigur.

Abb. 94 zeigt das räumliche magnetische Feld eines zu einer geschlossenen Figur gebogenen Stromes (Stromfläche) andeutungsweise. Es ergibt sich ohne weiteres aus Abb. 86, wenn man sich den dort bezeichneten Stromleiter zusammengebogen denkt. In der Horizontalebene ist es ausführlicher gezeichnet und man erkennt daraus, daß es in der Mitte nahezu homogen ist, weil auf ein kurzes Stück die Kraftlinien parallel sind. Bringt man in diese Ebene ein mit Eisenfeilspänen bestreutes Kartonpapier, so erhält man das in Abb. 179 abgebildete Kraftlinienbild zweier Ströme von entgegengesetzter Richtung. Man erkennt ferner, daß das Feld einer geschlossenen Stromfigur identisch ist mit dem einer gleich großen magnetischen Platte oder Schale, d. h. mit einer Eisenplatte, die auf der einen Seite mit positivem, auf der anderen mit negativem Magnetismus gleichmäßig belegt ist; denn die Kraftlinien der Stromfläche gehen ebenfalls von einer Seitenfläche aus und kehren im Bogen zur anderen zurück. Die Bedingungen, unter denen eine Stromfläche durch eine magnetische Platte auch quantitativ ersetzt werden kann, werden wir später (§ 86) kennen lernen. Welche Seite positiv und welche negativ magnetisch zu denken ist, lehrt die Amperesche Regel, wenn man die Hand so an den Stromleiter legt, daß die innere Handfläche dem Mittelpunkt der Stromfläche zugekehrt ist. Auf der Daumenseite befindet sich die positive Seite der Stromfläche. Steht sie dem Südpol eines Magnetes gegenüber, so wird die Stromfigur von ihm angezogen, steht sie einem Nordpol gegenüber, so wird sie abgestoßen.

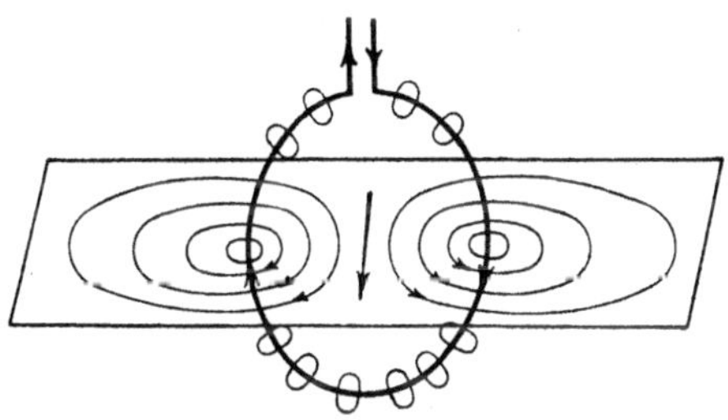

Abb. 94.

Da parallel oder nahezu parallel verlaufende Kraftlinien sich gegenseitig abstoßen (§ 4), so folgt aus Abb. 94, daß auf einem vom Strom durchflossenen Leiter, der eine geschlossene Figur oder einen Bogen bildet, eine Kraft ausgeübt wird, welche die Figur oder den Bogen zu erweitern strebt.

Ist die Stromfigur ein Kreis, so ist die auf einen im Mittelpunkt befindlichen Magnetpol m ausgeübte Kraft und die Feldstärke im Mittelpunkt leicht zu berechnen. Man hat die Summe aller dF zu bilden, die von allen Stromelementen dl, aus denen der Kreis besteht, ausgeübt werden. Da in diesem Falle für alle Teile des Stromes $\alpha = 90$, also $\sin\alpha = 1$ und r gleich dem Radius des Kreises ist, also keine veränderliche Größe vorkommt, so ist die Summe aller dl gleich dem Umfange des Kreises $2\pi r$ und wir haben

$$F = \Sigma\, dF = \sum \frac{i m\, dl}{r^2} = \frac{i m\, 2\pi}{r}.$$

Daraus folgt für die Feldstärke in der Mitte des Kreises

$$\mathfrak{H} = \frac{2\pi i}{r}.$$

Dieser Ausdruck gilt streng genommen nur für den Mittelpunkt; angenähert aber auch für einen gewissen Raum um den Mittelpunkt, und zwar um so mehr, je größer der Radius des Kreises ist.

Besteht der Kreis statt aus einer aus N Windungen, und liegen diese so nahe beisammen, daß die Dicke und Breite des so gebildeten Ringes klein ist gegenüber dem mittleren Radius, so ist

$$F = \frac{2\pi i m N}{r} \quad \text{und} \quad \mathfrak{H} = \frac{2\pi i N}{r}.$$

Über die Feldstärke seitwärts vom Mittelpunkt s. S. 128.

Beispiel: Die Feldstärke eines Kreisstromes vom Radius 1,5 cm, der eine Stromstärke von 1 Ampere führt, ist demnach im Mittelpunkt

$$\mathfrak{H} = \frac{2 \cdot 3{,}14 \cdot 0{,}1}{1{,}5} = 0{,}42 \text{ absol. elektromagn. Einh.},$$

also ungefähr ebenso groß wie nach dem Beispiel im vorigen Paragraphen bei einem geraden Stromleiter im Abstand von 0,5 cm.

Für die Feldstärke im Mittelpunkte eines Stromrechteckes mit den Seiten $2b$ und $2d$ ergibt sich

$$\mathfrak{H} = \frac{4i\sqrt{b^2 + d^2}}{bd}.$$

82. Die elektromagnetische Eigenwirkung eines Stromes.

Es ist schon im Vorhergehenden darauf hingewiesen worden, daß infolge des Bestrebens der Kraftlinien, sich gegenseitig abzustoßen, eine geschlossene Stromfigur so auf sich selbst wirkt, daß sie sich zu erweitern strebt. Macht man also einen Teil der Strombahn beweglich, indem man z. B. wie in Abb. 95 über zwei feste blanke Leiter einen

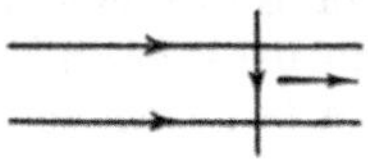

Abb. 95.

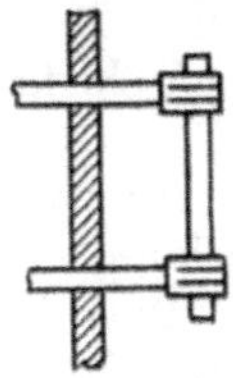

Abb. 96.

Abb. 97.

dritten legt, und schickt einen genügend starken Strom durch die so gebildete Schleife, so wird der dritte Leiter in der Richtung des Pfeiles fortgetrieben, vorausgesetzt, daß nicht an den Berührungsstellen der drei Leiter ein Zusammenschweißen durch die Stromwärme stattfindet. In elektrischen Anlagen sind Fälle beobachtet worden, wo Schmelzsicherungen von der in Abb. 96 abgebildeten Art, die nur durch die Reibung zwischen den Messerkontakten festgehalten werden, beim plötzlichen Auftreten großer Stromstärken infolge eines Kurzschlusses in Richtung des Pfeiles weggeschleudert wurden[1]). Schalter nach Art der Abb. 96 wurden bei Kurzschluß explosionsartig geöffnet oder verbogen, bevor die automatische Auslösung zur Wirkung kam.[2])

Stellt man zwei Kohlenstäbe so nahe nebeneinander, daß sich ein Lichtbogen

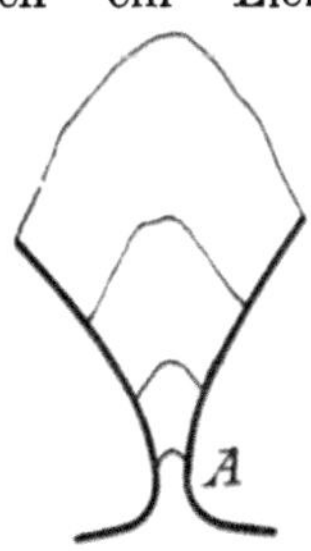

Abb. 98. Auftrieb eines Lichtbogens an Hörnern.

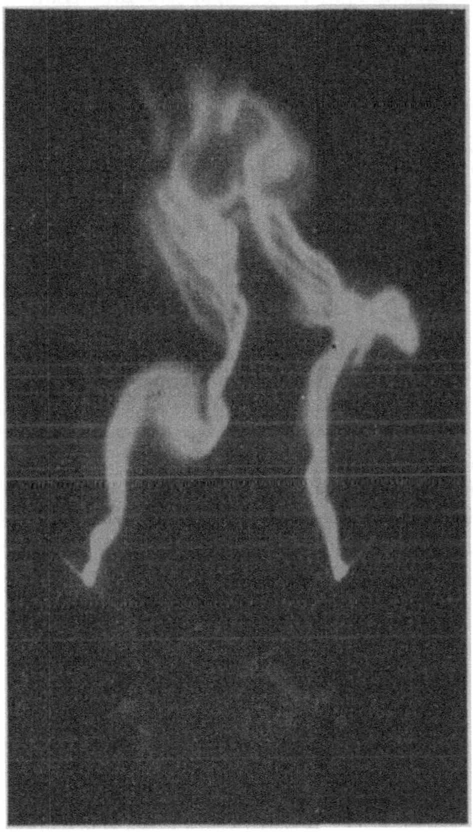

Abb. 99. Lichtbogen einer Hörnerblitzschutzvorrichtung kurz vor dem Verlöschen.

[1]) Die elektromagnetische Kraft wirkt sofort beim Eintritt des Stromes, während zum Schmelzen des Schmelzstreifens eine gewisse Zeit erforderlich ist.

[2]) ETZ 1921 S. 971 nach Versuchen von Torchio.

zwischen ihnen bilden läßt, so wandert er bei genügender Stärke des von oben zugeführten Stromes nach unten bis an die Spitzen der Kohlen (Abb. 97), trotzdem die warme Luft, die er selbst erzeugt, ihn nach oben zu treiben versucht. Davon macht man bei solchen **Bogenlampen** Anwendung, die ihr Licht hauptsächlich nach unten aussenden sollen.

Auf der Erweiterung einer vom Strom gebildeten Schleife durch elektromagnetische Eigenwirkung beruhen die **Hörnerblitzschutzvorrichtungen** (Abb. 98). Tritt an der engsten Stelle (bei A) ein Lichtbogen auf, so wird er teils durch elektromagnetische Eigenwirkung, teils durch die von ihm aus aufsteigende heiße Luft nach oben getrieben, wobei er infolge des immer größer werdenden Abstandes zwischen den Hörnern und infolge seiner bogenförmigen Ausbildung schließlich so lang wird, bis die Spannung der Stromquelle nicht mehr ausreicht, um ihn aufrechtzuerhalten, so daß er verlischt. Abb. 99 zeigt einen solchen Lichtbogen kurz vor dem Erlöschen.

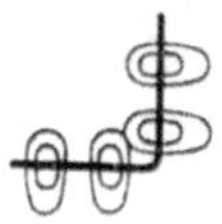
Abb. 100.

Die elektromagnetische Eigenwirkung ist auch dann schon vorhanden, wenn der Strom einen Winkel bildet (Abb. 100). Man sieht, daß die Kraftlinien auf der Innenseite des Winkels einen kleineren gegenseitigen Abstand haben, als auf der äußeren. Infolgedessen überwiegt ihre gegenseitige Abstoßung auf der Innenseite, und der Stromleiter sucht sich zu strecken, bis er geradlinig geworden ist, in welchem Zustande dann die Abstände der Kraftlinien allseits gleich sind.

83. Ein geradliniger Strom in einem homogenen magnetischen Felde.

Die Kraft F, die zwischen einem geradlinigen Leiterstück von der Länge l mit der Stromstärke i und einem homogenen magnetischen Felde $\mathfrak{H}_m$ besteht (Abb. 101), ergibt sich aus Gl. 42 durch Summierung aller dF, die auf sämtliche Stromelemente dl ausgeübt werden. Es ist also

$$F = \Sigma dF = \mathfrak{H}_m i \sin\alpha \cdot \Sigma dl = \mathfrak{H}_m i l \sin\alpha .$$

Abb. 101.

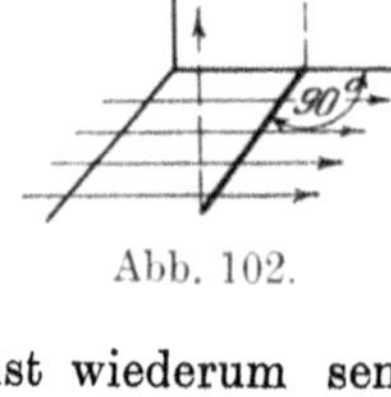

Abb. 102.

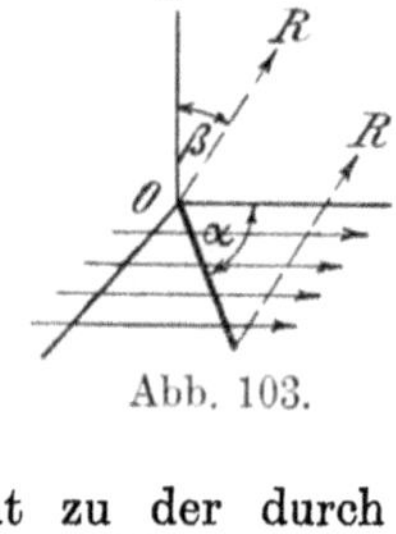

Abb. 103.

Die Richtung der Kraft ist wiederum senkrecht zu der durch den Leiter und die Kraftlinien des Feldes $\mathfrak{H}_m$ gelegten Ebene und wird durch die Amperesche Regel bestimmt, indem man die innere Handfläche jenen positiven magnetischen Massen zukehrt, von denen die

Kraftlinien des homogenen Feldes ausgehen, so daß also die Kraftlinien, wenn man sie mit Pfeilen bezeichnet, auf die innere Handfläche auftreffen. Dann würden also, wenn der Leiter feststeht, die positiven magnetischen Massen bzw. die Kraftlinien in der Richtung des Daumens bewegt werden. Steht aber das Feld fest, während der Leiter frei beweglich ist, so bewegt er sich parallel zu sich selbst in entgegengesetzter Richtung als der Daumen anzeigt.

Liegt der Leiter so, daß er die Kraftlinien senkrecht kreuzt (Abb. 102), so ist $\sin\alpha = 1$ und daher

$$F = \mathfrak{H}_m i l .$$

Es ist aber der Fall möglich, daß der Leiter durch irgendeine Führung seiner freien Beweglichkeit beraubt ist und nur den in Abb. 103 durch R bezeichneten Weg einschlagen kann, so daß also die Bewegungsrichtung mit der zu den Kraftlinien senkrechten Richtung Y den Winkel β einschließt. Dann geht obige Gleichung über in

$$F = \mathfrak{H}_m i l \sin\alpha \cos\beta , \quad . \quad . \quad . \quad . \quad . \quad . \quad . \quad . \quad (44)$$

weil bei dieser Bewegungsrichtung von der in der Richtung Y wirkenden Kraft nur jene Komponente zur Geltung kommt, die in die Richtung R fällt.

Zur Erklärung der Erscheinungen und zur Aufstellung ihrer mathematischen Gesetze haben wir bisher das Feld des Stromes und das auf ihn wirkende äußere Feld auseinander gehalten, als ob jedes für sich allein bestände, ebenso wie man in der Mechanik jede Kraft für sich betrachtet, auch wenn mehrere auf denselben Körper einwirken und eine Resultierende bilden. In Wirklichkeit setzen sich beide Felder (nach § 7) zu einem Resultierenden zusammen. Abb. 104 zeigt das resultierende Feld in einer zum Stromleiter senkrechten Ebene. Da die Kraftlinien nach § 4 wie elastische Fäden wirken, die sich zu verkürzen streben, so folgt auch aus der Betrachtung dieses Bildes, daß sich der Leiter in der Richtung des Pfeiles, also senkrecht zu den Kraftlinien des ursprünglichen homogenen Feldes bewegen muß[1].

Abb. 104.

84. Eine geschlossene Stromfigur in einem homogenen magnetischen Felde.

Befindet sich ein zu einer geschlossenen Figur gebogener Stromleiter, z. B. ein Rechteck in einem homogenen magnetischen Felde — ein Fall, der in der Elektrotechnik häufig vorkommt —, so ist die Kraft verschieden je nach der Stellung des Rechteckes.

[1]) Es sei besonders betont, daß in Gl. 44 für $\mathfrak{H}_m$ nicht die Stärke des resultierenden Feldes, sondern die des ursprünglichen Feldes, wie es ohne den Strom besteht, einzusetzen ist.

In Abb. 105 steht das um die Y-Achse drehbare Stromrechteck parallel zu den Kraftlinien. Die in den Stromleiter eingezeichneten Pfeile geben die Stromrichtung an. Dann wird nach der im vorigen Paragraph angegebenen Regel die linke Seite des Rechteckes nach rückwärts, die rechte Seite nach vorn bewegt. Infolgedessen muß eine Drehung im Sinne der Pfeile eintreten. Auf die obere und untere Seite des Rechteckes wird bei dieser Stellung keine Kraft ausgeübt, da sie parallel zu den Kraftlinien sind.

Zu demselben Ergebnis kommt man, wenn man die durch Abb. 104 erläuterte Wirkung der resultierenden Kraftlinien darauf anwendet, wie das untere Bild der Abb. 105 zeigt, das einen Schnitt in horizontaler Richtung darstellt. Da die Kraftlinien wie elastische Fäden wirken, bewegen sie die Seiten des Rechteckes in der Richtung der Pfeile.

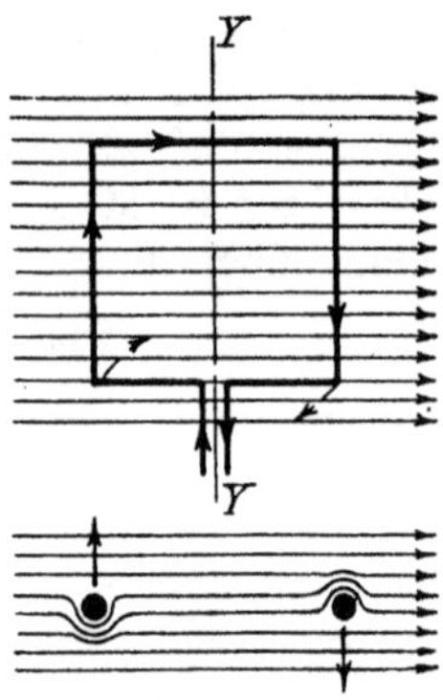

Abb. 105.

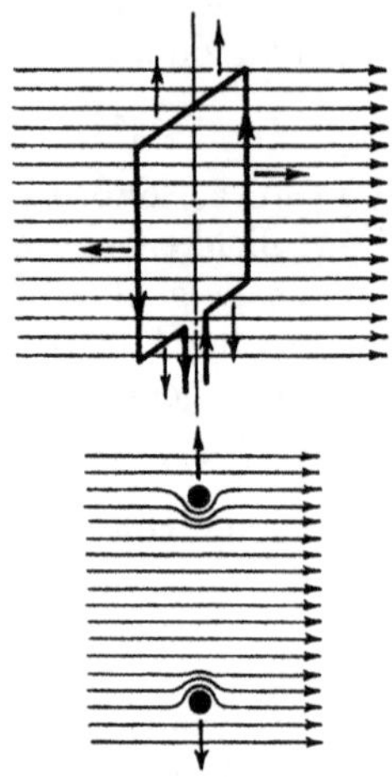

Abb. 106.

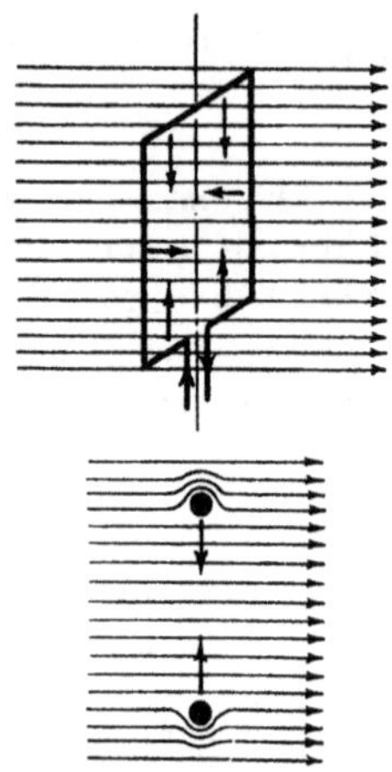

Abb. 107.

Stromrechteck im magnetischen Felde bei verschiedener Stellung.[1])

Die Kraft, die das Rechteck zu drehen sucht, ist nach Gl. 44

$$F = 2\,\mathfrak{H}_m i l \cos\beta\,,$$

wenn l eine der Seitenlängen bezeichnet. Bei der in Abb. 105 gezeichneten Stellung ist $\beta = 0$, also $\cos\beta = 1$. Während der Drehung wächst β, und daher nimmt F ab. Ist das Rechteck in die Stellung Abb. 106, also senkrecht zu den Kraftlinien gekommen, so ist $\beta = 90^0$, und daher $F = 0$. Dagegen wirkt jetzt nach der Ampereschen Regel eine Kraft auf alle 4 Seiten nach außen in der Richtung der kleinen Pfeile, und sucht das Rechteck zu vergrößern. Das untere Bild dieser Figur zeigt wiederum einen Schnitt in horizontaler Richtung, und man erkennt auch daraus den Druck nach außen.

Außerdem gibt es noch eine charakteristische Stellung, das ist die in Abb. 107 dargestellte, wo das Stromrechteck gegen Abb. 106 um 180^0 verdreht erscheint. oder was dasselbe ist, der Strom entgegen-

[1]) Die wagrechten Pfeile in Abb. 106 und 107 bedeuten keine Drehung sondern die in der Ebene des Rechteckes nach Außen bezw. nach Innen wirkende Kraft.

gesetzte Richtung hat. Das Rechteck erfährt jetzt ebenfalls keine Drehung, weil die ganze auf seine Seiten wirkende Kraft nach innen gerichtet ist. Das ergibt sich auch aus dem unteren Teil dieser Abbildung, der wieder den horizontalen Schnitt darstellt. Denkt man sich das Stromrechteck und das magnetische Feld durch entsprechende Magnete ersetzt, so erhält man Abb. 108. Auf den mittleren Magnet *ns* wirken von beiden Seiten abstoßende Kräfte, die sich gegenseitig aufheben, da gleichnamige Pole einander gegenüberstehen. Der Magnet befindet sich also im Gleichgewicht, aber nicht im stabilen, sondern im labilen, denn bei der geringsten Verschiebung in der einen oder anderen Richtung dreht er sich um 180°. Dasselbe ist bei dem Stromrechteck Abb. 107 der Fall. Bei der geringsten Abweichung aus dieser Stellung dreht es sich und kommt zunächst in die Stellung Abb. 105 und schließlich in die Stellung Abb. 106, wo das stabile Gleichgewicht erreicht ist.

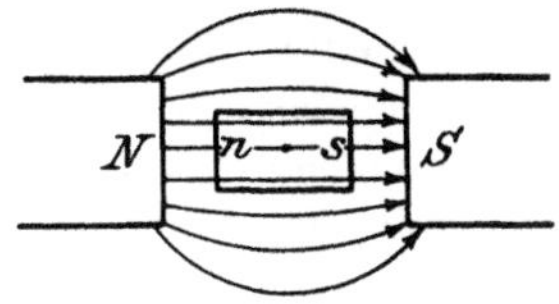

Abb. 108.

Wir gewinnen aus dem Vorstehenden den Satz, daß eine drehbare geschlossene Stromfigur in einem magnetischen Felde dann im Gleichgewicht ist, wenn sie möglichst viel Kraftlinien umschließt. Treffen die Kraftlinien auf die positive Seite der Stromfläche, so ist das Gleichgewicht ein labiles; treffen sie auf die negative Seite, so ist das Gleichgewicht ein stabiles. Eine Stromfigur sucht sich also so zu stellen, daß möglichst viel Kraftlinien auf die negative Fläche treffen, oder anders ausgedrückt, daß die Kraftlinien beider Felder gleiche Richtung haben, was sich schon in § 8 für einen drehbaren Magnet ergeben hat.

Ist r der Abstand der Seiten des Stromrechteckes von der Achse Y (Drehungsradius), so ist das Drehmoment gleich

$$rF = 2r\mathfrak{H}_m il\cos\beta.$$

Nun ist aber $2rl\cos\beta\,\mathfrak{H}_m = \mathfrak{z}$ nichts anderes als die Anzahl der Kraftlinien, welche das Stromrechteck bei der Stellung unter dem Winkel β umschließt, so daß das Drehmoment gleich $i\mathfrak{z}$ ist. Besteht das Stromrechteck aus N Windungen, so ist das Drehmoment gleich $iN\mathfrak{z}$. Das Produkt iN bezeichnet man als Amperewindungen, so daß das Drehmoment gleich dem Produkt aus den Amperewindungen und der von den Windungen umschlossenen Kraftlinienmenge ist.

Solche Stromrechtecke kommen bei Motoren, Drehspuleninstrumenten usw. vor, nur mit dem Unterschied, daß die das Feld erzeugenden Pole in der Regel so geformt sind, daß die Kraftlinien nahezu während der ganzen Drehung senkrecht zu den Seiten des Rechteckes verlaufen, wenigstens bis in die Nähe der Ränder, so daß fast während der ganzen Drehung $\beta = 0$ und $F = 2\mathfrak{H}_m il$ ist.

Es ist zu beachten, daß $\mathfrak{H}_m$ das ursprüngliche Feld, nicht das durch den Strom i veränderte bedeutet.

85. Das magnetische Gebläse.

Bringt man in die Nähe eines Lichtbogens einen Magnet derart, daß seine Kraftlinien den Lichtbogen kreuzen, so wird dieser abgelenkt. Nach § 78 erfolgt die Ablenkung in einer zu den Kraftlinien senkrechten Ebene, und zwar in dem durch die Ampèresche Regel angegebenen Sinne. Demnach wird in Abb. 109, wo die Elektroden des Lichtbogens lotrecht stehen, und die Kraftlinien senkrecht zur Zeichenebene verlaufen, der Lichtbogen nach der Seite gedrückt. Da ein entsprechender Luftstrom die gleiche Wirkung auf den Lichtbogen ausübt, so bezeichnet man die Einwirkung eines magnetischen Feldes auf einen Lichtbogen als magnetisches Gebläse. Wird die Richtung des Stromes oder die Richtung des Feldes umgekehrt, so wird der Lichtbogen nach der entgegengesetzten Seite gedrückt. Wird die Richtung des Stromes und des Feldes gleichzeitig umgekehrt, so wird der Lichtbogen immer nach derselben Seite gedrückt. Ein Wechselstromlichtbogen im Felde eines Wechselstromelektromagnetes, der in demselben Stromkreis liegt wie der Lichtbogen, wird mithin in derselben Weise abgelenkt, als wenn Gleichstrom durch diesen Stromkreis ginge[1]).

Abb. 109.

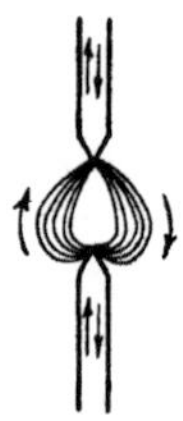

Abb. 110.

Ein Wechselstromlichtbogen wird in einem magnetischen Felde von konstant bleibender Richtung bei hingehendem Strom nach der einen, bei hergehendem Strom nach der entgegengesetzten Richtung abgelenkt. Folgen die Stromwechsel so rasch aufeinander, wie es bei den in der Elektrotechnik üblichen Wechselströmen der Fall ist, so folgen die Lichteindrücke so rasch aufeinander, daß sie in der Sinneswahrnehmung zusammenfließen, und der Lichtbogen so aussieht, als ob er in zwei Hälften zerteilt würde (Fig. 110; vgl. auch § 262, VI).

Das magnetische Gebläse wird in der Elektrotechnik häufig angewendet; so z. B. zum sofortigen Auslöschen der Lichtbögen bei automatischen Ausschaltern, Blitzschutzvorrichtungen, Funkenstrecken und dergleichen.

86. Magnetische Platte.

Aus den §§ 81 und 84 ging schon hervor, daß man die Wirkung einer Stromwindung (Stromfigur) durch die Wirkung eines Magnetes ersetzen kann. Wir wollen nun die Bedingungen, unter denen die Gleichheit der Wirkung besteht, mathematisch ausdrücken.

---

[1]) Davon ist Anwendung gemacht bei der vom Verfasser angegebenen Hörnerblitzschutzvorrichtung mit magnetischer Funkenlöschung (A. E. G.), um ein rascheres Verlöschen des Lichtbogens zu bewirken, als es nur durch die elektromagnetische Eigenwirkung und durch den Auftrieb der erwärmten Luft geschieht. ETZ 1901, S. 569.

Das Naheliegendste ist, daß man sich die Stromfigur (Abb. 94 oder 105) ersetzt denkt durch einen Magnet von demselben Querschnitt wie die Fläche der Stromfigur und sehr geringer Länge, also durch eine magnetische Platte oder Schale (Abb. 111), die aus zwei parallelen Flächen besteht, von denen die eine mit positiver, die andere mit negativer magnetischer Masse gleichmäßig belegt ist. Die auf einer Flächeneinheit sitzende Masse wird als magnetische Flächendichte σ, der Abstand der beiden Flächen mit δ, ihre Größe mit S bezeichnet. Dann ist (nach § 8) das magnetische Moment der Platte

$$\mathfrak{M} = \delta \sigma S.$$

Das Produkt $\delta\sigma$ nennt man gewöhnlich magnetische Stärke der Platte und bezeichnet es mit Φ.

Es sei U_1 das Potential der rechten (positiven) Seitenfläche der magnetischen Platte. $\frac{dU_1}{dx}$ ist die differentielle Änderung des Potentiales U_1 in senkrechter Richtung. Auf der Strecke δ ändert sich also das Potential um den Betrag $\frac{dU_1}{dx}\delta$. Daher ist das Potential U_2 der um δ entfernten negativen Seitenfläche: $-U_2 = U_1 + \frac{dU_1}{dx}\delta$.

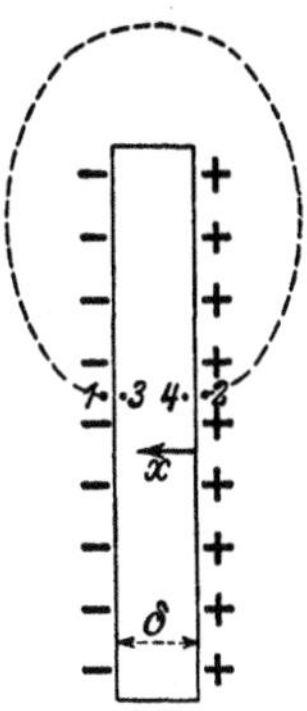

Abb. 111.

Das gesamte Potential U der ganzen Platte ist gleich der Summe der Potentiale beider Flächen; also $U = U_1 + U_2 = -\frac{dU_1}{dx}\delta$. Nun ist aber $-\frac{dU_1}{dx}$ nichts anderes als die Feldstärke (§ 14). Diese ist nach § 10 gleich $\sigma\omega$, wenn ω der räumliche Winkel (Gesichtswinkel) ist, unter dem die Platte von dem betreffenden Punkte aus gesehen erscheint. Mithin ist

$$U = \delta\sigma\omega = \Phi\omega \quad . \quad . \quad . \quad . \quad . \quad . \quad . \quad . \quad (45)$$

Befindet sich in diesem Punkte ein Magnetpol m, so ist der Arbeitswert (potentielle Energie; Gl. 8):

$$A = \Phi\omega m.$$

Bemerkenswert ist, daß es nur auf das Produkt $\sigma\delta$ und den räumlichen Gesichtswinkel ω, d. h. auf die Umrandung der Platte, aber nicht auf ihre Gestalt ankommt, so daß sie auch beliebig krumm sein kann.

Befindet sich der Pol $+m$ unmittelbar links neben der Platte (bei 1 in Abb. 111), so daß der räumliche Winkel, unter dem die Platte von da aus gesehen wird, gleich 2π ist, so ist der Arbeitswert $A_1 = -2\pi\sigma\delta m$ und das Potential $U_1 = -2\pi\sigma\delta$. Befindet sich der Pol $+m$ unmittelbar rechts neben der Platte (bei 2), so ist der Arbeitswert $A_2 = +2\pi\sigma\delta m$ und das Potential $U_2 = +2\pi\sigma\delta$. Wird

m auf dem gestrichelten Wege von 1 nach 2 gebracht, so ist die dabei geleistete Arbeit

$$A_a = A_2 - A_1 = 4\pi\sigma\delta m$$

und die Potentialdifferenz zwischen diesen 2 Punkten

$$U_2 - U_1 = 4\pi\sigma\delta.$$

Es kommt also nur auf die Endpunkte dieses Weges an; wie er zwischen diesen verläuft, ist gleichgültig.

Wäre es möglich, einenPol $+m$ in das Innere der Platte hineinzubringen, so wäre hier die Kraft nach links gerichtet, also entgegengesetzt wie außerhalb der Platte. Daher ist die Potentialdifferenz zwischen den Punkten 3 und 4, die innen unmittelbar neben den Seitenflächen liegen,

$$U_4 - U_3 = -4\pi\sigma\delta.$$

Wäre es möglich einen Pol durch die Platte hindurchzuführen, also auf geschlossenem Wege vom Punkt 1 wieder auf diesen zurückzubringen, so wäre die Potentialdifferenz und die geleistete Arbeit gleich Null[1]). Das gilt auch von jedem beliebig geformten Magnet, wenn σ die Flächendichte des freien Magnetismus an jener Stelle der Oberfläche ist, welche sich unmittelbar neben den betrachteten Punkten 1 und 2 befindet.

Wenn die magnetischen Kraftlinien wie hier und wie in den Abb. 2 bis 9 von magnetischen Massen ausgehen, so bezeichnet man diese als „Quellen" des Feldes[2]), und das Feld als Quellenfeld oder lamellares Feld oder „wirbelfreies Feld" zum Unterschiede von dem Felde eines Stromes (Abb. 85, 86), das als quellenfreies oder solenoidales oder Wirbelfeld bezeichnet wird.

Da die Potentialdifferenz $U_2 - U_1$ nichts anderes ist als das Linienintegral der Feldstärke (S. 22) zwischen der $+$ und $-$ Seite der Platte oder eines beliebigen Magnetes, so kann man auch sagen: Das Linienintegral in einem Quellenfelde ist gleich $4\pi\sigma\delta$, und zwar außerhalb des Magnetes wie auch innerhalb desselben.

Da δ der senkrechte Abstand zwischen den Seitenflächen ist (Abb. 111), und die Feldstärke oder magnetische Kraft $\mathfrak{H}$ gleich dem negativen Differentialquotienten des Potentiales ist, so ist

$$\mathfrak{H} = -\frac{dU}{d\delta} = \pm 2\pi\sigma,$$

wobei das $-$-Zeichen für die linke, das $+$-Zeichen für die rechte Seite gilt. Das stimmt mit den in § 10 erhaltenen Ergebnis überein.

---

[1]) Dieser Satz hat nur theoretische Bedeutung, da es in Wirklichkeit unmöglich ist, durch eine Platte hindurchzudringen. Würde man ein Loch durch sie bohren, so hätte man keine Platte mehr, sondern einen Ring mit anderen Eigenschaften. Dieser Satz hat nur Bedeutung als Gegenstück gegenüber dem Arbeitswert einer geschlossenen Stromfigur (§ 87).

[2]) Manchmal wird unterschieden zwischen dem positiven Magnetismus als „Quelle" und dem negativen Magnetismus als „Senke" des Feldes, weil nach der Festsetzung in § 3 die Kraftlinien von jenem ausgehen und auf diesem enden.

87. Magnetisches Potential einer geschlossenen Stromfigur.

Ampère hat gezeigt, daß ein zu einer geschlossenen Figur gebogener Stromkreis mit der Stromstärke i auf alle Punkte außerhalb des Leiters selbst eine solche magnetische Wirkung ausübt wie eine gleich große magnetische Platte mit dem magnetischen Moment

$$\mathfrak{M} = i\,S,$$

das heißt mit der magnetischen Stärke

$$\Phi = \sigma\,\delta = i \quad \dots\dots\dots \quad (46)$$

In einem Punkte, von dem aus gesehen die Stromfigur unter dem räumlichen Gesichtswinkel ω erscheint, ist also das magnetische Potential der Stromfigur zufolge Gl. 45:

$$U = \omega\,i. \quad \dots\dots\dots \quad (47)$$

Befindet sich in diesem Punkte ein Magnetpol m, so ist der Arbeitswert (potentielle Energie)

$$A = \omega\,i\,m. \quad \dots\dots\dots \quad (48)$$

Auch hier kommt es, wie bei einer magnetischen Platte, nicht auf die Gestalt, sondern nur auf die Größe der Stromfigur an. Die Dicke der Ersatzplatte ist beliebig, weil es nur darauf ankommt, daß das Produkt $\sigma\,\delta$ gleich der Stromstärke ist.

Die Gleichheit der magnetischen Platte und der Stromfigur gilt jedoch nicht für Punkte der Platte selbst, denn in einem solchen Punkt herrscht gemäß § 10 die Feldstärke $4\,\pi\,\sigma$. Hingegen ist gemäß § 81 die Feldstärke in der Mitte einer kreisförmigen Stromfigur gleich $2\,\pi\,i/r$, und ändert ihre Richtung nicht, wie beim Durchgang durch eine magnetische Platte (§ 86), sondern hat die in Abb. 94 angedeutete Richtung. Die Kraftlinien eines Stromes umschlingen den Leiter; sie bilden einen Wirbel um ihn (vgl. Abb. 85 und 86), weshalb man das magnetische Feld eines Stromes als Wirbelfeld oder mit Hinblick auf Abb. 115 als solenoidales Feld, oder wegen des Fehlens von Anfang und Ende als quellenfreies Feld bezeichnet.

Geht man auf geschlossenem Wege durch eine Stromfigur hindurch, oder was dasselbe ist, um einen Stromleiter herum, so ändert sich der räumliche Gesichtswinkel ω, unter dem die Stromfigur von diesem Wege aus gesehen wird, um den Betrag $4\,\pi$. Daher ist das Linienintegral der Feldstärke $\mathfrak{H}$ über einen geschlossenen Weg l, also das Potential der Stromfigur

$$U = \int_0 \mathfrak{H} \cdot d\,l = 4\,\pi\,i, \quad \dots\dots\dots \quad (49)$$

was mit dem in § 79 erhaltenen Wert übereinstimmt[1]). Hingegen ist

[1]) Durch viele Bücher schleppt sich die Behauptung durch, daß das Potential eines Stromes nicht eindeutig sei. Das wird damit begründet, daß man beim Herumführen eines Poles m um einen Strom i die Arbeit $4\,\pi\,i\,m$ gewinnt oder (bei entgegengesetzter Richtung) aufwenden muß, so daß sich also die gesamte Arbeit bei jedem Umgang um diesen Betrag vermehrt oder vermindert. Das ist richtig, und

bei einer magnetischen Platte das Linienintegral über einen geschlossenen Weg gleich Null (§ 86). Ist der Strom i Null, so ist natürlich auch das Linienintegral Null; ein magnetischer Wirbel ist überhaupt nicht vorhanden. Es ergibt sich daher der allgemeine Satz: Das Linienintegral der magnetischen Feldstärke über einen geschlossenen Weg, der nicht einen Strom umschlingt, ist Null, gleichgültig ob der Weg durch einen Magnet oder magnetisierten Körper oder nur durch Luft verläuft.

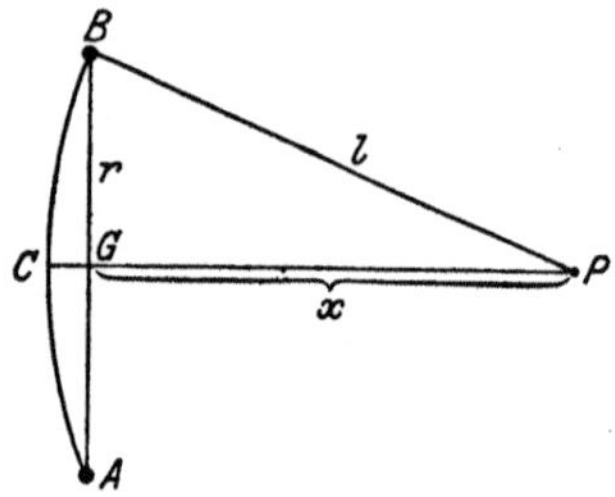

Abb. 112.

Als Beispiel für die Anwendung des Strompotentiales berechnen wir die Feldstärke eines in A und B von der Zeichenebene geschnittenen Kreisstromes (Abb. 112) im Punkte P. Der räumliche Gesichtswinkel ω, unter dem der Kreisstrom von P aus gesehen wird, verhält sich zu 4π, wie die Oberfläche des Kugelsegmentes ACB, also wie

$$2\pi l \cdot CG = 2\pi l(l - x)$$

zur ganzen Kugeloberfläche $4\pi l^2$.

Also

$$\omega : 4\pi = 2\pi l(l - x) : 4\pi l^2.$$

Mithin

$$\omega = \frac{2\pi(l - x)}{l} = 2\pi - \frac{2\pi x}{\sqrt{r^2 + x^2}}.$$

Nun ist die Feldstärke gleich dem negativen Potentialgefälle in der Richtung der Kraftlinie, also in der Richtung x:

$$\mathfrak{H} = -\frac{dU}{dx} = -i\frac{d\omega}{dx} = i\frac{2\pi r^2}{(r^2 + x^2)^{3/2}} = i\frac{2\pi r^2}{l^3}.$$

---

man kann daher zu dem obigen Arbeitswert (Gl. 48) den Ausdruck $\pm 4\pi imp$ oder zum Potentialwert (Gl. 47) den Ausdruck $\pm 4\pi ip$ hinzufügen, wobei p die Anzahl der Umgänge um den Stromleiter, die stattgefunden haben, bedeutet. Daraus wird nun der falsche Schluß gezogen, daß die Feldstärke nicht gleich dem Potentialgefälle sei, ja sogar, daß ein Strom überhaupt kein Potential habe, trotzdem der Ausdruck dafür altbekannt ist und bei richtiger Anwendung zu richtigen Ergebnissen führt (vgl. die nachstehende Berechnung der Feldstärke zu Abb. 112 und die Niveauflächen in Abb. 113, ferner die Berechnung der Kräfte zwischen parallelen Schienen und Spulen § 120). Der Schluß ist deswegen falsch, weil sich die erwähnte Vieldeutigkeit des Arbeitsausdruckes auf frühere Vorgänge, also zeitliche Abhängigkeit bezieht, während die Beziehung zwischen Potential und Feldstärke nur für räumliche Zusammenhänge gilt. Bei der Berechnung der Feldstärke aus $-\frac{dU}{dx}$ wird ja auch das erwähnte Zusatzglied $4\pi ip$ Null, weil es vom Raum unabhängig ist. Auch daraus ist die erwähnte falsche Ansicht entstanden, daß gewisse Maxwellsche Gleichnugen, welche ein Potential ausschließen, aber nur für den Stromleiter sebst gelten, auch auf den Raum außerhalb des Stromleiters bezogen wurden.

Weiternin sei auf Lehrbücher der theor. Physik verwiesen, z. B.: Lang, Theoretische Physik 2. Aufl.; Chwolson, Lehrbuch der Physik Bd. 4. I.

Rückt P nach G, so ist $x = 0$ und $l = r$; dann ist $\mathfrak{H} = \frac{2\pi i}{r}$, was mit § 81 übereinstimmt.

Aus Gl. 45 oder 47 ergibt sich sofort die Gestalt der Niveauflächen einer magnetischen Platte oder einer geschlossenen Stromfigur. Es sind jene Flächen, die alle Punkte enthalten, von denen aus die Platte oder Stromfigur unter demselben Gesichtswinkel erscheint. Die Schnitte der Zeichenebene mit den Niveauflächen müssen Kreise sein (in Abb. 113 gestrichelt gezeichnet), deren gemeinsame Sehne durch den Schnitt der Stromfläche mit der Zeichenebene gebildet wird, weil alle über derselben Sehne aufstehenden Peripheriewinkel gleich groß sind. Hat man die Niveauflächen, so ergeben sich leicht die Kraftlinien, weil sie auf jenen senkrecht stehen müssen (in Abb. 113 die voll ausgezogenen Linien). Man sieht, sie verlaufen so wie in der perspektivischen Darstellung Abb. 94.

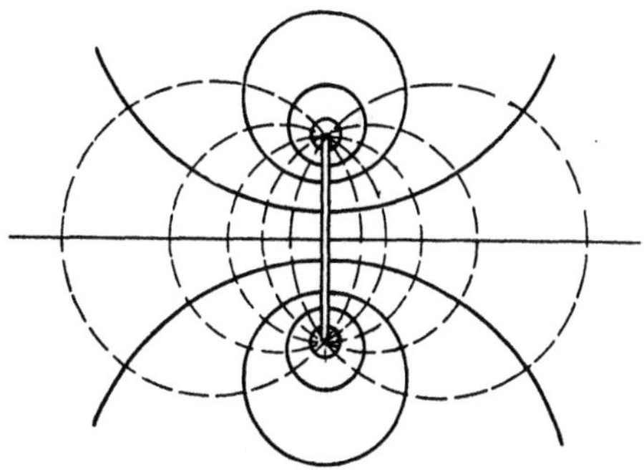

Abb. 113. Kraftlinien und Niveauflächen einer magnetischen Platte oder einer geschlossenen Stromfigur.

In Gl. 48 kann man auch die Anzahl der Kraftlinien, die von einem Pole m ausgehend die Stromfläche treffen, einführen, wenn man bedenkt, daß im ganzen $4\pi m$ Kraftlinien von ihm ausgehen (§ 6). Diese gehen, wenn keine störenden Einflüsse vorhanden sind, in gleichmäßiger Verteilung, strahlenförmig von m aus. Da 4π der ganze räumliche Gesichtswinkel ist, so enthält der Gesichtswinkel von der Größe Eins m Kraftlinien und der Gesichtswinkel ω, $m\omega$ Kraftlinien; bezeichnen wir diese mit $\mathfrak{z}$, so ist

$$A = i\mathfrak{z}.$$

Der magnetische Arbeitswert (potentielle Energie) eines geschlossenen Stromes in einem magnetischen Felde ist also gleich dem Produkte aus der Stromstärke und der Anzahl der Kraftlinien, die die Stromfläche treffen.

Besteht die geschlossene Figur nicht aus einer, sonder aus N Windungen, so ist

$$A = iN\mathfrak{z}. \qquad (50)$$

Das ist derselbe Ausdruck wie auf S. 123 für das Drehmoment einer Stromfigur, was nicht überraschen kann, da Arbeitswert und Drehmoment gleich sind. Daher ergibt sich auch aus dem Arbeitswert dasselbe Gesetz wie auf S. 123 für die Stellung einer Stromfigur in einem magnetischen Felde. Nehmen wir an, die Fläche der Figur stände so, daß sie von der größtmöglichen positiven Kraftlinienzahl auf der positiven Seite getroffen wird, so ist der Arbeitswert A am größten. Nach

§ 13 bewegt sich nun die Stromfigur so, daß der Arbeitswert am kleinsten wird. Sie wird sich daher zunächst so drehen, daß $\mathfrak{z}$ Null wird, d. h. bis die Fläche parallel zu den Kraftlinien ist; von da wird sie sich so weiter drehen, daß die Kraftlinien von der negativen Seite auftreffen, also A negativ wird. Den kleinsten Wert erreicht A, wenn die Fläche auf ihrer negativen Seite von der größtmöglichen positiven Kraftlinienzahl getroffen wird, denn dann ist $A = -i N \mathfrak{z}$.

Daß man hinsichtlich der magnetischen Wirkung jede einzelne Stromwindung durch eine magnetische Platte und jede stromführende Spule durch einen Stabmagnet ersetzen kann, ist wertvoll für die Beziehung zwischen einem Strom und einem Dauermagnet, weil man dann Beziehungen zwischen magnetischen Massen und magnetischen Momenten erhält, wie sie in § 2 bis 9 behandelt worden sind. Jedes Eisenstück, das magnetisiert wurde, behält nach Aufhebung der Magnetisierung einen gewissen Dauermagnetismus zurück. Die Beziehungen zwischen diesem und dem von neuem auftretenden Strom oder irgendeinem anderen Strom ergibt sich dann am einfachsten, wenn man sich den betreffenden Stromkreis durch eine magnetische Platte oder einen Stabmagnet ersetzt denkt.

88. Magnetisches Feld einer Stromspule.

Einen in Form von Schraubenwindungen gewickelten Stromleiter (Abb. 114) nennt man Stromspule (Solenoid); es ist also nichts anderes als eine Nebeneinanderreihung von Stromfiguren, der in § 81 beschriebenen Art, die alle von demselben Strom durchflossen werden. Die Kraftlinien gehen ineinander über, mit Ausnahme jener, die noch in dem Zwischenraum zwischen zwei Windungen Platz finden. (Vgl. Abb. 181, welche das Kraftlinienbild zweier Windungen mit großem Zwischenraum zeigt.) Die Abb. 115 zeigt das magnetische Feld eines Solenoides, dessen Windungen dicht aneinander liegen, in einer durch die Achse gelegten Ebene. Man erkennt daraus die Ähnlichkeit mit dem Felde eines Stabmagnetes von gleicher Gestalt und sieht hier auch den Verlauf der Kraftlinien im Innern der Spule. Welches Ende dem + und dem — Pole entspricht, lehrt die Ampèresche Regel, wenn man die innere Handfläche dem Inneren des Solenoides zukehrt.

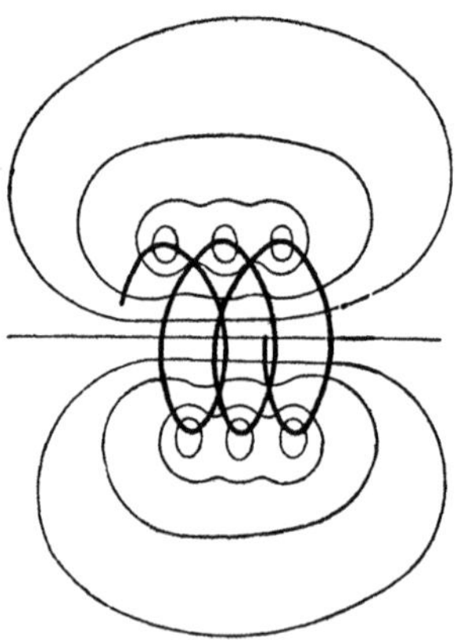

Abb. 114. Kraftlinien eines Solenoides.

Die Ähnlichkeit mit einem Stabmagnet erklärt sich daraus, daß jede Windung durch eine magnetische Platte ersetzt werden kann. Die ganze Spule kann demnach als eine Nebeneinanderreihung ebenso vieler gleich magnetisierter Platten betrachtet werden, als Windungen vorhanden sind (Abb. 116).

Hat die Spule n Windungen auf der Längeneinheit, so ist die Dicke δ der magnetischen Platten, durch die man sich die Windungen ersetzt denken kann:

$$\delta = \frac{1}{n}.$$

Abb. 115. Magnetisches Feld eines Solenoides.

Aus Gl. 46 folgt für die magnetische Flächendichte dieser Platten

$$\sigma = \frac{i}{\delta} = i\,n.$$

Befindet sich im Innern der Spule ein Magnetpol m, so können wir die Kraft, die vom magnetischen Felde der Spule auf ihn ausgeübt wird, aus der Wirkung aller magnetischen Platten erhalten. Aus Abb. 116 erkennt man, daß sich alle zusammenstoßenden, mit entgegengesetztem Magnetismus versehenen Flächen gegenseitig aufheben, bis auf die beiden zu m benachbarten und bis auf die beiden Endflächen. Setzt man voraus, daß die Spule so lang ist, daß die Wirkung der Endflächen infolge des großen Ab-

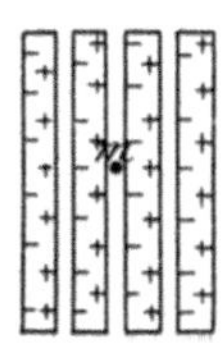

Abb. 116.

standes von m vernachlässigt werden kann, so ist die gesamte Wirkung der Spule auf m gleich der der beiden benachbarten Flächen, also nach § 10 gleich

$$F = 4\pi\sigma m = 4\pi i n m.$$

Demnach ist das magnetische Feld $\mathfrak{H}$ in einem Punkte innerhalb der Spule, der so weit von beiden Endflächen entfernt ist, daß ihre Wirkung vernachlässigt werden kann:

$$\mathfrak{H} = 4\pi i n.$$

Genau gelten die beiden Formeln, wenn das Solenoid überhaupt keine Endflächen hat, also für ein ringförmiges. Bei einem solchen verlaufen die Kraftlinien innerhalb der Stromwindungen als geschlossene Linien, wie Abb. 117 zeigt.

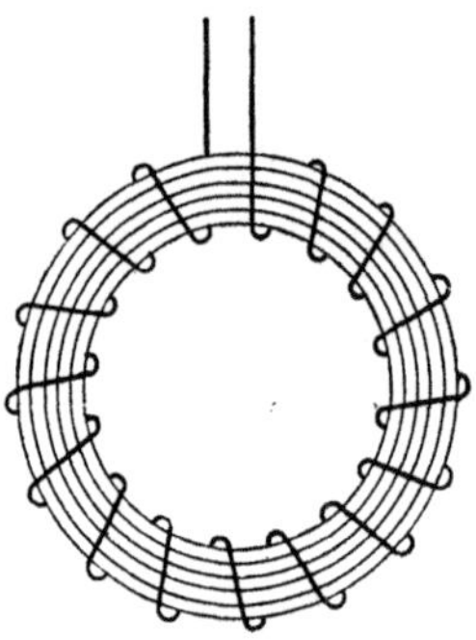

Abb. 117. Kraftlinien einer ringförmigen Spule.

Ist der Umfang eines solchen Ringes groß gegenüber dem Durchmesser der Windungen in radialer Richtung und liegen die Windungen gleichmäßig dicht nebeneinander, so ist sein magnetisches Feld nahezu homogen. Um die Feldstärke in absoluten Einheiten, d. h. in Kraftlinien pro 1 cm² zu erhalten, muß auch die Stromstärke i in absoluten Einheiten ausgedrückt werden. Da 1 Ampere = 0,1 absoluten Einheiten ist, so ist

$$\mathfrak{H} = 0{,}4\pi i n = 1{,}257\, i n, \quad . \quad . \quad (51)$$

wenn i in Ampere eingesetzt wird.

Das Produkt $i n$ faßt man gewöhnlich zusammen und nennt es Amperewindungen pro Längeneinheit. Die Feldstärke im Innern eines im Vergleich zum Durchmesser langen Solenoides ist mithin gleich den $0{,}4\pi$-fachen Amperewindungen pro Längeneinheit[1]).

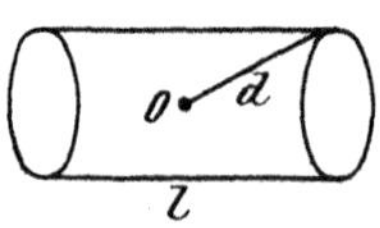

Abb. 118.

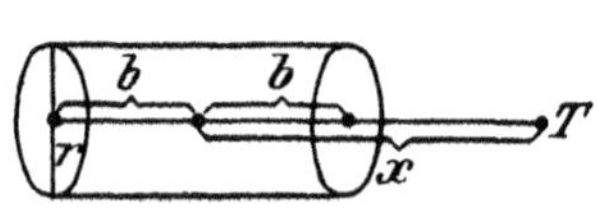

Abb. 119.

Man kann auch die gesamte Windungszahl N und die Länge l der Spule einführen, denn es ist $n = \frac{N}{l}$,

also
$$\mathfrak{H} = \frac{0{,}4\pi i N}{l}. \quad . \quad . \quad . \quad . \quad . \quad . \quad . \quad . \quad (52)$$

---

[1]) Da die Feldstärke nach Kraftlinien oder Gauß gemessen wird (§ 6), so erzeugt eine Windung pro Längeneinheit, die von 1 Ampere durchflossen wird, $0{,}4\pi$ Kraftlinien oder Gauß, oder zu einer Kraftlinie sind $\frac{1}{0{,}4\pi}$ Amperewindungen pro Längeneinheit erforderlich.

Ist die Spule nicht so lang, daß der Einfluß der Enden auf einen Punkt in der Mitte vernachlässigt werden kann, so erkennt man aus Abb. 116, daß die Endflächen auf $\mathfrak{H}$ verkleinernd wirken, weil jede der beiden Endflächen entgegengesetztes Zeichen hat, wie die unmittelbar an m liegenden Flächen[1]). Für diesen Fall ist die Feldstärke im Mittelpunkte O (Abb. 118)

$$\mathfrak{H} = \frac{0{,}2\,\pi\, i\, N}{d}.$$

Ist das Solenoid sehr lang, so ist $d = \frac{l}{2}$, und die letzte Gleichung geht in die vorhergehende über.

Die Feldstärke eines Solenoides in einem auf der Achse liegenden Punke T (Abb. 119), dessen Abstand vom Mittelpunkt x ist, und wobei b die halbe Länge des Solenoides bedeutet, ist

$$\mathfrak{H} = 0{,}1\,\frac{\pi\, i\, N}{b}\left[\frac{x+b}{\sqrt{r^2+(x+b)^2}} - \frac{x-b}{\sqrt{r^2+(x-b)^2}}\right].$$

Das gilt auch dann, wenn der Punkt T innerhalb des Solenoides liegt. Für den Mittelpunkt $(x = 0)$ geht diese Formel in die vorhergehende über, weil $\sqrt{r^2 + b^2} = d$ ist.

---

[1]) Vgl. § 102 über die entmagnetisierende Wirkung der freien Pole eines Magnetes.

Sechstes Kapitel.

Magnetische Induktion.

89. Magnetisierungsstärke.

Setzen wir einen gleichmäßig magnetisierten Stabmagnet voraus, so ist sein magnetisches Verhalten, durch das magnetische Moment (§ 8)

$$\mathfrak{M} = m l$$

bestimmt. Danach ist m die Menge des freien Magnetismus auf den Endflächen und l ihr Abstand. Dieser Fall ist allerdings nur ein idealer, dient aber zur genauen Bestimmung der Begriffe.

Ist σ die magnetische Masse auf der Flächeneinheit (Flächendichte) und S die Größe der Endflächen, so ist $m = \sigma S$.

Der Versuch lehrt, daß man einen Magnet durch Zerteilung in beliebig viele kleinere Magnete zerlegen kann. Setzt man diese Teilung fort, bis man lauter Einheitswürfel erhält, so besitzen diese ein gewisses magnetisches Moment $\mathfrak{J}$, durch das die Magnetisierung des ganzen Stückes bestimmt ist, und das man daher als Magnetisierungsstärke oder Magnetisierung kurzweg bezeichnet[1]. Ist V der Rauminhalt des Magnetes, so ist also

$$\mathfrak{J} = \frac{\mathfrak{M}}{V}.$$

Man sieht leicht ein, daß $\mathfrak{J} = \sigma$ sein muß, weil die Polstärke der Volumseinheit gleich σ, und die Länge der magnetischen Achse gleich 1 ist.

90. Magnetisierung durch Verteilung oder Induktion.

Bringt man in die Nähe eines Magnetes ein Eisenstück, so wird dieses magnetisiert, und zwar so, daß die zugewendeten Enden ungleichnamige Pole (freien Magnetismus) aufweisen; d. h. der Nordpol des Magnetes induziert im Eisen einen Südpol und umgekehrt; das Eisenstück wird polarisiert. Ganz allgemein kann man sagen, daß ein Eisen-

---

[1]) Manchmal findet man dafür auch den Ausdruck „spezifische Magnetisierung". Anderseits aber wird dieser Ausdruck auch auf das Verhältnis des magnetischen Momentes zum Gewicht des Magnetes angewendet.

stück in einem magnetischen Felde selbst zu einem Magnete wird. Natürlich wird dadurch das Feld sowohl der Gestalt als auch der Stärke nach verändert, denn es setzt sich jetzt aus zweien zusammen: aus dem ursprünglichen, induzierenden oder magnetisierenden Felde und aus dem des neu entstandenen Magnetes. Abb. 120 zeigt ein solches resultierendes Feld; *N* ist der induzierende, *ns* der induzierte Magnet. Es unterscheidet sich nicht sehr von dem resultierenden Felde zweier permanenter Magnete von derselben Stärke und Lage. Abb. 121 zeigt die magnetische Induktion eines runden Eisenstückes, wenn es in das durch Abb. 6 dargestellte homogene Feld gebracht wird. Abb. 122 zeigt die Induktion eines prismatischen Eisenstückes, wenn es in das Innere der durch Abb. 115 dargestellten Spule gebracht wird.

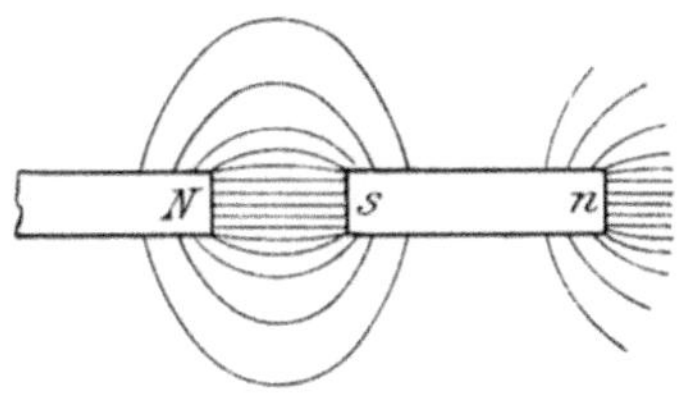

Abb. 120.

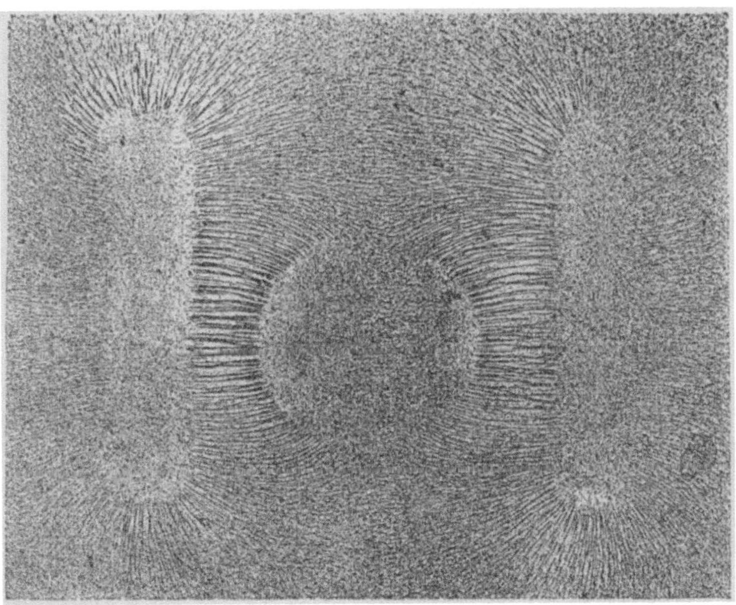

Abb. 121. Induktion eines kreisrunden Eisenstückes in einem homogenen Felde.

Aus diesen Abbildungen gewinnt man den Eindruck, als ob die Kraftlinien vom Eisen angesaugt würden. Das kommt daher, daß das Eisen (und in ähnlicher Weise Nickel und Kobalt) eine weit größere Magnetisierungsfähigkeit hat als die umgebende Luft oder irgendein anderer Stoff. Infolgedessen ist der in ihm induzierte Magnetismus so stark, daß er in der Nähe des Eisenstückes über das magnetisierende

Feld das Übergewicht hat. Das resultierende Feld sieht daher in der Nähe induzierter Eisenstücke so aus, als ob sie selbständige Magnete mit ausgeprägten Polen wären. In einiger Entfernung von den Eisenstücken hingegen überwiegt das magnetisierende Feld, so daß es nahezu unverändert erscheint, wie man aus dem Vergleich mit den Abb. 6 und 115 ersieht.

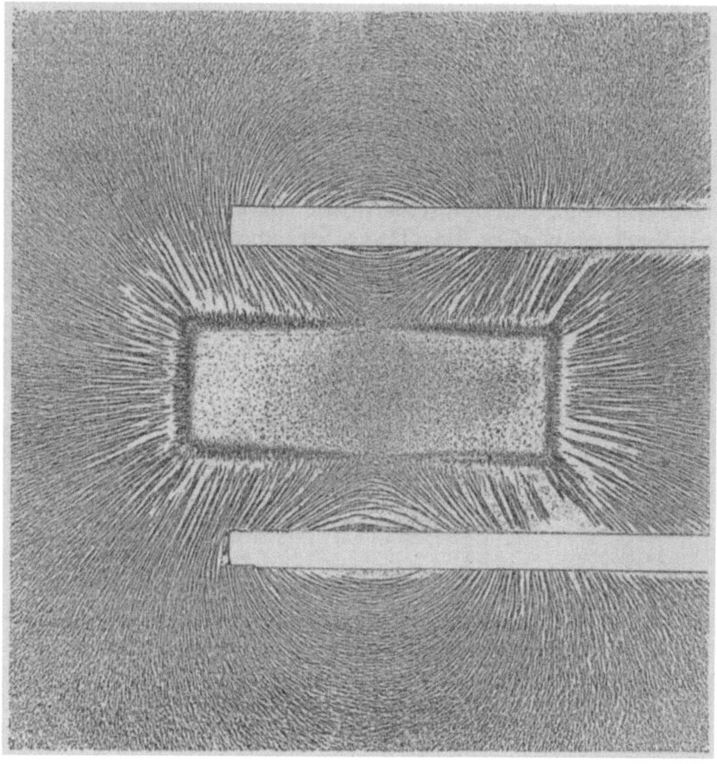

Abb. 122. Induktion eines prismatischen Eisenstückes im Felde einer Spule.

Insofern als in dem der Magnetisierung unterworfenen Eisenstück an einem Ende freier positiver, am andern Ende freier negativer Magnetismus auftritt, gleicht dieser Vorgang dem der elektrischen Influenz eines leitenden Körpers. Jedoch besteht ein wesentlicher Unterschied zwischen den influenzierten elektrischen und induzierten magnetischen Massen. Denn während die eine der beiden Elektrizitäten von dem Leiter, auf dem sie influenziert wurde, abgeleitet werden kann, so daß nur die andere zurückbleibt, ist dies beim Magnetismus unmöglich, da er sich auf seinem Träger überhaupt nicht bewegen kann. Infolgedessen gelten alle für elektrische Leiter in § 17 gezogenen Schlüsse für magnetische Körper nicht, sondern: Das Potential eines magnetisierten Körpers ist nicht konstant. Der Magnetismus sitzt nicht nur an der Oberfläche sondern auch im Innern des Körpers, und infolgedessen wirken Kräfte auch auf sein Inneres. Die Kraftlinien enden und beginnen nicht auf dem magnetisierten Körper, sondern gehen durch ihn hindurch. Sie sind, wie wir schon aus § 76 wissen, geschlossene Kurven im Gegensatz zu den elektrischen Kraftlinien, die irgendwo Anfang und Ende haben. Die Oberfläche eines magnetisierten Körpers ist keine Niveaufläche, sondern die Niveauflächen schneiden die Oberfläche. Infolgedessen müssen die Kraftlinien nicht senkrecht zur Oberfläche stehen wie die elektrischen Kraftlinien, sondern können jeden beliebigen Winkel mit ihr bilden.

Aus diesen Sätzen erkennt man, daß sich die magnetisierbaren Körper in einem magnetischen Felde in gleicher Weise verhalten wie nichtleitende Körper in einem elektrischen Felde. Nur in quantitativer Hinsicht bestehen Unterschiede; insbesondere der, daß die Magnetisierung nicht beliebig gesteigert werden kann, sondern eine von dem betreffenden Stoffe abhängige Grenze hat, die auch durch Anwendung der stärksten magnetisierenden Kraft nicht überschritten werden kann, während die Elektrisierung immer proportional der elektrisierenden Kraft wächst. Praktisch besteht allerdings auch da eine Grenze, weil bei fortgesetzter Steigerung der elektrisierenden Kraft schließlich der Körper zerstört wird.

Dieser Umstand, sowie der, daß es keinen Körper gibt, auf dem sich der Magnetismus bewegen kann, haben zu folgender Vorstellung über die Natur eines magnetisierbaren Stoffes geführt. Man nimmt an, daß kleine (Molekular-) Magnete in ihm enthalten sind, die im unmagnetischen Zustande regellos durcheinanderliegen, so daß ihre Gesamtwirkung nach außen null ist. Wirkt aber eine magnetische Kraft ein, so werden die Molekular-Magnete wie kleine Magnetnadeln gedreht, so daß die positiven Pole vorzugsweise nach der einen, die negativen vorzugsweise nach der anderen Seite gerichtet sind. Die Wirkung nach außen ist dann so, als ob auf der einen Seite freier positiver, auf der anderen freier negativer Magnetismus (Pole) vorhanden wäre. Im vorigen Paragraph haben wir bereits gesehen, daß das magnetische Moment eines Einheitswürfels, oder die Magnetisierungsstärke gleich ist der Flächendichte σ des Magnetismus, d. h. der Polstärke aller Molekularmagnete eines Einheitswürfels, die nach derselben Seite gerichtet sind. Sind sämtliche vorhandenen Molekularmagnete gerichtet, so ist eine weitere Steigerung von σ unmöglich, d. h. die magnetische Sättigung des betreffenden Stoffes ist erreicht.

In § 33 haben wir zwischen wirklichen (oder wahren) und scheinbaren elektrischen Ladungen unterschieden je nachdem, ob sie auf einem Leiter sitzen und daher bewegt werden können, oder unbeweglich auf Nichtleitern. Da sich der Magnetismus auf keinem seiner Träger bewegen kann, so gibt es im Sinne dieser Unterscheidung überhaupt nur scheinbaren Magnetismus und daher auch keinen Anfang und kein Ende der magnetischen Kraftlinien, wie schon mehrfach erwähnt.

91. Beziehung zwischen magnetisierender Kraft und Kraftliniendichte. Magnetisierungszahl und magnetische Durchlässigkeit.

Nach § 6 ist in Luft die Feldstärke gleich der Kraftliniendichte; für andere Stoffe gilt dies nicht mehr, wie sich aus folgendem ergibt.

Wenn ein prismatisches Eisenstück in ein homogenes Feld von der Stärke $\mathfrak{H}$ gebracht wird, und zwar so, daß die Endflächen senkrecht zur Kraftlinienrichtung sind, so tritt an den Endflächen freier Magnetismus auf, dessen Flächendichte σ ist. Ist S die Größe der Endflächen, so ist der gesamte freie Magnetismus auf einer Endfläche

$$m = \sigma S .$$

Wäre das Eisenstück nicht vorhanden, so wäre die Kraftlinienmenge, die durch die Fläche S geht, gleich $\mathfrak{H} S$. Von dem an den Enden des Eisenstückes sitzenden freien Magnetismus m kommen neue Kraftlinien hinzu, deren Menge nach § 6 gleich $4\pi m$ ist. Die gesamte Kraftlinienmenge $\mathfrak{Z}$ ist also

$$\mathfrak{Z} = \mathfrak{H} S + 4\pi m .$$

Bezeichnet man die Kraftlinienmenge, die durch die Flächeneinheit geht, d. h. die Kraftliniendichte mit $\mathfrak{B}$, so ist

$$\mathfrak{B} = \frac{\mathfrak{Z}}{S} \quad \ldots \ldots \ldots \ldots \quad (53)$$

Dann geht die vorletzte Gleichung über in

$$\mathfrak{B} = \mathfrak{H} + 4\pi \frac{m}{S} \quad \ldots \ldots \ldots \quad (54)$$

$$\mathfrak{B} = \mathfrak{H} + 4\pi \sigma \quad \ldots \ldots \ldots \quad (55)$$

Da der Magnetismus in dem Eisenstück von dem Felde, in dem es sich befindet, induziert wurde, so setzt man die Flächendichte σ dieses Magnetismus der Feldstärke $\mathfrak{H}$ proportional

$$\sigma = \varkappa \mathfrak{H} \quad \ldots \ldots \ldots \ldots \quad (56)$$

Der Proportionalitätsfaktor $\varkappa$ ist also ein Faktor, der das Eisen oder einen anderen Stoff in bezug auf seine Magnetisierungsfähigkeit charakterisiert. Je größer $\varkappa$ ist, desto größer ist bei gleichem $\mathfrak{H}$ der in dem betreffenden Stoff induzierte Magnetismus. Man nennt daher $\varkappa$ die Magnetisierungszahl oder das magnetische Aufnahmevermögen[1]), auch Suszeptibilität[2]).

Aus der letzten und vorletzten Gleichung folgt

$$\mathfrak{B} = \mathfrak{H} + 4\pi\varkappa\mathfrak{H} = \mathfrak{H}(1 + 4\pi\varkappa).$$

Setzt man $$1 + 4\pi\varkappa = \mu \quad \ldots \ldots \ldots \quad (57)$$

---

[1]) Nach Fr. Neumann, der diese Konstante eingeführt hat.

[2]) Nach W. Thomson, der damit den von Neumann eingeführten Ausdruck ins Englische übertragen hat.

so ist

$$\mathfrak{B} = \mu \mathfrak{H} \quad \ldots\ldots\ldots\ldots \quad (58)$$

Diese Gleichung besagt, daß bei konstanter magnetisierender Kraft die Kraftliniendichte um das μfache wächst; das ist z. B. der Fall, wenn in einer Spule die Stromstärke konstant gehalten wird, an Stelle der Luft aber ein anderer Stoff tritt, dessen magnetische Konstante μ ist. Den Faktor μ nennt man daher die magnetische Durchlässigkeit oder magnetische Permeabilität des betreffenden Stoffes. Da $\mathfrak{H}$ die Feldstärke bedeutet, so sieht man, daß in einem Körper, dessen magnetische Durchlässigkeit μ von 1 verschieden ist, die Kraftliniendichte nicht der Feldstärke gleich ist, sondern dem μfachen. Um Mißverständnisse zu vermeiden, bezeichnet man $\mathfrak{H}$ am besten als magnetisierende oder magnetische Kraft und merkt sich, daß diese nur in Luft gleich der Kraftliniendichte ist. Aus der letzten Gleichung folgt dann noch, daß bei Konstanthaltung der Kraftliniendichte $\mathfrak{B}$ die magnetische Kraft in einem Stoff von der Durchlässigkeit μ um das μfache abnimmt[1]).

Wenn man das Vorstehende mit dem vergleicht, was auf S. 41 und 42 über die Elektrisierung eines Dielektriks abgeleitet wurde, so sieht man, daß hier genau dasselbe gilt, wenn man die Dielektrizitätskonstante ϑ durch die magnetische Durchlässigkeit μ und die Elektrisierungszahl ε durch die Magnetisierungszahl $\varkappa$ ersetzt.

92. Paramagnetische und diamagnetische Stoffe.

Die Magnetisierungszahl $\varkappa$ und die magnetische Durchlässigkeit μ sind Materialkonstanten. Man setzt daher für den absoluten leeren Raum $\varkappa = 0$ und daher $\mu = 1$. In der Praxis wird gewöhnlich die Durchlässigkeit der Luft bei Atmosphärendruck gleich 1 gesetzt, da sie von der des luftleeren Raumes nur sehr wenig verschieden ist. Es gibt aber eine Reihe von Stoffen, deren Durchlässigkeit μ kleiner als 1 ist,

---

[1]) Wir verstehen unter „Kraftlinien" in Übereinstimmung mit Faraday und mit dem ausschließlichen Gebrauche in der Elektrotechnik nur die durch Eisenfeilspäne im magnetischen Felde oder durch leitende Teilchen im elektrischen Felde eines Gases oder einer Flüssigkeit (Abb. 2 bis 9, 121, 122) darstellbaren Linien, deren Anzahl von der magnetischen Durchlässigkeit (bzw. Dielektrizitätskonstante) unabhängig ist. In einzelnen physikalischen Lehrbüchern werden die Kraftlinien als Induktionslinien und die Richtungen der magnetisierenden bzw. elektrisierenden Kräfte $\mathfrak{H}$ als Kraftlinien bezeichnet. Dadurch wird ein Unterschied hergestellt, der physikalisch nicht besteht. Denn welche Mittel man auch anwenden mag, um das magnetische Feld sichtbar zu machen, oder zu messen (Eisenfeilbilder, Messung durch die induzierte EMK), es ergeben sich immer die gesamten $\mathfrak{B}$-Linien (Gl. 55). Es ist unmöglich, die $\mathfrak{H}$-Linien von den $4\pi\sigma$-Linien zu unterscheiden. Da sich $\mathfrak{H}$ an der Grenzfläche zweier Stoffe von verschiedener magnetischer Durchlässigkeit sprungweise ändert, so muß man von diesen Linien annehmen, daß sie teils durch die Grenzflächen hindurchgehen, teils an dieser Grenzfläche aufhören. Es liegt auf der Hand, daß diese Darstellung leicht zu Verwirrungen führen kann. Wir wenden daher die Bezeichnung Kraftlinien nur auf die $\mathfrak{B}$-Linien an. Die Anzahl der $\mathfrak{B}$-Linien, die eine Flächeneinheit senkrechte treffen, heißt darum Kraftliniendichte $\mathfrak{B}$. Die Anzahl der $\mathfrak{B}$-Linien, die eine Fläche von beliebiger Größe treffen, heißt Kraftlinienmenge $\mathfrak{Z}$.

oder deren Magnetisierungszahl $\varkappa$ negativ ist (zufolge Gl. 57); man bezeichnet sie als **diamagnetische** Stoffe, während man die, deren Durchlässigkeit μ größer als 1 ist ($\varkappa$ positiv), als **paramagnetische** bezeichnet.

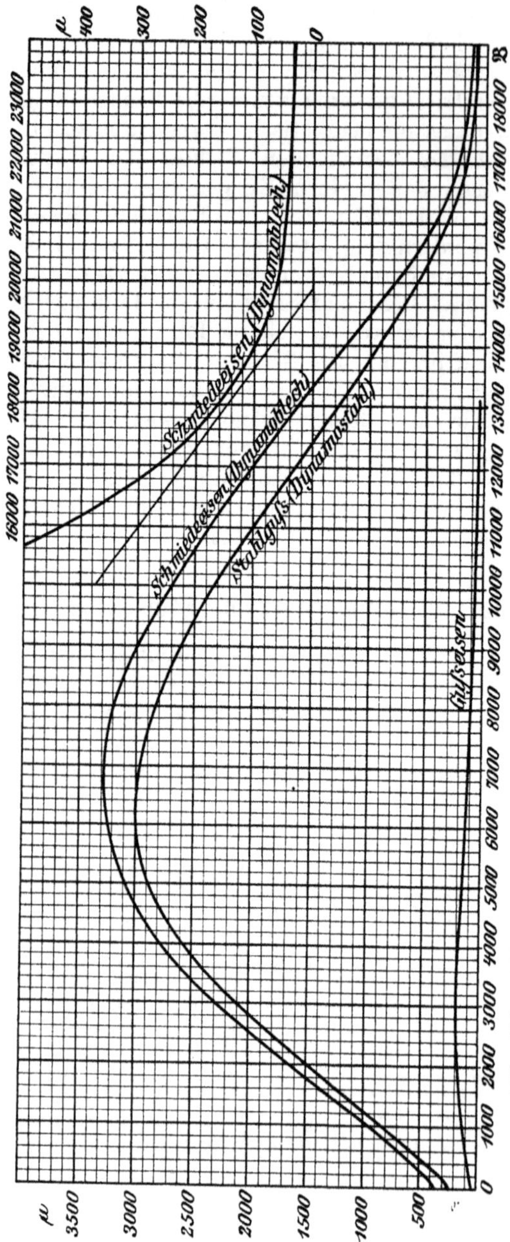

Abb. 123. Abhängigkeit der magnetischen Durchlässigkeit μ von der Kraftliniendichte $\mathfrak{B}$.

Die auffälligste Eigenschaft der diamagnetischen Stoffe ist die, daß sie in Luft von einem kräftigen magnetischen Pol nicht angezogen, sondern abgestoßen werden (vgl. § 99). Ihre wichtigsten Repräsentanten sind **Wismut** und **Antimon**.

Unter den paramagnetischen Stoffen sind drei, die sich von den übrigen durch große Magnetisierungsstärke und dementsprechend große magnetische Durchlässigkeit auszeichnen. Es sind dies Eisen, Kobalt und Nickel; man faßt sie nach dem ersten unter dem Namen **ferromagnetische** Stoffe zusammen. Ihre größte magnetische Durchlässigkeit liegt über 500, während die aller anderen paramagnetischen Stoffe zwischen 1,01 und 1 liegt, die aller diamagnetischen Stoffe zwischen 1 und 0,99. Alle drei ferromagnetischen Stoffe haben die Eigentümlichkeit, daß $\varkappa$ und daher auch μ von der Stärke der Magnetisierung abhängt, und daß sich die Art der Abhängigkeit durch keine Gesetzmäßigkeit feststellen läßt, sondern nur auf Grund von Messungen durch Schaulinien wie in Abb. 123, die μ in Abhängigkeit von der Kraftliniendichte $\mathfrak{B}$ darstellen. Diese Schaulinien gelten aber nicht für beste, sondern für Eisensorten mittlerer magnetischer Güte. Bei allen ferromagnetischen Stoffen hat μ einen Höchstwert; bei sehr gutem Schmiedeeisen ist er etwa 6000[1]), bei sehr gutem Dynamostahl 4000. Bei sehr schwacher Magnetisierung des Eisens ($\mathfrak{B}$ kleiner als 10) nähert sich μ einem konstanten Wert, der zwischen 108 und 400 liegt[2]).

Im Jahre 1901 ist es Heusler[3]) gelungen, aus Kupfer, Mangan und Aluminium Legierungen herzustellen, die ausgeprägte ferromagnetische Eigenschaften aufweisen. Und zwar beträgt die Magnetisierbarkeit etwa ein Drittel von der eines guten Eisens. Daraus geht hervor, daß die Magnetisierbarkeit nicht an die chemischen Stoffe gebunden ist, sondern von einer eigenartigen, noch unbekannten molekularen Struktur der betreffenden Stoffe abhängt.

93. Magnetische Sättigung.

Der eigentümliche Verlauf von μ in Abhängigkeit von $\mathfrak{B}$ (Abb. 123), wonach μ nach Überschreitung eines Höchstwertes rasch abnimmt, erklärt sich daraus, daß die Magnetisierungsstärke σ einen gewissen Wert — die magnetische Sättigung — nicht übersteigen kann. Man erkennt dies aus den Schaulinien in Abb. 124, die schließlich in wagrechte, gerade Linien übergehen.

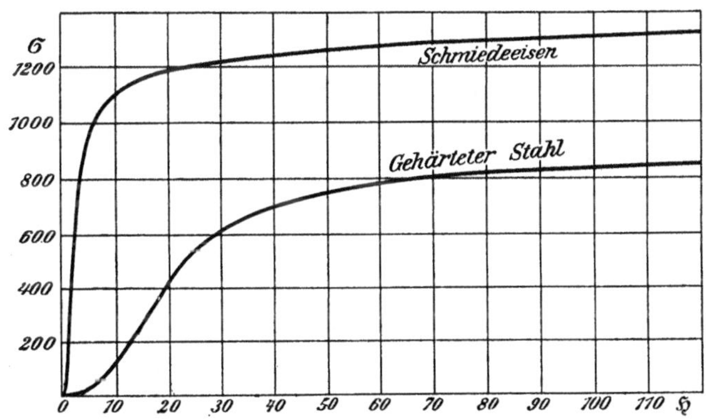

Abb. 124. Abhängigkeit der Magnetisierungsstärke σ von der magnetisierenden Kraft $\mathfrak{H}$.

Die magnetische Sättigung ist eine besondere Eigenschaft jeder Eisensorte, die von der molekularen Beschaffenheit in bisher noch un-

---

[1]) Bei reinem, auf elektrolytischem Wege gewonnenen und im Vakuum ausgeglühtem Eisen fanden Gumlich und Steinhaus (ETZ 1915, S. 693) einen Höchstwert von 14000, Yensen (ETZ 1915, S. 591) sogar von 24000.

[2]) Gumlich und Rogowski, Ann. d. Phys. 1911, Bd. 34, S. 235.

[3]) Heusler, Stark und Haupt, Marburg, Elwertsche Buchhandlung, 1904 Heusler und Take, Physik. Zeitschr. 1912, Bd. 13, S. 897.

bekannter Weise abhängt. Für weiches Eisen beträgt der Sättigungswert von σ rund 1700 abs. Einh. und wird bei einer magnetisierenden Kraft von $\mathfrak{H} = 500$ abs. Einh. sicher erreicht; in den meisten Fällen aber schon erheblich früher. Die Kurven in Abb. 124 zeigen, daß man der Sättigung des Schmiedeeisens schon bei $\mathfrak{H} = 30$ und des gehärteten Stahles schon bei $\mathfrak{H} = 60$ nahe kommt. Bei der Steigerung des $\mathfrak{H}$ von 60 bis 500 ergibt sich nur mehr eine kleine Zunahme der Magnetisierungsstärke.

Nach der in § 90 besprochenen Vorstellung über das Wesen eines magnetisierbaren Stoffes wird die Sättigung dann erreicht, wenn die Achsen aller Molekularmagnete so weit gedreht sind, daß sie in die Richtung der magnetisierenden Kraft fallen. Wenn also bei immer weiter wachsendem $\mathfrak{H}$ schließlich σ nicht mehr zunimmt, so muß sich nach Gl. 56 $\varkappa$ immer mehr dem Werte Null nähern, ohne ihn aber jemals zu erreichen. Dann muß sich aber nach Gl. 57 μ immer mehr dem Werte 1 nähern. Der kleinste Wert für μ, der bisher (bei einer Kraftliniendichte von $\mathfrak{B} = 74\,200$) erhalten wurde, ist 1,44. Aus Gl. 55 folgt dann weiter, daß die Kraftliniendichte schließlich nur mehr um so viel zunimmt, als die magnetisierende Kraft $\mathfrak{H}$ zunimmt, oder mit anderen Worten: die $\mathfrak{B}$-Kurve in Abhängigkeit von $\mathfrak{H}$ geht schließlich in eine gerade Linie über, wie Abb. 125 zeigt.

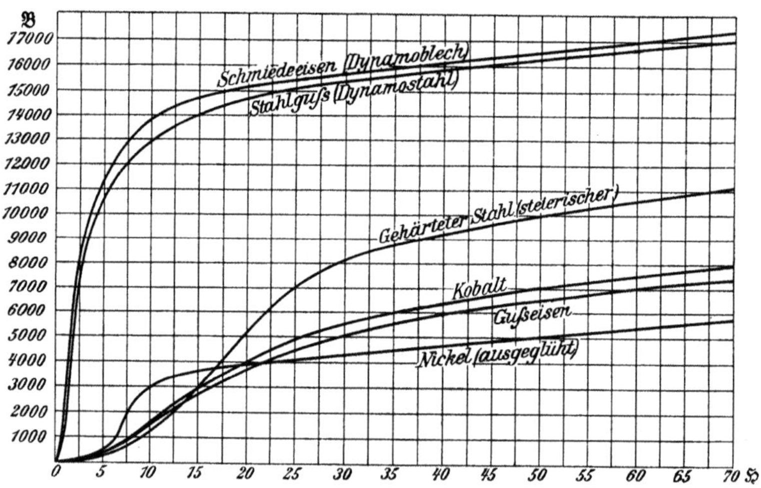

Abb. 125. Abhängigkeit der Kraftliniendichte $\mathfrak{B}$ von der magnetisierenden Kraft.

Für praktische Zwecke sind diese Kurven geeigneter, als die σ-Kurven (Abb. 124), da es in der Praxis auf die Kraftliniendichte ankommt. Die Schaulinien für die magnetische Durchlässigkeit μ (Abb. 123) ergeben sich daraus ohne weiteres als Verhältnis der Ordinaten zu den Abszissen.

Abb. 126 zeigt noch weitere 𝔅-Kurven für verschiedene Eisenarten[1]).

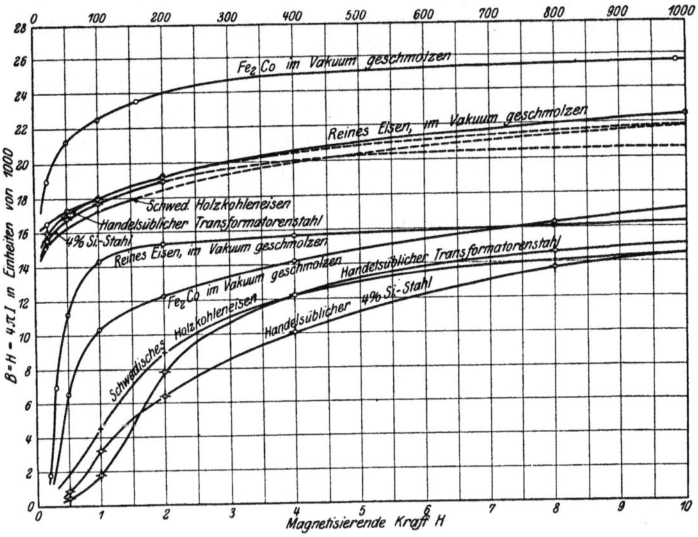

Abb. 126. Weitere 𝔅-Kurven für verschiedene Eisenarten. Die untere Zahlenreihe gilt für die unteren Kurven, die obere für die oberen. (Am linken Rand soll stehen: $\mathfrak{B} = \mathfrak{H} + 4\pi\sigma$).

94. Magnetische Hysterese.

Außer der Eigentümlichkeit, daß die magnetische Durchlässigkeit μ von der magnetisierenden Kraft $\mathfrak{H}$ oder von der Kraftliniendichte $\mathfrak{B}$ abhängt, haben die ferromagnetischen Stoffe noch eine Eigentümlichkeit, die darin besteht, daß bei einer Änderung der magnetisierenden Kraft der jeweils erreichte magnetische Zustand auch von dem magnetischen Zustande abhängt, der vorher geherrscht hat. Unterzieht man z. B. ein gänzlich unmagnetisches Eisenstück einer Magnetisierung in der Art, daß man die magnetisierende Kraft $\mathfrak{H}$ von Null bis zu einem Werte C (Abb. 127) wachsen läßt, so ändert sich die Kraftliniendichte von Null bis D in der Weise, wie wir sie schon aus Abb. 125 kennen. Man kann eine beliebig veränderliche magnetisierende Kraft am einfachsten dadurch herstellen, daß man einen Eisenring mit Stromwindungen wie in Abb. 117 umwickelt und die Stromstärke nach Wunsch ändert. Läßt man die magnetisierende Kraft wieder von C bis Null abnehmen, so ändert sich die Kraftliniendichte nicht in gleicher Weise wie beim Anstieg, sondern von D bis F. Im Eisen ist also ein Magnetismus OF verblieben, trotz-

[1]) Oft wird vom Knie einer Magnetisierungskurve zur Bezeichnung einer bestimmten Gegend derselben gesprochen. Die Kurven in Abb. 126 zeigen aber, daß das Knie nicht einer bestimmten Magnetisierung eigentümlich ist, sondern vom Verhältnis des Maßstabes der Abszissen und Ordinaten abhängt.

dem die magnetisierende Kraft Null geworden ist. Man nennt ihn daher **remanenten** Magnetismus. Läßt man jetzt die magnetisierende Kraft negativ werden (durch Umkehrung der Stromrichtung in der Wicklung), so muß man die magnetisierende Kraft OG anwenden, um 𝔅 auf Null zu bringen. Geht man weiter bis zu demselben negativen Werte C' wie vorher im positiven Sinne, so ändert sich die Kraftliniendichte von G bis D'. Läßt man nun die negative magnetisierende Kraft wieder von C' bis Null abnehmen, so ändert sich die Kraftliniendichte von D' bis F'. Es verbleibt jetzt ein **negativer** remanenter Magnetismus OF' von gleicher Größe wie vorhin auf der positiven Seite. Läßt man nun die magnetisierende Kraft wieder von Null bis zum Werte C ansteigen, so ändert sich die Kraftliniendichte von F' über G' bis D. Der jeweilige Wert von 𝔅 hängt also von den vorhergegangenen Werten ab, in dem Sinne, daß der vorhergehende Zustand sich zu erhalten sucht. Während die magnetisierende Kraft von C bis C' und von da wieder zurück bis C geändert wurde, hat die Kraftliniendichte 𝔅 eine geschlossene Figur $D\,G\,D'\,G'$ beschrieben. Innerhalb der Figur liegt die Kurve OD, die bei der ersten Magnetisierung dieses Eisens erhalten wurde, und die man als **jungfräuliche Kurve** bezeichnet, weil sie vom unmagnetischen Zustand ausgeht.

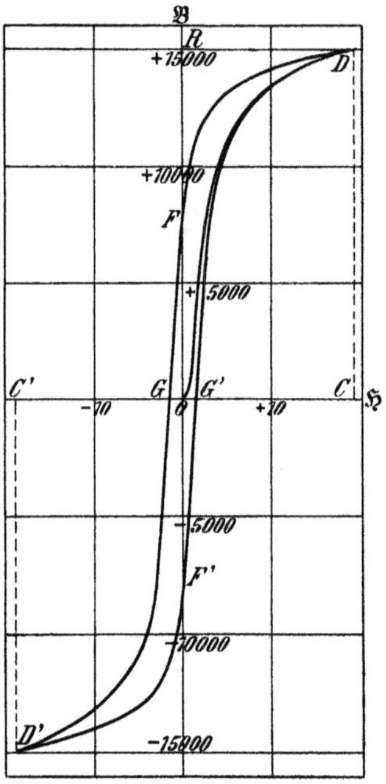

Abb. 127. Hystereseschleife von Schmiedeeisen.

Man bezeichnet die eben beschriebene Erscheinung als **Hysterese**, die von den 𝔅-Werten gebildete geschlossene Figur als Hystereseschleife und den Vorgang, durch den sie erzeugt wird, nämlich die Änderung der Magnetisierung zwischen zwei gleich großen Werten — einem positiven und einem negativen — als symmetrischen Kreisprozeß.

So wie die Werte von μ, hängt auch die Gestalt der Hystereseschleife von der physikalisch-chemischen Beschaffenheit der Eisensorte ab. Abb. 127 gilt für Schmiedeeisen (Dynamoblech), Abb. 128 für gehärteten Stahl. Im allgemeinen ist die Schleife um so breiter, je größer der Kohlenstoffgehalt und die Härte ist.

Führt man mehrere Kreisprozesse mit verschiedenen Höchstwerten von ℌ aus, so erhält man ineinander liegende Hystereseschleifen (Abb. 128). Verbindet man die Spitzen durch eine Linie, so fällt diese mit der jungfräulichen Kurve nahezu zusammen.

Aus diesen Abbildungen erkennt man, daß zu einem bestimmten Werte von ℌ (z. B. OK in Abb. 128) nicht auch ein bestimmter Wert von 𝔅 gehört, sondern unendlich viele Werte von 𝔅, nämlich sämtliche zwischen dem aufsteigenden und dem absteigenden Ast der größten

Hystereseschleife liegenden. Welcher von diesen Werten jeweils vorhanden ist, das hängt von der „magnetischen Vorgeschichte" des betreffenden Körpers ab. Da die Durchlässigkeit μ nichts anderes ist als

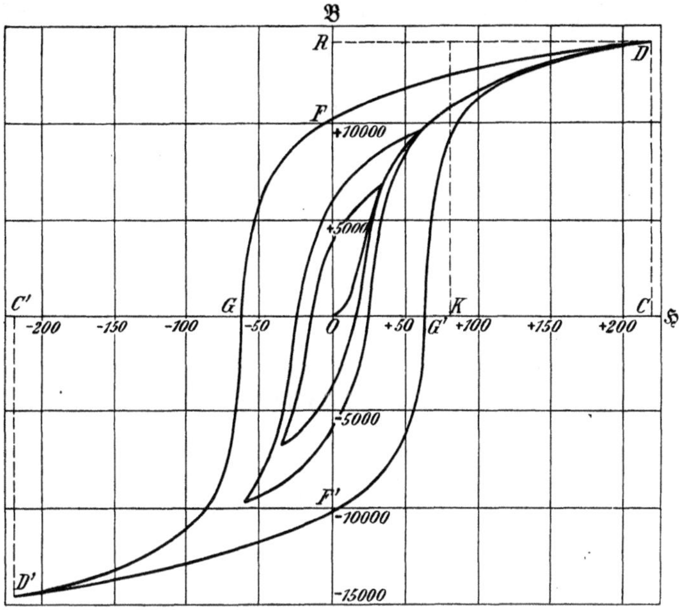

Abb. 128. Hystereseschleifen verschiedener Größe von Stahl.

das Verhältnis von $\mathfrak{B}$ zu $\mathfrak{H}$, so gilt dies auch von μ. Zu einem bestimmten $\mathfrak{H}$ oder $\mathfrak{B}$ können je nach der magnetischen Vorgeschichte verschiedene Werte von μ innerhalb gewisser Grenzen gehören.

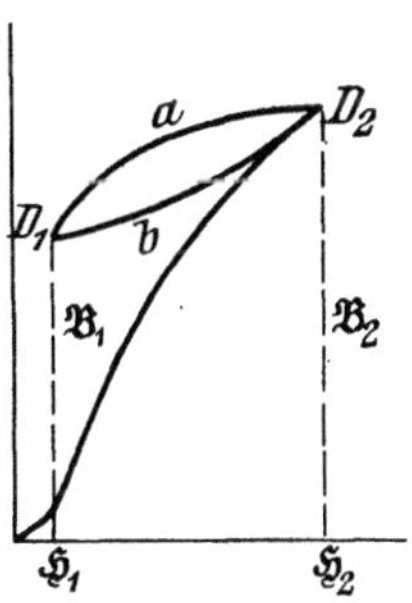

Abb. 129.

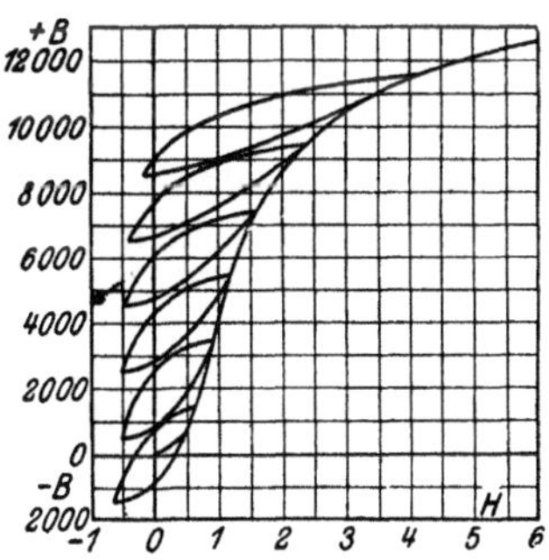

Abb. 130.

Das Charakteristische der Hystereseschleife liegt darin, daß sie scharfe Spitzen hat, weil beim größten Wert der magnetisierenden Kraft $\mathfrak{H}$ auch der größte Wert der Kraftliniendichte $\mathfrak{B}$ eintritt. Dadurch unterscheidet sich die Hystereseschleife von anderen, einen Arbeitsverlust darstellenden Figuren, wie z. B. dem Wirbelstromverlust oder dem Verlust in einem unvollkommenen Dielektrik, die abgerundete Verlustschleifen haben (vgl. Abb. 240 und 297).

Ist der Kreisprozeß ein unsymmetrischer, d. h. ein solcher, der sich nicht zwischen gleich großen positiven und negativen Werten abspielt, sondern zwischen verschiedenen Werten von $\mathfrak{H}$ ($\mathfrak{H}_1$ und $\mathfrak{H}_2$ in Abb. 129), so machen die $\mathfrak{B}$-Werte die Schleife $D_1 b D_2 a$. Bei genauer Messung findet man, daß der Anfangswert $\mathfrak{B}_2$ und der Endwert $\mathfrak{B}_2$ nicht genau zusammenfallen, d. h. daß der Endpunkt D_2 der unsymmetrischen Schleife unsicher ist. Wiederholt man den Kreisprozeß zwischen denselben Werten $\mathfrak{H}_1$ und $\mathfrak{H}_2$, so verschieben sich die unsymmetrischen Schleifen; es hängt dann die jeweilige ganze Schleife von den früheren magnetischen Vorgängen ab. Abb. 130 zeigt unsymmetrische Schleifen zwischen verschiedenen magnetisierenden Kräften, jedoch so, daß der Unterschied zwischen der Kraftliniendichte $\mathfrak{B}$ immer 3000 beträgt.

95. Remanenter Magnetismus, Dauermagnetismus, Koerzitivkraft.

Wir haben im vorhergehenden gesehen, daß der Magnetismus nicht verschwindet, wenn die magnetische Kraft $\mathfrak{H}$ auf Null sinkt, sondern daß ein remanenter Magnetismus zurückbleibt, dessen Kraftliniendichte durch den Abschnitt OF bzw. OF' (Abb. 127) auf der Ordinatenachse der Hystereseschleife bestimmt ist. Wie man aus dem Vergleich der Abb. 127 und 128 sieht, ist er bei Stahl größer als bei weichem Eisen. Ferner ersieht man aus Abb. 128, daß er bei demselben Körper um so größer ist, je größer der beim Kreisprozeß erreichte Höchstwert der Magnetisierung ist. Der Magnetismus der Dauermagnete oder permanenten Magnete ist nichts anderes als ein Teil des remanenten Magnetismus, der nach dem Verschwinden der magnetisierenden Kraft zurückgeblieben ist (vgl. § 102). Als Ursache dieser Erscheinung kann man sich vorstellen, daß ein Teil der beim Magnetisieren gedrehten Molekularmagnete nicht mehr ganz in ihre ursprüngliche Lage zurückkehrt. Die Kraft, die sie in der beim Magnetisieren erhaltenen Lage zurückzuhalten sucht, nennt man Koerzitivkraft. Genauer definiert wird sie durch jene entgegengesetzte magnetisierende Kraft, die notwendig ist, um den remanenten Magnetismus wieder zu vernichten. Wie man aus Abb. 127 und 128 sieht, ist dazu die magnetisierende Kraft OG bzw. OG' erforderlich, denn erst bei diesem Werte geht die $\mathfrak{B}$-Linie durch Null. Aus dem Vergleich dieser beiden Abbildungen erkennt man auch, daß Remanenz und Koerzitivkraft keineswegs proportional sind, sondern daß letztere bei Schmiedeeisen bedeutend kleiner ist als bei hartem Stahl. Noch deutlicher sieht man dies aus folgender Zahlentafel[1]).

---

[1]) Durchschnittliche Werte nach Messungen von Gumlich und Schmidt, ETZ 1901, S. 691. — Über den Einfluß von Kohlenstoff und Silizium auf die magnetischen Eigenschaften des Eisens, vgl. Gumlich in „Ferrum“ 1912, Bd. 10, Heft 2.

	$\mathfrak{B}$	Remanenz	Koerzitiv-kraft	μ_{max}	Koeffizient η der Hysterese
Walzeisen[1]	18000	8000	0,7	6000	0,0008
Dynamoblech	18300	10000	1,2	4500	0,0015
Stahlguß	18200	10000	2,4	2800	0,003
Gußeisen	10000	5000	12	200	0,013
Harter Stahl	18000	11000	15—60	300	0,018—0,03
Nickel	10000	3400	7	300	—
Kobalt	9000	3000	12	175	—

Die Koerzitivkraft scheint dem Kohlenstoffgehalt proportional zu sein und hängt bei demselben Eisen von der Behandlung ab. Durch Härten nimmt sie zu, durch Ausglühen ab. Koerzitivkraft $\mathfrak{H}_k$ und remanenter Magnetismus $\mathfrak{B}_r$ sind Eigenschaften des Materiales. Je kleiner die Koerzitivkraft, desto steiler ist im allgemeinen die Hystereseschleife und desto kleiner der Hystereseverlust, aber umso größer die Remanenz OF (vgl. Abb. 127 und 128). Ferner scheint folgende Beziehung zur größten Durchlässigkeit μ_{max} zu bestehen[2]: $\mu_{max} = \frac{\mathfrak{B}_r}{c\,\mathfrak{H}_k}$, wobei c eine Konstante (etwa 2) ist[3].

Der durch die Koerzitivkraft bedingte Dauermagnetismus macht sich in der Technik auf verschiedene Art bemerkbar. So z. B. in unangenehmer Weise bei den elektromagnetischen Meßinstrumenten (§ 272).

Günstig wirkt der Dauermagnetismus z. B. bei Synchronmotoren. Durch ihn ist es möglich, einen solchen Motor ohne Gleichstromerregung zu betreiben. Abb. 131 zeigt den Kraftlinienpfad bei leerlaufendem, Abb. 132 bei belastetem Motor. Wenn die Gleichstromerregung des Läufers fehlt, besteht nur das vom Ständerstrom erzeugte

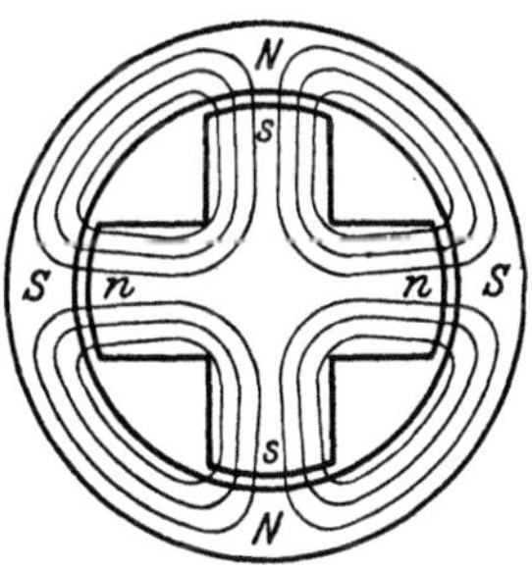

Abb. 131.

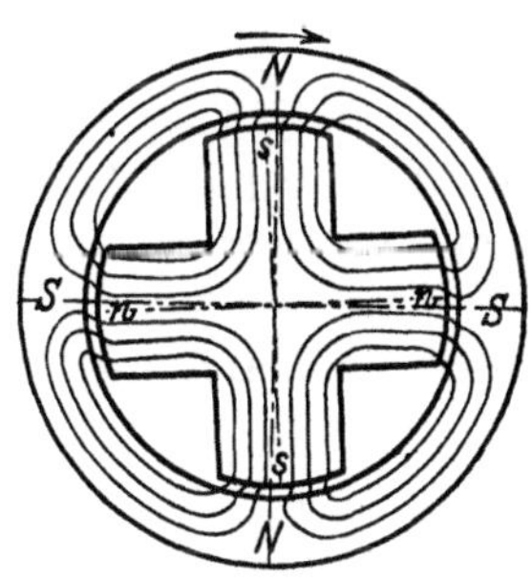

Abb. 132.

[1]) Sehr weiches, reines Material von hoher magnetischer Güte.

[2]) Gumlich und Schmidt a. a. O.

[3]) Remanenter und permanenter Magnetismus (Dauermagnetismus) werden häufig verwechselt, sind aber wesentlich verschieden. Ersterer ist unabhängig von der Form des Eisenkörpers und von der Koerzitivkraft, während letzterer sehr davon abhängt (§ 102).

Feld. Bei Leerlauf (Drehmoment Null) stehen die Ständerpole *NS* und die von ihnen induzierten Läuferpole *sn* genau gegenüber[1]), so daß die Zugkraft keine tangentiale Komponente hat, sondern genau durch die Achse geht. Bei Belastung bleibt der Läufer etwas zurück, und es tritt eine so große seitliche Verschiebung zwischen den Ständer- und Läuferpolen mit entsprechender Verzerrung der Kraftlinien ein (Abb. 132), daß die an den Läuferpolen angreifende tangentiale Zugkraft die Belastung überwindet. Das ist nur möglich, weil das Eisen des Läufers vermöge seiner Koerzitivkraft die Pole *sn* festzuhalten sucht. Gäbe es keine Koerzitivkraft, so würde keine seitliche Verschiebung der Läuferpole eintreten, und es könnte dann keine tangentiale Zugkraft geben. Da es also auf die Koerzitivkraft ankommt, so ist die tangentiale Zugkraft bei gewöhnlichem Eisen (Dynamostahl, Blech) klein gegenüber der bei normalem Betrieb mit Gleichstromerregung des Läufers, welche die Läuferpole *sn* unabhängig vom Ständerfeld erzeugt. Besteht aber der Läufer aus hartem Stahl mit großer Koerzitivkraft, so erhält man ein für manche Zwecke ausreichendes Drehmoment ohne Gleichstromerregung[2]).

Da die Koerzitivkraft an jeder Stelle eines magnetisierten Körpers den magnetischen Zustand aufrechtzuerhalten sucht, indem sie remanenten Magnetismus festhält, macht sich eine Verzerrung des Feldes auch dann bemerkbar, wenn ein glatter Eisen-Zylinder oder -Ring in einem magnetischen Felde gedreht wird. Abb. 133 zeigt das. Die bei stillstehendem Ring den induzierenden Polen *NS* genau gegenüberstehenden induzierten Pole *sn* (vgl. Abb. 141 auf S. 158) sind bei rotierendem Ring im Sinne der Drehung verschoben und die Kraftlinien entsprechend verzerrt[3]).

Befindet sich ein Eisen-Zylinder oder -Ring in einem rotierenden magnetischen Felde (Drehfeld), so bewirkt die Koerzitivkraft, daß die Kraftlinienrichtung um einen gewissen Winkel hinter der Richtung der magnetisierenden Kraft zurückbleibt, so daß auch da ein kleines Drehmoment entsteht. Bei asynchronen Drehfeldmotoren, wo der Läufer aus gutem Eisenblech besteht; ist es sehr klein, kann aber doch — zusammen mit dem von den Wirbelströmen herrührenden Drehmoment — bewirken, daß ein leerlaufender Motor trotz geöffneter Läuferwicklung

---

[1]) Da der Ständerstrom Wechselstrom ist, gelten die eingezeichneten Pole *N*, *S*, *s*, *n* natürlich nur während einer halben Periode. Während der nächsten Halbperiode sind sie alle entgegengesetzt.

[2]) Vgl. Benischke: „Drehfeld-Synchronmotoren ohne Gleichstromerregung". Elektr. u. Maschinenb., Wien 1912, S. 177, 321, 491. Ein Drehmoment infolge von Wirbelströmen kommt hier nicht in Betracht, weil bei synchronem Gang Wirbelströme mit tangentialer Zugkraft überhaupt nicht entstehen.

[3]) Dies ist wohl zu unterscheiden von der erheblich größeren Verschiebung der resultierenden Pole in einer unkompensierten Gleichstrommaschine, wenn die Läuferwicklung Strom führt. Denn dann erzeugt dieser Strom Pole (vgl. Abb. 160 und 162), welche räumlich zwischen den Ständerpolen liegen. Aus diesem Läuferfeld und dem Ständerfeld (vgl. Abb. 141) entsteht ein resultierendes Feld, dessen Pole bei einem Stromerzeuger im Sinne der Drehung, bei einem Motor aber im entgegengesetzten Sinne verschoben sind.

von selbst nicht zum Stillstand kommt, sondern mit kleiner (der Reibung entsprechender) Schlüpfung im Gang bleibt[1]).

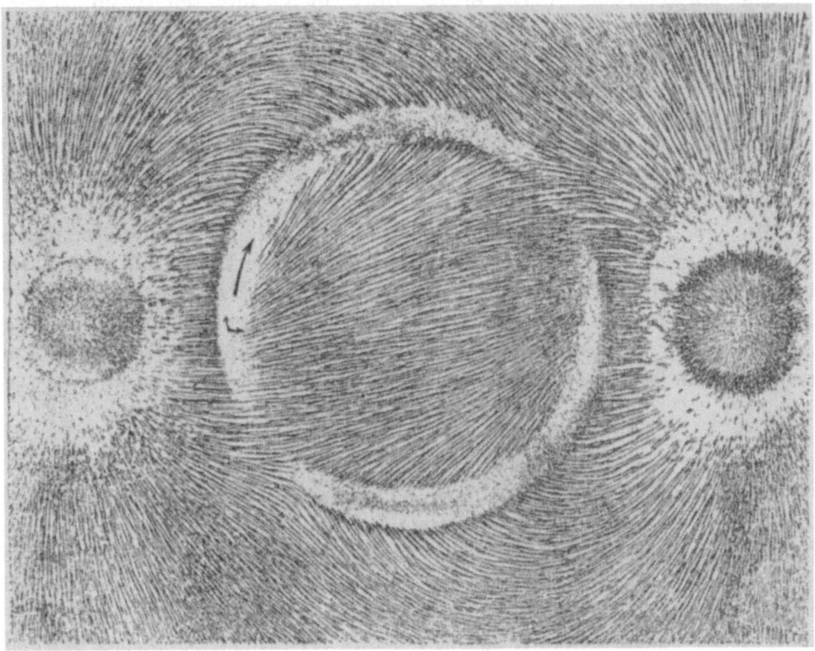

Abb. 133. Verschiebung der in einem Eisenring induzierten Pole, wenn der Ring gedreht wird.

96. Magnetische Verzögerung.

Zu den eigentümlichen Erscheinungen, die bei der Magnetisierung auftreten, gehört auch die, daß nach Herstellung der magnetisierenden Kraft die Kraftliniendichte nicht sofort den ihr zukommenden Wert erhält, sondern erst nach einiger, allerdings sehr kurzer Zeit. Diese Zeit ist so kurz, daß die (von Wirbelströmen freien) Hystereseschleifen (Abb. 127, 128) scharfe Spitzen haben.

[1]) Dieses Drehmoment hat aber nichts zu tun mit dem Leistungssprung der sich an einem in den Ständerstrom eingeschalteten Wattmeter zeigt, wenn eine solche asynchrone Maschine mit Hilfe eines besonderen Antriebsmotors vom Untersynchronismus zum Übersynchronismus gebracht wird, und dadurch zum Stromerzeuger wird. Beim Durchgang durch den Synchronismus, wo die Motorwirkung aufhört und die Stromerzeugung beginnt, muß nämlich der Leerlaufverlust, der bis dahin vom Leerlaufstrom gedeckt wurde, vom Antriebsmotor übernommen werden, was sich in einem sprunghaften Rückgang des Wattmeters um einen entsprechenden Betrag bemerkbar macht. Ein Drehmoment gibt es beim Durchgang durch den Synchronismus nicht, weil sich in diesem Augenblick Ständerfeld und Läufer in demselben Verhältnis befinden, wie in Abb. 131. Vgl. Benischke ETZ 1910, S. 238, 497, 522, 625.

Die magnetische Verzögerung hat wahrscheinlich, ebenso wie die Hysterese, ihren Grund in gewissen, noch unbekannten mechanischen Vorgängen (molekulare Reibung).

Die magnetische Verzögerung darf nicht mit der magnetischen Hysterese verwechselt werden, denn diese besteht in einer Abhängigkeit des jeweiligen Wertes $\mathfrak{B}$ von den vorhergehenden Werten, jene aber in einer Abhängigkeit von der Zeit. Ferner darf die magnetische Verzögerung nicht verwechselt werden mit der Verzögerung der magnetisierenden Kraft $\mathfrak{H}$, die dadurch entsteht, daß Wirbelströme in dem zu magnetisierenden Eisenkörper auftreten, die der magnetisierenden Kraft entgegenwirken. Vgl. § 192.

Bei elektrischen Schwingungen von sehr hoher Frequenz macht sich die magnetische Verzögerung dadurch bemerkbar, daß das Eisen in den einzelnen Halbwellen nicht den vollen Magnetismus erreicht. Zahlenmäßig äußert sich das darin, daß die magnetische Durchlässigkeit ein wenig kleiner erscheint als bei langsamen Schwingungen und gewöhnlichen Wechselströmen[1]).

97. Magnetische Arbeit.

Wie wir in § 91 gesehen haben, erfolgt die Magnetisierung irgendeines Stoffes nach denselben Gesetzen wie die Elektrisierung eines Nichtleiters, nur ist an Stelle der Dielektrizitätskonstante ϑ die magnetische Durchlässigkeit μ zu setzen. Wir können daher für die Arbeit, die notwendig ist, um eine Volumseinheit durch die magnetisierende Kraft $\mathfrak{H}$ zu magnetisieren, den in § 35 erhaltenen Ausdruck (Gl. 34) übernehmen. Demnach ist die in einer Volumseinheit eines Stoffes mit der magnetischen Durchlässigkeit μ enthaltene potentielle magnetische Energie:

$$A_{einh} = \mu \frac{\mathfrak{H}^2}{8\pi} \quad \ldots \ldots \ldots \ldots (59)$$

oder, wenn die Kraftliniendichte $\mathfrak{B}$ eingeführt wird,

$$A_{einh} = \frac{\mathfrak{B}^2}{8\pi\mu} \quad \ldots \ldots \ldots \ldots (60)$$

Daraus ergibt sich die Änderung der Arbeit dA, wenn sich $\mathfrak{H}$ um $d\mathfrak{H}$ ändert:

$$dA_{einh} = \frac{1}{4\pi\mu}\mathfrak{B}\cdot d\mathfrak{B}.$$

Führt man die Gl. 58 ein, so ist

$$dA_{einh} = \frac{1}{4\pi}\mathfrak{H}\cdot d\mathfrak{B}.$$

Mithin ist die magnetische Arbeit für eine Raumeinheit, wenn sich die Kraftliniendichte von $\mathfrak{B}_1$ bis $\mathfrak{B}_2$ ändert,

[1]) Messungen über magnet. Verzögerung: Otto, Berichte d. deutsch. physik. Gesellsch. 1910, Heft 5. — Luthe, ebenda 1913, Heft 11.

$$A_{einh} = \frac{1}{4\pi} \int_{\mathfrak{B}_1}^{\mathfrak{B}_2} \mathfrak{H} \cdot d\mathfrak{B} \quad . \quad . \quad . \quad . \quad . \quad . \quad . \quad . \quad (61)$$

Das Produkt $\mathfrak{H} \cdot d\mathfrak{B}$ ist nichts anderes als die Fläche des von $\mathfrak{H}$ und $d\mathfrak{B}$ gebildeten unendlich schmalen Rechteckes, das in Abb. 134 schraffiert ist. Daher ist $\int_{\mathfrak{B}_1}^{\mathfrak{B}_2} \mathfrak{H} \cdot d\mathfrak{B}$ die zwischen den Ordinaten $\mathfrak{B}_1$ und $\mathfrak{B}_2$ liegende Fläche $\mathfrak{B}_1 P_1 P_2 \mathfrak{B}_2$. Ist $\mathfrak{B}_2 > \mathfrak{B}_1$, d. h. nimmt die Magetisierung zu, so ist A_{einh} positiv, d. h. das $\frac{1}{4\pi}$fache dieser Fläche ist gleich der Arbeit, die von der magnetisierenden Ursache aufgewendet werden muß. Wenn also z. B. die magnetisierende Kraft von einem Strom erzeugt wird, so muß diese Arbeit von der Stromquelle geleistet werden und wird in dem magnetisierten Stoff als potentielle Energie aufgespeichert. Ist aber $\mathfrak{B}_2 < \mathfrak{B}_1$, so ist A_{einh} negativ, d. h. die aufgespeicherte Energie wird an die Stromquelle zurückgeliefert, soweit nicht ein Verlust durch Umsatz in Wärme eintritt. Es ist wie bei einer elastischen Feder; wird sie gespannt, so nimmt sie Arbeit auf. Hört die spannende Kraft auf, so gibt die Feder die Arbeit zurück, bis auf einen Verlust durch Umsatz in Wärme.

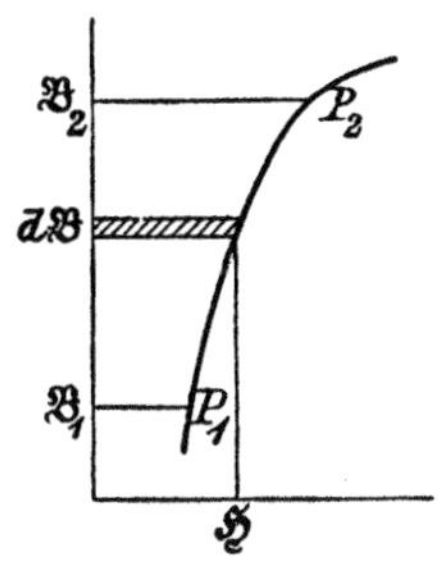

Abb. 134.

Erfolgt die Magnetisierung eines Körpers dadurch, daß er in ein vorhandenes magnetisches Feld gebracht wird, so entsteht seine magnetische Energie auf Kosten der magnetischen Energie des vorhandenen Feldes, wenn dabei keinerlei andere Arbeit auftritt. Wird aber der Körper von den magnetischen Kräften selbst in das Feld hineingezogen (Anziehung), so leistet das Feld magnetische Arbeit auf Kosten seiner potentiellen Energie. Das ist dann der Fall, wenn der Körper eine größere magnetische Durchlässigkeit μ hat, als der vorher an dieser Stelle befindliche Stoff (Luft). Denn die magnetische Energie ist gemäß Gl. 60 kleiner geworden, wenn die Kraftlinienmenge konstant geblieben ist. Muß hingegen der betreffende Körper durch Anwendung einer äußeren Kraft in das magnetische Feld hineingebracht werden (Überwindung der Abstoßung eines paramagnetischen Körpers § 99), so wird die mechanische Arbeit in magnetische Energie umgesetzt. Das ist dann der Fall, wenn der Körper ein kleineres μ hat als der vorhin an dieser Stelle befindliche Stoff, und wenn die gesamte Kraftlinienmenge konstant bleibt. Die gesamte magnetische Energie ist also um den Betrag der aufgewendeten mechanischen Arbeit vergrößert worden.

98. Arbeitsverlust bei einem magnetischen Kreisprozeß.

Läßt man die auf einen Körper wirkende magnetisierende Kraft von Null bis $\mathfrak{H}$ wachsen, z. B. durch Schließen des Stromkreises einer

Spule wie in Abb. 117, so wächst die Kraftliniendichte von Null bis D (Abb. 135). Die dabei aufgewendete Arbeit ist nach dem vorigen gleich der $\frac{1}{4\pi}$ fachen Fläche ODR zwischen der $\mathfrak{B}$-Kurve und der Ordinatenachse. Läßt man $\mathfrak{H}$ wieder bis Null sinken, indem man den Strom ausschaltet, so nimmt die $\mathfrak{B}$-Kurve, wie wir aus § 94 wissen, nicht denselben Weg zurück, sondern den Weg DF, wobei der remanente Magnetismus OF bestehen bleibt. Die an die Stromquelle zurückgegebene Arbeit ist gleich der $\frac{1}{4\pi}$ fachen schraffierten Fläche DRF. Es ist also ein Arbeitsbetrag gleich der $\frac{1}{4\pi}$ fachen Fläche ODF nicht zurückgewonnen worden. Die Erfahrung lehrt, daß dieser Betrag innerhalb des magnetisierten Körpers in Wärme umgewandelt wird. Will man den verbliebenen Magnetismus OF vernichten, so muß eine entgegengerichtete magnetisierende Kraft OG, und die entsprechende Arbeit gleich der $\frac{1}{4\pi}$ fachen Fläche FOG aufgewendet werden.

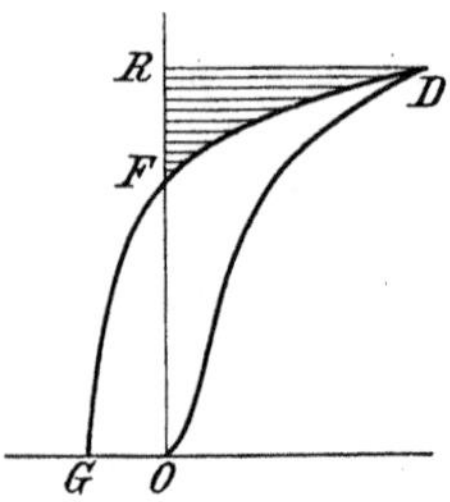

Abb. 135.

Wird ein vollständiger magnetischer Kreisprozeß zwischen den Werten $+D$ und $-D'$ (Abb. 127) ausgeführt, so ist der in Wärme umgesetzte Arbeitsverlust gleich der $\frac{1}{4\pi}$ fachen, von der Hystereseschleife eingeschlosseneu Fläche $DGD'G'$. Man kann sich vorstellen, daß dieser Arbeitsverlust durch die bei der Ummagnetisierung auftretende Reibung der Molekularmagnete verursacht wird, und bezeichnet ihn daher auch als Ummagnetisierungsarbeit, oder, weil er durch die Hystereseschleife dargestellt ist, als Hystereseverlust.

Die magnetische Arbeit (Gl. 61) besteht aus zwei Teilen, die man erkennt, wenn man für $\mathfrak{B}$ die Gl. 55 einsetzt.

Es ist dann

$$A_{einh} = \frac{1}{4\pi}\int\limits_{\mathfrak{B}_1}^{\mathfrak{B}_2} \mathfrak{H} \cdot d(\mathfrak{H} + 4\pi\sigma) = \frac{1}{4\pi}\int\limits_{\mathfrak{H}_1}^{\mathfrak{H}_2} \mathfrak{H} \cdot d\mathfrak{H} + \int\limits_{\sigma_1}^{\sigma_2} \mathfrak{H} \cdot d\sigma$$

$$= \frac{1}{8\pi}(\mathfrak{H}_2^{\,2} - \mathfrak{H}_1^{\,2}) + \int\limits_{\sigma_1}^{\sigma_2} \mathfrak{H} \cdot d\sigma .$$

Das erste Glied auf der rechten Seite bedeutet die auf die Erzeugung oder Änderung der magnetisierenden Kraft entfallende Arbeit, das zweite Glied die zur Erzeugung der Flächendichte σ (§ 89) erforderliche Arbeit.

Für einen vollständigen Kreisprozeß ist $\mathfrak{H}_2 = \mathfrak{H}_1$ und daher das erste Glied auf der rechten Seite Null. Das heißt, für einen vollständigen Kreisprozeß ist der gesamte Arbeitsverlust nur gleich der durch die Flächendichte σ (entsprechend Abb. 124) dargestellten Hystereseschleife[1]).

Um also den Arbeitsverlust zahlenmäßig angeben zu können, ist in jedem Falle die Kenntnis der Hystereseschleife für $\mathfrak{B}$ oder σ erforderlich. Für praktische Zwecke genügt eine von Steinmetz aufgestellte empirische Formel, wonach der Verlust in 1 cm^3 Eisen für einen zwischen den Grenzen $+\mathfrak{B}$ und $-\mathfrak{B}$ verlaufenden Kreisprozeß gleich

$$\eta\,\mathfrak{B}^{1,6}\cdot 10^{-7}\ \text{Watt}.$$

Für Schmiedeeisen (Dynamoblech) ist η gleich 0,001—0,002, für Stahlguß (Dynamostahl) 0,002—0,008, Gußeisen 0,01—0,02, harten Stahl 0,01—0,03.

Aus den vorstehenden Zahlen und der Zahlentafel auf S. 147 erkennt man, daß η um so größer ist, je größer die Koerzitivkraft des betreffenden Materiales ist. Ja es besteht sogar (bei gleichem $\mathfrak{B}$) nahezu Proportionalität[2]). Dagegen kann der remanente Magnetismus sehr verschieden sein (vgl. auch § 102).

Die obige Formel gilt aber nur näherungsweise. Rechnet man nämlich η aus verschieden großen Hystereseschleifen aus, so findet man, daß es mit dem Genzwerte $\mathfrak{B}$ wächst. Behält man aber einen konstanten mittleren Wert für η bei und berechnet den Potenzexponenten von $\mathfrak{B}$, so findet man, daß er von 1,5 bis 2 wächst. Der Hystereseverlust läßt sich also überhaupt nicht durch eine einzige Konstante darstellen, sondern man muß entweder die für empirische Formeln übliche Potenzreihe $p_h = \alpha\,\mathfrak{B} + \beta\,\mathfrak{B}^2$ mit den Konstanten α, β, oder die Formel von Armagnat $p_h = \gamma\,10^{\delta\mathfrak{B}}$ mit den Konstanten γ und δ benützen.

99. Anziehung und Abstoßung im magnetischen Felde.

Da (wie schon auf S. 139 betont wurde) die Magnetisierung nach denselben Gesetzen vor sich geht wie die Elektrisierung eines Nichtleiters, wobei die magnetische Durchlässigkeit μ dieselbe Rolle spielt, wie die Dielektrizitätskonstante ϑ, so können wir das mathematische Ergebnis aus § 36 auch auf die Grenzfläche zweier magnetisierter Stoffe anwenden. Ist σ die magnetische Flächendichte des einen Stoffes an der Grenzfläche GH (Abb. 136), σ' die des andern, so ist die resultierende Flächendichte $\sigma' - \sigma = \frac{\mathfrak{B}}{4\pi}\left(\frac{1}{\mu} - \frac{1}{\mu'}\right)$.

---

[1]) Es sei hier gleich bemerkt, daß der bei einer Ummagnetisierung auftretende Hystereseverlust nicht der einzige Arbeitsverlust ist, der sich in Wärme umsetzt, sondern daß hierzu noch die Stromwärme der Wirbelströme kommt, die bei einer Änderung der Magnetisierung erzeugt werden (vgl. § 155).

[2]) Hierauf beruht die Möglichkeit, mit dem sog. Eisenprüfer von Ewing die Hystereseverluste verschiedener Eisenproben miteinander vergleichen zu können. Vgl. § 292.

Bei reinem, im Vakuum geglühten Eisen ist die Koerzitivkraft und der Hystereseverlust sehr klein. ETZ 1915, S. 675.

Ist $\mu' > \mu$, so ist die rechte Seite der Gleichung positiv und umgekehrt. Das heißt, in der resultierenden Flächendichte $\sigma' - \sigma$ überwiegt der Magnetismus jenes Stoffes, der die größere Durchlässigkeit besitzt, und zwar ohne Rücksicht auf das Vorzeichen, das ja nur davon abhängt, wie die Richtung der magnetisierenden Kraft ist, d. h. ob CD positiv oder negativ ist.

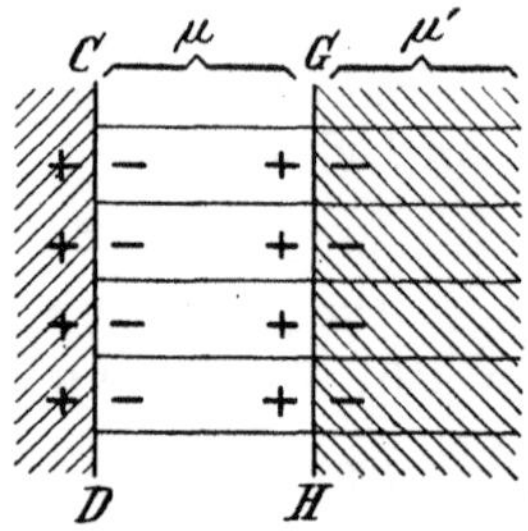

Abb. 136.

Bringt man also in ein magnetisches Feld einen Körper von anderer magnetischer Durchlässigkeit, so tritt an den Stellen, wo die Kraftlinien ein- und austreten, freier Magnetismus auf. In Abb. 136 sei CD das positive Ende eines Magnetes, von dem das durch die wagerechten Linien angedeutete magnetische Feld herrührt. GH sei eine Endfläche eines prismatischen Körpers mit der Durchlässigkeit μ', während der Raum zwischen CD und GH durch ein Gas oder eine Flüssigkeit von der Durchlässigkeit μ erfüllt sei. An der Grenzfläche GH tritt freier Magnetismus zu beiden Seiten auf, weil ja beide Stoffe magnetisiert werden. Ist $\mu' > \mu$, so überwiegt der freie Magnetismus des rechten Stoffes und die Grenzfläche erscheint in diesem Falle mit negativem Magnetismus versehen, wird also von CD angezogen. Ist aber $\mu' < \mu$, so überwiegt an der Grenzfläche der positive Magnetismus des linken Stoffes, und daher wird sie von CD abgestoßen.

Ist der zweite Stoff ein begrenzter Körper, z. B. $GHKL$ (Abb. 137), der in einem homogenen Felde von dem ersten Stoff allseitig umgeben ist, so überwiegt an der jenseitigen Grenzfläche KL die negative Ladung; sie wird also von CD angezogen. Da nun in einem homoge-

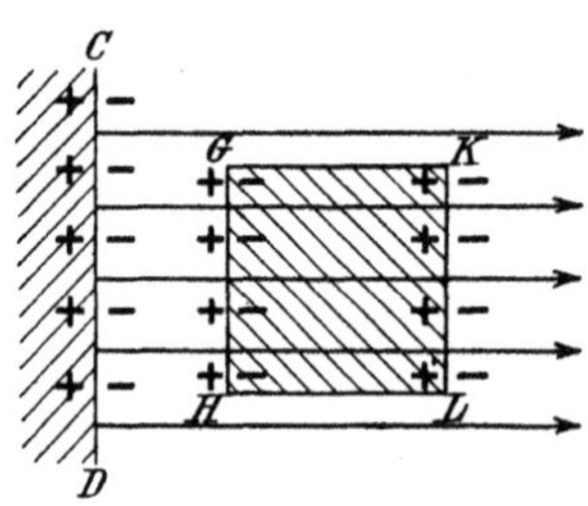

Abb. 137.

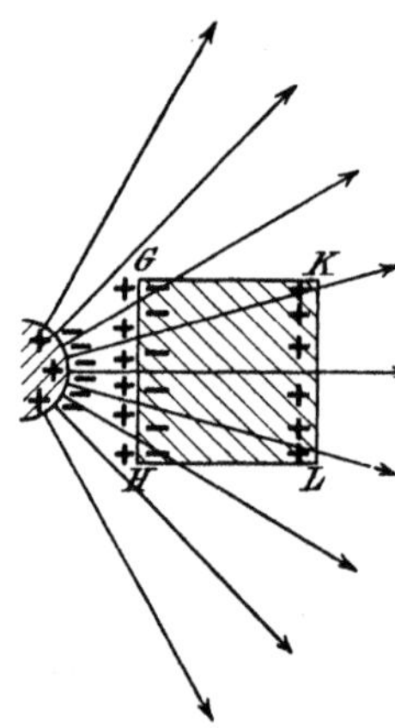

Abb. 138.

nen Felde die Kraft an allen Stellen des Feldes dieselbe ist, so heben sich die Anziehung der Fläche KL und die Abstoßung der Fläche GH gegenseitig auf und der Körper bleibt in Ruhe. Ist aber das Feld nicht homogen (Abb. 138), so ist die Kraft an der Fläche GH größer als an der Fläche KL, es überwiegt die Abstoßung der Fläche GH und daher wird der ganze Körper in der Richtung der divergierenden

Kraftlinien abgestoßen. Damit ist die in § 92 erwähnte Abstoßung diamagnetischer Körper, d. h. solcher, deren Durchlässigkeit kleiner als die der Luft ist, wie z. B. Wismut, erklärt. Gäbe es aber ein Gas oder eine Flüssigkeit, deren Durchlässigkeit noch kleiner als die des Wismuts wäre, so würde in einem solchen Wismut angezogen. Ganz allgemein gilt folgendes: Befindet sich ein magnetisierter Körper in einem homogenen Felde, so bleibt er in Ruhe; ist aber das Feld nicht homogen, so sucht sich der Körper in der Richtung der divergierenden Kraftlinien zu bewegen, wenn seine magnetische Durchlässigkeit kleiner ist als die des umgebenden Stoffes.

Was auf S. 60 über die potentielle elektrische Energie und den Zusammenhang mit Abstoßung und Anziehung gesagt wurde, gilt natürlich auch hier für die potentielle magnetische Energie, wenn man ϑ durch μ ersetzt. Vgl. auch den Schluß von § 97.

100. Brechung der Kraftlinien an der Grenzfläche magnetischer Stoffe.

Wenn die Kraftlinien nicht senkrecht auf die Grenzfläche GH zweier magnetischer Körper auftreffen, sondern wie in Abb. 49 (S. 61) unter einem schiefen Winkel, so gelten hier dieselben Gesetze wie für den Durchgang elektrischer Kraftlinien durch die Grenzfläche zweier Nichtleiter. Es verhalten sich also die magnetisierenden Kräfte in den beiden aneinander grenzenden Stoffen umgekehrt, wie die Sinus der Einfallswinkel (Abb. 49).

$$\frac{\mathfrak{H}}{\mathfrak{H}'} = \frac{\sin\alpha'}{\sin\alpha} \quad \text{. . . . .} \quad (62)$$

Ferner verhalten sich die Kraftliniendichten in den beiden Stoffen umgekehrt wie die Cosinus der Einfallswinkel (Abb. 50).

$$\frac{\mathfrak{B}}{\mathfrak{B}'} = \frac{\cos\alpha'}{\cos\alpha} \quad \text{. . . . .} \quad (63)$$

Aus beiden folgt, daß sich die trigonometrischen Tangenten des Einfallswinkels so verhalten wie die magnetischen Durchlässigkeiten der beiden Stoffe:

$$\frac{\operatorname{tg}\alpha}{\operatorname{tg}\alpha'} = \frac{\mu}{\mu'} \quad \text{. . . . .} \quad (64)$$

Diese Gleichung wird als Brechungsgesetz der magnetischen Kraftlinien bezeichnet.

Die beiden letzten Gleichungen besagen, daß in dem Stoff mit der größeren Durchlässigkeit der Einfallswinkel und die Kraftliniendichte den größeren Wert hat. Das ist für den Übergang der Kraftlinien vom Eisen zur Luft in elektrischen Maschinen und Apparaten von Wichtigkeit. In der folgenden Zahlentafel sind die Einfallswinkel in Luft (α) und die Einfallswinkel in Eisen (α') bei den

Durchlässigkeiten 3000 und 300 zusammengestellt. Da für Luft $\mu = 1$ ist, so ist

$$\operatorname{tg} \alpha = \frac{1}{\mu'} \operatorname{tg} \alpha'.$$

bei $\mu' = 3000$		bei $\mu' = 300$	
Einfallswinkel in Eisen α'	Einfallswinkel in Luft α	Einfallswinkel in Eisen α'	Einfallswinkel in Luft α
0°	0°	0°	0°
10°	0° 0′ 1″	10°	0° 2′
30°	0° 0′ 40″	30°	0° 7′
50°	0° 1′ 30″	50°	0° 14′
70°	0° 3′	70°	0° 32′
80°	0° 6′	80°	1° 5′
85°	0° 13′	85°	2° 11′
89°	1° 5′	89°	10° 45′
89° 50′	6° 30′	89° 50′	48° 45′
90°	90°	90°	90°

Aus diesen Zahlen ersieht man, daß Kraftlinien in der Luft fast immer senkrecht zur Eisenoberfläche stehen, selbst wenn sie im Eisen sehr schräg auf die Oberfläche auftreten. Das Kraftlinienbild in Abb. 121 läßt dies deutlich erkennen. Abb. 51 (S. 62) gilt auch für ein Eisenstück in einem magnetischen Felde; hier ist auch der Verlauf der Kraftlinien durch das Eisen gezeichnet; ebenso in Abb. 139. Aus diesen drei Abbildungen erkennt man auch die aus Gl. 63 folgende Verdichtung der Kraftlinien (Zunahme von $\mathfrak{B}'$). Diese Brechung und Verdichtung der Kraftlinien ist es, die den in § 90 erwähnten Eindruck des Ansaugens der Kraftlinien durch einen Körper von größerer Durchlässigkeit hervorruft. Abb. 52 (S. 62) stellt den Fall dar, wo eine Kugel kleinere Durchlässigkeit hat als ihre Umgebung (z. B. Wismut in Luft). In einem solchen Körper ist die Kraftliniendichte geringer. Es sieht aus, als ob die Kraftlinien von einem solchen Körper weggedrängt würden.

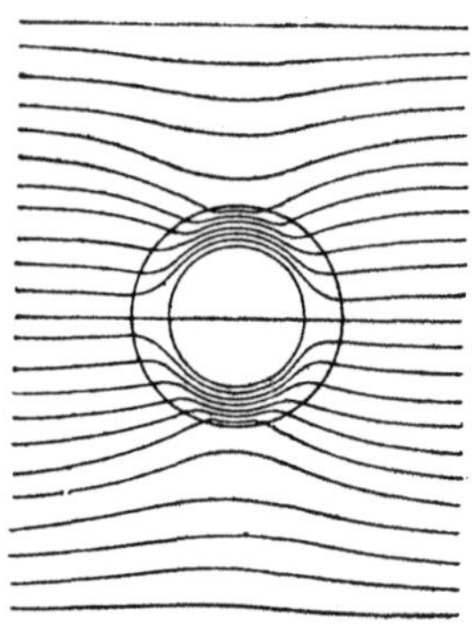

Abb. 139. Eiserner Hohlzylinder in einem homogenen Felde.

Es sei besonders betont, daß die Verdichtung der Kraftlinien nur bei schrägem Auftreten auf die Oberfläche stattfindet. Bei senkrechtem Auftreten bleibt die Kraftliniendichte, wie aus Abb. 136 hervorgeht, unverändert. Es können ja auch keine neuen Kraftlinien an der Grenzfläche GH entstehen, da die magnetischen Kraftlinien nur als geschlossene Kurven existieren. Die Gl. 58 widerspricht dem nicht, denn diese besagt nur, daß die Kraftliniendichte sich um das μfache vermehrt, wenn an Stelle eines Stoffes mit der Durchlässigkeit 1 ein Stoff von der Durchlässigkeit μ tritt. In diesem Stoff ist die Kraftliniendichte nicht gleich der magnetischen Kraft.

101. Magnetische Schirmwirkung.

Abb. 139 zeigt, wie sich aus der Verdichtung der Kraftlinien in einem Eisenring, die mit einer Ansaugewirkung verglichen werden kann, eine Schirmwirkung auf den Innenraum ergibt, der bei genügender

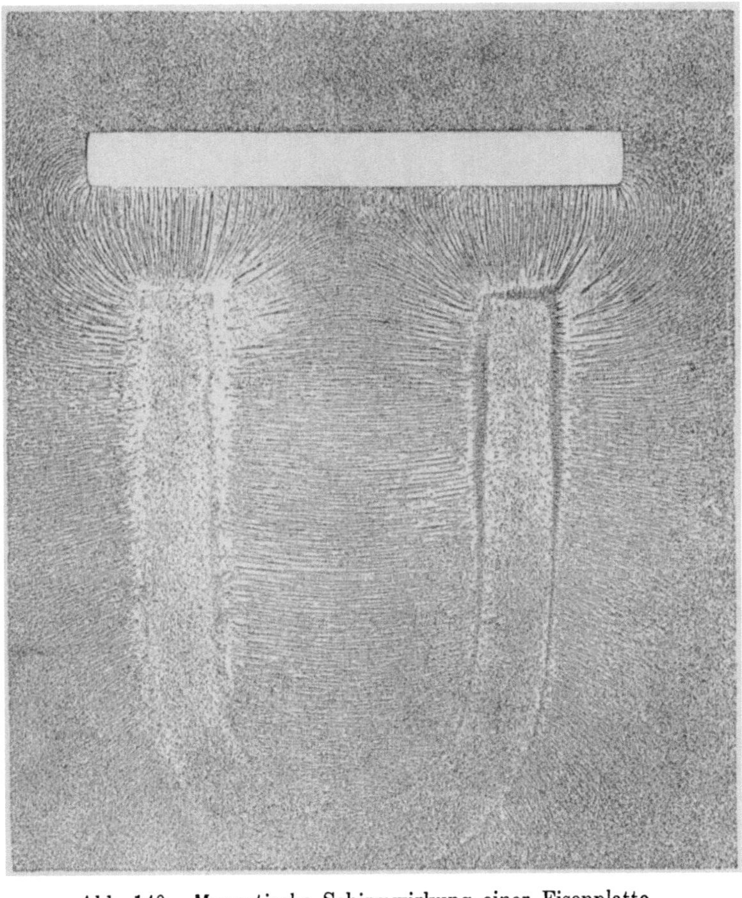

Abb. 140. Magnetische Schirmwirkung einer Eisenplatte.

Dicke des Eisens frei von Kraftlinien bleibt. Abb. 140 zeigt die Ansaugung der Kraftlinien eines Hufeisenmagnetes durch eine davorstehende Eisenplatte. Hinter dieser liegen die Eisenfeilspäne ungeordnet; ein Zeichen, daß hier das magnetische Feld verschwindend klein ist.

Die magnetische Schirmwirkung ist ähnlich wie die Schirmwirkung

einer zur Erde abgeleiteten leitenden Platte oder eines Hohlzylinders gegen elektrische Felder (§ 18). Während aber die elektrische Schirmwirkung eine vollkommene ist, so daß selbst hinter der dünnsten Platte die elektrische Kraft null ist, ist die magnetische Schirmwirkung eine unvollkommene; sie hängt von der Dicke der Platte und ihrer magnetischen Durchlässigkeit ab. Nur hinter einer unendlich dicken Platte oder hinter einer, deren Durchlässigkeit unendlich groß ist, wäre die magnetische Kraft null. So erkennt man aus Abb. 141, daß innerhalb des Eisenringes noch Kraftlinien vorhanden sind. Sie gehen von Polen aus, die an der Innenfläche des Ringes gegenüber den induzie-

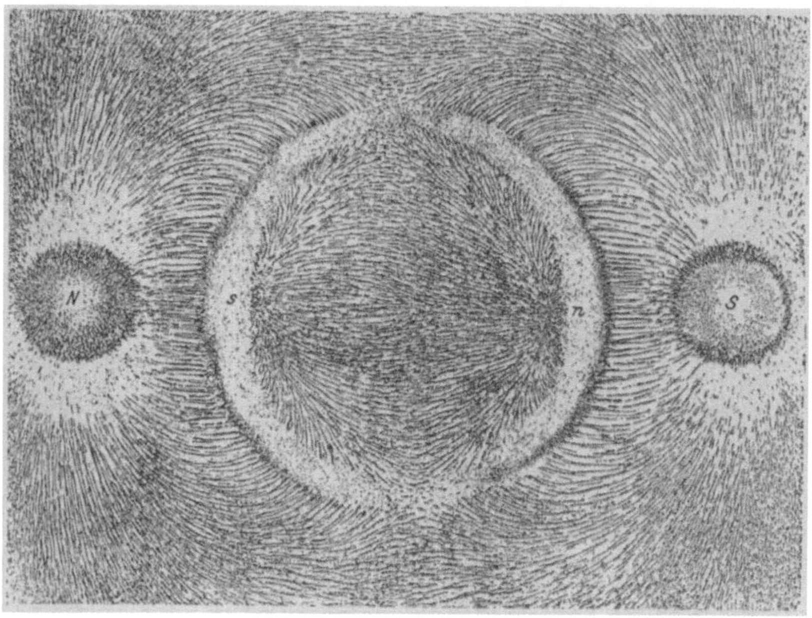

Abb. 141. Unvollkommene Schirmwirkung eines eisernen Ringes.

renden Polen sitzen und gleiches Vorzeichen haben wie diese (so daß die Kraftlinien innen und außen gleiche Richtung haben), während die an der Außenseite des Ringes sitzenden Pole entgegengesetztes Vorzeichen haben. Das induzierende Feld ist hier zu stark, oder der Eisenring zu dünn, als daß er alle Kraftlinien ansaugen könnte, wie es in Abb. 139 und 140 der Fall ist.

Die Schirmwirkung ist stärker, wenn mehrere durch Zwischenräume getrennte Platten statt einer einzigen von gleicher gesamter Dicke angewendet werden.

Die Schirmwirkung besteht aber nicht nur gegen Kraftlinien, die quer zu einem Ring oder einer Platte verlaufen, sondern sie besteht auch in einem gewissen Bereich zwischen zwei Eisenplatten, die parallel zu den Kraftlinien stehen (Abb. 142), weil eben die Kraftlinien angesaugt werden. Das gilt natürlich auch von einem Eisenrohr.

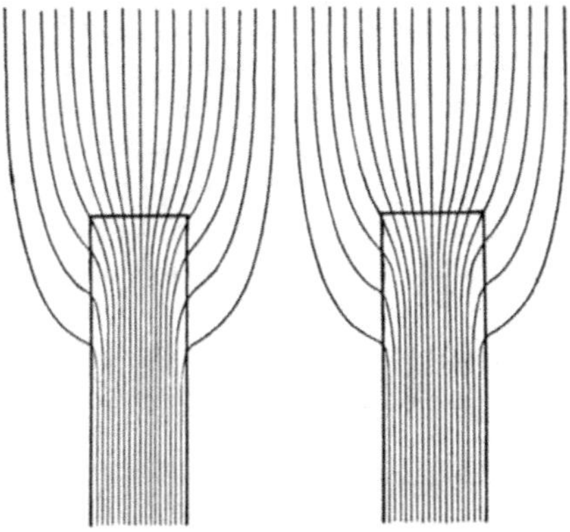

Abb. 142. Magnetische Schirmwirkung zweier Eisenplatten.

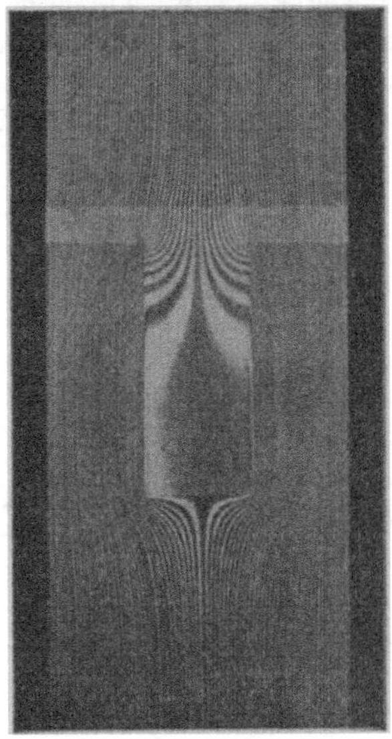

Abb. 143. Magnetische Schirmwirkung der Zähne auf die Nut bei einer elektrischen Maschine.

Eine bei elektrischen Maschinen sehr wichtige Schirmwirkung üben die Zähne eines Zahnankers auf den Nutenraum zwischen den Zähnen aus, wie aus den Abb. 143 und 144 zu ersehen ist. Sie zeigen die vom Feldmagnet zum Anker verlaufenden Kraftlinien (helle Linien). In den Zähnen sind sie sehr dicht, weil sie vom Eisen angesaugt werden, während in den Nuten nur wenige vorhanden sind[1]). Bei der Drehung des Ankers werden die Kraftlinien von den Zähnen ein Stück weit mitgezogen und schnellen dann mit großer Geschwindigkeit von einem Zahn zum nächsten, so daß auch während der Drehung der große Unterschied zwischen der Kraftliniendichte in den Zähnen und Nuten besteht[2]).

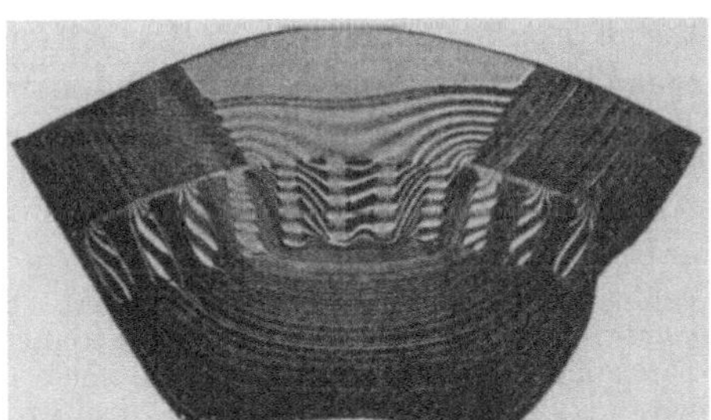

Abb. 144. Erregerfeld einer elektr. Maschine.

---

[1]) Sie erscheinen in den Nuten verbreitert, weil es Strömungslinien einer gefärbten Flüssigkeit in einer ungefärbten sind, denn durch Eisenfeilspäne können die Kraftlinien am Eisen nicht sichtbar gemacht werden. Die Lufträume sind durch größeren Reibungswiderstand für die gefärbte Flüssigkeit zwischen zwei Glasplatten nachgeahmt. Vgl. Hele Shaw, Hay und Powell, Journ. of the Instit. of the Electr Engin. London 1915, Bd. 34, S. 21.

[2]) Das hat Anlaß zu wiederholten Erörterungen gegeben, ob die Zugkraft in den Drähten oder Zähnen des Ankers angreift. Nach § 83 ist die Kraft,

102. Entmagnetisierende Kraft. Dauermagnete.

Verlaufen die magnetischen Kraftlinien in ihrer ganzen Länge in demselben Stoff, wie z. B. in der ringförmigen Spule, Abb. 117, so ist der magnetische Zustand durch die Gleichung $\mathfrak{B} = \mu \mathfrak{H}$ vollständig bestimmt. Anders ist es bei einem ungeschlossenen Eisenkörper wie in Abb. 122, in welchem freier Magnetismus auftritt. Dann kommen zu den Kraftlinien des ursprünglichen magnetisierenden Feldes, die in Abb. 145 durch ausgezogene Linien dargestellt sind, noch diejenigen hinzu, welche von dem freien Magnetismus auf den Endflächen (Polen) ausgehen. Dieser ist dort, wo die Kraftlinien des magnetisierenden Feldes auftreffen, negativ, und dort, wo sie das Eisen verlassen, positiv (vgl. Abb. 120). Vom positiven Magnetismus gehen nun die gestrichelten Kraftlinien (Abb. 145) aus und wenden sich einerseits durch das Eisen, anderseits durch die umgebende Luft dem negativen Ende des Körpers zu, so daß sich die eingezeichneten Pfeilrichtungen ergeben. Man sieht, daß sie im Innern des Eisens dem ursprünglichen magnetischen Felde entgegenwirken, so daß man sagen kann, der freie Magnetismus wirkt schwächend oder entmagnetisierend. Außerhalb des Körpers wirken die gestrichelten Kraftlinien teils verstärkend (vor den Polflächen), teils schwächend. Wo sie sich mit den ursprünglichen Kraftlinien kreuzen, bilden sie an jeder Stelle eine Resultierende, so daß sich schließlich ein resultierendes Feld ergibt, dessen Gestalt in

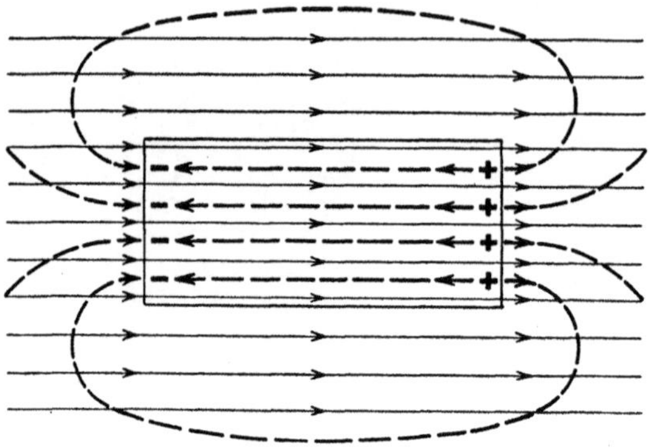

Abb. 145.

welche in einem magnetischen Felde auf einen stromdurchflossenen Leiter ausgeübt wird, der Feldstärke proportional. Somit ist die auf die Ankerdrähte einer elektrischen Maschine (Motor oder Stromerzeuger) wirkende Zugkraft bei einem Zahnanker vielmals kleiner als bei einem glatten Anker, bei dem die Drähte auf der Oberfläche liegen. Die übrige, dem Drehmoment entsprechende Zugkraft wirkt auf das Eisen der Zähne, während bei einem glatten Anker die gesamte Zugkraft in den Drähten angreift. Daher können größere Maschinen nicht mit glattem Anker ausgeführt werden. Die Größe der induzierten EMK wird nicht beeinflußt, denn nach Gl. 92 (S. 207) kommt es nur auf die gesamte Kraftlinienmenge $\mathfrak{z}$ an, die von einer Stromschleife umschlossen wird. Benützt man aber die Gl. 90 für einen einzelnen Draht, so kommt es auf das Produkt $\mathfrak{H}v$, also auf Kraftliniendichte mal Geschwindigkeit des Schneidens der Kraftlinien an. Da die Kraftlinien während der Drehung mit großer Geschwindigkeit von einem Zahn zum nächsten schnellen, so ist die Geschwindigkeit, mit welcher sie die Drähte in den Nuten schneiden, entsprechend groß und zwar so groß, daß das Produkt $\mathfrak{H}v$ gleich demselben Produkt bei einem glatten Anker ist.

Abb. 121 für ein rundes, in Abb. 122 für ein prismatisches Eisenstück zu sehen ist. Ist $\mathfrak{H}_u$ die ursprüngliche, $\mathfrak{H}$ die wirklich vorhandene magnetisierende Kraft an irgendeiner Stelle des Eisenkörpers, so ist

$$\mathfrak{H} = \mathfrak{H}_u - \varepsilon\sigma,$$

wenn σ die Flächendichte (Magnetisierungsstärke, § 89) und ε ein Entmagnetisierungsfaktor ist. Dieser Faktor ist nur bei Kugeln und Ellipsoiden an allen Stellen gleich, und daher besteht nur in solchen an allen Stellen gleiche Magnetisierung, wenn das ursprüngliche Feld ein homogenes ist. Daher läßt sich ε nur für diese Körper berechnen, für andere nur näherungsweise experimentell bestimmen[1]).

Hat der Eisenkörper keine Stellen, aus welchen Kraftlinien austreten (z. B. ein Ring, auf den ein magnetisierender Strom wie in Abb. 117 aufgewickelt ist), so gibt es keinen freien Magnetismus und daher auch keine entmagnetisierende Wirkung. Hier ist also die vom Strom erzeugte magnetisierende Kraft $4\pi i n$ im ganzen Ring wirklich vorhanden.

Beseitigt man die äußere magnetisierende Kraft, so gibt die Hystereseschleife (Abb. 127, 128), weiteren Aufschluß, denn daraus ersieht man, daß der remanente Magnetismus OF bestehen bleibt, jedoch nur dann in voller Stärke, wenn keine entmagnetisierende Wirkung besteht, also nur bei einem geschlossenen Körper. Sind aber Enden mit freiem Magnetismus vorhanden, so wirkt die entmagnetisierende Kraft der Koerzitivkraft OG, welche den remanenten Magnetismus aufrechtzuerhalten sucht, entgegen, so daß nur ein Teil des remanenten Magnetismus als dauernder oder permanenter Magnetismus bestehen bleibt. Man hat dann einen Dauermagnet oder permanenten Magnet, der nun als Ursache eines selbständigen magnetischen Quellenfeldes (S. 4) so lange besteht, bis sein Magnetismus durch irgendwelche Einflüsse vernichtet wird. Nachdem $\mathfrak{H}_u = 0$ gemacht wurde, geht die obige Gleichung über in

$$\mathfrak{H} = -\varepsilon\sigma,$$

und die entsprechenden Gleichungen des § 91 gehen über in

$$\mathfrak{B} = 4\pi\sigma$$

$$\mathfrak{Z} = 4\pi m.$$

Das sind die drei Gleichungen eines Dauermagnetes. Die letzte stimmt überein mit § 6.

Für den dauernd verbleibenden Magnetismus ist weniger der remanente Magnetismus OF, sondern hauptsächlich die Koerzitivkraft OG maßgebend, denn diese stellt jene entgegenwirkende magnetisierende Kraft dar, die notwendig wäre, um den remanenten Magnetismus zu vernichten. Wäre die entmagnetisierende Kraft der Pole gerade gleich OG, so verbliebe vom remanenten Magnetismus kein dauernder Rest.

---

[1]) Ch. R. Mann, Inauguraldissertation, Berlin 1895 (Mayer & Müller). H. du Bois, Magnetische Kreise usw. Berlin, S. 45.

Daraus erklärt sich die bekannte Tatsache, daß der Dauermagnetismus bei Schmiedeeisen viel kleiner ist als bei hartem Stahl, obwohl der remanente Magnetismus bei gleicher Magnetisierung wenig verschieden ist, wie die Zahlentafel auf S. 147 zeigt. Dagegen ist die Koerzitivkraft bei Schmiedeeisen beträchtlich kleiner als bei Stahl, und daher genügt bei ersterem die entmagnetisierende Wirkung der Pole, um den remanenten Magnetismus fast ganz zu vernichten, während sie bei letzterem nur einem Teil der Koerzitivkraft gleichkommt. Es verbleibt daher ein großer Teil des remanenten Magnetismus als Dauermagnetismus. Die Stärke eines Dauermagnetes mit freien Polen hängt also in erster Linie von seiner Koerzitivkraft, in zweiter Linie von seiner Gestalt und erst in dritter Linie vom remanenten Magnetismus der betreffenden Eisensorte ab.

Aus Abb. 145 folgt, daß bei gleicher Polstärke die entmagnetisierende Kraft um so größer ist, je kürzer das Stück ist, weil nach § 3 die magnetische Kraft mit dem Quadrate der Entfernung abnimmt. Daher muß man bei Eisenkernen für elektromagnetische Meßinstrumente und ähnliche Apparate, wo es auf möglichst wenig Dauermagnetismus ankommt, die Gestalt so wählen, daß die Länge im Vergleich zur Dicke möglichst klein ist. Umgekehrt muß man die Dauermagnete, die möglichst viel Dauermagnetismus haben sollen, möglichst lang wählen. Bei zylindrischen Stäben bestehen nach Ch. R. Mann folgende Werte.

$\frac{\text{Länge}}{\text{Durchmesser}}$	Entmagnetisierungsfaktor ε
5	0,6800
10	0,2550
20	0,0900
100	0,0052
300	0,0008

Da bei geschlossenen Eisenkörpern die entmagnetisierende Kraft Null ist, so muß bei gleicher Länge und Dicke jene Form die kleinste entmagnetisierende Kraft und daher den größten Dauermagnetismus haben, die der geschlossenen Form am nächsten kommt. Mißt man bei den in Abb. 146 dargestellten Formen den Dauermagnetismus, so findet man, daß er bei A am größten, bei F am kleinsten ist. Die Dauermagnetismen dieser Formen verhalten sich ungefähr wie folgt:

$$A : B : C : D : E : F = 2{,}6 : 2{,}5 : 2{,}1 : 1{,}7 : 1{,}3 : 1.$$

Daher eignen sich die Formen A und B am besten zu Dauermagneten für Drehspuleninstrumente, Elektrizitätszähler und zu Dämpfungsmagneten.[1])

Bei demselben Eisenstück ist der Dauermagnetismus um so größer, je größer der Höchstwert von $\mathfrak{B}$ ist, bis zu dem die Magnetisierung getrieben wurde. Denn wie aus Abb. 128 hervorgeht, ist sowohl der remanente Magnetismus als auch die Koerzitivkraft um so größer, je

[1]) Bei den Magneten für Drehspuleninstrumente und Elektrizitätszähler kommt es nicht so sehr auf große Stärke als vielmehr auf Unveränderlichkeit des Dauermagnetismus an. In dieser Hinsicht ist Wolframstahl und Chromstahl am geeignetsten.

größer der Höchstwert von $\mathfrak{B}$ ist. Über die Kraftlinienmenge von Dauermagneten s. § 114.

Hat man die magnetisierende Kraft, d. h. die ausgezogenen Kraftlinien in Abb. 145 beseitigt, so bleiben nur die vom Dauermagnetismus ausgehenden gestrichelten Kraftlinien übrig. Verfolgt man den geschlossenen Weg einer solchen, so sieht man, daß die Richtung im Eisen und außerhalb des Eisens entgegengesetzt ist. Die Richtungsänderung tritt beim Durchgang durch die Oberfläche ein, wo man sich den Sitz des freien Magnetismus denkt. Hier findet der auf S. 15 berechnete Kraftsprung um den Betrag $4\pi\sigma m$ statt. Und weil dieser Sprung im Wege einer geschlossenen Kraftlinie zweimal im entgegengesetzten Sinne erfolgt, so ist die Arbeit eines Poles m auf dem ganzen geschlossenen Wege Null, wie das schon auf S. 126 bei der magnetischen Platte erörtert wurde. Die magnetische Platte, die wir dort betrachtet haben, ist ja nichts anders als ein Dauermagnet von kleiner Länge[1]).

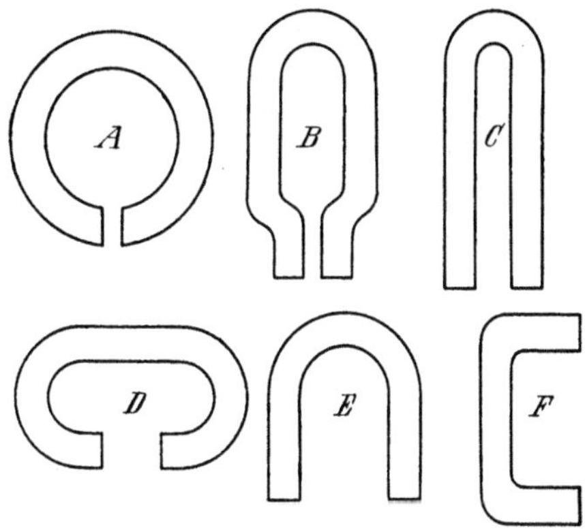

Abb. 146.

Betrachtet man einen ungeschlossenen Eisenkörper während seiner Magnetisierung durch irgendein Feld (ausgezogene Linien in Abb. 145) und nach Beseitigung dieses Feldes, so ergibt sich, daß die Kraftlinien im Eisen bei diesen zwei Zuständen entgegengesetzte Richtung haben, während sie außerhalb des Eisens dieselbe Richtung haben, abgesehen von der bedeutenden Formveränderung der Kraftlinien. Hingegen ist bei einem geschlossenen Eisenring (Abb. 117) die Kraftlinienrichtung während der Magnetisierung und nach Beseitigung des magnetisierenden Feldes dieselbe, weil eben kein freier Magnetismus vorhanden ist, obwohl der gesamte remanente Magnetismus weiterbesteht. Dies, sowie die entmagnetisierende Wirkung der freien Pole zeigt sich sehr auffällig bei einem Elektromagnet mit geschlossenem Eisenkern (z. B. Abb. 156 S. 174), wenn sein Anker gut an den Kern anschließt, so daß kein merklicher Luftzwischenraum besteht. Hat man, während der Strom wirkt, soviel Gewicht angehängt, als der Anker eben noch tragen kann, so hält er das auch nach Ausschaltung des Stromes

[1]) Wegen dieser geringen Länge ist es unmöglich, einen Dauermagnet in solcher Form wirklich herzustellen. Wir haben gesehen, daß die entmagnetisierende Wirkung des freien Magnetismus um so größer ist, je kleiner der Abstand der Endflächen ist. Daher ist sie bei einer dünnen Platte so groß, daß nach Aufhebung des magnetisierenden Feldes fast der ganze remanente Magnetismus wieder vernichtet wird. Der Rest verschiebt sich derart, daß er an den zwei am weitesten auseinanderliegenden Punkten auftritt, so daß aus der magnetischen Platte ein schwacher Dauermagnet wird mit Polen, die an den Enden eines Durchmessers sitzen.

fest. Ist aber der Anker einmal entfernt worden, so vermag der Magnet dann nur mehr einen kleinen Teil des früheren Gewichtes festzuhalten. Durch den freien Magnetismus, der bei Entfernung des Ankers aufgetreten ist, ist der größte Teil des remanenten Magnetismus infolge der entmagnetisierenden Wirkung vernichtet worden[1]).

Nach dem Entfernen eines Eisenstückes aus einem magnetischen Felde oder nach Unterbrechung des Stromes, der das magnetische Feld erzeugt, bleibt immer ein gewisser Dauermagnetismus zurück. Will man das vermeiden, so muß man schon vor dem Unterbrechen des Stromes den remanenten Magnetismus Null machen; d. h. man muß nach positiver Magnetisierung eine magnetisierende Kraft OG (Abb. 127, 128), nach negativer Magnetisierung eine magnetisierende Kraft OG' herstellen, denn bei diesen Werten wird die Kraftliniendichte $\mathfrak{B}$ null. Ohne besondere Hilfsmittel kann man aber diese Werte nicht genau einstellen. Daher ist es am einfachsten, wenn man magnetische Kreisprozesse durch Wechselstrommagnetisierung herstellt. Läßt man die aufeinanderfolgenden Kreisprozesse immer kleiner werden, indem man das Eisenstück allmählich aus dem Wechselfelde entfernt, oder indem man den Wechselstrom allmählich Null werden läßt, so wird auch der remanente Magnetismus OF allmählich Null. Es ist dies das einzige Mittel, Dauermagnetismus ohne Ausglühen des Eisenstückes zu vernichten.

Die zur Charakterisierung der magnetischen Eigenschaft eines Stoffes dienende Magnetisierungskurve (Abb. 125) muß natürlich die Beziehung zur wirklich vorhandenen magnetisierenden Kraft $\mathfrak{H}$, nicht zur ursprünglichen $\mathfrak{H}_u$ geben. Daher eignet sich zur unmittelbaren Messung nur ein geschlossener Körper (Abb. 117) ohne entmagnetisierende Wirkung, so daß $\mathfrak{H} = \mathfrak{H}_u = \frac{0{,}4\,\pi\, i\, N}{l}$ ist. Andere Formen sind nur geeignet, wenn ihr Entmagnetisierungsfaktor ε bekannt ist. Da er nur für Ellipsoide genau berechnet werden kann, benützt man am besten nur solche Formen, wo er möglichst klein ist, die also einem geschlossenen homogenen Körper möglichst nahe kommen. Das ist der Fall bei einem Stab, der in ein Eisenjoch von vielmals größerem Querschnitt und sehr großer Übergangsfläche eingespannt ist (Magnetisierungsapparat § 293). Hierbei ergibt sich folgende Beziehung zum Ersatz der Flächendichte σ durch die Kraftliniendichte $\mathfrak{B}$ im Eisenstab. Nach Gl. 55 ist

$$\sigma = \frac{\mathfrak{B} - \mathfrak{H}}{4\,\pi}$$

also

$$\mathfrak{H} = \mathfrak{H}_u - \varepsilon\,\frac{\mathfrak{B} - \mathfrak{H}}{4\,\pi}.$$

Bei einer solchen Anordnung mit enger Stoßfuge ist $\mathfrak{H}$ verschwindend klein gegen $\mathfrak{B}$, so daß mit großer Annäherung gilt:

$$\mathfrak{H} = \mathfrak{H}_u - \frac{\varepsilon}{4\,\pi}\,\mathfrak{B}.$$

Wenn also der Entmagnetisierungsfaktor ε bekannt ist, erhält man hiernach die

[1]) Daher muß man bei Elektromagneten, die nach Ausschaltung des Stromes den Anker loslassen sollen (d. h. um das „Klebenbleiben" des Ankers zu verhüten), von vornherein einen gewissen Luftzwischenraum herstellen, indem man ein Messingplättchen oder dgl. an die Stoßfläche des Ankers oder des Kernes anbringt.

Beziehung zwischen der wirklich vorhandenen magnetisierenden Kraft $\mathfrak{H}$ und der Kraftliniendichte $\mathfrak{B}$ aus der ursprünglichen Kraft $\mathfrak{H}_u$, die sich aus den Amperewindungen und der Länge des Kraftlinienpfades gemäß Gl. 52 ergibt: Die Umrechnung einer experimentell ermittelten $\mathfrak{B}$, $\mathfrak{H}_u$-Kurve auf die $\mathfrak{B}$, $\mathfrak{H}$-Kurve gemäß obiger Gleichung bezeichnet man als Scherung der Kurve. Statt dieses alten physikalischen Verfahrens zur Berücksichtigung des freien Magnetismns benützt man in der Elektrotechnik jetzt ausschließlich die Darstellung der ganzen Kraftlinienmenge durch magnetomotorische Kraft und magnetischen Widerstand. Tatsächlich kommt die in Abb. 174 dargestellte Beziehung darauf hinaus, daß eine experimentell ermittelte Kurve III durch Scherung mittels der Kurve II in die für das Eisen allein geltende Magnetisierungskurve I übergeführt wird. Es sind dort nur andere, aber proportionale Abszissen und Ordinaten vorhanden, und der Vorgaug ist umgekehrt, indem dort III aus I und II ermittelt wurde (vgl. S. 170 und Anmerk. 1 auf S. 183).

103. Die Abhängigkeit der Magnetisierung von der Temperatur.

Erst bei hohen Temperaturen ist ein stärkerer Einfluß auf die Magnetisierung zu bemerken. Eine einfache Gesetzmäßigkeit läßt sich nicht feststellen, so daß man den Temperatureinfluß nicht durch Koeffizienten, wie beim Temperatureinfluß auf den elektrischen Leitungswiderstand angeben kann.

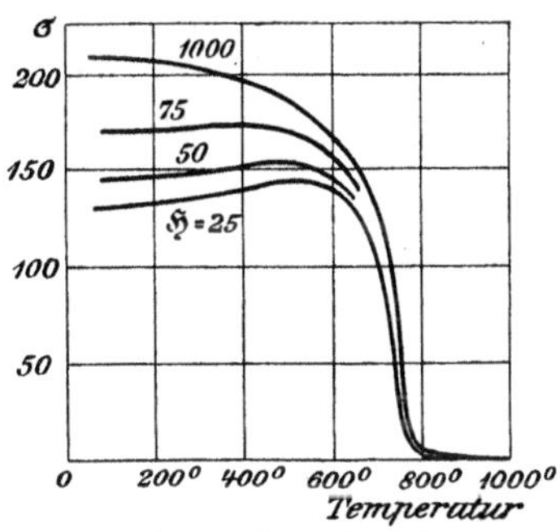

Abb. 147. Abhängigkeit der Magnetisierung des Eisens von der Temperatur.

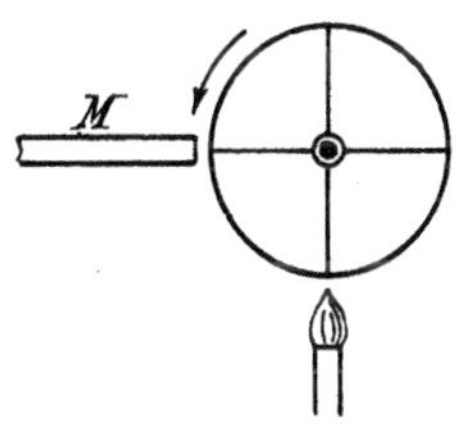

Abb. 148. Thermomagnetischer Motor.

Im allgemeinen läßt sich der Temperatureinfluß für alle ferromagnetischen Stoffe in folgender Weise charakterisieren: Bei kleinen magnetisierenden Kräften nimmt der Magnetismus mit wachsender Temperatur bis zu einem (schwach ausgeprägten) Maximum zu und dann rasch bis nahezu Null ab; bei großen magnetisierenden Kräften nimmt er von vornherein erst langsam, dann rasch bis nahezu Null ab. Abb. 147 zeigt dieses Verhalten für Eisen; und zwar ist als Maß der Magnetisierung die Flächendichte (oder Magnetisierungsstärke § 89) σ in Abhängigkeit von der Temperatur dargestellt. Die verschiedenen Kurven gelten für verschiedene magnetisierende Kräfte, die den Kurven beigeschrieben sind. Stahl und Nickel zeigen einen ähnlichen Verlauf. Jene Temperatur, wo die Magnetisierung ziemlich plötzlich auf sehr kleine Werte abzufallen beginnt, nennt man die kritische Temperatur oder Wandlungstemperatur. Sie liegt bei weichem Eisen zwischen

700° und 900°, bei Stahl zwischen 600° und 700°, bei Nickel zwischen 250° und 300°.

Hierauf beruht der thermomagnetische Motor von Stefan. Ein Rad aus Nickelblech (Abb. 148) wird durch eine Flamme von unten erhitzt, so daß sein unterer Teil schwächer magnetisch ist als sein oberer. Infolgedessen wird der obere Teil von dem Magnet *M* stärker angezogen als der untere, und das Rad dreht sich in der Richtung des Pfeiles. Hier wird Wärme unmittelbar ohne Hilfe erhitzter Dämpfe wie bei den Dampfmaschinen und Gasmotoren in mechanische Arbeit umgesetzt. Der Wirkungsgrad ist aber sehr klein.

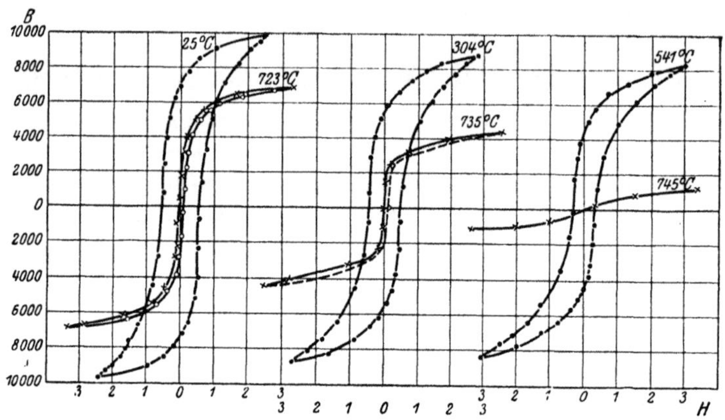

Abb. 149. Hystereseschleifen derselben Eisensorte bei verschiedenen Temperaturen.

Wenn die Magnetisierung abnimmt, muß auch der Hystereseverlust mit wachsender Temperatur abnehmen. Abb. 149 zeigt Hystereseschleifen von Transformatorblech bei 6 verschiedenen Temperaturen von 25° bis 745°. Bei letzterer ist die kritische Temperatur schon überschritten; die Magnetisierung ist klein und die Schleife fällt zu einer Linie zusammen[1]).

Hiervon zu unterscheiden ist die dauernde Veränderung der magnetischen Eigenschaften durch wiederholte mäßige Erhitzung und Abkühlung (magnetisches Altern).

Ein eigentümliches Verhalten zeigen Eisen-Nickel-Legierungen. Während Eisen und schwache Nickel-Legierungen nur eine kritische Temperatur haben, indem bei Abkühlung die starke Magnetisierbarkeit an derselben Stelle zurückkehrt, wo sie bei steigender Temperatur verschwand, haben Legierungen mit etwa 25% Nickel zwei kritische Temperaturen. Die Magnetisierbarkeit verschwindet bei etwa 700°, kehrt aber erst wieder zurück, wenn die Temperatur unter 30° gesunken ist. Es gibt sogar Legierungen, welche die Magnetisierbarkeit erst unter 100° Kälte wieder erreichen, so daß sie also für gewöhnlich unmagnetisierbar sind. Sind sie aber durch solche Abkühlung wieder

[1]) Maclaren, Proceed. Americ. Instit. of Electr. Eng. 1912, Bd. 31, S. 1895.

magnetisierbar geworden, so bleiben sie es, solange sie nicht auf 700° erhitzt werden. Dasselbe Stück kann also magnetisierbar oder unmagnetisierbar sein, je nach der vorhergegangenen Behandlung (ETZ 1918, S. 189).

Über den Einfluß der Temperatur auf Dauermagnete vgl. § 114.

104. Das magnetische Altern des Eisens.

Messungen an Transformatoren haben gezeigt, daß sich ihr Eisenkern nach längerem Betrieb insofern verschlechtert hat, als der Verlust durch Hysterese in einzelnen Fällen auf das Doppelte gestiegen ist Und zwar beruht die Zunahme hauptsächlich auf einer Vergrößerung der Koerzitivkraft, wodurch die Hystereseschleife breiter wird[1]. Außerdem zeigte sich eine Verminderung der magnetischen Durchlässigkeit. Besondere Untersuchungen[2] haben ergeben, daß diese als magnetische Alterung bezeichneten Verschlechterungen auf die während des Betriebs stattfindende Erwärmung zurückzuführen sind. Bei schlechten Eisensorten zeigt sich eine Zunahme des Hystereseverlustes nach längerer Zeit schon infolge des Wechsels zwischen Tag- und Nachttemperatur. Dagegen zeigen gute Eisenbleche, wie sie jetzt für Transformatoren verwendet werden, selbst nach längerer und wiederholter Erwärmung bis 150° nur eine geringe Zunahme.

Im allgemeinen zeigen auch gute Bleche unmittelbar nach ihrer Herstellung (Walzen und Ausglühen) eine bei gewöhnlicher Temperatur von selbst eintretende kleine Verschlechterung, die aber nach einigen Wochen nachläßt, und es tritt auch dann bei höherer Temperatur keine weitere Verschlechterung ein. Auch durch lang andauernde Erschütterungen werden Eisenbleche etwas verschlechtert[3].

Durch Ausglühen der Bleche kann die eingetretene Alterung nicht wieder rückgängig gemacht werden.

105. Der magnetische Kreis.

Verlaufen die magnetischen Kraftlinien, die immer geschlossene Kurven bilden, in ihrer ganzen Länge durch einen ringförmig geschlossenen Körper von gleichmäßigem Querschnitt wie in Abb. 117, so ist die magnetisierende Kraft nach § 88:

$$\mathfrak{H} = \frac{4\pi i N}{l},$$

wenn N die gesamte Anzahl der Windungen, l die mittlere Länge der Kraftlinien (des Kraftlinienpfades) und i die durch die Windungen fließende Stromstärke in absol. Einh. bedeutet oder

$$\mathfrak{H} = \frac{0{,}4\pi i N}{l},$$

[1] Gumlich, ETZ 1919, S. 325.

[2] ETZ 1898, S. 189; G. Stern, ebenda 1903, S. 407. Epstein, Stern, Soschinski, ebenda 1904, S. 497.

[3] Gumlich und Steinhaus, ETZ 1913, S. 1022.

wenn i die Stromstärke in Ampere bedeutet. Ferner ist

$$\mathfrak{B} = \mu \mathfrak{H} = \mu \frac{0{,}4\,\pi i N}{l}.$$

Daraus erhält man die gesamte Kraftlinienmenge $\mathfrak{Z}$, wenn man mit dem Querschnitt S des Kraftlinienbündels multipliziert, also

$$\mathfrak{Z} = \mu S \frac{0{,}4\,\pi i N}{l}.$$

Schreibt man diese Gleichung in der Form

$$\mathfrak{Z} = \frac{0{,}4\,\pi i N}{\frac{l}{\mu S}}, \quad \ldots\ldots\ldots \quad (65)$$

so sieht man, daß sie gleiche Form mit dem Ohmschen Gesetze für einen elektrischen Stromkreis hat. Bezeichnet man den Zähler als magnetomotorische Kraft $\mathfrak{F}$

$$\mathfrak{F} = 0{,}4\,\pi i N = 1{,}257\, i N \quad \ldots\ldots \quad (66)$$

und den Nenner als magnetischen Widerstand $\mathfrak{w}$

$$\mathfrak{w} = \frac{l}{\mu S}, \quad \ldots\ldots\ldots \quad (67)$$

so ist

$$\mathfrak{Z} = \frac{\mathfrak{F}}{\mathfrak{w}}, \quad \ldots\ldots\ldots \quad (68)$$

d. h. die Kraftlinienmenge eines Kraftlinienbündels ist gleich der magnetomotorischen Kraft dividiert durch den magnetischen Widerstand.

Der obige Ausdruck für den magnetischen Widerstand (Gl. 67) hat zur Voraussetzung, daß das Kraftlinienbündel auf seiner ganzen Länge denselben Querschnitt S und dieselbe magnetische Durchlässigkeit μ hat. Ist das nicht der Fall, so ist der magnetische Widerstand für jedes Stück, wo S oder μ einen anderen Wert hat, besonders zu bilden, und alle diese sind zu summieren. (Vergleiche folgenden §.)

Aus dem Vergleiche des magnetischen Widerstandes mit dem elektrischen Widerstande (§ 43) erkennt man, daß $\frac{1}{\mu}$ im magnetischen Kreis dieselbe Bedeutung hat wie der spezifische Widerstand in einem elektrischen Stromkreis. Daher kann man $\frac{1}{\mu}$ auch als spezifischen magnetischen Widerstand und μ als spezifische magnetische Leitfähigkeit bezeichnen. Der reziproke Wert $\frac{1}{\mathfrak{w}}$ ist mithin als magnetischer Leitwert zu bezeichnen[1]).

---

[1]) Bei dieser Analogie mit dem elektrischen Stromkreis darf man aber nicht vergessen, daß der elektrische Strom eine wirkliche Strömung, die Magnetisierung aber nur ein Zustand ist.

Am häufigsten wird das vorstehende Gesetz in der Form

$$\mathfrak{Z} = \frac{0{,}4\,\pi i N}{\mathfrak{w}} \quad \ldots\ldots\ldots\ldots \quad (69)$$

angewendet.

Das Produkt iN nennt man die Amperewindungen. Mithin ist die MMK[1]) gleich den $0{,}4\,\pi$fachen Amperewindungen.

Vergleicht man $\mathfrak{F}$ mit $\mathfrak{H}$, so sieht man, daß

$$\mathfrak{F} = \mathfrak{H} l \quad \ldots\ldots\ldots\ldots \quad (70)$$

Ist die magnetisierende Kraft $\mathfrak{H}$ nicht auf der ganzen Länge l des geschlossenen Kraftlinienpfades konstant, so ist dieser in unendlich kurze Stücke dl zu zerlegen, für jedes das Produkt mit dem an dieser Stelle herrschenden $\mathfrak{H}$ zu bilden und alle diese Produkte sind zu addieren; also $\mathfrak{F} = \Sigma \mathfrak{H} \cdot dl$ oder analytisch angeschrieben:

$$\mathfrak{F} = \int \mathfrak{H} \cdot dl\,.$$

Die MMK ist also gleich dem geschlossenen Linienintegral der magnetisierenden Kraft, und ihre Richtung ist an jeder Stelle dieselbe wie die Richtung der magnetisierenden Kraft[2]).

Aus dem Vorstehenden ergibt sich ohne weiteres, daß dieses Linienintegral gleich null ist, wenn der Strom null ist, oder wenn der Integrationsweg keinen Stromleiter umschlingt. Dabei ist es gleichgültig, ob andere Stöme oder magnetische Felder in der Nähe sind. Nur für denjenigen geschlossenen Weg, der einen Strom umschlingt, besteht ein von Null verschiedener Wert dieses Linienintegrales.

Rührt das magnetische Feld nicht von einem elektrischen Strom her, sondern von einem Dauermagnet (Abb. 7 oder 8), so hat das Linienintegral dann einen von Null verschiedenen Wert, wenn die Integration durch diejenigen Endflächen des Dauermagnetes hindurchgeht, die man als Sitz der freien magnetischen Massen betrachtet (vgl. § 114).

106. Magnetomotorische Kräfte und magnetische Widerstände, in Hintereinanderschaltung.

Wirken zwei magnetomotorische Kräfte $\mathfrak{F}_1$ und $\mathfrak{F}_2$ (zwei Stromspulen) in demselben Kraftlinienpfad, so ist die gesamte MMK $\mathfrak{F}$ gleich der Summe beider

$$\mathfrak{F} = \mathfrak{F}_1 + \mathfrak{F}_2\,,$$

wenn sie im gleichen Sinne wirken, oder gleich der Differenz

$$\mathfrak{F} = \mathfrak{F}_1 - \mathfrak{F}_2\,,$$

wenn sie im entgegengesetzten Sinne wirken, und die Kraftlinien sich nicht stauen (§ 109), sondern denselben Weg einhalten.

---

[1]) Mit MMK wird die „magnetomotorische Kraft“ abgekürzt bezeichnet.

[2]) Vgl. damit die Definition der elektromotorischen Kraft als Linienintegral der elektrischen Kraft (§ 39).

Besteht der magnetische Kreis aus zwei Teilen von der Länge l_1 und l_2, den Querschnitten S_1, S_2 und verschiedener Durchlässigkeit μ_1 und μ_2, so sind die magnetischen Widerstände

$$\mathfrak{w}_1 = \frac{l_1}{\mu_1 S_1}, \qquad \mathfrak{w}_2 = \frac{l_2}{\mu_2 S_2}.$$

Werden beide Teile von denselben Kraftlinien durchsetzt, so sind die magnetischen Widerstände hintereinandergeschaltet, und der gesamte magnetische Widerstand $\mathfrak{w}$ ist gleich der Summe der einzelnen Widerstände wie bei einem elektrischen Stromkreise:

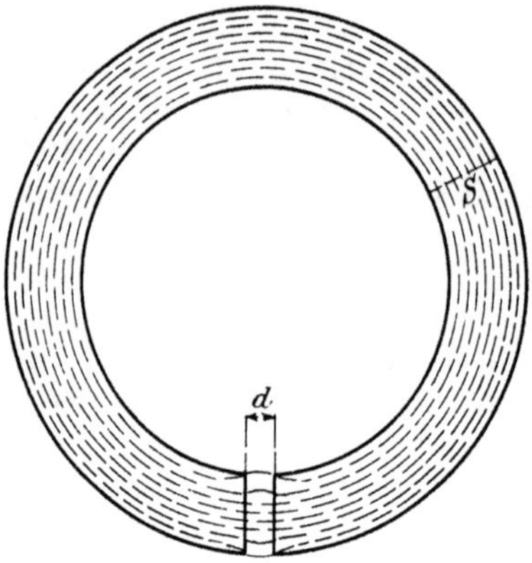

Abb. 150.

$$\mathfrak{w} = \mathfrak{w}_1 + \mathfrak{w}_2.$$

Wird ein geschlossener Eisenring aufgeschnitten (Abb. 150), so daß ein Luftzwischenraum von der Länge d entsteht, so setzt sich der gesamte Widerstand zusammen aus dem in Eisen $\mathfrak{w}_1$ und dem in Luft $\mathfrak{w}_2$. Ist der Zwischenraum d sehr klein im Verhältnis zum Querschnitt, so breiten sich die Kraftlinien nicht weiter aus, und man kann den Querschnitt des Kraftlinienbündels in Luft gleich den Endflächen (Polflächen) des Eisens setzen. Da für Luft $\mu = 1$ ist, so ist

$$\mathfrak{w}_1 = \frac{l}{\mu S}, \qquad \mathfrak{w}_2 = \frac{d}{S}.$$

Daher der gesamte Widerstand

$$\mathfrak{w} = \frac{l}{\mu S} + \frac{d}{S}$$

und

$$\mathfrak{Z} = \frac{\mathfrak{F}}{\mathfrak{w}} = \frac{\mathfrak{F}}{\frac{l}{\mu S} + \frac{d}{S}}.$$

Dividiert man durch den Querschnitt, so ergibt sich die Kraftliniendichte $\mathfrak{B}$. Man erhält so den richtigen magnetischen Zustand, ohne die entmagnetisierende Kraft der an den Enden vorhandenen freien magnetischen Massen berücksichtigen zu müssen (§ 102). Statt durch die entmagnetisierende Kraft kommt hier die Verminderung der Magnetisierung dadurch zum Ausdruck, daß im Nenner der letzten Gleichung der magnetische Widerstand der Luft hinzugekommen ist. Je größer der Luftzwischenraum, desto größer die entmagnetisierende Kraft, desto größer aber auch der magnetische Widerstand. Beide Methoden müssen bei richtiger Berechnung der entmagnetisierenden Kraft und des magnetischen Widerstandes zu demselben Ergebnis führen.

In den meisten Fällen ist die Berechnung des magnetischen Widerstandes nur näherungsweise möglich, weil die Kraftlinien meist nicht gleiche Länge haben, und der Querschnitt eines Kraftlinienbündels wegen der verschiedenen Kraftliniendichte an verschiedenen Stellen nicht genau definiert werden kann.

Auch in einem geschlossenen Kreisring von Eisen ist die Länge der äußeren Kraftlinien größer als die der inneren. Ist die Dicke des Ringes nicht zu groß gegenüber dem inneren Radius, so ist die mittlere Länge l des Kraftlinienpfades gleich dem arithmetischen Mittel aus dem inneren und äußeren Umfang (l_i bzw. l_a).

$$l = \frac{l_i + l_a}{2}.$$

Ist aber der Ring sehr dick, so muß man setzen

$$l = \frac{l_a - l_i}{\log \operatorname{nat} \frac{l_a}{l_i}}.$$

1. Beispiel. Ein Ring aus Schmiedeeisen von 8 cm² Querschnitt, 24 cm innerem, 26 cm äußerem Umfang ist mit 100 Windungen bewickelt, durch die 1 Ampere Strom geschickt wird. Wie groß ist die Kraftlinienmenge $\mathfrak{Z}$? Die mittlere Länge des Kraftlinienpfades ist $\frac{24 + 26}{2} = 25$.

Nach Gl. 52 ist die magnetisierende Kraft

$$\mathfrak{H} = \frac{0{,}4\,\pi i N}{l} = \frac{1{,}25 \cdot 1 \cdot 100}{25} = 5$$

Dazu findet man aus Abb. 125 $\mathfrak{B} = 11\,300$ und daher

$$\mathfrak{Z} = 8 \cdot 11\,300 = 90\,400.$$

2. Beispiel. Hat derselbe Ring einen Luftzwischenraum von 0,1 cm Länge, so entsteht die Frage, welcher Strom ist notwendig, um dieselbe Kraftlinienmenge zu erzeugen? Nach obigem ist

$$\mathfrak{Z} = \frac{0{,}4\,\pi i N}{\mathfrak{w}_1 + \mathfrak{w}_2},$$

also

$$i = \frac{1}{0{,}4\,\pi N}(\mathfrak{w}_1 + \mathfrak{w}_2)\,\mathfrak{Z}.$$

Für die Durchlässigkeit des Schmiedeeisens bei $\mathfrak{B} = 11\,300$ findet man (aus Abb. 123) $\mu = 2250$.

Daher

$$\mathfrak{w}_1 = \frac{25}{2250 \cdot 8} = 0{,}0014.$$

Für den Luftzwischenraum ist

$$\mathfrak{w}_2 = \frac{0{,}1}{8} = 0{,}0125.$$

Also

$$i = \frac{1}{1{,}25 \cdot 100}(0{,}0014 + 0{,}0125)\,90\,400 = 10{,}3\,A.$$

Man erkennt daraus den großen Einfluß eines selbst kurzen Luftzwischenraumes, denn ohne diesen genügte 1 A für die gleiche Magnetisierung.

3. Beispiel. Die umgekehrte Aufgabe, aus der Stromstärke die Kraftliniendichte $\mathfrak{B}$ oder die Kraftlinienmenge $\mathfrak{Z}$ zu berechnen, ist auf direktem Wege unlösbar, weil man, um die Größe von μ zu erfahren, die Kraftliniendichte kennen muß, die aber erst berechnet werden soll. Um einen Näherungswert zu erhalten, vernachlässigt man den magnetischen Widerstand im Eisen und berücksichtigt nur den in der Luft; dann ist

$$\mathfrak{w}_2 = \frac{0,1}{8} = 0,0125$$

$$\mathfrak{Z} = \frac{0,4\,\pi i N}{\mathfrak{w}_2} = \frac{1,25 \cdot 10,3 \cdot 100}{0,0125} = 103\,000\,.$$

In Wirklichkeit ist dieser Wert zu hoch; wir können aber eine Korrektur anbringen, denn wir erfahren jetzt wenigstens den ungefähren Wert von $\mathfrak{B}$, wenn wir durch den Querschnitt dividieren, also

$$\mathfrak{B} = \frac{103\,000}{8} = 12\,900\,.$$

Dazu finden wir aus Abb. 123: $\mu = 1650$, und berechnen nun damit den magnetischen Widerstand im Eisen

$$\mathfrak{w}_1 = \frac{25}{1650 \cdot 8} = 0,0019\,.$$

Nun ist

$$\mathfrak{Z} = \frac{0,4\,\pi i N}{\mathfrak{w}_1 + \mathfrak{w}_2} = \frac{1,25 \cdot 10,3 \cdot 100}{0,0144} = 90\,000\,.$$

Man sieht, dieser zweite Näherungswert kommt dem wirklichen Wert, den wir aus dem 1. Beispiel kennen, schon beträchtlich näher. Wünscht man noch größere Annäherung, so kann man in gleicher Weise einen dritten Näherungswert berechnen. Um zu genaueren Werten zu kommen, muß man die magnetische Charakteristik aufstellen (§ 111) und den betreffenden Wert daraus entnehmen.

Wäre der Luftzwischenraum 0,5 cm oder mehr, so wäre der magnetische Widerstand des Eisens gegen den der Luft schon verschwindend klein.

107. Der magnetische Widerstand längerer Luftstrecken.

Ist die Länge d einer Luftstrecke zwischen zwei gleich großen Polflächen nicht sehr klein gegen das Ausmaß dieser Flächen, so kann der Querschnitt des Kraftlinienbündels nicht gleich dem der Polfläche gesetzt werden. Eine genau Berechnung des magnetischen Widerstandes solcher Luftstrecken ist daher nicht möglich.

Abb. 151 stellt den experimentell ermittelten magnetischen Widerstand solcher Luftstrecken zwischen quadratischen, annähernd quadratischen oder runden Polflächen von der Größe s und für Längen d bis zu 10 cm dar, nach Messungen des Verfassers[1]). Berechnet man daraus nach der Gleichung $\mathfrak{w} = \frac{d}{S}$ den äquivalenten Querschnitt S des Kraftlinienbündels in der Luft, d. h. jenen Querschnitt, den das Kraftlinienbündel haben müßte, wenn es in parallelen Linien und mit gleichmäßiger Dichte den Luftraum erfüllen würde, so kann man ihn durch die lineare Gleichung

$$S = s + kd \quad . \; . \; . \; . \; . \; . \; . \; . \; . \; . \quad (71)$$

[1]) Benischke, ETZ 1904, S. 810. Weitere Messungen von Hellmann (Dissert. „Der magnet. Widerstand von Luftströmen"), Aachen 1910.

darstellen, wobei s die Polfläche und k einen Faktor bedeutet, dessen Abhängigkeit von der Polfläche durch Abb. 152 dargestellt ist. Man kann also damit die magnetischen Widerstände auch für solche Polflächen berechnen, die in Abb. 151 nicht enthalten sind, und zwar bis zu Längen von 10 cm.

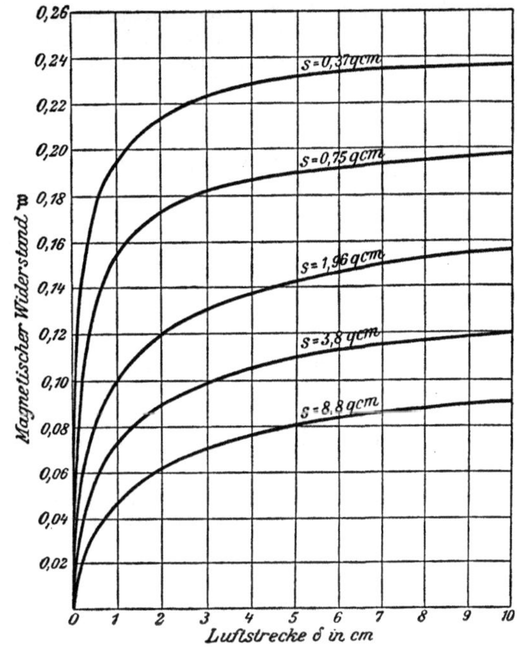

Abb. 151.

Stehen sich verschieden große Polflächen gegenüber (Abb. 153) und ist die Länge d klein gegenüber der kleineren der beiden Flächen, so kann der Querschnitt des Kraftlinienbündels S gleich dem arithmetischen Mittel aus den beiden Polflächen s_1 und s_2 gesetzt werden, also

$$\mathfrak{w} = \frac{d}{\frac{s_1 + s_2}{2}} = \frac{2d}{s_1 + s_2}.$$

Für zwei nahe nebeneinander in derselben Ebene liegende Polflächen (Abb. 154), deren Ausdehnung senkrecht zur Zeichenebene a ist, ist der magnetische Widerstand

$$\mathfrak{w} = \frac{\pi}{a \log \mathrm{nat} \frac{r_2}{r_1}}.$$

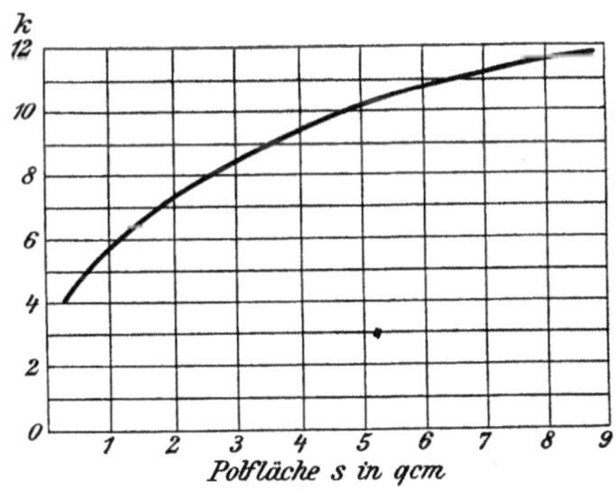

Abb. 152.

Liegen die Polflächen so weit auseinander, daß die Kraftlinien nicht mehr als Halbkreise betrachtet werden können (Abb. 155), so ist

$$\mathfrak{w} = \frac{\pi}{a \log \mathrm{nat}\left(1 + \frac{\pi r}{b}\right)}.$$

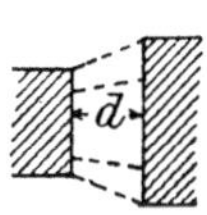

Abb. 153.

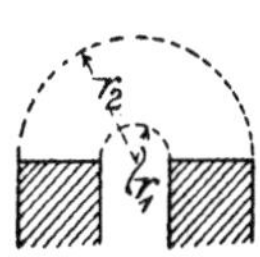

Abb. 154.

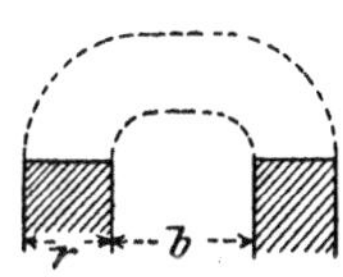

Abb. 155.

Beispiel. Bei einem Elektromagnet aus Schmiedeeisen (Abb. 156) von 8 cm² Eisenquerschnitt und 50 cm gesamter Eisenlänge (Schenkel + Anker) und bei einem Luftzwischenraum von 1 cm sei eine Kraftliniendichte von $\mathfrak{B} = 3000$ erforderlich, um eine gewisse Zugkraft zu erhalten; wieviel Amperewindungen (iN) sind erforderlich, um die Magnetisierung herzustellen? Ist $\mathfrak{w}_1$ der magnetische Widerstand im ganzen Eisen, $\mathfrak{w}_2$ der eines Luftzwischenraumes, so ist nach Gl. 69

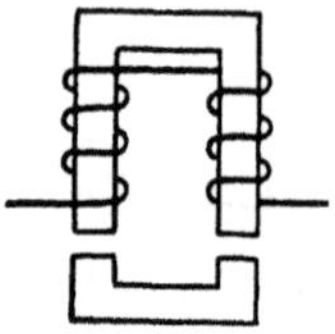

Abb. 156.

$$iN = \frac{\mathfrak{Z}}{0{,}4\,\pi}(\mathfrak{w}_1 + 2\,\mathfrak{w}_2)\,.$$

Nun ist $\mathfrak{Z} = 8 \cdot 3000 = 24000$; μ finden wir aus Abb. 123 gleich 2300. Daher

$$\mathfrak{w}_1 = \frac{50}{2300 \cdot 8} = 0{,}0027\,.$$

Für einen Luftzwischenraum ist $\mathfrak{w}_2 = \frac{d}{S}$; S finden wir aus Gl. 71, nach dem wir für k aus Abb. 152 den Wert 11,8 entnommen haben:

$$S = 8 + 11{,}8 \cdot 1 = 19{,}8\,; \qquad \mathfrak{w}_2 = \frac{1}{19{,}8} = 0{,}05\,;$$

also

$$iN = \frac{24\,000}{1{,}25}(0{,}0027 + 2 \cdot 0{,}05) = 19\,200 \cdot 0{,}103 = 1980\,.$$

Hätte man den magnetischen Widerstand im Eisen gegen den des Luftzwischenraumes vernachlässigt, so hätte der Fehler nur 3 % betragen.

108. Verzweigung eines Kraftlinienbündels. Magnetische Widerstände in Nebeneinanderschaltung.

Teilt sich ein Kraftlinienbündel mit der Kraftlinienmenge $\mathfrak{Z}$ in zwei Zweige (Abb. 157) mit den Kraftlinienmengen $\mathfrak{z}_1$ und $\mathfrak{z}_2$, und wirkt auf die ganze Verzweigung eine gemeinsame MMK, so sieht man sofort ein, daß

$$\mathfrak{Z} = \mathfrak{z}_1 + \mathfrak{z}_2 \quad \ldots\ldots\ldots\ldots \quad (72)$$

ist, weil in den Zweigen weder Kraftlinien entstehen, noch verschwinden können. Das ist das erste Kirchhoffsche Gesetz in Anwendung auf den magnetischen Kreis.

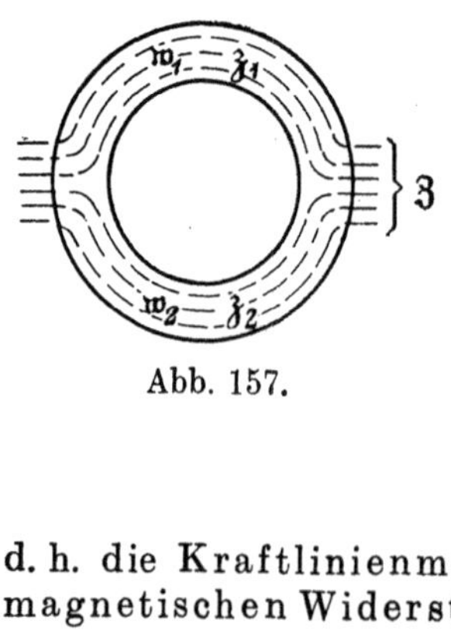

Abb. 157.

Ist $\mathfrak{W}$ der magnetische Widerstand der ganzen Verzweigung, $\mathfrak{w}_1$ der des einen, $\mathfrak{w}_2$ der des anderen Zweiges, so ist

$$\mathfrak{Z} = \frac{\mathfrak{F}}{\mathfrak{W}}, \quad \mathfrak{z}_1 = \frac{\mathfrak{F}}{\mathfrak{w}_1}, \quad \mathfrak{z}_2 = \frac{\mathfrak{F}}{\mathfrak{w}_2}.$$

Daraus folgt

$$\mathfrak{z}_1 : \mathfrak{z}_2 = \frac{1}{\mathfrak{w}_1} : \frac{1}{\mathfrak{w}_2}, \quad \ldots\ldots\ldots\ldots \quad (73)$$

d. h. die Kraftlinienmengen verhalten sich umgekehrt wie die magnetischen Widerstände.

Zufolge der Gl. 72 ist

$$\mathfrak{Z} = \frac{\mathfrak{F}}{\mathfrak{w}_1} + \frac{\mathfrak{F}}{\mathfrak{w}_2} = \frac{\mathfrak{F}}{\mathfrak{W}}.$$

Daraus folgt

$$\frac{1}{\mathfrak{W}} = \frac{1}{\mathfrak{w}_1} + \frac{1}{\mathfrak{w}_2}$$

oder

$$\mathfrak{W} = \frac{\mathfrak{w}_1\,\mathfrak{w}_2}{\mathfrak{w}_1 + \mathfrak{w}_2} \quad \text{. . . . . (74)}$$

Wie vorauszusehen war, gilt auch da dasselbe Gesetz, wie für eine Stromverzweigung.

Für drei Zweige (Abb. 158) gilt

$$\mathfrak{Z} = \mathfrak{z}_1 + \mathfrak{z}_2 + \mathfrak{z}_3$$

$$\frac{1}{\mathfrak{W}} = \frac{1}{\mathfrak{w}_1} + \frac{1}{\mathfrak{w}_2} + \frac{1}{\mathfrak{w}_3}.$$

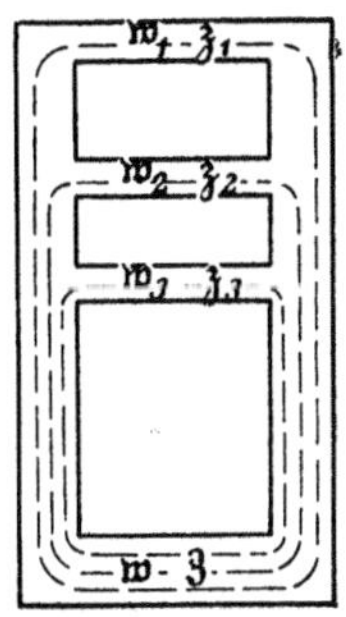

Abb. 158.

Zieht man den ganzen Weg der geschlossenen Kraftlinien in Betracht, so ist der magnetische Widerstand $\mathfrak{w}$ des gemeinsamen Weges dem der Verzweigung vorgeschaltet. Mithin ist der gesamte magnetische Widerstand

$$\mathfrak{W}_g = \mathfrak{w} + \mathfrak{W} \quad \text{. . . . . (75)}$$

Für die Kraftlinienmengen in den einzelnen Bündeln ergeben sich folgende Beziehungen. Da man das Ohmsche Gesetz für den magnetischen Kreis in der Form

$$\mathfrak{F} = \mathfrak{w}\,\mathfrak{Z} \quad \text{. . . . . (76)}$$

schreiben kann, so gilt für jeden geschlossenen Kreis, der in der Verzweigung enthalten ist, das zweite Kirchhoffsche Gesetz, wonach die gesamte MMK gleich ist der Summe aus den Produkten von magnetischem Widerstand und Kraftlinienmenge. So ist für den geschlossenen Kreis, der den ersten Zweig enthält

$$\mathfrak{F} = \mathfrak{w}\,\mathfrak{Z} + \mathfrak{w}_1\,\mathfrak{z}_1$$

für den zweiten

$$\mathfrak{F} = \mathfrak{w}\,\mathfrak{Z} + \mathfrak{w}_2\,\mathfrak{z}_2 \quad \text{. . . . . (77)}$$

und für den dritten

$$\mathfrak{F} = \mathfrak{w}\,\mathfrak{Z} + \mathfrak{w}_3\,\mathfrak{z}_3$$

In dem von $\mathfrak{z}_1$ und $\mathfrak{z}_2$ gebildeten magnetischen Kreis wirkt keine MMK. Es ist also

$$0 = \mathfrak{w}_1\,\mathfrak{z}_1 - \mathfrak{w}_2\,\mathfrak{z}_2$$

In gleicher Weise gilt

$$0 = \mathfrak{w}_1\,\mathfrak{z}_1 - \mathfrak{w}_3\,\mathfrak{z}_3 \quad \text{. . . . . (78)}$$

$$0 = \mathfrak{w}_2\,\mathfrak{z}_2 - \mathfrak{w}_3\,\mathfrak{z}_3$$

Die letzten drei Gleichungen kann man auch in folgende Form bringen

$$\mathfrak{z}_1 : \mathfrak{z}_2 : \mathfrak{z}_3 = \frac{1}{\mathfrak{w}_1} : \frac{1}{\mathfrak{w}_2} : \frac{1}{\mathfrak{w}_3}.$$

Enthält auch noch einer der Zweige eine MMK, z. B. $\mathfrak{F}_3$, so gelten folgende Gleichungen

$$\mathfrak{F} + \mathfrak{F}_3 = \mathfrak{w}\mathfrak{z} + \mathfrak{w}_3\mathfrak{z}_3$$

$$\mathfrak{F}_3 = \mathfrak{w}_1\mathfrak{z}_1 - \mathfrak{w}_3\mathfrak{z}_3 \quad \text{usw.}$$

Nach diesen Gleichungen kann man die MMK aus den Kraftlinienmengen ohne weiteres berechnen, da man aus Abb. 123 die entsprechenden Werte von μ entnehmen kann. Das umgekehrte Problem, aus den MMKen die Kraftlinienmengen zu berechnen, kann unmittelbar nicht gelöst werden, da man eben $\mathfrak{Z}$ und $\mathfrak{B}$ nicht kennt. Man kann dann μ, soweit es sich um ferromagnetische Körper handelt, nur schätzen, oder man stellt die magnetische Charakteristik für einen genügenden Bereich auf (vgl. § 111).

109. Magnetomotorische Kräfte von entgegengesetzter Richtung. Magnetische Stauung.

Wirken in einem aus guten Leitern gebildeten, gegen außen isolierten elektrischen Stromkreis zwei gleich große EMKe von entgegengesetzter Richtung, so ist die Stromstärke Null, weil der Strom wegen der Isolation nicht aus den guten Leitern heraustreten kann. Würde man aber den Stromkreis ohne Isolation in eine leitende Flüssigkeit eintauchen (Abb. 159), so würde aus jeder der beiden EMKe ein Strom entstehen, der durch die Flüssigkeit von einem Pol zum anderen geht; die leitende Flüssigkeit bildet einen elektrischen Nebenschluß zum eigentlichen Stromkreis. Die mit Pfeilen versehenen Linien in Abb. 159 deuten den Stromverlauf an.

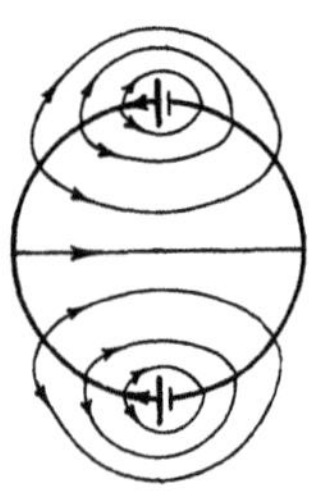

Abb. 159.

Wirken in einem geschlossenen Eisenkörper, wie z. B. in dem durch Abb. 160 (a und b) dargestellten Ring, zwei gleich große MMKe von entgegengesetzter Richtung, so würde die Magnetisierung im Ring Null sein, wenn die Kraftlinien nicht aus dem Ring in die Luft übertreten würden. Das ist aber tatsächlich immer der Fall, weil der magnetisehe Widerstand der Luft nicht unendlich groß ist gegenüber dem des Eisens. Infolgedessen bilden sich magnetische Nebenschlüsse durch die Luft, wie diese Abbildungen zeigen. An den Stellen, wo die Kraftlinien in die Luft übertreten — und das ist hauptsächlich an den Enden der Wicklung der Fall — treten freie magnetische Massen n, s auf. Ihr Vorzeichen, und darnach die Richtung der Kraftlinien erkennt man aus der Ampèreschen Regel. Dasselbe ist der Fall, auch wenn das Eisen wie in Abb. 161 keinen geschlossenen Körper bildet. Man bezeichnet diese an den Seitenflächen auftretenden freien magnetischen Massen *n*, *s* als magnetische Folgepole. Das Kraftlinienbild gewährt den Eindruck, als ob sich die Kraftlinien gegenseitig stauen würden, wie zwei Flüssigkeitsstrahlen, die aufeinander treffen und seitwärts abfließen. Daher

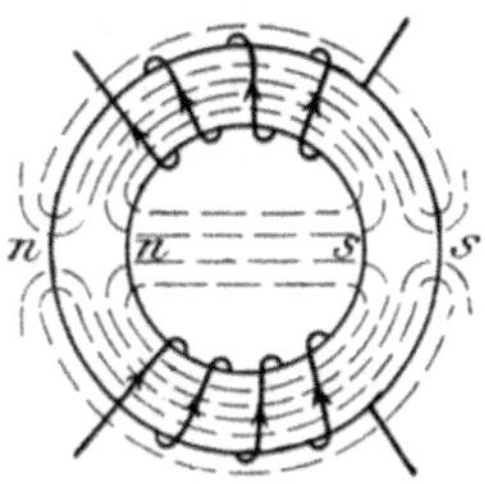

Abb. 160 a. Magnetische Stauung in einem Ring mit zwei Spulen von entgegengesetzter Richtung.

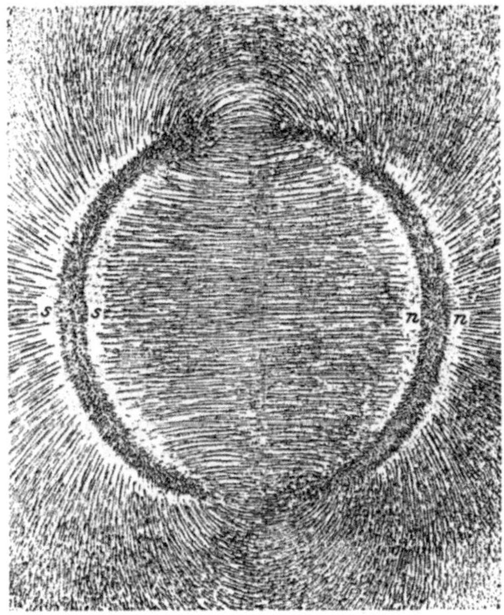

Abb. 160 b. Magnetische Stauung in einem Ringanker einer Gleichstrommaschine, dem durch die Bürsten bei *s* und *n* Strom zugeführt wird.

wurde vom Verfasser für diese Erscheinung die Bezeichnung „magnetische Stauung" angewendet[1]).

Die in den letzten Abbildungen dargestellten Fälle sind von praktischer Wichtigkeit. Abb. 160 entspricht dem Ringanker einer zweipoligen elektrischen Maschine. Ein solcher besitzt eine fortlaufende, in sich geschlossene Wicklung, der an zwei Stellen Strom durch Bürsten zu- oder abgeleitet wird (Abb. 162). Dadurch erscheint die geschlossene Wicklung in zwei Teile von entgegengesetzter Stromrichtung zerlegt, und an den Stromzufüh-

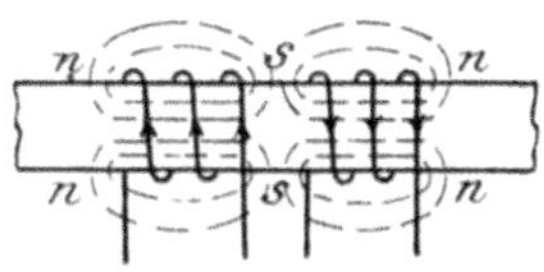

Abb. 161. Magnetische Stauung zweier nebeneinander liegender Spulen.

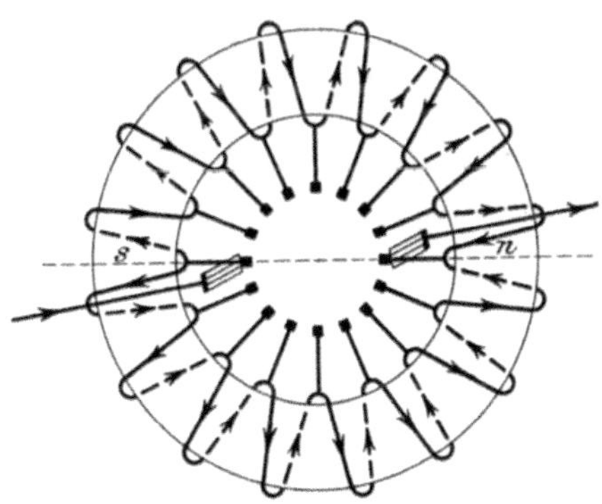

Abb. 162. Geschlossene Ringwicklung mit Stromzuleitung an zwei gegenüberliegenden Stellen.

[1]) Benischke, Grundgesetze d. Wechselstromtechnik, 1. Aufl. 1902, § 26.

rungsstellen entstehen Außen- oder Folgepole. Würde die Luft magnetisch isolieren, so könnten keine Kraftlinien in die Luft übertreten, und dann wäre eine elektrische Maschine mit Ringwicklung unmöglich.

Magnetische Felder, die durch Ströme entgegengesetzter Richtung erzeugt werden, treten ferner bei Transformatoren und Induktionsmotoren auf, wenn die Phasenverschiebung zwischen primärem und sekundärem Strom 180^0 beträgt, denn dann sind diese beiden Ströme in jedem Augenblick einander entgegengerichtet. Die Abb. 161 entspricht insbesondere einem Transformator, dessen primäre und sekundäre Wicklung in Abteilungen nebeneinander liegen (vgl. die Abb. 217 b). Ist die Phasenverschiebung kleiner als 180^0, so ist die Stauung entsprechend kleiner.

Wie groß die Anzahl der aus dem Eisen in Luft übertretenden Kraftlinien ist, hängt vom magnetischen Widerstand in Eisen und Luft ab.

Bei gleichen magnetischen Widerständen ist die Stauung natürlich um so größer, je größer die MMKe sind.

Sind zwei MMKe zwar entgegengesetzt gerichtet, aber nicht gleich groß, so entsteht im Eisenkörper eine Kraftlinienmenge entsprechend dem Unterschied beider MMKe; außerdem gehen aber auch Kraftlinien durch die Luft, jedoch weniger, als wenn die MMKe gleich groß sind.

110. Magnetische Streuung.

Wird ein geschlossener Eisenkörper (Abb. 163) durch eine Stromspule magnetisiert, so verläuft der größte Teil der Kraftlinien in ihm. Einige aber treten an den Enden der Spule aus dem Eisenkörper heraus und schließen sich durch die Luft um die Spule herum. Nur wenn die Spule den größten Teil des Ringes bedeckt, verlaufen die

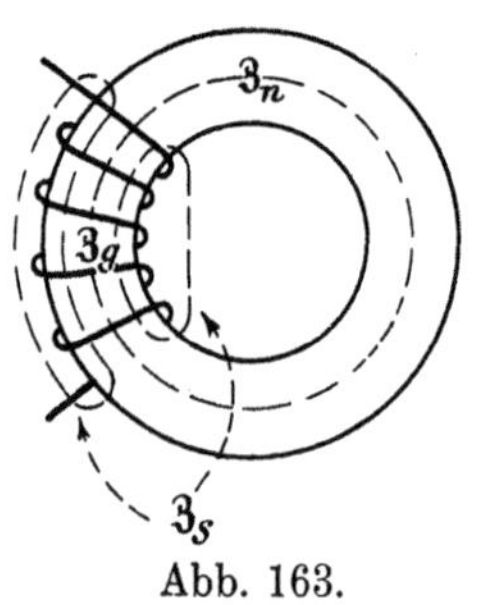

Abb. 163.

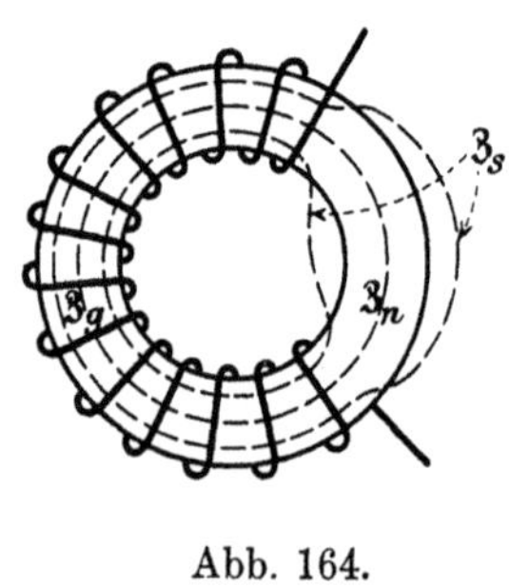

Abb. 164.

meisten Streulinien nach Abb. 164 in derselben Richtung durch die Luft wie im Eisen. Bei einer zweipoligen Gleichstrommaschine (Abb. 165) tritt nur ein Teil der gesamten, von der Magnetentwicklung erzeugten Kraftlinienmenge in den Anker ein und durchsetzt seinen Querschnitt *CD*. Der übrige Teil geht seitwärts durch die Luft, kann also im Anker nicht nutzbar gemacht werden.

Dieses Heraustreten aus dem gewünschten oder beabsichtigten Wege nennt man *Kraftlinienstreuung* oder *magnetische Streuung*.

Diese Verhältnisse sind ganz ähnlich wie bei einem Stromleiter, den man in die Erde verlegt (stromleitende Bahnschienen). Aus diesem treten überall Ströme heraus und gehen durch die Erde zum anderen Pol, weil der elektrische Widerstand der Erde nicht unendlich groß ist gegenüber dem der Schienen. Während es aber für elektrische Ströme isolierende Stoffe gibt, deren Widerstand unendlich groß ist gegenüber dem der Metalle, und daher eine vollständige elektrische Isolation möglich ist, gibt es für den Magnetismus keinen Stoff, der eine magnetische Isolation möglich machen würde.

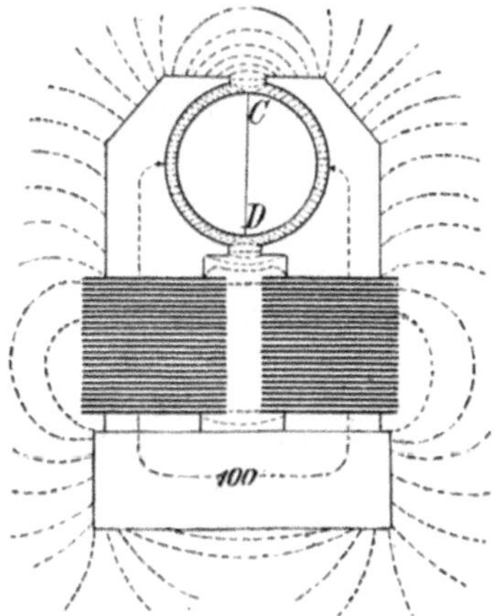

Abb. 165. Magnetische Streuung bei einer zweipoligen Gleichstrommaschine.

Als *Streukoeffizient* oder *Streufaktor* bezeichnet man entweder das Verhältnis der Streulinien $\mathfrak{Z}_s$ zu den nützlichen Kraftlinien $\mathfrak{Z}_n$ (Heylandscher Streufaktor τ):

$$\tau = \frac{\mathfrak{Z}_s}{\mathfrak{Z}_n} \quad . \; . \; . \; . \quad (79)$$

oder das Verhältnis der gesamten Kraftlinien $\mathfrak{Z}_g$ zu den nützlichen Kraftlinien $\mathfrak{Z}_n$ (Hopkinsonscher Streufaktor v):

$$v = \frac{\mathfrak{Z}_g}{\mathfrak{Z}_n} \quad . \; . \; . \; . \; . \; . \; . \; . \; . \; . \; . \quad (80)$$

Beide Streufaktoren sind um so größer, je größer die Anzahl der Streulinien im Verhältnis zu den anderen ist.

Da die gesamten Kraftlinien $\mathfrak{Z}_g$ aus der Summe der nützlichen und der Streulinien bestehen (Abb. 163), so ergibt sich folgende Beziehung zwischen den beiden Streufaktoren τ und v:

$$\mathfrak{Z}_g = \mathfrak{Z}_n + \mathfrak{Z}_s = \mathfrak{Z}_n + \tau\,\mathfrak{Z}_n = \mathfrak{Z}_n(1 + \tau),$$

also

$$1 + \tau = \frac{\mathfrak{Z}_g}{\mathfrak{Z}_n} = v \quad . \; . \; . \; . \; . \; . \; . \; . \; . \quad (81)$$

Ist $\mathfrak{F}$ die MMK, $\mathfrak{w}_n$ der magnetische Widerstand der nützlichen Kraftlinien, $\mathfrak{w}_s$ der der streuenden und $\mathfrak{w}_g$ der der gesamten, so ist

$$\mathfrak{Z}_n = \frac{\mathfrak{F}}{\mathfrak{w}_n}, \qquad \mathfrak{Z}_s = \frac{\mathfrak{F}}{\mathfrak{w}_s}, \qquad \mathfrak{Z}_g = \frac{\mathfrak{F}}{\mathfrak{w}_g}.$$

Daraus folgt

$$\tau = \frac{\mathfrak{w}_n}{\mathfrak{w}_s} \quad . \; . \; . \; . \; . \; . \; . \; . \; . \; . \; . \quad (82)$$

$$v = \frac{\mathfrak{w}_n}{\mathfrak{w}_g} \quad . \; . \; . \; . \; . \; . \; . \; . \; . \; . \; . \quad (83)$$

Da $\mathfrak{Z}_g = \mathfrak{Z}_n + \mathfrak{Z}_s$ ist, so ist

$$\frac{1}{\mathfrak{w}_g} = \frac{1}{\mathfrak{w}_n} + \frac{1}{\mathfrak{w}_s}$$

oder

$$\mathfrak{w}_g = \frac{\mathfrak{w}_n \mathfrak{w}_s}{\mathfrak{w}_n + \mathfrak{w}_s},$$

was auch ohne weiteres aus § 108 folgt, da die Kraftlinienbündel $\mathfrak{Z}_n$ und $\mathfrak{Z}_s$ parallel geschaltet sind[1]).

Aus den obigen Gleichungen folgt, daß die Anzahl der streuenden Kraftlinien im Verhältnis zu den nützlichen, also die Streuung schlechtweg, um so größer ist, je größer der magnetische Widerstand der nützlichen Kraftlinien gegenüber dem der streuenden ist. Da der magnetische Widerstand verkehrt proportional der magnetischen Durchlässigkeit ist, so ist die Streuung bei einem geschlossenen Eisenkörper, wo die nützlichen Kraftlinien alle im Eisen und die streuenden hauptsächlich in der Luft verlaufen, ungefähr proportional dem Verhältnis der magnetischen Durchlässigkeit der Luft zu Eisen: $1/\mu$ oder umgekehrt proportional der magnetischen Durchlässigkeit μ. Da in Eisen μ veränderlich ist und nach Abb. 123 für Schmiedeeisen und Stahlguß bei einer Kraftliniendichte von 5000—8000 am größten ist, so ist hierbei die Streuung am kleinsten.

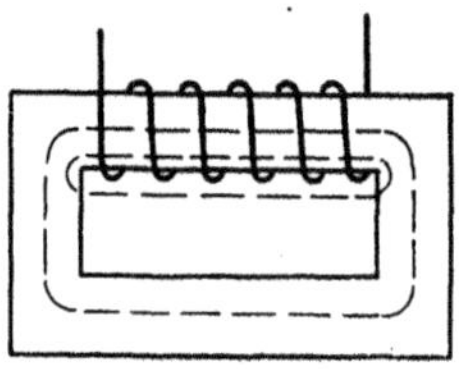

Abb. 166.

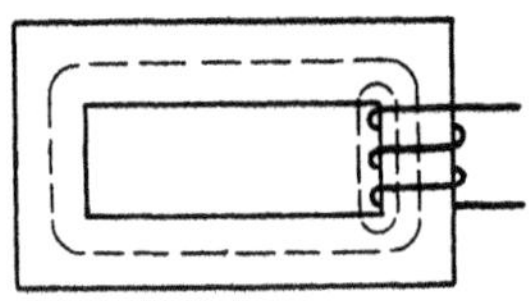

Abb. 167.

Noch mehr als von der magnetischen Durchlässigkeit ist die Streuung von der Gestalt des Eisenkernes und der Wicklung abhängig. Vergleicht man die Abb. 166 und 167, die denselben Eisenkern haben, wo aber in dem einen Falle die Spule auf dem langen Joch, in dem anderen auf dem kurzen Joch sitzt, so erkennt man sofort, daß im letzteren Falle die Streuung größer sein muß, weil der Kraftlinienweg des Streufeldes in der Luft viel kürzer ist als im ersten Falle. Von großem Einfluß sind auch die Stoßfugen, weil ihr magnetischer Widerstand beträchtlich ist. Infolgedessen ist die Streuung bei den Abb. 168 und 169 größer als bei den Abb. 166 und 167, und bei Abb. 169 wiederum größer als bei Abb. 168. Am größten ist sie bei Abb. 170, weil hier die Stoßfugen nur im Wege der nützlichen Kraftlinien liegen und nicht gleichzeitig auch im Wege der streuenden.

1) Die Streuung ist also kein Verlust an Kraftlinien, sondern im Gegenteil eine Vermehrung derselben, weil sich das gesamte Kraftlinienbündel weiter ausbreitet, und der gesamte magnetische Widerstand $\mathfrak{w}_g$ kleiner ist als $\mathfrak{w}_n$, der allein in Betracht käme, wenn keine Streuung bestände.

Ist der Durchmesser der Wicklung wesentlich größer als der Kern (Abb. 171), so ist die Streuung größer, als wenn sie den Kern knapp umgibt.

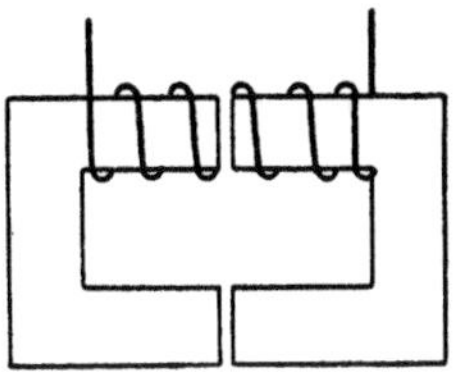

Abb. 168.

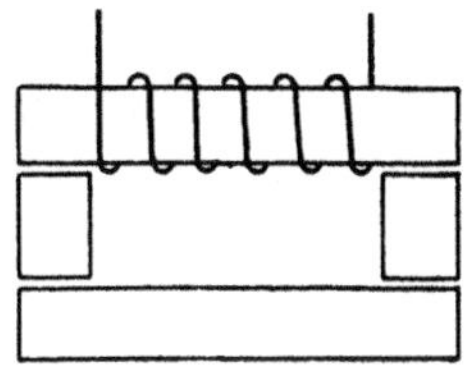

Abb. 169.

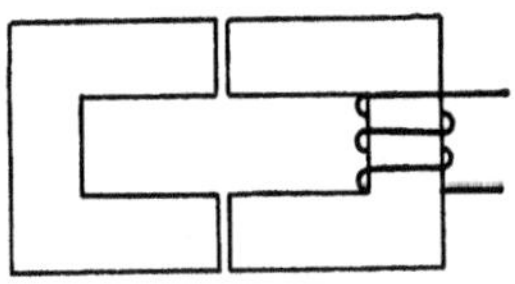

Abb. 170.

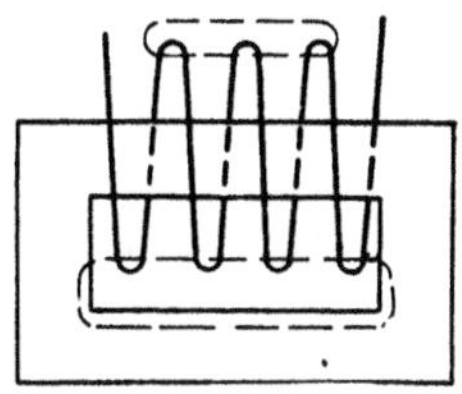

Abb. 171.

Aber auch dann ist schon eine Streuung vorhanden, wenn auf einem geschlossenen Eisenkörper die Wicklung ungleich verteilt ist (Abb. 172). Sitzen zwei Spulen, deren MMKe in gleicher Richtung wirken, auf einem Eisenkern (Abb. 173), so entstehen zwei Streufelder, die aber um so mehr zusammenfließen, je kleiner der Zwischenraum zwischen den Spulen ist (vgl. damit Abb. 160 mit zwei Spulen von entgegengesetzter Richtung).

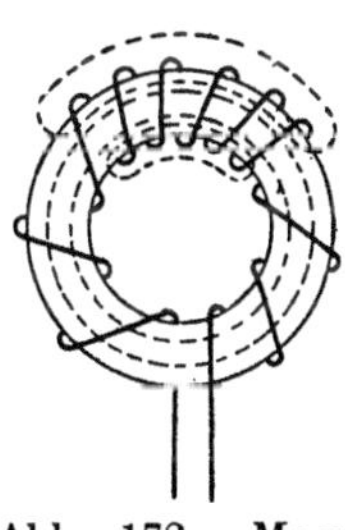

Abb. 172. Magnetische Streuung bei ungleich verteilter Wicklung.

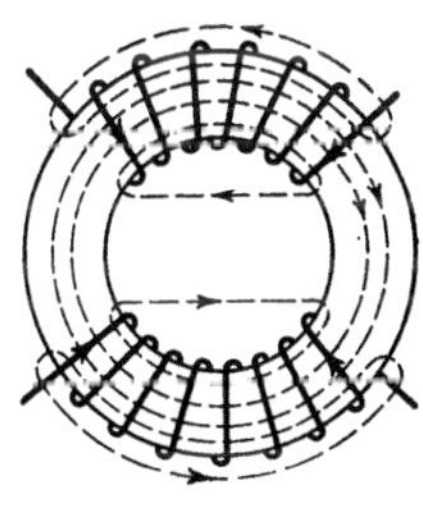

Abb. 173. Magnetische Streuung bei zwei Spulen von gleicher Richtung.

Unter sonst gleichen Verhältnissen hängt demnach die magnetische Streuung lediglich von der geometrischen Form des Eisenkörpers und von der Lage der Wicklung ab.

Anders ist es, wenn sich auf dem Eisenkern zwei stromführende Wicklungen befinden, deren MMKe einander entgegenwirken. Dann tritt zu der eben besprochenen Streuung jeder der beiden Wicklungen noch die im vorigen Paragraph besprochene magnetische Stauung hinzu. In solchen Fällen besteht also die gesamte magnetische Streuung aus zwei Teilen, nämlich aus der magnetischen Streuung im engeren Sinne, die nur von dem Strome in der eigenen Wicklung abhängig, von dem der anderen Wicklung aber unabhängig ist, und aus der magnetischen Stauung, die von der Lage und Größe der entgegengerichteten MMKe, also von den Stromstärken in den beiden

Spulen und ihrer gegenseitigen Lage, sowie (bei Wechselströmen) von der Phasenverschiebung zwischen den beiden Strömen abhängt (vgl. § 161). Das ist besonders bei Transformatoren und Induktionsmotoren von Wichtigkeit.

Gewöhnlich wird die magnetische Streuung im engeren Sinne und die magnetische Stauung zusammen als magnetische Streuung schlechtweg bezeichnet.

111. Magnetische Charakteristik.

Die Schaulinien in Abb. 125 stellen die Abhängigkeit der Kraftliniendichte von der magnetisierenden Kraft bei ferromagnetischen Körpern dar und zwar unabhängig von der Gestalt des magnetisierten Körpers. Herrscht an irgendeiner Stelle desselben die magnetisierende Kraft $\mathfrak{H}$, so ist die Kraftliniendichte $\mathfrak{B}$ an der betreffenden Stelle durch die dazu gehörige Ordinate der Abb. 125 dargestellt. Herrscht im ganzen Körper dieselbe magnetisierende Kraft und dieselbe Durchlässigkeit μ, so ist auch die Kraftliniendichte $\mathfrak{B}$ im ganzen Körper dieselbe. Multipliziert man $\mathfrak{B}$ mit dem Querschnitt S des Kraftlinienbündels, so erhält man die Kraftlinienmenge $\mathfrak{Z}$. Ist der magnetisierte Körper ein geschlossener, so daß der ganze Kraftlinienpfad in ihm verläuft, so darf man $\mathfrak{H}$ mit der Länge l des Kraftlinienpfades multiplizieren und erhält nach Gl. 70 die MMK $\mathfrak{F}$. Die Kurve, die die Kraftlinienmenge $\mathfrak{Z}$ in Abhängigkeit von $\mathfrak{F}$ darstellt, unterscheidet sich also von den Kurven in Abb. 125 nur durch die Maßstäbe der Abszissen und Ordinaten.

Ist der magnetisierte Körper kein geschlossener, sondern hat er einen Luftzwischenraum (Abb. 150), so kann die Kraftlinienmenge nach § 106 aus dem Ohmschen Gesetze für magnetische Kreise berechnet werden. Ist $\mathfrak{w}_1$ der magnetische Widerstand des Kraftlinienpfades im Eisen und $\mathfrak{w}_2$ der im Luftzwischenraum, so ist

$$\mathfrak{F} = \mathfrak{w}_1 \mathfrak{Z} + \mathfrak{w}_2 \mathfrak{Z}.$$

$\mathfrak{w}_1 \mathfrak{Z}$ stellt also denjenigen Teil der MMK dar, der auf den Weg im Eisen, und $\mathfrak{w}_2 \mathfrak{Z}$ denjenigen, der auf den Weg im Luftzwischenraum entfällt. Entsprechend dem Spannungsabfall in einem elektrischen Stromkreis kann man $\mathfrak{w}_1 \mathfrak{Z}$ als Abfall der MMK im Eisen und $\mathfrak{w}_2 \mathfrak{Z}$ als Abfall der MMK im Luftzwischenraum oder als magnetische Spannung zwischen den betreffenden Stellen bezeichnen[1]). Berechnet man für jeden Teil die Abhängigkeit der Kraftlinienmenge von der MMK, so erhält man für den Eisenkörper die Kurve I in Abb. 174,

[1]) Zwischen MMK und magnetischer Spannung besteht also dasselbe Verhältnis, wie zwischen EMK und elektrischer Spannung eines elektrischen Stromkreises. So wie die elektrische Spannung zwischen zwei Punkten eines Stromleiters durch einen in Volt geeichten Strommesser mit hohem Widerstand (§ 275) gemessen werden kann, so kann die magnetische Spannung zwischen zwei Stellen eines magnetischen Kreises gemessen werden, wenn man die Enden einer auf eine biegsame Röhre aufgewickelten und entsprechend geeichten Maßspule an die betreffenden Stellen anlegt (vgl. § 291 Magnetischer Spannungsmesser).

für den Luftzwischenraum die Kurve *II*. Da sich nach der letzten Gleichung die Abszissen addieren, so stellt die Kurve *III* die Beziehung zwischen $\mathfrak{B}$ und $\mathfrak{H}$ für den betreffenden Körper dar. Für jeden beliebigen Punkt ist die Abszisse der Kurve *III* gleich der Summe der Abszissen *I* und *II*:

$$MP_3 = MP_1 + MP_2.$$

Verändert man den Abszissenmaßstab im Verhältnis von $0{,}4\,\pi$, so stellen die Abszissen die Amperewindungen iN dar. Die Kurve *III* bezeichnet man als magnetische Charakteristik des betreffenden Körpers. Sie unterscheidet sich von den Magnetisierungskurven in Abb. 123 bis 125 dadurch, daß jene unabhängig von der Gestalt des magnetisierenden Körpers für irgendeine Stelle desselben gelten, während diese für einen magnetisierten Körper von bestimmter Gestalt gilt. Die magnetische Charakteristik bildet den Übergang zur Leerlaufcharakteristik einer Gleichstrommaschine oder einer synchronen Wechselstrommaschine, denn die MMK ist proportional dem Erregerstrom und die EMK der Maschine ist proportional der Kraftlinienmenge, welche aus den Magnetpolen in den Anker übertritt.

Die den Abfall der MMK in einem Luftzwischenraum darstellende Kurve ist immer eine Gerade, wie *II* in Abb. 174, weil die magnetische Durchlässigkeit μ der Luft konstant (gleich 1) ist.

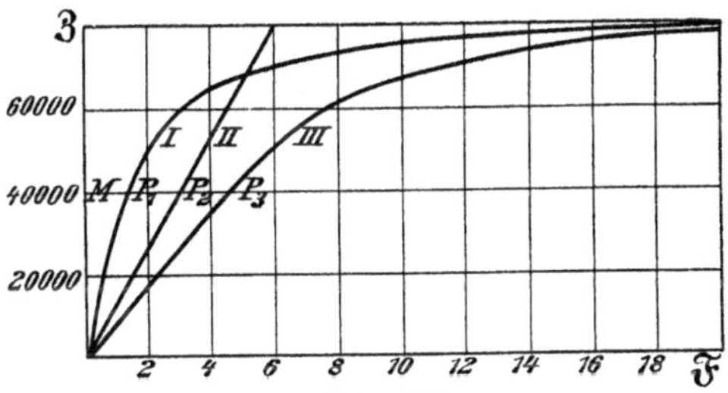

Abb. 174.

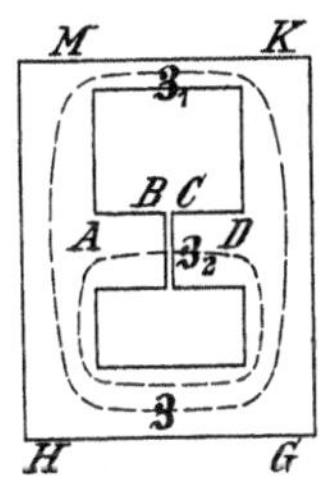

Abb. 175.

Aus Abb. 174 erkennt man auch, daß die magnetische Charakteristik um so geradliniger und um so horizontaler verläuft, je horizontaler die Luftlinie *II* verläuft, d. h. je größer der Luftzwischenraum ist[1]). Das gilt natürlich auch für die ganze Hystereseschleife. Sie wird um so schräger und schmäler, je größer der Luftzwischenraum ist.

Liegt bei einem ferromagnetischen Körper ein Luftzwischenraum im Nebenschluß (Abb. 175), so ergibt sich die magnetische Charak-

[1]) Das der Abbildung 174 entsprechende, aber umgekehrte Verfahren, nämlich mit Hilfe der Luftkurve *II* aus der gemessenen magnetischen Charakteristik *III* die Kurve *I* für das Eisen allein zu erhalten, nennt man die Scherung der Kurve *III*. Es ist nichts anderes als die Berücksichtigung der entmagnetisierenden Wirkung des freien Magnetismus auf den Polflächen des Luftzwischenraumes (§ 102). Nach der jetzigen Auffassung erscheint die Scherung einfach als Verminderung des magnetischen Widerstandes des ganzen Kraftlinienbündels um den magnetischen Widerstand des Luftzwischenraumes.

teristik auf folgende Weise. Sind $\mathfrak{Z}_1$ und $\mathfrak{Z}_2$ die Kraftlinienmengen der beiden Zweige, so ist die gesamte Kraftlinienmenge $\mathfrak{Z}$:

$$\mathfrak{Z} = \mathfrak{Z}_1 + \mathfrak{Z}_2 .$$

Ist $\mathfrak{F}$ die MMK zwischen den Verzweigungspunkten A und D, ist $\mathfrak{w}_1$ der magnetische Widerstand des Kraftlinienpfades $AMKD$, und $\mathfrak{w}_2$ der des Kraftlinienpfades AD, so ist

$$\mathfrak{Z}_1 = \frac{\mathfrak{F}}{\mathfrak{w}_1}, \qquad \mathfrak{Z}_2 = \frac{\mathfrak{F}}{\mathfrak{w}_2} .$$

Diese beiden Beziehungen sind in Abb. 176 durch die Kurven I und II dargestellt. Die letzte ist eine gerade Linie, wenn der magnetische Widerstand der Eisenwege AB und CD verschwindend klein ist gegenüber dem des Luftzwischenraumes BC. Daraus erhält man nun die Kurve III für die gesamte Kraftlinienmenge $\mathfrak{Z}$, wenn man gemäß der obigen Gleichung die zu demselben Abszissenwerte $\mathfrak{F}$ gehörigen Ordinaten addiert. Wie man daraus ersieht, wird die magnetische Charakteristik durch einen im Nebenschluß liegenden Luftzwischenraum ebenso verflacht wie in Abb. 174 durch einen in Hintereinanderschaltung liegenden Luftzwischenraum. Dagegen wird sie steiler als jene, da die gesamte Kraftlinienmenge durch den Nebenschluß vermehrt wird.

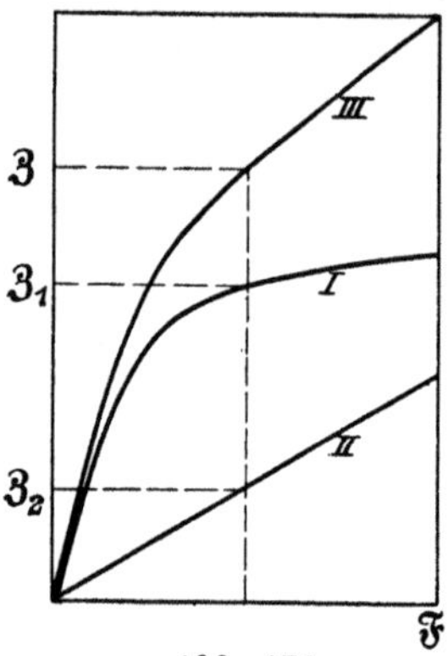

Abb. 176.

Ist der magnetische Widerstand der Eisenwege AB und CD nicht verschwindend klein gegenüber dem des Luftzwischenraumes BC, so ist die Kurve II keine gerade Linie, sondern gekrümmt und muß so wie die Kurve III in Abb. 174 ermittelt werden.

Ist der magnetische Widerstand des Kraftlinienpfades $AHGD$ vor der Verzweigungsstelle nicht vernachlässigbar, so ist das Verfahren zur Ermittelung der magnetischen Charakteristik nicht mehr so einfach, weil dann die Gl. 75 in Anwendung kommen muß.

Die Aufstellung der magnetischen Charakteristik ist von Wichtigkeit, wenn es sich darum handelt, die zu einer bestimmten MMK oder einer bestimmten Stromstärke gehörige Kraftlinienmenge oder Kraftliniendichte zu ermitteln. Direkt und für einen bestimmten Wert ist diese Aufgabe, wie wir schon in § 106 (3. Beispiel) gesehen haben, unlösbar, weil man die Durchlässigkeit μ aus Abb. 123 nur dann entnehmen kann, wenn man die Kraftliniendichte bereits kennt. Man bestimmt daher die zu verschiedenen, beliebig gewählten Kraftliniendichten gehörigen Werte von $\mathfrak{Z}$ und trägt sie wie in Abb. 174 oder 176 in Abhängigheit von der MMK $\mathfrak{F}$ oder von den Amperewindungen iN oder von der Stromstärke i auf. Daraus entnimmt man dann die zu einem bestimmten Werte von $\mathfrak{F}$, iN oder i gehörige Ordinate $\mathfrak{Z}$.

112. Praktische Anwendungen.

Wir haben bereits in § 106 (2. Beispiel) und in § 107 die Aufgabe gelöst, den zu einer gewissen Magnetisierung erforderlichen Strom zu berechnen. Diese Aufgabe spielt in der Praxis eine große Rolle, denn man erhält aus ihr die Größe des erforderlichen Erregerstromes bei Maschinen, Elektromagneten usw. Infolge der Häufigkeit dieser Aufgabe fertigt man sich Kurven an, welche die Beziehung zwischen Kraftliniendichte $\mathfrak{B}$ und Amperewindungen für eine Längeneinheit $i\,n$ unmittelbar zu entnehmen gestatten. Abb. 177 enthält solche Kurven.

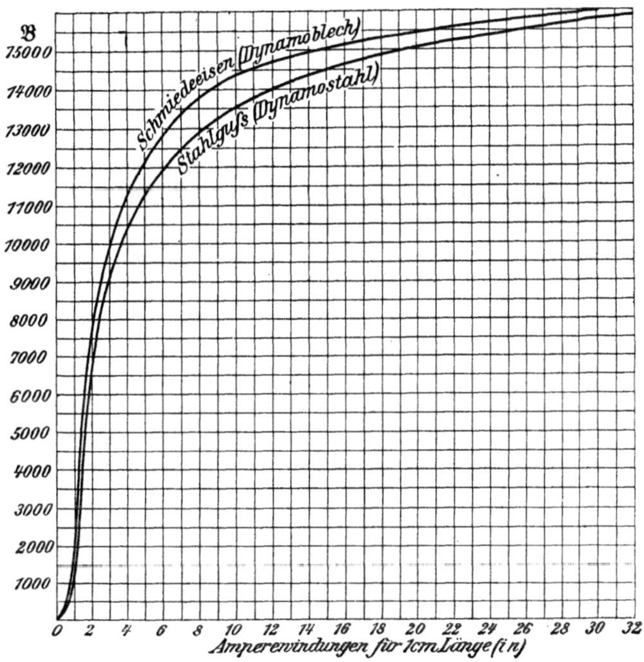

Abb. 177.

Besteht z. B. der magnetische Kreis aus Stücken von verschiedener Abmessung ($l_1 S_1$, $l_2 S_2$, $l_3 S_3 \ldots$), so ist nach § 106

$$\mathfrak{Z} = \frac{\mathfrak{F}}{\mathfrak{w}_1 + \mathfrak{w}_2 + \mathfrak{w}_3 \ldots}$$

$$= \frac{1{,}257\, i N}{\dfrac{l_1}{\mu_1 S_1} + \dfrac{l_2}{\mu_2 S_2} + \dfrac{l_3}{\mu_3 S_3} + \ldots}$$

Dann ist die gesamte Amperewindungszahl

$$i N = \frac{1}{1{,}257}\left(\frac{l_1 \mathfrak{Z}}{\mu_1 S_1} + \frac{l_2 \mathfrak{Z}}{\mu_2 S_2} + \frac{l_0 \mathfrak{Z}}{\mu_3 S_3} + \ldots\right).$$

Weil
$$\frac{\mathfrak{Z}}{S_1} = \mathfrak{B}, \quad \frac{\mathfrak{Z}}{S_2} = \mathfrak{B}_2 \quad \text{usw.},$$
so ist
$$iN = 0{,}8\left(\frac{\mathfrak{B}_1 l_1}{\mu_1} + \frac{\mathfrak{B}_2 l_2}{\mu_2} + \frac{\mathfrak{B}_3 l_3}{\mu_3} + \ldots\right) \quad . \quad . \quad . \quad (84)$$

Diese Gleichung kann zur Ausrechnung von iN benutzt werden, indem man die zu $\mathfrak{B}_1$, $\mathfrak{B}_2 \ldots$ gehörigen Werte μ_1, $\mu_2 \ldots$ aus Abb. 123 entnimmt.

Schneller kommt man mit Hilfe der Kurven in Abb. 177 zum Ziele. Denn es ist (nach Gl. 58)
$$\frac{\mathfrak{B}_1}{\mu_1} = \mathfrak{H}_1, \quad \frac{\mathfrak{B}_2}{\mu_2} = \mathfrak{H}_2 \quad \text{usw.}$$
und nach Gl. 51
$$\frac{\mathfrak{H}_1}{1{,}257} = (in)_1, \quad \frac{\mathfrak{H}_2}{1{,}257} = (in)_2 \quad \text{usw.},$$
wobei in die auf eine Längeneinheit des betreffenden Stückes entfallenden Amperewindungen bedeutet. Der Index zeigt an, zu welchem Stück sie gehören.

Es ist also
$$iN = l_1 (in)_1 + l_2 (in)_2 + l_3 (in)_3 + \ldots$$

Diese Gleichung besagt, daß die gesamten Amperewindungen gleich sind der Summe der Produkte aus den Amperewindungen pro Längeneinheit und der Länge der betreffenden Stücke.

Man hat also bei Benutzung der Kurven in Abb. 177 folgendermaßen zu verfahren. Man bestimmt die Kraftliniendichte $\mathfrak{B}_1$, $\mathfrak{B}_2$, $\mathfrak{B}_3 \ldots$ für die einzelnen Stücke des magnetischen Kreises und entnimmt nun den Kurven die dazu gehörigen Amperewindungen pro Längeneinheit. Diese sind mit den Längen der betreffenden Stücke $l_1 l_2 l_3 \ldots$ zu multiplizieren, so daß man die zur Magnetisierung jedes Stückes aufzuwendenden Amperewindungen erhält. Ihre Summe gibt die gesamten Amperewindungen.

Für Luft ist $\mathfrak{B} = \mathfrak{H}$; daher nach Gl. 51
$$\mathfrak{B} = 1{,}26\, in \quad \text{oder}$$
$$in = 0{,}8\, \mathfrak{B} \quad . \quad . \quad . \quad . \quad . \quad . \quad . \quad . \quad . \quad . \quad (85)$$

Beispiel: Im Anker einer Gleichstrommaschine (Abb. 165) seien 5400000 Kraftlinien zur Erzeugung einer gewissen Spannung notwendig. Wieviel Amperewindungen müssen die Schenkel des Feldmagnetes erhalten? Beim Übergange der Kraftlinien vom Feldmagnet zum Anker findet eine Streuung statt, deren Koeffizient $v = 1{,}2$ sei. Es müssen also in den Feldmagneten $5400000 \cdot 1{,}2 = 6480000$ Kraftlinien erzeugt werden. Die mittlere Länge der Kraftlinien im Feldmagnet sei $l_1 = 100$, sein Querschnitt $S_1 = 600\ \text{cm}^2$. Die Länge eines Luftzwischenraumes sei 1 cm; beide zusammen also: $l_2 = 2$; ihr Querschnitt $S_2 = 1200\ \text{cm}^2$. Die mittlere Länge der Kraftlinien im Anker sei $l_3 = 15$ cm, der von den Kraftlinien durchsetzte Querschnitt $S_3 = 450\ \text{cm}^2$. Dann ist
$$\mathfrak{B}_1 = 6480000 : 600 = 10800$$
$$\mathfrak{B}_2 = 5400000 : 1200 = 4500$$
$$\mathfrak{B}_3 = 5400000 : 450 = 12000.$$

Nun haben wir aus den Kurven (Abb. 177) die zu diesen Kraftliniendichten gehörigen Amperewindungen pro Längeneinheit zu suchen und finden (Magnete aus Stahlguß, Anker aus Dynamoblech)

$$(in)_1 = 4{,}5 \qquad (in)_3 = 4{,}8.$$

Für den Luftzwischenraum ist $(in)_2 = 0{,}8 \cdot 4500 = 3600$.

Wenn wir mit den dazu gehörenden Längen multiplizieren, erhalten wir die für die einzelnen Stücke aufzuwendenden Amperewindungen. Ihre Summe gibt die gesuchten Amperewindungen, mit denen der Feldmagnet zu versehen ist. Zur besseren Übersicht folgen die Zahlen in Zusammenstellung:

	l	S	$\mathfrak{B}$	(in)	$l(in)$
Feldmagnet	100	600	10800	4,5	450
Luftschichte	2	1200	4500	3600	7200
Anker	15	450	12000	4,8	72
					7722

Der Feldmagnet ist also mit rund 7720 Amperewindungen zu versehen. In welcher Weise man diese herstellt, durch 7720 Windungen mit 1 *A* Strom, oder durch 772 Windungen mit 10 *A* Strom, oder durch eine andere Kombination, die dasselbe Produkt gibt, dafür sind andere Erwägungen maßgebend; insbesondere die Spannung und die größte zulässige Temperaturerhöhung.

113. Resultierende magnetische Felder im Eisen.

Da die magnetische Durchlässigkeit μ im Eisen und in den übrigen ferromagnetischen Stoffen nicht konstant ist, ergibt sich das aus zwei Feldern resultierende Feld nicht mehr durch einfache Addition bei gleicher Richtung, oder durch Bildung des Kräfteparallelogrammes bei sich kreuzenden Richtungen wie in § 7. Wirken z. B. zwei MMKe von je 6 Amperewindungen für 1 cm, so ergibt jede für sich eine Kraftliniendichte von 12000 (Abb. 177, Stahlguß). Wirken beide zusammen in gleicher Richtung, so ist die resultierende MMK gleich 12 Amperewindungen für 1 cm, was nach Abb. 177 eine Kraftliniendichte von 14700, also bedeutend weniger als das Doppelte ergibt. Es gilt zwar immer die Gleichung des magnetischen Kreises $\mathfrak{Z} = \frac{\mathfrak{F}}{\mathfrak{w}}$, aber $\mathfrak{w}$ ändert seinen Wert, weil es die von der Kraftliniendichte abhängige magnetische Durchlässigkeit μ enthält[1]. Kreuzen sich zwei Felder, so kann man in vielen Fällen auch nicht mehr den Wert der resultierenden magnetisierenden Kraft oder der resultierenden MMK angeben. So verläuft z. B. die magnetisierende Kraft einer einzelnen Spule (Abb. 163) im wesentlichen durch den Eisenring in Richtung der Mittellinie. Kommt eine zweite Spule von entgegengesetzter Richtung hinzu wie in Abb. 160, so weichen infolge der Stauung auch die magnetisierenden Kräfte seitwärts ab und verlaufen durch die Luft. Wirken aber beide im gleichen Sinne (Abb. 173), so verlaufen sie beide durch den Eisenring und die

[1]) Auch bei elektrischen Stromkreisen gilt die Addition zweier Ströme ($i = i_1 + i_2$) nur unter der Voraussetzung, daß der Widerstand konstant ist, wie es in metallischen Leitern der Fall ist. Sie gilt nicht mehr beim Stromdurchgang durch gasförmige Leiter, wo der Widerstand von der Ionisierung und dadurch von der Stromstärke abhängt (§ 241).

resultierende magnetisierende Kraft ist sehr angenähert gleich der Summe beider. In einfachen Fällen wie in Abb. 160 bis 173, wo man den Kraftlinienverlauf durch Feilspanbilder kennen gelernt hat, kann man den ungefähren Verlauf der magnetisierenden Kraft angeben und dann die erzeugte Kraftliniendichte mit Hilfe der Kurven in Abb. 123 oder 177 berechnen. Bei verwickeltem Kraftlinienverlauf in Eisen und Luft, wie z. B. bei elektrischen Maschinen mit Wendepolen, ist es unmöglich.

114. Der magnetische Kreis bei Dauermagneten.

Bei der Magnetisierung eines Körpers durch eine Stromspule oder durch ein äußeres magnetisches Feld kann die magnetisierende Kraft leicht berechnet oder experimentell ermittelt werden. Wie ist es aber bei einem Dauermagnet? Hier sitzt die magnetisierende Kraft im Magnet selbst: sie besteht aus der Koerzitivkraft, d. h. aus jenem Teil der äußeren magnetisierenden Kraft, die nach dem Verschwinden ihrer Ursache (elektrischer Strom oder fremdes magnetisches Feld) in dem Eisen zurückgeblieben ist. Die MMK ist dann (nach § 105) gleich dem Linienintegral der Koerzitivkraft über die Länge des Magnetes. Die MMK ist also bei einem Dauermagnet konstant, solange nicht eben Veränderungen der Koerzitivkraft stattfinden, wie z. B. durch Erhitzen oder durch Erschütterungen oder durch andere magnetische Felder. Ist der Magnet ein geschlossener Körper, so ist auch die Kraftlinienmenge konstant; ist er aber offen, wie z. B. der Stabmagnet in Abb. 7 oder der Hufeisenmagnet in Abb. 8, so hängt die Kraftlinienmenge vom gesamten magnetischen Widerstand des Kraftlinienpfades ab. Wird also z. B. dem Hufeisenmagnet ein Eisenstück (Anker) genähert (Abb. 140), so wird die Kraftlinienmenge um so größer, je kleiner der Luftzwischenraum zwischen den Polen des Magnetes und dem Anker ist. Insbesondere nimmt die von den Polen ausgehende Kraftlinienmenge bedeutend zu (nach Messungen von Sahulka[1]) beispielsweise von 1060 auf 4100, wenn der Anker ganz anliegt), während die gesamte, vom ganzen Magnet ausgehende Kraftlinienmenge bedeutend weniger zunimmt (von 4700 auf 5550). Der Grund liegt darin, daß ein Teil der Kraftlinien, die bei offenem Magnet zwischen den Schenkeln verlaufen, beim Anlegen des Ankers durch diesen verlaufen, weil sie hier einen kleineren magnetischen Widerstand finden oder mit anderen Worten, weil die magnetische Streuung erheblich geringer ist, wenn der magnetische Kreis ganz aus Eisen besteht, als wenn er offen ist. Daß die gesamte Kraftlinienmenge beim Anlegen eines Ankers nur wenig (im obigen Beispiel um 18%) zunimmt[2]), hat seinen Grund darin, daß die an der Oberfläche auftretenden freien magnetischen Massen den Kraftlinien proportional sind (§ 6). Da nun der freie Magnetismus eine entmagne-

[1]) Sahulka, ETZ 1905, S. 118.

[2]) Diese verhältnismäßig geringe Zunahme hat zu der irrtümlichen Meinung (z. B. S. Thompson: „Der Elektromagnet", Halle 1894, S. 184) Anlaß gegeben, als sei nicht die Koerzitivkraft und daher auch nicht die MMK, sondern die Kraftlinienmenge dasjenige, was bei einem Dauermagnet konstant ist.

tisierende Kraft ausübt (§ 102), so hat die Zunahme der Kraftlinien eine Verminderung der MMK zur Folge. Daraus erklärt sich, warum durch öfteres Anziehen und Abreißen des Ankers eine bleibende Schwächung der Koerzitivkraft des Dauermagnetes bewirkt wird.

Wird ein Dauermagnet erwärmt, so nimmt seine Koerzitivkraft ab; wird er auf die frühere Temperatur abgekühlt, so kehrt die frühere Koerzitivkraft nur zum Teil zurück. Ein Teil geht verloren. Dieser wird um so kleiner, je öfter die Erwärmung und Abkühlung wiederholt wird. So bleibt schließlich eine konstante Koerzitivkraft, und daher benützt man dieses Verfahren zur Herstellung konstanter Magnete für Meßinstrumente. Auch andauernde Erschütterungen (in rotierenden Trommeln) bewirken den Verlust des nicht konstant bleibenden Teiles. Gewöhnlich werden beide Mittel angewendet[1]). Ein auf solche Weise konstant gewordener Magnet hat dann innerhalb mäßiger Temperaturgrenzen (0^0—50^0) einen konstanten Temperaturkoeffizienten, insofern als sein Dauermagnetismus mit wachsender Temperatur etwas abnimmt, bei abnehmender Temperatur aber um ebensoviel wieder zunimmt. Eine weitere Schwächung der Koerzitivkraft erfolgt nur durch starke Erhitzung; bei Rotglut verschwindet sie ganz.

115. Anziehung zweier paralleler Flächen. Tragkraft eines Magnetes.

Für die mechanische Kraft F, die zwischen zwei parallelen, gleichmäßig mit magnetischer Masse von entgegengesetztem Vorzeichen belegten Flächen wirkt, gilt genau dasselbe, wie für zwei elektrisch geladene Flächen. Ist der Abstand der Flächen klein gegenüber dem kleinsten Ausmaß der Flächen, so ist das Feld bis in die Nähe der Ränder homogen. Unter dieser Voraussetzung gilt dieselbe Gleichung wie in § 27, nur daß an Stelle der Dielektrizitätskonstante die magnetische Durchlässigkeit μ einzusetzen ist. Da sich diese hier aber nicht auf den Eisenkern, sondern auf den Luftraum zwischen den Polflächen bezieht, so ist hier $\mu = 1$. Mithin

$$F = \frac{S\mathfrak{B}^2}{8\pi}\ \text{Dyn} = \frac{S\mathfrak{B}^2}{8\pi \cdot 980}\ \text{Grammgewicht},$$

wobei S die Größe einer Endfläche bedeutet. Es ist zu beachten, daß in diesem Ausdruck der Abstand der beiden Flächen nicht vorkommt, sondern nur die Kraftliniendichte $\mathfrak{B}$. Diese ist aber bei gegebener magnetisierender Kraft von dem Abstand abhängig.

Bei einem Elektromagnet ist es zweckmäßig, die MMK oder die Stromstärke einzuführen. Weil

$$\mathfrak{B} = \frac{\mathfrak{Z}}{S} = \frac{\mathfrak{F}}{S\mathfrak{w}},$$

so ist
$$F = \frac{\mathfrak{F}^2}{24\,600\,\mathfrak{w}^2 S}\ \text{Grammgewicht}.$$

---

[1]) Stahlsorten mit einem kleinen Zusatz von Wolfram oder Chrom zeigen nach solcher Behandlung größere Konstanz als gewöhnlicher Stahl.

Ist N die gesamte Windungszahl der Bewicklung mit der Stromstärke i, so ist (nach § 105)

$$\mathfrak{F} = 1{,}26\, i N$$

also
$$F = 0{,}000\,064\,2\, \frac{(iN)^2}{\mathfrak{w}^2 S} \text{ Grammgewicht.}$$

Kann der magnetische Widerstand im Eisen gegenüber dem im Luftzwischenraum vernachlässigt werden, und ist der Luftzwischenraum d zwischen beiden Flächen klein gegenüber dem kleinsten Ausmaß derselben, so ist $\mathfrak{w} = \frac{d}{S}$, und daher

$$F = 0{,}000\,064\,2\, \frac{S}{d^2} (iN)^2 \text{ Grammgewicht.}$$

In diesem einfachen Falle ist also die Tragkraft proportional der Polfläche und dem Quadrate der Amperewindungen, aber verkehrt proportional dem Quadrate des Abstandes.

Sind die gegenüberstehenden Flächen nicht gleich groß, so kann näherungsweise für S das arithmetische Mittel eingesetzt werden.

Beispiel: Ein Elektromagnet von der Form wie in Abb. 156 sei mit 1000 Windungen bewickelt, die 2 Amp. Strom führen. Die Endflächen seien 8 cm², ihr Abstand 0,3 cm. Da zwei Anziehungsstellen vorhanden sind, so ist nach der letzten Gleichung

$$F = 2 \cdot 0{,}000\,064\,2\, \frac{8}{0{,}3^2}\, 2000^2 = 47\,700 \text{ g} = 45{,}7 \text{ kg}.$$

Ist bei denselben Polflächen der Abstand 2 cm, so kann diese Formel nicht mehr zur Anwendung kommen, sondern nur die vorhergehende, und der magnetische Widerstand muß nach § 107 berechnet werden, wonach sich der äquivalente Querschnitt S des Kraftlinienbündels aus $S = s + kd$ ergibt. Hierin bedeutet s die Polfläche und für k findet man aus Abb. 152 den Wert 11,6. Also

$$S = 8 + 11{,}6 \cdot 2 = 31{,}2; \qquad \mathfrak{w} = \frac{2}{31{,}3} = 0{,}064\,.$$

Mithin (angenähert)

$$F = 2 \cdot 0{,}000\,064\,2\, \frac{2000^2}{0{,}064^2 \cdot 31{,}2} = 4000 \text{ g} = 4 \text{ kg}\,.$$

116. Die Arbeit bei magnetischer Anziehung.

Wird von einem **Dauermagnet**, z. B. dem Hufeisenmagnet in Abb. 140, ein Anker angezogen, so wird eine mechanische Arbeit geleistet, die für jedes Wegstückchen gleich dem Produkte aus dem Wegstückchen und der Kraft F an dieser Stelle ist. Nach dem Gesetze von der Erhaltung der Arbeit muß diese irgendwo herkommen. Da aber eine äußere Arbeitsquelle nicht vorhanden ist, muß sie aus dem magnetischen System selbst kommen. Nach § 97 ist die magnetische Arbeit in jeder Raumeinheit eines magnetisierten Stoffes gleich $\frac{\mathfrak{B}^2}{8\pi\mu}$. Ist die Durchlässigkeit μ im Eisen beispielsweise gleich 1000, so ist die in einer solchen Raumeinheit aufgespeicherte magnetische Arbeit

1000mal kleiner als in einer Raumeinheit Luft. Treten also während der Anziehung des Ankers Kraftlinien in diesen ein, die früher durch die Luft verlaufen sind, so nimmt die gesamte magnetische Arbeit, die im magnetischen Felde aufgespeichert ist, um ein Beträchtliches ab, und zwar um so viel, als während der Anziehung des Ankers mechanische Arbeit geleistet wird. Mit anderen Worten: während einer magnetischen Anziehung findet eine Umwandlung der im Luftfeld aufgespeicherten potentiellen magnetischen Arbeit in mechanische Arbeit (lebendige Kraft) statt. Wird der Anker wieder losgerissen und entfernt, so ist dazu eine mechanische Arbeit erforderlich, die zur neuerlichen Magnetisierung des Luftfeldes verwendet wird, sobald die Kraftlinien aus dem Eisen in Luft übertreten.

Diese Umwandlung findet aber wie alle Arbeitsumwandlungen nicht ohne Verlust durch Wärmeentwicklung statt. Und zwar findet bei der Magnetisierung des Ankers eine Wärmeumwandlung statt infolge der Hysterese und infolge der Wirbelströme, die im Eisen durch die ein- oder austretenden Kraftlinien induziert werden.

Bei einem Elektromagnet liegen die Verhältnisse ebenso, denn die Anziehung des Ankers findet erst statt, nachdem das magnetische Feld bereits vorhanden ist. Die magnetische Energie des ganzen Feldes im Eisen und in der Luft muß natürlich von der Stromquelle im Augenblick des Stromschlusses geleistet werden. Wird der Anker angezogen, so gilt dasselbe wie oben. Daneben wird aber infolge der in § 114 erwähnten Veränderung der gesamten Kraftlinienmenge ein vorübergehender Strom in der Wicklung induziert. Bei der Anziehung wirkt dieser Strom dem von der Stromquelle gelieferten entgegen; beim Abreißen des Ankers wirkt er im gleichen Sinne (Lenzsches Gesetz § 125). Beim Anziehen oder Abreißen eines Ankers bleibt also weder die Stromstärke noch die Kraftlinienmenge konstant. Da der Strom in seinem Leiter Stromwärme entwickelt, so kommt auch diese Arbeit noch in Betracht. Beim Abreißen wird die gesamte Stromwärme größer, beim Anziehen kleiner.

Siebentes Kapitel.

Elektrodynamik.

117. Magnetische und elektrische Kraft zwischen zwei Strömen.

Der Versuch lehrt, daß elektrische Ströme magnetische Kräfte aufeinander ausüben. Parallele Stücke zweier Stromkreise ziehen sich an, wenn die Ströme gleiche Richtung haben, und stoßen sich ab, wenn sie entgegengesetzte Richtung haben. Man erkennt diese Erfahrungstatsache auch aus der Gestalt des magnetischen Feldes, das

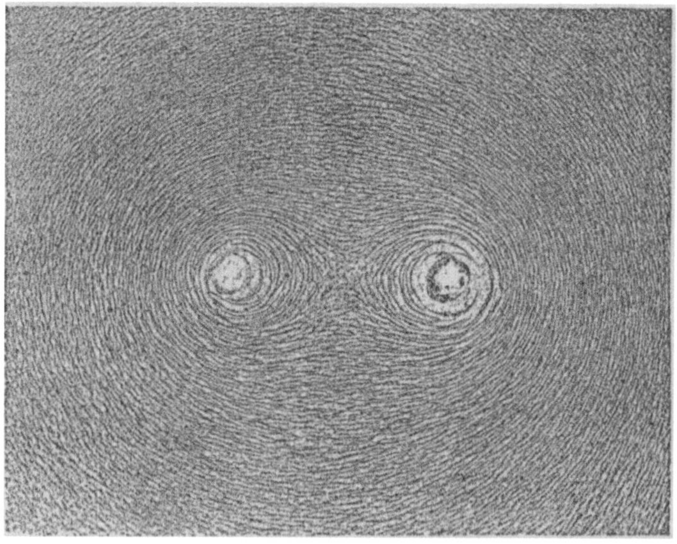

Abb. 178. Magnetisches Feld zweier linearer Ströme von gleicher Richtung.

man erhält, wenn man die beiden Leiter durch ein steifes Papier steckt und Eisenfeilspäne darauf streut. In nächster Nähe jedes Leiters sind die Kraftlinien in beiden Fällen nahezu Kreise, so wie bei einem einzelnen Leiter. Bei gleichgerichteten Strömen (Abb. 178) schließen sich die entfernteren zu einer lemniskatenförmigen Figur und umfassen beide

Leiter. Da die Kraftlinien wie elastische Fäden wirken, die sich zu verkürzen suchen (§ 4), so erkennt man daraus das Bestreben der beiden Leiter, sich einander zu nähern. Man sieht ferner, daß es in der Mitte zwischen beiden Leitern eine Stelle gibt, wo die Feldstärke null ist, weil hier Kräfte von entgegengesetzter Richtung zusammentreffen. Haben aber die Ströme entgegengesetzte Richtung (Abb. 179), so bestehen alle magnetischen Kraftlinien jedes Leiters für sich. Da sich

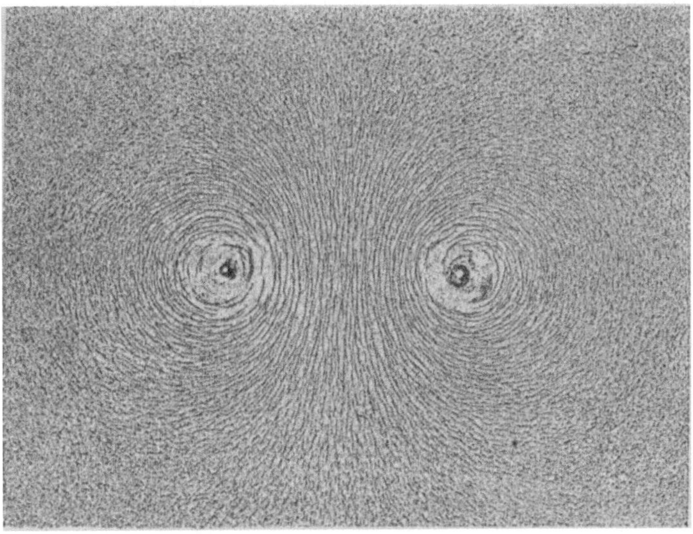

Abb. 179. Magnetisches Feld zweier linearer Ströme von entgegengesetzter Richtung.

die Kraftlinien untereinander abstoßen, so folgt daraus eine Abstoßung zwischen den beiden Leitern. In der Mitte ist die Feldstärke am größten, weil hier Kräfte von entgegengesetzter Richtung zusammentreffen.

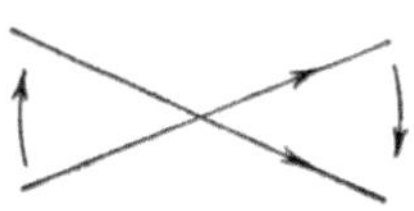

Abb. 180.

Sind zwei Ströme gekreuzt, so suchen sie sich parallel zu stellen, und zwar so, daß sie gleiche Richtung haben; sie vollführen also die in Abb. 180 angedeutete Drehung.

Da jeder stromführende Leiter ein Stück eines geschlossenen Stromes ist, so folgt die magnetische Wirkung auch aus dem Satze, daß ein geschlossener Strom durch eine magnetische Platte von gleichem Umfang ersetzt werden kann (§ 81). Die Ampèresche Regel lehrt dann, daß parallele Stromkreise mit gleicher Stromrichtung die ungleichnamigen Flächen einander zukehren, also sich anziehen, und daß solche mit entgegengesetzter Stromrichtung sich abstoßen. Abb. 181 zeigt das magnetische Feld zweier Stromwindungen mit gleicher Stromrichtung, Abb. 182 mit entgegengesetzter Stromrichtung.

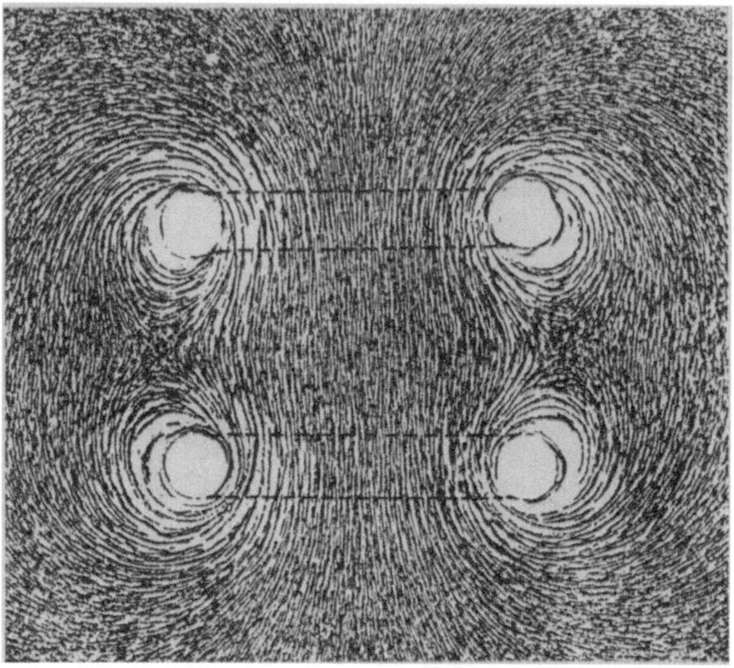

Abb. 181. Zwei Windungen mit gleicher Stromrichtung (Anziehung).

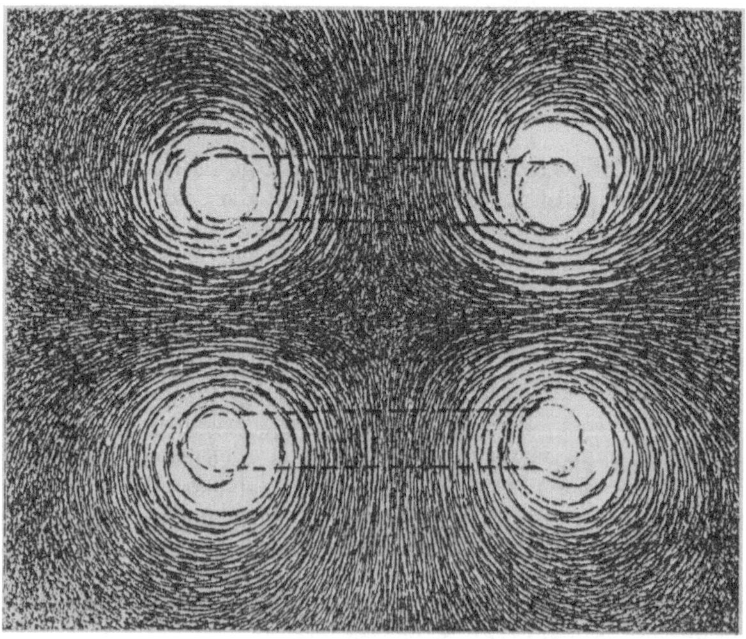

Abb. 182. Zwei Windungen mit entgegengesetzter Stromrichtung (Abstoßung).

Die Kraft, mit der diese magnetische Anziehung oder Abstoßung stattfindet, ist bei sonst gleichen Verhältnissen proportional dem Produkte der beiden Stromstärken.

Außer dieser auf der Strömung der Elektrizität beruhenden magnetischen Kraft zwischen zwei stromführenden Leitern gibt es noch eine elektrische Kraft, wie immer zwischen zwei Körpern, die Elektrizität enthalten. Durch folgenden Versuch von Nicolajew kann man beide Kräfte zur Erscheinung bringen. An einem Blatt Pappe (Abb. 183) sind mittels vier dünnen Drähten zwei U-förmige, aus Stanniol ausgeschnittene Bügel leicht beweglich aufgehängt und in der aus der Abbildung ersichtlichen Weise mit einer Stromquelle verbunden. In dem Stromkreis befindet sich noch ein Schalter S und ein Regulierwiderstand R. Ist der Schalter S offen, so besteht nur elektrische Anziehung zwischen den beiden Bügeln, weil sie entgegengesetzte Ladung haben, aber kein Strom fließt. Wird der Schalter geschlossen, so geht ein Strom durch den Bügel. Da seine Richtung in den beiden Bügeln entgegengesetzt ist, so muß eine abstoßende magnetische Kraft auftreten. Wird der Strom mittels des Regulierwiderstandes sehr schwach eingestellt, so bemerkt man immer noch eine Anziehung zwischen den beiden Bügeln, weil die elektrische Anziehung über die magnetische Abstoßung überwiegt. Wird der Strom allmählich verstärkt, so kommt man zu einem Wert, wo weder Anziehung noch Abstoßung bemerkbar ist, weil sich beide Kräfte das Gleichgewicht halten. Bei weiterer Verstärkung des Stromes überwiegt die magnetische Abstoßung über die elektrische Anziehung.

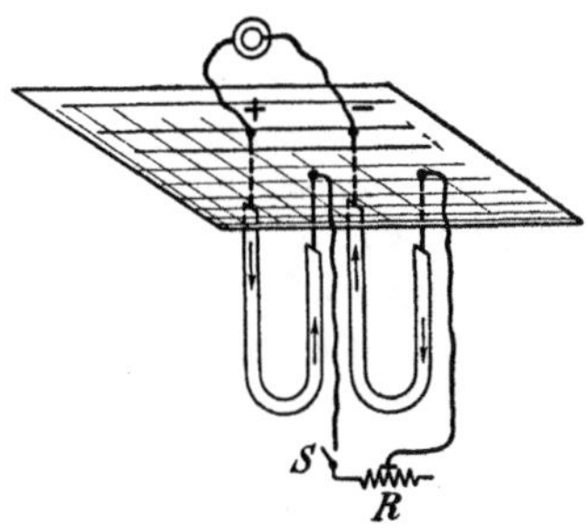

Abb. 183.

Außer den magnetischen Kraftlinien, die einen stromführenden Leiter umschließen, gibt es also noch elektrische Kraftlinien, die strahlenförmig vom Leiter ausgehen und auf einem anderen, zumeist dem entgegengesetzten Pol desselben Stromkreises enden. Die elektrischen Kraftlinien eines einzelnen linearen Leiters von kreisförmigem Querschnitt gehen radial symmetrisch von ihm aus, während die magnetischen Kraftlinien gemäß Abb. 86 konzentrische Kreise sind. Die elektrischen und magnetischen Kraftlinien schneiden sich also senkrecht. Das gilt ganz allgemein für jede beliebige Anordnung. Die zu Abb. 179 gehörigen elektrischen Kraftlinien verlaufen so wie in Abb. 4. Die zu Abb. 178 gehörigen elektrischen Kraftlinien verlaufen ähnlich wie die magnetischen Kraftlinien in Abb. 5. Mit anderen Worten: die elektrischen Kraftlinien verlaufen in den magnetischen Niveauflächen, die magnetischen Kraftlinien verlaufen in den elektrischen Niveauflächen. Die gesamte magnetische und elektrische Kraft zwischen zwei Strömen bezeichnet man als elektromagnetische oder elektrodynamische Kraft und die Gesamtheit der magnetischen oder elektrischen Kraftlinien als elektromagnetisches Feld.

Bei starken Strömen niederer Spannung macht sich nur das magnetische Feld bemerkbar. In den folgenden Paragraphen dieses Kapitels wird nur dieses behandelt. Bei Strömen von höherer Spannung macht sich auch das elektrische Feld bemerkbar, indem es Entladungen und allenfalls Zerstörungen im Dielektrik (Isolierung) verursacht. Diesen Wirkungen ist das 15. Kapitel gewidmet.

118. Arbeitswert zweier Ströme. Koeffizient der gegenseitigen Induktion.

Aus der im Vorhergehenden festgestellten magnetischen Kraft folgt, daß zwischen zwei geschlossenen Stromkreisen ein gewisser potentieller Arbeitswert[1]) bestehen muß, der dem Potential entspricht; d. h. ein Ausdruck, der die magnetische Kraft in irgendeiner Richtung ergibt, wenn man den negativen Differentialquotienten nach dieser Richtung bildet.

Bedeutet dl_1 ein unendlich kleines Stückchen des einen Stromkreises mit der Stromstärke i_1, dl_2 ein ebensolches des anderen mit der Stromstärke i_2, r die Entfernung dieser beiden und γ ihren Neigungswinkel gegeneinander, so ist der Arbeitswert dA zwischen diesen beiden Stromelementen nach Ampère:

$$dA = -i_1 i_2 \frac{\cos\gamma}{r} dl_1 \cdot dl_2 ,$$

wenn beide Ströme gleiche Richtung haben. Das negative Vorzeichen bedeutet eine Anziehungskraft gemäß § 117.

Daraus ergibt sich der Arbeitswert A zwischen den beiden ganzen geschlossenen Stromkreisen durch Integration über beide Stromkreise, also

$$A = -i_1 i_2 \iint \frac{\cos\gamma}{r} dl_1 \cdot dl_2$$

Setzt man

$$\iint \frac{\cos\gamma}{r} dl_1 \cdot dl_2 = M ,$$

so ist

$$A = -i_1 i_2 M \quad \ldots\ldots\ldots\ldots \quad (86)$$

Man nennt M den Koeffizienten der gegenseitigen Induktion oder gegenseitige Induktion schlechtweg, da er für die Induktion elektrischer Ströme (§ 146) maßgebend ist.

Vergleicht man diesen Ausdruck mit dem Arbeitswert zwischen

---

[1]) Der Ausdruck Potential schlechtweg wäre in diesem Falle nicht passend, da nach § 11 das Potential den Arbeitswert in bezug auf eine magnetische oder elektrische Masse Eins bedeutet. Hier handelt es sich aber um zwei Ströme und die magnetische Kraft zwischen ihnen. Die magnetische Kraft und das magnetische Potential eines Stromes auf einen Punkt der Umgebung, der keinem Stromkreis angehört, wurde in § 78—88 behandelt.

einem geschlossenen Strome und einer magnetischen Masse m (§ 87), nämlich mit[1])

$$A = -\omega i m = -i\mathfrak{z},$$

so sieht man, daß $i_2 M$ die Anzahl der Kraftlinien ist, die von einem Stromkreise i_2 ausgehen und den anderen Stromkreis treffen. Umgekehrt ist $i_1 M$ die Anzahl der Kraftlinien, die von dem Stromkreis i ausgehen und den anderen treffen. Also ist M die Anzahl der Kraftlinien, die von einem Stromkreise mit der Stromstärke Eins ausgehen und mit einem anderen verkettet sind. Oder: Der Koeffizient M der gegenseitigen Induktion eines Stromkreises auf einen anderen ist gleich dem Verhältnis seiner mit dem anderen Stromkreis verketteten Kraftlinienmenge zu seiner Stromstärke.

Bestehen die beiden Stromkreise nicht aus je einer Windung, sondern aus N_1 bzw. N_2 Windungen, von denen jede sämtliche Kraftlinien umschließt, so ist (nach Gl. 50)

$$A = -i_1 N_1 \mathfrak{z} = -i_2 N_2 \mathfrak{z} = -i_1 i_2 M$$

also

$$\left.\begin{aligned} M &= \mathfrak{z}\frac{N_1}{i_2} \\ M &= \mathfrak{z}\frac{N_2}{i_1} \end{aligned}\right\} \quad \ldots\ldots\ldots \quad (87)$$

oder

Wird aber die gesamte Kraftlinienmenge nicht von sämtlichen Windungen beider Spulen umschlossen, so kann nicht einfach mit der Windungszahl multipliziert werden, sondern die gesamte gegenseitige Induktion ist dann gleich der Summe der für jede einzelne Windung nach der obigen Definition berechneten Werte.

Die Kraftlinien entstehen gleichzeitig mit den Strömen i_1, i_2 und bleiben so lange unverändert bestehen, solange die Stromkreise und die Stromstärken unverändert bleiben. Dasselbe gilt für den Arbeitswert A. Er ist also nichts anderes als die magnetische Arbeit, die zur Erzeugung der beiden Stromkreisen gemeinsamen Kraftlinien, also zur Herstellung des gemeinsamen magnetischen Feldes notwendig ist; und er besteht so lange als potentielle Energie, solange alles unverändert bleibt. Verschwindet einer der Ströme, so verschwindet auch das gemeinsame magnetische Feld, und seine Energie setzt sich in elektrische Arbeit um, da beim Verschwinden eines Stromes ein Induktionsstrom entsteht.

Sind die beiden Stromsysteme sich selbst überlassen, so bewegen sie sich nach einem allgemeinen Gesetz so, daß der Arbeitswert kleiner wird. Bei gleicher Stromrichtung wird A kleiner, wenn der absolute Wert von M größer wird (Gl. 86), d. h. wenn sich die beiden Stromleiter nähern, oder wenn das gemeinsame Feld $\mathfrak{z}$ größer wird (Gl. 87).

---

[1]) Da Gl. 86 einer Anziehungskraft entspricht, muß auch diese Gleichung einer Anziehung zwischen i und m entsprechen, also negatives Vorzeichen erhalten.

Der Arbeitswert zweier Ströme, bzw. der Koeffizient der gegenseitigen Induktion läßt sich nur für einige einfache Fälle berechnen; meistens muß er experimentell bestimmt werden.

a) Die beiden Stromkreise bestehen aus übereinander oder nebeneinander sitzenden Spulen mit den Windungszahlen N_1 bzw. N_2, zwischen denen keine magnetische Streuung besteht, d. h. sämtliche Windungen beider Spulen umschließen sämtliche Kraftlinien. Nach § 105 ist die Kraftlinienmenge der einen Spule bei der Stromstärke 1 (abs. Einh.) gleich $\frac{4\pi N_1}{\mathfrak{w}}$, wobei $\mathfrak{w}$ den magnetischen Widerstand des ganzen Kraftlinienbündels bedeutet. Da die andere Spule N_2 Windungen hat, so ist nach dem obigen[1])

$$M = \frac{4\pi N_1 N_2}{\mathfrak{w}}.$$

Ist l die Länge, S der Querschnitt des Kraftlinienbündels und μ die magnetische Durchlässigkeit des Mediums, so ist

$$\mathfrak{w} = \frac{l}{\mu S}$$

und daher

$$M = \frac{4\pi N_1 N_2 \mu S}{l}.$$

b) Für zwei parallele Stromleiter, deren Länge l groß ist gegenüber ihrem Abstande a, ist näherungsweise:

$$M = 2l\left(\log\text{nat}\frac{2l}{a} - 1\right) \approx 2l\log\text{nat}\frac{2l}{a};$$

dann ist die magnetische Kraft, die zwischen ihnen in der Richtung des Abstandes a wirkt:

$$F = -\frac{dA}{da} = +i_1 i_2 \frac{dM}{da} = -2 i_1 i_2 \frac{l}{a}.$$

Haben i_1 und i_2 gleiche Richtung, so ist F negativ, die magnetische Kraft also eine anziehende; haben sie entgegengesetzte Richtung, so ist F positiv, also abstoßend.

c) Zwei kreisförmige Drähte mit den Krümmungsradien R und r in parallelen Ebenen, deren Abstand a ist (näherungsweise)

$$M = 4\pi\sqrt{rR}\left[\log\text{nat}\frac{8\sqrt{rR}}{\sqrt{a^2+(R-r)^2}} - 2\right].$$

für $r=R$ wird daraus:

d) $$\mathrm{M} = 4\pi R\left[\log\text{ nat }\frac{8R}{a} - 2\right].$$

Weitere Formeln sind in Heydweiller „Elektrische Messungen" (Leipzig 1892) zu finden.

[1]) Vgl. auch § 146, wo sich derselbe Ausdruck ergibt.

119. Arbeitswert eines Stromes in Bezug auf sich selbst; Koeffizient der Selbstinduktion.

Da jeder Stromleiter eine gewisse Dicke besitzt, so kann man ihn als ein Bündel unendlich vieler leitender Fäden betrachten, wovon jeder einen gewissen Bruchteil des ganzen Stromes führt. Es wirkt also unter ihnen eine anziehende Kraft, die den ganzen Leiter dünner zu machen sucht. Daher besteht ein Arbeitswert zwischen jedem dieser Stromfäden und allen übrigen. Dies ist der Arbeitswert des Stromes in Bezug auf sich selbst. Er ist das Analogon bei der strömenden Elektrizität zu dem Selbstpotential bei der ruhenden Elektrizität (§ 15).

Ist der Draht nicht geradlinig, sondern etwa zu einer Spule gewickelt, so besteht außer der Kraftwirkung der Stromfäden untereinander noch eine solche zwischen jeder Windung und allen übrigen, und zwar ebenfalls eine anziehende, da die Stromrichtung in allen dieselbe ist. Die Windungen eines Solenoides suchen sich näher zu kommen.

Aus dem Gesagten erkennt man, daß zwischen diesem Arbeitswerte eines Stromkreises und dem gesamten zweier Stromkreise (§ 118) kein wesentlicher Unterschied besteht, und daß letzterer in ersteren übergeht, wenn man die zwei Stromkreise in einen zusammenfallen läßt. Doch muß man jetzt durch 2 dividieren, da aus zwei Stromkreisen einer geworden ist. Das Produkt $i_1 i_2$ geht über in i^2. Wir erhalten also aus Gl. 86 für den Arbeitswert eines Stromes in bezug auf sich selbst:

$$A = \frac{i^2 L}{2}, \qquad \text{(88)}$$

wenn wir jetzt statt M entsprechend der anderen Bedeutung L setzen und dieses den Koeffizienten der Selbstinduktion oder Selbstinduktion schlechtweg nennen. iL ist dann die Anzahl der Kraftlinien, die von einem Strome i ausgehen. Mithin ist L die Anzahl der Kraftlinien, die von einem gestreckten Stromleiter oder einer einzelnen Windung mit der Stromstärke 1 ausgehen, oder: das Verhältnis seiner Kraftlinienmenge zu seiner Stromstärke.

Besteht der Stromkreis aus N Windungen, von denen jede sämtliche Kraftlinien umschließt, so folgt aus Gl. 87

$$L = \mathfrak{z} \frac{N}{i} \qquad \text{(89)}$$

Die Kraftlinien entstehen gleichzeitig mit dem Strome i und bleiben so lange unverändert bestehen, als der Stromkreis und die Stromstärke unverändert bleiben. Dasselbe gilt für den Arbeitswert in Bezug auf sich selbst. Er ist also nichts anderes als die magnetische Arbeit, die zur Erzeugung der eigenen Kraftlinien, also zur Herstellung des eigenen magnetischen Feldes notwendig ist. Er besteht so lange als potentielle Energie, solange alles unverändert bleibt. Verschwindet der Strom, so verschwindet auch sein magnetisches Feld, und die magnetische Arbeit A setzt sich in elektrische Arbeit um, da beim Verschwinden des Stromes ein Induktionsstrom im eigenen Kreise (Extrastrom § 187) entsteht. Dieser setzt sich in Wärme um.

Nach dem Vorhergehenden erhalten wir offenbar die Koeffizienten der Selbstinduktion aus denen der gegenseitigen, wenn wir die beiden Stromkreise in einen zusammenfallen lassen.

a) Wir erhalten also aus § 118, a) für den Koeffizienten der Selbstinduktion einer Spule, deren sämtliche Kraftlinien von sämtlichen N Windungen umschlossen werden[1]),

$$L = \frac{4\pi N^2}{\mathfrak{w}} = \frac{4\pi N^2 \mu S}{l}.$$

b) Für einen geradlinigen Leiter in Luft, dessen Länge l sehr groß ist gegenüber seinem Radius r, und dessen Material die magnetische Durchlässigkeit μ hat, ist

$$L = 2l\left(\log\text{nat}\,\frac{2l}{r} - 1 + \frac{\mu}{4}\right).$$

Besteht der Leiter aus einem unmagnetischen Metall ($\mu = 1$), so ist

$$L = 2l\left(\log\text{nat}\,\frac{2l}{r} - \frac{3}{4}\right).$$

c) Zwei parallele Drähte im Abstande a, jeder von der Länge l und dem Radius r. Geht der Strom in einem derselben hin, im anderen zurück (Stromschleife), so ist die Selbstinduktion jedes der beiden (vgl. § 164 und 165)

$$L = 2l\left(\log\text{nat}\,\frac{a}{r} + \frac{\mu}{4}\right).$$ [2])

Die Selbstinduktion beider zusammen, also der Stromschleife, ist dann gleich dem Doppelten, also

$$L = 4l\left(\log\text{nat}\,\frac{a}{r} + \frac{\mu}{4}\right).$$

Bei Drähten aus unmagnetischem Stoff ist $\mu = 1$. Bei Eisendrähten hängt μ von der Stärke und der Periodenzahl des Stromes ab, und diese Abhängigkeit läßt sich theoretisch nicht angeben. Abb. 184 zeigt die Werte von μ in Abhängigkeit von der Stromdichte für ver-

---

[1]) Näherungsformeln für eisenlose Spulen, bei denen diese Bedingung nicht erfüllt ist, in ETZ 1917, S. 521 (Korndörfer); 1920, S. 954 (Hak).

[2]) Dieselbe Formel gilt für jeden Draht eines symmetrischen Mehrphasensystems, wenn die übrigen Drähte zusammen die gemeinsame Rückleitung bilden. Über die Anwendung dieser Grundformel auf mehr als zwei Leiter, sowie auf unsymmetrische Drehstromleitungen vgl. F. Fischer-Hinnen „Elektr. und Maschinenb." 1918, S. 314.

schiedene Eisendrahtseile auf Grund von Messungen bei 50 Perioden[1]). Abb. 185 zeigt die Abhängigkeit des μ von der Stromstärke bei den Periodenzahlen 15, 25 und 51, woraus man sieht, daß μ stark abnimmt, wenn $\sim$ wächst[2]).

d) Konzentrisches Kabel (Abb. 36, S. 46). Gesamte Selbstinduktion der aus Außen- und Innenleiter bestehenden Stromschleife, wenn l die Länge des Kabels bedeutet:

$$L = l\left[2 \log\text{nat}\frac{r_2}{r_1} + 2\frac{r_3^{\,4}}{(r_3^{\,2} - r_2^{\,2})^2}\log\text{nat}\frac{r_3}{r_2} - \frac{r_3^{\,2}}{r_3^{\,2} - r_2^{\,2}}\right].$$

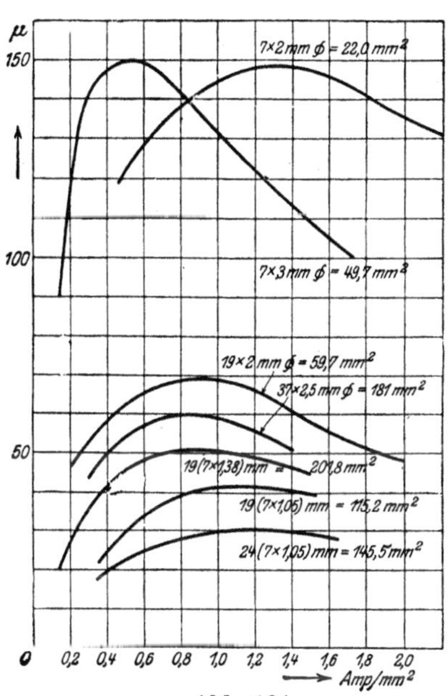

Abb. 184.

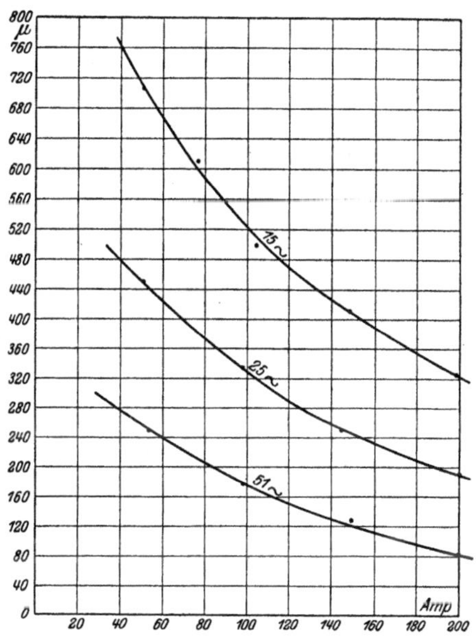

Abb. 185.

e) für einen kreisförmig gebogenen Draht mit dem Krümmungsradius R und dem Durchmesser $2r$ ist näherungsweise

$$\mathrm{L} = 4\pi R\left[\left(1 + \frac{r^2}{8R^2}\right)\log\ \text{nat}\ \frac{8R}{r} + 0{,}0083\,\frac{r^2}{R^2} - 1{,}75\right].$$

Ist der Kreis groß gegen den Drahtdurchmesser, so ist r^2/R^2 verschwindend klein und daher

$$\mathrm{L} = 4\pi R\left[\log\ \text{nat}\ \frac{8R}{r} - 1{,}75\right].$$

---

[1]) Die eingeschriebenen Zahlen bedeuten z. B.: $7 \times 2 = 7$ Drähte von 2 mm Durchmesser. 24 $(7 \times 1{,}05) = 24$ Litzen, jede aus 7 Drähten von 1,05 Durchm. Man ersieht daraus, wie sehr μ abnimmt, wenn die Anzahl der Drähte zunimmt. ETZ 1915, S. 45.

[2]) ETZ 1915, S. 186.

Werden alle Größen in cm eingesetzt, so erhält man L in absol. elektromagnetischen Einheiten. Dividiert man durch 10^9, so erhält man Henry (§ 299).

Weitere Formeln für L und M in: Heydweiller „Elektr. Messungen" Leipzig 1892. Debye in Bd. 5 der „Enzyklopädie d. math. Wissensch." Leipzig 1910. Rosa und Grover in „Bulletin of the Bureau of Standards." Washington 1911 Bd. 8.

Über den Einfluß der Hautwirkung auf L vgl. § 169.

120. Die Berechnung der magnetischen Kraft aus dem Arbeitswert.

Wie sich die magnetische Kraft auf eine magnetische Masse aus dem Arbeitswert ergibt (§ 11), so ergibt sich die magnetische Kraft zwischen zwei Stromleitern aus dem magnetischen Arbeitswert derselben (§ 118) nämlich durch den negativen Differentialquotienten in der Richtung der Kraft; also

$$F = -\frac{dA}{dx}.$$

Zwischen zwei parallelen Stromleitern wirkt die magnetische Anziehung oder Abstoßung in der Richtung ihres senkrechten Abstandes a. Daher ist sie gemäß § 118 (Formel b):

$$F = -\frac{dA}{da} = +i_1 i_2 \frac{dM}{da} = -2\, i_1 i_2 \frac{l}{a}.$$

Haben i_1 und i_2 gleiche Richtung, so ist F negativ, die magnetische Kraft also eine anziehende; haben sie entgegengesetzte Richtung, so ist F positiv, also abstoßend.

Dieselben Formeln gelten für zwei parallele Schienen, deren Dicke in der Richtung des Abstandes klein ist gegen den Abstand, also insbesondere für zwei hochkantig stehende Sammelschienen.

Beispiel: Zwei Schienen von je 400 cm Länge mit einem Abstand von 20 cm führen bei einem Kurzschluß je 30000 A oder 30000 abs. Einh.

$$\text{Dann ist } F = 2 \cdot 3000 \cdot 3000 \frac{400}{20} = 360\,000\,000 \text{ abs. E.}$$

Da 980 abs. E. gleich 1 Grammgewicht sind, so ist

$$F = 370\,000 \text{ g} = 370 \text{ kg}.$$

Diese Abstoßungskraft tritt bei einem plötzlichen Kurzschluß schlagartig[1]) auf.

Bei Wechselstrom bedeuten i_1 und i_2 die gleichzeitigen Augenblickswerte. Die Kraft F verläuft daher so wie eine der Arbeitskurven

[1]) Daraus darf aber nicht gefolgert werden, daß sie so wirkt wie ein Stoß mit einer Masse von 370 kg, denn ein solcher Stoß hat kinetische Energie, die Abstoßungskraft aber nicht. Kinetische Energie würde erst dann entstehen, wenn die Befestigung der Schienen nicht aushält, und sie durch diese Kraft in Bewegung versetzt werden.

in Abb. 199—201 je nach der Phasenverschiebung zwischen den beiden Strömen. Der positive Teil der Kurven entspricht einer Anziehung, der negative Teil einer Abstoßung, so daß bei 90° Phasenverschiebung die gesamte Kraft null ist. Ist die Phasenverschiebung null ($i_2 = i_1$) oder 180° ($i_2 = -i_1$), so verläuft die Kraft wie die Kurve in Abb. 199 zwischen null und einem Maximum. Dieses ergibt sich, wenn man für i_1 und i_2 den Scheitelwert ($\mathfrak{J}_2 = \mathfrak{J}_1$) einsetzt.

Aus der gegenseitigen Induktion zweier kreisförmigen Drähte (Formel *d* auf S. 198) ergibt sich die Abstoßungskraft F zwischen einer primären und einer sekundären Transformatorspule bei Scheibenwicklung (Abb. 217b), wenn man den Arbeitswert A nach a differenziert, weil die Abstoßung in der Richtung a wirkt. Mithin ist für je eine Windung

$$f = -\frac{dA}{da} = +i_1 i_2 \frac{dM}{da} = -i_1 i_2 \frac{4\pi R}{a}.$$

Ist q_1 die Anzahl der primären Spulen, in die die ganze Windungszahl N_1 unterteilt ist, so ist $\frac{N_1}{q_1}$ die Windungszahl einer primären Spule. Ebenso ist $\frac{N_2}{q_2}$ die Windungszahl einer sekundären Spule. Dann ist die Abstoßungskraft zwischen zwei Spulen:

$$F = -i_1 i_2 \frac{4\pi R}{a} \cdot \frac{N_1}{q_1} \cdot \frac{N_2}{q_2}.$$

Um den größten Wert derselben zu erhalten, sind für i_1, i_2 die Scheitelwerte der Kurzschlußströme $\mathfrak{J}_{k1}$, $\mathfrak{J}_{k2}$ einzusetzen. Dabei ist nach § 151:

$$\mathfrak{J}_{k2} N_2 = -\varkappa \mathfrak{J}_{k1} N_1 \text{ [1]}.$$

Dann ist

$$F = \frac{4\pi R \varkappa \mathfrak{J}_{k1}^2 N_1^2}{a q_1 q_2}.$$

Hieraus ersieht man nicht nur den Einfluß des Stromes, der Unterteilung der Wicklung in q_1 und q_2 Spulen und des Abstandes zwischen ihnen, sondern auch den der Streuung, denn $\varkappa$ ist um so kleiner, je größer die Streuung ist (§ 150). Diese ist um so größer, je größer der Abstand a zwischen den Spulen ist, so daß dieser doppelten Einfluß auf F hat.

Aus dem Arbeitswert eines kreisförmigen Stromleiters auf sich selbst ergibt sich die Kraft, mit der sich der Kreis infolge seiner elektromagnetischen Eigenwirkung (§ 82) zu erweitern sucht, wenn man den negativen Differentialquotienten dieses Arbeitswertes nach R bildet,

---

[1]) Da die Scheitelwerte Augenblickswerte sind, haben sie entgegengesetztes Vorzeichen, wenn die Phasenverschiebung 180° ist.

denn diese Kraft wirkt in der Richtung des Radius R. Somit ist nach Gl. 88 und Formel e) auf S. 201:

$$F = -\frac{dA}{dR} = -\frac{i^2}{2}\frac{dL}{dR} = -2\pi i^2 \left[\log \text{nat} \frac{8R}{r} - 1{,}75 + 1\right].$$

Das ist die Kraft, welche auf die ganze Drahtlänge $2\pi R$ wirkt. Daher ist die auf jede Längeneinheit wirkende Kraft gleich

$$-\frac{i^2}{R}\left[\log \text{nat} \frac{8R}{r} - 0{,}75\right].$$

Das ist ungefähr auch die Kraft, welche einen Lichtbogen (Abb. 98) erweitert. Dazu kommt aber noch der Auftrieb der warmen Luft, der bei Abb. 89 diese Kraft unterstützt, bei Abb. 97 ihr entgegenwirkt.

121. Verhältnis zwischen dem Koeffizienten der gegenseitigen und der Selbstinduktion.

Aus der Grundgleichung für den Koeffizienten der gegenseitigen Induktion zweier Spulen (§ 118) folgt, daß er um so größer ist, je kleiner der Abstand der beiden Stromkreise ist. Er erreicht also ein Maximum, wenn die beiden Stromkreise zusammenfallen, dann ist

$$M^2 = L_1 L_2 \quad . \; . \; . \; . \; . \; . \; . \; . \; . \; . \; . \quad (90)$$

Man sieht dies ohne weiteres bestätigt bei Spulen ohne magnetische Streuung, für die

$$L_1 = \frac{4\pi N_1^2}{\mathfrak{w}}, \qquad L_2 = \frac{4\pi N_2^2}{\mathfrak{w}} \text{ ist.}$$

Ferner ist in diesem Falle

$$\frac{M}{L_1} = \frac{N_2}{N_1} \quad \text{und} \quad \frac{M}{L_2} = \frac{N_1}{N_2}.$$

Wenn diese Beziehung gelten soll, so müssen sämtliche Kraftlinien des einen Stromkreises alle Windungen des anderen durchsetzen. Man kann dies ziemlich angenähert verwirklichen, wenn die Windungen beider Stromkreise auf einen geschlossenen Eisenkern unmittelbar über- oder nebeneinander aufgewickelt sind. Die Kraftlinien beider Stromkreise verlaufen dann fast alle im Eisen. Sobald aber eine Streuung der Kraftlinien vorhanden ist, gilt diese Beziehung nicht mehr, sondern es ist dann $M^2 < L_1 L_2$. (Vgl. § 150.)

Beispiel. Ein Eisenring (Dynamoblech) von 100 cm Länge und 2 cm² Querschnitt ist mit 1000 Windungen bewickelt, die von 0,40 A Strom durchflossen werden. Daher sind die Amperewindungen auf der Längeneinheit 4,6. Dazu findet man aus Abb. 177 eine Kraftliniendichte von etwa 12000 und dazu aus Abb. 123 $\mu = 2000$.

Also ist die Selbstinduktion:

$$L = \frac{4 \cdot 3{,}14 \cdot 1000^2 \cdot 2000 \cdot 2}{100} = 500\,000\,000 \text{ absolute Einheiten.}$$

Und da eine praktische Einheit (Henry) gleich 10^9 absolute Einheiten ist, so ist $L = 0{,}5$ Henry.

Wickelt man nun auf denselben Kern eine zweite Wicklung mit 100 Windungen, so ist unter der Voraussetzung, daß die magnetische Durchlässigkeit dieselbe geblieben ist,

$$L_2 = 0{,}005 \text{ Henry.}$$

Der Koeffizient der gegenseitigen Induktion ist

$$M = \frac{4 \cdot 3{,}14 \cdot 1000 \cdot 100 \cdot 2000 \cdot 2}{100} = 0{,}05 \text{ Henry,}$$

oder

$$M = \sqrt{L_1 L_2} = \sqrt{0{,}5 \cdot 0{,}005} = 0{,}05 \text{ Henry.}$$

122. Die gesamte magnetische Arbeit zweier Stromkreise.

Haben wir zwei Stromkreise mit den Stromstärken i_1 und i_2, mit den Selbstinduktionen L_1 bzw. L_2 und der gegenseitigen Induktion M, so repräsentiert zunächst jeder eine magnetische Arbeit entsprechend Gl. 88, und beide zusammen eine magnetische Arbeit entsprechend Gl. 86. Die gesamte magnetische Arbeit A, d. h. diejenige, die zur Herstellung des gesamten magnetischen Feldes beider Stromkreise nötig ist, ist also

$$A = \frac{i_1^2 L_1}{2} + \frac{i_2^2 L_2}{2} + i_1 i_2 M.$$

Das gilt unter allen Umständen, wie auch die magnetische Streuung sein mag, denn diese kommt in dem Werte für M zum Ausdruck. Je größer die Streuung ist, d. h. je kleiner die Anzahl der beiden Stromkreisen gemeinsamen Kraftlinien ist, desto kleiner ist M und desto kleiner die gesamte magnetische Arbeit. Besteht gar keine Wirkung zwischen beiden, d. h. ist die Streuung unendlich groß, so ist $M = 0$ und das dritte Glied in der obigen Summe verschwindet. Vgl. auch § 167.

Achtes Kapitel.

Elektrische Induktion.

123. Das Wesen der elektrischen Induktion.

Die Erzeugung einer Potentialdifferenz in irgendeinem Leiter durch Induktion findet immer dann statt, wenn dieser Leiter magnetische Kraftlinien schneidet[1]. Ist der Leiter geschlossen, so ist diese Potentialdifferenz oder elektromotorische Kraft die Ursache eines Stromes.

Dieses Gesetz gilt ohne jede Einschränkung, d. h. es ist gleichgültig, ob das Schneiden der Kraftlinien durch Bewegung des Leiters in einem ruhenden magnetischen Felde, oder durch Bewegung der Kraftlinien gegen einen ruhenden Leiter geschieht, und es ist ferner gleichgültig, ob die Kraftlinien von Magneten oder Strömen herrühren.

Es entsteht demnach eine Potentialdifferenz in folgenden Fällen:

1. Bei jeder Bewegung eines Leiters in einem magnetischen Felde, wenn dabei Kraftlinien geschnitten werden (Dynamomaschinen).

2. Beim Entstehen oder Verschwinden eines magnetischen Feldes in der Nähe eines Leiters. Beim Entstehen desselben schießen die Kraftlinien gewissermaßen aus dem Magnete oder dem Stromleiter heraus und erfüllen den umgebenden Raum. Dabei müssen sie die in ihrem Bereiche befindlichen Leiter schneiden. Beim Verschwinden des magnetischen Feldes schlüpfen die Kraftlinien gewissermaßen wieder in das Eisen oder den Stromleiter zurück und schneiden dabei wieder die in ihrem Bereiche befindlichen Leiter (Transformatoren, Funkeninduktoren).

3. Bei jeder Änderung der Stärke eines magnetischen Feldes Denn bei jeder Zunahme in der Stärke entstehen neue Kraftlinien, und bei der Abnahme verschwinden welche in der eben geschilderten Weise und schneiden dabei die in ihrem Bereiche befindlichen Leiter.

Aus all dem folgt, daß die elektromotorische Kraft, bzw. der induzierte Strom nur so lange dauert, als die Bewegung oder Veränderung dauert.

---

[1]) Wie auf S. 4 betont wurde, sind die Kraftlinien nicht etwa wirkliche Fäden, sondern Kraftrichtungen. Daher ist die Ausdrucksweise vom „Schneiden der Kraftlinien“ nur eine bildliche, aber wegen ihrer Anschaulichkeit sehr nützliche.

124. Größe der induzierten elektromotorischen Kraft.

Wir wissen aus § 76 u. f., daß zwischen einem Stromleiter, der einen Strom J führt, und einem Magnet Kräfte bestehen, die eine Bewegung des einen oder des anderen verursachen können. Findet eine solche Bewegung wirklich statt, wie bei den in § 77 gegebenen Beispielen, so wird dabei auch Arbeit (mindestens zur Überwindung der Reibung) geleistet. Diese kann unmöglich aus nichts entstehen, sondern muß auf Kosten einer anderen Arbeitsform geleistet werden. Das ist in diesem Falle der elektrische Strom, dessen sekundliche Arbeit (Leistung EJ, wenn E die EMK der Stromquelle bedeutet) um einen ebenso großen Betrag vermindert wird, als die mechanische Arbeit der Bewegung in derselben Zeit beträgt. Diese Verminderung erscheint als Schwächung des Stromes gegenüber dem bei Stillstand[1]) durch einen während der Bewegung induzierten Strom von entgegengesetzter Richtung. Natürlich muß die gesamte Arbeit von der Stromquelle hergegeben werden.

Ist ursprünglich kein Strom vorhanden, und wird dieselbe Bewegung durch äußere mechanische Kräfte durchgeführt, so wird ein Strom induziert, dessen Arbeit gleich der mechanischen Arbeit der Bewegung ist.

Hat der *induzierte* Strom während eines Zeitelementes dt die EMK e und die Stromstärke i, so ist seine elektrische Arbeit $e \cdot i \cdot dt$. Die mechanische Arbeit, die zur Durchführung der Bewegung während derselben Zeit notwendig war, ist $\mathfrak{H} \cdot i \cdot dl \cdot ds$, weil $\mathfrak{H} \cdot i \cdot dl$ die Kraft zwischen dem Felde $\mathfrak{H}$ und dem Stromelemente dl ist (wenn die Bewegung senkrecht zu den Kraftlinien erfolgt; § 78), und wenn ds das Wegstückchen ist, das während der Zeit dt zurückgelegt wurde.

Diese Arbeiten sind nach dem Satze von der Erhaltung der Arbeit einander gleich; also $e \cdot i \cdot dt = \mathfrak{H} \cdot i \cdot dl \cdot ds$.

Demnach ist die induzierte elektromotorische Kraft

$$e = \mathfrak{H} \cdot dl \cdot \frac{ds}{dt}.$$

Da $\frac{ds}{dt} = v$ die Geschwindigkeit der Bewegung ist, so folgt weiter

$$e = \mathfrak{H} \cdot v \cdot dl \quad \ldots\ldots\ldots \quad (90)$$

d. h. *die induzierte EMK ist gleich dem Produkte aus der Feldstärke, der Geschwindigkeit und der Länge des Leiters, wenn die Bewegung senkrecht zu den Kraftlinien erfolgt.*

Schließt das Leiterstückchen dl mit der Richtung der Kraftlinien einen Winkel α ein (Abb. 103), und erfolgt die Bewegung nicht senk-

[1]) Gegenüber dem sogenannten „Kurzschlußstrom" bei Stillstand. In der Elektrotechnik pflegt man nicht unmittelbar die Verminderung des Stromes zu betrachten, sondern die infolge der Drehung induzierte gegenelektromotorische Kraft, welche der EMK E der Stromquelle entgegengesetzt ist, so daß die gesamte EMK gleich $E - e$ ist, woraus eine entsprechende Verminderung des Stromes folgt.

recht zur Richtung der Kraftlinien, sondern in einer um den Winkel β abweichenden Richtung OR, so ist

$$e = \mathfrak{H} \cdot v \cdot \sin\alpha \cdot \cos\beta \cdot dl \quad . \quad . \quad . \quad . \quad . \quad . \quad . \quad (91)$$

Dieser Wert ist am größten, wenn $\alpha = 90^0$, $\beta = 0^0$ ist, also wenn das Leiterelement senkrecht zur Richtung der Kraftlinien ist und auch senkrecht zu ihnen bewegt wird. Das ist der zuerst angenommene Fall.

Ist aber $\alpha = 0^0$, oder $\beta = 90^0$, so ist $e = 0$; d. h. es findet keine Induktion statt, wenn das Leiterstückchen ds in der Richtung der Kraftlinien liegt, oder wenn die Bewegung in der Richtung der Kraftlinien geschieht.

Beispiel: Für den Raum eines Laboratoriums ist das magnetische Feld der Erde homogen. Im mittleren Europa ist die Feldstärke $\mathfrak{H} = 0{,}45$ abs. Einh. (ungefähr), d. h. soviel Kraftlinien treffen auf die zu ihrer Richtung senkrechte Flächeneinheit. Wird ein 100 cm langer geradliniger Draht in 1 Sekunde 100 cm weit bewegt, und zwar so, daß er die Kraftlinien senkrecht scheidet, so erhalten die Enden des Drahtes nach Gl. 90 eine Potentialdifferenz $e = 0{,}45 \cdot 100 \cdot 100 = 4500$ abs. Einh., und weil 10^8 abs. Einh. $= 1$ Volt sind, so ist $e = 0{,}000045$ Volt.

Man kann das Induktionsgesetz auch in andere Formen bringen. Da $ds \cdot dl$ die von dem Elemente ds während der Fortbewegung um das Stück dl bestrichene Fläche ist, und weil ferner $\mathfrak{H}$ die Anzahl der Kraftlinien ist, die auf eine zur Richtung der Kraftlinien senkrechte Flächeneinheit treffen (§ 6), so ist

$$\mathfrak{H} \cdot ds \cdot dl = d\mathfrak{z}$$

beziehungsweise

$$\mathfrak{H} \cdot ds \cdot dl \cdot \sin\alpha \cdot \cos\beta = d\mathfrak{z},$$

wobei $d\mathfrak{z}$ die Anzahl der Kraftlinien bedeutet, die während dieser Bewegung von dem Elemente ds geschnitten wurden. Dann ist

$$e = \frac{d\mathfrak{z}}{dt},$$

das heißt: die induzierte EMK ist gleich den in der Zeiteinheit von dem Leiter senkrecht geschnittenen Kraftlinien.

Handelt es sich um einen Leiter, der eine geschlossene Figur bildet, was man in der Elektrotechnik als eine Windung bezeichnet, so läßt sich dieses Gesetz noch in anderer Weise aussprechen. Ist $\mathfrak{z}$ die Kraftlinienmenge, die von der Windung umschlossen wird, und wird ein Stück dl derselben irgendwie bewegt, so nimmt $\mathfrak{z}$ um ebensoviel Kraftlinien zu oder ab, als dieses Leiterstück bei der Bewegung schneidet, also nach dem vorigen um $d\mathfrak{z}$. Mithin ist $\frac{d\mathfrak{z}}{dt}$ nichts anderes als die Änderung der Kraftlinienmenge während der Zeit dt. Demnach kann die letzte Gleichung so ausgedrückt werden: die induzierte EMK ist gleich der Änderung der von einer Windung umschlossenen Kraftlinienmenge.

Wird die Kraftlinienmenge $\mathfrak{z}$ nicht von einer, sondern von N

hintereinandergeschalteten Windungen umschlossen, so ist die induzierte EMK

$$e = N \frac{d\mathfrak{z}}{dt}.$$

125. Die Richtung der induzierten EMK. Die Gesetze von Lenz und Flemming.

Im vorigen Paragraph wurde schon darauf hingewiesen, daß bei einer durch elektromagnetische Kräfte eingeleiteten Bewegung die induzierte EMK eine solche Richtung hat, daß sie den Strom schwächt. Wenn aber durch äußere Kräfte eine Bewegung gegen die elektromagnetischen Kräfte durchgeführt wird, so leisten jene eine Arbeit, die der des bestehenden Stromes zugute kommt; d. h. die induzierte EMK hat jetzt dieselbe Richtung wie der Strom. In beiden Fällen sucht die induzierte EMK, bzw. der induzierte Strom die Bewegung, durch die er zustande kommt, zu hindern. Wir müssen daher, wenn es nicht bloß auf den absoluten Wert der induzierten EMK, sondern auch auf ihre Richtung in Bezug auf einen schon bestehenden Strom oder auf die Richtung des induzierenden Feldes ankommt, den mathematischen Ausdruck für die induzierte EMK mit negativem Vorzeichen versehen. Die letzte Gleichung lautet dann

$$e = -N \frac{d\mathfrak{z}}{dt} \quad \ldots\ldots\ldots\ldots \quad (92)$$

Dieses Gesetz muß natürlich auch auf die Wechselwirkung zweier Ströme anwendbar sein. Haben wir z. B. zwei parallele gleichgerichtete Ströme, so ziehen sie sich an. Geschieht diese Bewegung wirklich, so werden Ströme induziert, die sie zu hindern suchen, also Ströme von entgegengesetzter Richtung wie die bestehenden. Entfernt man sie aber voneinander, so muß man die anziehende Kraft überwinden; dabei werden Ströme von derselben Richtung wie die bestehenden induziert, weil dadurch die zu überwindende Anziehung verstärkt wird.

Entfernt man zwei geschlossene Stromkreise, von denen nur einer Strom führt, voneinander, so wird in dem vorher stromlosen ein gleichgerichteter Strom induziert; nähert man sie, so hat der induzierte Strom entgegengesetzte Richtung wie der bestehende.

Dieses Gesetz, wonach die induzierte EMK immer eine solche Richtung hat, daß sie die Bewegung oder Veränderung, durch die sie zustande kommt, zu hindern sucht, wurde von Lenz aufgestellt und führt daher seinen Namen. Dabei entspricht das Verschwinden eines magnetischen Feldes oder das Unterbrechen eines Stromes einem Entfernen bis ins Unendliche, das Entstehen hingegen einer Annäherung aus dem Unendlichen.

Fleming hat eine Regel angegeben, die aus der Richtung der Kraftlinien und der Bewegung die Richtung der induzierten EMK zu bestimmen gestattet. Sie lautet:

Hält man die drei ersten Finger der rechten Hand (Abb. 186) so, daß sie drei zueinander senkrechte Richtungen andeuten, und zeigt der Daumen in die Richtung der Bewegung v, und der Zeigefinger in die Richtung der Kraftlinien Z, so hat die induzierte EMK die Richtung des Mittelfingers.

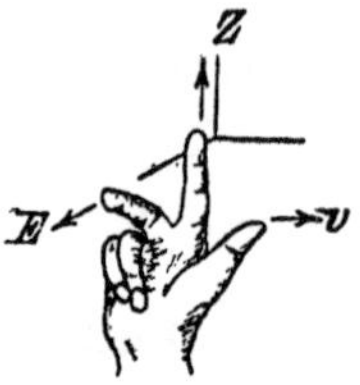

Abb. 186.

Bequemer ist folgende Fassung dieser Regel: Man halte die flache rechte Hand so, daß die Kraftlinien auf die innere Handfläche senkrecht auftreffen, und der Daumen in der Bewegungsrichtung zeigt, dann zeigen die Fingerspitzen die Richtung der induzierten EMK an.

Das Gesetz von Lenz läßt sich natürlich auch auf die Induktion im eigenen Stromkreise anwenden. Wird ein Strom vermindert oder ganz unterbrochen, so entsteht in demselben Stromkreise ein anderer Strom (Extrastrom § 187), der die Verminderung oder Unterbrechung zu hindern sucht, also gleiche Richtung hat. Wird der Strom geschlossen oder ein schon bestehender verstärkt, so hat der Extrastrom entgegengesetzte Richtung, weil er das Zustandekommen des Stromes oder seine Verstärkung zu verhindern sucht.

Das muß natürlich auch mit dem mathematischen Grundgesetz (Gl. 92) in Übereinstimmung stehen, wovon man sich durch folgende Überlegung leicht überzeugt. Wenn z. B. ein Strom zunimmt, so wächst auch sein magnetisches Feld, daher ist seine Änderung $\frac{d\mathfrak{z}}{dt}$ positiv. Da aber die Gl. 92 ein negatives Vorzeichen hat, so ist e negativ, d. h. beim Zunehmen eines Stromes wird eine EMK induziert, die ihm entgegenwirkt. Nimmt ein Strom ab, so ist die Änderung seines Feldes $\frac{d\mathfrak{z}}{dt}$ negativ und e positiv, d. h. die induzierte EMK hat dieselbe Richtung wie der Strom.

Bei der Bestimmung der Größe der induzierten EMK sind wir ausgegangen von dem Fall, wo in dem Stromkreise schon eine EMK E und ein Strom J vorhanden war (§ 124). Bezeichnen wir die induzierte EMK mit e, so kommt diese zu E hinzu. Es ergibt sich dann auch eine andere Stromstärke, die wir mit i bezeichnen. Nach dem Ohmschen Gesetze ist

$$i = \frac{E + e}{w}$$

oder

$$E = wi - e \quad \ldots\ldots\ldots\ldots \quad (93)$$

Setzt man Gl. 92 ein, so ist

$$E = wi + N\frac{d\mathfrak{z}}{dt} \quad \ldots\ldots\ldots \quad (94)$$

Das ist die Spannungsgleichung für irgendeinen geschlossenen Stromkreis, in dem nebst einer ursprünglichen EMK E eine induzierte EMK e auftritt.

126. Richtungswechsel der induzierten EMK. Wechselstrom- und Gleichstrommaschine.

Aus Gl. 90 geht hervor, daß die Richtung der induzierten EMK von der Richtung der Kraftlinien und von der Bewegungsrichtung abhängt. Wenn daher eine von diesen beiden sich ändert, geht die Richtung der induzierten EMK in die entgegengesetzte über; wenn aber beide gleichzeitig sich ändern, findet kein Richtungswechsel statt.

Man erkennt daraus, daß durch Drehung einer Spule ohne weitere Hilfsmittel nur Wechselstrom erzeugt werden kann (Wechselstrommaschine). Soll daraus ein gleichgerichteter Strom gemacht werden, so müssen die Enden der Spule zu einem Kommutator geführt werden, durch den die Richtung des Stromes im äußeren Teile des Stromkreises gerade in dem Augenblick umgekehrt wird, wo die induzierte EMK durch Null geht. Während also in der rotierenden Spule ein Wechselstrom AB (Abb. 187a) besteht, verläuft im äußeren Teile des Strom-

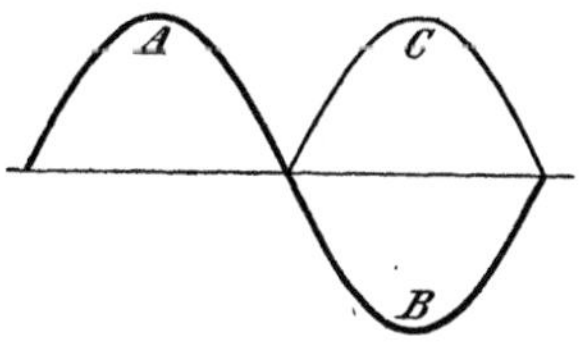

Abb. 187a

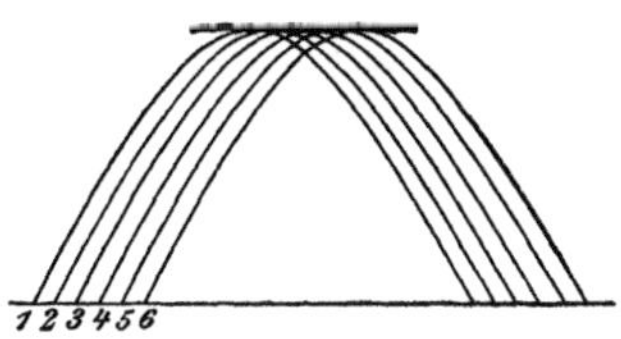

Abb. 187b

kreises ein gleichgerichteter, pulsierender Strom AC. Wie man sieht, ist dieser Strom nicht gleichartig mit dem Strom, der durch eine galvanische Zelle oder durch einen Akkumulator erzeugt wird. Um einen solchen zu erhalten, muß man möglichst viele Spulen anwenden, die auf einen rotierenden Körper radial angeordnet werden, so daß in kurzen Zeiträumen aufeinanderfolgende Wechselströme (1, 2, 3 .... in Abb. 187b) erzeugt werden. Der Kommutator ist so einzurichten, daß von jedem dieser Wechselströme nur der mittelste Teil (Scheitelwert) in den äußeren Stromkreis geleitet wird. In diesem verläuft dann ein Strom, der durch die starkgezeichnete Linie in Abb. 187b dargestellt ist. Der von einer Gleichstrommaschine gelieferte Strom ist also, streng genommen, kein konstanter, sondern ein schwach pulsierender. Betrachten wir z. B. ein Drahtrechteck (eine Windung), das um seine Achse O (Abb. 188) in dem von den Polen NS herrührenden magnetischen Felde mit gleichmäßiger Geschwindigkeit gedreht wird. Die wagrechten Linien mit den Pfeilen geben die Richtung der Kraftlinien an. Wenden wir darauf das Grundgesetz (§ 124) an, so erkennen wir, daß Induktion nur in den beiden Längsseiten des Rechteckes stattfindet, da die kurzen Seiten während der Drehung von den Kraftlinien nicht geschnitten

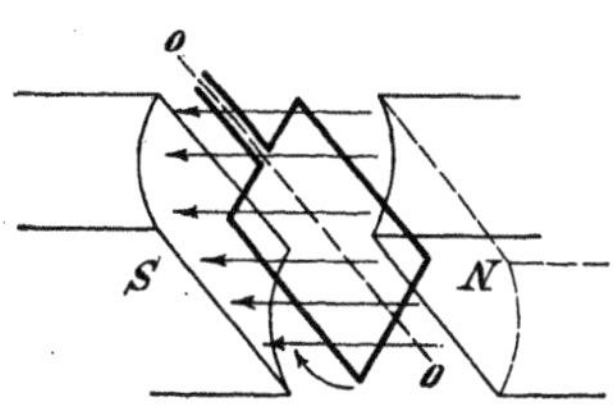

Abb. 188.

werden. Aus dem Gesetz von **Fleming** erkennen wir, daß bei einer Drehung im Sinne des Uhrzeigers in den beiden Längsseiten entgegengesetzt gerichtete EMKe (in Bezug auf den Raum) induziert werden, die aber in Bezug auf das geschlossene Rechteck in demselben Sinne wirken, also sich addieren. Diese Richtung bleibt während einer halben Drehung bestehen. Während der nächsten halben Drehung aber bewegt sich jene Seite, die vorher von oben nach unten ging, von unten nach oben. Da die Richtung der Kraftlinien ungeändert geblieben ist, muß die induzierte EMK während dieses Überganges ihre Richtung ändern.

Geht man von der anderen Form des Induktionsgesetzes aus (Gl. 92), wonach die EMK gleich ist der Änderung der Kraftlinien, die von der Windung umschlossen werden, so muß ein Richtungswechsel dort eintreten, wo die Änderung der Kraftlinienzahl $\frac{d\mathfrak{z}}{dt}$ von positiven zu negativen Werten übergeht, also Null ist. Das ist der Fall, wenn die Windung die größtmögliche Kraftlinienmenge umschließt, d. h. wenn sie senkrecht zur Kraftlinienrichtung steht. Dagegen ist die EMK in jenen Augenblicken am größten, wo die Windung keine Kraftlinien umschließt, weil da die Änderung der Kraftlinienmenge am größten ist, oder von jeder Längsseite der Windung die meisten Kraftlinien in der Zeiteinheit geschnitten werden.

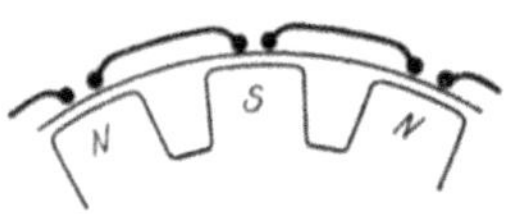

Abb. 189a. Wechselstrommaschine (Wechselpoltype).

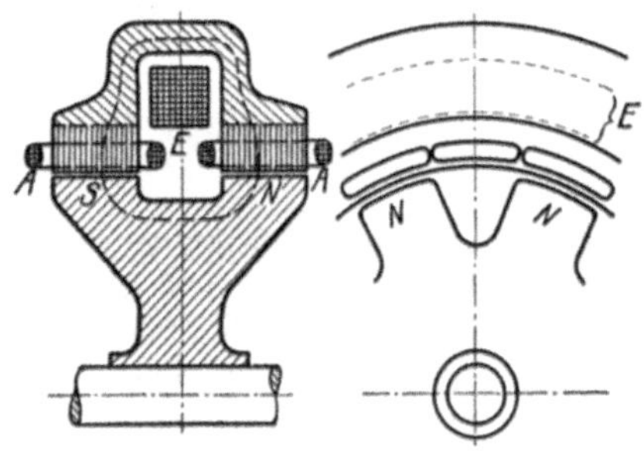

Abb. 189b. Wechselstrommaschine (Gleichpoltype).

Ebenso ist es bei der jetzt üblichen Form der Wechselstromerzeuger (Abb. 189a), wo Magnetpole von abwechselnder Polarität an ruhenden Ankerspulen vorbeibewegt werden. Die induzierte EMK ist in dem Augenblick Null, wo die Pole den Spulen gerade gegenüberstehen; sie hat den größten Wert (Scheitelwert), wo eine Spule zur Hälfte positive, zur Hälfte negative Kraftlinien des Polrades umschließt, weil da ihre Änderung am größten ist[1]). Da durch den Vorübergang eines N-Poles und eines S-Poles eine ganze Welle induziert wird, so ist die Periodenzahl (Frequenz) $\nu = pu$, wenn p die Anzahl der Polpaare, u die Drehzahl in der Sekunde bedeutet.

---

[1]) Diese Stellung liegt nur dann gerade in der Mitte zwischen den Nullwerten wenn der Kraftlinienverlauf nicht durch Ankerrückwirkung verzerrt ist (§ 215), also nur beim Leerlauf oder bei Unterdrückung der Ankerrückwirknng durch eine Dämpferwicklung auf dem Polrad.

Maschinen dieser Art, bei denen im Polrad N- und S-Pole abwechselnd aufeinanderfolgen, werden als Wechselpoltypen bezeichnet, zum Unterschiede von den Gleichpoltypen (Abb. 189b), deren Polrad auf der einen Seite nur N-Pole, auf der anderen Seite nur S-Pole hat, weil die Erregerwicklung E nicht auf die einzelnen Polfortsätze aufgewickelt ist, sondern das ganze Polrad konzentrisch zur Achse umschließt. Daher ist die EMK in den Augenblicken Null, wo sich ein Polfortsatz oder ein Zwischenraum zwischen zwei Polfortsätzen vor den Ankerspulen befindet. Der Scheitelwert wird bei einer Zwischenstellung induziert, denn es kommt nicht auf das Vorzeichen der Kraftlinien an, sondern auf die Änderung derjenigen Anzahl, welche von einer Spule umschlossen wird. In der Gleichung $\nu = pu$ ist also hier p gleich der Anzahl der Polfortsätze auf einer Seite des Polrades, weil der Zwischenraum dem entgegengesetzten Pole entspricht. Ein Vorteil dieser im letzten Jahrzehnt des vorigen Jahrhunderts bevorzugten Maschinen liegt darin, daß sich die Änderung der Kraftliniendichte nur in den von der Ankerwicklung umschlossenen Eisenteilen abspielt, also auch nur hier Wirbelstrom- und Hystereseverluste entstehen. Ein Nachteil liegt darin, daß unter sonst gleichen Verhältnissen die Kraftlinienmenge eines Poles etwa doppelt so groß sein muß, weil die Kraftlinienänderung nicht zwischen positiver und negativer Polarität, sondern zwischen einem Maximum und Null stattfindet. Ein zweiter Nachteil ist, daß die Erregerwicklung nicht bewegt wird, sondern im Innern der Maschine festsitzt und daher wenig gekühlt wird. Ein dritter Nachteil liegt darin, daß die Wellenform der EMK meist sehr von der Sinusform abweicht, weil die Stellung, bei welcher die EMK am größten ist, auch bei Leerlauf nicht in der Mitte zwischen den Nullwerten liegt. Wegen dieser Nachteile sind diese Maschinen bald wieder verlassen worden. Neuerdings wurden sie für die Zwecke der drahtlosen Telegraphie zur Erzeugung mittlerer (500—1000) und hoher Frequenzen (5000—100000) wieder aufgenommen. Denn die Steigerung der Drehzahl u geht nur bis zu einer gewissen Grenze, so daß die Polzahl p sehr groß gewählt werden muß. Das ist aber nicht möglich, wenn jeder Polfortsatz mit einer Erregerspule versehen werden muß wie bei den Wechselpoltypen. Bei der Gleichpoltype sind zur Herstellung vieler Pole nur Einfräsungen in einen zylindrischen Läufer nötig, so daß auch die Drehzahl höher sein kann, als wenn Erregerspulen mitgedreht werden müssen.[1])

Obwohl bei den Gleichpolytypen nur ein Teil des Eisens der periodischen Magnetisierung unterliegt, sind doch bei den hohen Frequenzen der drahtlosen Telegraphie die Eisenverluste selbst bei Blechdicken von 0,03 mm sehr groß. Man verzichtet daher immer mehr darauf, die Grundfrequenz der Maschine $\nu = pu$ unmittelbar zu benutzen, sondern

[1]) Die Unannehmlichkeit, daß bei der gewöhnlichen Ausführung zwei Ankerwicklungen A_1 und A_2 (Abb. 189b) vorhanden sind, kann dadurch vermieden werden, daß die Einfräsungen im rechten und im linken Teil des Läufers um die Hälfte eines Polpaarbereiches gegeneinander versetzt sind, so daß dann ein Leitungsdraht der Ankerwicklung durch beide Teile des Ankereisens parallel zur Achse hindurchgehen kann.

vervielfacht sie in ruhenden Frequenzwandlern (§ 220A) oder man benutzt eine Oberwelle der in der Maschine induzierten EMK, die man durch Resonanz vergrößert und so über die Grundfrequenz und die anderen Oberwellen heraushebt (Resonanzauslese, § 220B).

127. Unipolare Induktion.

Die Induzierung einer EMK bzw. eines Stromes (bei geschlossenem Stromkreis) ist die umgekehrte Erscheinung wie die Bewegung eines Stromleiters oder Magnetes durch magnetische Kraft. Sie tritt immer ein, wenn ein Stromleiter oder ein Magnet entgegen jener Richtung bewegt wird, welche ihm durch die magnetische Kraft gewiesen wird. So wird bei der in Abb. 89 dargestellten Vorrichtung ein Strom induziert, wenn der zylindrische Magnet *ns* entgegen der Richtung gedreht wird, in welcher er von dem durch Pfeile bezeichneten Strom angetrieben wird. Da hier nur ein Pol des Magnetes innerhalb der Stromschleife *LKQ* wirken darf (wenn beide wirken, heben sich die induzierten EMKe gegenseitig auf), so bezeichnet man diese Induktion als unipolare. Da die induzierte EMK sehr klein ist, so kann der aus ihr entstehende Strom nur festgestellt werden, wenn die Stromquelle *Q* durch ein Galvanometer ersetzt wird.

Hält man das in § 123 ausgesprochene Grundgesetz fest, daß Induktion stattfindet, wenn Kraftlinien von einem Leiter geschnitten werden, so muß man annehmen, daß sich die vom Magnet ausgehenden Kraftlinien mit dem Magnet mitdrehen[1]).

Hierher gehört auch die als Faradaysche Scheibe bekannte Vorrichtung, die aus einer Kupferscheibe und einem Magnet besteht, dessen Kraftlinien die Scheibe durchsetzen. Wird die Scheibe gedreht, so dreht sich der Magnet in gleicher Richtung mit, weil seine Kraftlinien die Radien der Scheibe schneiden. Hält man den Magnet fest, während die Scheibe gedreht wird, so kann man einen Strom zwischen Achse und Rand der Scheibe abnehmen.

Wird der Strom nicht abgeleitet, so entstehen in der Scheibe in sich geschlossene Ströme, welche radial bis zum Rand der Scheibe und seitwärts wieder zur Achse zurückverlaufen (vgl. Abb. 258; die Induzierung durch einen Wechselstrommagnet in einer ruhenden Scheibe findet in ähnlicher Weise statt). Da sich der induzierte Strom ganz in Wärme umsetzt, wird diese Vorrichtung zur Dämpfung von Schwingungen in Meßinstrumenten (§ 265; 2) und als gegenwirkende Kraft in Elektrizitätszählern benützt.

---

[1]) Dieser Apparat ist die Hauptstütze für die Annahme, daß die Kraftlinien nicht im Raume feststehen, sondern sich mitdrehen (vgl. die Anmerkung auf S. 4 und 139). Zwar kann man die Drehung des Magnetes durch den Strom, und umgekehrt die Induzierung eines Stromes durch Drehung des Magnetes auch unter der Annahme feststehender Kraftlinien erklären (S. Valentiner „Die elektromagnetische Rotation und unipolare Induktion"; Karlsruhe 1904 bei G. Braun), aber nur unter recht gezwungenen Annahmen, denen gegenüber die Annahme, daß sich die Kraftlinien mitdrehen, erheblich einfacher ist.

Wird die Scheibe oder der Magnet gedreht, während der andere Teil frei ist, so daß er sich mitdrehen kann, so hat man eine *elektromagnetische Kupplung*, wobei die Kupplung aus den Kraftlinien besteht, welche die Scheibe durchsetzen. Wird die Bewegung dieser Kraftlinien nicht durch Drehung eines Magnetes bewirkt, sondern durch geeignete Anordnung feststehender Spulen, die von Wechselströmen verschiedener Phase durchflossen werden, so erhält man einen Drehfeldmotor (§ 222).

Die unipolare Induktion hat den Vorteil, daß ein *konstanter gleichgerichteter* Strom entsteht, während bei der Drehung einer Schleife oder Spule in einem magnetischen Felde ein Wechselstrom entsteht (§ 126), der nur mit Hilfe eines Kommutators in einen gleichgerichteten Strom umgewandelt werden kann. Trotz diesem Vorteil ist die unipolare Induktion für elektrische Maschinen ungeeignet, weil die Hintereinanderschaltung mehrerer Leiter (Windungen) nicht ausführbar ist.

Neuntes Kapitel.

Der einfache Wechselstrom.

128. Die induzierte EMK als einfache periodische Funktion.

Wir haben in § 126 gesehen, daß bei der Drehung eines Drahtrechteckes in einem magnetischen Felde eine EMK induziert wird, die während jeder ganzen Umdrehung zweimal das Vorzeichen wechselt. Ist der Stromkreis geschlossen, so muß auch der entstehende Strom zweimal sein Vorzeichen wechseln. Es ist nun unsere Aufgabe, die Gesetze eines solchen Wechselstromes aufzustellen. Wir gehen dabei von dem einfachsten Fall aus, wo nämlich in dem Stromkreise keine andere als die induzierte EMK vorhanden ist.

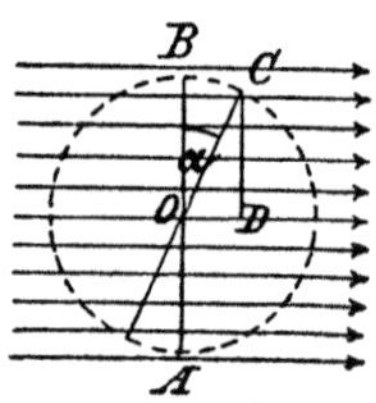

Abb. 190.

Abb. 190 stellt einen Querschnitt durch Abb. 189 senkrecht zur Drehungsachse O dar. AB ist der Querschnitt der um diese Achse gedrehten Stromfläche. Die wagrechten Linien mit den Pfeilen bedeuten die Kraftlinien eines homogenen magnetischen Feldes. Bei der Stellung AB umschließt der rechteckige Stromleiter die größte Kraftlinienmenge, die wir mit $\mathfrak{Z}$ bezeichnen. Ist das Rechteck um den Winkel α gedreht, so daß es die Stellung OC hat, so ist die Kraftlinienmenge, die jetzt von ihm umschlossen wird:

$$\mathfrak{z} = \mathfrak{Z} \cos \alpha .$$

Das gilt für jeden beliebigen Wert des Winkels α.

Die bei der Drehung induzierte EMK ist nach Gl. 92

$$e = -N \frac{d\mathfrak{z}}{dt} = -N \frac{d(\mathfrak{Z} \cos \alpha)}{dt} = N \mathfrak{Z} \sin \alpha \frac{d\alpha}{dt}.$$

Geschieht die Drehung mit gleichmäßiger Geschwindigkeit, so ist α proportional der Zeit t, also

$$\alpha = \omega t .$$

Daraus folgt $\frac{d\alpha}{dt} = \omega$.

Mithin ist ω die Winkelgeschwindigkeit. Und es ergibt sich weiter

$$e = \omega N \mathfrak{Z} \sin \alpha \quad \ldots \ldots \ldots \quad (95)$$

Setzt man

$$\omega N \mathfrak{Z} = \mathfrak{E}, \quad \ldots \ldots \ldots \quad (96)$$

so ist

$$e = \mathfrak{E} \sin \alpha = \mathfrak{E} \sin \omega t$$

$$\text{für } \alpha = \frac{\pi}{2} \text{ oder für } t = \frac{\pi}{2\omega} \text{ ist } e = \mathfrak{E};$$

$\mathfrak{E}$ ist also der **größte** Wert, den die EMK erreichen kann. Man bezeichnet ihn als **Scheitelwert** der EMK, weil er dem **Scheitelpunkt** der als Kurve aufgezeichneten EMK entspricht. Macht man den Radius OC des Kreises in Abb. 190 gleich $\mathfrak{E}$, so ist

$$OD = \mathfrak{E} \sin \alpha = e.$$

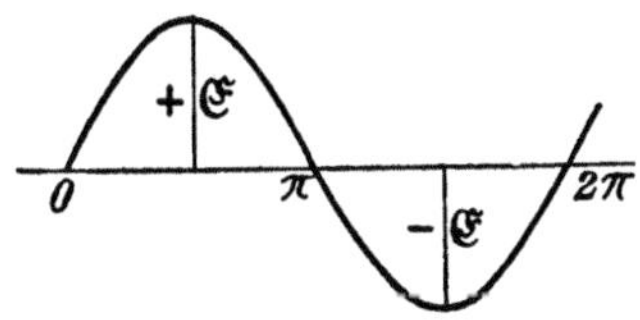

Abb. 191.

Die Strecke OD stellt also den jeweiligen Wert von e vor, während DC den dazugehörigen Wert von $\mathfrak{z}$ darstellt. Läßt man OB eine ganze Umdrehung ausführen und trägt die Größe des Drehungswinkels auf der Abszissenachse, die entsprechenden Werte $OD = e$ als Ordinaten (Abb. 191) auf, so erhält man eine Sinuslinie als graphische Darstellung der EMK während einer ganzen Umdrehung, entsprechend der Gl. 95. Dabei wird zweimal $e = 0$, nämlich für $\alpha = 0$ und $\alpha = \pi$. Für $\alpha = \frac{\pi}{2}$ ist $e = \mathfrak{E}$; für $\alpha = \frac{3\pi}{2}$ ist $e = -\mathfrak{E}$.

Ist eine ganze Drehung um $\alpha = 2\pi$ vollendet, und setzt man sie dann noch weiter fort, so wiederholt sich alles. Zwischen 0 und 2π liegt also eine ganze Periode. Die Zeit, die dazu notwendig ist, erhält man aus $2\pi = \omega t$. Man nennt sie die **Dauer** einer **Periode** oder **Schwingungsdauer** und bezeichnet sie mit τ; es ist also:

$$\tau = \frac{2\pi}{\omega} \quad \ldots \ldots \ldots \ldots \quad (97)$$

Setzt man

$$\frac{1}{\tau} = \nu,$$

so ist ν die Anzahl der Perioden in der Zeiteinheit, und man nennt sie **Periodenzahl** oder **Schwingungszahl** oder **Frequenz**.

Aus beiden Gleichungen folgt

$$\omega = 2\pi\nu \quad \ldots \ldots \ldots \ldots \quad (98)$$

Da ν die Periodenzahl in 1 Sekunde bedeutet, so ist ω die Periodenzahl in 2π Sekunden (Kreisfrequenz).

Aus der Kurve oder der Gleichung für e erkennt man, daß e von 0 bis π positive, von π bis 2π negative Werte hat; d. h. die EMK wechselt bei $\alpha = \pi$ und $\alpha = 2\pi$, also zweimal während einer Periode und 2ν mal während einer Zeiteinheit (Sekunde) ihre Richtung. Ebenso oft geht das Drahtrechteck (Abb. 189) an den Magnetpolen, die das Feld erzeugen, vorüber; man nennt daher 2ν die Polwechselzahl.

Wollen wir den Verlauf der von dem Drahtrechteck AB (Abb. 190) umschlossenen Kraftlinienmenge $\mathfrak{z}$ durch eine Kurve darstellen, und zwar über derselben Abszissenachse wie e in Abb. 191, so haben wir die zu den einzelnen Werten von α gehörigen Werte von DC als Ordinaten aufzutragen, und erhalten so die Abb. 192. Man ersieht aus ihr, daß $\mathfrak{z}$ denselben Verlauf nimmt wie e, nur mit dem Unterschied, daß es mit dem Scheitelwerte $\mathfrak{Z}$ beginnt, während e mit Null beginnt. Den Scheitelwert $\mathfrak{E}$ erreicht die EMK erst bei $\frac{\pi}{2}$, also um eine Viertelperiode später als $\mathfrak{z}$. Die induzierte EMK ist also um eine Viertelperiode oder 90^0 verspätet oder verzögert gegenüber den sie erzeugenden Kraftlinien.

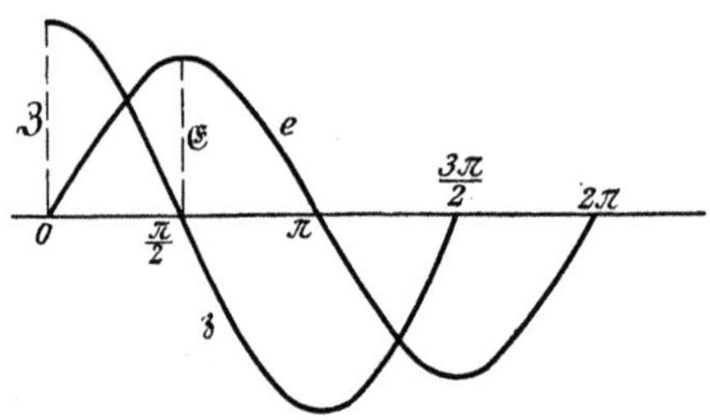

Abb. 192.

Man erkennt dies auch aus den obigen Gleichungen für $\mathfrak{z}$ und e, wenn man e durch dieselbe Funktion ausdrückt wie $\mathfrak{z}$, also in den cos verwandelt:

$$e = \mathfrak{E} \sin\alpha = \mathfrak{E} \cos\left(\alpha - \frac{\pi}{2}\right).$$

Vergleicht man damit die Gleichung für die Kraftlinienmenge

$$\mathfrak{z} = \mathfrak{Z} \cos\alpha,$$

so ersieht man unmittelbar die Phasenverspätung um $\frac{\pi}{2}$ *).

Man erkennt aus der vorstehenden Erörterung, daß in den mathematischen Ausdrücken für e und $\mathfrak{z}$ der Faktor vor der trigonometrischen Funktion immer den größten Wert oder Scheitelwert, und der

*) Es folgt dies auch unmittelbar aus den Induktionsgesetzen; wir fanden, daß die induzierte EMK gleich ist der Änderung der Kraftlinienmenge, die von dem Drahtrechteck umschlossen wird, nämlich $e = -N\frac{d\mathfrak{z}}{dt}$. Wo diese Änderung am größten ist, dort ist also auch e am größten. Das ist dort der Fall, wo die Kurve $\mathfrak{z}$ am steilsten ist, also bei $\alpha = \frac{\pi}{2}, \frac{3\pi}{2}, \frac{5\pi}{2} \ldots$; immer, wo sie durch Null geht. An diesen Stellen muß also die induzierte EMK ihren Scheitelwert $\mathfrak{E}$ erreichen. Und zwar den positiven Scheitelwert, wenn $\mathfrak{z}$ abnimmt, das ist bei $\alpha = \frac{\pi}{2}$. Hingegen den negativen Scheitelwert, wenn $\mathfrak{z}$ zunimmt, das ist bei $\alpha = \frac{3\pi}{2}$. Dort aber, wo die Änderung von $\mathfrak{z}$ Null ist, muß auch e Null sein; das ist bei jenen Abszissenwerten der Fall, wo $\mathfrak{z}$ den größten Wert erreicht, denn hier ist $\mathfrak{z}$ während einer unendlich kleinen Zeit konstant.

Faktor ω immer die 2π-fache Periodenzahl darstellt, und daß jede einfache periodische Funktion, gleichgültig ob sie als sin oder cos dargestellt ist, durch diese beiden Faktoren vollständig bestimmt ist. Demnach bedeutet auch bei einem Wechselstrom, dessen Verlauf durch $i = \mathfrak{J} \sin \omega t$ gegeben ist, $\mathfrak{J}$ den größten Wert oder Scheitelwert der Stromstärke.

Die Scheitelwerte werden im folgenden immer mit großen deutschen Buchstaben ($\mathfrak{E}$, $\mathfrak{Z}$, $\mathfrak{J}$), die veränderlichen Augenblickswerte mit kleinen Buchstaben (e, $\mathfrak{z}$, i) bezeichnet.

Wir sind zu den einfachen periodischen Funktionen dadurch gekommen, daß wir das Feld, in dem das Drahtrechteck gedreht wird (Abb. 190), als homogen vorausgesetzt haben. Ist das nicht der Fall, so lassen sich e und $\mathfrak{z}$ nur durch zusammengesetzte periodische Funktionen darstellen. Im folgenden setzen wir aber, solange nichts anderes bestimmt wird, nur einfache (einwellige) periodische Funktionen voraus.

129. Die Elektrizitätsmenge eines veränderlichen Stromes.

Die von einem konstanten Strome J während der Zeit t gelieferte Elektrizitätsmenge ist $Q = Jt$. Diese Grundgleichung darf bei einem veränderlichen Strome nur für ein unendlich kleines Zeitteilchen dt, innerhalb dessen die Stromstärke i als konstant angesehen werden kann, angewendet werden. Die während dieser Zeit dt vom Strome gelieferte Elektrizitätsmenge dQ ist also

$$dQ = i \cdot dt. \qquad (99)$$

Dann ist die während einer Zeit t gelieferte Menge Q gleich der Summe aller dieser, also

$$Q = \Sigma dQ = \Sigma i \cdot dt$$

oder wenn man die Summierung durch eine Integration ersetzt

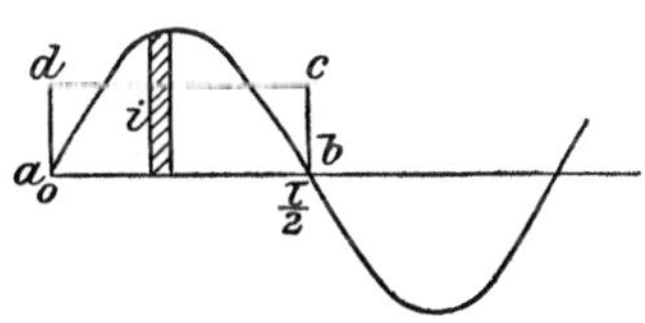

Abb. 193.

$$Q = \int_0^t i \cdot dt. \qquad (100)$$

Ist i ein Wechselstrom von der Form $i = \mathfrak{J} \sin \omega t$ und durch die Abb. 193 dargestellt, wobei die Zeiten als Abszissen aufgetragen sind, so ist $i \cdot dt$ der Flächeninhalt des schmalen schraffierten Rechteckes mit der Höhe i und der Grundlinie dt. Die während einer halben Periode gelieferte Elektrizitätsmenge ist demnach durch die von der halben Kurve und der Abszissenachse eingeschlossene Fläche dargestellt. Ihr Betrag ist $Q = \int_0^{\frac{\tau}{2}} i\, dt = \int_0^{\frac{\tau}{2}} \mathfrak{J} \sin \omega t\, dt$. Führen wir für ω die Gl. 97

ein, so ist

$$Q = \int_0^{\frac{\tau}{2}} \mathfrak{J} \sin \frac{2\pi}{\tau} t\, dt = - \mathfrak{J} \frac{\tau}{2\pi} \left[\cos \frac{2\pi}{\tau} t \right]_0^{\frac{\tau}{2}}$$

$$= - \mathfrak{J} \frac{\tau}{2\pi} \left[-1 - 1 \right] = \mathfrak{J} \frac{\tau}{\pi} \quad \ldots \ldots \quad (101)$$

Die während der nächsten halben Periode gelieferte Menge ist natürlich ebenso groß, aber negativ. Die gesamte, während einer ganzen Periode gelieferte Elektrizitätsmenge ist demnach Null.

130. Der arithmetische Mittelwert.

Durch den Scheitelwert $\mathfrak{J}$ wird zwar ein Wechselstrom seiner Größe nach charakterisiert, aber man kann auf ihn nicht die für einen konstanten Strom geltenden Gesetze anwenden, weil er nur einen Augenblick lang besteht. Man braucht einen Mittelwert, für den die in § 41 festgesetzte Grundgleichung $Q = Jt$ gilt, also einen Mittelwert, der mit der Dauer einer halben Periode multipliziert, die während dieser Zeit gelieferte Elektrizitätsmenge Q gibt. Bezeichnet man diesen Mittelwert mit J_{mi}, so ist zu setzen:

$$Q = \frac{\tau}{2} J_{mi} . \quad \ldots \ldots \ldots \quad (102)$$

Da nach dem vorigen $Q = \frac{\tau}{\pi} \mathfrak{J}$ ist, so folgt

$$J_{mi} = \frac{2}{\pi} \mathfrak{J} = 0{,}637\, \mathfrak{J} . \quad \ldots \ldots \quad (103)$$

Hat das Rechteck $abcd$ (Abb. 193) denselben Flächeninhalt wie die von der halben Sinuswelle und der Achse eingeschlossene Fläche, so ist J_{mi} nichts anderes als die Höhe ad dieses Rechteckes. J_{mi} ist also der arithmetische Mittelwert eines Wechselstromes.

Ist der Strom oder die EMK durch eine Cosinus-Funktion dargestellt, z. B. $i = \mathfrak{J} \cos \omega t$, so muß der Mittelwert J_{mi} zwischen den Grenzen $\tau/4$ und $3\tau/4$ gebildet werden. Würde man zwischen den Grenzen 0 und $\tau/2$ integrieren, wie bei einer Sinus-Funktion, so würde man Null erhalten, weil der Strom in der ersten und in der zweiten Viertelperiode entgegengesetztes Vorzeichen hat.

131. Der quadratische Mittelwert.

Der im vorstehenden Kapitel bestimmte arithmetische Mittelwert hat für die Elektrotechnik so gut wie gar keine Wichtigkeit; denn die gelieferte Elektrizitätsmenge hat nur für elektrolytische Prozesse Bedeutung. Für alle praktischen Anwendungen der Wechselströme kommt vielmehr der Mittelwert aus der Summe der Quadrate in Betracht.

So ist z. B. die während einer unendlich kleinen Zeit dt entwickelte, in Wärme umgesetzte Arbeit $i^2 w \cdot dt$ und die während einer halben Periode entwickelte Wärmearbeit A:

$$A = w \int_0^{\frac{\tau}{2}} i^2 \cdot dt \quad . \; . \; . \; . \; . \; . \; . \; . \quad (104)$$

Auch die Meßinstrumente für Wechselstrom können nur quadratische Mittelwerte angeben. Denn jene Meßinstrumente, die von dem einfachen Werte des Stromes abhängen, müßten bei jedem Richtungswechsel des Stromes nach entgegengesetzten Seiten ausschlagen. Der Zeiger würde also beständig zwischen positiven und negativen Ausschlägen hin und her schwanken, wenn er überhaupt so rasch nachfolgen könnte. Da er dies nicht kann, so gibt ein solches Instrument bei Wechselstrom überhaupt keinen Ausschlag. Bei jenen Instrumenten aber, die vom Richtungswechsel des Stromes unabhängig sind, und nur solche können aus dem angeführten Grunde bei Wechselströmen verwendet werden, müssen die Angaben proportional dem Quadrate des Stromes oder der Spannung sein, weil nur die im Quadrate vorkommenden Werte immer positiv sind, gleichgültig, ob die Größe selbst positiv oder negativ ist.

Berechnen wir nun die obige Arbeit unter der Annahme, daß der Strom $i = \mathfrak{J} \sin \omega t$ ist, so erhalten wir:

$$A = w \mathfrak{J}^2 \int_0^{\frac{\tau}{2}} \sin^2 \omega t \cdot dt = \frac{w \mathfrak{J}^2}{2} \int_0^{\frac{\tau}{2}} (1 - \cos 2 \omega t) \, dt = \frac{w \mathfrak{J}^2}{2} \left| t - \frac{\sin 2 \omega t}{2 \omega} \right|_0^{\frac{\tau}{2}}.$$

Und weil $\omega = \frac{2\pi}{\tau}$ (nach Gl. 97) ist, so ergibt sich:

$$A = \frac{w \mathfrak{J}^2}{2} \frac{\tau}{2}.$$

Um daraus die mittlere Wärme-Arbeit während einer Zeiteinheit, das ist die Wärme-Leistung P, zu finden, hat man durch die Zeit $\frac{\tau}{2}$ zu dividieren. Es ist also:

$$P = \frac{w \mathfrak{J}^2}{2} \quad . \; . \; . \; . \; . \; . \; . \; . \; . \; . \quad (105)$$

Die Wärme-Arbeit während irgendeiner Zeit t, die ein Vielfaches von halben Perioden ist, beträgt dann

$$A = \frac{w \mathfrak{J}^2}{2} t.$$

Setzt man $\frac{\mathfrak{J}^2}{2} = J^2$, so gilt dasselbe Gesetz wie für einen konstanten Gleichstrom (§ 52). Dann ist:

$$P = w J^2 \qquad \text{und} \qquad A = w J^2 t.$$

Dieser Wert: $$J = \frac{\mathfrak{J}}{\sqrt{2}} = \frac{\mathfrak{J}}{1{,}414}$$

ist also nichts anderes als der quadratische Mittelwert, nämlich

$$J = \sqrt{\frac{1}{\frac{\tau}{2}} \int_0^{\frac{\tau}{2}} i^2\, dt}\,.$$

Da er für die Leistung (Effekt) eines Wechselstromes maßgebend ist, wird er gewöhnlich als effektiver Wert bezeichnet.

Dasselbe gilt natürlich auch für eine EMK oder Spannung von der Form $e = \mathfrak{E} \sin \omega t$:

$$E = \frac{\mathfrak{E}}{\sqrt{2}}.$$

Wir werden im folgenden immer die effektiven oder quadratischen Mittelwerte mit großen lateinischen Buchstaben (J, E) zum Unterschied von den veränderlichen Augenblickswerten (i, e), von den Scheitelwerten ($\mathfrak{J}$, $\mathfrak{E}$) und den arithmetischen Mittelwerten (J_{mi}, E_{mi}) bezeichnen[1]).

Der Faktor $\sqrt{2}$ gilt gemäß obiger Ableitung nur für Sinuswellen. Für andere Wellenformen gilt die Beziehung $E = \frac{\mathfrak{E}}{\sigma}$, wobei σ den vom Verfasser eingeführten Scheitelfaktor bedeutet (vgl. § 214).

---

[1]) Man halte sich beständig vor Augen, daß die effektiven Werte (J, E) nur Hilfswerte sind, um die Messung und Berechnung von Wechselströmen zu erleichtern, die aber von den Augenblickswerten (i, e) scharf zu unterscheiden sind. Darum werden sie hier mit besonderen Buchstaben bezeichnet. Die nicht genügende Unterscheidung hat vielfach zu falschen Darstellungen geführt, indem manchmal das, was nur für die Augenblickswerte gilt, auf die effektiven Werte übertragen wurde, und manchmal das, was nur für die effektiven Werte gilt, auch auf die Augenblickswerte bezogen wurde. So findet man die Ansicht, daß der in §§ 11 19 behandelte und in §§ 39, 87 und 117 auf den elektrischen Strom angewendete Potentialbegriff zwar auf Gleichstrom, aber nicht auf Wechselstrom anwendbar sei (Emde, Elektr. u. Maschinenbau, Wien 1911, S. 151, 868, 1084. Rüdenberg, ebenda S. 1060). Es wurde schon vom Verf. (ebenda 1912, S. 135, 260) betont, daß dies zwar für die effektiven Werte, aber nicht für die Augenblickswerte gilt. Für die Augenblickswerte eines Wechselstromes gilt alles das, was für einen Gleichstrom gilt, der dieselbe Stärke hat wie der Wechselstrom in dem betreffenden Augenblick. In der Tat ergibt sich denn auch aus dem negativen Differentialquotienten des potentiellen Arbeitswertes zweier Ströme die richtige Abstoßungskraft zwischen zwei parallelen Drähten oder zwischen zwei Transformatorspulen, wie sie in § 120 berechnet wurde. Natürlich müssen die gleichzeitigen Augenblickswerte eingesetzt werden. Sind es die Scheitelwerte, so erhält man die größtmögliche Kraft. Für die effektiven Werte gelten besondere Gesetze, die in den folgenden Paragraphen abgeleitet werden. Als Ausgangspunkt dient immer das betreffende Gleichstrom-Gesetz, angewendet auf die Augenblickswerte des Wechselstroms.

132. Elektromotorische Kraft der Selbstinduktion.

Das allgemeine Gesetz für die Induzierung einer EMK gilt natürlich auch dann, wenn die Kraftlinien nicht von einem fremden System, sondern von dem Strome i des eigenen Stromkreises herrühren. Schickt man z. B. einen Strom i durch eine Spule von N Windungen (Abb. 194), so erzeugt er ein magnetisches Feld, dessen Kraftlinienmenge $\mathfrak{z}$ in jedem Augenblick (nach § 105) bestimmt ist durch

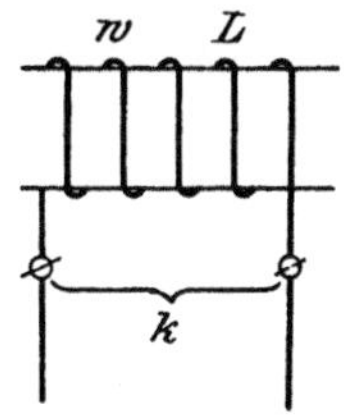

Abb. 194.

$$\mathfrak{z} = \frac{4\pi i N}{\mathfrak{w}},$$

wenn i in absoluten Einheiten ausgedrückt wird.

Ändert sich die Stromstärke, so ändert sich die Kraftlinienmenge, und daher entsteht nach dem Grundgesetz (Gl. 92) eine EMK:

$$e = -N\frac{d\mathfrak{z}}{dt} = -\frac{4\pi N^2}{\mathfrak{w}}\frac{di}{dt}.$$

Setzt man wie in § 119

$$\frac{4\pi N^2}{\mathfrak{w}} = L,$$

so ist

$$e = -L\frac{di}{dt} \qquad (106)$$

Da diesese EMK vom Strome i selbst in seinem eigenen Stromkreis induziert wird, so nennt man sie EMK der Selbstinduktion oder induktive Spannung oder Induktionsspannung. Man erkennt jetzt auch, warum L als Koeffizient der Selbstinduktion bezeichnet wird[1]).

[1]) Die letzte Gleichung folgt auch aus § 119, wo wir gesehen haben, daß iL die vom Strome i erzeugte Kraftlinienmenge bedeutet. Da die induzierte EMK gleich der Änderung der Kraftlinienmenge (negativ genommen) ist, so folgt ganz allgemein

$$e = -\frac{d(iL)}{dt}.$$

Ist i konstant, L aber veränderlich (indem z. B. die Gestalt des Stromkreises oder die magnetische Durchlässigkeit des Mediums geändert wird), so ist

$$e = -i\frac{dL}{dt}.$$

Ist L konstant, i aber veränderlich, so ist $e = -L\dfrac{di}{dt}$.

Sind beide veränderlich, so ist $e = -i\dfrac{dL}{dt} - L\dfrac{di}{dt}$.

Im folgenden setzen wir L immer als konstant voraus.

Aus Gl. 92 und 106 folgt

$$L = N\frac{d\mathfrak{z}}{di}.$$

Es ist dies die allgemeinste Definition für den Koeffizienten der Selbstinduktion.

Betrachtet man nicht den ganzen geschlossenen Stromkreis, sondern nur den Teil, der die Spule (Abb. 194) bildet, und bezeichnet mit k die zwischen den Enden der Spule herrschende Klemmenspannung, so geht die Spannungsgleichung (§ 125) über in

$$k = iw - e \quad \ldots\ldots\ldots \quad (107)$$

und nach Einsetzung der letzten Gleichung

$$k = wi + L\frac{di}{dt} \quad \ldots\ldots\ldots \quad (108)$$

Diese Gleichung besagt folgendes: Wird ein konstanter Strom (Gleichstrom) i durch eine Spule mit dem Widerstande w geschickt, so entsteht an den Enden der Spule eine Spannung $k = iw$. Wird aber ein Wechselstrom von derselben Stärke durch dieselbe Spule geschickt, so ist die Klemmenspannung k um $L\frac{di}{dt}$ größer. Oder: Um einen konstanten Strom von der Stärke i durch diese Spule hindurchzuschicken, ist eine Klemmenspannung $k = iw$ erforderlich. Um einen Wechselstrom von derselben Stärke durch dieselbe Spule hindurchzuschicken, ist eine um $L\frac{di}{dt}$ größere Klemmenspannung erforderlich.

Häufig wird wi als (Ohmscher) Spannungsabfall bezeichnet; dann muß $L\frac{di}{dt}$ als induktiver Spannungsabfall bezeichnet werden.

In § 128 (Gl. 96) haben wir bereits die wichtige Beziehung zwischen Kraftlinienmenge und EMK abgeleitet. Setzt man die Definition von ω (Gl. 98) ein, so ist

$$\mathfrak{E} = 2\pi\nu N\mathfrak{Z}.$$

Dividieren wir beide Seiten dieser Gleichung durch den Scheitelfaktor der Sinuslinie $\sqrt{2}$, so gehen die Scheitelwerte über in die effektiven Werte

$$E = 2\pi\nu NZ.$$

In dieser Form ist die Gleichung nicht gebräuchlich, weil es sich in der Elektrotechnik fast immer um Spulen mit Eisenkern handelt, und die darin auftretenden Verluste durch Hysterese von Wichtigkeit sind. Für diese ist aber nicht der quadratische Mittelwert Z, sondern (nach § 94) die größte Kraftlinienmenge, das ist der Scheitelwert $\mathfrak{Z}$, maßgebend. Man drückt daher nur die EMK durch den effektiven

Wert $E = \frac{\mathfrak{E}}{\sqrt{2}}$ aus und behält für das magnetische Feld den Scheitelwert bei. Dann ist:

$$E = \frac{2\pi}{\sqrt{2}} \nu N \mathfrak{Z} = 4{,}44\, \nu N \mathfrak{Z}.$$

Dabei gelten E und $\mathfrak{Z}$ in absoluten Einheiten. In der Praxis drückt man aber E in Volt aus, während das magnetische Feld in absoluten Einheiten (Kraftlinien) ausgedrückt wird. Da 1 Volt gleich 10^8 absoluten Einheiten ist, so geht die Gleichung über in

$$\mathrm{E} \cdot 10^8 = 4{,}44\, \nu N \mathfrak{Z} \quad (109)$$

Im vorhergehenden haben wir die Abhängigkeit der EMK von dem magnetischen Felde festgestellt. Wir brauchen nun noch die Abhängigkeit der EMK von dem Strome $i = \mathfrak{J} \sin \omega t$. Aus der Grundgleichung ergibt sich:

$$e = -L \frac{di}{dt} = -L \frac{d}{dt} (\mathfrak{J} \sin \omega t) = -\omega L \mathfrak{J} \cos \omega t.$$

Da der Faktor von der periodischen Funktion den Scheitelwert $\mathfrak{E}$ dieser Funktion darstellt, so ist

$$\omega L \mathfrak{J} = \mathfrak{E}. \quad (110)$$

Dividiert man beiderseits durch den Scheitelfaktor der Sinuswelle so erhält man die effektiven Werte, also

$$E = \omega L J = 2\pi \nu L J. \quad (110a)$$

Nun ist

$$e = -\mathfrak{E} \cos \omega t = \mathfrak{E} \sin \left(\alpha - \frac{\pi}{2}\right),$$

d. h. die EMK der Selbstinduktion ist gegen den Strom um eine Viertelperiode oder 90° verspätet (Abb. 195).

Da nach § 128 diese EMK auch gegenüber dem magnetischen Felde um 90° verspätet ist, so folgt, daß Strom und Feld in der Phase übereinstimmen müssen (Abb. 195), was ohne weiteres aus dem Grundgesetz $\mathfrak{z} = \frac{4\pi i N}{\mathfrak{w}}$ folgt, weil dieses außer $\mathfrak{z}$ und i kein von der Zeit abhängiges Glied enthält.

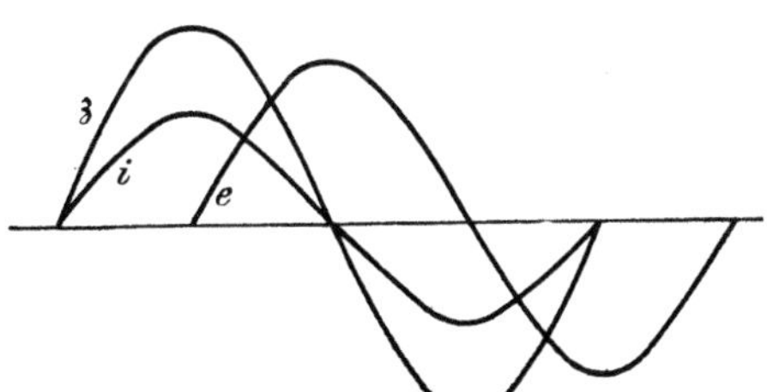

Abb. 195.

Handelt es sich nicht um eine Spule, sondern um einen linearen (geradlinigen oder krummlinigen) Leiter, so gilt alles Vorstehende so wie für eine einzige Windung. $\mathfrak{Z}$ bedeutet dann die Anzahl der in sich geschlossenen Kraftlinien, die den Leiter umgeben (Abb. 86), und zwar zwischen jenen zwei Punkten, zwischen denen die EMK der Selbstinduktion den Wert $\mathfrak{E}$ hat, oder zwischen denen die Selbstinduktion den Wert L hat. An der Anzahl der Kraftlinien ändert sich nichts, wenn dieses Leiterstück zu einer Windung zusammengebogen, oder wenn eine Windung zu einem geradlinigen Leiterstück auseinandergebogen und dabei die EMK $\mathfrak{E}$ konstant gehalten wird. Wohl aber ändert sich dabei L und daher auch die Stromstärke $\mathfrak{J}$. Wird $\mathfrak{J}$ konstant gehalten, so ändert sich $\mathfrak{w}$ und L und infolgedessen $\mathfrak{Z}$.

Aus Gl. 92 und 106 folgt $L \cdot di = N \cdot d\mathfrak{z}$. Diese Gleichung kann ohne weiteres integriert werden, wenn L und N konstant sind, und man erhält so

$$L = N \frac{\mathfrak{z}}{i}.$$

$\mathfrak{z}$ und i sind die zusammengehörigen Augenblickswerte[1]). Solche sind auch die Scheitelwerte $\mathfrak{Z}$, $\mathfrak{J}$. Mithin ist auch $L = N \frac{\mathfrak{Z}}{\mathfrak{J}}$; oder anders geschrieben

$$\mathfrak{Z} = \mathfrak{J} \frac{L}{N} \cdot \quad \ldots\ldots\ldots \quad (111)$$

Will man $\mathfrak{Z}$ in absoluten Einheiten, L und $\mathfrak{J}$ aber in praktischen Einheiten (Henry und Ampere) ausdrücken, so ist

$$\mathfrak{Z} = \mathfrak{J} \frac{L}{N} \cdot 10^8,$$

weil 1 Henry $= 10^9$ abs. Einh. und 1 Ampere $= 10^{-1}$ abs. Einh. ist.

Soll die Stromstärke durch den effektiven Wert $J = \frac{\mathfrak{J}}{\sqrt{2}}$ ausgedrückt werden, so ist

$$\mathfrak{Z} = \sqrt{2}\, J \frac{L}{N} \cdot 10^8 \quad \ldots\ldots\ldots \quad (112)$$

Auch die elektromagnetische Grundgleichung $\mathfrak{z} = \frac{4\pi i}{\mathfrak{w}}$ gilt ohne weiteres für die zusammengehörigen Scheitelwerte, also

$$\mathfrak{Z} = \frac{4\pi \mathfrak{J}}{\mathfrak{w}}, \quad \ldots\ldots\ldots \quad (113a)$$

wenn $\mathfrak{J}$ in absoluten Einheiten, oder

$$\mathfrak{Z} = \frac{0{,}4\,\pi \mathfrak{J}}{\mathfrak{w}}, \quad \ldots\ldots\ldots \quad (113b)$$

---

[1]) Diese Gleichung wurde schon auf S. 199 aus dem allgemeinen Arbeitswert erhalten.

wenn $\mathfrak{J}$ in Ampere ausgedrückt wird. Soll die Stromstärke im effektiven Wert J ausgedrückt werden, so ist

$$\mathfrak{Z} = \frac{0{,}4 \sqrt{2}\, \pi J}{\mathfrak{w}}.$$

133. Das Ohmsche Gesetz für Wechselstrom.

Im vorhergehenden haben wir die Beziehung zwischen EMK[1]) Kraftlinienmenge und Strom festgestellt. Wir wollen nun die Beziehung zwischen Klemmenspannung und Stromstärke für einen Stromkreis mit Widerstand und Selbstinduktion (Abb. 194) ableiten. Nach Gl. 108 ist

$$k = i w + L \frac{d i}{d t}.$$

Wir setzen voraus, daß Klemmenspannung und Strom sinusförmig verlaufen, also

$$k = \mathfrak{K} \sin \omega t.$$

Vom Strome i können wir nicht voraussetzen, daß er mit der Klemmenspannung in gleicher Phase ist, weil das letzte Glied der vorletzten Gleichung um 90^0 dem Strome voreilt. Der Strom muß also gegen die Klemmenspannung um einen Winkel φ in der Phase verschoben sein, der zwischen 0^0 und 90^0 liegt, also

$$i = \mathfrak{J} \sin (\omega t - \varphi).$$

Setzt man die letzten Ausdrücke in die Gleichung für k ein, so ergibt sich:

$$\mathfrak{K} \sin \omega t = w \mathfrak{J} \sin (\omega t - \varphi) + \omega L \mathfrak{J} \cos (\omega t - \varphi).$$

Diese Gleichung muß für jeden beliebigen Wert des Argumentes ωt gelten, also auch für $\omega t = 0$ und $\omega t = \frac{\pi}{2}$.

Setzt man zunächst $\omega t = 0$, so ergibt sich:

$$0 = - w \mathfrak{J} \sin \varphi + \omega L \mathfrak{J} \cos \varphi.$$

Setzt man $\omega t = \frac{\pi}{2}$, so ergibt sich:

$$\mathfrak{K} = w \mathfrak{J} \cos \varphi - \omega L \mathfrak{J} \sin \varphi.$$

Quadriert man die beiden letzten Gleichungen und addiert sie dann, so ergibt sich:

$$\mathfrak{K}^2 = \mathfrak{J}^2 \left[w^2 + (\omega L)^2\right].$$

---

[1]) Wir werden im folgenden statt EMK der Selbstinduktion oder induzierter EMK einfach EMK sagen.

Mithin ist

$$i = \frac{\mathfrak{K}}{\sqrt{w^2 + (\omega L)^2}} \sin(\omega t - \varphi). \quad . \quad . \quad . \quad . \quad (114)$$

Dividiert man die vorletzte Gleichung durch das Quadrat des Scheitelfaktors $(\sqrt{2})^2$, so erhält man dieselbe Gleichung für die effektiven Werte:

$$K^2 = J^2 \left[w^2 + (\omega L)^2\right]$$

oder:

$$J = \frac{K}{\sqrt{w^2 + (\omega L)^2}}. \quad . \quad . \quad . \quad . \quad . \quad . \quad (115)$$

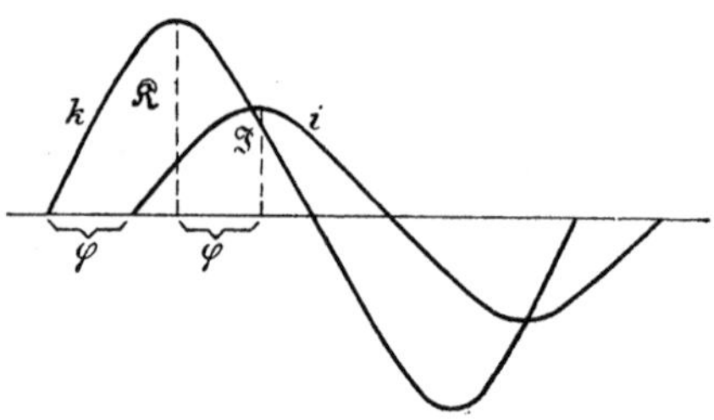

Abb. 196.

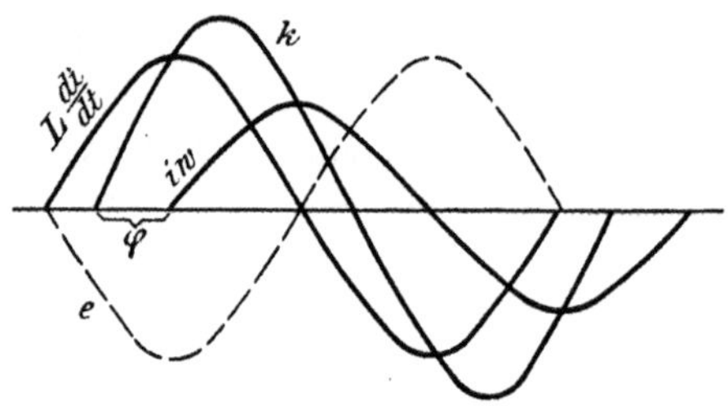

Abb. 197.

Aus der ersten Bedingungsgleichung, die wir aus $\omega t = 0$ erhalten haben, folgt sofort:

$$\operatorname{tg} \varphi = \frac{\omega L}{w}, \quad . \quad . \quad . \quad . \quad . \quad . \quad . \quad . \quad . \quad (116)$$

wodurch die Phasenverschiebung φ bestimmt ist.

Trägt man k und i als Sinuslinien auf, so erhält man Abb. 196. Der Strom ist gegenüber der Spannung um den Winkel φ in der Phase verspätet (er eilt der Spannung nach), denn für $\omega t = 0$ ist auch $k = 0$. Dagegen ist i erst bei $\omega t = \varphi$ Null; um ebensoviel später erreicht der Strom seinen Scheitelwert $\mathfrak{J}$ als die Spannung ihren Scheitelwert $\mathfrak{K}$.

Gemäß Gl. 108 ist k die Summe aus dem Ohmschen Spannungsabfall iw und dem induktiven Spannungsabfall $L\frac{di}{dt}$. Abb. 197 bringt das zum Ausdruck: Jede Ordinate der Welle k ist die algebraische Summe aus den zugehörigen Ordinaten der Wellen iw und $L\frac{di}{dt}$. Die Welle von $L\frac{di}{dt}$ ist aber gemäß Gl. 106 nichts anderes als die negative Welle e. Diese eilt gemäß Abb. 195 der i-Welle, also auch der iw-Welle um eine Viertelperiode nach. Dementsprechend ist sie in Abb. 197 eingezeichnet, und entgegengesetzt dazu die Welle $L\frac{di}{dt}$.

Ist $L = 0$, d. h. verläuft der Wechselstrom in einem Stromkreis, der keine Selbstinduktion hat, so ist $\varphi = 0$. Es besteht also keine Phasenverschiebung zwischen Spannung und Strom. Dieser Fall ist praktisch unmöglich, weil jeder Strom auch in einem geraden Leiter ein magnetisches Feld und daher auch eine gewisse Selbstinduktion hat. Am nächsten kommt dieser Bedingung ein bifilar gespannter oder gewickelter Draht (§ 165), dessen Leitungswiderstand groß ist.

Die Selbstinduktion verursacht aber nicht nur eine Phasenverschiebung, sondern auch eine Verkleinerung der Stromstärke, wie aus Gl. 115 hervorgeht. Ist ω oder L Null, so ist $J = \frac{K}{w}$. Das ist das Ohmsche Gesetz, wie es für Gleichströme gilt (§ 42). Überhaupt hat die Gl. 115 dieselbe Form wie das Ohmsche Gesetz, nur daß an Stelle von w der Ausdruck $\sqrt{w^2 + (\omega L)^2}$ getreten ist. Man bezeichnet daher diesen als scheinbaren Widerstand oder Scheinwiderstand. Er ist — graphisch dargestellt — die Hypotenuse eines rechtwinkligen Dreiecks (Abb. 198), dessen Katheten w und ωL sind. Das Produkt ωL hat dieselbe Dimension wie w (§ 301). Man bezeichnet es daher als induktiven Widerstand oder Induktionswiderstand. Demnach ist der Tangens des Phasenverschiebungswinkels φ gleich dem Verhältnis des induktiven zum Ohmschen Widerstande, und der scheinbare Widerstand ist die geometrische Summe aus beiden.

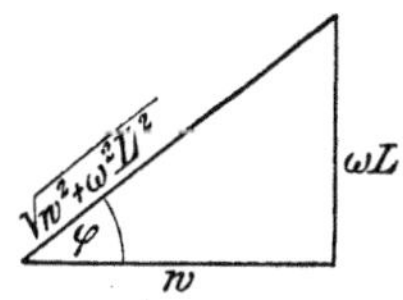

Abb. 198.

Je größer der induktive Widerstand gegenüber dem Ohmschen ist, desto größer ist die Phasenverschiebung; ist er unendlich groß gegenüber dem Ohmschen, so ist

$$\operatorname{tg} \varphi = \infty, \text{ also } \varphi = 90^0 \text{ und } J = \frac{K}{\omega L}.$$

Dieser Fall ist praktisch ebensowenig möglich wie der, daß $L = 0$ ist. Man kann ihm aber sehr nahe kommen, wenn sowohl die Periodenzahl ν (mithin auch ω), als auch L sehr groß ist.

Aus dem Widerstandsdreieck (Abb. 198) ergibt sich

$$w = \cos \varphi \sqrt{w^2 + (\omega L)^2}.$$

Führt man dies in Gl. 115 ein, so erhält man:

$$J = \frac{K \cos \varphi}{w}.$$

Beispiel. Eine Spule, deren Ohmscher Widerstand $w = 20$ und deren Selbstinduktion $L = 0{,}5$ Henry ist, sei an eine Wechselstromquelle von 100 V. und 48 Perioden (ν) angeschlossen. Dann ist $\omega = 2\pi 48 = 300$; der induktive Widerstand ist $\omega L = 150$; der scheinbare Widerstand ist

$$\sqrt{w^2 + (\omega L)^2} = \sqrt{400 + 22500} = 151.$$

Der scheinbare Widerstand unterscheidet sich also in diesem Falle nur sehr wenig vom induktiven, weil das Quadrat des Ohmschen Widerstandes klein ist gegen das des induktiven: Die Stromstärke ist $J = \frac{100}{151} = 0{,}66$ A. Die Phasenver ist $\operatorname{tg}\varphi = \frac{150}{20} = 7{,}5$; $\varphi = 82^0\ 25'$. Würde die Spule an Gleichstrom von derselben Spannung angeschlossen, so wäre der Strom $J = \frac{K}{w} = \frac{100}{20} = 5$ A.

134. Arbeit und Leistung eines Wechselstromes. Leistungsfaktor.

Ist $k = \mathfrak{K} \sin \omega t$ die Klemmenspannung eines Wechselstromkreises, so ist nach dem Vorstehenden der Strom $i = \mathfrak{J} \sin(\omega t - \varphi)$. Die in diesem Stromkreise während des unendlich kleinen Zeitraumes dt geleistete elektrische Arbeit dA ist nach § 51

$$dA = k \cdot i \cdot dt.$$

Um die Arbeit während einer halben Periode zu finden, haben wir die obigen Ausdrücke für k und i einzusetzen und von 0 bis $\frac{\tau}{2}$ zu integrieren, also

$$A = \int_0^{\frac{\tau}{2}} k i dt = \int_0^{\frac{\tau}{2}} \mathfrak{K} \sin \omega t \cdot \mathfrak{J} \sin(\omega t - \varphi)\, dt.$$

Durch Anwendung einer bekannten trigonometrischen Formel[1]) ergibt sich

$$A = \mathfrak{K}\mathfrak{J} \int_0^{\frac{\tau}{2}} \frac{1}{2} \cos\varphi\, dt - \mathfrak{K}\mathfrak{J} \int_0^{\frac{\tau}{2}} \frac{1}{2} \cos(2\omega t - \varphi)\, dt. \quad . (117)$$

Das ist

$$A = \frac{\mathfrak{K}\mathfrak{J}}{2} \cos\varphi \Big[t \Big]_0^{\frac{\tau}{2}} - \frac{\mathfrak{K}\mathfrak{J}}{2 \cdot 2\omega} \Big[\sin(2\omega t - \varphi) \Big]_0^{\frac{\tau}{2}}.$$

Das letzte Glied geht nach Einsetzung der Grenzen über in: $\sin(2\pi - \varphi) - \sin(-\varphi) = 0$. Mithin ist

$$A = \frac{\mathfrak{K}\mathfrak{J}}{2} \cos\varphi \cdot \frac{\tau}{2}.$$

Daraus ergibt sich die mittlere Arbeit in einer Zeiteinheit, das ist die mittlere Leistung P, wenn man durch $\frac{\tau}{2}$ dividiert.

Also
$$P = \frac{\mathfrak{K}\mathfrak{J}}{2} \cos\varphi \quad . \quad . \quad . \quad . \quad . \quad . \quad . \quad . \quad (118a)$$

---

[1]) $\sin\alpha \cdot \sin\beta = \frac{1}{2}\cos(\alpha - \beta) - \frac{1}{2}\cos(\alpha + \beta)$.

Dividiert man $\mathfrak{K}$ und $\mathfrak{J}$, jedes durch den Scheitelfaktor der Sinuswelle $\sqrt{2}$, so erhält man die effektiven Werte K und J (§ 131) und es ist

$$P = K J \cos\varphi \quad \text{. . . . . (118b)}$$

Die Arbeit während einer Zeit t ist

$$A = K J t \cos\varphi,$$

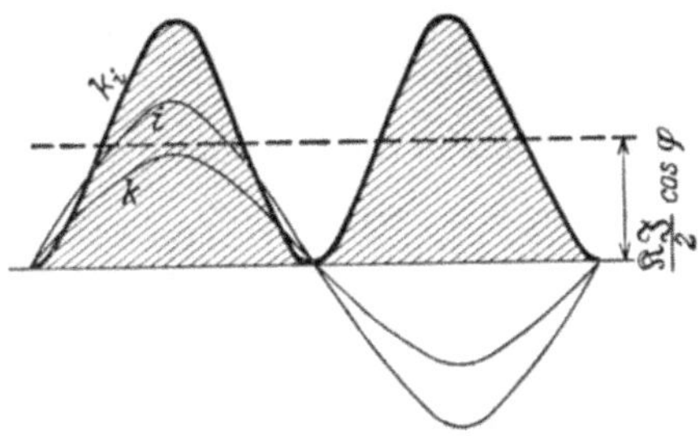

Abb. 199.

wenn t ein Vielfaches einer halben Periode ist, weil in der obigen Ableitung das zweite Glied nur für eine halbe Periode Null wird.

Gegenüber der Leistung und Arbeit eines konstanten, gleichgerichteten Stromes (§ 51) kommt also bei Wechselstrom noch der Faktor $\cos\varphi$ hinzu. Man bezeichnet daher $\cos\varphi$ als **Leistungsfaktor**. Die Leistung und Arbeit ist um so kleiner, je größer die Phasenverschiebung φ ist, weil $\cos\varphi$ mit zunehmendem φ abnimmt. Die folgenden Abbildungen werden dies erläutern. Die erste (Abb. 199) stellt einen Wechselstrom ohne Phasenverschiebung dar. Da die Arbeit in jedem Augenblick gleich $ki \cdot dt$ ist, so ist die ganze Arbeit während einer Periode gleich der schraffierten Fläche[1]). Besteht Phasenverschiebung (φ Abb. 200, 201), so ist das Produkt ik abwechselnd positiv und negativ.

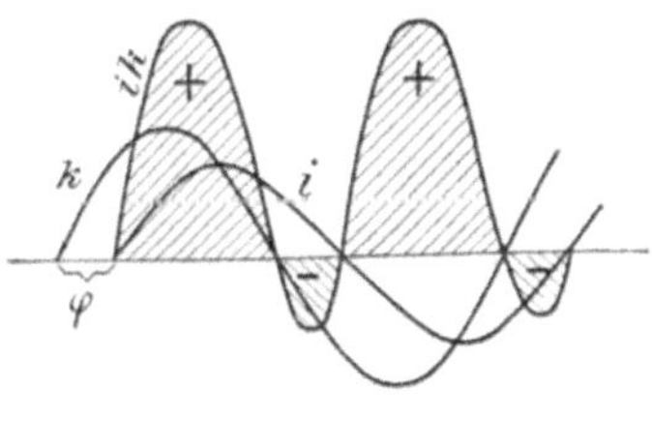

Abb. 200.

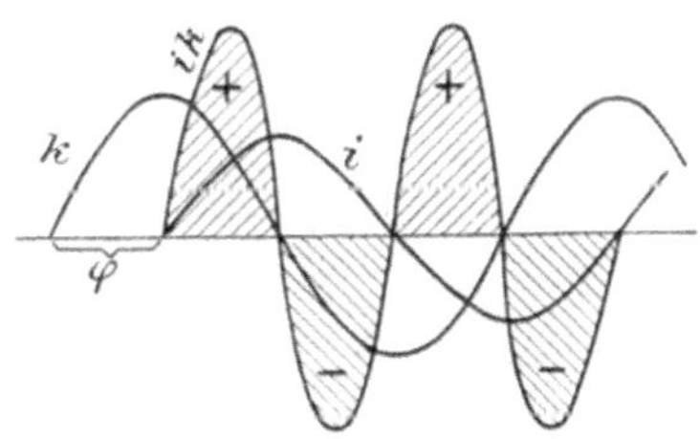

Abb. 201.

Die gesamte Arbeit ist gleich der algebraischen Summe der schraffierten Flächen, also kleiner wie im vorigen Falle. Ist der Strom um 90° gegenüber der Spannung verschoben (Abb. 201), so sind die positiven und negativen Flächen gleich groß, also ist die Arbeit während einer halben Periode gleich null[2]).

[1]) Aus Gl. 117 und Abb. 199—201 ersieht man, daß die Arbeit eines Wechselstromes eine periodische Funktion von doppelter Frequenz (2ω) mit einer Verschiebung der Abszissenachse um $\frac{\mathfrak{K}\mathfrak{J}}{2}\cos\varphi$. ist.

[2]) Positive und negative Arbeit ist nicht wie bei Kräften als Richtung zu verstehen, da die Arbeit keine Richtung hat; sondern positive Arbeit ist die

Für den Leistungsfaktor, den wir mit g bezeichnen wollen, ergibt sich aus Gl. 118b folgende Definition

$$g = \cos \varphi = \frac{P}{K J},$$

d. h. der Leistungsfaktor ist gleich dem Verhältnis der Leistung zu dem Produkte aus Spannung und Strom (Voltampere oder scheinbare Leistung § 136). Daß der Leistungsfaktor gleich dem cos des Phasenverschiebungswinkels ist, gilt nur für den Fall, daß Spannung und Strom sinusförmig verlaufen wie hier. Hat die Spannung oder der Strom eine andere Wellenform, so kann nur die Definition $g = \frac{P}{K J}$ angewendet werden (§ 216).

Besteht die von einem Wechselstrom geleistete Arbeit nur aus Stromwärme, d. h. sind keine sekundären Ströme und keine magnetischen Verluste (Hysterese) vorhanden, so folgt Gl. 118b auch aus dem in § 131 für die Wärmeleistung erhaltenen Ausdruck, nämlich aus $P = w J^2$, wenn man J^2 in $J \cdot J$ zerlegt und für ein J die Gleichung von S. 229 einführt. Es ist dann $P = K J \cos \varphi$. Für diesen Fall folgt aus der vorletzten Gleichung

$$w = \frac{P}{J^2},$$

d. h. man kann den Ohmschen Widerstand aus einer Messung der Leistung und der Stromstärke ermitteln, aber nicht wie bei Gleichstrom aus einer Messung der Spannung und Stromstärke, denn das Verhältnis dieser ist gleich dem scheinbaren Widerstand $\sqrt{w^2 + (\omega L)^2}$.

135. Das Spannungsdiagramm.

In § 133 haben wir zwei Formen für das auf effektive Werte bezogene Ohmsche Gesetz bei Wechselstrom gefunden, nämlich

$$J = \frac{K}{\sqrt{w^2 + (\omega L)^2}} \quad \text{oder} \quad J = \frac{K \cos \varphi}{w}.$$

Die zweite Form bringt den physikalischen Vorgang besser zum Ausdruck als die andere, die den scheinbaren Widerstand enthält. Denn in Wahrheit erleidet der Widerstand keine Veränderung, und auch das Ohmsche Gesetz muß in jedem Augenblicke für gleichzeitige Werte Geltung haben. Der Einfluß der Selbstinduktion ist vielmehr der, daß sie eine EMK verursacht, die der Klemmenspannung entgegenwirkt, sie

von den Kräften des Systems geleistete, negative Arbeit hingegen die gegen die Kräfte des Systems geleistete. Bei einem Motor z. B. äußert sich dies darin, daß er, solange das Produkt $k i$ negativ ist, nicht als Motor, sondern als Stromerzeuger wirkt und auf Kosten der vorher erhaltenen Bewegungsenergie Strom erzeugt.

also schwächt. Dies kommt zum sichtbaren Ausdruck, wenn man die Spannungsgleichung (108) in der Form

$$i w = k - L \frac{di}{dt}$$

schreibt. Die rechte Seite dieser Gleichung stellt die resultierende Spannung dar, auf die das Ohmsche Gesetz in seiner wirklichen Form anzuwenden ist. Der effektive Wert, auf den das Ohmsche Gesetz zur Anwendung kommt, ist also eigentlich nicht K, sondern $K \cos\varphi$, wie die obige Gleichung zeigt.

Quadriert man die erste der obigen Gleichungen, so erhält man

$$K^2 = (wJ)^2 + (\omega L J)^2$$

als Beziehung zwischen den effektiven Werten der Spannungen, denn wJ ist der dem Ohmschen Widerstand entsprechende Spannungsabfall, den wir mit E_w bezeichnen wollen, und $\omega L J$ ist nach § 132 die EMK der Selbstinduktion E oder der induktive Spannungsabfall[1]). Man hat also

$$K^2 = E_w^2 + E^2 .$$

Demnäch ist K die Hypotenuse eines rechtwinkligen Dreieckes dessen Katheten E_w und E sind (Abb. 202). Der Winkel zwischen K und E_w ist der Phasenverschiebungswinkel φ, der auch im Widerstandsdreieck (Abb. 198) vorkommt. Multipliziert man jede Seite des letzteren mit J, so geht es in das Spannungsdreieck (Abb. 202) über. Aus dem letzteren ergibt sich

$$E = K \sin\varphi$$
$$E_w = K \cos\varphi .$$

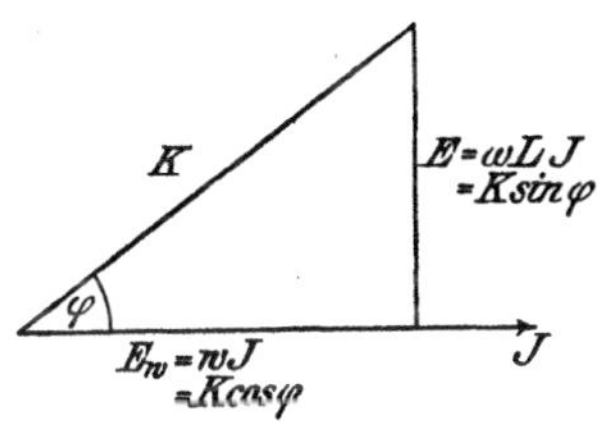

Abb. 202.

Im vorigen Paragraph haben wir für die Leistung eines Wechselstromes den Ausdruck $P = JK \cos\varphi$ erhalten.

Führen wir E_w ein, so ist

$$P = J E_w .$$

Demnach ist an der Leistung und Arbeit eines Wechselstromes nur die Komponente E_w der Spannung beteiligt, weshalb sie als elektromotorische Nutzkraft oder Leistungsspannung bezeichnet wird, während die andere Komponente E keinen Anteil an der Leistung hat. Sie wird daher als Blindspannung bezeichnet; oder als Querspannung, da sie im Diagramm senkrecht auf J und E_w steht.

Will man den Strom J in das Spannungsdiagramm einzeichnen, so muß er mit E_w in der Richtung zusammenfallen, weil die Phasen-

[1]) Und zwar ist $\omega L J$ der effektive Wert des induktiven Spannungsabfalles. Sein Augenblickswert lautet aber nicht $\omega L i$, sondern $L \frac{di}{dt}$, wie wir auf S. 221 gesehen haben.

verschiebung φ zwischen K und J dieselbe ist, wie zwischen K und E_w. Man kommt so zu der Regel, daß das Produkt der in gleicher Phase liegenden Größen gleich der Leistung ist, während die Größen, die eine Phasenverschiebung von 90^0 gegeneinander haben, wie hier J und $K \sin\varphi$, keine Leistung geben.

136. Das Stromdiagramm. Wattstrom und wattloser Strom. Leistung und Blindleistung.

Zerlegt man den Strom J in zwei zueinander senkrechte Komponenten nach dem Phasenwinkel φ (Abb. 203), so ist die eine $J \sin\varphi$, die andere $J \cos\varphi$. Dann erscheint die Leistung $KJ \cos\varphi$ als Produkt der Klemmenspannung und der dem Winkel φ anliegenden Stromkomponente $J \cos\varphi$. Da die Leistung nach dem praktischen Maßsystem in Watt gemessen wird, so bezeichnet man diese Komponente als Wattkomponente oder Wattstrom oder Leistungsstrom[1]). Dagegen hat die andere Komponente $J \sin\varphi$ keinen Anteil an der Leistung, weshalb man sie als wattlose Komponente oder wattlosen Strom oder Querstrom oder Blindstrom bezeichnet.

Aus der Gleichung $P = KJ \cos\varphi$ folgt, daß der Wattstrom definiert ist durch $\frac{P}{K}$, also durch das Verhältnis von Leistung und Spannung.

Aus den trigon. Formeln $\cos\varphi = \frac{1}{\sqrt{1+\operatorname{tg}^2\varphi}}$ und $\sin\varphi = \frac{\operatorname{tg}\varphi}{\sqrt{1+\operatorname{tg}^2\varphi}}$ folgt mit den Gl. 115 und 116 für den Wattstrom

$$J \cos\varphi = K \frac{w}{w^2 + (\omega L)^2} \quad \ldots\ldots \quad (119\text{a})$$

und für den wattlosen Strom

$$J \sin\varphi = K \frac{\omega L}{w^2 + (\omega L)^2} \quad \ldots\ldots \quad (119\text{b})$$

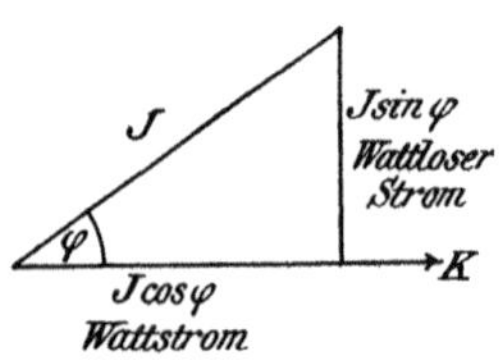

Abb. 203a.

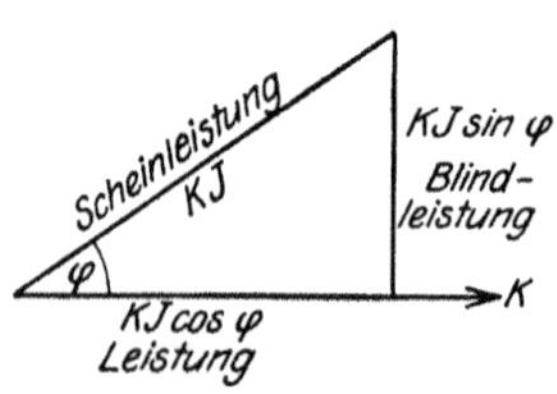

Abb. 203b.

Will man die Klemmenspannung in dieses Stromdiagramm einzeichnen, so muß sie mit der Wattkomponente in der Richtung zu-

[1]) Auch die Bezeichnung „Wirkstrom" wird dafür angewendet. Diese ist wenig passend, denn auch der gesamte Strom „wirkt" nämlich magnetisierend.

sammenfallen, weil die Phasenverschiebung zwischen K und J gleich φ ist. Man kommt so wieder zu derselben Regel wie im vorigen Paragraph, daß das Produkt der in gleicher Phase liegenden Größen gleich der Leistung ist, während die Größen, die eine Phasenverschiebung von 90^0 gegeneinander haben, wie hier K und $J \sin\varphi$, keine Leistung geben[1]).

Multipliziert man das Stromdreieck mit K, so erhält man Abb. 203b. Hier stellt also die Hypothenuse KJ die Voltampere oder die scheinbare Leistung P_s dar, während die wagrechte Kathete die wirkliche Leistung P ist. Die dem Blindstrom entsprechende Komponente $KJ \sin\varphi$ bezeichnet man als Blindleistung. Aus Abb. 203b ergibt sich für die Blindleistung: $\sqrt{P_s^2 - P^2}$. Bei zusammengesetzten Wellenformen läßt sich die Blindleistung nur durch diesen Ausdruck definieren. Die Definition $KJ \sin\varphi$ gilt dann nicht mehr, weil die Phasenverschiebung zwischen Strom und Spannung nicht mehr durch einen Winkel dargestellt werden kann (§ 216).

Der wattlose Strom entsteht dadurch, daß die Umgebung des Stromleiters abwechselnd in entgegengesetzter Richtung magnetisiert wird, Daher steht die Blindleistung in Beziehung zur magnetischen Arbeit $\frac{1}{2} L \mathfrak{J}^2$ (§ 167), ist aber nicht gleichbedeutend mit ihr, denn diese hängt vom Gesamtstrom, jene von der wattlosen Komponente, also von der Phasenverschiebung ab. Nur für den praktisch nicht möglichen Fall, daß $w = o$, also $\mathfrak{J} = \frac{\mathfrak{K}}{\omega L}$, und daß $\sin\varphi = 1$, also der ganze Strom wattlos wäre, geht die Blindleistung $KJ \sin\varphi = \frac{1}{2} \mathfrak{K}\mathfrak{J} \sin\varphi$ über in $\omega \frac{1}{2} L \mathfrak{J}^2$, das ist das ωfache der magnetischen Arbeit.

Zu beachten ist, daß die durch Abb. 203b dargestellte geometrische Addition nur für die gesamten Leistungen gilt. Für die Stromwärme-

---

[1]) Der wattlose Strom wird häufig als Magnetisierungsstrom bezeichnet Das ist irreführend; denn nicht diese Komponente, sondern der gesamte Strom erzeugt die magnetischen Kraftlinien gemäß Gl. 113. Nur wenn ein sekundärer Strom oder allgemeiner gesprochen ein sekundärer Verlust vorhanden ist, besteht ein Unterschied zwischen dem gesamten Strom und dem Magnetisierungsstrom. Aber auch da ist der Magnetisierungsstrom nicht gleich dem wattlosen Strom (vgl. § 158).

Ebenso falsch ist die Ansicht, daß die Stromwärme nur vom Wattstrom herrührt, sondern sie wird vom gesamten Strom erzeugt (wJ^2). Daher vermindert der wattlose Strom den Wirkungsgrad einer elektrischen Arbeitsübertragung und die Belastungsmöglichkeit eines Stromerzeugers mit Wattstrom. Infolgedessen müssen die Bestrebungen der Elektrotechniker dahin gerichtet sein, den wattlosen Strom der Motoren und Transformatoren möglichst zu vermindern. Bei diesen ist w^2 so klein gegen $(\omega L)^2$, daß Gl. 119b sehr angenähert übergeht in

$$J \sin\varphi = \frac{K}{\omega L}.$$

D. h. der wattlose Strom ist um so kleiner, je größer die Frequenz und die Selbstinduktion ist. Nach § 132 ist $L = \frac{4\pi N^2}{\mathfrak{w}}$. Mithin ist der wattlose Strom umso kleiner, je kleiner der magnetische Widerstand $\mathfrak{w}$ ist. Infolgedessen müssen die Luftzwischenräume der Motoren und die Stoßfugen der Transformatoren möglichst klein sein.

leistung hingegen folgt aus der Identitätsgleichung $wJ^2 = w\,(J\cos\varphi)^2 + w(J\sin\varphi)^2$, daß sie sich durch arithmethische Addition aus der Stromwärme des Wattstromes und des wattlosen Stromes ergibt.

137. Zusammenfassung der Ergebnisse.

Es ist zu beachten, daß die beiden letzten Paragraphen gegenüber den vorhergehenden keine neuen Tatsachen enthalten, sondern nur zwei andere Arten, den Einfluß der Selbstinduktion darzustellen. Wir haben also drei Arten der Darstellung.

Erstens: Strom und Spannung werden als effektive Werte, wie sie von Wechselstrommeßinstrumenten angegeben werden, betrachtet Dann lautet das Ohmsche Gesetz für sie

$$J = \frac{K}{\sqrt{w^2 + (\omega L)^2}}$$

und die Leistung ist gleich dem Produkt aus Strom, Spannung und Leistungsfaktor ($P = JK\cos\varphi$).

Zweitens: Die Spannung wird in zwei Komponenten, nämlich die Querspannung $E = K\sin\varphi$ und die Leistungsspannung $E_w = K\cos\varphi$ zerlegt, während der Strom unverändert bleibt. Dann lautet das Ohmsche Gesetz

$$J = \frac{K\cos\varphi}{w}$$

und die Leistung ist gleich dem Produkt aus Strom und Leistungsspannung.

Drittens: Der Strom wird in zwei Komponenten zerlegt, nämlich den wattlosen Strom $J\sin\varphi$ und den Wattstrom $J\cos\varphi$, während die Spannung unverändert bleibt. Dann ist die Leistung gleich dem Produkt aus Spannung und Wattstrom.

Falsch wäre es, die Leistungsspannung und den Wattstrom gleichzeitig zur Darstellung der Erscheinung zu verwenden.

Beispiel. Eine Spule, deren Ohmscher Widerstand $w = 30$ ist, wird an eine Klemmenspannung von 75 V. angeschlossen, und dabei wurde ein Strom von 1,5 A. gemessen. Dann ist der scheinbare Widerstand der Spule

$$\sqrt{w^2 + (\omega L)^2} = \frac{K}{J} = \frac{75}{1{,}5} = 50 \text{ Ohm}.$$

Mithin ist der induktive Widerstand

$$\omega L = \sqrt{50^2 - 30^2} = \sqrt{2500 - 900} = \sqrt{1600} = 40\,.$$

Die Phasenverschiebung ergibt sich aus

$$\operatorname{tg}\varphi = \frac{\omega L}{w} = \frac{40}{30} = 1{,}33\,.$$

$$\varphi = 53^0\,7',$$

also ist der Leistungsfaktor $\cos\varphi = 0{,}6$.

Ist die Periodenzahl $\nu = 48$, so ist $\omega = 300$ und der Koeffizient der Selbstinduktion

$$L = \frac{40}{300} = 0{,}133 \text{ Henry.}$$

Die Leistung des Stromes ist

$$P = KJ \cos\varphi = 75 \cdot 1{,}5 \cdot 0{,}6 = 67{,}5 \text{ Watt.}$$

Da in diesem Stromkreis nur Wärmearbeit geleistet wird, so muß sie sich auch ergeben aus

$$wJ^2 = 30 \cdot 1{,}5^2 = 30 \cdot 2{,}25 = 67{,}5 \text{ Watt.}$$

Besteht der Stromkreis aus einer Spule, deren Windungszahl $N = 500$ ist, so kann ihre Kraftlinienmenge aus der EMK berechnet werden. Diese ist gleich dem Produkt aus induktivem Widerstand und Stromstärke (Gl. 110)

$$E = \omega L J = 40 \cdot 1{,}5 = 60$$

und daraus (nach Gl. 109)

$$\mathfrak{Z} = \frac{E \cdot 10^8}{4{,}44 \cdot \nu N} = \frac{60 \cdot 10^8}{4{,}44 \cdot 48 \cdot 500} = 56\,300\,.$$

Will man nicht erst den induktiven Widerstand ausrechnen, so ergibt sich die EMK ohne weiteres aus $K^2 = E_w^2 + E^2$. Da $E_w = wJ = 30 \cdot 1{,}5 = 45$ ist, so ist

$$E = \sqrt{K^2 - E_w^2} = \sqrt{75^2 - 45^2} = \sqrt{5625 - 2025} = \sqrt{3600} = 60\,.$$

Der Wert $\mathfrak{Z}$ ergibt sich auch aus Gl. 112, nämlich

$$\mathfrak{Z} = \sqrt{2}\,\frac{L}{N}\,J \cdot 10^8 = 1{,}41\,\frac{0{,}133}{500}\,1{,}5 \cdot 10^8 = 56\,300\,.$$

Die Wattkomponente des Stromes ist

$$J \cos\varphi = 1{,}5 \cdot 0{,}6 = 0{,}9 \text{ A.}$$

und die wattlose Komponente

$$J \sin\varphi = 1{,}5 \cdot 0{,}8 = 1{,}1 \text{ A.}$$

138. Drosselspulen.

Spulen (Solenoide) mit oder ohne Eisenkern, deren induktiver Widerstand neben dem Ohmschen nicht vernachlässigt werden kann, bezeichnet man als Drosselspulen. Der Name ist vom Drosselventil hergenommen, weil der induktive Widerstand den Widerstand des Stromkreises vergrößert, ohne den Verlust durch Stromwärme zu vergrößern, also den Strom drosselt. Während man also bei Gleichstrom einen gewissen Spannungsabfall wJ nur dadurch erzeugen kann, daß man durch Einschaltung eines Widerstandes w auch die entsprechende Stromwärme wJ^2 mit in Kauf nimmt, ist man bei Wechselstrom in der Lage, einen beliebigen Spannungsabfall $J\sqrt{w^2 + (\omega L)^2}$ zu erzielen, ohne eine größere Stromwärme als wJ^2 in Kauf nehmen zu müssen.

Bei den in der Praxis angewendeten Drosselspulen liegt der Fall fast immer so, daß der Ohmschen Widerstand klein ist gegenüber dem induktiven. Es ist von Wichtigkeit, sich für diesen Fall das unterschiedliche Verhalten bei Gleichstrom und Wechselstrom klarzumachen.

Für Gleichstrom haben wir nur ein Grundgesetz, aus dem wir die Kraftlinienmenge erhalten können, nämlich

$$\mathfrak{Z} = \frac{0{,}4\,\pi\,\mathfrak{J}\,N}{\mathfrak{w}}.$$

Setzen wir konstante Klemmenspannung an der Spule voraus, so nimmt unter sonst gleichen Verhältnissen, also insbesondere bei konstantem Ohmschen Widerstand (so daß auch $\mathfrak{J}$ konstant bleibt), die Kraftlinienmenge mit der Windungszahl N zu. Bei Wechselstrom haben wir außerdem noch folgende Beziehung

$$\mathfrak{Z} = \frac{E}{4{,}44\,\nu N} \cdot 10^8,$$

wenn E die EMK der Selbstinduktion bedeutet. Da wir vorausgesetzt haben, daß der Ohmsche Widerstand klein ist gegenüber dem induktiven, so können wir näherungsweise die Klemmenspannung statt der EMK setzen. Es folgt dann aus dieser Gleichung, daß die Kraftlinienmenge mit zunehmender Windungszahl abnimmt; also entgegengesetzt wie bei Gleichstrom. Andererseits muß aber auch das erste Grundgesetz für jeden Augenblick gelten. Der anscheinende Widerspruch klärt sich dadurch auf, daß durch die Vermehrung der Windungen trotz konstantem Ohmschen Widerstand der induktive Widerstand ωL wächst, und daher die Stromstärke abnimmt. Um die Stromstärke konstant zu halten wie bei Gleichstrom, müßte die Klemmenspannung entsprechend der Vergrößerung des induktiven Widerstandes vergrößert werden, weil sie bei Wechselstrom nicht nur den Ohmschen, sondern auch den induktiven Spannungsabfall decken muß.

Hat die Drosselspule im Bereich ihres magnetischen Feldes einen ferromagnetischen Körper (z. B. einen Eisenkern), bei dessen wechselnder Magnetisierung Verluste eintreten (Wirbelströme und Hysterese), so gelten dafür die Gesetze eines einzelnen Wechselstromes nur näherungsweise. Strenge genommen gelten dann die Gesetze der gegenseitigen Induktion (vgl. § 158).

139. Graphische Darstellung der Wechselstromgrößen durch Vektoren.

Alle in der Physik vorkommenden Größen lassen sich in zwei Gruppen einteilen. Die der einen Gruppe sind durch die zahlenmäßige Angabe ihrer Größe vollständig bestimmt und können daher bedingungslos algebraisch addiert oder subtrahiert werden (skalare Größen); hierher gehören alle Arbeitsgrößen. Treten z. B. in demselben Körper zwei verschiedene Wärmequellen auf (z. B. Wirbelströme und Hysterese in einem Eisenkern), so ist die gesamte Wärme gleich ihrer Summe. Die der anderen Gruppe haben außer ihrer Größe auch noch eine gewisse Richtung, und sie sind daher nur dann vollständig bestimmt, wenn Größe und Richtung angegeben sind. Man nennt sie daher

Vektorgrößen oder **Vektoren**. Hierher gehören z. B. alle Kräfte. Bei den Vektorgrößen kann eine algebraische Addition oder Subtraktion nur stattfinden, wenn sie gleiche Richtung haben. Ist dies nicht der Fall, so ist ihre gesamte Wirkung eine resultierende, die gleich der Diagonale R (Abb. 204) des aus beiden Größen F_1 und F_2 gebildeten Parallelogramms ist. Die Richtung der beiden Größen ist durch den Neigungswinkel α_1 bzw. α_2 gegen eine feste Gerade X gegeben. Durch den entsprechenden Winkel β ist dann die Richtung der Resultierenden bestimmt. Zur Konstruktion des Parallelogramms braucht man natürlich nur den Winkel **zwischen** den beiden Größen $\alpha_2 - \alpha_1$.

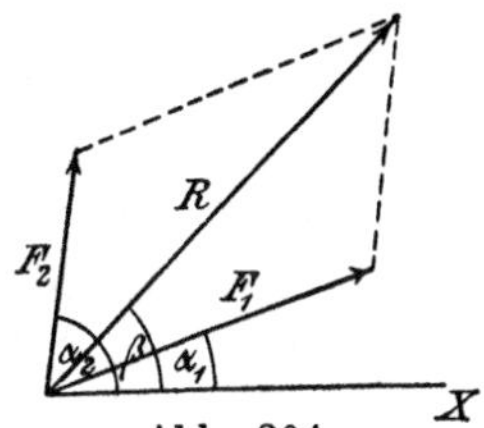

Abb. 204.

Genau dasselbe gilt für die **Scheitelwerte** und die **effektiven Werte** der Wechselstromgrößen (Strom, Spannung, Kraftlinienmenge), wenn man an Stelle der Richtungswinkel die Phasenwinkel setzt. Wir haben zwei solche Fälle im Spannungsdiagramm und im Stromdiagramm gehabt.

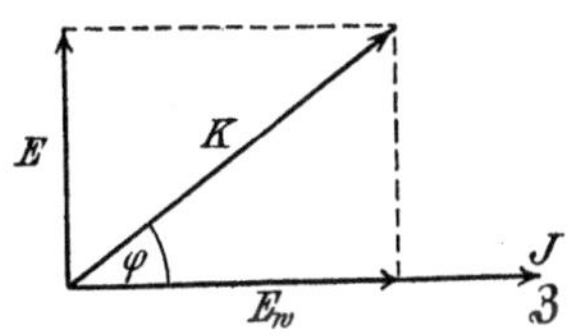

Abb. 205.

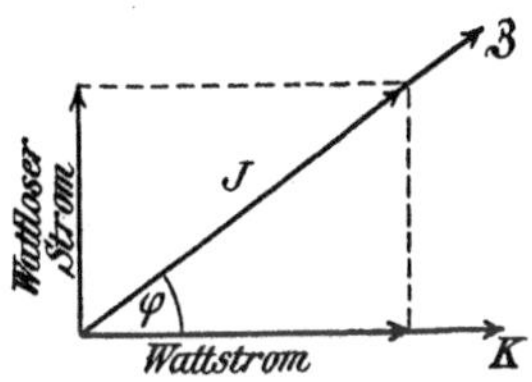

Abb. 206.

Im ersten (Abb. 202) ist die Klemmenspannung nichts anderes als die Resultierende von E_w und E, wie Abb. 205 zeigt. Jene Figur ist die Hälfte von dieser. Sollen Stromstärke J und magnetisches Feld $\mathfrak{Z}$ in dieses Diagramm eingezeichnet werden, so ergibt sich ihre Lage daraus, daß Strom und Feld mit dem Ohmschen Spannungsabfall E_w in der Phase zusammenfallen.

Ebenso ist das Stromdreieck Abb. 203 nichts anderes als die Hälfte der Abb. 206, wonach der gesamte Strom J die Resultierende aus dem Wattstrom und dem wattlosen Strom ist. Will man die Klemmenspannung K und das Feld $\mathfrak{Z}$ einzeichnen, so ergibt sich ihre Lage daraus, daß die Klemmenspannung mit dem Wattstrom und das magnetische Feld mit dem Strom J zusammenfällt.

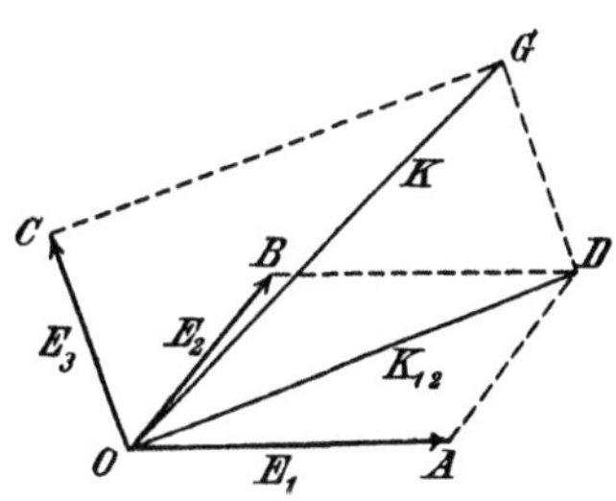

Abb. 207.

Wirken in einem Stromkreis drei Spannungen E_1, E_2, E_3 von verschiedener Phase (Abb. 207), so ergibt sich die resultierende Spannung K in derselben Weise, wie die Resultierende von drei Kräften. Man hat zunächst die Resultierende K_{12} von zweien zu bilden und dann die Resultierende K aus dieser und der dritten Spannung.

Betrachtet man die geschlossene Figur $OADG$, so sieht man, daß ihre Seiten aus den drei Spannungen und ihrer Resultierenden bestehen. Man kann also bei der Konstruktion auch so verfahren, daß man alle Komponenten der Lage und Größe nach derart aneinanderreiht, daß der Anfang eines Vektors an das Ende des vorhergehenden stößt. Die Linie, welche die Figur schließt, ist dann die Resultierende.

Da zwischen K und J Phasenverschiebung besteht, so ist auch die Scheinleistung KJ kein Skalar wie die wirkliche Leistung, sondern ein Vektor, wie J (vgl. Abb. 203b), so daß mehrere Scheinleistungen nicht algebraisch sondern nur geometrisch (d. h. durch Bildung der Resultierenden) addiert werden dürfen.

Das Vorstehende gilt natürlich, wie schon bemerkt, nur für Scheitelwerte und effektive Werte der Wechselstromgrößen. Für Augenblickswerte gilt, daß die gleichzeitig auftretenden Werte algebraisch zu addieren sind.

140. Scheinbarer Widerstand bei Hintereinanderschaltung.

Zwei Leiterstücke mit den Widerständen w_1, w_2, und den Selbstinduktionen L_1, L_2 befinden sich in Hintereinanderschaltung (Abb. 208). Dann ist der gesamte Widerstand $w_1 + w_2 = w$ und die gesamte Selbstinduktion $L_1 + L_2 = L$. k_1, k_2, k seien die Augenblickswerte der Klemmenspannungen, K_1, K_2, K die entsprechenden effektiven Werte. Dann gilt für erstere wie bei Gleichstrom

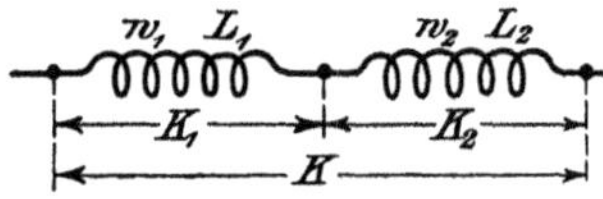

Abb. 208.

$$k = k_1 + k_2 .$$

Für die effektiven Werte gilt das nicht, wenn sie verschiedene Phasen haben.

Da die Stromstärke überall dieselbe ist, so ist nach Gl. 115:

$$J = \frac{K}{\sqrt{w^2 + (\omega L)^2}} = \frac{K}{\sqrt{(w_1 + w_2)^2 + (\omega L_1 + \omega L_2)^2}} . \quad (120)$$

Die Phasenverschiebung φ zwischen J und K ist dargestellt durch

$$\operatorname{tg} \varphi = \frac{\omega L}{w} = \frac{\omega (L_1 + L_2)}{w_1 + w_2} \quad . \ . \ . \ . \ . \ . \ (121)$$

Betrachtet man aber die beiden Leiterstücke für sich, so gilt für das eine

$$J = \frac{K_1}{\sqrt{w_1^{\,2} + (\omega L_1)^2}}$$

und für das andere:

$$J = \frac{K_2}{\sqrt{w_2^2 + (\omega L_2)^2}}.$$

Die Phasenverschiebung zwischen J und K_1 ist

$$\operatorname{tg} \varphi_1 = \frac{\omega L_1}{w_1}$$

und zwischen J und K_2

$$\operatorname{tg} \varphi_2 = \frac{\omega L_2}{w_2}.$$

Vergleicht man die vorstehenden drei Ausdrücke für J miteinander, so sieht man, daß der gesamte scheinbare Widerstand nicht gleich ist der Summe aus den scheinbaren Widerständen beider Leiterstücke, sondern daß er aus der Summe der Ohmschen Widerstände und der Summe der Selbstinduktionskoeffizienten so gebildet wird, wie bei einem einzelnen Leiterstück. Graphisch ist dieser Fall durch das Widerstandsdreieck (Abb. 209) dargestellt.

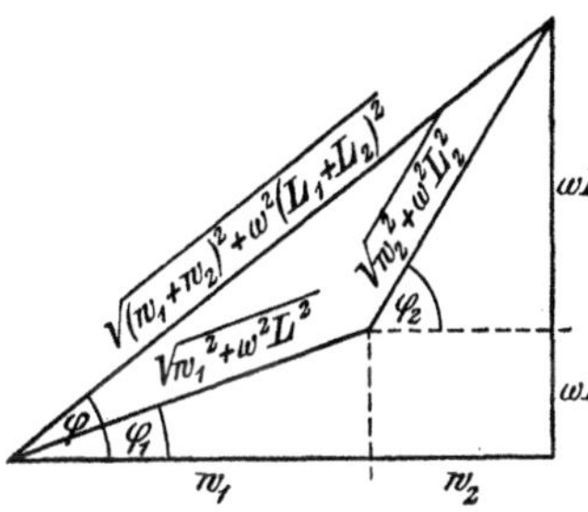

Abb. 209.

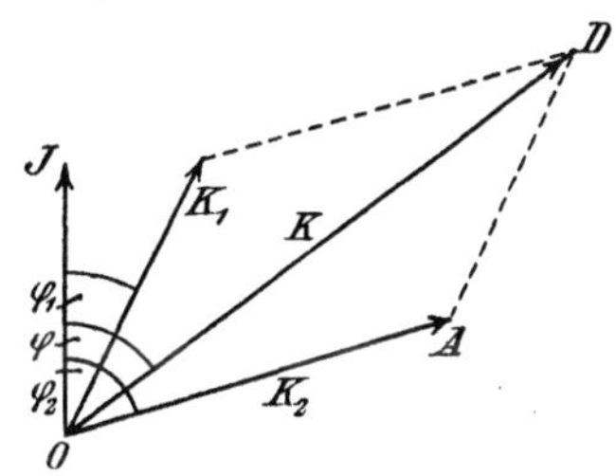

Abb. 210.

Aus der Vergleichung der Phasenverschiebungen ersieht man, daß zwischen dem Strome und den drei Klemmenspannungen K, K_1, K_2 verschiedene Phasenverschiebungen bestehen. Da aber die Stromstärke überall dieselbe ist, so folgt daraus, daß die Summe der effektiven Klemmenspannungen $K_1 + K_2$ nicht gleich K sein kann, obgleich für die Augenblickswerte die Bedingung $k_1 + k_2 = k$ gilt. Die graphische Darstellung dieser Verhältnisse zeigt Abb. 210. Ist J der Vektor des Stromes, so ist K_1 unter dem Winkel φ_1, K_2 unter dem Winkel φ_2 einzutragen. Die Resultierende aus beiden gibt Größe und Phasenverschiebung der ganzen Klemmenspannung.

Nur in einem Falle ist $K = K_1 + K_2$, nämlich dann, wenn diese Vektoren gleiche Richtung haben. Das ist der Fall, wenn $\frac{L_1}{w_1} = \frac{L_2}{w_2}$, denn dann ist $\varphi_1 = \varphi_2 = \varphi$[1]). Ebenso wenn $L_1 = 0$ und $L_2 = 0$, denn dann sind alle Phasenverschiebungen null wie bei Gleichstrom.

[1]) Dieser Fall liegt insbesondere dann vor, wenn gleiche Stromkreise (z. B. Bogenlampen oder Transformatoren) hintereinandergeschaltet sind. Die gesamte Spannung ist dann gleich der Summe aller Teilspannungen.

Aus Abb. 210 läßt sich eine der Spannungen berechnen, wenn die beiden anderen und ihre Phasenverschiebungen bekannt sind. So ist z. B.

$$K = \sqrt{K_1^2 + K_2^2 + 2\,K_1\,K_2 \cos(\varphi_2 - \varphi_1)}\,.$$

Nach dem Gesetze von der Erhaltung der Arbeit muß sich die gesamte Leistung $KJ\cos\varphi$ aus der Summe der Leistungen in den beiden Teilen ergeben, also

$$KJ\cos\varphi = K_1\,J\cos\varphi_1 + K_2\,J\cos\varphi_2\,.$$

Daraus folgt

$$K\cos\varphi = K_1\cos\varphi_1 + K_2\cos\varphi_2\,.$$

Diese Gleichung dient zur Berechnung eines Phasenverschiebungswinkels aus den beiden anderen und den Spannungen.

141. Die Verzweigung eines veränderlichen Stromes.

Teilt sich ein veränderlicher Strom in zwei Zweigströme (Abb. 211 mit den Augenblickswerten i_1 und i_2 bzw. den effektiven Werten J_1 und J_2, so ist die Verteilung der letzteren eine andere, als die der ersteren.

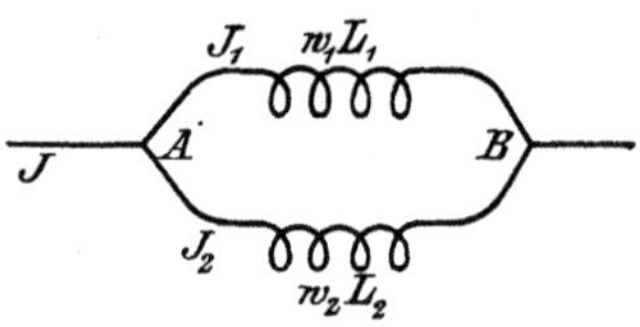

Abb. 211.

Bezeichnet man die Potentialdifferenz (Spannung) zwischen den Verteilungspunkten AB mit k bzw. K, so ist

$$J_1 = \frac{K}{\sqrt{w_1^2 + (\omega L_1)^2}} \qquad \operatorname{tg}\varphi_1 = \frac{\omega L_1}{w_1}$$

$$J_2 = \frac{K}{\sqrt{w_2^2 + (\omega L_2)^2}} \qquad \operatorname{tg}\varphi_2 = \frac{\omega L_2}{w_2}.$$

Daraus folgt: $J_1 : J_2 = \sqrt{w_2^2 + (\omega L_2)^2} : \sqrt{w_1^2 + (\omega L_1)^2}\,,$ (122)

d. h. die effektiven Stromstärken verhalten sich umgekehrt wie die scheinbaren Widerstände.

Der Phasenverschiebungswinkel β zwischen den beiden Zweigströmen ist

$$\beta = \varphi_1 - \varphi_2$$

oder:

$$\operatorname{tg}\beta = \operatorname{tg}(\varphi_1 - \varphi_2) = \frac{\operatorname{tg}\varphi_1 - \operatorname{tg}\varphi_2}{1 + \operatorname{tg}\varphi_1 \operatorname{tg}\varphi_2} = \omega\,\frac{w_2 L_1 - w_1 L_2}{w_1 w_2 + \omega^2 L_1 L_2}\,.$$

Da φ_1 und φ_2 Phasen**verspätungen** bedeuten, so ist β auch eine Phasenverspätung, wenn φ_1 größer ist als φ_2. Dann ist also J_1 gegen J_2 verspätet. Ist aber β negativ, so ist J_2 gegen J_1 verspätet. Ist $\frac{L_1}{w_1} = \frac{L_2}{w_2}$, so ist $\varphi_1 = \varphi_2$; d. h. die Phasenverschiebungen in beiden Zweigen sind einander gleich, und daher auch $\beta = 0$.

Anders lautet das Verhältnis der Ströme für die Augenblickswerte. Nach § 132 müssen für die Zweige folgende Gleichungen gelten:

$$k = i_1 w_1 + L_1 \frac{d i_1}{d t}$$

$$k = i_2 w_2 + L_2 \frac{d i_2}{d t},$$

daraus folgt:

$$i_1 w_1 + L_1 \frac{d i_1}{d t} = i_2 w_2 + L_2 \frac{d i_2}{d t} \quad . \; . \; . \; . \quad (123)$$

als Bedingungsgleichung für das Verhältnis der beiden Zweigströme in jedem Augenblick. Außerdem muß in jedem Augenblick das erste Kirchhoffsche Gesetz $i = i_1 + i_2$ gelten, weil an den Verzweigungspunkten AB weder ein Verlust noch eine Anhäufung von Elektrizität eintreten kann.

Sind die beiden Zweige ohne Selbstinduktion, also $L_1 = 0$, $L_2 = 0$, so lautet die erste Bedingungsgleichung $i_1 w_1 = i_2 w_2$, also wie bei Gleichstrom.

Die graphische Darstellung der Stromverhältnisse zeigt Abb. 212. Ist K der Vektor der Spannung zwischen den Verzweigungspunkten AB, so ist J_1 unter dem Winkel φ_1 und J_2 unter dem Winkel φ_2 einzutragen. Die Resultierende J aus diesen beiden gibt Größe und Phasenverschiebung des gesamten Stromes.

Aus Abb. 212a läßt sich einer der Ströme berechnen, wenn die beiden anderen und ihre Phasenverschiebung bekannt sind. So ist z. B.

$$J = \sqrt{J_1^2 + J_2^2 + 2\, J_1 J_2 \cos(\varphi_2 - \varphi_1)}.$$

Aus Abb. 212a ersieht man auch, daß im allgemeinen der gesamte Strom J kleiner ist als die Summe der Zweigströme $J_1 + J_2$. Nur wenn diese Ströme gleiche Phase haben, d. h. wenn $\frac{L_1}{w_1} = \frac{L_2}{w_2}$ ist, ist auch $J = J_1 + J_2$ wie bei Gleichstrom.

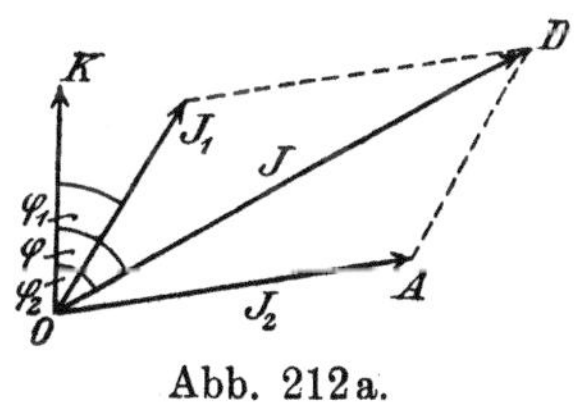

Abb. 212a.

Nach dem Gesetze von der Erhaltung der Arbeit muß die gesamte Leistung aus der Summe der Leistungen in beiden Zweigen bestehen, d. h. es ist

$$K J \cos\varphi = K J_1 \cos\varphi_1 + K J_2 \cos\varphi_2 .$$

Daraus folgt

$$J \cos\varphi = J_1 \cos\varphi_1 + J_2 \cos\varphi_2 , \quad . \; . \; . \; . \quad (124\,a)$$

woraus man eine Phasenverschiebung aus den beiden anderen und aus den Stromstärken berechnen kann[1]).

[1]) Vergleicht man die obigen Formeln mit denen in § 140, sowie Abb. 212 und 210, so sieht man, daß sie dieselbe Form haben, nur daß J an Stelle von K

Die letzte Gleichung besagt, daß die Wattkomponente des Gesamtstromes gleich der Summe der Wattkomponenten der Zweigströme ist. Das ersieht man auch aus Abb. 212b, weil $OF = OC + CF$. Daraus folgt ferner

$$J \sin \varphi = J_1 \sin \varphi_1 + J_2 \sin \varphi_2, \quad . \quad . \quad . \quad . \quad (124\text{b})$$

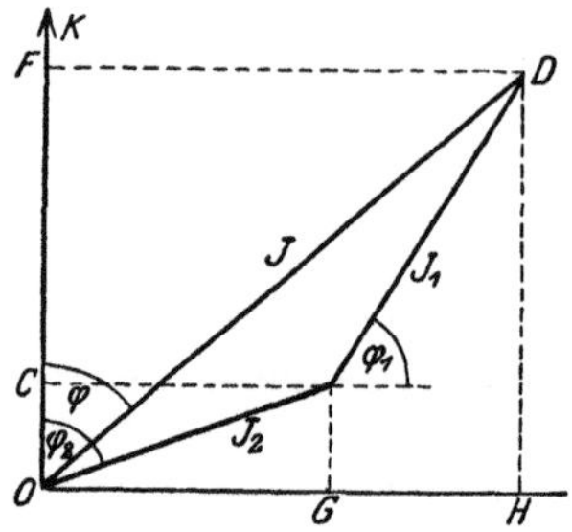

Abb. 212 b.

weil $OH = OG + GH$ ist[2]).

Diese Gleichungen gelten natürlich auch für beliebig viele Zweige, und man erhält den gesamten Wattstrom $J \cos \varphi$, wenn man alle Wattkomponenten addiert; und den gesamten wattlosen Strom $J \sin \varphi$, wenn man alle wattlosen Komponenten addiert. Dann ist der gesamte Strom:

$$J = \sqrt{(J \cos \varphi)^2 + (J \sin \varphi)^2}\,.$$

Integriert man die Gl. 123 von 0 bis t:

$$w_1 \int_0^t i_1\, dt + L_1 \int_0^t \frac{d i_1}{d t}\, dt = w_2 \int_0^t i_2\, dt + L_2 \int_0^t \frac{d i_2}{d t}\, dt$$

und sind die während dieser Zeit durch die Zweigströme gelieferten Elektrizitätsmengen Q_1 und Q_2 (Gl. 100), so ist

$$w_1 Q_1 + [L_1 i_1]_0^t = w_2 Q_2 + [L_2 i_2]_0^t\,.$$

Bezieht sich diese Gleichung auf eine oszillatorische Entladung (§ 195), so ist die gesamte Ladung $Q = Q_1 + Q_2$. Ist zur Zeit t schon die ganze Entladung vorüber, so ist jetzt ebenso wie zur Zeit Null die Stromstärke in beiden Zweigen Null, und die Gleichung geht über in $w_1 Q_1 = w_2 Q_2$.

142. Der scheinbare Widerstand einer Stromverzweigung.

Der gesamte Strom, der von einer zwischen den Punkten AB (Abb. 211) herrschenden Spannung $k = \mathfrak{K} \sin \omega t$ durch eine Stromverzweigung getrieben wird, ist

$$i = \frac{\mathfrak{K}}{W_s} \sin (\omega t - \varphi)\,,$$

wenn W_s den scheinbaren Widerstand der gesamten Verzweigung bedeutet. Es ist dies jener scheinbare Widerstand, den ein einfacher Stromleiter haben müßte, wenn er die beiden Zweige ersetzen soll.

---

steht. Eine besondere Bedeutung hat das nicht; es ergibt sich einfach daraus, daß sich hier die Ströme, dort die Spannungen geometrisch addieren.

[2]) Da die Gl. 124a aus dem Gesetze von der Erhaltung der Arbeit abgeleitet wurde, gilt sie unter allen Umständen. Dagegen beruht G. 124b nur auf dem obigen Diagramm, gilt also nur dann, wenn die Phasenverschiebungen durch geometrische Winkel dargestellt werden können. Das ist boi zusammengesetzten Wellenformen nicht möglich, und daher gilt die Gl. 124b nur für einfache Sinuswellen (§ 216). Dasselbe gilt für die Blindleistungen (Abb. 203b).

φ ist die Phasenverschiebung des gesamten Stromes $\mathfrak{J}$ gegen die Spannung $\mathfrak{K}$.

Es gelten nach dem vorigen Paragraphen folgende Gleichungen:

$$k = i_1 w_1 + L_1 \frac{d i_1}{d t} \quad \ldots \ldots \ldots \quad \text{(I)}$$

$$k = i_2 w_2 + L_2 \frac{d i_2}{d t} \quad \ldots \ldots \ldots \quad \text{(II)}$$

$$i = i_1 + i_2 \quad \ldots \ldots \ldots \ldots \quad \text{(III)}$$

Daraus haben wir eine Gleichung zu bilden, die bloß i enthält.

Differenziert man die letzte nach t, so ist

$$\frac{d i}{d t} = \frac{d i_1}{d t} + \frac{d i_2}{d t} \quad \ldots \ldots \ldots \quad \text{(IV)}$$

Setzt man III und IV in II ein, so wird

$$k = i w_2 - i_1 w_2 + L_2 \frac{d i}{d t} - L_2 \frac{d i_1}{d t}. \quad \ldots \ldots \quad \text{(V)}$$

Eliminiert man aus dieser und I zuerst i_1 und dann $\frac{d i_1}{d t}$, so erhält man folgende Gleichungen:

$$\frac{d i_1}{d t}(w_1 L_2 - w_2 L_1) = -k(w_1 + w_2) + w_1 w_2 i + w_1 L_2 \frac{d i}{d t},$$

$$i_1 (w_1 L_2 - w_2 L_1) = k(L_1 + L_2) - w_2 L_1 i = L_1 L_2 \frac{d i}{d t}.$$

Differenziert man die letzte nach t, so folgt aus dieser und der vorletzten:

$$L_1 L_2 \frac{d^2 i}{d t^2} + (w_1 L_2 + w_2 L_1) \frac{d i}{d t} + w_1 w_2 i = (w_1 + w_2) k + (L_1 + L_2) \frac{d k}{d t}.$$

Setzt man in diese die Funktionen i und k und ihre Differentialquotienten ein, so erhält man eine Gleichung, mit der man so verfährt wie in § 133, indem man einmal $\omega t = 0$ und einmal $\omega t = \frac{\pi}{2}$ setzt. So erhält man zwei Gleichungen, aus welchen sich ergibt:

$$W_s = \sqrt{\frac{(w_1^2 + \omega^2 L_1^2)(w_2^2 + \omega^2 L_2^2)}{(w_1 + w_2)^2 + (\omega L_1 + \omega L_2)^2}} \quad \ldots \ldots \quad \text{(VI)}$$

$$\operatorname{tg} \varphi = \frac{\omega L_1 (w_2^2 + \omega^2 L_2^2) + \omega L_2 (w_1^2 + \omega^2 L_1^2)}{w_1 (w_2^2 + \omega^2 L_2^2) + w_2 (w_1^2 + \omega^2 L_1^2)} \quad . \quad \text{(VII)}$$

Die effektive Stromstärke ist also

$$J = \frac{K}{\sqrt{\frac{(w_1^2 + \omega^2 L_1^2)(w_2^2 + \omega^2 L_2^2)}{(w_1 + w_2)^2 + (\omega L_1 + \omega L_2)^2}}} \quad \ldots \quad (125)$$

Diese Ausdrücke kann man in dieselbe Form bringen, wie für einen einfachen Leiter, nämlich:

$$W_s = \sqrt{R^2 + \omega^2 O^2} \quad \ldots\ldots\ldots \quad \text{(VIII)}$$

$$\operatorname{tg} \varphi = \frac{\omega O}{R} \quad \ldots\ldots\ldots\ldots \quad \text{(IX)}$$

Dabei bedeutet also R den Ohmschen Widerstand und O den Koeffizienten der Selbstinduktion, den ein einfacher Leiter haben muß, wenn er die Stromverzweigung ersetzen soll.

Und zwar ist

$$R = \frac{A}{A^2 + \omega^2 B^2} \qquad O = \frac{B}{A^2 + \omega^2 B^2} \quad \ldots \quad \text{(X)}$$

Dabei ist

$$A = \frac{w_1}{w_1^2 + \omega^2 L_1^2} + \frac{w_2}{w_2^2 + \omega_2 L_2^2},$$

$$B = \frac{L_1}{w_1^2 + \omega^2 L_1^2} + \frac{L_2}{w_2^2 + \omega^2 L_2^2}.$$

Wie man aus den Gl. VIII—X ersieht, lassen sich W_s und $\operatorname{tg}\varphi$ auch in folgende, für die Berechnung einfachere Form bringen:

$$W_s = \frac{1}{\sqrt{A^2 + \omega^2 B^2}} \quad \ldots\ldots\ldots \quad (126)$$

$$J = K \sqrt{A^2 + (\omega B)^2}$$

$$\operatorname{tg} \varphi = \frac{\omega B}{A} \quad \ldots\ldots\ldots \quad (127)$$

Aus der vorletzten Gleichung erkennt man sogleich, daß der gesamte Wattstrom $J \cos \varphi = K A$ und der gesamte wattlose Strom $J \sin \varphi = K \omega B$ ist.

Sind die beiden Zweige gleich ($w_1 = w_2 = w$, $L_1 = L_2 = L$), so ist

$$R = \frac{w}{2} \qquad O = \frac{L}{2}$$

$$W_s = \frac{1}{2} \sqrt{w^2 + \omega^2 L^2}$$

In diesem Falle ist also Widerstand, Selbstinduktion und scheinbarer Widerstand gleich der Hälfte von den entsprechenden Größe eines Zweiges. Ferner ist

$$\operatorname{tg} \varphi_1 = \operatorname{tg} \varphi_2 = \operatorname{tg} \varphi = \frac{\omega L}{w}.$$

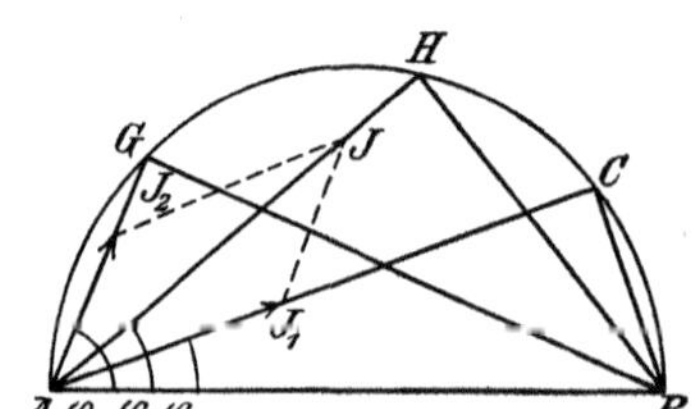

Abb. 213.

Abb. 213 zeigt das Spannungsdiagramm einer Stromverzweigung. $A B = K$ ist die beiden Zweigen gemeinsame Spannung, also die Hypotenuse des für jeden Zweig aus dem Spannungsabfall $E_w = w\,J$ und der EMK der Selbstinduktion $E = \omega\,L\,J$ gebildeten rechtwinkligen Dreieckes. Die rechten Winkel derselben müssen Peripheriewinkel des über AB beschriebenen Halbkreises sein. Die Ströme J_1 und J_2 müssen natürlich mit den entsprechenden Katheten E_w zusammenfallen. Konstruiert man daraus die gesamte Stromstärke J, so muß ihr Schnittpunkt mit dem Halbkreis ein rechtwinkliges Dreieck bezeichnen, dessen Katheten $A\,H = R\,J$ und $B\,H = \omega\,O\,J$ sind.

Die Gleichungen VIII bis X gelten ohne weiteres auch für beliebig viele Stromzweige. Die Ausdrücke für A und B sind dann aus der Summe aller Stromzweige zu bilden, also

$$A = \sum \frac{w}{w^2 + \omega^2 L^2} \qquad B = \sum \frac{L}{w^2 + \omega^2 L^2}.$$

143. Stromverzweigung in Hintereinanderschaltung mit Widerstand und Selbstinduktion.

Befindet sich eine Stromverzweigung in Hintereinanderschaltung mit einem Stromleiterstück vom Widerstande w und der Selbstinduktion L (Abb. 214), so besteht der gesamte Ohmsche Widerstand aus w und dem hintereinander geschalteten Ersatzwiderstand R der Verzweigung (Gl. X auf S. 246), und die gesamte Selbstinduktion aus der Hintereinanderschaltung von L und O. Dann ist der gesamte scheinbare Widerstand W_s:

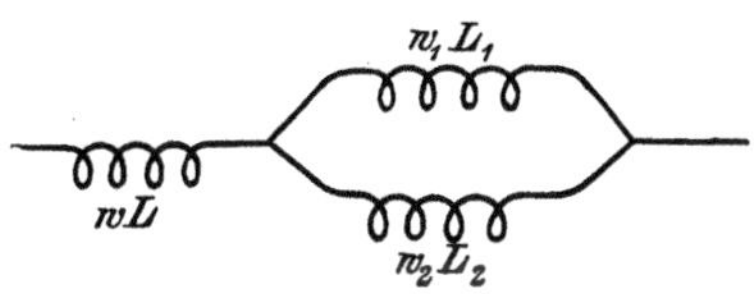

Abb. 214.

$$W_s = \sqrt{(w + R)^2 + \omega^2 (L + O)^2} \quad . \quad . \quad . \quad (128)$$

und die Phasenverschiebung φ des Stromes J gegen die äußere Spannung:

$$\operatorname{tg} \varphi = \frac{\omega (L + O)}{w + R} \quad . \quad . \quad . \quad . \quad . \quad . \quad . \quad (129)$$

Mit Hilfe dieser und der Gleichungen in den beiden vorhergehenden Paragraphen lassen sich dann die beiden Zweigströme, ihre Phasenverschiebung gegeneinander, gegen den Gesamtstrom, gegen die Klemmenspannung, sowie gegen die Spannung zwischen den beiden Verzweigungspunkten berechnen.

Zehntes Kapitel.

Gegenseitige Induktion.

144. Einleitung. Begriffsbestimmung.

Es wurde schon im § 123 betont, daß in jedem Falle, wo die Kraftlinien eines sich ändernden magnetischen Feldes einen Leiter schneiden, in diesem eine EMK induziert wird. Fließt Wechselstrom durch einen Leiter, so erhält man ein periodisch wechselndes magnetisches Feld. Bringt man in seine Nähe einen zweiten Leiter derart, daß er von den Kraftlinien geschnitten wird, so wird in ihm eine EMK nach demselben Grundgesetz induziert, wie im stromdurchflossenen Leiter selbst (§ 132). Bedingung ist nur, daß die beiden Stromleiter wenigstens zum Teil oder mit einer Komponente parallel liegen. Kreuzen sich die Stromleiter oder die von ihnen eingeschlossenen Flächen *senkrecht*, so wird im anderen Leiter keine EMK induziert.

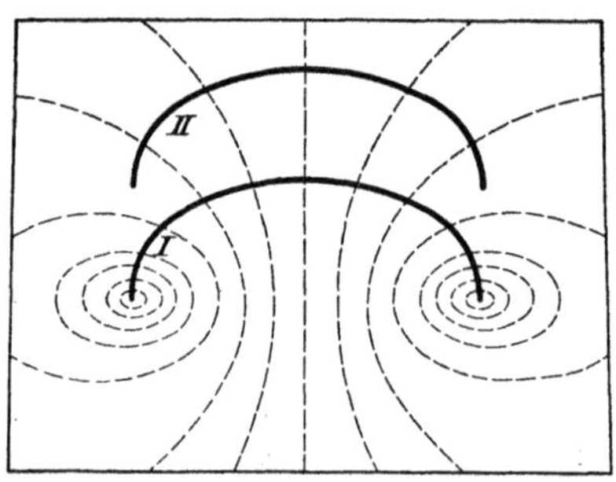

Abb. 215.

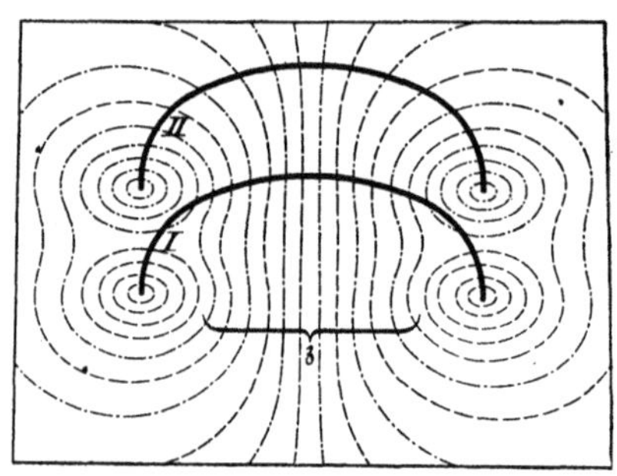

Abb. 216.

Bildet der andere Leiter einen geschlossenen Stromkreis, so verkehrt in diesem nun auch ein Wechselstrom, den man *sekundären* Strom nennt, während man den ursprünglich vorhandenen als *primären* bezeichnet. Dementsprechend bezeichnet man die Stromkreise oder Windungen, sowie die entsprechenden EMKe und Klemmenspannungen als primäre bzw. sekundäre.

Da der sekundäre Strom wie jeder Strom auch ein magnetisches Feld erzeugt, so induziert nun dieser wieder eine EMK im primären

Stromkreis. Daher wird diese Erscheinung als gegenseitige oder wechselseitige Induktion bezeichnet. Technisch näherliegend und auch vielsagender ist es, diesen Vorgang als elektromagnetische Kupplung zu bezeichnen, denn die beiden Ströme hängen durch das aus den beiden Einzelfeldern entstehende gemeinsame magnetische Feld zusammen. Geht dieser Zusammenhang irgendwie, z. B. durch genügende Entfernung der beiden Stromkreise voneinander verloren, so gibt es keinen sekundären Strom.

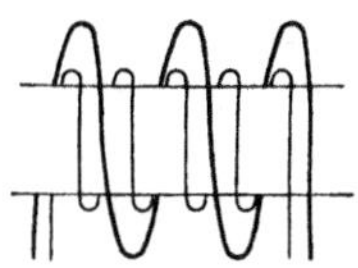

Abb. 217a.

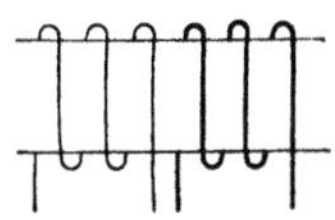

Abb. 217b.

Am einfachsten ist die elektromagnetische Kupplung schon dann verwirklicht, wenn zwei Leiterstücke oder zwei ganze Windungen (Abb. 215) parallel liegen. Am stärksten ist die Kupplung, wenn die beiden Stromkreise dicht aneinander auf einem gemeinsamen Eisenkern sitzen, und zwar entweder übereinander (Abb. 217a) oder nebeneinander (Abb. 217b). Dies ist die Anordnung bei den technischen Transformatoren, Funkeninduktoren usw. Schwächer ist die Kupplung, wenn primärer und sekundärer Stromkreis auf Eisenkernen sitzen, die durch einen Luftzwischenraum getrennt sind, wie bei den Induktionsmotoren. Sehr schwach oder lose ist die Kupplung zwischen dem primären (Sender-) und sekundären (Empfänger-) Stromkreis bei der Funkentelegraphie. Gegenseitige Induktion besteht aber auch im Eisenkern oder in sonstigen Metallteilen einer einzelnen Wechselstromspule; denn es entstehen Wirbelströme (§ 155), die nichts anderes sind als sekundäre Ströme. Endlich besteht gegenseitige Induktion bei einem einadrigen Kabel (Abb. 218) zwischen Leiter und Hülle (Bleimantel, leitendes Erdreich). Der Leiter bildet den primären, die Hülle den sekundären Stromkreis. Die magnetische Kupplung besteht dabei aus jenen kreisförmigen Kraftlinien (Abb. 86), welche Leiter und Hülle konzentrisch umschließen. Sind die Hüllen einer Hin- und Rückleitung voneinander isoliert, so ist der sekundäre Stromkreis offen; sind sie durch Verbindungsleitungen *ac* und *bd* oder durch nasses Erdreich miteinander verbunden, so ist der sekundäre Stromkreis geschlossen[1]).

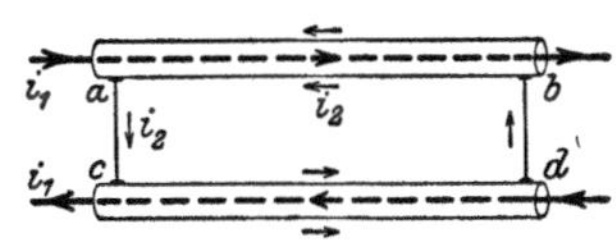

Abb. 218.

Da bei allen diesen Anordnungen die grundlegende Erscheinung dieselbe ist wie beim Transformator, so faßt man sie alle unter dem Begriff des allgemeinen Transformators zusammen und meint damit alles, wo gegenseitige Induktion besteht.

Wird durch den Stromkreis *I* (Abb. 215) ein Wechselstrom geschickt, während der Stromkreis *II* offen ist, so erzeugt er das durch gestrichelte Kraftlinien angedeutete magnetische Feld. Jene Kraftlinien,

[1]) Vgl. auch den Schluß von § 154. Mehradrige Kabel, bei welchen die gesamte Hin- und Rückleitung von derselben Hülle umschlossen wird, bilden keinen Transformator, weil sich die Induktionswirkungen in der Hülle gegenseitig aufheben.

die den zweiten Stromkreis durchsetzen, induzieren in diesem die erwähnte EMK, und wenn er geschlossen ist, den sekundären Strom. Dieser erzeugt nun das magnetische Feld, das in Abb. 216 durch strichpunktierte Linien dargestellt ist[1]). Von diesen Kraftlinien durchsetzt ein Teil den primären Stromkreis und bewirkt in diesem die Induzierung einer EMK, so daß also der sekundäre Strom auf den primären zurückwirkt. Die beiden Stromkreise sind nun also durch das gemeinsame magnetische Feld, das in Abb. 216 mit $\mathfrak{z}$ bezeichnet ist, miteinander verkettet oder gekuppelt. Jene Kraftlinien, die nur den primären oder nur den sekundären Leiter umschließen, sind an der magnetischen Kupplung unbeteiligt. Man bezeichnet sie als Streufelder

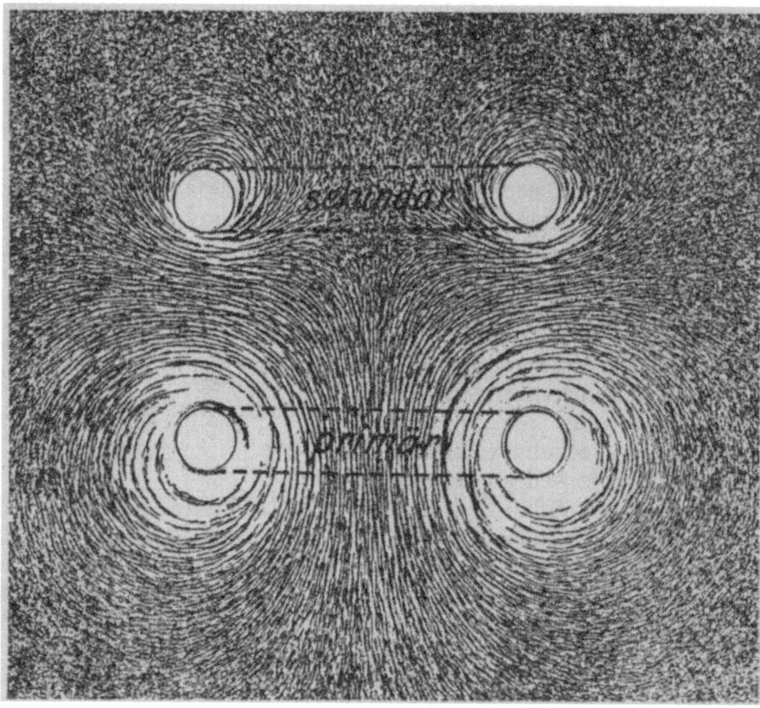

Abb. 219. Kraftlinienstauung zwischen einer primären und einer sekundären (kurzgeschlossenen) Windung ohne Eisenkern.

und zwar bilden diejenigen Kraftlinien, die nur den primären Leiter umschließen, das primäre Streufeld, jene, die nur den sekundären Leiter umschließen, das sekundäre Streufeld. Da jedes Streufeld

[1]) Der Unterschied zwischen gestrichelten und strichpunktierten Kraftlinien in Abb. 216 ist nur des leichteren Verständnisses wegen gemacht; in Wirklichkeit besteht keinerlei Unterschied zwischen primären und sekundären Kraftlinien, sondern sie geben zusammen ein resultierendes magnetisches Feld, wie es in Abb. 219 durch Eisenfeilspäne dargestellt wurde.

eben nur von seinem Strome erzeugt wird, muß es in jedem Augenblick der Stromstärke und Windungszahl, also der MMK des betreffenden Stromkreises proportional sein.

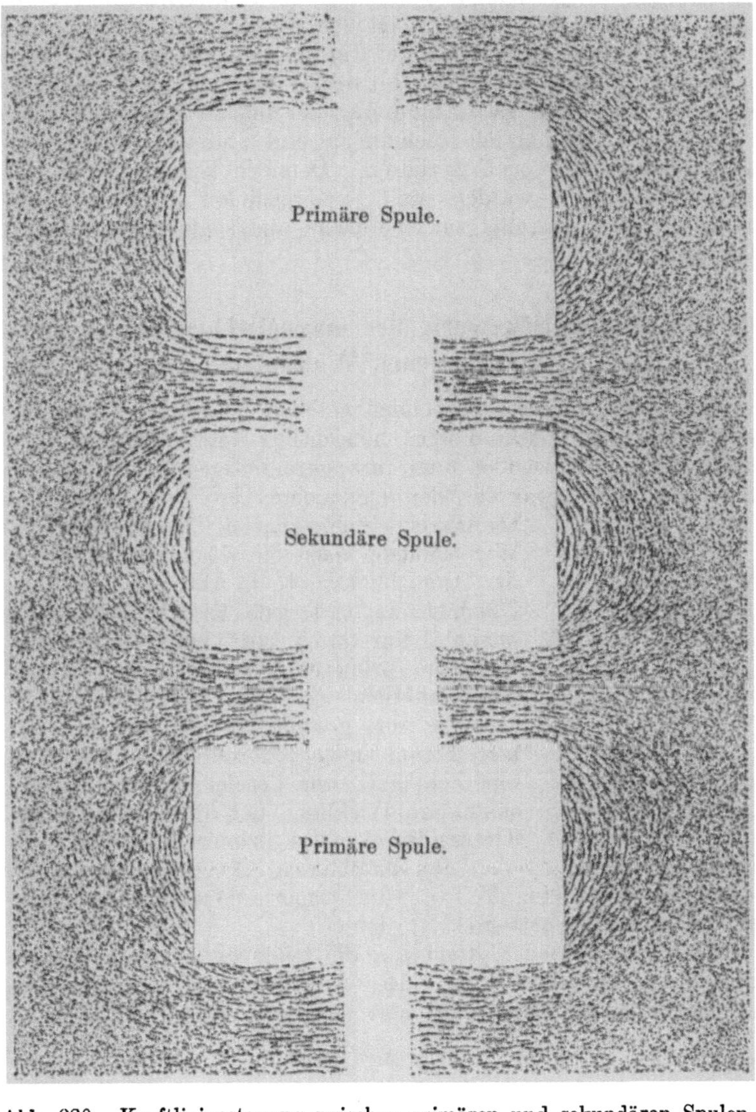

Abb. 220. Kraftlinienstauung zwischen primären und sekundären Spulen mit durchgehendem Eisenkern.

In Abb. 219 sind die primären und sekundären Streulinien und das gemeinsame Feld eines Transformators ohne Eisenkern gemäß

Abb. 216 zu sehen[1]). Abb. 220 zeigt die Streulinien zweier primären und einer sekundären Spule, die über einen Eisenkern geschoben sind. In diesem verläuft das gemeinsame Feld, so daß es hier nicht zu sehen ist.

Die induzierte EMK und der daraus entstehende sekundäre Strom ist um so größer, je mehr Kraftlinien den sekundären Stromkreis durchsetzen, d. h. einen je größeren Teil des gesamten magnetischeen Felde das gemeinsame Feld bildet (je stärker die magnetische Kupplung ist), oder je kleiner die Streufelder im Vergleich zum gemeinsamen Felde sind. Die günstigste Anordnung der beiden Stromkreise ist mithin die, wenn sie parallel zueinander sind und den kleinstmöglichen Abstand haben, also sich berühren. Dennoch können die Streufelder niemals gleich Null werden, weil ja Kraftlinien auch innerhalb der Stromleiter selbst, parallel zur Oberfläche und senkrecht zu den Strom fäden verlaufen.

145. Die Augenblickswerte der magnetischen Felder und die magnetischen Widerstände.

Wir haben im Vorhergehenden gesehen, daß mehrere Kraftlinienbündel oder magnetische Felder hinsichtlich ihres Verlaufes zu unterscheiden sind. Wir wollen nun ihre gegenseitigen Beziehungen näher untersuchen, und zwar für den allgemeinen Fall, daß der sekundäre Stromkreis geschlossen ist, also auch Strom führt Wir benutzen dazu die schematische Darstellung der Augenblickswerte in Abb. 221. Der besseren Übersicht wegen ist jedes Kraftlinienbündel (Komponente) nur durch eine Linie dargestellt, und zwar die primären gestrichelt, die sekundären strichpunktiert.

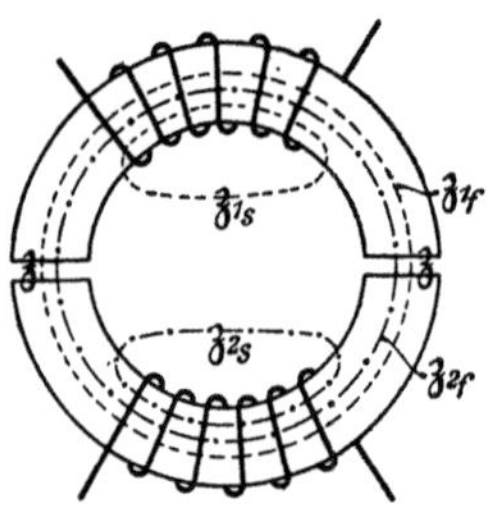

Abb. 221.

Von den gesamten Kraftlinien, die der primäre Strom erzeugt, durchsetzt in jedem Augenblick ein Teil, wir bezeichnen ihn mit $\mathfrak{z}_{1f}$, die sekundäre Wicklung, der übrige Teil nicht. Der letztere ist also das primäre Streufeld; wir bezeichnen es mit $\mathfrak{z}_{1s}$. Von den Kraftlinien, die der sekundäre Strom erzeugt, durchsetzt ein Teil $\mathfrak{z}_{2f}$ die primäre Wicklung, während der Rest das sekundäre Streufeld $\mathfrak{z}_{2s}$ bildet.

Die Komponenten $\mathfrak{z}_{1f}$ und $\mathfrak{z}_{2f}$, die beide Stromkreise durchsetzen, bilden ein resultierendes Feld $\mathfrak{z}$, das wir schon oben als gemeinsames Feld bezeichnet haben. Es ist also in jedem Augenblick

$$\mathfrak{z} = \mathfrak{z}_{1f} + \mathfrak{z}_{2f} \quad \ldots \ldots \ldots \quad (130)$$

[1]) Das gemeinsame Feld ist hier nur schwach ausgebildet. Der sekundäre Stromkreis besteht nämlich aus einer dicken, verlöteten Windung. Dieser Fall entspricht also einem kurzgeschlossenen Transformator, wo das gemeinsame Feld schwach ist (§ 153). In Abb. 219 und 220 erkennt man deutlich die vom sekundären Strom herrührende Stauung der Kraftlinien (§ 109). Wäre der sekundäre Teil stromlos, oder hätte sein Strom gleiche Richtung wie der primäre, so würden die Kraftlinien anders verlaufen.

Da die Komponenten $\mathfrak{z}_{1f}$ und $\mathfrak{z}_{2f}$ niemals als selbständige Felder vorkommen, bezeichnet man sie auch als **fiktive** Felder; daher der Index f.

In dem von der primären Wicklung umschlossenen Teile des Eisenkernes lagern sich, wie Abb. 221 zeigt, drei Kraftlinienbündel übereinander, nämlich $\mathfrak{z}_{1f}$, $\mathfrak{z}_{2f}$, $\mathfrak{z}_{1s}$ und bilden hier ein resultierendes Feld, das wir als **primäres Feld** $\mathfrak{z}_1$ bezeichnen, weil es von der primären Wicklung umschlossen wird[1]). Es ist also:

$$\mathfrak{z}_1 = \mathfrak{z}_{1s} + \mathfrak{z}_{1f} + \mathfrak{z}_{2f} = \mathfrak{z}_{1s} + \mathfrak{z} \quad . \; . \; . \; . \; . \quad (131)$$

Das von der sekundären Wicklung umschlossene Feld bezeichnen wir als sekundäres Feld $\mathfrak{z}_2$ und es ist:

$$\mathfrak{z}_2 = \mathfrak{z}_{2s} + \mathfrak{z}_{1f} + \mathfrak{z}_{2f} = \mathfrak{z}_{2s} + \mathfrak{z} \quad . \; . \; . \; . \; . \quad (132)$$

Nach dem in § 105 entwickelten Grundgesetze ist die Kraftlinienmenge irgendeines Kraftlinienbündels (Feldes) gleich dem Quotienten aus MMK und magnetischem Widerstand. Die MMK des primären Stromkreises ist in jedem Augenblick $4\pi i_1 N_1$, die des sekundären Stromkreises $4\pi i_2 N_2$. Ist $\mathfrak{w}_{1s}$ der magnetische Widerstand des primären Streufeldes, $\mathfrak{w}_{2s}$ der des sekundären, so ist

$$\mathfrak{z}_{1s} = \frac{4\pi i_1 N_1}{\mathfrak{w}_{1s}} \qquad \mathfrak{z}_{2s} = \frac{4\pi i_2 N_2}{\mathfrak{w}_{2s}} \quad . \; . \; . \; . \quad (133)$$

Die beiden, das gemeinsame Feld bildenden Komponenten $\mathfrak{z}_{1f}$, $\mathfrak{z}_{2f}$ haben denselben magnetischen Widerstand $\mathfrak{w}$, da sie denselben Weg durchlaufen, mithin ist:

$$\mathfrak{z}_{1f} = \frac{4\pi i_1 N_1}{\mathfrak{w}} \qquad \mathfrak{z}_{2f} = \frac{4\pi i_2 N_2}{\mathfrak{w}} \quad . \; . \; . \; . \quad (134)$$

und nach Gl. 130:

$$\mathfrak{z} = \frac{4\pi i_1 N_1}{\mathfrak{w}} + \frac{4\pi i_2 N_2}{\mathfrak{w}} \quad . \; . \; . \; . \; . \; . \; . \quad (135)$$

Das primäre Feld $\mathfrak{z}_1$ besteht nach Gl. 131 aus den beiden Zweigen $\mathfrak{z}_{1s}$ und $\mathfrak{z}$. Mithin gilt für den magnetischen Widerstand $\mathfrak{w}_1$ des Feldes $\mathfrak{z}_1$ gemäß § 108 die Beziehung:

$$\frac{1}{\mathfrak{w}_1} = \frac{1}{\mathfrak{w}_{1s}} + \frac{1}{\mathfrak{w}} \quad . \; . \; . \; . \; . \; . \; . \; . \; . \; . \quad (136)$$

In gleicher Weise gilt für den magnetischen Widerstand $\mathfrak{w}_2$ des sekundären Feldes $\mathfrak{z}_2$ die Beziehung:

$$\frac{1}{\mathfrak{w}_2} = \frac{1}{\mathfrak{w}_{2s}} + \frac{1}{\mathfrak{w}} \quad . \; . \; . \; . \; . \; . \; . \; . \; . \; . \quad (137)$$

Beim einadrigen Kabel (Abb. 218) besteht das gemeinsame magne-

[1]) Daß ein Feld von einer Wicklung umschlossen wird, ist nicht gleichbedeutend damit, daß es von dieser Wicklung erzeugt wird. So wird z. B. das primäre Feld $\mathfrak{z}_1$ von der primären Wicklung umschlossen, enthält aber auch den von der sekundären Wicklung erzeugten Teil $\mathfrak{z}_{2f}$.

tische Feld $\mathfrak{z}$ aus jenen Kraftlinien des Leiters und der stromführenden Hülle, welche Leiter **und** Hülle umschließen, also **außerhalb** der Hülle liegen. Das primäre Streufeld $\mathfrak{z}_{1s}$ besteht aus jenen Kraftlinien des Leiters, welche zwischen ihm und Hülle liegen. Je größer der Abstand zwischen Leiter und Hülle (Isolation), desto größer ist die Streuung. Das sekundäre Streufeld $\mathfrak{z}_{2s}$ ist null, denn ein vom Strom durchflossenes Rohr enthält im Innenraum keine Kraftlinien. Hier ist also $\mathfrak{z}_2 = \mathfrak{z} = \mathfrak{z}_{1f} + \mathfrak{z}_{2f}$.

Bei den sogenannten **unterteilten Wicklungen**, d. h. bei solchen, wo die einzelnen Spulen oder Windungen derselben Wicklung in den Nuten des Eisenkörpers einer Maschine liegen, so daß jede äußere Spule mehr Zähne umschließt als eine innere, ist die erzeugte Kraftlinienmenge kleiner, als wenn alle Windungen denselben Teil des Eisenkörpers umschließen wie bei den **konzentrierten Wicklungen** eines gewöhnlichen Transformators. Im letzteren Falle sind zur Erzeugung derselben MMK weniger Windungen nötig als bei unterteilter Wicklung. Infolgedessen muß die Windungszahl einer unterteilten Wicklung mit dem sogenannten **Wicklungsfaktor** f_1 bzw. f_2, der kleiner ist als 1, multipliziert werden. Die Gl. 134 lauten dann:

$$\mathfrak{z}_{1f} = \frac{4\pi i_1 N_1 f_1}{\mathfrak{w}} \qquad \mathfrak{z}_{2f} = \frac{4\pi i_2 N_2 f_2}{\mathfrak{w}}.$$

Demnach ist der Wicklungsfaktor definiert durch das Verhältnis der Windungszahl einer konzentrierten Wicklung zur Windungszahl der betreffenden unterteilten Wicklung, wenn sie dieselbe MMK erzeugt.

146. Die elektromotorischen Kräfte.

Die primäre Wicklung, die aus N_1 Windungen besteht, umschließt das primäre Feld $\mathfrak{z}_1$. Mithin ist die primäre EMK e_1:

$$e_1 = -N_1 \frac{d\mathfrak{z}_1}{dt}.$$

Die sekundäre Wicklung, die aus N_2 Windungen besteht, umschließt das sekundäre Feld $\mathfrak{z}_2$. Mithin ist die sekundäre EMK e_2:

$$e_2 = -N_2 \frac{d\mathfrak{z}_2}{dt}.$$

Nach Einführung der Gl. 131 bzw. 132 ergibt sich:

$$e_1 = -N_1 \frac{d\mathfrak{z}_{1s}}{dt} - N_1 \frac{d\mathfrak{z}}{dt} \quad \ldots\ldots \quad (138)$$

$$e_2 = -N_2 \frac{d\mathfrak{z}_{2s}}{dt} - N_2 \frac{d\mathfrak{z}}{dt} \quad \ldots\ldots \quad (139)$$

Es besteht also jede dieser EMKe aus zwei Komponenten: aus einer vom primären bzw. sekundären Streufelde induzierten EMK, die wir EMK der Streuung oder **Streuspannung** e_{1s} bzw. e_{2s} nennen und aus einer vom gemeinsamen Felde $\mathfrak{z}$ induzierten EMK, die wir mit $e_{1\mathfrak{z}}$ bzw. $e_{2\mathfrak{z}}$ bezeichnen; jede hat negatives Vorzeichen. Somit ist

$$\left.\begin{aligned} e_1 &= e_{1s} + e_{1\mathfrak{z}} \\ e_2 &= e_{2s} + e_{2\mathfrak{z}} \end{aligned}\right\} \quad \ldots\ldots\ldots \quad (140)$$

Setzen wir wie immer voraus, daß sich die magnetischen Felder sinusförmig ändern, so ist

$$\mathfrak{z} = \mathfrak{Z} \sin \omega t.$$

Dann ist

$$e_{1\mathfrak{z}} = -N_1 \frac{d\mathfrak{z}}{dt} = -\omega N_1 \mathfrak{Z} \cos \omega t = \mathfrak{E}_{1\mathfrak{z}} \sin\left(\omega t - \frac{\pi}{2}\right),$$

$$e_{2\mathfrak{z}} = -N_2 \frac{d\mathfrak{z}}{dt} = -\omega N_2 \mathfrak{Z} \cos \omega t = \mathfrak{E}_{2\mathfrak{z}} \sin\left(\omega t - \frac{\pi}{2}\right).$$

Daraus folgt:

$$\frac{e_{2\mathfrak{z}}}{e_{1\mathfrak{z}}} = \frac{\mathfrak{E}_{2\mathfrak{z}}}{\mathfrak{E}_{1\mathfrak{z}}} = \frac{E_{2\mathfrak{z}}}{E_{1\mathfrak{z}}} = \frac{N_2}{N_1} = ü, \quad \ldots\ldots \quad (141)$$

wobei $\mathfrak{E}_{1\mathfrak{z}}$, $\mathfrak{E}_{2\mathfrak{z}}$ die Scheitelwerte, $E_{1\mathfrak{z}}$, $E_{2\mathfrak{z}}$ die effektiven Werte dieser EMKe bedeuten. Die vom gemeinsamen Felde induzierten EMKe verhalten sich also wie die Windungszahlen. Dieses Verhältnis bezeichnet man als Übersetzungsverhältnis $ü$. Aus den Gl. 140 ersieht man, daß dies für die primäre und sekundäre EMK e_1, e_2 nicht gilt, oder nur für den besonderen Fall, daß die Streuspannungen e_{1s}, e_{2s} Null sind (streuungsloser Transformator), weil dann $e_1 = e_{1\mathfrak{z}}$ und $e_2 = e_{2\mathfrak{z}}$ ist. Einen völlig streuungslosen Transformator gibt es allerdings nicht, aber viele Transformatoren kann man angenähert als streuungslos betrachten. Induktionsmotoren haben immer eine beträchtliche Streuung, weil primärer und sekundärer Eisenkörper durch einen Luftzwischenraum getrennt sind.

Ferner ersieht man aus den obigen Gleichungen, daß die EMKe $e_{1\mathfrak{z}}$ und $e_{2\mathfrak{z}}$ dem gemeinsamen Felde $\mathfrak{z}$, von dem sie induziert werden, um $\frac{\pi}{2}$ oder 90^0 in der Phase nacheilen, wie bei einem einzelnen Wechselstrom und seinem magnetischen Felde (§ 128).

Wendet man die Grundgleichung $e_1 = -N_1 \frac{d\mathfrak{z}_1}{dt}$ auf Gl. 131 an, so erhält man

$$e_1 = -N_1 \frac{d\mathfrak{z}_{1s}}{dt} - N_1 \frac{d\mathfrak{z}_{1f}}{dt} - N_1 \frac{d\mathfrak{z}_{2f}}{dt}.$$

Ebenso erhält man aus $e_2 = -N_2 \frac{d\mathfrak{z}_2}{dt}$ und Gl. 132:

$$e_2 = -N_2 \frac{d\mathfrak{z}_{2s}}{dt} - N_2 \frac{d\mathfrak{z}_{2f}}{dt} - N_2 \frac{d\mathfrak{z}_{1f}}{dt}.$$

Aus Gl. 133 und 134 folgt dann weiter:

$$e_1 = -\frac{4\pi N_1^2}{\mathfrak{w}_{1s}}\frac{di_1}{dt} - \frac{4\pi N_1^2}{\mathfrak{w}}\frac{di_1}{dt} - \frac{4\pi N_1 N_2}{\mathfrak{w}}\frac{di_2}{dt},$$

$$e_2 = -\frac{4\pi N_2^2}{\mathfrak{w}_{2s}}\frac{di_2}{dt} - \frac{4\pi N_2^2}{\mathfrak{w}}\frac{di_2}{dt} - \frac{4\pi N_1 N_2}{\mathfrak{w}}\frac{di_1}{dt}.$$

In diesen Gleichungen haben die beiden ersten Glieder auf der rechten Seite Faktoren von gleicher Art wie jener, den wir bei einem einzelnen Stromkreis (§ 132) als Koeffizient der Selbstinduktion bezeichnet haben. Setzen wir

$$\frac{4\pi N_1^2}{\mathfrak{w}_{1s}} = L_{1s} \qquad \frac{4\pi N_2^2}{\mathfrak{w}_{2s}} = L_{2s}, \quad . \; . \; . \quad (142)$$

so sind das die den beiden Streufeldern entsprechenden Koeffizienten der Selbstinduktien[1]).

Setzen wir

$$\frac{4\pi N_1^2}{\mathfrak{w}} = L_{1f} \qquad \frac{4\pi N_2^2}{\mathfrak{w}} = L_{2f}, \quad . \; . \; . \quad (143)$$

so sind das die den Komponenten $\mathfrak{z}_{1f}$, $\mathfrak{z}_{2f}$ des gemeinsamen Feldes entsprechenden Koeffizienten der Selbstinduktion.

Der Faktor

$$\frac{4\pi N_1 N_2}{\mathfrak{w}} = M \quad . \; . \; . \; . \; . \; . \; . \; . \quad (144)$$

kommt in beiden Gleichungen vor[2]).

Setzen wir diese Faktoren ein, so ist

$$\left.\begin{aligned} e_1 &= -L_{1s}\frac{di_1}{dt} - L_{1f}\frac{di_1}{dt} - M\frac{di_2}{dt} \\ e_2 &= -L_{2s}\frac{di_2}{dt} - L_{2f}\frac{di_2}{dt} - M\frac{di_1}{dt} \end{aligned}\right\} \quad . \; . \; . \quad (145)$$

Vergleicht man diese mit Gl. 140, so findet man für die Streuspannungen:

---

[1]) Die durch Gl. 142 definierten Selbstinduktionen gelten strenge nur für den Fall, daß sämtliche primären Streulinien sämtliche primären Windungen, und sämtliche sekundären Streulinien sämtliche sekundären Windungen durchsetzen. Das braucht aber nicht der Fall zu sein, sondern es gibt primäre Streulinien, die nur einen Teil der primären Windungen, und sekundäre, die nur einen Teil der sekundären Windungen durchsetzen. Dann treten an Stelle der obigen Ausdrücke für L_{1s}, L_{2s} kompliziertere, die von der Gestalt der Spulen abhängen. Qualitativ ändert sich aber dadurch an der ganzen Darstellung nichts.

[2]) Bei unterteilten Wicklungen lauten die Gl. 143, 144 nach dem, was am Schluß des § 145 dargetan wurde:

$$L_{1f} = \frac{4\pi (N_1 f_1)^2}{\mathfrak{w}} \qquad L_{2f} = \frac{4\pi (N_2 f_2)^2}{\mathfrak{w}}$$

$$M = \frac{4\pi N_1 N_2 f_1 f_2}{\mathfrak{w}}.$$

$$\left.\begin{aligned} e_{1s} &= - L_{1s} \frac{d i_1}{d t} \\ e_{2s} &= - L_{2s} \frac{d i_2}{d t} \end{aligned}\right\} \quad \ldots\ldots\ldots \quad (146)$$

und für die vom gemeinsamen Felde induzierten EMKe:

$$\left.\begin{aligned} e_{1\mathfrak{z}} &= - L_{1f} \frac{d i_1}{d t} - M \frac{d i_2}{d t} \\ e_{2\mathfrak{z}} &= - L_{2f} \frac{d i_2}{d t} - M \frac{d i_1}{d t} \end{aligned}\right\} \quad \ldots\ldots \quad (147)$$

Demnach besteht die vom gemeinsamen Felde in der primären Wicklung induzierte EMK $e_{1\mathfrak{z}}$ aus einem vom primären Strom und einem vom sekundären Strom herrührenden Teil; ebenso die vom gemeinsamen Felde in der sekundären Wicklung induzierte EMK $e_{2\mathfrak{z}}$. Die vom anderen Strom herrührenden Teile sind proportional M, weshalb man M als Koeffizient der gegenseitigen Induktion bezeichnet; er bringt die in § 144 betonte Rückwirkung des einen Stromes auf den anderen zum Ausdruck.

In jeder der beiden Gleichungen 145 kann man die zwei ersten Glieder auf der rechten Seite zusammenziehen und erhält so

$$e_1 = - (L_{1s} + L_{1f}) \frac{d i_1}{d t} - M \frac{d i_2}{d t}$$

$$e_2 = - (L_{2s} + L_{2f}) \frac{d i_2}{d t} - M \frac{d i_1}{d t}.$$

Aus den Definitionsgleichungen 142, 143 und 136, 137 folgt:

$$\left.\begin{aligned} L_{1s} + L_{1f} &= 4\pi N_1^2 \left(\frac{1}{\mathfrak{w}_{1s}} + \frac{1}{\mathfrak{w}}\right) = \frac{4\pi N_1^2}{\mathfrak{w}_1} = L_1 \\ L_{2s} + L_{2f} &= 4\pi N_2^2 \left(\frac{1}{\mathfrak{w}_{2s}} + \frac{1}{\mathfrak{w}}\right) = \frac{4\pi N_2^2}{\mathfrak{w}_2} = L_{2i} \end{aligned}\right\} . \quad (148)$$

Das sind also die dem gesamten primären und sekundären Felde (gemäß den magnetischen Widerständen $\mathfrak{w}_1$, $\mathfrak{w}_2$) entsprechenden Selbstinduktionskoeffizienten. Wir haben bei L_{2i} noch den Index i hinzugesetzt, weil sich dieser Koeffizient nur auf die Wicklung, also nur auf den inneren Teil des sekundären Stromkreises bezieht. Dieser muß unterschieden werden von dem später in Betracht kommenden Koeffizienten L_{2a}, der sich auf den äußeren Teil des sekundären Stromkreises bezieht (vgl. Abb. 222).

Man ersieht aus den letzten Gleichungen, daß sich in jeder Wicklung die Selbstinduktionskoeffizienten des Streufeldes und des gemeinsamen Feldes ohne weiteres addieren und die gesamte Selbstinduktion der betreffenden Wicklung ergeben.

Die Gleichungen 145 gehen nun über in

$$\left.\begin{aligned} e_1 &= -L_1 \frac{d i_1}{d t} - M \frac{d i_2}{d t} \\ e_2 &= -L_{2i} \frac{d i_2}{d t} - M \frac{d i_1}{d t} \end{aligned}\right\}^{*)} \quad \ldots\ldots \quad (149)$$

Sind die Ströme i_1 und i_2 Sinuswellen, so ergeben sich aus den Gl. 146 in gleicher Weise wie auf S. 225 folgende Ausdrücke für die effektiven Werte der Streuspannungen:

$$E_{1s} = \omega L_{1s} J_1 \qquad E_{2s} = \omega L_{2s} J_2.$$

Für die EMKe $E_{1\mathfrak{z}}$, $E_{2\mathfrak{z}}$, E_1, E_2 gibt es keine ähnlichen Ausdrücke, weil sie gemäß obigen Gleichungen von beiden Strömen abhängen. Wohl aber gelten folgende, wie auf S. 225 gebildeten Formeln:

$$\left.\begin{aligned} E_{1s} &= 4{,}44\,\nu N_1 \mathfrak{Z}_{1s} 10^{-8} & E_{2s} &= 4{,}44\,\nu N_2 \mathfrak{Z}_{2s} 10^{-8} \\ E_{1\mathfrak{z}} &= 4{,}44\,\nu N_1 \mathfrak{Z} \; 10^{-8} & E_{2\mathfrak{z}} &= 4{,}44\,\nu N_2 \mathfrak{Z} \; 10^{-8} \\ E_1 &= 4{,}44\,\nu N_1 \mathfrak{Z}_1 \; 10^{-8} & E_2 &= 4{,}44\,\nu N_2 \mathfrak{Z}_2 \; 10^{-8} \end{aligned}\right\} (150)$$

weil die Felder $\mathfrak{Z}$, $\mathfrak{Z}_1$, $\mathfrak{Z}_2$ ebenso wie $\mathfrak{Z}_{1s}$ und $\mathfrak{Z}_{2s}$ selbständig bestehen. Jede EMK hat 90^0 Phasenverschiebung gegen die zu ihr gehörige Kraftlinienmenge.

147. Die Spannungsgleichungen.

Für das folgende gibt Abb. 222 eine Übersicht über die in Betracht kommenden Größen: K_1 ist die den primären Klemmen aufgedrückte, von einer äußeren Stromquelle zugeführte Klemmenspannung. w_1 ist der Widerstand, L_1 die Selbstinduktion der primären Wicklung. Der sekundäre Stromkreis wird durch seine Klemmen, zwischen denen die Spannung K_2 besteht, in zwei Teile geteilt. Der innere besteht aus der sekundären Wicklung mit dem Widerstande w_{2i} und der Selbstinduktion L_{2i}. Der äußere Teil des sekundären Stromkreises besteht aus dem, was an die sekundären Klemmen angeschlossen ist und enthält den äußeren Widerstand w_{2a} und die äußere Selbstinduktion L_{2a}.

---

*) Da $e_1 = -N_1 \frac{d \mathfrak{z}_1}{d t}$, so folgt daraus auch

$$\mathfrak{z}_1 = \frac{L_1}{N_1} i_1 + \frac{M}{N_1} i_2 = \mathfrak{z}_{1s} + \mathfrak{z}_{1f} + \mathfrak{z}_{2f}.$$

Weil aber $L_1 = L_{1s} + L_{1f}$, so besteht das erste Glied $\frac{L_1}{N_1} i_1$ aus $\mathfrak{z}_{1s}$ und $\mathfrak{z}_{1f}$; das sind die in Abb. 221 durch gestrichelte Linien angedeuteten Kraftlinienbündel, die vom primären Strom erzeugt werden. Hingegen ist das zweite Glied das vom sekundären Strom erzeugte und mit den primären Windungen N_1 verkettete Kraftlinienbündel $\mathfrak{z}_{2f}$. Ebenso ergibt sich

$$\mathfrak{z}_2 = \frac{L_{2i}}{N_2} i_2 + \frac{M}{N_2} i_1,$$

dessen Teile entsprechend zu deuten sind (vgl. §§ 118, 119, 167).

Die zusammengehörigen Größen addieren sich. Daher ist der gesamte Ohmsche Widerstand des ganzen sekundären Stromkreises

$$w_2 = w_{2i} + w_{2a} \quad . \quad . \quad . \quad . \quad . \quad . \quad . \quad . \quad (151)$$

und die gesamte Selbstinduktion des ganzen sekundären Stromkreises ist

$$L_2 = L_{2i} + L_{2a} \quad . \quad . \quad (152)$$

Um die Beziehungen für die effektiven Werte aufstellen zu können, müssen zunächst die Spannungsgleichungen in Augenblickswerten aufgestellt werden.

Um von den EMKen e_1, e_2 zu den Klemmenspannungen k_1, k_2 zu gelangen, ist der Ohmsche Spannungsabfall $w_1 i_1$ bzw. $w_{2i} i_2$ zu berücksichtigen. Gemäß Gl. 107 ist

$$k_1 = w_1 i_1 - e_1 \quad . \quad . \quad (153)$$

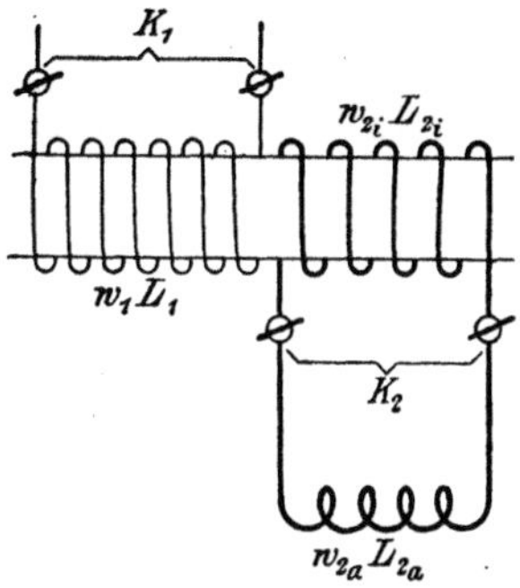

Abb. 222.

und nach Einführung der Gl. 145:

$$k_1 = w_1 i_1 + L_{1s} \frac{d i_1}{dt} + L_{1f} \frac{d i_1}{dt} + M \frac{d i_2}{dt} \quad . \quad . \quad . \quad (154)$$

oder gemäß Gl. 148:

$$k_1 = w_1 i_1 + L_1 \frac{d i_1}{dt} + M \frac{d i_2}{dt} \quad . \quad . \quad . \quad . \quad . \quad (155)$$

Für die sekundäre Wicklung ist:

$$-k_2 = w_{2i} i_2 - e_2 \quad . \quad . \quad . \quad . \quad . \quad . \quad . \quad (156)$$

Hier muß k_2 ein negatives Vorzeichen erhalten, weil diese Spannung im Innern des Transformators entsteht, im Gegensatz zur primären Spannung k_1, welche dem Transformator zugeführt (aufgedrückt) wird.

$$-k_2 = w_{2i} i_2 + L_{2s} \frac{d i_2}{dt} + L_{2f} \frac{d i_2}{dt} + M \frac{d i_1}{dt} \quad . \quad . \quad . \quad (157)$$

$$-k_2 = w_{2i} i_2 + L_{2i} \frac{d i_2}{dt} + M \frac{d i_1}{dt} \quad . \quad . \quad . \quad . \quad . \quad . \quad . \quad (158)$$

Setzt man die Gl. 147 in 154 bzw. 157 ein, so ist:

$$k_1 = w_1 i_1 + L_{1s} \frac{d i_1}{dt} - e_{1\mathfrak{z}}$$

$$-k_2 = w_{2i} i_2 + L_{2s} \frac{d i_2}{dt} - e_{2\mathfrak{z}},$$

d. h. die Klemmenspannung jeder Wicklung besteht aus der vom gemeinsamen magnetischen Felde induzierten EMK, dem Ohmschen Spannungsabfall und dem induktiven Spannungsabfall. Letzterer ist gleich der negativen Streuspannung.

Betrachten wir den äußeren Teil des sekundären Stromkreises

mit dem Widerstande w_{2a} und der Selbstinduktion L_{2a}, so gilt wie in § 132

$$k_2 = w_{2a} i_2 + L_{2a} \frac{d i_2}{d t} \quad \ldots \ldots \ldots \quad (159)$$

Hier muß k_2 positives Vorzeichen erhalten (im Gegensatz zu Gl. 156 u. f.), weil hier die Spannung dem w_{2a} und L_{2a} aufgedrückt wird wie in § 132.

Addiert man Gl. 158 und 159, so ist

$$0 = (w_{2i} + w_{2a}) i_2 + (L_{2i} + L_{2a}) \frac{d i_2}{d t} + M \frac{d i_1}{d t}$$

oder

$$0 = w_2 i_2 + L_2 \frac{d i_2}{d t} + M \frac{d i_1}{d t} \quad \ldots \ldots \quad (160)$$

Daß die linke Seite null ist, bedeutet, daß in diesem geschlossenen Stromkreis keine andere Spannung vorkommt, als die auf der rechten Seite stehenden.

148. Der sekundäre Strom und seine Phasenverschiebungen.

Für den sekundären Strom J_2 und seine Beziehungen zur sekundären Klemmenspannung K_2 gilt natürlich dieselbe Beziehung wie für einen einzelnen Stromkreis, da der äußere Teil des sekundären Kreises von den Vorgängen im Inneren des Transformators nicht berührt wird. Es ist also wie in § 133:

$$J_2 = \frac{K_2}{\sqrt{w_{2a}^2 + (\omega L_{2a})^2}} \quad \ldots \ldots \quad (161\,a)$$

$$\operatorname{tg} \varphi_2 = \frac{\omega L_{2a}}{w_{2a}} \quad \ldots \ldots \ldots \quad (162\,a)$$

wenn φ_2 die Phasenverschiebung zwischen dem sekundären Strom und seiner Klemmenspannung bedeutet.

Derselbe Strom kann aber auch durch die EMK E_2 dargestellt werden. Da diese nur aus den drei letzten Gliedern der Gl. 157 besteht, so arbeitet E_2 nicht nur auf den äußeren Stromkreis, sondern auch auf den Widerstand w_{2i}, im ganzen also auf den Ohmschen Widerstand $w_{2i} + w_{2a} = w_2$ und auf den induktiven Widerstand ωL_{2a}. Es ist also

$$J_2 = \frac{E_2}{\sqrt{w_2^2 + (\omega L_{2a})^2}} \quad \ldots \ldots \quad (161\,b)$$

und die Phasenverschiebung β dieses Stromes gegen diese EMK ist.

$$\operatorname{tg} \beta = \frac{\omega L_{2a}}{w_2} \quad \ldots \ldots \ldots \quad (162\,b)$$

Der Strom J_2 kann auch in Abhängigkeit von der EMK $E_{2\mathfrak{Z}}$, die vom gemeinsamen Felde $\mathfrak{Z}$ induziert wird, dargestellt werden. Da diese nur aus den zwei letzten Gliedern der Gl. 157 besteht, so arbeitet sie nicht nur auf den äußeren Stromkreis, sondern auch auf w_{2i} und ωL_{2s}, d. h. auf den gesamten Ohmschen Widerstand w_2 und auf den induktiven Widerstand $\omega L_{2s} + \omega L_{2a}$. Mithin ist:

$$J = \frac{E_{2\mathfrak{z}}}{\sqrt{w_2^2 + (\omega L_{2s} + \omega L_{2a})^2}} \quad . \; . \; . \; . \quad (161\,c)$$

und die Phasenverschiebung ξ gegen diese EMK ist:

$$\operatorname{tg}\xi = \frac{\omega L_{2s} + \omega L_{2a}}{w_2}.$$

Aus Gl. 161a und 161b folgt

$$E_2 = K_2 \frac{\sqrt{w_2{}^2 + (\omega L_{2a})^2}}{\sqrt{w_2{}^2{}_a + (\omega L_{2a})^2}},$$

womit die nicht meßbare EMK E_2 aus der meßbaren Spannung K_2 berechnet werden kann. Ist der Transformator streuungslos, d. h. ist $L_{2s} = 0$, so ist $\beta = \xi$ und $\xi < \varphi_2$. Im anderen extremen Falle, d. h. wenn $w_{2i} = 0$, ist $w_2 = w_{2a}$ und daher $\xi > \varphi_2$; zugleich ist $\beta = \varphi_2$. Alle wirklich vorkommenden Fälle liegen zwischen diesen äußersten Grenzen.

Die Phasenverschiebungswinkel sind in Abb. 228 übersichtlich zusammengestellt.

Ist der Transformator induktionslos belastet, d. h. enthält der äußere Stromkreis keine Selbstinduktion: $L_{2a} = 0$, so ist

$$J_2 = \frac{K_2}{w_{2a}} = \frac{E_2}{w_2} \quad \text{und} \quad \varphi_2 = \beta = 0.$$

Es liegen also K_2 und E_2 in gleicher Richtung wie der Strom J_2 und der Ohmsche Spannungsabfall $w_{2i} J_2$. Mithin ist $K_2 = E_2 - w_{2i} J_2$. Aus der vorigen Gleichung folgt

$$E_2 = K_2 \frac{w_2}{w_{2a}} = J_2 w_2.$$

149. Die Scheitelwerte der magnetischen Felder. Das Felddiagramm.

Da die Streufelder $\mathfrak{z}_{1s}$, $\mathfrak{z}_{2s}$ und die fiktiven Felder $\mathfrak{z}_{1f}$, $\mathfrak{z}_{2f}$ nur von den betreffenden Stromkreisen, zu denen sie gehören, erzeugt werden, so gelten die Gl. 133 und 134 auch für die Scheitelwerte.

Es ist also

$$\mathfrak{Z}_{1s} = \frac{4\pi \mathfrak{J}_1 N_1}{\mathfrak{w}_{1s}} \qquad \mathfrak{Z}_{2s} = \frac{4\pi \mathfrak{J}_2 N_2}{\mathfrak{w}_{2s}}$$

$$\mathfrak{Z}_{1f} = \frac{4\pi \mathfrak{J}_1 N_1}{\mathfrak{w}} \qquad \mathfrak{Z}_{2f} = \frac{4\pi \mathfrak{J}_2 N_2}{\mathfrak{w}}.$$

Für das gemeinsame Feld $\mathfrak{B}$, das primäre Feld $\mathfrak{B}_1$ und das sekundäre Feld $\mathfrak{B}_2$ gelten solche einfache Beziehungen nicht, weil jedes einen primären und einen sekundären Bestandteil (gemäß Gl. 131, 132, 135) enthält. Diese Scheitelwerte müssen daher besonders ermittelt werden. Für diesen Zweck müssen wir annehmen, daß alle Größen sinusförmig verlaufen. Wir setzen

$$
\begin{aligned}
i_2 &= \mathfrak{J}_2 \sin \omega t \\
i_1 &= \mathfrak{J}_1 \sin (\omega t + \chi) \\
\mathfrak{b} &= \mathfrak{B} \sin (\omega t + \gamma).
\end{aligned}
$$

Hier bedeutet χ die vorläufig noch unbekannte Phasenverschiebung zwischen i_1 und i_2, und γ die ebenfalls noch unbekannte Phasenverschiebung zwischen $\mathfrak{b}$ und i_2. Setzt man diese Funktionen in Gl. 135 ein, so erhält man (nach Voranstellung des primären Wertes):

$$\frac{4\pi \mathfrak{J}_1 N_1}{\mathfrak{w}} \sin(\omega t + \chi) = \mathfrak{B} \sin(\omega t + \gamma) - \frac{4\pi \mathfrak{J}_2 N_2}{\mathfrak{w}} \sin \omega t.$$

Da diese Gleichung zu jeder beliebigen Zeit gelten muß, also auch für $\omega t = 0$ und $\omega t = 90^0$, so erhält man durch Einsetzen dieser Werte wie auf S. 227 die beiden folgenden Gleichungen

$$
\begin{aligned}
\frac{4\pi \mathfrak{J}_1 N_1}{\mathfrak{w}} \sin \chi &= \mathfrak{B} \sin \gamma, \\
\frac{4\pi \mathfrak{J}_1 N_1}{\mathfrak{w}} \cos \chi &= \mathfrak{B} \cos \gamma - \frac{4\pi \mathfrak{J}_2 N_2}{\mathfrak{w}}.
\end{aligned}
$$

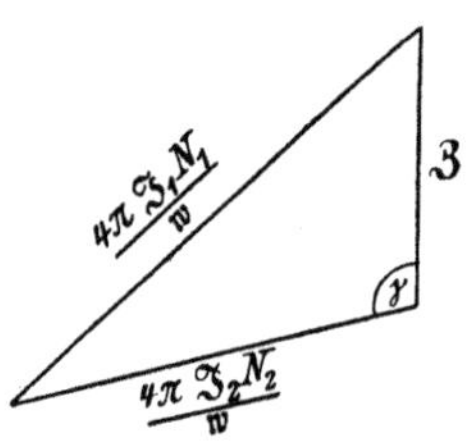

Abb. 223.

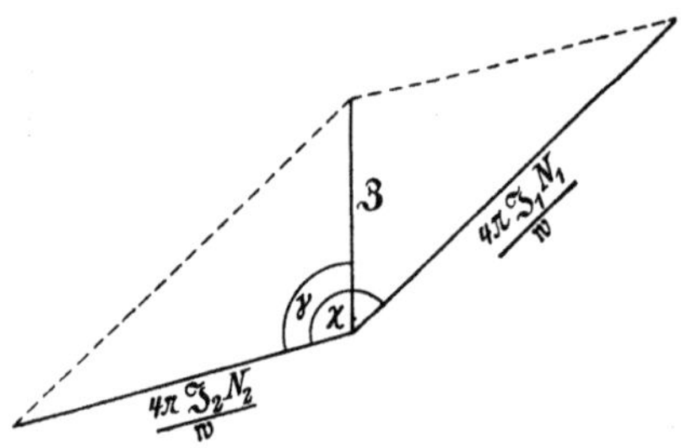

Abb. 224.

Quadriert man diese und addiert dann, so ergibt sich

$$\left(\frac{4\pi \mathfrak{J}_1 N_1}{\mathfrak{w}}\right)^2 = \mathfrak{B}^2 - 2\,\mathfrak{B}\,\frac{4\pi \mathfrak{J}_2 N_2}{\mathfrak{w}} \cos \gamma + \left(\frac{4\pi \mathfrak{J}_2 N_2}{\mathfrak{w}}\right)^2. \quad (163)$$

Diese Gleichung stellt ein Dreieck dar (Abb. 223), wo $\frac{4\pi \mathfrak{J}_1 N_1}{\mathfrak{w}}$ die dem Winkel γ gegenüberliegende Seite, $\mathfrak{B}$ und $\frac{4\pi \mathfrak{J}_2 N_2}{\mathfrak{w}}$ die beiden anderen Seiten sind[1]). Zeichnet man das Diagramm so, daß $\mathfrak{B}$ als

[1]) Der Winkel γ ist hier als stumpfer gezeichnet, weil dies der gewöhnliche Fall ist. Im folgenden ergibt sich, wann er ein rechter oder ein spitzer ist.

Resultierende der beiden fiktiven Felder erscheint, wie es tatsächlich den physikalischen Verhältnissen entspricht, so erhält man Abb. 224, in der auch die entsprechenden Phasenwinkel eingezeichnet sind.

Wird die EMK $E_{1\mathfrak{z}}$ konstant gehalten, so muß auch $E_{2\mathfrak{z}}$ und das gemeinsame magnetische Feld $\mathfrak{Z}$ konstant bleiben, weil die Gleichungen 141 und 150 unter allen Umständen gelten, wie groß auch der primäre und sekundäre Strom sein mag. Das erklärt sich daraus, daß die Phasenverschiebung χ um so größer ist, je größer die Ströme sind, und zwar so, daß die Diagonale $\mathfrak{Z}$ immer dieselbe bleibt, wie groß auch die Seiten des Parallelogramms werden mögen.

Wird nicht die EMK, sondern die Klemmenspannung konstant gehalten, so kann das Feld $\mathfrak{Z}$ bei wachsender Stromstärke nicht kon stant bleiben, weil mit der Stromstärke der Spannungsabfall zunimmt und die EMK $E_{1\mathfrak{z}}$ infolgedessen abnimmt. Das Feld $\mathfrak{Z}$ hängt aber von dieser, nicht von der Klemmenspannung ab.

Ist der Transformator streuungslos $(L_{2s} = 0)$, und seine Belastung induktionslos $(\omega L_{2a} = 0)$, so ist $\varphi_2 = \beta = \xi = 0$ (§ 148). Das heißt die Vektoren J_2, K_2, E_2, $E_{2\mathfrak{z}}$ liegen in gleicher Richtung;

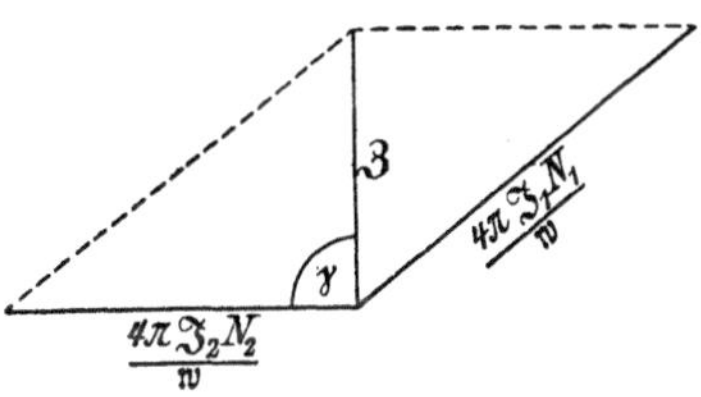

Abb. 225.

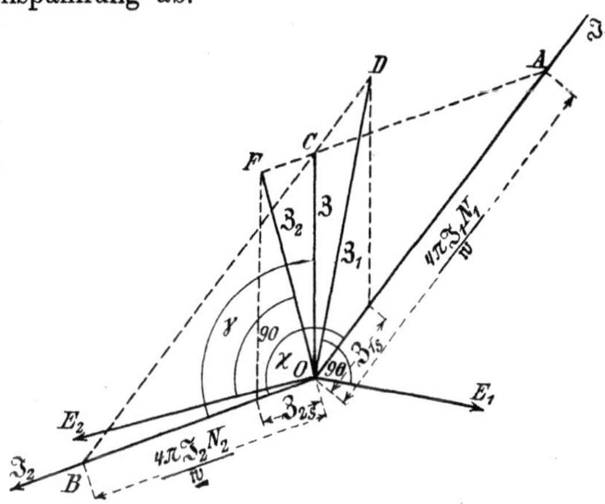

Abb. 226.

und weil zwischen $E_{2\mathfrak{z}}$ und $\mathfrak{Z}$ eine Phasenverschiebung von 90^0 besteht, so ist $\gamma = 90^0$ und das Diagramm geht über in Abb. 225.

Nach § 115 ist der Augenblickswert des gesamten von der primären Wicklung umschlossenen Feldes $\mathfrak{z}_1 = \mathfrak{z}_{1s} + \mathfrak{z}$. Den Scheitelwert $\mathfrak{Z}_1$ findet man entweder rechnerisch, indem man für $\mathfrak{z}_{1s}$ und $\mathfrak{z}$ die Sinusfunktionen mit ihren Phasenverschiebungen gegen $\mathfrak{z}$ einführt, oder indem man die Addition geometrisch ausführt. Um dies zu tun, braucht man das Diagramm Abb. 224 nur durch die Streufelder zu ergänzen. Da sich das fiktive Feld $\mathfrak{Z}_{1f}$ und das Streufeld $\mathfrak{Z}_{1s}$ von dem Strome $\mathfrak{J}_1$ nur durch konstante Faktoren unterscheiden, so haben sie g l e i c h e P h a s e. Mithin muß $\mathfrak{Z}_{1s}$ in gleicher Lage wie $\mathfrak{J}_1$ eingezeichnet werden (Abb. 226), und die Resultierende OD aus $\mathfrak{Z}_{1s}$ und $\mathfrak{Z}$ ist der Scheitelwert des primären Feldes $\mathfrak{Z}_1$. Auf gleiche Weise findet man das sekundäre Feld $\mathfrak{Z}_2 = OF$ als Resultierende aus $\mathfrak{Z}_{2s}$ und $\mathfrak{Z}$ gemäß der auf S. 253 gefundenen Beziehung für die Augenblickswerte: $\mathfrak{z}_2 = \mathfrak{z}_{2s} + \mathfrak{z}$.

Das primäre Feld $\mathfrak{Z}_1$ erzeugt die primäre EMK E_1 mit 90^0

Phasenverschiebung (§ 128), und das sekundäre Feld $\mathfrak{Z}_2$ erzeugt die sekundäre EMK E_2 mit 90^0 Phasenverschiebung. Dementsprechend sind sie in Abb. 226 eingezeichnet.

Zieht man von D aus eine Parallele zu CA (Abb. 227), so ist

$$AG = CD = \mathfrak{Z}_{1s}$$

und

$$OG = GA + AO = \mathfrak{Z}_{1s} + \mathfrak{Z}_{1f}.$$

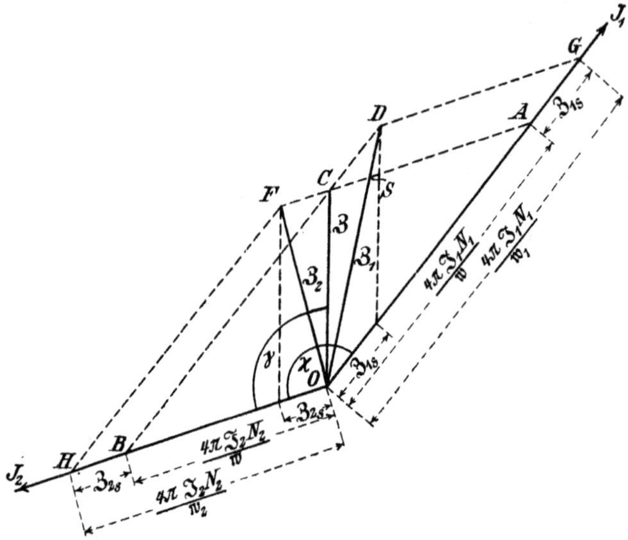

Abb. 227.

Setzt man die Werte ein, so ist

$$OG = \frac{4\pi\mathfrak{J}_1 N_1}{\mathfrak{w}_{1s}} + \frac{4\pi\mathfrak{J}_1 N_1}{\mathfrak{w}} = 4\pi\mathfrak{J}_1 N_1 \left(\frac{1}{\mathfrak{w}_{1s}} + \frac{1}{\mathfrak{w}}\right)$$

und infolge Gl. 136

$$OG = \frac{4\pi\mathfrak{J}_1 N_1}{\mathfrak{w}_1}.$$

Zieht man von F aus eine Parallele zu CB, so findet man in gleicher Weise

$$OH = \frac{4\pi\mathfrak{J}_2 N_2}{\mathfrak{w}_2}.$$

Das primäre Feld $\mathfrak{Z}_1$ erscheint demnach entweder als Resultierende der wirklich vorhandenen Fehler $\mathfrak{Z}_{1s}$ und $\mathfrak{Z}$ oder als Resultierende der fiktiven Felder OG und OB, wovon das erste vom primären, das zweite vom sekundären Strom erzeugt wird. Analog verhält es sich mit dem sekundären Felde $\mathfrak{Z}_2$.

Stellt man magnetische Felder durch Eisenfeilspäne dar, so erhält man natürlich nur die wirklich vorhandenen Felder, wie in Abb. 219 und 220, nicht aber die Komponenten oder fiktiven Felder.

Ist w_2 oder ωL_2 unendlich groß, so daß der sekundäre Strom $\mathfrak{J}_2 = 0$ ist (Leerlauf), so ist auch $\mathfrak{Z}_{2s}$ und $\mathfrak{Z}_{2f}$ null. Infolgedessen ist

$$\mathfrak{Z}_2 = \mathfrak{Z} = \frac{4\pi \mathfrak{J}_1 N_1}{\mathfrak{w}} = OA$$

$$\mathfrak{Z}_1 = \mathfrak{Z}_{1s} + \mathfrak{Z} = \frac{4\pi \mathfrak{J}_1 N_1}{\mathfrak{w}_{1s}} + \frac{4\pi \mathfrak{J}_1 N_1}{\mathfrak{w}} = \frac{4\pi \mathfrak{J}_1 N_1}{\mathfrak{w}_1} = OG.$$

Das Diagramm (Abb. 227) fällt also jetzt in die Linie $OG = \mathfrak{Z}_1$ zusammen. Wird die Stromstärke $\mathfrak{J}_1$ konstant gehalten (Reihenschaltung mehrerer Transformatoren bei konstanter Stromstärke), so kann $\mathfrak{Z}_1$ bei Leerlauf vielmals größer sein als bei Belastung. Wird hingegen die primäre Klemmenspannung konstant gehalten (Parallelbetrieb), so bleibt das primäre Feld $\mathfrak{Z}_1$ nahezu konstant. Damit dies auch bei wachsendem sekundärem Strom der Fall ist, muß gemäß dem Diagramm auch der primäre Strom wachsen und zwar ungefähr proportional dem sekundären.

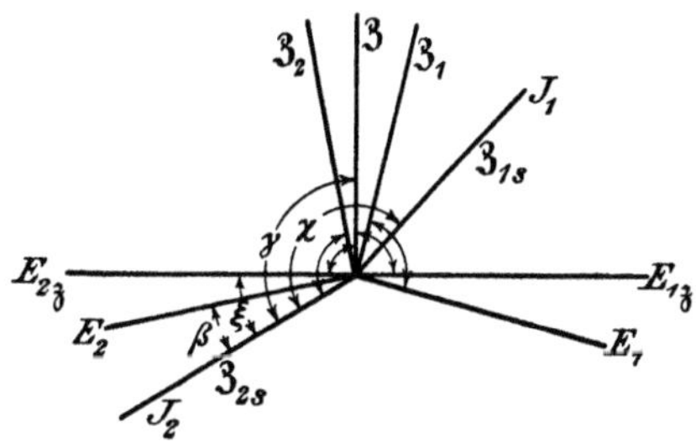

Abb. 228.

In Abb. 228 sind, um Übersicht zu gewinnen, die verschiedenen Vektoren des allgemeinen Transformators ihrer Richtung nach zusammengestellt und zwar für den Fall, daß beide Ströme ihren Spannungen nacheilen gemäß Abb. 226. Die nicht bezeichneten Winkelbögen bedeuten rechte Winkel. Es sind die Phasenverschiebungen zwischen den EMKen und ihren magnetischen Feldern. Nur die Vektoren der Klemmenspannungen K_1 nnd K_2 können hier nicht eingezeichnet werden.

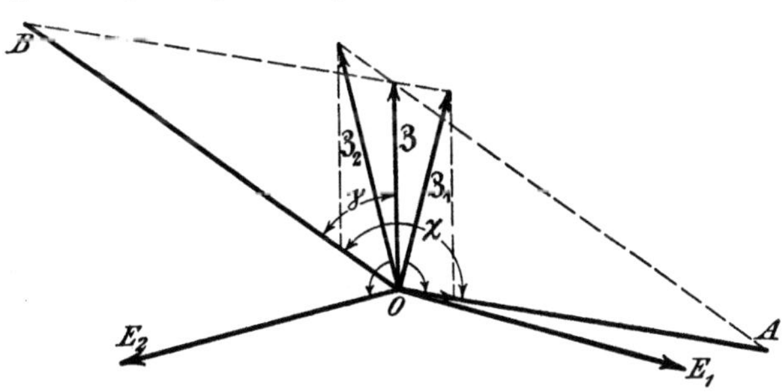

Abb. 229.

Denn wenn man die Ausdrücke für die Phasenverschiebungen φ_2 und ξ in § 148 miteinander vergleicht, so sieht man, daß φ_2 größer oder kleiner als ξ sein kann, d. h. K_2 kann oberhalb oder unterhalb von $E_{2\mathfrak{z}}$ liegen. Ebenso ist es mit dem Vektor K_1 auf der primären Seite.

Bisher wurde angenommen, das der Winkel γ ein stumpfer sei; das entspricht dem gewöhnlichen Fall, wo primärer und sekundärer

Strom ihren Spannungen nacheilen. Sie können aber auch ihren Spannungen voreilen. Das ist dann der Fall, wenn an einen Transformator ein Kondensator von genügender Größe oder ein genügend übererregter Synchronmotor angeschlossen ist. Dann liegt der Vektor J_2 oberhalb E_2 und K_2 (Abb. 229 im Gegensatz zu Abb. 226). Der Winkel γ ist infolgedessen ein spitzer, während er sonst ein stumpfer ist. In Abb. 226 ist $OA > OB$, mithin sind auch die primären Amperewindungen größer als die sekundären. Dagegen ist in Abb. 229 $OB > OA$, mithin sind jetzt die sekundären Amperewindungen größer als die primären. In allen Fällen aber wirken sie, bzw. die entsprechenden fiktiven Felder OA und OB einander entgegen, so daß das resultierende Feld $\mathfrak{B}$ im allgemeinen kleiner ist, als jede Komponente.

150. Kupplungsfaktor. Streufaktoren.

Vergleicht man den Koeffizienten M der gegenseitigen Induktion und die Koeffizienten der Selbstinduktion (Gl. 143, 144, 148) miteinander, so sieht man, daß

$$M^2 = L_{1f} L_{2f} = (L_1 - L_{1s})(L_{2i} - L_{2s}) \quad . \quad . \quad . \quad . \quad (164)$$

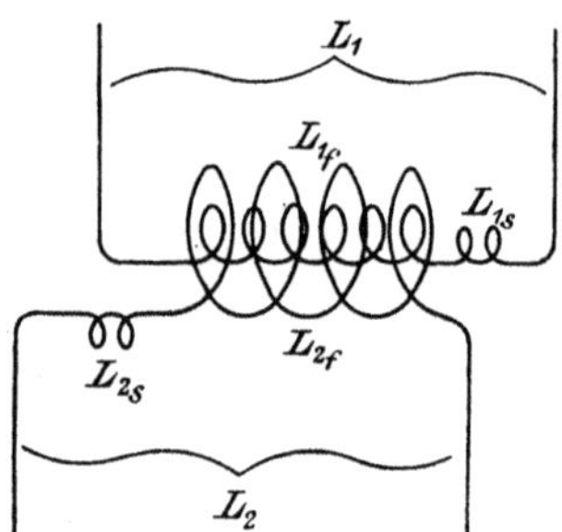

Abb. 230.

An der gegenseitigen Induktion sind also nur die dem gemeinsamen magnetischen Felde entsprechenden Koeffizienten L_{1f} und L_{2f}, aber nicht die den Streufeldern entsprechenden Koeffizienten L_{1s} und L_{2s} beteiligt. Das entspricht der schematischen Darstellung in Abb. 230. Demnach verhält sich jedes Streufeld so wie eine Drosselspule (L_{1s} bzw. L_{2s}), die der entsprechenden Wicklung eines streuungslosen Transformators mit den Koeffizienten L_{1f}, L_{2f} vorgeschaltet ist.

Nach der letzten Gleichung ist M^2 kleiner als das Produkt $L_1 L_{2i}$. Das kann man mathematisch dadurch ausdrücken, daß man schreibt:

$$M^2 = \varkappa^2 L_1 L_{2i}, \quad . \quad . \quad . \quad . \quad . \quad . \quad . \quad . \quad (165)$$

wobei $\varkappa$ eine Zahl ist, die kleiner ist als 1, aber größer als 0. $\varkappa$ heißt Kupplungsfaktor, weil er zum Ausdruck bringt, wieviel von den gesamten Selbstinduktionen L_1, L_{2i} an der gegenseitigen Induktion M beteiligt ist, oder auf die Felder bezogen: wieviel vom primären und sekundären Felde am gemeinsamen Felde beteiligt ist. Und weil nur dieses von beiden Wicklungen umschlossen ist, so ist es jenes Mittel, durch das die beiden Stromkreise miteinander magnetisch gekuppelt sind. Der Kupplungsfaktor bringt zahlenmäßig zum Ausdruck, wie stark diese Kupplung ist.

Die Gleichung 164 kann man auch so schreiben:

$$M^2 = L_1 L_{2i} - \delta L_1 L_{2i},$$

wobei δ eine Zahl ist, die kleiner ist als 1. Sie bringt zum Ausdruck, wieviel von dem Produkte $L_1 L_{2i}$ durch Streuung der gegenseitigen Induktion entzogen wird. Daher ist δ ein Streufaktor (Behn-Eschenburgscher Streufaktor).

Schreibt man $$M^2 = (1 - \delta) L_1 L_{2i}, \quad \ldots \quad (166)$$

so sieht man, daß $$\varkappa^2 = 1 - \delta$$
oder $$\delta = 1 - \varkappa^2 \quad \ldots \quad (167)$$

Wie man daraus erkennt, kommt $\varkappa$ um so näher an 1 heran, je kleiner die Streuung ist.

Ist $L_{1s} = 0$ und $L_{2s} = 0$, d. h. besteht keine Streuung, so ist (nach Gl. 164): $M^2 = L_1 L_{2i}$, also:

$$\varkappa = 1, \qquad \delta = 0.$$

Diesen Fall bezeichnet man wie in der Mechanik als starre Kupplung; er läßt sich elektrisch nicht genau verwirklichen, weil immer eine kleine Streuung vorhanden ist.

Ist $L_{1s} = L_1$ und $L_{2s} = L_{2i}$, d. h. besteht das ganze primäre und sekundäre Feld nur aus den entsprechenden Streufeldern, so ist:

$$\varkappa = 0, \qquad \delta = 1,$$

d. h. es gibt kein gemeinsames Feld und infolgedessen auch keine Kupplung. Die beiden Stromkreise bestehen unabhängig voneinander. Dieser Fall tritt ein, wenn bei Abb. 216 die beiden Stromkreise so weit voneinander entfernt werden, daß die Kraftlinien des einen Teiles den anderen nicht mehr erreichen.

Bei normalen Transformatoren liegt $\varkappa$ zwischen 0,99 und 1, also δ zwischen 0,02 und 0. Bei Drehstrominduktionsmotoren liegt $\varkappa$ zwischen 0,95 und 0,99, also δ zwischen 0,1 und 0,02. Bei der Funkentelegraphie kommen sehr verschiedene Kupplungen vor. Die Kupplung zwischen Sender und Empfänger entfernter Stationen liegt unter 0,0001.

Außer dem die ganze Streuung umfassenden Streufaktor δ werden in der Elektrotechnik auch die auf S. 179 für einzelne Stromkreise definierten Streufaktoren τ und v auf den allgemeinen Transformator angewendet, und zwar auf die primären bzw. sekundären Feldkomponenten, nicht auf die tatsächlich vorhandenen Felder.

Die Heylandschen Streufaktoren sind (mit Bezug auf die Abb. 227):

$$\left.\begin{aligned} \tau_1 &= \frac{GA}{AO} = \frac{\mathfrak{Z}_{1s}}{\mathfrak{Z}_{1f}} = \frac{\dfrac{4\pi \mathfrak{J}_1 N_1}{\mathfrak{w}_{1s}}}{\dfrac{4\pi \mathfrak{J}_1 N_1}{\mathfrak{w}}} = \frac{\mathfrak{w}}{\mathfrak{w}_{1s}} = \frac{L_{1s}}{L_{1f}} \\ \tau_2 &= \frac{HB}{BO} = \frac{\mathfrak{Z}_{2s}}{\mathfrak{Z}_{2f}} = \frac{\dfrac{4\pi \mathfrak{J}_2 N_2}{\mathfrak{w}_{2s}}}{\dfrac{4\pi \mathfrak{J}_2 N_2}{\mathfrak{w}}} = \frac{\mathfrak{w}}{\mathfrak{w}_{2s}} = \frac{L_{2s}}{L_{2f}} \end{aligned}\right\} \quad \ldots \quad (168)$$

Die Hopkinsonschen Streufaktoren sind:

$$\left.\begin{aligned} v_1 &= \frac{GO}{AO} = \frac{\mathfrak{w}}{\mathfrak{w}_1} = \frac{L_1}{L_{1f}} \\ v_2 &= \frac{HO}{BO} = \frac{\mathfrak{w}}{\mathfrak{w}_2} = \frac{L_{2i}}{L_{2f}} \end{aligned}\right\} \quad \ldots\ldots \quad (169)$$

Hieraus folgt mit Hilfe der Gl. 136 bzw. 137:

$$v_1 = \mathfrak{w}\left(\frac{1}{\mathfrak{w}} + \frac{1}{\mathfrak{w}_{1s}}\right) = 1 + \frac{\mathfrak{w}}{\mathfrak{w}_{1s}} = 1 + \tau_1$$

$$v_2 = \mathfrak{w}\left(\frac{1}{\mathfrak{w}} + \frac{1}{\mathfrak{w}_{2s}}\right) = 1 + \frac{\mathfrak{w}}{\mathfrak{w}_{2s}} = 1 + \tau_2 .$$

Zwischen dem Kupplungsfaktor und den Streufaktoren ergeben sich folgende Beziehungen:

Aus Gl. 165, 144 und 148 folgt

$$\varkappa^2 = \frac{M^2}{L_1 L_{2i}} = \frac{\mathfrak{w}_1 \mathfrak{w}_2}{\mathfrak{w}^2} .$$

Nach Gl. 169 ist $\frac{\mathfrak{w}^2}{\mathfrak{w}_1 \mathfrak{w}_2} = v_1 v_2 .$

Mithin: $\varkappa = \frac{1}{\sqrt{v_1 v_2}} = \frac{1}{\sqrt{1 + \tau_1 + \tau_2 + \tau_1 \tau_2}}$

$$\delta = 1 - \frac{1}{v_1 v_2} = 1 - \frac{1}{1 + \tau_1 + \tau_2 + \tau_1 \tau_2} .$$

Setzt man $\tau_1 + \tau_2 + \tau_1 \tau_2 = \tau_g$ (gesamter Heylandscher Streufaktor), so ist $\tau_g = v_1 v_2 - 1$:

$$\varkappa = \frac{1}{\sqrt{1 + \tau_g}}, \qquad \delta = \frac{\tau_g}{1 + \tau_g} .$$

Die vorstehenden Beziehungen gelten alle auch für unterteilte Wicklungen, weil nach den Darlegungen am Schluß des § 145 überall $N_1 f_1$ an Stelle von N_1 und $N_2 f_2$ an Stelle von N_2 tritt (vgl. Anmerkung 2 auf S. 256).

151. Das Verhältnis zwischen primärem und sekundärem Strom.

Gehen wir vom primären Strom

$$i_1 = \mathfrak{J}_1 \sin \omega t$$

aus und bezeichnen wir die Phasenverschiebung zwischen primärem und sekundärem Strom mit χ (wie schon in Abb. 224), so müssen wir den sekundären durch

$$i_2 = \mathfrak{J}_2 \sin (\omega t - \chi)$$

darstellen.

Setzt man diese Funktionen in Gl. 160 ein, so ist

$$0 = w_2 \mathfrak{J}_2 \sin(\omega t - \chi) + \omega L_2 \mathfrak{J}_2 \cos(\omega t - \chi) + \omega M \mathfrak{J}_1 \cos \omega t .$$

Diese Gleichung muß zu jeder beliebigen Zeit gelten, also auch für $\omega t = 0$ und für $\omega t = 90$. Setzt man zuerst $\omega t = 0$, so ergibt sich

$$\omega M \mathfrak{J}_1 = w_2 \mathfrak{J}_2 \sin \chi - \omega L_2 \mathfrak{J}_2 \cos \chi .$$

Setzt man $\omega t = 90$, so ergibt sich

$$0 = w_2 \mathfrak{J}_2 \cos \chi + \omega L_2 \mathfrak{J}_2 \sin \chi .$$

Durch Quadrieren und Addieren dieser beiden Gleichungen erhält man

$$\omega^2 M^2 \mathfrak{J}_1^2 = \mathfrak{J}_2^2 \left[w_2^2 + (\omega L_2)^2\right]$$

und daraus

$$\frac{\mathfrak{J}_2}{\mathfrak{J}_1} = \frac{\omega M}{\sqrt{w_2^2 + (\omega L_2)^2}} = \frac{\varkappa \omega \sqrt{L_1 L_2}_i}{\sqrt{w_2^2 + (\omega L_2)^2}} .$$

Haben beide Ströme dieselbe Wellenform[1]), so kann man beide durch denselben Scheitelfaktor dividieren, und man erhält die effektiven Werte:

$$\frac{J_2}{J_1} = \frac{\varkappa \omega \sqrt{L_1 L_2}_i}{\sqrt{w_2^2 + (\omega L_2)^2}} \quad \ldots \ldots \ldots \quad (170)$$

Aus der zweiten der obigen Gleichungen erhält man sofort

$$\operatorname{tg} \chi = -\frac{w_2}{\omega L_2} .$$

Man erkennt aus Gl. 170, daß bei konstantem Zähler, also bei konstanter Periodenzahl und gegebener Wicklung, für das Verhältnis der Stromstärken und für die Phasenverschiebung zwischen beiden nur w_2 und L_2, also nur der sekundäre Strom maßgebend ist.

Den Ausdruck für die Phasenverschiebung kann man in andere Form bringen, ähnlich wie bei einem einzelnen Stromkreis. Setzt man nämlich

$$\frac{\omega L_2}{w_2} = \operatorname{tg} \alpha , \quad \ldots \ldots \ldots \quad (171)$$

so ist
$$\operatorname{tg} \chi = -\frac{1}{\operatorname{tg} \alpha} = -\operatorname{cotg} \alpha = \operatorname{tg}(90 + \alpha) .$$

Es ist also

$$\chi = 90 + \alpha , \quad \ldots \ldots \ldots \quad (172)$$

wobei die trig. Tangente von α bestimmt ist durch das Verhältnis des gesamten induktiven Widerstandes zum gesamten Ohmschen Widertand.

---

[1]) Bei Transformatoren mit geschlossenem Eisenkern ist das nicht der Fall, wenn der Magnetisierungsstrom einen wesentlichen Teil des primären Stromes bildet, d. h. wenn die Strombelastung klein ist (§ 159).

Der sekundäre Strom hat also gegen den primären eine Phasenverzögerung, deren Winkel stets größer als 90°, aber kleiner als 180° ist. Denn nur, wenn $\omega L_2 = \infty$, oder $w_2 = 0$ ist, ist $\alpha = 90^0$ und $\chi = 180^0$. Dann ist nach der obigen Funktionsgleichung $i_2 = -\mathfrak{J}_2 \sin \omega t$, d. h. die beiden Ströme haben in jedem Augenblick entgegengesetzte Richtung (Abb. 231) und ihr Verhältnis (Gl. 170) geht über in

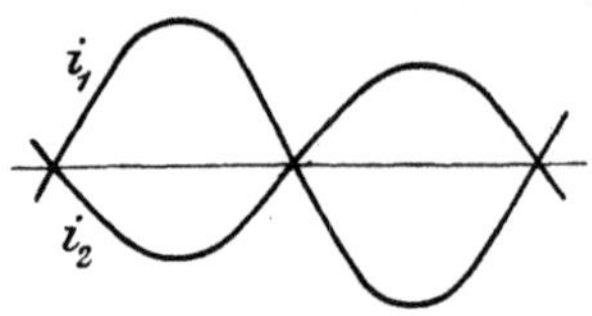

Abb. 231.

$$\frac{J_2}{J_1} = \varkappa \frac{\sqrt{L_1 L_{2i}}}{L_2}.$$

Das Verhältnis der beiden Ströme ist also jetzt unabhängig von der Frequenz.

Ist außerdem noch der äußere induktive Widerstand ωL_{2a} verschwindend klein gegen den inneren induktiven Widerstand ωL_{2i}, so ist

$$L_2 = L_{2i},$$

mithin

$$\frac{J_2}{J_1} = \varkappa \sqrt{\frac{L_1}{L_{2i}}}$$

oder nach Einsetzung der Gl. 148:

$$\frac{J_2}{J_1} = \varkappa \frac{N_1}{N_2} \sqrt{\frac{\mathfrak{w}_2}{\mathfrak{w}_1}}.$$

Sind die magnetischen Widerstände $\mathfrak{w}_1$ und $\mathfrak{w}_2$ gleich groß, wie das bei allen normalen Transformatoren und Induktionsmotoren mit großer Annäherung zutrifft, so ist

$$J_2 N_2 = \varkappa J_1 N_1 \quad \ldots \ldots \ldots \quad (173)$$

Hat man einen streuungslosen Transformator ($\mathfrak{z}_{1s} = 0$, $\mathfrak{z}_{2s} = 0$, $\delta = 0$, $\varkappa = 1$), so besteht nur das gemeinsame Feld $\mathfrak{z}$; infolgedessen ist $\mathfrak{w}_1 = \mathfrak{w}_2$ und somit

$$J_2 N_2 = J_1 N_1.$$

Wenn $i_2 = -\mathfrak{J}_2 \sin \omega t$ ist, wie sich oben ergeben hat, so ist

$$\frac{i_2}{i_1} = -\frac{\mathfrak{J}_2}{\mathfrak{J}_1} = -\frac{J_2}{J_1} = -\frac{N_1}{N_2}$$

oder

$$i_2 N_2 = -i_1 N_1.$$

Infolgedessen ist gemäß Gl. 135

$$\mathfrak{z} = 0.$$

Das gemeinsame magnetische Feld ist also Null, weil sich die primäre und die sekundäre MMK gegenseitig aufheben. Das Felddiagramm (Abb. 227) geht in eine gerade Linie GOH über. Da ein streuungsloser Transformator vorausgesetzt wurde, so gibt es in diesem Falle überhaupt kein magnetisches Feld, und daher auch keine Eisenverluste.

152. Der primäre Strom.

Wird der primären Wicklung eines Transformators (oder Induktionsmotors oder dgl.) eine Klemmenspannung

$$k_1 = \mathfrak{K}_1 \sin \omega t$$

zugeführt (aufgedrückt), so entsteht ein primärer Strom von der Form

$$i_1 = \mathfrak{J}_1 \sin(\omega t - \varphi_1).$$

φ_1 bedeutet also die Phasenverschiebung zwischen diesem Strom und der Klemmenspannung. Wir setzen vor φ_1 ein negatives Vorzeichen wie in § 133 bei einem einzelnen Stromkreis, weil auch im Transformator ein magnetisches Feld entsteht. Für den Scheitelwert des Stromes erhält man[1])

$$\mathfrak{J}_1 = \frac{\mathfrak{K}_1}{\sqrt{\varrho^2 + (\omega\lambda)^2}} \quad \ldots\ldots\ldots \quad (174)$$

Haben Strom und Spannung gleiche Wellenform[2]), so kann man durch denselben Scheitelfaktor dividieren und man erhält die effektiven Werte:

$$J_1 = \frac{K_1}{\sqrt{\varrho^2 + (\omega\lambda)^2}} \quad \ldots\ldots\ldots \quad (175)$$

Für die Phasenverschiebung erhält man:

$$\operatorname{tg} \varphi_1 = \frac{\omega\lambda}{\varrho} \quad \ldots\ldots\ldots\ldots \quad (176)$$

---

[1]) Aus Gl. 155 und 160 folgt nach Eliminierung von $\frac{di_2}{dt}$:

$$L_2 k_1 = w_1 L_2 i_1 + (L_1 L_2 - M^2) \frac{di_1}{dt} - w_2 M i_2 .$$

Wird diese Gleichung nach t differenziert und mit Hilfe der Gl. 155 wieder $\frac{di_2}{dt}$ eliminiert, so erhält man

$$(L_1 L_2 - M^2) \frac{d^2 i_1}{dt^2} + (w_1 L_2 + w_2 L_1) \frac{di_1}{dt} + w_1 w_2 i_1 = w_2 k_1 - L_2 \frac{dk_1}{dt} .$$

Setzt man für i_1, k_1 und ihre Differentialquotienten die obigen Funktionen ein, so erhält man

$$[(w_1 w_2 - \omega^2 L_1 L_2 + \omega^2 M^2) \sin(\omega t - \varphi_1) + (w_1 \omega L_2 + w_2 \omega L_1) \cos(\omega t - \varphi_2)] \mathfrak{J}_1 \\ = (w_2 \sin \omega t + \omega L_2 \cos \omega t) \mathfrak{K}_1 .$$

Diese Gleichung behandelt man wie auf S. 224, indem man einmal $\omega t = 0$ und einmal $\omega t = 90^0$ setzt. Die so erhaltenen zwei Gleichungen werden quadriert und addiert und man erhält

$$[(w_1 w_2 - \omega^2 L_1 L_2 + \omega^2 M^2)^2] \mathfrak{J}_1^2 + [(w_1 \omega L_2 + w_2 \omega L_1)^2] \mathfrak{J}_1^2 = [w_2^2 + \omega^2 L_2^2] \mathfrak{K}_1^2 .$$

Nachdem man diese Gleichung mit $[w_2^2 + \omega^2 L_2^2]$ multipliziert hat, läßt sie sich in die Form bringen:

$$[(w_1 w_2^2 + w_1 \omega^2 L_2^2 + \omega^2 M^2 w_2)^2 + \omega^2 (L_1 w_2^2 + L_1 \omega^2 L_2^2 - \omega^2 M^2 L_2)^2] \mathfrak{J}_1^2 \\ = (w_2^2 + \omega^2 L_2^2)^2 \mathfrak{K}_1^2 ,$$

woraus man die obigen Gl. 174, 177 erhält.

[2]) Vgl. die Anmerkung auf S. 269.

Hier bedeutet

$$\left.\begin{aligned} \varrho &= w_1 + \frac{\omega^2 M^2}{w_2{}^2 + (\omega L_2)^2}\, w_2 \\ \lambda &= L_1 - \frac{\omega^2 M^2}{w_2{}^2 + \omega^2 L^2_2}\, L_2 \end{aligned}\right\} \quad \ldots\ldots \quad (177)$$

oder nach Einführung der Definitionsgleichung $M^2 = \varkappa^2 L_1 L_{2i}$ (S. 266):

$$\varrho = w_1 + \frac{\varkappa^2 \omega^2 L_1 L_{2i}}{w_2{}^2 + (\omega L_2)^2}\, w_2 = w_1 + \vartheta w_2 \quad \ldots \quad (178)$$

$$\lambda = L_1 - \frac{\varkappa^2 \omega^2 L_1 L_{2i}}{w_2{}^2 + (\omega L_2)^2}\, L_2 = L_1 - \vartheta L_2\,, \quad \ldots \quad (179)$$

wobei

$$\vartheta = \frac{\varkappa^2 \omega^2 L_1 L_{2i}}{w_2{}^2 + (\omega L_2)^2} \quad \text{ist}^{1)}.$$

Vergleicht man die Ausdrücke für J_1 und φ_1 mit den Gl. 115 und 116 für einen einzelnen Stromkreis (Doppelspule), so sieht man, daß sie dieselbe Form haben. Das an Stelle von w stehende ϱ ist auch ein Ohmscher Widerstand, denn es besteht aus dem primären Widerstand w_1 und dem ϑfachen sekundären Widerstand w_2. Das an Stelle von L_1 stehende λ ist auch eine Selbstinduktion, denn es besteht aus der primären Selbstinduktion L_1 vermindert um die ϑfache sekundäre Selbstinduktion L_2. Daher bezeichnen wir ϱ als äquivalenten Widerstand und λ als äquivalente Selbstinduktion und dementsprechend den Ausdruck $\omega\lambda$ als äquivalenten induktiven Widerstand und den Ausdruck $\sqrt{\varrho^2 + (\omega\lambda)^2}$ als äquivalenten scheinbaren Widerstand.

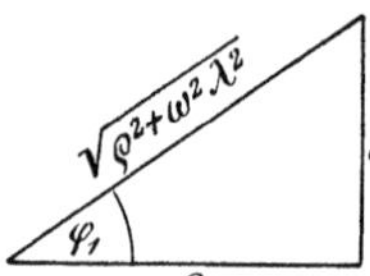

Abb. 232.

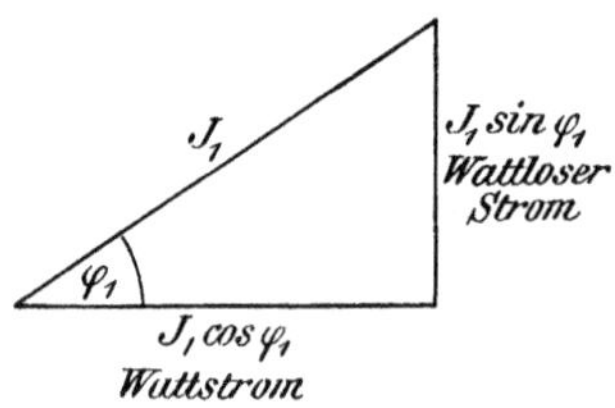

Abb. 233.

Den letzteren kann man ebenso wie in § 133 als Hypotenuse eines rechtwinkligen Dreiecks mit den Katheten ϱ und $\omega\lambda$ (Abb. 232) darstellen. Ferner kann man ebenso wie in Abb. 203 den Strom J_1 als Hypotenuse eines rechtwinkligen Dreiecks mit dem Winkel φ_1 darstellen (Abb. 233), dessen eine Kathete der Wattstrom $J_1 \cos\varphi_1$ und dessen andere Kathode der wattlose Strom $J_1 \sin\varphi_1$ ist.

Betrachten wir die Ausdrücke für ϱ und λ näher, so sehen wir zunächst, daß ϱ größer ist als w_1 und λ kleiner als L_1. Der sekun-

[1]) ϑ ist ein reiner Zahlenfaktor (Dimension 1), weil Zähler und Nenner dieselbe Dimension haben.

däre Strom wirkt also auf den Widerstand scheinbar vergrößernd und auf die Selbstinduktion scheinbar verkleinernd. Setzen wir Apparate (Transformatoren, Induktionsmotoren u. dgl.) mit gegebener Wicklung voraus, die an eine Spannung von konstanter Frequenz angeschlossen sind, so ist w_1, ω $(= 2\pi\nu)$, $\varkappa$, L_1 und L_2; konstant. Die wirksamen Größen ϱ und λ sind dann nur vom sekundären Widerstand w_2 und der sekundären Selbstinduktion L_2, also nur von der sekundären Stromstärke abhängig. Dasselbe erkennt man, wenn man für ϑ die Gl. 170 einsetzt. Dann ist

$$\varrho = w_1 + \left(\frac{J_2}{J_1}\right)^2 w_2$$

$$\lambda = L_1 - \left(\frac{J_2}{J_1}\right)^2 L_2 .$$

Ein Transformator (oder Induktionsmotor oder dgl.) stellt sich mithin dar wie ein einfacher Stromkreis (Drosselspule) mit veränderlichen, von der Belastung abhängigen Widerständen ϱ und $\omega\lambda$[1]).

	w_{2a}	L_{2a}	w_2	L_2	ϱ	λ	$\sqrt{\varrho^2 + \omega^2\lambda^2}$	J_1	φ_1	J_2	φ_2
	des äußeren sekundären Kreises		des ganzen sekundären Kreises								
I	∞	0	∞	0,01	8	4	1200	1,83	89° 40′	0	0
II	100	0	100,02	0,01	44	3,99	1200	1,83	88°	1,1	0
III	20	0	20,02	0,01	184	3,9	1187	1,85	81°	5,5	0
IV	5	0	5,02	0,01	508	3,0	1033	2,13	60°	22	0
V	2	0	2,02	0,01	558	1,25	676	3,3	34°	55	0
VI	1	0	1,02	0,01	374	0,42	395	5,57	18°	106	0
VII	0,2	0	0,22	0,01	96	0,02	96	23	3° 30′	450	0
VIII	0,1	0	0,12	0,01	56	0,005	56	39	1° 30′	780	0
IX	0	0	0,02	0,01	15	0	16	137	0°	2740	0
X	1	3	1,02	3,01	8	4	1200	1,83	89° 40′	0,12	89° 56′
XI	1	0,1	1,02	0,11	12	3,56	1130	1,9	89° 20′	3,45	88°
XII	1	0,01	1,02	0,02	108	2,1	640	3,4	80°	34	71° 30′
XIII	1	0,001	1,02	0,001	316	0,7	380	5,79	33°	101	16°
XIV	1	0,0001	1,02	0,0101	368	0,45	390	5,64	20°	106	1° 44′
XV	1	0	1,02	0,01	374	0,42	395	5,57	18°	106	0

Die vorstehende Zahlentafel zeigt die Abhängigkeit des ϱ und λ vom sekundären Stromkreis und dementsprechend die Abhängigkeit des äquivalenten scheinbaren Widerstandes $\sqrt{\varrho_2 + (\omega\lambda)^2}$, des primären Stromes J_1 und seiner Phasenverschiebung φ_1 vom sekundären Strom J_2

[1]) Der primäre Strom J_1 besteht aus dem bei gegebener Wicklung und Periodenzahl konstanten Magnetisierungsstrom und einem von J_2 abhängigen Teil. Bei einadrigen Kabeln mit geschlossenen Hüllen (Abb. 218) ist J_1 nicht der Arbeitsstrom, der den Verbrauchsstellen zufließt, sondern nur jener Teil, welcher gemäß obigen Gleichungen durch den in den geschlossenen Hüllen fließenden Strom J_2 verursacht wird.

und seiner Phasenverschiebung φ_2. Der Transformator habe keine magnetische Hysterese und seine Wicklungswerte seien:

$$w_1 = 8 \qquad L_2 = 4 \qquad \varkappa = 1$$
$$w_{2i} = 0{,}02 \qquad L_{2i} = 0{,}01 \qquad \omega = 2\pi\nu = 300$$

Die primäre Klemmenspannung sei $K_1 = 2200$ Volt. Die sekundäre Stromstärke ist mittels Gl. 161, ihre Phasenverschiebung φ_2 mittels Gl. 162 berechnet.

Aus den Werten I bis IX erkennt man, daß die äquivalente Selbstinduktion λ mit abnehmendem w_2 beständig abnimmt bis 0, während ϱ ein Maximum hat. Das erkennt man schon aus Gl. 178, wonach $\varrho = w_1$ ist, sowohl wenn $w_2 = \infty$ als auch, wenn $w_2 = 0$ wird.

Ist w_2 oder ωL_2 unendlich groß, d. h. ist der sekundäre Stromkreis unterbrochen (Leerlauf), und ist auch sonst kein sekundärer Verlust (kein Wirbelstrom und kein Hystereseverlust) vorhanden, so gehen Gl. 178 und 179 über in $\varrho = w_1$ und $\lambda = L_1$. Dann ist

$$J_1 = \frac{K}{\sqrt{w_1^2 + (\omega L_1)^2}} \qquad \operatorname{tg}\varphi_1 = \frac{\omega L_1}{w_1},$$

wie wenn der primäre Stromkreis allein da ist.

In der Tat ist der sekundäre Stromkreis in elektrischer Hinsicht nicht vorhanden, wenn er keinen Strom führt. Ist aber ein sekundärer Strom vorhanden (auch wenn es nur Wirbelströme sind), so tritt ϱ an Stelle von w_1 und λ an Stelle von L_1.

Da ϱ größer als w_1 und λ kleiner als L_1 ist, so folgt aus Gl. 176, daß die primäre Phasenverschiebung φ_1 bei Strombelastung kleiner ist als bei Leerlauf, und zwar um so kleiner, je größer die Belastung ist.

Mittels der Gl. 178, 179 kann man J_1 und φ_1 aus den Widerständen berechnen (wie es in obiger Zahlentafel geschehen ist), wenn kein Eisenkern vorhanden ist. Ist aber ein solcher vorhanden, so stellen die Wirbelstrom- und Hystereseverluste eine gewisse sekundäre Belastung dar. Von dieser Belastung wissen wir nicht, welche Werte von w_2 und L_2 ihr entsprechen. Daher müssen ϱ und $\omega\lambda$ auf experimentellem Wege ermittelt werden. Dazu gelangt man auf folgende Weise.

Setzt man Gl. 176 in 175 ein, so ist

$$J_1 = \frac{K_1}{\sqrt{\varrho^2 + \varrho^2 \operatorname{tg}^2\varphi_1}} = \frac{K_1}{\varrho}\,\frac{1}{\sqrt{1 + \operatorname{tg}^2\varphi_1}}.$$

Da der zweite Bruch nach einer bekannten trigonometrischen Formel gleich dem Cosinus ist, so ist

$$J_1 = \frac{K_1 \cos\varphi_1}{\varrho}.$$

Das ist dieselbe Gleichung wie auf S. 229 für einen einzelnen Wechselstromkreis, nur daß der äquivalente Widerstand ϱ an Stelle des Ohmschen Widerstandes steht.

Multipliziert man diese Gleichung mit J_1, so ist

$$J_1^2 = \frac{J_1 K_1 \cos\varphi_1}{\varrho}.$$

Der Zähler ist aber nichts anderes als die gesamte, dem Transformator zufließende und durch ein Wattmeter meßbare Leistung P_1. Mithin ist

$$\varrho = \frac{P_1}{J_1^2} \quad \ldots\ldots\ldots\ldots \quad (180)$$

Aus Gl. 175 ergibt sich dann der äquivalente induktive Widerstand:

$$\omega\lambda = \sqrt{\left(\frac{K_1}{J_1}\right)^2 - \varrho^2}. \quad \ldots\ldots \quad (181)$$

Hierzu ist also auch noch die Kenntnis der Klemmenspannung K_1 erforderlich.

Der Ohmsche Spannungsabfall in der primären Wicklung ist natürlich $w_1 J_1$, nicht ϱJ_1. Denn ϱ umfaßt nicht nur w_1, sondern auch w_2 und, wenn es nach Gl. 180 bestimmt wird, überhaupt alles, was Leistung ist, auch die mechanische Leistung eines etwa vom Transformator gespeisten Motors[1]). Der induktive Spannungsabfall in der primären Wicklung ist $\omega L_{1s} J_1$, nicht $\omega\lambda J_1$. Der Leistungsverlust durch Stromwärme in der primären Wicklung ist $w_1 J_1^2$, in der sekundären Wicklung $w_{2i} J_2^2$.

Betrachten wir noch den Einfluß der Streuung, so erkennt man aus den Gl. 178 und 179 folgendes: Je größer die Streuung, d. h. je kleiner der Kupplungsfaktor $\varkappa$ ist, desto weniger unterscheidet sich ϱ von w_1 und λ von L_1, desto mehr nähert sich der primäre Strom und seine Phasenverschiebung denjenigen Werten, die eintreten, wenn der primäre Stromkreis für sich allein besteht. Für $\varkappa = 0$ ($\delta = 1$) trifft dies vollständig zu, denn dann besteht zwischen primärem und sekundärem Stromkreis keine Kupplung mehr.

153. Leerlauf und Kurzschluß.

Die äußersten Fälle, die im Betriebe eines Apparates mit sekundärem Stromkreis (Transformator, Induktionsmaschine) möglich sind, bezeichnet man als Leerlauf bzw. Kurzschluß.

Leerlauf besteht, wenn der sekundäre Stromkreis unterbrochen ist, d. h. wenn w_{2a} oder L_{2a} unendlich groß ist, so daß der sekundäre Strom und die sekundäre Leistung Null ist. Hat der Apparat einen Eisenkern, so läßt sich dieser Zustand nicht genau herstellen, denn im Eisen entstehen durch die periodische Magnetisierung Wirbelströme (§ 155), die nichts anderes sind als sekundäre Ströme, deren gesamte

[1]) Bei Anwendung der obigen Gleichungen auf einen Motor drückt sich in ϱ auch die mechanische Leistung gemäß Gl. 180 aus.

Leistung sich in Wärme umsetzt. Dazu kommt noch der Hystereseverlust (§ 156), sowie bei sehr hoher sekundärer Spannung etwaige dielektrische Verluste in der Isolation (§ 181) und Ausstrahlungsverluste (§ 246), Alles das sind sekundäre Verluste, die nach dem Gesetze von der Erhaltung der Arbeit eine Vergrößerung des primären Stromes zur Folge haben. Gemäß § 152 kann nun der primäre Strom nicht mehr durch w_1 und L_1 dargestellt werden, sondern nur durch die äquivalenten Werte ϱ_0 und λ_0.

Der Index 0 soll diese Werte als Leerlaufwerte bezeichnen. Mithin gilt für den primären Strom

$$J_0 = \frac{K_1}{\sqrt{\varrho_0^2 + (\omega \lambda_0)^2}} \quad \ldots \ldots \quad (182)$$

Das ist der meßbare, also praktische Leerlaufstrom, der eine den gesamten sekundären Verlusten entsprechende Wattkomponente enthält. Die Phasenverschiebung zwischen K_1 und J_0 ist bestimmt durch $\operatorname{tg} \varphi_0 = \frac{\omega \lambda_0}{\varrho_0}$. Die Widerstandsgrößen ergeben sich wie auf S. 275 aus dem Wattverbrauch P_0 bei Leerlauf. Es ist also

$$\varrho_0 = \frac{P_0}{J_0^2} \qquad \omega \lambda_0 = \sqrt{\left(\frac{K_1}{J_0}\right)^2 - \varrho_0^2}.$$

Sind solche Verluste nicht vorhanden, so dient der Strom nur zur Herstellung des magnetischen Feldes wie bei einer Drosselspule ohne sekundäre Verluste. Es kommen für ihn nur die reinen Werte w_1 und L_1 in Betracht. Daher betrachten wir ihn als theoretischen Leerlaufstrom oder reinen Magnetisierungsstrom J_m und es ist:

$$J_m = \frac{K_1}{\sqrt{w_1^2 + (\omega L_1)^2}} \qquad \operatorname{tg} \varphi_m = \frac{\omega L_1}{w_1} \quad \ldots \quad (183)$$

Dieser Strom enthält auch noch eine Wattkomponente, weil er in der primären Wicklung Stromwärme erzeugt. Diese entsteht ja auch dann, wenn die Spule vom Gleichstrom durchflossen wird und ein gleichgerichtetes Feld erzeugt. Im übrigen gilt das, was in § 138 über Drosselspulen gesagt wurde.

Der andere äußerste Betriebsfall, der Kurzschluß, besteht dann, wenn die sekundären Klemmen durch einen guten Leiter (Kupferdraht von genügender Dicke oder Meßinstrument mit kleinem Widerstand) miteinander verbunden werden, so daß

$$w_{2a} = 0 \quad \text{und} \quad L_{2a} = 0$$

gesetzt werden kann. Wir haben jetzt die größtmögliche Stromstärke im Transformator[1]), denn der ganze Stromkreis besteht jetzt nur aus der sekundären Wicklung, so daß

$$w_2 = w_{2i} \qquad L_2 = L_{2i}$$

[1]) Bei einem Induktionsmotor kommt noch dazu, daß der Läufer stillstehen muß; denn wenn der kurzgeschlossene Läufer rotiert, so leistet er Arbeit, und diese entspricht einer induktionslosen Belastung.

ist. Für das Verhältnis der beiden Stromstärken gilt also beim Kurzschluß insbesondere das, was auf S. 270 abgeleitet wurde. Und weil bei normalen Transformatoren w_2^2 verschwindend klein ist gegen $(\omega L_2)^2$, so geht der äquivalente Widerstand ϱ und die äquivalente Selbstinduktion λ (Gl. 178, 179) jetzt über in

$$\varrho_k = w_1 + \varkappa^2 \frac{L_1}{L_{2i}} w_{2i}$$

$$\lambda_k = L - \varkappa^2 L_1 = (1 - \varkappa^2) L_1 = \delta L_1.$$

Der Index k bedeutet, daß sich die betreffenden Größen auf den Fall des Kurzschlusses beziehen.

Ist der Transformator streuungslos ($\delta = 0$, $\varkappa = 1$), so ist immer auch $\mathfrak{w}_1 = \mathfrak{w}_2$ (S. 270). Infolgedessen geht das Verhältnis $\frac{L_1}{L_{2i}}$ über in $\frac{N_1^2}{N_2^2}$ (Gl. 148), so daß

$$\varrho_k = w_1 + \left(\frac{N_1}{N_2}\right)^2 w_{2i}$$

$$\lambda_k = 0.$$

Infolgedessen ist der primäre Kurzschlußstrom:

$$J_{k1} = \frac{K_1}{w_1 + \left(\frac{N_1}{N_2}\right)^2 w_{2i}}$$

und die Phasenverschiebung:

$$\operatorname{tg} \varphi_k = 0 \qquad \varphi_k = 0 \qquad \cos \varphi_k = 1.$$

In Worten heißt das: Ein kurzgeschlossener streuungsloser Transformator ist gleichbedeutend einem Ohmschen Widerstand vom Werte $w_1 + \left(\frac{N_1}{N_2}\right)^2 w_{2i}$. Der Leistungsfaktor ist 1, der Strom reiner Wattstrom. Von S. 270 wissen wir, daß für diesen Fall $\chi = 180^0$ ist, also die beiden Ströme genau entgegengesetzte Richtung haben, und daß die primären und sekundären Amperewindungen gleich groß sind.

Aus vorstehenden Gleichungen folgt

$$K_1 = w_1 J_{k1} + \left(\frac{N_1}{N_2}\right)^2 w_{2i} J_{k1} = \varrho_k J_{k1},$$

und weil $J_{k1} N_1 = J_{k2} N_2$, so ist

$$K_1 = w_1 J_{k1} + \left(\frac{N_1}{N_2}\right) w_{2i} J_{k2},$$

d. h. die gesamte Klemmenspannung eines kurzgeschlossenen streuungslosen Transformators besteht nur aus dem Ohmschen Spannungsabfall in der primären Wicklung ($w_1 J_{k1}$) und aus dem (im Verhältnis der Windungen) auf die primäre Wicklung reduzierten sekundären Spannungsabfall.

154. Das Verhältnis der Klemmenspannungen.

Dividiert man die Gl. 161 und 175 durcheinander, so erhält man:

$$\frac{K_2}{K_1}=\frac{J_2}{J_1}\,\frac{\sqrt{w_{2a}^2+(\omega L_{2a})^2}}{\sqrt{\varrho^2+(\omega\lambda)^2}}.$$

Setzt man Gl. 170 ein, so ist

$$\frac{K_2}{K_1}=\frac{\varkappa\,\omega\sqrt{L_1 L_{2i}}}{\sqrt{\varrho^2+(\omega\lambda)^2}}\cdot\frac{\sqrt{w_{2a}^2+(\omega L_{2a})^2}}{\sqrt{w_2^{\,2}+(\omega L_2)^2}}\quad\ldots\quad(184)$$

Ist der sekundäre Stromkreis unterbrochen (Leerlauf), d. h. ist $w_{2a}=w_2=\infty$, so wird der letzte Quotient in der letzten Gleichung gleich 1, und gemäß § 152 wird $\varrho=w_1$, $\lambda=L_1$. Mithin geht die letzte Gleichung über in:

$$\frac{K_{02}}{K_1}=\frac{\varkappa\,\omega\sqrt{L_1 L_{2i}}}{\sqrt{w_1^{\,2}+(\omega L_1)^2}},\quad\ldots\ldots\quad(185)$$

wenn wir mit K_{02} die sekundäre Klemmenspannung bei Leerlauf bezeichnen. Ist $w_1^{\,2}$ verschwindend klein gegen $(\omega L_1)^2$, wie dies bei allen normalen Transformatoren und Induktionsmotoren der Fall ist[1]), so geht der letzte Ausdruck über in $\varkappa\sqrt{\frac{L_{2i}}{L_1}}$. Da bei Leerlauf ($i_2=0$) Klemmenspannung und EMK der sekundären Wicklung (gemäß Gl. 156) identisch sind, und auf der primären Seite der Ohmsche Spannungsabfall $w_1 J_0$ sehr klein ist, also $K_1=E_1$ gesetzt werden kann, so ist

$$\frac{K_{02}}{K_1}=\frac{E_2}{E_1}=\varkappa\sqrt{\frac{L_{2i}}{L_1}}.$$

Sind die magnetischen Widerstände $\mathfrak{w}_1$ und $\mathfrak{w}_2$ einander gleich wie bei allen normalen Transformatoren, so ist nach Gl. 148:

$$\frac{K_{02}}{K_1}=\frac{E_2}{E_1}=\varkappa\,\frac{N_2}{N_1}=\varkappa\,\ddot{u}.\quad\ldots\ldots\quad(186)$$

Während also das Verhältnis der vom gemeinsamen Felde induziertea EMKe $E_{2\mathfrak{z}}$ und $E_{1\mathfrak{z}}$ genau gleich $\ddot{u}$ ist (S. 255), ist das Verhältnis der Klemmenspannungen bei Leerlauf und das Verhältnis der EMKe E_2 und E_1 gleich $\varkappa\ddot{u}$.

Den Unterschied zwischen der sekundären Klemmenspannung bei Leerlauf und bei Belastung (unter konstanter primärer Spannung) bezeichnet man als Spannungsänderung D. Es ist also

$$\begin{aligned}D&=K_{02}-K_2\\&=K_1\varkappa\,\omega\sqrt{L_1 L_{2i}}\left[\frac{1}{\sqrt{w_1^{\,2}+(\omega L_1)^2}}-\frac{\sqrt{w_{2a}^2+(\omega L_{2a})^2}}{\sqrt{\varrho^2+(\omega\lambda)^2}\,\sqrt{w_2^{\,2}+(\omega L_2)^2}}\right].\end{aligned}$$

---

[1]) Auch wenn die Eisenverluste groß sind, so daß bei Leerlauf (gemäß § 153) ϱ_0 und λ_0 eingesetzt werden müssen, kann mit hinreichender Genauigkeit $\sqrt{\varrho_0^{\,2}+(\omega\lambda_0)^2}$ gleich ωL_1 gesetzt werden.

Über die graphische Darstellung der Spannungen durch Diagramme, über die Messung des Spannungsabfalles usw. vgl. das Buch des Verfassers: „Die Transformatoren", Bd. 15 der „Elektrotechnik in Einzeldarstellungen".

Bei einem einadrigen Kabel mit leitender Hülle, das einen aus zwei parallelen Leitungen bestehenden Transformator darstellt, ist $\ddot{u} = 1$. Als primäre Spannung K_1 kommt dabei aber nicht die Klemmenspannung des Stromerzeugers oder Stromverbrauchers, sondern nur die Spannung zwischen Anfang und Ende des Leiters, also der Spannungsabfall in Betracht. Die zwischen den Enden der Hülle bestehende Spannung ist fast ebenso groß, da $\varkappa$ nur wenig von 1 verschieden ist. Liegen zwei solche Kabel von großer Länge nebeneinander, so kann zwischen ihren Hüllen eine nicht unbeträchtliche Spannung bestehen. Diese verschwindet, wenn man die Hüllen leitend miteinander verbindet wie in Abb. 218. Das hat aber einen nicht unbeträchtlichen Strom in der Hülle mit entsprechendem Stromwärmeverlust zur Folge. Man schaltet daher in ac oder bd einen gewissen Widerstand ein, um so zwar einen Ausgleich der Spannungen, aber keinen erheblichen Strom zu erhalten.

155. Wirbelströme.

Eine Induktion sekundärer Ströme findet nicht nur in linearen, geschlossenen Leitern statt, sondern auch in jeder beliebig gestalteten leitenden Masse, wenn sie von Kraftlinien eines wechselnden magnetischen Feldes getroffen wird, weil eine leitende Masse immer die Gelegenheit zur Ausbildung von in sich geschlossenen Strömen bietet. Da die stärkste elektrische Induktion dann stattfindet, wenn die Stromfläche senkrecht zu den magnetischen Kraftlinien steht, so werden die Stromflächen der sich ausbildenden Ströme senkrecht zu den Kraftlinien stehen, falls die Gestalt der leitenden Masse dies zuläßt. Sie werden daher Wirbelströme genannt.

Abb. 234.

Besonders stark treten diese Ströme in einem massiven Eisenkern auf, der in eine von Wechselstrom durchflossene Spule geschoben wird. Ihre Stromflächen liegen aus dem genannten Grunde parallel zu den Windungen der Spule (Abb. 234).

Da der Ohmsche Widerstand der Strombahnen, namentlich in Kupfer- und Eisenmassen, meist sehr klein ist, so sind die Wirbelströme dem induzierenden Strome nahezu entgegengesetzt gerichtet (§ 151) und vermindern dementsprechend das magnetische Feld, wenn die Stromstärke in der Spule konstant gehalten wird, oder sie bewirken eine Vergrößerung des Stromes in der Spule, wenn die Spannung konstant gehalten wird. Auf den Stromkreis der Spule können nicht mehr die Gesetze des einfachen Wechselstromkreises angewendet werden, sondern die in § 152 abgeleiteten Gesetze für einen primären Stromkreis unter dem Einfluß eines sekundären Stromes; das heißt statt des wahren

Ohmschen Widerstandes w kommt der äquivalente ϱ, statt der wahren Selbstinduktion L die äquivalente Selbstinduktion λ und statt des scheinbaren Widerstandes $\sqrt{w^2 + (\omega L)^2}$ der äquivalente $\sqrt{\varrho^2 + (\omega \lambda)^2}$ in Betracht.

Die Wirbelströme entwickeln nach dem Jouleschen Gesetze eine dem Quadrate ihrer Stromstärke und dem Widerstande ihrer Strombahn proportionale Wärmemenge, deren Äquivalent in Form von elektrischer Leistung von der Stromquelle geliefert werden muß, was sich bei konstanter Spannung durch eine Vergrößerung der Stromstärke und eine Verkleinerung der Phasenverschiebung bemerkbar macht. Diese in Verlust gehende Leistung und die unter Umständen schädliche Temperaturerhöhung sind natürlich höchst unerwünscht, und man sucht daher die Wirbelströme möglichst zu unterdrücken. Dies wird dadurch erreicht, daß man den Weg der Wirbelströme möglichst oft durchschneidet. Bei Eisenkernen geschieht dies dadurch, daß man sie aus Blechen oder Drähten zusammensetzt. Diese müssen mit ihrer Längenausdehnung parallel zu den Kraftlinien liegen, weil, wie oben erwähnt, die Stromflächen der Wirbelströme senkrecht zu den Kraftlinien liegen. Eine Unterteilung der Eisenkerne senkrecht zu den Kraftlinien wäre zwecklos, weil sie dem Verlauf der Wirbelströme in keiner Weise hinderlich wäre. Für die weitaus größte Zahl aller Wechselstromapparate werden zur Herstellung der Eisenkerne Bleche von 0,2—0,5 mm Dicke, seltener solche von 0,7 mm (bei Wechselstrom-Erzeugermaschinen), noch seltener solche von 1 mm verwendet.

Zwischen den Blechen darf natürlich keine gut leitende Berührung bestehen. Sie werden daher lackiert, oder es wird dünnes Papier zwischengelegt, das in der Regel schon vor der Bearbeitung auf eine Seitenfläche der Blechtafeln aufgeklebt wird. Bei kleinen Kernen oder geringer Kraftliniendichte genügt schon die vom Ausglühen der Bleche herrührende Oxydschichte (Zunderschichte). Bei ausgeglühten Drähten genügt sie immer.

Um stärkere Wirbelströme zu vermeiden, müssen bei Wechselstromapparaten auch alle anderen gut leitenden Metallmassen oder geschlossenen Stromkreise im Bereiche der Kraftlinien vermieden werden. Spulenträger aus Metall schneidet man daher durch einen Schnitt parallel zur Kraftlinienrichtung auf, oder man verfertigt sie aus schlecht leitenden Metallen wie Konstantan oder Manganin, oder man verwendet dazu nicht leitende Stoffe, wie Pappe, Preßspan, Holz, Stabilit, Hartgummi usw. Klammern zum Zusammenhalten der Eisenbleche oder -drähte dürfen aus diesem Grunde auch nicht aus gut leidendem Metall hergestellt werden. Werden die Bleche, wie dies gewöhnlich geschieht, durch Niete oder Schrauben zusammengepreßt, so dürfen die Niete mit den Blechen keine geschlossenen Stromkreise bilden, deren Flächen von den Kraftlinien durchsetzt werden, wie in Abb. 235, sondern nur solche, die parallel zu den Kraftlinien sind, wie Abb. 236 zeigt, oder die Niete müssen aus schlecht leitendem Metall bestehen oder durch nicht leitende Hülsen vom Eisen isoliert werden.

Wegen der Wirbelströme müssen auch große Kupferquerschnitte in elektrischen Maschinen, Transformatoren u. dgl. vermieden werden. (Vgl. § 169, 170.) Bei Schalttafeln mit großen Stromstärken muß man in der Nähe der Kupferschienen Eisenteile vermeiden.

Die Abhängigkeit des Leistungsverlustes durch Wirbelströme p_w von den Bestimmungsgrößen ergibt sich aus folgender Ableitung. Nach dem Jouleschen Gesetz ist die Wärmeleistung

Abb. 235.

Abb. 236.

$$p_w = w_2 J_2^2,$$

wenn J_2 die Stromstärke der Wirbelströme in einem Eisenkern, w_2 den Widerstand ihrer Strombahn bedeutet. Nach § 151 ist

$$\mathfrak{J}_2 = \frac{\omega M \mathfrak{J}_1}{\sqrt{w_2^2 + (\omega L_2)^2}},$$

wobei L_2 die Selbstinduktion der Strombahn der Wirbelströme und $\mathfrak{J}_1$ den primären Strom, das ist in diesem Falle der Strom in der Magnetisierungsspule, bedeutet.

Da $J_2 = \frac{\mathfrak{J}_2}{\sigma_i}$ ist, wenn σ_i den Scheitelfaktor der Wirbelströme bedeutet (§ 131) und $\omega = 2\pi\nu$, so ist

$$J_2 = \frac{2\pi\nu M \mathfrak{J}_1}{\sigma_i \sqrt{w_2^2 + (\omega L_2)^2}}.$$

Nach Gl. 111 ist

$$\mathfrak{J}_1 = \frac{N_1 \mathfrak{Z}}{L_1} = \frac{N_1 S \mathfrak{B}}{L_1},$$

wobei N_1 die Windungszahl, L_1 die Selbstinduktion der Spule und S den Querschnitt des Eisenbleches oder Drahtes, aus dem der Eisenkern zusammengesetzt ist, bedeutet.

Mithin ist
$$J_2^2 = \left(\frac{2\pi M N_1 S}{\sigma_i L_1}\right)^2 \frac{\nu^2 \mathfrak{B}^2}{w_2^2 + (\omega L_2)^2}.$$

Der Ausdruck $\left(\frac{2\pi M N_1 S}{\sigma_i L_1}\right)^2$ ist für eine bestimmte Draht- oder Blechstärke konstant, weil sämtliche Faktoren konstant sind mit Ausnahme von M und L_1, welche von der magnetischen Durchlässigkeit μ abhängen, die für Eisen je nach der Kraftliniendichte verschieden ist. Da aber M im Zähler und L_1 im Nenner steht, so fälls μ aus diesem Ausdruck heraus, der nun bloß von den geometrischen Verhältnissen des Eisens, von der Wicklung und vom Scheitelfaktor abhängt. Setzen wir diesen Ausdruck gleich c, so ist

$$J_2^2 = c \frac{\nu^2 \mathfrak{B}^2}{w_2^2 + (\omega L_2)^2}$$

und demnach

$$p_w = c w_2 \frac{\nu^2 \mathfrak{B}^2}{w_2^2 + (\omega L_2)^2} \quad (187)$$

Für Eisenbleche oder Drähte von 0,5 mm Dicke oder weniger ist der Ohmsche Widerstand der Wirbelstrombahnen so groß, daß $(\omega L_2)^2$ gegen $w_2{}^2$ vernachlässigt werden kann[1]). Dann geht die letzte Gleichung über in

$$p_w = \frac{c}{w_2}\,\nu^2\mathfrak{B}^2 \text{ absol. Einh.}$$

Unter der gemachten Voraussetzung ist also der Wirbelstromverlust in einem Eisenkern proportional dem Quadrate der Periodenzahl und Kraftliniendichte und verkehrt proportional dem spezifischen Widerstand des Eisens oder proportional der Leitfähigkeit.

Setzt man $\frac{c}{w^2} = \beta$, so ist

$$p_w = \beta\nu^2\mathfrak{B}^2 \text{ absol. Einh.}$$

oder da 10^7 absol. Einh. gleich ein Watt sind (§ 299)

$$p_w = \beta\nu^2\mathfrak{B}^2 \cdot 10^{-7} \text{ Watt} \quad \ldots\ldots\ldots \quad (188)$$

Den Faktor $\beta = \frac{c}{w_2} = \left(\frac{2\pi M N_1}{\sigma_i L_1}\right)^2 \cdot \frac{S^2}{w_2}$ bezeichnet man als Wirbelstromkoeffizient. Wie man sieht, ist er unter sonst gleichen Verhältnissen proportional dem Quadrate des Blech- oder Drahtquerschnittes, also auch proportional dem Quadrate der Blechdicke d, und verkehrt proportional dem Widerstand w_2, also auch verkehrt proportional dem spezifischen Widerstand des Eisens. Da dieser mit der Temperatur zunimmt, so nimmt der Wirbelstromverlust mit der Temperatur ab. In der Konstanten c ist der Scheitelfaktor der Wirbelstromwellen σ_i enthalten. Da man diesen weder theoretisch noch experimentell bestimmen kann, kann man ihn aus der Konstanten nicht herausnehmen.

Messungen haben ergeben, daß die Konstante c innerhalb gewisser Grenzen mit einer für die Praxis hinreichenden Genauigkeit dem Scheitelfaktor σ_e der Spannungswelle in der Magnetisierungsspule proportional ist. Demnach kann der Wirbelstromkoeffizient β dargestellt

---

[1]) Obige vom Verfasser abgeleitete Formel (ETZ 1901, S. 53) steht in einem gewissen Gegensatz zu folgender Formel, wie sie in den meisten Lehrbüchern aus älterer Zeit weiter geführt wird: $p_w = c f^2 \nu^2 \mathfrak{B}^2$, worin f den Formfaktor des Stromes in der betreffenden Spule bedeutet. Diese Formel ist aus zwei Gründen falsch: Erstens ist bei der Ableitung dieser Formel nicht die EMK der Wirbelströme, sondern die EMK einer Windung der Stromspule eingesetzt. Daher erscheint hier der Formfaktor f des magnetisierenden (primären) Stromes, der mit den Wirbelströmen nichts zu tun hat. Wegen des verzerrenden Einflusses der Hysterese auf den Magnetisierungsstrom (vgl. § 159) ist seine Wellenform sehr verschieden von der der Wirbelströme, die als sekundäre kurzgeschlossene Ströme gleiche oder ähnliche Wellenform wie die EMK haben (vgl. Abb. 409). Zweitens ist der induktive Widerstand ωL_2 der Wirbelstrombahnen vernachlässigt, was bei Eisen wegen des hohen Wertes der magnetischen Durchlässigkeit μ im allgemeinen unzulässig ist. Nur bei sehr dünnen Blechen ist diese Vernachlässigung näherungsweise zulässig.

werden durch

$$\beta = \delta d^2 \sigma_e (1 - \gamma t),$$

wobei d die Blech- oder Drahtdicke, t die Temperatur und γ den Temperaturkoeffizienten des Eisens bedeutet. δ ist dann eine von der Blech- oder Drahtdicke, der Spannungswelle und der Temperatur unabhängige Konstante. Für gewöhnliche Eisenbleche bis zu 1 mm Dicke hat sich aus Messungen des Verfassers (ETZ 1901, S. 57).

$$\delta = 15{,}4 \cdot 10^{-7}$$

ergeben. Demnach ist z. B., wenn $\gamma = 0{,}0046$ angenommen wird, für Bleche von 0,5 mm Dicke, bei 20° C und für 1 cm³

$$\beta = 5 \cdot 10^{-7};$$

bei 70° C aber $\beta = 3{,}6 \cdot 10^{-7}$. Abb. 237 enthält Kurven, welche den Wirbelstromverlust in Watt für verschiedene Kraftliniendichten und Frequenzen und für $\beta = 5 \cdot 10^{-7}$ pro 1 cm³ sofort abzulesen gestatten, jedoch nicht für 1 cm³, sondern den praktischen Rechnungen entsprechender für 1 dm³.

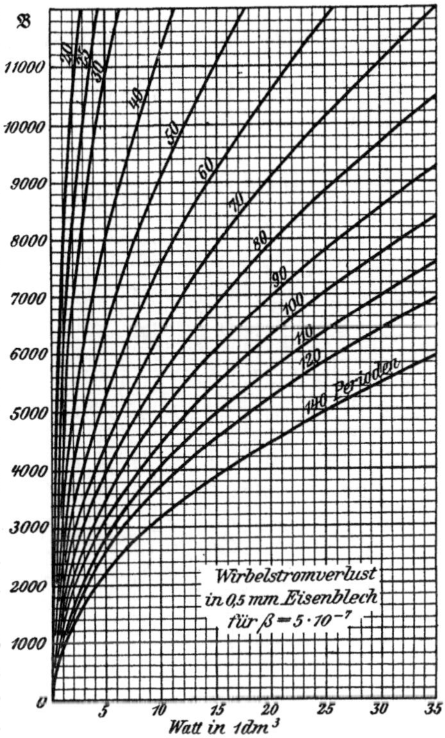

Abb. 237.

Die Konstante δ enthält den spezifischen Widerstand des Eisens; sie ist also je nach der Herkunft des Eisens verschieden. In neuerer Zeit ist es gelungen, durch Legierung mit Silizium Eisenbleche herzustellen, deren spezifischer Widerstand verhältnismäßig groß, δ und β also verhältnismäßig klein ist. So ergab sich für derartige von Capito & Klein (Benrath) hergestellte Bleche von 0,5 mm Dicke bei 20° C $\beta = 1{,}5 \cdot 10^{-7}$. Bei hochlegierten Blechen von 0,35 mm Dicke ist es gelungen, β bis $1 \cdot 10^{-7}$ herabzudrücken. Dabei ist der Verlust durch Hysterese (vgl. folgenden Paragraph) noch kleiner als bei gewöhnlichem Eisen. Die Durchlässigkeit μ dieses legierten Eisens ist bei kleiner Kraftliniendichte größer, bei großer Kraftliniendichte kleiner als bei gewöhnlichem Eisen[1]).

Maschinen und Transformatoren für sehr hohe Periodenzahlen (drahtlose Telegraphie) werden aus legierten Blechen von 0,08—0,1 mm

[1]) Über den Einfluß des Siliziumgehaltes siehe Otto, Ber. d. deutsch. physik. Gesellsch. 1910, Heft 5. Guggenheim, Elektr. Kraftbetriebe und Bahnen 1910, Heft 27.

Dicke hergestellt; ja es wurden sogar Bleche von 0,03—0,07 verwendet. Solche sind aber unzweckmäßig, weil da die schwach magnetische Zunderschicht schon dicker ist als die innere, stark magnetische Eisenschicht. Um die Wirbelströme ganz zu unterdrücken, werden in besonderen Fällen (Pupin-Spulen für Fernsprechleitungen) Eisenkerne aus Eisenpulver gepreßt (ETZ 1921, S. 1494).

156. Hystereseverlust bei periodischer Magnetisierung.

Im Eisenkern eines Wechselstromapparates tritt außer dem Verlust durch Wirbelströme auch noch ein Arbeitsverlust durch magnetische Hysterese auf, der (nach § 98) für einen magnetischen Kreisprozeß, also für eine Periode eines Wechselstromes näherungsweise bestimmt ist durch $\eta \mathfrak{B}^{1,6}$, wobei $\mathfrak{B}$ den Scheitelwert der Kraftliniendichte und η den Hysteresekoeffizienten bedeutet. Hat der Wechselstrom ν Perioden in einer Sekunde, so ist der Arbeitsverlust in einer Sekunde, also der Verlust an nutzbarer Leistung p_h

$$p_h = \eta \nu \mathfrak{B}^{1,6} \cdot 10^{-7} \text{ Watt},$$

wobei η für 1 cm³ gewöhnlichen Eisenbleches (Dynamoblech) zwischen 0,0015 und 0,002 liegt. Abb. 238 enthält Kurven, welche den Hystereseverlust in Watt für $\eta = 0{,}0018$ sofort abzulesen gestatten, jedoch nicht für 1 cm³, sondern den praktischen Rechnungen entsprechender für 1 dm³. Bei den neueren legierten Eisensorten ist η sogar nur 0,0008 bis 0,001.

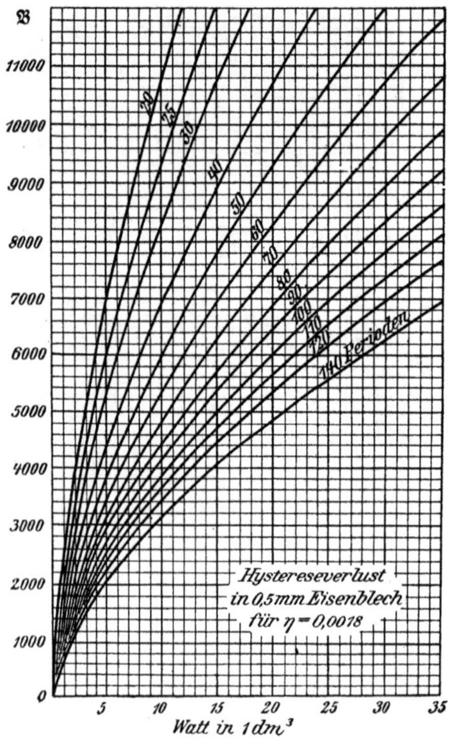

Abb. 238.

Es ist zu beachten, daß $\mathfrak{B}$ den Scheitelwert der magnetischen Welle bedeutet. Da nun im allgemeinen bei gleichen effektiven Werten der Scheitelwert um so größer ist, je spitzer die Wellenform ist (§ 214), so ist unter sonst gleichen Verhältnissen der Hystereseverlust um so größer, je spitzer die magnetische Welle ist. Und da einer spitzen magnetischen Welle im allgemeinen eine stumpfe Spannungswelle entspricht (§ 212), so ist bei gleicher effektiver Spannung der Scheitelwert $\mathfrak{B}$ und daher der Hystereseverlust um so größer, je stumpfer die Spannungswelle ist.

Aber auch der Hysteresekoeffizient η selbst hängt nach Untersuchungen des Verfassers[1]) von der Wellenform ab, und zwar ist er um so größer, je stumpfer die magnetische Welle oder je spitzer die entsprechende Spannungswelle ist. Doch ist dieser Einfluß nur gering und braucht daher für praktische Zwecke nicht berücksichtigt werden. Es ergibt sich aber eine theoretische Folgerung daraus. Da bei einer stumpfen magnetischen Welle die Magnetisierung durch längere Zeit auf einem hohen Wert bleibt als bei einer spitzen, und der Hystereseverlust trotz gleichem $\mathfrak{B}$ bei jener größer ist als bei dieser, so muß man annehmen, daß bei jener die Magnetisierung gründlicher oder durchdringender erfolgt als bei dieser, das heißt, zur Herstellung des größten Magnetisierungswertes ist eine gewisse Zeit erforderlich. Das steht also in Übereinstimmung mit § 96 (magnetische Verzögerung).

Da der Hystereseverlust der von der Hystereseschleife eingeschlossenen Fläche proportional ist, so wäre wegen der magnetischen Verzögerung die Möglichkeit vorhanden, daß diese Fläche verschieden groß ist, je nachdem, ob der magnetische Kreisprozeß mit großer oder kleiner Geschwindigkeit durchlaufen wird. Ein schnell verlaufender Kreisprozeß ist jener, welcher durch die technischen Wechselströme oder durch elektrische Schwingungen während jeder Periode ausgeführt wird. Man bezeichnet letzteren häufig als dynamische Magnetisierung, während ein Kreisprozeß bei langsamer Änderung der magnetisierenden Kraft als statische Magnetisierung bezeichnet wird. Ein tieferer Grund zu dieser Unterscheidung liegt nicht vor, da eben nur die Geschwindigkeit, mit der sich die Magnetisierung ändert, verschieden ist. Bisher konnte ein merklicher Unterschied im reinen Hystereseverlust bei langsamen und schnellen Kreisprozessen nicht festgestellt werden. Zwar liegen einige Untersuchungen vor, welche eine Zunahme gezeigt haben, aber auch ebenso viele, welche keine Zunahme, und ebenso viele, welche eine Abnahme gezeigt haben, so daß man sagen kann, eine merkliche Abhängigkeit des Hystereseverlustes von der Geschwindigkeit des Kreisprozesses besteht nicht[2]).

Anders ist es, wenn die Versuche nicht die reine Hystereseschleife, sondern die durch merkliche Wirbelströme beeinflußte Schleife ergeben. Aus § 149 wissen wir, daß das von einem sekundären Strom herrührende magnetische Feld dem vom primären Strom herrührenden entgegenwirkt, so daß das resultierende Feld kleiner ist, als das vom primären Strom herrührende. Da die Wirbelströme nichts anderes sind als sekundäre Ströme, so haben sie dieselbe Wirkung. Die Folge ist, daß bei konstanter magnetisierender Kraft (konstanter Magnetisierungsstrom) die Kraftlinienmenge $\mathfrak{Z}$ und daher auch die Kraftliniendichte $\mathfrak{B}$ kleiner ist, als wenn keine Wirbelströme vorhanden

[1]) ETZ 1901, S. 52; 1906, S. 9. Zu demselben Ergebnis gelangte Sahulka (ETZ 1907, S. 986 und Lloyd „Bulletin of the Bureau of standards“, Vol. 5, Nr. 3, Washington 1909).

[2]) Damit steht in Übereinstimmung, daß sich die magnetische Durchlässigkeit bis zu den höchsten untersuchten Periodenzahlen unabhängig von der Änderungsgeschwindigkeit erwiesen hat.

sind. Da die Wirbelströme nach Gl. 188 mit dem Quadrate der Periodenzahl zunehmen, so ist $\mathfrak{Z}$ und $\mathfrak{B}$ um so kleiner, je größer diese ist. Abb. 239 zeigt die Hystereseschleifen bei verschiedener Periodenzahl[1]), wobei $\nu = 0$ einen sehr langsam verlaufenden Kreisprozeß bedeutet. Man sieht, daß trotz gleicher magnetisierender Kraft $\mathfrak{H}$ die Kraftliniendichte $\mathfrak{B}$ um so kleiner ist, je höher die Periodenzahl ist. Die Hystereseschleife zeigt infolgedessen auch abgerundete Ecken, und die ganze Figur ist um so mehr gegen die Horizontale geneigt, je höher die Periodenzahl ist.

Auch der Flächeninhalt der Schleifen wird trotz zunehmender Wirbelstromverluste kleiner, weil die Kraftliniendichte kleiner wird.

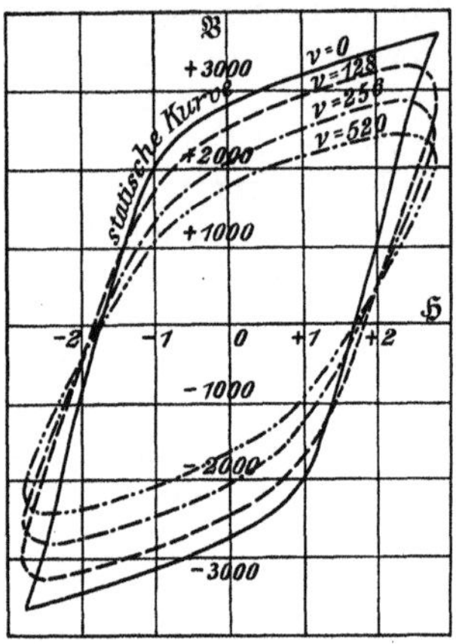

Abb. 239.

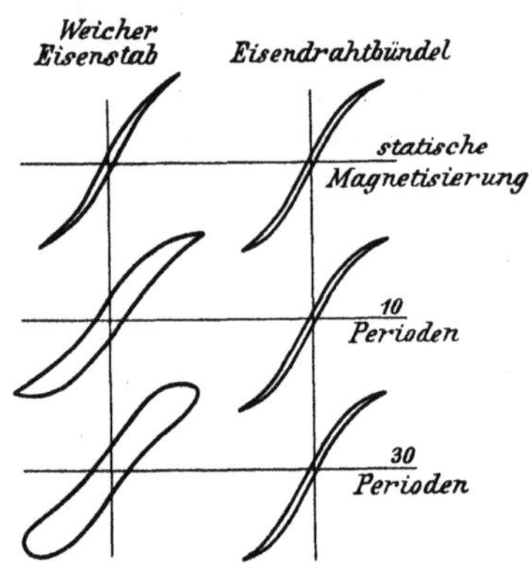

Abb. 240.

Wird hingegen die **Kraftliniendichte konstant** gehalten, indem man die EMK in der magnetisierenden Spule konstant hält, so kommt die Zunahme des äquivalenten Widerstandes ϱ an Stelle von w gemäß § 152 zur Geltung. Infolgedessen wächst die Stromstärke, während die Phasenverschiebung abnimmt. Das hat weiter zur Folge, daß nicht nur die Spitzen der Schleife abgerundet sind, sondern daß auch ihr Flächeninhalt mit wachsender Frequenz zunimmt, was durch die vergleichenden Versuche an einem massiven Eisenstab und an einem Drahtbündel bestätigt wird (Abb. 240). Beim Drahtbündel zeigt sich kein Einfluß der Frequenz, weil da die Wirbelströme bei 10 und 30 Perioden noch verschwindend klein sind. Dagegen zeigt sich beim massiven Eisenstab ein starker Einfluß schon bei 10 Perioden, weil sich da die Wirbelströme in voller Stärke ausbilden können. Bei 30 Perioden überwiegt schon stark der Einfluß der Wirbelströme über die Hysterese. Die von Wirbelströmen nicht beeinflußten Schleifen in Abb. 240 haben scharfe Spitzen wie in Abb. 127 und 128. Diese scharfen Spitzen sind charakteristisch für die magnetische Hysterese,

1) Nach M. Wien, Annal. d. Phys. 1898. Bd. 66.

weil trotz dem remanenten Magnetismus der Scheitelwert der erzeugten Kraftlinien gleichzeitig mit dem Scheitelwert der magnetisierenden Kraft eintritt. Je stärker aber die Wirbelströme werden, desto mehr ist der Eintritt des Scheitelwertes der Kraftlinienmenge hinter dem Scheitelwert der magnetisierenden Kräfte verzögert, und desto mehr sind die Spitzen abgerundet[1]).

Ein anderer Einfluß der Wirbelströme auf den Hystereseverlust besteht als Folge der Erscheinung, daß bei hohen Frequenzen die Kraftliniendichte über den Querschnitt des Eisens ungleichmäßig verteilt ist (vgl. § 162).

157. Der gesamte Eisenverlust.

Der bei periodischer Magnetisierung auftretende Hystereseverlust setzt sich ebenso wie der durch Wirbelströme in Wärme um. Der ge-

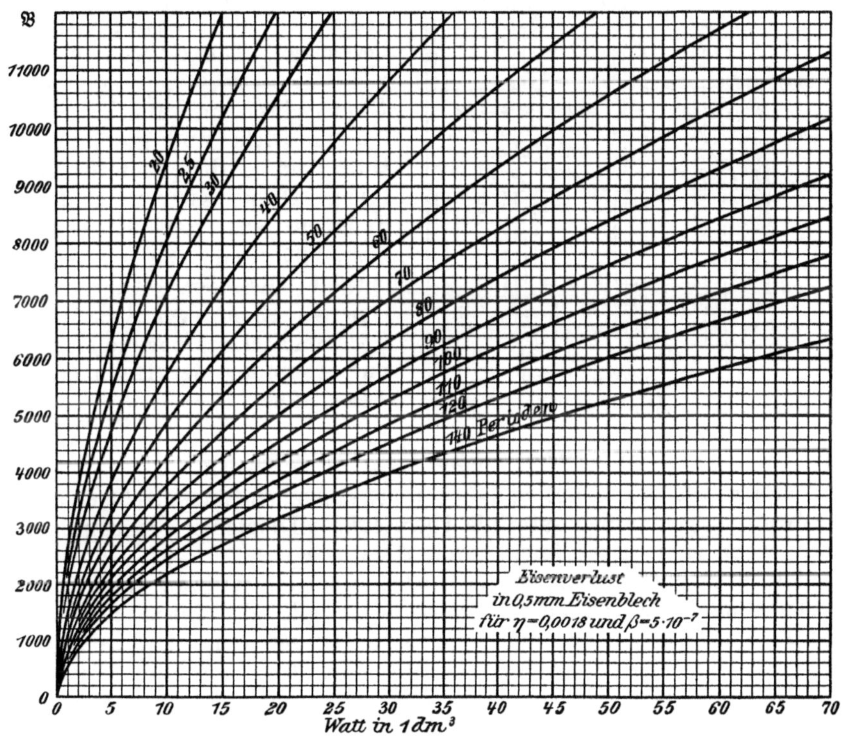

Abb. 241.

[1]) Solche Arbeitsschleifen mit abgerundeten Ecken erhält man auch, wenn man Ladung und Spannung eines Kondensators mit unvollkommenem Dielektrik (Leitungsvermögen, Rückstandsbildung § 181) oder Strom und Spannung eines Wechselstromlichtbogens (§ 261) in gleicher Weise aufzeichnet. Eine der magnetischen Hysterese ähnliche Erscheinung wird aber dadurch nicht bewiesen, nur ein entsprechender Arbeitsverbrauch. Hysterese ist nur dort vorhanden, wo die Enden der Schleife scharfe Spitzen haben, und wo es eine der Koerzitivkraft entsprechende Größe gibt.

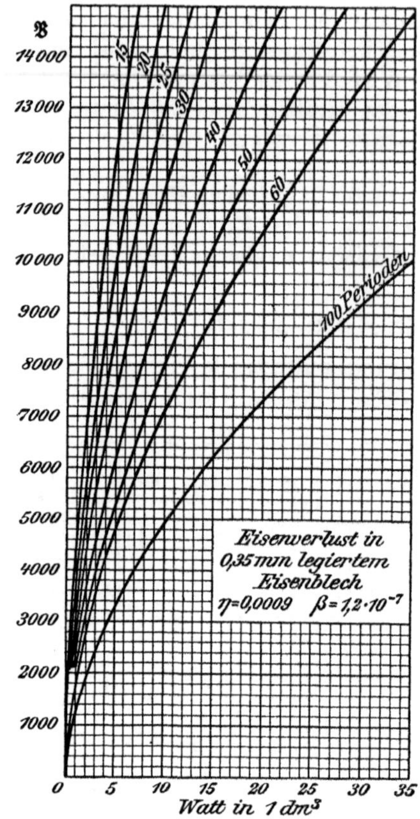

Abb. 242.

samte im Eisenkern irgendeines Wechselstromapparates in Wärme umgesetzte Verlust V an nutzbarer Leistung ist demnach für 1 cm³

$$V = p_h + p_w = (\eta \nu \mathfrak{B}^{1,6} + \beta \nu^2 \mathfrak{B}^2) \cdot 10^{-7} \text{ Watt} \tag{189}$$

Man bezeichnet diesen gesamten im Eisen auftretenden Verlust als **Eisenverlust** zum Unterschiede von der in der Wicklung auftretenden Stromwärme, die man (in Watt ausgedrückt) als **Kupferverlust** bezeichnet. Die Kurven in Abb. 241 gestatten den gesamten Eisenverlust in Blechen von 0,5 mm Dicke und gewöhnlicher Güte für 1 dm³ sofort abzulesen. Diese Kurven sind die Summen aus den Kurven in Abb. 237 und 238. Abb. 242 enthält dieselben Kurven für legiertes Eisen (vgl. S. 283) von 0,35 mm Dicke. Über die Messung und Trennung der Eisenverluste siehe § 292.

158. Der Magnetisierungsstrom.

Es wurde schon auf S. 249 betont, daß auch ein einzelner Stromkreis streng genommen unter die Theorie des allgemeinen Transformators fällt, wenn seine Kraftlinien durch Eisen oder andere gute Leiter verlaufen und hier merkliche Wirbelströme erzeugen, weil diese nichts anderes sind als sekundäre Ströme. Das gilt also insbesondere von jeder Wechselstromspule mit Eisenkern (Drosselspule, Elektromagnet, leerlaufender Transformator oder Motor u. dgl.). Die im Eisenkern entstehenden Wirbelstrom- und Hystereseverluste gehen auf Kosten der vom Strome J (bzw. J_1) zugeführten elektrischen Leistung. Mithin verursachen nicht nur die Wirbelströme, sondern die **gesamten** Eisenverluste Veränderungen in den Widerstandsgrößen gemäß § 152. Es tritt also an Stelle des wahren Widerstandes w der äquivalente ϱ, der größer ist als w, und an Stelle der wahren Selbstinduktion L tritt die äquivalente Selbstinduktion λ, die kleiner ist als L[1]). An Stelle des

[1]) Da alles, was den Magnetisierungs- und Leerlaufstrom betrifft, nicht nur für den Transformator, sondern für jede Wechselstromspule mit Eisenkern gilt, ist hier und in § 159 der Index 1 weggelassen.

für einen einzelnen Stromkreis geltenden Widerstandsdreieckes ABC (Abb. 243) tritt demnach das Dreieck AGH. An Stelle des scheinbaren Widerstandes $BC = \sqrt{w^2 + (\omega L)^2}$ tritt der äquivalente scheinbare Widerstand $GH = \sqrt{\varrho^2 + (\omega \lambda)^2}$.

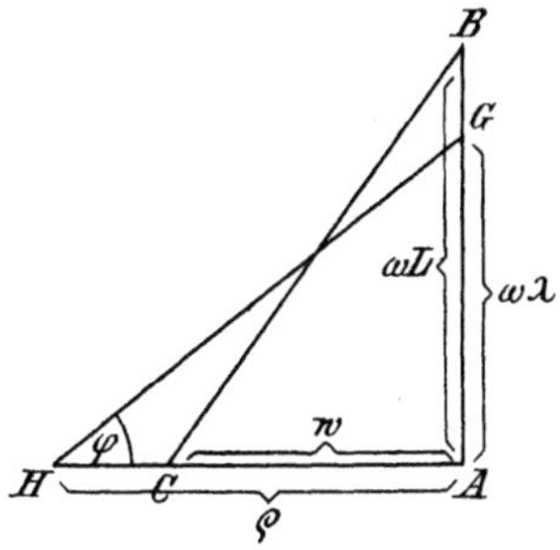

Abb. 243.

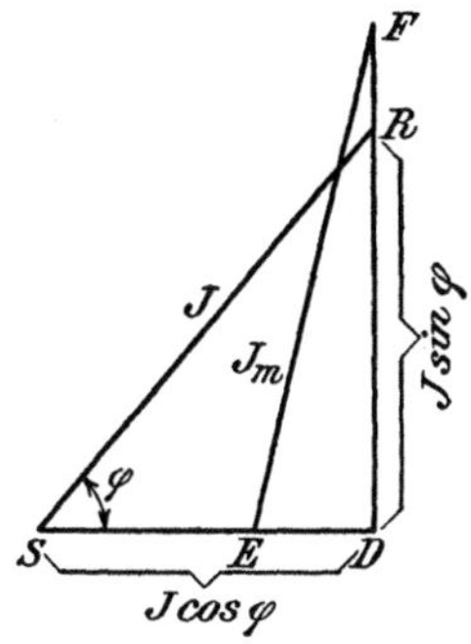

Abb. 244.

Aus der Vergrößerung des Widerstandes von w auf ϱ folgt bei konstanter Klemmenspannung eine Vergrößerung der Wattkomponente des Stromes von DE auf DS (Abb. 244). Aus der Verminderung der Selbstinduktion von L auf λ folgt eine Abnahme der wattlosen Komponente von DF auf DR. Der gesamte Strom ist infolgedessen nicht J_m wie bei einem eisenfreien Stromkreis, sondern J. Dieses J ist bei einem Transformator oder Motor der Leerlaufstrom. Der zu J_m gehörige Scheitelwert $\mathfrak{J}_m$ ist jener Wert, der nötig wäre, wenn man in demselben Stromkreis dieselbe Kraftlinienmenge $\mathfrak{Z}$ mittels Gleichstrom erzeugen würde. Es ist also $\mathfrak{Z} = \frac{0{,}4\,\pi\,\mathfrak{J}_m}{\mathfrak{w}}$. Daher ist $\mathfrak{J}_m$ der reine Magnetisierungsstrom. Dieser ist nicht indentisch mit der wattlosen Komponente, sondern er enthält auch die dem Stromwärmeverlust in der Wicklung (primärer Verlust) entsprechende Wattkomponente ED. Gemäß § 136 ist $ED = \frac{V_k}{K}$, wenn V_k den genannten Stromwärmeverlust und K die Klemmspannung bedeutet. Der gesamte, mittels eines Wattmeters meßbare Verlust P besteht aus diesem und dem Eisenverlust V_e, so daß

$$P = V_k + V_e.$$

Die gesamte Wattkomponente ist

$$DS = \frac{P}{K} = \frac{V_k}{K} + \frac{V_e}{K} = DE + ES,$$

mithin ist $ES = \frac{V_e}{K}$ die dem Eisenverluste entsprechende Wattkomponente.

Gemäß Gl. 178 besteht der äquivalente Widerstand ϱ aus dem

Ohmschen Widerstand des primären Stromkreises w, vermehrt um einen Betrag, den wir jetzt mit dem Buchstaben w_e bezeichnen, so daß

$$\varrho = w + w_e \quad \text{ist.}$$

Gemäß Gl. 180 ist

$$\varrho = \frac{P}{J^2} = \frac{V_k}{J^2} + \frac{V_e}{J^2}.$$

Das erste Glied auf der rechten Seite ist nichts anderes als der wahre Ohmsche Widerstand w, weil nach dem Jouleschen Gesetz $V_k = w J^2$ ist. Setzen wir dementsprechend

$$\frac{V_e}{J^2} = w_e,$$

so bezeichnen wir diesen Wert als Eisenverlustwiderstand, weil er sich aus dem Eisenverlust nach Division mit J^2 ergibt[1]). In Abb. 243 ist $\varrho = AH$ und $w = AC$. Mithin ist $CH = w_e$. Die Lage des Punktes C in Abb. 243 und des Punktes E in Abb. 244 kann nach vorstehendem aus Strom, Spannung und Wattverbrauch ohne weiteres bestimmt werden. Dagegen kann die Lage des Punktes F und daher auch der reine Magnetisierungsstrom J_m nicht direkt bestimmt werden. Aus den gemessenen Werten erhält man nur die Strecke DR als wattlose Komponente des Stromes J, und aus Gl. 181 erhält man nur den äquivalenten Induktionswiderstand $\omega\lambda = AG$. Der wahre Induktionswiderstand $\omega L = AB$ kann nur auf indirektem Wege ermittelt werden. Aus Gl. 179 ersieht man, daß für den Grenzfall $\omega = 0$ ($\nu = 0$) die äquivalente Selbstinduktion λ in die wahre Selbstinduktion L übergeht. Bestimmen wir also $\omega\lambda$ nach Gl. 181 bei verschiedenen Periodenzahlen und berechnen daraus λ, indem wir durch $\omega = 2\pi\nu$ dividieren, so erhalten wir die in Abb. 245 eingetragene Kurve λ in Abhängigkeit von der Periodenzahl. Hat man genügend viele Punkte bis herab zu den kleinsten Periodenzahlen, wo man noch sicher messen kann, so läßt sich die λ-Kurve bis zur Ordinatenachse verlängern. Die

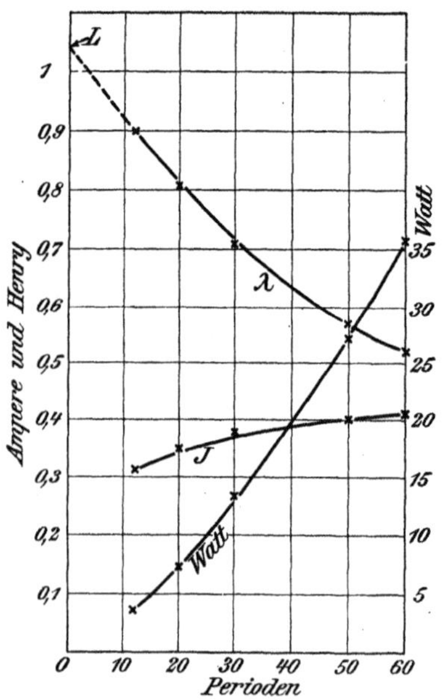

Abb. 245.

[1]) Aus $\varrho = w + w_e$ erkennt man auch, daß der gesamte Eisenverlust die Phasenverschiebung des Stromes verkleinert wie jeder wirkliche Widerstand und jede Wattkomponente. Daher ist es falsch, dem Eisen eine „hysteretische Phasenvoreilung" zuzuschreiben. Eine solche Wirkung hat nur ein Kondensator oder eine übererregte Maschine.

dadurch bezeichnete Ordinate ist die wahre Selbstinduktion L. Sie ist in diesem Beispiele 1,04 Henry. Hieraus ergibt sich der wahre Induktionswiderstand ωL für beliebige Periodenzahlen. Bei 50 Perioden ist z. B.

$$\omega L = 2\pi \cdot 50 \cdot 1{,}04 = 327 \text{ Ohm}.$$

Man kann nun auch den effektiven Wert J_m des reinen Magnetisierungsstromes ausrechnen, denn es ist $J_m = \frac{K}{\sqrt{w^2 + (\omega L)^2}}$. Der wahre Ohmsche Widerstand w kann mittels Gleichstrom gemessen werden.

Handelt es sich nur um den Magnetisierungsstrom J_m, so kann man ihn auf ähnliche Weise, aber auf kürzerem Wege erhalten, denn für $\nu = 0$ ist der reine Magnetisierungsstrom J_m gleich dem Gesamtstrome J, weil das Dreieck DRS (Abb. 244) bei der Periodenzahl Null in das Dreieck DFE übergeht. Trägt man also bei konstanter Kraftlinienmenge, aber abnehmender Periodenzahl die gemessenen Stromstärken J in ein Kurvenblatt auf, wie in Abb. 245, und verlängert diese Kurve bis zum Schnitt mit der Ordinatenachse, so erhält man hier den reinen Magnetisierungsstrom J_m. Auf beiden Wegen muß man zu demselben Wert gelangen. Die Verlängerung der J-Kurve bis zum Schnitt mit der Ordinatenachse ist aber manchmal unsicher, weil diese Kurve gerade bei kleinen Periodenzahlen eine stärkere Krümmung zeigt.

Wenn eine dieser beiden Methoden nicht angewendet werden kann so ist es unmöglich, das Dreieck DFE zu bestimmen. Man muß sich dann mit einer näherungsweisen Darstellung begnügen, indem man den Punkt F auf den Punkt R fallen läßt wie in Abb. 246 und 247. Hieraus kann nun J_m leicht berechnet werden. Ist die dem Eisenverlust entsprechende Strecke ES bedeutend größer als die dem Stromwärmeverlust entsprechende Strecke DE, so zeigt Abb. 246, daß man näherungsweise den Magnetisierungsstrom J_m gleich der wattlosen Komponente DR setzen kann. Ist hingegen der Eisenverlust mehrmals kleiner als der Stromwärmeverlust, so zeigt Abb. 247, daß man näherungsweise den Magnetisierungsstrom J_m gleich dem Gesamtstrom J setzen kann.

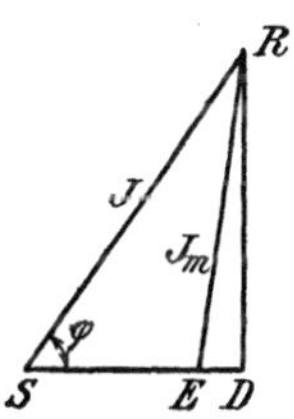

Abb. 246.

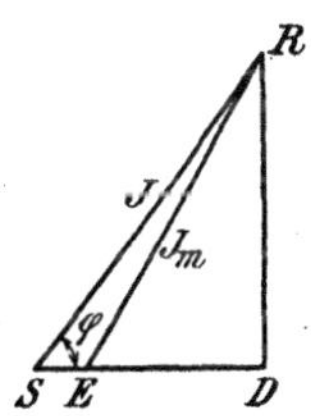

Abb. 247.

Wie alle graphischen Darstellungen sind auch die vorstehenden nur dann streng richtig, wenn alle Wellen sinusförmig sind. Ist beträchtliche Hysterese vorhanden, so erleidet der Magnetisierungsstrom eine starke Verzerrung, die im folgenden behandelt wird.

159. Die Verzerrung der Stromwelle durch magnetische Hysterese.

Im vorhergehenden haben wir wie bisher vorausgesetzt, daß Spannung und Strom sinusförmig verlaufen. Das trifft aber gerade dann nicht mehr zu, wenn magnetische Hysterese auftritt. Diese bewirkt eine unsymmetrische Verzerrung der Stromwelle, die sich konstruieren läßt, wenn man auf die Augenblickswerte zurückgeht.

Das magnetische Feld ist (nach § 105) in jedem Augenblick bestimmt durch

$$\mathfrak{z} = \frac{0{,}4\,\pi\, i_\mu N}{\mathfrak{w}},$$

wenn N die Windungszahl, i_μ den Augenblickswert des Magnetisierungsstromes in Ampere und $\mathfrak{w}$ den magnetischen Widerstand des Kraftlinienbündels bedeutet. Dieser ist

$$\mathfrak{w} = \frac{l}{\mu S},$$

wobei l die Länge, S den Querschnitt und μ die magnetische Durchlässigkeit bedeutet. Es ist also

$$\mathfrak{z} = \frac{0{,}4\,\pi\, i_\mu N}{l}\,\mu S.$$

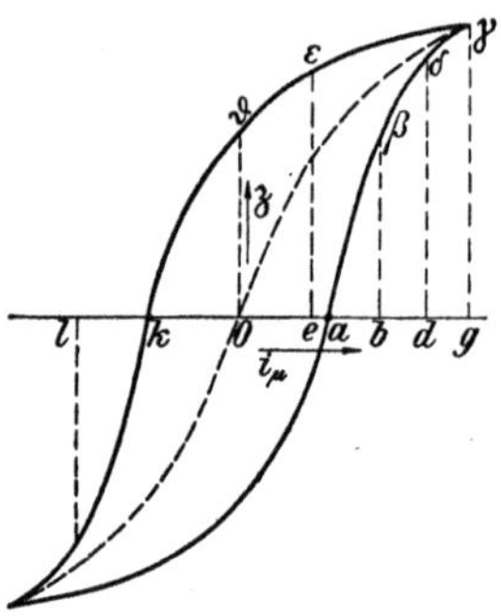

Abb. 248.

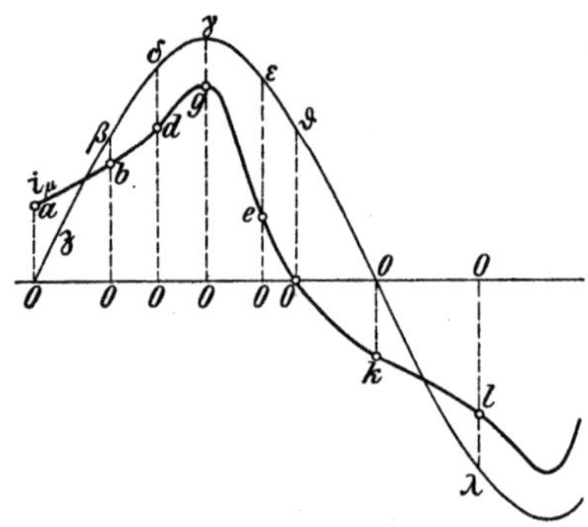

Abb. 249.

Wäre μ eine Konstante, wie die übrigen Faktoren, so müßte der Strom denselben Verlauf nehmen wie $\mathfrak{z}$. Nun ist aber μ eine Funktion der Kraftliniendichte $\mathfrak{B}$ (Abb. 123) und daher auch von $\mathfrak{z}$. Infolgedessen ist der Strom auch abhängig von μ, und er wurde daher mit dem Index $_\mu$ bezeichnet. In Abb. 128 ist die Beziehung zwischen $\mathfrak{H}$ und $\mathfrak{B}$ für verschiedene magnetische Kreisprozesse dargestellt. Als Abszissen sind die magnetisierenden Kräfte $\mathfrak{H} = \dfrac{0{,}4\,\pi\, i_\mu N}{l}$, als Ordinaten die Kraftliniendichten $\mathfrak{B} = \dfrac{\mathfrak{z}}{S}$ aufgetragen. Dividiert man den

Abszissenstab durch $\frac{0{,}4\,\pi N}{l}$ und multipliziert den Ordinatenmaßstab mit S, so erhält man die Abb. 248, die für den betreffenden Fall die Beziehung zwischen i_μ und $\mathfrak{z}$ darstellt. Man zeichnet nun die Wellenform von $\mathfrak{z}$, die wir hier als sinusförmige voraussetzen, so auf (Abb. 249), daß ihr Scheitelwert $\mathfrak{Z}$ gleich der größten Ordinate $g\gamma$ in Abb. 248 ist. Dann sucht man zu beliebigen Ordinaten von $\mathfrak{z}$ in Abb. 249 die gleich großen Ordinaten in Abb. 248 und mißt hier die dazugehörigen Abszissen ab. So findet man z. B., daß zur Ordinate $O\beta$ der Abb. 249 die Abszisse Ob der Abb. 248 gehört; diese trägt man als Ordinate in Abb. 249 ein und erhält so den Punkt b. Auf gleiche Weise erhält man beliebige Punkte a, b, d ... der Stromwelle i_μ. Es ist das der Magnetisierungsstrom mit Berücksichtigung der Hysterese, weil die Hystereseschleife zu seiner Konstruktion benützt wurde. Infolgedessen enthält sie auch schon den Hystereseverlust als Wattkomponente. Hätten wir zur Konstruktion dieser Stromwelle nicht die Schleife, sondern die Mittellinie $O\gamma$ (die sogenannte jungfräuliche Magnetisierungskurve) benützt, so hätten wir die im vorigen Paragraph als reinen Magnetisierungsstrom bezeichnete Stromwelle i_m ohne unsymmetrische Verzerrung erhalten.

Da also der Magnetisierungsstrom i_μ schon den Hystereseverlust enthält, unterscheidet er sich vom gesamten Strom i (Leerlaufstrom bei einem Transformator oder Motor), nur durch eine Wattkomponente i_w, die vom Wirbelstromverlust herrührt. Diese Wattkomponente erhält man, indem man diesen Verlust durch die Spannung dividiert. Als Wattkomponente hat sie gleiche Form und gleiche Phase wie die Klemmenspannung k. Wird sie zu i_μ addiert, so erhält man den Gesamtstrom i. In

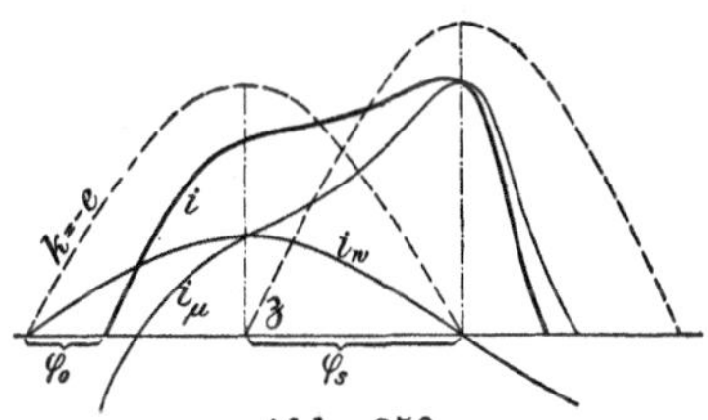

Abb. 250.

Abb. 250 ist das durchgeführt. Zunächst wird die $\mathfrak{z}$- und i_μ-Welle aus Abb. 249 aufgezeichnet. Vernachlässigt man den Ohmschen Spannungsabfall wi, was hinsichtlich der Wellenform meist zulässig ist[1]), so ist gemäß § 132: $k = -e$. Demnach ist die k-Welle als negative e-Welle entsprechend der Abb. 197 hier eingezeichnet. In gleicher Phase ist die Wattkomponente i_w eingezeichnet. Aus der Summe von i_μ und i_w ergibt sich nun der gesamte Strom i.

Wie man sieht, ist die i_μ- und die i-Welle unsymmetrisch verzerrt. Während ihre Scheitelwerte mit dem Scheitelwert der $\mathfrak{z}$-Welle zusammenfallen, sind die Nullwerte verschoben; und diese Verschiebung ist, wie aus der Konstruktion hervorgeht, um so größer, je größer der remanente Magnetismus $O\vartheta$ ist (Abb. 248). Von einem Phasenverschiebungswinkel der Stromwelle gegen die Spannungswelle k oder gegen

[1]) Ist das nicht zulässig, so muß k aus e und wi wie in Abb. 197 konstruiert werden.

die magnetische Welle $\mathfrak{z}$ kann also jetzt nicht mehr gesprochen werden, sondern jeder Augenblickswert des Stromes hat eine andere Phasenverschiebung gegen den entsprechenden Augenblickswert der Spannung oder der Magnetisierung[1]).

Die Hystereseschleife in Abb. 248 entspricht einer Magnetisierung bis etwa 7000 Kraftlinien. Bei stärkerer Magnetisierung ist die Hystereseschleife schlanker und spitzer, und dann ist auch die Wellenform des Magnetisierungsstromes i_μ und des Gesamtstromes i spitzer, wie Abb. 252 für $\mathfrak{B} = 10000$ Kraftlinien zeigt. Der Buckel in der i_μ-Welle bei a und k (Abb. 249) ist um so höher, je größer die Koervzitivkraft (Oa bzw. Ok in Abb. 248) ist.

Die Wellenformen i_μ und i hängen natürlich auch von der Form der magnetischen Welle $\mathfrak{z}$ ab; und zwar sind sie um so spitzer, je spitzer diese ist. Da nun die magnetische Welle um so spitzer ist, je stumpfer die Spannungswelle ist (§ 212), so ist auch die Stromwelle um so spitzer, je stumpfer die Spannungswelle ist, was durch die experimentell aufgenommenen Wellen in Abb. 251 bis 253 bestätigt wird.

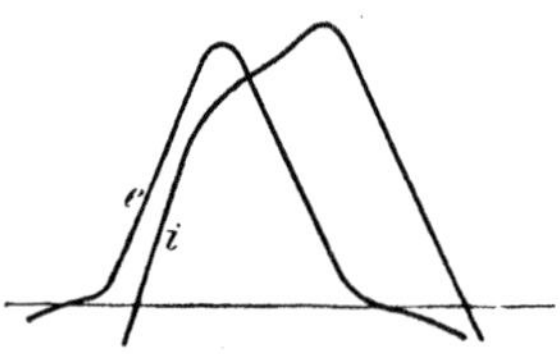

$\sigma_t = 143.$
Abb. 251.

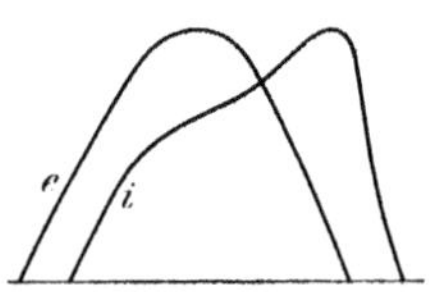

$\sigma_t = 1{,}48.$
Abb. 252.

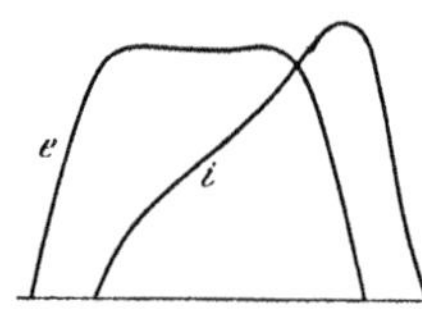

$\sigma_t = 1{,}52.$
Abb. 253.

Enthält der Eisenkern einen Luftzwischenraum, so ist die in Abb. 248 dargestellte Hystereseschleife um so schmäler und nähert sich um so mehr einer durch den Nullpunkt gehenden geraden Linie, je größer der magnetische Widerstand im Luftzwischenraum gegenüber dem im Eisen ist (§ 111). Um so mehr nähert sich auch die Welle des Magnetisierungsstromes der der Spannung.

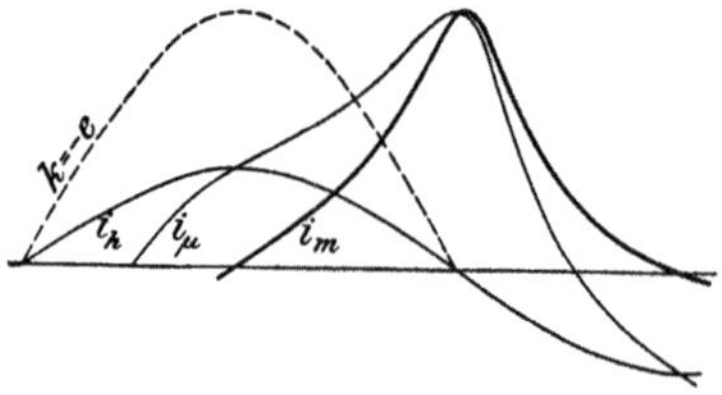

Abb. 254.

Wie schon oben erwähnt wurde, enthält der Magnetisierungsstrom i_μ den Hystereseverlust als Wattkomponente. Will man ihn davon befreien, um den im vorigen Paragr. benützten **reinen** Magnetisierungsstrom i_m zu erhalten, so muß man die dem Hystereseverlust entsprechende Wattkom-

[1]) Es ist daher unsachlich und irreführend, wenn man von einem Hysterese-Phasenverschiebungswinkel oder magnetischen Verzögerungswinkel spricht. Es ist geradezu ein Charakteristikum der Hysterese, daß sie die Darstellung der Phasenverschiebung durch einen Winkel unmöglich macht. Man kann nur sagen, daß sie die Phasenverschiebung verkleinert und den Leistungsfaktor vergrößert. Vgl. auch Anm. auf S. 285.

ponente i_h zeichnen und von i_μ abziehen, wie es in Abb. 254 durchgeführt ist. Als Wattkomponente hat i_h gleiche Form und gleiche Phase wie k. Die i_m-Welle ist symmetrisch zum Scheitelwert, und ihr Nullpunkt fällt mit dem Nullpunkt der $\mathfrak{z}$-Welle, also auch mit dem Scheitelwerte der k-Welle zusammen[1]). Wie schon oben erwähnt, hätte man diese i_m-Welle auch dadurch erhalten, daß man der in Abb. 249 durchgeführten Konstruktion nicht die Hystereseschleife, sondern die jungfräuliche Magnetisierungskurve zugrunde gelegt hätte.

Wie aus den Abb. 250 und 254 hervorgeht, haben die i_μ-, i_m- und i-Welle denselben Scheitelwert, wenn der Scheitelwert der Wattkomponenten i_w und i_h zusammen nicht größer ist als der von i_m. In diesem Falle, der bei allen Induktionsmotoren und den meisten Drosselspulen und Transformatoren zutrifft, ist also

$$\mathfrak{J} = \mathfrak{J}_\mu = \mathfrak{J}_m.$$

Dagegen können die effektiven Werte infolge Verschiedenheit der Wellenformen, also Verschiedenheit der Scheitelfaktoren, verschieden sein. Für sie gilt die graphische Darstellung in Abb. 244 oder näherungsweise Abb. 246 und 247. Da der Hystereseverlust vom Scheitelwert $\mathfrak{Z}$ der Kraftlinienmenge abhängt, so kommt es nur auf diesen an. Daher wurde auch die Grundgleichung 109 in der Form dargestellt, daß man aus dem effektiven Werte E den Scheitelwert $\mathfrak{Z}$ erhält. Infolgedessen braucht man auch nur den Scheitelwert des Magnetisierungsstromes. Er ergibt sich aus

$$\mathfrak{J}_m = \frac{\mathfrak{w}\,\mathfrak{Z}}{0{,}4\,\pi N};$$

und da dieser in den angegebenen Fällen identisch ist mit dem Scheitelwert des Gesamtstromes $\mathfrak{J}$, so braucht man in solchen Fällen die übliche, nur näherungsweise gültige Darstellung, wie sie Abb. 246 und 247 zeigt, nicht. Vom Scheitelwert $\mathfrak{J}$ gelangt man zum effektiven Wert J, wenn man durch den Scheitelfaktor σ_i der i-Welle dividiert. Kennt man die Wellenform von i, so kann man diesen Scheitelfaktor gemäß §§ 214, 215 berechnen. Kennt man die Wellenform nicht, so benützt man einen der in Abb. 251 bis 253 angegebenen Scheitelfaktoren, je nachdem die Spannungswelle spitz, sinusförmig oder stumpf ist. Weiß man darüber nichts, so benützt man den mittleren Scheitelfaktor $\sigma_i = 1{,}48$.

Je stärker die Wirbelströme im Eisen oder in anderen Metallmassen sind, desto größer ist i_w und desto mehr nähert sich der Gesamtstrom i der Sinusform, wenn die Spannungswelle sinusförmig ist.

Beispiel. Ein aus 0,5 mm Eisenblech zusammengesetzter Ring von $l = 100$ cm mittlerem Umfang (Länge des Kraftlinienpfades) und $S = 34$ cm^2 Querschnitt, werde mit 200 Windungen (N) Kupferdraht bewickelt und soll an 110 Volt Spannung bei 50 Perioden angeschlossen werden.

---

[1]) Daher ist jener Augenblickswert der i-Welle, welcher auf den Scheitelwert der k-Welle fällt (Abb. 250), gleich dem Scheitelwert der Wattkomponente, die aus i_w und i_h besteht (Wirbelstrom- und Hystereseverlust).

Da sich bei so großer Selbstinduktion die EMK sehr wenig von der Klemmenspannung unterscheidet, so ergibt sich die Kraftlinienmenge aus Gl. 109:

$$\mathfrak{Z} = \frac{E \cdot 10^8}{4{,}44\, \nu N} = \frac{110 \cdot 10^8}{4{,}44 \cdot 50 \cdot 200} = 248000\,.$$

Daher die Kraftliniendichte $\mathfrak{B} = \frac{248000}{34} = 7300\,.$

Dazu findet man aus Abb. 123 eine Durchlässigkeit $\mu = 3200$. Mithin ist der magnetische Widerstand

$$\mathfrak{w} = \frac{l}{\mu S} = \frac{100}{3200 \cdot 34} = 0{,}00092\,.$$

Der Scheitelwert $\mathfrak{J}_m$ des Magnetisierungsstromes ist

$$\mathfrak{J}_m = \frac{\mathfrak{w}\,\mathfrak{Z}}{0{,}4\,\pi N} = \frac{0{,}00092 \cdot 248000}{0{,}4 \cdot 3{,}14 \cdot 200} = 0{,}91\ A\,.$$

Zur Berechnung des effektiven Wertes nehmen wir den Scheitelfaktor der Abb. 252, nämlich 1,48. Dann ist

$$J_m = \frac{\mathfrak{J}_m}{\sigma_i} = \frac{0{,}91}{1{,}48} = 0{,}61\ A\,.$$

Bei $\mathfrak{B} = 7300$ findet man aus Abb. 241 einen Eisenverlust von 20 Watt für 1 dm³. Der Rauminhalt des Eisenringes ist $100 \cdot 34 = 3400$ cm³ $= 3{,}4$ dm³. Mithin der ganze Eisenverlust $20 \cdot 3{,}4 = 68$ Watt. Daraus ergibt sich die dem Eisenverluste entsprechende Wattkomponente $ES = \frac{68}{110} = 0{,}62$. Die Wattkomponente des Eisenverlustes ist also von gleicher Größenordnung wie der Magnetisierungsstrom. Daher ist auf die S. 290 erwähnte Gleichsetzung von $\mathfrak{J}$ und $\mathfrak{J}_m$ nicht zulässig, sondern man muß Abb. 246 benutzen und J_m gleich DR setzen. Dann ist der gesamte Strom

$$J = \sqrt{DR^2 + ES^2} = \sqrt{0{,}61^2 + 0{,}62^2} = 0{,}87\,.$$

Nun nehmen wir an, dieser Eisenring habe einen Luftspalt von 0,1 cm. Dann ist der magnetische Widerstand gemäß § 106

$$\mathfrak{w} = \frac{100}{3200 \cdot 34} + \frac{0{,}1}{34} = 0{,}00092 + 0{,}00294 = 0{,}00386\,.$$

Mithin
$$\mathfrak{J}_m = \frac{0{,}00386 \cdot 248000}{0{,}4 \cdot 3{,}14 \cdot 200} = 3{,}82\ A\,.$$

Die Wattkomponente des Eisenverlustes ist wie vorhin 0,62, also bedeutend kleiner als der Magnetisierungsstrom. Infolgedessen ist $\mathfrak{J} = \mathfrak{J}_m$. Dann ist

$$J = \frac{\mathfrak{J}_m}{\sigma_i} = \frac{3{,}82}{1{,}48} = 2{,}6\ A\,.$$

Dieser Wert ist sogar genauer, als wenn dasselbe Verfahren wie vorhin auf Grund des nur näherungsweise richtigen Diagrammes Abb. 246 angewendet worden wäre; man würde dadurch einen zu großen Wert für J erhalten.

Die umgekehrte Aufgabe liegt vor, wenn man von einer Eisenblechsorte die Amperewindungskurve oder die μ-Kurve bestimmen will. Man fertigt aus den Blechen einen Eisenring und versieht ihn mit einer gleichmäßigen Wicklung von so dickem Kupferdraht, daß der Ohmsche Spannungsabfall vernachlässigt werden kann. Dann mißt man Spannung, Strom und Leistung. Aus der Spannung[1]) erhält man

[1]) Ist der Ohmsche Widerstand zu groß, so muß man den Spannungsabfall wJ berücksichtigen und die EMK ausrechnen (§ 135).

die Kraftlinienmenge $\mathfrak{Z}$ und daraus die Kraftliniendichte $\mathfrak{B}$. Aus der Leistung erhält man die Wattkomponente des Eisenverlustes. Diese ist vom gemessenen Strom J geometrisch zu subtrahieren, und man erhält J_m. Hat man die Wellenform des Stromes aufgenommen, so kann man den Scheitelfaktor σ_i berechnen. Diesen kann man auch als Scheitelfaktor des Magnetisierungsstromes betrachten. Dann ist $\mathfrak{J}_m = \sigma_i J_m$. Das Produkt $\mathfrak{J}_m N$ gibt die gesamten Amperewindungen. Dividiert man durch die Länge l des Kraftlinienpfades, so erhält man die Amperewindungen für 1 cm bei der betreffenden Kraftliniendichte $\mathfrak{B}$. Um die Durchlässigkeit μ zu finden, berechnet man zunächst den magnetischen Widerstand $\mathfrak{w} = \frac{0{,}4\pi \mathfrak{J}_m N}{\mathfrak{Z}}$, und daraus $\mu = \frac{l}{\mathfrak{w} S}$. Auf diese Weise ist die Amperewindungskurve in Abb. 177 und die Durchlässigkeitskurve in Abb. 123 für Dynamoblech ermittelt worden.

Ist der Eisenverlust klein, wie bei legierten Blechen, so braucht man die Wattkomponente des Eisenverlustes nicht, sondern kann aus dem oben angegebenen Grunde $\mathfrak{J}_m = \mathfrak{J}$ setzen, nachdem man $\mathfrak{J}$ aus $\mathfrak{J} = \sigma_i J$ berechnet hat.

160. Die Bestimmung des Kupplungsfaktors und Streufaktors.

Zur experimentellen Bestimmung des den Betriebsverhältnissen entsprechenden Kupplungsfaktors gibt es nun folgende drei Methoden[1]).

I. Für einen kurzgeschlossenen Transformator oder dgl. gilt mit großer Genauigkeit Gl. 173. Danach ist

$$\varkappa = \frac{J_{k2} N_2}{J_{k1} N_1}.$$

Hieraus ergibt sich der Streufaktor δ gemäß der auf S. 267 erhaltenen Beziehung $\delta = 1 - \varkappa^2$. Die Messung der beiden Kurzschlußströme muß mit großer Genauigkeit geschehen. Diese ist nur dann zu erreichen, wenn man die beiden Amperemeter miteinander vergleichen kann, so daß die Eichfehler beseitigt werden.

II. Diese Vergleichung ist aber nicht möglich, wenn die beiden Ströme sehr verschieden sind, wie es meistens der Fall ist. Dann empfiehlt es sich, zwei gleiche Transformatoren mit den gleichen Wicklungen aufeinander arbeiten zu lassen, und den zweiten Transformator (den tertiären Strom J_3) kurzzuschließen. Der Kupplungsfaktor ergibt sich dann aus[2])

---

[1]) Alle drei Methoden sind vom Verf. angegeben worden, und zwar: I. in ETZ 1908, S. 73, II. in „Elektr. Kraftbetriebe und Bahnen", Bd. 6, S. 688, 1908; ferner „Die Transformatoren", 1. und 2. Aufl., § 46; III. in „Elektr. Kraftbetriebe und Bahnen", Bd. 10, S. 83, 1912. Es ist vorgeschlagen worden, den Streufaktor dadurch zu bestimmen, daß man primäre und sekundäre Wicklung gegeneinandergeschaltet und Gleichstrom durchschickt. Das gibt aber nicht den richtigen Wert, weil da Streuung und Stauung anders ist als bei Wechselstrombetrieb.

[2]) Siehe die unter II. angegebene Literatur.

$$\varkappa = \sqrt{\frac{J_3}{J_1} \cdot \frac{\omega L_{2i} + \omega\lambda}{\omega L_{2i}}}.$$

J_1 und J_3 sind direkt zu messen; und da sie von gleicher Größenordnung sind, können die Amperemeter miteinander verglichen werden. ωL_{2i} und $\omega\lambda$ ergeben sich aus den Leerlauf- und Kurzschlußwerten eines einzelnen Transformators.

III. In jenen Fällen, wo die Messung des sekundären Stromes Schwierigkeiten macht oder überhaupt unmöglich ist, bietet sich folgender Weg: Der primäre Kurzschlußstrom ist

$$J_{k1} = \frac{K_1}{\sqrt{\varrho_k^2 + (\omega\lambda_k)^2}}.$$

Nach Gl. 180 ist

$$\varrho_k = \frac{P_k}{J_{k1}^2},$$

wenn P_k die beim Kurzschluß gemessene elektrische Leistung (also der gesamte Verlust) ist. Und weil bei Kurzschluß $\lambda_k = \delta L_1$ ist (§ 153), so ist

$$J_{k1} = \frac{K_1}{\sqrt{\left(\frac{P_k}{J_{k1}^2}\right)^2 + \delta^2 (\omega L_1)^2}}.$$

Der induktive Widerstand ωL_1 kann aus dem Magnetisierungsstrom (Gl. 183) ermittelt werden. Bei normalen Transformatoren und Induktionsmotoren ist w_1^2 verschwindend klein gegen $(\omega L_1)^2$. Dann ist

$$\omega L_1 = \frac{K_1}{J_m}.$$

Nachdem man dies eingesetzt hat, ergibt sich

$$\delta = (1 - \varkappa^2) = \frac{J_m}{K_1 J_{k1}} \sqrt{K_1^2 - \left(\frac{P_k}{J_{k1}}\right)^2}.$$

J_m ergibt sich aus dem bei derselben Spannung gemessenen Leerlaufstrom J_0 nach Abrechnung der den Eisenverlusten entsprechenden Wattkomponente (gemäß Abb. 246). Sind die Eisenverluste klein, so kann, wie sich auf S. 295 ergeben hat, J_0 für J_m eingesetzt werden.

Bei einem streuungslosen Transformator ($\delta = 0$) ist nach § 153 der Leistungsfaktor bei Kurzschluß $\cos\varphi_k = 1$, also die aufgenommene Leistung gleich dem Produkte aus Strom und Spannung: $P_k = K_1 J_{k1}$. In der Tat wird für diesen Fall der obige Ausdruck gleich Null[1]).

Es wäre am naheliegendsten, den Kurzschlußversuch zur Messung von P_k und J_{k1} bei derselben Klemmenspannung K_1 zu machen, wie

---

[1]) Wäre der Wattverbrauch des Transformators bei Kurzschluß $P_k = 0$, so wäre $\delta = \frac{J_m}{J_{k1}}$. Das ist eine Formel, die man häufig findet, die aber von der Wirklichkeit weit entfernt ist.

den Leerlaufversuch zur Bestimmung von J_m. Da aber die Streufelder proportional den Stromstärken sind, so erhält man bei Kurzschluß unter normaler Spannung Streufelder, die vielmals größer sind, als bei normalem Betrieb. Wegen des Eisenkernes ändert sich dadurch auch der Streufaktor, oder mit anderen Worten: der Streufaktor bei Kurzschluß unter normaler Spannung hat einen anderen Wert als bei normaler Stromstärke. Es ist daher richtiger, den Kurzschlußversuch nicht bei normaler Spannung, sondern bei jener Spannung zu machen, die den normalen Strom (wie bei normaler Belastung) erzeugt. Bezeichnet man die bei diesem Versuch gemessene Spannung mit K_k (Kurzschlußspannung), so geht die letzte Gleichung über in

$$\delta = (1 - \varkappa^2) = \frac{J_m}{K_1 J_{k1}} \sqrt{K_k^2 - \left(\frac{P_k}{J_{k1}}\right)^2}.$$

Es beziehen sich also K_k, P_k, J_{k1} auf den genannten Kurzschlußversuch, dagegen K_1, J_m auf den Leerlaufversuch.

161. Elektrodynamische Schirmwirkung.

Als ein Stromkreis von sehr kleinem Widerstand ist eine Kupferplatte zu betrachten. Wird eine solche vor einen Wechselstromelektromagnet senkrecht zu den Kraftlinien gestellt (Abb. 255a), so stellt die Anordnung einen Transformator dar, dessen primärer Stromkreis die

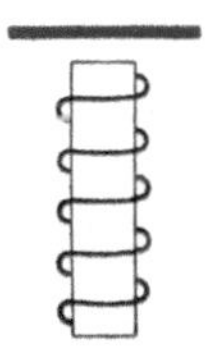

Abb. 255a.

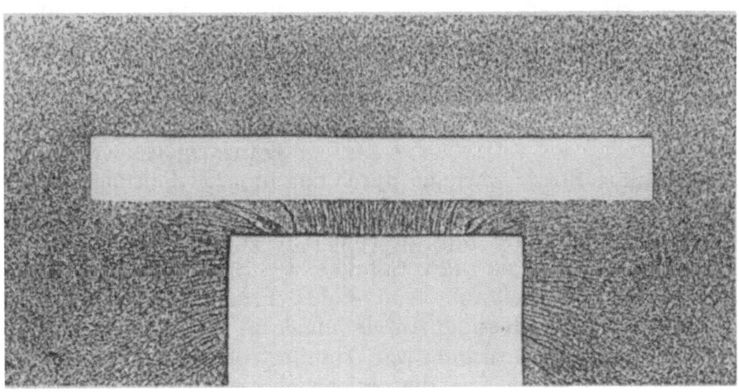

Abb. 255b. Elektrodynamische Schirmwirkung einer Kupferplatte.

Wicklung des Elektromagnetes ist, und dessen kurzgeschlossener sekundärer Stromkreis die Kupferplatte ist. Nach S. 270 ist die Phasenverschiebung zwischen beiden Strömen nahezu 180°, so daß sie in jedem Augenblick einander entgegengesetzt sind. Da sich entgegengesetzte Ströme gegenseitig abstoßen (§ 117), so muß zwischen dem Elektromagnet und der Platte Abstoßung eintreten. Dasselbe ist der Fall, wenn statt der Platte ein geschlossener Kupferring verwendet wird.

Untersucht man das magnetische Feld hinter einer solchen Platte von genügender Dicke, so findet man, daß es beinahe Null ist. Macht man das Feld durch Eisenfeilspäne sichtbar, so erhält man die Abb. 255b. Man ersieht aus ihr, daß die Eisenfeilspäne hinter der Platte ungeordnet liegen, so wie sie hingestreut wurden, weil das magnetische Feld dort verschwindend klein ist. Die Platte übt also eine Schirmwirkung auf den hinter ihr befindlichen Raum gegen die vom Elektromagnet kommenden Kraftlinien aus. Da die Ursache in den in der Platte induzierten Strömen liegt, so bezeichnet man diese Schirmwirkung als elektrodynamische. Da die beiden Ströme um nahezu 180° verschoben sind, so ist das gemeinsame Feld $\mathfrak{Z}$ nahezu Null. Die Kraftlinien, die in Abb. 255 zu sehen sind, stellen das primäre Feld $\mathfrak{Z}_1$ dar. Das sekundäre Feld ist hier nicht zu erkennen, da es zu schwach ist. Aus dem Bilde erkennt man auch deutlich die eigenartige Stauung der Kraftlinien durch die Platte. Die Stauung ist um so größer, je größer die Stromstärke ist, und je näher die Phasenverschiebung an 180° kommt. Die elektrodynamische Schirmwirkung ist daher unter sonst gleichen Umständen um so stärker, je höher die Periodenzahl ist, weil dann die Phasenverschiebung um so näher an 180° kommt.

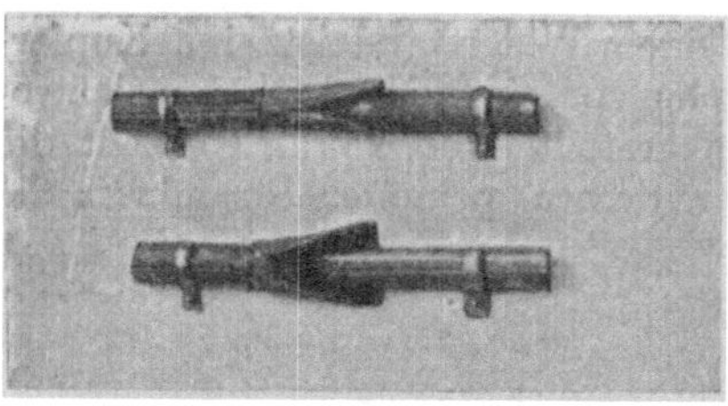

Abb. 256. Durch elektrodynamische Abstoßung aufgetriebene Rohre.

Ein bemerkenswertes Beispiel aus der Praxis[1]) zeigt Abb. 256. Es sind „Bergmann-Rohre", deren Messingmäntel an den ohnehin etwas gelockerten Enden auseinandergetrieben wurden, und zwar durch die Abstoßung zwischen einem primären Strom im inneren Leitungsdraht und einem sekundären Strom im Messingmantel. Die Anordnung stellt also einen Transformator wie Abb. 218 dar. Der primäre Strom war eine durch den inneren Leitungsdraht verlaufende atmosphärische Entladung. Selbst wenn diese nicht oszillatorisch, sondern intermittierend wie in Abb. 474 gewesen wäre, war doch wegea des steilen Anstieges und Abfalles der Stromstärke die Induktion wie bei einem Wechselstrom von hoher Frequenz, so daß der Ohmsche Widerstand des Messingmantels nicht in Betracht kam. Da die Zeitdauer des Stromes zu kurz war, konnte trotz der großen Stromstärke kein Schmelzen, sondern nur die ersichtliche mechanische Wirkung eintreten.

Die elektrodynamische Schirmwirkung unterscheidet sich von der magnetischen (§ 101) dadurch, daß das von dem Elektromagnete herrührende Feld von dem des sekundären Stromes in der Platte zum Teil vernichtet wird, so daß das gemeinsame Feld nahezu Null ist. Das primäre Feld besteht fast nur aus dem primären Streufeld, das wegen der Stauung sehr groß ist. Hingegen besteht die magnetische Schirmwirkung einer Eisenplatte darin, daß die Kraftlinien von ihr

[1]) ETZ 1920 S. 222.

angesaugt und dadurch von dem Raum hinter der Platte ferngehalten werden. Die elektrodynamische Schirmwirkung ist noch unvollkommener als die magnetische. Nur eine solche Platte, deren Widerstand Null ist, vermag bei den in der Technik üblichen Periodenzahlen daganze Feld abzuschirmen. Während die magnetische Schirmwirkung in einem konstanten Felde keine Arbeit verbraucht, ist der Arbeitsverbrauch bei der elektrodynamischen Schirmwirkung um so größer je vollkommener sie ist. Bei konstanter Spannung macht sich der Arbeitsverbrauch durch eine Zunahme der primären Stromstärke bemerkbar. Das ist noch mehr bei einer Eisenplatte der Fall, die zum Zwecke magnetischer Schirmwirkung in ein Wechselfeld gebracht wird, weil in der Eisenplatte starke Wirbelströme induziert werden. Da aber die elektrodynamische Schirmwirkung einer Kupferplatte eine zu unvollkommene ist, kombiniert man beide. Auf die Seite, von der die Kraftlinien kommen, stellt man die Kupferplatte (Abb. 257) und hinter ihr die Eisenplatte. Die Kupferplatte schirmt zunächst den größten Teil der Kraftlinien ab. Diejenigen, die noch hindurchgehen, werden von der Eisenplatte vollständig abgeschirmt. Da ihre Anzahl nicht mehr groß ist, treten auch keine starken Wirbelströme in ihr auf.

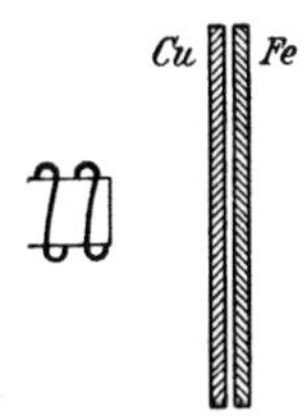

Abb. 257.

Über den Zusammenhang der elektrodynamischen Schirmwirkung mit dem Prinzip der kleinsten magnetischen Arbeit vgl. § 169.

Auf der elektrodynamischen Schirmwirkung beruht der asynchrone Wechselstrommotor[1]) des Verfassers (Abb. 258). Eine um die Achse *A*

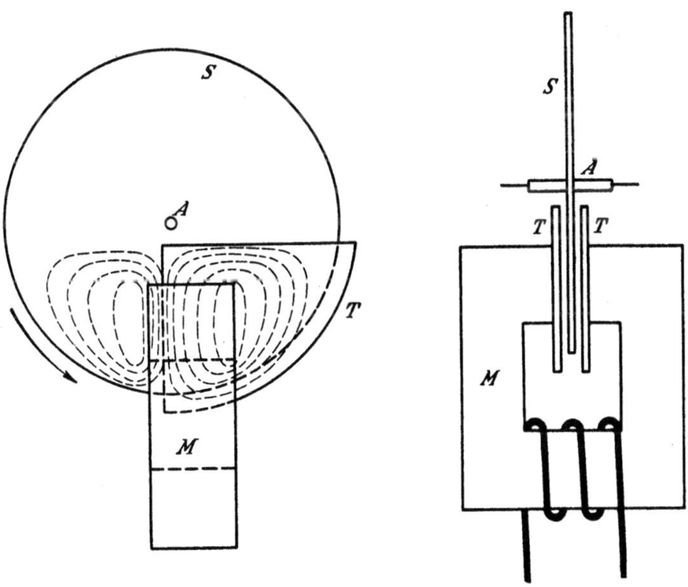

Abb. 258.

[1]) D.R.P. Nr. 86553 vom 5. April 1895, ETZ 1895, S. 368; 1899, S. 82.

drehbare Kupfer- (oder Aluminium-) Scheibe *S* befindet sich zwischen den Polen des Wechselstromelektromagnetes *M*. Vor den Polen sitzen die Kupferplatten *T*, die aber die Polflächen nur zum Teil bedecken. Das magnetische Feld zwischen den Polen induziert in den Platten und in der Scheibe geschlossene Ströme, die durch die gestrichelten Linien angedeutet sind. Gleichzeitig wird durch diese Platten jener Teil der Scheibe, der sich jeweils zwischen ihnen befindet, gegen das magnetische Feld abgeschirmt, so daß in diesem Teil keine oder nur schwache Ströme induziert werden. Im wesentlichen liegen also die in der Scheibe induzierten, geschlossenen Ströme links neben den Platten. Da diese und die Ströme in den schirmenden Platten von demselben magnetischen Felde induziert werden, so haben sie gleichen und parallelen Verlauf und ziehen sich daher gegenseitig an (§ 117); die Scheibe *S* dreht sich also in der Richtung des Pfeiles gegen die Platten hin. Wären die schirmenden Platten nicht vorhanden, so könnte eine Drehung der Scheibe nicht eintreten, sondern sie würde wie in Abb. 255 von jedem Pole Abstoßungen in der Richtung der Kraftlinien erleiden, die sich gegenseitig aufheben.

Abb. 259.

Dieser Wechselstrommotor zeichnet sich dadurch aus, daß seine Umlaufsgeschwindigkeit von der Periodenzahl des Wechselstromes unabhängig und daher absolut asynchron ist, und daß er von selbst anläuft. Der Wirkungsgrad ist aber wegen der großen Stromwärmeverluste in den Platten und in der Scheibe sehr klein, so daß dieses Prinzip nur für ganz kleine Motoren, wo der Wirkungsgrad keine Rolle spielt, angewendet werden kann, wie z. B. für den Reguliermechanismus von Wechselstrom-Bogenlampen (Abb. 259). Hier wirken zwei Magnetsysteme auf eine Scheibe, da es eine Differentiallampe ist. Wird die Scheibe mit einer Feder als Gegenkraft versehen, die sie in eine bestimmte Ruhelage zurückbringt, so dient dieser Motor als Wechselstrominstrument[1]) (vgl. § 271).

Statt der massiven Platten *T* können auch Kupferringe *R* (Abb. 260) verwendet werden[2]), da ja die Schirmwirkung nicht von dem Material als solchem, wie bei der elektromagnetischen Schirmwirkung, sondern

---

[1]) D.R.P. Nr. 84871 vom 5. Juli 1895, ETZ 1899, S. 82.
[2]) D.R.G.M. Nr. 82371 vom 19. Juni 1897.

von den sekundären Strömen herrührt. Zwischen den Strömen in den Ringen und in der Scheibe besteht dieselbe Anziehung wie zwischen den Strömen in den Platten und in der Scheibe. — Über ein anderes Motorprinzip mit gleicher Anwendung vgl. § 231.

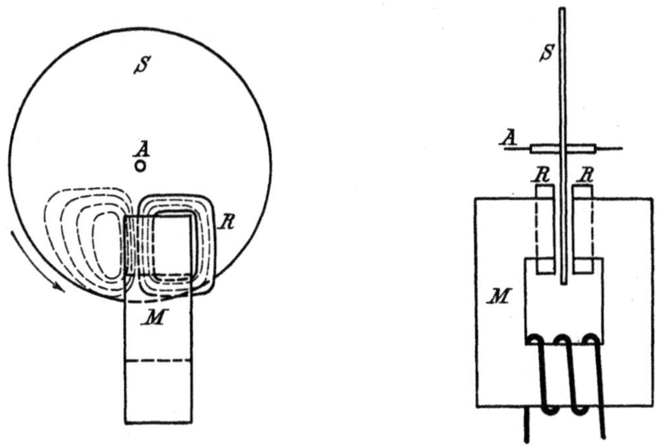

Abb. 260.

162. Einfluß der Wirbelströme auf die Kraftlinienverteilung.

Außer dem Arbeitsverluste durch Erwärmung haben die Wirbelströme in Eisenkernen (Abb. 234) auch noch eine unerwünschte magnetische Wirkung. Da sie als kurzgeschlossene sekundäre Ströme um nahezu 180^0 in der Phase verschoben sind gegenüber dem Strome in der Wicklung, so wirken sie während des größten Teiles einer Periode diesem entgegen; infolgedessen ist das wirklich vorhandene magnetische Feld schwächer, als wenn die Wirbelströme nicht vorhanden wären. Diese Schwächung ist aber nicht überall gleich, sondern in der Mitte des Querschnittes größer als in den oberflächlichen Schichten. Denn auf die Mitte wirken sämtliche Wirbelströme in dieser Weise. Weiter gegen die Oberfläche zu wird die Schwächung nur von jenen Wirbelströmen verursacht, welche die betreffende Schicht umschließen. In der Oberfläche selbst findet also keine Schwächung statt. Die Wirbelströme üben demnach eine Schirmwirkung auf die innerhalb ihrer geschlossenen Bahn liegenden Teile des Kernes aus. Um also bei Wechselstrom dieselbe Kraftliniendichte zu erzielen wie unter den gleichen Verhältnissen bei einem konstanten Strome, sind mehr Amperewindungen notwendig. Man sieht ein, daß dieser schädliche Einfluß um so stärker ist, je dicker das Eisen ist, und daß bei einer gewissen Dicke das Innere ganz unmagnetisch sein kann; ein Grund mehr, die Eisenkerne möglichst oft zu unterteilen.

Abb. 261 läßt die ungleiche Verteilung der Kraftlinien über den Querschnitt einzelner Eisenbleche bei 100 Perioden erkennen. Die Ordinaten geben das Verhältnis $\frac{\mathfrak{B}_x}{\mathfrak{B}_0}$ an, wobei $\mathfrak{B}_0$ die Kraftliniendichte in der äußersten Oberflächenschicht und $\mathfrak{B}_x$ die Kraftliniendichte in der Tiefe x der Platte bedeutet. Die Abszissen geben das Verhältnis der Tiefe x zur halben Plattendicke $\frac{d}{2}$, also das Verhältnis $x:\frac{d}{2}$ an. Man ersieht aus diesen Kurven z. B., daß bei 2 mm Blechdicke die Induktion in der Mitte etwa ein Zehntel der in der Oberfläche ist, bei 1 mm Blechdicke etwa die Hälfte und bei 0,5 mm Blechdicke etwa das 0,92 fache.

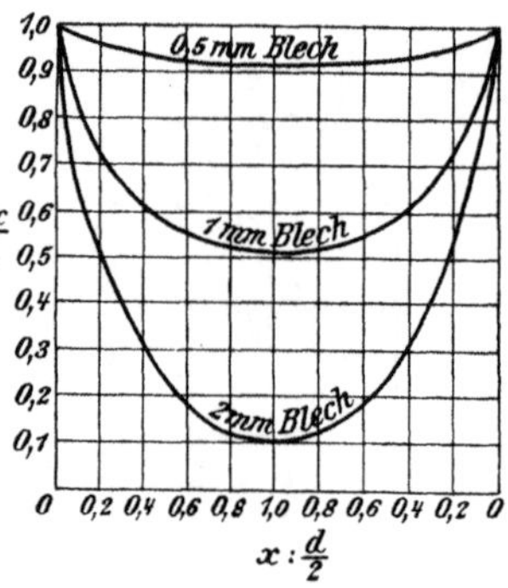

Abb. 261.

Ist die EMK $\mathfrak{E}$ der das Feld erzeugenden Wicklung konstant, so ist auch die Kraftlinienmenge $\mathfrak{Z}$ nach dem Grundgesetz $\mathfrak{E} = \omega N \mathfrak{Z}$ konstant. Infolge der ungleichmäßigen Verteilung der Kraftlinien ist dann die Kraftliniendichte $\mathfrak{B}$ an der Oberfläche größer, in der Mitte aber kleiner als bei gleichmäßiger Verteilung; die Kraftlinien werden gegen die Oberfläche hin gedrängt. Die Kraftliniendichte an der Oberfläche bei 100 Perioden (200 Wechsel) ist z. B.

bei 2 mm dicken Blechen das	1,37 fache		der Kraftliniendichte bei gleichmäßiger Verteilung.
„ 1,5 „ „ „ „	1,23 „		
„ 1,0 „ „ „ „	1,115 „		
„ 0,5 „ „ „ „	1,01 „		
„ 0,25 „ „ „ „	1,00 „		

Diese Zahlen gelten aber nur für einzelne Bleche. Bei Eisenkernen, die aus vielen übereinandergeschichteten Blechen bestehen (Blechpaket), muß die Verteilung über den Querschnitt des ganzen Kernes betrachtet werden. In Abb. 262 sind vier Bleche im Querschnitt gezeichnet. Die gestrichelten Linien deuten die Wirbelströme, die Pfeile ihre Richtung an. Daraus ersieht man, daß sich hinsichtlich der magnetischen Wirkung die nebeneinander liegenden Teile der Wirbelstrombahnen gegenseitig aufheben, weil sie entgegengesetzte Richtung haben. Es bleibt also für die magnetische Wirkung der Wirbelströme ein resultierender Strom, der sich dem äußeren Umfang des ganzen Kernes anpaßt. Das Blechpaket verhält sich in dieser Hinsicht so, wie ein gleichgestalteter massiver Körper, dessen elektrischer Leitungswiderstand aber je nach der Blechdicke vielmals größer ist als der wirkliche Leitungswiderstand des Eisens. Da diese magnetische Schirmwirkung der Wirbelströme auf das Innere des Kernes nicht nur von der Dicke der einzelnen Bleche, sondern auch von dem ganzen Querschnitt des Kernes abhängt, so läßt sich die Verteilung der Kraftliniendichte in solchen Eisenkernen nicht in Formeln bringen. Nach Messungen von

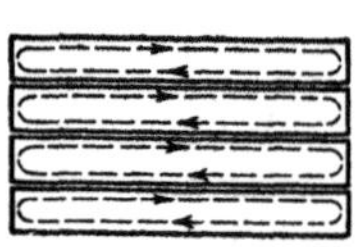
Abb. 262.

Lodge[1]) beträgt der Unterschied der Kraftliniendichte zwischen der Mitte und den äußeren Teilen eines quadratischen Blechpaketes von 220 cm^2 Querschnittfläche bei 100 Perioden 22% und bei 14,6 Perioden 3%.

Die ungleichmäßige Verteilung der Kraftliniendichte hat auch eine Änderung der Eisenverluste (Wirbelströme und Hysterese) zur Folge. Wird die EMK in der Wicklung konstant gehalten, so ist die gesamte Kraftlinienmenge $\mathfrak{Z}$ konstant. Daher ist die Kraftliniendichte $\mathfrak{B}$ im Innern des Eisenkörpers kleiner und in den äußeren Teilen größer als bei gleichmäßiger Verteilung. Wären Wirbelstrom- und Hystereseverlust der ersten Potenz von $\mathfrak{B}$ proportional, so würde sich die Verminderung dieser Verluste im Innern des Körpers und die Vergrößerung derselben in den äußeren Teilen aufheben. Da aber die Wirbelströme mit der 2. Potenz und die Hysterese mit der 1,6. Potenz wachsen, so ergibt sich eine Zunahme derselben, die um so größer ist, je ungleichmäßiger die Verteilung der Kraftliniendichte ist. Die Folge davon ist auch eine kleine Zunahme der Stromstärke. Wird hingegen die Stromstärke in der Wicklung konstant gehalten, so ist die Kraftliniendichte $\mathfrak{B}$ in den äußeren Teilen des Kernes dieselbe, in den inneren Teilen aber kleiner als bei gleichmäßiger Verteilung. Infolgedessen sind die Eisenverluste kleiner als bei gleichmäßiger Verteilung.

Ob durch das Hinausdrängen der Kraftlinien gegen die Oberfläche hin eine Vergrößerung des magnetischen Widerstandes stattfindet oder nicht, hängt von zwei Umständen ab. Die nächste Folge ist immer eine Verkleinerung des Querschnittes des Kraftlinienbündels, was eine Vergrößerung des magnetischen Widerstandes bedeutet. Liegt die Kraftliniendichte $\mathfrak{B}$ unter jenem Wert, bei dem die größte Durchlässigkeit μ besteht (nach Abb. 123 bei etwa 7000), also beispielsweise bei 3000, so hat die Vergrößerung von $\mathfrak{B}$ eine Zunahme von μ, d. h. eine Verkleinerung des magnetischen Widerstandes zur Folge, wodurch die Verkleinerung des Querschnittes ausgeglichen werden kann. Liegt aber $\mathfrak{B}$ beispielsweise bei 8000, so tritt eine Abnahme von μ und infolgedessen eine Vergrößerung des magnetischen Widerstandes aus doppelter Ursache ein.

Die ungleichmäßige Verteilung der Kraftliniendichte hat in jedem Falle zur Folge, daß die magnetische Durchlässigkeit μ nicht an allen Stellen des Querschnittes dieselbe ist, was eine weitere Ungleichförmigkeit in der Kraftliniendichte zur Folge hat. Müssen die Kraftlinien starke Krümmungen machen, wie bei allen Eisenkörpern, welche die Form eines viereckigen Rahmens haben (Abb. 166—171), so ist die Verteilung der Kraftliniendichte besonders verwickelt[2]).

[1]) The Electrician, 11. September 1908.

[2]) Die hier erwähnten, die Kraftliniendichte und Eisenverluste beeinflussenden Umstände, werden bei elektrotechnischen Berechnungen meist nicht berücksichtigt. Überhaupt ist hier zu bemerken, daß drei Umstände, nämlich der Einfluß der Wirbelströme auf die Kraftlinienverteilung, die Abhängigkeit der magnetischen Durchlässigkeit von der ungleichmäßigen Verteilung der Kraftliniendichte und die magnetische Streuung eine genaue Vorausberechnung des Magnetisierungs-

163. Transformatoren in Hintereinanderschaltung.

Die Apparate mit gegenseitiger Induktion, sowohl Transformatoren wie Induktionsmotoren, werden in der Elektrotechnik zumeist so angewendet, daß sie an konstante Klemmenspannung angeschlossen, also untereinander parallel geschaltet sind. Dann ändert sich (nach Gl. 170) die primäre Stromstärke in gleichem Sinne, wie die sekundäre, wenn auch nicht proportional. Transformatoren und Drosselspulen werden manchmal auch in Hintereinanderschaltung mit gleichen oder anderen Apparaten angewendet. Dann hängt die primäre Stromstärke eines einzelnen Transformators nicht von der sekundären ab, sondern es kann eine beliebige Stromstärke durch die primäre Wicklung geschickt werden. Die sekundäre Stromstärke hängt nun nach Gl. 170 von der primären ab sowie davon, was angeschlossen ist. Es gelten natürlich auch da alle in den vorstehenden Paragraphen abgeleiteten Gesetze; es sind nur andere Betriebsbedingungen.

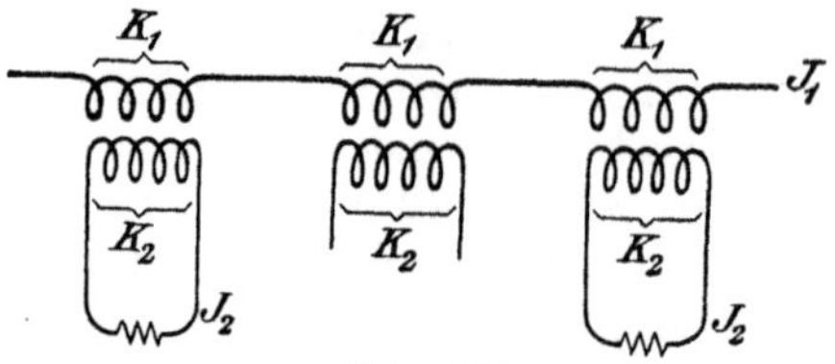

Abb. 263.

Zum Betriebe vieler Bogenlampen werden manchmal viele gleiche Transformatoren hintereinandergeschaltet (Abb. 263), wobei die **Stromstärke** in der primären Wicklung **konstant** gehalten wird. Nach Gl. 175 ist

$$K_1 = J_1 \sqrt{\varrho^2 + (\omega \lambda)^2},$$

d. h. die primäre Klemmenspannung ist proportional dem äquivalenten scheinbaren Widerstand. Ist der sekundäre Stromkreis offen, so ist dieser äquivalente Widerstand gleich dem gewöhnlichen $\sqrt{w_1^2 + (\omega L_1)^2}$, und der Transformator verhält sich so wie eine mit Strom beschickte Drosselspule. Wird der sekundäre Stromkreis geschlossen, so nimmt die primäre Klemmenspannung mit wachsendem sekundären Strom ab, weil der äquivalente scheinbare Widerstand abnimmt. Infolgedessen ist bei mehreren hintereinandergeschalteten Transformatoren die primäre Klemmenspannung verschieden je nach der sekundären Stromstärke; bei einem, dessen sekundärer Stromkreis offen ist (wie bei dem mittleren in Abb. 263), ist sie am größten. Da sich die Kraftlinienmenge in demselben Sinne ändert, wie die Klemmenspannung, so ist auch sie bei offenem Sekundärkreis am größten.

Man kann sich das Verhalten eines so geschalteten Transformators auch nach dem Diagramm (Abb. 224) zurechtlegen. Ist kein sekundärer Strom vorhanden, so ist das magnetische Feld $\mathfrak{B}$ wie bei einer Drosselspule durch die MMK $0{,}4\,\pi\,\mathfrak{J}_1\,N_1$ bestimmt, wächst also bei konstantem

---

stromes und der Eisenverluste in den meisten Fällen ganz unmöglich machen. Größere Genauigkeit läßt sich nur durch Umrechnung von Meßergebnissen auf ähnliche Objekte erreichen.

magnetischen Widerstand proportional der Stromstärke. Wird ein sekundärer Strom abgenommen, so ist das gemeinsame Feld $\mathfrak{Z}$ die Resultierende aus den fiktiven Feldern der primären und sekundären Wicklung. Da diese nahezu entgegengesetzt sind, so ist das Feld im allgemeinen um so kleiner, je größer der sekundäre Strom ist.

Über Stromwandler, die in Hintereinanderschaltung mit anderen Apparaten verwendet werden, vgl. § 283.

164. Selbstinduktion und gegenseitige Induktion in Hintereinanderschaltung. Wirksame Selbstinduktion.

Befinden sich zwei Spulen mit den Selbstinduktionen L_1, L_2 in Hintereinanderschaltung (Abb. 264 und 265), und üben sie eine gegenseitige Induktion aufeinander aus, deren Koeffizient M sei, so summieren sich in jeder Spule in jedem Augenblick die EMK der Selbstinduktion und die von der anderen Spule herrührende EMK der gegenseitigen Induktion. Bezeichnen wir diese Summe mit e_1 bzw. e_2, so ist die Klemmenspannung an der einen Spule (nach Gl. 107)

$$k_1 = w_1 i - e_1$$

und an der anderen Spule

$$k_2 = w_2 i - e_2 .$$

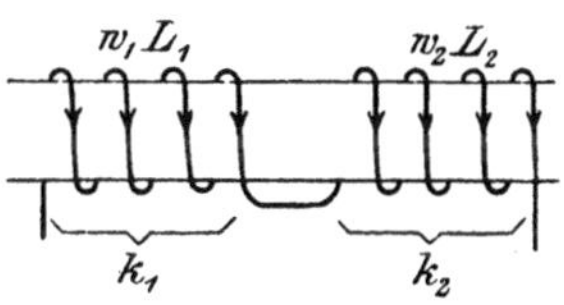

Abb. 264.

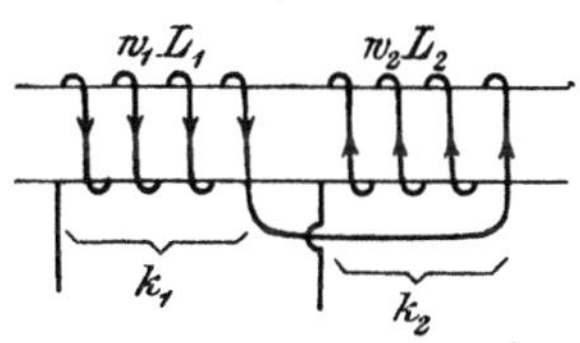

Abb. 265.

Für die Bestimmung von e_1 und e_2 sind zwei Fälle zu unterscheiden, je nachdem, ob die beiden Spulen im gleichen Sinne vom Strome durchflossen werden wie in Abb. 264, oder im entgegengesetzten Sinne wie in Abb. 265 (Gegenschaltung).

Im ersten Falle addieren sich in jeder Spule die EMK der Selbstinduktion $-L_1 \frac{di}{dt}$ $\left(\text{bzw. } -L_2 \frac{di}{dt}\right)$ und die der gegenseitigen Induktion $-M \frac{di}{dt}$. Mithin ist

$$-e_1 = L_1 \frac{di}{dt} + M \frac{di}{dt} = (L_1 + M) \frac{di}{dt},$$

$$-e_2 = L_2 \frac{di}{dt} + M \frac{di}{dt} = (L_2 + M) \frac{di}{dt}.$$

Die Klemmenspannung an der ersten Spule ist also

$$k_1 = w_1 i + (L_1 + M) \frac{di}{dt}$$

und an der zweiten

$$k_2 = w_2 i + (L_2 + M)\frac{di}{dt}.$$

Jede dieser Gleichungen hat dieselbe Form wie für einen einzelnen Stromkreis (Gl. 108), nur mit dem Unterschied, daß an Stelle der für eine einzelne Spule geltenden Selbstinduktion der Wert

$$\left.\begin{aligned} L_1 + M &= \Lambda_1 \\ \text{bzw.} \quad L_2 + M &= \Lambda_2 \end{aligned}\right\} \quad \ldots\ldots\ldots \quad (190)$$

getreten ist. Man bezeichnet daher Λ_1 und Λ_2 als wirksame Selbstinduktion, während L_1, L_2 die Selbstinduktion für den Fall bedeuten daß jede Spule für sich allein vorhanden ist. Wo L_1, L_2, M wie hier als Summanden einer wirksamen Selbstinduktion erscheinen, bezeichnet man sie als Teilinduktionen.

Für die gesamte EMK der beiden hintereinandergeschalteten Spulen gilt in jedem Augenblick die Summe aller 4 Teilinduktionen, so daß die gesamte Klemmenspannung k bestimmt ist durch

$$k = (w_1 + w_2)\, i + (L_1 + L_2 + 2\,M)\frac{di}{dt}.$$

Diese Gleichung hat ebenfalls dieselbe Form wie für eine einzelne Spule, wenn man

$$L_1 + L_2 + 2\,M = \Lambda \quad \ldots\ldots\ldots \quad (191)$$

wiederum als wirksame Selbstinduktion bezeichnet.

Umschließt jede Windung beider Spulen die gesamte Kraftlinienmenge, so muß sich derselbe Wert ergeben, wenn man beide Spulen als eine betrachtet und ihre Selbstinduktion nach § 120 berechnet, oder wenn man sie als wirksame Selbstinduktion nach der letzten Gleichung aus der Summe der Teilinduktionen berechnet. Sind N_1, N_2 die Windungszahlen der beiden Spulen, so ist nach § 120

$$L = \frac{4\pi (N_1 + N_2)^2}{\mathfrak{w}}.$$

Die Teilinduktionen sind

$$L_1 = \frac{4\pi N_1^2}{\mathfrak{w}}$$

$$L_2 = \frac{4\pi N_2^2}{\mathfrak{w}}$$

$$M = \frac{4\pi N_1 N_2}{\mathfrak{w}}.$$

Dann ist nach Gl. 191

$$\Lambda = \frac{4\pi}{\mathfrak{w}}(N_1^2 + N_2^2 + 2\,N_1 N_2) = \frac{4\pi (N_1 + N_2)^2}{\mathfrak{w}}.$$

Es ist also tatsächlich

$$\Lambda = L.$$

Werden hingegen die beiden Spulen im entgegengesetzten Sinn vom Strom durchflossen wie in Abb. 265 (Gegenschaltung), so ist die EMK in den beiden Spulen

$$-e_1 = (L_1 - M)\frac{di}{dt},$$

$$-e_2 = (L_2 - M)\frac{di}{dt}.$$

Daher ist die wirksame Selbstinduktion der einen Spule

$$\Lambda_1 = L_1 - M$$

und in der anderen

$$\Lambda_2 = L_2 - M \quad \ldots \ldots \quad (192)$$

Die gesamte wirksame Selbstinduktion beider Spulen ist

$$\Lambda = L_1 + L_2 - 2M. \quad \ldots \ldots \quad (193)$$

Wir gelangen also zu dem allgemeinen Satz, daß die wirksame Selbstinduktion eines aus mehreren Teilen bestehenden Stromleitersystems gleich der algebraischen Summe sämtlicher Teilinduktionen ist. Dabei sind die Teilinduktionen, welche einen im gleichen Sinne wie der Ohmsche Spannungsabfall wi wirkenden induktiven Spannungsabfall erzeugen mit positiven Vorzeichen, die im entgegengesetzten Sinne wirkenden mit negativen Vorzeichen einzusetzen.

Hat man mehr als zwei Spulen, z. B. drei, und sind L_1, L_2, L_3 ihre Selbstinduktionen, jede für sich allein betrachtet, ferner M_{12} die gegenseitige Induktion zwischen der 1. und 2. Spule, M_{13} die zwischen der 1. und 3. Spule, M_{23} die zwischen der 2. und 3., so ist die wirksame Selbstinduktion der ersten Spule

$$\Lambda_1 = L_1 + M_{12} + M_{13},$$

die der zweiten Spule

$$\Lambda_2 = L_2 + M_{12} + M_{23},$$

die der dritten Spule

$$\Lambda_3 = L_3 + M_{13} + M_{23}.$$

Die wirksame Selbstinduktion aller drei Spulen zusammen, wenn sie hintereinander geschaltet sind, ist

$$\Lambda = L_1 + L_2 + L_3 + 2M_{12} + 2M_{13} + 2M_{23}.$$

165. Induktionsfreie Stromkreise.

Haben bei der Gegenschaltung zweier Spulen (Abb. 265) beide dieselbe Windungszahl ($N_1 = N_2 = N$) und werden sämtliche Kraftlinien von sämtlichen Windungen umschlossen, so ist nach Gl. 193

$$\Lambda = \frac{4\pi N^2}{\mathfrak{w}} + \frac{4\pi N^2}{\mathfrak{w}} - 2\,\frac{4\pi N^2}{\mathfrak{w}} = 0.$$

Die gesamte wirksame Selbstinduktion ist also null. Das wird benützt, um möglichst induktionsfreie Widerstandsspulen herzustellen. Zu diesem Zweck wickelt man den Draht in mehreren (eine gerade Zahl bildenden) Lagen übereinander, und zwar so, daß jede folgende entgegengesetzte Stromrichtung hat wie die vorhergehende. Freilich besteht dann immer noch so viel Selbstinduktion, als der ganze Draht haben würde, wenn er als Schleife mit nebeneinander liegenden Hälften ausgespannt würde. Wieviel das ist, ergibt sich aus folgendem.

Sind zwei parallele Drähte von der Länge l, dem Radius r und dem gegenseitigen Abstand a so vom Strom durchflossen, daß er in dem einen hin, im anderen zurückgeht (Stromschleife), so ist die Selbstinduktion jedes einzelnen, für sich allein betrachtet, nach § 120

$$L_1 = L_2 = 2\,l\left(\lg\text{nat}\,\frac{2\,l}{r} - 1 + \frac{\mu}{4}\right)$$

und die gegenseitige Induktion nach § 118

$$M = 2\,l\left(\lg\text{nat}\,\frac{2\,l}{a} - 1\right).$$

Da der Strom in den beiden Drähten entgegengesetzte Richtung hat, so ist der letzte Wert negativ einzusetzen. Dann ist nach dem vorigen Paragraphen die wirksame Selbstinduktion jedes der beiden Drähte

$$\Lambda_1 = \Lambda_2 = L_1 - M = 2\,l\left[\lg\text{nat}\,\frac{2\,l}{r} - 1 + \frac{\mu}{4} - \left(\lg\text{nat}\,\frac{2\,l}{a} - 1\right)\right]$$
$$= 2\,l\left(\lg\text{nat}\,\frac{a}{r} + \frac{\mu}{4}\right).$$

Die gesamte wirksame Selbstinduktion beider Drähte in Hintereinanderschaltung ist dann gleich dem Doppelten eines Drahtes, also

$$\Lambda = 4\,l\left(\lg\text{nat}\,\frac{a}{r} + \frac{\mu}{4}\right).$$

Wie man sieht, ist dieser Ausdruck gleich dem in § 120 unter c

Aus den beiden letzten Formeln ergibt sich, daß die wirksame Selbstinduktion unter sonst gleichen Umständen um so kleiner ist, je kleiner der Abstand a ist. Da a von den beiden Achsen aus zu rechnen ist, so kann a praktisch nicht kleiner werden als der doppelte Radius $2\,r$. Dies eingesetzt gibt für den Fall, daß zwei unmagnetische Drähte nebeneinander liegen, für die wirksame Selbstinduktion jedes der beiden

$$\Lambda_1 = \Lambda_2 = 2\,l\left(\lg\text{nat}\,2 + \frac{1}{4}\right) = 1{,}89\,l$$

und der ganzen Stromschleife

$$\Lambda = 3{,}78\,l.$$

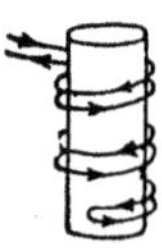

Abb. 266.

Man kann daher möglichst induktionsfreie Widerstandsspulen auch in der Weise herstellen, daß die Wicklung, wie Abb. 266 zeigt, aus einem doppelten (**bifilaren**) Draht hergestellt wird, wobei der Strom in dem einen hin, im anderen zurückgeht. Infolgedessen ist die Selbstinduktion sämtlicher Windungen ebenso klein, wie wenn die übereinander liegenden Lagen im entgegengesetzten Sinne gewickelt sind. Die letztere Wicklungsart hat aber den Vorteil, daß Anfang und Ende nicht unmittelbar nebeneinander zu liegen kommen, wie bei der rein bifilaren Wicklung, so daß sie eine höhere Spannung aushalten kann.

Beispiel. Für einen derart aufgewickelten Widerstandsdraht von 0,01 cm Radius und 100 m gesamter Länge ist für die eine sowie für die andere Wicklungsart $l = 50$ m; also

$$\Lambda_1 = \Lambda_2 = 1{,}89 \cdot 5000 = 9450 \text{ abs. Einh.} = 9450 \cdot 10^{-9} \text{ Henry}$$

und

$$\Lambda = 18900 \cdot 10^{-9} \text{ Henry.}$$

Wäre der ganze Draht gerade ausgespannt, so wäre die Selbstinduktion ($l = 100$ m):

$$L = 20000 \left(\lg \text{nat} \frac{20000}{0{,}01} - \frac{3}{4}\right) = 275000 \text{ abs. Einh.} = 275000 \cdot 10^{-9} \text{ Henry.}$$

Für eine einzelne Kupferleitung von 1000 m Länge, 0,5 cm Radius ist

$$L_1 = 0{,}00243 \text{ Henry.}$$

Kommt eine zweite parallele Leitung in Abstand von 1 cm hinzu (zweiadriges Kabel), so ist (§ 118 Beispiel)

$$M = 0{,}00224 \text{ Henry.}$$

Daher ist die wirksame Selbstinduktion jeder der beiden Drähte

$$\Lambda_1 = \Lambda_2 = L_1 - M = 0{,}00019 \text{ Henry}$$

und die gesamte, bei Hintereinanderschaltung beider Drähte

$$\Lambda = 0{,}00038 \text{ Henry.}$$

166. Stromverzweigung bei gegenseitiger Induktion.

In § 141 wurden die Gesetze, nach welchen sich ein Wechselstrom zwischen zwei Zweigen mit Widerstand und Selbstinduktion verteilt, abgeleitet. Üben die beiden Zweige außerdem noch eine gegenseitige Induktion aufeinander aus (Abb. 267), so sind wie bei Hintereinanderschaltung zwei Fälle zu unterscheiden, je nachdem, ob die beiden Zweige in demselben Sinn oder im entgegengesetzten Sinn aufeinander wirken.

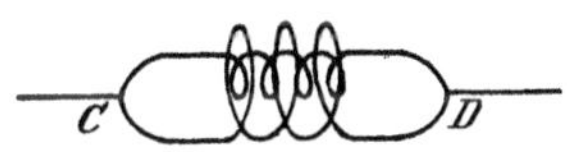

Abb. 267.

Im ersten Falle gelten für die beiden Stromzweige folgende Gleichungen, wenn k die Spannung zwischen den Verzweigungspunkten CD bedeutet,

$$k = w_1 i_1 + L_1 \frac{d i_1}{d t} + M \frac{d i_2}{d t},$$

$$k = w_2 i_2 + L_2 \frac{d i_2}{d t} + M \frac{d i_1}{d t}.$$

Daraus folgt als Bedingungsgleichung für die Stromverteilung in jedem Augenblick

$$w_1 i_1 + (L_1 - M) \frac{d i_1}{d t} = w_2 i_2 + (L_2 - M) \frac{d i_2}{d t}.$$

Das ist dieselbe Form wie die Bedingungsgleichung 123, S. 243, nur mit dem Unterschied, daß an Stelle der einfachen Selbstinduktion der Wert

$$\left.\begin{array}{c} L_1 - M = \Lambda_1 \\ \text{bzw.} \\ L_2 - M = \Lambda_2 \end{array}\right\} \quad \ldots\ldots\ldots \quad (194)$$

getreten ist.

Sind die beiden Spulen im entgegengesetzten Sinne geschaltet, so gilt dasselbe, nur ist M mit negativem Vorzeichen einzuführen, so daß also für diesen Fall die wirksamen Selbstinduktionen

$$\left.\begin{array}{c} L_1 + M = \Lambda_1 \\ L_2 + M = \Lambda_2 \end{array}\right\} \quad \ldots\ldots\ldots \quad (195)$$

sind.

Es ist zu beachten, daß hier, bei der Parallelschaltung zweier Spulen mit gegenseitiger Induktion, das Umgekehrte gilt wie bei der Hintereinanderschaltung, daß nämlich bei gleichem Wicklungssinn M hier mit negativem Vorzeichen, dort aber mit positivem Vorzeichen einzuführen ist und umgekehrt.

Wir können nun die in § 141 und 142 erhaltenen Ergebnisse für die effektiven Werte und die Phasenverschiebungen bei einer Stromverzweigung ohne weiteres hier anwenden, wenn wir die einfachen Selbstinduktionen L_1, L_2 durch die wirksamen Selbstinduktionen Λ_1, Λ_2 ersetzen.

Beispiel: Wir nehmen dieselben zwei Kupferdrähte, wie im letzten Beispiel des vorigen Paragraphen, aber jetzt in Parallelschaltung. Dann ist nach dem Vorstehenden $\Lambda_1 = \Lambda_2 = L_1 - M = 0{,}000\,19$ Henry (abgerundet 0,0002). Der Ohmsche Widerstand jedes Drahtes (abgerundet) ist $w_1 = w_2 = 0{,}2$ Ohm. Daher ist (nach S. 241) der äquivalente Widerstand der ganzen Verzweigung $R = 0{,}1$ und die äquivalente Selbstinduktion $O = 0{,}0001$.

Ein einziger runder Draht mit demselben Ohmschen Widerstand wie die zwei parallelgeschalteten, also mit dem doppelten Querschnitt, würde einen Radius von ungefähr $r = 0{,}7$ cm haben müssen. Seine Selbstinduktion wäre nach § 120 $L = 0{,}00236$, also beträchtlich größer als die äquivalente Selbstinduktion O der beiden parallelgeschalteten Drähte.

Ein breites, dünnes Metallband kann man als eine große Anzahl von nebeneinander gereihten, parallelgeschalteten dünnen Drähten betrachten. Dann folgt aus dem Vorstehenden, daß die Selbstinduktion eines solchen Bandes kleiner sein muß als die eines runden Drahtes von gleichem Ohmschen Widerstand. Aus diesem Grunde werden genaue Meßwiderstände für große Stromstärken entweder aus parallelgeschalteten Drähten oder aus Blechen angefertigt.

167. Die magnetische Arbeit des Wechselstromes.

Multipliziert man die Spannungsgleichung

$$k = iw + L\frac{di}{dt}$$

eines einzelnen Wechselstromkreises (§ 133) mit $i\,dt$, so erhält man links $ki\,dt$, das ist die während der unendlich kleinen Zeit dt von dem Strome i geleistete Arbeit, die wir mit dA bezeichnen wollen. Es ist also

$$dA = wi^2\,dt + Li\,di$$

oder in anderer Form geschrieben

$$dA = wi^2\,dt + d\left(\frac{Li^2}{2}\right).$$

Diese Gleichung gibt an, wie sich die vom Strom geleistete Arbeit dA in jedem Augenblick verteilt. Das erste Glied auf der rechten Seite stellt die zur Erwärmung des Stromleiters während der Zeit dt verwendete Arbeit dar. Das zweite Glied ist das Differential der magnetischen Arbeit, die zur Herstellung des dem Strome i zugehörigen magnetischen Feldes notwendig ist (§ 119); es stellt also die Änderung der magnetischen Arbeit während der Änderung der Stromstärke um den Betrag di dar.

Bei einem konstanten Gleichstrom J bleibt die einmal bei seiner Entstehung aufgewendete magnetische Arbeit $\frac{LJ^2}{2}$ dauernd als potentielle Energie bestehen im Gegensatz zur Wärmearbeit wJ^2t, welche der Zeit t proportional ist, also dauernd von der Stromquelle hergegeben werden muß.

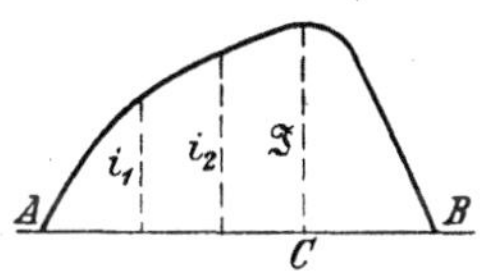

Abb. 268.

Bei einem Wechselstrom findet eine beständige Änderung der Stromstärke statt, infolgedessen auch eine beständige Änderung der magnetischen Arbeit. Solange der Strom zunimmt (di positiv), dient diese Arbeit zur Herstellung des magnetischen Feldes; wenn der Strom abnimmt (di negativ), ist auch die magnetische Arbeit negativ, d. h. das magnetische Feld gibt die früher aufgenommene Arbeit an den Stromkreis zurück. Abb. 268 sei die halbe Welle eines Wechselstromes. Der größte Wert (Scheitelwert) seines magnetischen Feldes wird gleichzeitig mit dem Scheitelwert $\mathfrak{J}$ des Stromes, also zur Zeit C erreicht. Die dazu nötige Arbeit ist

$$\int\limits_0^{\mathfrak{J}} Li\,di = \left|\frac{Li^2}{2}\right|_0^{\mathfrak{J}} = \frac{L\mathfrak{J}^2}{2}.$$

Im weiteren Verlauf nimmt der Strom und damit auch sein magnetisches Feld bis Null ab. Die magnetische Arbeit während dieser Zeit ist

$$\int\limits_{\mathfrak{J}}^{0} Li\,di = \left|\frac{Li^2}{2}\right|_{\mathfrak{J}}^{0} = 0 - \frac{L\mathfrak{J}^2}{2} = -\frac{L\mathfrak{J}^2}{2}.$$

Mithin ist die ganze magnetische Arbeit während einer halben Periode gleich

$$\frac{L\mathfrak{J}^2}{2} + \left(-\frac{L\mathfrak{J}^2}{2}\right) = 0.$$

Beispiel: Für einen Kupferdraht von 1000 m Länge, 5 mm Radius ist nach § 165 die Selbstinduktion $L = 0{,}00243$ Henry. Wird ein Strom von 10 Ampere (effektiv) durchgeschickt, so ist (§ 131) $\mathfrak{J} = \sigma\, 10$. Für eine sinusförmige Welle ist $\sigma = 1{,}41$, also $\mathfrak{J} = 14{,}1$. Mithin ist die während einer Viertelperiode von Strom an das umgebende Medium abgegebene, oder beim Verschwinden des Stromes an diesen zurückgegebene magnetische Arbeit

$$\frac{LJ^2}{2} = \frac{0{,}00243 \cdot 200}{2} = 0{,}243 \text{ Joule.}$$

Das gilt aber nur unter der Voraussetzung, daß keine magnetische Hysterese vorhanden ist. Besteht jedoch ein Teil des den Stromkreis umgebenden Raumes aus einem ferromagnetischen Stoff, so wissen wir aus § 98, daß die beim Ansteigen des Stromes aufgewendete magnetische Arbeit beim Verschwinden des Stromes nicht ganz zurückgewonnen wird, sondern daß ein Teil wegen der magnetischen Reibung der Molekularmagnete in Wärme umgesetzt wird, der sich im Stromkreis als Hystereseverlust bemerkbar macht. In der Mechanik gibt es viele gleiche Erscheinungen: so z. B. eine elastische Feder, an der ein Gewicht hängt und die in auf- und niedergehende Schwingungen versetzt wird. Die beim Hochgehen des Gewichtes von der Feder geleistete Arbeit wird beim Niedergehen wieder an die Feder zurückgegeben, die dadurch von neuem gespannt wird. Ein kleiner Teil aber geht bei jedem Auf- und Niedergang durch mechanische Reibung im Innern der Feder verloren und setzt sich in Wärme um.

Bei einem Wechselstrom findet also ein beständiges Hin- und Herwogen von Arbeit zwischen dem Stromleiter und dem umgebenden Medium statt, und zwar reicht die magnetische Arbeit bis ins Unendliche, wenn sie nicht durch magnetische oder elektrodynamische Schirmwirkung irgendwo begrenzt wird. Allerdings nimmt ihre Stärke mit der Entfernung sehr rasch ab. Wie groß die magnetische Arbeit in einer Raumeinheit an irgendeiner Stelle des Raumes ist, wissen wir bereits aus § 97, nämlich $\frac{\mu \mathfrak{H}^2}{8\pi}$. Daraus erklären sich die durch nichtleitende Stoffe hindurch wirkenden elektrodynamischen Erscheinungen. Es sind keine Fernwirkungen, sondern Arbeitsübertragungen durch Magnetisierung des Zwischenmediums.

Wir betrachten nun den Fall, daß von einem Strome i_1 in einem benachbarten Stromkreise ein sekundärer Strom i_2 induziert wird. Dann ergibt sich die Arbeitsgleichung des primären Stromes wie oben durch Multiplitation der Gl. 155 mit $i_1 dt$; also

$$k_1 i_1 dt = w_1 i_1^2 dt + L_1 i_1 di_1 + M i_1 di_2 .$$

Das erste Glied auf der rechten Seite stellt wieder die Wärmearbeit, die beiden anderen die magnetische Arbeit dieses Stromkreises dar. Multipliziert man die sekundäre Spannungsgleichung (160) mit $i_2 dt$, so erhält man die sekundäre Arbeitsgleichung

$$0 = w_2 i_2^2 dt + L_2 i_2 di_2 + M i_2 di_1 ,$$

wobei das erste Glied wiederum die Wärmearbeit des ganzen sekundären Stromkreises bedeutet oder deren mechanisches Äquivalent, wenn der sekundäre Strom auf Motoren arbeitet.

Da die gesamte im primären und sekundären Stromkreis auftretende Arbeit nur aus der Strmquelle kommt, an die jener angeschlossen ist, so ist die gesamte in einem Augenblick geleistete Arbeit dA gleich der Summe beider, also

$$dA = k_1 i_1 dt = (w_1 i_1^2 + w_2 i_2^2) dt + L_1 i_1 di_1 + L_2 i_2 di_2 + M(i_1 di_2 + i_2 di_1)$$

oder

$$dA = (w_1 i_1^2 + w_2 i_2^2) dt + d\left(\frac{L_1 i_1^2}{2} + \frac{L_2 i_2^2}{2} + M i_1 i_2\right).$$

Demnach ist

$$\frac{L_1 i_1^2}{2} + \frac{L_2 i_2^2}{2} + M i_1 i_2$$

der allgemeine Ausdruck für die magnetische Arbeit beider Stromkreise, der (wie vorhin für einen einzelnen Stromkreis) für jede halbe Periode null ist, wenn keine magnetische Hysterese besteht. Die gesamte von der Stromquelle während einer halben Periode geleistete Arbeit besteht also bloß aus der in beiden Stromkreisen entwickelten Wärme oder deren mechanischem Äquivalent, und wenn ferromagnetische Stoffe vorhanden sind, aus der Hysterese-Arbeit.

Wie man sieht, ist der letzte Ausdruck — das Integral der magnetischen Arbeit — nur von den drei Induktionskoeffizienten und den Stromstärken abhängig. Dagegen ist der Augenblickswert der vom primären auf den sekundären Kreis übertragenen magnetischen Arbeit $M i_1 di_2$, ebenso wie die vom primären Strom im sekundären Kreis induzierte EMK $M \frac{di_1}{dt}$ von der Änderung des Stromes abhängig. Ist z. B. $i_1 = \mathfrak{J}_1 \sin \omega t$, so ist

$$M \frac{di_1}{dt} = \omega M \mathfrak{J}_1 \cos \omega t = 2\pi\nu M \mathfrak{J}_1 \cos \omega t.$$

Die übertragene Wirkung ist also bei gleichem Induktionskoeffizienten und gleichen Stromstärken um so größer, je schneller sich der Strom ändert, d. h. je größer seine Periodenzahl ν ist. Daher lassen sich elektrodynamische Wirkungen auf größere Entfernungen nur mittels Wechselströmen hoher Periodenzahl übertragen (Versuche von Hertz und von Tesla; Funkentelegraphie).

Setzt man in den Ausdruck für die gesamte magnetische Arbeit beider Stromkreise die Definitionsgleichungen aus § 146

$$L_1 = L_{1f} + L_{1s} \qquad L_2 = L_{2f} + L_{2s}$$

$$M = \sqrt{L_{1f} L_{2f}}$$

ein, so geht er über in

$$\frac{L_{1f}i_1^2}{2}+\frac{L_{1s}i_1^2}{2}+\frac{L_{2f}i_2^2}{2}+\frac{L_{2s}i_2^2}{2}+i_1 i_2\sqrt{L_{1f}L_{2f}}$$
$$=\frac{L_{1s}i_1^2}{2}+\frac{L_{2s}i_2^2}{2}+\left(\sqrt{\frac{L_{1f}i_1^2}{2}}+\sqrt{\frac{L_{2f}i_2^2}{2}}\right)^2.$$

Das heißt die gesamte magnetische Arbeit ist gleich der Summe der magnetischen Arbeiten des primären Streufeldes $\mathfrak{z}_{1s}$ (Abb. 221), des sekundären Streufeldes $\mathfrak{z}_{2s}$ und des gemeinsamen Feldes $\mathfrak{z}$. Da letzteres aus den Komponenten $\mathfrak{z}_{1f}$ und $\mathfrak{z}_{2f}$ besteht, so erkennt man aus dem letzten Glied folgende Regel: Die magnetische Arbeit eines Feldes, das in Komponenten zerlegt wird, ist nicht gleich der Summe der magnetischen Energien der Komponenten, sondern gleich dem Quadrate aus der Summe der Quadratwurzeln der magnetischen Arbeiten der Komponenten. Nur die magnetischen Arbeiten wirklicher selbständig bestehender Felder dürfen als solche addiert werden,

Es ist zu beachten, daß vorstehende Beziehungen nur für die gleichzeitigen Augenblickswerte i_1, i_2 gelten, nicht aber für die zu verschiedenen Zeiten eintretenden Höchstwerte der magnetischen Arbeit, die den Scheitelwerten der Ströme entsprechen. Für diese ergibt sich folgende Beziehung, wenn man den Ausdruck für die äquivalente Selbstinduktion (S. 273), nämlich $\lambda = L_1 - \frac{\mathfrak{J}_2^2}{\mathfrak{J}_1^2} L_2$*), mit $\frac{\mathfrak{J}_1^2}{2}$ multipliziert:

$$\frac{\lambda \mathfrak{J}_1^2}{2}=\frac{L_1\mathfrak{J}_1^2}{2}-\frac{L_2\mathfrak{J}_2^2}{2}.$$

Betrachtet man also den Transformator als veränderliche Drosselspule mit den äquivalenten Größen ϱ und λ, so ergibt sich, daß der Höchstwert seiner gesamten magnetischen Arbeit gleich der Differenz der Höchstwerte der magnetischen Arbeiten beider Ströme ist[1]).

*) Dabei ist das Verhältnis der effektiven Werte $\frac{J_2^2}{J_1^2}$ wieder wie ursprünglich auf S. 269 durch das Verhältnis der Scheitelwerte $\frac{\mathfrak{J}_2^2}{\mathfrak{J}_1^2}$ ersetzt worden.

[1]) Dagegen ergibt sich aus dem Ausdruck für den äquivalenten Widerstand ϱ (S. 273) nach Multiplikation mit $\mathfrak{J}_1^2$:

$$\varrho\mathfrak{J}_1^2 = w_1\mathfrak{J}_1^2 + w_2\mathfrak{J}_2^2,$$

d. h. die gesamte Wärmeleistung ist gleich der Summe der Höchstwerte der Wärmeleistungen beider Ströme. Dieser Unterschied in der Bildung der gesamten magnetischen Arbeit und der gesamten Wärmearbeit — dort Differenz, hier Summe — hat seinen physikalischen Grund darin, daß die magnetische Arbeit umkehrbar ist, d. h. vom Strom beim Anstieg aufgenommen, beim Abstieg wieder zurückgegeben wird, während die Wärmearbeit nicht umkehrbar ist, sondern vollständig in Wärme umgesetzt wird.

168. Das Prinzip der kleinsten magnetischen Arbeit.

In § 53 haben wir gefunden, daß die Verzweigung eines Gleichstromes derart erfolgt, daß die gesamte Stromwärme ein Minimum ist. Das gilt auch für einen Wechselstrom, wenn der induktive Widerstand jedes Zweiges verschwindend klein ist gegenüber dem Ohmschen.

Betrachten wir den entgegengesetzten Fall, wo der Ohmsche Widerstand verschwindend klein ist gegenüber dem induktiven, so verteilt sich ein Wechselstrom derart, daß die gesamte magnetische Arbeit ein Minimum ist.

Für den allgemeinen Fall, wo zwischen den Zweigen auch noch gegenseitige Induktion M besteht, haben wir bereits in § 166 die Bedingungsgleichung für die Verteilung erhalten. Sie lautet für den hier angenommenen Fall, daß $w_1 = 0$, $w_2 = 0$ ist

$$(L_1 - M)\frac{di_1}{dt} = (L_2 - M)\frac{di_2}{dt}.$$

Enthalten die Ausdrücke für i_1 und i_2 kein von der Zeit unabhängiges Glied (d. h. sind es reine Wechselströme ohne übergelagerten Gleichstrom), so kann diese Gleichung ohne weiteres integriert werden, und man erhält als Bedingungsgleichung für die Stromverzweigung

$$i_1 : i_2 = (L_2 - M) : (L_1 - M).$$

Das ist aber auch die Bedingung, unter der die gesamte magnetische Arbeit A beider Zweige

$$A = \frac{L_1 i_1^2}{2} + \frac{L_2 i_2^2}{2} + M i_1 i_2$$

ein Minimum ist, wie im folgenden gezeigt werden soll.

Man findet die Minimumsbedingung, wenn man das Differential gleich null setzt. Wir bilden also

$$dA = L_1 i_1 di_1 + L_2 i_2 di_2 + M i_1 di_2 + M i_2 di_1 = 0.$$

Nach dem ersten Kirchhoffschen Gesetz ist

$$i = i_1 + i_2,$$

also ist auch das Differential dieser Gleichung gleich null zu setzen

$$di = di_1 + di_2 = 0.$$

Dies in die vorige Bedingung eingesetzt, gibt

$$i_1(L_1 - M) = i_2(L_2 - M),$$

also tatsächlich dasselbe wie oben.

Wie man sich leicht überzeugen kann, gilt dasselbe Prinzip auch für beliebig viele Stromzweige mit oder ohne gegenseitige Induktion.

Dieses von Stefan aufgestellte Prinzip der kleinsten magnetischen Arbeit bei verschwindend kleinem Ohmschen Widerstand ermöglicht in vielen Fällen eine sehr rasche Orientierung. So gibt es

z. B. ohne weiteres Aufschluß über die Verteilung der Stromdichte über den Leiterquerschnitt bei einzelnen Drähten und bei Spulen (§ 169).

Aber auch die *Induktion eines sekundären Stromes* findet bei verschwindend kleinem *Ohmschen* Widerstand derart statt, daß die magnetische Arbeit ein Minimum ist. Die sekundäre Spannungsgleichung 160 geht nämlich für den Fall, daß $w_2 i_2$ gegenüber den beiden anderen Gliedern vernachlässigt werden kann, über in

$$0 = L_2 \frac{d i_2}{dt} + M \frac{d i_1}{dt}.$$

Enthalten die Ausdrücke für i_1 und i_2 kein von der Zeit unabhängiges Glied, so kann diese Gleichung ohne weiteres integriert werden und man erhält

$$i_2 = - i_1 \frac{M}{L_2} = - i_1 \varkappa \sqrt{\frac{L_1}{L_{2\,i}}},$$

ein Ergebnis, das wir schon aus § 151 kennen.

Zu derselben Gleichung gelangen wir aus der Forderung, daß die magnetische Arbeit des sekundären Stromes $\frac{L_2 i_2^2}{2} + M i_1 i_2$ ein Minimum sein muß, wie man sofort sieht, wenn man davon das Differential nach i_2 bildet und gleich null setzt.

Aus § 161 wissen wir, daß eine *vollkommene elektrodynamische Schirmwirkung* durch sekundäre Ströme nur dann eintritt, wenn der Ohmsche Widerstand null ist. Dieser Fall deckt sich also mit dem des Minimums der magnetischen Arbeit. Je größer der Ohmsche Widerstand ist, desto weniger ist das Prinzip der kleinsten magnetischen Arbeit erfüllt, desto geringer ist die Schirmwirkung.

Außer der schirmenden Kupferplatte ist noch folgendes von *Stefan* erörterte Beispiel von Interesse. Durch einen Draht, der von einer konzentrischen Metallröhre umgeben ist (einadriges Kabel mit Bleimantel, der zu einem Stromkreis geschlossen ist, Abb. 218), wird ein Wechselstrom von so hoher Periodenzahl geschickt, daß der Ohmsche Widerstand gegenüber dem induktiven verschwindet. Das Minimum der magnetischen Arbeit wird bei folgender Anordnung der Ströme erreicht. Der primäre Strom im Draht fließt in einer dünnen Schichte an der Oberfläche, der sekundäre Strom in einer dünnen Schichte an der inneren Fläche der Röhre und hat in jedem Augenblicke entgegengesetzte Richtung wie jener, wie man aus der obigen Gleichung ersieht. Dabei bestehen Kraftlinien nur in dem Raume zwischen der Oberfläche des Drahtes und der inneren Wandfläche der Röhre (primäres Streufeld, vgl. S. 254). Die Masse des Drahtes und der Röhre, sowie der ganze äußere Raum sind frei von jeder magnetischen Wirkung. Die Röhre übt also eine vollkommene *Schirmwirkung* auf den ganzen äußeren Raum, in dem das gemeinsame magnetische Feld verlaufen würde, aus.

169. Ungleichmäßige Verteilung des Wechselstromes über den Leiterquerschnitt. Hautwirkung.

Jeden Leiter muß man als ein Bündel unendlich dünner leitender Fäden mit Widerstand und Selbstinduktion betrachten. Zwischen jedem dieser und allen übrigen besteht eine gewisse gegenseitige Induktion. Die Gesamtheit der Selbstinduktion und gegenseitigen Induktion aller Fäden bildet die gesamte Selbstinduktion des Leiters. Nun ist aber die gegenseitige Induktion aller Fäden auf einen Faden in der Mitte größer als auf einen in der Oberfläche, weil ersterer ringsum Fäden in unmittelbarer Nähe hat, letzterer aber nur auf einer Seite. Es ist also die Selbstinduktion der Stromfäden in der Mitte am größten, nimmt von da an gegen die Oberfläche zu ab und ist hier am kleinsten. Die Folge davon ist, daß die Verteilung eines Wechselstromes über den Leiterquerschnitt (die Stromdichte) nicht gleichmäßig sein kann, sondern von innen nach außen hin zunimmt. Bei einem konstanten, gleichgerichteten Strome (Gleichstrom) hingegen ist die Stromdichte gleichmäßig, weil es da keine Induktion gibt.

Diese Verminderung der Stromdichte im Inneren und gleichzeitige Vergrößerung der Stromdichte an der Oberfläche[1]) hat zur Folge: erstens eine Vergrößerung des wirksamen Ohmschen Widerstandes, weil dem gesamten Strome jetzt ein geringerer Querschnitt zur Verfügung steht, zweitens eine Verminderung des wirksamen induktiven Widerstandes, weil nach dem eben Gesagten die Selbstindukion der äußeren, an der Stromleitung hauptsächlich beteiligten Fäden kleiner ist als die der inneren. Man kann daher von vornherein nicht entscheiden, ob eine Vergrößerung oder Verkleinerung des gesamten scheinbaren Widerstandes, also eine Verminderung oder Vermehrung der Stromstärke (bei konstanter Spannung) stattfindet. Die Rechnung lehrt aber, daß bei Leitern aus unmagnetischem Metall der erste Einfluß größer ist als der zweite, der scheinbare Widerstand also größer ist. Bei Eisendrähten hingegen, deren Selbstinduktion (§ 120) bedeutend größer ist als bei unmagnetischen Drähten, wird bei hohen Periodenzahlen der zweite Einfluß stärker, der scheinbare Widerstand also kleiner. So berechnete Stefan[2]), daß in einem Eisendrahte von 4 mm Dicke, 300 km Länge bei 250 Perioden die Stromstärke 1,5 mal größer ist als bei gleichmäßiger Verteilung über den Querschnitt, und bei 500 Perioden 7,5 mal größer, während bei 125 Perioden die Stromstärke ungefähr dieselbe ist.

Würde der Verminderung der Stromdichte im Innern nicht ein anderer Umstand entgegenwirken, so müßte der ganze Strom in einer unendlich dünnen Schicht unter der Oberfläche strömen, weshalb man diese Erscheinung als Hautwirkung bezeichnet. Dieser Umstand

[1]) Die Stromdichte an der Oberfläche kann aber niemals so groß werden wie bei einem Gleichstrom mit derselben Spannung, weil es bei diesem keine Selbstinduktion, sondern nur Ohmschen Widerstand gibt. Das wird besonders deutlich, wenn man, wie auf S. 323, von den Wirbelströmen ausgeht.

[2]) Stefan, Sitzungsber. der Wiener Akad. Bd. 95 (II), S. 930, 1887.

ist der Leitungswiderstand. Infolge des Widerstandes strebt nämlich der Strom nach möglichst gleichmäßiger Verteilung über den Querschnitt, weil dann die gesamte Stromwärme am kleinsten ist (§ 53). Die wirklich vorhandene Verteilung ist ein Ausgleich zwischen der auf möglichstes Hinausdrängen des Stromes gerichteten Wirkung der Selbstinduktion und der auf möglichst gleichmäßige Verteilung gerichteten Wirkung des Widerstandes. Der Arbeitsverlust durch Joulesche Wärme ist dabei unter allen Umständen größer als bei gleichmäßiger Verteilung, da der wirksame Widerstand größer ist als der gewöhnliche.

Eine weitere Folge der verschiedenen Selbstinduktion in den verschiedenen Teilen des Drahtquerschnittes ist eine verschiedene Phasenverschiebung der einzelnen Stromfäden gegenüber der Spannung; und zwar nimmt sie von außen nach innen zu, weil die Selbstinduktion in derselben Richtung zunimmt, so daß der Fall eintreten kann, daß in einer gewissen Tiefe eine Stromkomponente besteht, die in entgegengesetzter Richtung fließt als in der Oberfläche[1])

Einen Einblick in die Größenverhältnisse gewähren folgende Zahlen von Stefan[2]). In einem Eisendraht von 4 mm Dicke bei einer magnetischen Durchlässigkeit von $\mu = 150$ ist die Stromstärke an der Oberfläche bei 250 Perioden 2,52 mal so groß als in der Achse, bei 500 Perioden 5,8 mal, bei 1000 Perioden 20,6 mal so groß. Zwischen dem Strome an der Oberfläche und in der Achse bestehen bzw. die Phasenunterschiede 116^0, $174^0 50'$, $215^0 38'$. Dieselben Verhältnisse bietet ein Kupferdraht von 20 mm Dicke. Bei dem Eisendrahte sind diese Verhältnisse darum stärker ausgeprägt (trotz dem größeren Widerstand), weil wegen des größeren μ die Selbstinduktion viel größer ist.

Bei einer Periodenzahl von 50 Millionen findet man in einem Eisendrahte die Stromstärke in 0,0085 mm Tiefe schon 100 mal kleiner als in der Oberfläche. In der Tiefe von 0,0058 beträgt die Phasenverschiebung gegenüber der Oberfläche gerade eine halbe Periode (180^0); die Stromrichtungen sind also gerade entgegengesetzt. Für einen Kupferdraht sind die Tiefen mit den angeführten Eigenschaften 5 mal, für einen Neusilberdraht 18 mal größer als die für den Eisendraht angegebenen; der Ohmsche Widerstand wirkt eben der ungleichmäßigen Verteilung entgegen.

Diese Verhältnisse treten, wie man sieht, erst bei sehr hohen Periodenzahlen oder sehr dicken Leitern maßgebend auf. Sie sind daher von großer Wichtigkeit bei oszillatorischen Entladungen, Telephonie und Funkentelegraphie.

Schließt man einen gleichgerichteten elektrischen Strom, so breitet er sich, solange er noch nicht konstant geworden ist, infolge der eben

---

[1]) Wir haben hier einen ganz ähnlichen Fall wie bei der Wärmeleitung. Bringt man einen Körper in einen Raum von periodisch wechselnder Temperatur (die Erde unter dem Einfluß der täglichen Temperaturveränderungen), so werden die Änderungen immer weniger bemerkbar, je tiefer in das Innere man eindringt; außerdem tritt eine zeitliche Verschiebung in diesen Änderungen ein.

[2]) Sitzungsber. der Wiener Akad. Bd. 99 (II a), S. 328, 1890.

geschilderten Verhältnisse zuerst an der Oberfläche aus, dringt dann immer tiefer ein und füllt endlich, wenn er konstant geworden, den ganzen Querschnitt gleichmäßig aus[1]).

Nach Stefan[2]) läßt sich der wirksame Widerstand w' eines geraden oder schwach gekrümmten Drahtes ausdrücken durch

$$w' = w\left(1 + \frac{c^2}{12} - \frac{c^4}{180} + \frac{11\,c^6}{26\,880} \pm \ldots\right)$$

und die wirksame Selbstinduktion L durch

$$L' = L - \mu l\left(\frac{c^2}{48} - \frac{13\,c^4}{8640} + \ldots\right),$$

wenn w den gewöhnlichen Widerstand und L die gewöhnliche Selbstinduktion bedeutet. Dabei ist

$$c = \frac{2\,\pi\,\nu\,s\,\mu}{\alpha},$$

wenn l die Länge, s den Querschnitt des Drahtes, μ die magnetische Durchlässigkeit und α den spezifischen Widerstand des Drahtmaterials bedeutet. Alle Größen gelten in absoluten Einheiten[3]).

Diese Formeln eignen sich aber wegen der geringen Konvergenz der Reihen zur Berechnung von w' und L' nur für niedrige Periodenzahlen (bis etwa 100). Für hohe Periodenzahlen eignen sich besser folgende ebenfalls von Stefan[4]) abegeleiteten Näherungsformeln, die aber für niedrige Periodenzahlen nicht gelten.

$$w' = w\left(\pi r\sqrt{\frac{\nu\mu}{\alpha}} + \frac{1}{4}\right) \approx w\,\pi\,r\sqrt{\frac{\nu\mu}{\alpha}}$$

$$L' = 2\,l\left(\lg\operatorname{nat}\frac{2\,l}{r} - 1 + \frac{1}{4\pi r}\sqrt{\frac{\mu\alpha}{\nu}}\right),$$

wobei r den Radius des Drahtes bedeutet[5]). Aus den vorstehenden Formeln für w' erkennt man, daß der wirksame Widerstand bei niedrigen Periodenzahlen mit dem Quadrate von ν, bei sehr hohen dagegen

---

[1]) Hieraus erklärt es sich, daß auch solche Blitzentladungen, die nicht oszillatorisch sind, hauptsächlich an der Oberfläche metallischer Leiter verlaufen. Denn solche Entladungen haben einen sehr steilen Anstieg, und gleich darauf folgt ein ebenso steiler Abfall.

[2]) Sitzungsber. der Wiener Akad. Bd. 95 (II), 1887.

[3]) α ist also der Widerstand von 1 cm Länge und 1 cm² Querschnitt in absol. Einh. Für Kupfer bei 15° C ist (nach der Zahlentafel auf S. 68 und § 299) $\alpha = 0{,}017 \cdot 10^{-4} \cdot 10^9 = 1700$. Mithin $c = 0{,}0037\,\nu\,s$; für Aluminium ist $\alpha = 2900$, $c = 0{,}0022\,\nu\,s$; für Eisen ist $\alpha = 13\,000$, $c = 0{,}000\,48\,\nu\,s\,\mu$. Die je nach Drahtstärke und Stromstärke in Betracht kommenden Werte von μ können den Abb. 184 und 185 entnommen werden.

[4]) Sitzungsber. der Wiener Akad. Bd. 99 (IIa), 1890.

[5]) Für hohe Periodenzahl hat Rayleigh die Formel $L' = L + l\sqrt{\frac{\mu\alpha}{\omega^2 r}}$ angegeben. Sie unterscheidet sich zwar wenig vom richtigen Wert, ist aber grundsätzlich falsch, denn danach wäre $L' > L$. Tatsächlich ist aber immer $L' < L$. Statt diese Formel zu benutzen, ist es richtiger, $L' = L$ zu setzen.

nur mit der Quadratwurzel von ν zunimmt. Es gibt also dazwischen einen Bereich, wo er der Periodenzahl proportional ist.

Für sehr hohe Periodenzahlen, wo der Strom fast ganz an die Oberfläche gedrängt wird, nähert sich dieser Ausdruck dem Wert

$$L' = 2l\left(\lg\operatorname{nat}\frac{2l}{r} - 1\right).$$

Wie man sieht, kommt μ darin nicht mehr vor, d. h. je mehr der Strom an die Oberfläche gedrängt wird, desto gleichgültiger wird es für die Selbstinduktion, ob der Draht aus einem stark oder schwach magnetischen Stoff besteht. Vergleicht man diese Formel mit der für gleichmäßige Stromdichte bei einem unmagnetischen Draht (§ 120), nämlich mit

$$L = 2l\left(\lg\operatorname{nat}\frac{2l}{r} - \frac{3}{4}\right),$$

so sieht man, daß L' bei sehr hohen Periodenzahlen nicht viel kleiner als L ist, daß also ein Eisendraht fast dieselbe wirksame Selbstinduktion hat, wie ein Kupferdraht bei gleichmäßiger Stromdichte.

Nachstehende Tabelle gibt einige Zahlen für die Widerstandszunahme von Kupferleitungen in Prozenten (nach der ersten Formel berechnet).

Periodenzahl n	Dicke des Drahtes in Millimetern	Zunahme des Widerstandes in Prozenten
50	10	0,19
	20	3
	30	15
100	10	0,75
	20	11
	30	60

Bei Eisendrähten ist eine sichere Berechnung von w' und L' nicht möglich, weil die magnetische Durchlässigkeit μ keine Konstante ist, sondern von der Kraftliniendichte (Abb. 123), also von der Strombelastung abhängt. Zur ungefähren Berechnung kann μ aus den Abb. 184 und 185 entnommen werden[1]). Abb. 269a und b enthalten die prozentuale Zunahme Δ des wirksamen Widerstandes w' verschiedener Drähte und Seile aus Eisen in Abhängigkeit von der Strombelastung[2]). Abb. 270 zeigt die Abhängigkeit des gewöhnlichen Widerstandes R_g (Gleichstrom) und des wirksamen Widerstandes R_w von der Temperatur[3]). Wie man sieht, tritt bei hoher Temperatur wieder eine

[1]) Andere Werte, auch für eiserne Schienen: W. Kummer, Schweizer Bauzeitung Bd. 70, Heft 25, 1917. F. Niethammer, Elektr. u. Maschinenb. Wien 1918, S. 37.

[2]) ETZ 1915, S. 44. Weitere Messungen an Eisenstaben: Hilpert und Schleicher, Archiv f. Elektr. Bd. 7, S. 144. K. Zickler, Elektr. u. Maschinenb. 1919 S. 451. 1920 S. 165.

[3]) Peukert, ETZ 1915, S. 578.

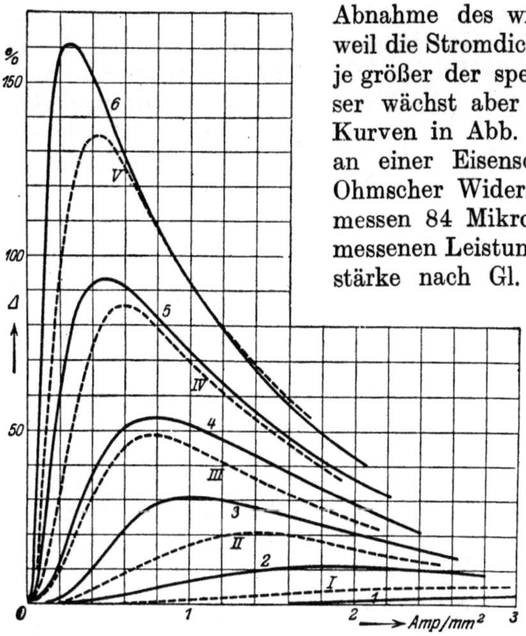

Abb. 269a. Zunahme (Δ) des wirksamen Widerstandes, abhängig von der mittleren Strombelastung (Amp/mm²) bei 50 ∿. Die Kurven mit den Zahlen 1 bis 6 gelten für Eisendrähte von 1 bis 6 mm Durchm., die Zahlen I bis V für siebendrähtige Seile aus Drähten von 1 bis 5 mm Durchm.

Abnahme des wirksamen Widerstandes ein, weil die Stromdichte um so gleichmäßiger ist, je größer der spezifische Widerstand ist; dieser wächst aber mit der Temperatur. Die Kurven in Abb. 271 zeigen Meßergebnisse[1]) an einer Eisenschiene, deren gewöhnlicher Ohmscher Widerstand mit Gleichstrom gemessen 84 Mikrohm ist. Diese aus der gemessenen Leistung (Stromwärme) und Stromstärke nach Gl. 180 ermittelten Werte des wirksamen Widerstandes enthalten außer dem der obigen Formel entsprechenden Betrag, der nur auf die Wirbelströme zurückzuführen ist, noch einen kleinen Anteil, welcher dem Hystereseverlust V_h gemäß der Gleichung $\frac{V_h}{J^2}$ (S. 290) entspricht. Der wirksame Widerstand muß daher allgemein definiert werden als Verhältnis der durch Stromwärme verbrauchten Leistung zum Quadrat der Stromstärke, und er kann auf keinem anderen Wege als durch Messung dieser Größen experimentell bestimmt werden.

Wir sind bei diesen Betrachtungen ausgegangen von der verschiedenen Induktion, der die Stromfäden in verschiedener Tiefe des Leiters ausgesetzt sind. Wir kommen zu demselben Ergebnis, wenn wir von den Wirbelströmen ausgehen. Der durch den Leiter hindurchgeschickte Wechselstrom induziert Wirbelströme, die parallel zu ihm verlaufen, denn die magnetischen Kraftlinien des Stromes sind konzentrische Kreise (Abb. 86). Wenn der Wechselstrom von Null bis zum Scheitel-

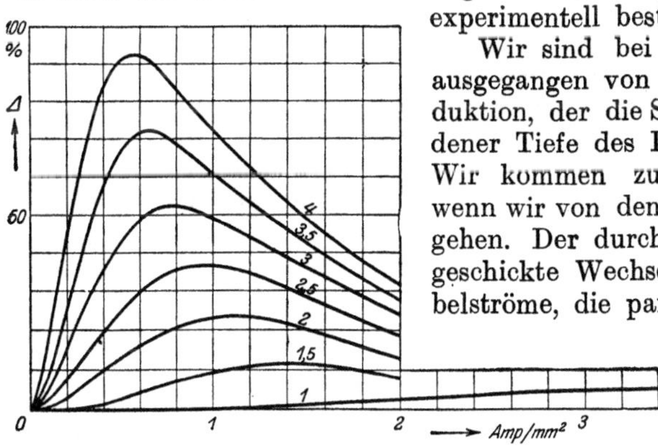

Abb. 269b. Zunahme (Δ) des wirksamen Widerstandes in Prozenten, abhängig von der Strombelastung bei 50 ∿. Eisenseile von 19 Drähten. Die Zahlen an den Kurven bezeichnen den Durchmesser der einzelnen Drähte.

[1]) Villiers, Bull. Soc. Int. Electriciens Bd. 1, 1911.

werk ansteigt, so wachsen diese Kraftlinien aus der Achse des Leiters heraus. Dabei schneiden sie den Leiter. Sinkt der Strom wieder auf Null, so schrumpfen die Kraftlinien wieder in die Achse zusammen.

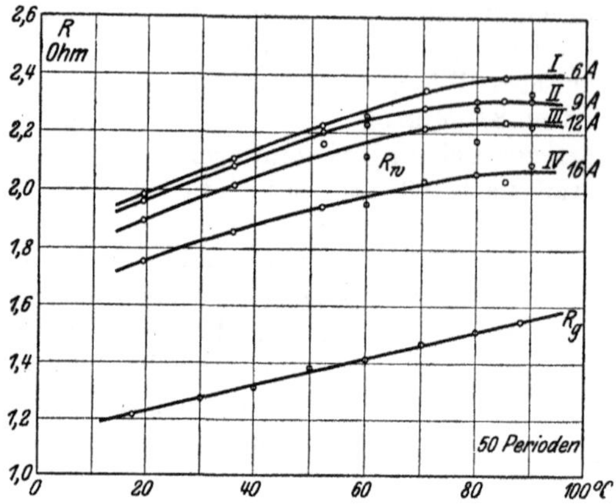

Abb. 270. Abhängigkeit des wirksamen Widerstandes R_w und des Gleichstromwiderstandes R_g von der Temperatur eines Eisendrahtes von 5 mm Durchmesser.

Die dabei induzierten sekundären oder Wirbelströme verlaufen also unter der Oberfläche des Leiters parallel zur Achse und nehmen durch die Achse ihren Rückweg. Hieraus ergibt sich, daß die Wirbelströme den hindurchgeschickten Strom unter der Oberfläche verstärken, in der Achse aber schwächen, so daß die oben besprochene ungleichmäßige Stromdichte des tatsächlich vorhandenen, resultierenden Stromes entsteht. Da es sich um sekundäre Ströme handelt, folgt schon aus § 152 daß der wirksame Widerstand g r ö ß e r, die wirksame Selbstinduktion aber k l e i n e r sein muß als w bzw. L, denn sie entsprechen den äquivalenten Werten ϱ bzw. λ des Transformators (Gl. 178, 179).

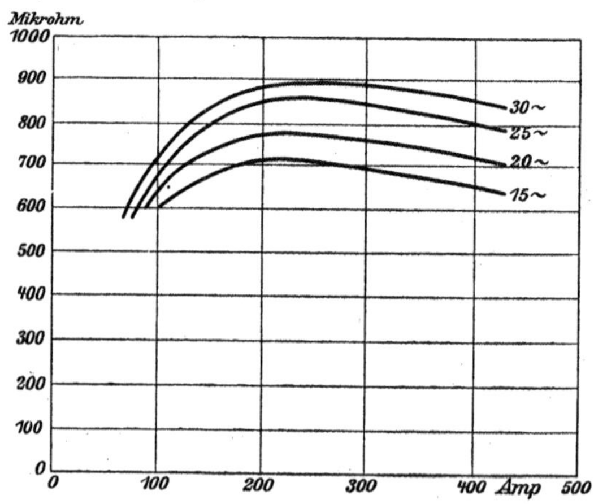

Abb. 271. Wirksamer Widerstand von Eisenschienen.

Auch aus dem Prinzip der kleinsten magnetischen Arbeit (§ 168) ergibt sich dasselbe, wenn man die Frage stellt: Wie muß sich der Strom verteilen, damit die magnetische Arbeit ein Minimum wird? Wie auch die Stromdichte von der Achse gegen die Oberfläche hin sich ändern mag, der Leiter wirkt nach außen magnetisch so, als ob der ganze Strom in der Achsenlinie konzentriert wäre. Es handelt sich also nur um die Magnetisierung des Leiters selbst, und diese ist ein Minimum, nämlich Null, wenn der ganze Strom in einer dünnen Schichte an der Oberfläche strömt, weil eine solche Stromröhre im ganzen von ihr umschlossenen Raume keine magnetische Kraft ausübt, sondern nur außerhalb derselben. Ist der Querschnitt nicht kreisförmig, so gibt es doch immer eine Verteilung des Stromes in der Oberfläche, für die seine magnetische Wirkung im Innern Null ist. „Diese Verteilung ist konform derjenigen, die eine elektrische Ladung annimmt, wenn sie sich auf dem Leiter im Zustande des Gleichgewichtes befindet.“ Nun ist aber der Widerstand eines Leiters niemals Null, und daher kommt auch das Prinzip des Minimums der Stromwärme (§ 53) zur Geltung. Dieses Prinzip verlangt, daß sich der Strom gleichmäßig über den Querschnitt verteilt. Die beiden Prinzipe widerstreiten sich also. Es tritt daher ein Kompromiß ein zwischen beiden derart, daß die Stromdichte in dem Leiter von innen nach außen zunimmt, und zwar um so rascher, je kleiner der Ohmsche Widerstand ist gegenüber dem induktiven.

Die obigen Formeln für w' und L' sind unter der Voraussetzung abgeleitet, daß das magnetische Feld um den Leiter herum symmetrisch nach allen Richtungen ist, so daß seine geometrische Achse mit der elektrischen zusammenfällt. In dieser herrscht dann auch die kleinste Stromdichte. Ist das magnetische Feld infolge anderer Einflüsse nicht so, so ist auch die Stromdichte anders verteilt, und läßt sich dann quantitativ nur in einfachen Fällen berechnen, qualitativ aber immer aus dem Prinzip der kleinsten magnetischen Arbeit beurteilen wie in folgenden Fällen.

Zwei parallele Leiter mit gleicher Stromrichtung haben ein magnetisches Feld wie Abb. 178. Bei einem solchen ist die magnetische Kraft und daher auch die magnetische Arbeit um so kleiner, je größer der Abstand der Ströme ist. Die Stromdichte ist daher an den einander zugewendeten Teilen der Leiter am kleinsten, an den abgewendeten Teilen am größten. Ist die Stromrichtung in den beiden Leitern entgegengesetzt (Kabel mit zwei exzentrischen massiven Leitern[1]), so ist das magnetische Feld wie in Abb. 179. Bei einem solchen ist die magnetische Arbeit um so kleiner, je kleiner der Abstand der Ströme ist, denn wenn sich die Ströme bis zur Berührung nähern, so ist das magnetische Feld null. Die Stromdichte ist daher an den einander zugewendeten Teilen der Leiter am größten. Daraus folgt weiter, daß bei einem gekrümmten Stromleiter oder einer Windung (Schleife) die Stromdichte an der Innenseite des Leiters größer ist als an der Außenseite. Das gilt dann noch mehr bei einer Spule, weil da jede Windung auch noch einer Induktion von allen übrigen Windungen ausgesetzt ist. Nach einer Berechnung von M. Wien[2]) ist die Zunahme des wirksamen Widerstandes ($w' - w$) der 3. Potenz der Windungszahl proportional. Im übrigen wächst er wie bei einem geraden Leiter mit der 2. Potenz des Querschnittes und der Periodenzahl, und nimmt mit dem spezifischen Widerstand ab. Außerdem hängt er von der Form der Spule ab. Bei hohen Frequenzen wird die Ab-

---

[1]) Formeln darüber von G. Mie, Annal. d. Phys. Bd. 2, 1900. Kabel mit größerem Querschnitt werden aber nicht so ausgeführt, sondern nur mit Drahtseilen.

[2]) M. Wien, Annal. d. Phys. Bd. 14, 1904.

hängigkeit sehr verwickelt[1]), während die Verminderung der wirksamen Selbstinduktion im allgemeinen so klein ist, daß sie vernachlässigt werden kann. Bei sehr hohen Frequenzen hat auch die Kapazität der Windungen gegeneinander[2]), und schließlich sogar der dielektrische Verlust in der Isolation der Windungen einen erhöhenden Einfluß auf den wirksamen Widerstand.

Daß die Stromdichte an der Innenseite einer Windung oder Schleife größer ist als an der Außenseite gilt nur dann, wenn keine andersgerichteten Umstände vorhanden sind. Ist der Leiter nicht ringsherum von demselben magnetischen Stoff umgeben, wie z. B. die Wicklungsstäbe einer elektrischen Maschine mit offenen Nuten (Abb. 272), so gehen die magnetischen Kraftlinien des Stabes ein Stück ihres Weges durch Eisen und ein Stück durch Luft oder Kupfer, und zwar so, daß die Dichte der den Kupferstab durchquerenden Kraftlinien vom Grunde der Nut gegen die Öffnung hin zunimmt[3]). Die Folge davon ist, daß die Stromdichte im Stab vom Grunde der Nut gegen die Öffnung zunimmt. Auch das erkennt man aus dem Prinzip der kleinsten magnetischen Arbeit, denn je weiter der Strom vom Grunde der Nut wegrückt, desto größer wird der magnetische Widerstand für seinen Kraftlinienpfad im Eisen, desto kleiner also die Kraftlinienmenge bei gegebener Stromstärke.

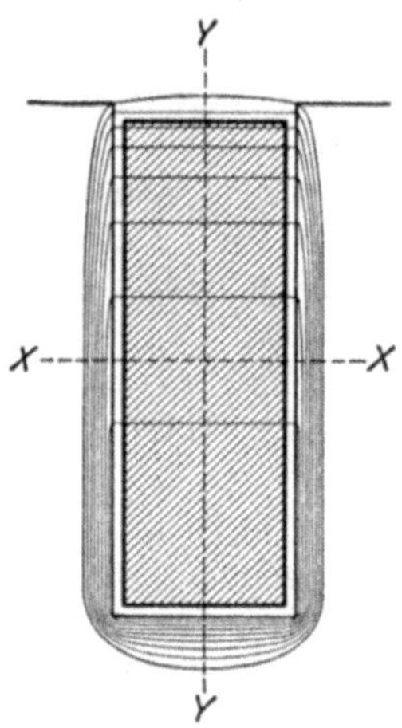

Abb. 272.

Aus allen Fällen ungleichmäßiger Stromverteilung in massiven Leitern kann man den Satz ableiten, daß die Stromdichte in jenen Teilen des Querschnittes am größten ist, welche der größten Kraftliniendichte am nächsten liegen.

Es ist leicht einzusehen, daß die Ungleichheit der Stromdichte und daher die Zunahme des wirksamen Widerstandes kleiner ist, wenn die Nut nicht ganz offen (Abb. 272), sondern halb geschlossen ist, und daß sie noch kleiner ist, wenn die Nut ganz geschlossen ist, d. h. wenn die Stäbe in Löchern liegen. Im letzteren Falle wird wohl meistens die elektrische Achse jedes Stabes mit der geometrischen zusammenfallen, so daß die obigen Formeln für gerade Leiter mit symmetrischem Felde gelten.

---

[1]) Sommerfeld, Annal. d. Phys. Bd. 14, 1904; Bd. 15, 1905; Bd. 24, 1907. Black, ebenda Bd. 19, 1906. Esau, ebenda Bd. 34, 1911. Möller, ebenda Bd. 36, 1911. Lindemann, Ber. d. Deutsch. phys. Ges. 1909, Nr. 22. Lindemann u. Hüter, ebenda 1913, Nr. 7. Rogowski, Arch. f. Elektr. Bd. 3, 1915.

[2]) Lenz, Ann. d. Phys. Bd. 37, 1912.

[3]) Es handelt sich zunächst nur um die Kraftlinien eines Stabes allein (Abb. 273), welche diesen senkrecht zu seinen Seitenflächen durchsetzen, so daß die Wirbelströme in seiner Längsrichtung verlaufen. Liegen mehrere Nuten nebeneinander, wie bei einem Läufer, so gehen die meisten Kraftlinien der nebeneinanderliegenden Nuten ineinander über und durchlaufen Nuten und Zähne zwischen zwei Bürsten ungefähr parallel zum Läuferumfang.

170. Mittel gegen die ungleichmäßige Stromverteilung.

Die ungleichmäßige Verteilung der Stromdichte ist in zweifacher Hinsicht unerwünscht: Erstens ist die Stromwärme größer. Die dem Widerstandszunahme entsprechende Stromwärme $(w' - w) J^2$, oder was auf dasselbe hinauskommt, die Stromwärme der Wirbelströme im Leiter, bezeichnet man als zusätzliche. Aber auch der gesamte (Ohmsche und induktive) Spannungsabfall ist größer, obwohl die Selbstinduktion und damit auch der induktive Spannungsabfall $\omega L' J$ kleiner ist, aber nicht um so viel, als der Ohmsche Spannungsabfall $w' J$ größer ist, wie bei gleichmäßiger Stromdichte. Zweitens wird Widerstand uud Selbstinduktion von der Frequenz abhängig, was bei Apparaten und Drähten für Meßzwecke unzulässig ist.

Handelt es sich nur darum, letzteres zu verhindern, so muß statt eines massiven Leiters ein Seil oder eine Litze aus möglichst dünnen Drähten verwendet werden, und diese müssen durch einen isolierenden Oxyd-, Azetat- oder Email-Überzug voneinander so gut isoliert sein, daß kein Stromübergang von einem zum andern möglich ist. Bleiben dabei die inneren Drähte im ganzen Verlauf des Seiles innen, so besteht immer noch ungleiche Stromdichte und daher Abhängigkeit des Widerstandes von der Frequenz, weil die Induktion auf die inneren Stromfäden größer ist als auf die äußeren. Dies kann nur verhindert werden, wenn die einzelnen Drähte ihre Stelle im Seil derart ändern, daß die inneren Drähte nach außen kommen und umgekehrt, d. h. wenn die Drähte so gedreht oder geflochten werden, daß jeder gleich oft an irgendeine Stelle des Seilquerschnittes kommt. Ist die Verwendung des Seiles oder der Litze derart, daß die elektrische Achse mit der geometrischen zusammenfällt (einzelne, gerade Leiter), so genügt Drehung nicht, sondern es ist Verflechtung notwendig. Fallen aber diese Achsen nicht zusammen (Spulen, Ankerwicklungen), so genügt Drehung. Die Verwendung solcher Seile oder Litzen ist beschränkt, weil sie teurer sind und nur eine unvollständige Ausnutzung des gegebenen Wicklungsraumes gestatten[1]).

Bei elektrischen Maschinen und Transformatoren kommt es nicht auf die Unabhängigkeit des Widerstandes von der Frequenz, wohl aber auf möglichste Verminderung der zusätzlichen Stromwärme an, was durch genügende Unterteilung auch ohne Verflechtung oder Drehung erreicht werden kann.

Wenn es sich darum handelt, möglichst kleine Stromwärme überhaupt zu erzielen, solange die Wahl des Querschnittes noch frei steht, so muß man sich vor Augen halten, daß die Zunahme des wirksamen Widerstandes $(w' - w)$ in erster Annäherung dem Quadrate des Querschnittes s proportional ist (S. 321), während der Widerstand w an und für sich nur mit der ersten Potenz von s abnimmt, so daß von einem gewissen Querschnitt ab die Zunahme infolge ungleicher Strom-

---

[1]) Über besondere Ausführungen von Spulen vgl. H. Boas, A. Meißner, ETZ 1919, S. 258.

dichte größer ist als die Abnahme infolge Vergrößerung des Querschnittes. Mit anderen Worten: Der wirksame Widerstand erreicht bei wachsendem Querschnitt ein Minimum und nimmt dann wieder zu. Daraus folgt weiter, daß oberhalb eines gewissen, von der Frequenz abhängigen Gesamtquerschnittes eine Verminderung des wirksamen Widerstandes nur dann eintritt, wenn die Unterteilung des Querschnittes genügend fein ist. Geht man auf die Wirbelströme zurück, so erklärt sich das daraus, daß sie als sekundäre Ströme dem magnetischen Felde, das sie erzeugt, also auch der ungleichmäßigen Stromverteilung entgegenwirken (§ 149). Daher kann die Verminderung der Ungleichförmigkeit der Stromdichte durch Unterteilung des Querschnittes z. B. auf die Hälfte kleiner sein, als die Abnahme der genannten Gegenwirkung, so daß der endgültige wirksame Widerstand durch Unterteilung auf die Hälfte nicht kleiner, sondern größer wird. Nur dann, wenn die Querschnitte der Teile unter einer gewissen Grenze liegen, so daß die Gegenwirkung der Wirbelströme überhaupt nicht von Bedeutung ist, ergibt sich eine Abnahme des wirksamen Widerstandes und dann natürlich um so mehr, je feiner die Unterteilung ist. Da die Zunahme des wirksamen Widerstandes auch vom Quadrate der Frequenz abhängt, so folgt aus dem Vorstehenden weiter, daß es bei einer gewissen Unterteilung eine gewisse Frequenz gibt, bei welcher der wirksame Widerstand ein Minimum ist. Und es kann oberhalb einer gewissen Frequenz ein massiver Leiter weniger wirksamen Widerstand haben als ein Seil von gleichem Querschnitt.

Ist das magnetische Feld eines Leiters unsymmetrisch wie bei Stäben in Maschinennuten (Abb. 272), so müssen zur Beschränkung der Wirbelströme Bleche (Schienen) übereinander, nicht senkrecht nebeneinander angeordnet werden oder Drahtseile zur Anwendung kommen. Die Bleche oder Drähte müssen so voneinander isoliert sein, daß die Wirbelströme nicht von einem zum andern übergehen können. Besteht das Seil aus sehr dünnen Drähten, so genügt die natürliche Oxydschicht; andernfalls müssen die einzelnen Drähte lackiert, emailliert oder mit Baumwolle umsponnen sein. Doch ist die Raumausnützung der Nut durch solche Seile schlecht. Will man sie durch starkes Pressen der Seile verbessern, so wird die Isolation an vielen Stellen weggequetscht. Aus diesem Grunde, und weil auch eine gewisse Steifheit der Wicklung wünschenswert ist, werden bei Maschinen für sehr große Stromstärken sogenannte Kunststäbe bevorzugt.

Um die Vorgänge in dem Leiter einer Maschinennut wie in Abb. 272 ohne verwickelte Rechnungen übersehen zu können, muß man auf die EMKe zurückgehen, welche die Wirbelströme erzeugen. Die dort eingezeichneten Kraftlinien, welche dem Scheitelwert des hindurchfließenden Stromes entsprechen mögen, schrumpfen in sich zusammen, wenn der Strom auf Null sinkt. Wenn er von Null zum anderen Scheitelwert ansteigt, wachsen sie wieder aus dem Leiter heraus. Dabei schneiden sie ihn und induzieren in jeder Faser desselben eine EMK. Da die Anzahl der geschlossenen Kraftlinien von oben nach unten zunimmt, sind die in den einzelnen Fasern induzierten EMKe um so größer, je näher sie dem Grunde der Nut liegen. In den geschlossenen Stromkreisen, die sich in dem massiven Leiter aus den oberen und unteren Fasern bilden, überwiegt also die EMK der unteren Fasern und bestimmt daher die Richtung der Wirbelströme. Da es kurzgeschlossene Ströme sind, haben sie 180^0 Phasenverschiebung gegen den induzierenden Strom. Sie haben also am Grunde der Nut entgegengesetzte Richtung, und infolgedessen oben gleiche Richtung wie der hindurchfließende Strom. Die tatsächliche, resultierende Stromdichte ist demnach oben größer als unten, was wir schon auf S. 326 aus dem Gesetze von der kleinsten magnetischen Arbeit gefolgert haben.

Da also in den übereinanderliegenden Fasern des Leiters verschiedene EMKe, in den nebeneinanderliegenden hingegen gleiche EMKe induziert werden, so verlaufen die Wirbelströme in Flächen, welche parallel zu den Seitenwänden der Nut liegen. Um sie zu beschränken, muß demnach der Leiter durch Schnitte, parallel zur Kraftlinienrichtung unterteilt werden. Natürlich kann diese Unterteilung nicht senkrecht zur Leiterachse geschehen, weil sonst kein Strom hindurchgeschickt werden könnte; also muß sie in der Längsrichtung geschehen, d. h. man setzt den Leiter aus übereinandergeschichteten Blechen (Schienen) zusammen. Natürlich dürfen diese nicht irgendwo gut leitende Verbindung untereinander haben, wie es der Fall ist, wenn diese Kunststäbe durch Gabeln oder dgl. in Hintereinander- oder Nebeneinanderschaltung gebracht werden. Daher ist die Zusammensetzung des Kunststabes aus Schienen, die alle parallel zur Grundfläche der Nut liegen, zwecklos. Die Wirbelströme können bei Hintereinanderschaltung der Kunststäbe nur dadurch beschränkt werden, daß die einzelnen Schienen ihre Höhenlage in der Nut ändern, was durch Verschränkung der Schienen erreicht werden kann. Abb. 273a und b zeigen die beiden Ausführungen, welche dieser Forderung am besten genügen. Zu der ersten Art sind Schienen von der darüber abgebildeten Art erforderlich. Werden sie der Abbildung gemäß zusammengesetzt, so verläuft der größte Teil jeder Schiene schief durch die Nut. Man sieht z. B., daß die Teile 2, 3 und 6 zu oberst, die Teile 4, 5 hingegen zu unterst liegen. Durch die Teile 2—3 und 4—5 wird aber der reine Widerstand vergrößert, so daß auch bei vollständiger Unterdrückung der Wirbelströme der Stromwärmeverlust größer ist, als wenn ein gerader Stab von Gleichstrom durchflossen wird. Zu der zweiten Ausführungs-

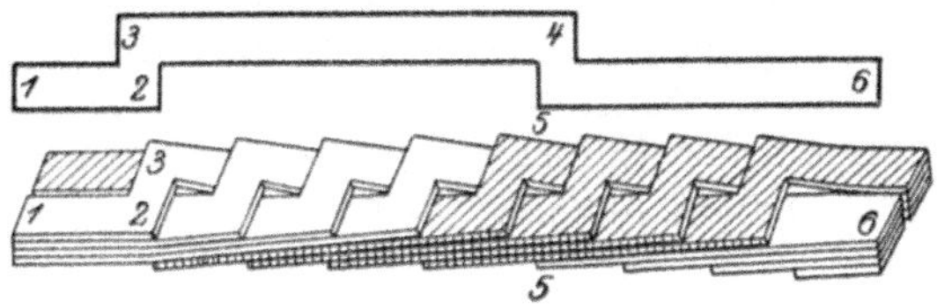

Abb. 273a.

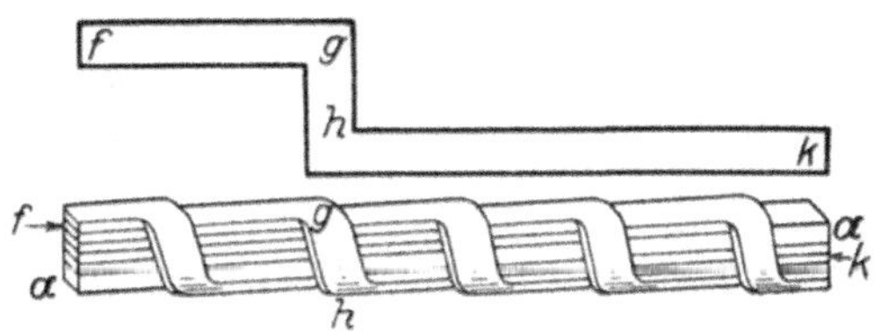

Abb. 273b.

art ist die in Abb. 273b oben abgebildete Schienenform erforderlich[1]). Nur die mittelste Schiene *a* ist geradlinig und verläuft in der gezeichneten Weise schief durch die Nut. Auch die anderen Schienen haben einen besseren Verlauf durch die Nut als bei der vorigen Art. Andererseits verläuft aber der Teil *gh* parallel zu den Seitenwänden der Nut, so daß hier Wirbelströme entstehen. Außerdem wird dadurch der reine Widerstand vergrößert. Endlich ist die Raumausnützung der Nut noch etwas geringer, weil die senkrechten Teile *gh* Platz beanspruchen. Daran wird nicht viel geändert, wenn die wagrechten Teile der Schienen entsprechende Aussparungen erhalten.

Um die Raumausnützung zu verbessern, werden alle diese Kunststäbe stark gepreßt. Dann muß aber die Isolation zwischen den Schienen aus gutem, lackiertem Papier oder noch besser aus Glimmer bestehen, damit sie nicht zerquetscht wird.

Die in Abb. 272 gezeichneten Kraftlinien stellen nur das Eigenfeld eines Ankerleiters dar. Außerdem verläuft ein Teil der Kraftlinien des Erregerfeldes so durch die Nuten, wie es die Abb. 143 und 144 für den Stillstand einer Maschine zeigen. Erstere gilt für eine Nut, die sich gerade in der Mitte des Erregerfeldes befindet. Man sieht, daß einige Kraftlinien nicht zu den Zahnkronen, sondern durch die Öffnung der Nut zu den Seitenwänden übergehen. Diese erzeugen bei der Drehung nur im oberen Teil des Leiters eine EMK, im unteren aber nicht. Daher entstehen Wirbelströme, die wie die vorigen parallel zu den Seitenwänden verlaufen[2]). In den übrigen Nuten gibt es Kraftlinien, welcher mehr oder weniger schief bis senkrecht zu den Nutenwänden verlaufen, wie Abb. 144 zeigt. Daher haben die entsprechenden Wirbelströme in jeder Nut eine andere Lage. Es kommt noch hinzu, daß beim Betrieb der Maschine das gesamte Feld durch Ankerrückwirkung stark verzerrt wird. Mithin wird durch die in Abb. 273a und b dargestellte Unterteilung des Leiters senkrecht zu den Seitenwänden die Ausbildung dieser Wirbelströme nur teilweise verhindert. Nur in Drahtseilen werden sie ebenso beschränkt, wie die vom Eigenfeld des Leiters herrührenden, wobei man aber die schlechtere Ausnützung des Raumes in den Kauf nehmen muß[3]).

Zwischen den Wirbelströmen, welche vom Eigenfeld des Ankerleiters, und zwischen denen, welche vom Erregerfeld erzeugt werden, besteht auch eine Phasenverschiebung, welche in jeder Nut anders ist. Aus diesem Grunde und weil beim Betrieb einer Maschine die

---

[1]) Punga und Roos, Elektr. u. Maschinenb. 1921 S. 485, 499.

[2]) Dabei ist es gleichgültig, ob die Ankerwicklung gedreht wird und das Erregerfeld still steht oder umgekehrt. Die nützliche EMK einer Maschine wird nur von jenen Kraftlinien erzeugt, welche bei der Drehung die Ankerstäbe ganz durchschneiden.

[3]) Man erhält eine bessere Ausnützung, wenn man den Grund der Nut nicht eckig, sondern halbkreisförmig macht bei gleicher Höhe der Seitenwände. Die durch die Zähne verlaufenden Kraftlinien folgen ohnehin nicht den Ecken, sondern runden sich ab, so daß trotz der Verminderung des Eisens die Eisenverluste nicht größer werden.

Stärke und Lage der Wirbelströme in jeder Nut anders ist, bildet die Berechnung der gesamten Wirbelstromverluste eine unlösbare Aufgabe[1]).

Die vom Erregerfeld erzeugten Wirbelströme sind auch in Gleichstrommaschinen vorhanden, weil die in den Ankerleitern fließenden Ströme Wechselströme sind, die erst beim Übergang vom Kommutator zu den Bürsten in Gleichstrom kommutiert werden (§ 126).

171. Magnetische und elektrische Kräfte in einem Transformator.

Für Wechselstrom gelten, wie schon auf S. 222 betont wurde, dieselben Grundgesetze wie für Gleichstrom, solange man alles auf die Augenblickswerte bezieht. Von den Augenblickswerten gilt auch das Gesetz, daß gleichgerichtete Ströme sich anziehen und entgegengesetzte sich abstoßen, wenn die Leiter parallel oder wenigstens mit einer Komponente parallel liegen (§ 117). Infolgedessen ziehen sich die Windungen einer vom Wechselstrom durchflossenen Spirale (Abb. 274) gegenseitig an, und die Spirale sucht sich zusammenzuziehen, wie wenn sie von Gleichstrom durchflossen ist. Ferner wirken in einer Stromschleife Kräfte in radialer Richtung nach außen, die die Schleife zu erweitern suchen (§ 82), also auch in jeder Spule.

Abb. 274.

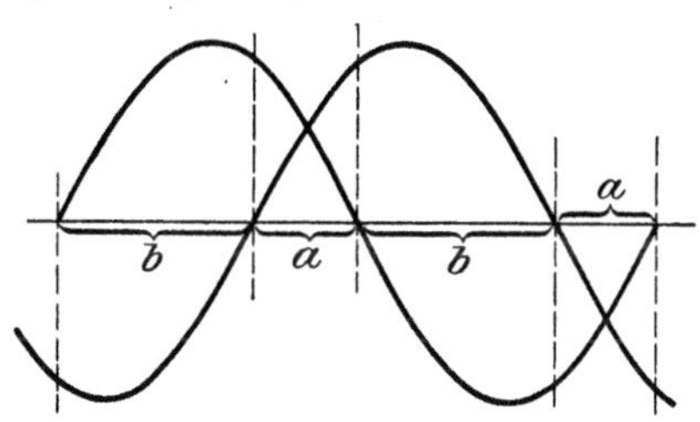

Abb. 275.

Nach § 151 besteht zwischen primärem und sekundärem Strom eines Transformators eine Phasenverschiebung χ, die zwischen 90^0 und 180^0 liegt. Beim oberen Grenzwert ($\chi = 180^0$) haben die beiden Ströme in jedem Augenblick entgegengesetzte Richtung. Sie stoßen sich daher ab, wie Gleichströme von entgegengesetzter Richtung. Ist die Phasenverschiebung kleiner als 180^0 (Abb. 275), so gibt es Zeiträume a, in denen die Ströme gleiche Richtung haben, also sich anziehen, und Zeiträume b, in denen sie entgegengesetzte Richtung haben, also sich abstoßen. Die Abstoßung überwiegt, da χ größer als 90^0 ist. Bei 90^0 wären Anziehung und Abstoßung während jeder Periode gleich

[1]) Die an verschiedenen Stellen veröffentlichten Berechnungen der ungleichen Stromdichte bezw. Widerstandszunahme gelten nur für das Eigenfeld eines Leiters gemäß Abb. 272. Es seien daher nur die wichtigsten angeführt: Field, Proceedings Americ. Inst. El. Eng. 1905, Bd. 24, S. 761. Emde, Elektr. und Maschinenb. 1908, S. 703. Rogowski, „Arch. f. Elektr.“ Bd. 2, S. 81, 536; Bd. 4, S. 293. Hillebrand, ebenda Bd. 3, S. 111. Eine gute Übersicht gibt Fischer-Hinnen im „Bulletin des Schweizer Elektr. Vereins“ 1917, Bd. 7, S. 101. Experimentelle Untersuchung der gesamten Verluste: Ottenstein, „Das Nutenfeld in Zahnarmaturen und die Wirbelstromverluste“. Stuttgart, F. Enke, 1903.

groß, so daß bei diesem Grenzwert die resultierende Kraft zwischen den beiden Stromkreisen null wäre. Besteht die Wicklung eines Transformators aus nebeneinanderliegenden Scheibenspulen (Abb. 217b), so treten zwischen primären und sekundären Spulen seitlich abstoßende Kräfte auf. Bei sehr großen Stromstärken (Kurzschluß eines großen Transformators) sind sie so stark, daß die Endspulen verbogen werden, wenn sie nicht besonders gestützt sind. Bei konzentrischen Zylinderspulen (Abb. 217a) wirken diese abstoßenden Kräfte in radialer Richtung und können daher nicht schaden. Nur weun eine Spule länger ist als die andere, wirken auch seitliche Kraftkomponenten auf die vorstehenden Windungen und können diese bei einem Kurzschluß verbiegen. Das sind magnetische Kräfte, die den beiden Stromstärken proportional sind. Die magnetischen Kraftlinienbilder (Abb. 219 und 220) geben Aufschluß über die räumliche Verteilung und Richtung dieser Kräfte, wenn man bedenkt, daß sich Kraftlinien wie elastische Fäden zusammenzuziehen und untereinander abzustoßen suchen. Über die Berechnung dieser Kräfte s. § 120.

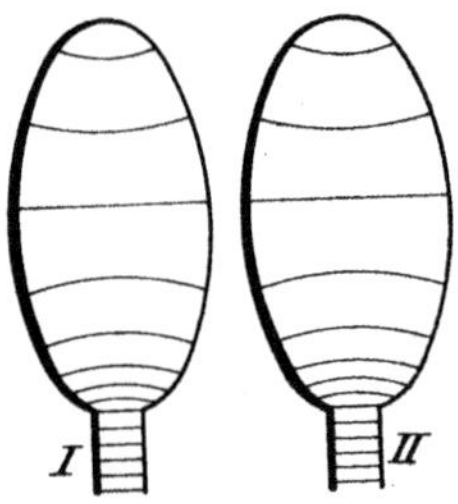

Abb. 276a.

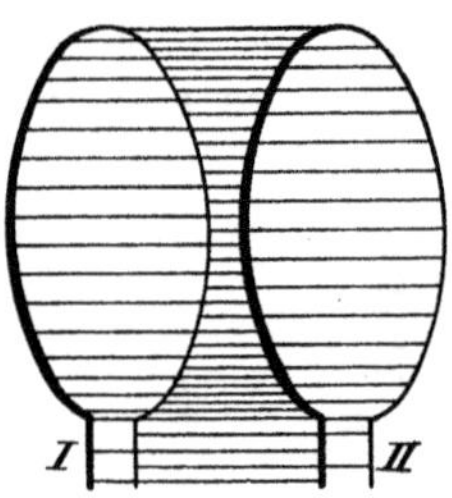

Abb. 276b.

Nebst diesen magnetischen Kräften gibt es noch elektrische Kräfte wie bei dem auf S. 195 beschriebenen Gleichstromversuch. Diese sind auch dann vorhanden, wenn der sekundäre Stromkreis unterbrochen ist (Leerlauf). Denn die elektrische Induktion findet in jedem Leiter statt, der von magnetischen Kraftlinien geschnitten wird. Ist der Stromkreis offen, so äußert sich die elektrische Induktion darin, daß die eine Hälfte des sekundären Leiters mit positiver, und die andere mit negativer Elektrizität geladen wird. Abb. 276 zeigt einen aus 2 Windungen bestehenden Transformator in perspektivischer Darstellung. Die dünnen Linien zeigen den Verlauf der elektrischen Kraftlinien. In Abb. 276a sind nur die gezeichnet, die zwischen verschiedenen Teilen desselben Stromkreises verlaufen. Sie sind an den Enden am dichtesten und nehmen gegen die Mitte des Leiters zu ab. Mit jeder Halbwelle wechseln die Ladungen und dementsprechend die Richtungen der Kraftlinien, während ihre Gestalt dieselbe bleibt. Diese Kraftlinien haben denselben Verlauf wie die elektrisierenden Kräfte in dem Dielektrik, das zur Isolierung dient. Die Isolation, die diesen elektrisierenden Kräften widerstehen muß, bezeichnet man als innere Isolation eines Stromkreises. Besteht ein Stromkreis aus mehreren Windungen, so ergibt sich ein verwickeltes Bild, da elektrische Kraftlinien zwischen jeder Windung und allen anderen derselben Wicklung verlaufen. Zwischen der ersten und letzten Windung verlaufen die meisten Kraftlinien, zwischen zwei aufeinanderfolgenden die wenigsten. Darum muß bei der Herstellung der Spulen darauf Bedacht genommen werden, daß die ersten und letzten Windungen nicht nebeneinder zu liegen kommen. Kann dies nicht vermieden werden, so muß die Isolation zwischen ihnen entsprechend stark sein. Ist ein Eisenkern oder ein anderer Metallteil in der Nähe, so endigt ein Teil der Kraftlinien auf diesem, und es ist dann auch genügend Isolation zwischen diesem und der Spule anzubringen.

Zu diesen Kraftlinien kommen noch jene, die zwischen primärem und sekundärem Stromkreis verlaufen, und die der Deutlichkeit wegen in Abb. 276b besonders dargestellt sind. Es entspricht dies zunächst dem Leerlauf, wo die von der Stromquelle den primären Klemmen zugeführte Spannung und die in der sekundären Wicklung induzierte Ladung nahezu 180° Phasenverschiebung haben. Ist der sekundäre Stromkreis geschlossen, so kann die Phasenverschiebung zwischen primärer und sekundärer Klemmenspannung andere Werte haben. Die Kraftlinien verlaufen dann nicht mehr zwischen den gleich gelegenen Stellen der beiden Stromkreise, sondern sind verschoben. Immer aber verlaufen diese elektrischen Kraftlinien durch das zwischen den beiden Stromkreisen befindliche Dielektrik in ziemlich gleichmäßiger Dichte, so daß diese Isolation, die man als äußere bezeichnet, überall ziemlich gleich beansprucht wird.

Denkt man sich diese beiden Felder zu einem resultierenden vereinigt, so erhält man ein Bild von der Anordnung der elektrischen Kraftlinien eines Transformators mit zwei nebeneinanderliegenden Scheibenspulen und der daraus hervorgehenden Beanspruchung der Isolation. Bei einem Transformator mit konzentrischen Zylinderspulen verlaufen die elektrischen Kraftlinien radial zwischen den Spulen[1]).

---

[1]) Aus einer Maxwellschen Hypothese hat man den Schluß gezogen, daß die elektrischen Kraftlinien periodisch veränderlicher Ströme in sich geschlossene Kurven seien, die das magnetische Wechselfeld, das als „magnetischer Strom" betrachtet wird, umschließen. Da dieser „magnetische Strom" die Stromflächen einer Spule senkrecht durchsetzt, so müßten die elektrischen Kraftlinien als in sich geschlossene Kurven parallel zur Stromrichtung verlaufen, was sicher nicht zutrifft. Die Erfahrung lehrt vielmehr, daß das einen Stromleiter umgebende isolierende Dielektrik bei zu hoher Spannung senkrecht zur Stromrichtung, aber nicht parallel zu ihr durchschlagen wird. Besteht die Isolierung zwischen primärer und sekundärer Wicklung eines Transformators aus Luft, so kann man bei geeigneter Spannung am Verlauf des Glimmlichtes und der ersten schwachen Funkenentladungen im Dunkeln die Richtung der elektrischen Kraftlinien entsprechend Abb. 276b deutlich sehen.

Zur Begründung der geschlossenen elektrischen Kraftlinien wurde der unrichtige Schluß gezogen: Weil die Induzierung einer EMK in einem Leiter senkrecht zur Richtung der induzierenden magnetischen Kraftlinien erfolgt, müßten auch die elektrischen Kraftlinien im Dielektrik denselben Verlauf nehmen. Es gibt keine Erscheinung in der Elektrizität, die das bestätigt. Im Gegenteil zeigt sich überall, daß die Richtung der in einem Leiter induzierten EMK senkrecht steht zur Richtung der elektrischen Kraftlinien im Dielektrik, das ihn umgibt. Alle Versuche, die zu dem Zweck angestellt wurden, in sich geschlossene elek-

Da unter elektrischen Kraftlinien jene Linien zu verstehen sind, welche den elektrischen Ladungen auf den Leitern, von denen sie ausgehen, proportional sind 𝔅-Linien (§§ 27, 37), so ist die elektrische Kraft, welche den Isolierstoff auf Durchschlag beansprucht, $\mathfrak{H} = \mathfrak{B}/\vartheta$. Das heißt, sie ist in einem und demselben Isolierstoff an verschiedenen Stellen der Kraftliniendichte 𝔅 proportional. In verschiedenen Stoffen, welche von den Kraftlinien hintereinander durchsetzt werden, ist sie verkehrt proportional der Dielektrizitätskonstante ϑ. Das ist von Bedeutung, wenn die elektrische Festigkeit von Luft oder von Öl als äußere Isolation bei Maschinen und Transformatoren nicht ausreicht (vgl. § 253).

---

trische Kraftlinien nachzuweisen, sind gescheitert. Auch die letzten diesbezüglichen Versuche von Henrich (Dissertation Marburg 1910) erbringen keinen solchen Beweis. Die dort erzielte Drehung eines Metallstäbchens und eines Glasstäbchens im Innern eines von Wechselstrom magnetisierten geschlossenen Eisenringes (Abb. 117) rührt nicht von in sich geschlossenen elektrischen Kraftlinien her, sondern von solchen, die von der einen Hälfte des stromführenden Leiters ausgehen und auf der anderen Hälfte endigen. Da der Leiter bei diesen Versuchen eine ringförmige Spule bildet, so entstehen u. a. auch solche Kraftlinien, die in der Richtung der Achse durch die Mitte des Ringes verlaufen. Sie haben aber Anfang und Ende auf dem Stromleiter. Wenn es in sich geschlossene elektrische Kraftlinien gäbe, müßten sie sich wie alle Grunderscheinungen auch mittels Gleichstrom nachweisen lassen. Besondere Grundgesetze für Ströme, die ihre Richtung wechseln, gibt es nicht. Insbesondere läßt sich mit dem in Abb. 183 dargestellten Versuch zeigen, daß die elektrische Kraft bei Gleichstrom und Wechselstrom dieselbe Richtung hat.

H. Hertz hat zu seinen Anordnungen elektrischer Schwingungserzeuger (Oszillatoren) auch Kraftlinienbilder mit geschlossenen elektrischen Kraftlinien gezeichnet, aber keine Spur eines Beweises dafür erbracht. Es ist überhaupt immer bei Annahmen und Analogien mit den geschlossenen magnetischen Kraftlinien eines elektrischen Stromes geblieben. Vgl. auch den Artikel des Verfassers: „Gibt es geschlossene elektrische Kraftlinien?" Archiv f. Elektrot. Bd. 4, S. 366, 1916.

Da die Praxis zahlreiche Beweise dafür erbringt, daß die von Wechselströmen erzeugten elektrischen Kraftlinien von Leitern ausgehen und auf Leitern endigen, haben sich die Anhänger der geschlossenen elektrischen Kraftlinien damit zu helfen gesucht, daß sie dem Wechselstrom eine statische und eine dynamische Feldstärke zuschreiben. Die erste soll aus ungeschlossenen, die letzte aus geschlossenen elektrischen Kraftlinien bestehen, welche parallel zum Leiter verlaufen. Nun kann man zwar bei verschiedenen Ursachen die verschiedenen Feldkomponenten getrennt behandeln. Tatsächlich aber kann es an jeder Stelle des Raumes nur eine einzige Kraftlinienrichtung geben (welche die Resultierende aus allen komponentalen Kraftlinien ist), und nur um diese handelt es sich bei der Frage, ob die elektrischen Kraftlinien eines Wechselstromes ungeschlossene oder geschlossene Linien sind. Verlieren nun bei der Bildung der Resultierenden die ungeschlossenen Kraftlinien ihre Fußpunkte auf den Leitern und werden sie in den Resultierenden zu geschlossenen Linien? Die dynamischen Kraftlinien sollen mit abnehmender Periodenzahl immer mehr „verblassen"; also müssen sie wohl mit wachsender Periodenzahl zunehmen. Dann würde also die Größe der elektrischen Kraft nicht nur von der Spannung, sondern auch von der Periodenzahl abhängen! Die Versuche mit Tesla-Transformatoren, wo sehr hohe Periodenzahlen auftreten, und die Erfahrungen der drahtlosen Telegraphie beweisen aber, daß die Größe der elektrischen Kraft von der Periodenzahl nicht abhängt, und daß die Isolierstoffe in derselben Richtung, nämlich senkrecht zu den Leitern beansprucht werden wie bei niedrigen Periodenzahlen und bei Gleichstrom.

Elftes Kapitel.

Die Kapazitätserscheinungen.[1]

172. Scheinbarer Widerstand eines Kondensators.

In den Stromkreis einer Wechselstromquelle sei ein Kondensator mit der Kapazität C eingeschaltet (Abb. 277), und zwar setzen wir einen idealen Kondensator voraus, d. h. einen solchen, der keine elektrische Arbeit durch Umsatz in Wärme verbraucht. Dennoch kann in dem Stromkreise ein Wechselstrom verkehren. Einen solchen haben wir ja auch in den Zuleitungsdrähten eines Kondensators, dessen eine Platte mit der Erde verbunden ist und dessen andere abwechselnd positiv und negativ geladen wird (Abb. 278). Denn bei jeder Ladung der Platte I strömt eine gleichnamige und gleichgroße Elektrizitätsmenge von der Platte II zur Erde ab. Rein äußerlich betrachtet ist es so, als ob die bei der Ladung zugeführte Elektrizitätsmenge durch das Dielektrik zur Erde strömen würde. In Wirklichkeit ist aber der Vorgang so, daß durch die zugeführte Elektrizitätsmenge eine gleichgroße ungleichnamige Menge auf der zweiten Platte induziert wird und eine gleichnamige zur Erde abströmt. Die beiden Platten sind mithin in jedem Augenblick entgegengesetzt geladen. Dasselbe ist der Fall, wenn wir beide Platten mit den Klemmen A und B einer Wechselstromquelle verbinden. Da von diesen Klemmen in jedem Augenblick entgegengesetzte Elektrizität ausgeht, so wird die eine Platte positiv, die andere gleichzeitig negativ geladen. Wechselt die Richtung der Maschinenspannung, so wechselt auch die Ladung der Kondensatorplatten. Es besteht also in den Verbindungsleitungen zwischen Maschine und Kondensator ein Wechselstrom, obwohl sie durch das Dielektrik des Kondensators vollkommen voneinander isoliert sind. Es ist aber, wie sich zeigen wird, ein wattloser Strom oder Blindstrom.

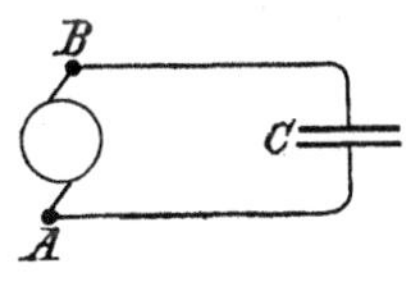

Abb. 277.

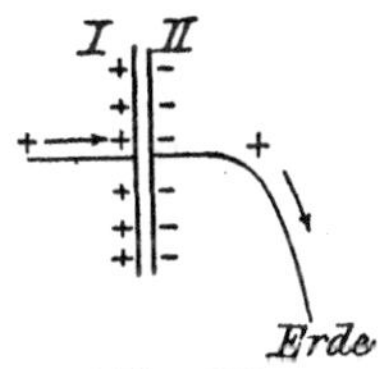

Abb. 278.

[1] § 172 bis 178 nach G. Benischke: „Die Wirkungsweise der Kondensatoren im Wechselstromkreise." ETZ 1895, S. 612.

Zu demselben Resultat gelangen wir, wenn wir uns vorstellen, daß eine entsprechende Elektrizitätsmenge im Dielektrik des Kondensators zwischen den beiden Platten hin und her geschoben wird, so daß diese in jedem Augenblick entgegengesetztes Vorzeichen haben. Man bezeichnet diese im Dielektrik hin und her gehende Elektrizitätsmenge als Verschiebungsstrom. Er bildet gewissermaßen die Verbindung zwischen dem Strom in den Zuleitungen zu den Kondensatorplatten, so daß man auch da die Vorstellung von einem geschlossenen Stromkreis aufrechterhalten kann.

Man darf aber dabei nicht vergessen, daß dieser Verschiebungsstrom kein wirklicher Strom ist, wie in einem Leiter, sondern ein fingierter, der keine magnetischen Kraftlinien hat wie ein wirklicher Strom[1]). Ein wirklicher Strom kann nur dann durch ein Dielektrik gehen, wenn dieses nebst seiner Dielektrizitätskonstante eine gewisse Leitfähigkeit besitzt, oder wenn Entladungen hindurchgehen (§ 232). Dieser wirkliche Strom befindet sich im Nebenschluß zum fingierten Verschiebungsstrom. Davon sehen wir jetzt ab, da wir vorläufig einen idealen Kondensator voraussetzen.

Nach § 41 ist die von einem Strome i während der Zeit dt gelieferte Elektrizitätsmenge $dq = i \cdot dt$. Da es bei Wechselstrom nicht

[1]) Die Maxwellsche Hypothese, wonach der fingierte Verschiebungsstrom in einem Dielektrik von magnetischen Kraftlinien und das magnetische Feld eines Wechselstromes von in sich geschlossenen elektrischen Kraftlinien umschlossen sein soll, ist mir wohl bekannt, und in der zweiten Auflage dieses Buches habe ich ihr noch Rechnung getragen. Später bin ich zu der Überzeugung gekommen, daß jene Hypothese unhaltbar ist. Sie beruht nicht, wie die sonstigen Arbeiten Maxwells auf dem sicheren Boden Faradayscher und älterer Versuche; und es ist auch nachträglich nicht gelungen, diese Hypothese zu bewahrheiten. Die Versuche, die darüber angestellt worden sind, haben entweder nichts gezeigt, oder sind nur im guten Glauben als beweisend betrachtet worden. So die Ablenkung einer Magnetnadel beim Drehen einer dielektrischen Scheibe zwischen den Platten eines geladenen Kondensators. Diese Ablenkung ist aus den elektrischen Kräften des Kondensators zu erklären, weil die Magnetnadel auch ein guter elektrischer Leiter ist. Der bekannte Versuch von Rowland, der zeigt, daß eine geladene Kugel, die im Kreise gedreht wird, magnetische Kräfte ausübt, beweist nichts für diese Maxwellsche Hypothese, sondern beweist vielmehr die Richtigkeit der Vor- und Nach-Maxwellschen Annahme, daß der elektrische Strom ein Transport von Elektrizität ist (§ 238).

Die Behauptung, daß die Hertzschen Versuche, die eine wellenförmige Fortpflanzung elektrischer Störungen gezeigt haben, zu ihrer Erklärung die oben erwähnte Maxwellsche Hypothese brauchen, ist unrichtig. Zu ihrer Erklärung braucht es nur elektrische Kräfte bei einer elektrischen Störung und magnetische Kräfte bei Leitungsströmen. Schon Stefan hat in seinen letzten Vorlesungen gezeigt, daß die Hertzschen Versuche sich restlos aus der Weberschen Anschauung über des Wesen der Elektrizität erklären lassen. Das kann auch nur derjenige bestreiten, der der falschen Meinung ist, daß Weber Fernkräfte ohne Mitwirkung des Zwischenmittels angenommen hätte. Es ist heute kein Zweifel mehr, daß Weber mit seiner Annahme eines atomistischen Elektrizitätsstoffes dem Wesen der Elektrizität näher gekommen ist als Maxwell mit seiner Energiehypothese. Vgl. auch das bemerkenswerte Vorwort von E. Rasch zu seinem Buche „Das elektrische Bogenlicht", Braunschweig 1910, und die Bemerkungen von J. Lißner in „Elektr. u. Maschinenb." 1919, S. 280.

Über die Annahme in sich geschlossener elektrischer Kraftlinien bei einem magnetischen Felde vgl. die Anmerkung auf S. 333.

nur auf die absoluten Werte, sondern auch auf die Phasenverhältnisse ankommt, so müssen wir auch auf das richtige Vorzeichen von i bedacht sein. Liefert die Stromquelle, an der der Kondensator angeschlossen ist, eine periodisch veränderliche Spannung, so strömt offenbar dann die größte Elektrizitätsmenge durch die Verbindungsleitungen, wenn der Kondensator keine Ladung hat, weil er eben da die meiste Elektrizität aufnehmen kann. Hat aber seine Ladung den größten Wert Q erreicht, der bei der vorhandenen Kapazität und Spannung möglich ist, so strömt keine Elektrizität mehr zu, und die Stromstärke in den Zuleitungen ist null; oder mit anderen Worten: je kleiner die Ladung, desto größer der Strom (Abb. 279). Infolgedessen müssen wir das negative Vorzeichen einführen; es ist also die dem Kondensator zugeführte Ladung[1]):

$$dq = -i \cdot dt. \quad \text{(196)}$$

Nach § 26 ist

$$q = e_c C, \quad \text{(197)}$$

wenn e_c die Potentialdifferenz (Spannung) zwischen den beiden Kondensatorplatten bedeutet, die wir als **Kapazitätsspannung** bezeichnen. Aus diesen beiden Gleichungen folgt

$$i = -C \frac{de_c}{dt} \quad \text{(198)}$$

oder

$$e_c = -\frac{1}{C} \int i \cdot dt.$$

Setzt man zunächst voraus, daß die Verbindungsleitungen zwischen Stromquelle und Kondensator widerstandslos sind, so ist die Spannung der Stromquelle mit der Kapazitätsspannung identisch. Sie sei gegeben durch

$$e_c = \mathfrak{E}_c \sin \omega t;$$

dann ist

$$i = -\omega C \mathfrak{E}_c \cos \omega t = \omega C \mathfrak{E}_c \sin \left(\omega t - \frac{\pi}{2}\right) \quad \text{(199)}$$

Man ersieht daraus, daß der dem Kondensator zufließende Strom i um eine Viertelperiode gegenüber der Kapazitätsspannung verspätet ist, da er die entsprechenden Werte erst um $\frac{\pi}{2}$ später erreicht als e_c, oder umgekehrt; die Kapazitätsspannung eilt um eine Viertelperiode dem Strome voraus, wie auch aus Abb. 279 zu ersehen ist. Die Kondensatorspannung verhält sich also gerade entgegengesetzt wie die EMK der Selbstinduktion, die dem Strome um eine Viertelperiode nacheilt (§ 132).

[1]) Welche Unklarheit zuweilen über die Grundgesetze noch besteht, zeigte sich in einer Besprechung dieses Buches, in welcher gesagt wird, dieses negative Vorzeichen hätte keine grundsätzliche Bedeutung, sondern sei einfach Sache der Definition. Man könnte also Gl. 196 und 198 auch mit +-Vorzeichen „definieren". Täte man das, so würde sich in Gl. 205 ein +-Vorzeichen, d. h. eine Nacheilung der Stromphase ergeben, was mit den experimentellen Tatsachen im Widerspruch stände.

Aus Gl. 197 folgt, daß die Ladung q des Kondensators in gleicher Phase mit der Kapazitätsspannung ist, da C eine Konstante ist. Die Kurve der Ladung (Scheitelwert $\mathfrak{Q}$) ist in Abb. 279 eingezeichnet.

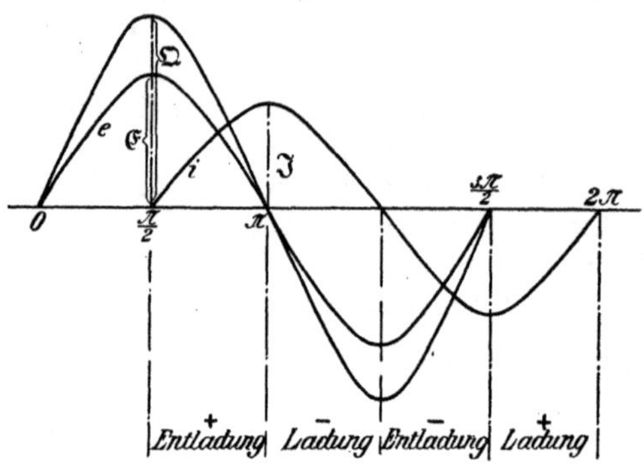

Abb. 279.

Da der Faktor vor einer Sinus- oder Cosinusfunktion den Scheitelwert darstellt, so folgt aus der letzten Gleichung

$$\mathfrak{J} = \omega C \mathfrak{E}_c. \quad (200)$$

Dividiert man beiderseits durch den Scheitelfaktor (§ 131), so erhält man aus den Scheitelwerten die effektiven Werte; also

$$J = \omega C E_c = 2\pi\nu C E_c \quad (201)$$

als Beziehung zwischen Strom, Frequenz, Kapazität und Kapazitätsspannung.

Aus Gl. 199 ergibt sich

$$\frac{di}{dt} = \omega^2 C \mathfrak{E}_c \sin \omega t = \omega^2 C e_c$$

oder

$$e_c = \frac{1}{\omega^2 C} \frac{di}{dt}. \quad \ldots\ldots\ldots\ldots \quad (202)$$

Diese Gleichung, die die Abhängigkeit der Kapazitätsspannung von der Änderung des Stromes (bei konstanter Frequenz und Kapazität) darstellt, bildet das Seitenstück zur Gl. 106 (S. 223) für die Induktionsspannung und hat entgegengesetztes Vorzeichen wie jene.

Wir haben bisher vorausgesetzt, daß die Verbindungsleitungen zwischen Stromquelle und Kondensator keinen Widerstand haben. Setzen wir nun den Fall, daß sie einen Widerstand w haben, so kann die Kapazitätsspannung e_c mit der Klemmenspannung der Stromquelle nicht identisch sein. Bezeichnen wir die letztere mit k, so ist die gesamte in diesem Stromkreis wirkende Spannung $k - e_c$, und daher die Stromstärke $i = \frac{k + e_c}{w}$.

Daraus folgt

$$k = wi - e_c$$

$$k = wi + \frac{1}{C}\int i \cdot dt = wi - \frac{1}{\omega^2 C}\frac{di}{dt} \quad (203)$$

Diese Gleichung bildet wiederum das Seitenstück zu Gl. 108. Setzen wir wie dort die Klemmenspannung von der Form

$$k - \mathfrak{K} \sin \omega t$$

voraus, so ist der Strom von der Form

$$i = \mathfrak{J} \sin (\omega t - \varphi).$$

Denn weil nach dem Vorstehenden eine Phasenverschiebung zwischen Strom und Kapazitätsspannung besteht, muß auch eine zwischen Strom und Klemmenspannung k bestehen. Abb. 280 zeigt, wie sich die k-Welle aus den Wellen $i w$ und e_c zusammensetzt.

Da zwischen Gl. 203 und Gl. 108 nur der Unterschied besteht, daß hier $-\frac{1}{\omega^2 C}$ statt L steht, so können wir die in § 133 erhaltenen Resultate sofort aufnehmen und diesen Ausdruck für L einsetzen. Es ist also

$$J = \frac{K}{\sqrt{w^2 + \omega^2 \left(-\frac{1}{\omega^2 C}\right)^2}} = \frac{K}{\sqrt{w^2 + \frac{1}{\omega^2 C^2}}} \qquad (204)$$

und

$$\operatorname{tg} \varphi = -\frac{1}{w \omega C} \; . \; . \; . \; . \; . \; . \; . \; . \qquad (205)$$

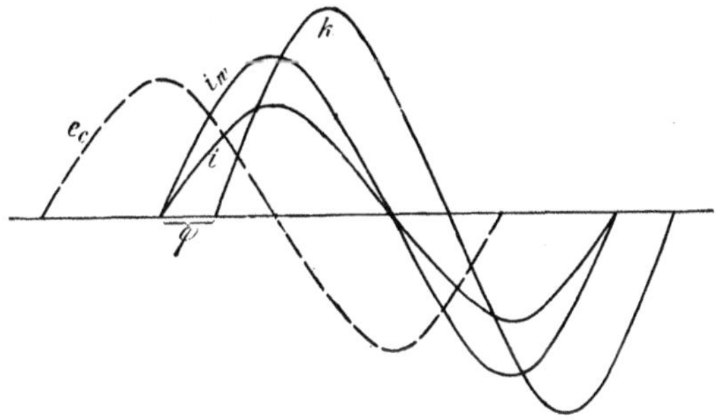

Abb. 280.

An Stelle des induktiven Widerstandes ωL steht also in diesen beiden Gleichungen der Ausdruck $-\frac{1}{\omega C}$, den man als **Kapazitätswiderstand** bezeichnet. Da der Winkel φ in der letzten Gleichung negativ geworden ist, so **eilt** der Strom der Klemmenspannung k um den Winkel φ vor, wie auch Abb. 280 zeigt, im Gegensatz zu einem Stromkreis mit Selbstinduktion, wo der Strom der Klemmenspannung nacheilt (Abb. 197).

Schreibt man Gl. 204 in der Form

$$K^2 = (w J)^2 + \left(-\frac{J}{\omega C}\right)^2, \; . \; . \; . \; . \; . \; . \qquad (206)$$

so erscheint K als Resultierende aus dem Spannungsabfall $w J$ und der Kapazitätsspannung $-\frac{J}{\omega C}$, was durch Abb. 281 graphisch dargestellt

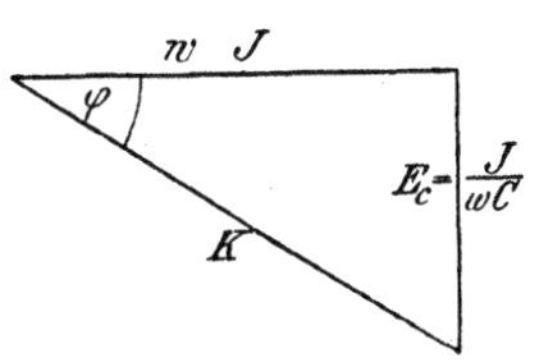

Abb. 281.

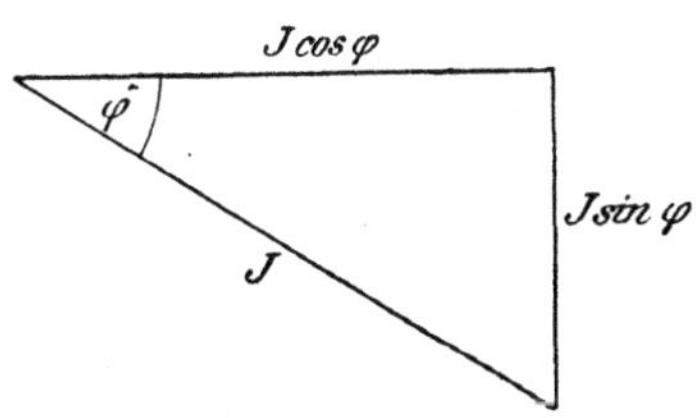

Abb. 282.

ist. Da die Kapazitätsspannung gegenüber der Induktionsspannung negativ ist, ist sie hier nach abwärts gerichtet. (Vgl. Abb. 202.)

Die Leistung des Stromes ist $KJ \cos\varphi$. Zerlegt man den Strom in die Komponenten $J \cos\varphi$ und $J \sin\varphi$ (Abb. 282), so ist die erste der Wattstrom, die zweite der wattlose Strom oder Blindstrom oder Querstrom[1]). (Vgl. § 136.)

Beispiel. An eine Wechselspannung von 100 Volt, 50 Perioden ($\omega = 2\pi \cdot 50 = 314$) sei ein Luftkondensator von 1000 cm² Fläche und 0,2 cm Abstand mit einem Vorschaltwiderstand von 100 Ohm angeschlossen. Nach § 26 ist

$$C = \frac{1000}{4\pi \cdot 0{,}2} = 400 \text{ abs. Einh.}$$

$$= 400 \cdot \frac{10^{-11}}{9} = 44 \cdot 10^{-11} \text{ Farad (§ 299).}$$

Also $$J = \frac{100}{\sqrt{100^2 + \frac{1}{(314 \cdot 44 \cdot 10^{-11})^2}}} = 0{,}0000138 \text{ Ampere.}$$

Eine mechanische Vorstellung von dem Wesen des Verschiebungsstromes im Dielektrik eines Kondensators und von dem Unterschiede zwischen diesem und dem Strom in einem Leiter, gibt folgende hydrodynamische Vorrichtung.

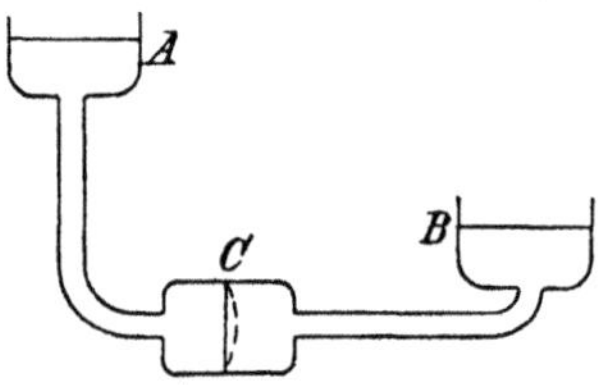

Abb. 283.

Die beiden Gefäße A und B (Abb. 283) sind durch Schläuche mit dem Gefäße C verbunden, das im Inneren eine elastische Membran enthält. Sind beide Gefäße gleich hoch gestellt, so wirkt auf beiden Seiten der gleiche Druck. Senkt man aber B, so wird jetzt die Membran durch den Überdruck auf der linken Seite nach rechts ausgedehnt, und in beiden Schläuchen strömt Flüssigkeit von links nach rechts, ohne daß ein wirkliches Übergehen der Flüssigkeit von A nach B stattfindet; es ist bloß ein Verschiebungsstrom. Hebt man nun B und senkt A, so findet das Umgekehrte statt, es geht ein Verschiebungsstrom von rechts nach links. Geschieht dies in periodischer Aufeinanderfolge, so haben wir ganz genau den Fall eines Kondensatorstromes.

Setzen wir die Zuleitung (in diesem Beispiel die Schläuche) widerstandslos voraus, so ist die Stromstärke des Verschiebungsstromes nach Gl. 201: $J = \omega C E_c$, d. h. in der Zeiteinheit wird um so mehr Elektrizität verschoben, je größer die Periodenzahl, die Kapazität und die Spannung ist. Ganz dasselbe erkennt man aus diesem Beispiel, wenn C die Größe der Membran und E_c den Niveauunterschied der beiden Gefäße bedeutet.

---

[1]) Diese Stromkomponente wird manchmal auch „Ladestrom“ genannt. Diese Bezeichnung ist ebenso unrichtig und irreführend wie der Name „Magnetisierungsstrom“ für die wattlose Komponente bei einer Drosselspule. (Vgl. die Anmerk. auf S. 235 und § 158.) Denn nicht nur der wattlose Strom, sondern der gesamte Strom J ladet den Kondensator.

173. Widerstand, Selbstinduktion und Kapazität in Reihenschaltung.

Enthält der an die Klemmenspannung k (zwischen AB, Abb. 284) angeschlossene Stromkreis außer dem Widerstand w, der Kapazität C, noch die Selbstinduktion L, so tritt in die Spannungsgleichung (203) auch noch die Induktionsspannung $L\frac{di}{dt}$ ein (§ 132). Mithin ist

$$k = wi + L\frac{di}{dt} - \frac{1}{\omega^2 C}\frac{di}{dt}$$

$$= wi + \left(L - \frac{1}{\omega^2 C}\right)\frac{di}{dt} \quad \ldots \ldots \quad (207)$$

Diese Spannungsgleichung hat dieselbe Form wie Gl. 108, nur daß an Stelle von L der Ausdruck $L - \frac{1}{\omega^2 C}$ getreten ist. Wir haben also in den scheinbaren Widerstand (Gl. 115) und in die Phasenverschiebung (Gl. 116) statt L diesen Ausdruck einzusetzen und erhalten

$$J = \frac{K}{\sqrt{w^2 + \omega^2\left(L - \frac{1}{\omega^2 C}\right)^2}},$$

$$\operatorname{tg}\varphi = \frac{\omega\left(L - \frac{1}{\omega^2 C}\right)}{w},$$

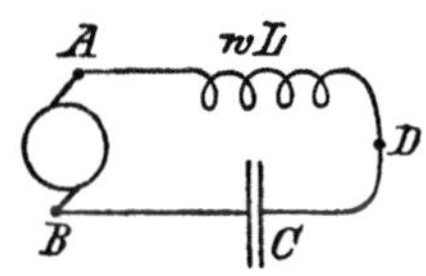

Abb. 284.

wenn der Strom von der Form $i = \mathfrak{J}\sin(\omega t - \varphi)$ ist; oder anders geschrieben:

$$J = \frac{K}{\sqrt{w^2 + \left(\omega L - \frac{1}{\omega C}\right)^2}}, \quad \ldots \ldots \quad (208)$$

$$\operatorname{tg}\varphi = \frac{\omega L - \frac{1}{\omega C}}{w}. \quad \ldots \ldots \quad (209)$$

In diesen beiden Formeln tritt also an Stelle des Induktionswiderstandes ωL die Summe aus Induktions- und Kapazitätswiderstand $\left(\omega L - \frac{1}{\omega C}\right)$. Man bezeichnet diese Summe als Querwiderstand, da er in jedem Falle als Vektor senkrecht auf w steht. Je nach dem Gliede, das überwiegt, kann der Querwiderstand induktiv (positiv) oder kapazitiv (negativ) sein. Aus sämtlichen vorstehenden Gleichungen ersieht man, daß Selbstinduktion und Kapazität einander entgegenwirken. Daher kann man nicht ohne weiteres sagen, ob der Strom der Klemmenspannung vor- oder nacheilt. Ist der induktive Widerstand ωL größer als der Kapazitätswiderstand $\frac{1}{\omega C}$, so ist φ positiv, d. h. der Strom eilt der Klemmenspannung nach. Im umgekehrten Falle ist φ negativ, d. h. der Strom eilt der Klemmenspannung voraus, weil der Einfluß der Kapazität überwiegt.

Daß bei Hintereinanderschaltung von Selbstinduktion und Kapazität der Querwiderstand $\left(\omega L - \frac{1}{\omega C}\right)$ an Stelle von ωL tritt, gilt ganz allgemein. Man erhält also alle Formeln, die bei Anwesenheit eines Kondensators gelten, wenn man in den Formeln der Kapitel 133—143 diesen Ersatz vornimmt.

Für Gl. 208 kann man auch schreiben

$$K^2 = (wJ)^2 + \left(\omega L J - \frac{J}{\omega C}\right)^2.$$

Hier ist $wJ = E_w$ der Ohmsche Spannungsabfall, $\omega L J = E_s$ die EMK der Selbstinduktion oder Induktionsspannung (§ 132) und $\frac{J}{\omega C} = E_c$ die Kapazitätsspannung (Gl. 200), so daß

$$K^2 = (wJ)^2 + (E_s - E_c)^2 \quad . \; . \; . \; . \; . \quad (210)$$

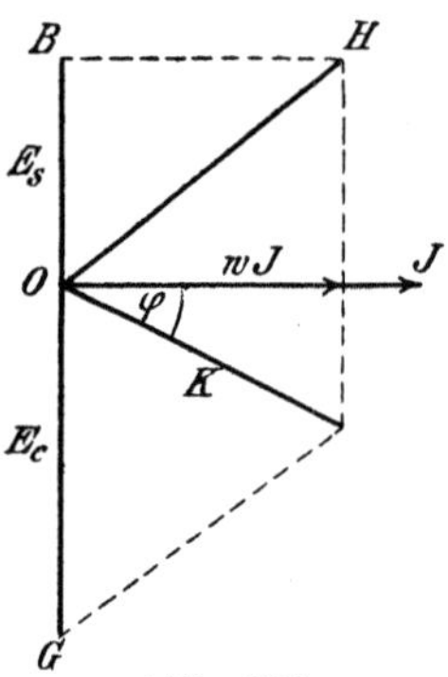

Abb. 285.

die Resultierende aus den drei genannten Spannungen ist. Abb. 285 zeigt das graphisch. In wagerechter Richtung ist der Spannungsabfall wJ aufgetragen. Da die induktive Spannung E_s dem Strom um 90° inder Phase nacheilt, so ist sie in der Richtung OB aufgetragen (gemäß Abb. 205). Da die Kapazitätsspannung E_c dem Strom um 90° voreilt, so ist sie in der entgegengesetzten Richtung gleich OG aufgetragen. Aus diesen drei Spannungen ist nun die Resultierende zu bilden. Aus wJ und E_s ist zunächst die Resultierende OH gebildet; das ist die Spannung zwischen den Klemmen AD der Drosselspule (Abb. 284). Aus dieser und der dritten Komponente ergibt sich die Resultierende K mit einer Phasenverschiebung φ gegen den Strom J. Man kann natürlich auch so verfahren, daß man erst $E_s - E_c$ herstellt, und dann mit E_w die Resultierende bildet.

Entsprechend dem Querwiderstand bezeichnet man $(E_s - E_c)$ als Querspannung.

174. Stromresonanz.

Von besonderem Interesse ist der Fall, wo Induktions- und Kapazitätswiderstand einander gleich sind, also der Querwiderstand Null ist.

$$\omega L - \frac{1}{\omega C} = 0 \; . \; . \; . \; . \; . \; . \; . \; . \; . \quad (211)$$

Dann ist

$$\left.\begin{aligned} J &= \frac{K}{w} \\ \varphi &= 0 \end{aligned}\right\} \quad \ldots\ldots\ldots\ldots \quad (212)$$

Die Stromstärke ist also in diesem Falle so groß, als ob weder Selbstinduktion noch Kapazität, sondern bloß Widerstand vorhanden wäre, und es besteht keine Phasenverschiebung zwischen Strom und Spannung.

Stellt man den Verlauf der Stromstärke durch eine Schaulinie dar, wenn eine der Größen L, C oder $\omega = 2\pi\nu$ von Null an wächst, so sieht man, daß der Anstieg zu dem Maximum $J = \frac{K}{w}$ ziemlich rasch erfolgt. Bei weiterem Wachsen nimmt J ebenso plötzlich wieder ab. Abb. 286 zeigt diesen Verlauf der Stromstärke bei wachsender Selbstinduktion; und zwar gilt die Kurve I für $K = 100$ Volt, $w = 10$ Ohm, $C = 0{,}000001$ Farad und $\nu = 48$ ($\omega = 300$).

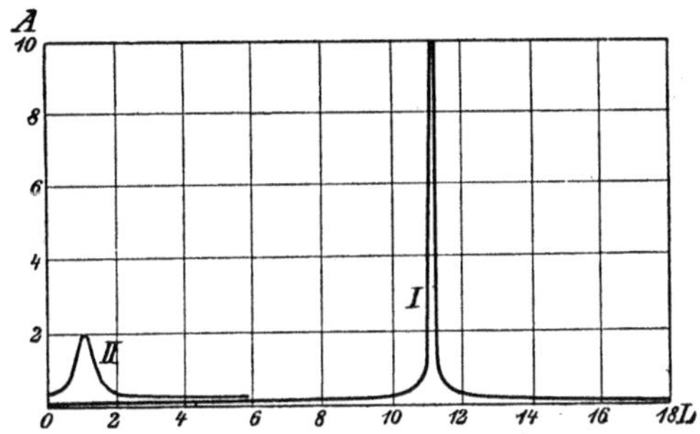

Abb. 286.

Das plötzliche Ansteigen des Stromes bei einem bestimmten Werte von L, und das sofortige Abfallen nach Überschreitung dieses Wertes gleicht der Erscheinung der Resonanz in der Akustik; man nennt es daher elektrische Stromresonanz. Der Wert von L, bei dem sie eintritt, ergibt sich aus der obigen Bedingungsgleichung 211, nämlich:

$$L = \frac{1}{\omega^2 C} = \frac{1}{300^2 \cdot 0{,}000\,001} = 11{,}1 \text{ Henry.}$$

Dabei ist die Stromstärke $J = \frac{K}{w} = 10$ Ampere.

Die Kurve II in Abb. 286 gilt für dieselbe Spannung und Frequenz, aber für $w = 50$ und $C = 0{,}00001$ Farad. Infolge des größeren Widerstandes ist das Resonanzmaximum kleiner und infolge der größeren Kapazität tritt es schon bei einem kleineren Wert der Selbstinduktion ein.

In Abb. 287 stellen die Kurven I und II den Verlauf des Phasenverschiebungswinkels φ für dieselben Zahlenbeispiele dar. Wie man sieht, ist φ anfangs sehr groß — nahezu 90^0 — und negativ. Dann steigt es sehr rasch auf Null beim Resonanzwert $L = 11{,}1$. Mit weiter wachsendem L steigt es ebenso rasch zu großen positiven Werten an.

Dasselbe Verhalten zeigt sich zufolge der Gl. 211, wenn L konstant ist und C von Null an wächst, oder wenn L und C konstant sind, und die Periodenzahl ν bzw. ω von Null an wächst.

Die Bedingungsgleichung 211 kann man auch in der Form, schreiben:

$$\omega^2 = \frac{1}{LC} \qquad \text{oder} \qquad \nu = \frac{1}{2\pi}\sqrt{\frac{1}{LC}}.$$

Sie besagt, daß Resonanz dann eintritt, wenn die Periodenzahl gleich der ungedämpften Eigenschwingung des betreffenden Stromkreises ist (§ 197).

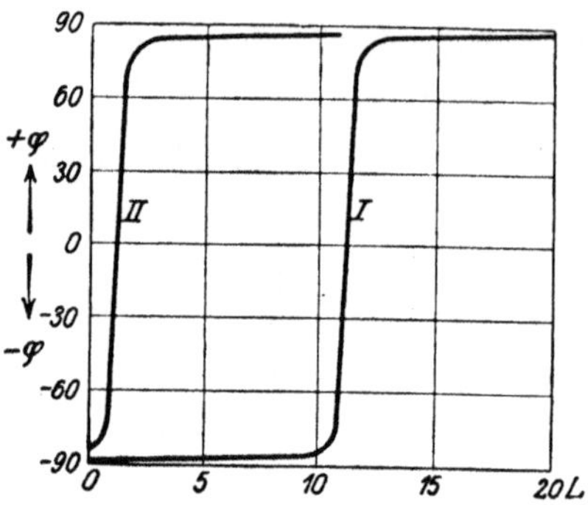

Abb. 287.

Im Falle der Stromresonanz heben sich auch die beiden Spannungen E_s und E_c in Gl. 210 gegenseitig auf; jede für sich aber erreicht einen sehr hohen Wert, da J sehr groß ist. Für das obige Zahlenbeispiel ist die Induktionsspannung $E_s = \omega L J = 300 \cdot 11{,}1 \cdot 10 = 33300$ Volt. Genau so groß ist die Kapazitätsspannung E_c. In dem Diagramm Abb. 285 zeigt sich die Stromresonanz darin, daß $K = wJ$ und $\varphi = 0$ wird, wenn $E_s = E_c$ ist. Die Klemmenspannung zwischen den Punkten AD (Abb. 284), zwischen denen sowohl der Spannungsabfall wJ, als auch die Induktionsspannung E_s liegt, ist bei Resonanz gleich

$$\sqrt{(wJ)^2 + E_s^2} = \sqrt{100^2 + 33300^2} = 33301 \text{ Volt}.$$

Man erkennt daraus, wie gefährlich der Eintritt der Resonanz für die Isolation der Drosselspule und für das Dielektrik des Kondensators sein kann, selbst wenn die zugeführte Klemmenspannung nur klein ist, wie in diesem Beispiel 100 Volt[1]).

Das Charakteristische der Stromresonanz liegt in zwei Umständern: Die Stromstärke steigt auf einen hohen Wert an, und die Phasenverschiebung wird Null. Der physikalische Grund für beide Erscheinungen ist der, daß in diesem Falle die Induktions- und Kapazitätsspannung gleich groß sind und einander entgegenwirken, so daß sie sich gegenseitig aufheben. Aus der Resonanzbedingung folgt auch

$$E_s = E_c = \omega L J = \frac{\omega L}{w} K = \frac{1}{w\omega C} K.$$

Ersetzt man in $E_s = \omega L J$ das ω durch die Resonanzbedingung, so ist

$$E_s = \frac{L}{\sqrt{LC}} J = J\sqrt{\frac{L}{C}} = E_c.$$

Über die Energieverhältnisse bei der Stromresonanz vgl. § 180.

[1]) Es ist also wohl zu beachten, daß eine Spannungssteigerung nur in der Drosselspule und im Kondensator eintritt, während die Gesamtspannung unverändert bleibt, weil jene beiden Spannungen entgegengesetzte Phase haben. Anders ist es beim Transformator. § 186.

175. Spannungsresonanz.

Die bei Resonanz des Stromes eintretenden Werte der Induktionsspannung E_s und der Kapazitätsspannung E_c sind aber nicht in allen Fällen die größten überhaupt vorkommenden. Diese und die Bedingungen, unter denen sie eintreten (Spannungsresonanzen), ergeben sich durch Aufsuchung des Maximums. Die Induktionsspannung ist

$$E_s = \omega L J = \frac{\omega L K}{\sqrt{w^2 + \left(\omega L - \frac{1}{\omega C}\right)^2}}$$

und die Kapazitätsspannung

$$E_c = \frac{J}{\omega C} = \frac{K}{\omega C \sqrt{w^2 + \left(\omega L - \frac{1}{\omega C}\right)^2}}.$$

Ist ω und C konstant, L **veränderlich,** so findet man die Bedingungen für das Maximum, indem man den Differentialquotienten nach L gleich Null setzt. Man findet so, daß E_s sein Maximum erreicht für $L = w^2 C + \frac{1}{\omega^2 C}$. Der Wert dieses Maximums ist

$$E_s = K \sqrt{1 + \frac{1}{w^2 \omega^2 C^2}}.$$

Da in dem Ausdruck für die Kapazitätsspannung E_c das L nur in einem Glied vorkommt, so sieht man ohne weiteres, daß ein Maximum für $\omega L = \frac{1}{w C}$, also unter gleicher Bedingung wie die Stromresonanz eintritt, und daß der Wert des Maximums $\frac{K}{w \omega C}$ ist, also identisch mit dem Werte bei Stromresonanz, weil $\frac{K}{w}$ die Stromstärke bei Stromresonanz ist.

Ist ω und L konstant, C **veränderlich,** so sieht man ohne weiteres, daß E_s ein Maximum hat bei $\omega L = \frac{1}{\omega C}$, und daß der Wert dieses Maximums $\frac{\omega L K}{w}$ ist, also identisch mit dem Werte bei Stromresonanz. Das Maximum von E_c findet man durch Differentation nach C. Es tritt ein bei $C = \frac{L}{w^2 + (\omega L)^2}$ und sein Wert ist

$$E_c = \frac{K}{w} \sqrt{w^2 + (\omega L)^2} = K \sqrt{1 + \left(\frac{\omega L}{w}\right)^2}.$$

Ist L und C konstant, ω **veränderlich**, so ist die Maximumsbedingung für E_s:

$$\omega^2 = \frac{2}{2LC - w^2C^2}$$

und für E_c:

$$\omega^2 = \frac{1}{LC} - \frac{w^2}{2L^2}.$$

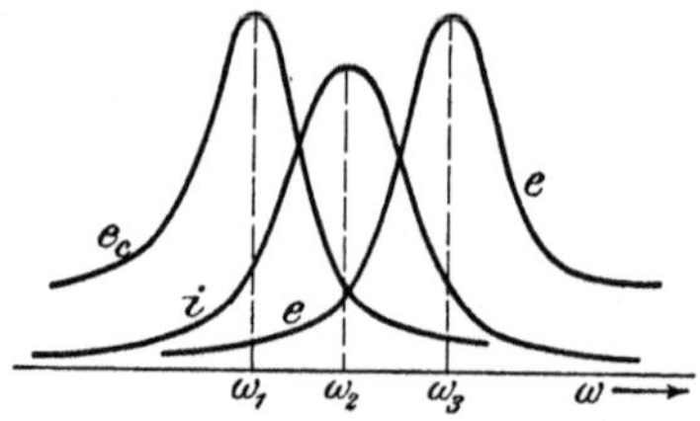

bei ω_1: Resonanz der Kapazitätsspannung.
„ ω_2: „ des Stromes.
„ ω_3; „ der Induktionsspannung.

Abb. 288.

Abb. 288 zeigt den Eintritt der Stromresonanz und der Spannungsresonanzen, wenn ω veränderlich und die übrigen Größen konstant sind. Für w ist ein großer Wert angenommen worden, denn je kleiner w ist, desto näher rücken die Resonanzen aneinander. Für $w = 0$ treten alle drei bei derselben Bedingung $\omega = \frac{1}{\sqrt{LC}}$ ein.

176. Stromverzweigung bei Selbstinduktion und Kapazität.

Wir betrachten den Fall, daß sich ein Strom in zwei Zweige teilt, von denen jeder Widerstand Selbstinduktion und Kapazität enthält (Abb. 289). Ist die Klemmenspannung zwischen den Verzweigungspunkten:

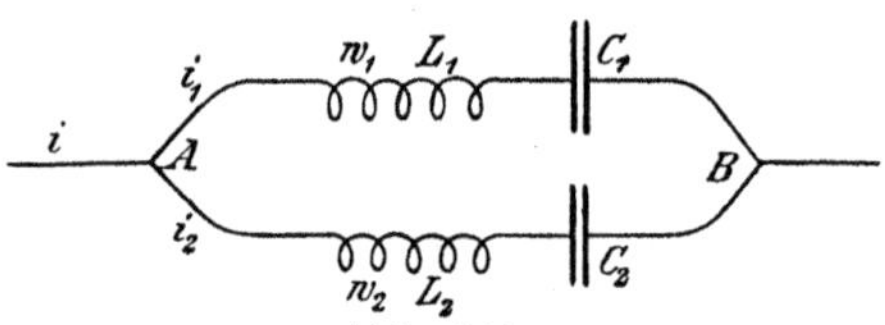

Abb. 289.

$$k = K \sin \omega t$$

und der gesamte Strom:

$$i = \mathfrak{J} \sin(\omega t - \varphi),$$

so sind die beiden Zweigströme von der Form:

$$i_1 = \mathfrak{J}_1 \sin(\omega t - \varphi_1), \qquad i_2 = \mathfrak{J}_2 \sin(\omega t - \varphi_2).$$

Nach dem Ergebnis in § 173 erhält man sogleich die Ausdrücke für J, J_1, J_2, $\operatorname{tg}\varphi$, $\operatorname{tg}\varphi_1$, $\operatorname{tg}\varphi_2$ aus den entsprechenden Ausdrücken in §§ 141 und 142 bzw. 166, wenn man ωL_1 durch den Querwiderstand $\left(\omega L_1 - \frac{1}{\omega C_1}\right)$ und ωL_2 durch den Querwiderstand $\left(\omega L_2 - \frac{1}{\omega C_2}\right)$ ersetzt.

Aus dem Ergebnis ist von Interesse die Tatsache, daß im Gegensatz zu einer Stromverzweigung ohne Kapazität (§ 141) der Gesamtstrom J größer oder kleiner sein kann, als die Summe der Zweigströme $J_1 + J_2$. Daraus folgt, daß auch $J = J_1 + J_2$ sein kann; das tritt ein, wenn $\frac{w_1}{w_2} = \frac{L_1}{L_2} = \frac{C_2}{C_1}$ ist[1]).

Größere Wichtigkeit hat der im folgenden behandelte Sonderfall, wo nur ein Zweig einen Kondensator enthält.

[1]) G. Ewreynow in einem Sonderdruck der Berg- und Hüttenhochschule Ekaterinoslaw.

177. Ein Kondensator im Nebenschluß zu Widerstand und Selbstinduktion.

In der Stromverzweigung Abb. 290 seien die Zuleitungen zum Kondensator C frei von Widerstand und Selbstinduktion. Für den oberen Zweig ist

$$J_1 = \frac{K}{\sqrt{w^2 + (\omega L)^2}}$$

$$\operatorname{tg} \varphi_1 = \frac{\omega L}{w},$$

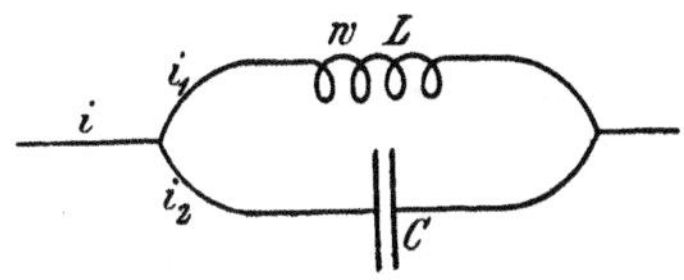

Abb. 290.

und für den anderen Zweig, wo der Widerstand null ist, nach § 172

$$J_2 = \omega C K, \qquad \operatorname{tg} \varphi_2 = \infty, \qquad \varphi_2 = 90^0.$$

Für den gesamten Strom J und seine Phasenverschiebung φ gegen die Klemmenspannung K ergeben sich aus Gl. 125 und VII (S. 245), indem man $w_2 = 0$ und statt ωL_2 den Wert $-\frac{1}{\omega C}$ einsetzt, folgende Ausdrücke

$$J = \frac{K}{\sqrt{\frac{w^2 + \omega^2 L^2}{\omega^2 C^2 \left[w^2 + \left(\omega L - \frac{1}{\omega C}\right)^2\right]}}} \quad . \quad . \quad . \quad (213)$$

$$\operatorname{tg} \varphi = \frac{\omega}{w}\left[L - C(w^2 + \omega^2 L^2)\right] \quad . \quad . \quad . \quad . \quad (214)$$

Ist $L > C(w^2 + \omega^2 L^2)$, so ist φ positiv, d. h. der gesamte Strom eilt der Spannung nach. Im umgekehrten Falle ist φ negativ, d. h. der Strom eilt der Spannung voraus.

Abb. 291 zeigt die graphische Darstellung der Stromvektoren bei Nebeneianderschaltung von Kapazität und Selbstinduktion. J_n ist die Wattkomponente und J_s die wattlose Komponente des Zweigstromes J_1 genau wie in Abb. 206. Dazu kommt jetzt noch der Zweigstrom J_2. Da dieser reiner Kapazitätsstrom ist, so eilt er der Klemmenspannung, also auch der Wattkomponente um 90^0 vor. Die Resultierende aus J_1 und J_2 gibt nun den Gesamtstrom J, dessen Phasenverschiebung gegen die Klemmenspannung φ ist[1]). Man erkennt daraus, daß $\varphi = 0$ ist, wenn die beiden wattlosen Ströme J_s und J_2 gleich groß sind.

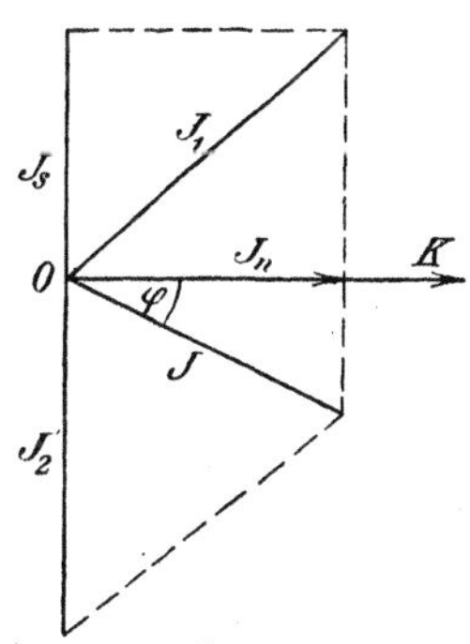

Abb. 291.

[1]) Aus dem Vergleich dieses Diagrammes mit dem in Abb. 285 erkennt man, daß hier die Zusammensetzung der Ströme so erfolgt, wie dort die Zusammensetzung der Spannungen; vgl. auch die Anmerkung auf S. 243.

Die Zahlenwerte der Minimumsbedingung erhält man in bekannter Weise, wenn man den Ausdruck für J differenziert und gleich Null setzt.

Ist L und ω konstant, C **veränderlich**, so findet man, daß das Minimum eintritt für

$$C = \frac{L}{w^2 + (\omega L)^2} \quad \text{. . . . . . .} \quad (215\text{a})$$

Aus Gl. 214 erkennt man ohne weiteres, daß bei derselben Bedingung $\varphi = 0$ ist.

Den Wert des Minimums findet man, wenn man aus der letzten Bedingungsgleichung den Wert von C in Gl. 213 einsetzt. Das gibt

$$J_{min} = \frac{w K}{w^2 + (\omega L)^2} = J_1 \cos \varphi_1 \text{ (gemäß Gl. 119a).}$$

Da $\varphi = 0$ ist, so ist $\cos \varphi = 1$ und die Leistung des Stromes ist $P = J K$. Es ist also im Gesamtstrom keine wattlose Komponente enthalten, obwohl in den Zweigströmen J_1 und J_2 eine solche enthalten ist. Man kann daher einen Apparat, der den Widerstand w und die Selbstinduktion L hat, ohne wattlosen Strom also mit dem kleinstmöglichen Strom betreiben, wenn man einen Kondensator parallel schaltet, dessen Kapazität die Gl. 215 erfüllt. Das wäre auch für die Starkstromtechnik sehr wichtig; aber eine allgemeine Anwendung scheitert daran, daß es bisher keine für große Stromstärken brauchbare Kondensatoren gibt.

Für ein Zahlenbeispiel:

$$K = 100 \text{ Volt} \qquad w = 10 \text{ Ohm}$$
$$\nu = 48 \ (\omega = 300) \qquad L = 1 \text{ Henry}$$

zeigt Abb. 292 den Verlauf des Gesamtstromes J und der Zweigströme J_1, J_2, wenn die Kapazität von Null bis 40 Mikrofarad wächst. Das Minimum von J, wobei auch $\varphi = 0$ ist, liegt nach Gl. 215 bei

$$C = \frac{1}{10^2 + 300^2} = 0{,}0000111 \text{ Farad} = 11{,}1 \text{ Mikrofarad.}$$

Für dasselbe Zahlenbeispiel zeigt die Schaulinie I in Abb. 293 den Verlauf der Phasenverschiebung φ.

Da bei diesem, durch die Bedingungsgleichung 215 charakterisierten Fall der gesamte Strom J kleiner ist als jeder der beiden Zweigströme, und die Phasenverschiebung φ Null ist, spricht man auch hier zuweilen von Resonanz [1]).

---

[1]) Nach der Bedeutung, die das Wort „Resonanz“ in der Physik hat, sollte man es niemals auf ein Minimum, sondern nur auf ein Maximum wie bei Hintereinanderschaltung (§ 174 und 175) anwenden. Häufig wird sogar dieses Minimum als „Stromresonanz“ und das Stromminimum (§ 175) als „Spannungsresonanz“ bezeichnet. Das ist ganz verfehlt, denn jener Fall ist eine Resonanz des Stromes, während die Spannungsmaxima im allgemeinen damit nicht verbunden sind, wie Abb. 288 zeigt.

Ist w verschwindend klein gegen ωL, so geht die Minimumsbedingung (Gl. 215) über in $C = \frac{1}{\omega^2 L}$. Das Stromminimum ist dann $J_{min} = 0$.

Von Interesse ist noch der Fall, wo der die Selbstinduktion enthaltende Zweigstrom ebenso groß ist wie der Gesamtstrom, d. h. wo das Verhältnis $J : J_1$ gleich 1 ist. Also:

$$\frac{J}{J_1} = \omega C \sqrt{w^2 + \left(\omega L - \frac{1}{\omega C}\right)^2} = 1.$$

Diese Bedingungsgleichung ist erfüllt für

$$C = 0 \quad \text{und für} \quad C = \frac{2L}{w^2 + (\omega L)^2},$$

also für den Fall, daß der Zweig mit der Kapazität gar nicht vorhanden ist, oder für den Fall, daß die Kapazität doppelt so groß ist als für die Minimumsbedingung, wie man auch aus Abb. 292 erkennt.

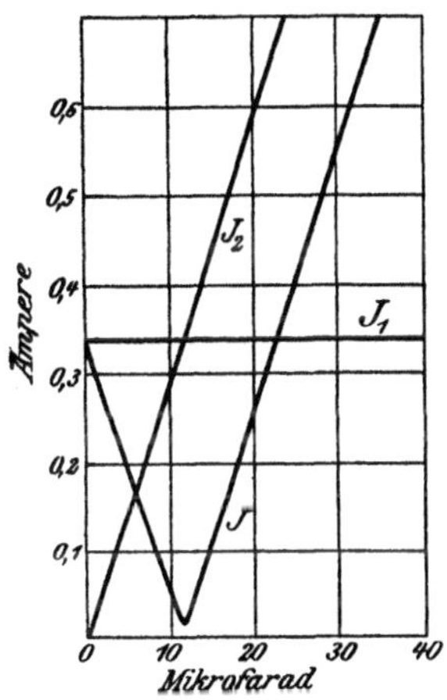

Abb. 292.

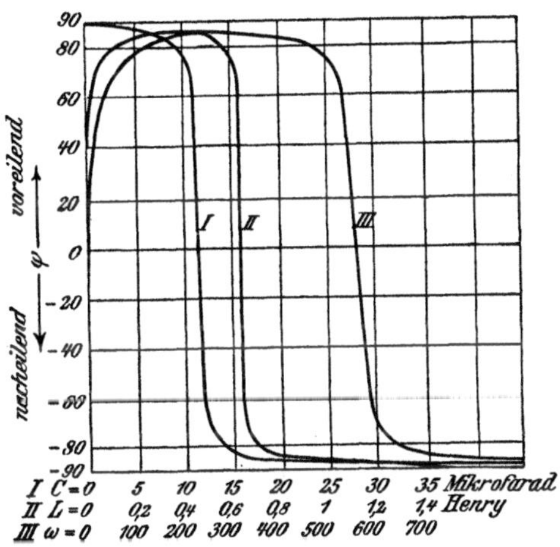

Abb. 293.

Bei Hintereinanderschaltung von Kapazität und Selbstinduktion (§ 174) ist der Fall möglich, daß sich die Wirkung beider gegenseitig aufhebt, so daß die Stromstärke so ist, als wenn nur der Widerstand w vorhanden wäre; das fällt dort mit der Resonanz zusammen. Dieser Fall ist hinsichtlich des Gesamtstromes J auch bei Nebeneinanderschaltung möglich. Man findet die Bedingung dafür, wenn man den Ausdruck für J gleich $\frac{K}{w}$ setzt. Man erhält so

$$w^4 C^2 + \omega^2 w^2 C^2 L^2 - L^2 - 2 w^2 L C = 0.$$

Für die Kapazität ergibt sich daraus die Bedingung

$$C = \frac{L}{w^2 + (\omega L)^2}\left(1 + \sqrt{2 + \frac{(\omega L)^2}{w^2}}\right).$$

Die Abb. 292 und die Kurve I in Abb. 293 stellen die Verhältnisse der Stromverzweigung für den Fall dar, daß ω, w und L konstant, aber C veränderlich ist.

Wir betrachten nun den Fall, daß **L veränderlich** und die übrigen Größen konstant sind. Dann findet man ein Minimum des Gesamtstromes J aus Gl. 213 in bekannter Weise für

$$L = \frac{1}{2\,\omega^2 C} + \sqrt{\frac{1}{4\,\omega^4 C^2} + \frac{w^2}{\omega^2}} \quad . \; . \; . \; . \; . \quad (215\,\text{b})$$

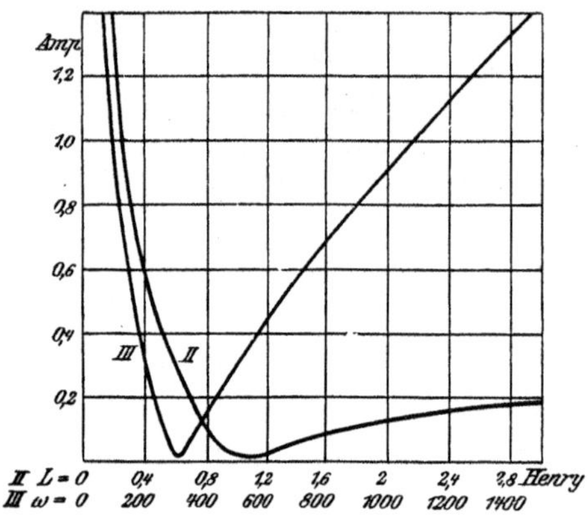

Abb. 294.

In Abb. 294 zeigt Kurve II den Verlauf von J für $K = 100$, $w = 10$, $\omega = 300$ und $C = 0{,}00001$ Farad. Das Minimum ist bei $L = 1{,}11$.

Während bei veränderlicher Kapazität ein Minimum oder Maximum für φ nicht existiert, findet man bei veränderlicher Selbstinduktion aus Gl. 214 ein Maximum für φ bei $L = \frac{1}{2\,\omega^2 C}$, das ist in diesem Zahlenbeispiel bei $L = 0{,}555$.

Setzt man Gl. 214 gleich Null, so findet man, daß φ Null wird für

$$L = \frac{1}{2\,\omega^2 C} \pm \sqrt{\frac{1}{4\,\omega^4 C^2} - \frac{w^2}{\omega^2}},$$

also für zwei verschiedene Werte von L, wenn gleichzeitig die Bedingung $\frac{1}{2\,\omega C} > w$ erfüllt ist, da nur unter dieser Bedingung der Wurzelausdruck reell ist. In Abb. 293 zeigt Kurve III den Verlauf von φ für dasselbe Zahlenbeispiel. φ ist Null bei $L = 0{,}001$ und bei $L = 1{,}11$.

Wie man sieht, wird bei veränderlichem L die Phasenverschiebung nicht bei demselben Werte Null, bei dem das Stromminimum eintritt[1]). Ist w^2 so klein gegen ω^2, daß das zweite Glied unter der

[1]) Die Bedingung für das Nullwerden von φ ergibt sich gemäß Abb. 291 auch aus $J_a = J_r$, also aus $w C K = \frac{\omega L K}{w^2 + (\omega L)^2}$ (Gl. 119 b). Dagegen kann man die Bedingung für das Stromminimum aus Abb. 291 im allgemeinen nicht ersehen, sondern nur in dem besonderen Falle, daß sie mit dem Nullwerden von φ zusammenfällt.

Wurzel vernachlässigt werden kann, so gehen beide Bedingungen über in $L = \frac{1}{\omega^2 C}$ oder $\omega L = \frac{1}{\omega L}$, d. h. in die Bedingung, daß Induktions- und Kapazitätswiderstand gleich sind. Setzt man diese Bedingung in Gl. 213 ein, so ergibt sich für das Stromminimum: $J_{min} = \frac{w \omega^2 C^2 K}{\sqrt{w^2 \omega^2 C^2 + 1}}$

$$= \frac{wK}{\omega L \sqrt{w^2 + (\omega L)^2}}.$$

Wir betrachten schließlich noch den Fall, daß ω **veränderlich** ist, während die übrigen Größen konstant sind. Dann findet man ein Minimum des Gesamtstromes J aus Gl. 213 in bekannter Weise für

$$\omega = \frac{1}{L} \sqrt{-w^2 + \sqrt{\frac{L^2}{C^2} + 2 w^2 \frac{L}{C}}}, \quad . \quad . \quad . \quad (215\,c)$$

wenn gleichzeitig die Bedingung $\frac{L^2}{C^2} + 2 w^2 \frac{L}{C} > w^4$ erfüllt ist, da nur nur dann der Wurzelausdruck reell ist. In Abb. 294 zeigt Kurve III den Verlauf von J für $K = 100$, $w = 10$, $L = 1$, $C = 0{,}00001$ Farad. Das Minimum ist bei $\omega = 316$, d. i. bei $\nu = 50{,}3$. Die Phasenverschiebung φ (Gl. 214) ist Null für $\omega = 0$ und für $\omega = \sqrt{\frac{L - w^2 C}{CL^2}}$, wenn gleichzeitig die Bedingung $L > w^2 C$ erfüllt ist, da nur dann der Wurzelausdruck reell ist. Die Kurve II in Abb. 293 stellt den Verlauf von φ dar. Es ist Null bei $\omega = 316$.

Die gegenseitige Vernichtung von Kapazität und Selbstinduktion $\left(J = \frac{K}{w}\right)$ tritt ein für

$$\omega = \frac{1}{wLC} \sqrt{L^2 + 2 w^2 LC - w^4 C^2},$$

wenn gleichzeitig $L^2 + 2 w^2 LC > w^4 C^2$ ist, da nur dann der Wurzelausdruck reell ist.

Aus den vorstehenden Ergebnissen erhält man ohne weiteres die noch einfacheren Fälle; wenn nämlich in Zweig 1 entweder der Widerstand w oder die Selbstinduktion L verschwindend klein ist.

Wirken in einem Stromkreis mehrere Spannungen von verschiedener Periodenzahl (zusammengesetzte Wellenform), so können die im vorstehenden ermittelten Mindestwerte des Stromes nur bei derjenigen Periodenzahl eintreten, welche mit der vorhandenen Selbstinduktion und Kapazität die entsprechende Bedingung erfüllt (Gl. 215c). So kann also durch Einschaltung einer solchen Stromverzweigung ein Stromglied bis auf einen kleinen Betrag unterdrückt werden, während die anderen nicht vermindert werden (Stromfilter).

178. Mehrere Kondensatoren in Nebeneinanderschaltung und in Reihenschaltung.

Befinden sich zwei (oder mehrere) Kondensatoren in Nebeneinanderschaltung (Abb. 295) derart, daß Widerstand und Selbstinduktion der Verbindungsdrähte verschwindend klein sind, so ist in den vorhergehenden Gleichungen die Summe der Kapazitäten

$$C = C_1 + C_2$$

einzusetzen (§ 31).

Befinden sich zwei (oder mehrere) Kondensatoren in Hintereinanderschaltung (Abb. 296), so ist die Spannungsgleichung dieses Stromkreises

$$k = i w_1 + L_1 \frac{di}{dt} - \frac{1}{\omega^2 C_1} \frac{di}{dt} + i w_2 + L_2 \frac{di}{dt} - \frac{1}{\omega^2 C_2} \frac{di}{dt}$$

$$= (w_1 + w_2) i + \left[(L_1 + L_2) - \frac{1}{\omega^2} \left(\frac{1}{C_1} + \frac{1}{C_2} \right) \right] \frac{di}{dt},$$

d. h. in einem solchen Stromkreis sind die Widerstände und die Selbstinduktionen für sich zu addieren und die gesamte Kapazität C ist bestimmt durch

$$\frac{1}{C} = \frac{1}{C_1} + \frac{1}{C_2}.$$

Diese letzte Beziehung kennen wir bereits aus § 31. Tatsächlich befinden sich ja auch hier die beiden Kondensatoren in Kaskadenschaltung.

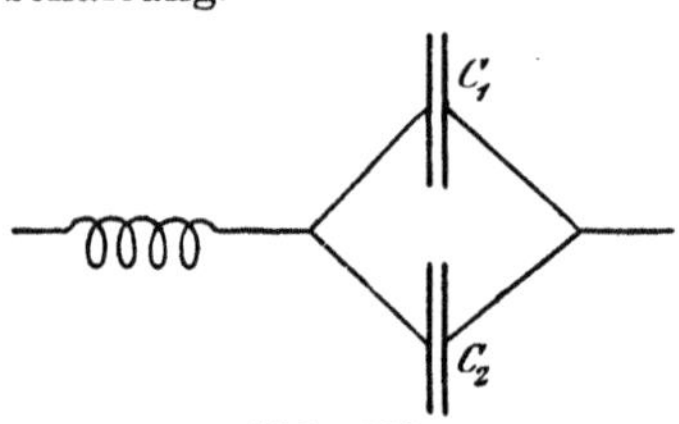

Abb. 295.

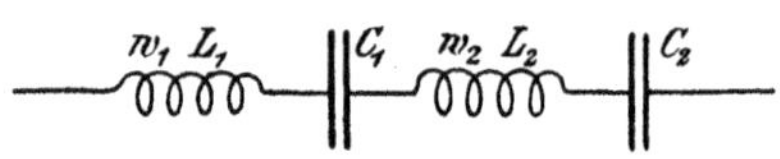

Abb. 296.

Die gesamte effektive Klemmenspannung K ergibt sich natürlich auf gleiche Weise wie in § 140, wenn man bedenkt, daß nach § 173 der Kapazitätswiderstand $-\frac{1}{\omega C}$ zum Induktionswiderstand hinzukommt, bzw. an dessen Stelle tritt.

Bei Hintereinanderschaltung mehrerer gleicher Kondensatoren ist die gesamte effektive Spannung gleich der Summe aller Kondensatorspannungen.

179. Ladungsarbeit eines Kondensators.

Multipliziert man die Spannungsgleichung eines Kondensators (Gl. 202) mit $i \cdot dt$, so erhält man die während der unendlich kleinen Zeit dt im Kondensator auftretende elektrische Arbeit dA. Also

$$dA = e_c i \cdot dt = \frac{i}{\omega^2 C}\, di$$

oder anders geschrieben

$$dA = d\left(\frac{i^2}{2\,\omega^2 C}\right).$$

Mithin ist $\frac{i^2}{2\,\omega^2 C}$ der allgemeine Ausdruck für elektrische Arbeit eines einfachen periodischen Stromes i in einem Kondensator von der Kapazität C.

Die gesamte elektrische Arbeit während einer halben Periode muß Null sein, ebenso wie die magnetische Arbeit (§ 167). Denn während der ersten Viertelperiode einer Stromwelle, also während der Zunahme des Stromes von Null bis zum Scheitelwert $\mathfrak{J}$ ist die gesamte elektrische Arbeit gleich $\frac{\mathfrak{J}^2}{2\,\omega^2 C}$. Während der nächsten Viertelperiode, also während der Strom vom Scheitelwerte $\mathfrak{J}$ bis Null sinkt, ist die elektrische Arbeit gleich $-\frac{\mathfrak{J}^2}{2\,\omega^2 C}$, also ebenso groß wie während der ersten Viertelperiode, aber negativ. Die gesamte elektrische Arbeit während einer halben Periode ist mithin Null.

Der obige aus der Spannungsgleichung erhaltene Ausdruck für die elektrische Arbeit eines einfachen periodischen Stromes, während er von Null bis zum Scheitelwert ansteigt, ist identisch mit dem in § 32 aus dem statischen Zustande eines Kondensators abgeleiteten Ausdruck für die Ladungsarbeit

$$A = \frac{\mathfrak{Q}^2}{2\,C} = \frac{C\,\mathfrak{E}_c^{\,2}}{2},$$

wenn $\mathfrak{Q}$ den Scheitelwert der Ladung und $\mathfrak{E}_c$ die Kondensatorspannung bedeutet. Denn nach Gl. 200 ist $\mathfrak{J} = \omega C\,\mathfrak{E}_c$ und daher $\frac{\mathfrak{J}^2}{2\,\omega^2 C} = \frac{C\,\mathfrak{E}_c^{\,2}}{2}$. Die elektrische Arbeit der Stromquelle während des Stromanstieges von Null bis zum Scheitelwert ist also gleich jener Arbeit, die notwendig ist, um den Kondensator bis zur größten Ladung $\mathfrak{Q}$ zu laden, oder das Dielektrik bis zur Spannung $\mathfrak{E}_c$ zu elektrisieren. Nimmt die Ladung vom Werte $\mathfrak{Q}$ bis Null ab, so verschwindet das elektrische Feld im Dielektrik, und die elektrische Arbeit wird wieder an die Stromquelle zurückgegeben.

Das Vorstehende gilt natürlich nicht nur für einen Kondensator, sondern auch für einen einzelnen Leiter, der eine eigene Kapazität hat (§ 21), also z. B. für eine an einen Wechselstromkreis angeschlossene leitende Kugel u. dgl., sowie für jeden Draht, der Wechselstrom führt.

Die elektrische Arbeit in einer Raumeinheit des den Leiter umgebenden Dielektriks ist (nach § 35) $A_{einh} = \vartheta \frac{\mathfrak{H}^2}{8\pi}$, wenn an der betreffenden Stelle die elektrisierende Kraft von Null bis $\mathfrak{H}$ ansteigt.

180. Wärmearbeit, magnetische Arbeit, elektrische Arbeit.

Sind in einem Stromkreis Widerstand, Selbstinduktion und Kapazität hintereinandergeschaltet, so ergibt sich aus Gl. 207 die Arbeitsgleichung wiederum durch Multiplikation mit $i \cdot dt$.

Also

$$dA = ki \cdot dt = i^2 w \cdot dt + Li \cdot di - \frac{1}{\omega^2 C} i \cdot di.$$

Dabei stellt das erste Glied auf der rechten Seite die dem Ohmschen Widerstande entsprechende Wärmearbeit während der Zeit dt dar, das zweite Glied die magnetische Arbeit (§ 167), die nötig ist, um die mit dem Stromleiter verketteten magnetischen Kraftlinien zu erzeugen, und das dritte Glied die elektrische Arbeit, die nötig ist, um die elektrischen Kraftlinien im Kondensator zu erzeugen. Jede der beiden letzteren ist während einer halben Periode Null, wenn weder ein Verlust im magnetischen noch im dielektrischen Medium eintritt. Die gesamte Arbeit des Stromes während einer halben Periode besteht dann nur aus der Wärmearbeit und deren mechanischem und chemischem Äquivalent, wenn derartige Stromverbraucher vorhanden sind.

Aus der obigen Arbeitsgleichung ersieht man, daß die magnetische und elektrische Arbeit in jedem Augenblick einander entgegengesetzt sind. Das heißt, wenn bei zunehmendem Strome magnetische Arbeit von der Stromquelle geleistet wird, wird elektrische Arbeit aus dem Kondensator zurückgegeben und umgekehrt, wenn bei abnehmendem Strom magnetische Arbeit zurückgegeben wird, muß elektrische Arbeit zur Herstellung des elektrischen Feldes im Kondensator aufgewendet werden.

Für den Fall der Stromresonanz, also für

$$\omega L = \frac{1}{\omega C}$$

heben sich die beiden letzten Glieder der Arbeitsgleichung gegenseitig auf, und die gesamte Arbeit im ganzen Stromkreis besteht nicht bloß während einer halben Periode, sondern in jedem Augenblick nur aus Wärmearbeit $i^2 w dt$. In diesem Falle wird also der zur Herstellung des elektrischen Feldes notwendige Arbeitsaufwand von dem verschwindenden magnetischen Felde gedeckt und umgekehrt. Es findet ein fortwährendes Hin- und Herwogen des Arbeitsbetrages $\frac{C \mathfrak{E}_c^2}{2}$ oder $\frac{L \mathfrak{J}^2}{2}$ zwischen dem Kondensator und dem die Selbstinduktion enthaltenden Teil des Stromkreises statt.

Die Gleichheit dieser Arbeitsbeträge läßt sich aus der Resonanzbedingung ableiten, denn bei Stromresonanz (§ 174) ist:

$$\mathfrak{E}_c = \mathfrak{E}_s = \omega L \mathfrak{J} = \frac{1}{\omega C} \mathfrak{J},$$

quadriert man, so ist

$$\mathfrak{E}_c^2 = \frac{1}{\omega^2 C^2} \mathfrak{J}^2.$$

Setzt man die Resonanzbedingung $\omega^2 = \frac{1}{LC}$ ein und dividiert die Gleichung durch 2, so ist

$$\frac{C\mathfrak{E}_c^2}{2} = \frac{L\mathfrak{J}^2}{2}.$$

Aus dieser Gleichung folgt auch:

$$\mathfrak{E}_c = \mathfrak{E}_s = \mathfrak{J}\sqrt{\frac{L}{C}}\,^{*)}.$$

Tritt ein Arbeitsverbrauch durch magnetische Hysterese oder durch dielektrische Verluste ein, so vergrößert sich die in Wärme umgesetzte Arbeit um diesen Betrag, der natürlich von der Stromquelle gedeckt werden muß.

181. Arbeitsverlust im Dielektrik.

Die beim Zunehmen des Stromes zur Herstellung des elektrischen Feldes aufgewendete Ladungsarbeit wird beim Abnehmen des Stromes nur dann vollständig an den Stromkreis zurückgegeben, wenn das Dielektrik ein vollkommenes ist, d. h. wenn kein Verlust in ihm stattfindet. Ein solcher Verlust tritt aber fast bei allen isolierenden Stoffen ein, und zwar aus folgenden vier Ursachen[1]):

1. Da kein Isolator einen unendlich großen Widerstand hat, so geht bei Anwendung dünner Schichten von sehr großem Querschnitt, wie es bei Kondensatoren der Fall ist, ein merklicher Strom hindurch, der im Dielektrik nach dem Jouleschen Gesetze Stromwärme erzeugt. Hier ist zu beachten, daß man bei höherer Spannung den Widerstand eines Isolierstoffes nicht danach beurteilen darf, wie er sich durch eine Messung mit niedriger Spannung darstellt. Die meisten Isolierstoffe zeigen bei hoher Spannung einen viel kleineren Widerstand als bei niedriger. Wird der Stoff warm, so wird der Widerstand noch erheblich kleiner. Bei konstanter Temperatur ist dieser Verlust dem Quadrate der Spannung proportional und von der Periodenzahl unabhängig.

---

*) Dieser Gleichung (die schon auf S. 344 für die effektiven Werte gefunden wurde) wird häufig allgemeine Bedeutung zugeschrieben, indem behauptet wird, sie gebe an, welche Überspannung beim Unterbrechen eines Stromes $\mathfrak{J}$ eintritt. Die obige Ableitung zeigt, daß sie nur bei Stromresonanz gilt, und zwar nicht für Unterbrechung des Stromes, sondern für stationären Zustand. Über Unterbrechung eines Wechselstromes vgl. § 193. Vgl. auch § 195, wo dieselbe Gleichung bei der elektrischen Eigenschwingung auftritt.

[1]) Benischke, Sitzungsber. der Wiener Akad. d. Wiss. Bd. 702. IIa, S. 1346, 1893. Zeitschr. f. Elektrot., Wien 1895, Heft 16.

Zu dem Strom, der durch den Stoff hindurchgeht, tritt oft noch ein über die Oberfläche fließender Strom hinzu (Oberflächenleitung, vgl. § 43), von dessen Widerstand dasselbe gilt.

2. Bei genügend hoher Spannung treten im Kondensator dunkle Entladungen oder sichtbare Büschelentladungen auf, ohne die Wirkung des Kondensators aufzuheben[1]). Solche Entladungen treten besonders bei gasförmigen Dielektriken auf; aber auch bei flüssigen und festen, indem sie durch das Dielektrik hindurch (§ 251) oder um dasselbe herumgehen (Randentladungen). In jedem Falle bilden sie einen Nebenschluß zum Kondensator. Bei Entladungen kommt es auf den größten Wert der elektrischen Kraft, bei Wechselstrom also auf den Scheitelwert der Spannung an, so daß bei gleichem Effektivwert der Verlust um so größer ist, je spitzer die Spannungswelle ist (§ 214). Eine gesetzmäßige Beziehung zwischen diesem Verlust und der Spannung ist noch nicht bekannt. Sicher ist nur, daß er wesentlich rascher als mit dem Quadrate der Spannung wächst (vgl. Abb. 489) und von der Periodenzahl unabhängig ist.

3. Jedes feste und flüssige Dielektrik zeigt mehr oder weniger Rückstandsbildung (§ 38), d. h. es dringt ein Teil der Ladung in den Stoff ein, wird hier eine Zeitlang festgehalten und verliert sich allmählich von selbst. Bei wechselnder Ladung durch Wechselstrom gleicht sich jeder Rückstand mit einem Teil des Rückstandes der nächsten Halbperiode aus, da dieser entgegengesetzte Ladung hat, wie der vorhergehende. Das bedeutet also einen Verlust von der in jeder Halbperiode zugeführten Elektrizitätsmenge, der sich als Wärme äußert. Daraus geht hervor, daß dieser Verlust der Periodenzahl proportional ist. Da die Ladungsenergie eines Dielektriks nach § 35 dem Quadrate der Spannung proportional ist, so ist dieser Verlust bei Wechselstrom dem Quadrate des Scheitelwertes der Spannung proportional.

Flüssige Dielektriken zeigen keine nennenswerte Rückstandsbildung.

4. Die Platten des Kondensators liegen manchmal nicht fest an dem Dielektrik an, so daß ein dem Zu- und Abnehmen der Ladung entsprechendes gegenseitiges Anziehen und Loslassen der Platten eintreten kann. Es sind dies jene Kondensatoren, die beim Wechselstrombetrieb brummen oder singen. Die dabei aufgewendete mechanische Arbeit ist ebenfalls ein Verlust, der sich in Wärme umsetzt. Er hat also seinen Grund nicht in der Beschaffenheit des Dielektriks, sondern in der Konstruktion, muß aber von der Stromquelle gedeckt werden, da die Anziehung auf der elektrischen Ladung beruht. Hieraus folgt, daß auch dieser Verlust der Periodenzahl und dem Quadrate des Scheitelwertes der Spannung proportional ist (Gl. 24).

Die genannten vier Verlustquellen lassen sich in den einzelnen Fällen nicht leicht trennen. Nach den Gesetzen, von denen sie abhängen, kann man aber sagen, daß bei festen Stoffen und kleinen elektrisierenden Kräften fast nur die Rückstandsbildung in Betracht

---

[1]) Das tritt erst ein, wenn die Entladungen als Funken oder Lichtbögen einen völligen Stromübergang durch oder um das Dielektrik herstellen und dadurch den Kondensator kurzschließen.

kommt. Dann gilt mit ziemlicher Genauigkeit, daß der Verlust in einer Raumeinheit des gleichmäßig elektrisierten Stoffes (homogenes Feld) gleich $\gamma\nu\mathfrak{E}^2$ ist, wenn γ eine experimentell zu bestimmende Materialkonstante, ν die Periodenzahl und $\mathfrak{E}$ den Scheitelwert der Spannung bedeutet. Verschiedene Messungen haben das bestätigt[1]). Ist aber die Elektrisierung so stark, daß merkliche Entladungen um oder durch das Dielektrik auftreten, so überwiegt diese Verlustquelle, und diese wächst rascher als mit der zweiten Potenz von $\mathfrak{E}$. Das gilt insbesondere bei großen elektrischen Kräften. Nach Messungen von Pungs[2]) zeigen auch die in Transformatoren verwendeten besten Mineralöle Verluste, die von der Periodenzahl nahezu unabhängig sind und mit einer höheren als der zweiten Potenz der Spannung zunehmen. Daraus geht hervor, daß diese Verluste hauptsächlich aus der unter 1. genannten Stromleitung und den unter 2. erwähnten dunklen Entladungen bestehen, die durch den Stoff hindurchgehen.

Je vollkommener das Dielektrik ist, desto kleiner sind die unter 1 bis 3 angegebenen Verluste. So sind sie z. B. bei reinem Glimmer und reinem Paraffin sehr klein. Dagegen sind sie bei paraffiniertem oder ähnlich behandeltem Papier, sowie bei dem durch Übereinanderkleben von Glimmerplättchen hergestellten Kunstglimmer (Mikanit) verhältnismäßig groß. Auch in den Hochspannungskabeln sind die dielektrischen Verluste nicht unbeträchtlich. Selbst bei guten Kabeln betragen sie (bei Betriebsspannung) 1 bis 2 % der Voltampere, so daß der Leistungsfaktor nicht Null (wie bei einem verlustlosen Kondensator), sondern 0,01 bis 0,02 ist. Dagegen haben Kondensatoren von Schott und Gen. aus Spezialglas „Minos" einen Leistungsfaktor von nur 0,001 bis 0,003 bei 50 Perioden, aber nahezu unabhängig von der Spannung, d. h. die Verluste sind proportional dem Quadrate der Spannung.

Die unter 1) und 2) angeführten Verluste wachsen meist sehr mit der Temperatur.

Ein eigentümliches Verhalten zeigen die aus getränktem Papier hergestellten Kabel bei steigender Temperatur. Die Verluste nehmen anfangs ab, dann aber zu. Das Minimum tritt bei der Temperatur (etwa 50°) ein, wo die Tränkmasse weich wird[3]). Solange sie noch fest ist, besteht der Hauptteil der Verluste aus Rückstandsbildung. Diese nimmt mit der Temperatur ab und wird im weichen Zustande sehr klein. Dagegen werden bei höherer Temperatur die unter 1) besprochenen Verluste infolge von Leitfähigkeit beträchtlich, so daß nun die Verlustkurve rasch ansteigt, was für die zulässige Strombelastung von Wichtigkeit ist.

---

[1]) Steinmetz, ETZ 1892, S. 227. Apt und Mauritius, ETZ 1903, S. 879. Monasch, Dissertation 1906; ETZ 1907, S. 1200. Humann, Dissertation 1906; ETZ 1908, S. 435. Höchstädter ETZ 1922, S. 205. Hier erscheint zwar überall der effektive Wert E^2; es ist aber kein Zweifel, daß es bei verschiedenen Wellenformen nicht auf den effektiven, sondern auf den Scheitelwert $\mathfrak{E}^2$ ankommt, wenn Entladungsvorgänge mit im Spiel sind.

[2]) Archiv f. Elektrot. Bd. 1, S. 332, 1912. Vgl. auch ETZ 1919, S. 270.

[3]) M. Höchstädter, ETZ 1922, S. 580, 612.

Alle dielektrischen Verluste machen sich durch einen dem Kondensator zufließenden Wattstrom bemerkbar. Sie können deshalb durch einen dem vollkommenen Dielektrik nebengeschalteten, induktionslosen Widerstand w_n (Verlustwiderstand) dargestellt werden. Der diesem Widerstand entsprechende Wattstrom muß vom Ladestrom[1]) des Kondensators ebenso unterschieden werden, wie bei einer Drosselspule der dem Eisenverlust entsprechende Wattstrom vom Magnetisierungsstrom (§ 158). In der Kabeltechnik wird der reziproke Wert von w_n als Ableitung bezeichnet.

Bei Wechselstrom besteht die Elektrisierung eines Dielektriks aus einem elektrischen Kreisprozeß in jeder Periode. Trägt man die elektrischen Kräfte als Abszissen, die Ladungen als Ordinaten auf, so erhält man eine Schleife, wie in Abb. 297. Das hat vielfach zu der Annahme verleitet, daß es eine elektrische Hysterese wie die magnetische Hysterese gebe. Das ist nicht der Fall; denn diese Schleife, sowie auch alle anderen Vorgänge im Dielektrik erklären sich restlos aus der Rückstandsbildung und den anderen Verlusten[2]), während andererseits die der Hysterese eigentümliche Koerzitivkraft fehlt. Die elektrische Verlustschleife in Abb. 297 zeigt auch einen wesentlichen Unterschied gegenüber der magnetischen Hystereseschleife, deren Eigentümlichkeit darin besteht, daß sie scharfe Spitzen hat, weil die Scheitelwerte der magnetisierenden Kraft und der erzeugten Kraftlinien gleichzeitig eintreten (abgesehen von der sehr kleinen magnetischen Verzögerung, die sich in der Hystereseschleife gar nicht bemerkbar macht). Die elektrische Schleife hat dagegen abgerundete Enden, weil die Rückstandsbildung eine Verschiebung der Scheitelwerte der elektrischen Kraft und der Ladung um den Betrag *ab* verursacht (vgl. § 94 und die Anmerk. auf S. 287).

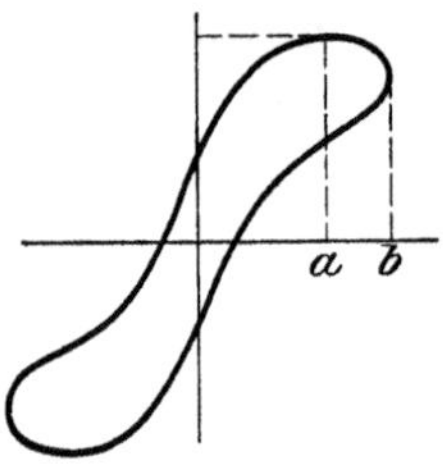

Abb. 297.

182. Wirkungsweise eines unvollkommenen Kondensators.

In §§ 172 bis 178 wurden reine, d. h. verlustlose Kondensatoren vorausgesetzt. Treten die im vorhergehenden besprochenen Verluste auf, die einen dem Ladestrom parallel geschalteten Wattstrom hervorrufen, so ergibt sich eine veränderte Wirkungsweise, die zuerst vom Verfasser untersucht wurde[3]).

Nach Vorstehendem ergibt sich für einen unvollkommenenn Kondensator das Schema Abb. 298, wo w_n den Verlustwiderstand und C die reine (verlustlose) Kapazität bedeutet. Darauf können die in § 142

[1]) Der in den Anschlußdrähten des Kondensators fließende Ladestrom ist aber auch bei einem verlustlosen Kondensator nicht wattlos, sondern er enthält die der Stromwärme in den Drähten entsprechende Wattkomponente.

[2]) Benischke, Sitzungsber. d. Wien. Akad. d. Wiss. Bd. 102, IIa, 1893. Zeitschr. f. Elektrot. Heft 16, 1895. Schweidler, Ann. d. Phys. Bd. 24, 1907.

[3]) ETZ 1907, S. 693.

entwickelten Gleichungen für eine Stromverzweigung angewendet werden, wenn man

$$w_1 = w_n, \qquad L_1 = 0,$$

$$w_2 = 0, \qquad \omega L_2 = -\frac{1}{\omega C}$$

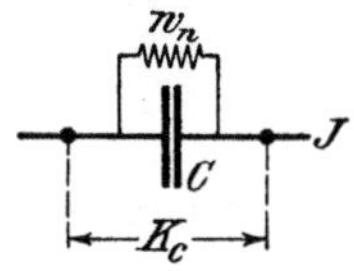

Abb. 298.

(nach S. 339) setzt. Mithin ist:

$$A = \frac{1}{w_n}, \qquad B = -C.$$

$$R = \frac{w_n}{1 + (w_n \omega C)^2}, \qquad O = -\frac{w_n^2 C}{1 + (w_n \omega C)^2}.$$

Daher ist der dem unvollkommenen Kondensator zufließende Strom:

$$J = \frac{K_c}{\sqrt{R^2 + (\omega O)^2}} = \frac{K_c}{\sqrt{\left[\frac{w_n}{1 + (w_n \omega C)^2}\right]^2 + \left[\frac{w_n^2 \omega C}{1 + (w_n \omega C)^2}\right]^2}}$$

$$= \frac{K_c}{w_n} \sqrt{1 + (w_n \omega C)^2} \quad \ldots \ldots \ldots \quad (216)$$

Demnach kann man den Ausdruck

$$\frac{w_n}{\sqrt{1 + (w_n \omega C)^2}} = \frac{1}{\sqrt{\frac{1}{w_n^2} + (\omega C)^2}}$$

als äquivalenten Kapazitätswiderstand des unvollkommenen Kondensators betrachten. Für $w_n = \infty$ geht er in den reinen Kapazitätswiderstand $\frac{1}{\omega C}$ über.

Die Phasenverschiebung des Stromes gegen die Spannung K_c ist bestimmt durch:

$$\operatorname{tg} \varphi_c = \frac{\omega O}{R} = -w_n \omega C^{*)} \quad \ldots \ldots \quad (217\,a)$$

oder

$$\cos \varphi_c = \frac{1}{\sqrt{1 + (w_n \omega C)^2}} \quad \ldots \ldots \ldots \quad (217\,b)$$

Der Phasenverschiebungswinkel ist also hier nicht gleich 90^0 (der Leistungsfaktor $\cos \varphi_c$ nicht gleich Null) wie beim vollkommenen Kondensator. Und wie eine Drosselspule oder ein Induktionsmotor durch die Angabe des Leistungsfaktors charakterisiert wird, so kann das auch bei einem unvollkommenen Kondensator geschehen[1]). Da sich φ_c nur wenig von 90^0 unterscheidet, wird manchmal der Ergänzungswinkel $\delta = 90 - \varphi_c$ angewendet und als Verlustwinkel bezeichnet. Dann ist

$$\operatorname{tg} \delta = \operatorname{cotg} \varphi_c = -\frac{1}{w_n \omega C} \quad \ldots \ldots \ldots \ldots \quad (217\,c)$$

*) Man beachte den Unterschied gegen Gl. 205, die für den Fall gilt, daß einem verlustlosen Kondensator ein Widerstand w vorgeschaltet ist.

[1]) Vgl. die Angaben auf S. 357.

Ist V die vom Kondensator aufgenommene Leistung (Verlust), so ist der Leistungsfaktor (§ 134):

$$\cos \varphi_c = \frac{V}{K_c J} \quad \ldots \ldots \ldots \quad (218)$$

Quadriert man die Gleichung 216, so ist:

$$K_c^2 = (RJ)^2 + (\omega O J)^2$$
$$= \left[\frac{w_n}{1 + (w_n \omega C)^2} J\right]^2 + \left[\frac{w_n^2 \omega C}{1 + (w_n \omega C)^2} J\right]^2.$$

Die Klemmenspannung eines unvollkommenen Kondensators ist also die Hypotenuse eines rechtwinkeligen Dreiecks (Abb. 299), dessen wagrechte, dem Verluste V entsprechende Kathete (Verlustspannung) E_v dargestellt ist durch:

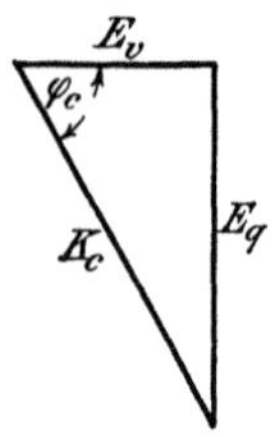

Abb. 299.

$$E_v = \frac{w_n}{1 + (w_n \omega C)^2} J = K_c \cos \varphi_c \quad \ldots \quad (\mathrm{I})$$

und dessen andere Kathete (Querspannung) E_q dargestellt ist durch:

$$E_q = \frac{w_n^2 \omega C}{1 + (w_n \omega C)^2} J = K_c \sin \varphi_c \quad \ldots \quad (\mathrm{II})$$

Je größer w_n, d. h. je kleiner der Verlust ist, desto mehr nähert sich E_v dem Werte Null und E_q dem Werte $\frac{1}{\omega C} J$ wie bei einem reinen Kondensator.

Multipliziert man die Verlustspannung E_v mit dem Strome J, so erhält man nach § 135 die elektrische Leistung, also in diesem Falle den Verlust V. Mithin ist:

$$V = J E_v = \frac{w_n}{1 + (w_n \omega C)^2} J^2 = w_n J^2 \cos^2 \varphi_c \quad . \; . \quad (\mathrm{III})$$

Nun ist aber $J \cos \varphi_c$ nichts anders als die Wattkomponente des Stromes J; bezeichnen wir sie mit J_v, so ist

$$J_v = J \cos \varphi_c = \sqrt{\frac{V}{w_n}} \quad \ldots \ldots \quad (\mathrm{IV})$$

oder

$$V = w_n J_v^2 \quad \ldots \ldots \ldots \ldots \quad (\mathrm{V})$$

Der Kondensatorverlust ergibt sich also nach dem Jouleschen Gesetze aus w_n und der Wattkomponente.

Aus Gl. III und 218 folgt

$$w_n = \frac{K_c^2}{V} \quad \ldots \ldots \ldots \quad (\mathrm{VI})$$

Hat man also Spannung und Wattverbrauch gemessen, so ergibt sich daraus der angenommene Nebenschlußwiderstand w_n.

Aus Gl. V und VI folgt

$$V = K_c J_v \quad \ldots \ldots \ldots \quad (\mathrm{VII})$$

Aus Gl. VI und VII folgt

$$J_v = \frac{K_c}{w_n} \quad \ldots\ldots\ldots\ldots \quad \text{(VIII)}$$

Die wattlose Komponente J_q rührt von der reinen Kapazität her. Daher ist (gemäß Gl. 201)

$$J_q = \omega C K_c \quad \ldots\ldots\ldots \quad \text{(IX)}$$

Nach § 136 ist der Gesamtstrom $J = \sqrt{J_v^2 + J_q^2}$. Das führt zu demselben Ausdruck wie Gl. 216.

Aus Gl. VI und 217c folgt (vom Vorzeichen abgesehen):

$$V = w C K_c^2 \operatorname{tg} \delta,$$

ein Ausdruck, der wenig Wert hat, weil ja δ selbst von V abhängt.

Die obigen Gleichungen zeigen, daß w_n oder $\cos \varphi_c$ die geeignetste Größe ist, um die Unvollkommenheit (d h. die Verluste) eines Kondensators zu charakterisieren. Wird von ei em Kondensator w_n und C angegeben, so ist er vollständig bestimmt [1].

183. Ein unvollkommener Kondensator in Reihenschaltung.

Ist ein unvollkommener Kondensator und eine Drosselspule mit Widerstande w und der Selbstinduktion L hintereinandergeschaltet (Abb. 300), so ist die Stromstärke nach § 143

$$J = \frac{K}{\sqrt{(w+R)^2 + (\omega L + \omega O)^2}}$$

$$= \frac{K}{\sqrt{\left[w + \frac{w_n}{1+(w_n \omega C)^2}\right]^2 + \left[\omega L - \frac{w_n^2 \omega C}{1+(w_n \omega C)^2}\right]^2}}$$

und die Phasenverschiebung zwischen diesem Strom und der Gesamtspannung K:

$$\operatorname{tg} \varphi = \frac{\omega L + \omega O}{w + R} = \frac{\omega L - \frac{w_n^2 \omega C}{1+(w_n \omega C)^2}}{w + \frac{w_n}{1+(w_n \omega C)^2}}.$$

---

[1]) Aus den Gleichungen V—IX erkennt man, wie die charakteristischen Größen w_n und C des unvollkommenen Kondensators ihre natürlichen Zahlenwerte beibehalten. Das ist nicht der Fall, wenn man den Verlust im Kondensator durch einen vorgeschalteten Widerstand ersetzt. Rein rechnungsmäßig geht das ja auch, weil man jeden Stromkreis mit voreilendem Strome durch eine Reihenschaltung von Kondensator und Widerstand ersetzen kann. Der so berechnete Vorschaltwiderstand erhält dann einen ganz unnatürlichen, vom wirklichen Verlustwiderstand des Kondensators weit abweichenden Wert. Auch der berechnete Ersatzkondensator hat einen anderen Wert.

Daher ist auch die Einführung einer neuen Größe δ (Gl. 217c) überflüssig und um so weniger berechtigt, als δ bei brauchbaren Isolierstoffen so klein ist, daß sehr angenähert $\operatorname{tg} \delta = \cos \varphi_c$ ist.

Quadriert man die vorletzte Gleichung, so erhält man:

$$K^2 = (E_w + E_v)^2 + (E_s - E_q)^2 \quad . \; . \; . \; . \; . \quad \text{(X)}$$

Dabei ist:

$E_w = wJ$ (Ohmscher Spannungsabfall in der Drosselspule)

$E_s = \omega LJ$ (Induktionsspannung in der Drosselspule),

während E_v und E_q die durch Gl. I und II definierte Verlustspannung bzw. Querspannung bedeutet. Abb. 301 zeigt das Spannungsdiagramm dieser Schaltung. K ist nach der letzten Gleichung die Hypotenuse zu den Katheten $(E_w + E_v)$ und $(E_q - E_s)$. Die Klemmenspannung K_d an der Drosselspule ist die Hypotenuse zu den Katheten E_w und E_s. Die Klemmenspannung K_c am Kondensator ist gemäß dem vorigen Paragraphen die Hypotenuse zu den Katheten E_v und E_q. Andererseits besteht K nach Abb. 210 aus K_d und K_c; daher ist es in Abb. 301 auch die Diagonale des Parallelogramms K_d, K_c. Man vergleiche damit Abb. 285 für dieselbe Schaltung mit einem verlustlosen Kondensator.

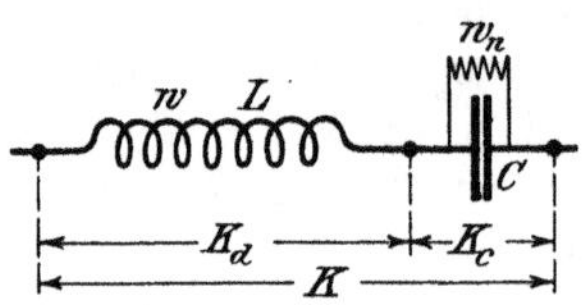

Abb. 300.

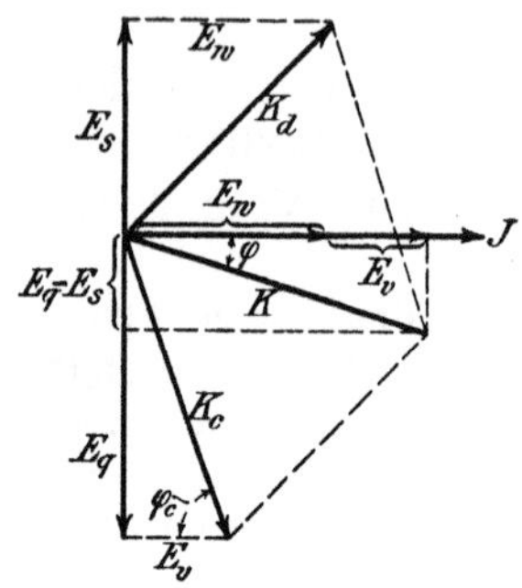

Abb. 301.

Da die Gleichung für J eine Differenz im Nenner enthält, ist zu erwarten, daß der Strom J ein Maximum hat. Ist L veränderlich, so sieht man ohne weiteres, daß der Strom das Maximum

$$J_{max} = \frac{K}{w + \dfrac{w_n}{1 + (w_n \omega C)^2}}$$

hat, und gleichzeitig $\varphi = 0$ wird, wenn

$$L = \frac{w_n^2 C}{1 + (w_n \omega C)^2} \quad . \; . \; . \; . \; . \; . \; . \quad \text{(XI)}$$

oder wenn

$$E_q = E_s = \omega LJ \text{ ist (Stromresonanz).}$$

Vergleicht man mit der Stromresonanz bei einem verlustlosen Kondensator, so erkennt man folgenden Einfluß des Verlustes im Kondensator: Das Resonanzmaximum wird verkleinert, und es tritt schon bei einem kleineren Werte von L ein. Zufolge der letzten Gleichungen ist dann $K = E_w + E_v$ und in Abb. 301 fällt K in die gleiche Richtung wie J. Die drei Klemmenspannungen K, K_d, K_c bilden aber immer noch ein schiefwinkliges Dreieck, während sie bei einem vollkommenen Kondensator ein rechtwinkliges bilden. Infolge der Resonanzbedingung geht Gl. I über in $E_v = \frac{L}{w_n C} J$. Mithin

$$K = E_w + E_v = \left(w + \frac{L}{w_n C}\right) J.$$

Die Spannung K_c an den Klemmen des Kondensators ist:

$$K_c = \sqrt{E_v^2 + E_q^2} = J \sqrt{\left(\frac{L}{w_n C}\right)^2 + (\omega L)^2} = J \sqrt{L\left(\frac{L}{w_n^2 C^2} + \omega^2 L\right)}.$$

Ersetzt man die L in der Klammer durch die Resonanzbedingung XI, so findet man

$$K_c = J \sqrt{\frac{L}{C}}\ ^{*)}.$$

Ist $(w_n \omega C)^2$ so groß, daß 1 dagegen vernachlässigt werden kann, so geht die Resonanzbedingung über in $L = \frac{1}{\omega^2 C}$, also wie bei einem vollkommenen Kondensator. Das Strommaximum ist in diesem Falle

$$J_{max} = \frac{K}{w + \frac{1}{w_n \omega^2 C^2}}.$$

Ist $(w_n \omega C)^2$ so klein, daß es gegen 1 vernachlässigt werden kann, so geht die Resonanzbedingung über in $L = w_n^2 C$ und das Strommaximum wird

$$J_{max} = \frac{K}{w + w_n}.$$

Anders lauten die Resonanzbedingungen und die Strommaxima, wenn C oder ω veränderlich sind und die übrigen Größen konstant. Es ergeben sich dann verwickeltere Ausdrücke, die nichts Bemerkenswertes bieten.

Nehmen wir nun bei dem Zahlenbeispiel in § 174 ($K = 100$, $\omega = 300$, $w = 10$) einen Kondensator, der durch $w_n = 100\,000 = 10^5$ Ohm und $C = 10^{-6}$ Farad charakterisiert sei, so tritt Stromresonanz ein bei

$$L = \frac{10^{10} \cdot 10^{-6}}{1 + (300 \cdot 10^5 \cdot 10^{-6})^2} = \frac{10\,000}{901} = 11{,}09 \text{ Henry}.$$

Dabei ist die Stromstärke

$$J = \frac{100}{10 + \frac{10^5}{901}} = \frac{100}{121} = 0{,}83 \text{ Amp.}$$

Dagegen erhielten wir in § 172 für die entsprechenden Werte bei einem vollkommenen Kondensator $L = 11{,}11$ Henry, $J = 10$ A. Man sieht daraus, daß

*) Das ist derselbe Wert wie bei einem vollkommenen Kondensator (S. 344). Die Kondensatorspannung wird also bei Resonanz durch den Verlust nicht verändert; nur ihre Phase wird verschoben.

durch den Verlust das Strommaximum bedeutend herabgesetzt, seine Lage hinsichtlich der Selbstinduktion aber wenig verändert wird. Bei $w_n = 10^8$ Ohm beträgt die Herabsetzung des Strommaximums noch $1\,^0/_0$.

Bei höherer Frequenz übt selbst ein kleiner Verlust (großer Verlustwiderstand) einen bedeutenden Einfluß aus, wie folgendes Beispiel zeigt:

$$K = 100 \qquad w = 10 \qquad \omega = 10^5$$
$$C = 10^{-9} \qquad w_n = 10^7$$
$$J = \frac{100}{10 + \dfrac{10^7}{1 + (10^5 \cdot 10^7 \cdot 10^{-9})^2}} = 5,$$

während für einen vollkommenen Kondensator $J = \frac{100}{10} = 10$ ist.

184. Ein unvollkommener Kondensator im Nebenschluß.

Ist ein unvollkommener Kondensator einer Drosselspule mit den Widerständen w, ωL parallelgeschaltet, so ergibt sich das Schema Abb. 302. Der Zweigstrom J_2 ist gleich dem Strom J in Gl. 216. Den Gesamt strom J findet man nach § 142, wenn man bedenkt, daß die Verbindungsleitungen zum Kondensator widerstandslos sind, so daß also drei Zweigströme, nämlich J_1, J_q, J_v parallel geschaltet sind.

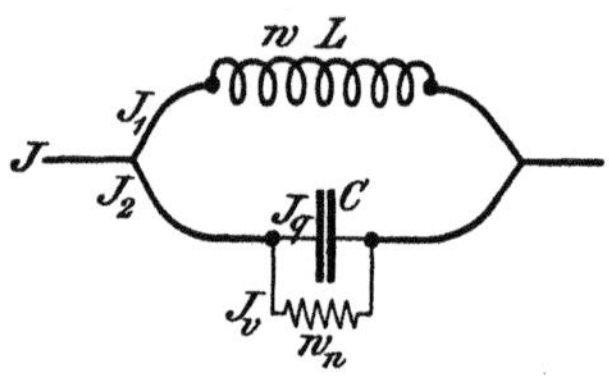

Abb. 302.

Daher ist

$$A = \frac{w_1}{w_1^2 + (\omega L_1)^2} + \frac{w_2}{w_2^2 + (\omega L_2)^2} + \frac{w_3}{w_3^2 + (\omega L_3)^2},$$
$$B = \frac{L_1}{w_1^2 + (\omega L_1)^2} + \frac{L_2}{w_2^2 + (\omega L_2)^2} + \frac{L_3}{w_3^2 + (\omega L_3)^2}.$$

Für diesen Fall ist nun:

$$w_1 = w, \qquad L_1 = L,$$
$$w_2 = 0, \qquad L_2 = -\frac{1}{\omega^2 C},$$
$$w_3 = w_n, \qquad L_3 = 0.$$

Dann ist nach Gl. 126:

$$J = K\sqrt{\left[\frac{w}{w^2 + (\omega L)^2} + \frac{1}{w_n}\right]^2 + \left[\frac{\omega L}{w^2 + (\omega L)^2} - \omega C\right]^2}$$

$$\operatorname{tg}\varphi = \frac{\dfrac{\omega L}{w^2 + (\omega L)^2} - \omega C}{\dfrac{w}{w^2 + (\omega L)^2} + \dfrac{1}{w_n}}.$$

Da der Wurzelausnruck neben K eine Differenz enthält, so hat J ein Minimum.

Ist C veränderlich, während die übrigen Größen konstant sind, so tritt das Minimum ein für

$$C = \frac{L}{w^2 + (\omega L)^2},$$

also bei derselben Bedingung wie bei Parallelschaltung eines verlustlosen Kondensators (§ 177). Gleichzeitig wird auch $\varphi = 0$.

Abb. 303 zeigt das Stromdiagramm. J_s ist die wattlose, J_w die Wattkomponente des Zweigstromes J_1. Letztere liegt also in gleicher Richtung wie die Spannung K. Die wattlose Komponente des Zweigstromes J_2 ist laut Gl. IX: $J_q = \omega C K$. Die Wattkomponente von J_2 ist laut Gl. VIII: $J_v = \frac{K}{w_n}$. Sie liegt in gleicher Richtung wie K. Mithin ist:

$$J = (J_w + J_v)^2 + (J_s - J_q)^2.$$

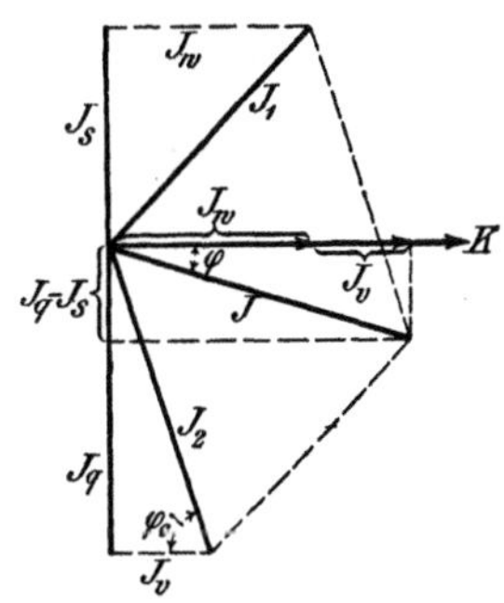

Abb. 303.

J ist aber auch die Resultierende aus J_1 und J_2, also die Diagonale des von J_1 und J_2 gebildeten Parallelogramms.

Wenn $J_s = J_q$ ist, so haben wir Stromminimum und Phasenverschiebung $\varphi = 0$ wie oben. Dann fällt J in gleiche Richtung wie K, aber das von J, J_1, J_2 gebildete Dreieck ist immer noch ein schiefwinkliges[1]).

Ist L oder ω veränderlich, so fällt das Stromminimum nicht mit $\varphi = 0$ zusammen. Vgl. S. 350.

185. Der Einfluß eines Eisenkernes im Falle der Stromresonanz.

Bisher wurde vorausgesetzt, daß die Selbstinduktion L, die dem Kondensator hinter- oder nebengeschaltet ist, konstant und rein ist, d. h. einer Drosselspule ohne sekundäre Verluste angehört. Entstehen aber in der Drosselspule Wirbelströme, deren Größe nicht verschwindend klein ist (sei es in der Wicklung selbst oder in metallischen Fassungsteilen oder in einem Eisenkern), so gelten für den Strom in der Spule dieselben Gesetze wie für den primären Strom eines Transformators, denn alle Wirbelströme sind sekundäre Ströme, und in energetischer Beziehung ist auch der Hystereseverlust dazuzurechnen; nur hinsichtlich des Einflusses auf die Wellenform macht sich dieser noch in besonderer Weise geltend (vgl. § 159, 219).

Dann tritt an Stelle der Abb. 284 (Reihenschaltung von reiner Kapazität und reiner Selbstinduktion) die Abb. 304, wobei w_2 und L_2,

[1]) Vergleicht man Abb. 303 mit 301, so sieht man, daß J an Stelle von K steht. Es gilt also auch da, wie bei Hintereinander und Parallelschaltung von Drosselspulen § 140, 141 und bei Hintereinander- und Parallelschaltung eines vollkommenen Kondensators § 173, 176, daß die entsprechenden Vektoren vertauscht sind.

die dem Wirbelstrom- und Hystereseverlust entsprechenden sekundären Widerstandsgrößen sind. Zur Gl. 207 kommt nun also noch das die gegenseitige Induktion darstellende Spannungsglied $M \frac{di_2}{dt}$ hinzu, wenn i_2 der den gesamten sekundären Verlusten entsprechende Strom ist. Dann lautet die Spannungsgleichung[1])

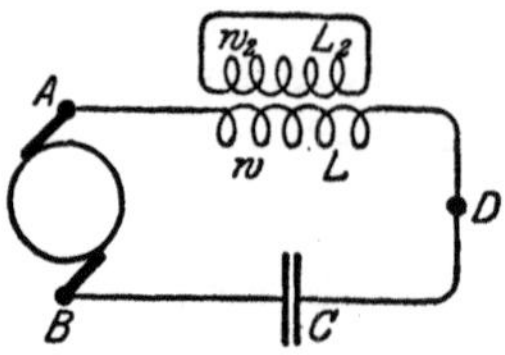

Abb. 304.

$$k = wi + \left(L - \frac{1}{\omega^2 C}\right)\frac{di}{dt} + M\frac{di_2}{dt}.$$

Für den Strom i und seine Phasenverschiebung φ gelten also dieselben Gleichungen wie in § 152 für J_1 und φ_1, wenn dort L_1 durch $L - \frac{1}{\omega^2 C}$ ersetzt wird. Mithin ist

$$J = \frac{K}{\sqrt{(w + \vartheta w_2)^2 + \left(\omega L - \frac{1}{\omega C} - \vartheta \omega L_2\right)^2}}$$

$$\operatorname{tg} \varphi = \frac{\omega L - \frac{1}{\omega C} - \vartheta \omega L_2}{w + \vartheta w_2},$$

wobei wie dort $\vartheta = \frac{\varkappa^2 \omega^2 L L_2}{w_2^2 + (\omega L_2)^2}$ ist[2]).

Ist C veränderlich, während die übrigen Größen konstant sind, so sieht man ohne weiteres (weil C nur an einer einzigen Stelle vorkommt), daß Resonanz eintritt, wenn

$$\frac{1}{\omega C} = \omega L - \vartheta \omega L_2.$$

Der Wert des Strommaximums ist

$$J = \frac{K}{w + \vartheta w_2}.$$

---

[1]) Benischke, Elektr. u. Maschinenbau. Wien 1907, S. 633.

[2]) Zu demselben Ergebnis gelangt man, wenn man die Aufgabe auf folgende Weise in Angriff nimmt: ein Transformator und ein Kondensator sind hintereinander geschaltet (Abb. 304). Ein Transformator kann als Drosselspule mit dem äquivalenten Widerstande ϱ und der äquivalenten Selbstinduktion λ betrachtet werden (§ 152). Mithin ist

$$J = \frac{K}{\sqrt{\varrho^2 + \left(\omega\lambda - \frac{1}{\omega C}\right)^2}}$$

$$\operatorname{tg} \varphi = \frac{\omega\lambda - \frac{1}{\omega C}}{\varrho}.$$

Nach Einführung der Werte für ϱ und λ erhält man dasselbe Ergebnis wie oben.

Bei einer reinen Selbstinduktion ist die Resonanzbedingung

$$\frac{1}{\omega C} = \omega L$$

und der Wert des Strommaximums

$$J = \frac{K}{w}.$$

Man ersieht daraus, daß durch die sekundären Verluste die Resonanz bei einem kleineren Kapazitätswiderstand also bei größerer Kapazität eintritt, und daß das Strommaximum kleiner ist. Auf beide Umstände ist der Einfluß der unreinen Selbstinduktion um so größer, je größer ϑ, d. h. je größer die Periodenzahl, je stärker die magnetische Kupplung und je kleiner $w_2^2 + (\omega L_2)^2$, d. h. je größer die sekundären Verluste sind. Ist $w_2 = \infty$ oder $\omega L_2 = \infty$, d. h. sind keine solchen Verluste vorhanden, so gehen die obigen Gleichungen in die bei reiner Selbstinduktion über, wie nicht anders zu erwarten war. Das gleiche ist der Fall, wenn der Kupplungsfaktor $\varkappa = 0$ ist.

Ist $w_2 = 0$ und $\varkappa = 1$, d. h. erreichen die Wirbelströme ihren theoretisch größtmöglichen Wert (vollkommener sekundärer Kurzschluß), so geht die Resonanzbedingung über in $\frac{1}{\omega C} = \omega L - \omega L = 0$; die Resonanz tritt beim Kapazitätswiderstand null, also bei unendlich großer Kapazität ein, d. h. sie kommt überhaupt nicht zustande.

Ist L oder ω veränderlich, so findet man die Resonanzbedingungen in bekannter Weise aus dem entsprechenden Differentialquotienten von J. Das führt aber zu unübersichtlichen Ausdrücken. Daß das Strommaximum auch in diesen Fällen kleiner sein muß als bei reiner Selbstinduktion, ist ohne weiteres klar, weil jeder Arbeitsverlust dämpfend wirkt. In welchem Sinne die Resonanzbedingung bei veränderlichem L verschoben wird, erkennt man sofort aus Gl. 179 für die äquivalente Selbstinduktion: $\lambda = L - \vartheta L_2$. Denn da λ kleiner ist als die reine Selbstinduktion L, so ist ein größerer Betrag nötig, um die zur Resonanz erforderliche Gleichheit des induktiven Widerstandes mit dem Kapazitätswiderstand herzustellen.

Ist in einem Stromkreise weder der Kondensator ein vollkommener, noch die Selbstinduktion eine reine, so erhält man die für diesen Fall gültigen Beziehungen, wenn man in § 183 w durch ϱ und L durch λ ersetzt. Für den Fall des unvollkommenen Kondensators hatte sich ergeben, daß das Strommaximum kleiner ist als bei vollkommenem Kondensater. Ist nun noch die Selbstinduktion eine unreine, so wirken beide Umstände vermindernd auf das Strommaximum. Bei veränderlicher Selbstinduktion hatte sich im Falle des unvollkommenen Kondensators ergeben, daß die Resonanz schon bei einem kleineren Werte eintritt. Da wir oben gesehen haben, daß bei unreiner Selbstinduktion die Resonanz erst bei einem größeren Werte eintritt, so können sich diese beiden Einflüsse gegenseitig aufheben.

Sehr verwickelt werden die Verhältnisse, wenn die Drosselspule einen geschlossenen oder nahezu geschlossenen Eisenkern hat, und das Maximum der magnetischen Durchlässigkeit überschritten wird. Nach §§ 132 und 105 ist die Selbstinduktion $L = \frac{4\pi N^2}{\mathfrak{w}} = 4\pi N^2 \frac{\mu S}{l}$ der magnetischen Durchlässigkeit μ proportional. Da nun μ gemäß Abb. 123 ober- und unterhalb seines Maximums denselben Wert bei zwei verschiedenen Magnetisierungen hat, so gibt es zwei verschiedene Stromstärken in der Drosselspule, bei welchen L denselben Wert hat. Ändert sich die Stromstärke in Abhängigkeit von der Spannung allmählich und stetig, wie es der Fall ist, wenn der scheinbare Widerstand des Stromkreises nur aus Ohmschem und induktivem oder nur aus Ohmschem und Kapazitäts-Widerstand besteht, so gibt es zu jeder Spannung nur einen bestimmten Wert des Stromes. Enthält der Stromkreis aber Selbstinduktion und Kapazität, und kommt es zur Resonanz in der Weise, daß dabei das Maximum von μ überschritten wird, so kommen die beiden Stromstärken, zu welchen derselbe Wert von L gehört, je nach der vorausgegangenen Magnetisierung zur Geltung. So zeigt Abb. 305 den Verlauf des Stromes, wenn die Periodenzahl ν verändert wird[1]). Mit wachsendem ν steigt der Strom in der Richtung der Pfeile zu einem Resonanzmaximum an, von welchem er bei $\nu = 59$ plötzlich abfällt. Wird dann ν wieder verkleinert, so steigt der Strom nicht bei derselben Periodenzahl zu einem Maximum an, sondern erst bei $\nu = 40$ und das Maximum hat eine andere Höhe als früher, weil die sekundären Verluste andere sind. Die Selbstinduktion hat eben zwei verschiedene Werte entsprechend der μ-Kurve je nach der vorher bestandenen Magnetisierungsstärke. Ähnlich ist der Verlauf des Stromes, wenn C bis zum Eintritt der Resonanz verändert wird.

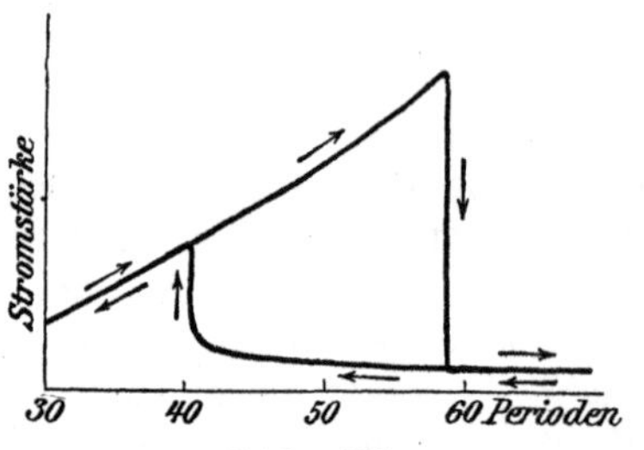

Abb. 305.

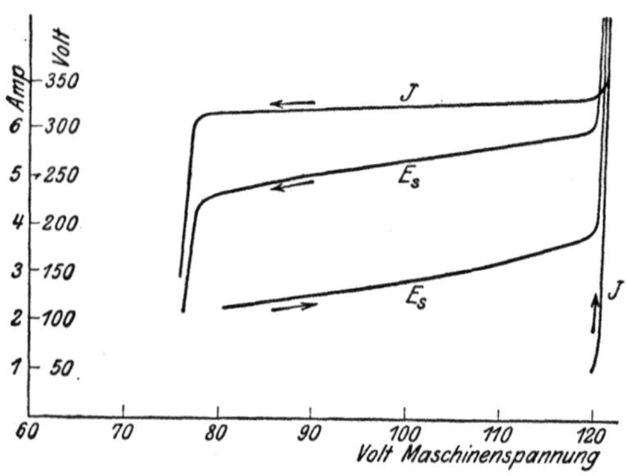

Abb. 306.

Da L von der Stromstärke abhängt, so muß die Stromstärke selbst verschiedene Werte annehmen, wenn vor und nach Erreichung des Resonanzmaximums die Spannung denselben Wert hat. Abb. 306 zeigt das[2]).

[1]) Nach Messungen von Martienssen, Physik. Zeitschr. 1910, Bd. 11, S. 448.
[2]) Nach Messungen von Görges, ETZ 1918, S. 101.

Nach Einstellung der Kapazität auf Resonanz wurde die Maschinenspannung von 70 bis 121 V gesteigert. Der Strom J stieg dabei von sehr kleinen Werten zum Resonanzmaximum an. Wurde nun die Spannung wieder verkleinert, so war der Strom bis herab gegen 76 V viel größer als vor Erreichung des Resonanzmaximums. In ähnlicher Weise ändert sich natürlich die Spannung E_s an den Klemmen der Drosselspule.

Die Ableitung eines theoretischen Gesetzes, welches dieses Verhalten zu berechnen gestattet, ist unmöglich, weil der theoretische Zusammenhang zwischen μ und der Magnetisierungsstärke nicht bekannt ist. Dazu kommt noch die Veränderung der Wellenform des Stromes durch die Hysterese des Eisenkernes (§ 159, 219), sowie der Einfluß der dielektrischen Verluste im Kondensator (§ 182, 183).

186. Transformator mit Kapazitätsbelastung.

A. Kondensator im äußeren Stromkreis (Resonanztransformator)[1].

Wir betrachten den Fall, daß ein Kondensator in den sekundären Stromkreis eines Transformators eingeschaltet ist (Abb. 307), wobei Widerstand und Selbstinduktion der Verbindungsleitungen vernachlässigt werden können; also

$$w_{2a} = 0, \qquad L_{2a} = 0,$$

mithin $\quad w_{2i} = w_2, \qquad L_{2i} = L_2.$

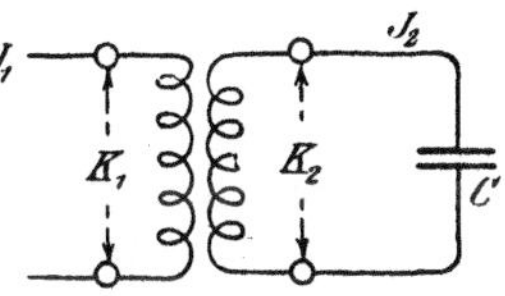

Abb. 307.

Diese Anordnung wird in der Funkentelegraphie an Stelle von Funkeninduktoren angewendet (Resonanztransformator) und gilt angenähert auch für den Fall, daß ein Transformator auf ein Kabel arbeitet[2]. Es gelten dafür alle in § 152 abgeleiteten Beziehungen mit Berücksichtigung dessen, daß in den scheinbaren Widerständen statt ωL_{2a} der Kapazitätswiderstand $-\frac{1}{\omega C}$ (§ 173) und infolgedessen statt ωL_2 der Ausdruck $\omega L_2 - \frac{1}{\omega C}$ einzusetzen ist.

Dann gehen die Gleichungen 178, 179 über in

$$\varrho = \frac{w_1(\omega^2 C L_2 - 1)^2 + \omega^2 C^2 w_2 (w_1 w_2 + \varkappa^2 \omega^2 L_1 L_2)}{\omega^2 C^2 w_2^2 + (\omega^2 C L_2 - 1)^2} \qquad \text{(I)}$$

$$\lambda = L_1 \frac{(\omega^2 C L_2 - 1)\,[\omega^2 C L_2 (1 - \varkappa^2) - 1] + \omega^2 C^2 w_2^2}{\omega^2 C^2 w_2^2 + (\omega^2 C L_2 - 1)^2} \qquad \text{(II)}$$

[1]) Nach Benischke, ETZ 1907, S. 25.

[2]) Allgemein ausgedrückt handelt es sich hier um den Fall, daß ein zu Eigenschwingungen befähigter Stromkreis (der sekundäre) magnetisch gekuppelt ist mit einem Stromkreis (dem primären), welchem elektrische Schwingungen mit der Frequenz ν aufgezwungen werden.

Der Fall, daß beide Stromkreise Eigenschwingungen ausführen (Tesla-Transformator), wird in § 201 behandelt.

Diese Ausdrücke enthalten im Zähler und im Nenner Differenzen, so daß für J_1 ein Maximum und ein Minimum zu erwarten ist. Ihre Aufsuchung führt aber zu unlöslichen Gleichungen. Um zu einfacheren Gleichungen zu gelangen, vernachlässigen wir den Widerstand des sekundären Stromkreises. Das ist zulässig mit Ausnahme des besonderen Falles, wo sich die übrigen Widerstandsgrößen $\left(\omega L_2 \text{ und } \frac{1}{\omega C}\right)$ gegenseitig aufheben, und der daher später besonders betrachtet wird.

Zunächst setzen wir

$$w_2 = 0$$

und untersuchen zuerst die Phasenverschiebung φ_1 des primären Stromes

$$\operatorname{tg} \varphi_1 = \frac{\omega \lambda}{\varrho} = \frac{\omega L_1 (\omega^2 C L_2 - 1) [\omega^2 C L_2 (1 - \varkappa^2) - 1]}{w_1 (\omega^2 C L_2 - 1)^2}.$$

Der Nenner ist stets positiv, während der Zähler positiv und negativ sein kann. Der primäre Strom kann also nacheilen oder voreilen. Dafür ist lediglich der Zähler entscheidend. Dieser läßt sich durch Ausführung der Multiplikation auf folgende Form bringen, wobei der Faktor ωL_1 weggelassen ist, da er auf das Vorzeichen keinen Einfluß hat:

$$(\omega^2 C L_2 - 1)\, \omega^2 C L_2 (1 - \varkappa^2) - (\omega^2 C L_2 - 1).$$

Ist dieser Ausdruck positiv, so ist φ_1 positiv, d. h. nach unseren Voraussetzungen in § 133 eilt der Strom nach; ist er negativ, so eilt der Strom voraus. Es handelt sich also darum, ob

$$(\omega^2 C L_2 - 1)\, \omega^2 C L_2 (1 - \varkappa^2) \gtreqless (\omega^2 C L_2 - 1).$$

Da sind folgende 5 Fälle möglich:

1. Ist $\omega^2 C L_2 < 1$,
   so ist φ_1 positiv, also der Strom nacheilend.
2. Ist $\omega^2 C L_2 = 1$,
   so ist $\varphi_1 = 0$.
3. Ist $\omega^2 C L_2 > 1 > \omega^2 C L_2 (1 - \varkappa^2)$,
   so ist φ_1 negativ, also der Strom voreilend[1]).
4. Ist $\omega^2 C L_2 (1 - \varkappa^2) = 1$,
   so ist $\varphi_1 = 0$.
5. Ist $\omega^2 C L_2 (1 - \varkappa^2) > 1$,
   so ist φ_1 positiv, also der Strom nacheilend.

Läßt man C von 0 bis ∞ wachsen, so zeigt Abb. 308 den Verlauf von φ_1. Für $C = 0$ (Leerlauf) ist $\operatorname{tg} \varphi_1 = \frac{\omega L_1}{w_1}$. Dann nimmt die

[1]) Man erinnere sich, daß $\varkappa$ nur zwischen 0 und 1 liegen kann (§ 150).

Phasenverschiebung ab und wird gleich Null für $C = \frac{1}{\omega^2 L_2} = Oa$. Von da an hat der Strom Voreilung bis zum Werte

$$C = \frac{1}{\omega^2 L_2 (1 - \varkappa^2)} = Ob,$$

wo φ_1 wieder Null wird. Für alle größeren Werte von C eilt der Strom wieder nach.

Die primäre Stromstärke ist $J_1^2 = \frac{K_1^2}{\varrho^2 + (\omega \lambda)^2}$. Das gibt nach Einsetzung der Werte ϱ und λ, und unter der Voraussetzung $w_2 = 0$:

$$J_1^2 = \frac{(\omega^2 C L_2 - 1)^2 K_1^2}{w_1^2 (\omega^2 C L_2 - 1)^2 + \omega^2 L_1^2 [\omega^2 C L_2 (1 - \varkappa^2) - 1]^2} \qquad \text{(III)}$$

Dieser Ausdruck hat ein Maximum, nämlich $J_1 = \frac{K_1}{w_1}$ für $\omega^2 C L_2 (1 - \varkappa^2) = 1$ oder für

$$\omega^2 = \frac{1}{C L_2 (1 - \varkappa^2)} \quad \ldots\ldots\ldots \quad \text{(IV)}$$

Würde der sekundäre Stromkreis für sich allein bestehen, so wäre seine Eigenschwingungszahl ν_e bestimmt durch

$$\omega_e^2 = (2 \pi \nu_e)^2 = \frac{1}{C L_2} \quad (§\ 195).$$

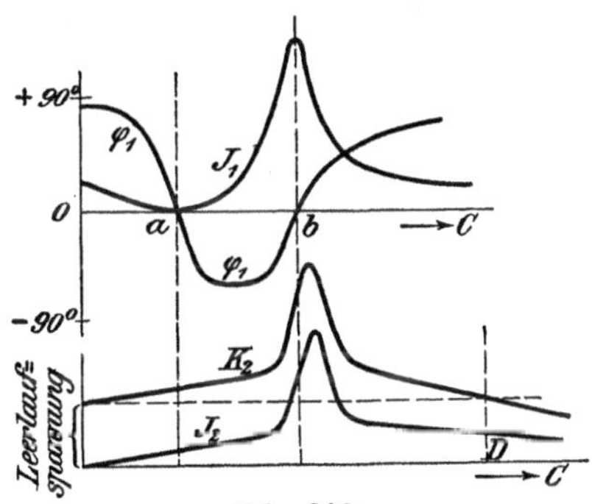

Abb. 308.

Das Strommaximum im primären Kreise hängt also von der Eigenschwingung im sekundären Kreise ab, weshalb man diesen Fall als Resonanz bezeichnet. Die Resonanzbedingung ist identisch mit der obigen Bedingung 4, bei welcher $\varphi_1 = 0$ ist. Das Strommaximum fällt also auf den Punkt b, jedoch nur unter der Voraussetzung, daß $w_2 = 0$ ist; sonst rückt das Maximum um so weiter vom Punkte b weg, je größer w_2 ist.

Aus Gleichung (III) ersieht man, daß J_1 gleich Null werden kann, und zwar für $\omega^2 C L_2 - 1 = 0$. Das ist dieselbe Bedingung, bei welcher φ_1 zum ersten Male Null wird[1] (Punkt a in Abb. 308).

Für $C = 0$ (Leerlauf) ist $J_1 = \frac{K_1}{\sqrt{w_1^2 + (\omega L_1)^2}}$.

---

[1] Daß der primäre Strom theoretisch Null werden kann, erklärt sich physikalisch daraus, daß der sekundäre Stromkreis verlustlos vorausgesetzt wurde ($w_2 = 0$). Infolgedessen eilt der sekundäre Strom immer um 90° voraus. Da der sekundäre Strom auf den primären zurückwirkt, tritt auch hier eine voreilende Stromkomponente auf, welche der um 90° nacheilenden Komponente des Magnetisierungsstromes entgegenwirkt. Sind sie gleich groß, so heben sie sich gegen-

Aus den obigen Bedingungsgleichungen erkennt man auch ohne weiteres den **Einfluß der Streuung**. Die Bedingung für das Nullwerden des Stromes und der Phasenverschiebung φ_1 (Punkt a) ist unabhängig von der Streuung. Hingegen hat sie auf den Eintritt der Resonanz (Punkt b) großen Einfluß. Ist $\varkappa = 0$, d. h. bestehen die beiden Stromkreise unabhängig voneinander, so wird die obige Bedingung 4 identisch mit 2, d. h. in Abb. 308 fällt b auf a. Je größer $\varkappa$, d. h. je kleiner die Streuung ist, desto weiter weg rückt der Punkt b; für $\varkappa = 1$ (streuungsloser Transformator) rückt er in unendliche Entfernung. Je kleiner $\varkappa$ ist, desto mehr nähert sich die Resonanzbedingung dem Ausdruck für die Eigenschwingung des sekundären Stromkreises[1]).

Werden J_1 und φ_1 in Abhängigkeit von ω^2 dargestellt, so ergibt sich ein ähnlicher Verlauf wie in Abb. 308.

Von Wichtigkeit ist noch das Verhältnis der Klemmenspannungen, wofür wir auf S. 278 die Grundformel 184 erhalten haben. Um Übersicht zu gewinnen, setzen wir

$$\boldsymbol{w_{2a} = w_2 = 0} \quad \text{und} \quad \boldsymbol{w_1 = 0}.$$

Da außerdem laut Voraussetzung $\omega L_{2a} = -\frac{1}{\omega C}$ ist, so geht die Grundformel nach Einsetzung der Gl. I und II über in

$$\frac{K_2}{K_1} = -\frac{1}{\omega^2 C L_2 (1 - \varkappa^2) - 1} \varkappa \sqrt{\frac{L_2}{L_1}}.$$

Bei Leerlauf ($C = 0$) ist in Übereinstimmung mit § 154

$$\frac{K_{02}}{K_1} = \varkappa \sqrt{\frac{L_2}{L_1}}.$$

Mithin ist

$$K_2 = -\frac{1}{\omega^2 C L_2 (1 - \varkappa^2) - 1} K_{02}.$$

Die **sekundäre Klemmenspannung** bei Kondensatorbelastung ist also das $\frac{1}{\omega^2 C L_2 (1 - \varkappa^2) - 1}$ fache wie bei Leerlauf. Daraus folgt

---

seitig auf, und dann ist $J_1 = 0$. Ist aber w_2 nicht Null, oder sind dielektrische Verluste oder Eisenverluste vorhanden, so muß auch eine entsprechende Wattkomponente im primären Stromkreis auftreten. Praktisch ist es also unmöglich, daß der primäre Strom Null wird, wohl aber hat er ein Minimum, das jedoch nicht genau an die Bedingung $\omega^2 C L_2 - 1 = 0$ geknüpft ist, sondern um so weiter vom Punkte a wegrückt, je größer die Verluste sind.

[1]) Dies ist ein für alle Schwingungen **gekuppelter** Systeme gültiger Satz. Auch der Transformator ist nichts anderes als zwei durch das gemeinsame magnetische Feld gekuppelte Systeme. Der streuungslose Transformator ($\varkappa = 1$) entspricht dem Fall einer **starren** Kupplung; die Eigenschwingung ist nicht mehr möglich, daher liegt für diesen Fall der Punkt b in unendlicher Entfernung. Vgl. § 203.

für $\omega^2 C L (1 - \varkappa^2) = 0$,

ist sie gleich der Leerlaufspannung;

für $0 < \omega^2 C L_2 (1 - \varkappa^2) < 2$,

ist sie größer als bei Leerlauf, und bei $\omega^2 C L_2 (1 - \varkappa^2) = 1$ erreicht sie ein Maximum gleichzeitig mit den beiden Strömen und $\varphi_1 = 0$ (Resonanzstelle b in Abb. 308);

für $\omega^2 C L_2 (1 - \varkappa^2) = 2$,

ist sie ebenso groß wie bei Leerlauf;

für $\omega^2 C L_2 (1 - \varkappa^2) > 2$,

ist sie kleiner als bei Leerlauf.

Auch den Einfluß der Streuung erkennt man. Bei einem streuungslosen Transformator ($\varkappa = 1$) ist die Spannung K_2 in allen Fällen gleich der Leerlaufspannung. Ohmscher Spannungsabfall ist nicht vorhanden, weil wir die Widerstände gleich Null gesetzt haben. Eine Erhöhung der Spannung bei Belastung kann also nur eintreten, wenn Kapazität vorhanden ist und Streuung besteht. Das eine ist ebenso notwendig wie das andere.

Wegen dieses Spannungsanstieges werden solche Transformatoren in der drahtlosen Telegraphie zur Erzeugung elektrischer Schwingungen durch Funkenentladung benützt (vgl. S. 434). Da aber bei normalen Transformatoren der Kupplungsfaktor $\varkappa$ zwischen 0,98 und 1 liegt, wären zur Erfüllung der Resonanzbedingung $\omega^2 C L_2 (1 - \varkappa^2) = 1$ außerordentlich hohe Werte von $C L_2$ erforderlich. Daher werden solche Transformatoren mit nebeneinander liegenden Wicklungen (Abb. 217b) derart ausgeführt, daß eine davon verschoben und dadurch die Streuung in weiten Grenzen verändert werden kann; denn je größer der Zwischenraum zwischen primären und sekundären Spulen ist, desto kleiner ist $\varkappa$, und daher ist ein umso kleinerer Wert von C zur Resonanz erforderlich. Andererseits nimmt mit $\varkappa$ aber auch der Wert von K_2 gemäß obiger Gleichung für K_2/K_1 ab, so daß man nicht zu weit gehen darf. Der hohe Wert von $\varkappa$ bei normalen Transformatoren hat zur Folge, daß der Eintritt einer die Isolation gefährdenden Resonanzspannung auch beim Anschluß sehr langer Kabelstrecken nicht zu befürchten ist.

Wir haben zuletzt nicht nur w_2, sondern auch w_1 gleich Null gesetzt und infolgedessen für J_2 und K_2 dieselbe Maximumbedingung erhalten wie für J_1. Ist w_1 nicht Null, so fällt das Maximum von J_2 und K_2 nicht genau mit dem von J_1 zusammen.

Die Ohmschen Widerstände dürfen in jenem Falle nicht vernachlässigt werden, wo der induktive Widerstand und der Kapazitätswiderstand des sekundären Kreises sich gegenseitig aufheben, das heißt wo

$$\omega L_2 = \frac{1}{\omega C} \qquad \text{oder} \qquad \omega^2 C L_2 = 1 .$$

Setzt man diesen Wert in die ursprünglichen Gleichungen I, II ein, so erhält man

$$J_1^2 = K_1^2 \frac{w_2^2}{(w_1 w_2 + \omega^2 \varkappa^2 L_1 L_2)^2 + \omega^2 L_1^2 w_2^2}$$

$$\operatorname{tg} \varphi_1 = \frac{\omega L_1 w_2}{(w_1 w_2 + \omega^2 \varkappa^2 L_1 L_2)}$$

und aus Gl. 184

$$\left(\frac{K_2}{K_1}\right)^2 = \frac{\varkappa^2 L_1 L_2}{C^2 \left[(w_1 w_2 + \omega^2 \varkappa^2 L_1 L_2)^2 + \omega^2 L_1^2 w_2^2\right]}.$$

Wie man sieht, ist in diesem Falle J_1 und φ_1 um so größer, je kleiner die Kupplung $\varkappa$ ist. Für K_2 hingegen, wo $\varkappa$ im Zähler und im Nenner vorkommt, findet man ein Maximum für

$$\varkappa^4 = \frac{w_1^2 w_2^2 + \omega^2 L_1^2 w_2^2}{\omega^4 L_1^2 L_2^2}.$$

Was im Vorstehenden für einen Transformator abgeleitet wurde, gilt qualitativ auch für einen Wechselstromerzeuger, weil auch dieser ein System von zwei magnetisch gekuppelten Stromkreisen ist. Der Ankerstromkreis entspricht dem sekundären, der Erregerstromkreis dem primären Stromkreis des Transformators. Da sich aber ein Luftzwischenraum zwischen beiden befindet, ist die Streuung sehr viel größer, also die Kupplung sehr viel kleiner als beim Transformator. Doch ist sie immer noch so groß, daß der Eintritt der Spannungsresonanz so große Werte von CL erfordert, wie sie in keiner Anlage vorkommen. Daher kann in Hochspannungsnetzen der kapazitive Erdschlußstrom, der manchmal sehr unangenehme Folgen hat, durch eine dem Erdschlußstrom parallel geschaltete Drosselspule, welche die Bedingung $\omega^2 CL = 1$ erfüllt, ausgeglichen werden (§ 177), ohne daß die Klemmenspannung des Transformators oder Stromerzeugers zur Resonanzhöhe ansteigt, weil dazu die Bedingung $\omega^2 CL(1 - \varkappa^2) = 1$ erfüllt sein muß[1]).

B. Sekundäre Wicklung mit Eigenkapazität.

Im vorstehenden haben wir angenommen, daß die Kapazität C in Form eines Kondensators außerhalb der Klemmen konzentriert ist, während die Wicklung selbst frei von Kapazität ist. Bei Transformatoren für sehr hohe sekundäre Spannung, wo also die Windungszahl sehr groß ist, hat diese schon eine gewisse Kapazität, die über die ganze Wicklung gleichmäßig verteilt ist. Die strenge Behandlung dieses Falles ist sehr verwickelt. Näherungsweise kann man aber die oben erhaltenen Ergebnisse darauf anwenden. Zunächst folgt daraus, daß die sekundäre Wicklung selbst dann Strom enthält, wenn die Klemmen offen sind, d. h. bei Leerlauf. Es besteht nun also nicht nur ein primärer, sondern auch ein sekundärer Leerlaufstrom, der in der Mitte der Wicklung am stärksten, an den Enden aber Null ist, weil ja die Enden an den Klemmen isoliert sind. Es besteht also eine halbe

[1]) Benischke, „Resonanzspule, Dissonanzspule, Löschtransformator" ETZ 1921, S. 695, 989.

stehende Stromwelle, die in der Mitte einen Bauch und an den Klemmen Knotenpunkte hat (vgl. Abb. 375). Die Kapazität der Wicklung kann man sich durch die Kapazität C_m eines äquivalenten Kondensators ersetzt denken, und dann kann man für den Leerlaufstrom in der Mitte J_{2m} Gleichung 201 anwenden, so daß $J_{2m} = \omega C_m E_2$ ist. Betrachtet man die Spannung zwischen irgendeinem Punkte der sekundären Wicklung und ihrem Mittelpunkte, so ist dieser Wert für die isolierten Enden am größten, für die Mitte aber Null, so daß also die Spannung eine halbe stehende Welle bildet, die in der Mitte einen Knoten, an den beiden Enden aber Bäuche von entgegengesetzten Vorzeichen hat. Die Summe der beiden Bäuche ist gleich der Leerlaufspannung K_{02}.

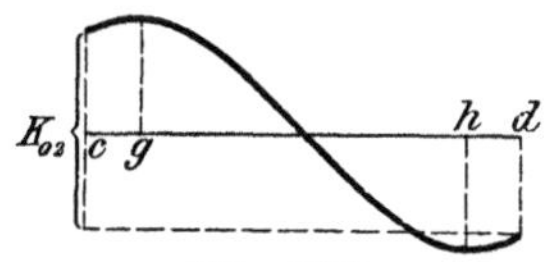

Abb. 309.

Diese stehende Spannungswelle bildet zusammen mit der stehenden Stromwelle die Grundschwingung der sekundären Wicklung eines solchen Transformators. Da aber Kapazität und Selbstinduktion über die ganze Wicklung verteilt sind, kann aus dem in § 208 angegebenen Grunde auch noch jede Oberschwingung 3., 5., 7. . . . . Ordnung als stehende Schwingung auftreten.

Bei sehr großer Kapazität und hoher Frequenz kann der Fall eintreten, daß der Spannungsbauch nicht an den Enden der Wicklung, sondern weiter innen liegt (Abb. 309). Das bedeutet, daß die größte Spannung nicht zwischen den Klemmen *cd*, sondern zwischen zwei anderen Punkten *gh* der Wicklung liegt. In einem solchen Falle würde also selbst bei Leerlauf nicht mehr gelten, daß sich die primären und sekundären Klemmenspannungen wie die Windungszahlen verhalten[1]).

[1]) Näherungsweise mathematische Behandlung bei A. Dina, ETZ 1906, S. 191.

Zwölftes Kapitel.

Nichtstationäre Stromzustände.

187. Entstehen und Verschwinden eines Gleichstromes ohne Kapazität.

Wirkt in einem vorerst noch offenen Stromkreis mit Widerstand und Selbstinduktion aber ohne Kapazität eine gleichgerichtete konstante EMK E, so erreicht die Stromstärke einige Zeit nach dem Schließen dieses Stromkreises den Wert $J = \frac{E}{w}$ und behält diesen Wert so lange, als an dem Stromkreis keine Veränderung geschieht. Man sagt, der Strom hat seinen stationären Zustand erreicht. Alle bisherigen Untersuchungen haben sich nur auf den stationären Zustand bezogen[1]).

Vor dem Schließen des Stromkreises war die Stromstärke Null. Es entsteht nun die Frage, welchen Verlauf nimmt der Strom, bis zur Erreichung eines stationären Wertes J, und welchen Verlauf beim Öffnen des Stromkreises, bis er wieder auf Null gesunken ist.

Die experimentelle Untersuchung hat gezeigt, daß beim Schließen und Öffnen des Stromkreises ein kurzdauernder Strom induziert wird (Extrastrom), der beim Schließen dem von der EMK E ausgehenden Strom entgegengerichtet ist, also sein Entstehen zu hindern sucht, und beim Öffnen gleiche Richtung hat, also das Verschwinden zu hindern sucht. Dies entspricht auch dem Lenzschen Gesetze (§ 125). Näheren Aufschluß gibt die mathematische Untersuchung.

Nach § 125 gilt die allgemeine Spannungsgleichung

$$E = i w + N \frac{d\mathfrak{z}}{dt},$$

oder wenn die Selbstinduktion L des Stromkreises konstant ist

$$E = i w + L \frac{di}{dt}, \quad . \quad . \quad . \quad . \quad . \quad . \quad . \quad . \qquad \text{(I)}$$

wobei i den veränderlichen Stromwert zwischen Null und J bedeutet,

[1]) Ein Wechselstrom ist stationär, wenn sein Scheitelwert dieselbe Größe beibehält. Ihn als „quasistationär“ zu bezeichnen, weil er im Gegensatz zum Gleichstrom veränderliche Augenblickswerte hat, ist eine überflüssige Vorsicht.

Das letzte Glied ist die induzierte EMK, die den Extrastrom erzeugt, und die wir mit e_s bezeichnen wollen. Sie ist wie immer gleich der Änderung der Kraftlinienmenge Li, und besteht daher nur, wenn der Strom und dementsprechend sein magnetisches Feld sich ändert. Die Integration dieser Gleichung läßt sich ohne weiteres ausführen, wenn man sie in folgende Form bringt:

$$\frac{di}{E - iw} = \frac{dt}{L}.$$

Die Integration gibt

$$-\frac{1}{w}\lg\text{nat}\,(E - iw) = \frac{t}{L} + C,$$

wobei C die Integrationskonstante bedeutet. Da sie willkürlich ist setzen wir sie gleich $\frac{1}{w}\log\text{nat}\,D$. Dann ist

$$\lg\text{nat}\,(E - iw) + \lg\text{nat}\,D = -\frac{wt}{L}$$

$$\lg\text{nat}\,[(E - iw)\,D] = -\frac{wt}{L}.$$

Daraus folgt

$$(E - iw)\,D = \varepsilon^{-\frac{w}{L}t}, \quad \ldots\ldots \quad \text{(II)}$$

wobei ε die Basis der natürlichen Logarithmen bedeutet. Die Gleichung gilt für jeden Augenblick, gleichgültig ob der Strom zu- oder abnimmt.

Zur Bestimmung der Konstanten D muß unterschieden werden zwischen Entstehen und Verschwinden des Stromes.

A. Entstehen des Stromes.

Rechnen wir die Zeit t gerade von dem Augenblick an, wo der Stromkreis geschlossen wird, also der Strom noch nicht besteht, so ist für $t = 0$, $i = 0$. Für diesen Augenblick geht die letzte Gleichung über in

$$ED = 1,$$

also

$$D = \frac{1}{E}.$$

Dies eingesetzt gibt

$$i = \frac{E}{w}\left(1 - \varepsilon^{-\frac{w}{L}t}\right) = \frac{E}{w} - \frac{E}{w}\varepsilon^{-\frac{w}{L}t} \quad \ldots \quad \text{(III)}$$

oder

$$i = J\left(1 - \varepsilon^{-\frac{w}{L}t}\right) = J - J\varepsilon^{-\frac{w}{L}t}, \quad \ldots \quad \text{(IV)}$$

wobei $J = \frac{E}{w}$ die schließlich eintretende stationäre Stromstärke ist. Der Strom besteht also aus zwei Teilen, die einander entgegenwirken:

einem dauernden J und einem schließlich (für $t = \infty$) nullwerdenden also vorübergehenden.

Abb. 310 zeigt den Verlauf des Stromes i in zwei Fällen vom Beginn des Stromschlusses an. Beide gelten für denselben Widerstand w; daher ist der endgültige Wert J derselbe. Die untere Kurve gilt aber für eine größere Selbstinduktion und steigt daher langsamer an als die obere.

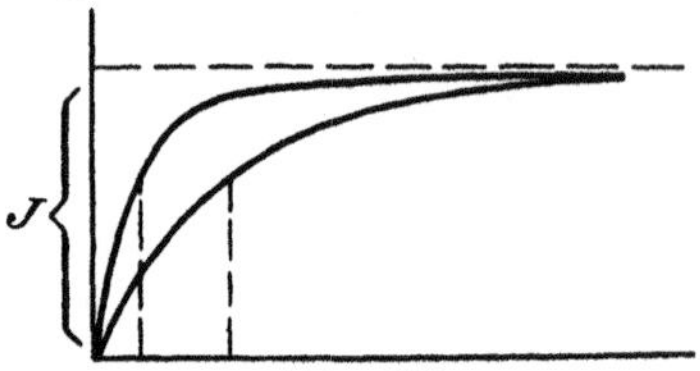

Abb. 310.

Der Ausdruck $E \varepsilon^{-\frac{w}{L}t}$ stellt die induzierte EMK e_s und der Ausdruck $J \varepsilon^{-\frac{w}{L}t}$ den entsprechenden Extrastrom i_s dar. Es ist also $i_s = \frac{e_s}{w}$ und $i = J - i_s$. Der Extrastrom und seine EMK werden erst für $t = \infty$ Null. Sie kommen aber dem Nullwert schon nach kurzer Zeit sehr nahe, und zwar um so rascher, je größer der Faktor $\frac{w}{L}$ ist. Man nennt daher diesen Faktor die Zeitkonstante. Der Extrastrom fällt also um so rascher ab, je größer der Widerstand und je kleiner die Selbstinduktion ist. Ist $L = 0$ (induktionsloser Stromkreis), so steigt der Strom sofort von Null auf den Wert J.

Zur Zeit $t = \frac{L}{w}$ ist

$$i = J - \frac{1}{\varepsilon} J = J - 0{,}37\,J = 0{,}63\,J.$$

Zu dieser Zeit erreicht also der Strom etwa zwei Drittel seines endgültigen Wertes. Die gestrichelten Ordinaten in Abb. 310 stellen diesen Wert dar. Zur Zeit $t = 0$ hat die induzierte EMK und der Extrastrom den größten Wert, nämlich E bzw. J. Daher beginnt der Strom i beim Schließen des Stromkreises mit dem Werte Null.

B. Verschwinden des Stromes.

Um den ungestörten Verlauf des Stromes bei seinem Verschwinden feststellen zu können, müssen wir annehmen, daß der Widerstand des Stromkreises unverändert bleibt, d. h. daß das Verschwinden nicht dadurch erfolgt, daß der Stromkreis durch einen Ausschalter unterbrochen wird, sondern daß seine EMK plötzlich verschwindet[1]). Rechnen wir die Zeit t von diesem Augenblick an, so ist für $t = 0$, $E = 0$ und die Gl. II geht über in

$$-\,i\,w\,D = \varepsilon^{-\frac{w}{L}t}$$

In demselben Augenblick ($t = 0$) hat der Strom noch seinen vollen,

[1]) Das ist in der Praxis immer dann der Fall, wenn ein Kurzschluß zwischen zwei Leitungen von verschiedener Polarität eintritt.

stationären Wert, nämlich $i = J$. Dies eingesetzt gibt $D = -\frac{1}{wJ}$, mithin

$$i = J\,\varepsilon^{-\frac{w}{L}t} = \frac{E}{w}\,\varepsilon^{-\frac{w}{L}t} = i_s \quad . \; . \; . \; . \; . \quad \text{(V)}$$

Das ist derselbe Extrastrom wie beim Schließen des Stromkreises, Abb. 311 zeigt den Verlauf in zwei Fällen mit gleichem Widerstand, aber verschiedener Selbstinduktion.

Abb. 311.

Die entsprechende ENK ist, wie man sieht:

$$e_s = E\,\varepsilon^{-\frac{w}{L}t} \quad . \; . \; . \; . \; . \; . \; . \; . \quad \text{(VI)}$$

i_s und e_s sind gleich den entsprechenden Ausdrücken beim Schließen des Stromkreises, und die Zeitkonstante ist hier ein Maß für die Raschheit des Verschwindens des Extrastromes; und weil dieser nach dem Aufhören der EMK mit dem im Stromkreis überhaupt noch vorhandenen Strom identisch ist, ein Maß für das Verschwinden des Stromes überhaupt.

Zur Zeit $t = \frac{L}{w}$ ist $i = 0{,}37\,J$. Zu dieser Zeit ist also der Strom auf etwa ein Drittel seines ursprünglichen Wertes gesunken.

Aus dem vorhergehenden und dem Lenzschen Gesetze (§ 125) wissen wir, daß die Selbstinduktion jeder Veränderung des Stromes widerstrebt, indem sie beim Zunehmen des Stromes einen anderen Strom von entgegengesetzter Richtung induziert und beim Abnehmen einen von derselben Richtung. Sie sucht also ebenso wie die Trägheit oder das Beharrungsvermögen schwerer Körper den bestehenden Zustand aufrechtzuerhalten. Besonders auffallend ist dieser Vergleich beim Öffnen und Schließen eines Stromes. Beim Öffnen wird ein gleichgerichteter Strom (Öffnungsextrastrom) induziert, der für einen Augenblick so stark ist, daß er in Form eines Funkens die Luftstrecke durchschlägt; er sucht den Strom aufrechtzuerhalten. Beim Schließen eines Stromes wird ein Extrastrom von entgegengesetzter Richtung induziert, der sein plötzliches Anwachsen verhindert, ebenso wie ein schwerer Körper nur allmählich auf eine gewisse Geschwindigkeit gebracht werden kann.

Um ein Schwungrad in Drehung zu versetzen, ist eine gewisse Kraft und Zeit notwendig. Die Arbeit, die dabei zur Überwindung der Trägheit aufgewendet werden muß, entspricht beim Schließen eines Stromes jener Arbeit, die zur Herstellung des magnetischen Feldes aufgewendet werden muß. Ist eine konstante Geschwindigkeit erreicht, so bedarf es zu ihrer Aufrechterhaltung nur soviel Arbeit, als zur Überwindung des Reibungswiderstandes, beim Strome nur soviel, als zur Überwindung des Leitungswiderstandes notwendig ist. Hört die Bewegung des Rades auf, so gibt es dabei infolge seiner Trägheit soviel Arbeit ab, als beim Inbewegungsetzen aufgewendet wurde. Ebenso sucht das verschwindende magnetische Feld beim Öffnen des Stromes diesen aufrechtzuerhalten und gibt dabei soviel Arbeit an den Stromkreis zurück, als beim Entstehen aufgewendet wurde[1]).

188. Entstehen und Verschwinden eines Stromes bei gegenseitiger Induktion.

Treffen die Kraftlinien eines entstehenden oder verschwindenden Stromes auf einen zweiten geschlossenen Stromkreis, so daß in diesem ein sekundärer Strom induziert wird, so erscheint ersterer als primärer Strom, und wir können, um einen Überblick in qualitativer Hinsicht zu gewinnen, darauf die Ergebnisse des § 152 anwenden. Demnach erscheint an Stelle des wahren Ohmschen Widerstandes w_1 ein größerer Wert und an Stelle der wahren Selbstinduktion L_1 ein kleinerer Wert. Da ersterer im Zähler, letztere im Nenner des negativen Potenzexponenten (der Zeitkonstante) von ε steht, so folgt daraus ein rascherer Verlauf des Extrastromes und der entsprechenden induzierten EMK, als wenn der sekundäre Stromkreis nicht vorhanden ist. Die stationäre Stromstärke $J = \frac{E}{w}$ bleibt unverändert, da sie sich auf jene Zeit bezieht, wo keine Änderung stattfindet.

Eine strenge Ableitung des Extrastromes bei Anwesenheit eines geschlossenen sekundären Stromkreises ergibt folgende Formeln[2]), wobei sich die Größen mit dem Index $_1$ auf den in Betrachtung stehenden Stromkreis, die mit dem Index $_2$ auf den sekundären Stromkreis beziehen und M den Koeffizienten der gegenseitigen Induktion bedeutet.

$$i_s = \frac{J}{2}\left[\left(1 + \frac{w_1 L_2 - w_2 L_1}{\beta}\right)\varepsilon^{\gamma t} + \left(1 - \frac{w_1 L_2 - w_2 L_1}{\beta}\right)\varepsilon^{\gamma' t}\right] \quad \text{(VII)}$$

Hierin bedeuten

$$\beta = \sqrt{(w_1 L_2 - w_2 L_1)^2 + 4\, w_1 w_2 M^2}$$

$$\gamma = -\frac{(w_1 L_2 + w_2 L_1) + \beta}{2\,(L_1 L_2 - M^2)}$$

$$\gamma' = -\frac{(w_1 L_2 + w_2 L_1) - \beta}{2\,(L_1 L_2 - M^2)}.$$

Führt man die magnetische Streuung oder, was noch übersichtlicher

[1]) Die Erzeugung eines periodischen Stromes entspricht dem Versuche, dem Rade eine pendelnde Bewegung zu geben. Dazu ist eine periodisch wechselnde Kraft notwendig. Ihr wirkt die Kraft des Pendels infolge seiner Tatigkeit entgegen. Diese ist am kleinsten bei der größten Ausweichung aus der Ruhelage und am größten, während es durch die Ruhelage geht; dieselbe Beziehung besteht zwischen der induzierten EMK und dem Strome. Ferner sieht man ein, daß die Geschwindigkeit des pendelnden Rades niemals so groß wird, als wenn der größte Wert der Kraft immer in derselben Richtung wirken würde. Die Trägheit scheint ebenso wie die Selbstinduktion den Widerstand zu vergrößern.

[2]) Benischke, „Elektr. und Maschinenb." Wien 1906, S. 923. 1909, S. 910, 1006.

ist, die **magnetische Kupplung** $\varkappa$ ein, die nach § 150 definiert ist durch

$$M^2 = \varkappa^2 L_1 L_2,$$

so ist

$$\left.\begin{aligned} \beta &= \sqrt{(w_1 L_2 - w_2 L_1)^2 + 4 w_1 w_2 L_1 L_2 \varkappa^2} \\ \gamma &= -\frac{(w_1 L_2 + w_2 L_1) + \beta}{2 L_1 L_2 (1 - \varkappa^2)} \\ \gamma' &= -\frac{(w_1 L_2 + w_2 L_1) - \beta}{2 L_1 L_2 (1 - \varkappa^2)} \end{aligned}\right\} \quad . \; . \; . \; \text{(VIII)}$$

Der Einfluß, den die Stärke der magnetischen Kupplung und der sekundäre Widerstand auf i_s ausüben, läßt sich daraus nicht ohne weiteres übersehen. Wir betrachten daher diese Formeln zunächst hinsichtlich der Kupplung und dann hinsichtlich des sekundären Widerstandes.

Ist $\varkappa = 0$, d. h. sind die beiden Stromkreise voneinander unabhängig, so ist

$$\beta = w_1 L_2 - w_2 L_1 \qquad \gamma = -\frac{w_1}{L_1}$$

und die Gl. VII geht über in Gl. V für einen einzelnen Stromkreis[1]).

Ist $\varkappa = 1$, d. h. ist die magnetische Kupplung eine vollständige (keine magnetische Streuung), so ist

$$\beta = w_1 L_2 + w_2 L_1, \; \gamma = -\infty$$

$$i_s = \frac{J}{2}\left(1 - \frac{w_1 L_2 - w_2 L_1}{w_1 L_2 + w_2 L_1}\right) \varepsilon^{\gamma' t} \quad . \; . \; . \; . \; \text{(IX)}$$

Der stärkste Einfluß des sekundären Stromes ist dann vorhanden, wenn $w_2 = 0$. Dann ist $i_s = 0$. Der Strom erreicht also beim Schließen des Stromkreises sofort seinen endgültigen Wert J und wird beim Verschwinden der EMK sofort Null. Für alle zwischen diesen äußersten Fällen liegenden Werte der Kupplung $(1 > \varkappa > 0)$ erkennt man aus den Ausdrücken für γ und γ', daß im Vergleich zu Gl. V eine verkleinerte Selbstinduktion im Potenzexponenten steht, wie dies schon eingangs dieses Paragraphen aus den Ergebnissen des § 152 gefolgert wurde.

Betrachten wir den Einfluß des sekundären Widerstandes, so ist für den Fall, daß $w_2 = 0$ ist:

$$\beta = w_1 L_2, \quad \gamma = -\frac{w_1}{L_1 (1 - \varkappa^2)}, \qquad \gamma' = 0$$

$$i_s = J\, \varepsilon^{-\frac{w_1}{L_1 (1 - \varkappa^2)} t} \quad . \; . \; . \; . \; . \; . \; . \; \text{(X)}$$

Man erkennt daraus, daß der Extrastrom um so kleiner ist, je größer die magnetische Kupplung $\varkappa$, d. h. je kleiner die Streuung ist. Für $\varkappa = 1$ ist wie oben $i_s = 0$.

[1]) Hieraus und aus dem Nachstehenden folgt, daß das erste Glied des Extrastromes i_s (Gl. VII) durch die Änderung des Stromes in dem betreff. Stromkreis selbst entsteht, während das zweite Glied durch die Rückwirkung des im sekundären Kreis induzierten Stromes i_2 (Gl. XI) entsteht.

Der sekundäre Strom i_2, der während des Verlaufes des Extrastromes im sekundären Stromkreis induziert wird, ist

$$i_2 = -w_1 J \varkappa \frac{\sqrt{L_1 L_2}}{\beta} (\varepsilon^{\gamma t} - \varepsilon^{\gamma' t} \quad . \quad . \quad . \quad . \quad (XI)$$

Dieser Ausdruck wird Null für $t = 0$ und $t = \infty$. Dazwischen muß er also ein Maximum haben.

Für $w_2 = 0$ geht die letzte Gleichung über in

$$i_2 = -J \varkappa \sqrt{\frac{L_1}{L_2}} \left[\varepsilon^{-\frac{w_1}{L_1(1-\varkappa^2)} t} - 1 \right] \quad . \quad . \quad . \quad (XII)$$

189. Funkenbildung beim Unterbrechen eines Stromkreises. Überspannung.

Zur Aufstellung des Gesetzes, nach dem der Extrastrom beim Verschwinden eines Stromes verläuft, haben wir angenommen, daß die EMK plötzlich verschwindet, während der Widerstand unverändert bleibt. Das Unterbrechen eines Stromes geht aber in der Regel so vor sich, daß der Stromkreis mittels eines Ausschalters geöffnet wird, während die EMK bestehen bleibt; d. h. in den Stromkreis wird zwischen den sich voneinander entfernenden Kontakten eine Luftstrecke eingeschaltet, deren Länge rasch zunimmt, und deren Widerstand dementsprechend sehr rasch von Null bis unendlich wächst.

Da nach § 187 beim Verschwinden des Stromes eine EMK e_s induziert wird, welche gleiche Richtung wie der verschwindende Strom und die EMK E der Stromquelle hat, so wirkt zwischen den außer Berührung kommenden Kontakten eine Spannung gleich $E + e_s$, die den Luftzwischenraum, solange er noch kurz ist, in Form eines Funkens zu überbrücken vermag. Der Funken verlöscht, wenn die Entfernung zwischen den Kontakten so groß geworden ist, daß ihr Widerstand von dieser Spannung nicht überwunden werden kann; damit ist auch der Strom Null geworden und seine Unterbrechung tatsächlich vollzogen[1]).

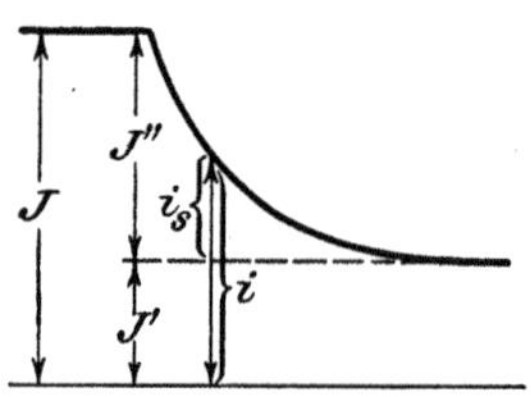

Abb. 312.

Die Unterbrechung eines Stromes J geht also so vor sich, daß zu dem Widerstande w des Stromkreises noch ein zweiter durch den Funken repräsentierter Widerstand w' hinzutritt. Dieser ist zwar nicht konstant, aber um rechnen zu können, nehmen wir an, daß er wenigstens für kurze Zeit konstant sei. Mithin sinkt der Strom vom Werte $J = \frac{E}{w}$

[1]) Auch beim Schließen eines Stromkreises kann ein Funken zwischen den Kontakten des Schalters entstehen, wenn die Spannung so groß ist (etwa über 200 V.), daß sie den Luftzwischenraum zwischen den Kontakten, kurz bevor sie zur Berührung kommen, zu überbrücken vermag. Dieser Funken ist schwächer als ein Öffnungsfunken, weil die induzierte Spannung e_s der des Stromerzeugers en gegenwirkt (§ 187 A).

auf den Wert $J' = \frac{E}{w + w'}$. Die Abnahme des Stromes von dem Augenblick an, in dem der Wiederstand w' plötzlich eingeschaltet wird, erfolgt nach dem Gesetz $i_s = J'' \varepsilon^{-\frac{w+w'}{L}t}$, wobei i_s und J'' die aus Abb. 312 ersichtliche Bedeutung haben. Der tatsächlich vorhandene Strom i in irgendeinem Augenblick ist demnach

$$i = J' + i_s = J' + J'' \varepsilon^{-\frac{w+w'}{L}t}.$$

Nach § 132 ist die vom Strom i induzierte EMK:

$$e_s = -L\frac{di}{dt} = (w + w') J'' \varepsilon^{-\frac{w+w'}{L}}$$

und weil (nach Abb. 312)

$$J'' = J - J' = \frac{E}{w} - \frac{E}{w + w'},$$

so ist

$$e_s = E\left(\frac{w + w'}{w} - 1\right) \varepsilon^{-\frac{w+w'}{L}t}.$$

Diese induzierte EMK addiert sich zur EMK der Stromquelle, so daß die gesamte Spannung (Überspannung) zu irgendeiner Zeit gleich ist:

$$E + e_s = E + E\left(\frac{w + w'}{w} - 1\right) \varepsilon^{-\frac{w+w'}{L}t} \quad . \ . \ \text{(XIII)}$$

Zur Zeit $t = 0$, also in dem Augenblick, wo der Widerstand w' plötzlich eingeschaltet wird, hat diese Überspannung den Wert

$$E\frac{w + w'}{w} = J(w + w').$$

Sie ist also um so größer, je größer die ursprüngliche Stromstärke J, der Widerstand des Stromkreises w und der hinzutretende Ausschaltwiderstand w' ist. Wäre es möglich, einen unendlich großen Widerstand plötzlich einzuschalten, d. h. den Strom J plötzlich zu unterbrechen, so würde die Überspannung unendlich groß sein; sie würde aber nur unendlich kurze Zeit andauern, weil dann auch der Potenzexponent in Gl. XIII schon nach unendlich kurzer Zeit t unendlich groß wird. Auf den größtmöglichen Wert der Überspannung hat die Selbstinduktion L keinen Einfluß. Dagegen lehrt Gl. XIII, daß die Überspannung um so langsamer abnimmt, je größer L ist, denn dann muß die Zeit t um so größer sein, bis der Potenzexponent einen gewissen Wert erreicht.

Das plötzliche Eintreten eines Ausschaltwiderstandes w' zwischen die Kontakte kann man aber nur dann annehmen, wenn beim Ausschalten kein Lichtbogen zwischen den Kontakten entsteht. Ein solcher tritt immer auf, wenn die EMK der Stromquelle einen gewissen vom Material der Kontakte abhängigen Wert übersteigt, und der Widerstand w des Stromkreises nicht zu groß ist. Bildet sich aber ein solcher Lichtbogen, so bedeutet dies die Einschaltung eines allmählich bis unendlich zunehmenden Widerstandes, so daß dadurch keine Überspannung entstehen kann, denn die obige Formel hat zur Voraussetzung, daß ein Widerstand w' plötzlich in den Stromkreis eintritt. Reißt der Lichtbogen nach genügender Entfernung der Kontakte ab, so ist die Stromstärke J schon so klein geworden, daß auch die induzierte Spannung nur klein ist.

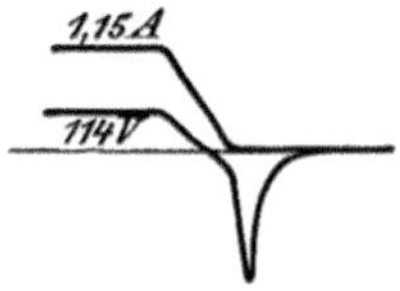

Abb. 313.

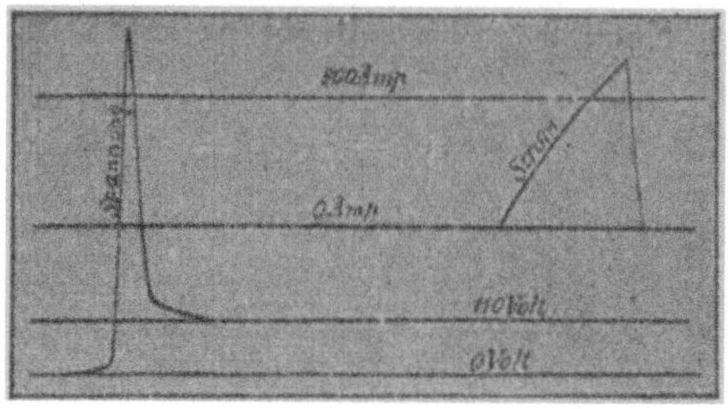

Abb. 314.

Abb. 313 zeigt die bei der Unterbrechung eines Stromes von 1,15 A mittels eines gewöhnlichen Schalters auftretende Überspannung[1]). Abb. 314 zeigt die Überspannung, die eintritt, wenn eine Schmelzsicherung plötzlich durchschmilzt[2]).

Ist ein sekundärer Stromkreis vorhanden, so ist die im primären Stromkreis induzierte EMK nach Gl. 149

$$e_s = -\left(L_1 \frac{di_s}{dt} + M \frac{di_2}{dt}\right).$$

Wir wollen die Ausrechnung nur für den Fall $w_2 = 0$, also mit den Gl. X und XII ausführen, da sie im allgemeinen Fall unübersichtlich wird. Setzt man $w_1 + w'$ statt w_1 ein, so erhält man schließlich

$$e_s = E \frac{w_1 + w'}{w_1} \varepsilon^{-\frac{w_1 + w'}{L(1-\varkappa^2)} t}.$$

Der größtmögliche Wert $E \frac{w_1 + w'}{w_1}$ dieser EMK ist also theoretisch ebenso groß, wie wenn kein sekundärer Strom vorhanden ist; sie fällt aber um so schneller ab, je größer die magnetische Kupplung $\varkappa$, d. h. je kleiner die Streuung ist. Für $\varkappa = 1$, d. h. für vollständige magnetische Kupplung (Streuung Null) ist $e_s = 0$, welchen Wert auch w' haben mag.

---

1) Nach Riefler und Paulus, ETZ 1910, S. 861.

2) Nach Oelschläger, ETZ 1904, S. 764. Strom und Spannung sind hier verschoben, weil der Oszillograph nur eine Schleife hatte, so daß der Versuch zweimal gemacht wurde. Die mit 110 V und 900 A bezeichneten Linien geben den Maßstab an.

190. Die Wärmearbeit des Unterbrechungsfunken.

Der beim Unterbrechen eines Stromkreises auftretende Funken bewirkt eine Verbrennung der Kontakte, die namentlich bei den Kommutatoren der Maschinen möglichst vermieden werden soll. Es ist daher von größter Wichtigkeit, die Wärme des Funkens zu kennen.

Die Wärmearbeit des Extrastromes im Funken während der Zeit dt ist gleich $w' i_s^2 dt$.

Rechnen wir die Zeit t von dem Augenblick an, wo der Strom abzunehmen beginnt, so finden wir die ganze Arbeit A_f im Funkenwiderstand w' während des Verschwindens des Stromes, wenn wir von 0 bis ∞ integrieren, da nach unendlich langer Zeit der Strom jedenfalls Null geworden ist, selbst wenn sein Verschwinden noch so langsam vor sich geht. Es ist also

$$A_f = \int_0^\infty w' i_s^2 dt = \int_0^\infty w' J^2 \varepsilon^{-\frac{2(w+w')}{L} t} dt = J^2 \frac{w' L}{2(w+w')}.$$

Hingegen ist die gesamte vom Extrastrom im Stromkreis und im Funken entwickelte Wärmearbeit

$$A_g = \int_0^\infty i_s^2 (w + w') dt = \int_0^\infty (w+w') J^2 \varepsilon^{-\frac{2(w+w')}{L} t} dt = J^2 \frac{L}{2}.$$

Dieser Ausdruck ist (nach § 119) gleich der magnetischen Arbeit des Stromes J, also jener Arbeit, die beim Entstehen des Stromes von der Stromquelle aufgewendet werden mußte, um das magnetische Feld des Stromes herzustellen. Da beim Verschwinden des Stromes auch sein magnetisches Feld verschwindet, so setzt sich diese Arbeit in Wärme um. Deshalb kommt im letzten Ausdruck der Widerstand nicht vor. Ist w verschwindend klein gegen w', so ist $A_f = A_g$, d. h. die gesamte Wärme des Extrastromes konzentriert sich im Funken.

Bei Gegenwart eines sekundären Stromkreises ergibt sich die Funkenwärme in gleicher Weise aus Gl. VII. Wir berechnen sie hier nur für den Fall $w_2 = 0$, also aus Gl. X und erhalten bei gleichzeitigem Ersatz von w_1 durch $w_1 + w'$

$$A_f = \int_0^\infty w' J^2 \varepsilon^{-\frac{2(w_1+w')}{L(1-\varkappa^2)} t} dt = J^2 \frac{w' L (1-\varkappa^2)}{2(w_1 + w')}.$$

Man sieht, die Funkenwärme wird gegenüber dem obigen Wert um so kleiner, je stärker die magnetische Kupplung ist. Für vollständige Kupplung ($\varkappa = 1$) wird die Funkenwärme Null. Natürlich muß auch jetzt die gesamte magnetische Arbeit des Stromes J in Wärme umgesetzt werden. Aber nur der durch die letzte Formel angegebene Teil wird durch den Funken in Wärme umgesetzt, während der übrige Teil durch den Strom i_2 im sekundären Stromkreis in Wärme umgesetzt wird. Im äußersten Falle ($\varkappa = 1$) wird die gesamte magnetische Arbeit, die bei der Stromunterbrechung frei wird, auf den sekundären Stromkreis übertragen und hier in Stromwärme umgesetzt, während die Funkenwärme Null ist.

Geht über den Funken außer dem Extrastrom auch noch ein Strom von der Stromquelle, so kommt zu den vorstehend berechneten Wärmearbeiten noch ein entsprechender Betrag hinzu. Aber auch dieser ist um so kleiner, je größer der Einfluß des sekundären Stromes ist, weil der Funken um so rascher verschwindet, und daher auch der Stromübergang um so kürzer dauert.

Faßt man die Ergebnisse zusammen, so ergibt sich, daß beim Unterbrechen eines Stromkreises, der mit einem zweiten, geschlossenen Stromkreis magnetisch gekuppelt ist, der Extrastrom, und die von ihm erzeugte Überspannung um so schneller abfällt, und die Funkenwärme um so kleiner ist, je größer der sekundäre Strom und je stärker die magnetische Kupplung ist. Vgl. folg. Paragr.

Bildet die EMK der Stromquelle einen Lichtbogen zwischen den Kontakten, so gelten die vorstehenden Ableitungen natürlich nicht mehr,

Wie wir in § 158 gesehen haben, wirken die Verluste durch Wirbelströme und Hysterese in Stromkreisen mit Eisenkern (Drosselspulen) ebenso, als wenn ein sekundärer Stromkreis mit entsprechendem Widerstand vorhanden wäre. Es gilt daher auch für das Öffnen eines einzelnen Stromkreises mit Eisenkern, daß der Strom schneller Null wird, und die Wärme des Unterbrecherfunkens kleiner ist, als in einer Splue ohne Eisenkern, aber gleicher Selbstinduktion. Das gilt jedoch nicht von massiven Eisenkernen, weil bei solchen eine elektrodynamische Schirmwirkung auftritt (vgl. 192).

191. Kommutatorfunken und ihre Verminderung.

Im vorstehenden hat sich ergeben, daß die Funkenwärme und die daraus entstehende Verbrennung der Kontakte hauptsächlich von der Selbstinduktion abhängt, und zwar nicht von der reinen Selbstinduktion L des unterbrochenen Stromkreises, sondern von der durch einen sekundären Strom verminderten, wirksamen Selbstinduktion $L(1 - \varkappa^2)$. Der Widerstand w (beziehungsweise w_1) hat keinen so großen Einfluß, weil er in der Summe $w + w'$ auftritt.

Die Vergrößerung von w hat man früher öfter angewendet, indem man die Verbindung zwischen Ankerspulen und Kommutatorsegmenten nicht aus Kupfer, sondern aus Messing oder gar Nickelin herstellte[1]). Man darf aber w nicht zu sehr vergrößern, weil man dadurch auch den Wirkungsgrad vermindert und die Erwärmung des Ankers vergrößert. Viel weiter kommt man mit der Verminderung oder Vernichtung der wirksamen Selbstinduktion, und dazu gibt es zwei Mittel: erstens die Herstellung eines gegenwirkenden magnetischen Feldes,

[1]) Hierher gehört auch die Anwendung von Kohlen- statt Kupferbürsten. Bei Wechselstrom — Kommutatormotoren werden auch jetzt noch Verbinder mit größerem Widerstand angewendet.

zweitens die im vorhergehenden angegebene Wirkung eines sekundären Stromes (Verminderung der Selbstinduktion durch gegenseitige Induktion).

Das erste Mittel ergibt sich aus folgender Erwägung. Die Ankerspulen gehen nacheinander an den Bürsten vorbei, werden von diesen kurzgeschlossen und beim Abgleiten des Kommutatorsegmentes von der äußersten Bürstenkante wieder geöffnet. Der dabei entstehende Öffnungsfunken ist es, der den Kommutator allmählich anfrißt und daher möglichst unterdrückt werden muß. Dazu ist in erster Linie erforderlich, daß sich die Ankerspulen, während sie an den Bürsten vorbeigehen, in einer Zone befinden, wo das magnetische Feld Null ist (neutrale Zone). Denn wo kein magnetisches Feld besteht, gibt es keine Selbstinduktion und daher auch keine Funkenbildung[1]). Diese Zone ist aber sehr schmal, erheblich schmäler als die Breite einer Ankerspule, so daß man durch richtige Stellung der Bürsten zwar ein Minimum, aber keine Beseitigung der Funkenbildung erreichen kann. Daher hat Menges Zwischenpole, sogenannte Wendepole, und Kompensationswicklungen eingeführt. Diese erzeugen mit demselben Strom, der durch den Anker fließt und das Ankerfeld erzeugt, ein Hilfsfeld, welches dem Ankerfeld mindestens an den Stellen entgegenwirkt, wo sich die kurzgeschlossenen Spulen befinden, so daß hier das wirklich vorhandene (resultierende) Feld im idealen Falle Null ist[2]). Zur idealen Wirkung kann es aber nicht kommen, weil die Wendepole oder die Kompensationswicklungen durch den Luftspalt vom Anker getrennt sind, so daß eine verwickelte Form des Feldes entsteht. Daher gelingt es auch selten, neue Maschinentypen so zu entwerfen, daß man mit Sicherheit voraussagen könnte, es werde keine Funkenbildung auftreten. Es gelingt das nur bei solchen Maschinen, bei denen dieselben Verhältnisse eingehalten werden können, wie bei schon vorhandenen, funkenlosen Maschinen[3]).

[1]) Die viel verbreitete Ansicht, daß die kleinste Funkenbildung nicht in der neutralen Zone eintrete, sondern daß die Bürsten ein Stück über die neutrale Zone hinaus in das magnetische Feld hinein verschoben werden müßten, damit dadurch eine „Wendespannung“ in den kurzgeschlossenen Ankerspulen induziert würde, ist physikalisch widersinnig. Wo die Funkenbildung am kleinsten ist, ist das Feld am schwächsten, und da ist die neutrale Zone. Diese einfache physikalische Tatsache hat Menges immer wieder verfechten müssen, und sie scheint heute noch nicht überall erkannt worden zu sein. Menges, „Kommutierung, Kompensierung und Wendepole“, S'Gravenhage 1908; „ETZ“ 1907, S. 1058; „Elektrotechnik und Maschinenbau“, Wien 1911, S. 529, 992; 1912, S. 299; 1915, S. 68, 990.

[2]) D.R.P. 34465, 1884. Zwischen Wendepolen und Kompensationswicklungen besteht kein grundsätzlicher Unterschied, sondern nur ein Unterschied im Wirkungsbereich. Erstere erstrecken ihre Wirkung nur auf eine schmale Zone, während letztere über den größten Teil des Ankers wirken. Mit jenen erreicht man daher nur eine Verminderung der Funkenbildung, mit diesen auch noch eine Verminderung der Ankerrückwirkung, weil das Ankerfeld in einem breiten Raum ganz aufgehoben werden kann.

[3]) Seit zwei Jahrzehnten sind verschiedene „Kommutierungstheorien“ aufgestellt worden, von denen jede unbedingt sicher sein sollte, bis neue Maschinentypen immer wieder bewiesen, daß keine eine sichere Vorausberechnung ermög-

Auf das zweite Mittel und seine unbewußte Anwendung wurde vom Verfasser schon im Jahre 1903 hingewiesen[1]), und dann die in § 188 und 190 enthaltene Rechnung angestellt. Am stärksten ist dieses Mittel wirksam bei jenen Wechselstrom-Kommutatormotoren, wo durch ein kurzgeschlossenes Bürstenpaar zwei geschlossene Stromkreise im Anker hergestellt werden. Diese Bürsten sind so angeordnet, daß der Arbeitsstrom nicht durch sie geht. Die von den Arbeitsbürsten kurzgeschlossenen Ankerspulen, an denen die Funkenbildung stattfindet, bildet einen Teil der von den Hilfsbürsten geschlossenen Stromkreise, sind also mit ihnen eng gekuppelt, so daß die wirksame Selbstinduktion $L(1 - \varkappa^2)$ klein ist.

Auch auf dem Ständer von Wechselstrom-Kommutatormotoren können kurzgeschlossene Wicklungen derart angebracht werden, daß sie dem aus dem Anker austretenden Felde gegenüberstehen, also mit den Ankerspulen magnetisch gekuppelt sind. Dieses Mittel ist aber nicht so wirksam, weil der Luftspalt dazwischen liegt.

192. Entstehen und Verschwinden eines Stromes in Spulen mit massivem Eisenkern.

In § 188 haben wir gesehen, daß durch die Wirkung eines sekundären Stromes ein rascheres Entstehen und Verschwinden des Stromes bewirkt wird. Da Wirbelströme sekundäre Ströme sind, so müßte man erwarten, daß in einer Spule mit massivem Eisenkern, in dem die Wirbelströme besonders stark auftreten, das Entstehen des Stromes besonders rasch erfolgt. Es zeigt sich aber das Gegenteil. Wird der Erregerstromkreis einer großen elektrischen Maschine mit massiven Polen geschlossen, so steigt der Strom ganz langsam an, so daß es unter Umständen bis zu einer Minute lang dauert, ehe der Strom seinen endgültigen Wert E/w erreicht hat. Ferner zeigt sich beim Ausschalten des Erregerstromes, daß die Spannung der Maschine (bei konstanter Umlaufzahl) noch längere Zeit nach dem gänzlichen Verschwinden des Erregerstromes besteht und nur allmählich bis zu dem vom restlichen Dauermagnetismus herrührenden Spannungswert abfällt. Aus diesem Umstande muß man schließen, daß man es überhaupt nicht mit einer auf dem Verlauf des Extrastromes beruhenden Erscheinung, sondern mit einer magnetischen Erscheinung zu tun hat. Bei einem von Wechselstrom magnetisierten Eisenkern bleibt nämlich der innerste

---

licht. In verschiedenen Auflagen der „Gleichstrommaschine“ von Arnold finden sich verschiedene Theorien, von denen jede richtig sein sollte! Man vergleiche ferner die vielen Artikel und ergebnislosen Erörterungen über die Kommutierungsberechnung in den Fachzeitschriften. Die Feldverteilung ist so verwickelt, und die Umstände, welche die Funkenbildung beeinflussen, sind so vielgestaltig, daß die Vorausberechnung ohne Grundlage einer ähnlichen „funkenlosen“ Maschine nicht gelingt. Schließlich hat auch Arnold zugegeben, daß man der Kommutierung mit Theorie nicht beikommen kann.

[1]) ETZ 1903, S. 1041; 1904, S. 542. Weiteres über die Funkenbildung und -verminderung in dem Buche des Verfassers: „Die asychronen Wechselfeldmotoren“, Berlin 1920.

Teil infolge der Schirmwirkung der Wirbelströme nahezu unmagnetisch (§ 162). In unserem Falle, wo beim Schließen des Stromkreises die Stromstärke (Gleichstrom) von Null an wächst, werden Wirbelströme induziert, welche entgegengesetzte Richtung haben und daher auf das Innere des Eisenkörpers eine Schirmwirkung ausüben, so daß anfangs nur die äußeren Schichten magnetisiert werden. In dem Maße, wie die Änderung des Stromes abnimmt, werden die Wirbelströme schwächer und die Magnetisierung dringt tiefer ein. Hat der Strom seinen endgültigen, konstanten Wert erreicht, so gibt es keine Wirbelströme mehr und der ganze Eisenkörper ist gleichmäßig magnetisiert.

Umgekehrt ist der Vorgang beim Unterbrechen des Erregerstromes. Die Wirbelströme haben nach dem Lenzschen Gesetze einen solchen Verlauf, daß sie das Verschwinden des magnetischen Feldes zu hindern suchen. Sie verstärken also den Magnetismus im Innern des Eisenkörpers, während in der äußersten Schicht das Feld gleich nach dem Verschwinden des Erregerstromes verschwindet. Die Abnahme des Magnetismus verursacht aber wieder Wirbelströme, welche in den von ihnen umschlossenen Teilen den Magnetismus aufrecht erhalten. Der Magnetismus kann also nur allmählich abnehmen, und zwar von außen nach innen.

Besteht das magnetische Eisengestell einer Maschine aus unterteiltem Eisen (Blech), so können sich Wirbelströme nur innerhalb jedes Blechquerschnittes ausbilden, und daher nimmt der Magnetismus viel schneller zu und ab. Beim plötzlichen Kurzschluß eines Wechselstromerzeugers sind sie aber dennoch von großem Einfluß (§ 194).

193. Entstehen und Verschwinden eines Wechselstromes ohne Kapazität.

A. Das Entstehen.

Betrachten wir einen Wechselstromkreis, der nur reinen Widerstand w und reine, konstante Selbstinduktion L enthält, d. h. vernachlässigen wir vorerst etwaige Einflüsse der veränderlichen magnetischen Durchlässigkeit eines Eisenkernes und seiner Hysterese, so gilt für das Entstehen eines Wechselstromes dieselbe Grundgleichung I wie auf S. 376. Aber statt der konstanten Spannung E wirkt hier die periodisch veränderliche Spannung

$$k = \mathfrak{K} \sin(\omega t + \alpha)^{*}).$$

Der aus k entstehende dauernde (stationäre) Wechselstrom ist daher (§ 133)

$$i_d = \mathfrak{J} \sin(\omega t + \alpha - \varphi) = \frac{\mathfrak{K}}{\sqrt{w^2 + (\omega L)^2}} \sin(\omega t + \alpha - \varphi).$$

*) Wir müssen hier die Phasenverschiebung α hinzufügen, weil t jetzt die Zeit seit dem Schließen des Stromes, nicht seit einem Durchgang der Spannung durch Null (§ 133) bedeutet. Im Augenblick des Stromschließens ($t = 0$) besteht also der Augenblickswert $\mathfrak{K} \sin \alpha$.

Im Augenblick des Stromschließens würde also der Augenblickswert $\mathfrak{J}\sin(\alpha-\varphi)$ bestehen, und dazu gehört nun ein vorübergehender (Extra-) Strom i_s wie in § 187 A:

$$i_s = \mathfrak{J}\sin(\alpha-\varphi)\cdot\varepsilon^{-\frac{w}{L}t}.$$

Dieser subtrahiert sich wie dort von dem dauernden Strom i_d, so daß der wirklich vorhandene Strom ist:

$$i = i_d - i_s = \mathfrak{J}\sin(\omega t+\alpha-\varphi) - \mathfrak{J}\sin(\alpha-\varphi)\cdot\varepsilon^{-\frac{w}{L}t}.$$

Erfolgt der Stromschluß in dem Augenblick, wo der Augenblickswert $\mathfrak{J}\sin(\alpha-\varphi)$ des dauernden Stromes (wenn er schon vorhanden wäre) Null ist (also bei $\alpha=\varphi$), so gibt es natürlich keinen Extrastrom. Der Strom i beginnt mit dem Werte Null und verläuft ohne jede Veränderung nach dem Gesetze $\mathfrak{J}\sin\omega t$.

Dagegen hat der Extrastrom i_s seinen größten Wert $\mathfrak{J}$, wenn $\alpha-\varphi=90^0$ und $t=0$ ist, d. h. wenn der Stromschluß in dem Augenblick erfolgt, wo der dauernde Wechselstrom, wenn er schon vorhanden wäre, seinen Scheitelwert $\mathfrak{J}$ hat. Der wirklich vorhandene Strom $i=i_d-i_s$ hat aber in diesem Augenblick nicht seinen größten Wert, da es ja auch auf den vorübergehenden Strom i_s ankommt.

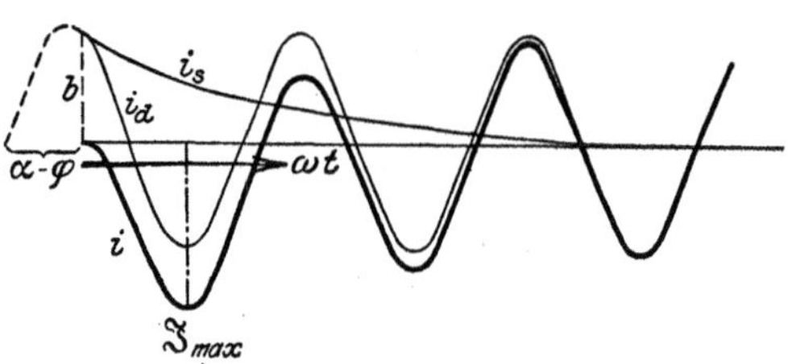

Abb. 315.

Abb. 315 zeigt den Verlauf des wirklich vorhandenen Stromes i, wenn das Stromschließen beim Augenblickswert

$$b = \mathfrak{J}\sin(\alpha-\varphi)$$

geschieht[1]). i_s zeigt den Verlauf des dabei entstehenden allmählich nullwerdenden Extrastromes gemäß obiger Gleichung. Anfangs (bis i_d zum erstenmal durch Null geht) subtrahiert sich i_s von i_d. Während der folgenden halben Periode addieren sie sich und daher entsteht jetzt der größtmögliche Scheitelwert $-\mathfrak{J}_{max}$. Der theoretisch größte Wert, nämlich $-2\mathfrak{J}$ würde eintreten, wenn gleichzeitig $i_d=-\mathfrak{J}$ und $i_s=+\mathfrak{J}$ würde, was unmöglich ist, so daß der größte Wert, der tatsächlich vorkommen kann, kleiner als $2\mathfrak{J}$ ist.

Findet also der Stromschluß in einem Augenblick statt, wo der dauernde Strom, wenn er schon vorhanden wäre, positiv ist, so ist der größte Scheitelwert $\mathfrak{J}_{max}$ negativ und umgekehrt.

Von besonderem Interesse sind die magnetischen Verhältnisse beim Entstehen eines Wechselstromes; sie sind im allgemeinen sehr verschieden, wenn der Stromkreis kein Eisen umschlingt, wenn er jungfräuliches Eisen oder solches mit remanentem Magnetismus umschlingt.

---

[1]) Dieser Augenblickswert b ist beim Stromschließen tatsächlich noch nicht vorhanden, wohl aber der dazugehörige Augenblickswert der Spannung.

Im ersten Falle gilt von der entstehenden Kraftlinienmenge dasselbe wie vom Strom, weil sie diesem proportional ist. Und nur deswegen durften wir im vorstehenden unmittelbar den Strom (wie bei Gleichstrom, § 187) betrachten, obwohl bei Wechselstrom nicht dieser, sondern die dem Grundgesetz $e = -N\frac{d\mathfrak{z}}{dt}$ entsprechende Kraftlinienmenge $\mathfrak{z}$ das ursprüngliche Gegebene ist und die Stromstärke erst danach sich einstellt; und zwar nicht mehr proportional, sondern gemäß der Magnetisierungskurve Abb. 177, wenn ein Eisenkern vorhanden ist. Wir müssen daher diesen Fall besonders behandeln und zwar unter der Voraussetzung, daß der Ohmsche Spannungsabfall wi verschwindend klein ist gegenüber dem induktiven $L\frac{di}{dt}$, so daß die Spannungsgleichung (§ 132) lautet

$$k = L\frac{di}{dt} = N\frac{d\mathfrak{z}}{dt} \quad \ldots\ldots\ldots \quad \text{(I)}$$

Ist die aufgedrückte Spannung sinusförmig, also

$$k = \mathfrak{K}\sin\omega t,$$

so ist

$$d\mathfrak{z} = \frac{\mathfrak{K}}{N}\sin\omega t \cdot dt.$$

Die Integration ergibt

$$\mathfrak{z} = -\frac{\mathfrak{K}}{\omega N}\cos\omega t + C \quad \ldots\ldots\ldots \quad \text{(II)}$$

Da der Ohmsche Widerstand gleich null angenommen wurde, so ist Klemmenspannung und EMK identisch; also ist (Gl. 96):

$$\mathfrak{K} = \mathfrak{E} = \omega N \mathfrak{Z}$$

und daher

$$\mathfrak{z} = -\mathfrak{Z}\cos\omega t + C \quad \ldots\ldots\ldots \quad \text{(III)}$$

Zur Bestimmung der Integrationskonstante C dient die Tatsache, daß zur Zeit $t = 0$ auch die Magnetisierung $\mathfrak{z}$ Null ist, so daß

$$0 = -\mathfrak{Z} + C.$$

Mithin ist

$$\mathfrak{z} = -\mathfrak{Z}\cos\omega t + \mathfrak{Z}.$$

Man sieht sofort: der größte Wert, den dieser Ausdruck theoretisch annehmen kann, ist gleich $2\mathfrak{Z}$, wobei $\mathfrak{Z}$ der der EMK entsprechende Scheitelwert der Kraftlinienmenge ist. Ist der Ohmsche Spannungsabfall nicht verschwindend klein, so ist der größtmögliche Wert der Magnetisierung entsprechend kleiner, bis herab zu Null, wenn der Stromkreis nur Ohmschen Widerstand enthält[1]). Welcher Wert im gegebenen

[1]) Deshalb verwendet man zum Einschalten größerer Transformatoren, wo starke Stromstöße die Wicklung beschädigen können, Schalter mit einem Vorkontakt. Zwischen Vorkontakt und Hauptkontakt liegt ein Ohmscher Widerstand, so daß das Schließen des Stromkreises unter zeitweiliger Vorschaltung dieses Widerstandes erfolgt.

Falle tatsächlich erreicht wird, hängt von dem Augenblick (Phase) ab, in dem das Schließen des Stromkreises stattfindet. Aus einer weiteren Überlegung erkennt man, daß der unter den gegebenen Verhältnissen größte Wert dann erreicht wird, wenn das Schließen des Stromkreises beim Nullwert der EMK stattfindet[1]), denn da hat die Magnetisierung eine Viertelperiode lang Zeit, in dem von der Spannung angegebenen Sinne anzusteigen, während in jedem anderen Falle schon vor Ablauf einer Viertelperiode die Spannung ihre Richtung ändert, so daß die Magnetisierung nicht weiter ansteigen kann.

Es wurde oben vorausgesetzt, daß zur Zeit des Stromschlusses die Magnetisierung Null ist. Ist das nicht der Fall, sondern besteht zur Zeit $t = 0$ ein remanenter Magnetismus $\mathfrak{Z}_r$ von einer früheren Magnetisierung, so folgt aus Gl. III

$$\mathfrak{Z}_r = -\mathfrak{Z} + C \qquad \text{oder} \qquad C = \mathfrak{Z} + \mathfrak{Z}_r .$$

Mithin ist

$$\mathfrak{z} = -\mathfrak{Z} \cos \omega t + \mathfrak{Z} + \mathfrak{Z}_r .$$

Folglich ist jetzt der größtmögliche Wert der Magnetisierung gleich $2\,\mathfrak{Z} + \mathfrak{Z}_r$, wenn $\mathfrak{Z}_r$ dieselbe Richtung hat wie $\mathfrak{Z}$, oder gleich $2\,\mathfrak{Z} - \mathfrak{Z}_r$, wenn $\mathfrak{Z}_r$ entgegengesetzte Richtung hat.

Nachdem der größtmögliche Wert der Magnetisierung festgestellt ist, kann der größtmögliche Wert des Stromes ermittelt werden.

Wegen des Eisens besteht keine Proportionalität zwischen Strom und Magnetisierung, da die magnetische Durchlässigkeit μ veränderlich ist. Daraus folgt eine Verzerrung der Stromwelle und ein Anstieg der Stromstärke auf einen höheren Wert als das Doppelte des stationären Wertes. Beträgt z. B. die der EMK entsprechende Kraftliniendichte, die nach Erreichung des stationären Zustandes tatsächlich vorhanden ist, 8000, so gehören dazu bei einem geschlossenen Eisenkern gemäß Abb. 177 etwa 2 Amperewindungen für 1 cm. Beim Stromschließen könnte die Kraftliniendichte theoretisch den doppelten Wert erreichen. Tatsächlich wird dieser Wert, wie wir vorhin gesehen haben, nicht erreicht. Aber ein Wert von 14000 kann erreicht werden. Dazu gehören etwa 9 Amperewindungen, so daß also beim Einschalten der Strom die 4- bis 5fache Stärke des stationären Wertes erreicht. Der Stromanstieg wird noch bedeutend größer, wenn das Eisen nicht jungfräulich ist, sondern ein gleichgerichteter remanenter Magnetismus $\mathfrak{Z}_r$ vorhanden ist. Beträgt dieser z. B. 2000, so steigt in diesem Beispiel die Kraftliniendichte auf 16000. Dazu gehören 30 Amperewindungen, so daß also in diesem Falle der Strom das 15fache des stationären Wertes erreicht. Das sind jene Stromstöße, die sich beim Einschalten größerer Transformatoren durch kurzes Brummen und sogar ruckweise Erschütterung des Transformators bemerkbar machen. Abb. 127 zeigt, daß der remanente Magnetismus bei

[1]) Da der Ohmsche Spannungsabfall verschwindend klein angenommen wurde, besteht im selben Augenblick der Scheitelwert des Stromes, so daß dies übereinstimmt mit der vorhergehenden Betrachtung über den Verlauf des Stromes.

normaler Magnetisierung etwa die Hälfte des Scheitelwertes beträgt. Er ist noch größer, wenn die Magnetisierung stärker war. Der remanente Magnetismus verschwindet allmählich unter dem Einfluß der wechselnden periodischen Magnetisierung, und dementsprechend geht der Stromstoß allmählich in den stationären Strom über, aber langsamer als wenn kein remanenter Magnetismus vorhanden ist. Hat der remanente Magnetismus entgegengesetzte Richtung, so vermindert er natürlich die Magnetisierung und dadurch den Stromanstieg. Abb. 316 bis 319 zeigt oszillographische Aufnahmen[1]), wobei der Eisenkern mittelst eines Gleichstromes J vorher magnetisiert worden war, und zwar bei Abb. 316 und 318 im gleichen Sinne, bei Abb. 317 und 319 im entgegengesetzten Sinne wie die erste Magnetisierung bei Entstehung des Stromes. Man erkennt hieraus auch den Einfluß der Phase, bei der der Stromfluß beginnt, denn Abb. 316 und 317 zeigen das Stromschließen in dem Augenblick, wo die Spannungswelle durch Null geht, Abb. 318 und 319 dagegen im Scheitelwert der Spannung.

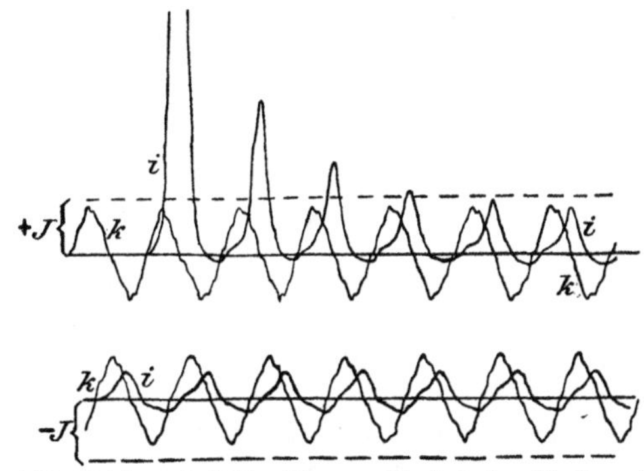

Abb. 316 und 317. Stromschluß beim Nullwert der Spannung.

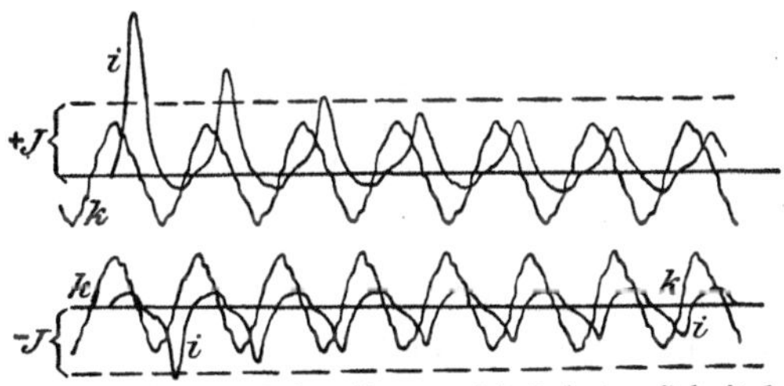

Abb. 318 und 319. Stromschluß beim Scheitelwert der Spannung.

Da fast nach jedem Ausschalten remanenter Magnetismus übrigbleibt, so kann man sagen, daß der in der Praxis beim Einschalten vorkommende Stromstoß im wesentlichen nur vom remanenten Magnetismus abhängt.

Ist ein geschlossener sekundärer Stromkreis vorhanden, d. h. wird ein Transformator oder Induktionsmotor eingeschaltet, *während der sekundäre Stromkreis geschlossen ist*, so entsteht mit dem primären Strom gleichzeitig der sekundäre und übt denselben Einfluß aus, wie beim Einschalten eines Gleichstromes (§ 188): er vermindert den *Stromstoß*, und zwar um so mehr, je kleiner der scheinbare Widerstand des sekundären Kreises ist, während der stationäre Strom gemäß § 152 vergrößert wird.

---

[1]) Nach M. Johann, Bull. de la société internat. des Electr. 1905, S. 579.

B. Unterbrechen eines Wechselstromes. Ölschalter.

Das Verschwinden eines Wechselstromes ohne Unterbrechung des Stromkreises, also durch Nullwerdung der EMK (Ausschaltung der Erregung) erfolgt in der Weise, daß die Scheitelwerte allmählich bis Null abnehmen.

Wird der Stromkreis unterbrochen, so muß unterschieden werden, ob die Unterbrechung augenblicklich erfolgt, oder ob sie längere Zeit in Anspruch nimmt. Vollzieht sich die Unterbrechung in einem Zeitraum, der nur einen Bruchteil einer Halbwelle ausmacht, also z. B. in der Zeit t_0 bis t_1 (Abb. 320), so besteht kein wesentlicher Unterschied gegenüber dem Unterbrechen eines konstanten Stromes von gleicher Stärke wie diese Augenblickswerte. Die kleine Zunahme des Stromes in der Zeit von t_0 bis t_1 ändert nichts Wesentliches. Es kann also bei so plötzlicher Unterbrechung eines Wechselstromes eine Überspannung, wie sie in § 189 ermittelt wurde, eintreten. Dieser Fall ist aber nur bei kleinen Stromstärken möglich, weil da kein merklicher Funken auftritt. Daher ist plötzliche Unterbrechung gerade da zu vermeiden.

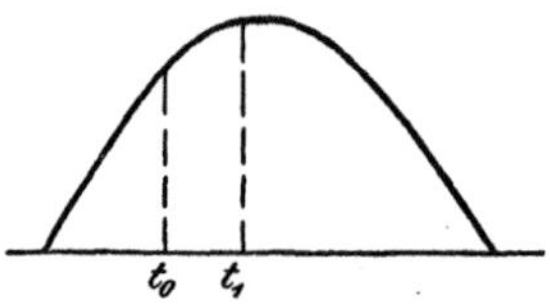

Abb. 320.

Entsteht ein starker Funken, der mehrere Halbwellen lang andauert, so bedeutet dies die Einschaltung eines Widerstandes, der von 0 bis ∞ wächst. Infolgedessen nehmen die Scheitelwerte dieser Halbwellen rasch ab. Der Strom hört dann bei einem Durchgang durch Null auf, weil die durch den Funkenwiderstand verminderte Spannung nicht mehr imstande ist, die Funkenstrecke zu überbrücken. Eine Überspannung kann dabei nicht eintreten. Auch wenn Spannung und Stromstärke so groß sind, daß ein Lichtbogen zwischen den sich öffnenden Kontakten des Schalters entsteht, werden zunächst die Scheitelwerte immer kleiner, bis bei einem Durchgang durch Null der Strom aufhört. Infolgedessen vollzieht sich die Unterbrechung eines Wechselstromes durch einen Schalter bedeutend schneller als die eines Gleichstromes von gleicher Stärke und Spannung. Das gilt insbesondere für Ölschalter.

Der Vorteil der Ölschalter besteht in folgendem: das Öl verhindert erstens durch den Abschluß der Luft, daß das Material der Kontakte so stark verbrennt und verdampft wie in Luft, zweitens wirkt es abkühlend auf den entstehenden Lichtbogen und erschwert dadurch seine Ausbildung (§ 259), drittens wirkt der stärkere Druck, der unter der Flüssigkeit herrscht, einschnürend auf den Lichtbogen. Er reißt daher noch schneller ab, wenn der Druck im Ölkessel auf einige Atmosphären gesteigert wird, oder der Kontakt in einer Kammer eingeschlossen ist, in welcher gleich nach Entstehung des Lichtbogens durch Verdampfung von Öl ein höherer Druck von selbst entsteht[1]). Ein anderes Mittel

[1]) Stern und Biermanns, ETZ 1916, S. 637. Ein starker Druck entsteht ohne solche Kammern natürlich auch im ganzen Ölkessel, so daß für genügende

zur raschen Verlöschung des Lichtbogens besteht darin, daß das Öl zwischen den Kontakten in Bewegung versetzt wird[1]), weil auf diese Weise der Lichtbogen in ähnlicher Weise zerrissen wird wie in Luft durch Wind oder durch magnetisches Gebläse[2]). Dieses Aufhören des Stromes bei einem Durchgang durch Null hat zur Folge, daß dabei niemals eine Überspannung auftreten kann, wie bei plötzlicher Unterbrechung während einer halben Welle. Folgende oszillographischen Aufnahmen zeigen das[3]). Abb. 321 zeigt die Unterbrechung eines

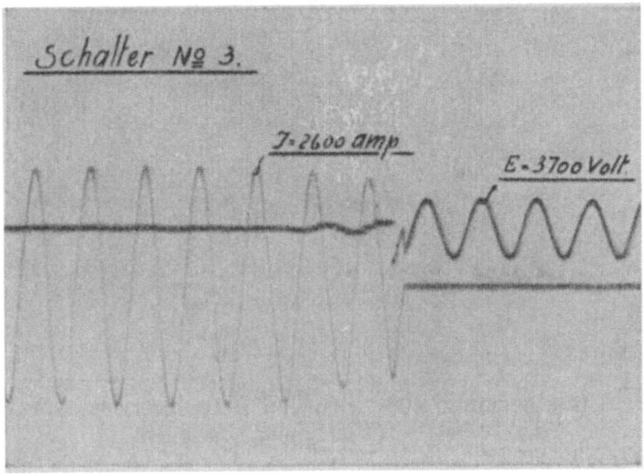

Abb. 321. Unterbrechung eines Kurzschlußstromes von 2600 A. durch einen Ölschalter.

Kurzzschlußstromes von 2600 A. An den abnehmenden Scheitelwerten des Stromes erkennt man, daß der Lichtbogen zwischen den Kontakten vier halbe Wellen lang gedauert hat. Man erkennt den Beginn des Ausschaltens auch daran, daß die Spannung, die während des Kurzschlusses Null ist und daher als gerade Linie erscheint, wellenförmig zu werden beginnt[4]). Abb. 322 zeigt die Unterbrechung eines normalen

---

Druckfestigkeit gesorgt werden muß, um ein sicheres Arbeiten zu gewährleisten, denn bei Unterbrechung sehr großer Stromstärken entstehen durch Verdampfen des Öles beträchtliche Gasmengen. Vgl. Schrottke, ETZ 1919, S. 625.

[1]) Benischke, ETZ 1903, S. 613. D. R. P. 141961 und 150912.

[2]) Es ist durch Versuche festgestellt worden, daß Ölschalter mit Messerkontakten besser wirken, als solche mit Berührungskontakten. Der Grund liegt darin, daß bei ersteren das Öl schneller zwischen die Kontakte treten kann, sobald sich ihre Ränder voneinander trennen, als bei den Berührungskontakten, wo das Öl erst seine Wirkung äußern kann, sobald es die ganze Berührungsfläche bedeckt.

[3]) Nach Marguerre, ETZ 1912, Heft 28 und 29.

[4]) Die Unterbrechung eines Kurzschlußstromes ist der schwierigste Fall einer Stromunterbrechung, weil der äußere Stromkreis fehlt, der bei normalem Betriebe immer einen scheinbaren Widerstand von mehreren Ohm darstellt. Ferner steigt beim Kurzschlußstrom die Spannung zwischen den Kontakten, während sie sich voneinander entfernen. Bei normalem Betriebe ist die Spannung zwischen den Kontakten nur ein Teil der hinter dem Schalter im äußeren Stromkreis liegenden Spannung.

Belastungsstromes von 910 A. Hier vollzog sich der ganze Unterbrechungsvorgang während einer halben Welle. Die Spannung stieg dabei auf den Leerlaufwert des Stromerzeugers. Eine Überspannung tritt in keinem Falle auf.

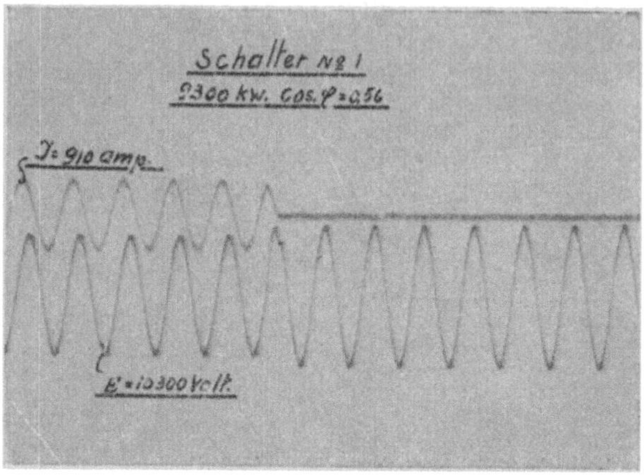

Abb. 322. Unterbrechung eines normalen Betriebsstromes von 910 A. bei 10300 V. durch einen Ölschalter.

Bei **Gleichstrom** hingegen muß der Strom wirklich unterbrochen werden, was nach genügender Entfernung der Kontakte voneinander infolge der obengenannten Umstände ziemlich plötzlich erfolgt. Daher können hier beträchtliche Überspannungen entstehen.

194. Der Verlauf des Kurzschlußstromes eines Stromerzeugers.

Eine besondere Art Stromentstehung zeigt sich beim plötzlichen Kurzschluß eines erregten Wechselstromerzeugers. Oszillographische Aufnahmen wie Abb. 323 zeigen, daß der Kurzschlußstrom anfangs auf einen sehr hohen Wert ansteigt und erst nach kurzer Zeit denjenigen stationären Wert annimmt, den er bei allmählicher Erregung der Maschine erhält. Der Unterschied zwischen dem ersten Scheitelwert und den schließlichen stationären Scheitelwerten ist um so größer, je größer die von der Ankerspule umschlossene Eisenmasse ist. Man hat bei großen Turbomaschinen Werte vom 40fachen des stationären Kurzschlußstromes festgestellt[1]).

Die Ursache der Erscheinung wird erklärlich, wenn man die Scheitelwerte der Abb. 323a durch eine Kurve verbindet, wie es in Abb. 323b geschehen ist, und den Kurzschlußstrom einer gleichartigen

[1]) Das plötzliche Auftreten so starker Ströme hat starke mechanische Wirkungen auf die Spulenköpfe zur Folge, so daß diese zuweilen gänzlich verbogen wurden. Jetzt versieht man solche Maschinen mit besonderen Befestigungen der Spulenköpfe.

Gleichstrommaschine einzeichnet. Man findet dann, daß der erste Stromanstieg (Höchstwert) $\mathfrak{J}_{max}$ nicht größer ist als der stationäre Kurzschlußstrom J_g der Gleichstrommaschine, während der stationäre Kurzschlußstrom $\mathfrak{J}_k$ der Wechselstrommaschine vielmals kleiner ist. Bei Wechselstrom ist der Scheitelwert bestimmt durch

$$\mathfrak{J} = \frac{\mathfrak{E}}{\sqrt{w_i^2 + (\omega L_i)^2}},$$

während der Gleichstrom

$$J_g = \frac{\mathfrak{E}}{w_i} \text{ ist.}$$

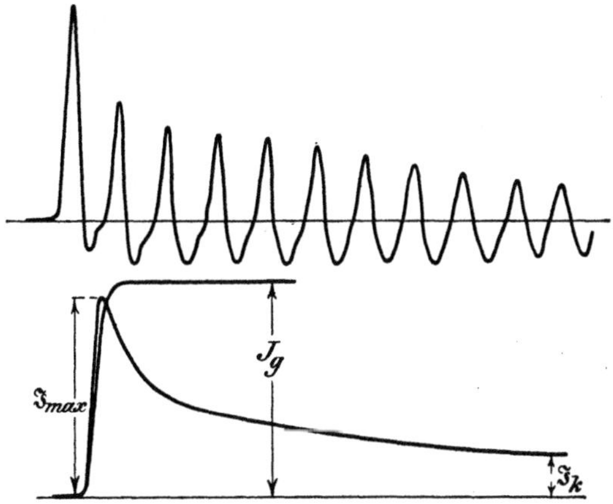

Abb. 323a und b.

Hieraus erklärt sich daß der stationäre Kurzschlußstrom $\mathfrak{J}_k$ um so viel kleiner ist wie der Gleichstromkurzschluß J_g, als der Induktionswiderstand ωL_i den Nenner vergrößert. Ist ωL_i auch für den Wechselstrom Null, so ist unter sonst gleichen Verhältnissen der Wechselstromkurzschluß so groß wie der Gleichstromkurzschluß. In der Tat ist die Selbstinduktion L_i der Wechselstrommaschine im Augenblick des Kurzschlusses sehr klein, denn diese Selbstinduktion besteht aus dem Ankerstreufelde und dem Ankerrückwirkungsfelde. Beide Felder entstehen aber nicht plötzlich, sondern wegen der Wirbelströme im Eisen und ihrer magnetischen Schirmwirkung (§ 192) nur allmählich; und zwar dauert es um so länger, bis sie sich ausgebildet haben, je größer der Eisenquerschnitt ist. Natürlich handelt es sich da nur um kurze Zeiträume. In dem Augenblick, wo der Kurzschluß eintritt, ist L_i noch fast Null, d. h. der Strom fast so groß wie der Gleichstromkurzschluß. In dem Maße aber, wie das Ankerstreufeld und Ankerrückwirkungsfeld sich ausbildet, wächst L_i, und dementsprechend der induktive Widerstand ωL_i, bis sein stationärer Wert erreicht ist. Dann hat auch der Kurzschlußstrom seinen stationären Wert $\mathfrak{J}_k$ erreicht. Man kann daher aus jedem solchen Diagramm erkennen, wie lange es dauert, bis sich die genannten Felder ausgebildet haben. Bei Gleichstrom kommt das alles nicht in Betracht, weil da $\omega = 0$, also auch $\omega L_i = 0$ ist, so daß nur der Ohmsche Widerstand maßgebend ist, und der Strom J_g so lange unverändert bleibt, als der Kurzschluß besteht[1]).

---

[1]) Die Frage, die zur Aufklärung dieser Erscheinung führen soll, ist also nicht so zu stellen, wie es bisher geschehen ist: Warum steigt der Kurzschluß anfangs höher an?, sondern sie muß lauten: Warum sinkt der Kurzschlußstrom von seinem ursprünglichen Werte herab? Die Antwort lautet: weil der induktive Widerstand der Ankerwicklung nicht von vornherein vorhanden ist, sondern allmählich entsteht.

P. Boucherot (Akten des Elektr. Kongr. in Turin 1911; E. und M. 1916,

Abb. 323 und obige Gleichung für den größtmöglichen Scheitelwert $\mathfrak{J}$ entspricht dem Fall, wo der Kurzschlußstrom im ungünstigsten Augenblick (Phase) der EMK beginnt, so daß der erste Anstieg ganz über der Nullinie liegt. Bei jedem anderen Augenblickswert ist der Höchstwert des Kurzschlußstromes nicht so groß und der Verlauf nicht so unsymmetrisch, wie Abb. 324 zeigt[1]).

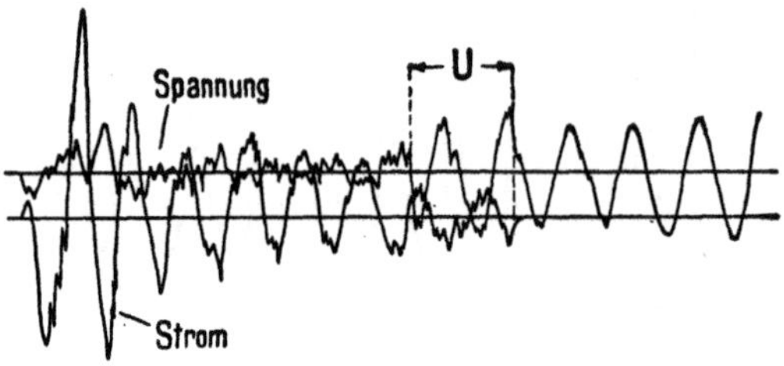

Abb. 324.

Wird der Kurzschlußversuch so ausgeführt, daß die Maschine von vornherein kurzgeschlossen ist, und erst dann erregt wird, so hat das Ankerfeld genügend Zeit, um sich entsprechend der Stromstärke auszubilden; dann ist auch der induktive Widerstand ωL_i in jedem Augenblick in entsprechender Größe vorhanden.

Da der Ankerstrom infolge der magnetischen Kupplung auf den Erregerstromkreis des Polrades zurückwirkt, wie bei einem Transformator der sekundäre Strom auf den primären, so lagert sich der in Abb. 323a und 324 dargestellte Stromverlauf über den Gleichstrom, und das ergibt einen ähnlichen Stromverlauf (pulsierenden Gleichstrom) in der Erregerwicklung.

Um den großen Stromanstieg. zu vermindern, schaltet man der Maschine entweder einen Ohmschen Widerstand vor (Vergrößerung von w_i), was wegen der Verminderung des Wirkungsgrades nicht emp-

---

S. 401) und hernach J. Biermanns (ETZ 1916, S. 579) haben berechnet, daß der größte Wert des Kurzschlußstromes gleich der EMK dividiert durch den halben, der Läufer- und Ständerstreuung entsprechenden Induktionswiderstand wäre, der Ohmsche Widerstand aber nicht in Betracht käme. Gerade dieser ist es aber, der in diesem Falle den Strom hauptsächlich begrenzt, weil sich der andere erst ausbilden muß. Die Einführung eines konstanten Induktionswiderstandes in eine Rechnung, welche das Entstehen des Stromes in einem Stromkreis mit Eisenkern behandelt, ist eine unzulässige Annahme, weil sie zum Teil schon das voraussetzt, was erst berechnet werden soll. Die von vornherein vorhandene Streuung des Läufers (Induktors) hat natürlich einen Einfluß, der aber nur dadurch zur Geltung kommt, daß die EMK der Maschine kleiner ist als ohne diese Streuung. Diese darf daher nur dann in der Rechnung erscheinen, wenn man nicht von der EMK oder vom Strom im Ständer, sondern von der magnetomotorischen Kraft der Erregerwicklung des Läufers ausgeht. Daher ist auch das Zahlenbeispiel in ETZ 1919, S. 524 falsch, denn dort steht im Zähler der stationäre Kurzschlußstrom, der also schon den verkleinernden Einfluß der Läuferstreuung enthält. Trotzdem erscheint diese im Nenner nochmals, würde also zweimal verkleinernd wirken, was unmöglich ist. Es ist so, wie wenn man beim Transformator den Zähler der Gl. 161b und den Nenner der Gl. 161c (§ 148) in derselben Formel benützen würde. Die Streuung des Läufers kann niemals als Induktionswiderstand im Ankerkreis wirken; denn wäre sie mit diesem verkettet, so wäre es keine Streuung.

[1]) Schrottke, ETZ 1919, S. 628. Bei U wurde der Kurzschlußstrom (36000 A) mittels eines Ölschalters unterbrochen. Die Unterbrechung war wie bei Abb. 321 nach vier Halbwellen vollendet. Dabei beginnt die Spannung auf den normalen Wert zu steigen.

fehlenswert ist, oder eine eisenfreie Drosselspule, damit die Ausbildung ihres induktiven Widerstandes durch Wirbelströme nicht beeinträchtigt wird, sondern in jedem Augenblick vorhanden ist.

195. Öffnen eines Stromkreises mit Kapazität und Selbstinduktion. Elektrische Schwingung.

Ist ein Kondensator mit einer seiner Potentialdifferenz $\mathfrak{E}_0$ und seiner Kapazität C entsprechenden Elektrizitätsmenge $\mathfrak{Q}_0$ auf irgendeine Weise geladen worden, und bringt man ihn über die Funkenstrecke F (Abb. 325) über einen Stromkreis mit dem Widerstande w und der Selbstinduktion L zur Entladung, etwa dadurch, daß man die Elektroden der Funkenstrecke einander nähert, so sieht man einen Funken, der sich bei der Betrachtung mittels eines rotierenden Spiegels als aus mehreren Stromübergängen oder Teilfunken bestehend erweist[1]), die aber so rasch aufeinander folgen, daß sie bei direkter Betrachtung als ein einziger Funken erscheinen.

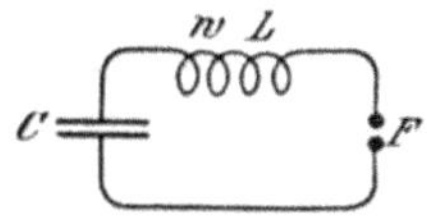

Abb. 325.

Abb. 326 zeigt eine oszillographische Aufnahme des Stromes[2]). Man hat es also mit einer hin- und hergehenden Bewegung der Elektrizität zu tun, die man als oszillatorische oder periodische Entladung oder elektrische Schwingung bezeichnet, da die Ladung zwischen den beiden Kondensatorplatten durch die Verbindungsleitung und Funkenstrecke hin und her schwingt.

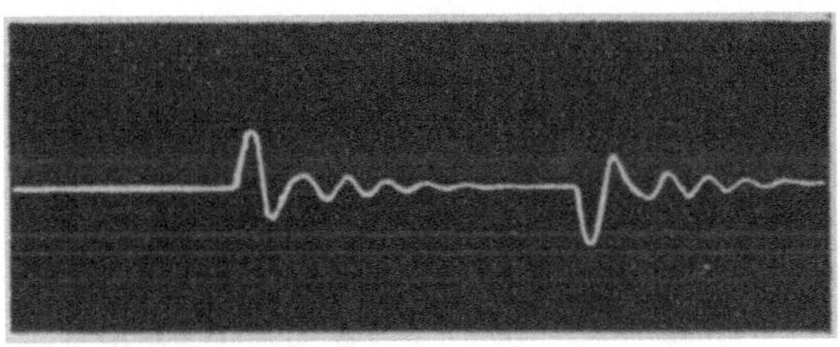
Abb. 326. Oszillographische Aufnahme des Stromes einer periodischen Entladung und darauffolgender Ladung.

Das erklärt sich daraus, daß durch die erste Entladung ein entgegengesetzter Strom (Extrastrom) induziert wird, so wie beim Beginn jedes Stromes (§ 187). Durch diesen findet nun eine neuerliche Ladung im entgegenge-

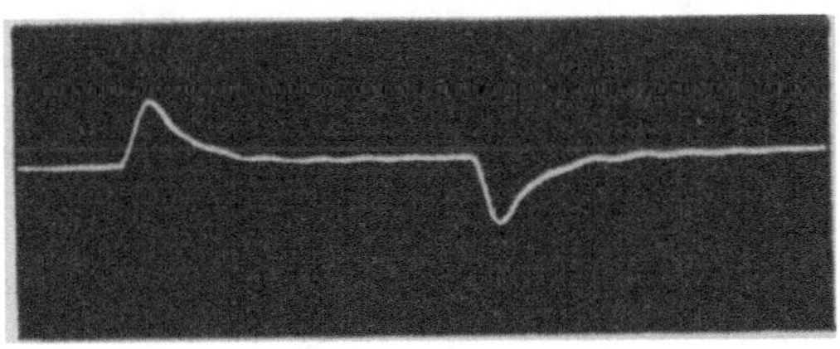
Abb. 327. Oszillographische Aufnahme des Stromes einer aperiodischen Entladung und darauffolgender Ladung.

---

[1]) Das wurde von W. Feddersen 1857 nachgewiesen. Neudruck seiner Arbeiten über Funkenentladungen in: Ostwalds Klassiker der exakten Wissenschaften Nr. 166.

[2]) Wittmann, Annal. d. Phys. 12, S. 373, 1903. Die wagrechte Linie ist natürlich kein Strom, sondern die Nullinie.

setzten Sinne statt. Diese Ladung entladet sich wieder (Rückzündung des Funkens), und so setzt sich das Spiel fort und würde nie aufhören, wenn nicht die Entladungsdrähte einen gewissen Widerstand besäßen. Dieser verursacht einen Umsatz der elektrischen Arbeit in Wärme, so daß in der Regel nur einige derartige wechselnde Entladungen zustande kommen. Ist der Widerstand sehr groß, so wird schon bei der ersten Entladung die ganze elektrische Arbeit in Wärme umgesetzt, und es kommt zu keiner oszillatorischen, sondern aperiodischen Entladung (Abb. 327). Der Vorgang ist genau so, wie bei einem Pendel oder einer Flüssigkeit in einer U-förmigen Röhre (Abb. 328) oder einer elastischen Feder. Die Trägheit (von der wir schon in § 187 gesehen haben, daß sie dieselbe Rolle spielt wie die Selbstinduktion) verursacht ein Hinausschwingen über die Ruhelage. Ist aber der Bewegungswiderstand sehr groß, so geht das Pendel oder die Flüssigkeit langsam in die Ruhelage zurück, ohne eine Schwingung auszuführen (aperiodische Bewegung). Die folgende mathematische Betrachtung gibt nähere Aufschlüsse.

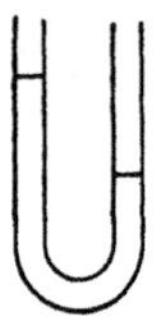

Abb. 328.

Sobald die Entladung des Kondensators über die Funkenstrecke F (Abb. 325) beginnt, fließt im Entladungsstromkreis ein Strom i. Die Summe aus dem Ohmschen Spannungsabfall wi und dem induktiven Spannungsabfall $L\frac{di}{dt}$ muß in jedem Augenblick gleich der an den Klemmen des Kondensators herrschenden Spannung e sein[1]), also

$$e = wi + L\frac{di}{dt}. \quad \text{(I)}$$

Nun ist nach § 26

$$q = eC,$$

wenn q die in jedem Augenblick vorhandene, der Spannung e entsprechende Ladung bedeutet.

Ferner ist nach Gl. 196

$$i = -\frac{dq}{dt} = -C\frac{de}{dt}$$

und daher

$$\frac{di}{dt} = -C\frac{d^2e}{dt^2}.$$

Mithin geht die obige Spannungsgleichung über in

$$\frac{d^2e}{dt^2} + \frac{w}{L}\frac{de}{dt} + \frac{e}{LC} = 0. \quad \text{(II)}$$

Diese Differentialgleichung hat dieselbe Form, wie die für ein gedämpftes Pendel bei kleinen Ausschlägen. Ein Integral derselben ist

$$e = B\varepsilon^{at},$$

[1]) In § 172 u. f. haben wir diese Spannung mit e_c bezeichnet. Der Einfachheit halber lassen wir jetzt den Index c weg.

wobei ε die Basis der natürlichen Logarithmen und t die Zeit vom Beginn der Entladung an bedeutet, und B und α zwei Größen sind, deren Bedeutung sich im folgenden ergibt.

Bildet man $\frac{de}{dt}$ und $\frac{d^2e}{dt^2}$ und setzt alle drei Werte in die Differentialgleichung ein, so erhält man

$$B\,\varepsilon^{\alpha t}\left(\alpha^2+\frac{w}{L}\alpha+\frac{1}{LC}\right)=0.$$

Da B nicht Null sein kann, weil sonst auch e Null wäre, so muß der Klammerausdruck Null sein. Dieser ist eine quadratische Gleichung, so daß sich für α folgende zwei Werte ergeben:

$$\alpha_1=-\frac{w}{2L}+\sqrt{\frac{w^2}{4L^2}-\frac{1}{LC}},$$

$$\alpha_2=-\frac{w}{2L}-\sqrt{\frac{w^2}{4L^2}-\frac{1}{LC}}.$$

Die allgemeinste Lösung für e muß beiden Werten Rechnung tragen; sie lautet daher

$$e=B\,\varepsilon^{\alpha_1 t}+D\,\varepsilon^{\alpha_2 t}. \quad \text{(III)}$$

Sind die Wurzelausdrücke reell, so sind α_1 und α_2 negativ, und die Spannung e wird daher mit wachsender Zeit immer kleiner, bis sie für $t=\infty$ Null ist. e nimmt um so rascher ab, je größer α, d. h. je größer w und je kleiner L ist. Das Verhältnis $\frac{w}{L}$ wurde in § 187 Zeitkonstante genannt. Diese kommt also auch hier in Betracht. Während der ganzen Zeit bleibt e positiv. Die Entladung erfolgt also stetig abnehmend, ohne periodische Schwankungen, d. h. aperiodisch, und zwar in Form einer Exponentialkurve wie in Abb. 311. Dieser Fall (Wurzelausdrücke reell) ist dann vorhanden, wenn

$$\frac{w^2}{4L^2}\geqq\frac{1}{LC}$$

oder

$$w^2\geqq\frac{4L}{C} \quad \text{(IV)}$$

ist, d. h. wenn der Ohmsche Widerstand einen gewissen von der Selbstinduktion und der Kapazität abhängigen Wert übersteigt.

Ist hingegen

$$w^2<\frac{4L}{C}, \quad \text{(V)}$$

so sind die Wurzelausdrücke imaginär und man kann schreiben

$$\alpha_1=-\frac{w}{2L}+j\,\omega,\qquad \alpha_2=-\frac{w}{2L}-j\,\omega,$$

wobei

$$j = \sqrt{-1}$$

und

$$\omega = \sqrt{\frac{1}{LC} - \frac{w^2}{4L^2}} \quad \ldots \ldots \quad \text{(VI)}$$

Dann geht Gl. III über in

$$e = \varepsilon^{-\frac{w}{2L}t}\left[B\varepsilon^{j\omega t} + D\varepsilon^{-\omega t}\right]$$

$$e = \varepsilon^{-\frac{w}{2L}t}\left[(B + D)\cos\omega t + (Bj - Dj)\sin\omega t\right]^{*)}$$

Setzt man

$$B + D = M \qquad \text{und} \qquad Bj - Dj = N,$$

so ist

$$e = \varepsilon^{-\frac{w}{2L}t}(M\cos\omega t + N\sin\omega t).$$

Die Werte der Größen M und N ergeben sich auf folgende Weise, Zur Zeit $t = 0$ ist die Ladung und daher auch die Spannung des Kondensators noch unverändert, also $e = \mathfrak{E}_0$, wenn $\mathfrak{E}_0$ diese, vor Beginn der Entladung herrschende Spannung bedeutet. Dann ergibt sich

$$\mathfrak{E}_0 = M.$$

Weil $i = -C\frac{de}{dt}$, so ist nach der vorletzten Gleichung

$$i = \frac{wC}{2L}\varepsilon^{-\frac{w}{2L}t}(M\cos\omega t + N\sin\omega t) -$$

$$-C\varepsilon^{-\frac{w}{2L}t}(-\omega M\sin\omega t + \omega N\cos\omega t).$$

Zur Zeit $t = 0$ ist aber diese Stromstärke Null, da die Entladung eben erst beginnt. Es folgt also daraus

$$0 = \frac{w}{2L}M - \omega N, \qquad N = \frac{w}{2\omega L}M = \frac{w}{2\omega L}\mathfrak{E}_0.$$

Mithin ist

$$e = \mathfrak{E}_0\varepsilon^{-\frac{w}{2L}t}\left(\cos\omega t + \frac{w}{2\omega L}\sin\omega t\right). \quad \ldots \quad \text{(VII)}$$

Daraus ersieht man, daß sich die Spannung, und weil $q = eC$ ist. auch die Ladung periodisch ändert. Für $t = 0$ ist $e = \mathfrak{E}_0$. Für alle Werte von ωt aber, für welche $\cos\omega t = 1$ und $\sin\omega t = 0$ ist, erreicht die Spannung abwechselnd positive und negative Maxima, wie folgende Tabelle zeigt.

---

*) Weil nach einem mathematischen Lehrsatz

$$\varepsilon^{-j\omega t} = \cos\omega t - j\sin\omega t$$

und

$$\varepsilon^{j\omega t} = \cos\omega t + j\sin\omega t.$$

$$\left.\begin{array}{llll} \text{Für} & t = 0 & \text{ist } e & = \mathfrak{E}_0 \\ \text{,,} & \omega t = \pi & \text{,,} \; e_1 & = -\mathfrak{E}_0 \varepsilon^{-\frac{w\pi}{2\omega L}} = \mathfrak{E}_1 \\ \text{,,} & \omega t = 2\pi & \text{,,} \; e_2 & = +\mathfrak{E}_0 \varepsilon^{-\frac{w 2\pi}{2\omega L}} = \mathfrak{E}_2 \\ \text{,,} & \omega t = 3\pi & \text{,,} \; e_3 & = -\mathfrak{E}_0 \varepsilon^{-\frac{w 3\pi}{2\omega L}} = \mathfrak{E}_3 \end{array}\right\} \quad . \; . \; (\text{VIII})$$

Die obere Kurve in Abb. 329 zeigt den Verlauf dieser Spannung, und man erkennt daraus den Charakter der gedämpften Schwingung, da jede folgende Amplitude kleiner ist als die vorhergehende, weil der

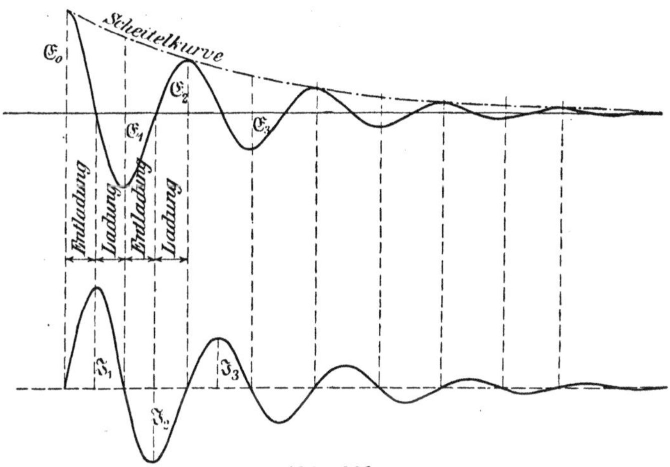

Abb. 329.

negative Potenzexponent von ε mit wachsender Zeit immer größer wird. Für $t = \infty$ wird schließlich $e = 0$. Praktisch aber sind die Amplituden in der Regel schon nach ganz kurzer Zeit verschwindend klein. Die Kurve, welche die Scheitelpunkte verbindet, heißt Scheitelkurve; sie ist gegeben durch den Faktor vor der Klammer in Gl. VII, also durch $\mathfrak{E}_0 \varepsilon^{-\frac{w}{2L}t}$; sie ist also eine Exponentialkurve und läßt erkennen, wie rasch die Scheitelwerte infolge der Dämpfung abnehmen.

Die Periode, nach welcher sich dieselbe Phase der Schwingung wiederholt, ist 2π. Der im Argument der periodischen Funktion stehende Faktor ω ist also

$$\omega = \frac{2\pi}{\tau} = 2\pi\nu,$$

wenn τ die Dauer einer Periode, und ν die Anzahl der Perioden oder ganzen Schwingungen in einer Sekunde bedeutet. Dann ist nach Gl. VI

$$\nu = \frac{1}{2\pi}\sqrt{\frac{1}{LC} - \frac{w^2}{4L^2}} \quad . \; . \; . \; . \; . \; . \; (\text{IX})$$

Für die Stromstärke in den Entladungsstromkreis ergibt sich aus $i = -C \frac{de}{dt}$ mit Berücksichtigung von Gl. VI:

$$i = \frac{\mathfrak{E}_0}{\omega L} \varepsilon^{-\frac{w}{2L} t} \sin \omega t \quad \ldots \ldots \quad \text{(X)}$$

Die untere Kurve in Abb. 329 zeigt den Verlauf dieses Entladestromes, und die linke Hälfte der Abb. 326 die oszillographische Aufnahme eines solchen.

Setzt man

$$\frac{\mathfrak{E}_0}{\omega L} = \mathfrak{J}_0, \quad \ldots \ldots \quad \text{(XI)}$$

so bedeutet $\mathfrak{J}_0$ einen Wert der Stromstärke, welcher zwar der vor Beginn der Entladung herrschenden Spannung $\mathfrak{E}_0$ entspricht, aber in Wirklichkeit nicht vorkommt. Denn für $t = 0$ ist $i = 0$. Der tatsächlich erste und größte Scheitelwert $\mathfrak{J}_1$ tritt ein für $\omega t = \frac{\pi}{2}$ und ist (nach Gl. X)

$$\mathfrak{J}_1 = \frac{\mathfrak{E}_0}{\omega L} \varepsilon^{-\frac{\pi w}{4 \omega L}} = \mathfrak{J}_0 \varepsilon^{-\frac{\pi w}{4 \omega L}}$$

Der nächste Scheitelwert für $\omega t = \frac{3\pi}{2}$ ist $\quad \ldots \quad$ (XII)

$$\mathfrak{J}_2 = -\frac{\mathfrak{E}_0}{\omega L} \varepsilon^{-\frac{3\pi w}{4 \omega L}} = -\mathfrak{J}_0 \varepsilon^{-\frac{3\pi w}{4 \omega L}}$$

und so weiter.

Die Gl. X für die Stromstärke gilt natürlich nur unter derselben Voraussetzung wie die entsprechende Spannungsgleichung VII, nämlich für $w^2 < \frac{4L}{C}$. Ist dies nicht der Fall, so verläuft der Strom aperiodisch, ebenso wie die Spannung. Die linke Hälfte der Abb. 327 zeigt den Verlauf des Stromes für einen solchen Fall. Sie ist bei Beginn der Entladung Null, steigt rasch bis zu einem Maximum und fällt dann allmählich auf Null. Je größer der Widerstand ist, desto kleiner ist das Maximum und desto langsamer erfolgt der Abfall.

Vergleicht man die Ausdrücke für Spannung und Strom bei oszillatorischer Entladung (Gl. VII und X) und die entsprechenden Wellenzüge in Abb. 329, so sieht man, daß eine Phasenverschiebung zwischen beiden besteht. Bezeichnet man sie mit φ, so kann man nach einem Satz der Trigonometrie die Gl. VII in die Form

$$e = \mathfrak{X} \sin(\omega t + \varphi)$$

bringen, wobei

$$\operatorname{tg} \varphi = \frac{1}{\frac{w}{2 \omega L}} = \frac{2 \omega L}{w}.$$

Die Phasenverschiebung ist also um so größer, je größer der induktive Widerstand ωL und je kleiner der Ohmsche Widerstand ist. Da bei oszillatorischen Entladungen ω in der Regel sehr groß ist, so ist φ nahezu 90^0. Daraus folgt, daß der Entladestrom in der Regel nahezu ganz wattlos ist. Dagegen ist bei einer aperiodischen Entladung die wattlose Komponente klein gegenüber der Wattkomponente.

Bei den meisten oszillatorischen Entladungen (Schwingungskreis) ist das Glied $\frac{w^2}{4L^2}$ (in Gl. VI) so klein gegen $\frac{1}{LC}$, daß es vernachlässigt werden kann. Dann ist also

$$\left.\begin{aligned} \omega &= \frac{1}{\sqrt{LC}} \\ \nu &= \frac{1}{2\pi\sqrt{LC}} \\ \tau &= 2\pi\sqrt{LC} \end{aligned}\right\} \quad \ldots\ldots\ldots \quad \text{(XIII)}$$

Es kann dann auch das zweite Glied in Gl. VII vernachlässigt werden, so daß

$$e = \mathfrak{E}_0\, \varepsilon^{-\frac{w}{2L}t} \cos \omega t \quad \ldots\ldots\ldots \quad \text{(XIV)}$$

Für den Strom ergibt sich nach Einsetzung des obigen Wertes von ω

$$i = \frac{\mathfrak{E}_0}{\sqrt{\frac{L}{C}}}\, \varepsilon^{-\frac{w}{2L}t} \sin \omega t \quad \ldots\ldots \quad \text{(XV)}$$

Hieraus ersieht man den theoretisch größtmöglichen Scheitelwert $\mathfrak{J}_0$ des Stromes, nämlich

$$\mathfrak{J}_0 = \frac{\mathfrak{E}_0}{\sqrt{\frac{L}{C}}}.$$

Dieser Ausdruck ist identisch mit Gl. XI, wie man sofort sieht, wenn man Gl. XIII in Gl. XI einsetzt. Während also für die Frequenz der Ausdruck $\sqrt{LC}$ bestimmend ist, kommt für die Stromstärke einer Eigenschwingung der Ausdruck $\sqrt{\frac{L}{C}}$ in Betracht. Man bezeichnet ihn als **Charakteristik** des Schwingungskreises, oder als **Wellenwiderstand**, denn die letzte Gleichung entspricht dem Ohmschen Gesetze[1]).

Unter der obigen Voraussetzung ist die Phasenverschiebung zwischen Strom und Spannung gleich 90^0, da diese nach einem Sinus, jener nach einem Cosinus verläuft.

Die Gl. XIII für die Periodenzahl läßt sich in die Form

$$\omega L = \frac{1}{\omega C}$$

[1]) Ist w nicht sehr klein, so tritt an seine Stelle ein verwickelterer Ausdruck, der auch w enthält.

bringen. Dann geht die Gl. XI über in

$$\mathfrak{J}_0 = \omega C \mathfrak{E}_0,$$

das ist dieselbe Gleichung wie in § 172 für Strom und Kapazitätsspannung in einem Wechselstromkreis mit Kondensator[1]).

Im Eingang dieses Paragraphen wurde gesagt, daß der oszillatorische Entladungsvorgang darin besteht, daß sich der Kondensator abwechselnd entladet und wieder ladet. Jede Entladung und Ladung spielt sich, wie man aus Abb. 329 erkennt, während einer Viertelperiode ab. Wenn der Strom den ersten Scheitelwert $\mathfrak{J}_1$ erreicht, und die Kondensatorspannung zum erstenmal durch Null geht, ist die erste Entladung vollendet, und es beginnt eine neue Ladung mit entgegengesetztem Vorzeichen. Diese ist vollendet, wenn der Strom durch Null geht, und die Spannung den Wert $\mathfrak{E}_1$ erreicht usf.

Da die Ladung eines Kondensators gleich dem Produkte aus Kapazität und Spannung ist, so folgt aus den Gleichungen VIII für die aufeinanderfolgenden Scheitelwerte der Ladungen:

$$\mathfrak{Q}_0 = C\,\mathfrak{E}_0$$

$$\mathfrak{Q}_1 = C\,\mathfrak{E}_1 = -\,C\,\mathfrak{E}_0\,\varepsilon^{-\frac{w\pi}{2\omega L}} = -\,\mathfrak{Q}_0\,\varepsilon^{-\frac{w\pi}{2\omega L}}$$

$$\mathfrak{Q}_2 = C\,\mathfrak{E}_2 = +\,C\,\mathfrak{E}_0\,\varepsilon^{-\frac{w\,2\pi}{2\omega L}} = +\,\mathfrak{Q}_0\,\varepsilon^{-\frac{w\,2\pi}{2\omega L}}$$

und so fort.

Mit Hilfe der ersten dieser Gleichungen lassen sich nun die Scheitelwerte des Stromes (Gl. XII) in folgender Weise ausdrücken:

$$\mathfrak{J}_1 = \frac{\mathfrak{Q}_0}{\omega L C}\,\varepsilon^{-\frac{\pi w}{4\omega L}} \quad \ldots\ldots\ldots \quad \text{(XVI)}$$

und so fort.

Ist der Widerstand klein, so daß die Gleichungen XIII gelten, so ist

$$\mathfrak{J}_1 = \frac{\mathfrak{Q}_0}{\sqrt{LC}}\,\varepsilon^{-\frac{\pi w}{4\omega L}} \quad \ldots\ldots\ldots \quad \text{(XVII)}$$

oder

$$\mathfrak{J}_1 = \omega\,\mathfrak{Q}_0\,\varepsilon^{-\frac{\pi w}{4\omega L}} \quad \ldots\ldots\ldots \quad \text{(XVIII)}$$

und so fort.

Aus der letzten Gleichung erkennt man, daß bei gleicher Ladung die Stromstärke um so größer ist, je größer die Schwingungszahl ν ist, weil $\omega = 2\pi\nu$. Das erklärt sich daraus, daß die Dauer einer Viertelperiode, während welcher sich die Entladung und Ladung vollzieht,

[1]) Die obige Ableitung gilt unter der Voraussetzung, daß der Stromleiter selbst keine merkliche Kapazität hat. Ist das der Fall, so treten außer der durch Gl. XIII bestimmten Schwingung noch Oberschwingungen auf, wie schon Kirchhoff gezeigt hat. Vgl. auch § 207.

dann auch um so kürzer ist, weil $\tau = \frac{1}{\nu}$ ist. Theoretisch kann man also mit beliebig kleinen Ladungen beliebig große Stromstärken erzielen.

Da nur die erste Ladung $\mathfrak{Q}_0$ bei der Spannung $\mathfrak{E}_0$ zugeführt werden braucht, so ist die gesamte aufgewendete Arbeit (nach § 32) gleich $\frac{\mathfrak{Q}_0 \mathfrak{E}_0}{2}$ oder $\frac{C \mathfrak{E}_0^2}{2}$. Je kleiner der Widerstand ist, desto mehr Schwingungen kommen zustande, desto länger dauert es, bis diese Arbeit ganz in Wärme umgesetzt ist[1]).

196. Schließen eines Stromkreises mit Kapazität und Selbstinduktion.

Wir haben nun den Fall zu untersuchen, daß ein Stromkreis mit einem Kondensator und mit Selbstinduktion plötzlich an eine Stromquelle von konstanter EMK E angeschlossen wird, z. B. dadurch, daß der Schalter S (Abb. 330) geschlossen wird. Es entsteht dadurch ein von Null beginnender Strom, der so lange zunimmt, bis der Kondensator die seiner Kapazität C und der EMK der Stromquelle E entsprechende Ladung erhalten hat. Die Potentialdifferenz der Kondensatorplatten (Kondensatorspannung) bezeichnen wir mit e.

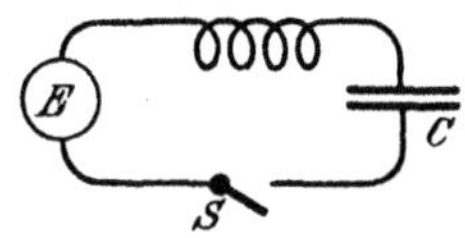

Abb. 330.

Im Gegensatz zu Abb. 325, wo keine äußere EMK vorhanden ist, wirkt hier in jedem Augenblick die um den Betrag der EMK E verminderte Spannung, also $e - E$. Diese ist es, welche den Ohmschen und induktiven Spannungsabfall[2]) zu decken hat. Es ist also

$$e - E = i w + L \frac{di}{dt}$$

Nun ist wie im vorigen Paragraph

$$i = -\frac{dq}{dt} = -C \frac{de}{dt}.$$

Die Spannungsgleichung geht also über in

$$\frac{d^2 e}{dt^2} + \frac{w}{L} \frac{de}{dt} + \frac{e}{LC} = \frac{E}{LC}.$$

Die linke Seite dieser Gleichung hat dieselbe Form wie die für

---

[1]) Wäre der Widerstand Null, so würde ein ewigdauernder Wechsel zwischen Ladungs-Energie der Kapazität und magnetischer Energie der Selbstinduktion wie bei der Stromresonanz vor sich gehen (§ 180). In der Tat ergibt sich aus der Gleichsetzung dieser Energien: $\frac{C \mathfrak{E}^2}{2} = \frac{L \mathfrak{J}^2}{2}$ und aus der Grundgleichung $\mathfrak{E} = \omega L \mathfrak{J}$ die Frequenz ω der ungedämpften Schwingung.

[2]) Es kommt natürlich Widerstand und Selbstinduktion des ganzen Stromkreises einschließlich der Stromquelle in Betracht.

die Entladung eines Kondensators (§ 195). Ihre Integration erfolgt in ähnlicher Weise. Wenn

$$w^2 \geqq \frac{4L}{C}$$

ist, so erfolgt die Ladung aperiodisch, d. d. die Kondensatorspannung nimmt von Null an stetig zu, bis sie gleich der EMK E der ladenden Stromquelle geworden ist. Sie verläuft als Exponentialkurve wie in Abb. 310.

Ist aber $w^2 < \frac{4L}{C}$, so erfolgt die Ladung periodisch (oszillatorisch) und die Kondensatorspannung verläuft nach der Gleichung

$$e = E - E\,\varepsilon^{-\frac{w}{2L}t}\left(\cos\omega t + \frac{w}{2\,\omega L}\sin\omega t\right).$$

Man sieht, das zweite Glied ist gleich dem Verlauf der Spannung bei der Entladung (Gl. VII). Für $t = 0$ ist das zweite Glied gleich E und daher $e = 0$. Man findet den ganzen Verlauf von e sofort, wenn man die Spannungswelle der Abb. 329 von dem konstanten Werte E abzieht. Es ergibt sich so der Wellenzug in Abb. 331.

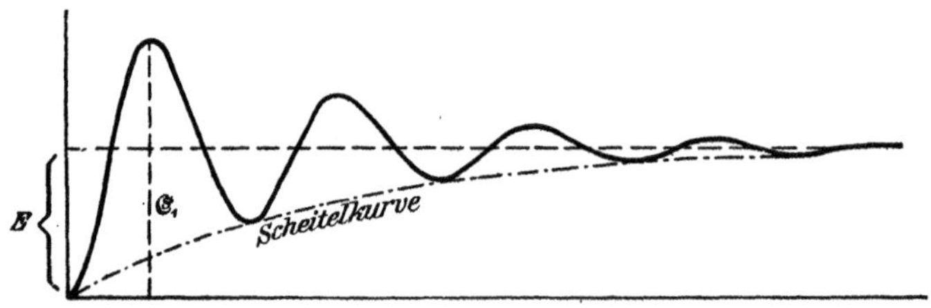

Abb. 331.

Die Scheitelkurve $E - E\,\varepsilon^{-\frac{w}{2L}t}$ läßt wiederum erkennen, wie rasch die Spannung bis zum endgültigen Werte ansteigt.

Für die Stromstärke ergibt sich in gleicher Weise wie im vorigen Paragraphen

$$i = -\frac{E}{\omega L}\,\varepsilon^{-\frac{w}{2L}t}\sin\omega t,$$

d. h. die Stromstärke verläuft in gleicher Weise wie bei der Entladung, erscheint aber hier mit negativen Vorzeichen, weil der Strom jetzt in den Kondensator hineinfließt, während er bei der Entladung aus dem Kondensator herausfließt. In Abb. 327 zeigtdie rechte Hälfte den Verlauf des Stromes bei aperiodischer Ladung, in Abb. 326 bei periodischer Ladung.

Ist in Gl. VI das zweite Glied so klein, daß es vernachlässigt werden kann, so gelten für ν, e und i die entsprechenden vereinfachten Formeln wie bei der Entladung.

197. Eigenschwingung, aufgedrückte und erzwungene Schwingung.

Es wurde schon in § 195 darauf hingewiesen, daß die Differentialgleichung II dieselbe Form hat wie für ein Pendel oder überhaupt einen schwingenden Körper. Daher hat auch Gl. IX für die Periodenzahl einer gedämpften elektrischen Schwingung dieselbe Form wie für ein gedämpftes Pendel, und Gl. XIII für die Periodenzahl einer ungedämpften elektrischen Schwingung $\left(\frac{1}{2\pi\sqrt{LC}}\right)$ dieselbe Form wie für ein ungedämpftes Pendel $\left(\frac{1}{2\pi\sqrt{\frac{T}{D}}}\right)$. An Stelle der Trägkeit T tritt die Selbstinduktion L, wie wir schon in § 187 gesehen haben, und an Stelle der Antriebskraft (Direktionskraft) D tritt der reziproke Wert der Kapazität.

Die Bewegung der Elektrizität bei Entladung eines Kondensators über einen Stromkreis mit Selbstinduktion erfolgt also nach denselben Gesetzen wie die Bewegung eines Pendels, das einmal aus der Ruhelage gebracht wurde. Man bezeichnet daher auch eine solche elektrische Schwingung als freie Schwingung oder Eigenschwingung des betreffenden Stromkreises. Dagegen entspricht eine periodische Bewegung der Elektrizität, die dadurch erzeugt wird, daß ein Stromkreis an eine Wechselstromquelle angeschlossen wird, einer schwingenden Bewegung, die einem Pendel durch eine äußere Kraft (Kurbel oder dgl.) aufgedrückt wird. Man kann daher jeden gewöhnlichen Wechselstrom als aufgedrückte Schwingung betrachten.

In § 174 haben wir gefunden, daß in einem Stromkreis mit Kapazität C und Selbstinduktion L ein plötzliches Anwachsen der Stromstärke stattfindet, wenn die Periodenzahl der Bedingung $\frac{1}{2\pi\sqrt{LC}}$ entspricht, also gleich der Eigenschwingung des Stromkreises ist, während bei jeder kleineren oder größeren Frequenz die Stromstärke sehr viel kleiner ist. Diese Erscheinung wurde wegen ihrer Ähnlichkeit mit akustischen Erscheinungen als elektrische Resonanz bezeichnet. Wir gewinnen nun einen tieferen Einblick in diese Erscheinung. Durch die elektrische Schwingung, die dem Stromkreis von der äußeren Stromquelle aufgedrückt wird, wird die Eigenschwingung dieses Stromkreises angeregt, und es entsteht eine erzwungene Schwingung von bedeutend größerer Stärke[1]).

[1]) Wir machen also einen Unterschied zwischen aufgedrückter und erzwungener Schwingung. Unter der ersten verstehen wir die ursprüngliche vom Taktgeber (Wechselstrommaschine) erzeugte, unter der letzten die vom schwingenden Körper (der Elektrizität) wirklich ausgeführte Schwingung. Sie kann gleichbedeutend mit der aufgedrückten Schwingung sein (bei starrer Kupplung), oder durch den Einfluß der Eigenschwingung wesentlich verändert sein. Der Unter-

Würde die Eigenschwingung allein bestehen, wie in § 195, so würde sie nach einiger Zeit verschwinden, weil sie vom Ohmschen Widerstand aufgezehrt, d. h. ihre Energie in Wärme umgesetzt wird. Die erzwungene Schwingung hingegen besteht so lange, als die äußere Stromquelle wirkt, weil diese den Verlust immer ersetzt. Das gilt auch, wenn von der aufgedrückten Schwingung die Eigenschwingung zur Resonanz angeregt wird. Daher kommt für den Eintritt der Resonanz nicht die Periodenzahl der gedämpften, sondern die der ungedämpften Schwingung (Gl. XIII) in Betracht, selbst wenn der Widerstand des Stromkreises noch so groß ist. Nur die Höhe der Resonanz, das ist in diesem Falle die Stromstärke, ferner die Kapazitätsspannung und die Induktionsspannung ist vom Widerstand abhängig.

Damit ein Stromkreis eine bestimmte Eigenschwingung hat, ist es notwendig, daß die Kapazität in Form von Kondensatoren, und die Selbstinduktion in Form von Spulen vorhanden, d. h. auf einen gewissen Raum konzentriert ist. Außerdem hat jeder Leiter in jedem Längenelement merkliche Kapazität und Selbstinduktion, die also wie der Ohmsche Widerstand gleichmäßig über den ganzen Leiter verteilt sind. Ein Schwingungskreis, der nur verteilte Kapazität und Selbstinduktion enthält, hat aber nicht eine einzige, sondern mehrere Eigenschwingungen, von denen jede ein Vielfaches der niedrigsten Frequenz ist, ebenso wie ein gleichmäßig mit Masse versehener Stab oder eine gespannte Saite mehrere Eigenschwingungen hat, während ein Stab, bei dem die Masse zum größten Teil am Ende konzentriert ist, nur eine einzige hat. Über die räumliche Anordnung solcher Schwingungen vgl. § 207.

198. Die Dämpfung einer elektrischen Schwingung.

Wäre der Widerstand w des ganzen Stromkreises Null, so würde die Differentialgleichung (II) übergehen in die eines ungedämpften Pendels. Die Gleichung für die Kondensatorspannung (VII) würde übergehen in

$$e = \mathfrak{E}_0 \cos \omega t,$$

und die Gleichung für den Strom (X) würde übergehen in

$$i = \frac{\mathfrak{E}_0}{\omega L} \sin \omega t,$$

d. h. es würde durch das Entladen oder Laden eines Kondensators ein ewig dauernder Wechselstrom eingeleitet werden, der jedoch vollständig wattlos ist, weil er nach dem Sinus, die Spannung aber nach dem Cosinus verläuft, so daß zwischen beiden genau 90^0 Phasen-

schied ist um so größer, je größer von vornherein der Unterschied zwischen aufgedrückter und Eigenschwingung ist, und je schwächer die Kupplung ist. Bei sehr schwacher Kupplung und Dämpfung ist die erzwungene Schwingung nahezu gleichbedeutend mit der Eigenschwingung wie bei einem Uhrpendel oder bei einer durch Resonanz erregten Stimmgabel. Vgl. auch § 203.

verschiebung besteht. Es wäre dann so wie bei einem ungedämpften Pendel, das, einmal angesoßen, ewig fortschwingen würde. Sowie aber der geringste Ohmsche Widerstand in dem Stromkreis vorhanden ist, nehmen die Scheitelwerte beständig ab, wie aus Abb. 329 zu ersehen ist.

Das Verhältnis zweier auf derselben (positiven oder negativen) Seite aufeinanderfolgender Scheitelwerte ist konstant und eignet sich daher als Maß für die Größe der Dämpfung. Man bezeichnet es als Dämpfungsverhältnis x. Es ist also (nach den Gleichungen VIII):

$$x = \frac{e}{e_2} = \frac{e_2}{e_4} = \frac{e_1}{e_3} = \ldots = \varepsilon^{\frac{\pi w}{\omega L}}$$

oder da $\omega = 2\pi\nu$ ist,

$$x = \varepsilon^{\frac{w}{2\nu L}}.$$

Da ε eine reine Zahl (2,72) ist, so liegt das Maß für die Dämpfung im Potenzexponenten. Man kann ihn abgesondert erhalten, wenn man den natürlichen Logarithmus von x bildet. Es ist also

$$\log\text{nat}\, x = \frac{\pi w}{\omega L} = \frac{w}{2\nu L} = \Lambda.$$

Man bezeichnet diesen Wert als logarithmisches Dekrement (logarithmische Abnahme) der Schwingung[1]). Für den Fall, daß w klein ist, kann man Gl. XIII einsetzen und dann ist

$$\Lambda = \pi w \sqrt{\frac{C}{L}} \quad \ldots\ldots\ldots \quad \text{(XIX)}$$

---

[1]) Führt man Λ in das zweite Glied der Gl. IX ein, so erhält man

$$\nu = \frac{1}{2\pi\sqrt{LC}} \cdot \frac{1}{\sqrt{1 + \left(\frac{\Lambda}{2\pi}\right)^2}},$$

woraus man unmittelbar den Einfluß der Dämpfung auf die Frequenz ersieht.

Es ist bemerkenswert, daß das Dekrement Λ gleich ist dem Verhältnis der im Widerstand w während einer halben Welle verbrauchten Energie zur magnetischen Energie derselben halben Welle. Erstere ist $\frac{w\mathfrak{J}^2}{2}\,\frac{\tau}{2}$ (§ 131); letztere ist $\frac{L\mathfrak{J}^2}{2}$ (§ 167). Ihr Verhältnis ist

$$\frac{\frac{w\mathfrak{J}^2}{2} \cdot \frac{1}{2\nu}}{\frac{L\mathfrak{J}^2}{2}} = \frac{w\tau}{2L} = \frac{w\tau}{2L} = \frac{w}{2\nu L} = \Lambda.$$

Demnach nimmt die Dämpfung mit wachsender Frequenz ν ab. Das gilt aber nur unter der Voraussetzung, daß w, C, L konstant sind. Das ist selten der Fall, denn meist nimmt w mit der Frequenz stark zu (§ 169), und ebenso wachsen die Verluste in Eisenkernen und im Dielektrik der Kondensatoren, so daß sich praktisch meist eine Zunahme der Dämpfung mit wachsender Frequenz ergibt. Es ist das einer der Gründe, warum bei der drahtlosen Telegraphie auf große Entfernungen kleinere Frequenzen angewendet werden als auf kleine Entfernungen (S. 447).

Man ersieht daraus, daß die Dämpfung um so kleiner ist, je kleiner der Widerstand ist, was wir schon aus dem vorigen erkannt haben, daß sie aber auch um so kleiner ist, je kleiner die Kapazität und je größer die Sebstinduktion ist. Ferner ist von Wichtigkeit, daß in diesem Ausdruck für Λ die Spannung nicht vorkommt, sie hat also keinen Einfluß auf die Dämpfung. Dagegen hat bei gleicher Dämpfung der ganze Schwingungsvorgang um so mehr Perioden, d. h. er dauert um so länger, je größer die Spannung ist, weil da der erste Scheitelwert um so größer ist. Bei gleicher Spannung dauert der ganze Schwingungsvorgang um so länger, je kleiner die Dämpfung ist.

Will man bei unveränderter Schwingungszahl ν eine möglichst kleine Dämpfung erzielen, so hat man zwei Wege: erstens Verminderung des Widerstandes w, da dieser, solange die Bedingung V gilt, keinen Einfluß auf die Schwingungszahl hat, zweitens Verminderung der Kapazität C und gleichzeitige proportionale Vergrößerung der Selbstinduktion L; dann wird aus diesen beiden Ursachen das Verhältnis $\frac{C}{L}$ im logarithmischen Dekrement Λ kleiner, während das Produkt LC in der Schwingungsdauer ungeändert bleibt.

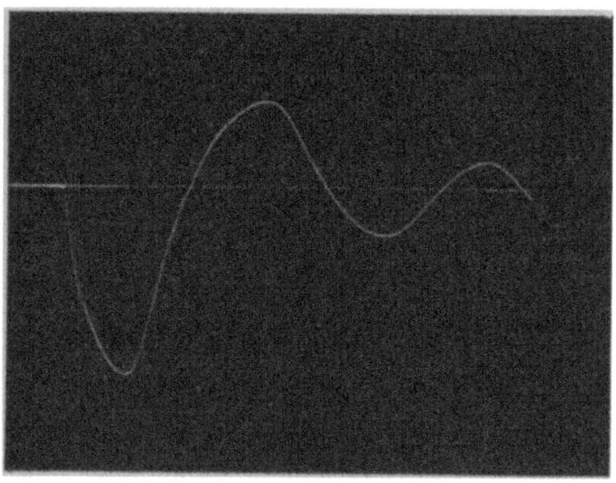

Abb. 332. Durch Hysterese verzerrte Eigenschwingung.

Was den Widerstand w anbelangt, so kann dieser nicht beliebig klein gemacht werden, da er aus dem Widerstand des Leitungsdrahtes und des Funkens besteht. In der Regel ist jener sehr klein gegenüber diesem, so daß eine Verminderung jenes auf w wenig Einfluß hat.

Die Dämpfung bei der Entladung eines Kondensators beruht darauf, daß die im Kondensator vorhandene elektrische Arbeit bei ihrem Wechsel zwischen elektrischer und magnetischer Arbeit einen Verlust erleidet, und zwar dadurch, daß sie sich in Wärme umsetzt oder aus dem Schwingungskreis heraustritt.

Der Umsatz in Wärme erfolgt durch den Widerstand des ganzen Stromkreises, also zum Teil in den Leitungsdrähten, zum Teil im Funken (vgl. § 190). Hier ist die Wärmeentwicklung unter Umständen so bedeutend, daß eine oberflächliche Verbrennung der Elektroden eintritt. Ein weiterer Umsatz in Wärme findet im Dielektrik des Kondensators (§ 181), durch sekundäre Ströme (Wirbelströme § 155) und beim Vorhandensein eines Eisenkörpers durch magnetische Hysterese statt. Ein weiterer Verlust kann durch Austreten von Elektrizität aus dem Schwingungskreis erfolgen.

Das Austreten der elektrischen Energie aus dem Schwingungskreis findet statt durch Übergang der Elektrizität in die umgebende Luft also Ausstrahlung[1]) oder durch Nebenschlüsse über mangelhaft isolierte Teile des Stromkreises insbesondere zwischen den Platten eines Kondensators. Ausstrahlungen und Nebenschlüsse sind um so größer, je höher die Spannung, je größer die leitende Oberfläche des Schwingungskreises ist, und je mehr Spitzen und Kanten er hat. Sie können fast ganz beseitigt werden, wenn man den Schwingungskreis (hauptsächlich Kondonsator und Funkenstrecke) unter Öl bringt. Als wichtigste und unvermeidliche Ursache der Dämpfung bleibt dann der Funkenwiderstand.

Bei Fernleitungen und Kabeln wird der gesamte durch Austritt aus der Leitung entstehende Stromverlust als Ableitung G bezeichnet und zahlenmäßig durch den Leitwert (S. 69, 49) ausgedrückt. Dann genügt Gl. XIX nicht, sondern an ihre Stelle tritt

$$\Lambda = \frac{w}{2}\sqrt{\frac{C}{L}} + \frac{G}{2}\sqrt{\frac{L}{C}}.$$

Ist das zweite Glied klein gegen das erste, so wird die Dämpfung durch Vergrößerung der Selbstinduktion L verkleinert. Bei sehr langen Fernsprechleitungen wird dies dadurch bewirkt, daß entweder die Leitung mit einem dünnen Eisendraht umwickelt wird (nach Krarup), oder daß kleine Drosselspulen in gewissen Abständen eingeschaltet werden (nach Pupin)[2]).

Die Hysterese in einer Spule mit Eisenkern bewirkt nicht nur eine Dämpfung, sondern auch eine Verzerrung der Schwingung (wie Abb. 332 zeigt) aus demselben Grunde wie die in Abb. 249 konstruierte Verzerrung des Magnetisierungsstromes.

199. Überspannung beim Schließen eines Stromkreises mit Kapazität und Selbstinduktion.

Wie man aus Abb. 331 ersieht, erreicht die Spannung bei jedem positiven Scheitelwert einen höheren Wert als die EMK E der Stromquelle, und zwar um soviel höher, als der betreffende Scheitelwert der gedämpften Sinuswelle beträgt. Der erste und höchste Scheitel-

---

[1]) Die Ausstrahlung erfolgt in Form von dunklen Entladungen, Glimmlicht, Büschellicht oder Funkenentladungen (§ 247 u. f.). Die magnetischen Kraftlinien, welche entsprechend der Stromstärke, und die elektrischen Kraftlinien, welche entsprechend der Kapazität entstehen und den umgebenden Raum erfüllen, indem sie mit wechselndem Vorzeichen entstehen und verschwinden, also insbesondere zwischen Geber und Sender der drahtlosen Telegraphie vorhanden sind, gehören nicht zur Energie verzehrenden Ausstrahlung, wenn auch das Wort „Ausstrahlung" häufig darauf angewendet wird.

[2]) A. Ebeling ETZ 1921 S. 873.

wert $\mathfrak{E}_1$ tritt ein für $\cos \omega t + \frac{w}{2\,\omega L} \sin \omega t = -1$, d. h. für $\omega t = \pi$.

Er ist
$$\mathfrak{E}_1 = E + E\varepsilon^{-\frac{w\pi}{2\,\omega L}}.$$

Der größte Wert, der theoretisch möglich wäre. nämlich $\mathfrak{E}_1 = 2\,E$, würde eintreten, wenn $w = 0$ wäre. Sonst sind $\mathfrak{E}_1$ und alle folgenden Scheitelwerte um so kleiner, je größer die Dämpfung ist, d. h. je größer nach Gl. XIX Widerstand und Kapazität und je kleiner die Selbstinduktion ist.

Liefert die Stromquelle Wechselstrom, so entsteht nebst der durch Abb. 331 dargestellten Eigenschwingung ein stationärer Wechelstrom gemäß § 173. Die beiden lagern sich übereinander und so entsteht ein Spannungs- und Stromverlauf von der Art wie in Abb. 333—336. Der theoretisch größtmögliche Scheitelwart E_1 der resultierenden Spannung ist gleich dem doppelten Scheitelwert der EMK der Stromquelle.

Für das Vorstehende gilt die selbstverständliche Voraussetzung, daß vor dem Schließen des Stromkreises die Kapazität noch keine Ladung hatte. Ist aber ein Ladungsrückstand mit der Spannung $\pm E_r$ von einem vorherigen Betriebe vorhanden, so ist der höchste Scheitelwert gleich
$$\pm E_r + E + E\varepsilon^{-\frac{w\pi}{2\,\omega L}}.$$
Es kann also ein (theoretisch unbegrenzter) Höchstwert auftreten, wenn E_r gleiches Vorzeichen wie E hat. Andernfalls ergibt sich eine entsprechende Verminderung der resultierenden Spannung. Wir haben also hier einen ähnlichen Fall, wie die Vergrößerung der Kraftlinienmenge beim Einscha ten eines Wechselstromkreises, der einen Eisenkern mit remanentem Mt gnetismus hat (§ 193). Die dort mögliche weitere Steigerung der Stromstärke, weil die magnetische Durchlässigkeit schließlich abnimmt, ist hier nicht möglich, weil die Dielektrizitätskonstante im wesentlichen konstant ist. Ist der Stromkreis geschlossen, so verschwindet die rückständige Ladung und damit E_r meistens sehr schnell, viel schneller als der remanente Magnetismus.

Das Auftreten einer höheren Spannung als die EMK der Stromquelle kann eine Durchbrechung der Isolation des Stromkreises zur Folge haben. Diese Gefahr ist um so kleiner, je größer die Dämpfung ist, weil dann die Scheitelwerte um so kleiner sind, und in um so geringerer Zahl auftreten[1]).

[1]) Das Durchbrechen des Dielektriks eines Kondensators bei der Ladung desselben ist dann häufig zu bemerken, wenn es aus Luft besteht. Daraus erklärt sich, warum bei Funkeninduktoren und anderen Apparaten zur Erzeugung von Funkenentladungen plattenförmige Elektroden eine bessere Wirkung geben als kugelförmige oder spitzenförmige, weil jene eine größere Kapazität darstellen. Es tritt infolgedessen beim Entstehen der EMK, die ja als eine Ladung der Elektroden zu betrachten ist, eine höhere Spannung auf als die von der Stromquelle erzeugte, so daß es schon bei einer kleineren EMK zu einer Funkenentladung kommt. Der Unterschied ist besonders deutlich, wenn man einmal platten-

Die Dämpfung wird vorübergehend sehr vergrößert, wenn der gegenseitigen Berührung der Schalterkontakte ein Funken vorausgeht, was bei höheren Spannungen und Luftschaltern immer der Fall ist. Bei Ölschaltern wird derselbe Erfolg durch Anbringung eines Vorschaltwiderstandes mit Vorkontakt (Anmerk 1 auf S. 391) erreicht.

200. Ein- und Ausschalten langer Leitungen.

In der Praxis kommt sehr häufig der Fall vor, daß eine lange Leitung an einen Stromerzeuger angeschlossen oder abgeschaltet wird. Ist sie offen, so ist es ein Kondensator, der mit der Selbstinduktion des Stromerzeugers in Reihe geschaltet ist. Wir haben dann den in § 195 bis 199 behandelten Fall. Ist sie durch einen Stromverbraucher geschlossen, so verläuft gleichzeitig ein Leitungsstrom neben dem Kapazitätsstrom. Für den zeitlichen Verlauf des letzteren gilt qualitativ dasselbe wie bei offener Leitung.

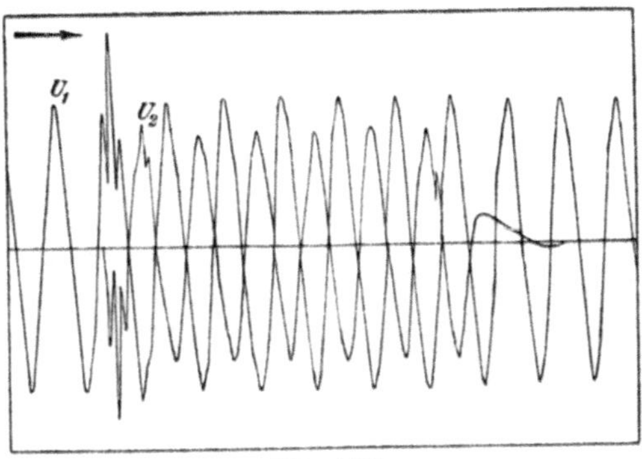

Abb. 333.

Wird ein solcher Stromkreis derart geschlossen (eingeschaltet), daß sich das Schließen während eines Bruchteiles einer halben Periode vollzieht, so entstehen Schwingungen wie in § 196. Abb. 333 zeigt eine oszillographische Aufnahme[1]) vom Einschalten und Abschalten eines offenen Kabels, wobei U_1 die Spannung des Stromerzeugers, U_2 die des Kabels bedeutet. Wie man sieht, entstanden beim Einschalten drei Schwingungen von höherer Frequenz wie die aufgedrückte Wechselspannung. Das Ausschalten vollzog sich wegen der Funkenbildung im Schalter nicht augenblicklich, sondern erstreckte sich, wie man sieht, über zwei halbe Wellen (vgl. § 193B). Dabei ergab sich kein wesentlicher Unterschied, ob ein Ölschalter oder ein Luftschalter verwendet wurde. Ein Unterschied zeigt sich erst, wenn die Stromstärke so groß ist, daß am Luftschalter ein Lichtbogen auftritt.

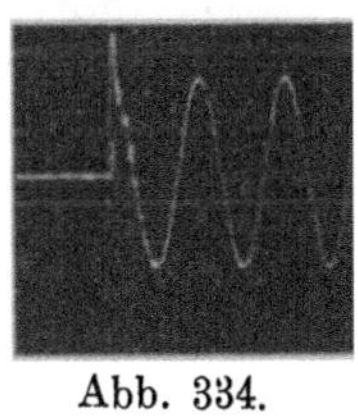
Abb. 334.

Abb. 334 zeigt die Spannung beim Einschalten eines Kabels mit

förmige und einmal kugelförmige Elektroden mittels eines Schalters plötzlich an eine Stromquelle anschließt. Bei ersteren erhält man unter gleichen Verhältnissen größere Schlagweiten als bei letzteren. Bei jenen erhält man daher die richtigen, von Kapazität, Selbstinduktion und Widerstand unabhängigen Schlagweiten nur, wenn man die EMK der Stromquelle langsam steigert (vgl. auch § 249).

[1]) Nach David, ETZ 1905, S. 1164.

angeschlossenem Transformator[1]). Wie man sieht, entstand hier eine Schwingung von höherer Frequenz, aber sehr kleinen Amplituden. Der Strom hatte wegen des angeschlossenen Transformators einen ähnlichen Verlauf wie in Abb. 316. Abb. 335 zeigt die Schwingungen[2]), die sich über die Wechselspannung überlagern, wenn durch eine Funkenstrecke bei jeder Halbwelle ein Funkenübergang entsteht.

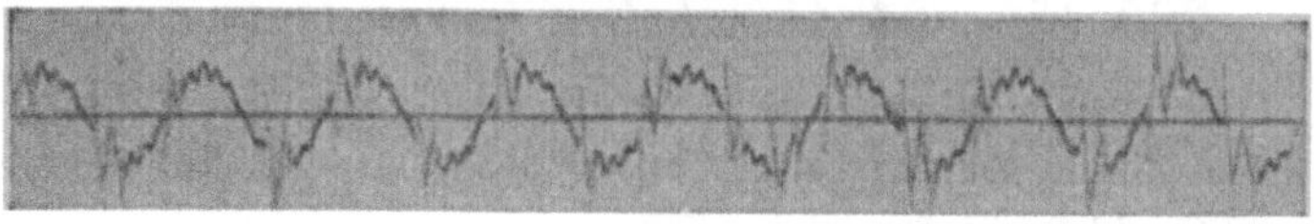

Abb. 335.

Aus allen diesen Bildern ersieht man, daß der größte Spannungswert niemals das Doppelte des Scheitelwertes des Stromerzeugers übersteigt gemäß § 196.

Vollzieht sich das Ausschalten infolge Funkenbildung während eines Zeitraumes, der mehrere Halbwellen umfaßt, so nehmen die Scheitelwerte allmählich ab, wie Abb. 336 zeigt, die sich auf das Ausschalten eines Drehstromkabels mit Transformator bezieht. J ist der Strom, E sind die Spannungen in zwei verschiedenen Phasen. Bei **langsamer** Unterbrechung besteht eben kein Unterschied gegenüber dem in § 193 besprochenen Stromkreis ohne Kapazität.

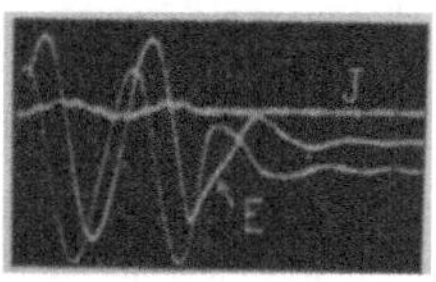

Abb. 336.

Über die räumliche Verteilung von Schwingungen auf langen Leitungen vgl. § 207.

201. Umformung elektrischer Schwingungen. Tesla-Transformator.

Die durch Entladung eines Kondensators über einen Stromkreis mit Sellbstinduktion auftretenden Schwingungen können (nach § 195, Gl. VIII) keine höhere Spannungsamplitude haben als die ursprüngliche Kondensatorspannung, das ist die Spannung der Stromquelle, die zum Laden des Kondensators dient. Will man die Schwingungen auf höhere Spannung bringen, so muß man sie mittels eines Transformators umformen. Abb. 337 zeigt diese Anordnung schematisch. Mittels der Drähte $a\,b$, die zu einer geeigneten Stromquelle führen (Funkeninduktor, Wechselstromtrans-

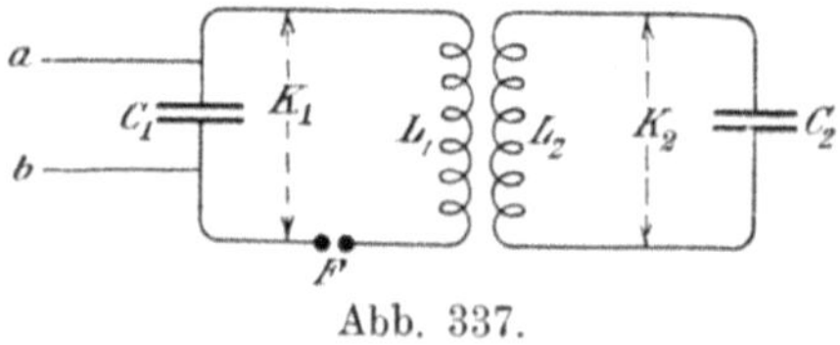

Abb. 337.

[1]) Nach Junkersfeld und Schweitzer, Proceed. Amer. Inst. Electr. Eng. Bd. 27, 1908.

[2]) Nach Schrottke und Delling, ETZ 1910, S. 579.

formator), wird der Kondensator C_1 geladen, bis die Funkenstrecke F von der Spannung durchschlagen wird. Dadurch wird der Kondensator entladen und zwar oszillatorisch, wenn die Bedingungsgleichung V (S. 401) erfüllt ist.

Diese elektrischen Schwingungen werden durch den Transformator $L_1 L_2$ umgeformt, und man erhält im allgemeinen in der sekundären Wicklung elektrische Schwingungen von höherer Spannung, wenn die Windungszahl der sekundären Wicklung größer ist als die der primären.

Der Kondensator C_2 läßt aber nur dann einen stärkeren Strom durch, wenn er in einem solchen Verhältnis zur sekundären Selbstinduktion L_2 steht, daß Resonanz eintritt (§ 174)*).

Aus § 152 wissen wir, daß bei gegenseitiger Induktion der sekundäre Strom auf den primären zurückwirkt. Daraus kann man schließen, daß die Schwingung, die im sekundären Kreis ausgelöst wird, auch im primären auftritt. Nach der in § 197 gegebenen Darstellung kann man den Vorgang so beschreiben: Durch die magnetische Kupplung zwischen den beiden Wicklungen wird die im primären Kreis durch Entladung des Kondensators C_1 erzeugte Schwingung dem sekundären Kreis aufgedrückt. Dadurch wird der sekundäre Kreis zu seiner Eigenschwingung angeregt, und diese wird wiederum dem primären Kreis aufgedrückt, so daß man in jedem Stromkreis zwei Schwingungen erhält.

Der Zusammenhang zwischen den beiden Stromkreison wird durch die Kraftlinien hergestellt, die von beiden Wicklungen umschlossen werden; es ist also eine magnetische Kupplung. Sie wird wie bei jedem Transformator durch den Koeffizienten der gegenseitigen Induktion M zahlenmäßig ausgedrückt, dessen Zusammenhang mit den Selbstinduktionskoeffizienten der beiden Wicklungen (§ 150) bestimmt ist durch

$$M^2 = \varkappa^2 L_1 L_2 ,$$

wobei $\varkappa$ den Kupplungsfaktor bedeutet. $\varkappa$ und M sind um so kleiner, je größer die magnetische Streuung ist, d. h. je mehr Kraftlinien es gibt, die nur zu einem der beiden Stromkreise gehören.

Die Spannungsgleichungen eines Transformators sind nach § 147:

$$w_1 i_1 + L_1 \frac{di_1}{dt} + M \frac{di_2}{dt} = k_1 ,$$

$$w_2 i_2 + L_2 \frac{di_2}{dt} + M \frac{di_1}{dt} = k_2 .$$

Sind die Ohmschen und induktiven Widerstände der äußeren Ver-

*) Man kann übrigens den Kondensator C_2 auch weglassen und doch noch Resonanz im sekundären Kreis erreichen, nämlich dann, wenn bei hohen Periodenzahlen schon die Kapazität der Wicklung und der angeschlossenen Leitungen ausreicht.

bindungsdrähte verschwindend klein, so ist k_1 gleich der Spannung am Kondensator C_1 und k_2 gleich der Spannung am Kondensator C_2, wie in Abb. 337 angenommen wurde[1]). Dann ist (Gl. 202):

$$k_1 = \frac{1}{\omega^2 C_1} \frac{d i_1}{d t},$$

$$k_2 = \frac{1}{\omega^2 C_2} \frac{d i_2}{d t}.$$

Mithin

$$w_1 i_1 + \left(L_1 - \frac{1}{\omega^2 C_1}\right) \frac{d i_1}{d t} + M \frac{d i_2}{d t} = 0,$$

$$w_2 i_2 + \left(L_2 - \frac{1}{\omega^2 C_2}\right) \frac{d i_2}{d t} + M \frac{d i_1}{d t} = 0.$$

Die Behandlung dieses allgemeinen Falles würde hier zu weit führen und hat nichts Wichtiges gegenüber dem einfacheren Fall, wo die beiden Widerstände verschwindend klein sind. Es sei also

$$w_1 = w_2 = 0.$$

Dann lassen sich die letzten beiden Gleichungen ohne weiteres integrieren und man erhält

$$\left.\begin{aligned} \left(L_1 - \frac{1}{\omega^2 C_1}\right) i_1 + M i_2 = 0 \\ \left(L_2 - \frac{1}{\omega^2 C_2}\right) i_2 + M i_1 = 0 \end{aligned}\right\} \quad \ldots\ldots \quad \text{(I)}$$

Oder wenn man für M den Kupplungsfaktor $\varkappa$ einführt

$$i_2 = - i_1 \frac{\omega L_1 - \dfrac{1}{\omega C_1}}{\varkappa \omega \sqrt{L_1 L_2}} \quad \ldots\ldots \quad \text{(II)}$$

$$i_2 = - i_1 \frac{\varkappa \omega \sqrt{L_1 L_2}}{\omega L_2 - \dfrac{1}{\omega C_2}} \quad \ldots\ldots \quad \text{(III)}$$

Eliminiert man aus diesen beiden Gleichungen i_1 und i_2, so erhält man folgende Gleichung für ω

$$\omega^4 - \omega^2 \frac{L_1 C_1 + L_2 C_2}{(1 - \varkappa^2) L_1 L_2 C_1 C_2} + \frac{1}{(1 - \varkappa^2) L_1 L_2 C_1 C_2} = 0.$$

---

[1]) Da eine äußere Selbstinduktion hier nicht vorhanden ist, wird (wie in § 186) $L_{2i} = L_2$ gesetzt.

Daraus erhält man zwei verschiedene Werte für ω, die wir mit ω_a und ω_b bezeichnen

$$\omega_a{}^2 = \frac{L_1 C_1 + L_2 C_2 - \sqrt{(L_1 C_1 - L_2 C_2)^2 + 4 \varkappa^2 L_1 L_2 C_1 C_2}}{2(1-\varkappa^2) L_1 L_2 C_1 C_2} \quad \text{(IV)}$$

$$\omega_b{}^2 = \frac{L_1 C_1 + L_2 C_2 + \sqrt{(L_1 C_1 - L_2 C_2)^2 + 4 \varkappa^2 L_1 L_2 C_1 C_2}}{2(1-\varkappa^2) L_1 L_2 C_1 C_2} \quad \text{(V)}$$

In jedem der beiden Stromkreise treten also zwei Schwingungen von verschiedener Periodenzahl auf[1]). Daß sie in jedem auftreten müssen, folgt daraus, daß die letzten Gleichungen aus der Vereinigung der Gleichungen II und III, von denen die erste für den primären, die zweite für den sekundären Kreis gilt, erhalten wurden, und daß jede den Kupplungsfaktor enthält. Ferner folgt es aus dem Grundgesetz des Transformators, wonach die Periodenzahlen in beiden Kreisen unbedingt dieselben sind. Zwei verschiedene Schwingungen in jedem Stromkreis treten sogar dann auf, wenn jeder der beiden Stromkreise für sich allein bestehend dieselbe Eigenschwingung hätte, d. h. wenn

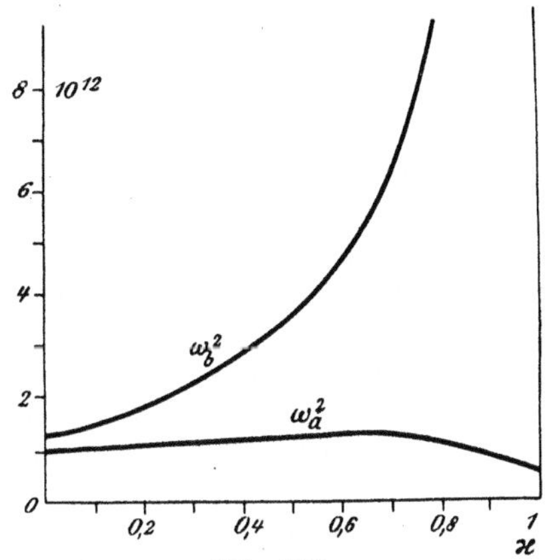

Abb. 338.

$$L_1 C_1 = L_2 C_2$$

wäre. Dann ist nämlich

$$\left.\begin{aligned} \omega_a{}^2 &= \frac{1}{(1+\varkappa) L_1 C_1} \\ \omega_b{}^2 &= \frac{1}{(1-\varkappa) L_1 C_1} \end{aligned}\right\} \quad \ldots\ldots\ldots \quad \text{(VI)}$$

Aus den Gl. IV und V geht hervor, daß die Periodenzahlen von der magnetischen Kupplung $\varkappa$ abhängen. Abb. 338 zeigt die Abhängigkeit der beiden Schwingungen von der magnetischen Kupplung für $L_1 C_1 = 10^{-12}$ und $L_2 C_2 = \frac{3}{4} \cdot 10^{-12}$. Wir betrachten die äußersten Fälle ($\varkappa = 1$, $\varkappa = 0$); zunächst den, wenn die Kupplung eine vollständige ist, d. h. wenn keine magnetische Streuung zwischen den beiden Stromkreisen besteht. Für diesen Fall ist

$$\varkappa = 1$$

[1]) Auch die Dämpfungsdekremente der beiden Schwingungen sind verschieden und von der Kupplung abhängig. Darauf kann hier nicht weiter eingegangen werden, weil es nur für die drahtlose Telegraphie Bedeutung hat.

und die Gl. IV und V gehen über in

$$\omega_a^2 = \frac{0}{0} \quad . \; . \; . \; . \; . \; . \; . \; . \; . \; . \quad \text{(VII)}$$

$$\omega_b^2 = \infty \quad . \; . \; . \; . \; . \; . \; . \; . \; . \; . \quad \text{(VIII)}$$

Die Bedeutung des unbestimmten Ausdruckes $\frac{0}{0}$ für ω_a^2 erhält man, wenn man auf die Gl. II und III zuückgeht und $\varkappa = 1$ setzt. Dann erhält man eine lineare Gleichung für ω^2, und dieser Wert ist

$$\omega^2 = \frac{1}{L_1 C_1 + L_2 C_2} \quad . \; . \; . \; . \; . \; . \; . \quad \text{(IX)}$$

In jedem der beiden Stromkreise besteht also in diesem Falle nur eine Schwingung, deren Frequenz einen Mittelwert aus den Eigenschwingungen beider darstellt. Diesen Fall praktisch zu verwirklichen ist unmöglich, weil eine gänzliche Vermeidung der Streuung bei einem Transformator unmöglich ist. Hier aber kommt es nicht nur auf die magnetische Kupplung zwischen den Wicklungen des Transformators, sondern der ganzen Stromkreise einschließlich der Verbindungsleitungen an, deren Kraftlinien mit dem anderen Stromkreis nicht gekuppelt sind. Dagegen ist eine vollständige Kupplung bei mechanischen Schwingungen leicht möglich; man bezeichnet sie als starre Kupplung (vgl. § 203). Es ist ohne weiteres klar, daß in diesem Falle beide Systeme nur eine und dieselbe Schwingung ausführen können.

Wir betrachten nun den anderen äußersten Fall der magnetischen Kupplung, nämlich

$$\varkappa = 0.$$

Der ist vorhanden, wenn die beiden Stromkreise nahezu unabhängig voneinander sind. Dann gehen die Gl. IV und V über in

$$\omega_a^2 = \frac{1}{L_1 C_1} \quad . \; . \; . \; . \; . \; . \; . \; . \; . \; . \quad \text{(X)}$$

$$\omega_b^2 = \frac{1}{L_2 C_2} \quad . \; . \; . \; . \; . \; . \; . \; . \; . \; . \quad \text{(XI)}$$

jeder Stromkreis kann jetzt nur seine Eigenschwingung ausführen, da der Kupplungsfaktor aus beiden Gleichungen verschwunden ist.

Ist $\varkappa$ sehr klein, aber noch nicht Null, so führt jeder Stromkreis seine Eigenschwingungen und die des anderen Stromkreises aus. Da die Kupplung sehr schwach ist, bleibt die Eigenschwingung in jedem Stromkreis unverändert. Jeder drückt aber auch seine Eigenschwingung dem anderen auf, und diese bleibt aus demselben Grunde auch unverändert. Diese aufgedrückten Schwingungen sind natürlich um so schwächer, je schwächer die Kupplung ist, und verschwinden ganz, wenn die Kupplung gänzlich aufgehoben ist.

Das Vorstehende gilt strenge genommen nur für ungedämpfte Schwingungen, da wir die Widerstände gleich Null gesetzt haben. Angenähert gilt es aber auch für gedämpfte Schwingungen, da der Widerstand (nach Gl. IX, S. 403) auf die Schwingungszahl wenig Einfluß hat, wenn er nicht so groß ist, daß sich die Kondensatorentladung der Aperiodizität nähert.

202. Fortsetzung: Resonanz zwischen zwei gekuppelten schwingungsfähigen Stromkreisen.

Wir betrachten nun die sekundäre Stromstärke und Klemmenspannung. Die Gl. III besagt, daß die beiden Stromstärken (wie beim gewöhnlichen Transformator § 151) in jedem Augenblick einander entgegengesetzt sind und in einem bestimmten Verhältnis stehen. Das gilt also auch für die Scheitelwerte und daher ist

$$\mathfrak{J}_2 = -\mathfrak{J}_1 \frac{\varkappa\,\omega\sqrt{L_1 L_2}}{\omega L_2 - \frac{1}{\omega C_2}} \quad \ldots\ldots \quad \text{(XII)}$$

Da die Klemmenspannungen nach der Voraussetzung mit den Kondensatorspannungen identisch sind, so ist nach § 172 (Gl. 200)

$$\mathfrak{K}_2 = \frac{\mathfrak{J}_2}{\omega C_2} \qquad \mathfrak{K}_1 = \frac{\mathfrak{J}_1}{\omega C_1}$$

und daher $$\mathfrak{K}_2 = \mathfrak{K}_1 \frac{\mathfrak{J}_2}{\mathfrak{J}_1}\cdot\frac{C_1}{C_2} = -\mathfrak{K}_1 \frac{\varkappa\,\omega C_1\sqrt{L_1 L_2}}{C_2\left(\omega L_1 - \frac{1}{\omega C_2}\right)} \quad \ldots \quad \text{(XIII)}$$

Weiter folgt aus den beiden letzten Gleichungen

$$\mathfrak{J}_2 = -\mathfrak{K}_1 \frac{\varkappa\,\omega^2 C_1\sqrt{L_1 L_2}}{\omega L_2 - \frac{1}{\omega C_2}} \quad \ldots\ldots \quad \text{(XIV)}$$

Aus Gl. II folgt

$$\mathfrak{J}_1 = -\mathfrak{J}_2 \frac{\varkappa\,\omega\sqrt{L_1 L_2}}{\omega L_1 - \frac{1}{\omega C_1}} \quad \ldots\ldots \quad \text{(XV)}$$

und nach Einsetzung der Gl. XIV:

$$\mathfrak{J}_1 = \mathfrak{K}_1 \frac{\varkappa^2\,\omega^3 C_1 L_1 L_2}{\left(\omega L_1 - \frac{1}{\omega C_1}\right)\left(\omega L_2 - \frac{1}{\omega C_2}\right)} \quad \ldots \quad \text{(XVI)}$$

Man erkennt aus diesen Gleichungen ohne weiteres, daß $\mathfrak{J}_1$, $\mathfrak{J}_2$ und $\mathfrak{K}_2$ unendlich groß werden, also Resonanz eintritt, wenn

$$\omega_a L_1 = \frac{1}{\omega_a C_1} \quad \ldots\ldots \quad \text{(XVII)}$$

oder wenn $$\omega_b L_2 = \frac{1}{\omega_b C_2} \quad \ldots\ldots \quad \text{(XVIII)}$$

d. h. wenn für den einen oder den anderen Stromkreis die Resonanzbedingung als einzelner Stromkreis (entsprechend seiner Eigenschwingung) erfüllt ist.

Sind die Widerstände nicht Null, so werden $\mathfrak{K}_2$ und $\mathfrak{J}_2$ und $\mathfrak{J}_1$ natürlich nicht unendlich groß sondern um so kleiner, je größer die Widerstände sind. Die Lage des Maximums hinsichtlich der Periodenzahlen wird aber nur wenig geändert, weil letztere von den Widerständen wenig abhängig sind.

Wie sehr $\mathfrak{K}_2$ und $\mathfrak{J}_2$ von der Kupplung $\varkappa$ abhängen, kann man aus den vorstehenden Formeln nicht ersehen, weil $\varkappa$ auch in ω enthalten ist (Gl. IV, V). Wir betrachten daher wieder die beiden äußersten Fälle. Ist

$$\varkappa = 1,$$

d. h. ist die Kupplung eine vollständige (starre), so erhält man nach Einsetzung der Gl. IX in Gl. XIII

$$\mathfrak{K}_2 = \mathfrak{K}_1 \sqrt{\frac{L_2}{L_1}};$$

und da sich die Selbstinduktionskoeffizienten so verhalten wie die Quadrate der Windungszahlen, so ist

$$\frac{\mathfrak{K}_2}{\mathfrak{K}_1} = \frac{N_2}{N_1} = \ddot{u}.$$

Die Klemmenspannungen verhalten sich also wie die Windungszahlen. Für das Verhältnis der Ströme ergibt sich auf gleiche Weise

$$\frac{\mathfrak{J}_2}{\mathfrak{J}_1} = \frac{C_2}{C_1}\sqrt{\frac{L_2}{L_1}} = \frac{C_2}{C_1}\cdot\frac{N_2}{N_1} = \frac{C_2}{C_1}\ddot{u}.$$

Ist

$$\varkappa = 0,$$

d. h. sind die beiden Stromkreise voneinander unabhängig, so ist $\mathfrak{K}_2 = 0$. Ist $\varkappa$ sehr klein, aber noch nicht Null, so gilt für die erregende Schwingung, welche durch die Entladung des Kondensators C_1 erzeugt wird, die Gl. X. Setzt man also $\omega^2 = \frac{1}{L_1 C_1}$ in Gl. XIII und XII ein, so erhält man

$$\mathfrak{K}_2 = \mathfrak{K}_1 \frac{\varkappa C_1 \sqrt{L_1 L_2}}{L_1 C_1 - L_2 C_2},$$

$$\mathfrak{J}_2 = \mathfrak{J}_1 \frac{\varkappa C_2 \sqrt{L_1 L_2}}{L_1 C_1 - L_2 C_2}.$$

Man ersieht daraus, daß $\mathfrak{K}_2$ und $\mathfrak{J}_2$ unendlich groß wird, wenn

$$L_1 C_1 = L_2 C_2 \quad . \; . \; . \; . \; . \; . \; . \; . \quad \text{(XIX)}$$

Für diesen Fall ($\varkappa = 0$) gehen also die zwei Resonanzmöglichkeiten (Gl. XVII und XVIII) für jeden Stromkreis in eine über. Die vorstehende Bedingungsgleichung besagt (in der Ausdrucksweise der Akustik), daß die beiden Stromkreise aufeinander abgestimmt sind.

Die letzten Gleichungen gelten nur unter der Voraussetzung, daß die Kupplung nahezu Null ist. Andererseits haben wir oben gesehen, daß für die vollständige Kupplung ($\varkappa = 1$) das Verhältnis der Spannungen lediglich durch das Übersetzungsverhältnis bestimmt wird, also keine Resonanz eintritt. Wir müssen daraus schließen, daß bei den dazwischen liegenden Werten von $\varkappa$ die Resonanz um so weniger ausgeprägt erscheint, je stärker die Kupplung zwischen den beiden Stromkreisen ist. Nach einem treffenden Ausdruck von M. Wien bekommt das System der beiden Stromkreise, von denen jeder für sich allein resonanzfähig ist, durch die Kupplung eine Scheu vor der Resonanz, die um so stärker ist, je stärker die Kupplung ist, so daß bei nahezu vollständiger Kupplung ($\varkappa = 1$) überhaupt keine Resonanz bemerkbar ist. Dagegen ist sie um so schärfer, je näher sich die Kupplung dem Werte Null nähert.

Aus der Schärfe der Resonanz kann aber noch nicht auf die Höhe der sekundären Spannung geschlossen werden. So stellt z. B. die Kurve *I* in Abb. 339 eine schärfere Resonanz dar als *II*, trotz gleicher Höhe, und *III* zeigt trotz kleinerer Höhe eine schärfere Resonanz als *II*. Die Höhe der sekundären Spannung ist eben nicht nur von der Resonanz abhängig, sondern auch von der Kupplung, wie Gl. XIII zeigt. Je stärker die Kupplung ist, d. h. je kleiner die Streuung ist, desto größer ist nach dem Grundgesetze jedes Transformators die im sekundären Kreis induzierte EMK. Während also mit zunehmender Kupplung die Scheu vor der Resonanz wächst, nimmt die sekundäre EMK zu, so daß die höchste sekundäre Klemmenspannung bei einem Zwischenwerte der Kupplung eintritt.

Abb. 339.

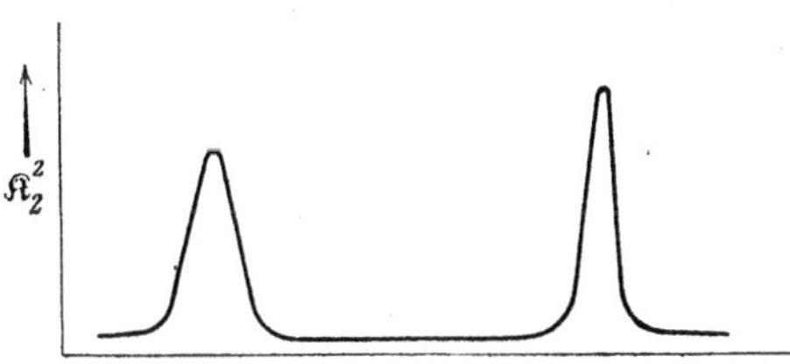

Abb. 340.

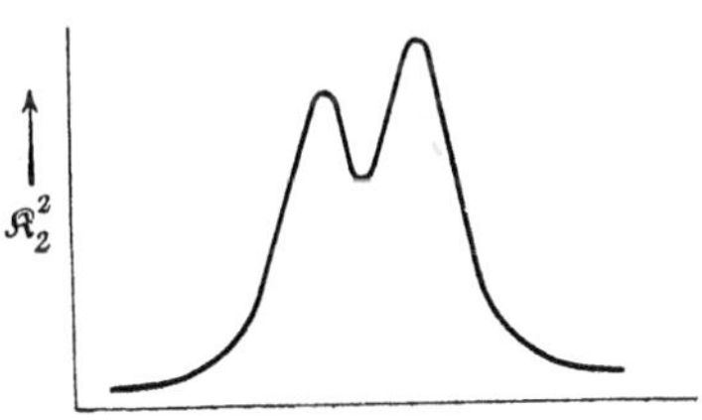

Abb. 341.

Ist die Kupplung nicht sehr schwach, so treten entsprechend den beiden Schwingungen in jedem Stromkreis zwei verschiedene Resonanzstellen auf, die um so weiter auseinanderrücken, je stärker die Kupplung ist. Verändert man also die Periodenzahlen, wozu (nach Gl. IV, V) schon die Veränderung von C_1 oder C_2 genügt, so kommt zuerst die eine, dann die andere Schwingung zur Resonanz, und man erhält für die sekundäre Spannung oder für die Stromstärken den in Abb. 340 dargestellten Verlauf. Die Höhe der Resonanz ist im allgemeinen verschieden. Je stärker die Kupplung, desto stärker die Scheu vor der Resonanz, desto unschärfer werden die Resonanzen, und desto weiter rücken sie auseinander. Je schwächer die Kupplung, desto schärfer werden die Resonanzen, und desto näher rücken sie zusammen, so daß sie ineinander übergehen können, wie Abb. 341 zeigt, und schließlich ganz zusammenfallen.

Das Auftreten zweier Schwingungen in demselben Stromkreis, wenn $\varkappa$ größer als Null und kleiner als 1 ist, hat zur Folge, daß durch Interferenz derselben Schwebungen entstehen. Abb. 342 zeigt die Schwingung eines einzelnen Stromkreises[1]) mit Kapazität und Selbstinduktion (gemäß Abb. 329). Abb. 343 zeigt die Schwingung desselben Stromkreises bei Anwesenheit eines sekundären schwingungsfähigen

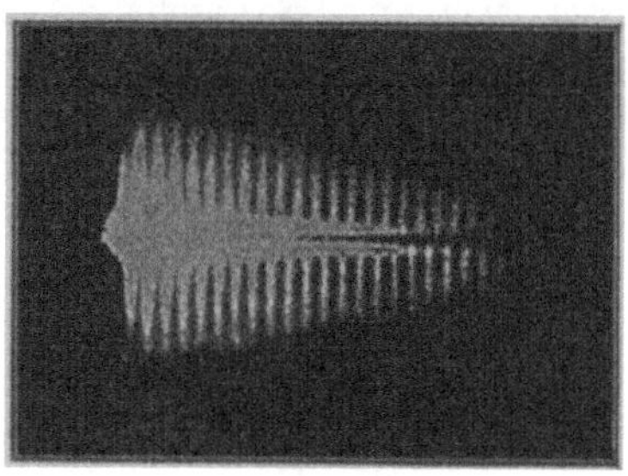

Abb. 342.

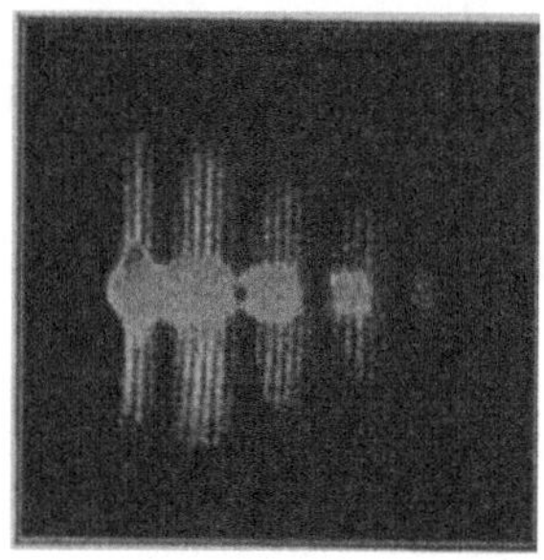

Abb. 343.

Stromkreises. Abb. 344 zeigt den Verlauf des Stromes in beiden Stromkreisen von dem Augenblick an, wo die Funkenentladung im primären Kreise einsetzt. Abb. 345 zeigt dasselbe bei schwächerer Kupplung[2]). Es besteht (wie bei einem gewöhnlichen Transformator mit kleinem Widerstand) eine Phasenverschiebung von nahezu 180° zwischen den beiden Strömen. Bemerkenswert ist, daß die Energie zwischen beiden Stromkreisen hin und her schwingt[3]), und zwar mit der Periode $b\,f$. Zu den Zeitpunkten b, d, f, h ist die Energie im primären Stromkreis Null, im sekundären dagegen ein Maximum. In den Zeitpunkten a, c, e, g ist es umgekehrt. (Dieser Wechsel der Schwingungsenergie zwischen den beiden Systemen läßt sich sehr deutlich an dem mechanischen Modell, Abb. 349, verfolgen.)

Die Schwingungen im primären Stromkreis können natürlich nur

---

[1]) Nach Aufnahmen von Diesselhorst (Verh. d. Deutsch. phys. Gesellsch. 1907, Nr. 14) mittels des Glimmlichtoszillographen.

[2]) Abb. 345, 346 und 347 aus B. Glatzel, „Methoden zur Erzeugung von Hochfrequenzenergie", Leipzig 1913.

[3]) Das steht im Einklang mit dem Übergang der Entladungsenergie auf den sekundären Stromkreis beim Unterbrechen eines kapazitätlosen Stromkreises (§ 188).

so lange andauern, als der Funken besteht. Ist er verlöscht, z. B. im Augenblick *l*, so ist der primäre Stromkreis offen und seine Schwingung unterbrochen; die beiden Stromkreise sind entkuppelt. Ist der sekundäre Stromkreis noch geschlossen, so verläuft hier die Schwingung weiter, bis ihre ganze Energie durch Umsatz in Wärme verbraucht ist.

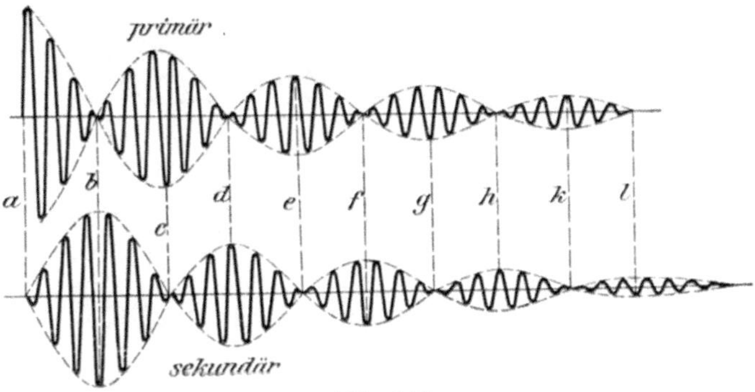

Abb. 344.

Verlöscht der primäre Funken schon zur Zeit *b*, so kann nun die Energie vom sekundären Kreis nicht mehr auf den primären zurückschwingen, sondern verläuft im sekundären Kreis als wenig gedämpfte Schwingung (Abb. 346), wie in jedem einzelnen schwingungsfähigen Stromkreis ohne Funkenstrecke, also mit kleinem Widerstand. Man nennt das Stoßerregung[1]). Das frühzeitige Verlöschen des primären Funkens wird dadurch bewirkt, daß man ihn möglichst stark abkühlt,

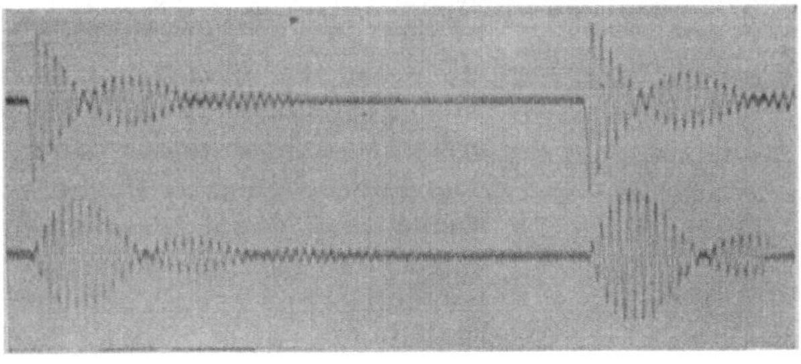

Abb. 345.

indem man die Funkenstrecke in mehrere kurze, hinteinander geschaltete Strecken zerlegt und die Elektroden aus starken Kupferplatten herstellt (Löschfunkenstrecken); allenfalls bringt man sie noch in Wasserstoff, der ein größeres Wärmeleitungsvermögen hat als Luft. Wenn der primäre Funken frühzeitig verlöscht, hat das noch den Vorteil, daß man eine stärkere Kupplung anwenden, also von vornherein mehr Energie auf den sekundären Kreis übertragen kann, ohne daß

[1]) M. Wien, Ann. d. Phys., Bd. 25, 1908.

man zwei Schwingungen von ähnlicher Frequenz erhält. Denn wie wir im vorhergehenden gesehen haben, treten in jedem Stromkreis zwei Schwingungen auf, die nur bei sehr schwacher Kupplung in eine übergehen. Daher mußte man bei der drahtlosen Telegraphie früher, wo man ohne Löschfunkenstrecken arbeitete, sehr schwache Kupplung an-

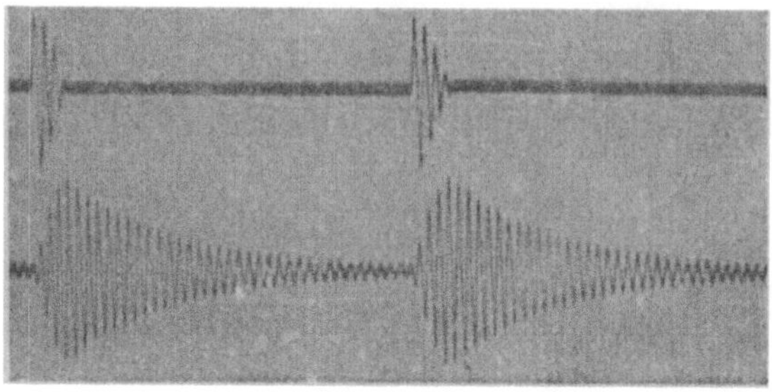

Abb. 346.

wenden, um im Sender nur eine Schwingung zu erhalten. Hätte man hier zwei Schwingungen, so wäre die Abstimmung auf Resonanz zwischen Sender und Empfänger unsicher. Wenn aber der primäre Funken frühzeitig verlöscht, so ist der Sendedraht, der den sekundären Teil des Schwingungserzeugers bildet, von da an entkuppelt und schwingt nun wie jeder einzelne Stromkreis nur mit einem sinusförmigen Wellenzug weiter.

Ein weiterer Vorteil der frühzeitigen Funkenlöschung besteht darin, daß der Funken nur kurze Zeit besteht und infolgedessen der nächste Funken in viel kürzerer Zeit folgen kann, als wenn er solange andauert, wie in Abb. 345. Eine neue Funkenentladung entsteht nämlich immer dann, wenn nach dem Verlöschen eines Funkens die Stromstärke und infolgedessen auch der Spannungsabfall Null geworden ist, so daß die Leerlaufspannung auftritt, die eine neue Entladung bewirkt. Die Funkenfolge kann noch weiter gesteigert werden, wenn man dafür sorgt, daß die periodische Schwingung des primären Stromkreises, die in Abb. 346 aus 6 Halbwellen besteht, nur mehr aus einer Halbwelle besteht, so daß der Strom im primären Kreis im wahren Sinne des Wortes nur aus aufeinanderfolgenden Stromstößen besteht, wie Abb. 347 nach einer oszillographischen Aufnahme zeigt. Zu diesem Zwecke stellt man den Widerstand des primären Kreises so ein, daß die Schwingung aperiodisch ist (vgl. S. 401). Das hat den weiteren Vorteil, daß man dabei den primären und sekundären Kreis nicht aufeinander abstimmen muß. Die Kupplung zwischen primärem und sekundärem Stromkreis hat jetzt nur den Zweck, den primären Stromstoß auf den sekundären Stromkreis

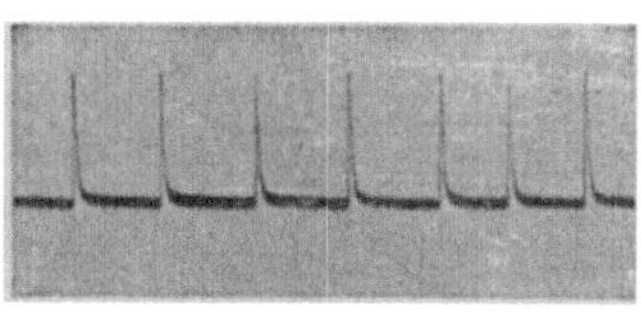

Abb. 347.

zu übertragen (aperiodische Stoßerregung), der nun nach jedem Stromstoß seine Eigenschwingung ausführt, wie bei jeder Kondensatorentladung. Die Kupplung kann dabei stärker sein, als bei der oszillierenden Stoßerregung. Auf diese Weise kann man bis zu 10000 Stromstößen oder Funkenentladungen in der Sekunde kommen und hat überhaupt nicht mehr den Eindruck von gewöhnlichen Funken, sondern den eines tönenden Lichtbogens zwischen den Elektroden[1]). Bei Funken nach Abb. 345 kann man höchstens 50 Entladungen in der Sekunde anwenden.

203. Allgemeine Betrachtung über die Schwingungen gekuppelter Systeme.

Dasselbe Ergebnis wie im vorhergehenden, wonach bei sehr schwacher Kupplung Resonanz eintritt, wenn die im primären Stromkreis erzeugte Schwingung gleiche Frequenz hat wie die Eigenschwingung des sekundären Kreises, haben wir auch bei dem in § 186 behandelten Problem (Resonanztransformator) erhalten, wo ein Transformator in gewöhnlicher Weise an eine Wechselstromquelle angeschlossen ist, und der sekundäre Kreis Kapazität und Selbstinduktion enthält, also zu Eigenschwingungen befähigt ist. Auch dort haben wir gesehen, daß Resonanz eintritt, wenn die Frequenz der Wechselstromquelle gleich der Eigenschwingung des sekundären Kreises ist. Ein wesentlicher Unterschied aber liegt darin, daß bei jenem Falle in jedem Kreis nur eine Schwingung auftritt, während bei dem zuletzt behandelten Falle (Tesla-Transformator) in jedem Kreis zwei Schwingungen auftreten, die um so weiter auseinanderrücken, je stärker die Kupplung ist. Für $\varkappa = 1$ gibt es für beide Systeme nur eine und dieselbe Schwingung (Gl. IX S. 420), weil die andere in unendliche Entfernung gerückt, also unmöglich ist (Abb. 338).

In § 197 haben wir gesehen, daß die elektrischen Schwingungen nach denselben Gesetzen vor sich gehen, wie mechanische Schwingungen. Das gilt auch für Schwingungen gekuppelter Systeme. Sehr deutlich kann man dies an folgendem Apparat zeigen (Abb. 348). Zwei Pendel I und II mit den Drehpunkten O_1 und O_2 sind durch einen Faden B_1, B_2, der durch das Gewicht G gespannt wird, miteinander verbunden. Der Faden muß im Verhältnis zu den Ausschlägen der beiden Pendel

[1]) Die Anwendung solcher tönenden Funken bringt noch den Vorteil mit sich, daß man die telegraphischen Zeichen von atmosphärischen oder anderen Störungen unterscheiden kann. Schließt man nämlich an den Empfangsapparat ein Telephon an, so hört man in diesem natürlich denselben Ton, den der genannte Lichtbogen im Sender hat. Um die wünschenswerte Reinheit des Tones im Sender zu erzielen, verwendet man Wechselstrom mit Resonanztransformator (§ 186) und stellt die Funkenstrecke so ein, daß beim Scheitelwert jeder Halbwelle eine aperiodische Stoßentladung eintritt. Wird Gleichstrom verwendet, so muß die Anzahl der Entladungen durch einen dem Entladungskreis parallel geschalteten (elektrisch gekuppelten) Schwingungskreis mit entsprechender Selbstinduktion und Kapazität geregelt werden. Darauf kann nicht näher eingegangen werden.

sehr lang sein, damit er ihre Bewegung nicht hindert. Die durch das Gewicht bewirkte Spannung des Fadens stellt die Kupplung zwischen den beiden Pendeln dar. Durch Veränderung dieses Gewichtes kann die Stärke der Kupplung verändert werden. Ist kein Gewicht vorhanden, so besteht keine Kupplung ($\varkappa = 0$). Wird der Faden durch einen in den Punkten $B_1 B_2$ drehbaren Stab ersetzt, so ist die Kupplung eine vollständige ($\varkappa = 1$), die man in der Mechanik als starre Kupplung bezeichnet.

Das Pendel I wird durch Drehung der Scheibe S mit Hilfe der in den Punkten F, H drehbaren Stange in periodische Bewegung versetzt. Es wird ihm also eine Schwingung aufgedrückt. Die Schwingung des Pendels I wird nun weiterhin durch die Fadenkupplung $B_1 B_2$ dem Pendel II aufgedrückt, wodurch dieses zur Eigenschwingung an-

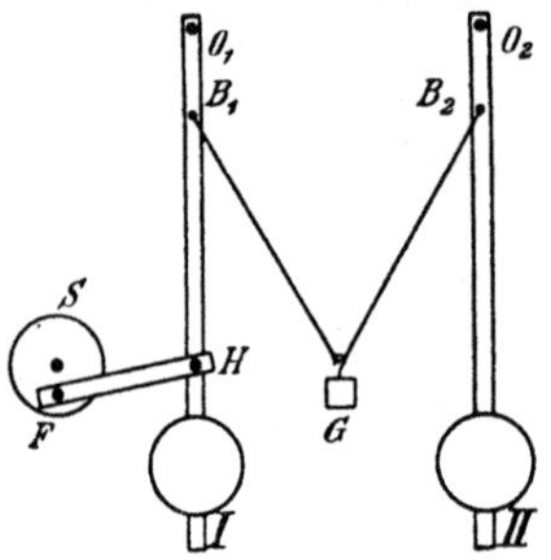

Abb. 348.

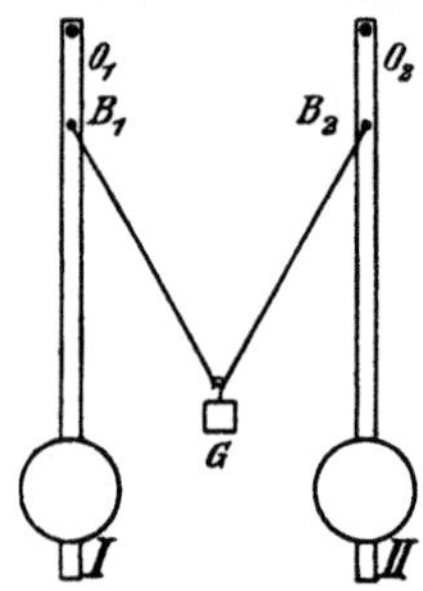

Abb. 349.

geregt wird. Aus dieser und der aufgedrückten Schwingung entsteht eine resultierende, die erzwungene Schwingung. Das entspricht genau dem in § 186 behandelten Fall (Resonanztransformator), wo dem primären Stromkreis durch eine äußere Stromquelle ein periodischer Strom aufgedrückt wird, und der sekundäre Stromkreis vermöge seiner Selbstinduktion und der angeschlossenen Kapazität zu Eigenschwingungen befähigt ist. Hat die aufgedrückte Schwingung dieselbe Periodenzahl wie die Eigenschwingung, so tritt Resonanz ein, d. h. das Pendel II macht sehr große Ausschläge. Das Pendel I hingegen kann keine größeren Ausschläge ausführen, als ihm aufgedrückt werden, da die starre Kupplung FH Eigenschwingungen verhindert.

Besteht ein kleiner Unterschied zwischen den Periodenzahlen der aufgedrückten und der Eigenschwingung des Pendels II, so führt es Schwebungen aus, die durch Interferenz der beiden Schwingungen entstehen. Ist die Kupplung nicht allzu stark, so tritt auch Resonanz ein, aber nicht, wenn die Periodenzahl der aufgezwungenen Schwingung gleich der Eigenschwingung von II ist, sondern bei einer um so höheren Periodenzahl, je stärker die Kupplung ist (Gl. IV, S. 371). Die Resonanz wird aber um so unschärfer. Es besteht auch da die durch die Kupplung bewirkte Scheu vor der Resonanz. Ist die Kupplung eine vollständige (starre), so gibt es keine

Resonanz mehr, sondern das Pendel II führt genau dieselbe Bewegung aus wie I, also nur die aufgedrückte Schwingung.

Für den Fall, daß die Widerstände nicht Null sind, d. h. für gedämpfte Schwingungen, werden die Gleichungen I bis III des § 186 so unübersichtlich, daß man allgemeine Folgerungen daraus nicht ziehen kann. Um so leichter läßt sich der Einfluß der Dämpfung bei diesen mechanischen Schwingungen übersehen, wenn man die Pendel in einer Flüssigkeit schwingen läßt. Je zäher diese ist, desto größer ist die Dämpfung. Wenn der Bewegungswiderstand, welcher der Schwingung entgegengesetzt wird, nicht so groß ist, daß die Bewegung schon nahezu aperiodisch ist (Bedingungsgleichung V, S. 401), so hat er auf die Periodenzahl (Gl. IX) wenig Einfluß. Um so stärker ist sein Einfluß auf die Amplitude der Resonanzschwingung. Diese ist um so kleiner, je größer die Dämpfung ist. Der Grund liegt darin, daß die Eigenschwingung um so kleinere Ausschläge hat und um so eher verschwindet, je größer die Dämpfung ist. Das hat weiter zur Folge, daß die Resonanz nicht erst bei vollständger Kupplung ($\varkappa = 1$), sondern schone bei schwächerer Kupplung aufhört. Die Scheu vor der Resonanz kommt um so stärker und bei um so schwächerer Kupplung zur Geltung, je größer die Dämpfung ist.

Von diesem Fall, wo die primäre Schwingung durch eine äußere Kraft erzeugt wird, unterscheidet sich der in § 201 und 202 behandelte Fall (Tesla-Transformator) dadurch, daß die Schwingung im primären Kreise durch Entladung des Kondensators C_1 erzeugt wird, also keine von außen aufgedrückte ist. Abb. 349 zeigt das entsprechende mechanische Modell. Wird das Pendel I aus der Ruhelage gebracht, so führt es eine Schwingung aus, die durch die Kupplung $B_1 B_2$ dem Pendel II aufgedrückt wird. Dies gerät dadurch auch in eine Schwingung, die wiederum dem Pendel I aufgedrückt wird. Infolgedessen wird die Bewegung jedes Pendels durch zwei Schwingungen dargestellt. Diese gehen bei jedem Pendel nur dann in eine über, nämlich in die Eigenschwingung des betreffenden Pendels (Gl. X und XI, S. 420), wenn die Kupplung nahezu Null ist. In diesem Falle tritt Resonanz ein, wenn beide Pendel dieselbe Eigenschwingung haben (Gl. XIX). Hingegen weichen die beiden Schwingungen, die jedes Pendel ausführt, um so mehr von den Eigenschwingungen ab, je stärker die Kupplung ist. Gleichzeitig wird die Resonanz um so unschärfer. Werden die beiden Pendel durch eine in den Punkten $B_1 B_2$ drehbare Stange verbunden, d. h. ist die Kupplung eine vollständige ($\varkappa = 1$), so gibt es keine Resonanz, sondern beide führen dieselbe Bewegung aus. Die Periodenzahl der einen Schwingung ist dann gleich einem von beiden Eigenschwingungeu bestimmten Werte (Gl. IX), die der anderen ist unendlich groß (Gl. VIII), also praktisch nicht vorhanden. Ist eines der beiden Pendel gedämpft, so gilt auch da, daß seine Resonanz um so weniger ausgeprägt ist, je größer die Dämpfung ist. Infolgedessen verschwindet die Resonanz nicht erst bei vollständiger Kupplung, sondern bei um so schwächerer Kupplung, je größer die Dämpfung ist. Sind beide Pendel gedämpft, so wird die

Resonanz noch mehr beeinträchtigt; die Scheu vor der Resonanz kommt noch mehr zur Geltung.

Ein sehr charakteristisches Beispiel dafür, wie selbst bei allerschwächster Kupplung eine scharfe Resonanz eintritt, jedoch nur bei genauer Übereinstimmung der Eigenschwingungen und kleiner Dämpfung, bieten zwei auf gleichen Ton abgestimmte Stimmgabeln oder Saiten. Hier besteht die Kupplung nur aus der Luft, die sich zwischen ihnen befindet. Wird die eine angeschlagen, so entstehen Wellen in der Luft, die auf die andere auftreffen und diese in Schwingung versetzen. Das tritt nicht ein, wenn sie nicht ganz gleich abgestimmt sind.

In gleicher Weise verhalten sich zwei parallelgeschaltete Synchronmaschinen. Die Kupplung besteht hier aus dem Ausgleichstrom, der zwischen den beiden Maschinen verkehrt (synchronisierende Kraft). Insbesondere entspricht Abb. 348 dem Fall, daß ein von einer Kurbelmaschine angetriebener Stromerzeuger (Pendel I mit Exzenterantrieb S) einen Synchronmotor (Pendel II) speist. Der Fall, daß zwei von Kurbeldampfmaschinen angetriebene Stromerzeuger parallel arbeiten, ist noch verwickelter, denn außer der elastischen Kupplung durch den Ausgleichstrom zwischen den elektrischen Maschinen besteht in jeder Dampfmaschine noch eine elastische Kupplung durch den Dampf im Zylinder. Die als „Pendeln" der Maschinen bekannte Erscheinung ist nichts anderes, als die Interferenz zwischen der aufgedrückten und der Eigenschwingung, wie sie Abb. 344 zeigt[1]). Zu einer ausgeprägten Resonanz kommt es nicht, weil bei normal erregten Maschinen die Kupplung durch den Ausgleichstrom und die Dämpfung zu stark ist. Den Fall der starren Kupplung bilden zwei Stromerzeuger, die auf einer torsionsfreien Achse sitzen.

204. Mittel zur Erzeugung elektrischer Schwingungen.

Die einzigen Bedingungen für das Zustandekommen elektrischer Schwingungen durch Entladung eines Kondensators bestehen darin, daß dieser auf irgendeine Weise bis zu genügend hoher Spannung geladen und dann plötzlich entladen wird, und daß für die drei Elemente des Entladungskreises die Bedingungsgleichung $w^2 < \frac{4L}{C}$ erfüllt ist (§ 195).

Die Ladung des Kondensators geschieht am einfachsten dadurch, daß man ihn mit einer geeigneten Stromquelle in Verbindung bringt. Dabei ist es gleichgültig, ob der Anschluß unmittelbar an den Platten liegt (Abb. 350) oder ob Selbstinduktion und Widerstand dazwischen liegt (Abb. 351), so daß die Anschlüsse zu beiden Seiten der Funkenstrecke F liegen.

Die einfachste Stromquelle für die Ladung des Kondensators ist

---

[1]) Bei pendelnden Maschinen nehmen aber die Schwebungsamplituden nicht ab, wie in Abb. 344, weil die Antriebskraft die durch Reibung vernichtete Energie immer wieder ersetzt. Näheres darüber in: Benischke „Der Parallelbetrieb von Wechselstrommaschinen", 2. Aufl., Braunschweig 1918.

eine Elektrisiermaschine oder ein Funkeninduktor, weil das die einfachsten Mittel zur Erzeugung von genügend hoher Spannung sind. Je höher die Spannung, desto höher ist die Ladung $\mathfrak{Q}_0$ des Kondensators und desto größer die Stromstärke der elektrischen Schwingung. Die Entladung des Kondensators geschieht am einfachsten durch Annäherung der Elektroden der Funkenstrecke aneinander, oder indem man die Funkenstrecke so kurz einstellt, daß die Spannung selbst überschlägt. Ist die Elektrisiermaschine fortgesetzt im Gang, so erfolgt nach der ersten Entladung gleich eine neue Ladung, die sich wieder entladet, wenn die Funkenspannung erreicht ist. Man erhält so eine Reihe aufeinanderfolgender Entladungen. Beim Funkeninduktor hängt sie vom Unterbrecher ab (§ 205).

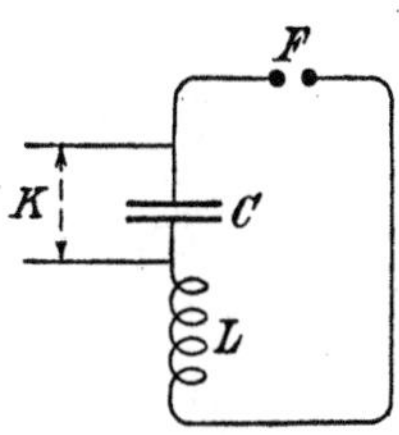

Abb. 350.

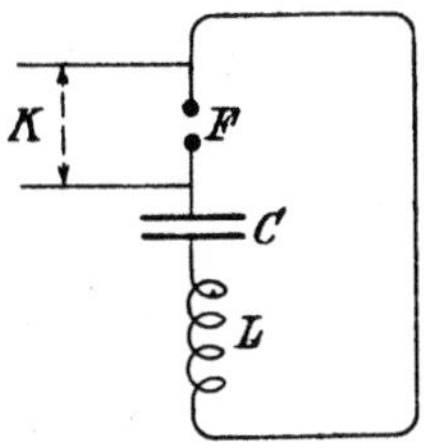

Abb. 351.

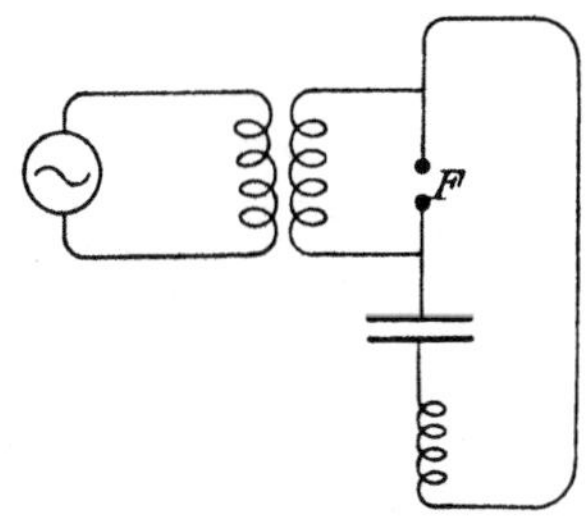

Abb. 352.

Gleichstrommaschinen und Batterien kommen kaum in Betracht, weil ihre verfügbaren Spannungen in der Regel zu klein sind. Dagegen kommt Wechselstrom häufig zur Anwendung, weil man diesen durch Transformation auf hohe Spannung umformen kann. Abb. 352 zeigt das Schema einer solchen Anordnung. Man kann den Transformator natürlich auch zu beiden Seiten des Kondensators anschließen wie in Abb. 350. Ist $\mathfrak{K}_2$ der Scheitelwert der sekundären Spannung, mit welcher der Kondensator geladen wird, so muß die Funkenstrecke F so eingestellt werden, daß sie von ihm mit Sicherheit überschlagen wird. Dem ersten Funken folgt häufig sogleich ein dauernder Lichtbogen. Der Lichtbogen erzeugt aber keine regelmäßigen Schwingungen; er ist inaktiv und muß daher vermieden werden[1]). Er tritt nicht auf, wenn die Spannung $\mathfrak{K}_2$ beim ersten Stromübergang so weit herabsinkt, daß sie den Lichtbogen nicht aufrecht zu erhalten vermag.

Um diesen Abfall der Spannung zu erreichen; kann man entweder den Transformator mit so viel Streuung versehen, daß sein induktiver Spannungsabfall beträchtlich ist, oder man schaltet ihm einen Widerstand oder eine Drosselspule vor, die beim Auftreten des Stromes einen ihr proportionalen Teil der Spannung abdrosselt. Ist der Lichtbogen auf diese Weise gleich nach Auftreten des Stromes wieder erloschen. so steigt die Spannung sogleich wieder auf ihren ursprünglichen, bei Leerlauf des Transformators bestehenden Wert und kann die Funkenstrecke von neuem überschlagen. Auf diese Weise erhält man rasch

---

[1]) Über den Gleichstromlichtbogen als Schwingungserzeuger vgl. § 263.

aufeinanderfolgende aktive Funken, d. h. solche, die aus elektrischen Schwingungen bestehen. In der Regel kann man inaktive Entladungen (Lichtbögen) und aktive Entladungen (oszillatorische Funken) schon äußerlich durch das Aussehen und das Geräusch unterscheiden. Abb. 353 zeigt eine inaktive Entladung eines Transformators bei 50000 V. Leerlaufspannung (effektiv), Abb. 354 mehrere aktive Funken desselben Transformators bei derselben Spannung, dem aber jetzt eine Drosselspule im primären Stromkreis vorgeschaltet war. Die inaktive Entladung gibt ein zischendes, die aktive ein knatterndes oder prasselndes Geräusch.

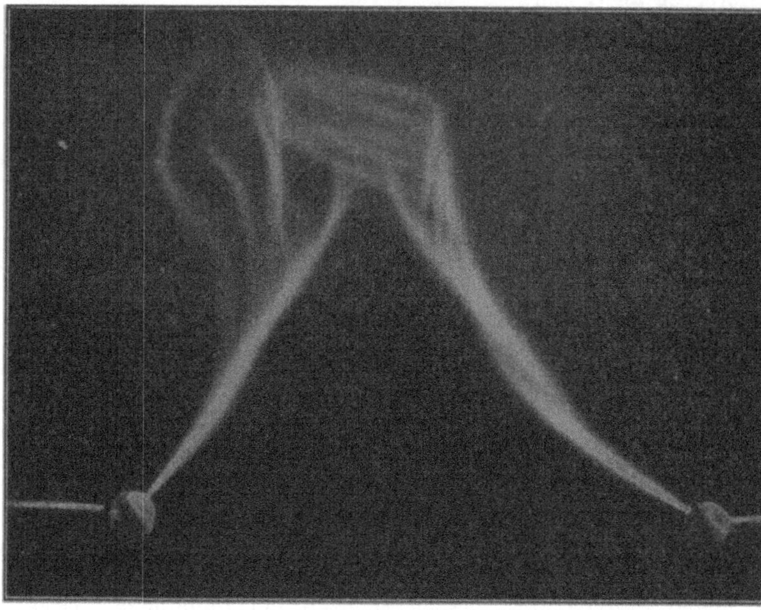

Abb. 353. Inaktive Entladung (Lichtbogen) eines Transformators.

Eine noch schnellere Unterbrechung des Stromes, als sie durch den Spannungsabfall von selbst eintritt, erreicht man dadurch, daß man auf den Funken ein magnetisches Gebläse wirken läßt, indem man die Funkenstrecke derart zwischen zwei entgegengesetzte Pole stellt, daß die Kraftlinien senkrecht zur Funkenbahn verlaufen.

Manchmal folgen die Funkenentladungen so rasch aufeinander, daß sie dem Auge als Lichtbogen erscheinen. Nur durch das knatternde Geräusch oder durch eine photographische Aufnahme erkennt man, daß es sich um rasch aufeinanderfolgende Funken handelt. Abb. 355 zeigt eine solche Aufnahme[1]). Es sind die Funken eines Induktors zwischen einer Spitze und einer Platte. Die primäre Unterbrechung erfolgte

[1]) Nach J. F. Koch, ETZ 1906, S. 707.

durch einen elektrolytischen Unterbrecher (§ 205). Infolge der Raschheit der aufeinanderfolgenden Funken (Dauer der Aufnahme 1 Sekunde), verlaufen sie in nahezu parallelen Bahnen, deren Endpunkte auf der Platte (rechts) wandern.

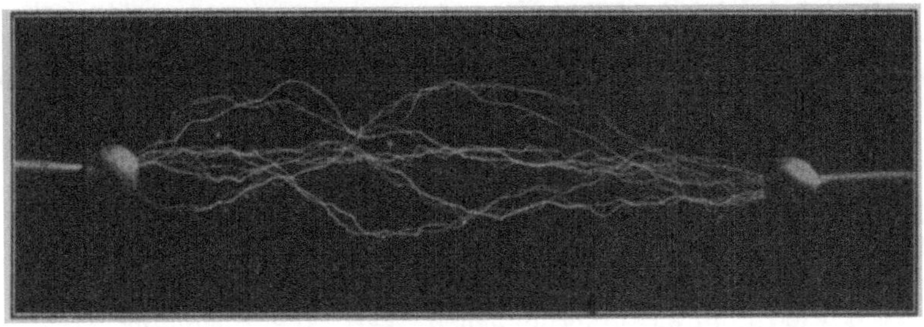

Abb. 354. Aktive Funkenentladung eines Transformators.

Zur Erzeugung sehr kräftiger elektrischer Schwingungen, wie sie zur Funkentelegraphie auf große Entfernungen erforderlich sind, eignet sich besonders der in § 186 behandelte **Resonanztransformator**.

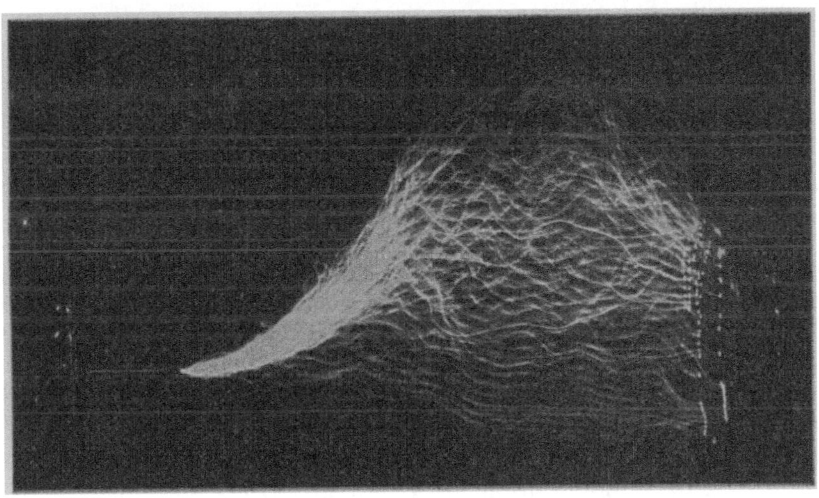

Abb. 355. Funkenentladung eines Induktors mit elektrolytischem Unterbrecher.

Wir haben dort gesehen, daß ein Resonanzmaximum der sekundären Spannung eintritt, wenn die Periodenzahl des primären Stromes der Bedingung

$$\nu = \frac{1}{2\pi\sqrt{C L_2 (1 - \varkappa^2)}}$$

entspricht. Wird also die Periodenzahl des dem Transformator zugeführten Wechselstromes auf diesen Wert eingestellt, so steigt die sekundäre Spannung rasch auf einen hohen Resonanzwert, mit dem der Kondensator geladen wird. Ist die Funkenstrecke F so eingestellt, daß sie von der gewöhnlichen Spannung nicht überschlagen wird, sondern erst von der Resonanzspannung, so wird der Kondensator mit der dieser hohen Spannung entsprechenden großen Ladung entladen. Sowie aber der Strom übergeht, verändert sich sofort die magnetische Kupplung $\varkappa$ des Transformators, weil die Streuung mit der Stromstärke zunimmt. Aus demselben Grunde verändert sich auch die Selbstinduktion L_2. Die Resonanzbedingung ist nun nicht mehr erfüllt, und die Spannung fällt plötzlich auf ihren gewöhnlichen Wert herab, so daß der Funken bei F ebenso plötzlich abreißt. Damit ist auch der Strom wieder Null geworden, die Kupplung und die Selbstinduktion erhalten wieder ihren ursprünglichen Wert, die Spannung steigt auf ihren Resonanzwert und überschlägt wieder die Funkenstrecke. Abb. 356

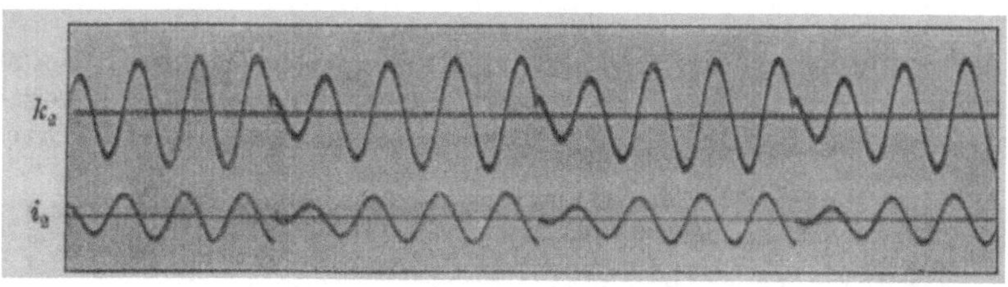

Abb. 356. Sekundäre Spannung k_2 und sekundärer Strom i_2 eines Resonanztransformators bei Überschlägen über die sekundäre Funkenstrecke.

zeigt diesen Verlauf der sekundären Spannung und Stromstärke. Der Abfall des Resonanzwertes geht so rasch vor sich, daß ein magnetisches Gebläse bei der Funkenstrecke überflüssig ist. Wie aus der vorstehenden Formel ersichtlich ist, kann der Eintritt der Resonanz auch durch Einstellung der Kapazität C des angeschlossenen Kondensators oder der Kupplung $\varkappa$ erfolgen; letzteres durch Verschiebung der primären oder sekundären Spule, so daß sich die Streuung ändert[1]).

Über den Lichtbogen als Schwingungserzeuger vgl. § 263, über maschinelle Schwingungserzeuger § 220.

205. Funkeninduktoren und ihre Unterbrecher.

Einer der ältesten und seit seiner Erfindung nur wenig veränderten Apparate ist der Funkeninduktor von Rhumkorff. Er besteht aus einer an eine Gleichstromquelle angeschlossenen primären Wicklung

[1]) Auch ein Hochfrequenz-Stromerzeuger hat ähnlichen Anstieg von Strom und Spannung, wenn er auf einen Kondensator arbeitet und Resonanz eintritt. Der Ankerstromkreis entspricht dem sekundären, der Erregerstromkreis dem primären Kreis des Transformators. Wegen des Luftzwischenraumes ist aber die magnetische Kupplung $\varkappa$ viel kleiner.

(Abb. 357) und einer in der Funkenstrecke E endigenden sekundären Wicklung. Im primären Stromkreis liegt noch ein Unterbrecher U. Wird der Stromkreis durch diesen geschlossen, so entsteht ein Strom nach den in § 187 behandelten Gesetzen, der von Null bis zu dem von Spannung und Widerstand bestimmten Wert ansteigt. Dadurch wird in der sekundären Wicklung eine EMK induziert, die bei offenem Kreis gleich $M\frac{di_1}{dt}$, bei geschlossenem Kreis gleich $M\frac{di_1}{dt} + L_2\frac{di_2}{dt}$ ist. Diese EMK dauert natürlich nur so lange, als die Änderung des primären Stromes dauert. Hat dieser seinen endgültigen Wert erreicht, so ist die sekundäre EMK Null. Wird nun der primäre Stromkreis durch den Unterbrecher U geöffnet, so wird nach demselben Gesetz wieder eine EMK in der sekundären Wicklung induziert. Der Abfall

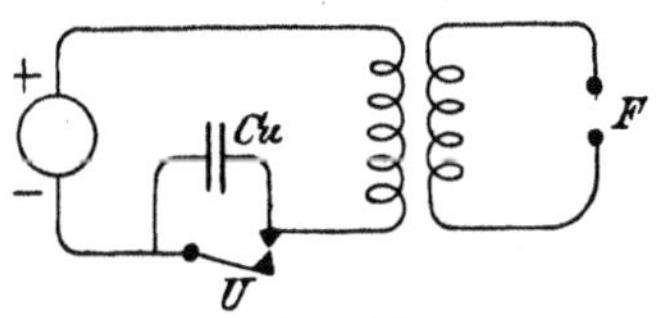

Abb. 357.

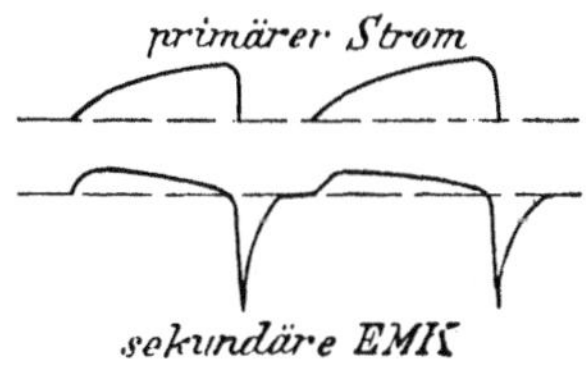

Abb. 358.

des primären Stromes beim Öffnen erfolgt aber rascher als der Anstieg beim Schließen, weil beim Öffnen noch ein rasch wachsender Widerstand w' in den Stromkreis eingeschaltet wird, wie dies in § 189 näher erläutert wurde. Infolgedessen ist die sekundäre EMK nach obigem Gesetz beim Öffnen größer als beim Schließen. Abb. 358 zeigt den Verlauf des primären Stromes und der sekundären EMK beim aufeinanderfolgenden Schließen und Öffnen des Stromes. Man sieht, daß die EMK beim Öffnen größer ist als beim Schließen.

Der Abfall des Stromes beim Unterbrechen kann noch mehr beschleunigt werden, wenn man den Funken möglichst verkürzt, indem man parallel zum Unterbrecher einen Kondensator C_u (Abb. 357) von passender Kapazität anschließt. Dieser nimmt einen großen Teil der Elektrizitätsmenge auf, die an den Kontakten des Unterbrechers auftritt und den Funken erzeugt. Die Elektrizität hat hier ein Reservoir, in das sie abströmen kann, und braucht sich nicht des Weges über die Funkenstrecke zu bedienen. Der Strom fällt infolgedessen rascher auf Null. Um die günstigste Wirkung zu erzielen, muß der Kondensator in einem gewissen Verhältnis zur Stromstärke stehen. Die Verkleinerung des Funkens hat auch eine Verminderung seiner Wärme zur Folge, so daß die Kontakte weniger abgenutzt werden. Auch in anderen Fällen wird dieses Mittel häufig angewandt zur Verkleinerung von Öffnungsfunken.

Die Einschaltung des Kondensators in den primären Stromkreis während des Öffnens hat noch eine weitere Folge. Der Öffnungsfunken ist jetzt oszillatorisch (§ 195), wie Abb. 359 nach einer photographischen Aufnahme mit der Braunschen Röhre (§ 290) zeigt. Bei

Abwesenheit des Kondensators hingegen erfolgt die Abnahme des Stromes aperiodisch (§ 187), wie Abb. 360 zeigt[1]). Man sieht, daß im ersten Falle der Abfall des Stromes rascher erfolgt als im zweiten und bis unter die Nullinie reicht. Die Änderung des Stromes $\frac{di_1}{dt}$ und

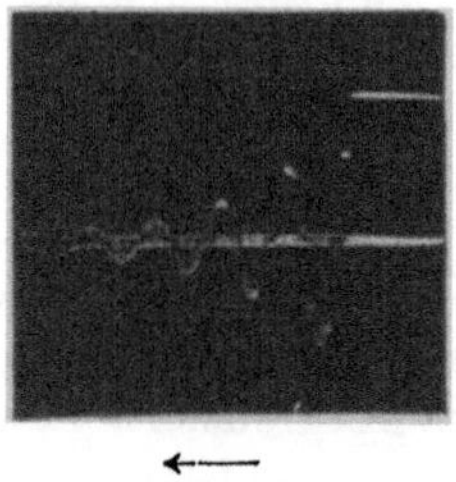

Abb. 359. Öffnungsstrom eines Funkeninduktors mit Kondensator.

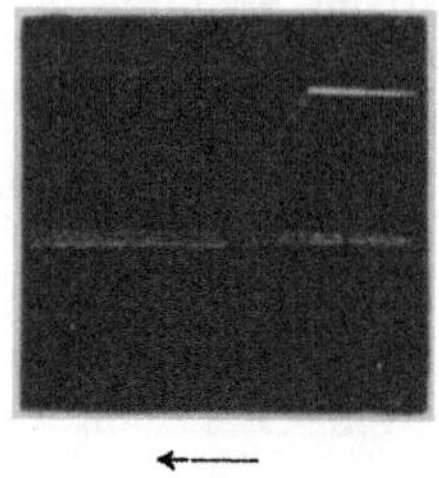

Abb. 360. Öffnungsstrom eines Funkeninduktors ohne Kondensator.

daher die induzierte EMK ist also größer als bei Abwesenheit eines Kondensators. Die sekundäre EMK nimmt aber nun auch denselben Verlauf. Bei geeigneter Einstellung der sekundären Funkenstrecke gehen also hier mehrere Teilfunken über. Dient die sekundäre EMK zum Laden eines Kondensators C_2 in einem Stromkreis mit Selbstinduktion (Abb. 361), so ruft jeder Teilfunken eine sekundäre oszillatorische Entladung über die sekundäre Funkenstrecke F_2 hervor, wenn diese entsprechend eingestellt ist.

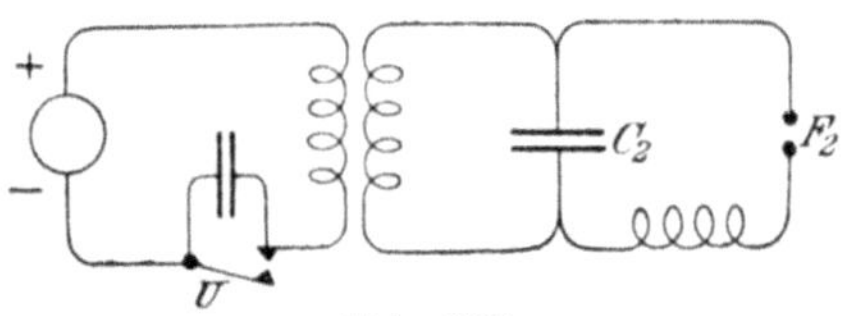

Abb. 361.

Die sekundäre EMK hängt aber nicht nur von $\frac{di_1}{dt}$, sondern auch von der gegenseitigen Induktion M ab. Diese ist um so größer, je größer die magnetische Kupplung zwischen den beiden Wicklungen ist,

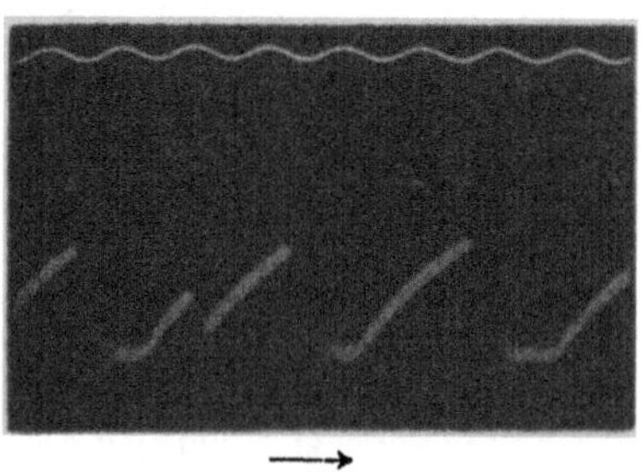

Abb. 362. Primärer Strom eines Funkeninduktors bei Hammerunterbrecher.

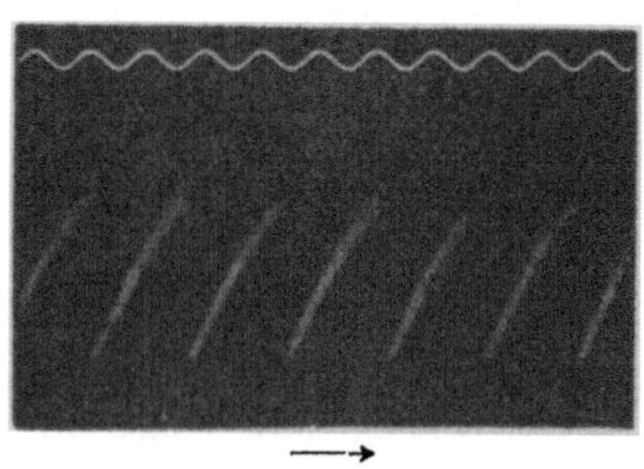

Abb. 363. Primärer Strom eines Funkeninduktors bei elektrolytischem Unterbrecher.

[1]) Abb. 326 und 330 aus Zenneck: „Elektromagn. Schwingungen und drahtlose Telegraphie“. Stuttgart 1905.

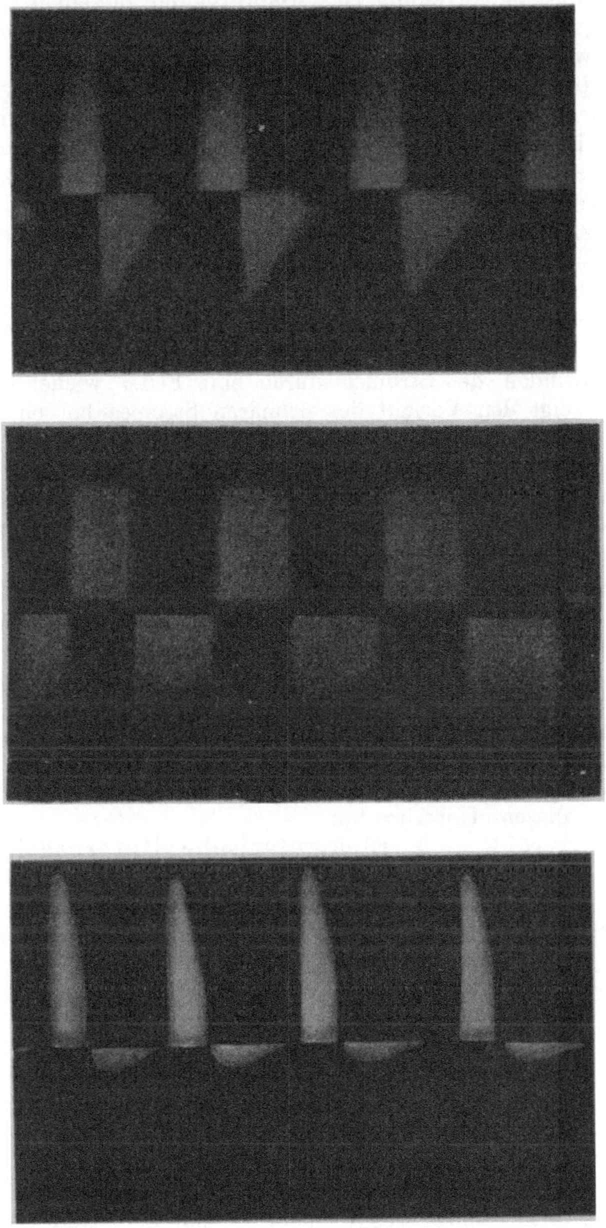

a

b

c

Abb. 364. Sekundärer Strom eines Funkeninduktors: a) bei Hammerunterbrecher, b) bei Turbinenunterbrecher, c) bei elektrolytischem Unterbrecher.

Nach Aufnahmen von E. Ruhmer mittels des Glimmlichts-Oszillographen (§ 290). Die äußeren Konturen der Lichtflächen stellen den Verlauf des Stromes dar. Die oberen, höheren entsprechen immer dem Öffnen, die unteren dem Schließen des primären Stromes.

d. h. je kleiner die Streuung ist. Dafür gelten dieselben Gesetze wie für einen Transformator (§ 150). Der Eisenkern muß unterteilt sein, nicht nur wegen der Verluste durch Wirbelströme, sondern auch deshalb, weil bei einem massiven Eisenkern die Stromstärke beim Unterbrechen nicht rasch genug abfallen würde (§ 192). Um die Wirbelströme noch mehr zu vermindern, und weil es bei einem Funkeninduktor nicht auf die Größe des Magnetisierungsstromes ankommt wie bei einem Transformator, verwendet man vorzugsweise offene Eisenkerne.

Aus der Rolle, die der Abfall des primären Stromes beim Öffnen spielt, erklärt sich die Wichtigkeit des Unterbrechers. Es sind folgende Arten hauptsächlich in Gebrauch:

1. Hammer-Unterbrecher. Der Kontakt wird durch elektromagnetische Anziehung eines Ankers (Hammers) geöffnet und nach dem Verschwinden des Stromes durch eine Feder wieder geschlossen. Abb. 362[1]) zeigt den Verlauf des primären Stromes bei einem solchen Unterbrecher mit parallel geschaltetem Kondensator. Daher treten bei jeder Unterbrechung Schwingungen auf wie in Abb. 359. An einer Stelle sieht man, daß der Unterbrecher schlecht gearbeitet und den Strom nicht geöffnet hat. Abb. 364a zeigt den Verlauf des sekundären Stromes über eine kurze Funkenstrecke.

2. Turbinen-Unterbrecher (Boas). Ein durch Zentrifugalkraft aus einer Düse austretender Quecksilberstrahl trifft bei seiner Drehung abwechselnd auf die Zähne und Zwischenräume eines mit breiten Zähnen versehenen feststehenden Ringes. Wenn der Strahl auf einen Zahn auftrifft, ist der Stromkreis geschlossen; wenn er durch einen Zwischenraum geht, ist er geöffnet. Die Unterbrechung erfolgt rascher als beim Hammerunterbrecher, und die Anzahl der Unterbrechungen kann viel höher gesteigert werden. Abb. 364b zeigt den Verlauf des sekundären Stromes bei diesem Unterbrecher.

3. Elektrolytische Unterbrecher (Wehnelt). In ein Gefäß mit verdünnter Schwefelsäure taucht eine Bleiplatte (Abb. 365) und eine Platinspitze. Die Stromzuführung zu letzterer geht durch eine isolierende Röhre, so daß der Strom nur aus der Spitze austreten kann. Infolgedessen ist der Querschnitt der Flüssigkeit, durch den der Strom eintreten muß, sehr klein, und es wird hier eine so große Wärme entwickelt, daß Verdampfung und Zerlegung in Wasserstoff und Sauerstoff (Knallgas) eintritt. Dadurch wird der Widerstand noch größer, so daß explosivartige Verbrennung des Knallgases eintritt und dadurch die Flüssigkeit von der Platinspitze weggeschleudert und der Strom unterbrochen wird. Durch die nachdrängende Flüssigkeit wird der Strom wieder geschlossen. Da die Unterbrechung

Abb. 365. Elektrolytischer Unterbrecher.

[1]) Wehnelt und Donath, Ann. d. Phys. 69, 1899. Die Schwingungen sind hier infolge ihrer großen Geschwindigkeit nur schwach sichtbar.

also nur auf Wärmewirkung beruht, müßte es gleichgültig sein, ob die Spitze positive oder negative Elektrode ist. Die Erfahrung lehrt aber, daß dieser Unterbrecher nicht gut arbeitet, wenn die Spitze negative Elektrode ist. Wahrscheinlich liegt das daran, daß der hier elektrolytisch ausgeschiedene Wasserstoff von der Flüssigkeit sofort absorbiert wird, während der Sauerstoff, der elektrolytisch ausgeschieden wird, wenn die Spitze positive Elektrode ist, nicht so rasch absorbiert wird. Bei diesem Unterbrecher geschieht das Öffnen so plötzlich, und das Öffnen und Schließen folgt so rasch aufeinander, daß ein parallel zu ihm geschalteter Kondensator keine Verbesserung mehr bringt. Abb. 363 zeigt den Verlauf des primären Stromes, Abb. 364c den des sekundären Stromes bei diesem Unterbrecher.

206. Elektrische Strom- und Spannungskupplung.

In § 186 und 201 wurden elektrische Schwingungen behandelt, deren Stromkreise durch die Kraftlinien des gemeinsamen magnetischen Feldes miteinander gekuppelt sind; es ist also eine magnetische oder induktive Kupplung. Andere Beispiele zeigen die Abb. 392, 538—540. Die Kupplung kann aber auch durch den Strom erfolgen. Abb. 366a zeigt die elektrische Stromkupplung eines Schwingungskreises CL mit einem Leiterstück AB, durch welches von einer äußeren Stromquelle ein periodischer Strom geschickt wird. Dieser Fall entspricht dem in § 186, weil auch hier die primäre Schwingung eine aufgedrückte ist. Ein Teil des Stromes kann über LC fließen und erregt dadurch die Eigenschwingung des geschlossenen Kreises $LCAB$.

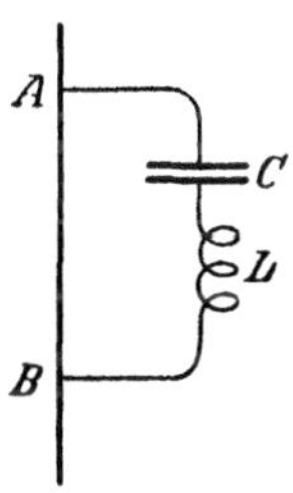

Abb. 366a.

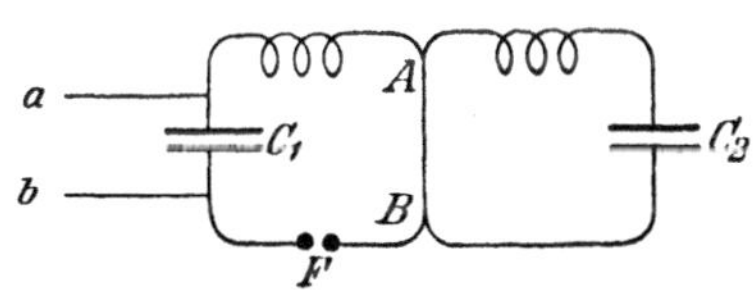

Abb. 366b.

Abb. 366b zeigt die Stromkupplung zweier Stromkreise, die beide zu Eigenschwingungen befähigt sind. Sie entspricht dem in § 201 behandelten Fall. Die Kupplung ist um so stärker, je größer der scheinbare Widerstand des gemeinsamen Leiterstückes zwischen den Punkten AB ist gegenüber den scheinbaren Widerständen der übrigen Teile. Der Kondensator C_1 wird durch die Drähte ab geladen, bis ein Überschlag über die Funkenstrecke F eintritt[1]).

[1]) Dieser Fall entspricht mechanisch dem, daß eine Stimmgabel auf einen Resonanzkasten befestigt ist, die durch Anschlagen zum Schwingen gebracht wird. Der Resonanzkasten entspricht dem sekundären Schwingungskreis.

Auch durch die elektrische Spannung kann eine Kupplung stattfinden. Dazu ist nichts weiter erforderlich, als daß der Schwingungskreis LC (Abb. 367a) in einem Punkte A an eine periodisch veränderliche Spannung (Potential gegen die Umgebung) angeschlossen ist, z. B. an einen Pol eines Funkeninduktors oder Transformators, oder an eine Platte eines Kondensators, der oszillatorisch entladen wird. Die elektrische Kupplung kann aber auch ohne direkte Verbindung nur durch

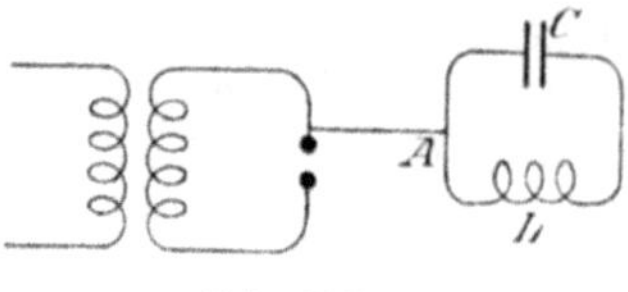

Abb. 367a.

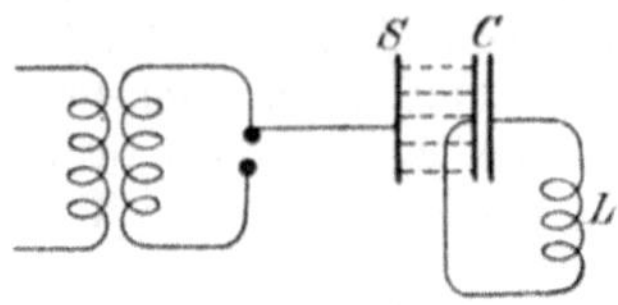

Abb. 367b.

die elektrischen Kraftlinien erfolgen (kapazitive Kupplung). Abb. 367b zeigt eine solche Anordnung. An einen Pol eines Funkeninduktors oder dgl. ist eine Platte S angeschlossen, der eine Platte des Kondensators C des Schwingungskreises CL gegenübersteht. Durch die Kraftlinen (gestrichelte Linien), die von der Platte S ausgehen und auf C enden, werden im Kondensator C periodische Ladungen induziert. Andere Beispiele zeigen die Abb. 377, 378, 388, 391.

207. Die Ausbreitung elektrischer Schwingungen in Leitungen. Fortschreitende und stehende Wellen.

Wir haben bisher nur den zeitlichen Verlauf von Wechselströmen und Eigenschwingungen, der für die Elektrotechnik die Hauptsache ist, betrachtet. In langen Leitungen kann auch die räumliche Ausbreitung von Wichtigkeit sein.

Die folgenden Abbildungen geben zunächst eine schematische Übersicht über die verschiedenen Verteilungsformen, die vorkommen können, nämlich die in einem bestimmten Augenblick längs einer Leitung herrschende Stromstärke oder die in einem anderen, der zeitlichen Phasenverschiebung entsprechenden Augenblick herrschende Spannung (Potential gegen Erde oder gegen eine andere Leitung). Abb. 368 zeigt die räum-

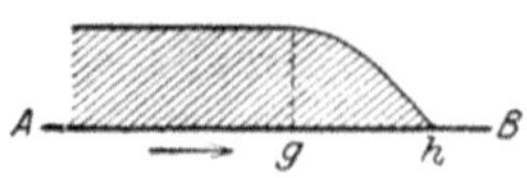

Abb. 368.

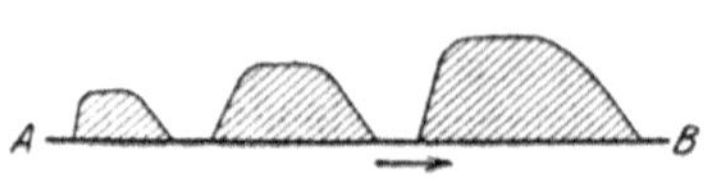

Abb. 369.

liche Ausbreitung eines entstehenden Gleichstromes über einen Leiter AB, kurz nachdem der Anfang A an eine konstante Stromquelle angeschlossen wurde. Die Elektrizität ist in dem dargestellten Augenblick bis zu dem Punkte h der Leitung vorgedrungen, hat aber erst im Punkte g den normalen Strom- und Spannungszustand erreicht. Die Verteilung zwischen g und h bezeichnet man als Wellenstirn. Je nach Widerstand, Selbstinduktion und Kapazität ist sie steiler oder flacher[1]). Auf dem Leiterstück *gh* ist das Spannungsgefälle natürlich viel größer als bei stationärem Zustande, wo es gleich *wi* ist.

Abb. 369 zeigt die räumliche Verteilung von drei aufeinanderfolgenden Ladungen gleicher Polarität (intermittierende, nicht oszillierende Entladung vgl. Abb. 465 und 466).

Abb. 370 zeigt die räumliche Verteilung eines Wechselstromes, kurz nachdem er bei *A* in den Leiter eingedrungen ist. Es ist ein Wechselstrom von so großer Periodenzahl (kurzer Wellenlänge), daß mehrere Halbwellen auf dem Leiterstück *gh* Platz haben. Die Verbindung der Scheitelwerte durch die gestrichelte Linie zeigt die Wellenstirn. Von den langsamen Wechselströmen (große Wellenlänge) der Starkstromtechnik (Übersicht auf S. 448) würde auf demselben Leiterstück *gh* nur ein kleiner Teil einer halben Wellenlänge Platz finden, so daß die Wellenstirn ähnlich der Abb. 368 ist.

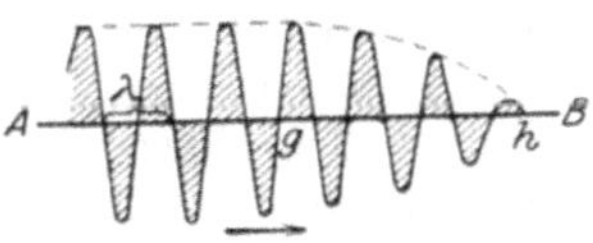

Abb. 370.

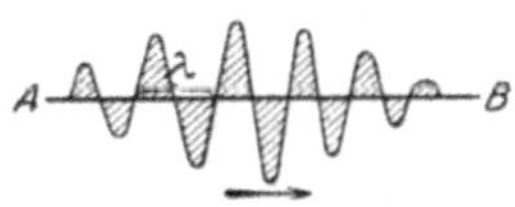

Abb. 371.

Abb. 371 zeigt die räumliche Verteilung einer gedämpften Eigenschwingung von hoher Frequenz, die schon nach 11 halben Wellen durch Dämpfung aufgezehrt ist.

Solche Schwingungen heißen wie in der Mechanik f o r t s c h r e i t e n d e oder W a n d e r w e l l e n. Sie können als aufgedrückte oder als Eigenschwingung entstehen. Eine aufgedrückte fortschreitende Welle (Abb. 370) ist jeder Wechselstrom, der von einem Wechselstromerzeuger in eine Leitung fließt. Eine fortschreitende Eigenwelle (Abb. 371) entsteht bei jeder oszillatorischen Funkenentladung (§ 195, 196) in den an den Kondensator oder die Funkenstrecke angeschlossenen Leitungen, sowie beim Ein- oder Ausschalten einer Leitung und überhaupt bei jeder plötzlichen Störung des elektrischen Zustandes.

Nebst der den zeitlichen Verlauf kennzeichnenden Schwingungsdauer τ und Periodenzahl ν $\left(\nu = \frac{1}{\tau}\right)$, kommt jetzt noch die Wellenlänge und die Fortpflanzungsgeschwindigkeit in Betracht. Die W e l l e n l ä n g e λ ist der Abstand zwischen zwei Punkten, in denen derselbe Schwingungszustand besteht (Abb. 370).

[1]) Niemals kann sie senkrecht oder eckig sein, wie bei Berechnungen angenommen wird. Die Selbstinduktion verhindert das ebenso wie die sofortige Entstehung des Stromes (§ 187). Dazu kommt noch der verflachende Einfluß der Dämpfung und der etwaigen Funkenbildung. Unstetige sprunghafte Änderungen sind in der Natur überhaupt unmöglich. B i n d e r (ETZ 1915, S. 241) fand z. B. zwischen zwei Punkten von 1 m Abstand etwa 12 Proz. und zwischen zwei Punkten von 20 m Abstand etwa 70 Proz. der ganzen Wellenhöhe. Demnach dürfte die ganze Wellenstirn in einer gestreckten Kupferleitung 50 bis 100 m lang sein.

Die **Fortpflanzungsgeschwindigkeit** v ist jene Strecke, welche die fortschreitende Welle in 1 Sekunde zurücklegt. Finden in 1 Sekunde ν Schwingungen, jede von der Länge λ statt, so muß

$$v = \nu \lambda$$

sein. Man erhält also daraus v, wenn man ν und λ ermittelt hat. Für die Ausbreitung elektrischer Wellen in Luft ergab sich $v = 3 \cdot 10^{10}$ cm (Lichtgeschwindigkeit), in Erde[1]) $v = 2{,}6 \cdot 10^{10}$ cm, in einem Kupferkabel[2]) $v = 1{,}7 \cdot 10^{10}$ cm.

Andauernde fortschreitende Wellen können nur in **geschlossenen** Stromkreisen vorkommen, die an Wechselstromerzeuger oder an Schwingungserzeuger (§ 204) angeschlossen sind. Das sind **aufgedrückte** Schwingungen, weil ihre Periodenzahl von dem betreffenden Erzeuger, nicht von dem betreffenden Stromkreis selbst bestimmt wird. Nimmt man die vorstehende Fortpflanzungsgeschwindigkeit in einem Kupferkabel für **alle** Kupferleiter an, so erhält man daraus und aus der aufgedrückten Periodenzahl die Wellenlänge. Entstehen z. B. durch Entladungen in einem Stromkreis mit Kondensator und Drosselspule Schwingungen von $\nu = 10^7$ Perioden, und fließen diese durch einen geschlossenen Stromkreis, so ist hier die Länge der fortschreitenden Wellen:

$$\lambda = \frac{v}{\nu} = \frac{1{,}7 \cdot 10^{10}}{10^7} = 1{,}7 \cdot 10^3 \text{ cm} = 17 \text{ m}.$$

Schickt eine Wechselstrommaschine Strom von 50 Perioden durch einen geschlossenen Stromkreis, so ist die Wellenlänge

$$\lambda = \frac{1{,}7 \cdot 10^{10}}{50} = 34 \cdot 10^7 \text{ cm} = 3400 \text{ km}.$$

Es kommt also selbst in den längsten Fernleitungen der Starkstromtechnik nur ein Teil einer Wellenlänge vor, so daß am Anfang und am Ende in jedem Augenblicke nahezu derselbe Schwingungszustand herrscht, und nur der zeitliche Verlauf des Stromes von Wichtigkeit ist[3]).

---

[1]) Demmler, Archiv f. Elektrot. 3. Bd., 3. Heft.

[2]) Faßbender, ebenda 2. Bd., 12. Heft.

[3]) Für die Starkstromtechnik hat die Betrachtung der elektrischen Schwingungen als fortschreitende Wellen nur soweit Interesse, als nebst der bei Einschaltwellen auftretenden Spannungserhöhung (bis höchstens zum doppelten Scheitelwert § 199), noch ein sehr vergrößertes **Spannungsgefälle** am jeweiligen Ort der Wellenstirn entsteht. Sobald die Wellenstirn in eine Wicklung eindringt, ist infolgedessen die Potentialdifferenz zwischen zwei benachbarten Windungen derselben Lage und noch mehr zwischen zwei übereinanderliegenden Windungen verschiedener Lagen vielmals größer als bei stationärem Zustand, so daß die Isolation zwischen diesen Windungen gefährdet sein kann. Das gilt besonders von den Anfangs- bzw. Endwindungen einer Wicklung. Je weiter die Wellenstirn in die Wicklung vordringt, desto flacher wird sie infolge des Einflusses der Wirbelströme und der Hysterese im Eisenkern. Daher müssen die Anfangswindungen stärkere Isolation erhalten oder, was noch besser ist, man schaltet eine **Drosselspule** mit stärkerer Isolation vor. Da diese außerdem einen großen Teil der ankommenden Wellenstirn reflektiert, gelangt nur eine sehr abgeflachte Wellenstirn in die Wicklung. Die reflektierende und dämpfende Wirkung der Drosselspule ist vielmals größer, wenn sie einen Eisenkern hat (Benischke, ETZ 1915, S. 34. Elektr. u. Maschinenbau 1917, S. 609).

Eine fortschreitende elektrische Welle entspricht einer Flüssigkeitswelle, die sich fortbewegt, oder der fortschreitenden Welle eines Seiles mit losem Ende, dessen Anfang in periodische Bewegung versetzt wird. Trifft eine fortschreitende Welle auf eine Stelle, die diese Bewegung nicht mitzumachen vermag, so kehrt die Bewegung gewissermaßen um (wird reflektiert), und es entsteht eine **stehende Welle**. Das tritt ein, wenn Flüssigkeitswellen auf eine feste Wand auftreffen (Flüssigkeit in einem Gefäß, die durch Erschütterungen in Schwingungen versetzt wird) oder bei dem erwähnten Seile, wenn sein Ende fest gemacht wird. Stehende Wellen bilden sich ferner auf Saiten, die an beiden Enden befestigt sind (Abb. 372), oder bei Pfeifen, die an einem Ende geschlossen sind. Der Unterschied gegenüber fortschreitenden Wellen besteht darin, daß bei diesen alle Punkte nacheinander dieselbe Bewegung ausführen, während es bei den stehenden Wellen bestimmte Punkte K gibt, die in Ruhe bleiben, während die in der Mitte dazwischen liegenden Punkte B, die größte Ausweichung aus der Ruhelage ausführen. Die ersteren heißen **Knoten**, die letzteren **Bäuche**. Der Abstand zweier aufeinanderfolgender Knoten oder Bäuche ist eine halbe Wellenlänge $\left(\frac{\lambda}{2}\right)$. Der Abstand zwischen einem Knoten und dem nächsten Bauch ist eine Viertelwellenlänge $\left(\frac{\lambda}{4}\right)$. Die einfachste stehende Welle bildet ein langer Stab l, der an einem Ende festgeklemmt ist (Abb. 373), und dessen anderes Ende aus der Ruhelage gebracht wird. Dadurch entsteht eine Viertelwellenlänge ($\lambda = 4\,l$). Ist der Stab gleichmäßig dick (Masse gleichmäßig verteilt), so kann er auch in Wellen von kürzerer Wellenlänge schwingen, wie Abb. 374 zeigt, wenn er genügend rasche Stöße erhält. Immer aber ist das feste Ende ein Knoten, das freie Ende ein Bauch, so daß nur solche Wellen möglich sind, wo die Länge des Stabes gleich $\frac{3}{4}, \frac{5}{4}, \frac{7}{4} \ldots$ Wellenlängen, oder $\lambda = \frac{4\,l}{3}, \frac{4\,l}{5}, \frac{4\,l}{7} \ldots$ ist. Die größte Welle ($\lambda = 4\,l$) bezeichnet man als Grundschwingung, die anderen als Oberschwingungen. Ist aber der größte Teil der Masse am Ende konzentriert, so hat der Stab nur eine einzige Eigenschwingung (Grundschwingung) wie ein Pendel. Dabei handelt es sich immer um Eigenschwingungen, weil sie schon durch einen einzigen Anstoß entstehen und ihre Wellenlänge, also auch ihre Periodenzahl nur vom schwingenden Körper selbst abhängt. Aufgedrückte Schwingungen, deren irgendwie erzeugte Periodenzahl sehr von der Eigenschwingungszahl abweicht, bilden keine regelmäßigen stehenden Wellen, sondern mehr oder weniger unregelmäßige Bewegungen.

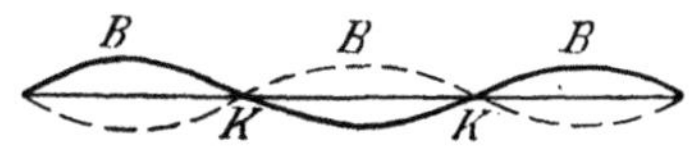

Abb. 372.

Abb. 373.

Abb. 374.

Das alles gilt auch von elektrischen Schwingungen[1]). Auch da entsteht aus einer fortschreitenden Eigenschwingung eine stehende Welle, wenn sie auf eine Stelle trifft, wo die Elektrizität nicht weiterströmen kann, d. h. auf ein isoliertes Leitungsende. Daher bilden sich stehende elektrische Wellen, wenn man an die Elektroden einer Funkenrstrecke zwei lineare Leiten (Abb. 375) anschließt, deren Enden isoliert sind, und sie mit Hilfe einer geeigneten Stromquelle (Elektrisiermaschine, Funkeninduktor u. dgl.) ladet, bis an der Funkenstrecke ein Überschlag stattfindet. Die Entladung erfolgt oszillatorisch, indem die Elektrizität zwischen den beiden Leitern über die Funkenstrecke hin und her schwingt. Daher ist die Bewegung der Elektrizität während des Funkenüberganges, d. h. die Stromstärke, hier am stärksten, an den Enden aber Null. An der Funkenstrecke besteht also ein Bauch, an den Enden je ein Knoten der Stromwelle. Während des Stromüberganges ist die Potentialdifferenz zwischen den Elektroden Null, zwischen den Enden aber am größten. An der Funkenstrecke besteht also ein Knoten, an den Enden zwei entgegengesetzte Bäuche der Spannungswelle[2]). Die

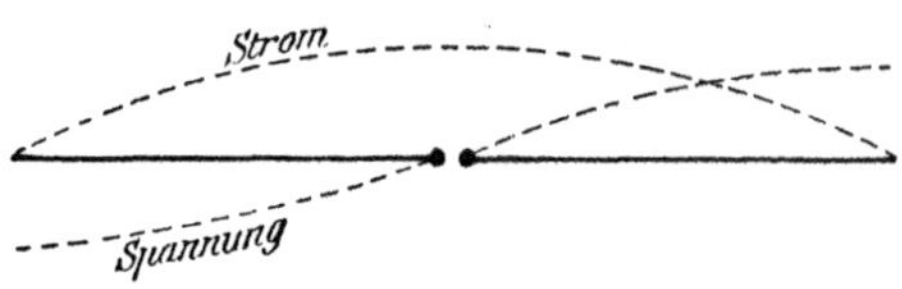

Abb. 375.

[1]) Schwingungen sind Bewegungszustände. Ihre Gesetze hängen daher nur von der Art und Weise der Bewegung ab, nicht davon, was für ein Stoff die Bewegung ausführt. Das ist nicht immer klar erkannt worden. So war z. B. lange Zeit die Ansicht herrschend, daß durch die Hertz'schen Versuche der Beweis erbracht worden sei, daß die Elektrizität eine Wellenbewegung und gleichartig den Lichtwellen sei. Dagegen hat Stefan in seinen Vorlesungen (1890) darauf hingewiesen, daß durch diese Versuche nur bewiesen wird, daß die elektrische Kraft keine Fernwirkung hat, sondern von Teilchen zu Teilchen wirkt und dazu Zeit braucht. Wenn man einen Stein ins Wasser wirft, entstehen Wasserwellen. Ihre Bedingtheit liegt in der Schwerkraft. Ebensowenig wie durch diese Wellen bewiesen wird, daß die Schwerkraft eine Wellenbewegung ist, wird durch elektrische Wellen bewiesen, daß die Elektrizität nur ein Bewegungszustand ist. Dennoch erhielt sich diese Ansicht, bis die Kathodenstrahlen den Beweis erbrachten, daß die Elektrizität ein Stoff ist; eine Ansicht, die schon Wilhelm Weber hatte (vgl. § 237). Der Beweis, daß elektrische Wellen und Lichtwellen gleichartige Bewegungen desselben Mediums sind, wurde erst durch die Versuche von Zeeman erbracht.

[2]) Wie bei jeder Reflexion einer Wirkung, die an der Reflexionsstelle einen Bauch ergibt, so findet auch hier eine theoretische Verdopplung des Scheitelwertes der Spannung der fortschreitenden Welle statt, weil diese an den isolierten Enden Bäuche hat. Praktisch kommt noch die Dämpfung in Betracht, so daß der wirklich auftretende größte Scheitelwert kleiner ist als der doppelte Scheitelwert der Spannung des Schwingungserzeugers. In der Literatur über die elektrischen Überspannungen findet man zuweilen die Ansicht, daß durch nochmalige Reflexion eine nochmalige Verdopplung, also die vierfache Spannung vorkommen könne. Das ist unrichtig, denn durch die Reflexion ist die fortschreitende Welle in eine stehende umgewandelt worden und besteht als solche so lange, bis sie durch Dämpfung aufgezehrt ist. Eine nochmalige Reflexion kann also nicht vorkommen. Was sich in § 199 über die Spannung und in § 198 über die Dämpfung ergeben hat, gilt unter allen Umständen, gleichgültig ob die Schwingung eine fortschreitende oder eine stehende Welle bildet.

Wellenlänge der Eigenschwingung eines solchen Leiters mit gleichmäßig verteilter Kapazität und Selbstinduktion ist also wie bei einem schwingenden Stab (Abb. 373) gleich der vierfachen Länge eines der beiden Leiter. Außerdem können wie bei einem Stab Oberschwingungen 3., 5., 7.... Ordnung stattfinden; Abb. 376 zeigt die Oberschwingung 3. Ordnung $\left(\lambda = \frac{4\,l}{3}\right)$. Aus dieser und Abb. 375 erkennt man, daß Oberschwingungen gerader Ordnung (2., 4., 6....) unmöglich sind, denn dann müßte die Stromwelle an den isolierten Enden einen Bauch haben.

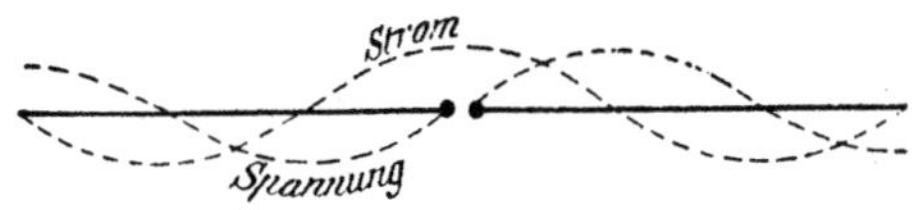

Abb. 376.

Will man nur die Grundschwingung erhalten, so muß man an einem Ende des Drahtes einen Kondensator anbringen, dessen Kapazität erheblich größer ist als die des Drahtes[1]). Die Erregung der Schwingung geschieht durch direkte Spannungskupplung (Abb. 377) oder durch elektrische Kraftlinienkupplung (Abb. 378). Bei ersterer ist bloß ein Kondensator vorhanden, durch dessen Entladung über die Funkenstrecke F die Schwingung erzeugt wird. Bei Abb. 378 (Lechersche Anordnung) sind die beiden Kondensatoren im Schwingungskreis hintereinandergeschaltet. Die gesamte Kapazität ergibt sich aus § 178.

Abb. 377.

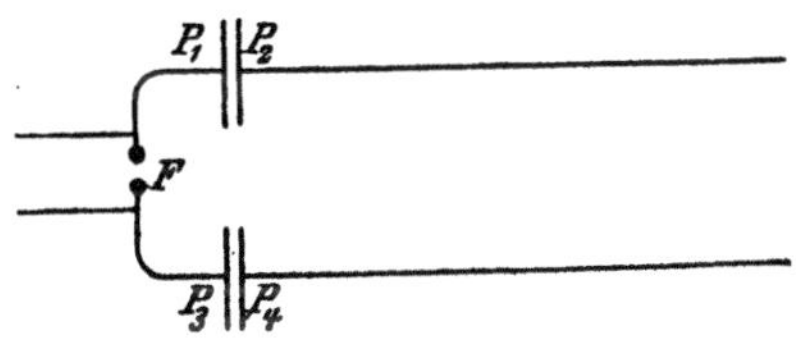

Abb. 378.

Da im einfachsten Falle einer stehenden Welle (lineare Leiter) die Eigenschwingung durch $\lambda = 4\,l$ und $v = \nu\lambda$ bestimmt ist, so folgt $\nu = \frac{v}{\lambda} = \frac{v}{4\,l}$. Andererseits gilt für jede Eigenschwingung das Grundgesetz $\nu = \frac{1}{2\pi\sqrt{L_m C_m}}$, wenn der Ohmsche Widerstand klein ist (§ 195). Es fragt sich aber, was hier für L_m und C_m einzusetzen ist, denn die in § 26 und 120 angegebenen Formeln gelten nur unter der Voraussetzung, daß die magnetischen bzw. elektrischen Kraftlinien gleichmäßig über die ganze Leiterlänge verteilt sind. Das ist bei stehenden Wellen nicht der Fall, denn in den Knoten ist die Kraftliniendichte Null, in den Bäuchen hingegen am größten. Da alle einfachen Schwingungen sinusförmig verlaufen, so nimmt man Mittelwerte an, welche zum

[1]) Es ist so, als wenn man am oberen Ende des Stabes in Abb. 373 ein Gewicht anbringt.

größten Wert (Scheitelwert) in derselben Beziehung stehen, wie der in § 130 berechnete Mittelwert, also

$$L_m = \frac{2}{\pi} L \qquad \text{und} \qquad C_m = \frac{2}{\pi} C,$$

so daß die obige Grundgleichung übergeht in

$$\nu = \frac{1}{4\sqrt{LC}},$$

wobei L und C für gleichmäßige Kraftliniendichte längs des ganzen Leiters gelten, also nach § 26 und 120 zu berechnen sind.

Nehmen wir z. B. zwei parallele Leiter von der Länge l, so ist $L = 4\,l \log \operatorname{nat} \frac{a}{r}$ elektromagn. Einh. (Da es sich um Strömungsvorgänge, nicht um statische Zustände handelt, ergibt diese Eormel elektromagn. Einh.). Ferner ist $C = \frac{l}{4 \log \operatorname{nat} \frac{a}{r}}$ elektrostat. Einh. $= \frac{l}{4 \log \operatorname{nat} \frac{a}{r}} \cdot \frac{1}{(3 \cdot 10^{10})^2}$ elektromagn. Einh. (§ 300). (Da die Kapazität ein statischer Ladungszustand ist, ergibt die Formel elektrostat. Einh. Für die Einsetzung in obige Gleichung muß sie aber in elektromagn. Einh. umgewandelt werden.)

Mithin ist

$$\nu = \frac{1}{4\sqrt{LC}} = \frac{3 \cdot 10^{10}}{4\,l}.$$

Nun ist aber $3 \cdot 10^{10}$ gleich der Lichtgeschwindigkeit v, so daß $\nu = \frac{v}{4\,l}$. Diese Formel steht also in Übereinstimmung mit der obigen, wenn die Fortpflanzungsgeschwindigkeit v gleich der Lichtgeschwindigkeit ist. Für Luft scheint das zu gelten, nicht aber für Kupfer (vgl. S. 432). Da aber die Grundgleichungen $\nu = \frac{1}{2\pi\sqrt{L_m C_m}}$ und $\nu = \frac{v}{4\,l}$ zu demselben Wert führen müssen, so müssen die Mittelwerte L_m und C_m für stehende Wellen in jedem Falle so definiert werden, daß Übereinstimmung besteht.

Ferner gilt auch hier für fortschreitende und stehende Eigenwellen wie für alle Eigenschwingungen die auf S. 405 erhaltene Beziehung zwischen den größtmöglichen Scheitelwerten des Stromes und der Spannung

$$\mathfrak{I}_0 = \frac{\mathfrak{E}_0}{\sqrt{\frac{L}{C}}}.$$

Dabei ist es gleichgültig, ob man für L und C die für gleichmäßige Kraftliniendichte gültigen Werte oder die obigen Mittelwerte L_m, C_m einsetzt, weil sie hier einen Quotienten bilden. Bei Leitungen mit gleichmäßig verteilter Selbstinduktion und Kapazität bezeichnet man die maßgebliche Widerstandsgröße $\sqrt{\frac{L}{C}}$ als Leitungscharakteristik.

Wie überall, tritt auch in offenen Leitungen Stromresonanz ein, wenn eine aufgedrückte Schwingung mit der durch $\nu = \frac{v}{4l}$ bestimmten Eigenschwingung oder einem ungeraden Vielfachen übereinstimmt. Nach der obigen Rechnung (S. 442) hat eine Schwingung von 50 Perioden in Kupferleitern eine Wellenlänge von 3400 km. Zur Ausbildung einer derartigen stehenden Welle als Eigenschwingung sind nach Abb. 375 zwei Leiter von $l = \lambda/4$, also in diesem Beispiel von 850 km erforderlich. Die Gefahr der Resonanz beim Anschluß einer offenen Leitung eines Elektrizitätswerkes an eine Wechselstrommaschine von 50 Perioden besteht also nicht.

Eine stehende Welle entsteht aber nicht nur in einem Leiter mit isoliertem Ende, sondern jedesmal, wenn die Wellenstirn einer fortschreitenden Welle auf eine Stelle der Leitung stößt, wo Widerstand oder Selbstinduktion oder Kapazität pro Längeneinheit plötzlich einen anderen Wert hat, also insbesondere beim Aufstoßen auf einen Wicklungsanfang. Es wird aber nur ein Teil der fortschreitenden Welle reflektiert und zu einer stehenden Welle umgebildet, während der Rest weiter vordringt. Wie viel reflektiert wird, hängt von Widerstands-, Selbstinduktions- und Kapazitätsverhältnissen ab. Wo in einem solchen Falle der Strom- und der Spannungsbauch liegt, das hängt davon ab, ob der scheinbare Widerstand pro Längeneinheit an der Reflexionsstelle zu- oder abnimmt. Ist er hinter der Reflexionsstelle größer als vor derselben (z. B. beim Übergang von einer geraden Leitung zu einer Wicklung), so bildet sich hier ein Stromknoten und daher ein Spannungsbauch wie bei der vollständigen Reflexion an einem isolierten Leitungsende (Abb. 375)[1]. Dasselbe ist der Fall beim Übergang von einem Kabel (große Kapazität) zu einer Luftleitung (kleine Kapazität), weil die kleinere Kapazität einen größeren Widerstand ($^1/\omega C$) darstellt. Daher wird die Spannung der reflektierten Welle im Kabel erhöht. Ist aber der scheinbare Widerstand hinter der Reflexionsstelle kleiner als vor derselben, so daß die Elektrizität von da an weniger behindert wird (z. B. beim Übergang von einem kleineren Leiterquerschnitt zu einem größeren oder von einer Luftleitung zu einem Kabel mit gleichem Leiterquerschnitt), so bildet sich hier ein Strombauch und infolgedessen ein Spannungsknoten.

Die so entstandene stehende Welle ist als Eigenschwingung nur vorübergehend; sie wird durch Dämpfung aufgezehrt. Ist die fortschreitende Welle eine dauernde (Einschalten einer Leitung mit Stromverbraucher), so vergrößert sich der in die Wicklung des Stromverbrauchers eindringende Teil der fortschreitenden Welle im selben Maße, als der reflektierte Teil aufgezehrt wird, so daß schließlich der stationäre Zustand des normalen Stromdurchganges eintritt.

---

[1] Der größtmögliche Scheitelwert der Spannung erreicht dabei natürlich nicht den doppelten Scheitelwert des Schwingungserzeugers wie bei einer vollständigen Reflexion (Anm. 2 auf S. 434).

Auf die Strom- und Spannungsverhältnisse einer fortschreitenden Welle kann hier nicht eingegangen werden[1]).

Periodenzahlen und Wellenlängen elektrischer Wellen.

	Periodenzahl (Frequenz)	Wellenlänge in Luft
Technische Wechselströme	15—60	20000—5000 km[2])
Telephonströme	100—2000	3000—150 km[2])
Drahtlose Telegraphie	20000 bis 200000	15—1,5 km
Schnellste eletr. Entladungsschwingungen	10^{11}	3 mm
Langsamste Wärmestrahlen (Quarzlampe)	10^{12}	0,3 mm
Rotes Licht	$4 \cdot 10^{14}$	0,00075 mm
Violettes Licht	$8 \cdot 10^{14}$	0,00037 mm
Äußerste ultraviolette Strahlung	$3 \cdot 10^{15}$	0,0001 mm
Sehr weiche Röntgenstrahlen (20000 V-Röhre)	$4 \cdot 10^{18}$	$8 \cdot 10^{-8}$ mm
Sehr harte Röntgenstrahlen (100000 V-Röhre)	$3 \cdot 10^{19}$	10^{-8} mm
Härteste sekundäre Röntgenstrahlung (K-Eigenstrahlung von Wolfram) (§ 236)	10^{20}	10^{-9} mm

208. Elektromagnetische Wellen im Dielektrik.

Bei jeder Bewegung der Elektrizität in einem Stromleiter entstehen magnetische und elektrische Kraftlinien (§ 76 und 117). Elektrische Schwingungen in irgendwelchen Leitern erzeugen also ein ziemlich kompliziertes magnetisches und elektrisches Feld, das man in seiner Gesamtheit als elektromagnetisches Feld bezeichnet, und das sich mit derselben Frequenz ändert wie die Schwingung, von der es erzeugt wird. Hertz hat den Beweis erbracht, daß dieses Feld nicht in jedem Augenblick und nicht an jedem Punkte denselben Schwingungszustand hat, sondern daß es sich als fortschreitende Welle mit einer gewissen, der Lichtgeschwindigkeit gleichkommenden Geschwindigkeit fortpflanzt, wenn es nicht durch eine leitende Fläche aufgehalten wird. An einer solchen wird die elektromagnetische Welle reflektiert, und es bilden sich stehende Wellen aus.

Die elektromagnetischen Wellen sind polarisiert, wie die Lichtwellen, d. h. es sind transversale Wellen, während die Stromwellen in einem Leiter longitudinale Wellen sind. Die elektromagnetischen Wellen werden auch beim Übergang von einem Dielektrik zu einem anderen gebrochen wie Lichtwellen. Beim senkrechten Auftreffen auf eine Grenzfläche eines anderen Dielektriks gehen sie zum Teil durch, zum Teil werden sie reflektiert wie Lichtwellen beim Auftreffen auf einen durchsichtigen Körper.

---

[1]) Vgl. z. B. Breitfeld „Berechnung von Wechselstromfernleitungen", Braunschweig 1922.

[2]) Des Vergleiches wegen ist auch die Wellenlänge der technischen Wechselströme und Telephonströme auf Luft bezogen worden. In Kupferdrähten ist sie wegen der kleineren Fortpflanzungsgeschwindigkeit (S. 442) kleiner.

Die elektromagnetischen Wellen sind es, welche die Kupplung zwischen Sender und Empfänger der drahtlosen Telegraphie herstellen. Da diese Kupplung sehr schwach ist, so ist klar, daß eine brauchbare Wirkung auf große Entfernung nur erreicht werden kann, wenn beide aufeinander abgestimmt sind, so daß Resonanz eintreten kann. (S. 453).

209. Wellenanzeiger und Wellenmesser.

Jeder sekundäre Stromkreis, in dem eine periodische EMK induziert wird, ist ein Anzeiger dafür, daß ein periodisch veränderliches Feld vorhanden ist. Das Vorhandensein einer sekundären EMK oder eines sekundären Stromes kann durch verschiedene Meßinstrumente nachgewiesen werden. Außerdem gibt es Erscheinungen, die unmittelbar das Vorhandensein einer elektrischen Schwingung anzeigen und daher einen wesentlichen Teil der drahtlosen Telegraphie bilden (§ 210).

Der älteste Wellenanzeiger ist der Fritter oder Kohärer (Branly). In einem Glasröhrchen (Abb. 379) befindet sich zwischen zwei Metallelektroden Metall-Feilicht oder besser kleine scharfkantige Metallkörner. Werden die Elektroden in den Stromkreis einer Batterie und eines Galvanometers eingeschaltet, so geht kein Strom hindurch, weil die vielen lockeren Berührungsstellen zwischen den Metallkörnern einen unendlich großen Widerstand darstellen. Sowie aber elektromagnetische Wellen auf den Fritter auftreffen, sinkt der Widerstand so bedeutend herab, daß das Galvanometer einen deutlichen Strom anzeigt. Hören die elektromagnetischen Wellen wieder auf, so bleibt der Strom bestehen. Erschüttert man aber den Fritter durch einen leisen Schlag, so hört der Stromdurchgang auf.

Abb. 379. Fritter.

Fast ebenso empfindlich ist der elektrolytische Wellenanzeiger[1]). Zwei Platindrähte, die mit einer Batterie und einem Galvanometer G verbunden sind (Abb. 380), tauchen in verdünnte Schwefelsäure. Ist die EMK der Batterie gerade etwas größer als die Polarisation zwischen Platin und verdünnter Schwefelsäure, so geht ein schwacher Strom hindurch. Treffen elektromagnetische Wellen auf diese Zelle auf, so wird der Strom bedeutend stärker, geht aber von selbst wieder auf seinen früheren Wert zurück, wenn die Wellen aufhören. Darin liegt ein großer Vorteil gegenüber dem Fritter. Die Empfindlichkeit ist um so größer, je kleiner die Berührungsstelle der positiven Elektrode und der Flüssigkeit ist Man verwendet daher für diese Elektrode einen Draht kleinsten Querschnittes, der bis zur Spitze in eine Glasröhre eingeschlossen ist. Die Widerstandsänderung beruht auf Veränderung der elektrolytischen Polarisation. Sie kommt daher nur bei einer Stromrichtung zustande, also nur während derjenigen Halbwelle, welche diese Richtung hat. Es besteht somit eine Ventilwirkung (§ 262).

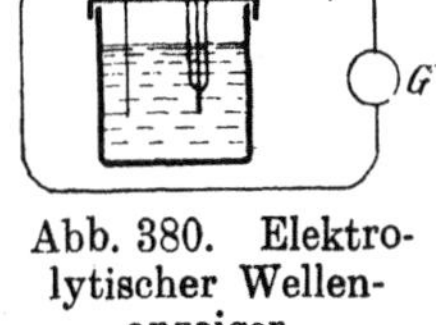

Abb. 380. Elektrolytischer Wellenanzeiger.

[1]) Schlömilch, ETZ 1903, S. 959.

Das ist für die drahtlose Telegraphie von Wichtigkeit, weil infolge dessen die Morsezeichen mit dem Telephon abgehört werden können. Würden beide Halbwellen gleichmäßig verstärkt, so würde man nichts hören, weil die Telephonmembran so schnelle Schwingungen nicht ausführen und das Ohr sie nicht wahrnehmen kann. Wenn aber nur eine Stromrichtung durchgelassen wird, so wird die Membran während des ganzen Wellenzuges einer Funkenentladung dauernd angezogen, und nur während der Pausen losgelassen, so daß man das Geräusch der Funkenentladung hört. Da die Halbwellen eines Wellenzuges sehr schnell aufeinander folgen, hängt die Stärke der Polarisation nicht nur von der Amplitude, sondern auch von der Anzahl der Schwingungen in der Zeiteinheit ab. Daher ist dieser Wellenanzeiger ein summierender oder integrierender, im Gegensatz zum Fritter, dessen Stromdurchlässigkeit nur davon abhängt, ob die erste Schwingung seine Reizschwelle überschreitet.

Auf ähnlicher Wirkung beruhen die zahlreichen Arten von Kontaktdetektoren: eine stumpfe Spitze aus Metall oder Graphit und eine Platte aus Kupferkies, Schwefelkies, Bleiglanz od. dgl., die sich mit leichtem Druck berühren. Man nimmt an, daß in der Gas- oder Feuchtigkeitshaut der Oberfläche eine elektrolytische Polarisation besteht. Daher hat ein solcher Detektor dieselbe integrierende Ventilwirkung wie die elektrolytische Zelle, wird aber dieser vorgezogen, weil er keine Flüssigkeit braucht.

Grobe, aber sehr deutliche Wellenanzeiger sind Geißlersche oder Hittorfsche Röhren (§ 233), und zwar auch solche ohne Elektroden. Sie leuchten auf, wenn zwischen ihren Enden eine Spannung (Potentialdifferenz) besteht. Sie müssen also, um wirken zu können, so in das Feld der elektromagnetischen Welle gebracht werden, daß sie parallel zu den elektrischen Kraftlinien liegen[1]).

Über Glühkathodenröhren als Wellenanzeiger s. S. 446.

Vorrichtungen, welche nicht nur das Vorhandensein elektrischer Wellen nachweisen, sondern auch ihre Periodenzahl zu erkennen gestatten, bezeichnet man als Wellenmesser, oder da sie alle auf Resonanz beruhen, als Resonatoren.

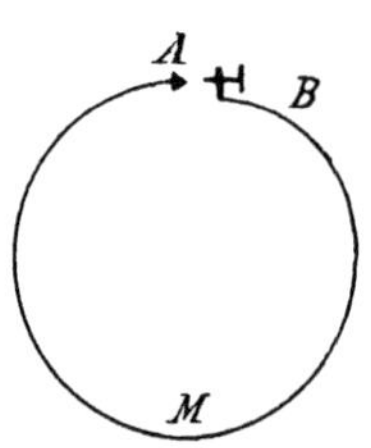

Abb. 381. Hertzscher Resonator.

Die ersten derartigen Apparate sind von Hertz angewendet worden. Der einfachste besteht aus einem kreisförmig oder viereckig zusammengebogenen Draht (Abb. 381), dessen Enden eine Funkenstrecke bilden. Die eine Elektrode sitzt gewöhnlich an einer Stellschraube, um eine empfindliche Einstellung zu ermöglichen. Entsteht darin eine stehende Welle, deren Spannungsknoten in der Mitte des Drahtes bei M liegt, und deren Bäuche an den Enden liegen, so springen in der Funkenstrecke kleine Funken über, weil die beiden Schwingungsbäuche an den Enden entgegengesetztes Vorzeichen haben. Die Welle wird durch Resonanz

[1]) Über andere Wellenanzeiger (Bolometer, Thermoelement, magnetische Wellenanzeiger) vgl. die Lehrbücher der drahtlosen Telegraphie.

erzeugt, wenn sich dieser Resonator in einem Raum befindet, der von elektromagnetischen Schwingungen durchzogen wird oder wenn er durch elektrische Kupplung mit einem Schwingungserzeuger gekuppelt ist. Die Resonanz tritt ein, wenn die elektromagnetischen Wellen eine solche Periodenzahl haben, daß eine halbe Welle gleich der Länge dieses Resonators ist, denn das ist seine Eigenschwingung. Nach § 207 können zwar auch kürzere Wellen (höhere Periodenzahl) in einem solchen Draht als Eigenschwingung auftreten. Sie sind aber zu schwach, um Funken zu erzeugen. Die Kupplung dieses Resonators mit dem Schwingungserzeuger (Oszillator) kann magnetisch oder elektrisch sein. Im ersteren Fall muß er so stehen, daß seine Fläche von den magnetischen Kraftlinien des elektromagnetischen Feldes durchsetzt wird. Im zweiten Fall muß eine leitende Verbindung des Oszillators mit einer Stelle des Resonators hergestellt werden wie in Abb. 367. Das darf aber nicht bei M geschehen, denn hier ist der Knoten der Spannungswelle, sondern bei A oder B. Die Kupplung ist um so stärker, je näher diese Verbindung einem Spannungsbauch liegt.

Eine stehende Welle besteht natürlich nur, wenn kein Funken übergeht. Sowie ein solcher auftritt, ist die Welle eine fortschreitende, denn der Funken ist ein Leiter, durch den der offene Stromkreis des Resonators zu einem geschlossenen wird.

Zu einer elektrischen Kupplung durch die elektrischen Kraftlinien ist erforderlich, daß Resonator und Oszillator (wenigstens zum Teil) parallel liegen (Abb. 382). Diese Anordnung ist also ganz symmetrisch. Die Welle im Oszillator und im Resonator ist wie in Abb. 375 oder 376. Wenn im Oszillator ein Funken bei F_2 überschlägt, geht im Resonator ein Funken bei F_1 über.

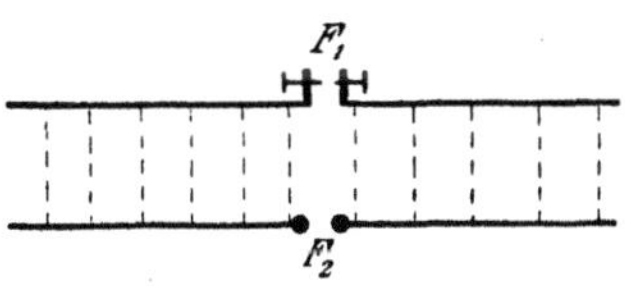

Abb. 382.

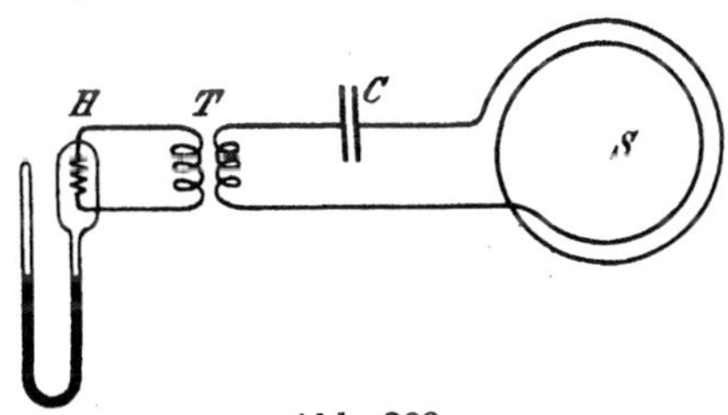

Abb. 383.

Um möglichst ausgeprägte Resonanz und nur die Grundschwingung zu erhalten, verwendet man statt der Resonatoren mit verteilter Kapazität und Selbstinduktion, wie die eben besprochenen, solche mit an einer Stelle konzentrierter Kapazität (Kondensator) wie in Abb. 366 und 367. Als Anzeiger des Eintrittes der Resonanz kann entweder ein Elektrometer an die Kondensatorklemmen angelegt werden, denn die Kondensatorspannung steigt in gleicher Weise an wie der Strom, oder es wird die Wärmewirkung des Stromes benutzt wie bei dem Wellenmesser von Dönitz[1]), wo ein Widerstandsdraht in die Kugel H

[1]) Dönitz, ETZ 1903, S. 920.

(Abb. 383) eines Luftthermometers eingeschlossen ist. Dieser Draht ist aber, um durch seinen Widerstand nicht die Resonanz unscharf zu machen, nicht in den Resonanzkreis selbst eingeschaltet, sondern unter Zwischenschaltung eines Transformators T. Die Kupplung mit dem Felde des Schwingungserzeugers geschieht in der aus ein oder mehreren Drahtwindungen bestehenden Schleife S. Tritt Resonanz ein, so erwärmt der Widerstandsdraht die Luft im Luftthermometer und die Flüssigkeit in der U-Röhre steigt. Um die Resonanz für verschiedene Periodenzahlen einstellen zu können, ist der Kondensator C und damit die Eigenschwingung des Kreises veränderlich gemacht. Der Kondensator besteht nämlich aus mehreren übereinander liegenden, halbkreisförmigen Platten (Abb. 384), die mehr oder weniger ineinander geschoben werden können. In Abb. 385, die einen solchen Apparat zeigt,

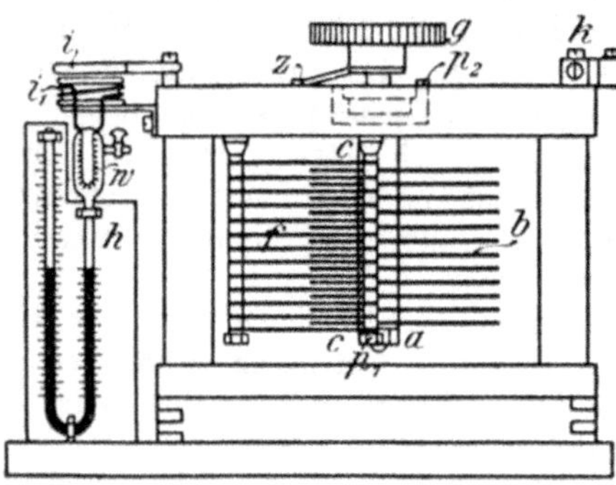

Abb. 385.

Abb. 384.

Abb. 386.

ist dieser mehrplattige Kondensator im senkrechten Querschnitt zu sehen. Man kann also durch Drehung des Knopfes die Kapazität verändern, bis die Eigenschwingung dieses Kreises mit der ankommenden Schwingung gleich ist und daher Resonanz eintritt. Den Eintritt der Resonanz erkennt man, wie schon erwähnt, an dem Luftthermometer. Aus der Stellung des Knopfes kann man auf einer geeichten Skala die Eigenschwingungszahl ablesen. Zur Veränderung der Eigenschwingung zwecks Einstellung der Resonanz kann statt der veränderlichen Kapazität natürlich auch eine veränderliche Selbstinduktion dienen.

Ein anderer etwas gröberer aber einfacherer Wellenmesser ist der „Multiplikationsstab“ von Slaby[1]). Er besteht aus einem Draht, der auf einen isolierten Stab aufgewickelt ist (Abb. 386). Durch die nebeneinanderliegenden Windungen erhält er eine größere Selbstinduktion und Kapazität als bei gerader Ausspannung, und es tritt eine Steigerung der Spannung ein (daher der Name). Bringt man ein Ende durch einen Draht in elektrische Kupplung mit dem zu untersuchenden Schwingungserzeuger, so entsteht hier ein Strombauch, am andern Ende aber ein Spannungsbauch, der sich durch leichtes Funkensprühen an dem damit verbundenen Knopf F bemerkbar macht.

[1]) Slaby, ETZ 1903, S. 1007.

210. Das Wesen der drahtlosen Telegraphie und Telephonie.

Das Wesen der drahtlosen Übermittlung beruht auf der Induktion sekundärer Ströme im Empfänger durch primäre Ströme, die im Sender erzeugt werden. Die Träger dieser Ströme sind Drähte (Abb. 387a) von möglichst großer Höhe. Am unteren Ende des Sendedrahtes werden durch Funkenentladungen Schwingungen erzeugt, die im Draht eine stehende Welle bilden; es ist also die eine Hälfte der Abb. 375 lotrecht gestellt, während die andere Hälfte durch die Erde (oder einen Kondensator) ersetzt ist. Infolge der großen Kapazität der Erde kann zwischen Funkenstrecke und Erde dieselbe Bewegung der Elektrizität stattfinden wie zwischen Funkenstrecke und Draht, so daß Symmetrie besteht wie in Abb. 375. Durch den periodischen Strom, den die im Draht auf- und abschwingende Elektrizität darstellt, werden magnetische Kraftlinien erzeugt, die den Draht konzentrisch umgeben (wie in Abb. 81) und sich bis ins Unendliche ausbreiten, wenn sie nicht vorher auf Leiter auftreffen. Treffen und schneiden sie den Draht (oder die Antennenschleife des Empfängers, so induzieren sie in ihm einen Strom von gleicher Art. Dieser hat bei großem Abstand nur dann genügende Stärke, wenn der Empfänger auf gleiche Schwingungen wie der Sender abgestimmt ist[1]). Wir haben es demnach mit zwei parallelen, durch magnetische Kraftlinien gekuppelten Leitern zu tun. In den Empfängerdraht ist unten, also in der Nähe des Bauches der Stromschwingung ein Wellenanzeiger, z. B. ein Fritter eingeschaltet (Abb. 387). Durch die im Draht entstehende Welle wird der Fritter leitend und dadurch der aus einer Batterie und einem Relais bestehende Ortsstromkreis geschlossen. Von dem Sendedraht gehen auch elektrische Kraftlinien aus, so daß man streng genommen von einer elektromagnetischen Welle im Sinne des § 208 sprechen muß, die die Kupplung zwischen Sender und Empfänger bewirkt. Die

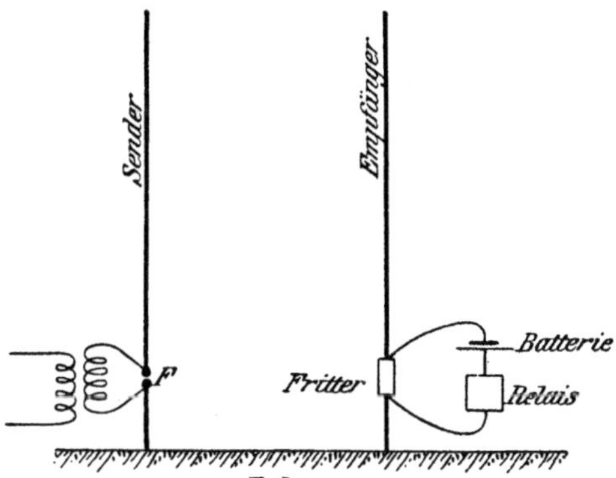

Abb. 387a.

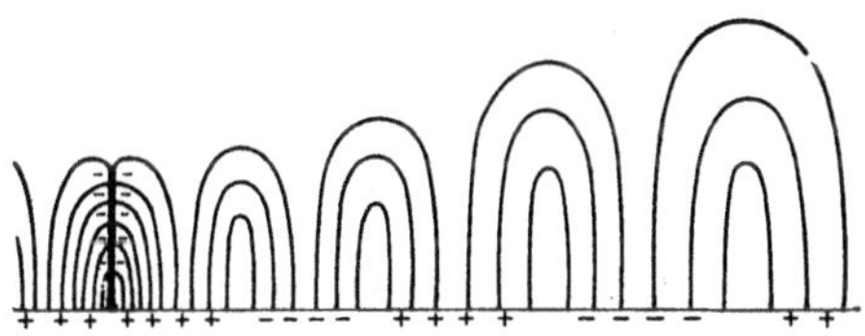

Abb. 387b.

[1]) Dies wurde erst nach den Versuchen von Slaby allgemein eingeführt. Marconi verwendete zwar schon einen Kondensator im Empfänger, aber nicht zur Abstimmung, sondern zur Abhaltung atmosphärischer Ladungen, also als Sperrkondensator.

elektrischen Kraftlinien gehen vom Sender aus und endigen auf der Erde (Abb. 387b). Die zweite Hälfte der Stromschwingung, die zur Erde abfließt, breitet sich hier nach allen Richtungen aus, und es entsteht in der Erde eine fortschreitende Stromwelle so wie eine Flüssigkeitswelle, wenn ein Stein ins Wasser fällt. Von den positiven Halbwellen gehen wieder elektrische Kraftlinien aus und endigen auf den negativen Halbweilen, so daß ein elektrisches Feld entsteht (Abb. 387b), welches sich über die Erdoberfläche hin ausbreitet, und zwar derart, daß seine Kraftlinien immer senkrecht sind zu den denSender umschließenden magnetischen Kraftlinien, deren Radius mit Lichtgeschwindigkeit wächst. Aus dem Verlauf der zweiten Hälfte der Stromwelle unter der Erdoberfläche erklärt sich die Möglichkeit, um die halbe Erde herum drahtlos telegraphieren zu können. Daher muß die Erdung von Sendern, die sehr weit reichen sollen, sehr großflächig sein (in Deutsch-Altenburg besteht sie aus 50 km Kupferdraht).

Bei der Erklärung des Kupplungsvorganges zwischen Sender und Empfänger kommt man aber mit der alleinigen Berücksichtigung der magnetischen Kraftlinien aus, so wie man auch beim Transformator damit auskommt. Daß sie tatsächlich die Hauptrolle spielen, also die Kupplung nur als magnetische betrachtet zu werden braucht, geht daraus hervor, daß man durch Erhöhung der Spannung im Sender merkliche Steigerung der Fernwirkung erzielt, wohl aber durch Vergrößerung der

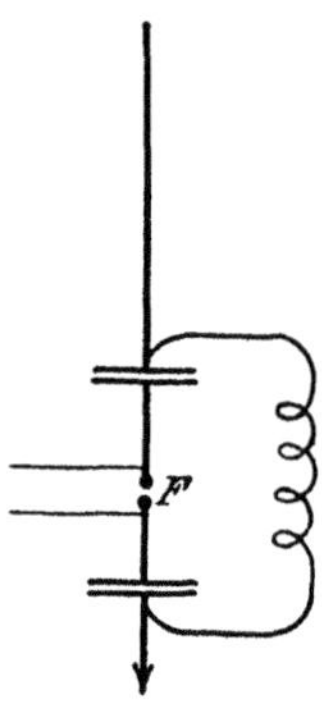

Abb. 388.

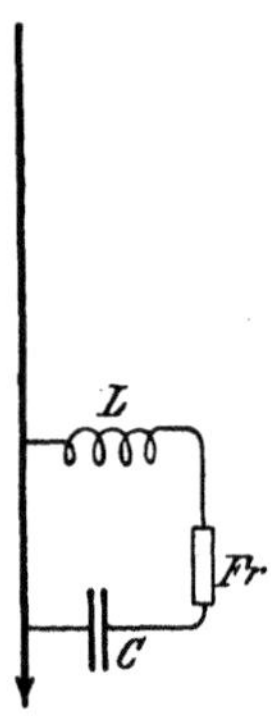

Abb. 389.

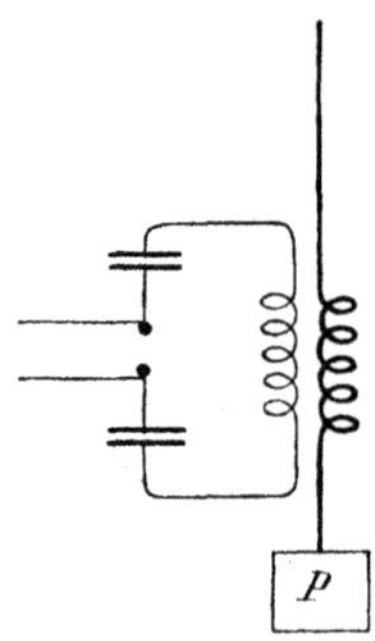

Abb. 390.

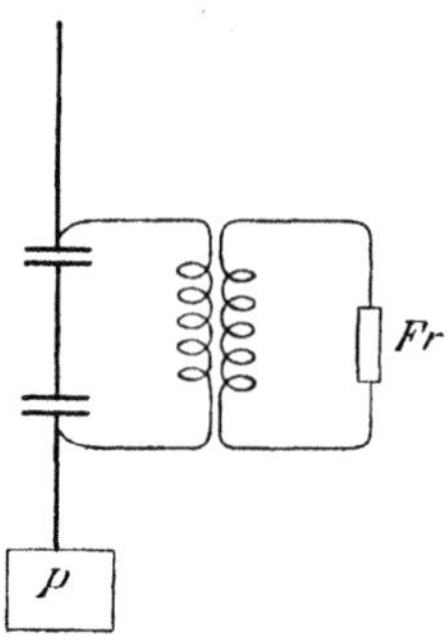

Abb. 391.

im Sendedraht hin und her schwingenden Elektrizitätsmenge, d. h. der Stromstärke der Welle. Eine Vergrößerung der Stromstärke könnte nach Gl. XI, S. 404 durch Erhöhung der Ladespannung erreicht werden. Praktisch wird aber dadurch eine Steigerung der Wirkung nicht erzielt, weil auch die Dämpfung eine wichtige Rolle spielt. Diese wächst aber mit der Spannung aus zwei Gründen: erstens, weil bei Erhöhung der Spannung die Funkenlänge vergrößert werden muß und damit der Funkenwiderstand wächst, zweitens, weil mit der Spannung auch der Ausstrahlungsverlust aus dem Sendedraht zunimmt[1]).

[1]) Vgl. Anmerk. 1 auf S. 413.

Dagegen gelingt eine wirksame Vergrößerung der Stromstärke durch Kupplung des Sendedrahtes mit einem geschlossenen Schwingungskreis (Braun 1898), dessen Gesetze in § 195 abgeleitet wurden. Abb. 388 zeigt eine solche Senderanordnung. Ein aus zwei hintereinandergeschalteten Kondensatoren[1]) und einer Drosselspule bestehender geschlossener Schwingungskreis wird durch Anschluß an eine Stromquelle (Funkeninduktor oder Transformator) geladen und über die Funkenstrecke *F* oszillatorisch entladen. Mit ihm ist der stark gezeichnete Sendedraht elektrisch gekuppelt (§ 206), und es kommt nun in ihm eine viel größere Elektrizitätsmenge zur Schwingung als ohne den geschlossenen Schwingungskreis. Er steht zu letzterem in einem ähnlichen Verhältnis wie eine Stimmgabel zu ihrem Resonanzkasten. Abb. 389 zeigt die entsprechende Empfängerschaltung. Der Wellenanzeiger *Fr*, der Kondensator *C* und die Selbstinduktion *L* bilden einen geschlossenen Schwingungskreis, der mit dem Empfängerdraht gekuppelt ist. An den Wellenanzeiger ist wieder der Ortsstromkreis angeschlossen wie in Abb. 387.

Die Kupplung des geschlossenen Schwingungskreises mit dem Sendedraht kann auch eine magnetische sein, wie Abb. 390 zeigt. Bei der entsprechenden Empfängerschaltung tritt an Stelle der Funkenstrecke der Wellenanzeiger. Abb. 391 zeigt noch eine andere Empfangsschaltung, wo der Wellenanzeiger *Fr* magnetisch gekuppelt ist mit dem geschlossenen Schwingungskreis, der mit dem Empfängerdraht elektrisch gekuppelt ist.

Die gekuppelten Systeme haben aber auch einen Nachteil gegenüber den einfachen (Abb. 387), weil zwei verschiedene Schwingungen auftreten (§ 201), so daß die Abstimmung des Empfängers auf den Sender unsicherer ist, als beim einfachen System. Dieser Nachteil wird vermindert oder ganz beseitigt, wenn die Erregung der Schwingungen im geschlossenen Kreis durch Stoßerregung (S. 425) geschieht, weil nach dem Erlöschen des Funkens der primäre Kreis offen ist, d. h. als Schwingungskreis nicht mehr besteht, so daß dann im Sendedraht nur eine Schwingung weiterbesteht, und die Aussendung der Wellen „eintönig" erfolgt. Abb. 392 zeigt die gewöhnliche Senderschaltung dieser Art.

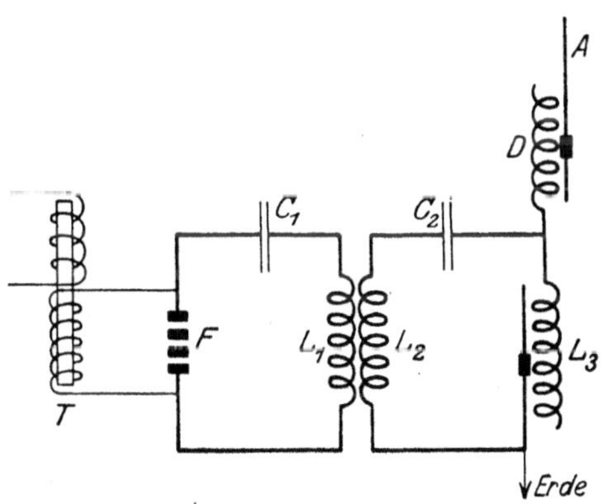

Abb. 392.

[1]) In der Praxis wird gewöhnlich — auch bei den Schaltungen Abb. 390, 391 — nur ein Kondensator verwendet. Die Schaltung wird dadurch zwar unsymmetrisch, die Wirkungsweise aber bleibt grundsätzlich dieselbe.

T ist ein Resonanz-Transformator oder -Induktor, *F* eine Löschfunkenstrecke, welche Schwingungen nach Art der Abb. 346 oder 347 im primären Schwingungskreis $L_1 C_1$ erzeugt. Diese erregen durch magnetische Kupplung die Eigenschwingungen des sekundären Kreises $L_2 C_2 L_3$. Mit diesem ist die Sendeleitung (ADL_3-Erde) durch Stromkupplung gekuppelt, da L_3 gemeinsam ist. Die verstellbaren Kontakte bei L_3 und *D* dienen zur Veränderung des Kupplungsgrades und der Eigenschwingung der Sendeleitung.

In neuester Zeit werden vorzugsweise andauernde („ungedämpfte“) Schwingungen ausgesendet, die entweder durch synchrone Stromerzeuger mit großer Spulenzahl und sehr hoher Drehzahl (§ 126) oder durch Vervielfachung der Periodenzahl (§ 220 A) oder durch Auslese höherer Oberschwingungen aus der zusammengesetzten Wellenform eines Stromerzeugers (§ 220 B) oder durch Lichtbögen oder Glühkathodenröhren (§ 263) erzeugt werden. Im letzteren Falle wird die Sendeantenne an die Klemmen eines Ausgangstransformators (*Ta* in Abb. 538, T_3 in Abb. 465) angeschlossen.

Bei der Aufnahme der ankommenden Wellen mittels eines Kontakt-Detektors (§ 209) werden Glühkathodenröhren zur Verstärkung der Wellen verwendet (§ 244). Diese Röhren können aber auch selbst als Empfänger („Audion“) verwendet werden. Abb. 393 zeigt diese Schaltung, wenn aufeinanderfolgende absterbende (gedämpfte) Wellenzüge ankommen. Die vom Eingangstransformator *T* aufgenommenen und in der Röhre verstärkten Wellenzüge[1]) können in einem Telephon als Morsezeichen gehört werden (wenn sie als solche gegeben wurden), weil die Röhre auch als elektrisches Ventil wirkt, indem sie nur jene Halbwellen durchläßt, für welche die glühende Elektrode Kathode ist, so daß der ganze Wellenzug einer absterbenden Schwingung (Abb. 371) nur eine Schwingung der Telephonmembran bewirkt. Hätte die Röhre keine solche Ventilwirkung, so würden die + und — Amplituden der ankommenden Wellen mit gleicher Stärke ins Telephon gelangen. Wegen ihrer großen Anzahl in einer Sekunde könnten sie aber die Membran und das Gehörorgan des Menschen nicht in Schwingung versetzen[2]). Die Umwandlung in langsame Schwingungen, wie sie für das Telephon erforderlich sind, wird noch vollkommener durch Anwendung der Interferenz erreicht. Läßt man nämlich in demselben Stromkreis zwei andauernde Wellenzüge zusammenwirken, deren Schwingungszahlen sich nur wenig unterscheiden, so entstehen Schwebungen, deren Anzahl gleich dem Unterschied der Schwingungszahlen ist. Sie unterscheiden sich von den durch Abb. 344 und 345 dargestellten absterbenden Schwebungen nur dadurch, daß sie andauern, wenn die erzeugenden Schwingungen

---

[1]) In diesem Falle ist die Glühkathodenröhre ein „Hochfrequenzverstärker“. Ist sie aber hinter einem Detektor geschaltet, so daß sie die langsamen, dem Telephon zufließenden Impulse verstärkt, so ist sie ein „Niederfrequenzverstärker“.

[2]) Dem Kondensator *c* ist ein hoher Widerstand parallel geschaltet, um zu verhindern, daß das Gitter *G* eine konstante statische Ladung durch die anprallenden Elektronen erhält, den durch den Kondensator allein wäre es vollkommen isoliert,

andauernde sind. Kommt z. B. eine dauernde Welle von 50 000 Schwingungen an, welche durch den Transformator T (Abb. 394) auf den Gitterstromkreis GK der Röhre übertragen wird, so wird die Röhre gleichzeitig zur Erzeugung von Eigenschwingungen angeregt. Diese werden mit Hilfe der Kondensatoren C und c so eingestellt, daß ihre Schwingungszahl etwa 51 000 ist. Dann entstehen durch die Interferenz der beiden Wellenzüge Schwebungen von 51000 — 50000 = 1000 Amplituden. Diese ergeben im Telephon M einen reinen, gut

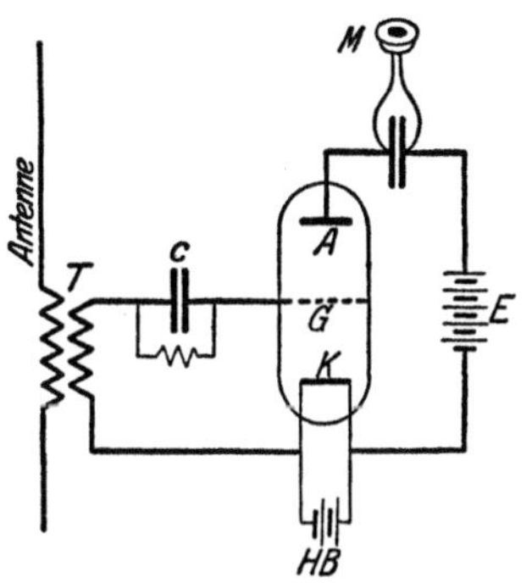

Abb. 393.

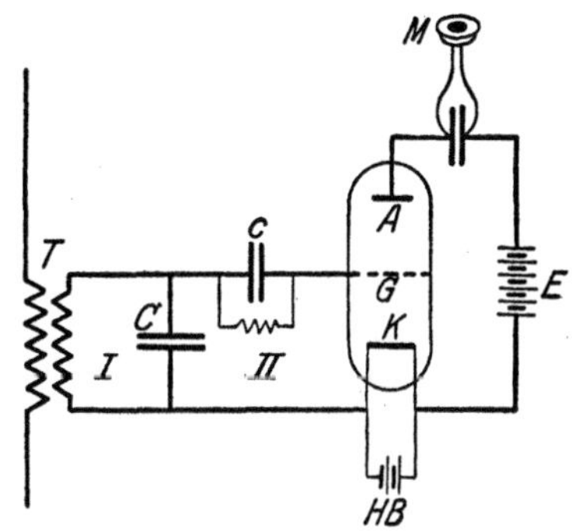

Abb. 394.

hörbaren Ton[1]). Der Schwebungsempfang erfordert aber ziemliche Konstanz der Frequenz der Senderwellen. Steigt sie (im obigen Beispiel) auf 51 000, so gibt es keine Schwebungen mehr. Sinkt sie auf 49 000, so entstehen 2 000 Schwebungen, die im Telephon nicht mehr gut hörbar sind. Die Konstanz der Senderwellen muß prozentual um so genauer eingehalten werden, je größer die Frequenz ist.

Die Wahl der Frequenz hängt natürlich noch von anderen Umständen ab. Nach S. 315 wächst die übertragene magnetische Wirkung mit der Frequenz, und die Praxis hat gelehrt, daß die atmosphärischen Einflüsse um so weniger stören, je größer die Frequenz ist. Andererseits ist aber die Dämpfung durch sekundäre Ströme um so größer. Auch die Absorption der elektrischen Energie in der Luft, die je nach der Witterung und je nach Tages- und Jahreszeit mehr oder weniger ionisiert ist (§ 241), ist umso größer, je größer die Frequenz ist.

[1]) Es ist bemerkenswert, daß die auf solche Weise absichtlich hergestellten Schwebungen (durch Interferenz elektrischer Schwingungen) ein Analogon bilden zu den unerwünschten Schwebungen (Pendelungen), die zuweilen durch Interferenz mechanischer Schwingungen beim Betriebe eines Synchronmotors auftreten. Die durch den ungleichförmigen Antrieb des Stromerzeugers entstehenden und durch den Strom auf den Synchronmotor übertragenen Schwingungen entsprechen den vom Transformator T auf die Glühkathodenröhre übertragenen elektrischen Schwingungen. Sie erregen die Eigenschwingungen des Synchronmotors, sowie hier die Eigenschwingung des Gitterkreises erregt wird, und bilden Schwebungen, wenn der Unterschied der Schwingungszahlen klein ist. (Benischke „Interferenz-Schwebungen gleicher Art bei pendelnden Synchronmotoren und bei Glühkathodenröhren" Elektrot. u. Maschinenb. 1921 S. 53).

Frequenzen über 100000 können nur durch Funkenentladungen oder Glühkathodenröhren oder Lichtbögen erzeugt werden, die aber für sehr große Entfernungen nicht genügend Leistung ergeben. Solche läßt sich nur durch Maschinen erzeugen, wobei man aber unter 100000 Perioden bleiben muß, wenn die Verluste durch Wirbelströme und Hysterese nicht unerträglich groß werden sollen. Eine weitere Steigerung muß dann außerhalb der Maschine durch Vervielfachung geschehen.

Da die ankommenden Wellen mittels Glühkathodenröhren auf ein Vielfaches verstärkt werden können, braucht man keine hohe Empfangsantenne mehr, sondern kann eine Spule mit einigen Windungen (Rahmen-Antenne) anwenden[1]). Das ist ein geschlossener Schwingungskreis wie die sekundäre Spule eines Resonanztransformators ohne Eisenkern, der außer der kleineren Abmessung noch mehrere Vorteile gegenüber dem offenen Schwingungskreis (einseitig geerdeter Leiter) hat. Es gibt aber eine ungünstigste und eine günstigste Stellung. Diese muß ausprobiert werden. Wenn die Wellen von einer senkrechten offnen Antenne ausgehen (Abb. 86 senkrecht gestellt), so ist die günstigste Wirkung dann vorhanden, wenn die kreisförmigen magnetischen Kraftlinien die Fläche der Rahmen-Antenne senkrecht durchsetzen, d. h. wenn die Verlängerung dieser Fläche die Senderantenne trifft. Steht der Rahmen parallel zu den ankommenden Kraftlinien, so ist die Induktion Null. Das hat die wichtige Folge, daß man mit einer Rahmenantenne empfangen kann, während aus einer offenen (senkrechten) Antenne gesendet wird[2]). Auch gegen atmosphärische Einflüsse ist der geschlossene Empfänger viel weniger empfindlich als der offene.

Eine Sende-Antenne, welche die Aufgabe hat, die elektromagnetischen Wellen über Gebirge hinweg zu senden, muß möglichst hoch sein. Höhe kann nur bis zu einer gewissen Grenze durch größere Energie der Schwingungen ersetzt werden. Andererseits wächst aber auch die Energie der stehenden Welle in der Antenne mit der Höhe derselben. Da für die Übertragung in erster Linie die magnetische Kupplung zwischen Sende- und Empfangs-Atenne maßgebend ist, so kommt es auf möglichst große Stromstärke der Schwingung an, und diese ist nach S. 405: $\mathfrak{J}_0 = \mathfrak{E}_0 \sqrt{C/L}$, d. h. die Kapazität soll groß, die Selbstinduktion klein sein. Große Kapazität wird erreicht, wenn viele lange Drähte von ihr ausgehen (Schirm-Antenne, T-Antenne). Ihre Kapazität ergibt sich näherungsweise aus Formel 5, S. 39. Die Stromstärke einer stehenden Welle ist im Schwingungsbauch am stärksten, in den Knoten Null (Abb. 375), also gehen die meisten magnetischen Kraftlinien von dem senkrechten Teil der Antenne aus, und nur diese wirken voll auf die Empfangs-Antenne (Mast od. Rahmen), weil sie sich parallel zur Erdoberfläche kreisförmig ausbreiten. Und da sie von den elektrischen

---

[1]) A. Esau, „Elektrot. u. Maschinenb." 1919, S. 101.

[2]) So weist z. B. die Rahmenantenne der Empfangsstelle Geltow nach Nord-Amerika, und kann von dort empfangen, ohne daß sie von der Sendestelle Nauen gestört wird, weil die Richtung Nauen—Geltow senkrecht zur Rahmenfläche ist.

Kraftlinien, welche ihre Fußpunkte auf der Erde haben (Abb. 387b), umschlossen werden, schmiegen sie sich der Krümmung der Erde an.

Während bei der drahtlosen Telegraphie die elektromagnetischen Wellen den Morsezeichen entsprechend ausgesendet und unterbrochen werden, müssen sie bei der drahtlosen Telephonie dauernd ausgesendet werden. Sie werden aber in der Antenne durch Überlagerung von Strömen, welche den Klangwellen entsprechen (Sprechströme), verstärkt und geschwächt. Diese Verstärkungen und Schwächungen erzeugen in der Empfangsstelle entsprechende Schwingungen einer Telephonmembran. Jene Wellen sind also nur die Träger der Klangwellen. Damit die „Trägerwellen" nicht selbst im Telephon hörbar sind und die Klangwellen auch nicht störend beeinflussen, muß ihre Frequenz vielmals größer sein (mindestens 100000), während die Klangwellen in den Grenzen 100—2000 liegen. Trägerwellen von solcher Frequenz und genügender Konstanz liefern am besten die Glühkathodenröhren (§ 263 B). Die Überlagerung der Sprechwellen über die Trägerwellen erfolgt am einfachsten dadurch, daß der Antennenstromkreis sowohl mit dem Schwingungskreis der Röhre als auch mit dem Stromkreis des Mikrophons induktiv gekuppelt wird.[1]) Die Trägerwellen können natürlich auch in Form von Leitungsströmen (fortschreitende Wellen) in Drähten verlaufen, wenn solche zwischen Geber und Empfänger vorhanden sind, wie z. B. zwischen einem Hauptelektizitätswerk und einem Unterwerk oder Verbraucher. Die Übertragung der Trägerwellen vom Schwingungskreis auf den Leitungsdraht erfolgt dadurch, daß ein offener Draht (wagrechte Antenne) von genügender Länge parallel zum Leitungsdraht gespannt wird, so daß induktive Kupplung besteht. Ebenso auf der Empfangsstelle. Da sich alle Ströme ohne weiteres übereinanderlagern, verlaufen die Wellen unabhängig vom Arbeitsstrom durch die Fernleitung. Für Sprechen und Hören an derselben Stelle empfiehlt sich die Anwendung einer besonderen Sprechantenne und einer besonderen Hörantenne, so daß Sprech- und Höreinrichtung getrennt sind. Gegen die Übertragung der Arbeitsströme auf die parallelen Antennen und die etwa daraus entstehenden Telephonstörungen kann man sich durch Einschaltung eines Kondensators schützen, der für die kleine Frequenz des Arbeitsstromes einen sehr großen, für die großen Frequenzen der Sprechströme aber einen kleinen Widerstand darstellt. Zur Fortleitung der Trägerwellen kann natürlich auch ein gewöhnlicher Telephondraht benutzt werden. Da sich alle Wellen unabhängig voneinander fortpflanzen, so können durch denselben Draht gleichzeitig mehrere Gespräche laufen, wenn ihre Trägerwellen verschiedene Frequenz haben, also von verschiedenen Glühkathodenröhren erzeugt werden.

---

[1]) Die drahtlose Übertragung hat gegenüber der Fortleitung in Drähten den Vorzug, daß die aus vielen Oberschwingungen bestehende eigentümliche Welle jedes Lautes genau wiedergegeben wird, wenn die Frequenz der Trägerwelle genügend hoch ist, während in den Drähten eine Verzerrung durch die Kapazität stattfindet. Die Ausgleichung derselben durch besondere Vergrößerung der Selbstinduktion (S. 413) bewirkt eine Milderung aber keine Beseitigung der Verzerrung, und das Eisen bringt durch seine Hysterese eine neue Ursache der Verzerrung.

Dreizehntes Kapitel.

Zusammengesetzte Wellenformen.

211. Die wichtigsten Wellenformen.

Bisher wurde bei allen Betrachtungen über Wechselströme vorausgesetzt, daß der Verlauf des Stromes, der Spannung und des magnetischen Feldes einer einfachen Sinuswelle entspricht. Bei der praktischen Anwendung der Wechselströme ist dies selten der Fall. Periodische Wellenlinien beliebiger Form, aber gleichbleibenden Scheitelwerten lassen sich immer darstellen durch die Fouriersche Reihe:

$$y = \mathfrak{A}_1 \sin \omega t + \mathfrak{A}_2 \sin 2\,\omega t + \mathfrak{A}_3 \sin 3\,\omega t + \dots$$
$$+ \mathfrak{B}_1 \cos \omega t + \mathfrak{B}_3 \cos 3\,\omega t + \mathfrak{B}_5 \cos 5\,\omega t + \dots$$

oder durch

$$y = \mathfrak{D}_1 \sin(\omega t + \varphi_1) + \mathfrak{D}_2 \sin 2(\omega t + \varphi_2)$$
$$+ \mathfrak{D}_3 \sin 3(\omega t + \varphi_3) + \dots \qquad (221)$$

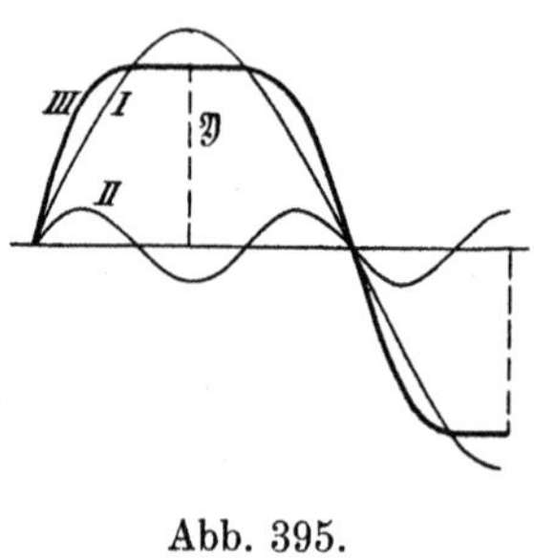

Abb. 395.

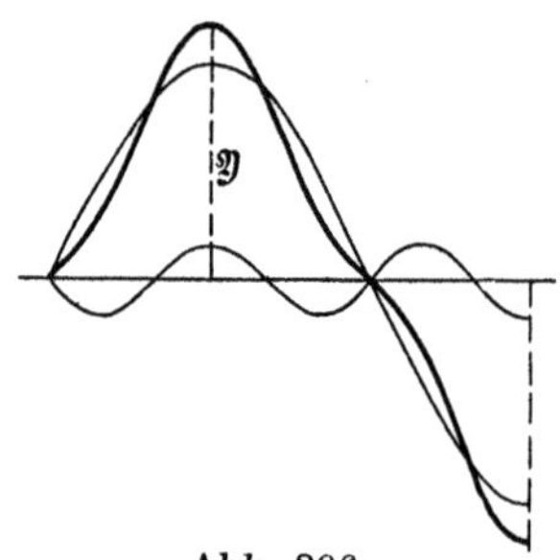

Abb. 396.

Zwischen den Scheitelwerten und Phasenverschiebungen dieser beiden Gleichungen bestehen folgende Beziehungen

$$\left.\begin{aligned} \mathfrak{D}_x &= \sqrt{\mathfrak{A}_x^{\,2} + \mathfrak{B}_x^{\,2}} \\ \operatorname{tg} x\varphi_x &= \frac{\mathfrak{B}_x}{\mathfrak{A}_x} \end{aligned}\right\} \qquad (222)$$

mit deren Hilfe man eine in die andere überführen kann.

Wir betrachten zunächst die einfachsten Fälle zusammengesetzter Wellenformen.

Abb. 395 zeigt eine stumpfe Wellenform *III*, die aus zwei Sinuswellen *I* und *II* zusammengesetzt ist. Jede Ordinate von *III* ist gleich der Summe der Ordinaten von *I* und *II*. Der mathematische Ausdruck von *I* ist $\mathfrak{A}_1 \sin \omega t$, der von *II* ist $\mathfrak{A}_3 \sin 3\omega t$, weil sie dreimal so viel Perioden hat. Mithin ist der mathematische Ausdruck von *III*

$$y = \mathfrak{A}_1 \sin \omega t + \mathfrak{A}_3 \sin 3\omega t.$$

Wie man ohne weiteres sieht, ist der Scheitelwert dieser Welle: $\mathfrak{Y} = \mathfrak{A}_1 - \mathfrak{A}_3$. Man erhält ihn auch rechnerisch aus der Gleichung für *III*, wenn man $\omega t = 90^0$ setzt. Das ist aber nicht der Fall, wenn die Wellenform gesattelt ist (Abb. 403). Dann liegt der Scheitelwert nicht in der Mitte und muß besonders bestimmt werden.

Die spitze Wellenform in Abb. 396 besteht aus denselben Gliedern; aber die dreifache Welle beginnt mit negativen Werten.

Ihre Gleichung ist also

$$y = \mathfrak{A}_1 \sin \omega t - \mathfrak{A}_3 \sin 3\omega t$$

und ihr Scheitelwert ist in jedem Falle:

$$\mathfrak{Y} = \mathfrak{A}_1 + \mathfrak{A}_3.$$

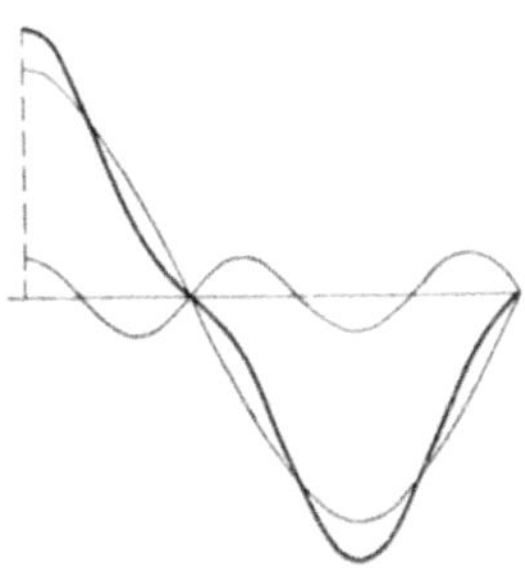
Abb. 397.

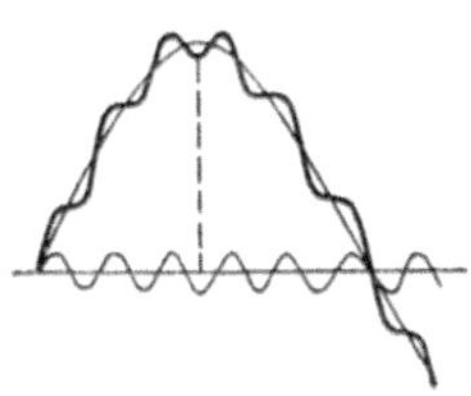
Abb. 398a.

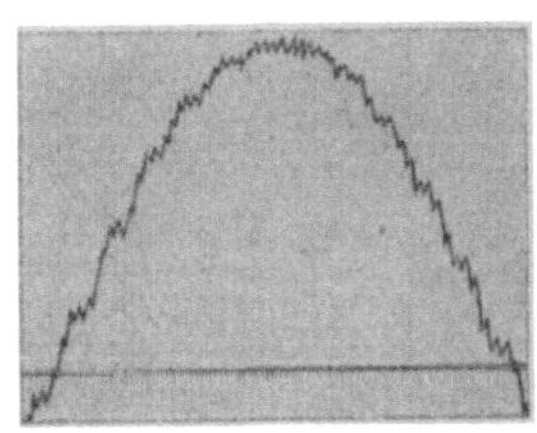
Abb. 398b.

Betrachtet man eine Welle von der Form

$$y = \mathfrak{A}_1 \cos \omega t + \mathfrak{A}_3 \cos 3\omega t,$$

so findet man aus der Addition der beiden Einzelwellen (Abb. 397) eine Welle von gleicher Gestalt wie in Abb. 396, nur liegt hier der Anfang ($\omega t = 0$) beim Scheitelwert, d. h. jene ist gegen diese um 90^0 verschoben. Tatsächlich läßt sich diese in Sinuswellen mit 90^0 Phasenverschiebung überführen, denn es ist

$$\begin{aligned} &\mathfrak{A}_1 \cos \omega t + \mathfrak{A}_3 \cos 3\omega t \\ &= \mathfrak{A}_1 \sin(\omega t + 90) - \mathfrak{A}_3 \sin(3\omega t + 270) \\ &= \mathfrak{A}_1 \sin(\omega t + 90) - \mathfrak{A}_3 \sin 3(\omega t + 90). \end{aligned}$$

Wie man in den vorstehenden Abbildungen das Glied dritter Ordnung aus der Abstumpfung bzw. Zuspitzung der Welle erkennen kann, so kann man stark ausgeprägte Glieder höherer Ordnung aus den Einbuchtungen erkennen. So findet man aus Abb. 398, daß sie ein Glied elfter Ordnung enthält, denn jeder positive Scheitel elfter Ordnung erzeugt eine Ausbuchtung, jeder negative Scheitel eine Einbuchtung in der resultierenden Welle. Solcher Aus- und Einbuchtungen zählt man in einer halben Welle elf, entsprechend den elf halben Wellen[1]). Ist das Glied elfter Ordnung negativ, so folgt auf den Nullpunkt nicht eine Ausbuchtung, sondern eine Einbuchtung. So starke Glieder hoher Ordnung entstehen beim Vorübergang der Polschuhkanten vor den Zähnen des Ständers. Denn wenn sich zwei Kanten gegenüberstehen, ist die Kraftliniendichte größer, als wenn eine Kante einer Fläche gegenübersteht. Abb. 398b zeigt die Spannungswelle eines Stromerzeugers, der aus einem Drehstrommotor dadurch hergestellt war, daß Gleichstrom durch zwei Wicklungszweige des Läufers geschickt wurde. Da hier auch die Polflächen des Läufers gezahnt sind, entstand ein Glied 99. Ordnung, wie sich aus der Zählung der Zähne und Einschnitte ergibt. Solche Oberwellen werden nach Verstärkung durch Resonanz in der drahtlosen Telegraphie verwendet (vgl. auch § 220B).

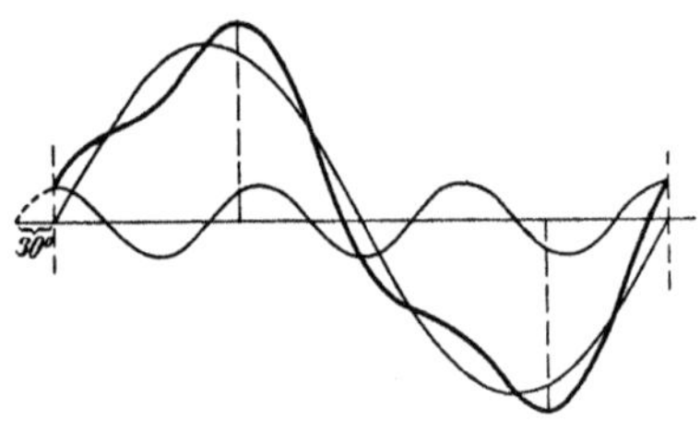

Abb. 399.

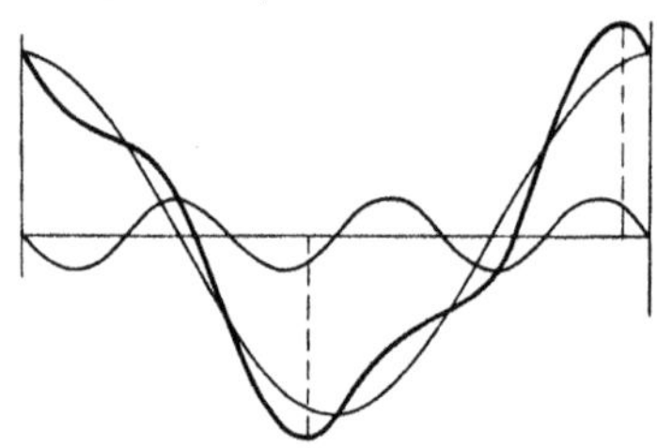
Abb. 400.

Die vorstehenden, nur aus sin-Gliedern oder nur aus cos-Gliedern ohne Phasenverschiebung bestehenden Wellenformen, sind sowohl zur Abszissenachse als auch zum Scheitelwert jeder Halbwelle symmetrisch. Kommen sin- oder cos-Glieder gleichzeitig vor oder bestehen zwischen sin-Gliedern Phasenverschiebungen, so ist die Welle zwar noch zur Abszissenachse, aber nicht mehr zum Scheitelwert symmetrisch. Dieser liegt nicht mehr in der Mitte zwischen den Nullpunkten. Abb. 399 hat die Gleichung

$$y = \mathfrak{A}_1 \sin \omega t + \mathfrak{A}_3 \cos 3 \omega t .$$

Durch Einführung einer Phasenverschiebung von 90^0 kann man den cos in den sin überführen und erhält dann

$$\begin{aligned} y &= \mathfrak{A}_1 \sin \omega t + \mathfrak{A}_3 \sin (3 \omega t + 90) \\ &= \mathfrak{A}_1 \sin \omega t + \mathfrak{A}_3 \sin 3 (\omega t + 30) . \end{aligned}$$

Abb. 399 zeigt auch diese Phasenverschiebung.

[1]) Man darf nicht die Ausbuchtungen allein, oder die Einbuchtungen allein zählen und mit 2 multiplizieren, denn das würde eine Periode zu viel oder eine zu wenig ergeben.

Abb. 400 hat die Gleichung:

$$y = \mathfrak{A}_1 \cos \omega t - \mathfrak{A}_3 \sin 3 \omega t$$
$$= \mathfrak{A}_1 \sin (\omega t + 90) - \mathfrak{A}_3 \sin 3 \omega t .$$

Vergleicht man Abb. 399 mit dem Magnetisierungsstrom eines Eisenkernes (Abb. 249), so sieht man, daß er nebst anderen Gliedern ein großes Glied dritter Ordnung enthält.

212. Beziehung zwischen Spannungswellen und magnetische Wellen.

Die Wellenformen in Abb. 395 und 396 stehen in einer wichtigen Beziehung zueinander. Stellt z. B. die erste eine magnetische Welle

$$\mathfrak{z} = \mathfrak{Z}_1 \sin \omega t + \mathfrak{Z}_3 \sin 3 \omega t$$

vor, so ist die von ihr induzierte Spannungswelle (nach § 132)

$$e = - N \frac{d\mathfrak{z}}{dt} = - \omega N \mathfrak{Z}_1 \cos \omega t - 3 \omega N \mathfrak{Z}_3 \cos 3 \omega t$$
$$= - (\mathfrak{E}_1 \cos \omega t + \mathfrak{E}_3 \cos 3 \omega t) .$$

Diese Wellenform ist identisch mit der in Abb. 396, während die $\mathfrak{z}$-Welle durch Abb. 395 dargestellt ist. Umgekehrt findet man, daß eine magnetische Welle von der Form

$$\mathfrak{z} = \mathfrak{Z}_1 \sin \omega t - \mathfrak{Z}_3 \sin 3 \omega t$$

(Abb. 396) eine Spannungswelle von der Form wie in Abb. 395 erzeugt. Im allgemeinen erzeugt also eine stumpfe magnetische Welle eine spitze Spannungswelle und umgekehrt, wenn sie symmetrisch sind.

Ferner erkennt man, daß zwischen den Scheitelwerten der Spannung und des magnetischen Feldes einer Welle $x$ter Ordnung folgende Beziehung besteht

$$\mathfrak{E}_x = x \omega N \mathfrak{Z}_x .$$

Drückt man die EMK im effektiven Wert und praktischer Einheit aus, während $\mathfrak{Z}$ in abs. Einh. (Anzahl der Kraftlinien) bleibt, so ergibt sich wie auf S. 221:

$$E_x = 4{,}44\, x \nu N \mathfrak{Z} \cdot 10^{-8} \cdot \text{Volt} \quad . \; . \; . \; . \; . \; . \quad (220)$$

Betrachten wir nun eine unsymmetrische Spannungswelle

$$e = \mathfrak{E} \sin \omega t + \mathfrak{E}_3 \cos 3 \omega t \quad \text{(Abb. 399)}$$

und suchen die dazu gehörige magnetische Welle, so ist diese

$$\mathfrak{z} = - \frac{1}{N} \int e\, dt = \frac{\mathfrak{E}_1}{\omega N} \cos \omega t - \frac{\mathfrak{E}_3}{3 \omega N} \sin 3 \omega t .$$

Das ist die in Abb. 400 dargestellte Welle. Solche kommen zustande, wenn die Maschine Strom liefert, und die eine Hälfte jedes Poles durch die Ankerrückwirkung geschwächt, die andere aber verstärkt wird (vgl. Anmerk. 1 auf S. 456).

Wir betrachten nun eine Wellenform mit einem Gliede 2. Ordnung:

$$e = \mathfrak{E}_1 \sin \omega t + \mathfrak{E}_2 \sin 2\,\omega t\,.$$

Das ist die in Abb. 401 dargestellte Welle. Die entsprechende magnetische Welle ist

$$\mathfrak{z} = -\frac{1}{N}\int e\,dt = \frac{\mathfrak{E}_1}{\omega N}\cos \omega t + \frac{\mathfrak{E}_2}{2\,\omega N}\cos 2\,\omega t\,.$$

Das ist die in Abb. 402a dargestellte Welle. Eine Maschine mit derartiger magnetischer Welle müßte also aufeinanderfolgende Pole von

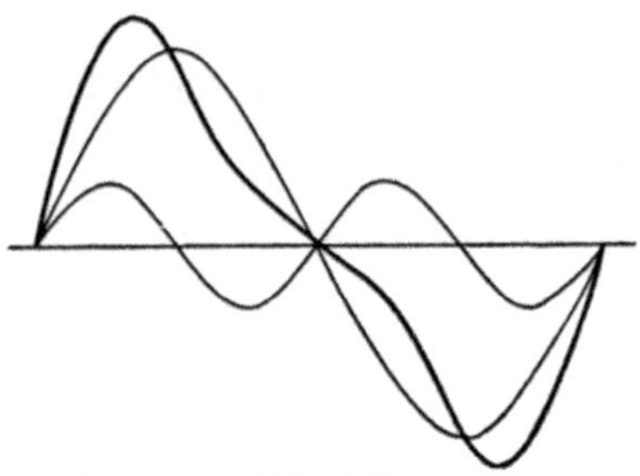

Abb. 401.

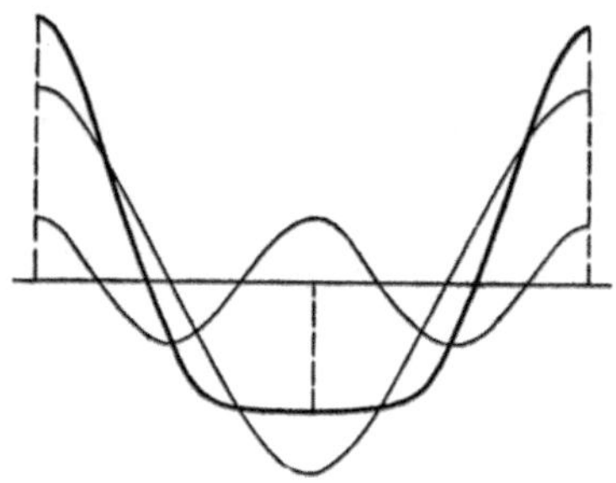

Abb. 402a.

verschiedener Kraftlinienmenge haben, und die Abstände der Nullpunkte müßten bei beiden Wellenhälften verschieden sein, d. h. die Maschine müßte während der beiden Halbwellen verschiedene Geschwindigkeit haben. Das ist aber unmöglich, denn dieselben Kraftlinien, die bei einem Pol austreten, treten beim anderen wieder ein. und die Geschwindigkeit der Maschine ist während jeder Halbwelle dieselbe. Aus demselben Grunde können auch höhere Glieder von gerader Ordnung in elektrischen Maschinen durch Induzierung von seiten des Polrades nicht entstehen[1]). Dagegen lassen sich Spannungswellen von der Art der Abb. 402 in besonderen, unsymetrischen Maschinen erzeugen. Sie werden neuerdings zum Betriebe von Röntgenröhren an Stelle von Funkeninduktoren (§ 205) verwendet. Abb. 402b zeigt eine oszillo-

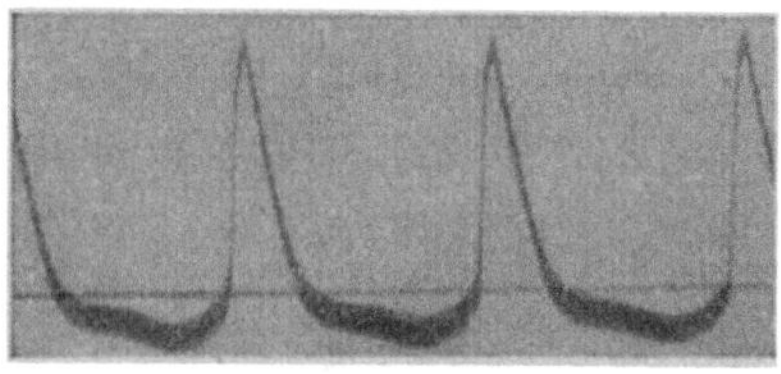

Fig. 402b.

[1]) Um in dieser Hinsicht keiner Täuschung zu verfallen, muß man immer eine ganze Welle, nicht nur eine Halbwelle betrachten. Denn eine Halbwelle der Abb. 401 sieht einer Halbwelle der Abb. 399 sehr ähnlich. In der Tat könnte man jede Halbwelle der letzteren zeichnerisch durch eine Grundwelle und zwei Halbwellen zweiter Ordnung wie in Abb. 401 darstellen. Macht man das aber für die ganze Abb. 399, so sieht man, daß von dieser scheinbaren Welle zweiter Ordnung immer zwei positive und zwei negative Halbwellen aufeinanderfolgen, statt abwechselnd eine positive und eine negative, wie es bei einem sin oder cos der Fall sein muß.

graphische Aufnahme. Die vorstehende Ableitung lehrt, daß die magnetische Welle, die zu einer solchen EMK gehört, der Abb. 401 entsprechen muß, d. h. die Kraftlinien müssen rasch zunehmen und langsam abnehmen. Das wird bei Gleichstromerregung des Polrades dadurch erreicht, daß die Polschuhe verschieden breit sind, und die innere Mantelfläche des Ständers nicht zylindrisch ist, sondern zu- und abnehmenden Luftzwischenraum gegen die Polschuhe hat. Diese unsymetrische Gestaltung ist unnötig, wenn die Erregung nicht durch Gleichstrom sondern durch synchronen Wechselstrom erfolgt[1]).

Wellenformen von der Art der Abb. 402 können auch bei *Gleichrichtern* vorkommen Abb. 524, ebenso durch Lichtbögen mit verschiedenartigen Elektroden (§ 261), elektrische Ventile (§ 262) u. dgl. unsymmetrische Anordnungen hervorgebracht werden[2]).

Wir kommen nach dem Vorstehenden zu folgendem Ergebnis. Wellenformen, die zur mittleren Ordinate symmetrisch sind, enthalten nur Sinusglieder oder nur Cosinusglieder ungerader Ordnung. Unsymmetrische Wellenformen, die dadurch charakterisiert sind, daß *die um eine halbe Welle auseinanderliegenden Ordinaten gleich groß* sind, bestehen aus Sinusgliedern *und* Cosinusgliedern ungerader Ordnung, oder aus Sinusgliedern mit Phasenverschiebung. Unsymmetrische Wellen *anderer Art* enthalten Glieder *gerader* Ordnung.

213. Scheitelwert, effektiver Wert und arithmetischer Mittelwert einer zusammengesetzten Wellenform.

Der Scheitelwert ist der größte Ordinatenwert einer Welle. Bei einer einfachen Sinuswelle liegt er in der Mitte zwischen den beiden Nullpunkten. Bei unsymmetrischen Wellenformen wie in Abb. 399 und 400 liegt er nicht in der Mitte. Bei eingesattelten symmetrischen Wellen (Abb. 403) kommt er in jeder halben Welle zweimal vor (𝔜). Zu seiner Berechnung aus den Scheitelwerten der einzelnen Glieder gibt

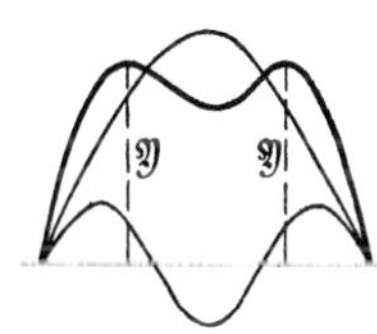

Abb. 403.

[1]) Breslauer ETZ 1921, S. 1025.

[2]) Ein schwaches Glied zweiter Ordnung kann auch in normalen Wechselstromlichtbögen und in Glühlampen entstehen, und zwar lediglich als Folge der periodischen Stromwärme, die beim Scheitelwert des Stromes ein Maximum, beim Nullwert ein Minimum ist. Und weil jeder negative Scheitelwert ein ebensolches Maximum der Stromwärme ergibt wie jeder positive Scheitelwert, so kommen auf jede Periode des Wechselstromes *zwei* Maxima (positive Scheitelwerte) und *zwei* Minima (negative Scheitelwerte), also zwei Perioden. Diese doppelte Periodizität erkennt man auch aus den Leistungskurven in Abb. 199 bis 201. Da dieses Glied zweiter Ordnung nur aus der periodischen Änderung des Widerstandes entsteht, kommt es nur in der Stromwelle, aber nicht in der Spannungswelle vor. Im allgemeinen ist es auch in der Stromwelle so klein, daß es nur durch genaue Ausmessung einer oszillographischen Aufnahme ermittelt werden kann. Im Wechselstromlichtbogen entstehen außerdem bedeutend stärkere Glieder höherer Ordnung in der Elektrodenspannung durch den Zündvorgang, wie die Abb. 508 zeigt. Da sich diese Vorgänge beim Anstieg jeder Halbwelle auf der positiven und negativen Seite im gleichen Sinne wiederholen, so sind es Glieder *ungerader* Ordnung, wie in Abb. 400, die dadurch entstehen.

es keine bestimmte Regel, sondern man muß nach den Regeln der Differentialrechnung das Maximum aufsuchen, was aber häufig rechnerische Schwierigkeiten bietet. Ist die Wellenform gezeichnet, so erhält man den Scheitelwert natürlich durch Abmessung.

Der effektive Wert ist nach § 131 definiert durch

$$Y = \sqrt{\frac{1}{\frac{\tau}{2}} \int_0^{\frac{\tau}{2}} y^2 dt} \qquad (223)$$

Für eine Welle von der Form

$$y = \mathfrak{A}_1 \sin \omega t + \mathfrak{B}_1 \cos \omega t$$

ergibt sich

$$Y = \sqrt{\frac{2}{\tau}\left[\int_0^{\frac{\tau}{2}} \mathfrak{A}_1^2 \sin^2 \omega t\, dt + \int_0^{\frac{\tau}{2}} \mathfrak{B}_1^2 \cos^2 \omega t\, dt + 2\int_0^{\frac{\tau}{2}} \mathfrak{A}_1 \mathfrak{B}_1 \sin \omega t \cos \omega t\, dt\right.}$$

Das erste Integral ist nach § 131 gleich $\frac{\mathfrak{A}_1^2 \tau}{4}$, das zweite ist gleich $\frac{\mathfrak{B}_1^2 \tau}{4}$. Der dritte ist

$$\int_0^{\frac{\tau}{2}} \sin \omega t \cos \omega t\, dt = \left| \frac{1}{2\omega} \sin^2 \omega t \right|_0^{\frac{\tau}{2}} = \left| \frac{1}{2\omega} \sin^2 \frac{2\pi}{\tau} t \right|_0^{\frac{\tau}{2}} = 0.$$

Also ist der effektive Wert

$$Y = \sqrt{\tfrac{1}{2}(\mathfrak{A}_1^2 + \mathfrak{B}_1^2)}.$$

Da $\mathfrak{A}_1$, $\mathfrak{B}_1$ die Scheitelwerte der einzelnen Glieder sind, so sind ihre effektiven Werte

$$A_1^2 = \frac{\mathfrak{A}_1^2}{2}. \qquad B_1^2 = \frac{\mathfrak{B}_1^2}{2}.$$

Mithin

$$y = \sqrt{A_1^2 + B_1^2}.$$

Enthält die Welle beliebig viele Glieder höherer Ordnung, lautet sie also

$$y = \mathfrak{A}_1 \sin \omega t + \mathfrak{A}_2 \sin 2\omega t + \mathfrak{A}_3 \sin 3\omega t + \dots$$
$$+ \mathfrak{B}_1 \cos \omega t + \mathfrak{B}_2 \cos 2\omega t + \mathfrak{B}_3 \cos 3\omega t + \dots$$

so ist

$$Y = \sqrt{\tfrac{1}{2}(\mathfrak{A}_1^2 + \mathfrak{A}_2^2 + \mathfrak{A}_3^2 + \dots + \mathfrak{B}_1^2 + \mathfrak{B}_2^2 + \mathfrak{B}_3^2 + \dots)}$$
$$= \sqrt{A_1^2 + A_2^2 + A_3^2 + \dots + B_1^2 + B_2^2 + B_3^2 \dots} \qquad (224)$$

wenn $A_1 \dots B_1 \dots$ die effektiven Werte der einzelnen Glieder bedeuten.

In der Praxis liegt fast immer eine Zeichnung von der betreffenden Wellenform vor. Dann braucht man zur Ermittlung des effektiven Wertes nicht die Gl. 224, welche die umständliche Berechnung der Fourierreschen Reihe voraussetzt, sondern man kann die Definitionsgleichung 223 benützen, indem man eine halbe Welle in eine beliebige Anzahl, z. B. a gleichbreite Streifen einteilt (Abb. 404). Mißt man in jedem Streifen die Höhe h, so ist der effektive Wert

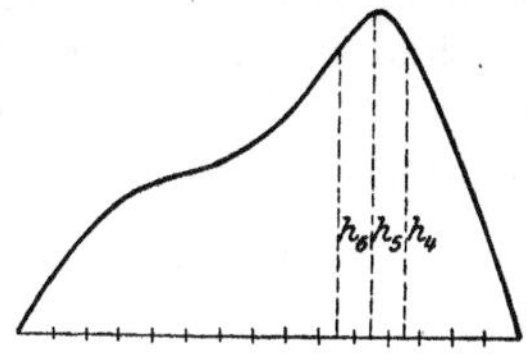

Abb. 404.

$$Y = \sqrt{\frac{1}{a}(h_1^2 + h_2^2 + h_3^2 + \ldots\ldots)} \quad . \; . \; . \quad (225)$$

denn das ist nichts anderes als Gleichung 223 geometrisch ausgedrückt. Je größer die Anzahl a der Streifen, desto größer ist die Genauigkeit[1]).

Der arithmetische Mittelwert, der (nach § 130) definiert ist durch

$$Y_{mi} = \frac{1}{\frac{\tau}{2}} \int_0^{\frac{\tau}{2}} y \cdot dt,$$

läßt sich nicht so wie der effektive durch eine für alle Wellenformen gültige Formel darstellen, sondern er ist verschieden, je nach den Gliedern, welche die Welle enthält.

So ergibt sich z. B. für eine Welle

$$y = \mathfrak{A}_1 \sin \omega + \mathfrak{A}_2 \sin 2\,\omega t$$

der Mittelwert

$$Y_{mi} = \frac{2}{\tau} \int_0^{\frac{\tau}{2}} \mathfrak{A}_1 \sin \omega t \, dt + \frac{2}{\tau} \int_0^{\frac{\tau}{2}} \mathfrak{A}_2 \sin 2\,\omega t \, dt = \frac{2\,\mathfrak{A}_1}{\pi},$$

weil das zweite Integral für die Grenzen 0 und $\frac{\tau}{2}$ gleich Null wird.

Dagegen ist für eine Welle

$$y = \mathfrak{A}_1 \sin \omega t + \mathfrak{A}_3 \sin 3\,\omega t$$

dieser Mittelwert gleich

$$Y_{mi} = \frac{2}{\tau} \int_0^{\frac{\tau}{2}} \mathfrak{A}_1 \sin \omega t \, dt + \frac{2}{\tau} \int_0^{\frac{\tau}{2}} \mathfrak{A}_3 \sin 3\,\omega t \, dt = \frac{2\,\mathfrak{A}_1}{\pi} + \frac{2\,\mathfrak{A}_3}{3\pi}.$$

[1]) Man erhält so auf viel kürzerem Wege eine größere Genauigkeit für den effektiven Wert, als durch Ausrechnung der Fourierreschen Reihe; besonders dann, wenn man bei sehr spitzen Wellenformen die Anzahl der Streifen so wählt, daß der größte Wert (Scheitelwert) mit einer der Mittellinien h zusammenfällt, denn gerade dieser hat großen Einfluß auf den effektiven Wert. Da man das bei der Ausrechnung der Fourierreschen Reihe meist nicht so einrichten kann, wenn man nicht sehr viel Glieder auf langwierige Weise berechnen will, so ergeben sich gerade bei dieser manchmal beträchtliche Fehler.

Zu beachten ist, daß bei der Berechnung des arithmethischen Mittelwertes die Integration immer zwischen den Nullpunkten der resultierenden Welle, nicht zwischen denen des ersten Gliedes stattfinden muß, da man sonst einen falschen Wert erhält. Diese Nullpunkte fallen aber nur dann aufeinander, wenn alle Glieder höherer Ordnung durch den Nullpunkt des ersten Gliedes gehen. In allen anderen Fällen darf die Integration nicht zwischen 0 und $\frac{\tau}{2}$ erfolgen, sondern nur zwischen den Nullpunkten der resultierenden Welle, die vorher ermittelt werden müssen.

214. Formfaktor und Scheitelfaktor.

Um die Stumpfheit oder Spitzheit einer Wellenform zahlenmäßig zu charakterisieren, wurde von Fleming der Formfaktor f vorgeschlagen; er ist das Verhältnis des effektiven zum arithmetischen Mittelwert:

$$f = \frac{Y}{Y_{mi}}$$

In den meisten Fällen ist dieser Wert um so größer, je spitzer die Wellenform ist. Es gibt aber Fälle, wo dies nicht zutrifft. Aus diesem und den im folgenden angegebenen Gründen ist vom Verfasser der Scheitelfaktor σ zur Charakterisierung der Wellenform vorgeschlagen worden[1]). Er ist definiert durch das Verhältnis des Scheitelwertes zum effektiven Wert:

$$\sigma = \frac{\mathfrak{Y}}{Y}.$$

Je größer dieser Wert, desto spitzer ist unter allen Umständen die Wellenform. Er hat außerdem noch den Vorteil, daß man den arithmetischen Mittelwert, den man sonst nirgends braucht, nicht eigens bestimmen muß, und daß bei verschiedenen Wellenformen der Unterschied im Scheitelfaktor größer ist als im Formfaktor, wie man aus folgender Zusammenstellung dreier geometrischer Wellenformen mit gleichem Scheitelwert $\mathfrak{Y}$ sieht.

	Formfaktor f	Scheitelfaktor σ
Sinuswelle	$\frac{\mathfrak{Y}/\sqrt{2}}{2\mathfrak{Y}/\pi} = 1{,}111$	$\frac{\mathfrak{Y}}{\mathfrak{Y}/\sqrt{2}} = 1{,}414$
Gleichseitiges Dreieck	$\frac{\mathfrak{Y}/\sqrt{3}}{\mathfrak{Y}/2} = 1{,}150$	$\frac{\mathfrak{Y}}{\mathfrak{Y}/\sqrt{3}} = 1{,}732$
Rechteck	$\frac{\mathfrak{Y}}{\mathfrak{Y}} = 1$	$\frac{\mathfrak{Y}}{\mathfrak{Y}} = 1$

[1]) ETZ 1900, S. 674. Zeitschr. f. Elektrot., Wien 1902, Heft 13. Vgl. auch die Anmerk. 2 auf S. 471.

Die Kenntnis des Scheitelfaktors σ ist notwendig für die Beurteilung der elektrischen Beanspruchung der Isolierstoffe unter hoher Spannung, denn diese Beanspruchung hängt nicht von irgend einem Mittelwert, sondern von der höchsten Spannung, also vom Scheitelwert $\mathfrak{E}$ ab (246). Da dieser nicht unmittelbar gemessen werden kann, muß man die Beziehung $\mathfrak{E} = \sigma E$ benützen, wobei E die vom Voltmeter angegebene Spannung bedeutet. σ muß also für die betr. Maschine und bei Abhängigkeit der Wellenform von der Belastung[1]) für die betr. Belastung aus einem Oszillogramm ermittelt werden, indem der Scheitelwert abgemessen und der effektive Wert nach Gl. 225 berechnet wird.

215. Der Hystereseverlust im Eisen bei zusammengesetzten Wellenformen.

Nach § 156 hängt der Hystereseverlust bei periodischer Magnetisierung des Eisens nicht vom effektiven Wert, sondern vom Scheitelwert der Kraftliniendichte ab. Hat man eine magnetische Welle von der Form

$$\mathfrak{z} = \mathfrak{Z}_1 \sin \omega t + \mathfrak{Z}_3 \sin 3 \omega t$$

und eine andere von der Form

$$\mathfrak{z} = \mathfrak{Z}_1 \sin \omega t - \mathfrak{Z}_3 \sin 3 \omega t,$$

so haben beide denselben effektiven Wert $\sqrt{\frac{1}{2}(\mathfrak{Z}_1^2 + \mathfrak{Z}_3^2)}$; auch die effektiven Werte der entsprechenden Spannungswellen $\sqrt{\frac{1}{2}(\mathfrak{E}_1^2 + \mathfrak{E}_3^2)}$ sind gleich. Dagegen ist der magnetische Scheitelwert der ersten Wellenform gleich $\mathfrak{Z}_1 - \mathfrak{Z}_3$, der der zweiten gleich $\mathfrak{Z}_1 + \mathfrak{Z}_3$. Bei der letzteren hat man also erheblich größeren Hystereseverlust[2]).

---

[1]) Bei gewöhnlichen Wechselstromerzeugern kann sich der Scheitelfaktor zwischen Leerlauf und Vollbelastung um 15 Proz. ändern. Durch sekundäre Kurzschluß-Dämpfung (zur Vermeidung des Pendelns beim Parallelbetrieb) wird dieser Einfluß unterdrückt, und die Spannungswelle bleibt nahezu unverändert. Vgl. Benischke, ETZ 1915, S. 396.

[2]) Demnach wären also Stromerzeuger mit stumpfer magnetischer Welle und spitzer Spannungswelle vorzuziehen. Dem steht aber entgegen, daß für elektrische Bogenlampen eine stumpfe Spannungswelle günstiger ist. Für alle anderen Belange, insbesondere für die Vermeidung der Resonanzspannungen höherer Glieder (§ 219) sind möglichst reine Sinuswellen erwünscht. Diese sollen daher bei der Konstruktion der Stromerzeuger angestrebt werden. Beim Betriebe ist noch zu berücksichtigen, daß durch Ankerrückwirkung eine Verzerrung der Spannungswelle im Stromerzeuger stattfindet. Die Gesetze dieser Verzerrung wurden vom Verfasser in „Elektrotechnik und Maschinenbau" 1905, S. 681, wie folgt festgestellt:

1. Die unsymmetrische Verzerrung der Grundform einer Spannungswelle (bei Drehstromerzeugern der Sternspannung) durch Ankerrückwirkung rührt im wesentlichen nur von der Wattkomponente des Stromes her und erfolgt bei voreilendem und nacheilendem Strome in gleichem Sinne und gleicher Stärke.

2. Die wattlose Komponente hat entweder gar keinen Einfluß auf die Wellenform oder sie verursacht bei nacheilendem Strome eine symmetrische Abstufung oder Einsattelung, bei voreilendem Strome eine symmetrische Zuspitzung der Spannungswelle.

Zur Berechnung des Hystereseverlustes ist also die Kenntnis des magnetischen Scheitelwertes erforderlich. Experimentell kann man ihn direkt nicht ermitteln, sondern nur die entsprechende Spannungswelle, aus der man ihn berechnen kann. Bei einfachen Sinuswellen geschieht dies mittels der in § 132 erhaltenen Gleichung

$$E = \frac{2\pi}{\sigma} \nu N \mathfrak{Z} = \frac{2\pi}{\sqrt{2}} \nu N \mathfrak{Z} = 4{,}44\, \nu N \mathfrak{Z}.$$

Da jede andere Wellenform einen anderen Scheitelfaktor σ hat, so erhält diese Gleichung einen anderen Zahlenfaktor, den man in folgender Weise berechnen kann.

Durch experimentelle Bestimmung habe man eine Spannungswelle von der Form

$$e = \mathfrak{E}_1 \sin \omega t - \mathfrak{E}_3 \sin 3\, \omega t$$

gefunden; dann ist

$$\mathfrak{z} = -\frac{1}{N}\int e\, dt = \frac{\mathfrak{E}_1}{\omega N} \cos \omega t - \frac{\mathfrak{E}_3}{3\, \omega N} \cos 3\, \omega t$$
$$= \mathfrak{Z}_1 \cos \omega t - \mathfrak{Z}_3 \cos 3\, \omega t.$$

Die e-Welle entspricht der Abb. 396, die $\mathfrak{z}$-Welle der Abb. 395. Für bestimmte Zahlenwerte, z. B.

$$\mathfrak{E}_1 = 30 \qquad \mathfrak{E}_3 = 5 \qquad N = 1$$
$$\nu = 50 \qquad \omega = 2\pi\nu = 314$$

ergibt sich also

$$\mathfrak{z} = 0{,}0955 \cos \omega t - 0{,}0053 \cos 3\, \omega t.$$

Der Scheitelwert der Spannungswelle ist (nach Abb. 396)

$$\mathfrak{E} = \mathfrak{E}_1 + \mathfrak{E}_3 = 35.$$

Der effektive Wert ist

$$E = \sqrt{\tfrac{1}{2}(30^2 + 5^2)} = 21{,}5$$

und daher der Scheitelfaktor $\sigma = \dfrac{35}{21{,}5} = 1{,}63$.

---

3. Die Spannungsabnahme bei nacheilendem Strom und die Spannungszunahme bei voreilendem Strom rührt im wesentlichen von der wattlosen Komponente her.

4. Die unsymmetrische Verzerrung der Spannungswelle ist unter sonst gleichen Umständen um so geringer, je schmäler die Polschuhe sind, und bei dreiphasigen Maschinen kleiner als bei einphasigen.

5. Die unsymmetrische Verzerrung besteht in den meisten Fällen hauptsächlich aus Gliedern dritter und neunter Ordnung. Da diese bei dreiphasigen Maschinen aus der verketteten Spannung herausfallen (§ 225), so zeigt die Wellenform der letzteren nur geringe Verzerrung.

6. Die Glieder höherer Ordnung in der Spannungswelle, wie sie in der Regel durch die Ankerzähne verursacht sind, werden im wesentlichen nur durch den wattlosen Strom beeinflußt, und zwar durch den nacheilenden Strom abgeschwächt, durch den voreilenden verstärkt.

Den Scheitelwert der $\mathfrak{z}$-Welle findet man durch Abmessung der aufgezeichneten Welle[1]):

$$\mathfrak{Z} = 0{,}0902\,.$$

Man erhält nun durch Division der Scheitelwerte:

$$\frac{\mathfrak{E}}{\mathfrak{Z}} = \frac{35}{0{,}0902} = 390$$

oder $\mathfrak{E} = 390\,\mathfrak{Z}$. Dividiert man durch den Scheitelfaktor, so erhält man den effektiven Wert

$$E = \frac{\mathfrak{E}}{\sigma} = \frac{390\,\mathfrak{Z}}{1{,}63} = 237\,\mathfrak{Z}\,.$$

Das ist die gesuchte Beziehung für eine Windung und für 50 Perioden. Will man die der obigen Gleichung entsprechende Beziehung für N-Windungen und statt für 50 Perioden für ν Perioden haben, so hat man durch 50 zu dividieren und mit ν und N zu multiplizieren. Das gibt

$$E = 4{,}76\,\nu\,N\,\mathfrak{Z}$$

als Beziehung zwischen EMK und Kraftlinienmenge für alle Wellen formen obiger Art, wo $\mathfrak{E}_1$ und $\mathfrak{E}_3$ im Verhältnis von 6 : 1 stehen[2]).

---

[1]) In einfachen Fällen wie hier kann man ihn aus der Maximumsbedingung $\left(\frac{d\mathfrak{z}}{dt} = 0\right)$ berechnen.

$$\frac{d\mathfrak{z}}{dt} = -\,\omega\,\mathfrak{Z}_1 \sin\omega t + 3\,\omega\,\mathfrak{Z}_3 \sin 3\,\omega\,t = 0$$
$$= -\,\mathfrak{E}_1 \sin\omega t + \mathfrak{E}_3\,(3 \sin\omega t - 4 \sin^3\omega t) = 0\,.$$

Eine Wurzel dieser Gleichung ist $\sin\omega t = 0$ oder $\omega t = 0$. Die beiden anderen sind

$$\sin\omega t = \pm\sqrt{\frac{3\,\mathfrak{E}_3 - \mathfrak{E}_1}{4\,\mathfrak{E}_3}}\,.$$

Setzt man die obigen Zahlenwerte ein, so wird der Wurzelausdruck imaginär. Es besteht also nur ein Maximum bei $\omega t = 0$. Setzt man dies ein, so erhält man für den Scheitelwert

$$\mathfrak{Z} = \mathfrak{Z}_1 - \mathfrak{Z}_3 = 0{,}0955 - 0{,}0053 = 0{,}0902\,.$$

[2]) Statt dieses vom Verfasser angegebenen Verfahrens (ETZ 1901, S. 53) hat man früher und auch jetzt noch die Formel $E = 4\,f\,\nu\,N\,\mathfrak{Z}$ angewendet, wo f den auf S. 468 definierten Formfaktor bedeutet. Diese Formel ist grundsätzlich falsch, denn hier bedeutet $\mathfrak{Z}$ nicht den Scheitelwert (größten Wert), sondern die mittlere, zwischen den Hauptnullpunkten liegende Ordinate der magnetischen Welle. Bei unsymmetrischen Wellenformen, wie Abb. 400, und bei eingesattelten Wellenformen, wie Abb. 403, ist dieser Wert kleiner als der Scheitelwert. Nur wenn der Scheitelwert mit der mittleren Ordinate zusammenfällt, erhält man infolge dieses Umstandes aus dieser falschen Formel einen richtigen Wert. Es ist das einer der Gründe, warum der Formfaktor f vom Verfasser als überflüssig und ungeeignet erklärt, und statt dessen der im obigen Verfahren auftretende Scheitelfaktor eingeführt wurde. Dazu kommt noch, daß man bei diesem Verfahren den arithmetischen Mittelwert nicht auszurechnen braucht, während er zur Ermittlung des f notwendig ist.

216. Leistung, Leistungsfaktor, äquivalente Sinuswelle.

Wirkt in einem Wechselstromkreise eine EMK $e_x = \mathfrak{E}_x \sin x\,\omega\,t$, so entsteht ein Strom $i_x = \mathfrak{J}_x \sin x\,(\omega\,t - \varphi_x)$.

Dabei ist nach § 133:

$$\mathfrak{J}_x = \frac{\mathfrak{E}_x}{\sqrt{w^2 + (x\,\omega\,L)^2}} \qquad \operatorname{tg} x\,\varphi_x = \frac{x\,\omega\,L}{w}.$$

Wirken gleichzeitig mehrere EMKe von verschiedener Periodenzahl, d. h. eine zusammengesetzte Welle von der Form

$$\begin{aligned} e &= \mathfrak{A}_1 \sin\omega\,t + \mathfrak{A}_3 \sin 3\,\omega\,t + \ldots + \mathfrak{B}_1 \cos\omega\,t + \mathfrak{B}_3 \cos 3\,\omega\,t + \ldots \\ &= \mathfrak{E}_1 \sin(\omega\,t + \varepsilon_1) + \mathfrak{E}_3 \sin 3\,(\omega\,t + \varepsilon_3) + \ldots \qquad (226) \end{aligned}$$

so entsteht ein Strom von der Form

$$\begin{aligned} i &= \mathfrak{G}_1 \sin\omega\,t + \mathfrak{G}_3 \sin 3\,\omega\,t + \ldots + \mathfrak{H}_1 \cos\omega\,t + \mathfrak{H}_3 \cos 3\,\omega\,t + \ldots \\ &= \mathfrak{J}_1 \sin(\omega\,t + \gamma_1) + \mathfrak{J}_3 \sin 3\,(\omega\,t + \gamma_3) + \ldots \qquad (227) \end{aligned}$$

und zwischen den einzelnen Gliedern besteht die Beziehung

$$\left.\begin{aligned} \mathfrak{J}_1 &= \frac{\mathfrak{E}_1}{\sqrt{w^2 + (\omega\,L)^2}} & \operatorname{tg}(\varepsilon_1 - \gamma_1) &= \frac{\omega\,L}{w} \\ \mathfrak{J}_3 &= \frac{\mathfrak{E}_3}{\sqrt{w^2 + (3\,\omega\,L)^2}} & \operatorname{tg} 3\,(\varepsilon_3 - \gamma_3) &= \frac{3\,\omega\,L}{x} \end{aligned}\right\} . \qquad (228)$$

Da jedes Glied in Strom und Spannung eine Sinuswelle ist, kann jede einzelne Gleichung durch den Scheitelfaktor der Sinuswelle $\sqrt{2}$ dividiert werden, und man erhält die effektiven Werte

$$\left.\begin{aligned} J_1 &= \frac{E_1}{\sqrt{w^2 + (\omega\,L)^2}} \\ J_3 &= \frac{E_3}{\sqrt{w^2 + (3\,\omega\,L)^2}} \end{aligned}\right\} \ldots \ldots (229)$$

Demgemäß kann für jedes Glied das Widerstandsdreieck Abb. 198 konstruiert werden. Alle haben dieselbe Kathete w, während die andere Kathete mit der Ordnungszahl (Frequenz) des Gliedes wächst. Infolgedessen gibt es für den Gesamtstrom $J = \sqrt{J_1^2 + J_3^2 + \ldots}$ kein Widerstandsdreieck. Daraus folgt weiter, daß alle graphischen Darstellungen und Formeln, die in § 140—143 über Hintereinander- und Nebeneinanderschaltungen abgeleitet wurden, für zusammengesetzte Wellenformen nicht gelten mit Ausnahme der Gl. 124a für die Wattkomponenten einer Stromverzweigung: $\mathfrak{J}\cos\varphi = \mathfrak{J}_1 \cos\varphi_1 + \mathfrak{J}_2 \cos\varphi_2$, weil diese auf dem Gesetz von der Erhaltung der Arbeit beruht, während die entsprechende Gl. 124b für die wattlosen Komponenten nur auf dem Diagramm Abb. 212b beruht und daher nur für Sinuswellen gilt.

Da jedes Stromglied eine andere Phasenverschiebung hat, hat jedes eine andere Leistung. Die des ersten Gliedes ist (§ 134):

$$\tfrac{1}{2}\,\mathfrak{E}_1\,\mathfrak{J}_1 \cos(\varepsilon_1 - \gamma_1) = E_1\,J_1 \cos(\varepsilon_1 - \gamma_1),$$

die des dritten

$$\tfrac{1}{2}\,\mathfrak{E}_3\,\mathfrak{J}_3 \cos 3\,(\varepsilon_3 - \gamma_3) = E_3\,J_3 \cos 3\,(\varepsilon_3 - \gamma_3).$$

Da die Leistung keine gerichtete Größe (Vektor) ist, so können die einzelnen Beträge ohne weiteres addiert werden und daher ist die gesamte Leistung des Stromes

$$\begin{aligned} P &= \frac{1}{2}\,[\mathfrak{A}_1\,\mathfrak{G}_1 + \mathfrak{B}_1\,\mathfrak{H}_1 + \mathfrak{A}_3\,\mathfrak{G}_3 + \mathfrak{B}_3\,\mathfrak{H}_3 + \ldots.] \\ &= \frac{1}{2}\,[\mathfrak{E}_1\,\mathfrak{J}_1 \cos(\varepsilon_1 - \gamma_1) - \mathfrak{E}_3\,\mathfrak{J}_3 \cos 3\,(\varepsilon_3 - \gamma_3) + \ldots.] \\ &= E_1\,J_1 \cos(\varepsilon_1 - \gamma_1) + E_3\,J_3 \cos 3\,(\varepsilon_3 - \gamma_3) + \ldots.. \quad (230) \end{aligned}$$

Diese Leistung wird von einem Wattmeter angegeben. Man sieht aber, daß sich die in § 134 für sinusförmige Wellen erhaltene Definition $P = E\,J \cos \varphi$ hierauf nicht anwenden läßt (obwohl die effektiven Werte E und J durch Gl. 224 einwandfrei definiert sind und durch Voltmeter bzw. Amperemeter gemessen werden können), weil hier verschiedene Phasenverschiebungen $(\varepsilon - \gamma)$ bestehen, die sich in keiner Weise durch eine einheitliche, für die Gesamtwellen gültige Phasenverschiebung darstellen lassen. Der Leistungsfaktor $\frac{P}{E\,J} = g$ kann daher nicht mehr als Cosinus eines Phasenverschiebungswinkels wie bei Sinuswellen definiert werden (§ 134), sondern nur als Verhältnis der Leistung zu dem Produkt aus Strom und Spannung.

Beschränkt man sich auf die Darstellung der Leistung P durch die effektiven Werte E und J ohne Rücksicht auf die Phasenverschiebung zwischen den einzelnen Gliedern, so kann man der beliebig geformten Strom- und Spannungswelle äquivalente Sinuswellen unterstellen. Das sind jene Sinuswellen, deren effektiver Wert $\frac{\mathfrak{E}}{\sqrt{2}}$ bzw. $\frac{\mathfrak{J}}{\sqrt{2}}$ gleich ist dem durch Gl. 224 definierten Wert E bzw. J, und die einen solchen Phasenverschiebungswinkel φ haben, daß sein Cosinus gleich $\frac{P}{E\,J}$ ist. Die Scheitelwerte $\mathfrak{E}$ bzw. $\mathfrak{J}$ dieser äquivalenten Sinuswellen sind aber nicht gleich den wirklichen Scheitelwerten der betreffenden Spannungs- und Stromwelle. Man darf sie daher nicht zur Berechnung der Kraftlinienmenge und des Hystereseverlustes oder der elektrischen Beanspruchung von Isolierstoffen benutzen, sondern muß diese nach § 215 bzw. 214 besonders berechnen.

Da, wie wir oben gesehen haben, graphische Darstellungen für zusammengesetzte Wellenformen unmöglich sind, so verwendet man die äquivalenten Sinuswellen zur Konstruktion von Diagrammen, wenn es sich nur um die effektiven Werte von Strom und Spannung handelt. Unter dieser Annahme setzt man das Verhältnis der effektiven Werte $\frac{E}{J}$, das ist der scheinbare Widerstand, gleich $\sqrt{w^2 + (\omega L)^2}$. In diesem Ausdruck kommen die Glieder höherer Ordnung nicht vor, während sie in der mathematischen Definition (Gl. 224) enthalten sind. Setzt man in $\omega = 2\pi\nu$ für ν die Periodenzahl des ersten Gliedes ein, weil dieses in der Regel am stärksten ist, und berechnet daraus L, so hat dieses einen andern Wert, als das L, das in den Gleichungen 228 vorkommt, d. h. die der äquivalenten Sinuswelle entsprechende Selbstinduktion hängt von der betreffenden Wellenform, für die die Sinuswelle gesetzt wurde, ab: dasselbe gilt für die Kapazität C[1]).

Nach Gl. 230 besteht die Leistung jedes Gliedes aus dem Produkte von Strom und Spannung. Fehlt in der Spannungswelle ein Glied, das in der Stromwelle vorhanden ist oder umgekehrt, so gibt dieses keine Leistung. Diesen Fall haben wir in einer Spule mit Eisenkern (§ 159). Dort haben wir zu einer sinusförmigen Spannungswelle eine verzerrte Stromwelle erhalten, d. h. eine solche, die neben der Grundwelle noch Glieder 3, 5, 7 ... Ordnung enthält. Leistung ergibt aber nur die Grundwelle, weil nur sie ein entsprechendes Spannungsglied hat. Die übrigen Glieder ergeben keine Leistung, d. h. sie bestehen nur als wattlose Ströme. Das erscheint hier nicht auffällig, weil ja die Spule eine beträchtliche Selbstinduktion hat. Auffälliger ist es beim Strom eines Wechselstromlichtbogens (Abb. 508), der keine erhebliche Selbstinduktion besitzt, sondern einen nahezu induktionslosen Widerstand darstellt. Trotzdem ist die gemessene Leistung kleiner als das Produkt EJ, weil die Stromwelle infolge ihrer Verzerrung Glieder erhalten hat, die in der Spannungswelle nicht vorkommen, und daher als wattloser Strom bestehen. Während aber bei sinusförmigen Wellenformen ein wattloser Strom nur auf Selbstinduktion (§ 136) oder Kapazität (§ 172) zurückgeführt werden kann, darf dieser Schluß bei anderen Wellenformen nicht ohne weiteres gezogen werden.

Auch bei Glühlampen ergibt sich aus genauen Messungen ein Leistungsfaktor, der etwas kleiner ist als 1, obwohl die Glühfäden namentlich bei geradliniger Form unter allen Leitern die kleinste Selbst-

---

[1]) Dagegen bleiben die Widerstände w und $\varrho = \frac{P}{J^2}$ (§ 152) unter allen Umständen unverändert, weil das Gesetz von der Erhaltung der Arbeit unter allen Umständen gilt, und weil richtige Wechselstrom-Meßinstrumente die durch Gl. 224 und 230 definierten effektiven Werte angeben. Infolgedessen ist auch die gesamte Wattkomponente einer zusammengesetzten Stromwelle gleich der Summe der Wattkomponenten der vorhandenen Glieder. Dagegen gibt es keinen Ausdruck für die gesamte wattlose Komponente und für die gesamte Blindleistung (§ 136). Werden diese gleich $J \sin\varphi$ bzw. $EJ \sin\varphi$ gesetzt, so liegt darin schon die Voraussetzung äquivalenter Sinuswellen für J und E. Dasselbe gilt für die Definition der Blindleistung: $\sqrt{P_s^2 - P^2}$ (S. 235).

induktion haben. Die Ursache liegt darin, daß der Glühfaden durch den Wechselstrom eine periodisch schwankende Temperatur und infolgedessen einen periodisch schwankenden Widerstand erhält. Die Folge davon sind Glieder zweiter Ordnung in der Stromwelle, die in der Spannungswelle nicht vorkommen (vgl. Anmerkung 2 auf S. 465).

217. Die Stromwelle bei Selbstinduktion und bei Kapazität.

Wirkt auf einen Stromkreis mit Selbstinduktion eine Spannungswelle mit Gliedern höherer Ordnung, so ist das erste Glied der entsprechenden Stromwelle

$$J_1 = \frac{E_1}{\sqrt{w^2 + (\omega L)^2}}$$

und das xte Glied

$$J_x = \frac{E_x}{\sqrt{w^2 + (x \omega L)^2}}.$$

Ist der induktive Widerstand $(\omega L)^2$ verschwindend klein gegen w^2 so ist

$$J_1 = \frac{E_1}{w} \qquad J_x = \frac{E_x}{w}.$$

Jedes Stromglied ist also dem betreffenden Spannungsglied proportional, d. h. in einem induktions- und kapazitätslosen Stromkreis hat die Stromwelle gleiche Form wie die Spannungswelle.

Ist hingegen der Ohmsche Widerstand w^2 verschwindend klein gegen den induktiven $(\omega L)^2$, so ist

$$J_1 = \frac{E_1}{\omega L} \qquad J_x = \frac{E_x}{x \omega L}.$$

Man erkennt daraus, daß in der Stromwelle die höheren Glieder um so schwächer werden, von je höherer Ordnung sie sind, und je kleiner der Ohmsche Widerstand ist, d. h. je kleiner der Leistungsfaktor ($\cos \varphi$) ist. Abb. 405 bestätigt dies. Die Spannungswelle e enthält Glieder 5., 7. und 23. Ordnung. Bei $\cos \varphi = 1$ sind sie alle noch erkennbar; die Stromwelle hat gleiche Form wie die Spannungswelle. Bei $\cos \varphi = 0{,}2$ ist nur mehr das Glied 1. Ordnung, also eine reine Sinuswelle vorhanden.

Im Gegensatz dazu sind in einem Stromkreis mit Kapazität die Stromglieder höherer Ordnung stärker ausgeprägt als in der Spannungswelle. Das Stromglied 1. Ordnung ist

$$J_1 = \frac{E_1}{\sqrt{w^2 + \left(\frac{1}{\omega C}\right)^2}}.$$

Das Stromglied xter Ordnung ist

$$J_x = \frac{E_x}{\sqrt{w^2 + \left(\frac{1}{x \omega C}\right)^2}}.$$

Ist der Ohmsche Widerstand w^2 verschwindend klein gegen den Kapazitätswiderstand, so ist

$$J_1 = \omega C E_1 \qquad J_x = x \omega C E_x.$$

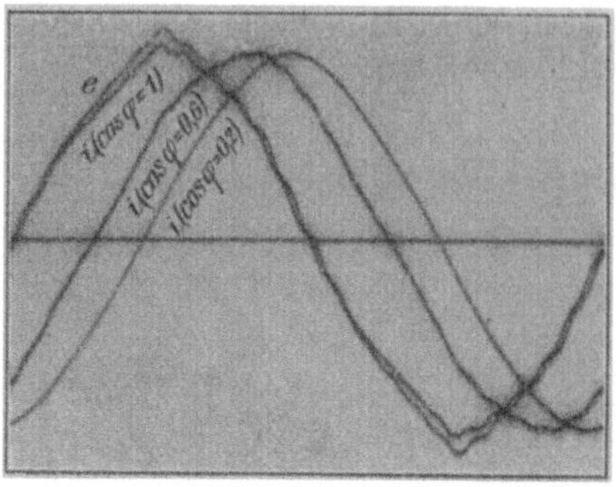

Abb. 405.

Abb. 406 läßt das erkennen. Die Spannungswelle e ist dieselbe wie in Abb. 405. Man sieht, wie in der Stromwelle das 23. Glied als höchstes Glied am stärksten ausgeprägt ist; aber auch das Glied 5. Ordnung ist deutlich erkennbar. Man benützt dies, um das Vorhandensein eines Gliedes höherer Ordnung, das in der Spannungswelle nicht deutlich erkennbar ist, festzustellen.

Dieser Einfluß auf Glieder höherer Ordnung erstreckt sich auch auf die Leistung, denn wenn in Abb. 405 das Stromglied 23. Ordnung bei $\cos\varphi = 0{,}2$ verschwunden ist, so ist auch das entsprechende Leistungsglied

$$E_{23} J_{23} \cos(\varepsilon_{23} - \gamma_{23})$$

verschwunden. Dagegen wird es durch die Kapazität verstärkt (Abb. 406). Dieser Einfluß auf die Leistung ist aber kein proportionaler, weil der größte Teil des Stromes wattlos ist.

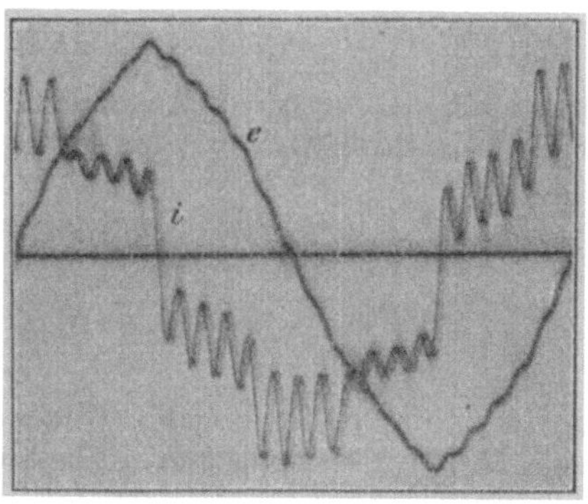

Abb. 406.

Sind in dem Stromkreis Selbstinduktion und Kapazität gleichzeitig vorhanden (§ 173), so besteht natürlich jener Einfluß, der dem überwiegenden Teile entspricht.

218. Die Wellenformen des allgemeinen Transformators.

Wenn nicht sehr starke Streuung vorhanden ist, müssen die primäre und sekundäre EMK gleiche Wellenform haben, weil ihre Hauptbestandteile von demselben gemeinsamen magnetischen Felde nach dem Gesetze $e = -\frac{d\mathfrak{z}}{dt}$ induziert werden (§ 146). Daher müssen auch die Spannungen e_1 und e_2 bei Leerlauf sowie bei kleiner Belastung einander gleich sein (Abb. 407). Dagegen machen sich bei großer Belastung bereits Abweichungen bemerkbar (Abb. 408), weil der von der Stromwelle abhängige Ohmsche Spannungsabfall mit der Stromstärke wächst.

Für den primären Strom bei Leerlauf gilt dasselbe wie in § 159, denn bei Leerlauf ist der Transformator nichts anderes als eine Drosselspule mit Eisenkern.

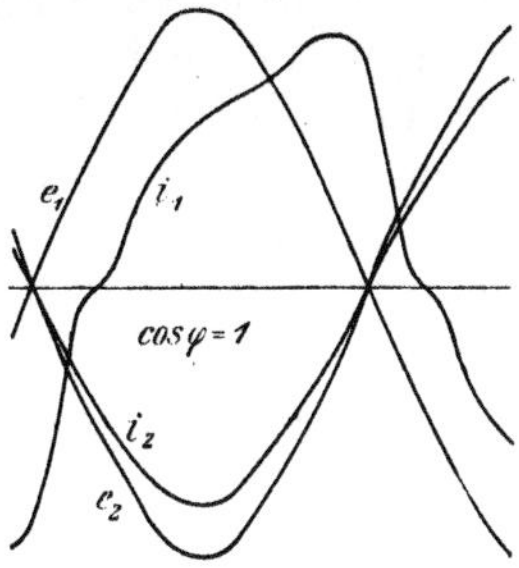

Abb. 407.

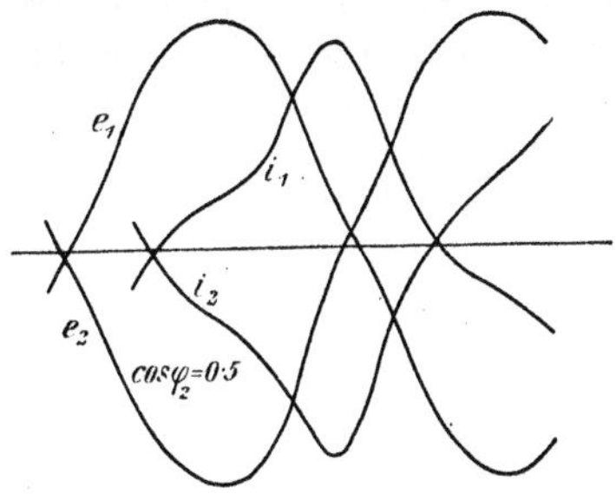

Abb. 408.

Die Wellenform des sekundären Stromes hängt außer von der Wellenform der sekundären Spannung von der Beschaffenheit des äußeren Stromkreises ab. Ist dieser induktions- und kapazitätslos, so ist die Stromwelle gleich der sekundären Spannungswelle. Ist das nicht der Fall, so besteht der im vorigen Paragraphen besprochene Einfluß auf Glieder höherer Ordnung.

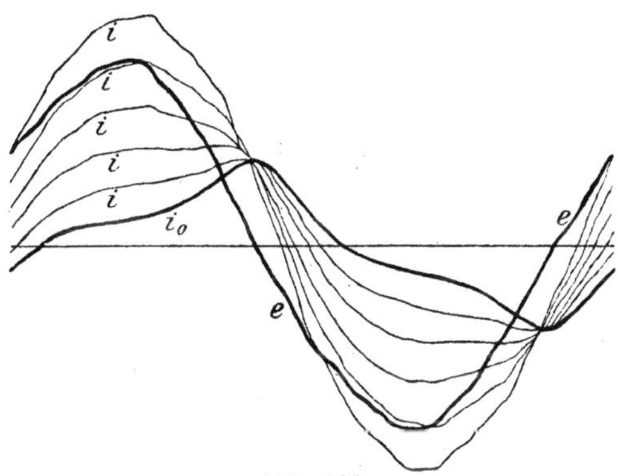

Abb. 409.

Die Stromkomponente, die infolge des sekundären Stromes nun auch im primären Kreis zum Leerlaufstrom hinzukommt (§ 151, 152), ergibt sich aus dem Verhältnis der Windungszahlen. Aus der Summe der Ordinaten beider ergibt sich der gesamte primäre Strom. Seine Wellenform muß daher der des sekundären Stromes um so ähnlicher werden, je größer die Belastung des Transformators ist. Das ist sehr deutlich aus Abb. 409 zu erkennen, welche die primäre Spannung e, den Leerlaufstrom i_0 und 5 Stromwellen bei steigender induktionsloser Belastung enthält[1]). Daß alle Stromwellen den Leerlaufstrom in demselben Punkte schneiden, ist nicht Zufall, sondern ergibt sich aus Abb. 250. Der Schnittpunkt liegt dort, wo die Wattkomponente i_w durch Null geht, und der Magnetisierungsstrom i_m seinen Scheitelwert hat. Alle Stromwellen müssen sich also in diesem Scheitelpunkt schneiden, solange keine andere wattlose Komponente hinzukommt. Man erkennt aus diesem Oszillogramm auch, daß die Phasenverschiebung zwischen der Spannung e und dem Strome um so kleiner werden muß, je größer die Belastung ist.

Enthält der sekundäre Stromkreis in seinem äußeren Teil einen

[1]) Nach einer Aufnahme von Hospitalier mit seinem Wellenzeichner.

Eisenkern, so ist die sekundäre Stromwelle um so mehr verschieden von der Spannungswelle, je größer der Magnetisierungsstrom dieses Eisenkernes ist. Da der sekundäre Strom auch in der primären Stromwelle auftritt, werden die beiden Stromwellen einander um so ähnlicher, je größer der sekundäre Strom gegen den Leerlaufstrom ist, gleichgültig, welcher Art die Belastung ist. Das folgt auch aus § 151, wonach der primäre und sekundäre Strom sich in jedem Augenblick umgekehrt wie die Windungszahlen verhalten, wenn die Streuung klein ist.

Abb. 407 zeigt die vier Wellen eines Transformators bei geringer induktionsloser Belastung. Strom und Spannung im sekundären Kreis haben gleiche Form und gleiche Phase. Der primäre Strom zeigt noch deutlich die Form und Phasenverschiebung des Leerlaufstromes (ähnlich wie in Abb. 250). Abb. 408 zeigt die Wellen desselben Transformators bei größerer induktiver Belastung. Die beiden Ströme haben nahezu gleiche Form und Phasenverschiebung. Daß die Spannungswellen in Abb. 407 und 408 nicht ganz gleich sind, hat seinen Grund darin, daß die größere Stromstärke im zweiten Falle eine Beeinflussung der Spannungswelle im Stromerzeuger durch Ankerrückwirkung verursacht.

Vgl. auch die Stromwellen eines Stromwandlers Abb. 605 u. 606.

219. Resonanz bei zusammengesetzten Wellenformen.

In einem Stromkreis mit Selbstinduktion und Kapazität in Reihenschaltung ist die Stromstärke eines Gliedes x. Ordnung (§ 173):

$$J = \frac{E_x}{\sqrt{w^2 + \left(x\omega L - \frac{1}{x\omega C}\right)^2}},$$

wenn $\omega = 2\pi\nu$ ist, und ν die Grundfrequenz bedeutet. Die Resonanzbedingung für das Glied x. Ordnung lautet also

$$(x\omega)^2 = (2\pi\nu x)^2 = \frac{1}{LC}$$

oder

$$\nu = \frac{1}{2\pi x\sqrt{LC}}.$$

Während also bei einer Frequenz ν die Resonanz der Grundschwingung (Betriebsfrequenz des Wechselstromes) eintritt, tritt die Resonanz des Gliedes x. Ordnung schon beim x. Teil der Betriebsfrequenz ein. Schreibt man die Resonanzbedingung in der Form

$$LC = \frac{1}{(2\pi\nu x)^2},$$

so sieht man, daß beispielsweise zur Resonanz des 5. Gliedes nur der 25. Teil von LC erforderlich ist als zur Resonanz der Grundschwingung.

Durch die Stromresonanz wird also jeweils ein Glied besonders herausgeholt und seine Stromstärke vergrößert[1]). Die Folge davon ist natürlich eine entsprechende Veränderung der Stromwelle, während die Spannungswelle (abgesehen von der Ankerrückwirkung im Stromerzeuger) unverändert bleibt.

Andererseits kann durch Parallelschaltung von Kapazität und Selbstinduktion das Stromglied x. Ordnung unterdrückt oder sehr verkleinert werden, wenn für $x\omega$ die Gl. 215c (S. 351) oder näherungsweise die Gleichung $(x\omega)^2 = \frac{1}{LC}$ erfüllt ist (Stromfilter).

220. Die Gewinnung höherer Frequenzen aus verzerrten Wellenformen.

A. Durch ruhende Frequenzwandler.

Die Grund- oder Betriebsfrequenz eines Wechselstromes und aller von ihm abhängigen sekundären Ströme ist $\nu = pu$, wenn p die Anzahl der Polpaare und u die sekundliche Umlaufszahl des Stromerzeugers ist. Es ist daher nicht möglich, mittels eines einzelnen ruhenden Apparates eine Veränderung der Frequenz herbeizuführen. Dagegen ist es möglich, bei einer zusammengesetzten Wellenform die Grundwelle zu unterdrücken und ein höheres Glied zu isolieren, so daß man dann einen Wechselstrom von höherer Frequenz erhält. Abb. 410 zeigt eine solche

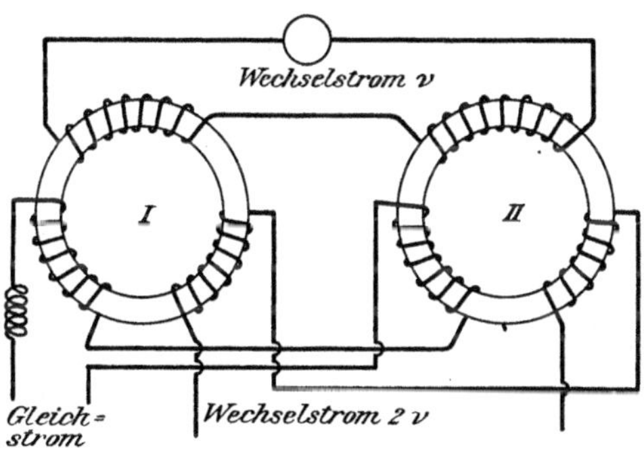

Abb. 410a.

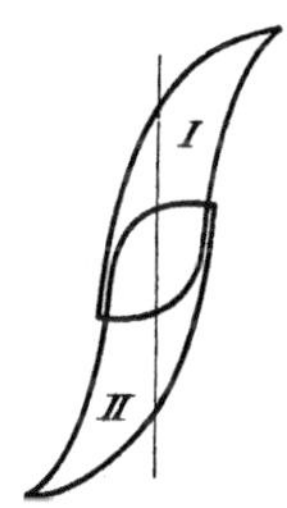

Abb. 410b.

Schaltung (J. Epstein, D. R. P. 149 761). Die primären Wicklungen zweier Transformatoren sind hintereinander geschaltet. Eine zweite Wicklung wird von Gleichstrom durchflossen, und zwar im Transformator I im gleichen Sinne, im Transformator II im entgegengesetzten Sinne. Diese übergelagerte Gleichstrommagnetisierung bewirkt in I eine Verschiebung

[1]) Hierauf beruht die Methode von Armagnat (Journal de Phys. 1902 S. 346) zur Analyse von Wellenformen, indem durch Einschaltung von veränderlicher Selbstinduktion und Kapazität die einzelnen Glieder nacheinander zur Resonanz gebracht, d. h. so weit verstärkt werden, daß sie meßbar sind, während die anderen sehr klein bleiben.

der Hystereseschleife über die Nullinie (Abb. 410b), so daß die Magnetisierung so verläuft wie die unsymmetrische Welle in Abb. 402. Wie wir dort gesehen haben, gehört dazu die in Abb. 401 gezeichnete Spannungswelle, die in Abb. 411 nochmals gezeichnet ist. Im Transformator II bewirkt der gegengeschaltete Gleichstrom eine Verschiebung der Hystereseschleife unter die Nullinie (Abb. 410b), so daß in seiner sekundären Wicklung die Spannungswelle II der Abb. 411 entsteht. Werden nun die sekundären Wicklungen beider Transformatoren gegeneinander geschaltet, so daß sich die Spannungswellen subtrahieren, so ergibt sich die resultierende Spannungswelle e, welche die doppelte Frequenz hat wie der Strom in den primären Wicklungen[1]). Abb. 412 zeigt die zweimalige Anwendung dieser Frequenzverdoppler in einer Sendeinrichtung der Ges. f. drahtlose Telegraphie. Der Stromerzeuger (Gleichpoltype S. 212) liefert Strom von 6000 Perioden, der im Transformator T auf die gewünschte Spannung gebracht wird. Der sekundäre Strom wird mittels des Kondensators C_2 zur Resonanz gebracht, also aufs Mehrfache verstärkt. Im Kreise III erscheint ein Strom von 12000 Perioden, der mittels C_3 wieder auf Resonanz gebracht wird. In F und G findet nochmals Verdopplung statt, so daß der Antenne 24000 Perioden zufließen. Die Zeichen-

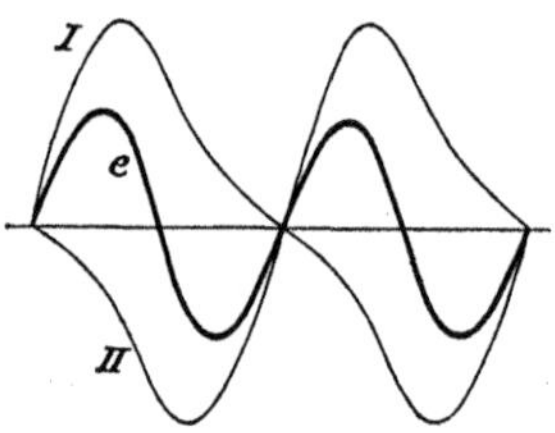

Abb. 411.

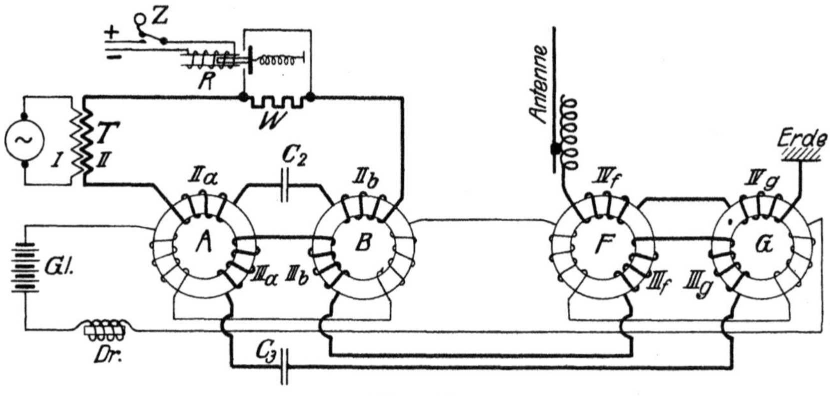

Abb. 412.

gebung erfolgt mittels Z im Stromkreis II. Die Resonanz besteht hier, wenn der Widerstand W durch R überbrückt ist, und sie ist aufgehoben, wenn er eingeschaltet ist.

Auf ähnliche Weise kann man einen Strom von dreifacher Frequenz erhalten, wenn man in Abb. 410a den Gleichstrom wegläßt, und die primären Wicklungen der beiden Transformatoren so wählt, daß der

[1]) Über die Wirkungsweise vgl. M. Osnos ETZ 1917, S. 423, „Elektr. u. Maschinenb.“ 1919, S. 45.

eine stark, der andere schwach magnetisiert wird. Dann würde im ersten für sich allein ein Magnetisierungsstrom entstehen, der gemäß Abb. 249 eine starke Verzerrung erhält, welche nach § 211 (Abb. 399) hauptsächlich von einem Gliede 3. Ordnung verursacht wird. In dem schwach magnetisierten Transformator würde für sich allein nur eine kleine Verzerrung und daher nur ein kleines Glied 3. Ordnung entstehen. Da aber beide hintereinandergeschaltet sind, so hat der tatsächlich fließende Strom einen Mittelwert, der in dem einen Transformator ein größeres, in dem anderen ein kleineres Glied 3. Ordnung hat, als es nach der durch die Hystereseschleife (Abb. 248) festgelegten Abhängigkeit vorhanden sein müßte. Infolge dessen kann die magnetische Welle nicht die in Abb. 249 vorausgesetzte Sinusform haben, sondern erhält in dem einen Transformator ein + Glied 3. Ordnung, in dem anderen ein — Glied 3. Ordnung. Diese müssen nun auch in den sekundären EMKen vorkommen, und sie addieren sich, wenn die Wicklungen gegeneinander geschaltet sind wie in Abb. 410a, während die Glieder erster Ordnung sich gegenseitig aufheben. So entsteht hier ein Wechselstrom von der Frequenz 3ν. Er ist aber unter gleichen Verhältnissen kleiner als der durch unsymmetrische Magnetisierung erhaltene Strom von der Frequenz 2ν*).

Über die Isolierung der Glieder 3. Ordnung aus einem dreiphasigen Stromerzeuger vgl. § 227.

B. Durch Ankerrückwirkung und Resonanzauslese.

Einen Strom doppelter Frequenz kann man auch in der Erregerwicklung einer synchronen Wechselstrommaschine (Stromerzeuger oder Motor) erhalten. Wir wissen vom Transformator, daß infolge der magnetischen Kupplung nicht nur eine Einwirkung des primären auf den sekundären Stromkreis, sondern auch umgekehrt (Rückwirkung) besteht. Aus demselben Grunde wirkt bei der Synchronmaschine der Ankerstrom auf den Erregerstromkreis zurück. Die Folge davon ist, daß sich bei Belastung der Maschine ein Wechselstrom ab (Abb. 413a) über den konstanten, aus Gleichstrom bestehenden Erregerstrom lagert. Da aber die Wicklung nicht stillsteht, sondern bei jedem Wechsel des Ankerstromes einer anderen Spule gegenübertritt, wird jede zweite Halbwelle in der Erregerwicklung gewissermaßen umgeklappt (kommutiert), so daß der Wellenstrom ac entsteht. Das Ergebnis ist also so, als wenn sich ein unsymmetrischer Wechselstrom von doppelter Frequenz (bezogen auf die strichpunktierte Linie) über den konstanten Erregerstrom

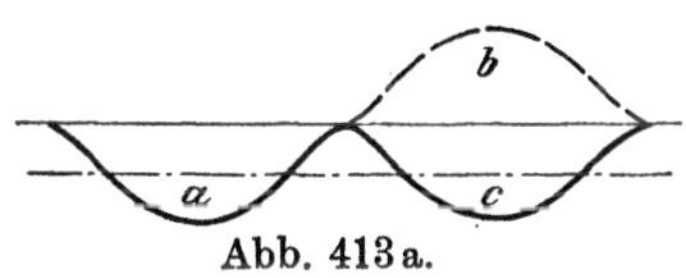

Abb. 413 a.

*) In der Sender-Anlage Deutsch-Altenburg werden aus dem von einer Maschine erzeugten 10000 periodigem Strom zunächst 20000 Per. nach Abb. 410 gewonnen. Dieser wird entweder nochmals in gleicher Weise verdoppelt auf 40000 Per. oder nach obigem verdreifacht auf 60000 Per. Außerdem können die 40000 Per. nochmals auf 80000 verdoppelt werden.

lagert[1]). Schaltet man nun in den Erregerstromkreis die primäre Wicklung eines Transformators ein, so erhält man in der sekundären Wicklung einen Wechselstrom von doppelter Frequenz. Hieraus erklärt sich die Wirkungsweise der Goldschmidtschen Hochfrequenzmaschine für Funkentelegraphie[2]). Denn der pulsierende Erregerstrom ac erzeugt nun seinerseits einen Strom von gleicher Frequenz in der Ankerwicklung. Dieser erzeugt durch Rückwirkung auf den Erregerstromkreis in diesem einen Strom von doppelter Frequenz, also von 4 facher Betriebsfrequenz. Das geht so weiter, und die Folge ist, daß sowohl im Erreger- wie im Anker-Stromkreis Glieder 4., 8., 16. . . . Ordnung vorkommen. Sie sind aber sehr schwach, weil sie wegen der Streuung immer kleiner sind, und durch Wirbelströme und Hysterese immer mehr geschwächt werden, so daß sie für den normalen Betrieb als nicht vorhanden gelten können. Wird aber der Erregerstromkreis mittels C_3 und L_3 (Abb. 413b)

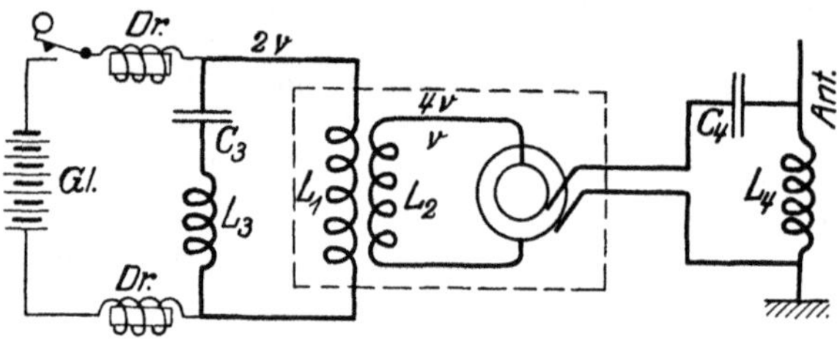

Abb. 413b.

auf Resonanz der Periodenzahl 2ν, und der Ankerstromkreis mittels C_4 und L_4 auf Resonanz der Periodenzahl 4ν abgestimmt, so werden diese Glieder so verstärkt, daß das Glied 4. Ordnung für große Senderanlagen der drahtlosen Telegraphie genügt, wenn die Polzahl und Drehzahl der Maschine so groß ist, daß schon die Grundfrequenz ν hoch ist. Die Drosselspulen Dr verhindern den Verlauf des Wechselstromes 2ν über die Gleichstromquelle, welche die Erregung liefert. Es ist natürlich gleichgültig, ob die Erregung vom Ständer oder vom Läufer aus erfolgt.

Für kleinere Anlagen genügt die 4fache Grundfrequenz nicht. Man kommt weit höher, wenn eine stark ausgeprägte Oberschwingung wie in Abb. 398b in der Maschine dadurch erzeugt wird, daß nicht nur

---

[1]) Das gilt zunächst für Einphasenmaschinen. Bei Mehrphasenmaschinen geben die zwei bzw. drei Ankerströme eine resultierende MMK, die im idealen Falle eine gleichmäßige, sinusförmige Verteilung im Anker hat (§ 228). Infolgedessen macht sich im Erregerstromkreis einer Mehrphasenmaschine eine Stromverzerrung nur so weit bemerkbar, als die resultierende MMK nicht gleichmäßig verläuft.

[2]) ETZ 1911, S. 54. Goldschmidt gibt aber eine andere Erklärung der Wirkungsweise, wonach die Frequenzzunahme immer um eine Grundfrequenz mehr (also additiv) vor sich gehen solle und zwar durch Reflexion zwischen Ständer und Läufer. Eine Reflexion findet hier nicht statt, und wenn eine stattfände, würde die Frequenz unverändert bleiben. Sie wird aber jeweils verdoppelt und zwar durch gegenseitige Rückwirkung.

die Ankerwicklung, sondern auch die Erregerwicklung als unterteilte Wicklung in offene Nuten einer Eisentrommel wie bei einem Drehstrom-Induktionsmotor eingelegt wird[1]). So ist das Glied 99. Ordnung in Abb. 398 entstanden. Hat die Maschine 4 Polpaare und 100 Umdrehungen in der Sekunde, so ist die Grundfrequenz 400, und die Frequenz des 99. Gliedes $400 \times 99 = 39600$. Genügt auch diese noch nicht, so kann sie durch einen transformatorischen Verdoppler nach Abb. 412 oder in der Maschine selbst durch die Goldschmidtsche Schaltung nach Abb. 413b verdoppelt oder vervierfacht werden, so daß man 79200 bzw. 158400 Perioden erhält.

Bei der maschinellen Erzeugung der Senderleistung kommt es immer mehr auf das Vorstehende hinaus, nämlich Erzeugung starker Oberwellen von möglichst hoher Ordnungszahl durch unterteilte Wicklungen in offenen Nuten sowohl im Läufer wie im Ständer und Verstärkung derselben durch Resonanz (Resonanzauslese). So ist es auch bei den neueren Maschinen von Alexanderson[2]) (Amerika) und den Maschinen von Latour (Frankreich). Über drahtlose Telegraphie vgl. § 210.

221. Formeln zur Ausrechnung einer zusammengesetzten Wellenform.

Alle Wellenformen, mit Ausnahme der in Abb. 401 und 402 dargestellten, lassen sich durch folgende Gleichung darstellen, wenn man sich auf Glieder bis zur 11. Ordnung beschränkt;

$$y = \mathfrak{A}_1 \sin \omega t + \mathfrak{A}_3 \sin 3\,\omega t + \ldots\ldots + \mathfrak{A}_{11} \sin 11\,\omega t$$
$$+ \mathfrak{B}_1 \cos \omega t + \mathfrak{B}_3 \cos 3\,\omega t + \ldots\ldots + \mathfrak{B}_{11} \cos 11\,\omega t \quad . \quad \text{(I)}$$

Zur Berechnung der Scheitelwerte $\mathfrak{A}_1 \ldots\ldots \mathfrak{B}_1$ kann man in folgender Weise verfahren.

Man teilt die Grundlinie GH der halben Welle (Abb. 414) in 12 gleiche Teile und mißt die Längen der Ordinaten y_1 bis y_{11} ab. Daraus bildet man zur Berechnung der $\mathfrak{A}_1$, $\mathfrak{A}_3 \ldots$ folgende Werte

$$m_1 = y_1 + y_{11}$$
$$m_2 = y_2 + x_{10}$$
$$m_3 = y_3 + y_9$$
$$m_4 = y_4' + y_8$$
$$m_5 = y_5 + y_7$$
$$m_6 = y_6$$

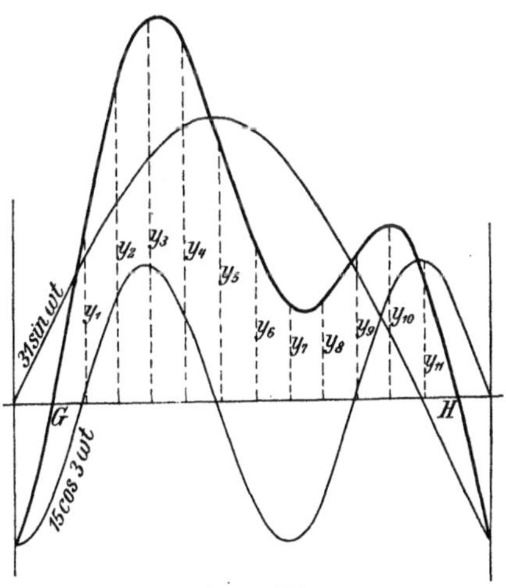

Abb. 414.

[1]) In der Sender-Anlage Eilvese wird auf diese Weise eine Frequenz von 10000 erzeugt und nach dem Goldschmidtschen Verfahren auf 40000 gebracht.

[2]) In den älteren Maschinen von Alexanderson wurde eine sehr hohe Grundfrequenz durch hohe Polzahl und Drehzahl (Gleichpoltype S. 212) erzeugt.

$$\begin{aligned} a &= 0{,}043\, m_1 & g &= 0{,}118\, m_3 \\ b &= 0{,}118\, m_1 & h &= 0{,}144\, m_4 \\ c &= 0{,}161\, m_1 & k &= 0{,}161\, m_5 \\ d &= 0{,}083\, m_2 & l &= 0{,}118\, m_5 \\ f &= 0{,}167\, m_2 & p &= 0{,}043\, m_5 \\ & & q &= 0{,}167\, m_6 \end{aligned}$$

und setzt sie in folgende Formeln ein

$$\begin{aligned} \mathfrak{A}_1 &= a + d + g + h + k + q \\ \mathfrak{A}_3 &= b + f + g - (l + q) \\ \mathfrak{A}_5 &= c + d + p + q - (g + h) \\ \mathfrak{A}_7 &= c + h + p - (d + g + q) \\ \mathfrak{A}_9 &= b + g + q - (f + l) \\ \mathfrak{A}_{11} &= a + g + k - (d + h + q) \end{aligned}$$

Zur Berechnung der $\mathfrak{B}_1$, $\mathfrak{B}_3 \ldots$ bildet man folgende Werte

$$\begin{aligned} n_1 &= y_5 - y_7 & \alpha &= 0{,}043\, n_1 & \gamma &= 0{,}118\, n_3 \\ n_2 &= y_4 - y_8 & \beta &= 0{,}118\, n_1 & \varrho &= 0{,}144\, n_4 \\ n_3 &= y_3 - y_9 & \zeta &= 0{,}161\, n_1 & \varkappa &= 0{,}161\, n_5 \\ n_4 &= y_2 - y_{10} & \delta &= 0{,}083\, n_2 & \lambda &= 0{,}118\, n_5 \\ n_5 &= y_1 - y_{11} & \eta &= 0{,}167\, n_2 & \sigma &= 0{,}043\, n_5 \end{aligned}$$

und setzt sie in folgende Formeln ein

$$\begin{aligned} \mathfrak{B}_1 &= \alpha + \delta + \gamma + \varrho + \varkappa \\ \mathfrak{B}_3 &= \lambda - (\beta + \eta + \gamma) \\ \mathfrak{B}_5 &= \zeta + \delta + \sigma - (\gamma + \varrho) \\ \mathfrak{B}_7 &= \delta + \gamma - (\zeta + \varrho + \sigma) \\ \mathfrak{B}_9 &= \beta + \gamma - (\eta + \lambda) \\ \mathfrak{B}_{11} &= \delta + \varrho - (\alpha + \gamma + \varkappa) \end{aligned}$$

Die Gl. (I) läßt sich mit Hilfe der Gl. 222 (S. 460) in folgende Form bringen

$$\begin{aligned} y = \mathfrak{D}_1 \sin(\omega t + \varphi_1) + \mathfrak{D}_3 \sin 3(\omega t + \varphi_3) + \ldots . . \\ + \mathfrak{D}_{11} \sin 11(\omega t + \varphi_{11}) \quad \ldots \ldots \ldots \quad \text{(II)} \end{aligned}$$

Die vorstehenden Formeln können natürlich nur die ungeraden Glieder bis zum elften ergeben. Handelt es sich um Glieder höherer Ordnung, die von der Zahnteilung der Maschine herrühren, wie z. B. das Glied 23. Ordnung in Abb. 405 oder das Glied 99. Ordnung in Abb. 398b, so würde die Ausgestaltung der vorstehenden Methode, wie auch jeder anderen, langwierige Rechnungen erfordern. Es genügt in solchen Fällen, die Scheitelwerte dieses deutlich übergelagerten Gliedes durch Abmessung der Erhebungen und Vertiefungen über eine in das Oszillogramm eingezeichnete Mittellinie zu gewinnen, natürlich muß die Abmessung in demselben Maßstab geschehen, wie die Abmessung der

11 Ordinaten. Man findet so z. B., daß das in der e-Welle der Abb. 405 enthaltene Glied 23. Ordnung einen Scheitelwert 0,5 hat. wenn der Scheitelwert des ersten Gliedes 17 ist. Eine größere Genauigkeit ist schon deswegen zwecklos, weil die Linie des Oszillogramms selbst im günstigsten Falle mindestens $^1/_4$ mm dick ist.

Über die direkte Ausrechnung des effektiven Wertes und des Scheitelfaktors vgl. S. 467 und 470.

Beispiel. Wir berechnen die in Abb. 414 stark ausgezogene Wellenform. Für die Ordinaten y findet man durch Ausmessung folgende Werte

$y_1 = 18$	$m_1 = 31$	$a = 1{,}33$
$y_2 = 34$	$m_2 = 52{,}8$	$b = 3{,}7$
$y_3 = 41{,}4$	$m_3 = 57{,}2$	$c = 5{,}0$
$y_4 = 39{,}7$	$m_4 = 50{,}5$	$d = 4{,}4$
$y_5 = 29$	$m_5 = 39{,}4$	$f = 8{,}8$
$y_6 = 17{,}5$	$m_6 = 17{,}5$	$g = 6{,}74$
$y_7 = 10{,}4$		$h = 7{,}3$
$y_8 = 10{,}8$		$k = 6{,}34$
$y_9 = 15{,}8$		$l = 4{,}62$
$y_{10} = 18{,}8$		$p = 1{,}7$
$y_{11} = 13$		$q = 2{,}9$

$$\mathfrak{A}_1 = 29 \qquad \mathfrak{A}_3 = 11{,}7$$

Alle anderen $\mathfrak{A}$-Werte werden Null.

$n_1 = 18{,}6$	$\alpha = 0{,}8$
$n_2 = 29$	$\beta = 2{,}2$
$n_3 = 25{,}6$	$\zeta = 3$
$n_4 = 15{,}2$	$\delta = 2{,}5$
$n_5 = 5$	$\eta = 4{,}84$
	$\gamma = 3{,}02$
	$\varrho = 2{,}2$
	$\varkappa = 0{,}81$
	$\lambda = 0{,}59$
	$\sigma = 0{,}22$

$$\mathfrak{B}_1 = 9{,}33 \qquad \mathfrak{B}_3 = -9{,}47$$

Alle anderen $\mathfrak{B}$-Werte werden Null.

Die Gleichung der Welle ist also

$$y = 29 \sin \omega t + 11{,}7 \sin 3\,\omega t + 9{,}33 \cos \omega t - 9{,}47 \cos 3\,\omega t\,.$$

Um sie auf die Form II zu bringen, benutzen wir die Gl. 222 und erhalten

$$\mathfrak{D}_1 = \sqrt{29^2 + 9{,}33^2} = 30{,}6\,; \quad \operatorname{tg} \varphi_1 = \frac{9{,}33}{29} = 0{,}322 \qquad \varphi_1 = 17^0\,50'$$

$$\mathfrak{D}_3 = \sqrt{11{,}7^2 + 9{,}47^2} = 15\,; \quad \operatorname{tg} 3\,\varphi_3 = -\frac{9{,}47}{11{,}7} = -0{,}81 \qquad 3\,\varphi_3 = -39^0$$

$$y = 30{,}6 \sin(\omega t + 17^0\,50') + 15 \sin 3\,(\omega t - 13^0)\,.$$

Verschiebt man nun den Nullpunkt um $-17^0\,50'$, so erhält man (abgerundet)

$$y = 30{,}6 \sin \omega t + 15 \sin 3\,(\omega t - 30)$$

oder

$$y = 30{,}6 \sin \omega t - 15 \sin (90 - 3\,\omega t)$$
$$y = 30{,}6 \sin \omega t - 15 \cos 3\,\omega t\,.$$

Über eine geometrische Methode siehe R. Slaby, „Archiv f. Elektr." 1913, Heft 1, wo auch die ältere Literatur angegeben ist.

Vierzehntes Kapitel.

Die mehrphasigen Wechselströme.

222. Das Prinzip der mehrphasigen Motoren.

Zwei Wechselströme von gleicher Spannung und Stromstärke, die eine Phasenverschiebung von einer Viertelperiode gegeneinander haben (Abb. 415), sind auf einen Eisenring aufgewickelt, so wie es in Abb. 416 schematisch gezeichnet ist. Im Augenblick *a* hat der Strom I seinen größten Wert, während II Null ist. Es erzeugt also bloß jener ein magnetisches Feld im Ring, und zwar einen Südpol und einen Nordpol, wie in Abb. 416a. Wird ein Dauermagnet *ns* in das Innere des Ringes drehbar eingesetzt, so muß er die gezeichnete Stellung einnehmen. Eine Viertelperiode später, im Augenblick *c* hat II seinen größten Wert und I ist Null. Das magnetische Feld und daher auch der Magnet *ns* erscheint jetzt um 90^0 gedreht (416c). Im Augenblick *d* ist II Null und I hat seinen größten negativen Wert, d. h. der Strom hat jetzt die entgegengesetzte Richtung wie im Augenblick *a*, also auch die Magnetisierung. Im Augenblick *g* haben wir entgegengesetzte Lage wie in *c*. In allen dazwischen liegenden Momenten führen beide Stromkreise Strom, und es entsteht ein resultierendes magnetisches Feld; im Augenblick *b* z. B. haben beide gleiche Stromstärke, und daher haben wir ein nach Art der Abb. 10 zusammengesetztes Feld, dessen Richtung aus Abb. 416b zu ersehen ist. Während einer Stromperiode vollführt also das magnetische Feld im Innern des Ringes eine ganze Drehung und mit ihm der Dauermagnet *ns*. Dieser rotiert also synchron mit dem Felde. Bringt man hingegen ein mit einer kurzgeschlossenen Wicklung versehenes Eisenstück (Anker, Läufer) in das Innere des Ringes, so werden Ströme induziert, welche nach dem Lenzschen Gesetze die Drehung des magnetischen Feldes zu hindern suchen. Da sie das nicht können, muß sich der Läufer mit dem Felde drehen. Die Drehung erfolgt aber nicht synchron, wie die des Dauermagnetes, weil sonst die geschlossene Wicklung des Läufers immer dasselbe Kraft-

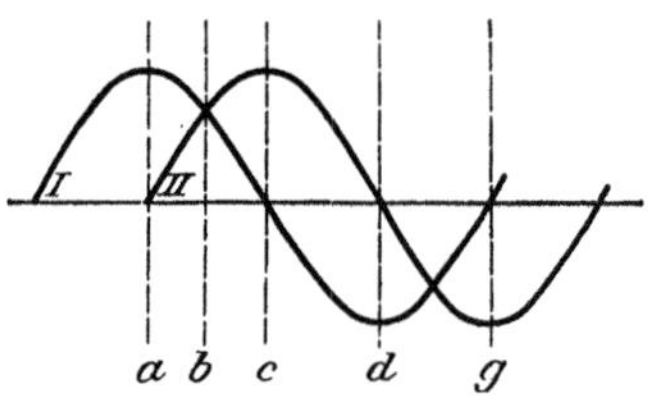

Abb. 415.

linienbündel umfassen würde, so daß kein Strom in ihr entstehen könnte. Die Drehung des Läufers muß also langsamer vor sich gehen als die des Feldes, weil nur so ein Strom induziert wird. Da dieser Strom um so stärker ist, je größer der Unterschied zwischen der Umdrehungsgeschwindigkeit des Läufers und des Feldes ist, ist auch die Zugkraft um so stärker. Der Läufer hat also das Bestreben, in Synchronismus zu kommen, ohne ihn aber jemals zu erreichen, weil dann der Strom Null würde[1]).

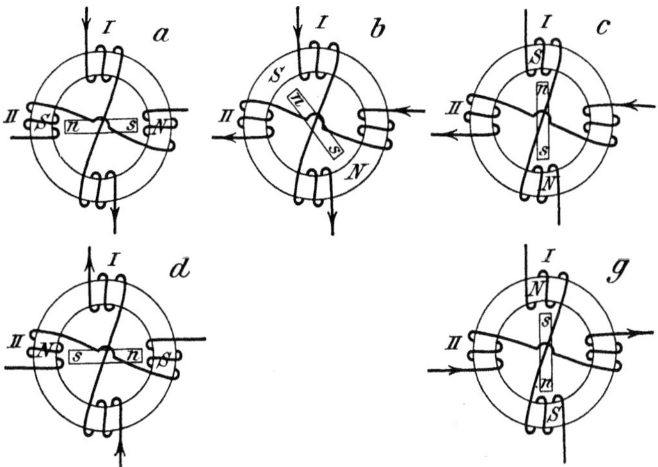

Abb. 416.

Ist die Wicklung des Ringes stromlos, und wird der Magnet *ns* durch eine äußere Kraft gedreht, so werden zwei Ströme von der in Abb. 415 dargestellten Art induziert; man hat also einen Stromerzeuger für Zweiphasenstrom.

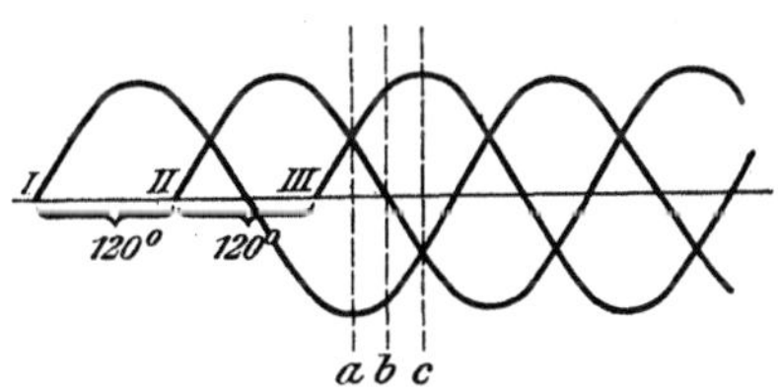

Abb. 417.

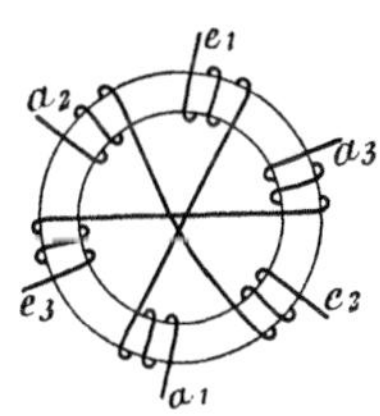

Abb. 418.

In gleicher Weise kommt ein Drehfeld und daher auch ein Drehmoment zustande, wenn drei um eine Drittelperiode verschobene Wechselströme angewendet werden, wie sie in Abb. 417 dargestellt sind (Dreiphasenstrom). Abb. 418 zeigt ihre Anwendung als zweipolige Ringwicklung.

[1]) Näheres über die Wirkungsweise des Drehstrommotors in dem Buche des Verfassers über die Drehstrommotoren, 2. Aufl., Bd. 5 der „Elektrotechnik in Einzeldarstellungen".

223. Verkettung beim Zweiphasenstrom.

Gemäß Abb. 416 brauchte man für das Zweiphasensystem 4 Leitungen. Man kann aber die beiden Rückleitungen zu einer vereinigen, und erhält so Abb. 419, welche die Verbindung zwischen einem Stromerzeuger und einem Stromverbraucher (Motor, Transformator u. dergl.) darstellt. In der gemeinsamen Rückleitung fließt der verkettete Strom i_v. Dieser entsteht in jedem Augenblicke aus der Summe der beiden um 90° verschobenen Ströme, die mit i_I und i_{II} bezeichnet sind. Ist i_I von der Form

$$i_I = \mathfrak{J} \sin \omega t,$$

so ist[1])

$$i_{II} = \mathfrak{J} \sin(\omega t + 90) = \mathfrak{J} \cos \omega t.$$

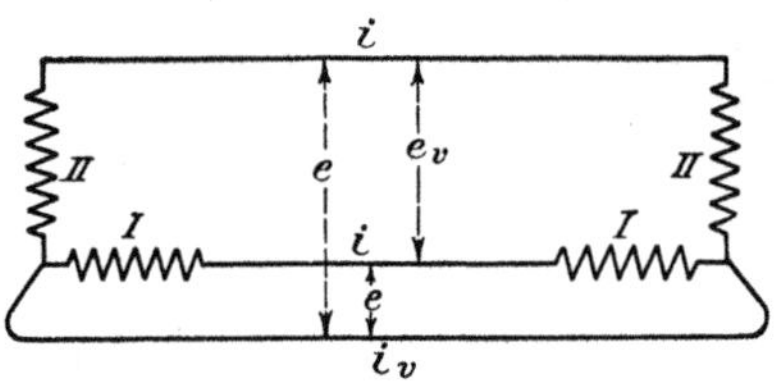

Abb. 419.

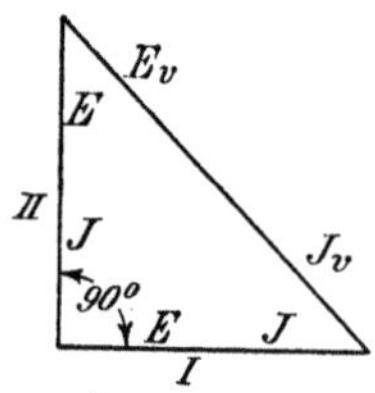

Abb. 420.

Mithin ist der verkettete Strom in der gemeinsamen Leitung

$$\begin{aligned} i_v = i_I + i_{II} &= \mathfrak{J}(\sin \omega t + \cos \omega t) \\ &= \sqrt{2}\, \mathfrak{J} \left(\frac{\sqrt{2}}{2} \sin \omega t + \frac{\sqrt{2}}{2} \cos \omega t\right) \\ &= \sqrt{2}\, \mathfrak{J} (\cos 45 \sin \omega t + \sin 45 \cos \omega t) \\ &= \sqrt{2}\, \mathfrak{J} \sin(\omega t + 45). \end{aligned}$$

Der verkettete Strom hat also + 45° Phasenverschiebung gegen i_{II}, d. h. er liegt gerade zwischen diesen Strömen. Dasselbe ergibt sich aus der zeichnerischen Darstellung Abb. 415, wenn man die beiden Sinuswellen addiert. Abb. 420 zeigt die Zweigströme und den verketteten Strom als Vektoren und die Phasenverschiebungen zwischen ihnen.

Was vor einer periodischen Funktion steht, ist immer ihr Scheitelwert. Somit ist der Scheitelwert $\mathfrak{J}_v$ des verketteten Stromes

$$\mathfrak{J}_v = \sqrt{2}\, \mathfrak{J}.$$

Dividiert man durch den Scheitelfaktor, so erhält man die effektiven Werte:

$$J_v = \sqrt{2}\, J.$$

[1]) Man könnte die Phasenverschiebung auch durch − 90° statt durch + 90° ausdrücken. Das hängt nur davon ab, ob man die Numerierung der Ströme I und II nach links oder rechts herum vornimmt. Im Endergebnis ändert sich nichts.

Bei gleichem Spannungsabfall und gleicher Stromwärme muß also die gemeinsame Rückleitung einen 1,4mal größeren Querschnitt haben als die beiden anderen Leitungen. Da bei der unverketteten Schaltung (Abb. 416) statt dieser gemeinsamen Rückleitung zwei Leitungen erforderlich sind, bedeutet die verkettete Schaltung eine Ersparnis von 18% an Leitungsmaterial gegenüber den beiden anderen.

Bezeichnet man die in den Wicklungszweigen *I* und *II* (Abb. 419) induzierten EMKe mit e_I und e_{II}, so haben auch diese eine Phasenverschiebung von 90^0.

Schaltet man ein Voltmeter zwischen die Leitungen *I* und *II*, so schließt es einen Stromkreis, in welchem die beiden Wicklungsspannungen e_I und e_{II} gegeneinander wirken und mißt die verkettete Spannung e_v. Daher ist

$$e_v = e_I - e_{II} = \mathfrak{E}[\sin \omega t - \sin(\omega t + 90)] = \sqrt{2}\,\mathfrak{E} \sin(\omega t - 45).$$

Daher ist

$$\mathfrak{E}_v = \sqrt{2}\,\mathfrak{E} \qquad \text{und} \qquad E_v = \sqrt{2}\,E.$$

Die Phasenverschiebung gegen e_I ist -45^0, gegen e_{II} aber $+45^0$.

Sind Strom, Spannung und Phasenverschiebung in den Leitungen gleich, so ist die gesamte Leistung des Zweiphasensystemes bei der verketteten Schaltung

$$P = 2\,EJ\cos\varphi = \sqrt{2}\,E_v J\cos\varphi = \sqrt{2}\,EJ_v\cos\varphi = E_v J_v \cos\varphi.$$

224. Verkettung beim Dreiphasenstrom.

Die Anwendung dreier Stromkreise, wie in Abb. 418, erfordert sechs Leitungen. Vereinigt man aber drei zu einer (Abb. 421), so ist zu untersuchen, welcher Strom in dieser vierten (neutrale Leitung, Nulleitung) verkehrt[1]) Ist der eine der drei Ströme

$$i_I = \mathfrak{J} \sin \omega t,$$

so ist der zweite (gemäß Abb. 417)

$$i_{II} = \mathfrak{J} \sin(\omega t + 120)$$

und der dritte

$$i_{III} = \mathfrak{J} \sin(\omega t + 240).$$

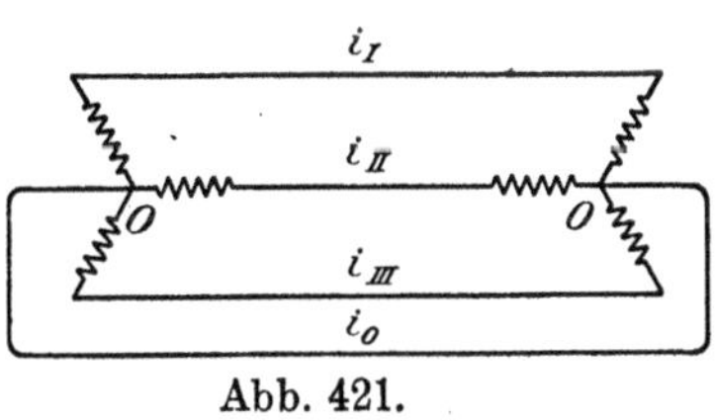

Abb. 421.

In der neutralen Leitung kommen alle drei zusammen; daher ist der hier verlaufende Strom i_0:

$$i_0 = i_I + i_{II} + i_{III} = \mathfrak{J}[\sin\omega t + \sin(\omega t + 120) + \sin(\omega t + 240)]$$
$$= \mathfrak{J}(\sin\omega t + \sin\omega t\cos 120 + \cos\omega t \sin 120 + \sin\omega t\cos 240$$
$$+ \cos\omega t\sin 240)$$

[1]) Die Vereinigungspunkte *O* bezeichnet man als neutrale Punkte.

und weil
$$\sin 120 = -\sin 240 = \frac{\sqrt{3}}{2}$$
$$\cos 120 = \cos 240 = -\frac{1}{2}$$
so ist
$$i_0 = i_I + i_{II} + i_{III} = 0,$$
d. h. in der neutralen Leitung ist der Strom Null. Man kann sie daher auch weglassen und erhält so die in Abb. 422 dargestellte Schaltung eines Stromerzeugers und -Verbrauchers, die man als offene oder Stern-Schaltung bezeichnet.

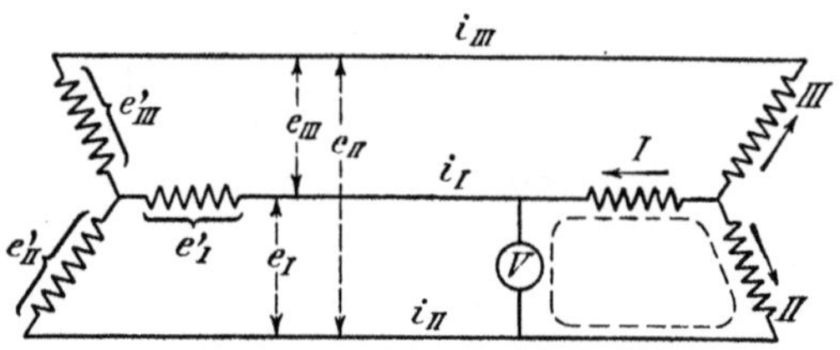

Abb. 422.

Daß die Summe der drei Ströme in jedem Augenblick Null ist, erkennt man übrigens auch aus Abb. 417, wo die algebraische Summe der Ordinaten in jedem Augenblick Null ist.

Aus der letzten Gleichung folgt
$$i_I = -i_{II} - i_{III}; \quad i_{II} = -i_I - i_{III}; \quad i_{III} = -i_I - i_{II},$$
d. h. jeder Strom findet in den beiden anderen seine Rückleitung. Infolgedessen ist auch die in Abb. 423 dargestellte Schaltung möglich, die man als geschlossene oder Dreieck-Schaltung bezeichnet. Abb. 424 zeigt die Ausführung der Sternschaltung, Abb. 425 die der Dreieckschaltung als zweipolige Ringwicklung. Vergleicht man mit Abb. 418,

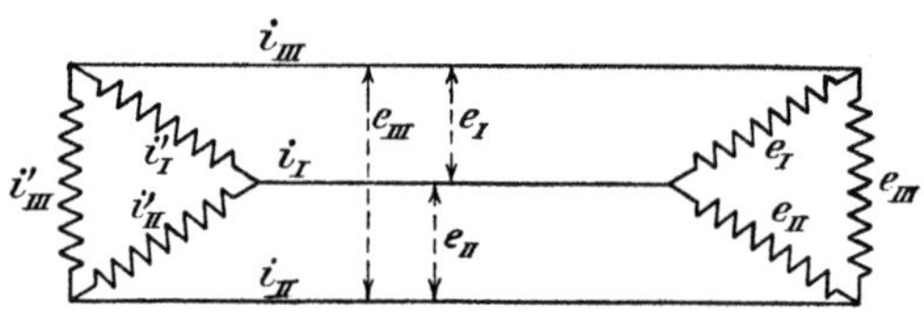

Abb. 423.

wo die Anfänge mit *a*, die Enden mit *e* bezeichnet sind, so sieht man, daß die erstere durch Vereinigung aller Enden (oder aller Anfänge) entsteht, die letztere durch Verbindung jedes Endes mit dem Anfang der nächsten Wicklung. Aus diesem Grundsatz folgt, daß auch

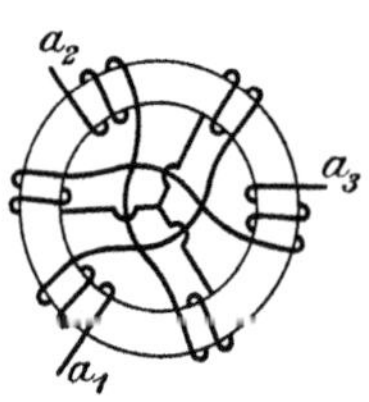

Abb. 424.

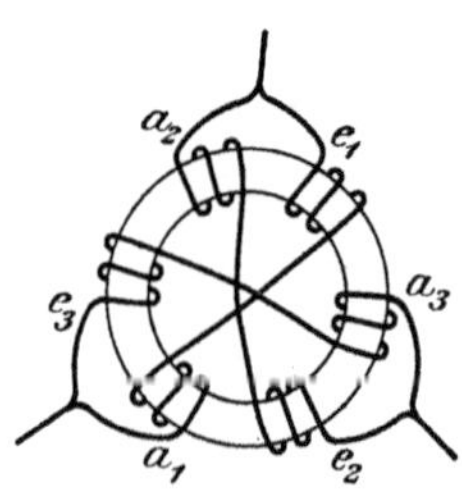

Abb. 425.

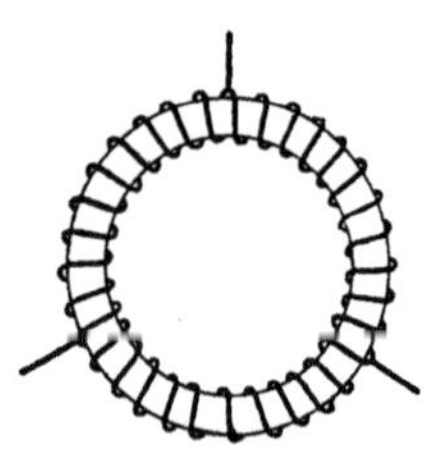
Abb. 426.

die in Abb. 426 dargestellte Schaltung eine richtige Dreieckschaltung ist. Es ist dies nichts anderes als eine geschlossene Ringwicklung, welcher an drei um ein Drittel des Kreises (120^0) voneinander abstehenden Stellen Dreiphasenstrom zugeführt, beziehungsweise abgenommen wird.

Wie man aus Abb. 422 ersieht, ist bei der Sternschaltung der Strom in einem Wicklungszweig derselbe wie in der äußeren Leitung; dagegen ist die Spannung e zwischen zwei Leitungen (verkettete Spannung) verschieden von der Sternspannung e'. Wird ein Voltmeter V zwischen die Leitungen I und II geschaltet zur Messung der verketteten Spannung e, so sieht man, daß in dem durch die gestrichelte Linie angedeuteten Stromkreis die beiden Sternspannungen einander entgegengeschaltet sind; es ist also

$$\begin{aligned} e_I &= e_I' - e_{II}' = \mathfrak{E}' \sin \omega t - \mathfrak{E}' \sin(\omega t + 120) \\ &= \mathfrak{E}' (\sin \omega t - \sin \omega t \cos 120 - \cos \omega t \sin 120) \\ &= \mathfrak{E}' \left(\frac{3}{2} \sin \omega t - \frac{\sqrt{3}}{2} \cos \omega t \right) \\ &= \sqrt{3}\, \mathfrak{E}' \left(\frac{\sqrt{3}}{2} \sin \omega t - \frac{1}{2} \sin \omega t \right) \\ &= \sqrt{3}\, \mathfrak{E}' (\cos 30 \sin \omega t - \sin 30 \cos \omega t) \end{aligned}$$

$$e_I = \sqrt{3}\, \mathfrak{E}' \sin(\omega t - 30) \quad \ldots \ldots \ldots \ldots \quad \text{(I)}$$

Der Scheitelwert der verketteten Spannung ist somit

$$\mathfrak{E} = \sqrt{3}\, \mathfrak{E}' = 1{,}73\, \mathfrak{E}'$$

und der effektive Wert

$$E = \sqrt{3}\, E' = 1{,}73\, E' \quad \ldots \ldots \ldots \quad \text{(II)}$$

In der Phase ist die verkettete Spannung um 30^0 gegen e_I' und infolgedessen gegen die andere Sternspannung e_{II}' um $120 + 30 = 150^0$ verzögert. Das gleiche erhält man für die beiden anderen verketteten Spannungen. Stellt man alle sechs Vektoren in ein Polardiagramm zusammen, so ergibt sich Abb. 427. Das gleiche Ergebnis erhält man aus der zeichnerischen Darstellung zweier Sternspannungen Abb. 428. e_I', e_{II}' sind die beiden Sternspannungen. Die zweite muß, da sie im entgegengesetzten Sinne wirkt, umgekehrt eingezeichnet werden (die gestrichelte Welle). Aus dieser und e_I' ergibt sich durch Addition die Welle e_I.

Bei der Dreieckschaltung (Abb. 423) ist die Spannung e zwischen zwei Leitungen dieselbe wie die eines Zweiges der Wicklung. Dagegen setzt sich der Strom i einer äußeren Leitung aus zwei Zweigströmen ebenso zusammen wie bei der Sternschaltung die verkettete Spannung aus den Sternspannungen. Es ist also der verkettete Strom J

$$J = \sqrt{3}\, J' = 1{,}73\, J'$$

und zwischen verkettetem Strom und Zweigströmen bestehen dieselben Phasenverschiebungen wie in Abb. 427 zwischen den Spannungen.

Auch aus den Vektordiagrammen ergibt sich das gleiche. Abb. 429 ist das Spannungsdiagramm bei Sternschaltung, Abb. 430 das Stromdiagramm bei Dreieckschaltung. Es ist zu beachten, daß die Phasenunterschiede von 120° immer auf die positiven Richtungen der Ströme oder der Spannungen zu beziehen sind. Daher bilden sie Außenwinkel der Dreiecke.

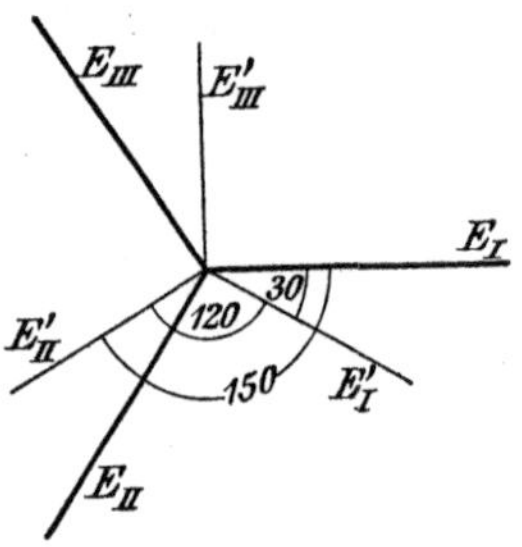

Abb. 427.

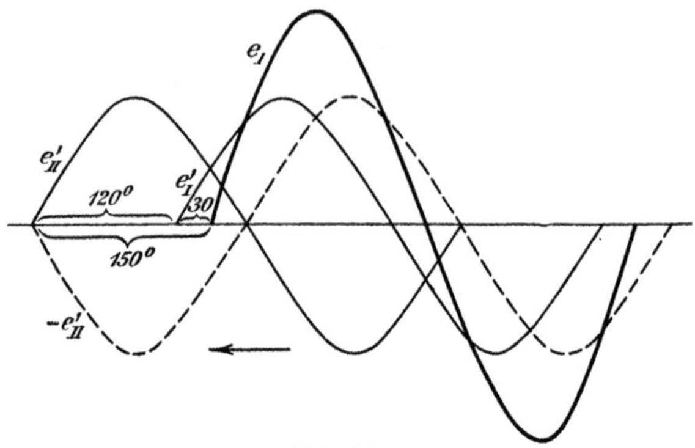

Abb. 428.

Wie man aus den Abb. 423 und 425 ersieht, bilden die drei Wicklungen einer Dreieckschaltung einen in sich geschlossenen Stromkreis, so daß die Frage entsteht, ob hier vielleicht ein Strom verkehrt, der nicht in die äußeren Leitungen gelangt. Es wirken hier die drei Spannungen e_I, e_{II}, e_{III} in Hintereinanderschaltung. Da sie um 120°

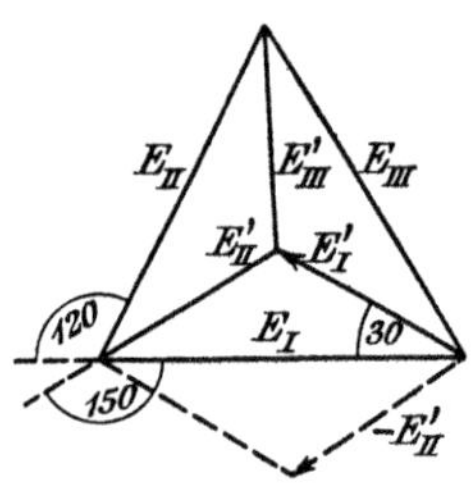

Abb. 429.

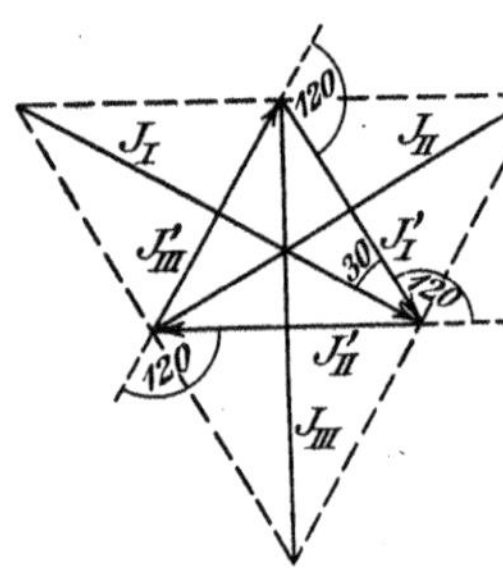

Abb. 430.

gegeneinander verschoben sind, haben wir dieselbe Addition wie eingangs dieses Paragraphen mit den drei Strömen der Sternschaltung auszuführen und erhalten wie dort Null. Es kann also in der geschlossenen Wicklung kein in sich geschlossener Strom verkehren.

Alles Vorstehende gilt aber nur für einfache Sinuswellen.

225. Verkettung zusammengesetzter Wellenformen.

Wir erweitern nun die vorstehende Betrachtung auf Wellenformen, wie sie in der Praxis vorkommen, nämlich auf solche, die sich aus

Gliedern ungerader Ordnung zusammensetzen. Ist z. B. die Sternspannung eines Dreiphasenerzeugers von der Form
$e' = \mathfrak{A}_1 \sin \omega t + \mathfrak{A}_3 \sin 3\,\omega t + \mathfrak{A}_5 \sin 5\,\omega t + \mathfrak{A}_7 \sin 7\,\omega t + \mathfrak{A}_9 \sin 9\,\omega t$,
so ergibt sich nach dem vorigen Paragraphen die verkettete Spannung, wenn man davon die nächste, um 120^0 verschobene Sternspannung subtrahiert, also

$$\begin{aligned}
e = e'_I - e'_{II} = & \mathfrak{A}_1 [\sin \omega t - \sin(\omega t + 120)] + \\
& + \mathfrak{A}_3 [\sin 3\,\omega t - \sin 3\,(\omega t + 120)] + \\
& + \mathfrak{A}_5 [\sin 5\,\omega t - \sin 5\,(\omega t + 120)] + \\
& + \mathfrak{A}_7 [\sin 7\,\omega t - \sin 7\,(\omega t + 120)] + \\
& + \mathfrak{A}_9 [\sin 9\,\omega t - \sin 9\,(\omega t + 120)] \\
= & \mathfrak{A}_1 [\sin \omega t - \sin \omega t \cos 120 - \cos \omega t \sin 120] + \\
& + \mathfrak{A}_3 [\sin 3\,\omega t - \sin 3\,\omega t \cos 360 - \cos 3\,\omega t \sin 360] + \\
& + \mathfrak{A}_5 [\sin 5\,\omega t - \sin 5\,\omega t \cos 600 - \cos 5\,\omega t \sin 600] + \\
& + \mathfrak{A}_7 [\sin 7\,\omega t - \sin 7\,\omega t \cos 840 - \cos 7\,\omega t \sin 840] + \\
& + \mathfrak{A}_9 [\sin 9\,\omega t - \sin 9\,\omega t \cos 3 \cdot 360 - \cos 9\,\omega t \sin 3 \cdot 360] \\
= & \mathfrak{A}_1 \left[\frac{3}{2} \sin \omega t - \frac{\sqrt{3}}{2} \cos \omega t\right] + \mathfrak{A}_5 \left[\frac{3}{2} \sin 5\,\omega t + \frac{\sqrt{3}}{2} \cos 5\,\omega t\right] \\
& + \mathfrak{A}_7 \left[\frac{3}{2} \sin 7\,\omega t - \frac{\sqrt{3}}{2} \cos 7\,\omega t\right] \\
= & \sqrt{3}\,\mathfrak{A}_1 [\cos 30 \sin \omega t - \sin 30 \cos \omega t] + \\
& + \sqrt{3}\,\mathfrak{A}_5 [\cos 30 \sin 5\,\omega t + \sin 30 \cos 5\,\omega t] + \\
& + \sqrt{3}\,\mathfrak{A}_7 [\cos 30 \sin 7\,\omega t - \sin 30 \cos 7\,\omega t] \\
e = & \sqrt{3}\,\mathfrak{A}_1 \sin(\omega t - 30) + \sqrt{3}\,\mathfrak{A}_5 \sin(5\,\omega t + 30) + \\
& + \sqrt{3}\,\mathfrak{A}_7 \sin(7\,\omega t - 30).
\end{aligned}$$

Der effektive Wert der verketteten Spannung ist also nach Gl. 224 (S. 466):

$$E = \sqrt{\frac{1}{2}\left[(\sqrt{3}\,\mathfrak{A}_1)^2 + (\sqrt{3}\,\mathfrak{A}_5)^2 + (\sqrt{3}\,\mathfrak{A}_7)^2\right]}.$$

Dasselbe ergibt sich für Cosinusglieder.

In der verketteten Spannung kommen also die Glieder dritter und neunter Ordnung nicht mehr vor, wie überhaupt kein Glied, dessen Ordnungszahl ein Vielfaches von 3 ist, weil dann in der obigen Ableitung bei diesen Gliedern Vielfache von 360^0 entstehen. Diese Glieder heben sich bei der Bildung der verketteten Spannung gegenseitig auf, wie auch Abb. 431 zeigt, die zwei Sternspannungen mit Gliedern erster und dritter Ordnung enthält. Die gestrichelte Welle ist die negative Welle e'_{II}, die zu e'_I zu addieren ist.

Dieselben Glieder, die in der Spannungswelle fehlen, müssen natürlich auch in der Stromwelle fehlen.

Nach Gl. 224 ist der effektive Wert der Sternspannung

$$E' = \sqrt{\tfrac{1}{2}(\mathfrak{A}_1^2 + \mathfrak{A}_3^2 + \mathfrak{A}_5^2 + \mathfrak{A}_7^2 + \mathfrak{A}_9^2)}$$

oder in effektiven Werten (A_1, $A_3 \ldots$):

$$E' = \sqrt{A_1^2 + A_3^2 + A_5^2 + A_7^2 + A_9^2} \quad . \; . \; . \quad \text{(III)}$$

Der effektive Wert der verketteten Spannung ist nach obiger Formel:

$$E = \sqrt{\tfrac{3}{2}(\mathfrak{A}_1^2 + \mathfrak{A}_5^2 + \mathfrak{A}_7^2)}$$

$$E = \sqrt{3}\,\sqrt{A_1^2 + A_5^2 + A_7^2} \quad . \; . \; . \; . \; . \quad \text{(IV)}$$

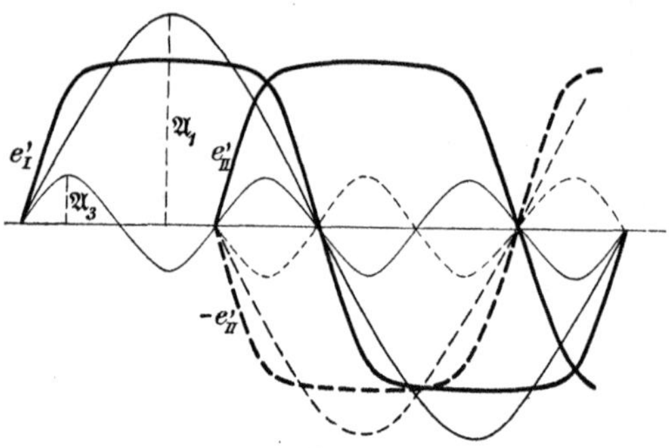

Abb. 431.

Die Beziehung zwischen Sternspannung und verketteter Spannung ist also von der Wellenform ahängig, wenn Glieder 3. Ordnung oder Vielfache davon in der Sternspannung enthalten sind. Das Verhältnis zwischen Sternspannung und verketteter Spannung hängt dann von der Größe dieser Glieder ab. Sind solche Glieder in der Sternspannung nicht enthalten, sondern nur Glieder 1., 5., 7., 11.... Ordnung, so ist wie bei reinen Sinuswellen $E = \sqrt{3}\,E'$. Findet man durch Messung von E und E', daß dieses Verhältnis nicht besteht, so weiß man; daß Glieder dritter Ordnung vorhanden sind.

Bei der Dreieckschaltung besteht zwischen dem verketteten Strome in den Leitungen und den Zweigströmen dieselbe Beziehung wie bei der Sternschaltung zwischen den Spannungen, so daß alles Vorstehende auch für die Ströme bei der Dreieckschaltung gilt. Wenn aber der Strom in einer Leitung keine Glieder dritter Ordnung oder Vielfache davon enthält, kann auch die Spannung in einer Außenleitung keine enthalten.

Für einfache Sinuswellen haben wir im vorigen Paragraphen gefunden, daß in der geschlossenen Wicklung der Dreieckschaltung kein geschlossener Strom verkehrt, weil die Summe der drei EMKe e, die hier in Hintereinanderschaltung wirken, Null ist. Um zu sehen, wie es sich damit bei zusammengesetzten Wellenformen verhält, haben wir folgende Summe zu bilden:

$$e_0 = e_I + e_{II} + e_{III} = \mathfrak{A}_1[\sin\omega t + \sin(\omega t + 120) + \sin(\omega t + 240)]$$
$$+ \mathfrak{A}_3[\sin 3\omega t + \sin 3(\omega t + 120) + \sin 3(\omega t + 240)] + \ldots$$

Der erste Klammerausdruck ist Null, so wie in § 224; desgleichen alle Glieder 5., 7., 11., 13.... Ordnung. Hingegen ergibt sich aus den Gliedern 3. Ordnung folgendes:

$$e_0 = \mathfrak{A}_3 [\sin 3\,\omega t + \sin 3\,\omega t \cos 360 + \cos 3\,\omega t \sin 360$$
$$+ \sin 3\,\omega t \cos 720 + \cos 3\,\omega t \sin 720]$$
$$e_0 = 3\,\mathfrak{A}_3 \sin 3\,\omega t.$$

Auf ähnliche Weise ergeben die Glieder 9. Ordnung die Summe $3\,\mathfrak{A}_9 \sin 9\,\omega t$, und so fort alle Glieder, deren Ordnungszahl ein Vielfaches von 3 ist.

Der effektive Wert E_0 dieser in der geschlossenen Wicklung wirksamen Spannung ist also

$$E_0 = 3\sqrt{\tfrac{1}{2}(\mathfrak{A}_3{}^2 + \mathfrak{A}_9{}^2)} = 3\sqrt{A_3{}^2 + A_9{}^2} \quad . \; . \; . \; . \quad \text{(V)}$$

Dieser Wert kann direkt gemessen werden, wenn man die geschlossene Wicklung an einer Stelle öffnet und ein Voltmeter einschaltet, was natürlich nur bei leerlaufender Maschine ausführbar ist.

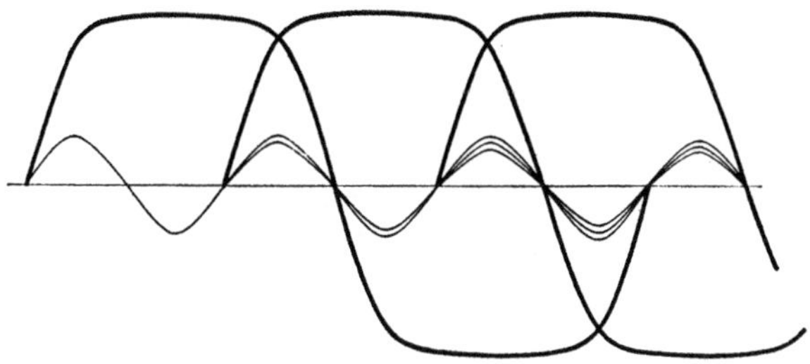

Abb. 432.

Abb. 432 zeigt am Verlauf der drei EMKe, die aus Gliedern erster und dritter Ordnung bestehen, wie sich letztere addieren.

Jedes Spannungsglied erzeugt einen Strom nach Maßgabe des scheinbaren Widerstandes der geschlossenen Wicklung. Mithin besteht in dieser ein Strom:

$$J_0 = 3\sqrt{J_3{}^2 + J_9{}^2},$$

der nicht in die Leitung gelangt und daher nichts zur Leistung im Netz beiträgt, wohl aber die Wicklung stärker erwärmt, also den Wirkungsgrad des Stromerzeugers verschlechtert. Die Dreieckschaltung ist daher bei Stromerzeugern grundsätzlich zu vermeiden, denn Glieder 3. Ordnung können im Betriebe infolge der Ankerrückwirkung selbst dann auftreten, wenn sie in der Leerlaufspannung nicht enthalten sind. (Vgl. die Anmerk. auf S. 470.)

Auf S. 490 haben wir gesehen, daß bei Sternschaltung mit neutraler Leitung (Abb. 421) der Strom in der neutralen Leitung Null ist, wenn die drei Stromwellen sinusförmig sind. Enthalten sie aber Glieder dritter Ordnung oder Vielfache davon, so addieren sich in der neutralen Leitung die Glieder dritter Ordnung aus allen drei Wicklungen und es entsteht ein Strom J_0 in der neutralen Leitung gemäß obiger Gleichung. Derselbe Stromkreis entsteht, wenn der neutrale Punkt des Stromerzeugers und eines Stromverbrauchers geerdet ist. Man kann also auf diese

Weise einen Strom von dreifacher Frequenz erhalten (§ 227). Zwischen den neutralen Punkten herrscht eine Spannung E_0 gemäß Gl. V. Schaltet man ein Voltmeter in die neutrale Leitung oder in eine Erdverbindung ein, so zeigt es diese Spannung E_0 an. Hier erscheinen also die Glieder dritter Ordnung, die aus der verketteten Spannung verschwunden sind.

Wir gelangen also zu folgendem Ergebnis. Aus einer Maschine mit Sternschaltung ohne neutrale Verbindung oder mit Dreieckschaltung können Spannungs- oder Stromglieder, deren Ordnung ein Vielfaches von 3 ist, nicht in die Leitungen gelangen. Bei Sternschaltung mit neutraler Verbindung enthält jede der drei Leitungen dieselben Glieder in Strom und Spannung, die im Stromerzeuger entstehen. Sie sind daher auch in dem betreffenden Verbrauchsapparat (Motor, Transformator) vorhanden. In der neutralen Leitung addieren sich die Glieder, deren Ordnung ein Vielfaches von 3 ist. Bei Dreieckschaltung addieren sich diese Spannungsglieder im Stromerzeuger und erzeugen einen Strom in der geschlossenen Wicklung. In Verbrauchsapparaten kann ein Strom in der geschlossenen Wicklung nicht vorkommen, weil Glieder dritter Ordnung überhaupt nicht hineingelangen.

Was von den drei Strömen eines Dreiphasensystems gilt, gilt auch von den entsprechenden Kraftlinienmengen $\mathfrak{z}_I$, $\mathfrak{z}_{II}$, $\mathfrak{z}_{III}$, wenn sie sich irgendwo so übereinanderlagern, daß verlustlose Summierung stattfindet.

Abb. 433.

Das wäre der Fall, wenn man die drei Kerne eines Dreiphasentransformators an ihren Enden so vereinigen könnte wie die drei Stromleiter in Abb. 421 zu einer gemeinsamen neutralen Leitung. Bei der üblichen Anordnung der drei Kerne (Abb. 433) ist das nicht der Fall, denn da verlaufen $\mathfrak{z}_I$ und $\mathfrak{z}_{III}$ in den Endjochen gegeneinander, und $\mathfrak{z}_{II}$ verläuft senkrecht dazu. Infolgedessen ist hier die Kraftlinienmenge keineswegs Null, sondern beträchtlich und an jeder Stelle anders. Das gilt auch von einer gleichartig gebauten dreiphasigen Drosselspule.

Wenn die dem Transformator aufgedrückten Spannungen in jeder Phase Glieder dritter Ordnung enthalten, so sind solche auch im Magnetismus vorhanden (§ 212). Nun könnte man vermuten, daß sie ebenso verschwinden müßten wie die Stromglieder dritter Ordnung, wenn keine neutrale Verbindung besteht. Eine solche stellen sich aber die Kraftlinien auf jeden Fall her, weil man sie nicht isolieren kann wie die Ströme. Sie treten nämlich aus den beiden Endjochen heraus und schließen sich durch die Luft oder durch die Wände des eisernen Ölkessels oder Schutzkastens

Ist die Spannung, welche einem einphasigen Transformator aufgedrückt wird, sinusförmig, so entsteht ein verzerrter Magnetisierungsstrom, der nebst anderen Gliedern ein starkes Glied dritter Ordnung enthalt (§ 159). Wird aber dem Transformator ein sinusförmiger Magnetisierungsstrom aufgezwungen, so ergibt sich auf umgekehrtem Wege wie in Abb. 249 eine verzerrte magnetische Welle, die nebst anderen Gliedern ein Glied dritter Ordnung enthält.[1]) Werden einem dreiphasigen Transformator sinusförmige Spannungen aufgedrückt, so können die Glieder dritter Ordnung in den Strömen nicht zustandekommen. wenn keine neutrale Verbindung besteht. Infolgedessen muß in der magnetischen Welle jedes Kernes ein Glied dritter Ordnung entstehen. Diese magnetischen Glieder dritter Ordnung nehmen, wie oben erwähnt, ihren Weg durch die umgebende Luft oder durch den Eisenkessel. Wenn in der magnetischen Welle ein Glied dritter Ordnung erscheint, erzeugt es eine entsprechende EMK in der Wicklung. So können also Glieder 3., 9.... Ordnung in der Sternspannung eines Transformators entstehen nur infolge der Hysterese des Eisens. Besteht aber eine neutrale Verbindung, so ist bei sinusförmiger aufgedrückter Spannung auch die magnetische Welle sinusförmig und erleidet keine Veränderung, weil alle beliebigen Glieder, die gemäß Abb. 249 im Magnetisierungstrom entstehen, unbeschränkt durch die betreffende Wicklung und die neutrale Verbindung verlaufen können. Durch die Wicklungen verlaufen alle Stromglieder, durch die neutrale Verbindung nur die Glieder 3., 9.... Ordnung.

Man kann daher sagen, daß eine neutrale Verbindung zwischen einem dreiphasigen Transformator und seinem Stromerzeuger niemals ganz stromlos sein wird.

226. Die elektrische Leistung des Dreiphasenstromes.

Die gesamte elektrische Leistung P eines Dreiphasenstromes ist natürlich gleich der Summe der Leistungen in den drei Wicklungszweigen. Sind Strom, Spannung und Phasenverschiebung in allen dreien gleich, so ist bei Sternschaltung (Abb. 422):

$$P = 3\,E'J\cos\varphi\,.$$

Enthalten die Wellenformen keine Glieder dritter Ordnung und Vielfache davon, so ist nach Gl. II (S. 491)

$$P = \sqrt{3}\,EJ\cos\varphi\,.$$

Bei Dreieckschaltung (Abb. 423) ist

$$P = 3\,EJ'\cos\varphi = \sqrt{3}\,EJ\cos\varphi \quad \ldots\ldots \quad \text{(VI)}$$

Es gilt also in beiden Fällen dieselbe Formel, wenn Strom und Spannung auf die äußeren Leitungen bezogen werden. Die Phasenverschiebung φ gilt dabei immer für die Wicklungen, nicht für die äußeren Leitungen.

Die vorstehenden Formeln gelten natürlich nur, wenn Strom, Spannung und Phasenverschiebung in allen drei Leitungen gleich sind, andernfalls muß die Leistung für jede Leitung besonders bestimmt

[1]) Das ist z. B. der Fall, wenn ein Stromwandler in einen Stromkreis mit sinusförmigem Strom eingeschaltet wird. Da er sich in Reihenschaltung mit dem Stromerzeuger und Stromverbraucher befindet, kann er die Wellenform des Stromes nicht verändern wie ein Transformator, der einen selbständigen Stromkreis bildet.

werden. Sind die Stromstärken und Spannungen nicht gleich, erfüllen aber die drei Spannungen zwischen den Leitungen die Bedingung

$$e_I + e_{II} + e_{III} = 0,$$

so erhält man eine Formel für die gesamte Leistung auf folgende Weise. Bedeutet p die gesamte Leistung in jedem Augenblick, so ist nach Abb. 423:

$$p = e_I i'_I + e_{II} i'_{II} + e_{III} i'_{III}.$$

Zufolge obiger Voraussetzung ist

$$i'_I (e_I + e_{II} + e_{III}) = 0.$$

Subtrahiert man diese Gleichung von der vorigen, so ist

$$p = e_{II}(i'_{II} - i'_I) + e_{III}(i'_{III} - i'_I).$$

Nun ist nach Abb. 423

$$i_I = i'_I - i'_{II} \quad \text{und} \quad i_{III} = i'_{III} - i'_I,$$

also

$$p = e_I i_{II} + e_{III} i_{III}.$$

In dieser Gleichung kommen nur die Spannungen zwischen den Leitungen und die Ströme in den Leitungen vor. Will man zu den effektiven Werten übergehen, so müssen die Phasenverschiebungen zwischen diesen Spannungen und Strömen (γ bzw. δ) eingeführt werden und man erhält so für die gesamte Leistung in effektiven Werten

$$P = E_{II} J_I \cos\gamma + E_{III} J_{III} \cos\delta.$$

Jedes dieser zwei Glieder kann durch ein Wattmeter gemessen werden. (Vgl. § 281.)*)

227. Das resultierende magnetische Feld einer mehrphasigen Spulenwicklung.

Wirken die drei Ströme eines Dreiphasensystems auf einen Eisenkern, so hängt das resultierende Feld von der Art der drei Wicklungen ab. Eine vollständige Übereinanderlagerung der drei Felder findet nur statt, wenn alle drei Ströme in ganz gleicher Weise zur Wirkung kommen. Das ist der Fall, wenn die drei Stromleiter unmittelbar nebeneinander liegen wie in Abb. 434. Die Berechnung des resultierenden Feldes kann aber nicht so vorgenommen werden, daß man etwa aus Abb. 125 oder 177 die zu jeder Wicklung gehörigen

*) Während die Leistungen als skalare Größen arithmetisch addiert werden können, ist das bei den in § 136 definierten Scheinleistungen (EJ) nicht zulässig, weil es Vektoren sind. Die Bildung einer Resultierenden (geometrische Summe) aus diesen Vektoren hätte keinen Sinn, denn sie würde bei einem symmetrischen System Null geben. Dasselbe gilt für die Blindleistungen ($EJ \sin\varphi$). Man kann nur mittlere Werte bilden, indem man die für die einzelnen Zweige ermittelten Werte addiert und durch die Zweige dividiert. Ein solcher Durchschnittswert hat aber keinen definierbaren Zusammenhang mit den Eigenschaften des Systems.

Kraftliniendichten $\mathfrak{B}$ entnimmt und daraus die Resultierende bildet. Das wäre deshalb falsch, weil in $\mathfrak{B}$ die Durchlässigkeit μ steckt, und diese hängt nicht von den Komponenten, sondern von der tatsächlich vorhandenen Kraftliniendichte ab. Man muß daher die Resultierende aus den MMKen bilden und dann erst die dazu gehörige Kraftlinienmenge suchen. Bei Luft oder anderen Stoffen von konstanter Durchlässigkeit ist es natürlich gleichgültig, ob man so oder so verfährt.

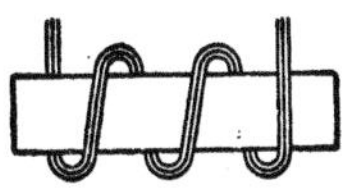

Abb. 434.

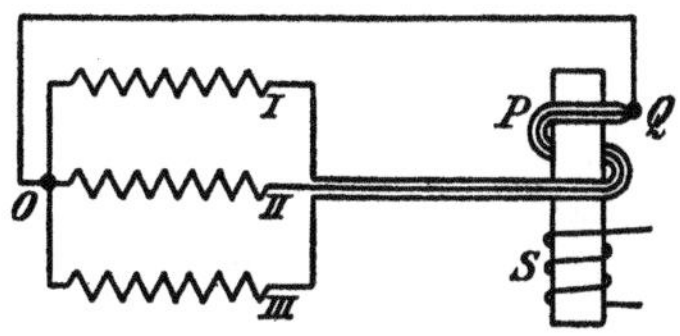

Abb. 435.

Sind f_I, f_{II}, f_{III} die Augenblickswerte der MMKe der drei Stromkreise, so ist die resultierende MMK f_r bei der in Abb. 434 dargestellten Wicklung

$$f_r = f_I + f_{II} + f_{III}$$

und nach § 105, wenn N die Windungszahl jedes Stromkreises ist,

$$f_r = 0{,}4\,\pi N\,(i_I + i_{II} + i_{III})\,.$$

Nach § 224 ist aber der Klammerausdruck Null und daher

$$f_r = 0\,.$$

Es muß also auch das magnetische Feld Null sein. Fließt aber einer der drei Ströme, z. B. i_I, in entgegengesetztem Sinne, sei es, daß der Sinn seiner Wicklung oder die Anschlüsse verkehrt sind, so ist

$$f_r = 0{,}4\,\pi N\,(-\,i_I + i_{II} + i_{III})\,.$$

Nun ist aber nach § 224

$$i_{II} + i_{III} = -\,i_I\,.$$

Mithin

$$f_r = -\,0{,}4\,\pi N \cdot 2\,i_I = -\,2\,f_I\,.$$

Daher ist der Scheitelwert $\mathfrak{F}_r$ der resultierenden MMK in diesem Falle

$$\mathfrak{F}_r = 0{,}8\,\pi \mathfrak{J} N\,.$$

Kommen die drei Stromkreise nicht auf jeden Teil des Kernes in gleicher Weise zur Wirkung, so ist die resultierende MMK im ersten Fall größer als Null und im zweiten Fall kleiner als 2. Das ist der Fall, wenn die drei Wicklungen übereinanderliegende Spulen bilden (Abb. 217a). Dann wirkt die mittlere Spule schwächer auf den Kern als die innere, und die oberste schwächer als die mittlere. Noch schlechter ist das Zusammenwirken der drei Spulen, wenn sie nebeneinander liegen, weil sich dann zwischen den Spulen Folgepole ausbilden, wie in Abb. 161.

Das Vorstehende gilt aber nur für solche Wellenformen, die keine Glieder dritter Ordnung und ihrer Vielfachen enthalten. Sind solche in den Strömen enthalten, so gibt ihre Summe, wie wir im vorigen Paragraphen gesehen haben, das Dreifache. Daher ist bei gleichem Wicklungssinn:

$$\begin{aligned} f_r &= 0{,}4\,\pi N(3\,\mathfrak{J}_3 \sin 3\,\omega t \pm 3\,\mathfrak{J}_9 \sin 9\,\omega t + \ldots) \\ &= 1{,}2\,\pi N(\mathfrak{J}_3 \sin 3\,\omega t \pm \mathfrak{J}_9 \sin 9\,\omega t + \ldots). \end{aligned}$$

Bringt man eine sekundäre Spule auf diesen Eisenkern, so entsteht in ihm ein EMK, deren Grundfrequenz die dreifache, neunfache usw. der Betriebsfrequenz ist. Damit aber die Glieder dritter und neunter Ordnung aus dem Stromerzeuger in die Leitung gelangen, ist es nach § 225 notwendig, daß eine neutrale Leitung besteht. So ergibt sich die Schaltung in Abb. 435. Hier entsteht also in der Wicklung S ein sekundärer Strom dreifacher Frequenz, während der entsprechende primäre Strom dreifacher Frequenz in der neutralen Leitung OQ fließt. In den Leitungen I, II, III fließt außerdem noch die Grundwelle des Stromes.

Fließt einer der Ströme im entgegengesetzten Sinne, so heben sich zwei dieser Glieder gegenseitig auf, und es ist

$$\mathfrak{F}_r = 0{,}4\,\pi N(\mathfrak{J}_3 \mp \mathfrak{J}_9 \mp \ldots).$$

Wird ein Eisenkern wie in Abb. 434 von den durchwegs parallelliegenden Leitungen eines Zweiphasenstromes magnetisiert, so ist die resultierende MMK in jedem Augenblick

$$f_r = f_I + f_{II} = 0{,}4\,\pi N \mathfrak{J}[\sin \omega t + \sin(\omega t + 90)].$$

Das gibt auf gleiche Weise wie in § 223

$$f_r = \mathfrak{F}\sqrt{2}(\omega t + 45).$$

Läuft der Strom in einer der beiden Wicklungen im entgegengesetzten Sinne, so ist

$$f_r = f_I - f_{II} = \mathfrak{F}\sqrt{2}\sin(\omega t - 45).$$

Der Scheitelwert $\mathfrak{F}_r$ der resultierenden EMK ist also in beiden Fällen

$$\mathfrak{F}_r = \sqrt{2}\,\mathfrak{F} = 0{,}566\,\pi \mathfrak{J} N.$$

Hat der Strom eine zusammengesetzte Wellenform, so ergibt sich auf gleiche Weise

$$f_r = \sqrt{2}\,[\mathfrak{F}_1 \sin(\omega t \pm 45) + \mathfrak{F}_3 \sin(3\,\omega t \pm 45) + \mathfrak{F}_5 \sin(5\,\omega t \pm 45) + \ldots].$$

228. Das resultierende magnetische Feld mehrphasiger Trommelwicklungen.

Bei den mehrphasigen Maschinen (Stromerzeuger und Motoren) muß die Wicklung derart angeordnet werden, daß sich das resultierende magnetische Feld um die Achse der Maschine dreht. Das wird, wie in § 222 gezeigt wurde, dadurch erreicht, daß die Wicklungen um ebensoviel räumlich gegeneinander verschoben werden, als die Ströme zeitliche Phasenverschiebung haben. Bei Zweiphasenstrom müssen also die Wicklungen um $^1/_4$ des Kreises (Abb. 416), bei Dreiphasenstrom um $^1/_3$ des Kreises (Abb. 418) versetzt sein.

Bei mehrpoligen Maschinen muß die räumliche Verschiebung $^1/_4$ bzw. $^1/_3$ des Bereiches eines Polpaares betragen.

In den genannten Abbildungen sind der leichteren Darstellung wegen Ringwicklungen gezeichnet. Diese werden jetzt nicht mehr angewendet, weil die ursprüngliche Richtung der MMK dieser Wicklungsart nicht durch die Mitte der Maschine (durch den Läufer) geht, und infolgedessen bedeutend größere Streuung entsteht als bei der Trommelwicklung (Abb. 436). Bei dieser Wicklungsart haben die MMKe jeder Spule von vornherein dieselbe Richtung wie die entstehenden Kraftlinien. Um ein möglichst gleichmäßiges Drehfeld zu erzielen, dürfen aber die Spulen der verschiedenen Phasen nicht nebeneinander angeordnet werden, sondern müssen sich teilweise überdecken, damit die Grenzen zwischen den MMKen der einzelnen Spulen möglichst verwischt werden. Im folgenden wird sich zeigen, daß auf solche Weise ein mit gleichförmiger Geschwindigkeit rotierendes Feld entsteht.

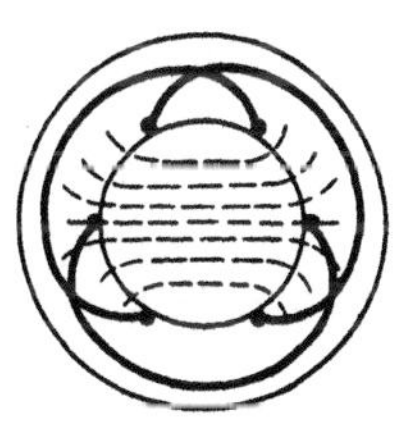

Abb. 436.

Denkt man sich in einem bestimmten Augenblick die von einem der Ströme erzeugten Kraftliniendichten im Luftzwischenraum zwischen Ständer und Läufer als senkrechte Linien auf den inneren Umfang aufgetragen, so erhält man die in Abb. 437 durch die gestrichelte Linie dargestellte Feldverteilung. Sie kann als Sinuslinie mit dem Scheitelwert $\mathfrak{M}$ betrachtet werden. Rechnet man die Welle vom Punkt A an, so ist die MMK an irgendeiner Stelle b des Umfanges, die von A um den Winkel ξ und um das Stück l des Umfanges entfernt ist:

$$f_l = \mathfrak{M} \sin \xi l.$$

Ist λ die Länge des Umfanges, also die Wellenlänge, so ist $\xi = \frac{2\pi}{\lambda}$. Tatsächlich ist dann für $l = \frac{\lambda}{4}$, $f = \mathfrak{M} \sin \frac{\pi}{2} = \mathfrak{M}$; für $l = \frac{\lambda}{2}$, $f = 0$; für $l = \frac{3\lambda}{4}$, $f = -\mathfrak{M}$.

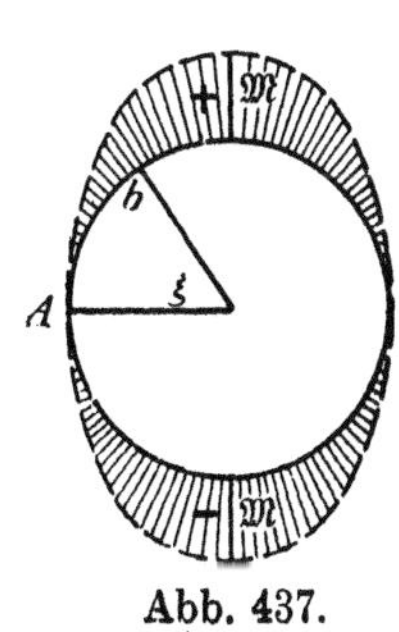

Abb. 437.

Durch diese Gleichung wird die räumliche

Verteilung der MMK bestimmt, gleichgültig ob Gleichstrom oder Wechselstrom durch die betreffende Spule geht. Ist es ein Wechselstrom, dessen zeitlicher Verlauf sinusförmig ist, so ist die MMK $\mathfrak{M}$:

$$\mathfrak{M} = \mathfrak{F} \sin \omega t,$$

wenn $\mathfrak{F}$ den Scheitelwert der MMK einer Spule bedeutet. Es ist demnach

$$f_I = \mathfrak{F} \sin \omega t \cdot \sin \xi l.$$

Durch diese Gleichung wird also die MMK an einem beliebigen Punkte des Umfanges, dessen Bogenlänge l ist, zur Zeit t bestimmt. Das gilt für eine Spule. Für die zweite Spule eines Dreiphasensystems, die um ein Drittel des Umfanges, also um 120° räumlich verschoben ist und einen Strom führt, der um 120° zeitlich verschoben ist, gilt

$$f_{II} = \mathfrak{F} \sin (\omega t + 120) \cdot \sin (\xi l + 120),$$

und für die dritte Spule

$$f_{III} = \mathfrak{F} \sin (\omega t + 240) \cdot \sin (\xi l + 240).$$

Die gesamte, aus der Wirkung der drei Spulen resultierende EMK f_r ist in jedem Augenblick

$$f_r = f_I + f_{II} + f_{III}.$$

Unter Benützung einer bekannten trigonometrischen Formel[1]) erhält man dann

$$\begin{aligned} f_r = \frac{\mathfrak{F}}{2} \Big[& \cos(\omega t - \xi l) - \cos(\omega t + \xi l) + \cos(\omega t - \xi l) \\ & - \cos(\omega t + \xi l + 240) + \cos(\omega t - \xi l) - \cos(\omega t + \xi t + 480) \Big] \\ = \frac{\mathfrak{F}}{2} \Big[& 3 \cos(\omega t - \xi l) - \cos(\omega t + \xi l) - \cos(\omega t + \xi l) \cos 240 \\ & + \sin(\omega t + \xi l) \sin 240 - \cos(\omega t + \xi l) \cos 480 \\ & + \sin(\omega t + \xi l) \sin 480 \Big]. \end{aligned}$$

Weil aber

$$\sin 480 = \sin 120 = - \sin 240$$

$$\cos 480 = \cos 120 = \cos 240 = - \frac{1}{2},$$

so verschwinden die letzten Glieder, und es ist

$$f_r = \frac{3}{2} \mathfrak{F} \cos(\omega t - \xi l).$$

Diese Gleichung gibt an, welchen Wert die resultierende MMK an irgendeiner Stelle des Umfanges zu irgendeiner Zeit hat.

Der Scheitelwert $\mathfrak{F}_r$ der resultierenden MMK ist nach der vorstehenden Gleichung

$$\mathfrak{F}_r = \frac{3}{2} \mathfrak{F}.$$

---

[1]) $\sin \alpha \sin \beta = \frac{1}{2} [\cos(\alpha - \beta) - \cos(\alpha + \beta)]$.

Die Magnetisierung wird also dargestellt durch eine MMK mit dem Scheitelwerte $\mathfrak{F}_r$, deren räumliche Verteilung einer einfachen periodischen Funktion entspricht und die mit gleichförmiger Winkelgeschwindigkeit ω rotiert[1]).

Da für eine Spule $\mathfrak{F} = 0{,}4\,\pi \mathfrak{J} N$ ist,

so ist $\mathfrak{F}_r = 0{,}6\,\pi \mathfrak{J} N$.

Hat der in den Spulen fließende Wechselstrom eine zusammengesetzte Wellenform von der Art

$$\mathfrak{J}_1 \sin \omega t + \mathfrak{J}_3 \sin 3\,\omega t + \mathfrak{J}_5 \sin 5\,\omega t + \ldots,$$

so ist

$$f_I = [\mathfrak{F}_1 \sin \omega t + \mathfrak{F}_3 \sin 3\,\omega t + \mathfrak{F}_5 \sin 5\,\omega t + \ldots] \sin \xi l$$

$$f_{II} = [\mathfrak{F}_1 \sin(\omega t + 120) + \mathfrak{F}_3 \sin 3(\omega t + 120) + \mathfrak{F}_5 \sin 5(\omega t + 120) + \ldots] \sin(\xi l + 120)$$

$$f_{III} = [\mathfrak{F}_1 \sin(\omega t + 240) + \mathfrak{F}_3 \sin 3(\omega t + 240) + \mathfrak{F}_5 \sin 5(\omega t + 240) + \ldots] \sin(\xi l + 240).$$

Die Ausrechnung ergibt für die resultierende MMK

$$f_r = \frac{3}{2}\mathfrak{F}_1 \cos(\omega t - \xi l) - \frac{3}{2}\mathfrak{F}_5 \cos(5\,\omega t + \xi l) + \frac{3}{2}\mathfrak{F}_7 \cos(7\,\omega t - \xi l) - \frac{3}{2}\mathfrak{F}_{11} \cos(11\,\omega t + \xi l).$$

Die Glieder, deren Ordnung ein Vielfaches von 3 sind, sind verschwunden. In dem resultierenden Ankerfelde eines Stromerzeugers, das die Ankerrückwirkung verursacht, sowie im Felde eines Motors kommen demnach solche Glieder nicht vor, selbst wenn sie in den Strömen und in den MMKen der einzelnen Wicklungen vorkommen.

Sind die Scheitelweete der höheren Glieder nicht so groß, daß sie eine Einsattelung der resultierenden Welle bewirken, was bei magnetischen Feldern selten vorkommt, so ist der Scheitelwert:

$$\mathfrak{F}_r = \frac{3}{2}(\mathfrak{F}_1 - \mathfrak{F}_5 + \mathfrak{F}_7 + \mathfrak{F}_{11}),$$

wovon man sich durch Aufzeichnung dieser Glieder überzeugt.

Den Scheitelwert $\mathfrak{Z}_r$ der resultierenden Kraftlinienmenge erhält man nun (§ 105) aus

$$\mathfrak{Z}_r = \frac{\mathfrak{F}_r}{\mathfrak{w}},$$

---

[1]) Durch experimentelle Bestimmung mittels eines Wellenzeichners wurde festgestellt, daß die Feldverteilung tatsächlich sinusförmig ist, wenn die Anzahl der Wicklungslöcher nicht zu klein, und die Spannung des zugeführten Stromes sinusförmig ist. Liegt die Wicklung in offenen Nuten, so entstehen natürlich Einschnitte in den Sinuswellen entsprechend den Nutenschlitzen. Electrical World Bd. 46, Nr. 8, S. 408, 1906. ETZ 1906, S. 702. H. Fritze, Arch. f. Elektrot. 1922 Bd. X Heft 10.

wenn $\mathfrak{w}$ den magnetischen Widerstand des gesamten Kraftlinienbündels bedeutet.

Für Cosinusglieder dritter Ordnung und ihre Vielfachen gilt dasselbe wie für Sinusglieder.

Bei Zweiphasenmaschinen sind die beiden Wicklungen um 90^0 (Viertel einer Wellenlänge) räumlich verschoben. Analog der Dreiphasenwicklung ist also bei einfachen Sinuswellen

$$f_I = \mathfrak{F} \sin \omega t \cdot \sin \xi l$$
$$f_{II} = \mathfrak{F} \sin (\omega t + 90) \sin (\xi l + 90) = \mathfrak{F} \cos \omega t \cdot \cos \xi l.$$

Daher die resultierende MMK in jedem Augenblick

$$f_r = f_I + f_{II} = \mathfrak{F} (\sin \omega t \cdot \sin \xi l + \cos \omega t \cdot \cos \xi t)$$
$$f_r = \mathfrak{F} \cos (\omega t - \xi l).$$

Der Scheitelwert $\mathfrak{F}_r$ der resultierenden MMK ist also gleich dem einer Wicklung und daher die resultierende Kraftlinienmenge

$$\mathfrak{Z}_r = \frac{0{,}4\, \pi \mathfrak{F} N}{\mathfrak{w}}.$$

Hat der Strom eine zusammengesetze Wellenform, so ist

$$f_I = [\mathfrak{F}_1 \sin \omega t + \mathfrak{F}_3 \sin 3\, \omega t + \ldots] \sin \xi l$$
$$f_{II} = [\mathfrak{F}_1 \sin (\omega t + 90) + \mathfrak{F}_3 \sin 3\, (\omega t + 90) + \ldots] \sin (\xi l + 90)$$

und daraus die resultierende MMK

$$f_r = \mathfrak{F}_1 \cos (\omega t - \xi l) - \mathfrak{F}_3 \cos (3\, \omega t + \xi l) + \mathfrak{F}_5 \cos (5\, \omega t - \xi l) \pm \ldots$$

mithin daraus die resultierende MMK

$$\mathfrak{F}_r = \mathfrak{F}_1 + \mathfrak{F}_3 - \mathfrak{F}_5 \pm \cdots$$

229. Umwandlung von Zwei- in Dreiphasenstrom.

Mittels zweier Transformatoren kann man eine solche Umwandlung ausführen. Abb. 438a zeigt die Schaltung der beiden Transformatoren, die primär an Zweiphasenstrom angeschlossen sind, ABC sind die Enden der sekundären Wicklungen, von denen der Dreiphasenstrom abgenommen wird. Abb. 438b zeigt das Diagramm dieser Schaltung. I ist der Vektor der sekundären Spannung AB des einen Transformators. Senkrecht darauf im Mittelpunkt O steht der Vektor II der sekundären Spannung OC des anderen Transformators. Diese

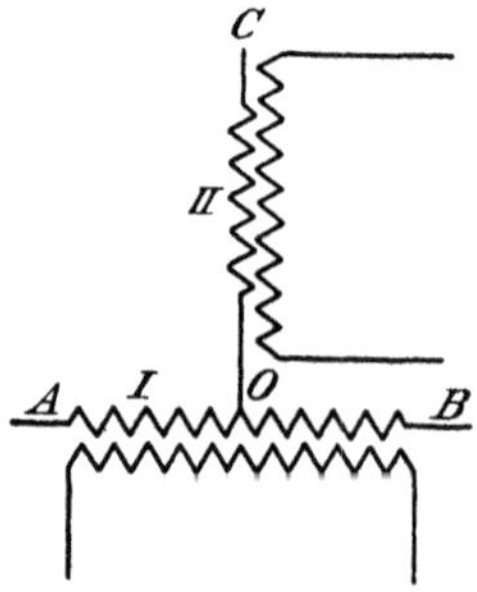

Abb. 438 a.

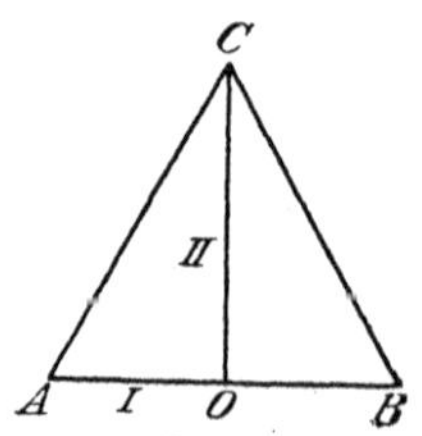

Abb. 438 b.

beiden Vektoren stehen deshalb senkrecht aufeinander, weil die den primären Wicklungen zugeführten Spannungen des Zweiphasenstromes um 90^0 gegeneinander verschoben sind. Ist die Spannung OC gleich dem $\frac{1}{2}\sqrt{3}$ ($=0{,}87$) fachen der Spannung AB, so ist das Spannungsdreieck ABC ein gleichseitiges, wie in Abb. 429. Daher sind die drei Spannungen zwischen AB, BC und CA um 120^0 untereinander verschoben. Um dieses bestimmte Spannungsverhältnis zu bekommen, muß bei gleicher primärer Spannung das Übersetzungsverhältnis des Transformators *II* gleich dem 0,87 fachen des Transformators *I* sein, d. h. bei gleicher Magnetisierung in den Eisenkernen muß die sekundäre Windungszahl des Transformators *II* gleich der 0,87 fachen des Transformators *I* sein.

Auch mit einem einzigen Transformator kann man Dreiphasenstrom in Zweiphasenstrom umwandeln und umgekehrt, wenn eine Phase die im folgenden berechnete Windungszahl hat oder entsprechend angezapft werden kann. In das Diagramm Abb. 439a läßt sich offenbar ein rechter Winkel so einzeichnen, daß seine Spitze D auf OB liegt. Dann ergeben sich die eingeschriebenen Winkel. Daraus folgt

$$OD : OA = \sin 15 : \sin 45$$

$$OD = \frac{\sin 15}{\sin 45} E' = 0{,}366\, E' = 0{,}366\, \frac{E}{\sqrt{3}} = 0{,}212\, E.$$

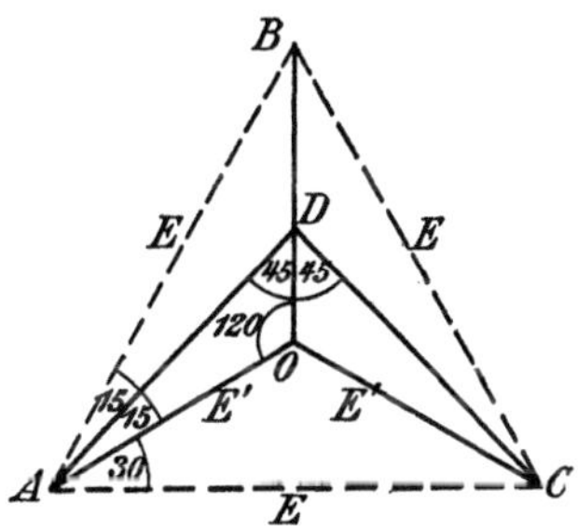

Abb. 439a.

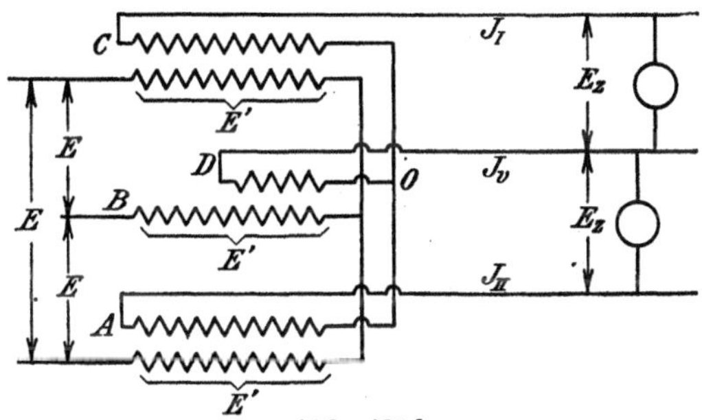

Abb. 439b.

Abb. 439b zeigt die Schaltung. Die Wicklung derjenigen Phase, an welche die verkettete Leitung J_v des Zweiphasensystemes angeschlossen ist, also OD, muß nach vorstehender Rechnung 36,6 Prozent von der Windungszahl der anderen Sternphasen erhalten.

Bei Dreieckschaltung des Dreiphasentransformators läßt sich der Verkettungspunkt D mit dem rechten Winkel so legen, daß er mit dem Punkt B zusammenfällt (Abb. 440a). Dann muß derjenige Kern des Transformators, welcher die Wicklung AC trägt, auf der einen Seite die Zusatzwicklung AU, auf der anderen Seite CV erhalten[1]). Die Windungszahl derselben ergibt sich aus

$$AU : AB = \sin 15 : \sin 45$$

$$AU = 0{,}366\, E.$$

[1]) J. Kübler, Elektr. u. Masch. 1920, S. 105.

Abb. 440b zeigt die Schaltung. *I*, *II*, *III* sind die Anschlüsse des Drehstromes an die primäre (bzw. sekundäre) Wicklung. *U*, *V* sind die Anschlüsse des Zweiphasenstromes an die sekundäre (bzw. primäre) Wicklung. *B* ist der Verkettungspunkt, E_z die Spannung einer Phase.

Die Schaltungen 439 und 440 können natürlich auch an dreiphasigen Drosselspulen hergestellt werden. Die Spannungen verhalten sich dann so, wie die entsprechenden Linien in den Diagrammen.

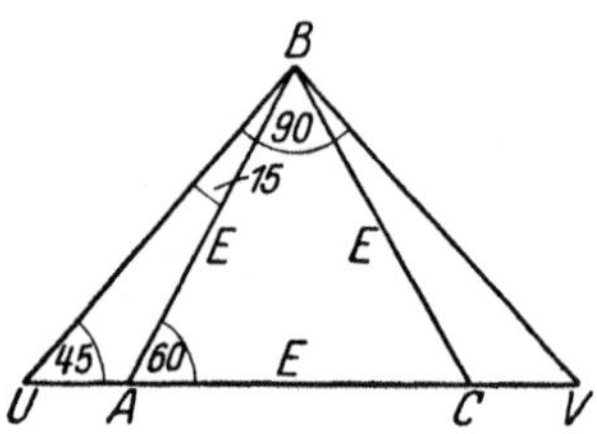

Abb. 440a.

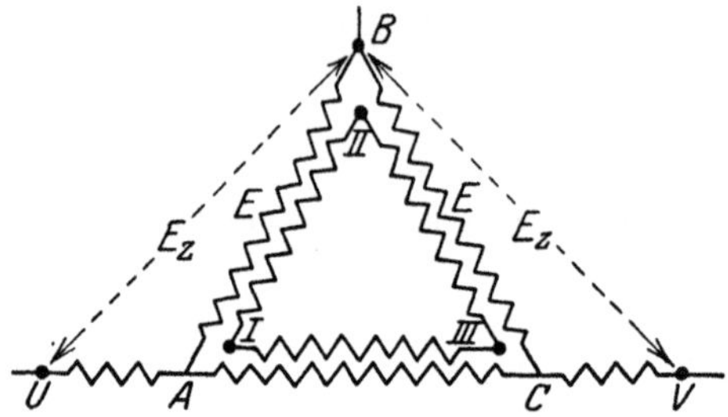

Abb. 440b.

230. Herstellung zweiphasiger Ströme aus einphasigem Wechselstrom.

I. Wird ein Wechselstrom in zwei Zweige geteilt (Abb. 441), von denen der eine den induktionslosen Widerstand w_1, der andere so viel Selbstinduktion L_2 enthält, daß der Widerstand w_2 gegen den induktiven Widerstand ωL_2 verschwindet, so besteht nach § 141 eine Phasenverschiebung zwischen den beiden Zweigströmen von nahezu 90°. Man erhält also auf diese Weise einen Zweiphasenstrom. Will man aber damit einen Motor betreiben, so müssen beide Zweigströme durch die entsprechenden Wicklungen geschickt werden, und dadurch erhält nun auch der Zweig 1 einen erheblichen induktiven Widerstand, so daß die Phasenverschiebung zwischen den beiden Zweigströmen weit kleiner als 90° ist. Ein zum normalen Betrieb geeignetes Drehfeld erhält man also auf diese Weise nicht, und man verwendet es daher nur, um einen einphasigen Induktionsmotor, der von selbst nicht anläuft, in Betrieb zu setzen[1]). Dieser erhält zu diesem Zweck zwei Wicklungen wie in Abb. 416, die von den beiden Zweigströmen gespeist werden, und er läuft nun als Zweiphasenmotor mit 40 bis 60° Phasenverschiebung zwischen den Zweigströmen an. Hat der Motor seine normale Umlaufszahl er-

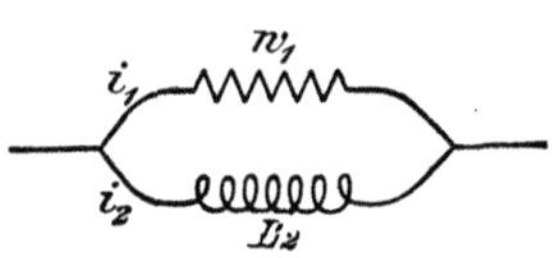

Abb. 441.

[1]) Theoretisch erhält man zwar auch mit zwei gleichen Strömen von beliebigem Phasenverschiebungswinkel δ ein richtiges Drehfeld, wenn man die Wicklungen so anordnet, daß auch die räumliche Verschiebung δ bzw. $180 - \delta$ beträgt, statt $+90$ bzw. -90 wie in Abb. 416. Praktisch trifft es aber nicht zu, weil die Streuung zwischen den Spulen namentlich in dem großen Zwischenraum $180 - \delta$ zu groß ist, so daß keine genügende Übereinanderlagerung der Felder eintritt.

reicht, so wird der Zweig mit dem Widerstand w_1 abgeschaltet. Die beiden Motorwicklungen sind nun hintereinander geschaltet und von dem einphasigen Wechselstrom durchflossen, so daß der Motor nun als Einphasenmotor weiterläuft. Ganz kleine Motoren, wo es auf den Wirkungsgrad, der durch den Widerstand w_1 stark herabgedrückt wird, nicht ankommt, läßt man wohl auch dauernd in der Schaltung Abb. 441 laufen.

II. Mittels anderen Schaltungen lassen sich aber auch Phasenverschiebungen von genau 90° und mehr herstellen. So mit der Brückenschaltung (Abb. 442), wo w_2, w_3, w_5 induktionsfreie Widerstände bedeuten. Durch den Brückenzweig CD gehen zwei Ströme, die durch die gestrichelte und die strichpunktierte Linie angedeutet sind. Der letztere geht durch die Selbstinduktionen L_1 und L_2 und hat daher eine große Phasenverschiebung gegen die Spannung zwischen den Punkten AB, wenn w_5 nicht zu groß ist. Der erstere hat keine Phasenverschiebung gegen diese Spannung, da er nur durch die Widerstände w_3, w_5, w_2 geht. Da er aber im Zweig CD dem anderen Strom entgegengerichtet ist, so hat er gegen diesen 180° Phasenverschiebung. Im Zweig CD entsteht also ein resultierender Strom, der bei geeigneter Wahl der Widerstände und Selbstinduktionen um mehr als 90° gegen den Strom i verschoben ist. Diese Schaltung wird bei den Induktions-Wattmetern von Siemens & Halske (§ 271) angewendet.

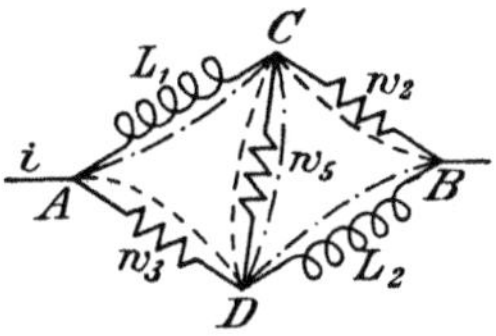

Abb. 442.

III. Bei der durch Abb. 443 dargestellten Schaltung denke man sich zunächst den Zweig mit der Selbstinduktion L' weg. Dann hat der durch L und w gehende Strom i eine Phasenverschiebung von nahezu 90° gegen die Spannung zwischen den Punkten AD, wenn ωL groß gegen w ist. In gleicher Phase mit diesem Strom ist die Spannung zwischen den Punkten BD, da w induktionslos ist. Legt man nun den Zweig L' an, so hat der Strom i' in diesem Zweig eine Phasenverschiebung von nahezu 90° gegen die Spannung zwischen seinen Anschlußpunkten BD. Man würde also eine Phasenverschiebung von nahezu 180° zwischen i' und der Spannung AD erhalten, wenn die Spannung zwischen BD unverändert geblieben wäre. Das ist nun nicht der Fall; aber man sieht, daß man eine Phasenverschiebung von 90° und darüber durch geeignete Wahl der Größen L, L' und w erhalten kann. Nimmt man von AD einen induktionslosen Zweig ab, so kann die Phasenverschiebung zwischen dem Strome in ihm und i' mehr als 90° betragen. Die genaue Berechnung der Ströme und aller Phasenverschiebungen zwischen ihnen und den Spannungen läßt sich mit Hilfe der Formeln in § 141 bis 143 ausführen.

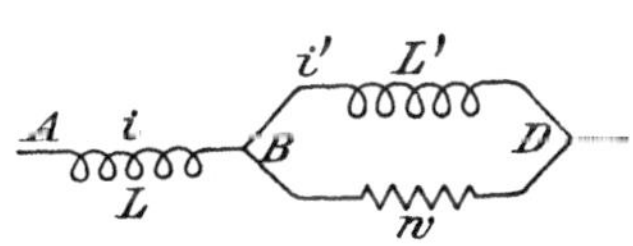

Abb. 443.

IV. Schaltet man einen Kondensator in einen Zweig (Abb. 444), so erhält man eine Phasenverschiebung von genau 90° zwischen den beiden Zweigströmen, wenn der Kondensator ein vollkommener ist.

Da solche sehr teuer sind, kommt dieses Mittel praktisch nicht zur Anwendung. Bei unvollkommenen Kondensatoren (§ 182) ist die Phasenverschiebung kleiner als 90°. Durch Einschaltung einer Selbstinduktion in den Zweig 1 kann man aber die Phasenverschiebung zwischen beiden Zweigströmen auf 90° und darüber bringen (§ 177).

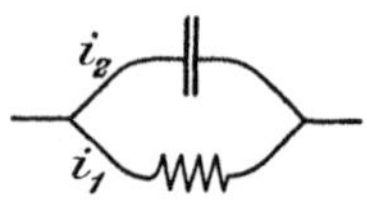

Abb. 444.

V. Endlich läßt sich bei einer Stromverzweigung mit gegenseitiger Induktion, also bei der in Abb. 267 (S. 311) dargestellten Schaltung, eine Phasenverschiebung von 90° und darüber zwischen den beiden Zweigströmen herstellen, wenn der Wicklungssinn so ist, daß für die wirksamen Selbstinduktionen die Gleichungen 194 (S. 312) gelten. Dann ist die Phasenverschiebung β zwischen den beiden Zweigströmen nach S. 242:

$$\operatorname{tg} \beta = \omega \frac{w_2 (L_1 - M) - w_1 (L_2 - M)}{w_1 w_2 + \omega^2 (L_1 - M)(L_2 - M)}.$$

Soll z. B. $\beta = 90$, also $\operatorname{tg} \beta = \infty$ sein, so muß

$$w_1 w_2 + \omega^2 (L_1 - M)(L_2 - M) = 0 \quad \text{sein.}$$

Daraus ergibt sich für M

$$M = \frac{1}{2}(L_1 + L_2) \pm \frac{1}{2} \sqrt{(L_1 - L_2)^2 - \frac{4 w_1 w_2}{\omega_2}}.$$

Es gibt also zwei Werte von M, die dieser Bedingung genügen wenn L_1, L_2, w_1, w_2 so gewählt werden, daß die Wurzel reell ist.

Alle diese Schaltungen bezeichnet man als Schaltungen mit Kunstphase. Wegen der erheblichen Verluste durch Stromwärme in den induktionslosen Widerständen können sie nur bei kleinen Motoren, wo es auf den Wirkungsgrad nicht ankommt, und die Wärme leicht abgeleitet werden kann, angewendet werden; hauptsächlich bei Induktions-Elektrizitätszählern[1]).

231. Motoren mit verschobenen magnetischen Feldern.

Zwar sind bei allen gewöhnlichen Drehstrommotoren, wie sie in § 222 erläutert wurden, magnetische Felder vorhanden, die ebenso wie die Ströme untereinander verschoben sind und ein sich drehendes resultierendes Feld ergeben; es lassen sich aber auch aus dem Felde einer einzigen, vom Wechselstrom durchflossenen Spule magnetische Felder von verschiedener Phase erzeugen, und zwar mit Hilfe sekundärer Ströme.

Bei dem durch Abb. 445 dargestellten Motor System Tesla geht

---

[1]) Bei diesen kommt es aber nicht darauf an, daß zwischen den Strömen 90° Phasenverschiebung besteht, sondern darauf, daß sie zwischen den magnetischen Feldern des Hauptstromes und des Nebenschlusses besteht. Daher kann das magnetische Feld des letzteren unmittelbar — durch eine sekundäre Kurzschlußwindung (Abb. 260) oder durch einen magnetischen Nebenschluß — beeinflußt werden. Vgl. auch den folgenden Paragraph.

ein Teil der Kraftlinien durch die Polschuhe C und der übrige Teil durch die Polschuhe D, die von jenen durch den Zwischenraum d getrennt sind. Sind die Polschuhe D aus massivem Eisen, so entstehen in ihnen Wirbelströme von beträchtlicher Stärke, die in bezug auf den Strom in der Spule N sekundäre Ströme sind. Da auch diese ein magnetisches Feld erzeugen, so entsteht in den Polschuhen D ein resultierendes Feld $\mathfrak{Z}$, das nach Abb. 224 gegen den primären Strom verschoben, und

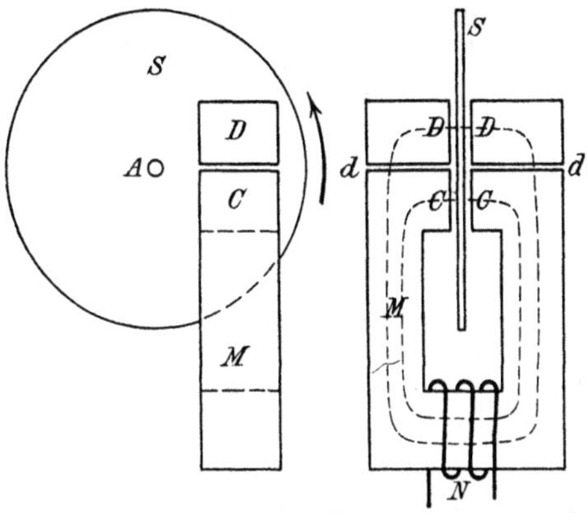

Abb. 445.

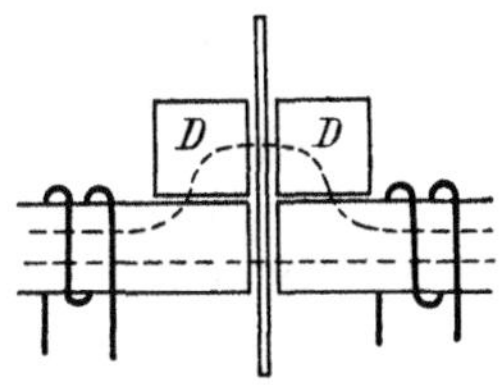

Abb. 446.

zwar verspätet ist. Somit ist es auch gegen das durch die Polschuhe C verlaufende Feld verspätet, denn dieses hat nahezu die gleiche Phase wie der Strom in der Spule N, weil die Polschuhe C und der Eisenkern M aus unterteiltem Eisen bestehen.

Im ganzen betrachtet, hat man also ein von C nach D fortschreitendes Feld. Die Scheibe S (aus Kupfer oder Aluminium) muß sich daher drehen wie ein kurzgeschlossener Anker in einem Drehfelde, weil in ihr Ströme induziert werden, die das Fortschreiten des Feldes von C nach D zu verhindern suchen; und weil sie das nicht können, wird die Scheibe von dem fortschreitenden Felde mitgenommen[1]). Die massiven Polschuhe D können auch seitwärts vom Magnet angeordnet werden wie in Abb. 446.

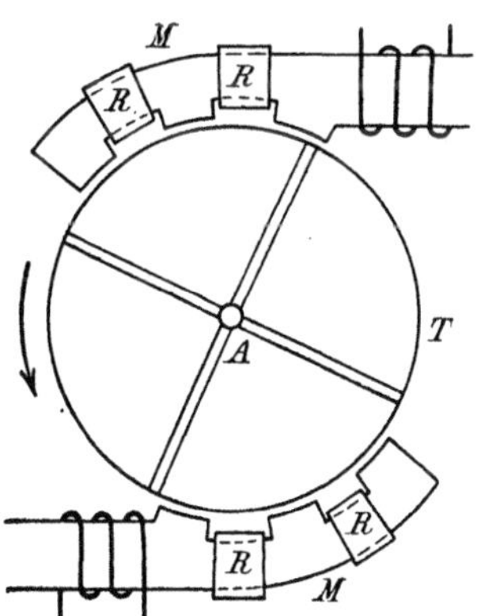

Abb. 447.

Statt der sekundären Polschuhe aus massivem Eisen können auch solche aus unterteiltem Eisen angewendet werden, wenn sie von geschlossenen Ringen aus gut lei-

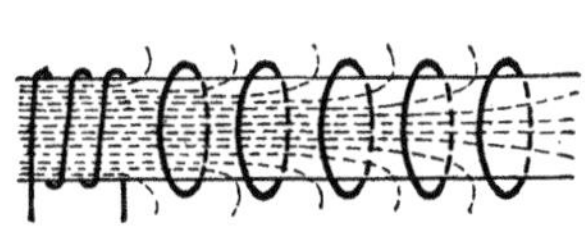

Abb. 448.

[1]) Dieser Motor wird bei einer Regelungsvorrichtung (Wechselstrombogenlampe) von Schuckert (D. R. P. Nr. 73886) angewendet. Über den auf elektrodynamischer Schirmwirkung beruhenden Wechselstrommotor vgl. S. 301.

tendem Metall umschlossen sind. Dann entstehen in diesen sekundäre Ströme, welche die Verschiebung des Feldes bewirken. Hierauf beruht einer der ältesten Elektrizitätszähler für Wechselstrom, nämlich der von Wright-Ferranti (Abb. 447), bei dem eine um die Achse *A* drehbare Kupfer- oder Aluminiumtrommel *T* unter der Wirkung der Pole *M* steht, auf denen die Kupferringe *R* sitzen. Infolgedessen sind die hinter diesen Ringen liegenden Teile magnetisch verspätet gegen die vor ihnen liegenden[1]).

Auf diese Weise kann man mittels mehrerer Kupferringe, die auf einen Eisenkern (Abb. 448) aufgeschoben sind, und der an einem Ende von einer Wechselstromspule magnetisiert wird, bewirken, daß in diesem Eisenkern ein magnetisches Feld entsteht, dessen Phase um so mehr verspätet ist, je weiter nach rechts man kommt. Es entsteht auf diese Weise eine räumlich fortschreitende magnetische Welle.

Das Zustandekommen dieser räumlichen magnetischen Phasenverschiebungen ist aber nur dadurch möglich, daß magnetische Streuung besteht, infolge deren ein Teil der Kraftlinien aus den Seitenflächen des Eisenkernes heraustreten kann. Würde keine Streuung bestehen, sondern würden alle von dem Strome in der Spule und von den sekundären Strömen erzeugten Kraftlinien durch den Eisenkern in seiner ganzen Länge verlaufen, so würde ein resultierendes Feld entstehen, das zwar gegen den Strom in der Spule wie in Abb. 224 verspätet, aber an allen Stellen gleich viel verspätet ist, so daß ein Phasenunterschied zwischen verschiedenen Stellen des ganzen Kraftlinienpfades nicht besteht[2]).

Daher erhält man die stärkste Motorwirkung (Drehmoment), wenn die Streuung durch einen gewissen Luftzwischenraum zwischen primärem und sekundärem Polschuh wie in Abb. 445 und 446 begünstigt wird. Er darf natürlich nicht zu weit sein, weil sonst der magnetische Widerstand zu groß ist, und dann zu wenig Kraftlinien in den sekundären Polschuh gelangen.

---

[1]) Motoren, Elektrizitätszähler, Meßinstrumente, bei denen dieses Prinzip oder das im vorigen Paragraphen erläuterte angewendet wird, werden häufig als Ferraris-Motoren oder Ferraris-Instrumente bezeichnet. Das ist unberechtigt, denn nach bevor Ferraris die Wirkung phasenverschobener Ströme gefunden hatte, waren schon zwei Elektrizitätszähler nach obigem Prinzip bekannt, nämlich der von Borel und der von Schallenberger. (Vgl. ETZ 1901, S. 743 und Fodor „Die elektr. Verbrauchsmesser“ Wien 1891, S. 96 u. 196.)

[2]) Dasselbe gilt für einen massiven Eisenkörper außerhalb der Magnetisierungsspule. Da die Wirbelströme den inneren Teil des Feldes umschließen (Abb. 234), und aus den Seitenflächen Kraftlinien heraustreten, so hat auch da das magnetische Feld an verschiedenen Stellen verschiedene Phase.

Fünfzehntes Kapitel.

Der Durchgang der Elektrizität durch Nichtleiter.

232. Verschiedene Arten des Elektrizitätsdurchganges durch ein Gas.

Wir haben bisher vorausgesetzt, daß die Luft und sonstige die elektrischen Leiter umgebenden Gase absolute Isolatoren seien, d. h. daß sie die Elektrizität nicht im geringsten zu leiten vermögen, sondern daß sie nur in einen Zwangs- oder Spannungszustand versetzt werden, der bei ruhender Elektrizität durch die elektrischen, bei strömender Elektrizität außerdem noch durch die magnetischen Kraftlinien charakterisiert ist. Unter gewissen Umständen, die im folgenden behandelt werden, zeigen jedoch die gasförmigen Stoffe Leitungsvermögen, so daß ein elektrischer Strom durch sie hindurchgehen kann, der sich in verschiedener Weise bemerkbar macht[1]).

Jene Grenzflächen, wo die Elektrizität aus einem metallischen oder elektrolytischen Leiter in das Gas ein- oder austritt, nennt man Elektroden, und man bezeichnet ebenso wie bei der Elektrolyse jene Elektrode, bei welcher der Strom in das Gas eintritt, also die, die mit dem positiven Pol der Stromquelle verbunden ist, als Anode, und jene, bei welcher der Strom das Gas verläßt, also die, die mit dem negativen Pol der Stromquelle verbunden ist, als Kathode. Die zwischen den Elektroden bestehende Potentialdifferenz (Spannung) bezeichnet man als Elektrodenspannung.

Je nachdem, ob ein Stromdurchgang durch das Gas von selbst, d. h. nur unter dem Einfluß der Elektrodenspannung eintritt, oder ob er

[1]) Es sei grundsätzlich bemerkt, daß es sich hier immer um einen wirklichen Durchgang der Elektrizität, d. h. um einen wirklichen Strom, bei Wechselstrom also um einen Wattstrom, nicht aber um einen wattlosen Ladestrom handelt, der den Elektroden entsprechend der Kapazität zufließt, auch wenn keine Spur von Elektrizität durch das Dielektrik hindurchgeht. Dieser wattlose Ladestrom besteht nach den Erläuterungen zu Abb. 283 (S. 340) nur aus dem Hin- und Herschieben des elektrischen Zwangszustandes im Dielektrik; daher der Ausdruck „Verschiebungsstrom". Ein solcher ist nur bei veränderlicher Spannung möglich. Der Elektrizitätsdurchgang aber, der in diesem Kapitel behandelt wird, tritt bei konstantem Gleichstrom ebenso auf wie bei Wechselstrom.

durch äußere Einflüsse (hohe Temperatur, Bestrahlung des Gases usw.) hervorgerufen wird, unterscheidet man selbständige und unselbständige Strömung der Elektrizität (§ 243 und ff.). Zur selbständigen Strömung gehört also z. B. die Funkenentladung.

Am auffälligsten macht sich die elektrische Strömung in Gasen durch Lichterscheinnngen bemerkbar, und man unterscheidet in dieser Hinsicht: Glimmentladung, Büschelentladung, Funkenentladung, Lichtbogen und, wenn eine Lichterscheinung noch nicht bemerkbar ist, dunkle Entladung. Die Entladung aus einer spitzen Elektrode bezeichnet man im besonderen noch als Spitzenentladung, die alle vorstehenden Erscheinungsformen haben kann.

Einen näheren Aufschluß über die Elektrizitätsleitung in Gasen erhielt man, als man darauf die Webersche Anschauung vom atomistischen Wesen der Elektrizität und die Clausiussche Anschauung über die elektrolytische Leitung anwandte. Diese bilden auch die Grundlage der Elektronentheorie.

Wir beginnen im folgenden mit dem Durchgang der Elektrizität durch verdünnte Gase in sogenannten Entladungsröhren, also mit einer selbständigen Strömung, weil sich hier die Eigentümlichkeiten am deutlichsten zeigen, und freie Elektrizität auftritt.

233. Entladung in verdünnten Gasen.

Schließt man eine Glasröhre mit zwei Elektroden an eine Stromquelle an, die eine Spannung von mehreren Tausend Volt bei gleichbleibender Richtung liefert (Hochspannungsbatterie, Elektrisiermaschine, Funkeninduktor, der nur Öffnungsfunken zur Geltung bringt), und verbindet sie durch einen Ansatz mit einer Luftpumpe, so kann man die Abhängigkeit der Entladungsvorgänge von der Gasdichte bequem verfolgen. Hat die Luft in der Röhre noch die gewöhnliche Dichte (Atmospärendruck), so geht kein Strom über, außer die Elektrodenspannung wird so hoch gesteigert, daß die gewöhnliche Funkenentladung eintritt. Wird die Luft durch Auspumpen so weit verdünnt, daß der Druck auf etwa 40 mm Quecksilbersäule sinkt, so geht schon bei wesentlich kleinerer Spannung eine Entladung in Form eines dünnen leuchtenden Fadens über. Mit weiter abnehmender Dichte wird der Faden immer breiter und erfüllt schließlich fast den ganzen Querschnitt der Röhre. Man hat jetzt (bei etwa 5 bis 3 mm Druck) das bläuliche Licht der Geißlerschen Röhren, wie es zuerst von Plücker beobachtet und studiert wurde[1]). Ist statt Luft ein anderes Gas in der Röhre enthalten, so hat das Licht eine etwas andere Farbe. Betrachtet man es durch ein Spektroskop, so sieht man das Spektrum des betreffenden Gases. Dieser zwischen den beiden Elektroden gleichmäßig verlaufende Lichtstreifen hat alle Eigenschaften eines gewöhnlichen elektrischen Stromes in einem leicht biegsamen Leiter. Bringt man z. B. einen

[1]) Geißler war der Glasbläser, der die Röhren nach den Angaben Plückers anfertigte.

Magnet so in die Nähe der Röhre, daß sie von seinen Kraftlinien gekreuzt wird (Abb. 449), so wird der Lichtstreifen derart ausgebaucht, daß die Krümmungsebene senkrecht zu den Kraftlinien steht gemäß § 85. Wird die eine Hälfte eines Stabmagnetes in ein Glasgefäß (Abb. 450) eingeschlossen, in welchem die untere Elektrode den Stab ringförmig umschließt, und wird nun die Luft ausgepumpt, so kreist der zwischen den beiden Elektroden verlaufende Lichtstreifen beständig um den Magnet. Ebenso wie nach dem Biot-Savartschen Gesetz (§ 78) jedes Stück eines stromführenden Leiters senkrecht zu der durch den Magnetpol und den Leiter gelegten Ebene abgestoßen wird, so erfährt auch hier der Lichtstreifen eine solche Abstoßung.

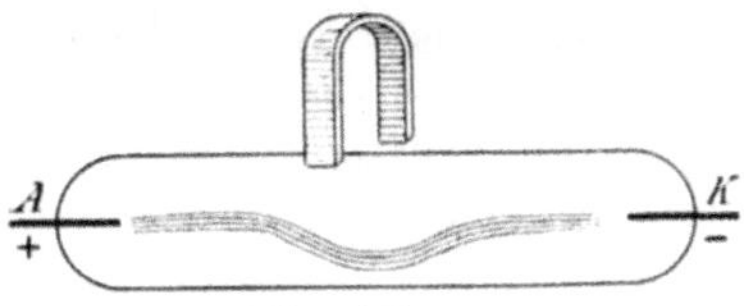

Abb. 449.

Wird die Luft weiter verdünnt, so erhält man bei etwa 0,1 mm Druck ein wesentlich anderes Bild der Entladung (Abb. 451 und 452). Das Licht erfüllt nicht mehr die ganze Länge der Röhre, sondern in der Nähe der Kathode K ist es von einem dunklen Raum unterbrochen, der um so länger ist, je verdünnter das Gas ist.

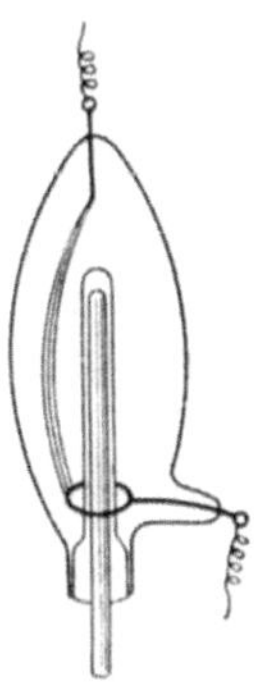
Abb. 450.

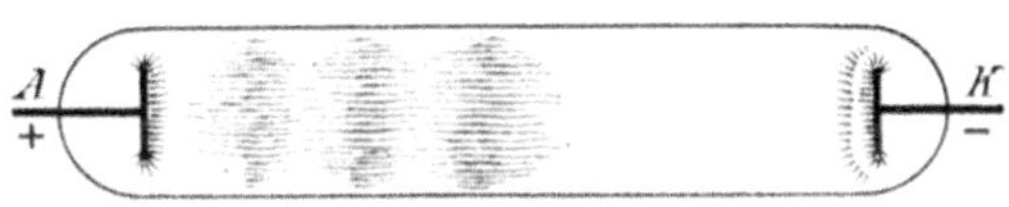

Abb. 451.

Man unterscheidet dann folgende Teile. Von der Anode bis etwa zur Mitte der Röhre (a bis b) zeigt sich eine rötliche Lichtsäule, zuweilen mit mehreren deutlichen Schichten (Abb. 451), zuweilen ohne diese (Abb. 452), die man als positive Lichtsäule oder positives Licht schlechtweg bezeichnet.[1]) Dann folgt der dunkle Raum (zwischen b und c), auch Faraday scher Dunkelraum genannt, der sich bis in die Nähe der Kathode erstreckt. An der Kathode befindet sich das negative Glimmlicht (c bis d), an dem sich drei Schichten unterscheiden lassen: unmittelbar auf der Kathodenoberfläche sitzt eine dünne Schicht rötlich gelben Lichtes, das als erste Kathodenschicht bezeichnet wird. Darauf folgt eine dunkle Schicht, der sogenannte dunkle Ka-

[1]) Diese positive Lichtsäule wurde im Moorelicht zu Beleuchtungszwecken verwendet. (ETZ 1896, S. 637. 1910, S. 501). Dazu dienen Glasröhren mit Stickstoff in solcher Verdünnung, die der Ausbildung dieser Lichtsäule am günstigsten ist. Da die Leuchtkraft klein ist, waren sehr lange Röhren und dementsprechend hohe Spannung (bis 13000 V) nötig. Dieses Licht ist reines Lumineszenzlicht, womit die Entstehung von Lichtstrahlen durch elektrische Vorgänge in den Atomen (Jonisierung § 241) bezeichnet wird. Es zeigt daher das Spektrum des betreffenden Gases. Dagegen enthält das von glühenden Körpern (Sonne, Glühlampen, Bogenlampen mit reinen Kohlen) ausgehende Licht alle Lichtstrahen von rot bis violett und alle Wärmestrahlen, weshalb man es als Temperaturstrahlung bezeichnet.

thodenraum, und darauf folgt die zweite leuchtende Schicht, die als zweite Kathodenschicht bezeichnet wird, und die sich allmählich in den Faradayschen Dunkelraum verliert.[1])

Läßt man die Entladung längere Zeit durch eine solche Röhre gehen, so wird die anfangs glatte Kathode rauh, und die benachbarte Glaswand überzieht sich mit einem feinen Belag. Daraus geht hervor, daß die Kathode durch die Entladung zerstäubt wird.

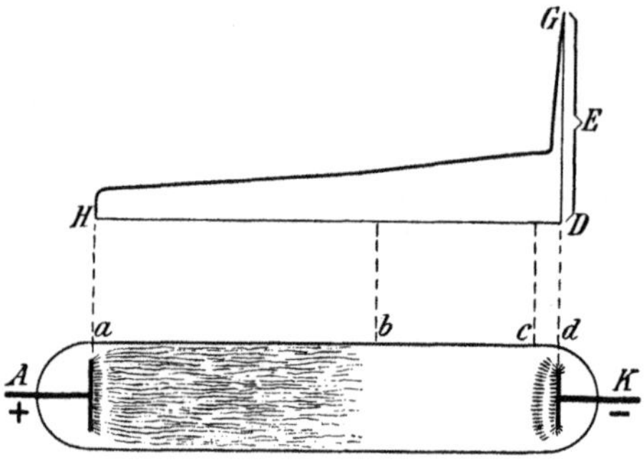

Abb. 452.

Ist die Kathode groß genug, um eine größere Ausbreitung des Glimmlichtes zu ermöglichen, so nimmt der von ihm bedeckte Teil der Kathodenoberfläche mit der Stromstärke zu, jedoch nur unter der Voraussetzung, daß der Gasdruck konstant ist. Diese Eigenschaft wird zur Darstellung der Wellenform von Wechselströmen benützt (§ 290, IV). Wird hingegen Stromstärke und Temperatur konstant gehalten, so ist die bedeckte Fläche dem Gasdruck umgekehrt proportional.

Wird die Luft in der Röhre noch weiter ausgepumpt, so verlängert sich das negative Glimmlicht, während das positive Licht zurücktritt und der Dunkelraum immer länger wird. Indem das positive Licht schließlich fast ganz verschwindet (bei etwa 0,01 mm Druck), breiten sich von der Kathode schwach bläuliche, gradlinige Strahlen aus, die dort, wo sie auf die Glaswand treffen, je nach der Glassorte ein grünliches oder bläuliches Fluoreszenzlicht hervorrufen. Es sind dies die von Plücker entdeckten und von Hittorf studierten Kathodenstrahlen. Daher werden Röhren mit so geringer Gasdichte als Hittorfsche Röhren bezeichnet.

Beobachtet man während des fortgesetzten Auspumpens der Röhre die Elektrodenspannung, d. h. jene Klemmenspannung, die notwendig ist, um die beschriebenen Entladungserscheinungen hervorzubringen, so findet man, daß sie bis zu einem geringsten Wert — beim gleichmäßigen Geißlerschen Licht — abnimmt und von da an wieder steigt, und zwar um so rascher, je geringer der Druck wird.

---

[1]) Dieses kathodische Glimmlicht wird in neuerer Zeit auch zu Beleuchtungszwecken verwendet. Solche Glimmlampen enthalten verdünntes Neon-Gas, weil darin das Glimmlicht schon bei kleinerer Spannung (120 V) auftritt, und wenig Strom erfordert. Selbst bei 220 V erfordern solche Lampen nur 0,02 A. Die Lichtstärke ist dabei natürlich auch nur klein. Die beiden Elektroden bestehen aus passend geformten Blechen oder parallelen Drähten.

234. Spannungsgefälle in Entladungsröhren.

Längs eines linearen Leiters AC (Abb. 62) von gleichmäßigem Widerstand ändert sich das Potential gleichmäßig, so daß der Verlauf des Potentiales durch eine gerade Linie FC dargestellt wird, wobei $AF = E$ die Potentialdifferenz oder Spannung zwischen den Punkten AC bedeutet. Den Spannungsabfall auf der Längeneinheit des Leiters bezeichnet man als Spannungsgefälle oder Potentialgradient. Unter der obigen Voraussetzung, daß der Leiter gleichmäßigen Widerstand hat, ist das Spannungsgefälle an allen Stellen des Leiters dasselbe, und zwar gleich dem Verhältnis $\frac{E}{AC}$. In solchen Leitern aber, wo der Widerstand nicht gleichmäßig ist, hat das Spannungsgefälle an verschiedenen Stellen verschiedenen Wert. Dies ist der Fall bei allen Arten des Elektrizitätsdurchganges durch ein Gas.

In Abb. 452 stellt die Kurve GH den Verlauf des Potentiales längs einer Entladungsröhre von gleichmäßigem Querschnitt dar, und zwar bei der darunter dargestellten Entladungsform. DG ist gleich der an die Klemmen der Röhre angelegten Klemmenspannung E. Der Verlauf des Potentiales ist dadurch festgestellt worden, daß an verschiedenen Stellen der Röhre Sonden aus dünnem Platindraht eingeschmolzen wurden, so daß die Spannung zwischen diesen und der Anode gemessen werden konnte. Wie man sieht, ist der Spannungsabfall auf einem kurzen Stück unmittelbar an der Kathode und unmittelbar an der Anode sehr groß, und zwar an jener noch beträchtlich größer als an dieser. Dagegen ist er auf dem ganzen dazwischenliegenden Teil der Röhre klein und insbesondere im negativen Glimmlicht verschwindend klein, da die Potentialkurve hier nahezu parallel zur Grundlinie verläuft. Der durch seine Größe auffallende Spannungsabfall an der Kathode — kurz Kathodenfall genannt — ist von der Art des Gases und der Kathode abhängig. So beträgt er z. B. bei Platin in Wasserstoff 300 V., in Sauerstoff 270 V., in Stickstoff 230 V., in Ammoniak 480 V. Dagegen bei Magnesium in Stickstoff 207 V., bei Kalium in Stickstoff 170 V.

Der Spannungsabfall unmittelbar an der Anode — kurz Anodenfall genannt — liegt in der Regel zwischen 20 und 40 V. Er hängt von der Art des Gases und der Anode, sowie von der Gasdichte und Stromstärke ab.

Die Summe aus Kathodenfall und Anodenfall gibt jene Spannung, die mindestens notwendig ist, um eine Entladung in dem betreffenden Gas, zwischen den betreffenden Elektroden aufrecht zu erhalten (Minimumspannung), selbst wenn diese einander so nahe sind, daß nur die ersten Schichten des negativen Glimmlichtes und des positiven Lichtes möglich sind. Bei einem größeren Abstand der Elektroden kommt hierzu noch der Spannungsabfall auf dem dazwischenliegenden Teil, der um so größer ist, je größer der Elektrodenabstand ist. Die ganze Elektrodenspannung setzt sich also aus einem konstanten und einem veränderlichen Teil zusammen.

Ist der Abstand der Elektroden kleiner als die erste Kathodenschicht und der dunkle Kathodenraum, so daß die Anode in diesen hineinragt, so tritt ein Elektrizitätsübergang schon bei kleinerer Spannung als den oben angegebenen Werten ein.

235. Die Eigenschaften der Kathodenstrahlen.

Außer in der Glaswand der Röhre, in der die Kathodenstrahlen erzeugt werden (§ 233), rufen sie auch in zahlreichen anderen Stoffen, die in eine solche Röhre eingeschlossen sind, zum Teil sehr lebhaftes, verschiedenfarbiges Fluoreszenzlicht hervor. Sie werden auch nur dadurch deutlich sichtbar, denn das bläuliche Licht im Gas selbst, das in § 233 erwähnt wurde, ist sehr schwach.

Ihre auffälligste Eigenschaft, wodurch sie im Gegensatz zu den Entladungserscheinungen bei größerer Gasdichte stehen, ist die, daß sie nicht zwischen Kathode und Anode verlaufen, sondern senkrecht von der Kathodenoberfläche ausgehen und sich nur geradlinig fortpflanzen, wenn nicht äußere Störungen hinzutreten. Diese geradlinige Fortpflanzung hat zur Folge, daß sie Schatten werfen wie die Licht strahlen. Bringt man einen undurchlässigen Körper, z. B. ein Kreuz aus Metall (Abb. 453) in den Weg der Kathodenstrahlen, so zeigt sich der

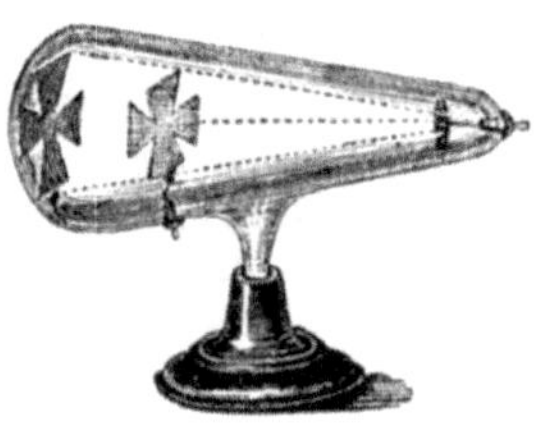

Abb. 453.

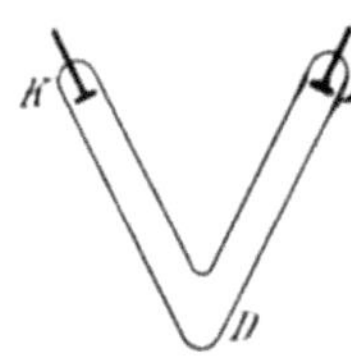

Abb. 454.

Schatten des Kreuzes auf der fluoreszierenden Glaswand gegenüber der Kathode. Noch auffälliger zeigt sich die geradlinige Fortpflanzung der Kathodenstrahlen in einer winklig gebogenen Röhre (Abb. 454). Ist diese noch nicht so weit ausgepumpt, daß Kathodenstrahlen auftreten, so verläuft die leuchtende Entladung im Weg der Röhre um die Ecke herum. Wenn aber Kathodenstrahlen auftreten, so breiten sich diese von der Kathode *K* nur bis zu der gegenüberliegenden Stelle *D* der Glaswand aus, wo sie Fluoreszenzlicht hervorrufen.

Die Kathodenstrahlen erwärmen jenen Teil eines Körpers, auf den sie auffallen. Bei genügend starker Entladung werden die von ihnen getroffenen Teile der Glaswand der Röhre so heiß, daß das Glas weich und von dem äußeren Luftdruck eingedrückt wird. Ein von den Kathodenstrahlen getroffenes Platinblech im Innern der Röhre kann zum Glühen gebracht werden[1]).

[1]) Die Kathodenstrahlen werden von allen festen und flüssigen Stoffen sehr stark absorbiert, selbst von der dünnsten Glaswand, so daß es nicht mög-

Die Kathodenstrahlen vermögen auch mechanische Kräfte auszuüben. Bringt man ein leicht drehbares Rädchen mit Schaufeln aus Glimmerplättchen derart in eine weite Röhre (Abb. 455), daß die Kathodenstrahlen nur die oberen Schaufeln treffen, so dreht sich das Rädchen.

Abb. 455.

Wie schon **Hittorf** zeigte, werden die Kathodenstrahlen von einem Magnet sehr stark beeinflußt. Am deutlichsten läßt sich das durch die in Abb. 456 dargestellte Röhre zeigen. Vor der Kathode befindet sich ein Glimmerschirm mit einem schmalen Spalt, so daß von den Kathodenstrahlen nur ein schmales Bündel hindurchgelassen wird. In der Längsrichtung der Röhre befindet sich eine Glimmerwand, die mit einem fluoreszierenden Stoff bestrichen ist, so daß darauf das aus dem Spalt auftretende Kathodenstrahlbündel als geradliniger Lichtstreifen sichtbar wird. Wird nun ein Magnet so in die Nähe gebracht, daß die Kraftlinien senkrecht zu dem Streifen und zur Glimmerwand verlaufen, so wird der Streifen, je nach der Richtung der Kraftlinien, nach oben oder nach unten abgelenkt. Nach der Ablenkung behält der Strahl die letzt erhaltene Richtung bei, wie ein Stab, der an einem Ende befestigt ist und an einer Stelle gebogen wird. Es besteht mithin ein Unterschied gegenüber der magnetischen Beeinflussung, welche ein bei größerer Gasdichte auftretender Entladungsstreifen (**Geißlersche** Röhre Abb. 449) oder ein gewöhnlicher Lichtbogen (§ 85) erfährt. Dieser wird durch das magnetische Feld ausgebuchtet wie ein an beiden Enden befestigtes elastisches Band.

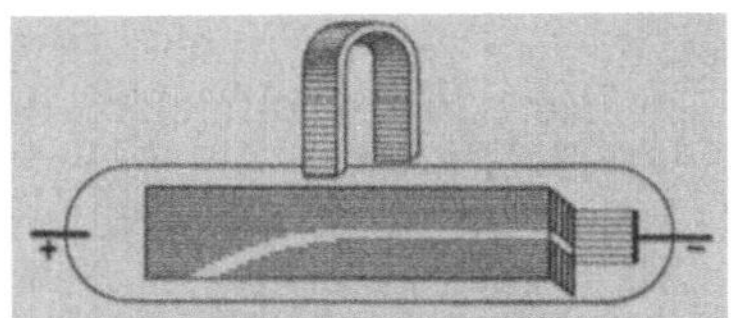

Abb. 456.

Auch durch die elektrischen Kraftlinien eines elektrostatischen Feldes werden die Kathodenstrahlen abgelenkt, und zwar je nach der Richtung der Kraftlinien, in der einen oder in der entgegengesetzten Richtung. Durch elektrometrische Messung wurde festgestellt, daß die Kathodenstrahlen negative Elektrizität mit sich führen (§ 239). Daraus erklärt sich die Ablenkung durch ein elektrisches Feld.

Die merkwürdigste Eigenschaft der Kathodenstrahlen ist die im folgenden beschriebene Erzeugung einer anderen Strahlengattung, der **Röntgenstrahlen**.

Die Fortpflanzungsgeschwindigkeit der durch selbständige Entladung erzeugten Kathodenstrahlen liegt zwischen $^1/_{10}$ bis $^1/_2$ der Lichtgeschwindigkeit. Sie ist um so größer, je größer die Elektrodenspannung und je niedriger der Gasdruck ist. Das letztere erklärt sich ohne weiteres aus dem geringereren Bewegungswiderstand, den die fliegenden Elektronen finden. Durch **unselbständige** Entladung (aus glühenden Kathoden § 244) bei niedriger Spannung erhält man Kathodenstrahlen von viel kleinerer Geschwindigkeit.

lich ist, ihre Existenz außerhalb der Glasröhre, in der sie erzeugt wurden, nachzuweisen. Nur durch ein äußerst dünnes Metallplättchen, das in die Glaswand eingeschmolzen ist (Lenardsches Fenster), gehen sie in ganz geringer Stärke hindurch.

236. Röntgenstrahlen.

Fallen die Kathodenstrahlen auf irgendeinen festen Körper, z. B. die Glaswand der Röhre, in welcher sie erzeugt werden, oder auf eine zu diesem Zweck innerhalb der Röhre besonders angebrachte Metallplatte, so geht von den getroffenen Stellen eine neue Art unsichtbarer Strahlen aus, die zuerst von Röntgen im Jahre 1895 beobachtet und daher nach ihm benannt wurden. Sie haben wesentlich andere, zum Teil entgegengesetzte Eigenschaften wie die Kathodenstrahlen. Sie werden weder von einem magnetischen noch von einem elektrischen Felde beeinflußt; ferner werden sie von den meisten Stoffen nur wenig absorbiert, sondern mehr oder weniger von ihnen durchgelassen. Nur die allerdichtesten, wie insbesondere Blei und Platin, absorbieren die Röntgenstrahlen so stark, daß selbst durch dünne Platten nichts hindurchgeht. Im allgemeinen lassen die verschiedenen Stoffe Röntgenstrahlen um so besser hindurch, je geringer ihre Dichte ist. Bei gleicher Dichte ist daher die Durchlässigkeit nahezu gleich; so gehen sie z. B. durch Aluminium ebensogut hindurch wie durch Glas. Der Aggregatzustand eines Stoffes hat keinen Einfluß auf die Durchlässigkeit; so ist sie z. B. für Wasser und Eis fast gleich groß, aber für ersteres etwas geringer, weil es etwas dichter ist. Die größte Durchlässigkeit hat weiches Holz[1]).

Um möglichst starke Röntgenstrahlung zu erzielen, gibt man der Entladungsröhre die in Abb. 457 dargestellte Form, die Röntgenröhre genannt wird. Von der Kathode *K*, die ein Stück einer Kugelschale bildet, gehen die Kathodenstrahlen aus und billden ein kegelförmiges Bündel, dessen Spitze auf jene Metallfläche *B* auffällt, von der die Röntgenstrahlen ausgehen sollen, und die man als Antikathode bezeichnet. Von dieser gehen nun die Röntgenstrahlen nach allen Richtungen geradlinig aus, wie z. B. die Lichtstrahlen von einem glühenden Metallblech. Man hat also ein Strahlungszentrum, das sich zur Herstellung scharfer Schattenrisse gut eignet. Da die Röntgenstrahlen im Glas ein schwach grünliches Fluoreszenzlicht hervorrufen, kann man den Kegelwinkel des von der Antikathode ausgehen-

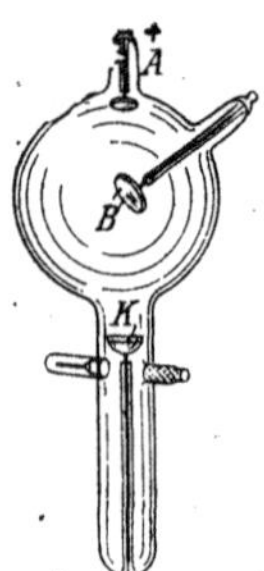

Abb. 457.

[1]) Von größter Wichtigkeit ist diese Eigenschaft für die Heilkunde geworden. Da Knochen und Fleisch, sowie die verschiedenen Gewebe des menschlichen Körpers verschiedene Dichte und daher auch verschiedene Durchlässigkeit haben, so ist es möglich, Schattenbilder der Röntgenstrahlen zu erhalten, welche die Umrisse der Teile von verschiedener Durchlässigkeit zeigen. Da aber die Röntgenstrahlen vom Auge nicht wahrgenommen werden, so können diese Umrisse nur sichtbar gemacht werden, wenn man das Schattenbild auf eine photographische Platte fallen läßt und diese dann ebenso entwickelt wie eine belichtete Platte, denn auf die photographischen Platten wirken Röntgenstrahlen ebenso wie Lichtstrahlen. Die Röntgenstrahlen rufen auf manchen Stoffen, auf die sie auffallen, Fluoreszenzlicht hervor; am stärksten auf Bariumplatinzyanür. Bestreicht man damit einen Papierschirm und stellt einen Körper zwischen diesen und eine Röntgenstrahlen aussendende Röhre, so sieht man in einem verdunkelten Raum das Schattenbild unmittelbar mit den Augen.

den Strahlenbündels erkennen. Die Antikathode *B* wird in der Regel mit der Anode leitend verbunken. so daß in Wirklichkeit beide Anoden sind.

Das für Lichtstrahlen geltende Emissionsgesetz, daß nämlich jene Stoffe, welche das stärkste Absorptionsvermögen haben, auch die stärkste Ausstrahlung (Emission) zeigen, gilt auch für Röntgenstrahlen. Es wäre daher am besten, die Antikathode aus Blei herzustellen. Da Blei aber durch die auftreffenden Kathodenstrahlen leicht zum Schmelzen gebracht wird, und Platin zu teuer ist, verwendet man jetzt vorwiegend Wolfram.

Die Röntgenstrahlen sind Wellen von gleicher Art wie die Lichtwellen, aber mit sehr viel kleinerer Wellenlänge[1]). Daraus erklärt sich, daß sie nicht reflektiert, nicht gebrochen und durch optische Gitter, welche zur Erzeugung von Lichtspektren dienen, nicht gebeugt werden. Nur durch molekulare Gitter, wie es die Krystalle sind, werden sie gebeugt. Dadurch ist es möglich, ihre Wellenlänge zu bestimmen.

So wie es verschiedene Lichtstrahlen (Farben) gibt, die von einem und demselben Körper in verschiedener Stärke durchgelassen und absorbiert werden, so gibt es auch Röntgenstrahlen von verschiedenem Durchdringungsvermögen. Dieses ist um so größer, je größer die Schwingungszahl ist, und diese ist um so größe, je größer die Geschwindigkeit der Kathodenstrahlen ist, von denen sie erzeugt werden. Und da letztere um so größer ist, je größer die Elektrodenspannung und je kleiner der Druck in der Röhre ist, so nimmt das Durchdringungsvermögen der Röntgenstrahlen mit diesen Größen zu. Je größer das Durchdringungsvermögeu ist, desto dunkler sind die von ihnen herrührenden Schattenbilder, und desto mehr verschwinden die Unterschiede. Man nennt solche „harte Strahlen“, während die mit geringem Durchdringungsvermögen als „weiche“ bezeichnet werden.

Treffen Röntgenstrahlen auf einen Körper, so sendet dieser wieder Röntgenstrahlen aus, welche daher als sekundäre Strahlen bezeichnet werden. Sie bestehen aus drei homogenen Strahlenarten, die als *K*-, *L*-, *M*-Eigenstrahlen bezeichnet werden, weil sie von jedem anderen Stoff mit anderer Schwingungszahl (Härtegrad) ausgesandt werden. Die *K*-Strahlen des Wolframs haben die größte bisher bekannte Schwingungszahl. Vgl. die Zahlentafel auf S. S. 448.

Über die Glühkathoden-Röntgenröhren s. § 244 C.

237. Die Elektronentheorie.

Zur Erklärung der inneren Vorgänge beim Durchgang der Elektrizität durch Gase ist es notwendig, auf das Wesen der Elektrizität einzugehen. In § 1 wurde der ältesten Anschauung Erwähnung getan, wonach die Elektrizität ein außerordentlich leichter Stoff (Fluidum) ist.

---

[1]) Die Röntgenstrahlen sind also keine „Korpuskularstrahlen“, d. h. sie bestehen nicht aus fliegenden Teilchen wie die Kathodenstrahlen und Kanalstrahlen, sowie die α- und β-Strahlen des Radiums, sondern es sind transversale Schwingungen (Wellenstrahlen).

Diese Anschauung von der stofflichen Natur der Elektrizität war zu einfach, als daß sie dauernde Anerkennung gefunden hätte, trotzdem Wilhelm Weber und Hittorf der heutigen Auffassung schon ziemlich nahe gekommen waren. Da sich Wärme und Licht als nicht stofflicher Art, sondern als Energiezustände der materiellen Stoffe bzw. des „Äthers“ erwiesen hatten, wurde namentlich unter dem Einfluß von Maxwell und Hertz die energetische Hypothese aufgebaut, wonach Elektrizität und Magnetismus als Energiezustände des „Äthers“ aufzufassen seien. Besonders englische Physiker gingen darin so weit, daß sie den elektrischen Strom in metallischen Leitern nicht als einen Vorgang im Leiter selbst, sondern als Energieänderungen im Dielektrik betrachteten.

Nach den Ergebnissen der neueren Forschungen ist die Elektrizität zweifellos ein Stoff, wobei es aber auch heute noch unentschieden ist, ob es zwei Arten dieses Stoffes mit entgegengesetzten Eigenschaften (positiv und negativ) gibt, oder ob nur eine Art vorhanden ist, und die entgegengesetzte Ladung eines Körpers als ein Mangel dieses Stoffes gegenüber dem neutralen, unelektrischen Zustand zu betrachten sei. Doch neigt man mehr der letzteren Ansicht zu.

So wie die chemischen Stoffe aus Atomen, als letzten unteilbaren Teilchen, zusammengesetzt sind, besteht auch die Elektrizität aus einzelnen kleinsten Teilchen, die man „Elementarquantum“ oder Elektron nennt. Diese Anschauung vom atomistischen Wesen der Elektrizität ist von W. Weber bereits deutlich ausgesprochen worden. Der Fortschritt in dieser Anschauungsweise seit Weber besteht darin, daß man die Elektrizitätsmenge (Ladung) eines solchen Elektrons und seine Masse zahlenmäßig bestimmen konnte. Und zwar ist die Ladung eines negativen Elektrons ungefähr $4.5 \cdot 10^{-10}$ elektrostatische Einheiten[1]) oder $1.5 \cdot 10^{-19}$ Coulomb und seine Masse ungefähr 1800 mal kleiner als die Masse eines Wasserstoffatoms, das sind etwa $8 \cdot 10^{-28}$ Gramm. Diese Masse ist aber nicht durch Messung mittels der Wage, wie die eines chemischen Atoms, sondern auf indirektem Wege ermittelt worden, und zwar aus dem Grade der Ablenkung, die ein Kathodenstrahl in einem magnetischen und in einem elektrischen Felde von bekannter Stärke erfährt. Daher ist es noch zweifelhaft, ob diese Masse eines Elektrons eine wirkliche wie bei einem chemischen Atom ist oder eine scheinbare, elektrodynamische, die mit den wirklichen Massen nur das gemeinsam hat, daß sie Trägheit oder Beharrungsvermögen besitzt[2]).

[1]) Die nach verschiedenen Methoden erhaltenen Werte schwanken zwischen $3{,}8 \cdot 10^{-10}$ und $4{,}8 \cdot 10^{-10}$.

[2]) Zunächst erscheint es unmöglich, sich ein Beharrungsvermögen denken zu können, das nicht an wirkliche chemische Masse gebunden ist. Wenn man aber bedenkt, daß das Beharrungsvermögen oder die Trägheit nichts anderes ist als eine Eigenschaft, welche besagt, daß ein Körper jeder Änderung seines Bewegungszustandes einen gewissen Widerstand entgegensetzt, so findet man, daß es etwas Ähnliches beim elektrischen Strom gibt. Nach dem Lenzschen Gesetz wird ja bei jeder Änderung eines Stromes ein solcher sekundärer Strom induziert, daß er diese Änderung zu hindern sucht. Es tritt also ein Widerstand

Daß man die nur auf indirektem Wege ermittelte Masse eines Elektrons nicht ohne weiteres als wirkliche Masse betrachten darf, hat seinen Grund darin, daß bei den chemischen Stoffen die Masse definiert ist durch das konstante Verhältnis von Kraft zu Beschleunigung $\left(m = \frac{F}{g}\right)$. Bei den Elektronen aber hat sich ergeben, daß dieses Verhältnis nicht konstant, sondern von der Geschwindigkeit abhängig ist.

Vergleicht man mit der oben angegebenen Ladung eines negativen Elektrons die am Schlusse des § 60 angegebene Ladung eines elektrolytischen Ions, so findet man sie nahezu gleich. Diese Übereinstimmung ist keine zufällige, sondern es hat sich auch auf andere Weise ergeben, daß das hier erwähnte, Elektron genannte Elementarquantum dasselbe ist, wie die negative Ladung des elektrolytischen Wasserstoff-Ions.

Nach der kinetischen Gastheorie ist die Größe eines Wasserstoffatoms etwa ein Millionstel eines Millimeters. Nach den Berechnungen der Elektronentheorie ist die Größe eines Elektrons etwa ein Billionstel eines Millimeters.

238. Der elektrische Strom in metallischen Leitern als Strom freier Elektronen.

Die Elektronen können frei beweglich oder an chemische Atome oder Atomgruppen gekettet vorkommen. Den elektrischen Strom in einem Metalle hat man sich vorzustellen als eine Strömung freier Elektronen, die durch die Zwischenräume zwischen den chemischen Atomen hindurchgeht. Hält man an dem Vorhandensein zweier Elektrizitätsarten fest, so geht ein Strom positiver Elektronen vom positiven zum negativen Pol und gleichzeitig ein Strom negativer Elektronen in entgegengesetzter Richtung. Nimmt man aber an, daß es nur eine Art Elektrizität gibt, so ist es die negative, und der elektrische Strom besteht aus einem Strom negativer Elektronen vom negativen zum positiven Pol.

Dem Durchströmen der Elektronen durch die Zwischenräume zwischen den Atomen steht natürlich ein gewisser Reibungswiderstand entgegen, der im Ohmschen Gesetz als Ohmscher Widerstand erscheint. Der dabei auftretende Reibungsverlust setzt sich in Wärme um; das ist die Joulesche oder Stromwärme[1]).

Die Stromstärke ist definiert als die in einer Sekunde durch den Querschnitt eines Leiters fließende Elektrizitätsmenge. Diese ist um

---

(und zwar ein Bewegungswiderstand im mechanischen Sinne, nicht Ohmscher Widerstand) gegen diese Änderung auf, ohne daß der elektrische Strom aus wirklicher chemischer Masse besteht.

[1]) Diese einfache Vorstellung genügt indessen noch nicht, um alle Erscheinungen zu erklären, namentlich die nicht, daß bei Abkühlung der Metalle bis in die Nähe des absoluten Nullpunktes der Leitungswiderstand nahezu Null wird. Eine andere Ansicht geht dahin, daß die Stromleitung auf einem Austausch der Elektronen zwischen den benachbarten Molekülen beruht. Daraus aber ergeben sich wieder andere Schwierigkeiten.

so größer, je größer die Anzahl der Elektronen in einer Volumseinheit ist, und je schneller sie strömen. Da die magnetische Wirkung eines elektrischen Stromes seiner Stromstärke proportional ist, so gelangen wir zu dem Ergebnis, daß die magnetische Wirkung eines einzelnen bewegten Elektrons seiner Geschwindigkeit proportional ist. Das muß natürlich auch von jeder beliebigen Anzahl von Elektronen gelten, die z. B. die Ladung einer Kugel bilden. Wird also eine geladene Kugel in einer Kreisbahn bewegt, so muß sich eine magnetische Wirkung zeigen. Dieser Versuch ist zuerst von Rowland ausgeführt, später von anderen wiederholt worden, und hat gezeigt, daß tatsächlich eine magnetische Wirkung vorhanden ist. Das ist für die Elektronentheorie von größter Wichtigkeit; denn hätte sich ergeben, daß eine bewegte Ladung keine magnetische Wirkung ausübt, so hätte man nicht annehmen dürfen, daß der elektrische Strom aus bewegten elektrischen Teilchen besteht.

239. Kathodenstrahlen als freie negative Elektronen. Kanalstrahlen als freie positive Ionen.

Die in § 235 beschriebenen Kathodenstrahlen sind nichts anderes als freie Elektronen, und zwar negative, die von der negativen Elektrode (Kathode) mit der dort angegebenen Geschwindigkeit abgestoßen werden[1]). Sie entstehen in dem Raum cd (Abb. 452), wo der größte Spannungsabfall herrscht, durch Zertrümmerung der Gasatome (§ 245). Daß es negative Elektronen sind, folgt erstens aus dem Sinne der Ablenkung durch ein magnetisches Feld, die so ist, als wenn beim Rowlandschen Versuch (§ 238) eine negative Ladung in derselben Richtung wie die Kathodenstrahlen bewegt wird, zweitens aus dem Sinne der Ablenkung durch ein elektrostatisches Feld; drittens läßt sich nachweisen, daß die Kathodenstrahlen negative Ladung mit sich führen, wenn man sie in geeigneter Weise auf einen Metallschirm auffallen läßt, der gegen andere Einflüsse geschützt ist. Der Schirm lädt sich auf diese Weise negativ.

Über andere Vorgänge, wo freie negative Elektronen auftreten, vgl. § 244.

Verwendet man in einer Hittorfschen Röhre als Kathode eine durchlochte oder geschlitzte Platte, die nicht am Ende, sondern etwa in der Mitte der Röhre angebracht ist (Abb. 458), so

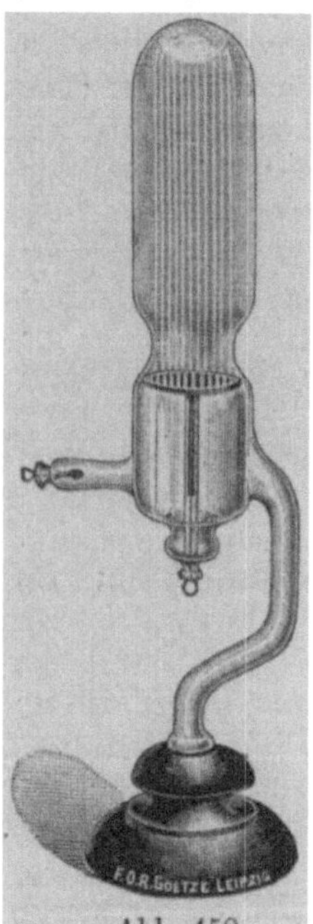

Abb. 458.

[1]) Diese Ansicht ist bereits von Hittorf ausgesprochen worden. Crookes hat sie in etwas phantastisches Gewand gekleidet (strahlende Materie als vierter Aggregatzustand). Unter dem Druck der energetischen Anschauungen ist jene wieder verlassen und in neuerer Zeit erst von Giese wieder aufgenommen worden.

zeigt sich, daß von den Löchern Strahlen ausgehen, die nach oben verlaufen, also in entgegengesetzter Richtung wie die Kathodenstrahlen, die nach unten verlaufen, weil die Anode unten ist. Es sind die sogenannten Kanalstrahlen, die von Goldstein zuerst beobachtet wurden. Sie werden ebenso wie die Kathodenstrahlen von allen Stoffen stark absorbiert und rufen ein Fluoreszenzlicht auf der Glaswand, auf die sie auffallen, hervor.

Da negative Ladungen niemals allein auftreten können, so liegt es nahe, die Kanalstrahlen als die notwendige positive Ergänzung zu den aus negativen Elektronen bestehenden Kathodenstrahlen, d. h. als die positiven Atomreste (Ionen) zu betrachten. Sie werden von der Anode abgestoßen und fliegen infolge des Beharrungsvermögens durch die Löcher der Kathode hindurch[1]). Tatsächlich werden sie durch ein magnetisches und dadurch ein elektrisches Feld in entgegengesetztem Sinne wie die Kathodenstrahlen abgelenkt, müssen alsoentgegengesetzte Ladung führen wie diese. Aus dem Grade dieser Ablenkungen hat sich das Verhältnis der Ladung ε zur Masse μ, also die spezifische Ladung $\frac{\varepsilon}{\mu}$ der positiven Elektronen zahlenmäßig bestimmen lassen. Dieses Verhältnis ergab sich etwa 2000 mal kleiner als für die negativen Elektronen. Daraus folgt, daß entweder die Masse μ des positiven Elektrons sehr viel größer, oder die Ladung ε sehr vilel kleiner als die des negativen Elektrons ist. Diese Ungleichheit von Gebilden, die man als gleich erwarten sollte, hat zu der Annahme geführt, daß das positive Elektron überhaupt keine Ladung, sondern nur Masse, und das negative Elektron überhaupt keine Masse, sondern nur Ladung besitzt, d. h. daß es nur eine Art Elektrizität gibt, und zwar diejenige, die man seit jeher als negative Ladung bezeichnet, während das positive Elektron nichts anderes ist als der aus chemischem Stoff bestehende positive Rest des Atoms. Daher spricht man gewöhnlich nicht mehr von positiven Elektronen, sondern von positiven Ionen und beschränkt den Namen Elektron auf das (negative) Elementarquantum.

In dieser Schlußfolgerung liegt natürlich noch kein Beweis. Für die Elektrotechnik genügt aber auch das, was bis jetzt feststeht, nämlich daß es negative Elektronen und positive Atomkerne (positive Ionen) gibt, die beide frei vorkommen können.

240. Radiumstrahlen.

Becquerel beobachtete, daß gewisse Stoffe ganz von selbst eine dem Auge unsichtbare Strahlung aussenden, die ähnlich den Röntgenstrahlen viele Stoffe zu durchdringen vermag. Aus der Pechblende gelang es dann, Stoffe zu gewinnen, die als Chlor- und Bromsalz eines

---

[1]) Später ist es Gehrke und Reichenheim gelungen, diese positiven Strahlen gleich hinter der Anode sichtbar zu machen (daher der Name Anodenstrahlen) indem die Anode in geschmolzenes Salz des Na, K oder Li eingeschlossen, und die Röhre fast luftleer gemacht wurde.

neuen Elementes, des **Radiums**, zu betrachten sind. Das Radium selbst darzustellen, ist bis jetzt nicht gelungen.

Bringt man Radiumsalz in einem Tiegelchen (Abb. 459) in ein magnetisches Feld, dessen Kraftlinien senkrecht zur Zeichenebene verlaufen, so findet man, daß das Strahlenbündel in drei Teile zerlegt wird, die man als α-, β-, γ-Strahlen bezeichnet hat. Die γ-Strahlen verlaufen genau so, wie wenn das magnetische Feld nicht vorhanden ist; sie werden also magnetisch und, wie gleich bemerkt werden soll, auch elektrisch nicht beeinflußt; sie haben gleiche Eigenschaften wie die Röntgenstrahlen. Die α- und β-Strahlen werden vom magnetischen Felde nach entgegengesetzten Seiten abgelenkt; die letzteren stärker als die ersteren. Die β-Strahlen haben gleiche Eigenschaften wie die Kathodenstrahlen. Wie diese bestehen sie aus freien negativen Elektronen, die mit großer Geschwindigkeit vom Radiumsalz ausgeschleudert werden. Die α-Strahlen bestehen wie die Kanalstrahlen aus **positiven** Teilchen (Ionen).

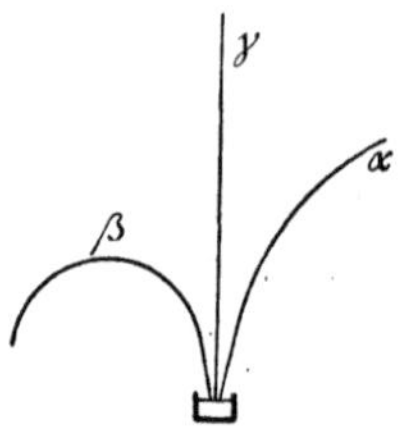

Abb. 459.

Die wichtigste Eigenschaft der Radiumstrahlen ist die, daß die Luft, die von ihnen durchstrahlt wird, elektrisch leitend wird (§ 243).

Eine wenn auch geringe Selbststrahlung wie die Radiumsalze zeigen die meisten Stoffe. Insbesondere treten aus der Erde beständig solche Strahlungen in die Luft über und bewirken dadurch eine schwache Ionisierung derselben, was für selbständige Entladungen der Elektrizität von Wichtigkeit ist (§ 245).

Diese Selbststrahlung ist eine Begleiterscheinung einer sich von selbst vollziehenden **Umwandlung** vieler Elemente in andere Elemente. Sie besteht aus einem Zerfall komplizierter Atome in einfachere Atome, wobei positive Elektronen als α-Strahlen, negative Elektronen als β-Strahlen frei werden. Aber nicht alle Stoffe senden drei Strahlungen aus wie das Radium, sondern manche nur oder vorwiegend α-Strahlen, manche nur oder vorwiegend β-Strahlen (wie z. B. das aus dem Thorium entstandene Mesothor) mit oder ohne Begleitung von γ-Strahlen. Als nicht weiter umwandelbar betrachtet man bis jetzt Wasserstoff, Helium und Blei.

241. Elektrizitätsleitung in Gasen durch Ionisierung.

Wir wissen aus § 60, daß in einem elektrolytischen Leiter ein elektrolytischer Strom nur deshalb zustande kommt, weil ein Teil der Molekeln durch den Einfluß des Lösungsmittels in einen elektropositiven und einen elektronegativen Teil — Ionen — zerspalten (dissoziiert) ist, von denen sich die ersteren unter der Wirkung des zwischen den Elektroden bestehenden elektrischen Feldes nach der Kathode, die letzteren nach der Anode bewegen. Hier werden ihre Ladungen durch Aufnahme einer entgegengesetzten Ladung, die von der Elektrizitätsquelle zugeführt wird, neutralisiert. Gleichzeitig schlagen sich die neutralisierten

Teilchen auf den Elektroden nieder oder gehen neue chemische Verbindungen ein.

Schon Hittorf hat die Meinung vertreten, daß es sich auch beim Durchgang der Elektrizität durch ein Gas um einen ähnlichen Vorgang handelt. Wir denken uns heute ein Gas aus neutralen Teilchen (Molekeln, Atomen oder Atomgruppen) bestehend, von denen jedes unter der Wirkung gewisser Kräfte in einen elektropositiven und einen elektronegativen Bestandteil — Gasionen — zerspalten werden kann. Jedes dieser Ionen kann seinen eigenen Weg einschlagen. Den Vorgang des Zerspaltens nennt man Ionisierung des Gases. Befindet sich ein ionisiertes Gas zwischen zwei Elektroden, zwischen denen eine Potentialdifferenz besteht, so befindet es sich in einem elektrischen Felde, durch dessen Kraftwirkung die positiven Ionen nach der Kathode, die negativen Ionen (Elektronen) nach der Anode getrieben werden, wo ihre Ladungen durch Aufnahme einer entgegengesetzten Ladung, die von der Elektrizitätsquelle zugeführt wird, neutralisiert werden — wie bei der elektrolytischen Leitung. Man hat also einen durch das Gas gehenden elektrischen Strom. Hinsichtlich der Wirkung bedeutet also Ionisierung so viel wie: Das Gas wird leitend.

Zwischen der Stromleitung in einem elektrolytischen und in einem gasförmigen Leiter besteht folgender Unterschied. Eine elektrolytische Leitung tritt niemals bei chemisch einfachen, nichtmetallischen Stoffen ein, wie z. B. flüssigem Chlor oder flüssigem Stickstoff, sondern nur bei zusammengesetzten Stoffen, die unter dem Einfluß des Lösungsmittels (Wasser) dissoziiert sind. Die Dissoziierung besteht darin, daß die Molekeln (nicht die Atome!) in einen positiven und einen negativen Teil zerfallen. Bei Gasen hingegen findet eine Elektrizitätsleitung auch in einheitlichen Stoffen, wie z. B. Chlor, Stickstoff, Quecksilberdampf usw. statt. Daraus folgt, daß der Zerfall der Gasteilchen in ihre positiven und negativen Gasionen nicht im Molekel oder nicht nur im Molekel, sondern im Atom stattfindet. Die einfachste Annahme ist, daß jedes einwertige neutrale Atom, wie man es aus der Chemie kennt, aus einem positiven und negativen Teil besteht; die mehrwertigen aus mehreren. Eine genaue Kenntnis darüber, woraus jeder dieser Teile besteht, ob aus chemischer Masse und einem Elektron, oder nur aus dem entsprechenden Elektron (scheinbare Masse), haben wir zur Zeit noch nicht. Man umgeht diese noch offene Frage in der Redeweise am besten dadurch, daß man wie bei der elektrolytischen Leitung kurz von Ionen spricht oder von Gasionen, wenn man besonders hervorheben will, daß es sich nicht um einen elektrolytischen Leiter, sondern um ein Gas handelt.

Vom einfachsten Atom, dem des Wasserstoffs, nimmt man an, daß es aus einem positiven Stoffkern und einem negativen Elektron besteht, das jenen auf einer elliptischen Bahn umkreist wie ein Planet seinen Zentralkörper. Bei einem im stabilen Zustand befindlichen Atom hält sich die Zentrifugalkraft und die Anziehung zwischen dem positiven und negativen Teil das Gleichgewicht. In diesem einfachsten Falle sind also Ionen und Elektronen identisch. Die Atome der anderen

Elemente haben jedenfalls einen verwickelteren Bau; etwa derart, daß 2 bis 92 (?) negative Elektronen einen positiven Kern umkreisen. Wird auf irgend eine Weise ein Elektron abgetrennt, so verbleibt ein einwertiges positives Ion. Werden zwei oder mehr Elektronen abgetrennt, so verbleibt ein zwei- oder mehrwertiges positives Ion. Spricht man von negativen Gasionen, so sind es freie Elektronen. Treffen solche mit positiven Ionen zusammen, so können sie sich wieder vereinigen. Ein neutrales Atom entsteht aber erst dann, wenn das positive Ion alle ihm fehlenden Elektronen an sich gefesselt hat. Fehlt eins, so ist das Gebilde immer noch ein positives Ion[1]).

242. Unselbständige und selbständige Elektrizitätsleitung in Gasen.

Ein weiterer Unterschied zwischen der Elektrizitätsleitung in einem Elektrolyten und in einem Gase besteht in folgendem. Während bei einem elektrolytischen Leiter der Zerfall der Molekeln in Ionen von selbst oder richtiger, nur unter dem Einfluß des Lösungsmittels stattfindet, so daß auch bei der kleinsten Elektrodenspannung ein Strom auftritt, findet bei einem Gase eine Elektrizitätsleitung nur dann statt, wenn die Elektrodenspannung einen gewissen Wert übersteigt, oder wenn gewisse andere Kräfte auf das Gas einwirken. Daraus folgt, daß das Gas im unbeeinflußten Zustande keine oder nicht genug freie Ionen enthält, sondern daß die Zerspaltung der neutralen Gasatome erst durch die elektrische Kraft des eigenen, zwischen den Elektroden bestehenden elektrischen Feldes oder durch andere, äußere Kräfte veranlaßt werden muß. Im ersteren Falle spricht man von selbständiger Ionisierung und selbständiger elektrischer Strömung. Hierher gehört die Entladung in Geißlerschen und Hittorfschen Röhren (§ 233), das Glimmlicht und Büschellicht (§ 246), die Funkenentladung (§ 247) und der Lichtbogen (§ 257). Im zweiten Falle spricht man von unselbständiger Ionisierung und unselbständiger elektrischer Strömung. Hierher gehört die Ionisierung eines Gases durch hohe Temperatur, Bestrahlung mit Röntgenstrahlen, Radiumstrahlen u. dgl.

Zu dem am Schluß des vorigen Paragraphen angeführten Unterschiede zwischen der elektrischen Leitung in einem Elektrolyten und in einem Gase kommt nun noch folgender. In einem Elektrolyten beginnt der Strom schon bei der kleinsten Elektrodenspannung und seine Stärke i ist der Elektrodenspannung e proportional, wenigstens so lange, als nicht die Erwärmung des Elektrolyten so groß wird, daß

[1]) Nach neuester Anschauung soll der positive Atomkern auch negative Elektronen enthalten, die nicht abtrennbar sind. Sein positiver Ladungswert ist dann gleich dem Überschuß seiner positiven Elektrizität über diese nicht abtrennbare negative Elektrizität. So soll z. B. der positive Atomkern (Ion) des zweitleichtesten Stoffes, des Heliums, aus 4 positiven Wasserstoff-Elektronen und 2 nicht abtrennbaren negativen Elektronen bestehen. Das neutrale Atom hat außerdem noch 2 abtrennbare negative Elektronen.

Verdampfung eintritt. Es ist also $i = \frac{e}{w}$. Stellt man die Beziehung zwischen Strom und Elektrodenspannung durch eine Schaulinie dar, so ergibt sich eine durch den Nullpunkt gehende gerade Linie (Abb. 460).

Bei der unselbständigen Strömung in einem Gase beginnt zwar der Strom ebenfalls schon bei der kleinsten Elektrodenspannung, aber seine Stärke ist nur bei kleinen Spannungen dieser proportional und nähert sich bei wachsender Spannung einem Grenzwerte, dem sogenannten Sättigungsstrom, der nicht überschritten wird, wenn die Ursache der Ionisierung konstant bleibt. Das Ohmsche Gesetz gilt also hier nicht. Die Ursache dieser Erscheinung wird im folgenden Paragraphen behandelt. Als Schaulinie der Stromstärke ergibt sich die in Abb. 460 enthaltene. Sie geht ebenfalls durch den Nullpunkt, verläuft anfangs proportional, krümmt sich aber dann und verläuft schließlich parallel zur Abszissenachse.

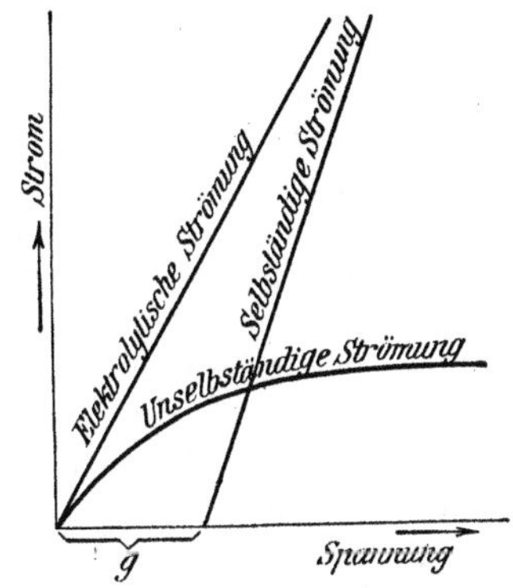

Abb. 460.

Bei der selbständigen Strömung in einem Gase kann ein Strom erst eintreten, wenn die Elektrodenspannung und daher die Stärke des elektrischen Feldes einen gewissen Wert (g) überschritten hat. Von diesem Werte an bleibt die Stromstärke der Zunahme der Spannung, also dem Werte $e - g$, proportional; mithin ist $i = \frac{e - g}{w}$. Als Schaulinie der Stromstärke ergibt sich also eine Gerade, welche auf der Abszissenachse im Abstand g vom Nullpunkt ihren Anfang nimmt (Abb. 460).

Häufig besteht die selbständige Strömung nicht allein, sondern mit der unselbständigen gemischt; dann ist der Stromverlauf nicht so einfach.

243. Ursachen der unselbständigen Strömung. Elektrizitätszerstreuung.

Die im vorigen erwähnten äußeren Einflüsse, welche eine Ionisierung des Gases bewirken und es dadurch leitend machen, sind folgende: Hohe Temperatur des Gases (Flammengase) oder der Kathode (Glühkathodenröhren § 244); ferner Kathodenstrahlen, Röntgenstrahlen, Radiumstrahlen und ultraviolette Lichtstrahlen, wenn das betreffende Gas von ihnen durchstrahlt wird. Gleichzeitig findet immer auch eine Absorption dieser Strahlen durch das Gas statt, so daß beide Vorgänge miteinander verknüpft erscheinen.

Nachdem die Spaltung eines Gasatomes unter einem der genannten Einflüsse stattgefunden hat, besitzt jedes Ion und Elektron eine selbständige, von dem anderen unabhängige Bewegung, die im allgemeinen regellos erfolgt, aber sofort geordnet wird, wenn ein elektrisches Feld in dem Gase erzeugt wird. Dann bewegen sich die positiven Ionen nach der Kathode, die negativen Elektronen nach der Anode. Dabei kommt es vor, daß Ionen und Elektronen zusammenstoßen und sich infolge der Anziehungskraft, die sie aufeinander ausüben, wieder zu einem neutralen Atom vereinigen. Es verschwinden also auf diese Weise wieder eine gewisse Anzahl der vorhandenen Ionen. Eine andere Anzahl aber gelangt bei der geordneten Bewegung an die Elektroden, wo sie durch die von der Stromquelle kommende Elektrizität neutralisiert werden, also ebenfalls verschwinden. Bezeichnet man die Anzahl der in der Zeiteinheit durch Ionisierung des Gases entstandenen Ionen mit a, die durch Zusammenstoß neutralisierten mit b, die an den Elektroden neutralisierten mit d, so ist die schließlich vorhandene Anzahl $a - b - d$. Ist die Elektrodenspannung so groß, daß die Anzahl d der an den Elektroden neutralisierten sehr groß ist gegenüber den durch Zusammenstoß neutralisierten (b), so kann b gegen d vernachlässigt werden und die Anzahl der in der Volumseinheit verbleibenden Ionen ist $a - d$. Da a nur von der Stärke der ionisierenden Ursache abhängig, von der Stromstärke aber unabhängig ist, hingegen d der Stromstärke proportional ist, so muß bei wachsender Stromstärke schließlich ein Zustand eintreten, wo $a = d$ ist, d. h. wo sämtliche durch Ionisierung erzeugten Ionen den Elektroden zugeführt werden. Damit ist der Sättigungsstrom erreicht und eine weitere Zunahme der Stromstärke unmöglich, wie sehr auch die Elektrodenspannung gesteigert werden mag, natürlich immer unter der Voraussetzung, daß die ionisierende Ursache konstant ist, und daß es sich um eine rein unselbständige Strömung handelt, bei welcher durch die Elektrodenspannung selbst keine Ionisierung stattfindet.

Dieselbe Überlegung hat auch für die elektrolytische Leitung Gültigkeit, da auch hier die Dissoziation nicht von der Spannung, sondern von einem äußeren Einfluß, dem Lösungsmittel, abhängt. Daß man dabei trotzdem keinen Sättigungsstrom kennt, sondern daß die Stromstärke proportional der Spannung zunimmt, hat seinen Grund darin, daß die Anzahl der in der Zeiteinheit durch Dissoziation gebildeten Ionen sehr viel mal größer, ihre Wanderungsgeschwindigkeit aber sehr viel kleiner ist als bei Gasen, so daß d immer noch sehr viel kleiner ist als a. Praktisch kann man die Spannung nicht beliebig steigern, weil dann eine Verdampfung des Elektrolyten durch die Stromwärme eintritt. Vergleicht man Ströme von gleicher Stärke in einem Elektrolyten und in einem Gas miteinander, so besteht der erstere aus einer großen Anzahl von Ionen, die sich mit kleiner Geschwindigkeit zu den Elektroden hinbewegen, weil die Dichte und daher die Reibung einer Flüssigkeit sehr groß ist. Dagegen besteht der Strom in einem Gas aus einer kleinen Anzahl von Ionen, die sich mit großer Geschwindigkeit bewegen, weil die Dichte und die Reibung eines Gases gering ist. Die in der Zeiteinheit beförderten Ionen und Elektrizitätsmengen sind in beiden Fällen gleich. Aus dem Vorstehenden erklärt sich noch ein anderer Unterschied zwischen der elektrolytischen und der unselbständigen Strömung. Vergrößert man den Abstand der Elektroden in einem Elektrolyten, so nimmt bei gleichbleibender Spannung die Stromstärke ab. Das gilt auch beim Stromdurchgang durch Gase, solange die Stromstärke klein ist. Ist aber der Sättigungsstrom erreicht, so nimmt dieser mit dem Abstand der Elektroden zu. Das erklärt sich daraus, daß der Sättigungsstrom in einem Gase von der Anzahl a der erzeugten Ionen abhängt. Wird der Abstand der Elektroden doppelt so groß gemacht, so ist auch das Volumen und daher die Anzahl a der gesamten vorhandenen Ionen verdoppelt. Und weil für den Sättigungsstrom $d = a$ ist, so ist auch die Stromstärke doppelt so groß. Bei einem Elektrolyten aber, wo immer weit mehr Elektronen vorhanden sind als den Elektroden zugeführt werden, hängt die Stromstärke von dem Reibungswiderstand der Ionen in der Flüssigkeit ab, folgt also dem Ohmschen Gesetz.

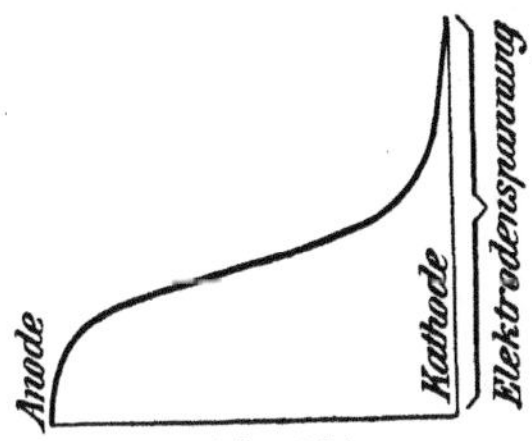

Abb. 461.

Der Potentialverlauf bei der unselbständigen Strömung zwischen zwei Elektroden ist im allgemeinen so wie Abb. 461 zeigt, die im besonderen für ein Gas bei Atmosphärendruck gilt, das von Röntgenstrahlen ionisiert wird. Wie man sieht, ist der Charakter des Potentialverlaufes ein ähnlicher wie in Abb. 452 in einer Hittorfschen Röhre, indem auch hier der Spannungsabfall an den Elektroden bedeutend größer ist als in der Mitte, und zwar an der Kathode größer als an der Anode.

Eine besondere Art unselbständiger elektrischer Strömung ist die Elektrizitätszerstreuung. Ladet man einen sehr gut isolierten Leiter mit einer negativen Ladung und läßt ihn unberührt stehen, so verschwindet die Ladung nach kürzerer oder längerer Zeit fast vollständig, und zwar um so schneller, in je hellerem Lichte sich der Leiter befindet. Wird er von ultraviolettem Lichte bestrahlt, so verschwindet die Ladung sofort.

Das Verschwinden der Ladung erfolgt dadurch, daß die negative Elektrizität in Form freier Elektronen in das umgebende Gas übertritt, weshalb man von Zerstreuung der Elektrizität spricht, wenn man den geladenen Leiter im Auge hat, oder von einer Elektrisierung des Gases, wenn mam das umgebende Gas, das die Elektrizität in Form freier Elektronen aufnimmt, im Auge hat.

Die Schnelligkeit, mit der eine negative Ladung unter dem Einfluß des Lichtes verschwindet, d. h. die Stärke der lichtelektrischen Zerstreuung, ist um so größer, je blanker die Oberfläche des betreffenden Leiters ist, je heller das Licht und je kürzer seine Wellenlänge ist: außerdem hängt sie von dem Stoff des Leiters ab. Die stärkste Wirkung erfahren Kalium, Natrium, dann Magnesium, Zink usw. Aber auch die Nichtleiter zeigen eine, wenn auch sehr geringe Zerstreuung[1]).

[1]) Reiger, Annal. d. Phys. 17, S. 935, 1905.

Eine blanke Metalloberfläche, die längere Zeit der lichtelektrischen Wirkung gedient hat, verändert sich; sie wirkt dann schlechter (lichtelektrische Ermüdung). Röntgenstrahlen wirken in gleicher Weise wie Lichtstrahlen, aber schwächer.

Von der Ionisierung (§ 241) unterscheidet sich die Elektrisierung eines Gases dadurch, daß bei der Ionisierung die Elektronen aus den Gasatomen selbst durch Zerspaltung derselben entstehen, während bei der Elektrisierung die Elektronen aus einem anderen Körper in das Gas übertreten. Meist kommt beides zugleich vor.

Bei den oben aufgezählten, stark wirksamen Metallen findet die lichtelektrische Zerstreuung nicht nur dann statt, wenn sie eine negative Ladung haben, sondern auch im ungeladenen, neutralen Zustande senden sie unter dem Einfluß des ultravioletten Lichtes negative Elektronen aus. Naturgemäß müssen sie dann, wenn sie gut isoliert sind, eine überschüssige positive Ladung aufweisen, so daß man früher annahm, das Licht erzeuge hier positive Elektrizität.

Eine rasche Zerstreuung, und zwar sowohl positiver wie negativer Elektrizität findet besonders dann statt, wenn der geladene Körper in eine Flamme gehalten wird. Die Flammengase nehmen die Elektrizität auf und führen sie fort.

244. Glühkathodenröhren.

Der Austritt freier Elektronen (Elektrizitätszerstreuung) aus einer Metall- oder Metalloxyd-Oberfläche findet besonders dann statt, wenn sie stark erhitzt wird, und zwar beginnt die Ausstrahlung bei Rotglut und nimmt bis zu einem gewissen Grade mit der Temperatur zu. Ist kein elektrisches Feld vorhanden, so entfernen sich die Elektronen nicht weit von der Fläche, aus der sie ausgtreten sind, und es bildet sich eine negative Raumladung. Diese beschränkt den weiteren Austritt, weil sie gleiches Vorzeichen hat, so daß eine weitere Steigerung des Austrittes nur durch Steigerung der Temperatur erzielt wird. Das wird anders, wenn die glühende Fläche in einen luftverdünnten Raum gebracht und hier ein elektrisches Feld hergestellt wird, welches die Elektronen rasch wegführt. Da positive Ladungen in der Richtung des Feldes, negative aber in entgegengesetzter Richtung getrieben werden, so muß das Feld gegen die glühende Fläche hin gerichtet sein, d. h. diese Fläche muß bezüglich des Feldes Kathode sein, während sich die Anode ihr gegenüber befindet (Abb. 462). Ist die Erscheinung sehr stark, so erhält sie den Charakter einer Strahlung, und zwar ähnlich den Kathodenstrahlen, da es negative Elektronen sind. Dabei zeigt sich eine bedeutende Herabsetzung des Kathodenfalles (von 200—300 V auf 10—20 V).

Nimmt man an, daß es zwei Elektrizitätsarten gibt, so fliegen gleichzeitig positive Ionen von der Anode zur Kathode. Jedenfalls geht die positive Richtung, die man üblicherweise als Stromrichtung schlechthin bezeichnet, zur Kathode hin.

A. Die Wehnelt'sche Ventilröhre.

Die Wirkung einer glühenden Kathode ist von Wehnelt[1]) gefunden und in der Glühkathoden-Ventilröhre zur Anwendung gebracht worden (Abb. 462). Die mit Kalzium- oder Bariumoxyd überzogene Kathode einer Hittorffschen Röhre wird durch einen Heizstrom i_h zum Glühen gebracht. Wird bei i_e eine Spannung von mindestens 30 V. derart angeschlossen, daß K Kathode ist, so geht von ihr eine gleiche Strahlung aus wie in einer gewöhnlichen Kathodenstrahlen-Röhre unter hoher Spannung (§ 235). Während aber bei einer solchen die Elektronen nur durch die Wirkung des starken elektrischen Feldes aus dem Gasinhalt der Röhre erzeugt werden (selbständige Strömung), treten sie hier aus der glühenden Kathode aus (unselbständige Strömung, Emissionsstrom), und die Spannung zwischen A und K ist nur dazu notwendig, um die ausgetretenen Elektronen zur Anode zu führen. Daraus geht hervor, daß die genannte Wirkung nur eintreten kann, wenn die glühende Elektrode für den Strom i_e Kathode ist. Ist i_e ein Wechselstrom, so senden nur jene Halbwellen einen Elektronenstrom zu Anode, für welche K Kathode ist. Die Röhre wirkt demnach als elektrisches Ventil, welches die andere Halbwelle nicht durchläßt. Über die Schaltung s. § 262 III.

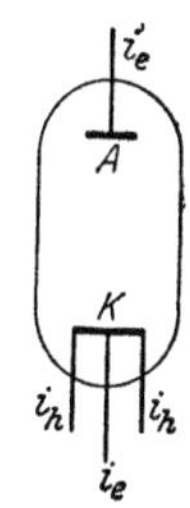

Abb. 462.

B. Gitterröhren.

Eine weitere Anwendung dieser Erscheinung ist die Lieben-Röhre[2]). Diese enthält in ihrer jetzigen Form noch eine aus einem feinen Gitter oder Sieb bestehende Zwischenelektrode G (Abb. 463), welche die von K nach A fliegenden Elektronen durchläßt[3]). HB ist die Heizbatterie zur Erhitzung der Kathode K. Der regelbare Widerstand R_h dient zur Einstellung des Heizstromes i_h. Wird an die Kathode K und das Gitter G eine wechselnde Spannung e_g (Gitterspannung) angelegt, so wird G abwechselnd positiv und negativ. Im ersten Falle wird die Wirkung der Anode A auf die von K ausgehenden Elektronen verstärkt, im anderen Falle werden die Elektronen zurückgedrängt. Das wechselnde elektrische Feld zwischen G und K wirkt also ähnlich wie ein Steuerventil, welches den Elektronenstrom abwechselnd fördert und hemmt. Daher wird der Gitterstrom i_g auch als Steuerstrom bezeichnet. Da die Elektronen keine in Betracht kommende Trägheit besitzen, werden sie stark beeinflußt. Infolgedessen verursacht

---

[1]) Wehnelt, Annal. d. Phys. 1906, Bd. 19.

[2]) R. v. Lieben, DRP. 179807 v. J. 1906. Lieben, Reiß und Strauß, DRP. 236716 v. J. 1910. E. Reiß, ETZ 1913, S. 1359. Lindemann u. Hupka, Jahrb. d. drahtlosen Telegraphie, Bd. 12, S. 218. Die Anwendung der Zwischenelektrode geht auf die Untersuchungen von P. Lenard über die Vorgänge in Kathodenstrahlenröhren zurück. Annalen d. Physik 1898—1903.

[3]) In der praktischen Ausführung besteht die Glühkathode gewöhnlich aus einem geraden Wolframdraht, der vom zylindrischen Gitter, das von der zylindrischen Anode umschlossen ist.

ein schwacher Steuerstrom einen 10- bis 15 mal stärkeren Strom i_w zwischen Anode und Kathode, wenn diese nur genügend Elektronen ausstrahlt, d. h. wenn ihre Temperatur genügend hoch ist[1]). Dieser Strom lagert sich über den von der „Betriebsbatterie“ E ausgehenden, durch die Röhre fließenden Gleichstrom J, so daß der ganze durch die Anode fließende „Anodenstrom“ $i_a = J + i_w$ ist. Über die Kathode

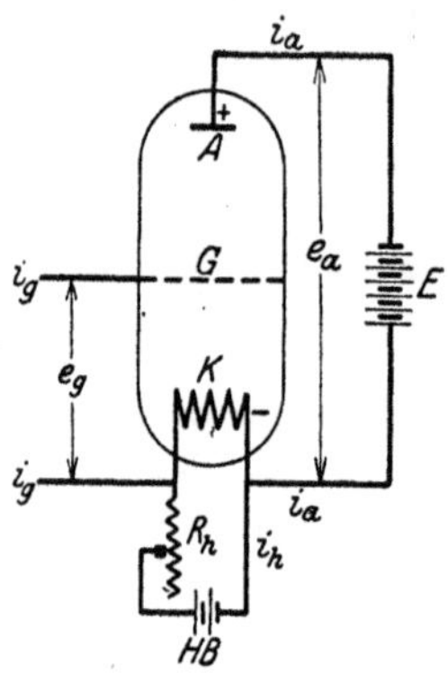

Abb. 463.

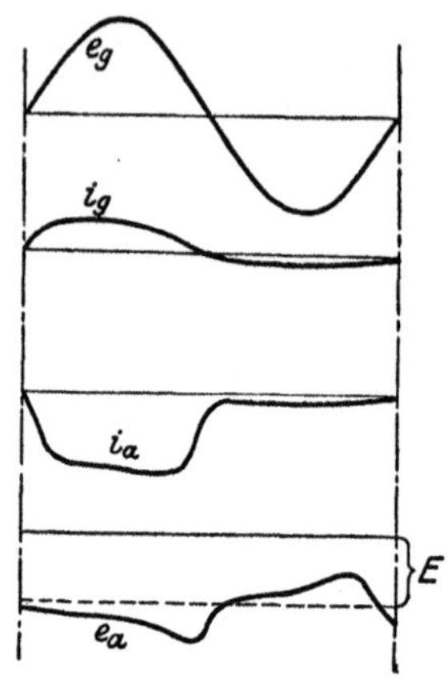

Abb. 464.

K geht außerdem noch der Gitterstrom i_g. Daher ist der Kathodenstrom $i_k = i_a + i_g$. Abb. 464 zeigt den typischen Verlauf der Ströme und Spannungen[2]). e_g ist die dem Gitterkreis aufgedrückte, sinusförmige Wechselspannung. So lange diese positiv (hinsichtlich der Kathode K) ist, wird der von K ausgehende Elektronenstrom sehr verstärkt; solange sie negativ ist, werden die Elektronen zurückgedrängt, und der Anodenstrom i_a besteht jetzt im wesentlichen nur aus dem sehr schwachen Strom J der Betriebsbatterie E, wie die dritte Kurve zeigt. Während der positiven Halbwelle von e_g ist K auch für den Gitterstrom i_g Kathode, so daß nun auch i_g stärker ist als während der negativen Halbwelle, wie die zweite Kurve zeigt. Infolge der Steuerung des Entladungsvorganges durch die Wechselspannung e_g erhält die Röhre eine wechselnde innere EMK e_w, welche sich über die EMK E der Batterie überlagert, so daß die Klemmenspannung $e_a = E + e_w$ den aus der vierten Kurve ersichtlichen Verlauf erhält.

Es ist leicht einzusehen, daß die beschriebene Wirkungsweise um so stärker ist, je stärker das die Entladung steuernde Feld, also die

---

[1]) Es handelt sich also nicht um eine Verstärkung des zugeführten Stromes i_g, sondern um die Entstehung eines anderen, stärkeren Wechselstromes i_w, deren Wege zum Teil zusammenfallen wie bei einem einspuligen Transformator (Spartransformator), so daß die Bezeichnung „Transformatorröhre“ zutreffender wäre als „Verstärkungsröhre“ (Pleotron).

[2]) Nach oszillographischen Aufnahmen von K. Mühlbrett. „Archiv f. Elektr.“, Bd. 8, S. 188.

Spannung e_g zwischen G und K ist, daß sie hingegen beeinträchtigt wird, wenn der zwischen G und K verlaufende Gitterstrom zu große Stärke hat, so daß er während einer Halbwelle K zur Anode und G zur Kathode machen könnte. Es ist daher in vielen Fällen eine Verbesserung, wenn ein Transformator (T_1 in Abb. 465) angewendet wird, um die Gitterspannung e_g zu erhöhen und den Gitterstrom i_g gleichzeitig zu erniedrigen, wenn die dem Transformator zugeführte Energie konstant ist.

Da die Elektronen keine in Betracht kommende Trägheit haben, ist die beschriebene Wirkung außerordentlich genau. Daher lassen sich, wenn die einmalige Verstärkung nicht genügt, zwei oder drei solche Systeme in Kaskadenschaltung anwenden (Abb. 465). Der in der ersten Röhre erzeugte stärkere Anodenstrom fließt durch die primäre Wicklung des Transformators T_2, in welchem seine Spannung erhöht wird, so daß nun in der zweiten Röhre eine höhere Wechselpannung im Gitterkreis besteht, und zwar ist sie symmetrisch zur Nullinie, weil die in der Anodenspannung e_a der ersten Röhre enthaltene Gleichspannung E nicht transformiert wird. Es entsteht nun ein vielmals stärkerer Strom im Kreise $A_2 T_3 K_2$, der in einem Ausgangstransformator T_3 auf höhere Spannung gebracht werden kann[1]). Bei derselben Batteriespannung E können aber nicht beliebig viele Röhren in Kaskade angewendet werden, weil in den Röhren und Transformatoren Verluste auftreten, so daß schließlich der größte Teil der Energie in diesen verbraucht würde.

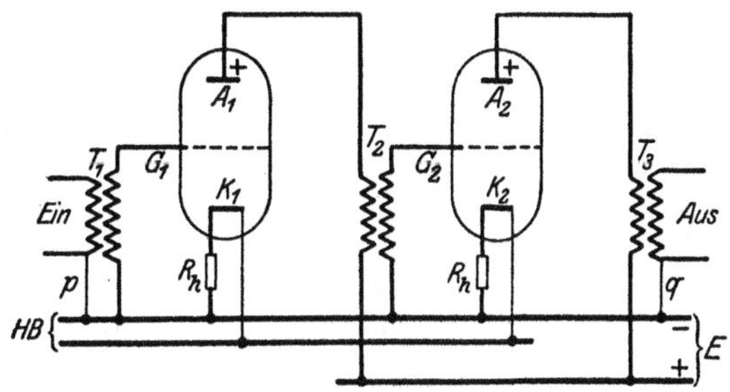

Abb. 465.

Die Leistung einer Röhre kann nur durch Erhöhung der Betriebsspannung e_a und der Glühtemperatur gesteigert werden.

Die Wehnelt-Röhre und die Lieben-Röhre haben ähnliche Luftverdünnung wie die Hittorffschen Röhren. Infolgedessen findet in ihrem Gasinhalt auch Stoßionisierung statt, so daß unselbständige und selbständige Strömung gleichzeitig vorhanden sind, was Unregelmäßigkeiten in der Wirkung und geringe Lebensdauer der Röhren zur Folge hat. Es war daher eine wesentliche Verbesserung, als es Langmuir gelang, die Röhren fast völlig luftleer zu machen und die Glaswände von den eingeschlossenen Gasresten zu befreien. Eine merkliche Stoßionisierung kommt nun nicht mehr zustande, sondern der ganze Elektronenstrom kommt aus der glühenden Kathode. Eine weitere Verbesserung betrifft diese selbst, indem ihr wirksamer Teil nicht mehr aus Bariumoxyd

[1]) Soll eine durchgehende Verbindung zwischen Eingangs- und Ausgangsseite hergestellt oder überall ein Pol geerdet werden, so werden noch die Verbindungen p und q angebracht.

besteht, sondern aus einem Wolframdraht, der wegen seiner Unschmelzbarkeit auf hohe Weißglut gebracht werden kann, denn die Zahl der austretenden Elektronen wächst mit der Temperatur.

Über die Anwendung der Glühkathodenröhren in der drahtlosen Telegraphie s. § 210; über die Anwendung als Gleichrichter s. § 262; über die Anwendung als Schwingungserzeuger s. § 263.

Tiefere Einblicke in die Wirkungsweise dieser Röhren geben Schaulinien, welche die Abhängigkeit des entstehenden Anodenstromes i_a darstellen und so die Charakteristik einer Röhre bilden (Abb. 466, 468). Dabei ist immer vorausgesetzt, daß die Elektronen nur aus der Kathode kommen, also keine Stoßionisierung besteht. Mißt man zunächst den Anodenstrom i_a in Abhängigkeit von der Betriebsspannung[1]) e_a, wenn das Gitter nicht angeschlossen ist (Abb. 466), so ist i_a reiner Emissionsstrom. Er steigt anfangs nur wenig an, weil die Raumladung dem Austritt der Elektronen aus der Kathode entgegenwirkt. Erst wenn die Betriebsspannung so groß ist, daß sie die Wirkung der Raumladung völlig überwindet, nimmt der Strom stärker zu und verläuft so lange geradlinig, als die Kathode genügend Elektronen ausstrahlt. Ist die Spannung so hoch, daß die Kathode nicht mehr die zur entsprechenden Stromsteigerung nötigen Elektronen liefert, so bleibt die Stromstärke konstant, der Sätttigungsstrom i_{as} ist erreicht. Da die Elektronen mit der Temperatur zunehmen, steigt die Stromkurve bei derselben Betriebsspannung stärker an, und der Sättigungsstrom wird größer. Bei derselben Röhre hängt also der Sättigungsstrom i_{as} nur vom Heizstrom J_h ab.

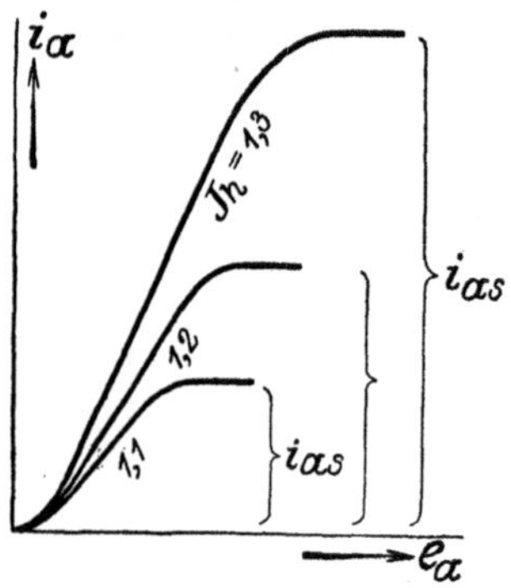

Abb. 466. e_a Betriebsspannung. i_a Anodenstrom. i_{as} Sättigungswert. J_h Heizstrom (effektiv).

Von Wichtigkeit ist die Spannungsverteilung in der Röhre zwischen Kathode und Anode. Bei einer gewöhnlichen Kathodenstrahlenröhre ist sie durch einen plötzlichen Abfall in der nächsten Nähe der Kathode und Anode gekennzeichnet. Das ist hier nicht der Fall, sondern die Spannung ändert sich hier stetig in krummer Linie (Abb. 467), und der Spannungsabfall ist besonders in der Nähe der Kathode klein, weil hier die Elektronen durch die Hitze ausgetrieben werden, während sie bei den gewöhnlichen Kathodenstrahlenröhren von der Spannung selbst durch Stoßionisierung erzeugt werden müssen, wozu eben eine große Spannung

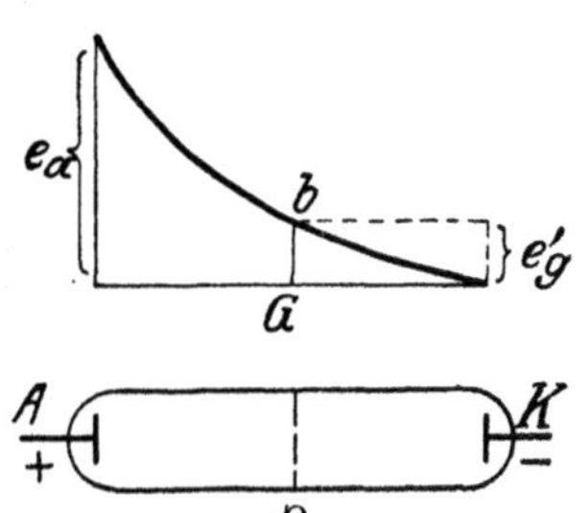

Abb. 467.

[1]) Diese wird meist als Anodenspannung bezeichnet, obwohl sie zwischen Kathode und Anode wirkt. Wir bevorzugen daher den eindeutigeren Ausdruck „Betriebsspannung".

erforderlich ist. Die dabei nötige Arbeit (Spannungsabfall $\times$ Stromstärke) muß von der Betriebsspannung zugeführt werden, während sie bei den Glühkathodenröhren von Heizstrom geliefert wird. Die Betriebsspannung e_a dient dann nur zum Transport der Elektronen nach der Anode und kann daher vielmals kleiner sein[1]).

Die vorstehenden Kurven gelten zunächst für Röhren ohne Gitter. Wird bei G ein Gitter eingesetzt, und die Gitterspannung e_g' zwischen G und K angelegt, so braucht diese nur einen kleinen nagativen Wert gleich Gb zu haben, um diesen Spannungsabfall aufzuheben. Dadurch wird der Anodenstrom null, denn ohne Spannung zwischen G uud K (Steuerspannung) kann kein Strom fließen. Wird aber eine positive Gitterspannung angelegt, so wird die Steuerspannung Gb und dadurch der Elektronenstrom vergrößert. Die zum Nullmachen des Stromes erforderliche Gitterspannung $e_g' = Gb$ ist um so kleiner, je kleiner die Betriebsspannung e_a ist, und je näher das Gitter der Kathode K liegt. Das gilt aber nur bis zu einer gewissen Grenze, weil sonst das Gitter zu sehr von der Raumladung um K beeinflußt wird.

Die Abhängigkeit des Anodenstromes von der Gitterspannung e_g ist unmittelbar zu ersehen aus Abb. 468 bei drei verschiedenen Betriebsspannungen, aber konstanter Glühtemperatur der Kathode, so daß der Sättigungsstrom derselbe ist. Hieraus ersieht man ebenfalls, daß die zum Nullmachen des Stromes nötige Gitterspannung um so mehr negativ sein muß, je größer die Betriebsspannung e_a ist; und andererseits: je größer diese Spannung ist, desto weniger positive Gitterspannung ist nötig, um die für den Sättigungsstrom erforderliche Gesamtspannung zu erreichen, denn in dem Raum zwischen G und K, wo die von K ausgetretenen Elektronen ihren Bewegungsantrieb erhalten, wirkt nebst der Gitterspannung e_g auch ein Teil der Betriebsspannung e_a. Dieser Teil sei De_a, wenn D einen für jede Röhre konstanten Faktor bedeutet, der kleiner als 1 ist. Die gesamte, auf die ausgestrahlten Elektronen wirkende Spannung, also die eigentliche Steuerspannung e_{st} ist demnach

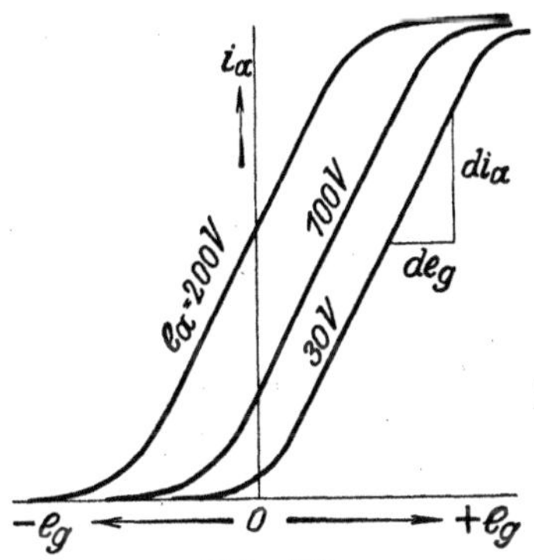

Abb. 468.

$$e_{st} = e_g + De_a{}^{*}) \quad . \; . \; . \; . \; . \; . \; . \; . \; . \; . \quad \text{(I)}$$

Den Zahlenfaktor D bezeichnet man als Durchgriff[2]), weil er angibt,

[1]) In Abb. 467 ist die Spannung zwischen der Kathode und einem Punkt der Röhre, in Abb. 452 hingegen zwischen der Anode und einem Punkt der Röhre aufgetragen.

*) Die Steuerspannung e_{st} kann nicht direkt gemessen werden, weil sie nur im Innern der Röhre vorhanden ist. Zwischen den Klemmen der Elektroden kann nur e_g und e_a gemessen werden.

[2]) Barkhausen, Jahrb. d. drahtl. Telegr. 1919, S. 27.

wieviel von den Kraftlinien, die von der Anode ausgehen, durch die Öffnungen des Gitters hindurchtreten, und so die vom Gitter ausgehenden Kraftlinien vermehren[1]). Der Durchgriff ist im allgemeinen um so kleiner, je kleiner die Öffnungen des Gitters sind, und je näher es der Kathode liegt. Er ist eine von den drei kennzeichnenden Größen einer Gitterröhre.

Da es bei der Anwendung dieser Röhren als Verstärker darauf ankommt, daß ein kleiner Gitterstrom einen möglichst großen Anodenstrom erzeugt, so gibt es für den Durchgriff einen günstigsten Wert, der sich aus folgenden Gegenwirkungen ergibt: wenn D zu groß ist, ist gemäß Gl. I der Einfluß von e_g auf die eigentliche Steuerspannung e_{st} zu klein; wenn D zu klein ist, rührt es entweder davon her, daß die Öffnungen des Gitters zu klein sind, dann ist die Anzahl der Elektronen, die von K nach A gelangen, also den Anodenstrom bilden, zu klein. Oder es rührt davon her, daß das Gitter der Kathode zu nahe ist, und infolgedessen zu sehr in die Raumladung hineinreicht, so daß die Steuerspannung davon beeinflußt wird.

Hält man e_{st} konstant und differenziert Gl. I, so ist $0 = de_g + D \cdot de_a$. Daraus folgt

$$D = -\frac{de_g}{de_a} \quad \text{. . . . . (II)}$$

Demnach gibt also der Durchgriff an, um wieviel sich e_g ändert, wenn e_a um einen kleinen Betrag geändert wird, während e_{st} konstant ist. Da aber e_{st} nicht gemessen werden kann, nimmt man an, daß es konstant geblieben ist, wenn der Strom i_a konstant ist. Der Durchgriff ist also gleich dem wagrechten Abstand zweier Schaulinien (Abb. 468), deren e_a sich um eine Einheit unterscheidet. Weil dabei e_a kleiner wird, wenn e_g wächst, ist der Differentialquotient an sich negativ und daher D positiv[2]). Bei den üblichen Verstärkerröhren liegt D in der Größenordnung 0,01 bis 0,1, so daß also der Anteil von e_a an e_{st} klein ist, oder mit anderen Worten: die Steuerspannung besteht fast nur aus der Gitterspannung, wie es im allgemeinen erwünscht ist, da die Gitterspannung dann am reinsten zur Wirkung kommt.

Die gute Wirkung einer Elektronenröhre hängt sehr von der Steilheit der Strom-Schaulinien ab (Abb. 468). Denn wenn die Gitterspannung um den kleinen Betrag de_g geändert wird, ändert sich der Anodenstrom

---

[1]) Infolgedessen läßt sich der Durchgriff auch durch ein Kapazitätsverhältnis definieren. Ist C_{ak} die Kapazität zwischen Anode und Kathode, C_{gk} die Kapazität zwischen Gitter und Kathode, so sind die entsprechenden Ladungen $e_a C_{ak}$ und $e_g C_{gk}$. Beide zusammen geben die gesamte (negative) Elektrizitätsmenge auf der Kathode: $-q = e_g C_{gk} + e_a C_{ak}$. Mithin ist $-\frac{q}{C_{gk}} = e_g + e_a \frac{C_{ak}}{C_{gk}}$. Vergleicht man mit Gl. I, so sieht man, daß $D = \frac{C_{ak}}{C_{gk}}$ ist. $\frac{-q}{C_{gk}}$ ist nichts anderes als die Steuerspannung e_{st}.

[2]) Über andere Methoden zur Bestimmung von D s. Rein-Wirtz, „Radiotelegraph. Praktikum". 3. Aufl.

um den Betrag di_a. Dieser ist umso größer, je steiler diese Linie ist. Daher ist die Steilheit S

$$S = \frac{di_a}{de_g} \quad \ldots\ldots\ldots\ldots \quad \text{(III)}$$

die zweite kennzeichnende Größe einer solchen Röhre. Sie ist auch ein Maß für die Stärke des erzeugten Stromes i_a im Vergleich zum zugeführten Gitterstrom, also ein Maß für die Verstärkungswirkung der Röhre. Da diese Linien in der Mitte am steilsten sind, so ist es am besten, wenn die Röhre in dieser Gegend arbeitet. Auch noch aus einem anderen Grunde. Wenn nämlich die aufgedrückte Gitterspannung eine symmetrische Wechselspannung ist, soll auch der erzeugte Wechselstrom i_a ein symmetrischer sein. Dann ist jene Betriebsspannung die günstigste, deren Stromlinie mitten auf der Ordinatenachse ($e_g = 0$) liegt (in Abb. 468 ist es die Linie für 200 V). Es gibt also für jede Röhre eine günstigste Betriebsspannung, die von den Ausmaßen der Röhre und von der Glühtemperatur abhängt. Die Steilheit ist um so größer, je näher das Gitter der Kathode liegt. Dann ist auch der Durchgriff um so kleiner. Die Annäherung hat aber eine Grenze, da sonst das Gitter zu sehr in die Raumladung an der Kathode hineinkommt.

Die obige Definitionsgleichung der Steilheit zeigt, daß sie ein reziproker Widerstand, also ein Leitwert ist.

Noch eine Nebenwirkung ist zu berücksichtigen. Da ein Teil der von der Kathode ausgestrahlten Elektronen vom Gitter aufgefangen wird, erhält dieses neben der ihm aufgedrückten Spannung e_g noch im geringen Maße die Eigenschaft einer Anode. Um dies auszugleichen — denn das Gitter soll weder Kathode noch Anode sondern nur Steuerorgan sein — gibt man ihm zweckmäßig eine kleine negative Spannung gegen die Kathode, die sogenannte Vorspannung (2 bis 10 V), indem man entweder eine kleine Batterie vorschaltet, oder indem man die untere Leitung i_g (Abb. 463) nicht an das Ende des Regelungswiderstandes R_h sondern an einen Zwischenkontakt anschließt, wobei natürlich auf die richtige Polarität der Heizbatterie zu achten ist.

Die dritte kennzeichnende Größe einer Elektronenröhre ist ihr Widerstand W zwischen Anode und Kathode. Da die Strombahn geradlinig ist und großen Querschnitt hat, ist er induktionslos. Dagegen besteht eine gewisse Kapazität zwischen den Elektroden, so daß der Widerstand einer Röhre $W = \dfrac{w}{\sqrt{1 + (w\,\omega\,C)^2}}$ ist (§ 182), wenn w den reinen Ohmschen Widerstand und C die Kapazität zwischen den Elektroden bedeutet. Da C sehr klein ist, ist angenähert $W = w$. In jedem Falle ist W gleich dem Verhältnis der Anodenspannung zum Anodenstrom, oder auf kleine zusammengehörige Beträge dieser Größen bezogen:

$$W = \frac{de_a}{di_a}\,{}^{*)} \quad \ldots\ldots\ldots\ldots \quad \text{(IV)}$$

---

*) In manchen Veröffentlichungen wird an Stelle des Anodenstromes i_a der Kathodenstrom oder Emissionsstrom, i_k zur Definierung von W und S be-

Bildet man das Produkt $D \cdot S \cdot W$, so ist

$$D \cdot S \cdot W = -\frac{de_g}{de_a} \cdot \frac{di_a}{de_g} \cdot \frac{de_a}{di_a} = -1.$$

Demnach gibt es eigentlich nur zwei kennzeichnende Größen, denn eine davon ist durch die beiden anderen eindeutig bestimmt.

Je größer W, d. h. je kleiner $D \cdot S$ ist, desto größer ist die in der Röhre verbrauchte Leistung, desto weniger kann sie — bei konstanter aufgewendeter Energie — abgeben; während andrerseits die Verstärkungswirkung um so größer ist, je größer S ist. Daraus folgt, daß D möglichst klein sein soll, bis zu der auf S. 536 angegebenen Beschränkung. Bei den üblichen Verstärkerröhren liegt S in der Größenordnung 0,0005—0,005 Ampere/Volt (Siemens), also W in der Größenordnung 2000000—2000 Ohm.

Es ist noch der Kathodenstrom i_k zu betrachten, der von der Kathode ausgeht. Da er nur aus den ausgestrahlten Elektronen besteht, ist er gleichbedeutend mit dem Emissionsstrom. Wie die Schaltung in Abb. 463 zeigt, setzt er sich aus dem Anodenstrom und dem Gitterstrom zusammen, so daß $i_k = i_a + i_g$. Ist i_g ein Wechselstrom, so gilt diese Beziehung nur für die gleichzeitigen Augenblickswerte. Für die effektiven Werte gilt sie nur näherungsweise, weil i_a nicht nur den vom Gitterstrom verursachten Wechselstrom sondern auch den von der Betriebsspannung unmittelbar erzeugten Gleichstrom J enthält (S. 532).

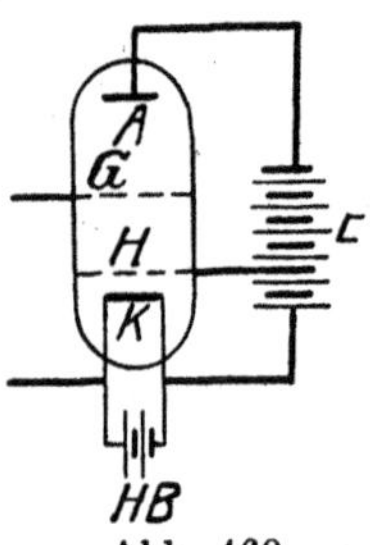

Abb. 469.

Wie auf S. 535 bemerkt wurde, wirkt die die Kathode umgebende Raumladung störend, wenn das Gitter nahe der Kathode liegt. Dies ist aber notwendig, um kleinen Durchgriff und große Steilheit zu erzielen. Daher wird häufig ein zweites Gitter H in nächster Nähe der Kathode angebracht (Abb. 469), um die Raumladung von dem Steuergitter fernzuhalten. Zu diesem Zwecke muß dieses Hilfsgitter etwa 10 V positive Ladung gegen die Kathode erhalten, und es wird daher an einen Teil der Betriebsbatterie angeschlossen. Manchmal wird auch noch ein drittes Gitter zwischen Steuergitter und Anode angeordnet und ebenfalls an einen Teil der Betriebsbatterie angeschlossen. Dadurch soll der Durchgriff kleiner werden.

C. Glühkathoden-Röntgenröhren.

Das im vorstehenden angewendete Prinzip — Erzeugung der Kathodenstrahlen durch Austreibung von Elektronen aus der Kathode durch Erhitzung derselben (Thermionenstrom) — wird auch zur Erzeugung stärkerer Röntgenstrahlung in den Röhren nach Lilienfeld und Coolidge angewendet. Ersterer fand, daß die Strahlung von dem Gasdruck in der Röhre nahezu unabhängig wird, wenn die Kathode

nützt. Ein Widerstand kann aber nur durch Strom und Spannung definiert werden, die unmittelbar voneinander abhängen.

glüht. Er verwendet einen besonderen Glühdraht als Hilfskathode hinter der eigentlichen (durchlochten) Kathode. Bei den Coolidge-Röhren wird die Kathode wie in Abb. 462 erhitzt. In beiden Arten sind die Kathodenstrahlen, welche bei ihrem Auftreffen auf die Anode oder auf eine Antikathode (§ 236) die Röntgenstrahlen erzeugen, eine unselbständige Endladungsform (§ 242) im Gegensatz zu den gewöhnlichen Röntgenröhren, wo sie eine nur durch die Spannung zwischen den Elektroden erzeugte selbständige Entladungsform sind, indem die nötigen Ionen durch Stoßionisierung (§ 245) aus der in der Röhre vorhandenen kleinen Luftmenge erzeugt wird. Von der Dichte (Druck) dieses Luftrestes hängt die erforderliche Spannung und das Durchdringungsvermögen (Härtegrad) der Strahlung ab. Da ein Teil des Luftrestes durch die Entladungen verbraucht wird, wird die Röhre allmählich zu hart, wenn nicht durch besondere Mittel kleine Gasmengen zugeführt werden. Jedenfalls sind die Stärke der Strahlung, die von der Anzahl der Elektronen der Kathodenstrahlen abhängt, und die Härte voneinander abhängig. Bei den Glühkathodenröhren hingegen wird die Stärke der Strahlung durch die Temperatur der Kathode, das Durchdringungsvermögen aber durch die Spannung zwischen den Elektroden bestimmt, so daß sie unabhängig voneinander eingestellt werden können. Da die glühende Elektrode nur dann die zu einer Strahlung nötige Elektronenmenge nach der anderen Elektrode hin treibt, wenn sie Kathode ist, so ist die zur Bildung eines Ausstrahlungsfleckes (Antikathode) notwendige Ventilwirkung schon vorhanden, so daß sie auch mit symmetrischem Wechselstrom betrieben werden kann, während bei den gewöhnlichen Röntgenröhren unsymmetrischer Wechselstrom (Funkeninduktor od. dgl.) erforderlich ist.

Wenn eine Glühkathodenröhre genügend luftleer ist, so daß neben dem Thermionenstrom keine Stoßionisierung möglich ist, so zeigt sich das schwache Leuchten und Fluoreszieren der gewöhnlichen Röntgenröhren nicht, denn es ist ein Lumineszenzlicht, das nur bei Stoßionisierung auftritt. Vgl. Anmerk. auf S. 513.

245. Ursache der selbständigen Strömung.

Die selbständige elektrische Strömung durch ein Gas infolge selbständiger Ionisierung tritt ein, wenn die Elektrodenspannung einen gewissen von der Art und der Dichte des Gases abhängigen Wert — die Anfangsspannung — überschreitet. Die zunächstliegende Erklärung wäre die, daß die elektrische Kraft des elektrischen Feldes jene Kraft, mit der die beiden Ionen eines neutralen Atomes aneinander gekettet sind, überwindet, indem der positive Bestandteil nach der einen, der negative nach der entgegengesetzten Seite gezogen wird. Die dazu nötige Kraft konnte aus anderen Erscheinungen berechnet werden; es zeigte sich aber, daß die selbständige Ionisierung schon bei sehr viel kleinerer Feldstärke eintritt. Als unmittelbare Ursache der selbständigen Ionisierung betrachtet man den Zusammenstoß freier Elektronen oder Ionen mit neutralen Atomen oder Molekülen. Wenn die lebendige Kraft eines sich frei bewegendes Ions groß genug ist, so zerstört es den Zusammenhang im Atom. Es entstehen so zwei neue Ionen oder ein positives Ion und mehrere negative Elektronen, und alle setzen nach dem Zusammenstoß ihren Weg selbständig fort. Man bezeichnet diesen Vorgang als *Stoßionisierung*. Die lebendige Kraft A eines Ions oder Elektrons hängt bei gegebener Masse von seiner Geschwindigkeit v ab: $A = \frac{mv^2}{2}$. Die Geschwindigkeit erhält es dadurch, daß es von der einen Elektrode angezogen, von der anderen abgestoßen wird, also durch die elektrische Kraft $\mathfrak{H}$ zwischen den Elektroden. Da diese Kraft *beständig* auf das Ion einwirkt, so erhält es eine *beschleunigte* Bewegung. Infolgedessen ist seine Geschwindigkeit an jeder beliebigen Stelle seiner Bahn im Bereiche eines *homogenen* Feldes proportional der Qudratwurzel aus der Kraft $\mathfrak{H}$ und dem seit Beginn der Bewegung ohne Hindernis zurückgelegten Wege l, wie bei jeder beschleunigten Bewegung; also $v = c\sqrt{\mathfrak{H}l}$. Mithin ist die lebendige Kraft eines Ions im Moment seines Zusammenstoßes mit einem Atom: $A = cm\mathfrak{H}l$. D. h. die lebendige Kraft ist proportional der elektrischen Kraft, ferner der Masse des Ions und seinem bis zum Zusammenstoße zurückgelegten Wege. Man nennt diesen Weg die *freie* Weglänge des Ions. Um also eine gewisse zur Zerspaltung eines Atoms notwendige lebendige Kraft zu erreichen, muß das Ion bei gegebenem m und $\mathfrak{H}$, d. h. bei einer bestimmten durch die Art des Gases gegebenen Masse des Ions und bei einer bestimmten elektrischen Kraft eine gewisse freie Weglänge zurückgelegt haben. Diese notwendige Weglänge erreicht es um so öfter, je weniger Ionen und Atome in einer Volumseinheit des Gases enthalten sind, d. h. je dünner das Gas ist. Sind aber sehr viele Atome in der Volumseinheit enthalten, so stößt es häufig mit Atomen zusammen, *bevor* es die erforderliche freie Weglänge zurückgelegt hat. Solche Zusammenstöße vermögen aber eine Zertrümmerung der Atome nicht zu bewirken, sondern das aufprallende Elektron wird vom Atom zurückgeworfen, wie beim Zusammenstoß einer kleinen und einer großen elastischen Kugel. Daher ist ein sehr dichtes Gas (über 15 Atmosphären Druck) ein sehr guter Isolierstoff (S. 551).

Man erkennt aus dieser Überlegung den Grund, warum zur Entstehung einer selbständigen Entladung um so weniger Spannung erforderlich ist, je dünner das Gas ist. Bei sehr dünnen Gasen (unter 0,1 mm Druck) gilt dies aber nicht mehr, sondern da nimmt die zur Entladung erforderliche Anfangsspannung wieder zu, weil dann so wenig Atome vorhanden sind, daß die Zustammenstöße selten werden. Sie können dann nur durch größere Geschwinoigkeit der stoßenden Elektronen, d. h. durch größere Spannung vermehrt werden. Ist die Anzahl der Atome sehr klein, d. h. die Verdünnung des Gases sehr hoch, so fehlt ts überhaupt an den nötigen Atomen, welche Ionen liefern könnten. Ein solcher Raum isoliert.

Da nach jeder Zerspaltung eines Atoms durch Ionenstoß neue

Ionen entstehen, die sich sofort nach den Elektroden in Bewegung setzen und nun ebenfalls andere Atome durch ihre Stöße ionisieren, so erkennt man, daß bei geeigneter Gasdichte die Ionenzahl lawinenartig zunimmt, und daß daher in unmeßbar kurzer Zeit nach Überschreitung der Anfangsspannung die der Spannung $e - g$ entsprechende Stromstärke $i = \frac{e - g}{w}$ erreicht wird. Dennoch kann die Ionisierung nicht beliebig hoch anwachsen, weil bei der Bewegung der Ionen nach den Elektroden hin ungleichnamige Ionen zusammenstoßen und sich dadurch zu neuen Atomen zusammenschließen.

Das gilt für alle selbständigen Entladungen in Gasen von über 0,1 mm Druck oder genauer, solange keine Kathoden- und Kanalstrahlen auftreten. Unter 0,1 mm Druck ist das Gas so dünn, daß die Ionen so große Weglängen ohne Zusammenstoß mit Atomen oder anderen Ionen zurücklegen können, daß sie die in § 235 erwähnte kolossale Geschwindigkeit von $^1/_{15}$—$^1/_2$ der Lichtgeschwindigkeit erreichen. Da die Bewegung jedes Ions so lange geradlinig ist, als nicht ein Zusammenstoß erfolgt, so ist der Gesamteindruck der einer geradlinigen Strahlung.

Die obige Erklärung der selbständigen Ionisierung durch Ionenstoß setzt voraus, daß vor Beginn der selbständigen Strömung bereits freie Ionen vorhanden sind. Tatsächlich ist dies immer und überall der Fall; und zwar rühren sie davon her, daß viele Stoffe in der Erde und wahrscheinlich alle atmosphärischen Gase radioaktiv sind, d. h. Radiumstrahlen aussenden, die eine Ionisierung der Gasatome bewirken (§ 240). Dazu kommt noch die in § 243 besprochene Elektrizitätszerstreuung, d. h. Austritt von Elektronen aus festen Körpern in die Luft.

Zwei Bedingungen müssen also erfüllt sein, wenn eine selbständige Strömung zustande kommen soll; erstens muß wenigstens ein freies Ion in dem Felde zwischen den Elektroden vorhanden sein, zweitens muß die elektrische Kraft oder die Elektrodenspannung so groß sein, daß die vorhandenen Ionen auf der freien Weglänge hinreichende Geschwindigkeit erlangen, um durch ihren Stoß Atome zu zerspalten.

Man kann die zur Ionisierung durch Elektronenstoß erforderlichen Bedingungen (freie Weglänge, Minimumspannung, Art und Dichte des Gases) in einer Zahl zum Ausdruck bringen, wenn man auf die Potentialdifferenz (Spannung) zurückgeht, die ein freies Elektron durchlaufen muß, bis es die nötige Energie erhalten hat. Man nennt diese Spannung die Ionisierungsspannung. Frank und Hertz[1]) fanden dafür ungefähr bei Wasserstoff 11, bei Sauerstoff 9, bei Stickstoff 7,5, bei Quecksilberdampf 5 Volt.

Die äußeren Erscheinungen der selbständigen Entladung sind sehr mannigfaltig. Am auffälligsten sind die Lichterscheinung und das Geräusch. Lichterscheinungen treten auf, wenn nach dem geschilderten Vorgang die Zusammenstöße der Ionen und Atome sehr zahlreich sind, oder die Stromstärke auf einen so hohen Wert anwächst, daß eine starke Erwärmung des leitenden Gases oder der Elektroden an der

---

[1]) Berichte d. Deutschen Physik. Gesellsch. 1913, Heft 2.

Austrittsstelle des Stromes eintritt. Je nach der Art der auftretenden Lichterscheinung lassen sich die selbständigen Strömungen einteilen in: dunkle Entladungen, Glimm- und Büschelentladungen, Funkenentladungen, Lichtbögen, die im folgenden einzeln behandelt werden.

Entsprechend den verschiedenen Erscheinungsformen ist auch das Spannungsgefälle verschieden. Alle selbständigen Entladungen aber haben das gemeinsam, daß der Abfall in unmittelbarer Nähe der Elektroden größer ist als an irgendeiner Stelle der Strombahn im Gase.

246. Dunkle Entladung. Glimmlicht. Büschellicht.

Die in den folgenden Paragraphen behandelten Vorgänge gelten für Gase von gewöhnlicher Dichte.

Verbindet man zwei spitze Elektroden, die einen Abstand von mehreren Zentimetern haben, mit einer Stromquelle und steigert die Spannung auf einige Tausend Volt, so bemerkt man noch keine Lichterscheinung. Dennoch findet bereits eine Entladung aus den Spitzen statt, die man mit genügend feinen Mitteln nachweisen kann. Häufig hört man schon ein leises zischendes Geräusch, und nach längerer Zeit bemerkt man einen stechenden Geruch, der von Ozon und Stickoxyden herrührt (§ 264). Solche Entladungen bezeichnet man als dunkle Entladungen. Steigert man die Spannung weiter, so bemerkt man an den Spitzen Lichterscheinungen, die je nach der Polarität der Spitze verschiedenes Aussehen haben, und die man als Glimmlicht und Büschellicht bezeichnet[1]). Haben die Elektroden keine Spitzen und keine Kanten, sondern abgerundete Formen, so tritt das Glimm- oder Büschellicht nur auf, wenn die Spannung entsprechend höher ist oder das Gas unter niedrigem Druck steht. Diese Entladungsformen sind die am längsten bekannten. Sie zeigen sich am auffälligsten an Elektrisiermaschinen, wenn sich an den Polen Spitzen befinden. An den negativen Spitzen zeigt sich ein wenig ausgebreiteter Lichtpunkt, der ähnlichen Charakter hat wie das Licht an einer spitzen Elektrode in einer Geißlerschen Röhre. An den positiven Spitzen zeigt sich ein weit ausgebreitetes leuchtendes Büschel (vgl. Abb. 472, 473). Werden die Entladungen von Wechselstrom erzeugt, so kann das Auge die positive und negative Erscheinung nicht mehr getrennt wahrnehmen, sondern beide Elektroden scheinen gleichmäßig zu leuchten. Daß der Unterschied vorhanden ist, zeigt die durch eine stroboskopische Scheibe gemachte photographische Aufnahme an zwei parallelen Drähten Abb. 470. Hier ist links das positive, rechts das negative Glimmlicht, und dieses Bild wechselt mit jeder halben Periode[2]). Die Leuchtpunkte des negativen Glimmlichtes treten in jeder Halbwelle an denselben Stellen des Drahtes auf, nämlich an jenen, wo die Oberfläche Unebenheiten hat, wenn sie auch noch so klein sind.

---

[1]) Eine objektive Grenze zwischen dunkler Entladung und Glimmlicht besteht natürlich nicht, denn der Unterschied beruht nur auf unserer Sinneswahrnehmung und dem Helligkeitsgrad des Raumes.

[2]) Peek, Proceed. Am. Inst. of El. Eng., Bd. 31, 1912.

Bei Wechselstrom hängt der Eintritt der Entladung vom höchsten Spannungswert, also vom Scheitelwert, nicht vom effektiven Wert ab. Von der Frequenz ist er unabhängig.

Die dunklen Entladungen kann man auf einem photographischen Papier zur Darstellung bringen, wenn man es so in das elektrische Feld bringt, daß sie in der Schichtebene verlaufen. Bei der nachfolgenden Entwicklung werden die Entladungswege schwarz wie bei einem photographischen Negativ. Abb. 471 zeigt ein auf solche Weise gewonnenes Entladungsbild zwischen den 7 Leitern und dem Bleimantel eines Kabels[1]). Es ist zugleich ein Bild der Kraftlinienverteilung und Feldstärke. An den äußersten Stellen der Leiter ist die elektrische Kraft sehr viel größer als am Bleimantel. Dazwischen gibt es eine Zone und zwischen den Leitern schmale Ausschnitte, wo diese Kraft klein ist.

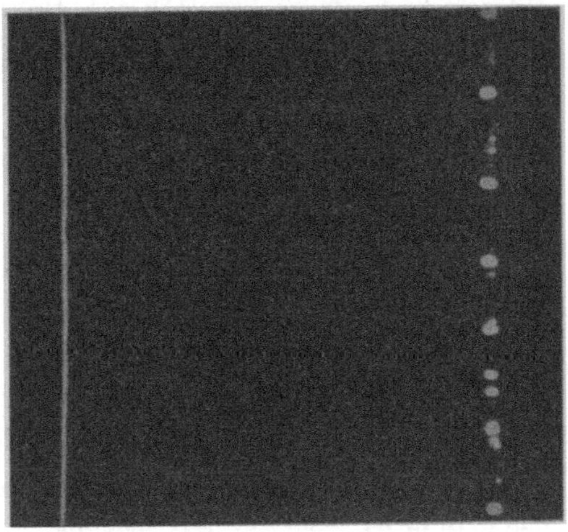

Abb. 470. Links positives, rechts negatives Glimmlicht an runden Drähten.

Sind die Entladungen so stark, daß sie als Glimm- oder Büschellicht oder Funken sichtbar werden, so kann man sie photographieren (Abb. 470, 472 u. f.). Hier erscheinen die Entladungen hell, weil es photographische Positivbilder sind, während Abb. 471 die durch die Entladungen erfolgte Schwärzung der lichtempfindlichen Schicht zeigt.

Wie alle selbständigen Strömungen der Elektrizität treten auch diese Entladungsformen erst auf, wenn eine gewisse Spannung — die Anfangsspannung — überschritten wird. Diese hängt von der Art des Gases, dem Druck und der Temperatur, sowie von der Form der Elektroden ab. Sie liegt um so niedriger, je spitzer die Elektroden sind, weil das Potentialgefälle und daher auch die elektrische Kraft in unmittelbarer Nähe der Elektroden um so größer ist, je kleiner der Krümmungsradius der Elektroden ist (Spitzenwirkung

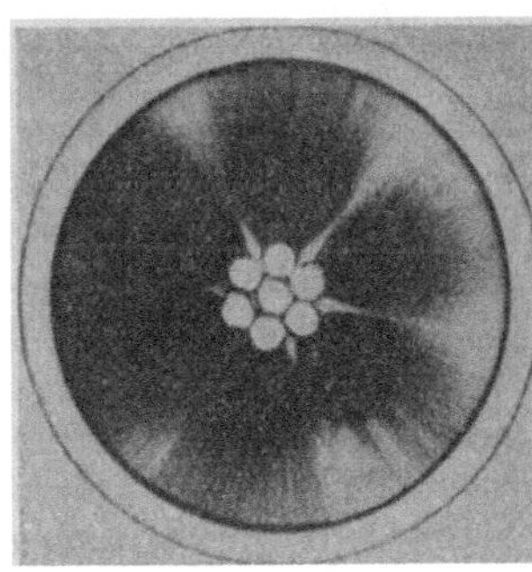

Abb. 471. Elektrisches Feld, dargestellt durch direkte Wirkung der Entladungen auf eine photogr. Platte.

[1]) B. Ell, ETZ 1921, S. 1195.

§ 20). Sie ist ferner um so niedriger, je kleiner der Druck und je höher die Temperatur ist.

Da die Ionisierung von der elektrischen Kraft abhängt, verlaufen alle Entladungsformen in der Richtung der elektrischen Kraftlinien, wenn der Stoff ganz homogen ist. Ist das nicht der Fall, sind insbesondere Schichten verschiedener Dichte, Poren oder Verunreinigungen vorhanden, so kann der Weg der Entladung sehr verändert werden. In den gasförmigen und flüssigen Stoffen haben auch etwaige Strömungen Einfluß auf den Verlauf; endlich auch magnetische Felder, und zwar um so mehr, je größer die Stromstärke der Entladung ist. Der Durchgang von Glimm- oder Büschelentladungen durch einen Isolierstoff ist noch kein „Durchbruch" oder „Durchschag" desselben, sondern dazu ist eine Funkenentladung nötig (§ 248, 252).

Über die elektrischen Verluste durch Glimm- und Büschelentladungen vgl. § 250, über den Durchgang von Büschelentladungen durch feste Isolierstoffe vgl. § 251.

247. Äußeres Bild der Funkenentladungen. Vorentladungen. Intermittierende Entladungen.

Unter Funkenentladung versteht man jede kurz andauernde, von einer funkenartigen Lichterscheinung begleitete Entladung. Sie tritt im allgemeinen nur bei größerer Gasdichte (über 1 mm Quecksilbersäule) auf. Sie gehört zu den selbständigen Strömungen der Elektrizität (§ 245), weil sie erst eintritt, wenn die Elektrodenspannung einen gewissen Wert — die Anfangsspannung der Funkenentladung — überschritten hat. Diese liegt immer höher als bei der Glimm- und Büschelentladung. In manchen Fällen aber, namentlich bei geringem Gasdruck oder bei kleinen Abständen der Elektroden, kann eine scharfe Grenze zwischen Büschel- und Funkenentladung nicht gezogen werden (vgl. Abb. 484).

Den Raum zwischen den Elektroden, in dem sich die Entladung abspielt, bezeichnet man als Funkenstrecke, den Abstand der Elektroden bzw. jener Stellen, von denen die Entladung ausgeht, als Schlagweite.

Liefert die Stromquelle, an die die Elektroden angeschlossen sind, genügend Elektrizität (z. B. größere Dynamomaschinen, Transformatoren) so bleibt nach Eintritt der Funkenentladung ein dauernder Stromübergang — der Lichtbogen — bestehen, der in § 257 u. f. behandelt wird. Hier sei nur bemerkt daß er zum größten Teil aus einer unselbständigen Strömung besteht, weil die große Menge von Elektronen, die er führt, hauptsächlich von den glühenden Elektroden ausgestrahlt wird (§ 242), wozu infolge der großen Gasdichte noch eine beträchtliche Stoßionisierung kommt (§ 245). Abb. 353 zeigt das Bild eines Lichtbogens, der aus dem ersten Funkenübergang zwischen zwei Elektroden entstanden ist, die an einen 10 Kilowatt-Transformator bei 40000 V. angeschlossen waren. Fällt die Spannung nach dem ersten

Übergang wegen mangelnder Elektrizitätszufuhr unter einen gewissen Wert — die Minimumspannung —, so hört die Entladung sofort wieder auf. Man erhält also nur Funken, wie dies bei der Entladung von Kondensatoren und bei Funkeninduktoren immer der Fall ist. Abb. 354 zeigt mehrere aufeinanderfolgende Funkenentladungen zwischen denselben Elektroden und bei derselben Spannung wie der Lichtbogen in Abb. 353. Während beim Lichtbogen die primäre Wicklung unmittelbar an eine Dynamomaschine von genügender Größe angeschlossen war, war in diesem Falle eine Drosselspule vorgeschaltet. Ihr induktiver Widerstand bewirkt schon beim ersten Stromübergang einen so großen Spannungsabfall, daß die Spannung sogleich wieder unter die Minimumspannung fällt. Nach dem Verlöschen des Funkens steigt die Spannung wieder auf den anfänglichen Wert, es tritt eine neue Entladung ein und so fort. Dasselbe würde eintreten, wenn schon die Dynamomaschine und der Transformator zusammen einen so großen Spannungsabfall hätten, oder wenn eine Drosselspule von gleichem prozentualen Spannungsabfall im sekundären Stromkreis der Funkenstrecke vorgeschaltet wäre[1]). Bei sehr großem Widerstand im Stromkreis tritt manchmal schon infolge der vorausgehenden dunklen Entladung oder der Büschelentladung ein so großer Spannungsabfall auf, daß es überhaupt zu keiner Funkenentladung kommt, wie Abb. 472 zeigt. Hier hat die Entladung dreimal hintereinander angesetzt, ohne daß es zu einem völligen Funkenübergang gekommen wäre[2]).

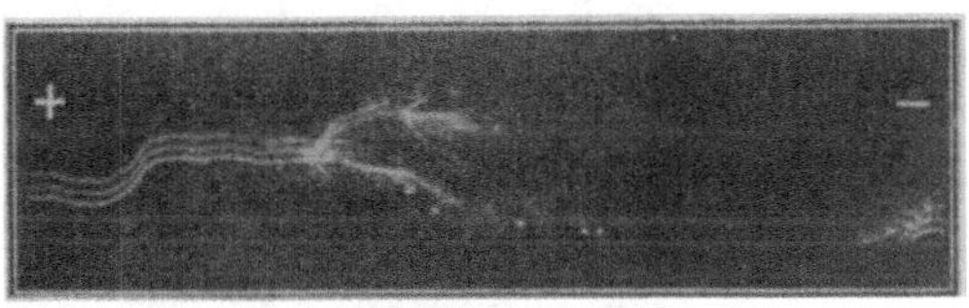

Abb. 472. Vorentladungen ohne vollständigen Übergang.

In Abb. 473 gehen dem vollständigen Übergang fünf Entladungen voraus, von denen jede denselben Weg nimmt, aber ein Stück weiter reicht als die vorhergehende, bis endlich der vollständige Übergang stattfindet. Es haben

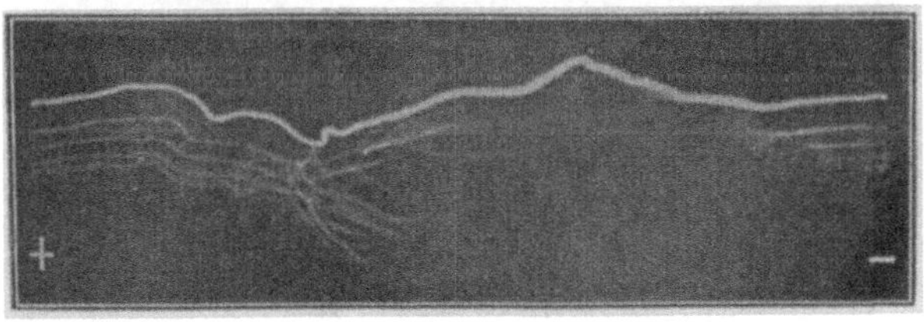

Abb. 473. Funkenentladung mit Vorentladungen.

[1]) Bei der praktischen Verwendung von Hochspannungsapparaten in elektrischen Anlagen muß man wegen des geringen Spannungsabfalles der Stromerzeuger damit rechnen, daß jeder Funkenentladung ein Lichtbogen folgt, der einen völligen Kurzschluß bewirken kann.

[2]) Abb. 472—474 aus dem „Jahrbuch der Hamburgischen wissenschaftlichen Anstalten" XX von B. Walter. Es sind Aufnahmen auf bewegten photographischen Platten.

also Vorentladungen stattgefunden, die dem vollständigen Übergang den Weg bahnen. Ist die zur Verfügung stehende Elektrizitätsmenge so gering, daß sie schon durch die Vorentladungen erschöpft wird, so kommt es überhaupt zu keinem vollständigen Übergang, wie Abb. 472 zeigt. Ihrem Wesen nach sind die Vorentladungen Glimm- und Büschelentladungen; sie zeigen auch die Eigentümlichkeit derselben, daß die von der positiven Elektrode ausgehenden weiter reichen als die von der negativen (vgl. Abb. 451 und 452). Besonders stark sind die Vorentladungen ausgeprägt bei Gleitfunken (§ 254), bei Funkenstrecken mit großer Kapazität (Platten) und bei langen Funkenstrecken unter hoher Spannung. Bei kurzen Funkenstrecken (unter 1 mm) treten sichtbare Vorentladungen meist nicht auf, sondern die Entladung erscheint gleich als Funken.

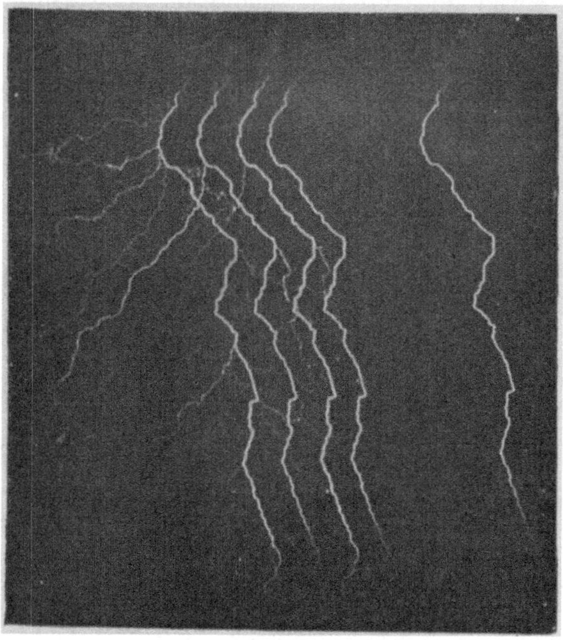

Abb. 474. Intermittierende Blitzentladung.

Abb. 474 zeigt eine auf bewegter Platte aufgenommene Blitzentladung und Abb. 475 die Entladung eines Funkeninduktors. Sie bestehen beide aus mehreren vollständigen Übergängen (Teilfunken; intermittierende Entladung). Solche entstehen, wenn die zur Entladung kommende Elektrizitätsmenge den Entladungsstellen nicht rasch genug zuströmen kann. Auf der Gewitterwolke ist die Elektrizität über eine große Fläche verteilt, deren Leitungswiderstand sehr groß ist. Beim Funkeninduktor verhindert der hohe Widerstand der sekundären Wicklung und ihre Kapazität, daß die ganze induzierte Elektrizitätsmenge sofort den Elektroden zuströmt. Daß es sich hier nicht um die

Schwingungen einer oszillatorischen Entladung handelt, zeigt ein Vergleich mit Abb. 326. Dort folgen die Halbwellen in genau gleichen Abständen, stetig abnehmend aufeinander. Übrigens war die Geschwindigkeit der bewegten Platte bei Abb. 475 zu klein, um elektrische Schwingungen wahrnehmbar zu machen, denn diese Teilentladungen folgen in zehntel bis hundertstel Sekunden aufeinander, während die oszillatorischen Entladungen aus Halbwellen von tausendstel bis millionstel Sekunden bestehen. Der Blitz (Abb. 474) hat auch Vorentladungen, die hier als Verästelungen nach unten auseinanderlaufen, weil die Entladung zwischen einem Punkte (Wolke) und einer großen Fläche (Erde) stattfindet. Daß es Vorentladungen sind, geht daraus hervor, daß sie am Beginn der Entladung (links) vorhanden sind, am Ende (rechts) aber nicht mehr. Daß die Teilentladungen alle in derselben Bahn verlaufen, erklärt sich daraus, daß jede vorausgehende eine Ionisierung der Luft zurückläßt, die für die folgende einen gut leitenden Weg darstellt. Folgt aber die nächste Entladung nicht rasch genug, so haben sich die Ionen schon zerstreut, und es muß ein neuer Weg gebahnt werden. Das ist dann keine Teilentladung der vorhergehenden, sondern eine neue, selbständige Funkenentladung, wie Abb. 354 mehrere solche zeigt.

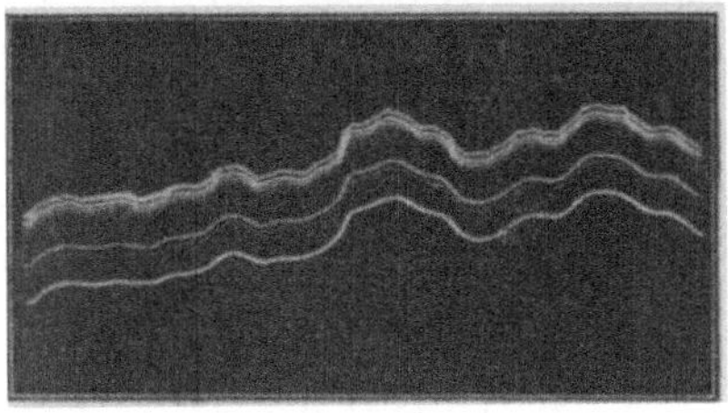

Abb. 475. Intermittierende Funkenentladung.

Jede Teilentladung kann oszillatorisch oder aperiodisch sein; das hängt nur von Kapazität, Selbstinduktion und Widerstand des Entladungskreises ab.

Die Funkenentladung durch einen festen Isolierstoff (Durchschlag) bedarf offenbar noch mehr der Vorbereitung des Weges durch Vorentladungen, als durch gasförmige und flüssige Isolierstoffe. Bevor es zu den mit A bezeichneten Durchschlägen der Stabilitplatte in Abb. 504 kam, gingen längere Zeit Büschelentladungen über die ganze Platte hinweg, sowie auch um den Rand der Platte herum zur anderen Elektrode wie in Abb. 502. Sie suchten also die ganze Platte ab nach solchen Stellen, wo sich größere Poren befinden. Nachdem die in diesen Poren enthaltene Luft genügend ionisiert war, kam es hier zum Durchschlag. Bei Abb. 504 war die Spannung nur um wenig höher als bei Abb. 502.

248. Die Schlagweite der Funkenentladung in Luft.

Die Schaulinien in Abb. 476 bis 478 stellen die Beziehung zwischen Schlagweite und Funkenspannung für gewöhnliche Luft bei verschiedenen Elektrodenformen dar. Auf der linken Seite stehen die Spannungen in effektiven Volt, auf der rechten Seite die Scheitelwerte (bei sinusförmiger Spannungswelle) also die eigentlichen Spannungswerte,

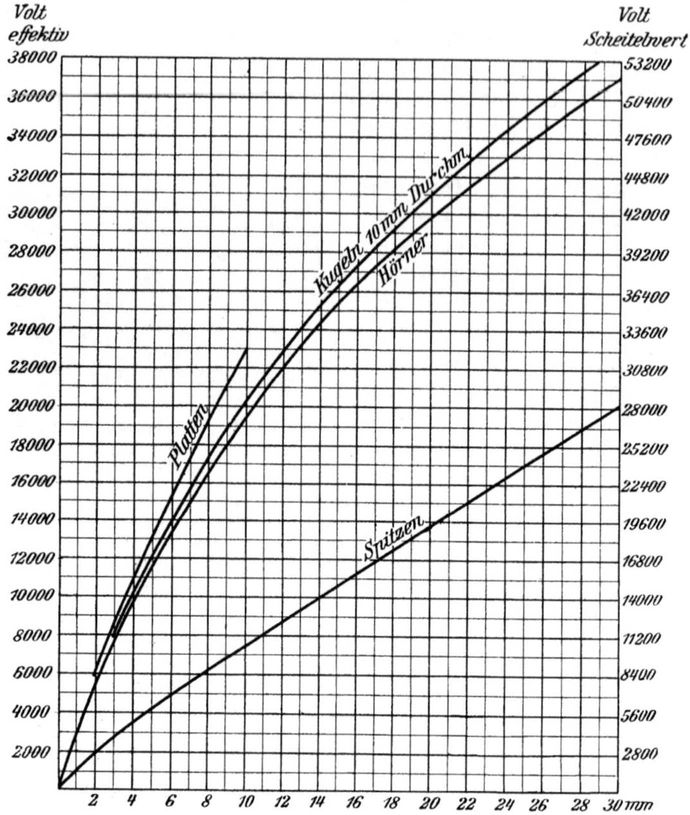

Abb. 477.

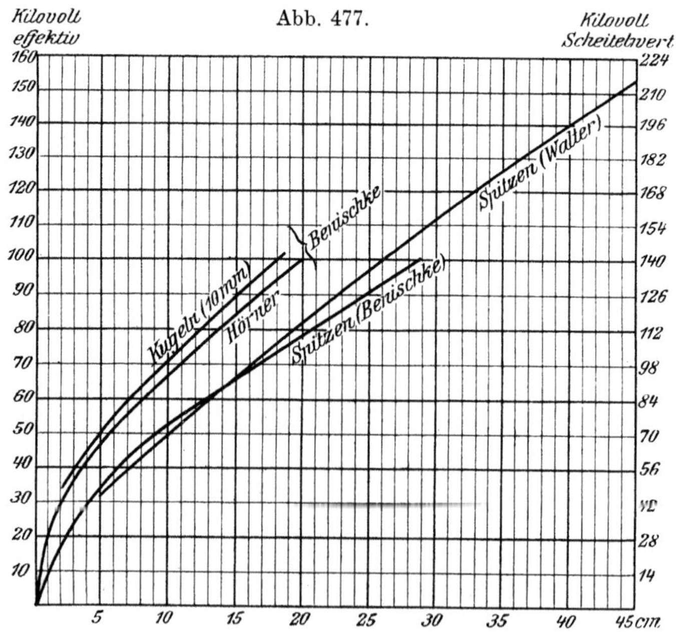

Abb. 478.

die den Überschlag verursachen. Wie man sieht, besteht zwischen Schlagweite und Funkenspannung keine Proportionalität.

Diese Kurven sind mittels Transformatoren aufgenommen, wobei die sekundäre Spannung aus dem Übersetzungsverhältnis und der gemessenen primären Spannung berechnet wurde. Sie sind nicht durch eine einzige Aufnahme an einem einzigen Transformator gewonnen worden, sondern durch Übereinanderlagerung mehrerer Aufnahmen mit verschiedenen Transformatoren. Die einzelnen Aufnahmen liefern nämlich keine so regelmäßigen Kurven, wie sie hier abgebildet sind, sondern sie haben irgendwo eine Einbuchtung, wie sie Abb. 479 zeigt. Und zwar tritt diese Einbuchtung bei verschiedenen Transformatoren an verschiedenen Stellen der Kurve, also bei verschiedenen Schlagweiten auf[1]). Daraus folgt, daß die Ursache dieser Erscheinung nicht in der Funkenstrecke, sondern im Transformator liegt. Offenbar macht sich hier der auf S. 375 erwähnte Einfluß der Eigenkapazität der Hochspannungswicklung bemerkbar.

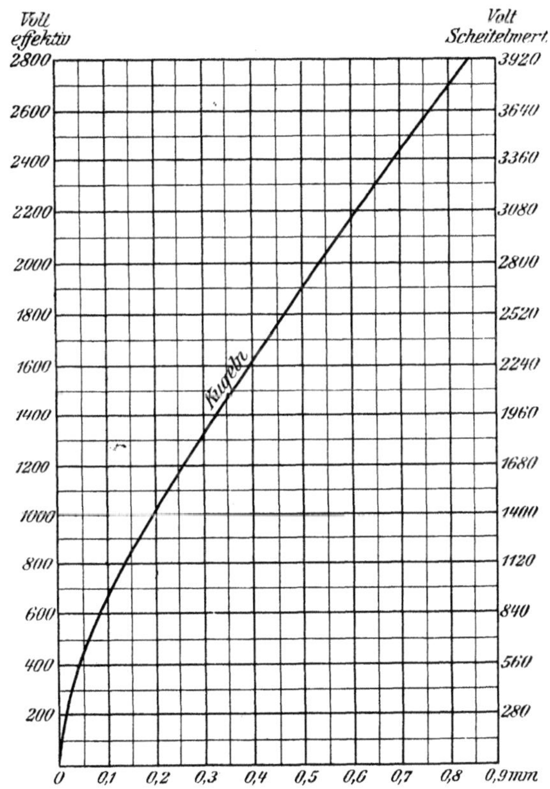

Abb. 476.

Der äußerliche Zusammenhang zwischen Schlagweite und Funkenspannung ist zwar praktisch sehr wichtig; der innere Zusammenhang aber besteht zwischen Schlagweite und elektrischer Kraft (Feldstärke) $\mathfrak{H}$, da von dieser die notwendige Ionisierung des Gases abhängt. Eine an allen Stellen gleiche elektrische Kraft herrscht in einem homogenen Felde, also zwischen parallelen Platten, oder zwischen Kugeln, deren Abstand klein ist gegen ihren Radius. Für diesen Fall zeigt Abb. 480 die Abhängigkeit der Schlagweite von der elektrischen Kraft $\mathfrak{H}$ in elektrostatischen Einheiten nebst der Schlagweitenkurve, aus der $\mathfrak{H}$ be-

[1]) Es ist dies einer der Gründe, warum die öfter vorgeschlagene Spannungsmessung durch die Schlagweite der Funkenentladung unbrauchbar ist.

rechnet wurde[1]). Daraus ersieht man, daß eine um so kleinere elektrische Kraft zur Erzeugung des Funkens nötig ist, je länger die Schlagweite ist. Schließlich nähert sich die elektrische Kraft asymptotisch einem konstanten Werte. Das erklärt sich daraus, daß bei kurzen Schlagweiten nur ein kurzer Weg zur Verfügung steht, auf dem die freien Ionen die nötige lebendige Kraft zur Zertrümmerung der Atome erlangen müssen. Daher muß die beschleunigende elektrische Kraft groß sein. Andererseits kann bei großen Schlagweiten die Geschwindigkeit der freien Ionen trotz dauernder Einwirkung der elektrischen Kraft nicht unbegrenzt anwachsen, weil der Bewegungswiderstand schneller als die Geschwindigkeit wächst (wahrscheinlich quadratisch). Fallende Schneeflocken erhalten schon nach kurzer Weglänge eine gleichförmige Geschwindigkeit; ebenso ist es bei der Bewegung der Ionen. Aus diesem Grunde nähert sich mit wachsender Schlagweite die zur Erzeugung der Funkenentladung nötige elektrische Kraft einem konstanten Werte, und die in Abb. 477 und 478 enthaltenen Funkenspannungen gehen schließlich in nahezu gerade Linien über.

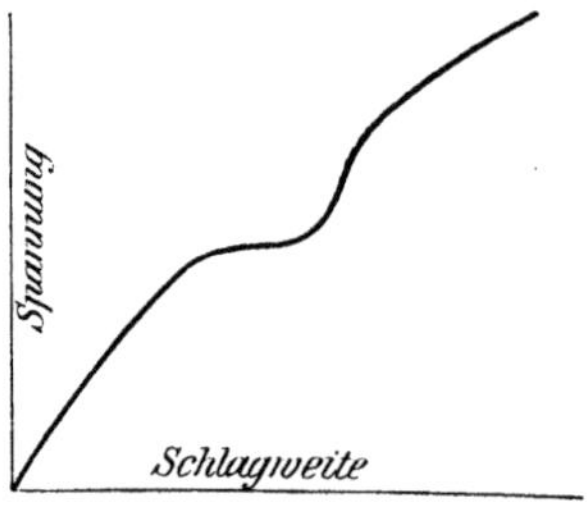

Abb. 479.

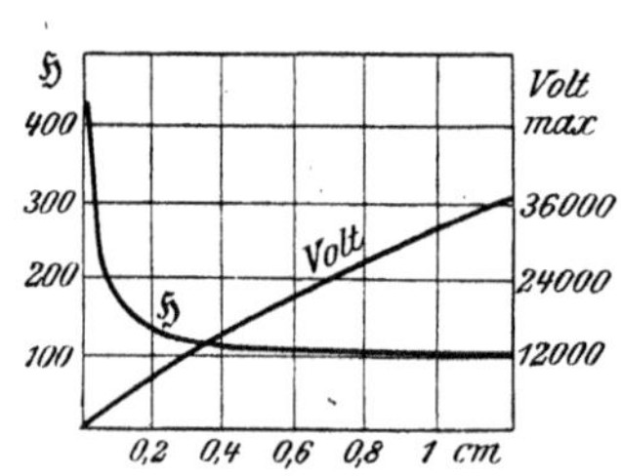

Abb. 480.

Bei gleicher Spannung ist die Kraftliniendichte und daher die elektrische Kraft um so größer, je kleiner der Krümmungsradius der Elektroden ist, d. h. je spitzer sie sind (§ 20). Daraus erklärt sich die aus Abb. 477 und 478 hervorgehende Tatsache, daß bei gleicher Spannung die Schlagweite um so kürzer ist, je kleiner der Krümmungsradius der Elektroden ist.

Die Dichte des Gases ist von starkem Einfluß auf die Schlagweite. Bei sehr kleinen Dichten kommt überhaupt kein Funken, sondern nur Glimm- oder Büschellicht zustande (§ 233). Für jene Dichten, wo eine deutliche Funkenentladung stattfindet, hat die Funkenspannung für alle Schlagweiten l und Gasdichten d, deren Produkt ld konstant ist, denselben Wert[2]).

---

[1]) Schwedoff, Annal. d. Phys. Bd. 19, S. 918, 1906.

[2]) Paschen, Annal. d. Phys., Bd. 37, S. 69, 1889. Schwedoff ist es gelungen (am angegebenen Orte) auf Grund der in § 245 entwickelten Theorie der selbständigen Strömung eine Gleichung abzuleiten, welche die Beziehung zwischen Schlagweite l in Zentimeter und Funkenspannung k in Volt darstellt, nämlich

$$k = \frac{0{,}0192\, l}{1 + \frac{\alpha}{\beta}\left(1 - \varepsilon^{-\frac{l}{\alpha}}\right)}\, 10^8 \text{ Volt}.$$

Bei konstanter Schlagweite nimmt die zu einer Funkenentladung nötige Spannung (Durchschlagsfestigkeit) mit dem Druck, unter dem das Gas steht, zu (vgl. § 245), und zwar ungefähr proportional bis etwa 20 Atmosphären; dann wächst sie langsamer und scheint sich einem konstanten Wert zu nähern[1]). Auch bei flüssigen Isolierstoffen wächst die Durchschlagsfestigkeit mit dem Druck.

249. Beeinflussung der Funkenentladung durch Entladeverzug und Überspannung. Einfluß der Kapazität.

Häufig bemerkt man, daß beim Anlegen einer konstanten Spannung an die Elektroden die Funkenentladung erst nach einiger Zeieintritt, oder daß trotz unveränderter Versuchsanordnung an einem Tage die Entladung eintritt an einem andern nicht. Schließt man in einem dunkeln Raum zwei Funkenstrecken C und D (Abb. 481), deren Länge wenig voneinander verschieden ist, an dieselbe Stromquelle an, so kann man durch Beleuchtung der längeren erreichen, daß an dieser eher eine Funkenentladung eintritt als an der kürzeren.

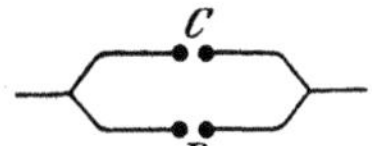

Abb. 481.

Diese Erscheinung hat Ähnlichkeit mit dem Siedeverzug beim Sieden von Flüssigkeiten, weshalb man sie als *Entladeverzug* be-

---

Hier ist ε die Basis der natürl. Logar., $\alpha = 0{,}0041$, $\beta = 0{,}00022$. Genauer ist die Formel, wenn α aus folgender Beziehung berechnet wird

$$\alpha = 0{,}0043 \log \left(1 + \frac{l\,\delta}{0{,}0008}\right),$$

wobei δ das Verhältnis der herrschenden Gasdichte zur gewöhnlichen Luftdichte bedeutet. Für gewöhnlichen Atmosphärendruck ist also $\delta = 1$. Mit log sind hier gemeine Logarithmen bezeichnet. Die Werte von α und β bzw. der erste Zahlenfaktor in der Formel für α ändern sich natürlich mit der Natur des Gases und der Elektrodenform. Die obigen Werte gelten für Luft und plattenförmige Elektroden und für Kugeln, deren Radius groß ist gegen ihren Abstand. Zur Ausrechnung dieser Werte dienten die in Abb. 480 dargestellten Messungen. Für $l = 0$ wird auch $k = 0$, d. h. zu einer unendlich kleinen Schlagweite ist nur eine unendlich kleine Spannung notwendig. Die Schaulinien in Abb. 477 streben auch wirklich dem Nullpunkt zu. Das scheint im Widerspruch zu stehen mit der in § 234 besprochenen Tatsache, wonach ein gewisser Spannungsabfall an der Anode und an der Kathode auftritt. Das gilt aber nur, wenn der Abstand der beiden Elektroden größer ist als die Summe aus der ersten Kathodenschicht und der ersten Anodenschicht, in denen jener Spannungsabfall liegt. Ist der Abstand kleiner, so daß die beiden Schichten teilweise zusammenfallen, so gelten auch jene Spannungsabfälle nicht mehr. Bei so kurzen Schlagweiten kann auch nicht mehr zwischen Glimmentladung und Funkenentladung unterschieden werden.

Für $l = \infty$ geht die obige Formel für k in eine lineare über, das entspricht auch dem Charakter der Schaulinien in Abb. 478, die sich mit wachsender Schlagweite einer geraden Linie nähern.

[1]) Man hat daher die Anwendung stark gepreßter Gase (natürlich solcher, die nicht brennen und die Verbrennung nicht fördern, also z. B. Stickstoff) für Hochspannungstransformatoren, Schalter, Kondensatoren usw. öfter erwogen. Die Schwierigkeiten der Abdichtung der Gefäße sowie die Explosionsgefahr sind aber hindernd.

zeichnet. Die Erklärung ergibt sich daraus, daß eine Entladung nur dann zustande kommt, wenn bereits Ionen in dem Gas vorhanden sind, denen durch die elektrische Kraft eine solche Geschwindigkeit erteilt wird, daß sie durch ihren Stoß auf neutrale Atome neue Ionen bilden, bis das Gas genügendes Leitungsvermögen erlangt hat. Wäre der Fall möglich, daß kein einziges freies Ion in dem Gas vorhanden ist, so könnte man die Elektrodenspannung bedeutend erhöhen, ohne daß eine Entladung zustande käme. Dieser Fall ist praktisch nicht möglich, weil, wie in § 245 erwähnt, in jedem Gas eine Selbstionisierung besteht. Eine gewisse Zeit ist aber immerhin erforderlich, bis unter dem Einfluß des elektrischen Feldes genügend Ionen durch Stoßionisierung entstanden sind, um eine Entladung zu ermöglichen. Befindet sich die negative Elektrode im hellen Licht, so treten aus ihr freie Elektronen in das Gas über (§ 244). Dann geht die weitere Ionisierung in so kurzer Zeit vor sich, daß die Entladung anscheinend sofort eintritt. Befinden sich aber die Elektroden im Dunkeln und entstehen auch aus anderen Ursachen nicht genügend freie Elektronen, so kann es minutenlang dauern, bis es zu einer Entladung kommt, oder auch gar nicht, wenn die Elektrodenspannung nur sehr wenig über der zur Ionisierung nötigen Anfangsspannung liegt. Durch Bestrahlung der negativen Elektrode mit intensivem Licht, insbesondere ultraviolettem oder mit Röntgenstrahlen oder mit Radiumstrahlen wird der Entladeverzug sofort aufgehoben. Die Auslösung des Funkens wird auch durch elektrische Wellen, die auf die Funkenstrecke auftreffen, bewirkt oder beschleunigt (vgl. § 209).

Der Entladeverzug und die Umstände, die seine Aufhebung bewirken, haben zur Folge, daß man nur unter besonderen Vorsichtsmaßregeln, insbesondere nur bei genügender Helligkeit, einigermaßen übereinstimmende Werte bei der Messung von Funkenspannungen erhält.

Am meisten macht sich der Entladeverzug bemerkbar, wenn die Elektrodenspannung nicht plötzlich, sondern durch allmähliche Steigerung hoch gebracht wird. Manchmal aber tritt bei plötzlicher Herstellung der Spannung die Entladung schon bei einem so niedrigen Werte ein, daß das nicht aus der Aufhebung des Entladeverzuges erklärt werden kann. Das zeigt sich, wenn eine gewisse Kapazität mit den Elektroden unmittelbar verbunden ist. Die Erklärung liegt in der Überspannung, die auftritt, wenn die Ladung dieser Kapazitäten oszillatorisch erfolgt (§ 199). Die wirkliche vorhandene Anfangsspannung ist dann höher als die Klemmenspannung der betreffenden Stromquelle und kann auch nicht mit einem Spannungszeiger gemessen werden, weil sie zu kurze Zeit andauert. Sehr häufig zeigen sich solche Überspannungen bei Kondensatoren in Form von langen Büschelentladungen und Funkenentladungen, wenn die Spannung plötzlich eingeschaltet wird, oder wenn der Magnetregulator des Stromerzeugers nicht fein genug abgestuft ist, so daß die Spannung sprungweise gesteigert wird. In solchen Fällen erfolgt eben die Ladung oszillatorisch. Es handelt sich hier also nicht um Aufhebung eines Entladeverzuges, sondern um eine kurzdauernde Erhöhung der an den Elektroden herrschenden Spannung gegenüber dem aus dem Übersetzungsverhältnis des Transformators berechneten oder mittels eines Meßinstrumentes gemessenen Mittelwerte der Spannung.

Aber auch bei ganz langsamer Erhöhung der Spannung besteht ein die Funkenspannung vermindernder Einfluß der Kapazität. Das zeigt sich schon, wenn man die Elektroden mit leitenden Körpern von größerer Kapazität verbindet. Der Grund dürfte darin liegen, daß die Vorentladungen, die dem Funkenüberschlag den Weg vorbereiten, um

Abb. 482.

Abb. 483.

so stärker auftreten, je größer die Kapazität ist. Diese bildet gewissermaßen ein Reservoir für die Elektrizität, deren Menge und Spannung gerade beim Durchgang des Stromes durch Null am größten ist (Abb. 279, S. 338). Besonders auffällig ist der Einfluß der Kapazität, wenn man mehrere gleiche Kondensatoren oder Isolatoren (die natürlich auch Kapazität haben) hintereinander schaltet. Nach § 178 soll bei gleichen Kapazitäten die gesamte Spannung gleich der Summe aller Teilspannungen sein. Das ist auch der Fall, solange noch keine Entladungen stattfinden. Treten irgendwelche Entladungeu — wenn auch nur dunkle — auf, so ist das nicht mehr der Fall, sondern die gesamte Spannung ist kleiner als die Summe aller Teilspannungen. Welch großen Einfluß in dieser Hinsicht selbst kleine Kapazitäten ausüben, zeigen die vergleichenden Versuche Abb. 482 und 483. Beim ersten Versuch sind die drei Hängeisolatoren nur mittels Drähten aneinandergehängt. Bei 130 000 V tritt schwaches Glimmlicht auf. Beim zweiten Versuch sind dieselben Isolatoren durch eiserne Manschetten miteinander verbunden. Die geringe Kapazität derselben bewirkt schon, daß bei derselben Spannung bereits Funkenentladungen auftreten[1]).

250. Entladungen aus zylindrischen Elektroden (Drähten).

Von praktischer Wichtigkeit sind die Entladungen aus einer zylindrischen Elektrode (Draht), sei es, daß die andere Elektrode aus einem gleichen, parallelen Zylinder besteht (Luftleitungen und Kabel mit parallelen Drähten), oder aus einem konzentrischen Zylinder (konzentrische Kabel, Durchführungen u. dgl.). Derartige Anordnungen müssen in allen Fällen so bemessen werden, daß die Betriebsspannung weit unter der Durchschlagspannung liegt. Sie muß aber auch unter der Anfangsspannung der sichtbaren oder hörbaren Glimmentladungen liegen. Denn wenn diese auch keinen Durchschlag bewirken, so verursachen sie doch bei den meisten festen Isolierstoffen eine allmähliche Verschlechterung und schließliche Zerstörung derselben, und in allen Fällen einen Leistungsverlust. Ist bei Luftleitungen dieser Verlust so groß wie die Zunahme des Stromwärmeverlustes bei Anwendung kleinerer Betriebsspannung und entsprechend größerer Stromstärke, so ist es vorteilhafter, eine kleinere Spannung als Betriebsspannung zu wählen. Folgende Tabelle gibt die Anfangsspannung des Glimmlichtes für zwei parallele Drähte von verschiedenen Dicken bei 122 cm Abstand nach Versuchen von Ryan[2]).

Drahtstärke (mm)	1,5	2,7	5	11	18	25
Kilovolt (effektiv)	56	84	111	167	223	277

Der Einfluß des Abstandes zweier Drähte von 4,3 mm Dicke ergibt sich aus folgenden Versuchen von Mershon[2])

Abstand (cm)	38	56	89	132
Kilovolt (effektiv)	53	57	61	93

Für Drahtseile hat Peek[3]) folgende Werte angegeben (Kilovolt effektiv).

---

[1]) Bei einer größeren Anzahl hintereinandergeschalteter Isolatoren zeigt sich ferner noch, daß die Entladungen am ersten und letzten Isolator stärker sind, und daß auch sein Material stärker auf Durchschlag beansprucht wird, als bei denen in der Mitte.

[2]) ETZ 1904, S. 387.

[3]) Electrical World 1920, Bd. 76, S. 1258. Diese Werte sind aber nicht direkt gemessen, sondern nach einer Formel idealisiert. In Wirklichkeit hängt das Auftreten des Glimmlichts bei Abständen von mehr als 4 m nicht mehr vom Abstand sondern nur von der Spannung und der Dicke des Leiters ab. Bei Seilen tritt das Glimmlicht früher auf als bei runden Leitern von gleichem Durchmesser, weil es auch vom Radius der einzelnen Drähte abhängt. Vgl. Abb. 471.

Seildurchmesser	Abstände in cm							
cm	152	183	245	305	366	426	490	610
0,74	71	73	76	79	81	83	85	87
1		98	104	108	111	114	117	121
1,5			138	144	149	152	156	161
2				188	194	199	205	210

Wie man sieht, stimmen diese Tabellen schlecht zusammen. Es spielen dabei die Verhältnisse in der Atmosphäre (Druck und Temperatur), Grad der Dunkelheit, Oberflächenbeschaffenheit (blank oder oxydiert) eine Rolle. Dazu kommt, daß es für den Beginn der Glimmentladung keinen objektiven Maßstab gibt, sondern nur die rein subjektive Beobachtung der Lichtempfindungen[1]). Dagegen kann der Eintritt der Funkenentladung sicherer festgestellt werden, weil sie plötzlich erfolgt. Abb. 484 enthält Funkenentladung und Glimmlicht zwischen zwei parallelen Drähten von 6 mm Durchmesser nach Beobachtungen des Verfassers. Wie man sieht, fallen sie bei kleinen Abständen zusammen, die Entladung erscheint da sogleich als Funken, ohne daß vorher Glimmlicht auftritt[2]).

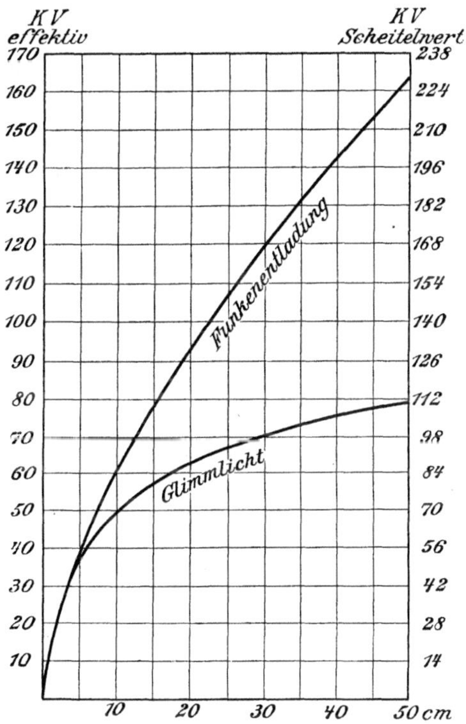

Abb. 484.

Versucht man bei parallelen Drähten den Zusammenhang der Funkenentladung mit der elektrischen Kraft (Feldstärke) an der Drahtoberfläche herzustellen, wie es Schwedoff für parallele Platten getan hat (S. 550), so findet man einen völlig entgegengesetzen Verlauf. Während bei parallelen Platten die zur Entladung notwendige Feldstärke mit wachsendem Abstand (der Elektroden rasch abnimmt und einem konstanten Wert zustrebt (Abb. 480), wächst sie bei parallelen Drähten mit wachsendem Abstand ins Unbegrenzte[3]). Das erklärt

[1]) Läßt man unter gleichen Verhältnissen von verschiedenen Beobachtern den Eintritt des Glimmlichtes feststellen, ohne daß einer von den Angaben des anderen etwas weiß, so ergeben sich Unterschiede bis zu 100 %.

[2]) Als Spannung des Glimmlichtes wurde jene angesehen, bei der nicht nur einzelne Lichtpünktchen (die nur von Staubteilchen oder kleinen Unebenheiten herrühren) auftreten, sondern eine gleichmäßige Lichterscheinung am ganzen Draht.

[3]) Vgl. die Kurven von Peek, Americ. Inst. Electr. Eng. Bd. 31, S. 1085, 1912; ETZ 1913, S. 298.

sich daraus, daß für die Funkenentladung nicht die Feldstärke an der Oberfläche, sondern im ganzen Abstand zwischen den Elektroden maßgebend ist, weil eine Funkenentladung eben nur zustande kommen kann, wenn der ganze Weg hinreichend ionisiert ist (§ 245, 247). Zwischen parallelen Platten (homogenes Feld) ist die Feldstärke in der Mitte ebenso groß wie an der Oberfläche der Platten, während sie zwischen Drähten in der Mitte um so kleiner ist, je größer ihr Abstand ist.

Stellt man die Beziehung her zwischen Glimmlicht und Feldstärke an der Oberfläche für parallele Drähte mit wachsendem Abstand, so nähert sich die Kurve einem konstanten, nur vom Drahtdurchmesser abhängigen Wert. Die Glimmentladung hängt eben im wesentlichen nur von der Feldstärke an der Oberfläche ab, während die Feldstärke in größeren Abständen keinen Einfluß darauf hat, weil die Glimmentladung nur geringe Ausdehnung hat. Ist der Abstand der Drähte groß gegenüber ihrem Durchmesser, so treten die Entladungen an drei parallelen Dreiphasenleitungen bei derselben (verketteten) Spannung ein, wie an zwei Drähten mit einphasigem Strom. Es macht auch nichts aus, ob die drei Drähte (bei genügenden Abständen) in einer Ebene liegen, oder ob sie die Kanten eines Prismas bilden.

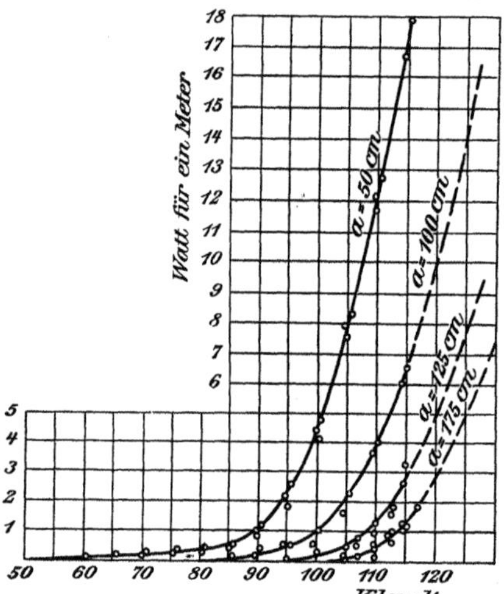

Abb. 485.

Wichtiger als der von rein subjektiver Gesichtswahrnehmung abhängige Beginn der Glimmentladung ist der damit verbundene Leistungsverlust durch Ausstrahlung der Elektrizität. Abb. 485 zeigt Meßergebnisse an zwei parallelen Drahtseilen (7 Drähte von je 2,8 mm Durchmesser) bei verschiedenen Abständen a in Abhängigkeit von der effektiven Spannung, bei 17^0 Temperatur und bei 750 mm Luftdruck[1]). Die Kurven steigen steiler an als ein Parabelbast; d. h.

[1]) Görges, Weidig, Jaensch, ETZ 1911, S. 1071. Dasselbe Drahtseil wurde in einer 110 000 V.-Anlage angewendet. Messungen an der fertigen Leitung zeigten aber, daß trotz den Isolatoren die Verluste nur 5 Watt für 1 m betrugen, gegenüber 8,5 nach Abb. 480. (Mitteilungen des Dresdner Elektr. Ver. Nr. 16, 1913 und Zeitschr. d. Ver. deutscher Ing. 1913, Bd. 57, S. 1300.) Dieser um 70 % größere Wert läßt sich aus Unterschieden der Temperatur, des Luftdruckes und der Wellenform der Spannung nicht erklären. Es sind eben alle Entladungsmessungen noch sehr unsicher, weil die Umstände, durch die sie unter verschiedenen Verhältnissen beeinflußt werden, noch nicht genügend bekannt sind. Offenbar spielt auch der Ionisierungszustand der Luft eine Rolle, und dieser hängt nicht nur von Druck, Temperatur und Feuchtigkeit sondern auch von der Helligkeit (ultraviolettes Licht) und von der chemischen und phy-

die Verluste wachsen noch schneller als die zweite Potenz der Spannung[1]).

Da die Anfangsspannung des Glimmlichtes von Druck und Temperatur abhängt, hängen natürlich auch diese Verluste davon ab; bei Regen sind sie erheblich größer.

Die Anfangsspannung der Glimmentladungen ist von der Frequenz des Wechselstromes unabhängig, dagegen wächst der Ausstrahlungsverlust mit der Frequenz, aber weniger als proportional.

Schließt man an dieselbe Spannungsquelle zwei parallele Drähte mit großem Abstand und gleichzeitig einen Draht von gleicher Dicke, der von einem konzentrischen Zylinder im gleichen Abstand umgeben ist (Zylinderanordnung) an, so findet man, daß das Glimmlicht an den Drähten gleichzeitig eintritt. Ebenso bei einem Draht und paralleler Ebene im gleichen Abstand. Bei genügend großem Abstand der anderen Elektrode hängt eben die Glimmentladung aus einem Draht nicht von der anderen Elektrode ab, sondern nur vom Durchmesser des Drahtes selbst. Bei der Funkenentladung, für die nicht nur die Feldstärke an der Oberfläche, sondern im ganzen Abstand zwischen den Elektroden maßgebend ist, zeigen sich Unterschiede von ähnlicher Art wie in Abb. 478.

Bei kleinem Abstand zweier konzentrischer Zylinderelektroden (Abb. 36, S. 46) hat der Abstand natürlich großen Einfluß. Das ergibt sich aus der auf S. 49 abgeleiteten Formel für die Feldstärke an der inneren Elektrode

$$\mathfrak{H}_1 = \frac{E}{r_1 \log \operatorname{nat} \frac{r_2}{r_1}}$$

und für die Feldstärke an der Innenseite der äußeren Elektrode

$$\mathfrak{H}_2 = \frac{E}{r_2 \log \operatorname{nat} \frac{r_2}{r_1}}$$

Aus diesen Gleichungen erkennt man die Tatsache, daß die Feldstärke im ganzen Raum zwischen den Elektroden dadurch vermindert werden kann, daß man r_2 vergrößert, also eine dickere Isolierschicht $(r_2 - r_1)$

sikalischen Beschaffenheit des Erdbodens ab, denn die in der Erde enthaltenen radioaktiven Stoffe verursachen einen Austritt freier Ionen aus der Erde. Infolge dessen haben auch Windrichtung und Windstärke Einfluß. Darum haben sich alle Versuche, aus den Beobachtungszahlen empirische Formeln über den Eintritt der Glimmentladung und über die Verluste aufzustellen, als wertlos erwiesen. Eine zuverlässige Beurteilung einer Leitung für sehr hohe Spannung kann man nur auf Grund von Messungen im Freien bei verschiedenen Tages- und Jahreszeiten gewinnen.

[1]) Bei Wechselstrom hat das zur Folge, daß die Wellenform der entsprechenden Stromkomponente nicht gleich der der Spannung sein kann (vgl. § 261). Im Betriebe eines Hochspannungsnetzes ist davon aber nichts zu merken, weil der von den Stromverbrauchern aufgenommene Strom, dessen Wellenform von anderen Umständen abhängt, unvergleichlich überwiegt.

verwendet, oder daß man unter Beibehaltung der Schichtdicke $(r_2 - r_1)$ sowohl r_1 als auch r_2 vergrößert. Daher soll man bei konzentrischen Kabeln den inneren Draht nicht zu dünn wählen. Auch für verseilte Kabel gilt derselbe Grundsatz, wie man aus den Formeln auf S. 51 erkennt.

251. Elektrizitätsdurchgang durch feste und flüssige Isolatoren.

Auch durch feste und flüssige Isolatoren kann, abgesehen von einer durch Beimengungen verursachten metallischen oder elektrolytischen Leitung, Elektrizität hindurchgehen, ohne daß ein Durchschlag stattfindet.

Der Durchgang beginnt in Form dunkler Entladungen. In einem flüssigen Isolator kann man sie leicht dadurch erkennen, daß die Flüssigkeit in der Nähe der Elektroden in Bewegung gerät. Infolge der elektrischen Anziehung, die auf die Oberfläche als Grenzfläche zweier verschiedener Dielektrizitätskonstanten ausgeübt wird, verändert sich die Oberflächenspannung und daher auch die Kapillarität, was man beim Ein- und Ausschalten der Spannung an den Rändern der Oberfläche bemerkt. Bei festen Isolatoren merkt man die dunklen Entladungen nur dann, wenn sie eine allmähliche Zerstörung des Stoffes bewirken.

Sind die Elektroden nicht unmittelbar mit dem flüssigen oder festen Stoff in Berührung, sondern besteht ein Luftzwischenraum, so bemerkt man in diesem bei genügender Spannung Glimm- und Büschelentladungen, wie Abb. 486 zwischen einem Porzellanrohr und seiner metallischen Fassung zeigt; die zweite Elektrode befindet sich im Innern des Rohres. Abb. 487

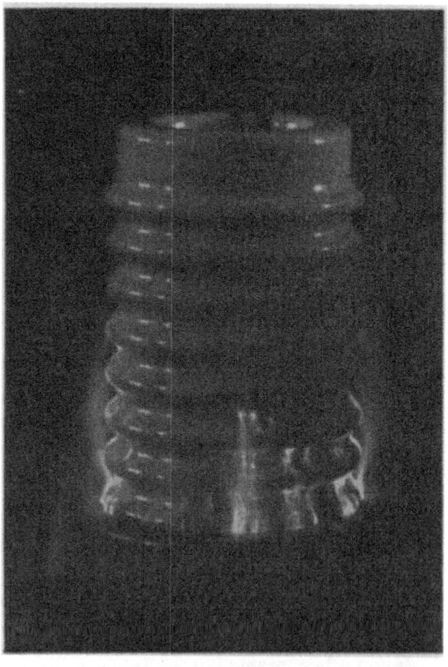

Abb. 486. Durchgang der Entladungen durch ein Porzellanrohr.

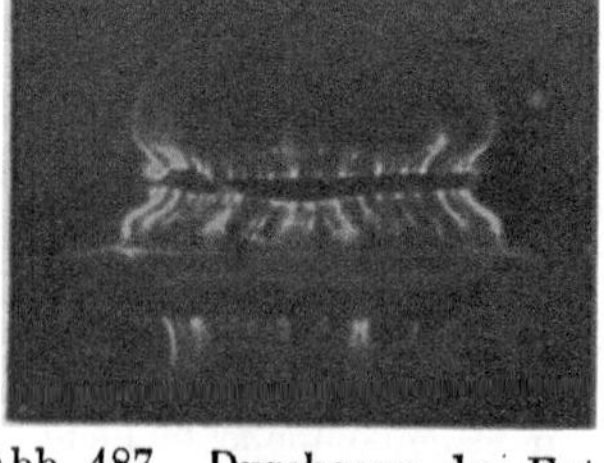

Abb. 487. Durchgang der Entladungen durch das Dach eines Isolators.

zeigt Büschelentladungen, die von einem um einen Isolatorkopf geschlungenen Draht ausgehen, durch das Dach hindurchgehen und unter diesem wieder sichtbar werden. Von hier gehen sie durch das Porzellan des Mittelkörpers zur anderen Elektrode (Stütze), auf welcher der Isolator sitzt. Abb. 488 zeigt den Durchgang von Entladungen durch Mikanitrohre einer Drehstrommaschine in denen sich die Wicklungsdrähte befinden. Die Entladungen werden in dem Zwischenraum zwischen benachbarten Rohren verschiedener Phasen und an den scharfen Kanten der Eisenzähne als Glimmlicht sichtbar. In luftverdünnten Glasröhren kommen Entladungen auch dann zustande, wenn die Elektroden außen am Glas anliegen. Man benutzt solche zur Ozonerzeugung (§ 264). Die Folge eines solchen Elektrizitätsdurchganges ist eine Erwärmung des betreffenden Stoffes. Bei Wechselstrom kommt hierzu noch eine Erwärmung durch Rückstandsbildung (§ 181).

Der Durchgang der Elektrizität durch die flüssigen Isolatoren scheint ebenso wie bei Gasen auf einer Ionisierung zu beruhen[1]). Bei

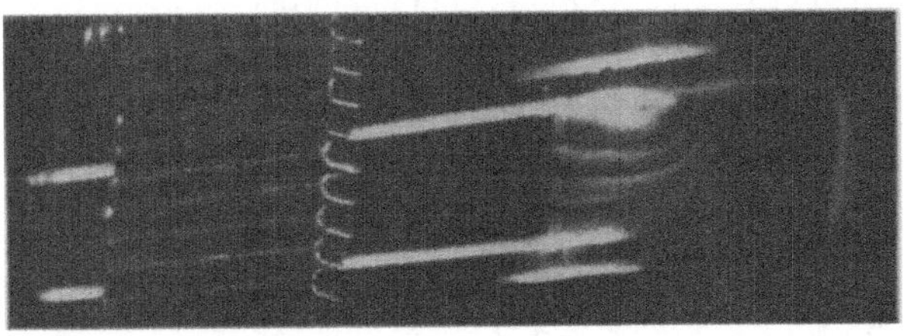

Abb. 488. Durchgang der Entladungen durch Mikanitrohre einer Maschinenwicklung.

den festen Isolatoren, wo die Moleküle und Atome keine fortschreitende Bewegung ausführen können, dürfte der Durchgang der Elektrizität nur darauf beruhen, daß alle Stoffe Gasbläschen und Poren enthalten, in denen die Ionisierung stattfindet. Bei Porzellan ist dies durch mikroskopische Untersuchung von Dünnschliffen nachgewiesen worden[2]).

Die flüssigen Isolierstoffe sind für die Elektrotechnik von großer Wichtigkeit. Natürlich kommen nur solche in Betracht, die nicht leicht entzündbar sind, also die schwerflüssigen mineralischen Öle und Harzöl. Die Vorteile sind folgende: 1. Sowohl dunkle Entladungen als Büschel- und Funkenentladungen benötigen in Öl eine sehr viel höhere Spannung als in Luft. Lichtbögen in Öl können aus den auf S. 394 angeführten Gründen nur sehr schwer bestehen, jedenfalls nur bei sehr hoher Spannung und bei sehr großer Energienachlieferung der Stromquelle. Daher können Funkenentladungen trotz zureichenden äußeren Bedingungen nicht leicht in Lichtbögen übergehen; 2. kommen die in § 254 näher beschriebenen gleitenden Entladungen auf der Oberfläche

---

[1]) Schweidler, Sitzungsber. d. Akad. d. Wissensch. in Wien. Bd. 109 (IIa) 1900. Przibram, ebenda, Bd. 114 (IIa) 1905.

[2]) Zoellner, ETZ 1908, S. 1257; 1909, S. 95.

eines festen Isolierstoffes nur sehr schwer zustande, wenn er sich unter Öl befindet (vgl. § 259); 3. gegenüber den festen Isolierstoffen haben die flüssigen den Vorzug, daß ein Funkenüberschlag keinen bleibenden Kanal erzeugt wie in einem festen Stoff, so daß die Isolation durch eine Funkenentladung nicht dauernd zerstört wird.

252. Durchschlagsfestigkeit.

Eine Funkenentladung durch einen gasförmigen oder flüssigen oder festen Stoff hat große Ähnlichkeit mit einer mechanischen Durchdringung desselben; bei einem festen Stoff verbleibt ein Loch oder Kanal. Daher spricht man von „Durchschlag“ und „Durchschlagsfestigkeit“ oder elektrischer Festigkeit. Darunter versteht man

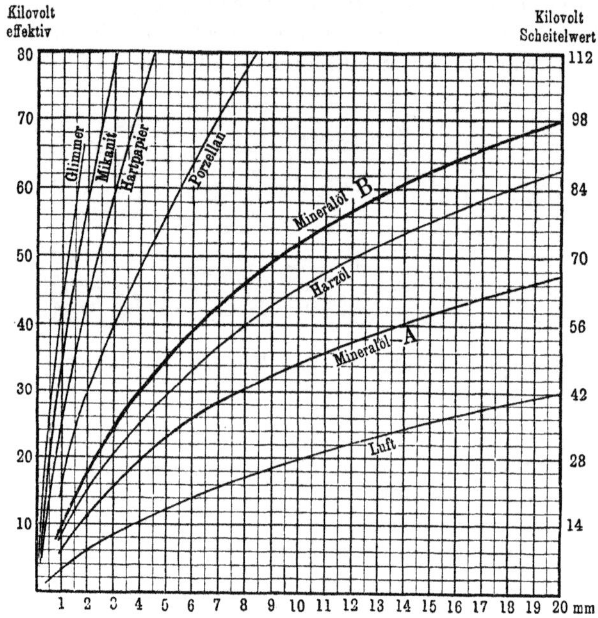

Abb. 489. Durchschlagsfestigkeit zwischen plattenförmigen Elektroden von 5 cm². A: gewöhnliches Öl aus d. J. 1910, B: gereinigtes und getrocknetes Öl aus d. J. 1921.

die Widerstandsfähigkeit des betreffenden Stoffes gegen eine Funkenentladung[1]). Sie läßt sich aber nicht durch eine einzige Zahl charakterisieren, weil sie weder der elektrischen Kraft, noch der Spannung zwischen den Elektroden, noch der Dicke der Schicht proportional ist,

[1]) Auf den tatsächlichen Eintritt der Funkenentladung kommt es an, nicht auf dunkle oder leuchtende Vorentladungen (Glimmlicht, Büschellicht), denn diese machen den betreffenden Apparat oder die Fernleitung nicht betriebsunfähig. Wenn die Vorentladungen den Isolierstoff verschlechtern, so vermindern sie eben die elektrische Festigkeit.

sondern man muß Schaulinien aufstellen, wie in Abb. 476—478 für Luft und in Abb. 489 für einige andere Stoffe.

Bei demselben Stoff und derselben Elektrodenspannung hängt die Durchschlagsfestigkeit von der elektrischen Kraft ab. Diese ist bei gekrümmten Schichten um so größer, je kleiner der Krümmungsradius ist. Isolierschichten, die von konzentrischen Flächen begrenzt sind, werden aus diesem Grunde an der inneren Seite stärker beansprucht, als an der äußeren. Um also bei der Prüfung von Stoffen auf ihre Durchschlagsfestigkeit Zahlen zu erhalten, welche von der Form der Elektroden und sonstigen Äußerlichkeiten unabhängig sind, muß man sie zwischen parallelen Elektroden von mindestens 3 cm^2 Fläche prüfen. Zwischen solchen ist das elektrische Feld in der Mitte homogen, also die Beanspruchung des zu prüfenden Stoffes in allen Tiefen dieselbe[1]).

Die Erfahrung lehrt, daß jeder Durchschlag durch einen festen Isolierstoff immer in Form eines Loches oder feinen Kanals erfolgt, auch wenn sich der Stoff in einem genau homogenen Felde befindet, wo doch die elektrische Kraft an allen Stellen dieselbe ist, so daß ein allgemeiner Zerfall des Stoffes zu erwarten wäre. Daraus muß man schließen, daß der Durchschlag immer dort eintritt, wo sich eine Pore[2]) oder eine Anhäufung von Luftbläschen oder eine Verunreinigung befindet. Hieraus erklärt sich, daß in dicken Platten der Entladungsweg oft unregelmäßig ist und nicht mit der ursprünglichen Kraftlinienrichtung zusammenfällt. Weiter erklärt sich daraus die Tatsache, daß bei dünnen Isolierschichten die Durschlagsfestigkeit um so kleiner erscheint, je größer die Elektrodenflächen sind. Einen unmittelbaren Beweis dafür, daß sich die Elekrizität die schwächste Stelle aussucht, liefert Abb. 504. Hier erfolgte kein Durchschlag zwischen den dicht anliegenden Elektroden, obwohl die Spannung so weit gesteigert wurde, daß Funkenentladungen um die Platte herumgingen (bei B). Nach einiger Zeit erfolgten Durchschläge bei A, obwohl doch hier die elektrische Beanspruchung von vornherein kleiner war als zwischen den Elektroden. Die schwache Stelle bei A wurde von den Entladungen aufgefunden, nachdem sie vorher während längerer Zeit die ganze Platte durch gleitende Entladungen bestrichen hatten. Bei Hochspannungskabeln hat sich gezeigt, daß die Durchschlagsfestigkeit durchschnittlich um so kleiner ist, je länger das geprüfte Kabelstück ist, weil um so eher eine schwache Stelle vorhanden ist[3]). Natürlich gilt das nur bis zu einer gewissen

---

[1]) Elektroden in Form von konzentrischen Zylindern oder Kugeln oder gar Spitzen sind daher zur Prüfung von Isolierstoffen ungeeignet. Andererseits sollen die plattenförmigen Elektroden auch nicht zu groß sein, weil sonst die Kapazität derselben schon einen Einfluß ausübt (vgl. § 249).

[2]) Darum erhält man aus Holz und Papier, die im gewöhnlichen Zustande nicht isolieren, gute Isolierstoffe, wenn die Poren durch Imprägnierung mit Paraffin oder Öl im Vakuum ausgefüllt werden, und wenn durch luftdichten Abschluß dafür gesorgt wird, daß sich die Imprägnierung nicht mit der Zeit verflüchtigen kann. Solches Holz kann daher nur unter Öl, solches Papier nur in Kabeln mit luftdichter Umpressung verwendet werden, ist dann aber ein sehr guter Isolierstoff.

[3]) Kath, ETZ 1904, S. 568.

Grenze, weil von da an die Wahrscheinlichkeit für das Vorhandensein einer schwachen Stelle dieselbe bleibt. Auch bei Öl, das doch zu den homogensten Isolierstoffen gehört, gilt das[1]). Abb. 490 zeigt die Abhängigkeit der Durchschlagsfestigkeit von der Elektrodengröße[2]). Mikroskopische Untersuchungen haben gezeigt, daß selbst in gut gereinigtem Öl immer noch Fasern vorhanden sind, die sich in die Richtung der Kraftlinien einstellen und den Durchschlag einleiten. Außerdem enthält das Öl Wasser in Form von feinen suspendierten Teilchen, die es sogar aus der Luft aufnimmt, so daß man es bis zu einem gewissen Grade als hygroskopisch bezeichnen kann. Abb. 491 zeigt die Abhängigkeit der Durchschlagsfestigkeit vom Wassergehalt. Sie sinkt nur bis zu einer gewissen Grenze, wahrscheinlich deshalb, weil sich dann die Wasserteilchen bereits zu größeren Teilchen zusammenballen, so daß eine Verkleinerung des Abstandes zwischen ihnen nicht mehr eintritt. Bei weiterer Steigerung des Wassergehaltes sinken die Teilchen zu Boden. Durch sorgfältigste Reinigung und Trocknung ließen sich Festigkeiten von 20000 bis 30000 V für 1 mm erzielen[3]).

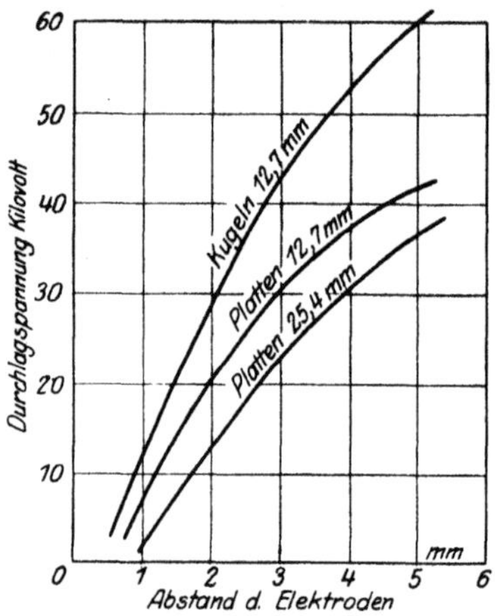

Abb. 490. Durchschlagsfestigkeit von Öl in Abhängigkeit von der Elektrodengröße.

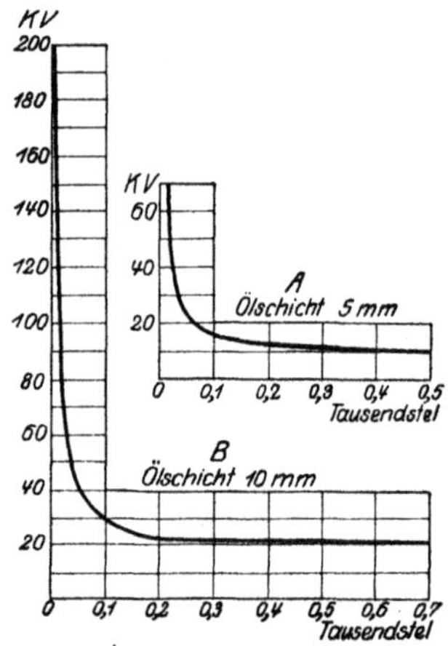

Abb. 491. Durchschlagsfestigkeit des Öles in Abhängigkeit vom Wassergehalt in Tausendsteln des Ölgewichtes. *A* nach den „Mitteil. d. BBC“, 1917, Heft 8. *B* nach R. M. Friese, ETZ 1922, S. 54.

Da sich die Isolierstoffe bei ihrer praktischen Anwendung niemals zwischen Kugeln sondern in der Regel zwischen Flächen befinden, so folgt aus dem Vorstehenden der Grundsatz, daß die Prüfung von Isolierstoffen nicht zwischen Kugeln, sondern zwischen Platten von mindestens

[2]) Gewecke und Krukowski, Archiv f. Elektr. 1915, Bd. 3, S. 63.
[3]) Nach Versuchen der „Vakuum Oil Co.“, der „Westinghouse El. Co.“ und des „Bureau of Standards“. Electr. World 1921, Bd. 78, S. 729. ETZ 1921, S. 1518.
[4]) Natürlich kommen für die Praxis solche Werte nicht in Betracht, sondern bestenfalls die Kurve B in Abb. 489.

3 cm^2 Fläche vorgenommen werden soll, was sich mit der Forderung deckt, daß das elektrische Feld homogen sein soll (S. 561).

Der Entladungsweg hängt von der Form des *tatsächlich* vorhandenen elektrischen Feldes ab, und dieses ergibt sich nicht nur aus der *ursprünglichen*, von der Gestalt der Elektroden sowie der benachbarten Leiter und Nichtleiter (Kraftlinienbrechung) abhängigen Form, sondern auch aus dem Einfluß der Vorentladungen, welche die Form des Feldes (bei großem Spannungsabfall auch seine Stärke) in dem Maße verändern, als sie sich ausbreiten, weil auch von ihnen Kraftlinien ausgehen wie von jeder Elektrizitätsmenge.

Haben die Elektroden *scharfe Ränder* (Abb. 492), so besteht *hier* (bei *a*) eine größere Kraftliniendichte und daher größere elektische Kraft als zwischen den mittleren Teilen der Elektroden (bei *b*), mithin eine stärkere Beanspruchung des zwischen ihnen befindlichen Stoffes als in der Mitte. Bei höherer Spannung entstehen aber aus scharfen Rändern *Randentladungen ac* (bestehend aus dunklen Entladungen oder Büschelentladungen Abb. 502, S. 576), wodurch das Potentialgefälle also auch die Kraftliniendichte sehr vermindert wird. Abb. 493 zeigt die Verteilung der Kraftlinien in diesem Falle. Verhindert man die Randentladungen, z. B. dadurch, daß man das Ganze unter Öl bringt, so besteht die in Abb. 492 dargestellte Kraftlinienverteilung und daher tritt schon bei kleinerer Spannung der Durchschlag ein, als wenn derselbe Versuch in Luft gemacht wird.

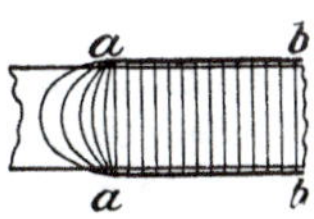

Abb. 492.

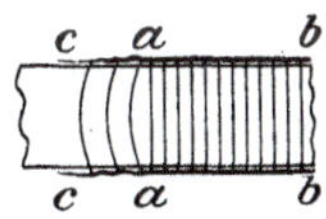

Abb. 493.

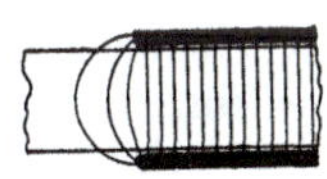
Abb. 494.

Der Unterschied zwischen dem Kraftlinienverlauf in Luft und in Öl verschwindet, wenn die Elektroden aus dicken Platten mit abgerundeten Rändern bestehen. Abb. 494 zeigt, daß in diesem Falle die Kraftlinien in der Mitte am dichtesten sind. Hier ist auch das Feld homogen, so daß hier eine durch die Spannung wohl definierte und in allen Tiefen gleiche Beanspruchung des Stoffes besteht. Scharfkantige Metallteile (Fassungen, Klemmen und dgl.) müssen daher bei Apparaten mit Ölisolation (Transformatoren, Ölschalter und dgl.) sorgfältig vermieden werden.

Die Durchschlagsfestigkeit nimmt mit wachsender Temperatur ab, so daß diese bei vergleichenden Versuchen berücksichtigt werden muß[1]).

Vom Ohmschen Widerstand (Isolationswiderstand) hängt die Durchschlagsfestigkeit nicht ab. Luft hat z. B. vor dem Auftreten der dunklen

[1]) Bei dünnen Schichten solcher Stoffe, welche durch die dielektrischen Verluste (§ 181) erwärmt werden, kann einerseits diese Erwärmung, anderseits die durch dicht anliegende Elektroden bewirkte Abkühlung nicht unbeträchtliche Unterschiede in der Durchschlagsspannung verursachen; vgl. die Versuche von Rayner, ETZ 1913, S. 1350.

Entladungen einen unendlich großen Widerstand. Trotzdem kommt es bei genügender Spannung zu einem Überschlag, und zwar eher als bei vielen festen Stoffen, bei denen sich ein gewisser Leitungswiderstand messen läßt. Unter den festen Isolierstoffen kann einer mit dem kleineren Widerstand die größere Durchschlagsfestigkeit haben. Durch Poren im Material wird die Durchschlagsfestigkeit natürlich stark herabgesetzt (vgl. S. 561, 570).

Auch vom dielektrischen Widerstande (S. 43) und von der Dielektrizitätskonstante (S. 44) hängt die Durchschlagsfestigkeit nicht ab, wie man aus der folgenden Zusammenstellung ersieht.

	Durchschlagsfestigkeit 1 mm in *KV*	Dielektrizitätskonstante ϑ
Luft	1,6	1
Marmor	1— 3	6—8
Transf. Öl	6— 9	2,2—2,5
Vulkanisiertes Gummi	8—10	2,5—3
Porzellan	14—16	5,3—5,7
Glas	15—20	5—9
Getränktes Papier (Kabel)	20—23	3—4
Hartpapier	25	4,5
Paraffin	27	1,9—2,3
Mikanit	35	6
Glimmer	40—50	5,5—7

Wo bei demselben Stoff zwei Grenzwerte angegeben sind, beziehen sie sich auf verschiedene Fabrikate.

Die elektrische Festigkeit eines Isolierstoffes läßt sich nicht durch eine bestimmte Zahl angeben, wie die mechanische Festigkeit oder Elastizität eines mechanischen Baustoffes. Denn wie die Abb. 489 zeigt, sind die Kurven, welche die Abhängigkeit der Durchschlagsspannung von der Schichtdicke angeben, sämtlich gekrümmt. Die elektrische Festigkeit ist also der Schichtdicke nicht proportional, sie ist zwar eine Materialeigenschaft aber keine Materialkonstante. Aus Abb. 489 ergibt sich z. B., daß Mineralöl *B* in einer Schicht von 2 mm bei 18000 V. durchschlagen wird, so daß auf 1 mm 9000 V. kommen. Eine Schichtdicke von 10 mm wird bei 52000 V. durchschlagen, so daß da nur 5200 V. auf 1 mm kommen. Es gibt also keine spezifische elektrische Festigkeit. Zur Charakterisierung eines Isolierstoffes muß man daher eine Kurve wie in jenen Abbildungen haben[1]).

[1]) In Zeitschriften und Büchern ist öfter von elektrischer Festigkeitsberechnung die Rede, wobei Durchschlagswerte pro mm oder pro cm als Festigkeitskoeffizienten zugrunde gelegt werden. Wie aus dem Obigen hervorgeht, sind solche Rechnungen von vornherein falsch, weil der Schluß von der Festigkeit pro mm oder pro cm auf entsprechende Festigkeit einer dickeren oder dünneren Schicht falsch ist. In der Praxis werden auch solche Rechnungen gar nicht gemacht, sondern die jeweils erforderliche Schichtdicke wird Durchschlagskurven wie in den obigen Abbildungen entnommen. Und auch das ist nur zulässig, wenn die Schicht nicht zu stark gekrümmt ist. Bei Zylinderschichten, wo die innere Mantelfläche viel kleineren Krümmungsradius hat als die äußere, ist die elektrische Beanspruchung

Die Erfahrung hat gelehrt, daß zu einem elektrischen Durchschlag außer den in § 245 bis 248 besprochenen physikalischen Bedingungen der Funkenentladung auch noch zwei äußere Bedingungen erforderlich sind, nämlich eine gewisse Elektrizitätsmenge und eine gewisse Zeit. Das gilt für jede Entladungsform, auch in Luft; aber beim Durchschlag eines festen Isolierstoffes wird es besonders auffällig. Es kommt nicht auf gleiche Energie (Produkt aus Spannung und Strom) an, wie man zunächst erwarten sollte, sondern es ist bei allen Spannungen mindestens dieselbe Stromstärke erforderlich, um einen Durchschlag zu bewirken. D. h. bei einer dickeren Schicht ist zu ihrem Durchschlag nicht nur eine höhere Spannung, sondern auch eine erheblich größere Energiemenge erforderlich[1]). Es ist aber auch eine gewisse Zeit notwendig, bevor es zu einem Durchschlag kommt. So zeigt sich häufig, daß trotz unveränderter Spannung und unveränderten Nebenbedingungen der Durchschlag erst nach einigen Minuten eintritt, während andererseits eine um 20% höhere Spannung keinen Durchschlag verursacht, wenn sie nur eine Sekunde lang wirkt. Zahlenangaben über elektrische Festigkeit (Spannungsprüfung) müssen sich natürlich auf dauernde Festigkeit beziehen.

Mit dem Erfordernis einer gewissen Zeitdauer der Einwirkung dürfte die Tatsache im Zusammenhang stehen, daß im allgemeinen zum Durchschlag eine um so höhere Spannung erforderlich ist, je größer die Periodenzahl ist, wenn dabei auch keine Proportionalität besteht[2]).

Bei festen Isolierstoffen zeigt sich häufig eine ähnliche Erscheinung wie die Überbeanspruchung bei der mechanischen Festigkeit. Ist ein Stoff bis knapp vor seinem Durchschlag beansprucht worden, so schlägt er bei neuerlicher Einschaltung erheblich früher durch. Es hat also durch die erste Überbeanspruchung eine dauernde Herabsetzung der elektrischen Festigkeit stattgefunden, ebenso wie durch mechanische

innen und außen sehr verschieden, so daß auch für den Durchschlag andere Verhältnisse bestehen. Darum muß bei allen Apparaten und Maschinen die zulässige Betriebsspannung durch Versuche festgestellt werden, und die Dimensionierung neuer Konstruktionen muß auf Grund der Versuche an ähnlichen Apparaten erfolgen.

[1]) Daher darf man zu Versuchen über Durchschlagsfestigkeit keine Elektrisiermaschinen oder Funkeninduktoren oder kleine Transformatoren verwenden, sondern nur solche, welche normal, d. h. bei nicht zu großem Spannungsabfall mindestens 0,2 A. Strom liefern können. Also ist bei 100000 V. ein Transformator von mindestens 20 Kilowatt normaler Leistung erforderlich.

[2]) In der amerikanischen Literatur ist öfter die Ansicht vertreten worden, als seien kurzdauernde Überspannungen (Spannungsstöße) den Isolierstoffen besonders gefährlich, namentlich dem Porzellan, weil Freileitungsisolatoren häufig durchschlagen werden, auch wenn sie vor ihrer Montierung höhere Prüfspannungen ausgehalten haben. Der Grund dafür liegt auf anderem Gebiete (Sprünge, Schlieren, innere mechanische Spannungen in der Porzellanmasse; vgl. ETZ 1917, S. 433). Jedenfalls tritt ein Durchschlag eher ein, wenn dieselbe Spannung dauernd wirkt, als wenn sie nur stoßweise auftritt. Die erwähnte falsche Ansicht beruht wohl auf einer falschen Analogie mit mechanischen Stößen. Meist kann die höchste Beanspruchung bei stoßweiser Spannung gar nicht festgestellt werden, sondern nur ein mittlerer Wert. Der Eintritt einer Entladung an einer parallelgeschalteten Funkenstrecke ist ein ganz unbrauchbares, manchmal sehr irreführendes Mittel zur Messung der höchsten Spannung.

Überbeanspruchung eine Herabsetzung der mechanischen Festigkeit bewirkt wird[1]).

Bei demselben Gegenstand und unter gleichen Umständen hängt die elektrische Festigkeit nur vom größten Wert der elektrischen Kraft, bei Wechselstrom also vom Scheitelwert der Spannung ab. Dieser muß also bekannt sein und wird nach dem auf S. 467 angegebenen Verfahren aus der Wellenform und der vom Voltmeter angegebenen effektiven Spannung ermittelt (vgl. § 214). Unter diesen Umständen ist die elektrische Festigkeit bei Gleichstrom und Wechselstrom dieselbe[2]).

Auch bei elektrolytischen Flüssigkeiten mit deutlichem Leitungsvermögen läßt sich eine Durchschlagsfestigkeit feststellen, da Funkenentladungen in ihnen eintreten können, wenn die Spannung sehr schnell gesteigert wird, und der Widerstand so groß ist, daß es eine gewisse Zeit dauert, bis der Strom eine gewisse Stärke erreicht hat und das Potentialgefälle auf einen kleinen Wert herabdrückt[3]).

253. Durchschlagsfestigeit bei hintereinandergeschalteten und nebeneinandergeschalteten Isolierstoffen[4]).

Der Umstand, daß der elektrische Durchschlag homogener Isolierstoffe in Form ebener Platten unter gewöhnlichen Verhältnissen nur von der Elektrodenspannung abhängt, hat dazu geführt, die elektrische Kraft als hinreichende Bedingung für den Durchschlag zu betrachten. Tatsächlich ist das nur eine äußerlich notwendige, aber nicht hinreichende Bedingung. Diese ist nur dann vorhanden, wenn zwischen den Elektroden auf einem zusammenhängenden Weg hinreichende Ionisierung besteht. Im Entladeverzug (§ 249) haben wir schon einen Fall kennen gelernt, wo trotz genügender Elektrodenspannung ein Durchschlag nicht zustande kommt, weil keine genügende Ionisierung vorhanden ist. Ein anderer Fall ist der, daß zwei Isolierstoffe von verschiedener Dielektrizitätskonstante so liegen, daß sie hinsichtlich der elektrischen Kraftlinien hintereinandergeschaltet sind, und in dem einen die elektrische Kraft zu klein ist, um hinreichende Ionisierung zu bewirken.

---

[1]) Für die Praxis hat das die wichtige Folge, daß man fertige Apparate bei der Isolationsprüfung nicht bis in die Nähe des Durchschlages beanspruchen darf. Man erhält durch zu hoch getriebene Prüfspannung keine größere Sicherheit, sondern eine dauernde Verschlechterung des Isolierstoffes. Die Güte des angewendeten Stoffes muß man an solchen Probestücken prüfen, die nachher nicht zur Fabrikation verwendet werden.

[2]) Scheinbare Abweichungen beruhen entweder darauf, daß bei Wechselstrom eine Erwärmung des Isolierstoffes durch dielektrische Verluste stattgefunden hat (§ 181), oder der Scheitelwert nicht richtig ermittelt wurde. Die Anwendung von rotierenden Gleichrichtern bei Kabelprüfungen (um den bei Wechselstrom auftretenden großen Ladestrom zu vermeiden), ist keine Prüfung mit konstanter Gleichspannung, sondern mit einer wegen der Funkenbildung am Gleichrichter nicht genau definierbaren pulsierenden Spannung.

[3]) Heydweiller, Annal. d. Phys., Bd. 17, S. 346, 1905.

[4]) Benischke, ETZ 1907, S. 95.

Wir betrachten den einfachsten Fall, daß sich zwei Isolierstoffe mit den Dielektrizitätskonstanten ϑ und ϑ' in parallelen Schichten von der Dicke a und a' zwischen zwei leitenden Flächen A und C befinden (Abb. 495), deren Potentialwerte U_1 und U_3 seien. Ist E die Spannung, an die sie angeschlossen sind, so ist

$$U_1 - U_3 = E.$$

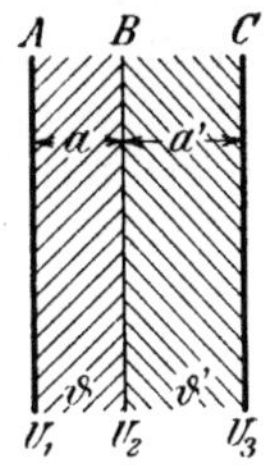

Abb. 495.

Da die Kraftlinien auf den beiden Flächen senkrecht stehen, so ist die Trennungsfläche B zwischen den beiden Stoffen eine Niveaufläche mit dem noch unbekannten Potentialwerte U_2. Nach § 14 ist die elektrische Kraft in dem linken Stoff

$$\mathfrak{H} = \frac{U_1 - U_2}{a}$$

und die elektrische Kraft in dem rechten Stoff

$$\mathfrak{H}' = \frac{U_2 - U_3}{a'}$$

oder

$$U_1 - U_2 = a\,\mathfrak{H}$$
$$U_2 - U_3 = a'\,\mathfrak{H}'.$$

Durch Addition der beiden letzten Gleichungen ergibt sich

$$U_1 - U_3 = E = a\mathfrak{H} + a'\mathfrak{H}'.$$

Nach Gl. 35 (S. 59) ist

$$\vartheta\mathfrak{H} = \vartheta'\mathfrak{H}'.$$

Aus den beiden letzten Gleichungen ergeben sich nun die elektrischen Kräfte wie folgt

$$\mathfrak{H} = \frac{E}{a + a'\dfrac{\vartheta}{\vartheta'}}$$

$$\mathfrak{H}' = \frac{E}{a' + a\dfrac{\vartheta'}{\vartheta}}.$$

Ist $\mathfrak{H}_v$ die elektrische Kraft in dem Falle, daß der ganze Raum zwischen den leitenden Flächen A und C von einem einzigen Stoff ausgefüllt ist, so daß $\vartheta = \vartheta'$ ist, so ist

$$\mathfrak{H}_v = \frac{E}{a + a'}.$$ [1]

Aus den drei letzten Formeln erkennt man folgendes: ist $\vartheta > \vartheta'$, so ist $\mathfrak{H} < \mathfrak{H}_v < \mathfrak{H}'$, d. h. in dem Stoff mit der größeren Dielektrizitätskonstante ist die elektrische Kraft kleiner, in dem

[1]) Daß hierin die Dielektrizitätskonstante nicht vorkommt, erklärt sich daraus, daß die Potentialdifferenz $U_1 - U_3$ konstant (gleich E) ist, und die elek-

anderen aber größer, als wenn derselbe Raum von einem einzigen Stoff ausgefüllt ist.

Wir betrachten als Beispiel den Fall, daß zwischen zwei Elektroden mit einem Abstand von $a + a' = 1$ cm eine Porzellanplatte oder Glimmerplatte ($\vartheta = 6$, ungefähr) von $a = 0{,}2$ cm eingeschoben wird, so daß ein Luftraum von $a' = 0{,}8$ cm verbleibt ($\vartheta' = 1$). Dann ist bei einer Spannung von 100 elektrostatischen Einheiten (= 30000 Volt) die elektrische Kraft in der Porzellanplatte

$$\mathfrak{H} = \frac{100}{0{,}2 + 0{,}8 \cdot 6} = 20$$

und die elektrische Kraft im verbleibenden Luftraum

$$\mathfrak{H}' = \frac{100}{0{,}8 + \frac{0{,}2}{6}} = 120.$$

Dagegen war die elektrische Kraft vor dem Einschieben der Platte

$$\mathfrak{H}_v = \frac{100}{1} = 100.$$

Die elektrische Kraft im Luftraum ist also zwar durch das Einschieben der Platte von 100 auf 120 gestiegen, eine Entladung zwischen den beiden Elektroden kann aber trotzdem nicht stattfinden, weil die Elektrizität dabei auch durch die Platte hindurch müßte. Hier aber ist die elektrische Kraft so gering (20), daß die für den Durchgang der Elektrizität erforderliche Ionisierung nicht eintritt. Die gesamte Durchschlagsfestigkeit ist also durch das Einschieben der Platte erhöht worden, und das wäre selbst dann der Fall, wenn das Material der Platte an und für sich eine geringere Durchschlagsfestigkeit hätte als Luft. Eine solche Schicht, in welcher die Ionisierung, also die elektrische Beanspruchung des Stoffes, zu gering ist, um einen Durchschlag zu bewirken, verhält sich demnach zu der anderen, stärker beanspruchten Schicht wie ein Schirm. Ein Durchschlag kann eben nur dann erfolgen, wenn

Abb. 496. Vorentladungen an einer (schematischen) Durchführung. Stab mit Mikanitrohr.

trische Kraft immer gleich dem Potentialgefälle ist (§ 14). Nur bei konstanter Elektrizitätsmenge ist Kraft und Potential von der Dielektrizitätskonstante abhängig (§ 27).

die Elektrizität durch beide Schichten hindurchgehen kann, weil nur so ein geschlossener Leitungsstrom möglich ist. Daher erreicht man mit solchen Anordnungen im ganzen eine größere Durchschlagsfestigkeit, als wenn alle Schichten gleich stark beansprucht sind[1]). Abb. 496 zeigt die günstige Wirkung einer dünnen Isolierschicht von größerer Dielektrizitätskonstante an einem mit Mikanit überzogenen Metallstab, der von einem Metallring (äußere Elektrode) umschlossen ist[2]). Trotz der hohen Spannung (130000 V.) kommen nur Büschelentladungen, aber kein Durchschlag zustande.

Theoretisch wird die Isolierung um so besser, je dünner die eingeschobene Platte ist, weil sich die elektrische Kraft (im obigen Beispiel) asymptotisch dem Werte $\frac{100}{6} = 16{,}6$ in der Platte und dem Werte $\frac{100}{1} = 100$ im Luftraum nähert. Praktisch aber kommt man bei dünner werdender Platte zu einer Grenze, wo die Durchschlagsfestigkeit plötzlich Null wird, weil leitende Teilchen oder Poren zutage treten, die sich über die ganze Dicke der Platte erstrecken.

Für zwei getrennte, aber hintereinandergeschaltete Kondensatoren mit verschiedener Dielektrizitätskonstante gilt dasselbe wie für Abb. 495. Der schwächer beanspruchte isoliert den anderen so lange, bis auch in ihm die Ionisierung so stark ist, daß er durchgeschlagen wird. Der Durchschlag erfolgt dann in beiden gleichzeitig.

Für drei Platten mit den Dicken a_1, a_2, a_3 und den Dielektrizitätskonstanten ϑ_1, ϑ_2, ϑ_3 (Abb. 44, S. 53) findet man auf gleiche Weise

$$\mathfrak{H}_1 = \frac{E}{a_1 + a_2\frac{\vartheta_1}{\vartheta_2} + a_3\frac{\vartheta_1}{\vartheta_3}}$$

$$\mathfrak{H}_2 = \frac{E}{a_2 + a_1\frac{\vartheta_2}{\vartheta_1} + a_3\frac{\vartheta_2}{\vartheta_3}}$$

$$\mathfrak{H}_3 = \frac{E}{a_3 + a_1\frac{\vartheta_3}{\vartheta_1} + a_2\frac{\vartheta_3}{\vartheta_2}}.$$

---

[1]) Es ist eine grundfalsche Anschauung, daß ein Durchschlag schon erfolgt, wenn nur an einer Stelle oder in einer dünnen Schicht die Beanspruchung die Festigkeitsgrenze überschreitet. Wenn das richtig wäre, wäre es kaum möglich, höhere Spannungen hinreichend zu isolieren. Zu den besten Isolierstoffen, über die wir z. Zt. verfügen, gehört Papier, das im Vakuum getrocknet und mit einer Harz- oder Lackschicht überzogen ist („Hartpapier"). Bei allen Anwendungen solchen Papieres wird die elektrische Festigkeit der Papierschicht weit überschritten, ohne daß ein Durchschlag erfolgt, weil eben die Lackschicht den Durchgang der Elektrizität so lange verhindert, bis auch ihre Festigkeit überschritten ist. Vgl. auch S. 571; ferner S. 606 (Ozonapparat).

[2]) Nach W. Fellenberg, ETZ 1912, S. 585. Die elektrische Festigkeit wäre bei dieser zylindrischen Anordnung noch größer, wenn der Mikanitzylinder größeren Durchmesser hätte, so daß er einen dicken Luftzylinder umschließen würde, wie sich im folgenden zeigen wird.

Sind die leitenden Flächen keine Ebenen, sondern konzentrische Zylinder, wie bei einem Kabel (Abb. 36), so nimmt die Kraftliniendichte und daher auch die elektrische Kraft gegen die Achse zu. Für zwei verschiedene Isolierschichten folgt dann aus dem Obigen, daß die elektrische Beanspruchung noch ungleichmäßiger wird, wenn der Stoff mit der kleineren Dielektrizitätskonstante innen liegt, und umgekehrt.

Verlaufen die Kraftlinien nicht senkrecht zur Trennungsfläche der beiden Stoffe, so ist die Verteilung der elektrischen Kraft nicht nur von den Dicken und Dielektrizitätskonstanten der beiden Stoffe, sondern auch vom Einfallswinkel der Kraftlinien abhängig gemäß den Gleichungen von § 37:

$$\frac{\mathfrak{H}}{\mathfrak{H}'} = \frac{\sin \alpha'}{\sin \alpha} \quad \text{und} \quad \frac{\operatorname{tg} \alpha}{\operatorname{tg} \alpha'} = \frac{\vartheta}{\vartheta'}.$$

Nehmen wir z. B. wie auf S. 568 $\vartheta = 6$, $\vartheta' = 1$ unter der Annahme, daß die Kraftlinien in der Luft mit einem Einfallswinkel $\alpha' = 12^0$ ($\operatorname{tg} \alpha' = 0{,}21$) auf die Grenzfläche auftreffen, so ist $\operatorname{tg} \alpha = 6 \cdot 0{,}21 = 1{,}26$, also $\alpha = 52^0$. Ist im Porzellan (wie auf S. 568) die elektrische Kraft $\mathfrak{H}' = 120$, so ist $\mathfrak{H} = \mathfrak{H}' \frac{\sin \alpha'}{\sin \alpha} = 120 \frac{0{,}21}{0{,}79} = 32$, während sie bei senkrechtem Durchgang der Kraftlinien gleich 20 war. Der Unterschied zwischen der elektrischen Kraft in den beiden Stoffen wird um so kleiner, je schiefer sie durch die Grenzfläche geht, und je kleiner der Unterschied zwischen den Dielektrizitätskonstanten ist.

Voraussetzung für das Vorstehende ist erstens, daß beide Stoffe wirkliche Isolatoren von homogener Beschaffenheit sind, d. h., daß sie kein merkliches metallisches oder elektrolytisches Leitungsvermögen und keine Poren haben. Hat aber einer der Stoffe ein merkliches Leitungsvermögen oder Oberflächenleitung, so nimmt die Trennungsfläche B (Abb. 495) das Potential jener leitenden Fläche an, mit der sie in Berührung ist, z. B. mit A. Dann ist

$$U_2 - U_3 = E$$

und daher

$$\mathfrak{H}' = \frac{E}{a'}.$$

Vor dem Einschieben dieser Platte war die elektrische Kraft

$$\mathfrak{H}_v = \frac{E}{a + a'}.$$

Das Einschieben einer solchen Platte bedeutet also in diesem Fall eine um so größere Steigerung der elektrischen Kraft, also eine um so größere Beanspruchung des anderen Stoffes, je dicker die Platte ist, mithin eine wesentliche Verschlechterung.

Zweitens ist Voraussetzung, daß keiner der Stoffe Poren hat, welche die Schicht durchsetzen. Ist eine solche vorhanden, so wird bei genügender elektrischer Kraft die Luft in ihr ionisiert, d. h. leitend. Es ist dann so, als wenn ein leitender Faden die Schicht durchsetzt,

Die Kraftlinien nehmen den in Abb. 497 dargestellten Verlauf, d. h. die andere Schicht wird nun besonders stark beansprucht. Das Einschieben einer solchen fehlerhaften Platte bringt also eine wesentliche Verschlechterung statt einer Verbesserung. Oberflächliche Versuche mit leitenden oder porösen Platten haben denn auch die falsche Ansicht erzeugt, als sei das Einschieben einer Platte aus festem Isolierstoff überhaupt eine Verschlechterung. Tatsächlich hat man aber in der Elektrotechnik schon seit langem von der Hintereinanderschaltung verschiedene Isolierstoffe Gebrauch gemacht, bevor man noch die im vorstehenden berechnete Wirkungsweise kannte. So wird z. B. bei den Öltransformatoren an Stellen, wo die Schichtdicke des Öles nicht ausreicht, noch eine zweite, feste Isolierschicht angewendet. Insbesondere werden Befestigungsstangen und Verbindungsleitungen durch übergeschobene Rohre aus imprägniertem Papier oder durch Umwicklung mit lackierter Leinwand stärker geschützt, wenn sie so nahe an der Wicklung liegen, daß die Isolation des Öls allein nicht ausreicht. Bei Maschinenwicklungen für sehr hohe Spannung werden die Spulen durch Mikanitrohre, die weit aus den Nuten herausragen, geschützt, weil der Luftzwischenraum zwischen den Spulen nicht genügt. Hier befinden sich also Luft und Mikanit in Hintereinanderschaltung. Abb. 488 zeigt die durch das Mikanit hindurchgehenden, im Luftzwischenraum sichtbar werdenden Glimmlichtentladungen. Ohne diese Hintereinanderschaltung wäre der Luftzwischenraum schon bei der halben Spannung durchschlagen worden. Bei den Durchführungen der Hochspannungsleitungen durch die Gehäuse der Öltransformatoren, Ölschalter und dgl. erreicht man die höchste Durchschlagsfestigkeit bei kleinstem Materialaufwand, wenn man die Leitung durch ein weites Rohr aus Porzellan oder Mikanit oder Hartpapier gehen läßt, das im Innern noch einen großen Luftzwischenraum zwischen Leitung und Wand hat (Abb. 498a). Die Durchschlagsfestigkeit dieser Anordnung ist größer, als wenn der ganze Raum zwischen der Leitung L und der Metallfassung F nur aus Luft oder nur aus Porzellan[1]) besteht. In großen Porzellanstücken entstehen beim Trocknen und Brennen leicht feine Risse, die man oft nicht sieht, weil sie zu fein und von der Glasur überdeckt sind. Daher erreicht man noch größere Sicherheit, wenn man diese Durchführung mit Öl statt mit Luft füllt[2]). Da sich das Öl schwer abdichten läßt, verwendet

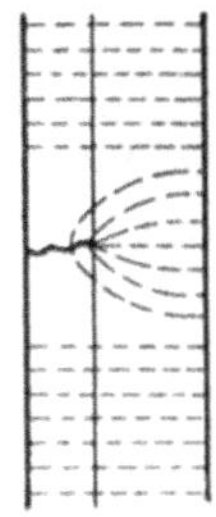

Abb. 497.

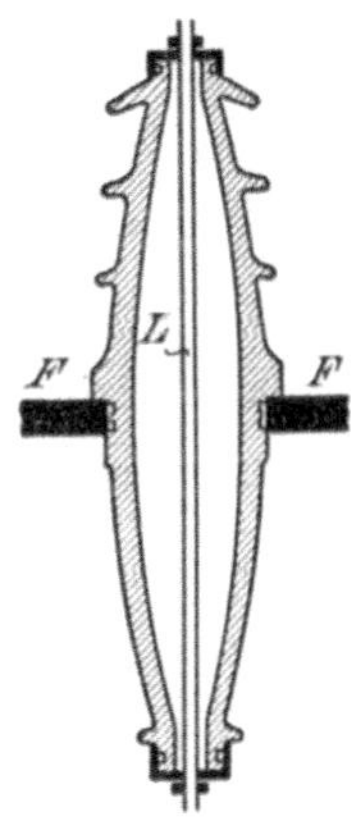

Abb. 498a.

[1]) Solche dicke Porzellanrohre erhält man, indem man mehrere Rohre ineinanderkittet oder zusammenglasiert. Die Durchschlagsfestigkeit ist aber kleiner als bei Hintereinanderschaltung von Porzellan und Luft nach Abb. 498a.

[2]) Die umgekehrte Anordnung: Luft oder Öl außen, Porzellan innen, wäre schlechter. Denn wie oben betont wurde, kommt es darauf an, durch eine Schicht, in welcher die elektrische Beanspruchung möglichst klein ist, eine Schirmzone

man besser eine zähere Masse wie Vaselin oder dgl. Liegen solche Durchführungen wagrecht, so bildet sich bei tieferer Temperatur ein Lufttaum. Um das zu verhindern, befindet sich neben der Befestigungsplatte *p* ein Ausdehnungsgefäß *k* (Abb. 498b), in dem die Füllmasse etwas höher steht als im Rohr[1]).

Man kann Durchführungen natürlich auch dadurch herstellen, daß man biegsames Material wie Mikanit oder Hartpapier (vgl. Anmark. 1 auf S. 569) in vielen Lagen um die Leitung wickelt. Das Einwickeln von leitenden Zwischenschichten aus Stanniol (Kondensator-Durchführungen) ist dabei nicht nur zwecklos, sondern schädlich. Denn durch eine leitende Zwischenlage zwischen zwei Isolierschichten werden die schlechten Stellen und Poren, die gewöhnlich nicht übereinander zu liegen kommen, hintereinandergeschaltet, so daß der Zweck der schichtenweisen Anordnung des Isolierstoffes vereitelt wird. Dazu kommt, daß die Endflächen eines so hergestellten Zylinders (oder Mantelflächen eines Kegelstumpfes) insofern verschlechtert werden, als die gleitenden Entladungen durch die Ränder der leitenden Flächen begünstigt werden. Das Hartpapier hat wie die meisten künstlichen Isolierstoffe dem Porzellan gegenüber den Nachteil, daß seine Oberfläche von gleitenden Entladungen (§ 254) angegriffen, und dadurch die Oberflächenisolation immer mehr vermindert wird, falls nicht von Zeit zu Zeit eine sorgfältige Lackierung vorgenommen wird[2]).

Abb. 498b. Durchführung aus Hartpapier mit Glimmringen (AEG).

---

herzustellen. Da bei zylindrischer Anordnung die Kraftliniendichte außen kleiner ist als innen, wird die Beanspruchung der äußeren Schicht noch weiter verkleinert, also die Schirmwirkung verstärkt, wenn ihre Dielektrizitätskonstante größer ist als die der inneren Schicht. Durch umgekehrte Anordnuug kann die ungleiche Beanspruchung ausgeglichen werden, so daß keine Schirmwirkung besteht. Gorman hat in der Tat für Kabel die letztere Anordnung empfohlen. Die Versuche haben aber keine Verbesserung gezeigt (vgl. auch Humann ETZ, 1912, S. 1306). Es hätte eben der umgekehrte Weg eingeschlagen, nämlich die größere Dielektrizitätskonstante außen angeordnet werden müssen, um die oben betonte Schirmzone zu erhalten wie bei den Porzellandurchführungen nach Abb. 498a.

[1]) Die Füllmasse darf nie so fest werden, daß sich Risse in ihr bilden. Denn wenn solche Risse parallel zu den Kraftlinien verlaufen, so besteht ein Nebeneinanderschaltung von Luft und Masse, und die elektrische Festigkeit ist dann nicht mehr größer als die von Luft.

[2]) Um solche gleitende Entladungen zu vermindern sind in Abb. 498b die mit der Fassung verbundenen „Glimmringe" *g* angebracht. Da sie der aus den Abschlußdeckeln heraustretenden Leitung näher liegen als die Fassung *pk*, gehen die Glimm- und Büschelentladungen von ihnen, nicht von *pk* aus. Und da sie nicht wie diese unmittelbar auf dem Rohr sitzen, müssen die Entladungen erst einen Luftzwischenraum durchsetzen, bevor sie das Rohr

Auch aus Abb. 503 erkennt man den günstigen Einfluß der Hintereinanderschaltung. Die an der Oberfläche des Porzellanrohres durch die Luft verlaufenden gleitenden Entladungen reichen nur bis zu der dachartigen Rippe. Durch diese gehen keine hindurch, weil die elektrische Kraft in ihr zu klein ist. Bei weiterer Steigerung der Spannung gehen die Entladungen über die Rippe hinweg. Nur wenn die Rippe so hoch ist, daß der Weg um sie herum für die Entladungen zu lang ist, gehen sie durch die Rippe hindurch wie durch das Dach des Isolators in Abb. 487, ohne sie durchschlagen zu können.

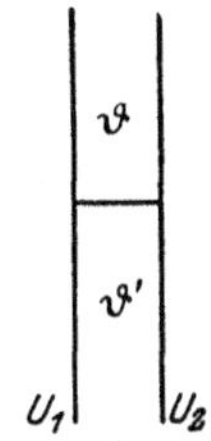

Abb. 499.

Besonders wirksam ist die Hintereinanderschaltung von drei Schichten und zwar so, daß die mittlere Schicht die kleinste Dielektrizitätskonstante hat. Dann ist diese Schicht, in der die größte elektrische Kraft herrscht, auf wirksame Weise von den beiden äußeren Schichten, in welchen die elektrische Kraft klein ist, beschirmt. Diesen Fall zeigt Abb. 488a, wo starke Glimmentladungen in dem Luftraum zwischen Maschinenspulen auftreten. Diese sind mit Mikanit umkleidet, so daß sich hier Mikanit — Luft — Mikanit in Hintereinanderschaltung befinden. Diese Anordnung hat gegen zwei Schichten (Mikanit—Luft) den Vorteil, daß keine der beiden Elektroden unmittelbar an Luft grenzt, und infolgedessen gleitende Entladungen auf der Oberfläche der festen Isolierschicht nicht so leicht auftreten können. Auch bei der Durchführung nach Abb. 498a ergibt sich eine bedeutende Erhöhung der elektrischen Festigkeit, wenn über die Leitung L noch ein enges Rohr aus Porzellan oder Mikanit oder Hartpapier geschoben wird. Diese Hintereinanderschaltung von Mikanit — Luft — Mikanit wurde auch bei Transformatoren, die nicht in Öl gesetzt werden sollten, als Isolation zwischen Hoch- und Niederspannungswicklung angewendet[1]). Die größte elektrische Festigkeit erreicht man durch Hintereinanderschaltung von Mikanit—Öl—Mikanit oder je nach Umständen Hartpapier statt Mikanit.

Ganz anders liegen die Verhältnisse, wenn zwei verschiedene Isolierstoffe hinsichtlich der elektrischen Kraftlinien nebeneinandergeschaltet sind (Abb. 499). Sind die leitenden Grenzflächen (U_1, U_2) parallel (Abstand a), so ist die elektrische Kraft in jedem Stoff

$$\mathfrak{H} = \frac{U_1 - U_2}{a} = \frac{E}{a}.$$

erreichen. Die Ausbreitung der gleitenden Entladungen auf dem Rohr bei steigender Spannung verhindern die Ringe r wie in Abb. 503, jedoch nur dann, wenn sie fugenlos auf dem Rohr befestigt sind. Diese Durchführung zeigt bereits wieder die ursprüngliche zylindrische Form (Abb. 486), welche in elektrischer Hinsicht besser ist als die spätere konische Form (Abb. 498a), bei der sich die Spitzen der gleitenden Entladungen der anderen Elektrode L um so mehr nähern, je weiter sie sich ausbreiten.

[1]) Heß, „Bulletin d. Schweiz. El. V." Bd 12, 1921, S. 1909. „E.T.Z." 1921, S. 1267. „E. u. M." 1921, S. 552.

Dagegen ist die Kraftliniendichte nach Gl. 20 (S. 42):

$$\mathfrak{B} = \vartheta\,\mathfrak{H} = \frac{\vartheta\,E}{a}$$

$$\mathfrak{B}' = \vartheta'\,\mathfrak{H} = \frac{\vartheta'\,E}{a}.$$

Daraus folgt, daß sich die Kraftliniendichten so verhalten wie die Dielektrizitätskonstanten. Für den Durchgang der Elektrizität kommt aber nicht die Kraftlinienmenge und Kraftliniendichte, sondern die elektrische Kraft $\mathfrak{H}$ in Betracht, welche in beiden Stoffen dieselbe ist. Dennoch wird in den meisten Fällen in dem einen Stoff eher ein Durchschlag eintreten als in dem anderen. Das hängt lediglich von der elektrischen Festigkeit der betreffenden Stoffe ab, d. h. davon, ob der eine oder der andere von derselben elektrischen Kraft stärker ionisiert wird[1]). Die elektrische Kraft ist eben, wie auf S. 566 betont wurde, zwar eine notwendige, aber noch nicht hinreichende Bedingung für einen Durchschlag. Diese besteht in der hinreichenden Ionisierung, und das ist eine Materialeigenschaft.

Dabei ist Voraussetzung, daß die Kraftlinien durchwegs parallel verlaufen. Das ist nicht der Fall, wenn bei zwei verschiedenen Stoffen Hintereinander- und Nebeneinanderschaltung gleichzeitig besteht wie in Abb. 500. Hier ist eine Platte mit größerer Dielektrizitätskonstante ϑ in einen Stoff mit kleinerer Dielektrizitätskonstante ϑ' eingeschoben (z. B. Porzellan in Luft). Die Kraftlinien werden von der Platte gewissermaßen angesaugt (vgl. Abb. 51 u. 53). Infolgedessen ist die Kraftliniendichte und daher auch die elektrische Kraft in der Nähe des Randes der Platte größer als vor dem Einschieben derselben. Die Folge davon ist, daß nun eine Entladung eintreten kann, die vor dem Einschieben der Platte bei derselben Spannung nicht zustande gekommen ist[2]). Ist die eingeschobene Platte so groß, daß sie die Kondensatorplatten A B allseitig weit genug überragt, so daß alle Kraftlinien beide Stoffe in Hintereinanderschaltung durchsetzen müssen, so ist das eine bedeutende Steigerung der Durchschlagsfestigkeit, wenn nicht etwa das eingeschobene Material an sich schlecht ist und dadurch eher einen Durchschlag verursacht, wie auf S. 570 dargetan wurde.

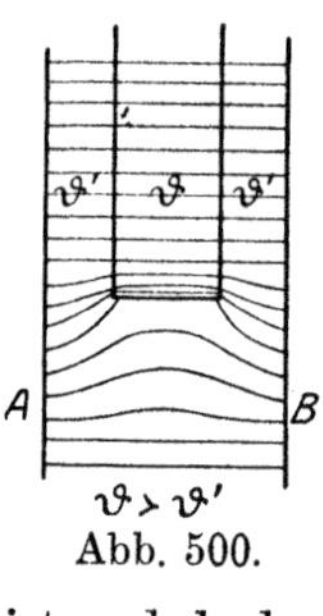

Abb. 500.

[1]) Daher ist die elektrische Festigkeit des lackierten Papieres nur sehr gering, wenn die Kraftlinien nicht senkrecht zu den Schichten, sondern parallel zu ihnen verlaufen, denn dann kommt nur die elektrische Festigkeit der Papierschicht in Betracht. Verlaufen aber die Kraftlinien senkrecht zu den Schichten, so daß Hintereinanderschaltung von Papier und Lack besteht, so ist die elektrische Festigkeit vielmals größer. (Vgl. Anmerk. 1 auf S. 569.)

[2]) Diese Beobachtung ist unrichtigerweise dahin gedeutet worden, daß das Einschieben der Platte, also eine Hintereinanderschaltung, an sich eine Verschlechterung sei. Es besteht aber gerade an der kritischen Stelle Nebeneinanderschaltung mit Verzerrung des Kraftfeldes.

Abb. 501 zeigt den ungünstigen Einfluß einer in einem Stoff mit größerer Dielektrizitätskonstante (ϑ) eingeschlossenen Luftblase ($\vartheta' = 1$). Die elektrischen Kraftlinien weichen der Luftblase um so mehr aus und drängen sich neben der Blase um so mehr zusammen, je größer ϑ gegen ϑ' ist. Die elektrische Kraft ist also in der Nähe der Blase bedeutend verstärkt (weil sie in demselben Stoff der Kraftliniendichte proportional ist), und daher kommt es hier um so eher zu einem Durchschlag. Ist aber die Luftblase schon früher genügend ionisiert, so geht die Entladung durch sie hindurch. Es läßt sich also theoretisch nicht voraussagen, ob der Durchschlag neben der Luftblase oder durch diese erfolgen wird. In jedem Falle aber bedeutet die Luftblase eine Verminderung der Durchschlagsfestigkeit, weil hier eine Nebeneinanderschaltung von zwei verschiedenen Dielektriken besteht, während die reine Hintereinanderschaltung eine Vergrößerung der gesamten Durchschlagsfestigkeit bewirkt.

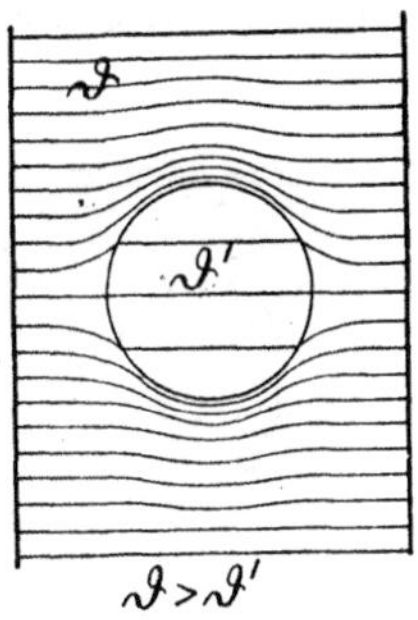

Abb. 501.

254. Oberflächenleitung. Gleitende Entladungen.

Oft ist die Isolierung eines Gegenstandes trotz bestem Isolierstoff schlecht, weil die Oberfläche leitend ist. Die Ursache dieser Oberflächenleitung ist meist eine dünne Feuchtigkeitshaut. Besonders dem Glas ist sie eigen und daher muß es, um gut zu isolieren, mit Lack überzogen werden. Andere Stoffe, wie insbesondere die durch Vulkanisierung hergestellten, erhalten nach längerer Zeit eine leitende Oberfläche unter der Wirkung des Ozons und der salpetrigen Säure der Luft oder der schwefligen Säure des Stoffes selbst, die von der Vulkanisierung herrührt. Dabei handelt es sich um Stromleitung von elektrolytischem oder metallischem Charakter, denn es ist nichts zu hören und zu sehen. Sie tritt naturgemäß bei feuchtem Wetter stärker auf. Das wirksamste Mittel dagegen ist das Einsetzen des Objektes in Öl.

Davon zu unterscheiden sind Entladungen, die längs der Oberfläche eines festen oder flüssigen Isolierstoffes verlaufen und die man daher als gleitende Entladungen bezeichnet. Sie können bei entsprechender Spannung in allen Formen, namentlich als Glimm- und Büschellicht, Funken- und Lichtbögen auftreten. Abb. 502 zeigt Büschelentladungen und zwei darauf folgende Funkenentladungen, die um den Rand einer Hartgummiplatte herum von der einen Elektrode zur anderen gehen. Diese Büschelentladungen sind manchmal so lang und so lichtstark, daß sie einen prächtigen Anblick gewähren.

Was bei den gleitenden Entladungen, sowohl Büschel- als Funkenentladungen am meisten auffällt, ist ihre große Länge. Man hat allerlei weit hergeholte, aber unrichtige Gründe dafür angegeben. In Wirklichkeit erklärt sich diese große Länge einfach aus der größeren elektrischen Festigkeit des Isolierstoffes, auf dessen Oberfläche sie verlaufen, im Vergleich zur Luft. Auf einem Stoff, dessen elektrische Festigkeit geringer ist als die der Umgebung, gibt es keine gleitenden Entladungen. Bei dem durch Abb. 502 dargestellten Versuch war die Platte 3 mm dick. Hätten die Elektroden ohne diese Platte, also in Luft, denselben Abstand gehabt, so wären Funkenentladungen schon bei

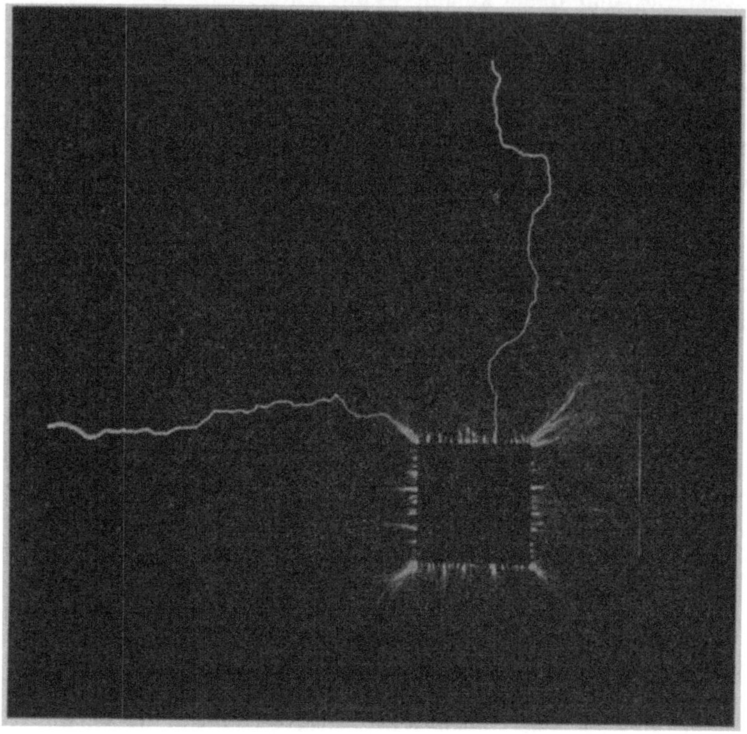

Abb. 502. Gleitende Entladungen: Büschellicht an der Elektrode und Gleitfunken um eine Platte herum.

9000 V. von einer Elektrode zur anderen gegangen. Da aber die Platte erst bei etwa 20000 V. durchschlagen wurde, mußten bis dahin lange Büschelentladungen auf der Oberfläche und endlich Funkenentladungen um die Platte herum erfolgen. Wäre die Platte noch größer gewesen, so wären diese Funkenentladungen nicht zustande gekommen, sondern nur noch längere Büschelentladungen, bis endlich bei weiterer Steigerung der Spannung der Durchschlag der Platte eingetreten wäre. Daß Büschelentladungen bei 20000 V. große Länge und bei genügender Elektrizitätsquelle starke Lichterscheinungen zeigen, ist nicht zu verwundern. Auf die Dielektrizitätskonstante kommt es nicht an. Natürlich werden die gleitenden Entladungen noch begünstigt, wenn die

Elektroden scharfe Ränder haben, wie schon auf S. 563 erwähnt wurde, oder wenn die Oberfläche des festen Stoffes hygroskopisch ist wie bei Glas, so daß noch eine gewisse Leitfähigkeit der Oberfläche dazukommt, oder wenn die Oberfläche ganz naß ist wie bei Freileitungsisolatoren im Regen.

Daß die große Länge gleitender Entladungen ihren Grund nur in der geringeren elektrischen Festigkeit der Luft hat, ergibt sich auch aus Abb. 503, die ein Porzellanrohr mit dachartiger Rippe zeigt. Die gleitenden Entladungen reichen nur bis zur Rippe. Die elektrische Festigkeit längs der Oberfläche ist also im Ganzen, d. h. von der Mitte bis zum oberen Ende größer, als wenn diese Rippe nicht vorhanden ist. Bei weiterer Steigerung der Spannung gehen die Entladungen endlich über die Rippe hinweg, wenn nicht vorher ein Durchschlag des Rohres eintritt.

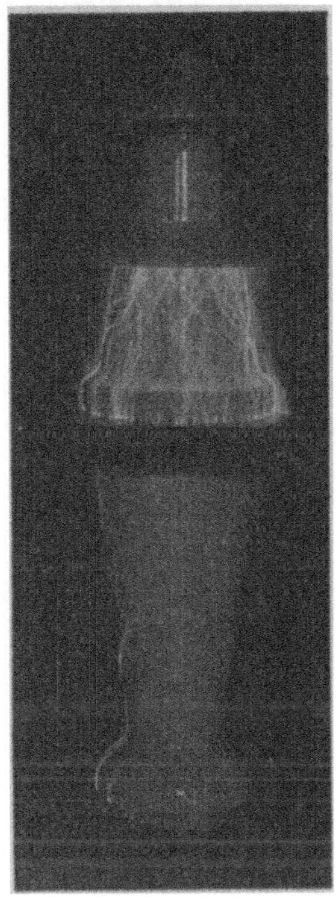

Abb. 503. Einfluß einer Rippe auf gleitende Entladungen.

Sind Poren im Isolierstoff vorhanden, so bereiten die gleitenden Entladungen hier den Durchschlag vor. Ist dieser erfolgt (bei A in Abb. 504), so wenden sich schließlich alle Entladungen den dadurch entstandenen Löchern zu.

Auch auf der Oberfläche eines flüssigen Isolierstoffes kommen gleitende Entladungen zustande, wenn seine elektrische Festigkeit größer ist als die der Luft, und wenn die Elektroden die Oberfläche berühren oder durchsetzen.

Wie auf S. 563 betont wurde, verlaufen die Entladungen in der Richtung der Kraftlinien, so weit nicht die dort erwähnten Einflüsse störend wirken. Daher treten in Abb. 502 die ersten Glimmentladungen aus dem Rand der Elektrode gemäß dem Kraftlinienverlauf in Abb. 492 aus, können aber weiterhin nicht den Kraftlinien folgen, weil sie von der Platte weniger leicht durchgelassen werden als von der Luft. Es kommt daher für den weiteren Verlauf der Entladungen auf der Oberfläche der Platte nur die Komponente der elektrischen Kraft zur Wirkung, welche parallel zur Oberfläche verläuft. Danach wäre zu erwarten, daß es überhaupt zu keiner Entladung längs der Oberfläche kommt, wenn keine solche Komponente vorhanden ist, d. h. wenn die von der Elektrode ausgehenden Kraftlinien an allen Stellen die Oberfläche senkrecht durchsetzen, oder was dasselbe ist, wenn die Oberfläche mit einer elektrischen Niveaufläche zusammenfällt. Das steht in Übereinstimmung mit dem in § 13 entwickelten Gesetz, wonach sich die Elektrizität nicht auf einer Niveaufläche bewegt. Praktisch läßt sich das nur verwirklichen, indem die Elektrode ganz unter einen flüssigen Isolierstoff gebracht wird. Bei festen Isolierstoffen wird das näherungsweise verwirklicht, wenn sich der Isolierstoff über den Rand der Elektrode erhebt, so daß er sich der gestrichelt gezeichneten Niveaufläche anpaßt (Abb. 505). In der Tat werden dadurch die gleitenden Ent-

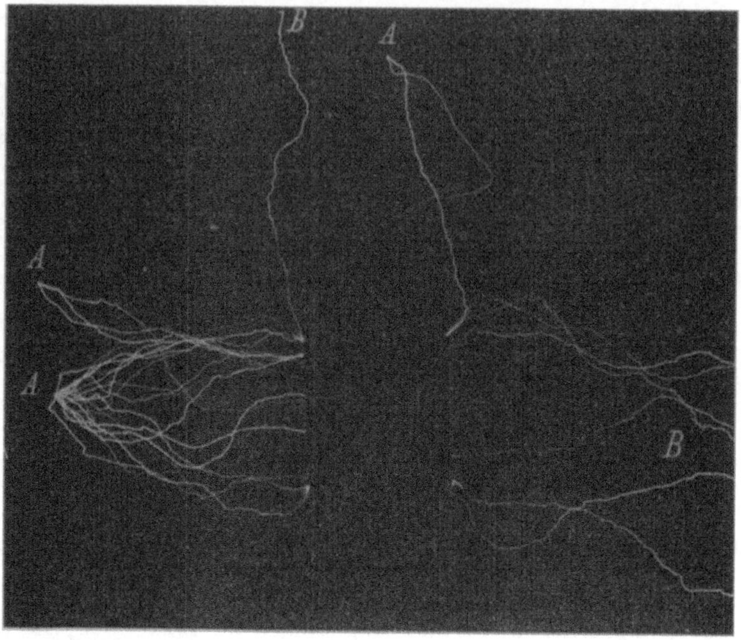

Abb. 504. Gleitfunken um die Platte herum (*B*) und Durchschläge (*A*) einer Stabilitplatte.

ladungen sehr beschränkt. Dazu genügt es auch schon, wenn der Isolierstoff die Elektrode in Form eines starken Wulstes umgibt (Abb. 506). Bei wachsender Spannung suchen sich die Entladungen aber doch einen Weg durch die Luft, weil diese endlich in der ganzen Umgebung der Elektrode hinreichend ionisiert wird. Dazu kommt, daß die Glimm- und Büschelentladungen dort, wo sie auftreten, eine Änderung des

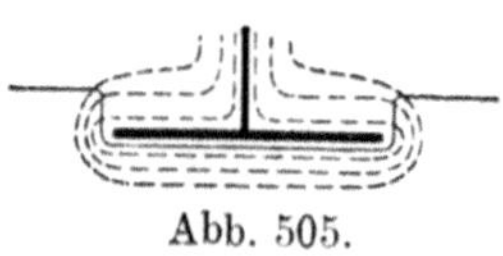

Abb. 505.

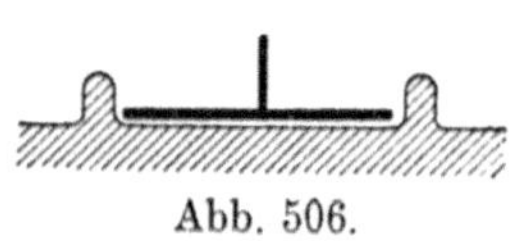

Abb. 506.

Kraftlinienverlaufes bewirken. Denn sie bestehen ja aus Elektrizität, und von dieser gehen immer Kraftlinien aus. Durch die Glimmentladungen werden gewissermaßen die Elektroden weiter ausgedehnt, so daß sich die in Abb. 493 dargestellte Feldverteilung einstellt, während sie vorher der Abb. 492 entspricht. Diese Kraftlinienverteilung ist aber eine ziemlich bewegliche, weil die Entladungen je nach der Ionisierung der Luft immer in züngelnder Bewegung sind.

255. Zerstörung der Isolierstoffe durch Entladungen.

Abgesehen von der in § 264 besprochenen Ozon- und Stickstoffbildung durch Entladungen in Gasen können in flüssigen und festen Isolierstoffen Veränderungen durch Verbrennen, Schmelzen und mechanische Zerreißung des molekularen Zusammenhanges vorkommen. Das letztere ist der in § 252 behandelte Durchschlag. Das Verbrennen und Schmelzen ist eigentlich nur eine Nebenwirkung der von der Entladung entwickelten Hitze. Verbrennungen können um so weniger eintreten, je weniger Sauerstoff vorhanden ist. Funkenentladungen und Lichtbögen unter Öl bewirken daher nur eine Verkohlung von Ölteilchen. In Brand kann das Öl nur gesetzt werden, wenn es gleichzeitig weggeschleudert wird, und dadurch die Luft zur Entladungsstelle Zutritt bekommt[1]).

Abb. 507. Angriff der Oberfläche einer Hartgummiplatte durch Büschelentladungen.

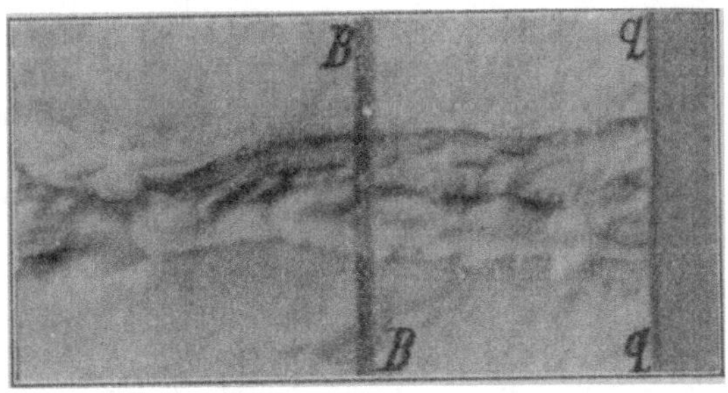

Abb. 508. Durchschlagskanal in Porzellan in 3facher Vergrößerung.

Chemische Veränderungen kommen fast nur bei den künstlichen, durch Vulkanisierung hergestellten Stoffen vor. Abb. 507 zeigt den Angriff einer schlechten Hartgummiplatte durch längere Einwirkung von gleitenden Büschelentladungen.

Wichtig ist die Zerstörung eines festen Isolierstoffes beim Durchschlag desselben. Gewöhnlich zeigt sich ein Loch oder ein unregelmäßig verlaufender Kanal, manchmal mit aufgeworfenen, verbrannten oder geschmolzenen Rändern. Bei Porzellan ist der Kanal manchmal so fein, daß er nicht leicht zu finden ist.

Ist die angewendete elektrische Spannung und Energie groß, so werden die Wände des Kanales verbrannt oder geschmolzen. Abb. 508 zeigt in dreifacher Vergrößerung einen Durchschlagskanal durch ein 2 cm dickes, aus zwei zusammenglasierten Porzellanrohren gebildetes Rohr[2]). Dieser breite Kanal entstand durch nachträgliches Ausbröckeln

[1]) Daher müssen die Kontakte der Ölschalter tief unter Öl sitzen, vgl. auch S. 394.

[2]) B ist die Glasurschicht, welche die beiden Rohre verbindet, q ist die Oberflächenglasur. Da die Glasur glasartig ist, erscheint sie in der Photographie dunkel.

geschmolzener, schlackenartiger Porzellanteilchen. Nachdem diese ausgebrochen waren, erschien die gesunde Porzellanmasse, die unter der Einwirkung der Hitze glasartigen Glanz bekommen hat.

Eigenartige Zerstörungen fester Isoliermassen treten ein, wenn gleitende Entladungen in Luft dadurch verhindert werden, daß die Luft durch gut isolierendes Öl ersetzt wird. Abb. 509 zeigt einen solchen Fall. Die Entladungen gingen, da sie den Körper nicht zu durchschlagen vermochten, von der äußeren Elektrode, die sich bei *a* befand, um den Rand des Rohres herum zur inneren Elektrode. Dabei zogen sie es vor, sich einen Weg durch das Porzellan unmittelbar unter der Oberfläche zu bahnen statt durch das Öl zu gehen, weil sie im Porzellan Luftbläschen und Poren finden, im Öl aber nicht. Dadurch wurden Porzellanteilchen abgesprengt, so daß der Körper wie angefressen aussieht. Je länger die Entladungen dauern, desto tiefer werden die so entstehenden Furchen, weil es eben die Elektrizität immer vorzieht, unter der Oberfläche des Porzellans einen Weg zu bahnen, statt durch das Öl zu gehen. Es sind gleitende Entladungen, welche an der Grenzfläche zwischen Porzellan und Öl durch das mit Luftbläschen durchsetzte Porzellan verlaufen und es dabei absprengen. An der Grenzfläche zwischen Luft und Öl verlaufen sie durch die Luft.

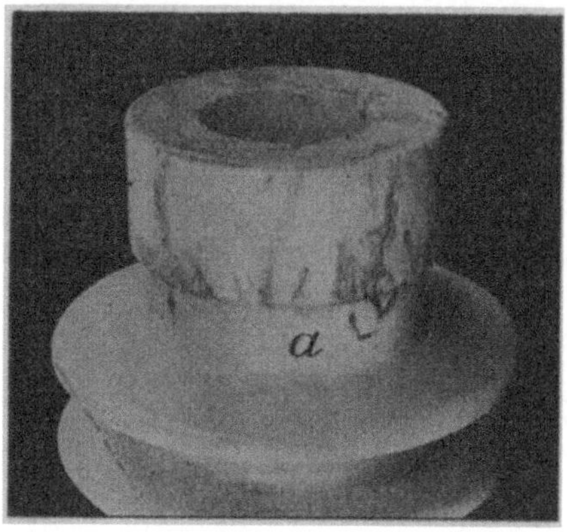

Abb. 509. Angriff (Ausbröckelung) des Porzellans durch gleitende Entladungen unter Öl.

Ähnliche Zerstörungen entstehen auch an der Grenzfläche zwischen Porzellan und sogenannten Compound-Massen (Mischungen aus Asphalt, Harz, Paraffin, Vaseline u. dgl.), wenn gleitende Entladungen in der Grenzfläche zustandekommen.

256. Isolierung im Freien.

Wenn elektrische Leiter, die sich im Freien befinden, isoliert werden sollen, so sind besondere Bedingungen zu erfüllen, denn die Oberfläche der Isoliermittel wird beregnet. Nasse Oberflächen verursachen nicht nur Leitung der Elektrizität, sondern auch lange gleitende Entladungen (§ 254). Daher müssen die Isolatoren für Luftleitungen mindestens ein Dach haben, dessen Unterseite trocken bleibt. Bei Stützisolatoren erhält man eine weitere trockenbleibende Fläche durch Anordnung einer Hülse oder eines zweiten Daches um die Stütze. Die zweckmäßigsten Formen dafür haben sich aus längeren

Versuchen unter künstlichem Regen ergeben. Prüft man unter Regen mit langsam steigender Spannung, so gehen zunächst vom Dachrande Büschelentladungen aus, die von den abfallenden Tropfen begünstigt

Abb. 510. Vorentladungen (Büschellicht).

Abb. 512. Lichtbogen.

werden und zunächst im Wege derselben verlaufen. Mit höherer Spannung werden sie immer länger und wenden sich schließlich der Stütze

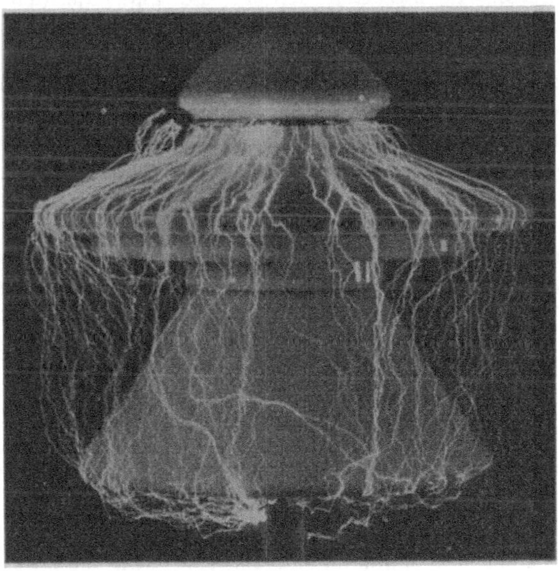

Abb. 511. Funkenentladungen.

zu, da diese die andere Elektrode bildet (Abb. 510). Das sind noch Vorentladungen, die keinen Kurzschluß zwischen Leitung und Erde oder dem anderen Pol zur Folge haben. Steigt die Spannung weiter, so kommt es in dem durch die Vorentladungen ionisierten Weg zu Funkenentladungen (Spannungsüberschlag), die auf der nassen Oberfläche des Daches als gleitende Entladungen verlaufen (Abb. 511)[1]). Liefert die Stromquelle genügend Energie, so geht die Funkenentladung sogleich in einen Lichtbogen über (Abb. 512)[2]).

Bei sehr hohen Spannungen wird die Leitung an mehreren hintereinander geschalteten Isolatoren (Hängeisolatoren Abb. 482, 483) angehängt.[3])

257. Äußeres Bild des Lichtbogens.

Zum Unterschied von der Funkenentladung bezeichnet man einen dauernden Elektrizitätsübergang zwischen zwei Elektroden in einem Gas von mehr als 0,1 mm Quecksilber Druck als Lichtbogen. Über die Unterschiede in den inneren Vorgängen vgl. § 259.

Ein Lichtbogen kann unter gewissen Bedingungen zwischen Elektroden aus Kohle und allen anderen gut leitenden Stoffen hergestellt werden. Bei Kohlenelektroden nimmt der Lichtbogen, wenn er zum ruhigen Brennen gekommen ist, folgende Gestalt an (Abb. 513). Beide Elektroden haben stumpfe Spitzen. Die positive (Anode) zeigt eine Abflachung oder Vertiefung, die man als Krater bezeichnet. Die Spitzen beider Elektroden befinden sich in Weißglut. Die Temperatur der positiven Spitze beträgt im Krater 4000° bis 4200°, die der negativen Spitze 3000°—3500°, die der Gasstrecke zwischen beiden, die man als den eigentlichen Bogen bezeichnet, liegt in der Mitte[4]). Das Licht geht zum weitaus größten Teile von den Elektrodenspitzen aus und zeigt wie bei allen weißglühenden Körpern das Spektrum des Sonnenlichtes. Vom Bogen gehen hauptsächlich blaue bis ultraviolette Strahlen aus. An ihm unterscheidet man den violetten „Kern" *B* und die äußere „Aureole" *C*. Der Kern ist der eigentliche stromleitende Teil; in ihm verlaufen die Stromlinien. Die Aureole scheint nur aus verbrennenden Teilchen des Elektrodenmateriales zu bestehen. Darum verschwindet sowohl die Aureole, sowie auch die zugespitzte Form der Elektroden bei den Bogenlampen mit eingeschlossenem Lichtbogen. Hier ist, um den Abbrand der Kohlen zu vermindern und dadurch eine längere Brenndauer zu erzielen, der Lichtbogen von einer an die Kohlenstifte

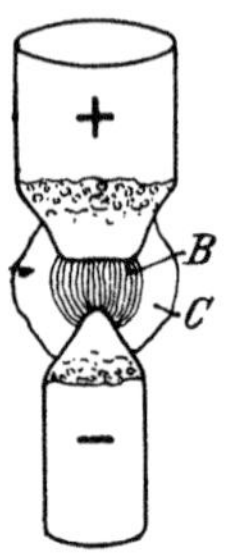

Abb. 513.

[1]) Der Unterschied zwischen Vorentladungen und vollständigen Entladungen (Überschlägen) zeigt sich deutlich darin, daß jene auf dem nassen Dach nicht sichtbar sind (Abb. 510), während diese auf dem nassen Dach deutlich ausgeprägt sind.

[2]) Die Streifen in diesem Lichtbogen entsprechen den halben Wellen des Wechselstromes, weil sich der Lichtbogen infolge der elektrodynamischen Eigenwirkung (§ 82) erweitert.

[3]) Weiteres in dem Buche des Verfassers: „Die Porzellan — Isolatoren" Berlin 1921.

[4]) Diese Temperaturen sind von der Stromstärke nahezu unabhängig. Die Steigerung der Stromstärke bewirkt nur eine größere Ausbreitung des Lichtbogens. Eine Erhöhung der Temperatur kann nur durch bedeutende Steigerung des Luftdruckes, in welchem der Lichtbogen brennt, erreicht werden. Lummer erreichte so eine Temperatur von 6000° im positiven Krater. („Die Verflüssigung der Kohle" Braunschweig 1914).

gut anschließenden Glasglocke umgeben, so daß der Luftzutritt auf ein Minimum beschränkt ist. Infolgedessen erhalten die Elektroden beim Abbrennen keine spitzen, sondern flache Enden. Da dadurch die Lichtausstrahlung mehr behindert wird, muß man ihnen größeren Abstand geben, d. h. größere Lichtbogenspannung (60—80 Volt) anwenden.

Bei den gewöhnlichen Bogenlampen verwendet man zur Verbesserung des Leitungsvermögens Kohlen, die eine Seele aus besser leitendem und leichter verdampfendem Material enthalten (Dochtkohlen). Da die positive Kohle eine höhere Temperatur hat und daher schneller abbrennt, wählt man sie dicker als die negative. Da sie auch mehr Licht ausstrahlt als die negative, ordnet man sie als obere Kohle an, wenn das Licht hauptsächlich nach unten geworfen werden soll.

Setzt man den Kohlen Oxyde oder Fluoride der Metalloide (Ca, Ba, Sr, Mg) zu, so gehen deren Dämpfe in den Bogen über, der nun auch eine beträchtliche Lichtmenge aussendet, natürlich nur jene Strahlen, die dem Spektrum des betreffenden Metalloides eigentümlich sind. Daher erhält das Licht durch Kalzium eine gelbliche, durch Strontium eine rötliche Färbung (Effektbogenlampen). Die Lichtausbeute nach unten wird noch weiter gesteigert, wenn die Kohlen nicht einander gegenüber, sondern unter einem kleinen Neigungswinkel nebeneinander stehen (Abb. 97, S. 119), so daß jetzt beide Elektroden und der Bogen ihr Licht nach unten senden. Das ist hier möglich, weil der Bogen durch das bessere Leitungsvermögen, das er durch die metallischen Dämpfe erhält, bei gleicher Spannungen zwei- bis dreimal so lang ist, als bei gewöhnlichen Kohlen. Die Aureole sieht dabei aus wie eine Flamme (Flammenbogenlicht).

Im Lichtbogen findet ein Transport des Elektrodenmateriales von einer Elektrode zur anderen statt; hauptsächlich von der positiven zur negativen. Bei kurzen Lichtbögen erhält dadurch die negative Spitze einen Ansatz (Pilz), der von dem Material der positiven Elektrode herrührt.

258. Lichtbogenspannung und Existenzbedingung des Lichtbogens.

Wendet man das Ohmsche Gesetz formell auf den Lichtbogen an: $i = \frac{e}{w_s}$, so bedeutet w_s einen veränderlichen, also scheinbaren Widerstand, den man als Lichtbogenwiderstand bezeichnet. Daraus erhält man aber keinen Aufschluß über die Beziehung zwischen der Elektrodenspannung e, die man hier Lichtbogenspannung nennt, der Stromstärke i und dem Elektrodenabstand (Bogenlänge).

Genaue Untersuchungen haben gezeigt, daß dafür folgende Beziehung gilt:

$$e = g + \alpha l + \frac{\gamma + \delta l}{i};$$

wobei g, α, γ, δ Konstanten sind, die nur vom Material und der Dicke der Elektroden, sowie vom Gas, in dem der Bogen brennt, abhängen[1]). Für den normalen Gleichstrom-Lichtbogen zwischen Kohlenelektroden ist

$$e = 39 + 2l + \frac{12 + 10\,l}{i} \text{ Volt,}$$

wenn i in Ampere und l in mm ausgedrückt wird. Für $l = 0$ und $i = \infty$ ist $e = g = 39$. Mithin ist g jener Wert, den die Spannung

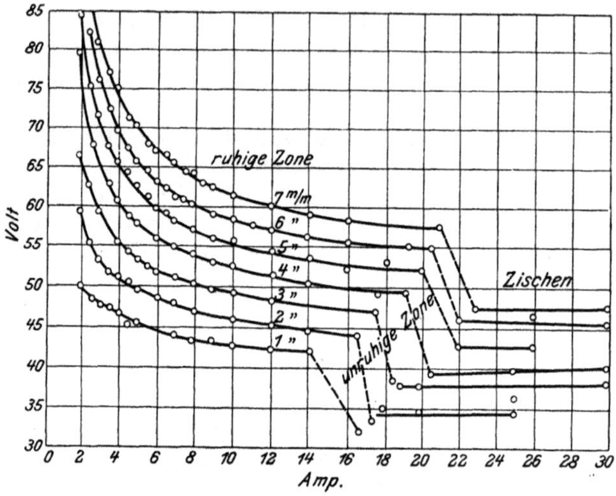

Abb. 514. Lichtbogencharakteristik zwischen Kohlenelektroden.

mindestens haben muß, also die Minimumspannung; sie setzt sich zusammen aus dem Anoden- und dem Kathodenfall. Abb. 514 enthält eine Schar Kurven bei verschiedener Lichtbogenlänge, aus der die Konstanten der letzten Formel ermittelt wurden[2]). Da sie die Abhängigkeit des Stromes von der Spannung darstellen, bezeichnet man sie als Charakteristik des Lichtbogens. Abb. 515 zeigt die Abhängigkeit der Lichtbogenspannung von der Bogenlänge bei verschiedenen Stromstärken. Der Schnittpunkt mit der Ordinatenachse gibt die Minimumspannung für die betreffende Stromstärke, das ist der Wert $e = g + \frac{\gamma}{i}$.

Die Minimumspannung bei größter Stromstärke, das ist also g, hat für beiderseits gleiche Elektroden folgende Werte in Volt:

Gewöhnliche Kohle	Platin	Eisen	Kupfer	Zink	Silber	Kadmium
39	27,5	25	24	20	15,5	10,5

[1]) Über die Werte dieser Konstanten bei verschiedenen Elektrodenstoffen siehe Rasch, „Das elektrische Bogenlicht“, Braunschweig 1910.

[2]) Nach H. Ayrton.

In der Verteilung der Minimumspannung auf Anoden- und Kathodenfall zeigt sich ein Unterschied zwischen Glimmentladung (§ 234) und Lichtbogen. Während dort der Kathodenfall erheblich größer ist als der Anodenfall, ist das hier nicht der Fall. Bei gewöhnlichen Kohlen beträgt der Kathodonfall 8 V., der Anodenfall 31 V. Bei Metallelektroden ist der Kathodenfall um ein wenig größer als der Anodenfall

Die Minimumspannung gibt keinen Aufschluß über die Existenzbedingung des Lichtbogens; sie sagt nur, welche Spannung mindestens notwendig ist, wenn die Stromstärke sehr groß und die Bogenlänge Null ist. Bei kleinerer Stromstärke und größerer Länge ist eine höhere Spannung erforderlich. Steigt z. B. der Spannungsabfall in der Stromquelle so sehr an, daß von der EMK nicht genug für die Lichtbogenspannung übrig bleibt, so verlöscht der Lichtbogen. Der Bestand des Lichtbogens hängt also auch von den Verhältnissen im äußeren Stromkreis ab. Mathematisch läßt sich die dynamische Existenzbedingung (**Stabilitätsgrenze**) dadurch ausdrücken, daß der Lichtbogen erlischt, wenn

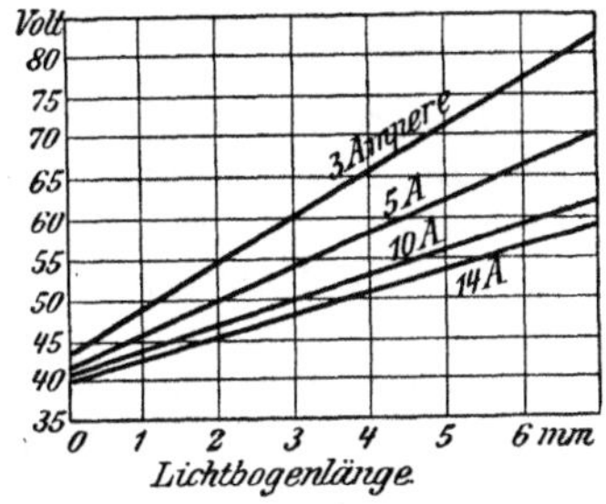

Abb. 515. Lichtbogenspannung zwischen Kohlenelektroden.

$$-\frac{d\,e}{d\,i} < w_a \text{ ist}^{1}),$$

d. h. wenn $\frac{d\,e}{d\,i}$ negativ und kleiner ist als der äußere Widerstand w_a des Stromkreises. Er erlischt also nur, wenn bei zunehmender Stromstärke i die Bogenspannung e abnimmt, oder bei abnehmender Stromstärke die Bogenspannung zunimmt. Das letztere ist der Fall, wenn die Bogenlänge vergrößert wird, z. B. durch ein magnetisches Gebläse oder durch Auseinanderziehen der Elektroden. Das Verhältnis $\frac{d\,e}{d\,i}$ ist dabei gleich der **Änderung**, die der Lichtbogenwiderstand w_s erfährt. Ist der Betrag dieser Änderung kleiner als der äußere Widerstand w_a, so erlischt der Lichtbogen. Ist der äußere Widerstand verschwindend klein, so liegt die Grenzbedingung bei $\frac{d\,e}{d\,i} = 0$. D. h. die Grenze liegt dort, wo die Charakteristik (Abb. 514) parallel zur Abszissenachse wird. Schon wenn der Lichtbogen in die Nähe dieser Grenze kommt, wird der Lichtbogen unruhig, die Stromstärke schwankt, und man hört ein brummendes und zischendes Geräusch. Je kleiner w_a ist, desto kleinere Werte von $\frac{d\,e}{d\,i}$

---

[1]) **Kaufmann**, Annal. d. Phys. 2, S. 158, 1900. **Granquist** (Gesellsch. d. Wissensch. zu Upsala 1903) hat diese Bedingung in folgender Form ausgedrückt: $E + i^2 \frac{d\,w_s}{d\,i} < 0$, wobei E die EMK der Stromquelle bedeutet.

genügen, um den Lichtbogen zum Verlöschen zu bringen; er brennt also um so ruhiger, je größer der äußere Widerstand ist. Man verwendet daher schon seit den Anfängen der Bogenlichtbeleuchtung Vorschaltwiderstände, die man als Beruhigungswiderstände bezeichnet. Bei Wechselstrom verwendet man Drosselspulen; w_a bedeutet dann ihren scheinbaren Widerstand.

259. Das Wesen des Lichtbogens.

Der äußerliche Unterschied gegenüber einer dauernden Glimm- oder Büschelentladung und Funkenentladung besteht in der großen Stromstärke und in dem kleinen Spannungsabfall an den Elektroden. Der innere Unterschied besteht darin, daß jene selbständige Strömungen sind, während im Lichtbogen selbständige und unselbständige Strömung gemischt ist. Die der großen Stromstärke entsprechende Ionenmenge wird zum größten Teil von den glühenden Elektroden ausgestahlt (Thermionenstrom § 244). Daher ist eine Zündung des Lichtbogens nötig. Sie wird entweder dadurch bewirkt, daß die Spitzen der Elektroden auf kurze Zeit zur Berührung und dadurch zum Glühen gebracht werden, oder dadurch, daß durch genügend hohe Spannung eine Funkenentladung zwischen ihnen ausgelöst wird. Die so erzeugten Ionen wandern zu den Elektroden und bringen diese durch Aufprallen, sowie durch Neutralisierung von seiten des Stromes der Stromquelle zum Glühen. Sobald sie glühen, strahlen sie Ionen aus wie bei den Glühkathodenröhren (in denen bei starker Strahlung auch die Anode glühend wird). Während aber in diesen fast gar keine Stoßionisierung besteht, weil sie nahezu luftleer sind, kommt im Lichtbogen noch eine starke Stoßionisierung, also selbständige Strömung hinzu. Den Hauptanteil hat aber die Ionenausstrahlung aus der Kathode. Daher kann ein Lichtbogen nicht bestehen, wenn diese unter die Glühtemperatur abgekühlt wird. Das ist der Grund, warum ein Lichtbogen selbst bei hoher Spannung unter Öl nicht bestehen kann. Will man einen Lichtbogen herstellen zwischen einem Kohlenstift und einem rotierenden Kohlenzylinder, wo immer neue kalte Stellen dem Stift gegenübertreten, so gelingt es, wenn der rotierende Zylinder Anode ist, dagegen nicht, wenn er Kathode ist.

Die positiven Ionen (Stoffreste) strömen von der Anode zur Kathode und erhitzen diese wegen ihrer größeren Masse stärker. Gleichzeitig findet nebst der Verbrennung auch noch ein Transport von Elektrodenstoff zur Anode statt, woraus sich der auf S. 583 erwähnte Pilz an der negativen Elektrode erklärt.

260. Der Quecksilberlichtbogen.

In sehr verdünnter Luft kann zwischen einer Quecksilberkathode und einer beliebigen Anode ein Lichtbogen hergestellt werden, der bei 100 Volt eine Länge bis zu einem Meter erreicht. Der Strom wird von dem den Raum erfüllenden Quecksilberdampf geleitet. Das Licht geht nur von diesem, nicht von den Elektroden aus und zeigt daher das Spektrum des Quecksilbers, dem die roten Strahlen fehlen, während die blauen bis ultravioletten überwiegen. Wird der Bogen in einem Glasgefäß erzeugt, so werden die ultravioletten Strahlen zum größten Teil von der Glaswand absorbiert. Wird aber ein Gefäß aus Quarz verwendet, der die ultravioletten Strahlen wenig absorbiert, so erhält man die stärkste Quelle für ultraviolettes Licht (Uviollampe).

Der Quecksilberdampf entsteht durch Verdampfung des Quecksilbers an der Kathode. Daher ist zu seiner Herstellung eine Zündung ebenso erforderlich wie beim gewöhnlichen Lichtbogen, entweder durch eine Funkenentladung bei hoher Spannung oder durch Neigen und Schütteln des Gefäßes, bis das Quecksilber mit der Anode in Berührung kommt.

Der glühende Quecksilberdampf kondensiert sich an den kühleren Wänden des Gefäßes und fällt in Tropfen nach abwärts. Daher soll sich die Kathode an der tiefsten Stelle befinden, weil dann ihr Quecksilbervorrat immer wieder erneuert wird. Zweckmäßig ist es, wenn das Gefäß eine außerhalb der stromleitenden Bahn liegende Erweiterung (*B* in Abb. 522) hat, um die Kondensation zu begünstigen (Kühlkammer), wodurch der Druck des Quecksilberdampfes geringer wird.

Je reiner der Quecksilberdampf ist, d. h. je besser das Vakuum vor dem Gebrauch der Lampe war, desto besser funktioniert sie. Während des Brennens hat der Quecksilberdampf einen Druck von 1 bis 2 mm Quersilbersäule.

Mit dem gewöhnlichen Lichtbogen hat der Quecksilberlichtbogen nur das gemein, daß der Kathodenfall sehr gering ist, und zwar wie dort wegen des Austrittes freier negativer Ionen aus der Kathode infolge der hohen Temperatur, und weil die Quecksilberoberfläche wegen des hohen Vakuums immer metallisch blank ist. Da die zum Bestande des Lichtbogens nötigen freien negativen Ionen eben nur aus der negativen Elektrode austreten, ist es für den Bestand des Lichtbogens gleichgültig, ob die positive Elektrode aus Quecksilber oder einem anderen guten Leiter besteht. In allen anderen Punkten zeigt sich ein Unterschied zwischen dem gewöhnlichen und dem Quecksilberlichtbogen. Während bei jenem die Bogenspannung mit der Stromstärke abnimmt (Abb. 514), nimmt sie bei diesem im allgemeinen zu (Abb. 516). Während jener vom magnetischen Felde ebenso stark abgelenkt wird wie ein die gleiche Stromstärke führender metallischer Leiter, wird dieser wenig oder gar nicht beeinflußt. Während jener nach einer Unterbrechung von $^1/_{20}$ Sekunde von selbst wieder entsteht, ist es bei diesem nicht der Fall, selbst wenn die Unterbrechung nur

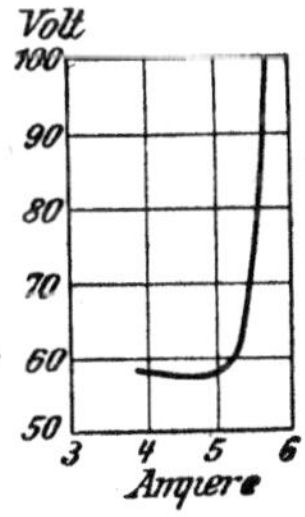

Abb. 516.

[1]) Näheres über Lichtbögen und Bogenlampen in E. Rasch, „Das elektrische Bogenlicht“ Braunschweig 1910 und J. Zeidler, „Die elektrischen Bogenlampen“, Braunschweig 1905.

$^1/_{1000}$ Sekunde dauert. Deshalb ist es nicht möglich, ohne besondere Hilfsmittel (§ 262 II) mittels Wechselstrom einen Quecksilberlichtbogen zu erhalten, selbst wenn beide Elektroden aus Quecksilber bestehen, und die Spannung mehr als 1000 V. beträgt. Bei fortgesetzter Steigerung der Spannung erreicht man nur Funkenentladungen. Mithin ist der Quecksilberlichtbogen nicht als eigentlicher Lichtbogen, sondern als „positives Licht" in hochevakuierten Entladungsröhren (§ 233) zu betrachten. Es zeigt sich auch wie dort ein dunkler Zwischenraum zwischen Kathode und Lichtsäule[1]).

261. Der Wechselstromlichtbogen.

Wird ein Lichtbogen von Wechselstrom unterhalten, so wechseln die Elektroden ihre Polarität bei jedem Wechsel des Stromes. Daher verschwindet der Unterschied in der Gestalt der Elektroden und beide erhalten die Form von stumpfen Spitzen. Obwohl der Wechselstrom bei jedem Wechsel durch Null geht, verlischt der Bogen doch nicht, weil die Elektroden also auch die jeweilige Kathode, auf die es ankommt, in Weißglut bleiben, und daher auch während des Augenblickes, wo der Strom Null ist, Ionen aussenden. Immerhin geht das Leitungsvermögen des Bogens etwas zurück, und daher ist beim Anstieg der Spannung von Null an ein höherer Wert derselben notwendig, als wenn sie wie bei Gleichstrom konstant bleibt. Das erkennt man aus den Wellenformen in Abb. 517. Die Lichtbogenspannung steigt bis zu der Spitze im Augenblick a. Bis dahin ist die Stromstärke gering. Hier aber wird der Lichtbogen normal, die Stromstärke steigt plötzlich, die Spannung fällt auf den normalen Wert und behält ihn bis gegen Ende der halben Welle. Die Stromwelle erhält dadurch die Form einer Lanzenspitze. Eine Folge dieser Verschiedenheit der Wellenformen ist es, daß das Produkt aus Strom und Bogenspannung nicht gleich der mit einem Wattmesser gemessenen Leistung ist, sondern größer, so daß sich ein Leistungsfaktor ergibt, der etwas kleiner ist als 1, obwohl Selbstinduktion oder Kapazität im Lichtbogen nicht vorhanden ist (vgl. S. 474).

Stellt man die Beziehungen zwischen einem Wechselstrom $i = \mathfrak{J} \sin \alpha$ und der zugehörigen Spannung $e = \mathfrak{E} \sin (\alpha + \varphi)$ in einem rechtwinkligen Koordinatensystem dar (Abb. 518a), so erhält man im allgemeinen eine Ellipse, die um so schmäler ist, je kleiner die Phasenverschiebung φ ist, so daß sie für $\varphi = 0$ in die gerade Linie AB übergeht, während sie für $\varphi = 90^0$ zu einem Kreis wird[2]). Zeichnet man das Oszillogramm Abb. 517 in dieser Weise um, so erhält man die Schleife in Abb. 518b,

---

[1]) Näheres über Quecksilberdampflampen: Polak ETZ 1907, Heft 24 und 26.

[2]) Berechnet man den Flächeninhalt dieser Ellipse aus $S = \int_0^{2\pi} e\, di$, so findet man auf ähnliche Weise wie bei der Ausrechnung der Leistung in § 134: $S = \pi \mathfrak{E} \mathfrak{J} \sin \varphi = 2\pi E J \sin \varphi$, d. h. die Fläche ist der Blindleistung proportional. Das gilt aber nur für Sinuswellen.

die aus zwei geschlossenen Figuren besteht, weil die Strom- und Spannungswelle in Abb. 517 an derselbenen Stelle durch Null gehen. In Analogie mit der Hystereseschleife eines magnetischen Kreisprozesses hat man auch dem Lichtbogen eine Hysterese zugeschrieben. Eine solche gibt es hier ebensowenig wie in irgendeinem anderen eisenlosen Wechselstromkreis, der immer auch eine Schleife ergibt, die im einfachsten Falle eine Ellipse ist. Die eigentümliche Form der Schleife in Abb. 518b hat ihren Grund lediglich in der Verschiedenheit der Wellenform des Stromes und der Spannung[1]). Experimentell erhält man diese Schleife mittels einer Braunschen Röhre (§ 290), wenn man den Strom und die Spannung durch je eine Spule schickt, welche so gestellt sind, daß ihre magnetischen Felder sich kreuzen und so auf den Kathodenstrahl einwirken.

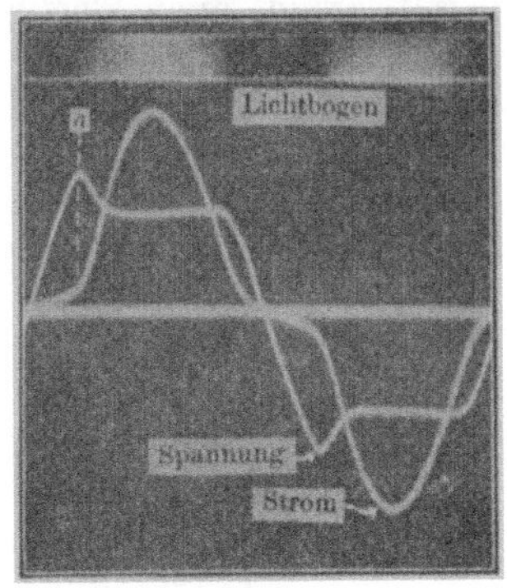

Abb. 517. Oszillographische Aufnahme von Strom, Spannung und Lichtbogen eines Wechselstromlichtbogens zwischen Kohlen.

Da der Strom bei jedem Wechsel durch Null geht, macht sich der Einfluß einer Abkühlung der Elektroden viel stärker bemerkbar als bei Gleichstrom. Bestehen beide Elektroden aus Metallstäben, so ist ein Wechselstromlichtbogen unter 500 V. unmöglich[2]). Besteht die eine Elektrode aus Metall, die andere aus Kohle, so erhält man nur während einer halben Periode einen Lichtbogen, nämlich während

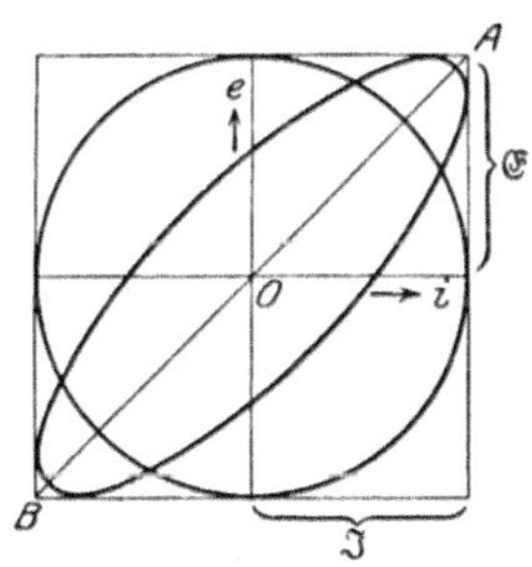

Abb. 518a.

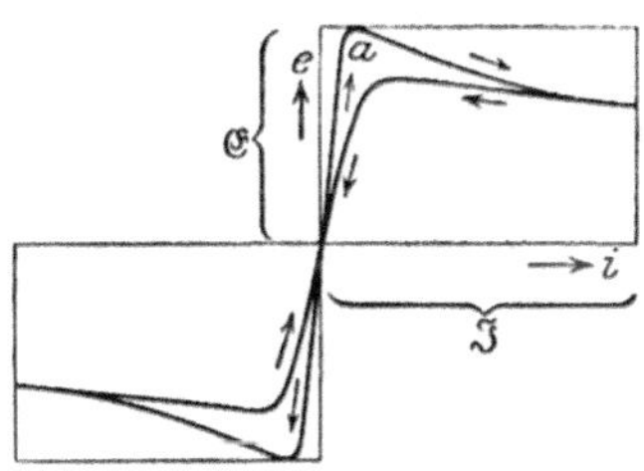

Abb. 518b.

jener, wo das Metall Anode und die Kohle Kathode ist, weil diese die erforderliche Temperatur erlangen kann. Abb. 519 zeigt die oszillo-

---

[1]) Eine solche Schleife ergibt sich z. B. auch bei genauer Untersuchung einer von rein sinusförmiger Wechselspannung gespeisten Glühlampe lediglich deshalb, weil der Strom aus dem in der Anmerkung 2 auf S. 465 angegebenen Gründen ein Glied zweiter Ordnung erhält.

[2]) Bei genügender Spannung, genügender Leistung der Stromquelle und nicht zu großem Spannungsabfall in den Leitungen kann zwischen beliebigen Elektroden ein Wechselstromlichtbogen hergestellt werden, wie Abb. 99 einen zeigt.

graphische Aufnahme der Lichtbogenspannung, des Stromes und des Lichtbogens selbst in einem solchen Fall. Bis zum Augenblick *a* steigt die Spannung zunächst wieder an. Jetzt entsteht der Lichtbogen und damit steigt auch der Strom rasch an, während die Spannung auf den normalen Wert sinkt. Auf diesem Wert bleibt sie bis zum Durchgang durch Null am Ende dieser Halbperiode bei *b*. Jetzt wird das Metall Kathode und daher entsteht kein Lichtbogen. Die Stromstärke ist Null, während die Spannung auf den Wert der EMK der Stromquelle ansteigt. Wie man sieht, besteht während der Halbperiode *b* bis *a* tatsächlich kein Lichtbogen, während er in Abb. 517 in jeder Halbperiode besteht.

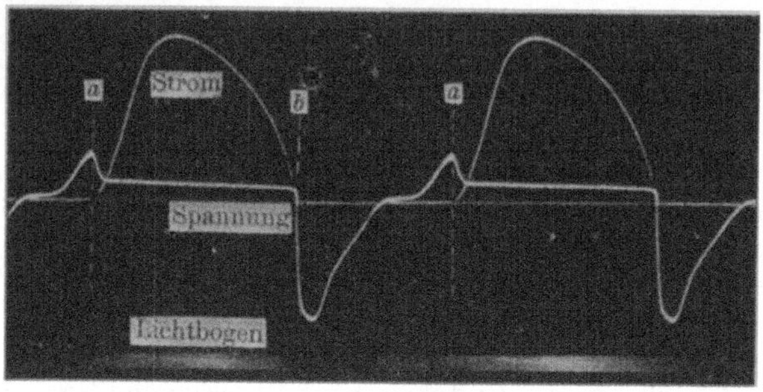

Abb. 519. Oszillographische Aufnahme von Strom, Spannung und Lichtbogen eines Wechselstromlichtbogens zwischen Metall und Kohle.

Für die Lichtbogenspannung eines normalen Wechselstromlichtbogens zwischen gleichen Kohlenelektroden gilt

$$e = 21 + 2\,l + \frac{37}{i} \text{ Volt (effektiv).}$$

Die effektive Minimumspannung (21 Volt) ist also erheblich kleiner als bei Gleichstrom (S. 584), was sich zum Teil daraus erklärt, daß für den Lichtbogen der Scheitelwert ($1{,}4 \times 21 \approx 30$) in Betracht kommt, zum Teil daraus, daß abwechselnd jede Kohle Kathode wird.

262. Elektrische Ventile. Gleichrichter.

I. Die im vorstehenden beschriebene Anordnung einer Metall- und einer Kohlenelektrode läßt, wie wir gesehen haben, nur die eine Halbwelle des Wechselstromes hindurch, so daß man einen von Pausen unterbrochenen, gleichgerichteten Strom erhält. Diese Anordnung wirkt also wie ein Ventil, das sich nur nach einer Seite öffnet und daher Flüssigkeit nur in einer Richtung durchläßt. Die Ursache dieser einseitigen Wirkung liegt darin, daß Kathode und Anode verschiedene Funktionen beim Durchgang der Elektrizität durch eine Gasstrecke haben. Werden zwei (oder drei) solche Gasstrecken in geeigneter Weise vereinigt, so werden die Pausen durch gleichartige Halbwellen ausgefüllt, und man erhält aus zwei (oder drei) Ventilen einen Gleichrichter.

II. Aus § 260 wissen wir, daß zum Bestande eines Quecksilberlichtbogens unbedingt erforderlich ist, daß die Kathode aus metallischem Quecksilber besteht, während die andere aus einem anderen Leiter bestehen kann. Schließt man eine solche Quecksilberröhre an eine Wechselstromquelle an, so kann der Strom nur während jener Halbperiode hindurch, wo das Quecksilber Kathode ist. Dieser Fall liegt also genau so wie bei dem durch Abb. 519 erläuterten Fall des Metall-Kohlelichtbogens. Praktisch besteht aber die Schwierigkeit, daß der Lichtbogen beim Nullwerden des Stromes erlischt und von neuem gezündet werden muß. Diese Schwierigkeit fällt weg, wenn drei um 120^0 verschobene Wechselströme (Dreiphasenstrom) in einem Gefäß mit drei Anoden und einer Quecksilberkathode (Abb. 520) zur Anwendung kommen. Wenn der Strom I (Abb. 521) seinen Nullwert erreicht, hat der Strom II schon den Wert e. Der Lichtbogen geht daher schon zur Zeit t_1 auf den zweiten Strom und die Anode II über. Bevor dieser Null wird, geht der Lichtbogen zur Zeit t_2 auf den Strom III und die Anode III über; von da wieder auf den Strom I und die Anode I und so fort, so daß ein dauernder Lichtbogen besteht, wobei K immer Kathode ist. Jeder der drei Ströme muß durch die Leitung KO zwischen der Kathode und dem neutralen Punkt des Stromerzeugers gehen. Es fließt also hier ein Strom von der in Abb. 521 stark ausgezogenen Form; das ist ein pulsierender Gleichstrom. Hier kann also z. B. eine Akkumulatorenbatterie eingeschaltet und geladen werden. Zwischen der verketteten Drehstromspannung $E\triangle$ (Spannung zwischen zwei Anoden) und der erzeugten Gleichstromspannung E_g besteht die empirische Beziehung

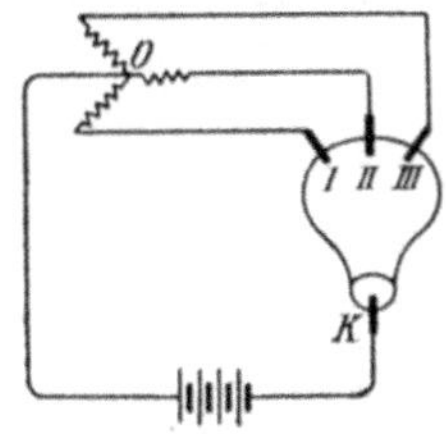

Abb. 520. Quecksilbergleichrichter für Drehstrom.

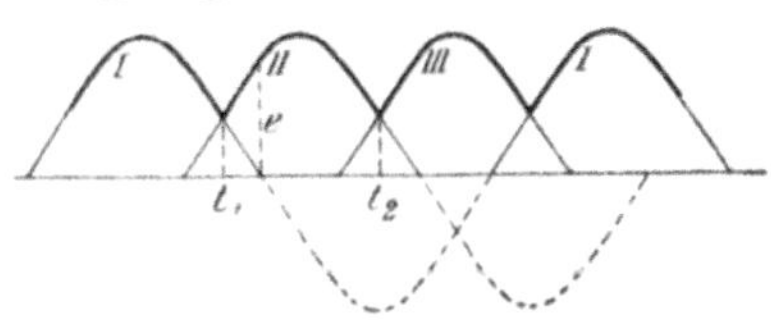

Abb. 521 a.

$$E\triangle = 1{,}6\, E_g + 28\ V.$$

Bei einem einzelnen Wechselstrom erreicht man dasselbe, nämlich den Anschluß eines zweiten Lichtbogens, bevor der der ersten Halbwelle verlöscht, durch die in Abb. 522 dargestellte Schaltung, wo die von der Stromquelle $F_1 F_2$ kommende Spannung durch die Drosselspulen D_1, D_2 geteilt wird. Zwischen dem dadurch erhaltenen Spannungsmittelpunkt O und der Quecksilberkathode K kann eine zu ladende Batterie eingeschaltet werden. Die

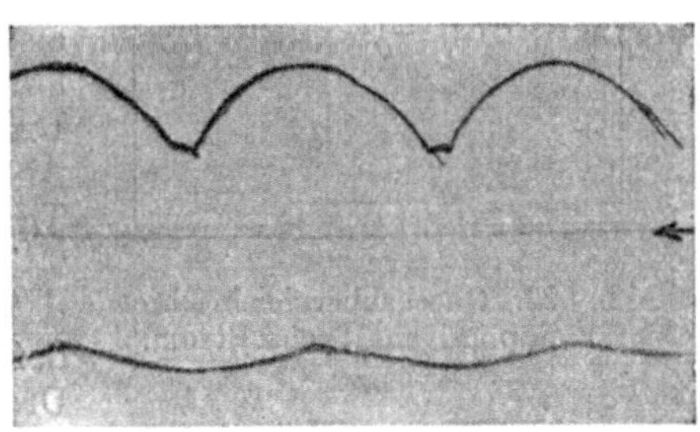
Abb. 521 b. Strom eines dreiphasigen Gleichrichters; oben ohne, unten mit Drosselspule.

eine Halbwelle i_1 nimmt den durch die ausgezogenen Pfeile, die andere i_2 den durch die gestrichelten Pfeile angedeuteten Weg. In Abb. 523 sind diese beiden durch oszillographische Aufnahmen dargestellt.

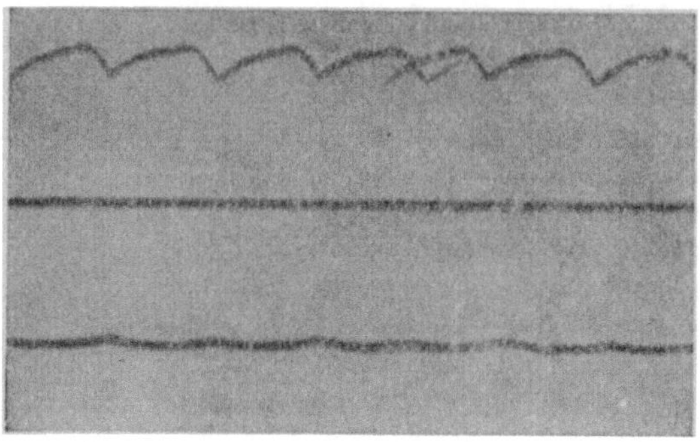

Abb. 521 c. Strom eines sechsphasigen Gleichrichters; oben ohne, unten mit Drosselspule.

Wie man sieht, setzt der zweite ein, bevor der erste Null wird. In der Leitung OK kommen sie beide im selben Sinn zusammen und ergeben den pulsierenden Gleichstrom i_g. Seine Pulsationen sind bis zu einer gewissen Grenze um so kleiner, je größer die Induktivität der Drosselspulen ist. Die Spannung zwischen den Punkten OK hat gleiche Form. In der Stromquelle und in den Leitungen F_1H_1 und F_2H_2 verkehrt der gewöhnliche Wechselstrom. In Abb. 524 ist noch die Spannung zwischen der Anode A_1 und der Kathode K dargestellt. Die Spannung zwischen A_2 und K hat gleiche Gestalt. Beide zusammen geben die Spannung zwischen A_1 und A_2, die sich nur durch die kleinen Unterbrechungen beim Beginn jeder Halbwelle von der Klemmenspannung der Stromquelle F_1F_2 unterscheidet. Eine eigenartige Form hat die Spannung an den Klemmen OH_1 oder OH_2 der Drosselspulen. Sie ist unsymmetrisch zur Nullinie, und die Abstände der Nullpunkte sind verschieden lang; sie hat den Charakter der Wellenform in Abb. 402, enthält also ein Glied zweiter Ordnung. Mithin hat das magnetische Feld in diesen Drosselspulen eine Wellenform wie Abb. 401. Wird als Stromquelle ein Transformator angewendet, so kann die Teilung der Spannung dadurch erfolgen, daß man den Anschluß O in der Mitte der sekundären Spule macht, so daß die Drosselspulen D_1, D_2 überflüssig sind.

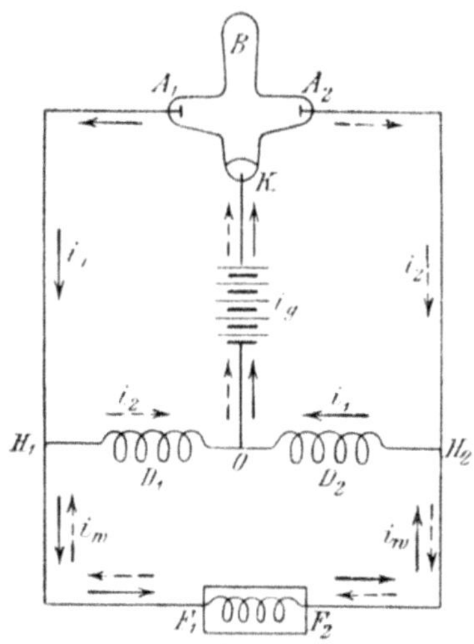

Abb. 522. Quecksilbergleichrichter für einphasigen Wechselstrom.

Dann muß aber zur Verminderung der Pulsationen eine Drosselspule der Akkumulatorenbatterie vorgeschaltet werden. Ebenso bei Abb. 520 für Drehstrom. Abb. 521b zeigt den Einfluß der Drosselspule. Die Pulsationen werden noch kleiner, wenn 6 Anoden an die sechsphasig geschaltete sekundäre Wicklung eines Transformators angeschlossen werden (521c)[1]). Da es sich um einen Lichtbogen handelt, muß der Gleichrichter durch Zündung in Betrieb gesetzt werden, was bei kleinen Apparaten durch Schütteln, bei größeren durch Neigen geschieht, damit das Quecksilber eine flüchtige Verbindung zwischen K und A (oder einer besonderen Hilfsanode, die näher an K liegt) herstellt. Da K Kathode sein muß, erfolgt die Zündung nur bei der entsprechenden Halbwelle. Daher muß des Schütteln oder Neigen so oft wiederholt werden, bis bei der Unterbrechung der Quecksilberbrücke die richtige Halbwelle getroffen wird.

Aus demselben Grunde wie beim gewöhnlichen Wechselstromlichtbogen (§ 261) ist der Leistungsfaktor kleiner als 1. Dazu kommen noch die Drosselspulen, so daß der Leistungsfaktor in den Grenzen 0,85 bis 0,95 liegt. Der letzte Wert wird nur bei sechsphasigem Anschluß erreicht, weil dann die Pulsationen, also die in der Wellenform des Stromes enthaltenen Oberwellen kleiner sind.

Bei hohen Spannungen kann ein direkter Stromübergang zwischen A_1 und A_2 stattfinden (Rückzündung), weil diese mit den Klemmen der Stromquelle in Verbindung stehen, und das Gefäß mit leitendem Quecksilberdampf gefüllt ist. Um das zu verhindern, setzt man die Anoden in röhrenförmige Ansätze wie in Abb. 525 (auch bei Drehstrom), damit die Entfernung zwischen ihnen größer ist als bis zur Kathode K.

Der Quecksilberlichtbogen hat den Übelstand, daß er erlischt, wenn die Stromstärke unter etwa 3 A sinkt, weil die erzeugte Wärme dann nicht genügt, um einen genügend leitenden Quecksilberdampfstrom aufrechtzuerhalten. Um das Erlöschen bei sehr schwankendem Betrieb zu verhindern, bringt man zwei Hilfsanoden an, welche mit der einzigen Kathode einen zweiten kleineren Gleichtrichter bilden, damit ein dauernder Lichtbogen besteht, an dem sich der Hauptlichtbogen sofort wieder entzünden kann, wenn sein Strom unter 3 A sinkt. Damit der Hilfsbogen dauernd brennt, muß er vom Betriebsstrom unabhängig gemacht werden, was durch Anschluß an einen besonderen kleinen Transformator geschieht. Da er am Betrieb keinen Anteil hat, vermindert er den Wirkungsgrad der Anlage. Er braucht mindestens 3,5 A und 35 V.

Der Spannungsabfall im Gleichrichtergefäß ist unabhängig von der angewendeten Spannung und nahezu unabhängig von der Stromstärke, weil der innere Widerstand mit wachsender Stromstärke abnimmt. Daher ist der Wirkungsgrad nahezu unabhängig davon. Er ist bei 500 V etwa 95 v. H., bei 100 V etwa 75 v. H.

Diese Gleichrichter können mit Glasgefäß ohne besondere Kühlung bis etwa 50 A, mit besonderer Kühlung durch einen Ventilator bis etwa 250 A und darüber hinaus mit Eisengefäß ausgeführt werden. Erhebliche Schwierigkeiten macht die Einführung der Leitungen und der luftdichte Abschluß, da das Gefäß fast luftleer sein muß, damit nur Quecksilberdampf vorhanden ist. Da sich Eisengefäße auf die Dauer nicht luftleer halten, muß ihnen eine Luftpumpe beigegeben werden. Da die sogenannten Anoden (A_1 und A_2) nicht nur Anoden

[1]) Nach Krämer, ETZ 1922, S. 130.

sondern abwechselnd während einer halben Welle auch Kathode sind, müssen sie bei großen Stromstärken ausgiebig gekühlt werden, damit sie nicht zum Glühen kommen, denn sonst senden sie auch Elektronen aus und begünstigen die oben erwähnte Rückzündung[1]).

Für Stromstärken unter 3 A (aber auch für mehr) werden Gleichrichter mit einem Edelgas (Argon oder Neon), welches besser leitet als Quecksilberdampf, gefüllt. Die Kathode besteht dann nicht mehr aus Quecksilber, sondern aus einer leicht schmelzbaren Legierung von Alkalimetallen, so daß hier die in § 244 A behandelte Erscheinung des leichten Austretens von Elektronen mit zur Wirkung kommt[2]).

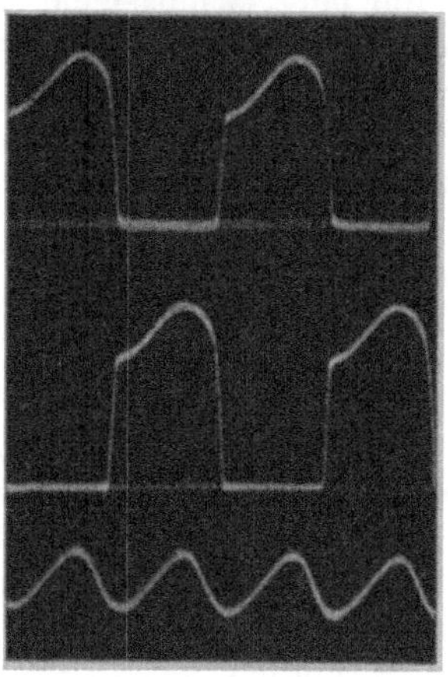

Abb. 523.

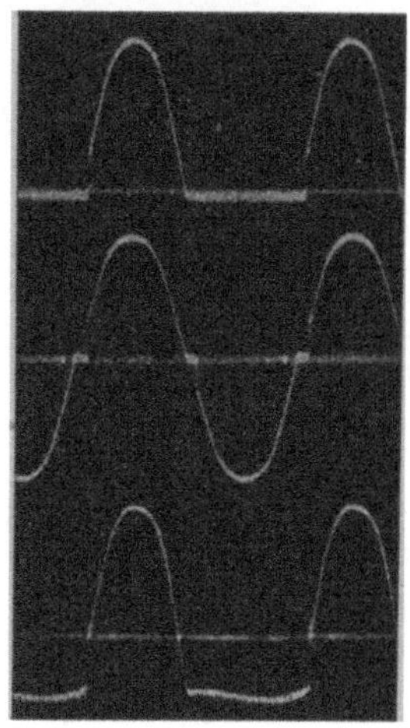

Abb. 524.

III. Die in § 244 behandelten Glühkathodenröhren haben stark ausgeprägte Ventilwirkung, weil der Elektronenstrom von der glühenden Elektrode K nur so lange ausgeht, als diese Kathode ist. Die Kurve i_a in Abb. 464 zeigt den Verlauf des Stromes zwischen A und K, wenn die Wechselspannung e_g an den Gitterkreis GK angelegt wird. Noch reiner ist die Ventilwirkung, wenn die Wechselspannung an AK angelegt wird (unter Weglassung der Batterie E), weil dies der Entladungsstromkreis ist. Dann ist das Gitter G überflüssig, d. h. man kommt wieder zur ursprünglichen Wehnelt-Röhre (Abb. 462), die zur Herabsetzung des inneren Spannungsabfalles mit Edelgas (Argon od. Neon) gefüllt wird. Aus dieser Ventilwirkung ergibt sich durch dieselbe Schaltung wie in Abb. 522 ein Gleichrichter. Abb. 525 zeigt einen solchen, wie

[1]) Näheres bei: Tschudy, ETZ 1912, S. 1088; Schäfer, ETZ 1912, S. 1164, 1018, S. 801; Hartmann-Kempf, ETZ 1913, S. 253, 284; Epstein, ETZ 1913, S. 1415; Norden, ETZ 1913, S. 1479; Kruh, Elektrot. u. Maschinenbau 1914, S. 845; Kleeberg, ETZ 1920, S. 145; Krämer, ETZ 1922, S. 107, 130.

[2]) Skaupy, ETZ 1920, S. 340.

er jetzt sehr häufig zur Erzeugung der Betriebsspannung E für Verstärkerröhren (Abb. 463) und Schwingungserzeuger (Abb. 538) an Stelle der dort eingezeichneten Batterie E verwendet wird. Die Heizbatterie HB in Abb. 525 kann durch Anschluß an einige besondere Windungen des Transformators ersetzt werden. Um die beim Pendeln des Elektronenstromes zwischen A_1 und A_2 entstehenden Schwankungen zu vermindern, wird ein größerer Kondensator C zwischen die Ausgangsklemmen geschaltet. Solche Gleichrichter werden jetzt bis zu 1 A und 5000 V Gleichspannung ausgeführt. Für die technische Anwendung, die eine längere Betriebsdauer fordert, liegen die Hauptschwierigkeiten darin, daß das den Elektronenaustritt sehr verstärkende, auf der Kathode sitzende Kalziumoxyd nach einiger Zeit zerstäubt (sublimiert) wird. Dem wurde durch einen auf verschiedene Arten mit der Kathode verbundenen Vorrat von solchem Oxyd abgeholfen (Akkum.-Fabr. A.-G.).

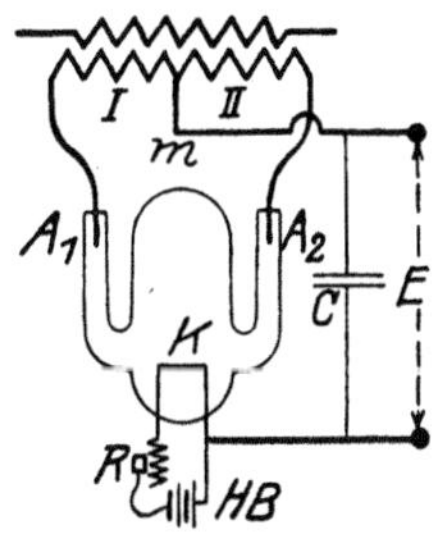

Abb. 525.

IV. Auch die gewöhnlichen Hittorfschen Entladungsröhren (§ 233) und ihre Abarten zeigen Ventilwirkung, wenn die eine Elektrode so ausgebildet ist, daß sie besser als Kathode wirkt wie die andere. Dazu genügt schon, daß sie eine viel größere Oberfläche erhält als die andere (Zylinder gegen Draht). Werden sie mit Argon oder Neron gefüllt, so erhält man Ventilröhren, die schon bei 120 V Wechselspannung einen für Schwachstromapparate genügenden Strom durchlassen[1]).

V. Auch bei gewöhnlichen Funkenentladungen tritt eine Ventilwirkung ein, wenn die eine Elektrode aus einer Spitze, die andere aus einer Platte besteht, weil die Kraftliniendichte und daher die elektrische Kraft an einer Spitze größer ist als an einer Platte.

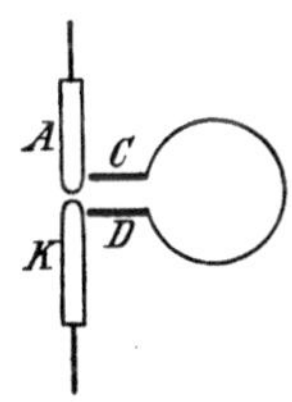

Abb. 526.

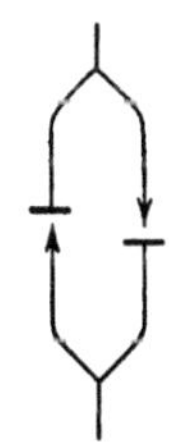
Abb. 527.

Legt man zu einem solchen elektrischen Ventil einen Nebenschluß CD (Abb. 526), so erhält man in diesem jene Halbwelle, die durch das Ventil nicht durchgelassen wird, wenn der Widerstand des Nebenschlusses kleiner ist als der des Ventiles. Daraus erklärt sich die Gleichstromspannung, die man mißt, wenn man ein Gleichstrom-Voltmeter mittels der Sonden CD an die Kohlen eines Wechselstromlichtbogens AK anlegt, weil eine kleine Ungleichheit zwischen den Elektroden immer vorhanden ist. Die vollkommenste Trennung der beiden Halbwellen erhält man, wenn man den Nebenschluß mit einem entgegengesetzt geschalteten Ventil versieht, wie Abb. 527 zeigt. Dann geht durch jeden der beiden Zweige immer nur jene Halbwelle, für die K Kathode ist, während dieselbe Halbwelle im jeweiligen anderen Zweig ein bedeutendes Hindernis findet.

---

[1]) F. Schröter, ETZ 1919, S. 685.

VI. Auf einem anderen Wege gelang dem Verfasser[1]) die Zerlegung des Wechselstromes in seine beiden Halbwellen. Einer gewöhnlichen Kohle B (Abb. 528) wurde eine gespaltete C, deren Hälften durch Glimmer voneinander isoliert sind, gegenübergestellt, und ein Lichtbogen gezündet. Wird nun ein gleichgerichtetes magnetisches Feld, dessen

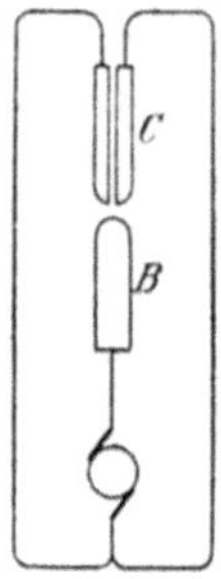

Abb. 528.

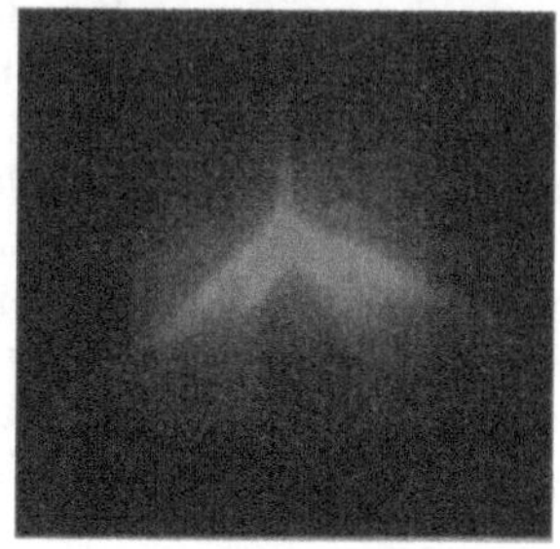

Abb. 529.

Teilung eines Wechselstromes durch ein magnetisches Gebläse.

Kraftlinien senkrecht zur Zeichenebene verlaufen, hergestellt, so lenkt es den Lichtbogen während einer halben Welle nach der einen Seite (links), während der nächsten Halbwelle nach der anderen Seite (rechts) ab, so daß in den Zuleitungen zu C je ein gleichgerichteter pulsieren-

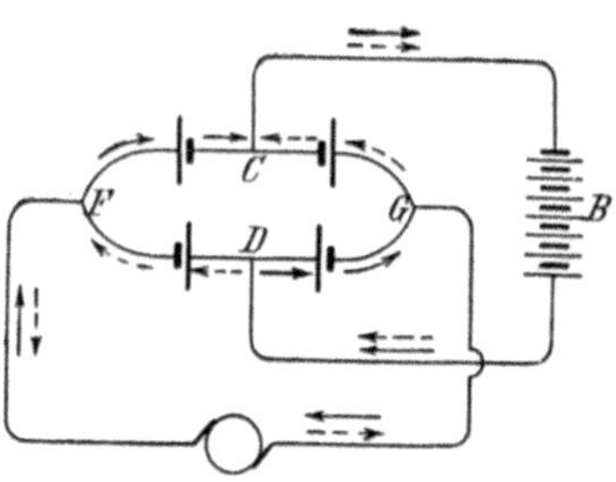

Abb. 530.

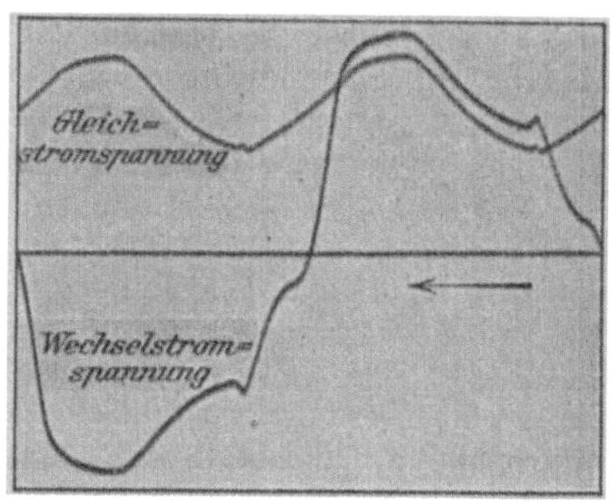

Abb. 531.

Vierzelliger elektrolytischer Gleichrichter.

der Strom verkehrt. Der Lichtbogen hat dementsprechend zwei Fackeln, wie Abb. 529 zeigt. Merkwürdigerweise gelingt diese Trennung durch das magnetische Feld nur im Lichtbogen, nicht aber in einem metallischen oder elektrolytischen Leiter.

VII. Endlich gibt es auch elektrolytische Ventile[2]), bestehend

---

[1]) ETZ 1903, S. 403.

[2]) Graetz, Annal. d. Phys. 62, 1897. Siegel, ETZ 1913, S. 970.

aus einer Aluminiumanode, irgendeiner indifferenten (Kohle, Blei, Eisen) Kathode, und einem diese nicht angreifenden Elektrolyten (z. B. verdünnte Schwefelsäure, Alaun- oder Sodalösung). Wird eine solche Zelle in einen Stromkreis von mehr als 22 Volt eingeschaltet, so entsteht an der Aluminiumanode eine Polarisation von 20 bis 22 Volt. Nach anderer Ansicht soll es sich nicht um eine elektrolytische Polarisation, sondern um einen dünnen Überzug der Aluminiumplatte mit isolierendem Aluminiumoxyd handeln, der den Stromdurchgang verhindert[1]). Geht der Strom in umgekehrter Richtung durch, so tritt der Sauerstoff an der indifferenten Elektrode auf, wo er entweicht. Schließt man also die Zelle an Wechselstrom an, so geht nur jene Halbwelle durch, für welche die Aluminiumplatte Kathode ist. Bei der in Abb. 530 dargestellten Schaltung mit vier solchen Zellen gelangen beide Halbwellen in den Leiter *CBD*, so daß man hier eine Batterie laden kann. Die gestrichelten Pfeile deuten den Weg der einen, die ausgezogenen Pfeile den der anderen Halbwelle an. Abb. 531 stellt die Spannungswelle des Wechselstromes zwischen den Punkten *FG* und die des gleichgerichteten Stromes zwischen den Punkten *CD* dar. Wie man sieht, haben seine Pulsationen die doppelte Frequenz des zugeführten Wechselstromes wie beim Lichtbogen-Gleichrichter. Das ist überhaupt immer so, wenn durch Gegenschaltung zweier Ventile ein gleichgerichteter Strom entsteht.

VIII. Die Pulsationen der mittels vorstehender Methoden gleichgerichteten Ströme können durch Einschaltung von Drosselspulen vermindert werden. Natürlich wird dadurch aber auch die Stromstärke im ganzen vermindert.

Diese pulsierenden Ströme (oder Spannungen) sind hinsichtlich ihrer Wellenform aus einem Gleichstrom von der Stärke J_g und einem Wechselstrom von der Form

$$i = \mathfrak{J}_1 \sin \omega t + \mathfrak{J}_2 \sin 2\omega t + \ldots$$

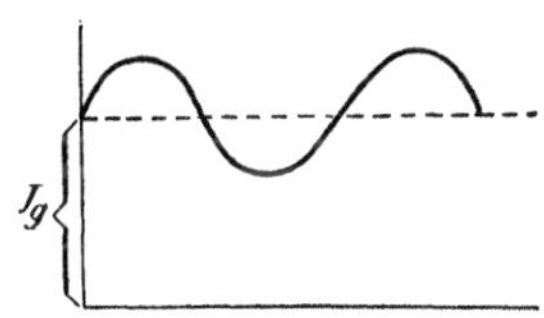

Abb. 532.

zusammengesetzt (Abb. 532). Ist J_w der effektive Wert dieses Wechselstromes, so gilt wie für jede beliebige Wellenform (Gl. 224), daß der effektive Wert $J = \sqrt{J_g^2 + J_w^2}$ ist. Die Wattleistung ist

$$P = J_g E_g + J_w E_w \cos \psi .$$

Natürlich darf zur Messung der effektiven Werte und der Leistung solcher Ströme kein Instrument verwendet werden, das nur Gleichstrom oder nur Wechselstrom anzeigt, sondern nur solche, die Gleich- und Wechselstrom in derselben Weise anzeigen, also elektrostatische Instrumente in Wechselstromschaltung (§ 272) und dynamometrische Instrumente (§ 268) oder Hitzdrahtinstrumente (§ 269).

Schaltet man in den Gleichstromkreis einen Transformator ein, so

[1]) Infolgedessen haben sie eine große Kapazität, so daß sie auch als Kondensatoren benutzt werden konnten. G. Schulze, E. u. M. 1909.

kommt in dessen sekundärer Wicklung nur der Wechselstrom doppelter Frequenz (J_w) zur Geltung, weil ein Gleichstrom nicht transformiert wird. Solche Ventilschaltungen können also auch zur Frequenzverdoppelung benutzt werden (§ 220).

263. Lichtbogen und Glühkathodenröhre als Schwingungserzeuger.

A. Der Lichtbogen.

Wie Duddel gezeigt hat, lassen sich elektrische Schwingungen von beträchtlicher Stärke erzeugen, wenn man einen schwingungsfähigen, d. h. Selbstinduktion (L) und Kapazität (C) enthaltenden Stromkreis parallel zu einem Lichtbogen B (Abb. 533) legt. Für das Zustandekommen der Schwingungen im Lichtbogen ist erforderlich, daß der von der Stromquelle E und dem Lichtbogen B gebildete Stromkreis eine gewisse Selbstinduktion L' enthält, und daß der Lichtbogen eine gewisse von der Spannung abhängige Länge hat. Auf diese Weise können Schwingungen bis zu 50 000 Perioden erzeugt werden. Poulsen[1]) ist es gelungen, durch Anwendung eines auf den Lichtbogen wirkenden magnetischen Gebläses und durch gekühlte Elektroden bei höherer Spannung (200 V.) Schwingungen bis zu 10^6 Perioden zu erhalten und dadurch diesen Schwingungserzeuger für die drahtlose Telegraphie nutzbar zu machen. Das Zustandekommen der Schwingungen erklärt sich auf folgende Weise. Beim Zünden des Lichtbogens wird der Stromkreis $EFBG$ geschlossen. Der Strom steigt aber nicht plötzlich von Null auf seinen endgültigen Wert an, sondern wegen der Selbstinduktion L' (§ 187) auf einer Exponentialkurve p (Abb. 534). Ist der Strom bis zu einem gewissen Werte i gestiegen, so hat das magnetische Gebläse, dessen Wirkung auf den Lichtbogen seiner Stromstärke und der Feldstärke proportional ist, so viel Wirkungsfähigkeit erlangt, daß es

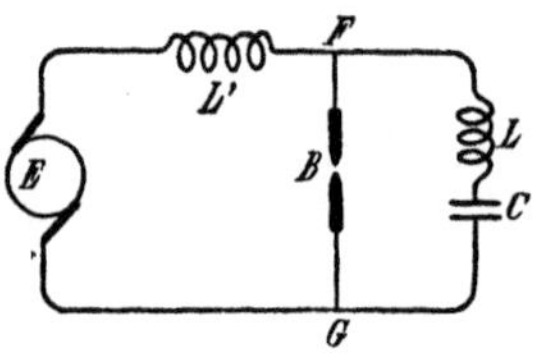

Abb. 533.

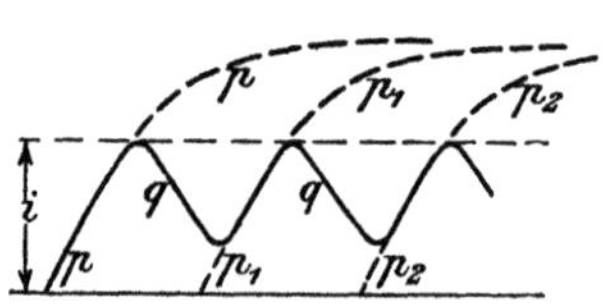

Abb. 534.

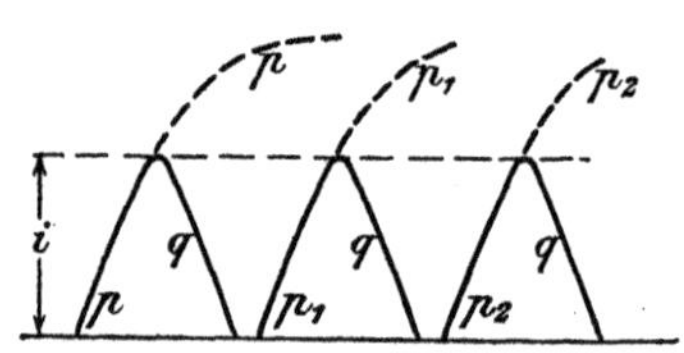

Abb. 535.

den Lichtbogen schwächt oder nahezu verlöscht. Der Strom kann aber wegen der Selbstinduktion L' nicht plötzlich abfallen, sondern nur im Wege der Kurve q. Mit dem Strome ist auch die Wirkung des magnetischen Gebläses kleiner oder Null geworden. Da aber die Ionisierung der Gasstrecke zwischen den beiden Elektroden nicht ganz verschwindet,

---

[1]) Poulsen, ETZ 1906, S. 1040.

und die Spannung eine hohe ist, entsteht ein neuerlicher Stromübergang; der Strom steigt jetzt auf der Kurve p_1 an. Von der Stärke des magnetischen Gebläses, der Spannung, der Beschaffenheit der Elektroden usw. hängt es ab, ob sich der Vorgang nach Abb. 534 oder 535 abspielt. Beim Werte i findet wieder das Auslöschen durch das magnetische Gebläse statt und so fort. Auf diese Weise kommt im Stromkreis EB die stark ausgezogene Welle zustande. Diese Welle ist für den Stromkreis BCL eine aufgedrückte Schwingung, weil dieser durch das gemeinsame Stück FG mit dem Stromkreis EB elektrisch gekuppelt ist (§ 206). Durch diese aufgedrückte Schwingung wird die Eigenschwingung des Kreises BCL erregt, und es entsteht nun aus beiden eine resultierende, erzwungene Schwingung nach den in § 197 und 203 erörterten Gesetzen. Bei genügender Übereinstimmung zwischen den Periodenzahlen der aufgedrückten und der Eigenschwingung kommt es zur Resonanz, d. h. zu einer erzwungenen Schwingung von großer Amplitude.

Wesentlich für die Entstehung der Schwingungen im Lichtbogen ist nur die Anwendung solcher Mittel, die den Lichtbogen der in § 258 erwähnten Stabilitätsgrenze möglichst nahe bringen; dazu eignet sich jedes den Lichtbogen hindernde Mittel, dessen Wirkung mit der Stromstärke zunimmt, wie insbesondere ein magnetisches Gebläse. Ein anderes, aber nicht so gleichmäßig wirkendes Mittel ist die Hintereinanderschaltung zweier oder mehrerer Lichtbögen[1]). Hierbei nimmt beim Ansteigen des Stromes ein Lichtbogen dem anderen Spannung weg, und so bringen sie sich gegenseitig der Stabilitätsgrenze nahe[2]). Als vorteilhaft hat sich ferner die Herstellung einer Wasserstoffatmosphäre im Lichtbogen erwiesen, was schon dadurch erreicht wird, daß Alkohol tropfenweise in den Lichtbogen fällt, so daß durch Zersetzung Wasserstoff entsteht. In diesem Gas haben die Ionen eine größere Beweglichkeit, so daß die Leitfähigkeit des Lichtbogens bei abnehmender Stromstärke schneller abnimmt als in Luft. Das ist aber für das Zustandekommen sehr schneller Schwingungen notwendig.

Da das magnetische Gebläse den Lichtbogen nach einer Seite treibt,

---

[1]) Hahnemann, ETZ 1906, S. 1089.

[2]) Die obige Erklärung der Lichtbogenschwingungen nach Abb. 534 als erzwungene Schwingungen wurde vom Verfasser in ETZ 1906, S. 1212; 1907, S. 69 gegeben im Gegensatz zu anderen Erklärungsversuchen, die den Kondensator als eigentliche Ursache der Schwingungen hinstellen, so daß es Eigenschwingungen wären, die durch die Formel IX S. 403 bestimmt sein müßten. Das gilt aber nur von den durch Abb. 536 dargestellten Schwingungen 3. Art. Man bezeichnet auch die Veränderlichkeit des Lichtbogenwiderstandes als die Ursache der Schwingungen. Das ist aber nur eine selbstverständliche Voraussetzung, die zur Erklärung nicht genügt (notwendige aber nicht hinreichende Bedingung). Denn in einem Leiter mit unveränderlichem Widerstand kann der Strom nur so verlaufen wie die Spannung. Andererseits ist aber auch der Widerstand jedes gewöhnlichen stabilen Lichtbogens veränderlich, ohne daß Schwingungen in ihm entstehen. Aus obiger Erklärung erklärt sich auch die Beobachtung, daß die Lichtbogenschwingungen im allgemeinen nicht sinusförmig sind, während Eigenschwingungen immer sinusförmig sind.

wird zur Verhütung des einseitigen Lichtbogens eine der Elektroden langsam gedreht, oder beide mit verschiedener Geschwindigkeit.

Die Periodenzahl der vom Lichtbogen erzeugten und dem Schwingungskreis BLC aufgedrückten Schwingung hängt von sehr vielen Umständen ab, insbesondere von der Selbstinduktion L' samt der des Stromerzeugers, von der Spannung, von der Stärke des magnetischen Gebläses und sonstigen Einflüssen, die den Lichtbogen unstabil machen, von der Art der Elektroden, von der Art des Gases, in dem der Lichtbogen brennt, usw.

Außer den durch Abb. 534 dargestellten Lichtbogenschwingungen erster Art und den durch Abb. 535 dargestellten Lichtbogenschwingungen zweiter Art, kann noch eine dritte Art (Abb. 536) entstehen. Diese Schwingungen sind reine Eigenschwingungen des Stromkreises BLC. Diese entstehen durch Entladung des Kondensators C über den Lichtbogen und haben daher die durch Gleichung IX (S. 403) angegebene Frequenz. In der Funkentelegraphie werden nur die Schwingungen erster und zweiter Art angewendet, weil

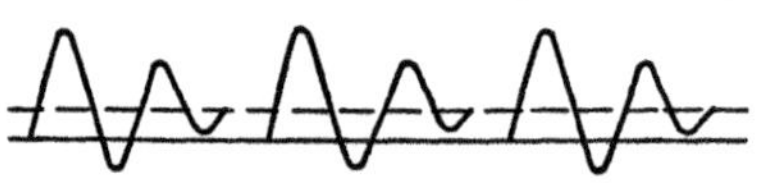

Abb. 536.

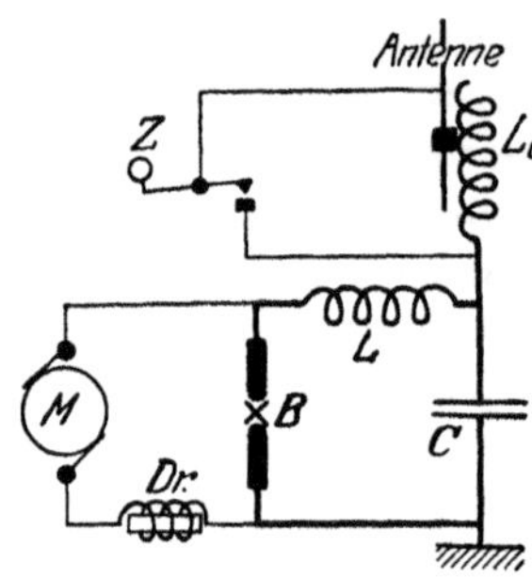

Abb. 537.

nur diese den Vorteil konstanter Amplitude bieten. Die Schwingungen erster Art sind nahezu sinusförmig, während die der zweiten Art starke Oberschwingungen enthalten.

Abb. 537 zeigt das Wesentliche der Senderschaltung. Die Antenne ist durch den Kondensator C also kapazitiv mit dem Lichtbogenschwingungskreis gekuppelt und wird mittels der Selbstinduktion L_a auf die gleiche Schwingungszahl abgestimmt. Ein unmittelbarer Anschluß an die Elektroden würde durch den Widerstand des Lichtbogens zu viel Dämpfung verursachen. Die Zeichengebung erfolgt durch den Taster Z in der Weise, daß durch Überbrückung oder Einschaltung der Selbstinduktion L_a die Abstimmung aufgehoben, bzw. hergestellt wird. Die Drosselspule D_r ist nötig, um die Schwingungen von der Maschine M abzuhalten, und dient gleichzeitig zur Erzeugug des magnetischen Gebläses.

B. Die Glühkathodenröhre als Schwingungserzeuger.

Ein genauerer und zuverlässigerer Schwingungserzeuger ergibt sich aus der in § 244 behandelten Glühkathodenröhre. Wie dort dargetan wurde, entsteht im Anodenkreis AK ein Wechselstrom i_w, wenn dem Gitterkreis GK ein Wechselstrom i_g zugeführt wird. Man bezeichnet diese Röhren gewöhnlich als Verstärkerröhren, weil der erzeugte Strom 10 bis 15 mal stärker ist als der zugeführte. Andererseits kann man sie auch als Stromerzeuger mit Fremderregung auffassen, indem der zugeführte Strom als Erregerstrom betrachtet wird. Das stimmt nur insofern nicht, als dann der erzeugte Strom eine andere Frequenz aufweisen müßte. Besser stimmt daher der Vergleich mit einem einspuligen Transformator (vgl. Anmerk. auf S. 532). Wie man aber auch den Vorgang betrachtet, der erzeugte Wechselstrom ist jedenfalls eine vom Gitterstrom erzwungene Schwingung, keine Eigenschwingung. Es ist nun naheliegend, den Strom i_w als Erregerstrom zu benutzen und dem Gitterstromkreis zuzuführen. In Abb. 538 geschieht das in der Weise, daß der im Stromkreis *I* erzeugte Strom mittels des Transformators T_1 auf den Stromkreis *II* und von diesem mittels des Transformators T_2 auf den Stromkreis *III* übertragen wird, der am Gitter liegt („Rückkupplung" A. Meißner 1913). Dieser bewirkt die Verstärkung des Anodenstromes im Kreise *I*. Dieser wirkt wieder durch Rückkupplung verstärkend auf den Gitterstrom im Kreise *III* und so findet ein fortgeseztes gegenseitiges „Hinaufschaukeln" statt, bis ein stationärer Endzustand erreicht ist, welcher von den Verlusten (Dämpfung), von der Spannung *E* und der Temperatur der Kathode abhängt. Die Wirkung ist ähnlich wie bei einer Gleichstrom-Nebenschlußmaschine, wo sich bei richtiger Schaltung Erregerstrom und Magnetismus gegenseitig steigern bis zu der durch Stromwärmeverlust und Drehzahl gezogenen Grenze (elektrodynamisches Prinzip von W. Siemens). Wie da ein kleiner Rest von Magnetismus, so genügt bei der Glühkathodenröhre mit Rückkupplung der einmalige Anstoß zu einer elektrischen Schwingung, der beim Schließen des Schalters *s* erfolgt. Da der Kreis *I* mit dem Kreis *II* gekuppelt ist, der eine durch die Kapazität *C* und die Selbstinduktion der Transformatoren bestimmte Eigenschwingung hat, so ist dadurch die Frequenz im Kreise *III* und damit auch die im Kreise *I* bestimmt. Die Schwingungen dauern so lange an, als keine Störung eintritt. Eine solche kommt hier viel seltener vor als beim Lichtbogen, der, wie wir gesehen haben, brauchbare Schwingungen nur erzeugt, wenn er seiner Stabilitätsgrenze nahegebracht wird. Im Gegensatz zu der vorerwähnten Auffassung der Verstärkerröhre als Stromerzeuger mit Fremderregung kann diese Einrichtung als Stromerzeuger mit Selbsterregung betrachtet werden. Doch hinkt auch dieser Vergleich, weil nur die Eigenschwingung nach einmaligem Anstoß erzeugt werden kann.

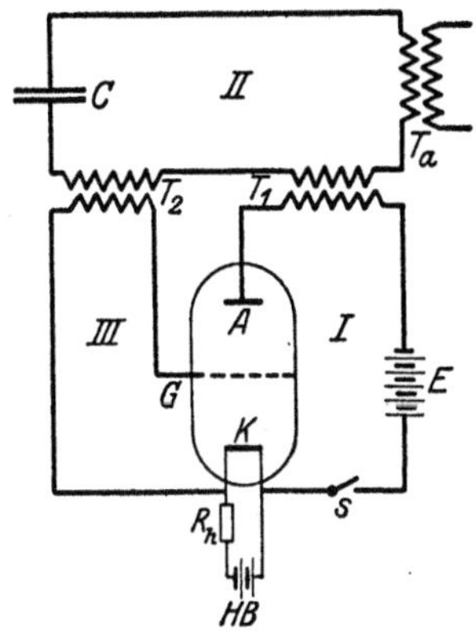

Abb. 538.

Die erzeugten Schwingungen können von der sekundären Wicklung eines Ausgangstransformators *Ta* abgenommen werden, der entweder in den Kreis *II* oder in den Kreis *I* eingeschaltet wird.

Die magnetische Kupplung zwischen *I* und *II* durch den Transformator T_1 kann durch kapazitive Kupplung ersetzt werden, indem der Kondensator *C* an die Stelle von T_1 gesetzt wird.

Man erkennt leicht, daß der besondere Transformator T_2 nicht notwendig ist, sondern daß der Gitterstromkreis *III* unmittelbar an die sekundäre Wicklung von T_1 angeschlossen werden kann, so daß sich die Schaltung Abb. 539 ergibt. Es ist nur zu beachten, daß die Transformatorwicklungen L_1, L_2 so geschaltet sein müssen, daß die Spannungen in ihnen 180° Phasenverschiebung haben, wie bei jedem Transformator, denn sonst besteht keine Transformatorwirkung, oder mit anderen Worten, die Schwingungen im Kreise *II* und im Kreise *III* unterstützen sich nicht, sondern heben sich auf. Die magnetische Kupplung durch den Transformator L_1 L_2 kann ersetzt werden durch die zwischen zwei Abteilungen einer Drosselspule *L* (Ab. 540). Der Anschluß von *K* und *G* an diese Spule muß über Kreuz geschehen, weil die eben erwähnte Phasenverschiebung von 180° bestehen muß.

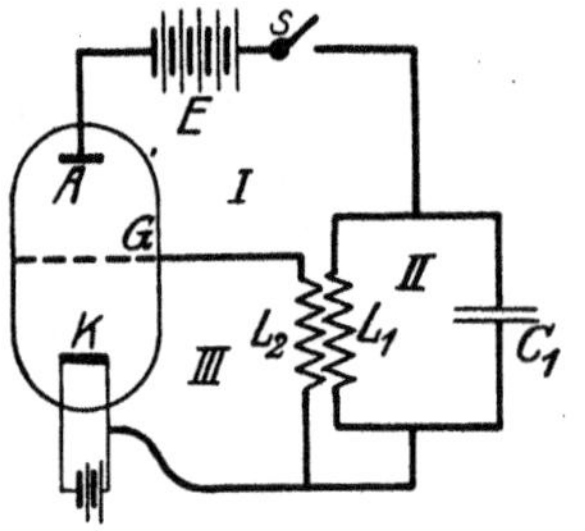

Abb. 539.

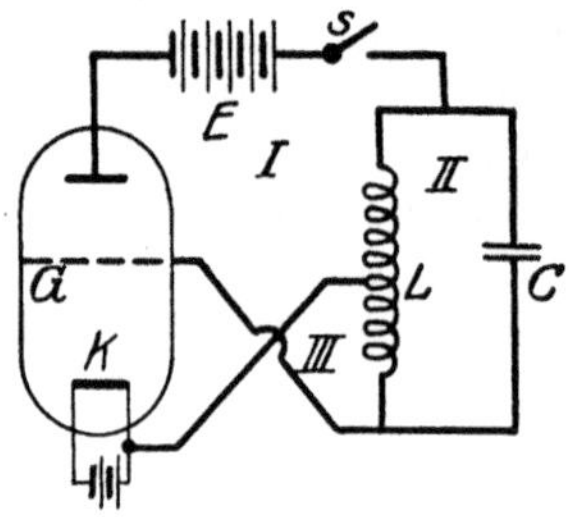

Abb. 540.

Der untere Teil der Spule *L* (im Kreise *III*) kann durch einen Kondensator ersetzt werden, so daß nun kapazitive Kupplung zwischen *II* und *III* besteht. Die Anschlüsse dürfen dann nicht gekreuzt werden, weil zwischen einer Induktionsspannung und einer Kapazitätsspannung schon 180° Phasenverschiebung herrscht.

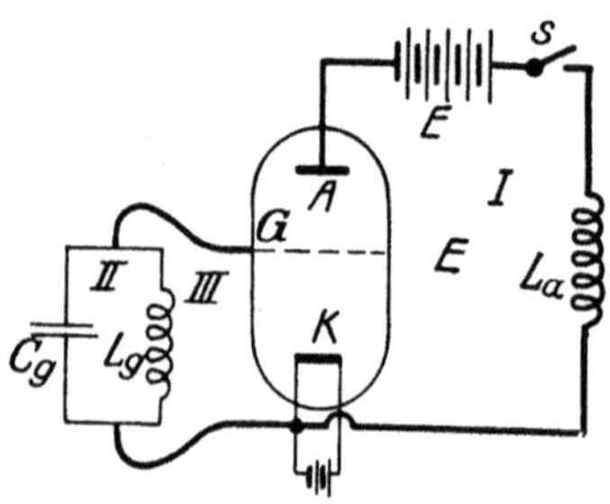

Abb. 541.

Es hat sich weiterhin gezeigt, daß bei guter Resonanzeinstellung schon die Strom- und Kapazitätskupplung zwischen den Kreisen *I* und *III* (Abb. 541) in der Röhre selbst genügt. Der Schwinguns-kreis *II*, der durch seine Eigenschwingung die Schwingungszahl des ganzen Systems bestimmt, liegt also hier im Gitterkreis[1]), während er bei Abb. 539 im Anodenkreis liegt.

Es gibt noch eine Anzahl solcher Rückkupplungsschaltungen, auf die hier nicht eingegangen werden kann. In jedem Falle können die erzeugten Schwingungen durch Anschluß der Antenne u. dgl. an die Drosselspule im Kreise *I* oder *II*, oder an den Kondensator im Kreise *II*, oder

[1]) L. Kühn, Jahrbuch f. drahtl. Telegr. 1919, Bd. 4, Heft 4.

an einen besonderen Ausgangstransformator wie T_a in Abb. 538 abgenommen werden[1]).

Die in einem Lichtbogen oder in einer Glühkathodenröhre erzeugten andauernden Schwingungen werden gewöhnlich als „ungedämpfte" bezeichnet. Diese Bezeichnung ist physikalisch wenig zutreffend, denn es besteht auch da beträchtliche Dämpfung durch Stromwärme, dielektrische Verluste und Ausstrahlung. Daß die Schwingungen dennoch mit konstanten Amplituden andauern, hat seinen Grund darin, daß die Verluste durch die Batterie E (beim Lichtbogen durch die Stromquelle) ersetzt werden. Es ist genau so wie bei einem Uhrpendel. Auch das ist nicht ungedämpft, obwohl es andauernde Schwingungen ausführt, nachdem es einmal angestoßen wurde. Aber der Verlust durch Reibung wird von dem sinkenden Gewicht oder von der sich entspannenden Feder immer ersetzt. Die Schwingungszahl wird durch die Eigenschwingung des Pendels bestimmt, während das sinkende Gewicht gar keine, und das Echappement eine ganz andere Schwingungsdauer hat. So ist es auch hier: zur Einleitung der Schwingungen genügt der einmalige Anstoß beim Schließen des Schalters s, die Schwingungszahl wird durch die Eigenschwingung des Kreises II bestimmt, und die Batterie E, welche die Verluste ersetzt, entspricht dem sinkenden Gewicht.

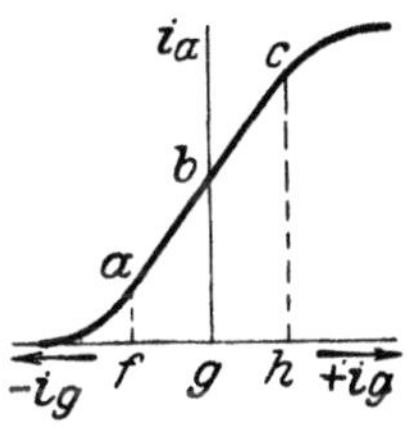

Abb. 542.

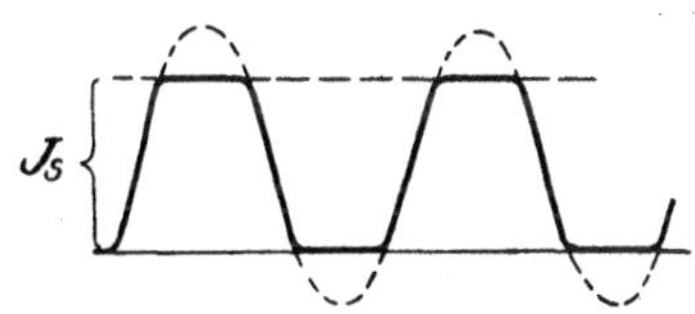

Abb. 543.

Für den Empfang der drahtlos übermittelten Zeichen (Telegraphie) und Sprechschwingungen (Telephonie) ist es von Wichtigkeit, daß die ausgesandten Schwingungen rein sinusförmig sind. Das ist der Fall, wenn die Glühkathodenröhre nur im geradlinigen Teil der Schaulinie (Abb. 542), also nur zwischen den Punkten a und c arbeitet, d. h. wenn sich die Gitterspannung e_g nur zwischen f und h bewegt. Das ist aber eine schlechtere Ausnützung der Röhre, als wenn sie im ganzen Bereich zwischen Nullinie und Sättigungsstrom arbeitet. Ja die Ausnützung wird noch besser, wenn sich die Gitterspannung zwischen solchen Grenzen bewegt, daß der erzeugte Anodenstrom der gestrichelten Welle in Abb. 543 entsprechen würde. Der wirklich entstehende Anodenstrom kann aber nur die stark ausgezogene, trapezförmige Schwingung aus-

[1]) In der Senderanlage Königswusterhausen sind 8 parallelgeschaltete Röhren von je 1,5 KW Leistung in Verwendung und erzeugen 60000 Perioden. Die Betriebsspannung (3700 V) wird durch einen Quecksilberdampfgleichrichter aus 500periodigem Wechselstrom erzeugt.

führen, denn er kann unten nicht negativ werden, weil die Elektronen nur von der Kathode ausgehen, und er kann oben den Sättigungsstrom nicht überschreiten, weil eine größere Anzahl Elektronen bei der betreffenden Temperatur der Kathode überhaupt nicht ausgesandt wird. Eine solche Wellenform enthält aber nebst der Grundschwingung $\mathfrak{J}_1 \sin \omega t$ viele Oberschwingungen. Der gesamte Anodenstrom (S. 532) besteht also aus einem zusammengesetzten Wechselstrom, welcher einem Gleichstrom vom Betrage des halben Sättigungsstromes J_s übergelagert ist; er hat also die Form

$$i_a = \frac{J_s}{2} + \mathfrak{J}_1 \sin \omega t + \mathfrak{J}_2 \sin (2\,\omega t + \varphi_2) + \mathfrak{J}_3 \sin (3\,\omega t + \varphi_3) + \dots$$

(vgl. die dritte Kurve in Abb. 464).

Um diese störenden Oberschwingungen von der Antenne fernzuhalten, wird ein auf die Grundschwingung abgestimmter Schwingungskreis IV zwischen Röhre und Antenne eingeschaltet (Abb. 544), so daß nur diese Schwingung zur Antenne gelangt (Röhrensender mit Zwischenkreis). Dieser Zwischenkreis hat aber auch eine unangenehme Seite. Wie sich auf S. 419 ergeben hat, entstehen in gekuppelten Schwingungskreisen zwei Schwingungen von verschiedener Frequenz. In der Röhre aber wird nur eine erregt und zwar jene, welche zur Kapazität der Röhre paßt. Wird der Kondensator C_2 des Zwischenkreises stetig vergrößert, so entsteht zunächst die langsamere Schwingung. Bei einer gewissen Kapazität springt sie auf die schnellere Schwingung um, wie es Abb. 545 darstellt. Wird dann die Kapazität wieder stetig verkleinert, so springt die Schwingung wieder auf die kleinere Frequenz zurück, aber nicht bei derselben Kapazität sondern bei einer kleineren.

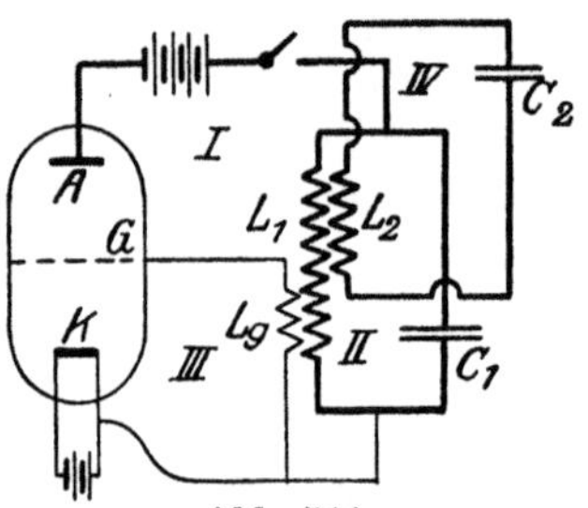

Abb. 544.

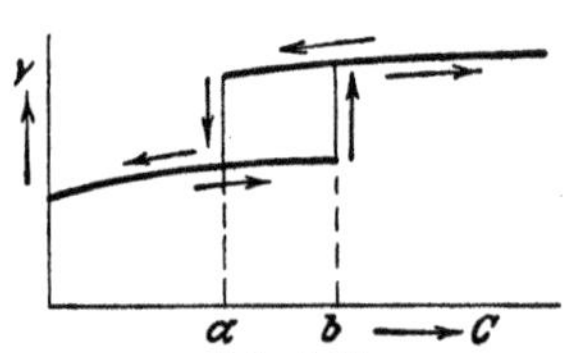

Abb. 545.

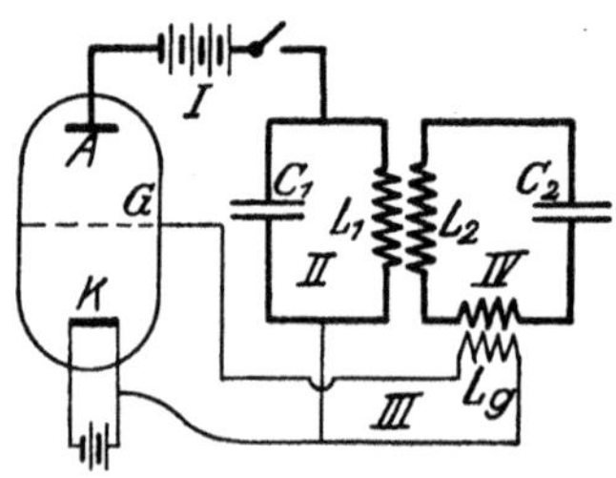

Abb. 546.

Diese Verschiebung wird als „Ziehen" der Röhre bezeichnet. Es tritt nicht ein, oder wenigstens nicht so, daß es stört, wenn die Röhre nicht primär sondern sekundär mit dem Schwingungskreis gekuppelt wird (Abb. 546). Je nach den Schwingungsgrößen der Röhre und des gekuppelten Kreises entsteht dann entweder nur die langsamere oder nur die schnellere Schwingung.

Statt der magnetischen Kupplung zwischen Röhre und Zwischenkreis kann natürlich auch eine kapazitive Kupplung durch einen gemeinschaftlichen Kondensator hergestellt werden.

Für die Selbsterregung einer Röhre gibt es natürlich eine untere Grenze, die überschritten werden muß, wenn die Erregung zustandekommen soll. Daher müssen die Widerstandsgrößen der Kreise I und II unter gewissen Werten liegen.

Die Leistung einer Schwingungsröhre ist gleich dem Produkte aus der Betriebsspannung e_a (S. 534) und dem Anodenstrom i_a. Sie liegt gewöhnlich nicht über 1500 Watt, weil dann die Anode durch die aufprallenden Elektronen glühend wird. Es lassen sich aber beliebig viele Röhren parallel betreiben, indem die Anoden und die Kathoden parallel geschaltet werden. Die Gitter werden zweckmäßiger hintereinander geschaltet, weil sonst Phasenverschiebungen zwischen den Steuerspannungen auftreten können, die zur Folge haben, daß sich die erzeugten Schwingungen nicht ohne Phasenverschiebung übereinanderlagern. Die Heizdrähte können neben- oder hintereinander geschaltet werden, da sie nur Einfluß auf die Stärke, nicht auf die Phase der Schwingungen haben.

264. Stickstoffbindung und Ozonisierung.

Beim Durchgang der Elektrizität durch Gase treten verschiedene chemische Wirkungen ein.

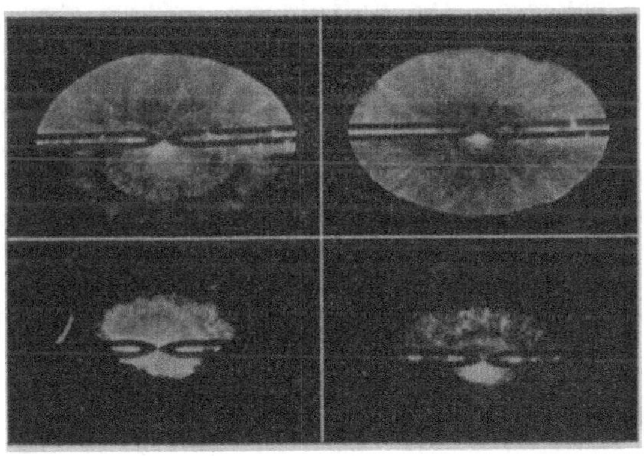

Abb. 547.

Die im Gas enthaltene Feuchtigkeit wird durch elektrische Entladungen in Wasserstoff und Sauerstoff (Knallgas) zerlegt. Gleichzeitig findet aber auch eine Entzündung und Wiedervereinigung zu Wasser statt. Die Entzündung des Knallgases erfolgt unter kleinen Explosionen, woraus sich das knisternde, prasselnde, knallende Geräusch der Lichtbögen und Funkenentladungen erklärt.

Die Bindung des in der Luft enthaltenen Stickstoffes an den Sauerstoff findet bei Funkenentladung und Lichtbogen statt. Am zweckmäßigsten erfolgt die Bildung von Stickoxyden durch den letzteren, und zwar zunächst NO und dann bei genügender Luftzufuhr NO_2. Um eine möglichst großflächige Berührung mit der Luft herzustellen, wird ein Wechselstrom-Lichtbogen durch ein gleichgerichtetes magnetischer Feld in der durch Abb. 110 angedeuteten Art ausgebreitet, so daß es die aus Abb. 547 ersichtliche flächenförmige Gestalt erhält (Verfahren von Birkeland und Eyde). Nach dem Verfahren von Schönherr wird bei etwa 5000 V. ein sehr langer Lichtbogen hergestellt. Die Neigung zum seitlichen Ausweichen und Verlöschen wird dadurch beseitigt, daß er in ein Rohr eingeschlossen ist, welches von einem spiraligen Luftwirbel durchströmt wird, in dessen Achse der Lichtbogen trotz seiner Länge ruhig brennt. Nach dem Verfahren von Pauling werden Lichtbögen durch einen Luftstrom an Hörner-Elektroden (Abb. 98) in rascher Folge in die Höhe getrieben[1]).

Die Vereinigung der Sauerstoffatome zu Ozonmolekülen (O_3) findet bei allen Entladungsformen, am stärksten aber bei der Glimm- und Büschelentladung statt. Um dabei Kurzschlüsse durch Funkenentladungen und Lichtbögen zu vermeiden, erzeugt man die Entladungen in elektrodenlosen Glasgefäßen, wie Abb. 548 schematisch zeigt. Zwei Glaszylinder sind ineinander geschoben. Der innere hat innen, der äußere außen einen Metallbelag; diese bilden die Elektroden und werden mittels der Zuleitungen $c\,d$ an hochgespannten Wechselstrom angeschlossen. Die Entladungen müssen also erst durch die Glaswände und dann durch den Luftraum hindurch. Die frische Luft wird bei Z zugeführt, die ozonhaltige bei A abgeleitet. Die Entladung bewirkt aber auch einen Zerfall des schon vorhandenen Ozons (Desozonisierung), der um so stärker vor sich geht, je mehr Ozon schon in der Luft enthalten ist. Durch Steigerung der Entladung kann man also die Ozonisierung nur bis zu einer gewissen Grenze steigern, weil dann die Desozonisierung so stark wird, daß sie der Ozonisierung die Wage hält. Durch die oben erwähnte Oxydierung des Stickstoffes wird die Ozonbildung verringert.

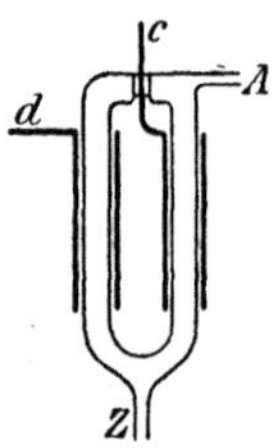

Abb. 548.

Infolge der auf S. 568 berechneten Verteilung der elektrischen Kraft (Dielektrizitätskonstante des Glases 6—9) kommt es zwar zu starken Glimmentladungen in der Luft, aber nicht zum Durchschlag des Glases[2]).

Sowohl das Ozon wie die Stickoxyde verraten sich durch einen stechenden Geruch; durch diesen kann man also auf Ozonbildung allein nicht schließen.

---

[1]) Näheres bei Erlwein, ETZ 1907, S. 41. Schönherr, ETZ 1909, S. 365. Weinwurm, Elektrot. u. Maschinenb. 1915, S. 5.

[2]) Neuerdings ist eine solche Anordnung von der A. G. Dr. P. Meyer als Schutzvorrichtung gegen Überspannungen ausgebildet worden.

Sechzehntes Kapitel.

Die Grundlagen der Meßtechnik.

265. Allgemeines über Meßinstrumente.

Bei den meisten elektrischen Meßinstrumenten wird ein leicht drehbarer Teil durch die Wirkung des Stromes oder der elektrischen Ladung um eine Achse gedreht. Der Drehung wirkt eine Elastizitätskraft oder die Schwerkraft entgegen (Gegenkraft), bis bei einem gewissen Drehwinkel (Ausschlag) beide sich das Gleichgewicht halten, so daß einem bestimmten Strom- oder Spannungswerte ein bestimmter Ausschlag entspricht.

Ausschlag. Die Größe des Ausschlags wird entweder mittels eines an dem drehbaren Teile befestigten Zeigers auf einer Skala abgelesen (direkt zeigende Instrumente) oder auf dem drehbaren Teil ist ein Spiegel befestigt, der einen von einer Lichtquelle kommenden Lichtstrahl reflektiert und auf eine Skala wirft (Spiegelinstrumente), oder der drehbare Teil wird durch eine Torsionsfeder, die einerseits an ihm, andererseits an einem drehbaren Knopf mit Zeiger befestigt ist, in die Nullstellung zurückgedreht. Der Drehungswinkel des Knopfes wird auf einer Gradteilung abgelesen. Die ablenkende Kraft des Stromes ist diesem Torsionswinkel proportional (Torsionsinstrumente).

Dämpfung. Wird der die Ablenkung bewirkende Strom plötzlich auf das Instrument geschaltet, so erhält der drehbare Teil einen Stoß und schwingt daher so lange, bis seine Schwingungsenergie durch die dämpfende Wirkung der Reibung und des Luftwiderstandes aufgezehrt ist. Infolgedessen kann man die Ablesung erst nach einiger Zeit vornehmen, während welcher sich Strom oder Spannung schon verändert haben können. Um daher eine möglichst rasche Einstellung zu erreichen, werden besondere Mittel zur Dämpfung der Schwingungen angebracht. Solche sind:

1. Luftdämpfung. Ein mit der Achse A (Abb. 549) verbundener Flügel F bewegt sich in einer geschlossenen Luftkammer K, die so eng an den Flügel anschließt, daß die Luft mit erheblicher Geschwindigkeit und daher mit erheblicher Reibung durch den Zwischenraum hindurch muß. Von Wichtigkeit ist dabei, daß der Schlitz in der Kammer bei b, wo der Arm des Flügels hindurchgeht, möglichst eng ist, damit

nicht zu viel Luft aus ihm entweichen kann. Sind die Ränder des Flügel aufgebogen, so ist die Luftreibung noch erheblich größer. In Abb. 559 und 579 ist die Kammer geöffnet, so daß der Dämpferflügel zu sehen ist. In Abb. 564 reichen die Kammern (zwei auf derselben Seite) bis nahe an die Achse, und die Flügel sind schaufelartig ausgebildet. Bei der von Raps an den Instrumenten von Siemens & Halske eingeführten Luftdämpfung (Abb. 550) ist der Schlitz überhaupt vermieden, weil sich der Dämpferflügel wie ein Kolben in einer nur an einem Ende offenen ringförmigen Röhre bewegt.

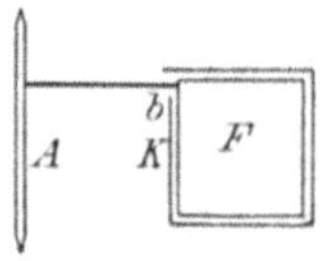

Abb. 549.

Bei fest aufgestellten Instrumenten wird zuweilen auch Flüssigkeitsdämpfung angewendet.

2. Magnetische Dämpfung. Mit dem drehbaren Teil ist ein leichter Aluminiumflügel verbunden, der sich bei der Drehung zwischen den Polen des Dauermagnetes *M* (Abb. 551) bewegt. Bei der Bewegung werden dessen Kraftlinien geschnitten und daher Ströme in dem Flügel induziert, die die Bewegung zu hindern suchen (§ 125) und die Schwingungsenergie in Stromwärme umsetzen. Abb. 570 zeigt eine solche Dämpfung. Bei den Drehspuleninstrumenten (Abb. 556) ist es das die Wicklung tragende Metallrähmchen, bei den Induktionsinstrumenten (Abb. 571 und 590) ist es die das Drehmoment hervorbringende Scheibe selbst, auf die der Dauermagnet wirkt. Bei jenen Galvanometern, deren drehbarer Teil ein kleiner Dauermagnet ist, wird dieser von einer feststehenden Kupferkapsel umschlossen, in der die dämpfenden Ströme bei der Drehung des Magnetes induziert werden. Die Dämpfung darf nicht zu stark sein, weil sonst die Bewegung des drehbaren Teiles zu langsam vor sich geht (das Instrument kriecht). Namentlich ist dann in der Nähe der endgültigen Einstellung die Bewegung eine so langsame, daß die geringste Reibung in den Lagern genügt, um zu bewirken, daß die Bewegung noch vor Erreichung dieser Einstellung zum Stillstand gelangt, also nicht richtig anzeigt. Es ist daher zweckmäßig, daß die Bewegung nicht vollständig aperiodisch erfolgt, sondern nur so viel gedämpft ist, daß das System noch eine kleine Schwingung um seine endgültige Einstellung macht. Sieht man eine solche, so ist man sicher, daß die Einstellung ohne Reibung und ohne Bewegungshindernis erfolgt. Da die Dämpfung der ersten bis zweiten Potenz der Geschwindigkeit proportional ist, so wirkt sie um so stärker, je rascher die Bewegung des drehbaren Teiles ist, also je kleiner dessen Trägheit ist.

Abb. 550.

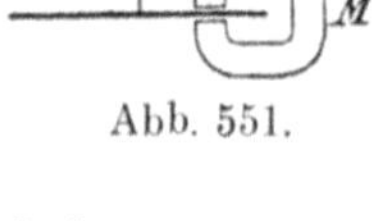

Abb. 551.

Trägheit. Nicht zu verwechseln mit der Dämpfung ist die Trägheit, obwohl diese kurz dauernde Schwankungen des Stromes oder der

Spannung nicht zur Geltung kommen läßt, weil ihre Kraftwirkungen nicht groß genug sind, um einer Masse von großer Trägheit eine merkliche Drehung zu erteilen. Kommt es aber durch einen genügenden Stromstoß zu einer Ablenkung, so dauern die Schwingungen um so länger, je größer die Trägheit ist, und daher ist eine um so stärkere Dämpfung erforderlich. Sehr große Trägheit, wie sie namentlich den Hitzdrahtstrommessern eigen ist[1]), bewirkt, daß selbst große Änderungen des Stromes, wenn sie rasch erfolgen, nicht angezeigt werden, sondern ein nicht definierbarer Mittelwert. Nur bei den sogenannten ballistischen Galvanometern (§ 278), die dazu dienen, die Elektrizitätsmenge eines kurz dauernden Stromes zu messen, ist große Trägheit notwendig.

Empfindlichkeit. Unter Empfindlichkeit eines Instrumentes versteht man die Fähigkeit, kleine Änderungen der zu messenden Größe anzuzeigen. Bei Instrumenten, deren Ausschlag der zu messenden Größe proportional ist, ist die Empfindlichkeit an allen Stellen des Meßbereiches dieselbe. Bei solchen, deren Ausschlag mit dem Quadrate der zu messenden Größe wächst, überhaupt bei allen, deren Skala nicht gleichmäßig verläuft, ist die Empfindlichkeit an verschiedenen Stellen deß Meßbereiches verschieden. Die Empfindlichkeit ist bei gleichen Kräften um so größer, je kleiner die Reibung und die Trägheit des drehbaren Teiles ist. Die Dämpfung hat keinen Einfluß darauf, wenn sie nicht so groß ist, daß die kleinste Reibung bereits zu einem Bewegungshindernis wird. Die Empfindlichkeit ist im allgemeinen um so größer, je kleiner die Gegenkraft ist.

Genauigkeit. Diese ist von der Empfindlichkeit wohl zu unterscheiden. Sie ist gekennzeichnet durch den Unterschied zwischen dem richtigen Wert und dem vom Instrument angezeigten Wert. Je größer dieser Unterschied, desto kleiner die Genauigkeit, oder desto größer die Ungenauigkeit. Bei Instrumenten z. B., deren Angaben der zu messenden Größe proportional sein sollen, besteht die Ungenauigkeit in der Abweichung von der Proportionalität. Bei Instrumenten mit geeichter Skala besteht die Ungenauigkeit in der Abweichung vom Sollwert der Teilstriche. Die Ungenauigkeit kann herrühren von der Ausführung der Eichung und der Teilstriche oder von der Beschaffenheit des Instrumentes selbst (Ungleichheit des Ausschlages zu verschiedenen Zeiten infolge von Reibung, Temperaturänderung, Feuchtigkeit, magnetischen oder elektrischen Einflusses, Veränderung der Lage u. dgl.). In der Regel ist die Genauigkeit an verschiedenen Stellen des Meßbereichs verschieden.

Einteilung. Direkt zeigende Instrumente kommen zur unmittelbaren Messung der Stromstärke, der Spannung (Potentialdifferenz) und der Leistung in Anwendung. Außerdem können diese Größen aber auch mittelbar gemessen werden.

---

[1]) Bei den Hitzdrahtinstrumenten handelt es sich natürlich nicht um mechanische Trägheit, sondern um die Temperaturträgheit des vom Strom durchflossenen Drahtes.

Die Messung der Stromstärke kann auf folgende Arten geschehen:

a) durch chemische Wirkung (Voltameter);
b) durch Wechselwirkung zwischen Strömen und Magneten (Galvanometer, Tangenten-Boussole, Drehspulen-Instrumente);
c) durch elektrodynamische Wirkung (Dynamometer, Stromwagen);
d) durch Wärmewirkung (Hitzdrahtinstrumente);
e) durch Anziehung oder Ablenkung weicher Eisenkörper im Felde des Stromes (Elektromagnetische Instrumente);
f) durch elektrodynamische Induktion (Induktionsinstrumente)
g) durch indirekte Methoden.

Die zur Gruppe a) und b) gehörenden Meßgeräte eignen sich nur für gleichgerichtete Ströme, die der Gruppen c), d), e) für Gleich- und Wechselströme, die der Gruppe f) nur für Wechselströme. Die zur Gruppe e) gehörenden bedürfen meistens einer besonderen Eichung für die eine oder andere Stromart.

Die Messung der Spannung kann auf folgende Arten geschehen:

a) durch die Anziehung oder Abstoßung statischer Ladungen (Elektrostatische Spannungsmesser),
b) durch alle Strommesser der vorstehenden Gruppen a) bis f) (Galvanometrische Spannungsmesser);
c) durch indirekte Methoden.

Die Messung der Leistung kann auf folgende Arten geschehen:

a) durch elektrodynamische Wirkung (Dynamometer, Stromwagen);
b) durch elektrodynamische Induktion (Induktionsinstrumente);
c) durch indirekte Methoden.

Im folgenden werden die einzelnen Gruppen behandelt.

Strom- und Spannungsmessung.

266. Voltameter.

Nach § 59 ist die von einem konstanten Strome J während der Zeit t in einer Zersetzungszelle ausgeschiedene Gewichtsmenge eines Ions

$$G = bJt,$$

wenn b sein elektrochemisches Äquivalent bedeutet. Daraus erhält man J, wenn die übrigen Größen bekannt sind.

Das Kupfervoltameter ist eine Zersetzungszelle, bestehend aus einer Kupferplatte als Anode und einer Kupfer- oder Platinplatte als Kathode. Als Elektrolyt dient eine 10- bis 15prozentige eisenfreie Lösung von Kupfersulfat. Man stellt die Elektroden mit einer gegenseitigen Entfernung von 1 bis 2 cm auf und rechnet auf etwa 1 dm² Oberfläche 2 bis 5 Ampere. Eine größere Stromdichte soll vermieden werden. Die Kathode muß vor dem Einsenken in die Zelle gut gereinigt und abgewogen werden. Nachdem der Strom eine gewisse Zeit von t Sekunden geschlossen war, spült man die Kathode vorsichtig ab und trocknet sie ebenso vorsichtig zwischen Fließpapier oder an der Luft, ohne zu erwärmen. Dann wiegt man wieder und erhält so das Gewicht des ausgeschiedenen Kupfers. Für Kupfer ist $z = 0{,}000\,328$ g in 1 Sekunde bezogen auf Ampere.

Eine genauere Bestimmung ermöglicht das Silbervoltameter. Bei der von der Firma Hartmann und Braun (Frankfurt a. M.) erhältlichen Ausführung dient ein Platintiegel (Abb. 552) als Kathode. Derselbe enthält eine 15- bis 30prozentige Lösung von salpetersaurem Silber. Als Anode dient ein Kegel oder Stab aus Silber. Die Stromdichte soll 0,5 bis 2 A für je 1 dm^2 Oberfläche betragen. Für Silber ist $z = 0{,}001\,118$ g in 1 Sekunde bezogen auf Ampere[1]).

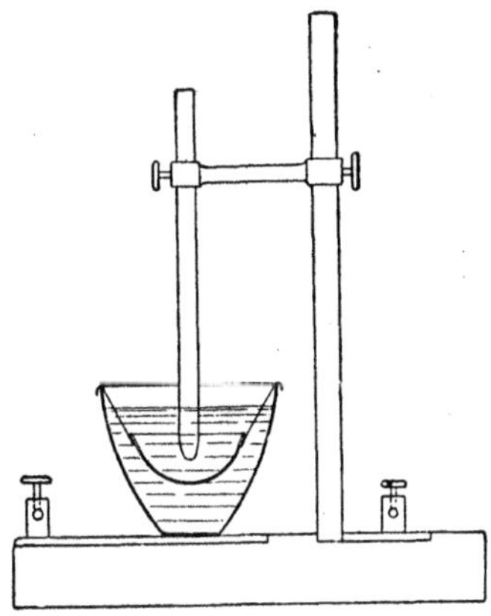

Abb. 552.

Diese Arten der Strommessung setzen natürlich einen konstant bleibenden Strom voraus; ist dies nicht der Fall, so kann man nur die während einer gewissen Zeit vom Strom gelieferte Elektrizitätsmenge bestimmen, entsprechend der Gleichung

$$G = bQ = b\int i\,dt.$$

Nur zu diesem Zweck werden die elektrolytischen Methoden noch angewendet[2]).

267. Instrumente mit Dauermagneten.

Die hierher gehörigen Instrumente, die man gewöhnlich als galvanometrische bezeichnet, beruhen auf der Kraftwirkung zwischen einem Magnet und einem stromführenden Leiter. Ist der Stromleiter fest und der Magnet beweglich, so wird dieser abgelenkt. In der Regel ist der Magnet an einem Kokon- oder Quarzfaden aufgehängt. Seine Nullstellung ergibt sich aus der Einstellung im magnetischen Feld der Erde (oder im Felde eines Richtmagnetes) und der Gleichgewichtslage des Aufhängefadens.

Befindet sich der Magnet in einem homogenen Felde, und sind die Ausschläge sehr klein, so sind sie der Stromstärke proportional. Um die erste Bedingung zu erfüllen, macht man die Nadel sehr kurz und verwendet dafür mehrere (Abb. 553). Um die zweite Bedingung

---

[1]) Näheres bei Rosa, Vinal und Daniel, ETZ 1913, S. 232, 1168. — Phys.-Techn. Reichsanstalt, ETZ 1914, S. 819.

[2]) So wird in dem Elektrizitätszähler von Schott und Gen. (ETZ 1910, S. 624, 890; 1914, S. 739) die Abscheidung von Quecksilber aus Jodquecksilberlösung benützt.

zu erfüllen, wendet man Spiegelablesung und weit entfernte Skala an, so daß man trotz sehr kleiner Drehungswinkel große Ausschläge auf der Skala erhält. Bei Instrumenten, die besonders empfindlich sein sollen, ist die Richtkraft des Erdmagnetismus schon zu stark. Der

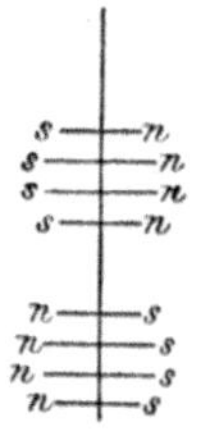

Abb. 553.

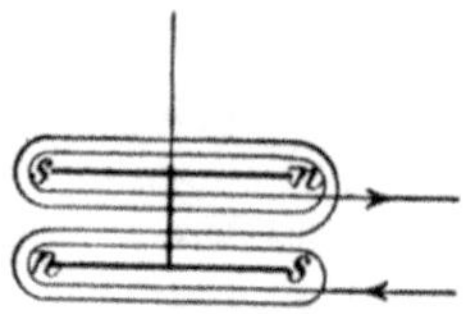

Abb. 554.

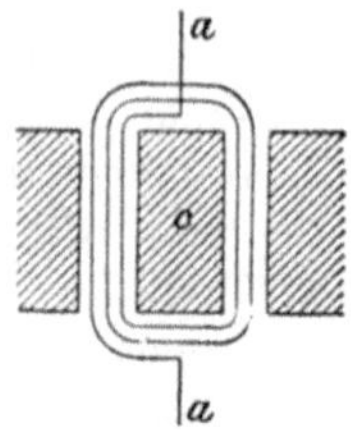

Abb. 555.

Magnet selbst darf aber nicht schwach sein, weil sonst auch die ablenkende Kraft schwach ist. Man verwendet daher astatische Nadel-

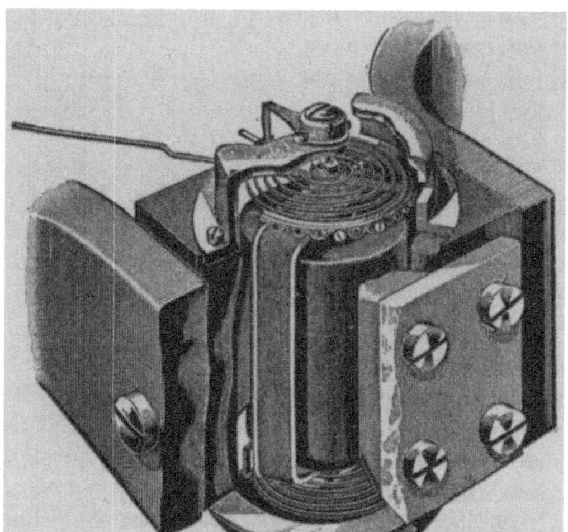

Abb. 556. Drehspuleninstrument der Weston Co.

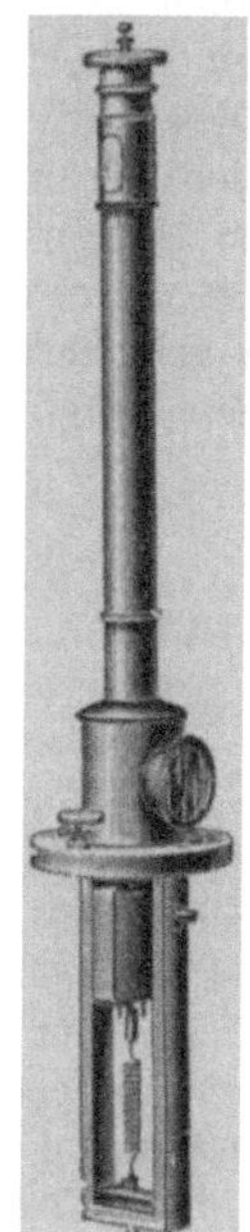

Abb. 557. System des Drehspulengalvanometers von Siemens & Halske.

paare (Abb. 554 und 555) und umgibt sie mit Spulen von entgegengesetzter Stromrichtung, so daß sich die ablenkenden Kräfte addieren. Statt der Verwendung eines astatischen Nadelpaares kann man die Empfindlichkeit auch dadurch erhöhen, daß man das ganze Instrument mit einem Eisenzylinder umgibt, der den größten Teil des Erdmagnetismus abschirmt (Abb. 139), so daß die Nullage eventuell nur durch den Aufhängefaden bestimmt wird (Panzergalvanometer).

Ist umgekehrt der Dauermagnet fest und der Stromleiter beweglich (System Deprez & D'Arsonval), so erhält man die sogenannten Drehspuleninstrumente (Abb. 555 bis 557). Die Anordnung dieser Instrumente ist ähnlich der einer zweipoligen Gleichstrommaschine mit einer Ankerspule. Zwischen zwei Polen eines Dauermagnetes (Abb. 555) befindet sich ein fester Eisenzylinder *c*. In dem Luftzwischenraum zwischen beiden befindet sich eine Ankerspule, deren Aufhängedrähte zugleich als Stromzuführung *a* dienen, wenn das Instrument als Spiegelinstrument ausgeführt wird. Abb. 557 zeigt das aus dem Dauermagnet herausgehobene System eines solchen Spiegelinstrumentes (Bauart Siemens & Halske).

Bei den Zeigerinstrumenten ist die Ankerspule auf ein leichtes Aluminium- oder Kupferrähmchen aufgewickelt, das mittels zweier Spitzen in Achat- oder Saphirsteinen gelagert ist. Die Nullage wird durch zwei Spiralfedern bestimmt, die gleichzeitig als Stromzuführung dienen. (In Abb. 556 ist ein Teil des vorderen Polschuhes weggeschnitten, um das Rähmchen sichtbar zu machen.) Diese Bauart wurde von Weston eingeführt.

Der Vorteil dieser Instrumente liegt in ihrer hohen Empfindlichkeit, weil das magnetische Feld in dem Luftzwischenraum sehr stark ist, und in ihrer starken durch das genannte Metallrähmchen bewirkten Dämpfung bei geringer Trägheit.

268. Dynamometer.

Das Wesentliche dieser von W. Weber angegebenen Instrumente besteht aus zwei sich kreuzenden Stromkreisen (Abb. 558). Werden sie in der Richtung der Pfeile vom Strome durchflossen, so besteht Anziehung zwischen den gleichgerichteten und Abstoßung zwischen den entgegengesetzt gerichteten Seiten, d. h. die Stromflächen suchen sich parallel zu stellen. Die Kraft, mit der dies geschieht, ist in jedem Augenblick proportional dem Produkte der Stromstärken in beiden Kreisen. Werden beide von demselben Strome durchflossen, so ist sie proportional dem Quadrate der Stromstärke, also proportional dem in § 213 definierten Ausdruck für den effektiven Wert eines Stromes. Instrumente dieser Art zeigen also für Gleich- und Wechselstrom, unabhängig von Periodenzahl und Wellenform, den effektiven Wert an.

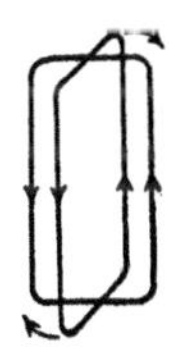

Abb. 558.

Die älteren Instrumente dieser Art waren Torsionsinstrumente. Die eine Spule war fest, die andere hing mittels eines torsionslosen Fadens und einer Spiralfeder an einem drehbaren Knopf in der Achse des Instrumentes. Mit dem Knopf wurde die abgelenkte Spule in die Ruhelage zurückgedreht, und der Drehungswinkel auf einer Kreisteilung abgelesen. Er ist dem Produkte der Ströme in den beiden Spulen proportional. Die Stromzuführung zur drehbbren Spule geschah durch Quecksilbernäpfe.

Die Anwendung des Torsionsprinzipes ist nur bei genügend konstantem Strom möglich. Daher sind diese Instrumente durch Zeigerinstrumente verdrängt worden, bei denen die beweglicbe Spule in Spitzen zwischen Steinen gelagert ist, und die Stromzuführung durch die Spiralfedern, die die Gegenkraft bilden, geschieht. Abb. 559 und 563 zeigen solche Ausführungen. Man sieht die drehbare Spule B innerhalb der festen Spule S. An der Achse ist ein Zeiger und ein Dämpfflügel befestigt. Der Zeiger bewegt sich über einer Skala, die bei diesen Intrumenten natürlich empirisch geeicht sein muß. Da das Drehmoment quadratisch wächst, ist die Skalenteilung eines gewöhnlichen dynamometrischen Strom- oder Spannungsmessers sehr ungleichmäßig: am Anfang eng, am Ende weit. Bei dem in Abb. 560 dargestellten Instrument[1]) ist hingegen die Skala ziemlich gleichmäßig, was dadurch erreicht wurde, daß die um O drehbare Scheibenspule $a\,b$ exzentrisch gelagert, und ihre Seite a zurückgebogen ist. Daher ist in der Nähe der Nullstellung die Abstoßung zwischen B uud b wegen des kleinen Abstandes groß, die gegenwirkende Abstoßung zwischen A und a wegen des großen Abstandes aber klein. Mit wachsendem Ausschlag wächst der Abstand zwischen B und b, während der Abstand zwischen A und a abnimmt, so daß hier eine zunehmende Gegenwirkung besteht, welche die Skala verengt, also gleichmäßiger macht.

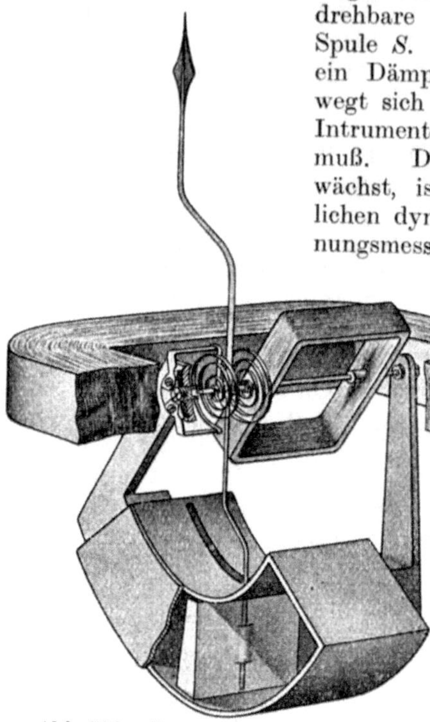

Abb. 559. Dynamometrisches Zeigerinstrument von Hartmann & Braun.

Da der Strom zur beweglichen Spule durch die Spiralfedern gehen muß, sind diese Instrumente zunächst nur für kleine Stromstärken sowie für Spannungsmesser (§ 275) und Leistungsmesser anwendbar. Daher wurde vom Verfasser für die Messung größerer Stromstärken die in Abb. 561 angegebene Nebenschlußschaltung in Anwendung gebracht, wobei durch die bewegliche Spule nur der Zweigstrom i' hindurchgeht, während der übrige Strom durch den Widerstand W und die feste

[1]) T. Bruger, ETZ, 1904 S. 822.

Spule geht. Damit die Angaben bei Gleichstrom und Wechselstrom dieselben sind, muß in beiden Zweigen der induktive Widerstand gegen den Ohmschen verschwindend klein sein, oder die induktiven Widerstände müssen im selben Verhältnis zueinander stehen wie die Ohmschen Widerstände. Das ist hier dadurch erreicht, daß die Abzweigung i' nicht wie gewöhnlich nur den Widerstand W sondern auch die feste Spule einschließt, so daß jeder der beiden Stromzweige nebst seiner Spule noch einen induktionslosen Widerstand (W, bzw. w') enthält. Aus demselben Grunde sind die Temperaturkoeffizienten ungefähr gleich, so daß die Angaben des Instrumentes von der Temperatur unabhängig sind. Abb. 562 zeigt die Schaltung dieser Strommesser für zwei Meßbereiche. Ist das Loch 3 zugestöpselt, so sind beide festen Spulen hintereinandergeschaltet. Ist 2 und 4 zugestöpselt, so sind die beiden Spulen parallel geschaltet. Das Loch 1 dient zum Kurzschließen des Instrumentes.

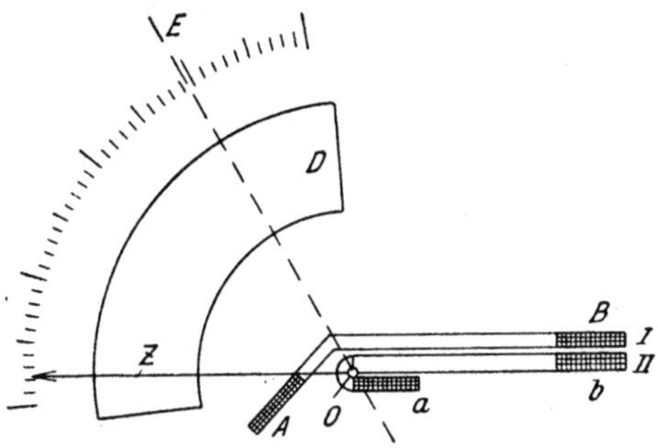

Abb. 560. Dynamometrisches Zeigerinstrument von Hartmann & Braun mit gleichmäßiger Skala.

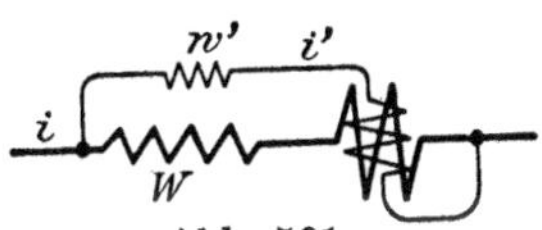

Abb. 561.

Eine große Schwierigkeit der dynamometrischen Instrumente liegt darin, daß das von der festen Spule erzeugte magnetische Feld ziemlich schwach ist und daher zur Erreichung des nötigen Drehmomentes bedeutend mehr Amperewindungen

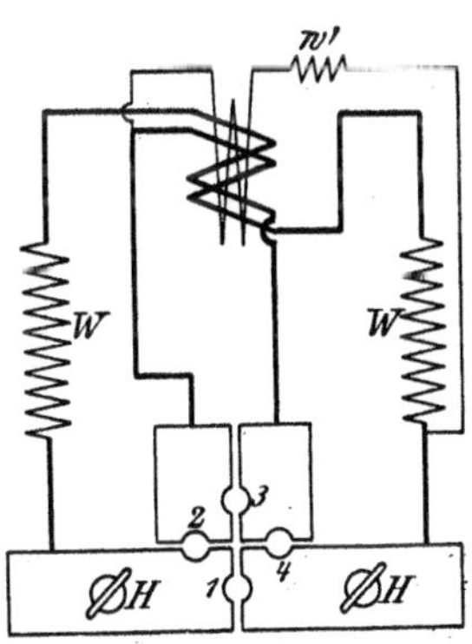

Abb. 562.

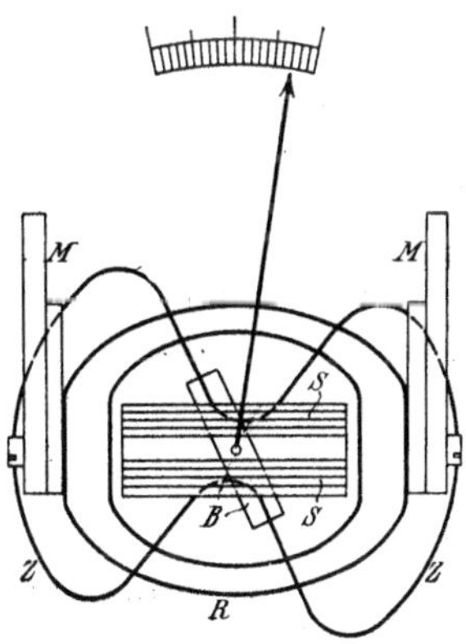

Abb. 563.

Dynamometrischer Strommesser mit Eisenschluß und magnetischer Dämpfung nach Benischke (AEG).

für die drehbare Spule erforderlich sind als bei den Drehspulinstrumenten für Gleichstrom (§ 267). Daher sind bei den von der AEG nach Angaben des Verfassers hergestellten Eisenschluß- (ferrodynamischen) Instrumenten[1]) die festen Spulen *S* (Abb. 563) mit einem geschlossenen Ring *R* aus unterteiltem Eisen umgeben, wodurch das Feld stärker wird. Das Innere der Spulen enthält kein Eisen, damit der Einfluß der Hysterese und Wirbelströme möglichst verschwindet. Die Übereinstimmung zwischen Gleich- und Wechselstrom ist daher ebensogut, als wenn der Eisenmantel nicht vorhanden ist[2]). Die dadurch erzielte Verstärkung des Feldes ist besonders für die Strommesser von Vorteil, weil hier nur der Nebenschlußstrom i' für die

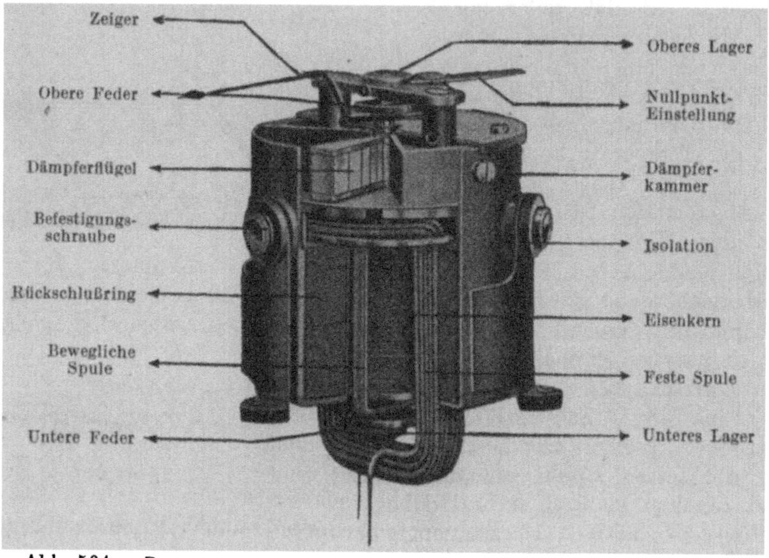

Abb. 564. Dynamometer mit Eisenschluß und Luftdämpfund der AEG.

drehbare Spule zur Verfügung steht. Gleichzeitig bildet der Eisenmantel einen Schutz des Innern gegen äußere magnetische Felder und gegen die Dauermagnete *M*, zwischen deren Polen sich der Aluminiumdämpferflügel *Z* bewegt. Durch diese Verstärkung des Feldes und die obige Schaltung wurde es überhaupt erst möglich, dynamometrische Strommesser als Zeigerinstrumente auszuführen.

Seitdem es hochlegiertes Eisenblech (S. 283) gibt mit sehr kleinem Wirbelstrom- und Hystereseverlust, ist die Notwendigkeit, das Innere der Spulen frei von Eisen zu lassen, weggefallen. Daher bringt die AEG jetzt einen Eisenkern im Innern an, wodurch das magnetische Feld noch weiter verstärkt wird. Abb. 564 zeigt diese Ausführung, wobei die magnetische Dämpfung durch eine Luftdämpfung ersetzt ist[3]). Auch andere Firmen liefern jetzt solche Instrumente mit Eisen.

---

[1]) ETZ 1900, S. 399. DRP. Nr. 111 124, 1899.

[2]) Über eine Vergleichung dieser Strommesser bei Gleich- und Wechselstrom mittels der optisch-pyrometrischen Methode (§ 277) in der Phys.-Techn. Reichsanstalt siehe Orlich, Zeitschr. für Instrumentenkunde, 1904, März, S. 69.

[3]) Dolivo-Dobrowolsky, ETZ 1913, S. 113.

Abb. 565 und 566 zeigt die Ausführung von S. & H. mit magnetischer Dämpfung. Der *Al*-Flügel dreht sich zwischen den weitausgedehnten Polen eines eigenartig geformten Magnetes.

Abb. 565.

Bei hohen Ansprüchen an die Genauigkeit und an die Übereinstimmung mit Gleichstrom muß auf den Eisenkern verzichtet werden, bei Instrumenten für hohe Frequenzen auch auf den Eisenmantel.

Über die Anwendung der dynamometrischen Instrumente als Leistungsmesser siehe § 279.

Auch die von W. Thomson angegebene Stromwage (Abb. 567) beruht auf elektrodynamischer Wirkung. Zwei Paare von kreisförmigen Stromleitern *A*, *B* und *C*, *D* befinden sich in paralleler Lage übereinander. Werden sie in der Richtung der Pfeile von Strömen durchflossen, so ziehen sich *C* und *D* an, während sich *A* und *B* abstoßen. Befestigt man nun die beiden oberen *B* und *D*, an einem Wagebalken, so erhält man einen Ausschlag, der durch ein Laufgewicht wieder kompensiert werden kann. Man hat also dasselbe so lange auf dem Wagebalken zu verschieben, bis er sich im Gleichgewicht befindet; die Stromstärke, die eben herrscht, wird an der Stelle, wo das Laufgewicht steht, auf einer empirisch geeichten Teilung abgelesen. Die Wirkung ist bei Gleich- und Wechselstrom dieselbe. Wegen der Schwierigkeit der Stromzuführung zum beweglichen Teil und wegen seiner großen Trägheit kommen die Stromwagen heute kaum mehr zur Anwendung.

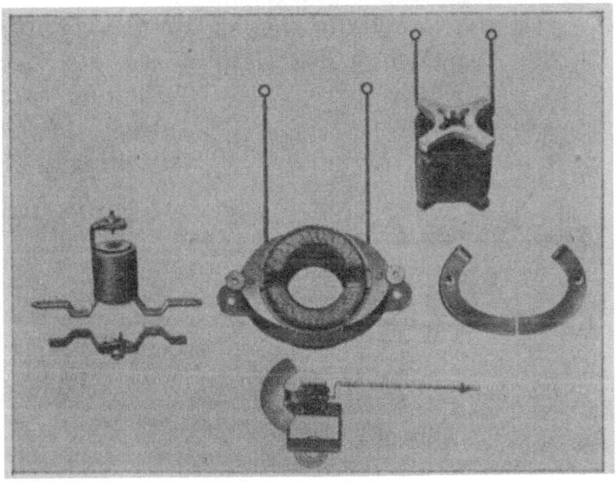

Abb. 566.
Dynamometer mit Eisenschluß und magnetischer Dämpfung von Siemens & Halske.

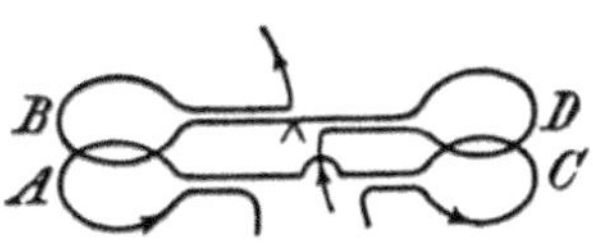

Abb. 567.

269. Hitzdraht-Instrumente.

Sendet man einen Strom durch einen Draht, so dehnt sich dieser proportional der in ihm entwickelten Joulesche Wärme aus. Da letztere durch $A = a\,J^2\,w\,t$ gegeben ist, so ist die Längenausdehnung proportional dem Quadrate der Stromstärke. Diese Instrumente zeigen also wie die dynamometrischen bei Gleich- und Wechselstrom den effektiven Wert unabhängig von Periodenzahl und Wellenform an. Es handelt sich nun bloß darum, die Längenausdehnung auf einen Zeiger zu übertragen. Bei den Instrumenten von Hartmann & Braun geschieht dies auf die in Abb. 568 dargestellte Art. $A\,B$ ist der vom Strome durchflossene Draht. An diesen ist bei C ein anderer angelötet, der bei D befestigt ist. An diesen wiederum ist ein dritter bei F angelötet, der einmal um das Röllchen H geschlungen und mit dem anderen Ende an der Feder G befestigt ist. Letztere befindet sich im gespannten Zustande und bewegt sich daher nach links, wenn sich der Draht $A\,B$ infolge der Erwärmung ausdehnt. Dabei muß sich das Röllchen H und der an ihm befestigte Zeiger Z drehen, der auf einer empirisch geeichten Skala einspielt.

Da die im Draht entwickelte Temperatur mit der Zeit wächst, so ist die Ausdehnung des Drahtes erst von dem Augenblick an eine bestimmte, wo die ausgestrahlte Wärme gleich der entwickelten ist. Erst von da an behält der Draht eine bestimmte,

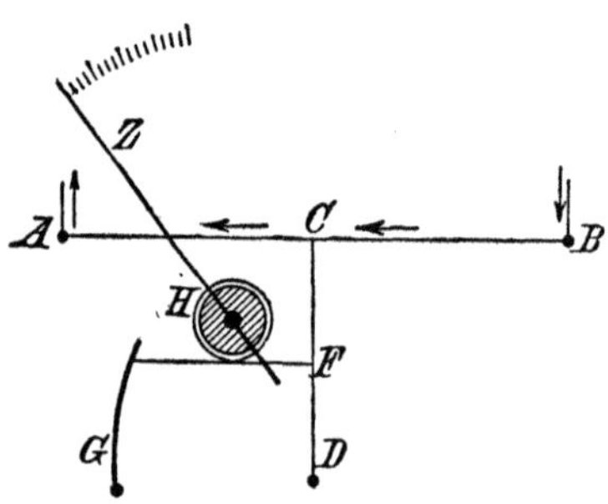

Abb. 568.

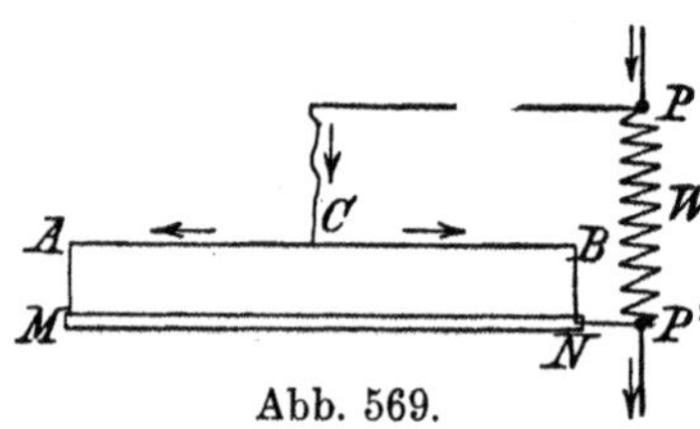

Abb. 569.

dem Quadrate der Stromstärke proportionale Temperatur und daher auch eine bestimmte Ausdehnung. Damit nun diese Zeit nicht zu lange dauert, muß die Oberfläche des Drahtes sehr groß sein gegenüber seinem Querschnitt; es kann also nur ein sehr dünner Draht verwendet werden. Dadurch ist aber auch ein großer Widerstand bedingt, so daß diese Anordnung zunächst nur für sehr kleine Stromstärken (Spannungsmesser) anwendbar ist.

Um als Strommesser für stärkere Ströme geeignet zu sein, muß man den Hitzdraht $A\;B$ als Nebenschluß zu einem Widerstande W (Abb. 569) legen, durch den der zu messende Strom fließt. Da aber die Potentialdifferenz zwischen den Punkten $P\,P'$, an die der Nebenschluß angelegt ist, nur klein ist, so würde der Widerstand des Hitzdrahtes $A\;B$ zu groß sein, um genügend Strom zu seiner Erwärmung durchzulassen. Daher wird der Nebenschlußstrom durch ein sehr dünnes, lockeres Silberband dem Hitzdrahte in der Mitte zugeführt, so daß er sich hier teilt und in der Schiene *M N* wieder vereinigt. Durch die Parallelschaltung des Hitzdrahtes von der Mitte aus wird dem Strome nur der vierte Teil des Widerstandes geboten. Durch mehrmalige derartige Unterteilung des Hitzdrahtes wie in Abb. 570 wird der Widerstand noch weiter vermindert. Trotzdem muß für einen Strommesser auch noch ein dicker Draht als Hitzdraht verwendet werden, um den Widerstand genügend klein zu erhalten. Daher dauert es einige Zeit (bis zu 8 Sekunden), bis ein stationärer Wärmezustand erreicht ist. Rasche Stromschwankungen werden daher von diesen Strommessern überhaupt nicht angezeigt. Bei den Instrumenten für sehr kleine Stromstärken (Spannungsmesser) kann zwar der Draht so dünn gewählt werden, daß der stationäre Zustand schon nach 1 Sekunde erreicht wird; dafür treten aber leicht dauernde Dehnungen des Drahtes ein, wodurch die Eichung unrichtig wird. Nach längerer Einschaltung ändern sich die Angaben auch dadurch, daß sich die Platte, die den Hitzdraht trägt, ausdehnt und dadurch der Draht eine andere Spannung erhält. Dem wird dadurch begegnet, daß entweder die Platte aus zwei verschiedenen Metallen hergestellt wird, oder dadurch, daß der eine Endpunkt des Drahtes (*A* in Abb. 568) nicht fest auf der Platte sitzt, sondern auf einer Blattfeder, die von einem Spanndraht je nach dem Temperatur etwas verschoben wird. Dennoch sind die Hitzdrahtinstrumente aller Art die unzuverlässigsten von allen gebräuchlichen Meßinstrumenten. Man kann sich auf ihre Angaben nur verlassen, wenn man sie vor der Anwendung mit Gleichstrom prüft, bei stärkerer Beanspruchung auch nachher. Der Stromverbrauch bei den Spannungsmessern (0,2 Amp.), und der Spannungsabfall bei den Strommessern (0,25 Volt) und daher der Wattverbrauch ist größer als bei anderen Systemen.

Abb. 570. Hitzdraht-Strommesser von Hartmann & Braun.

Die nur aus einem Hitzdraht und induktionslosen Widerstand bestehenden Voltmeter haben den Vorzug vor allen anderen Systemen, daß sie bis zu den höchsten Periodenzahlen der drahtlosen Telegraphie unabhängig davon sind. Das gilt aber nicht von den Amperemetern mit Nebenschluß (Abb. 569) da in den verschiedenen Zweigen das Verhältnis des induktiven zum Ohmschen Widerstand nicht gleich bleibt. Um diese Gleichheit herzustellen, schalten Hartmann und Braun eine Anzahl von Platin-Iridium Bänder (bis zu 30) parallel, und zwar so, daß jedes genau dieselbe Lage gegenüber den Zuführungen hat, daß sie also einen Käfig zwischen kreisförmigen *Cu*-Platten mit Stromzuführung in der Mitte bilden. Eins davon wird mit einer Zeigerübertragung wie in Abb. 568 verbunden.

270. Induktionsinstrumente.

Auf elektrodynamischer Schirmwirkung beruhende Induktionsinstrumente, System Benischke. Abb. 571 zeigt die Anwendung des auf S. 302 besprochenen Prinzipes auf Meßinstrumente[1]) nach Ausführung der Allgemeinen Elektrizitäts-Gesellschaft. Auf die Aluminiumscheibe, die das Drehmoment erfährt, wirkt auch der aus der Abbildung ersichtliche Dauermagnet, der die Dämpfung bewirkt[2]). Ist i der induzierende Strom in der Magnetspule, i_1 der induzierte Strom im Schirm T (Abb. 258), i_2 der induzierte Strom in der Scheibe S, so ist $i_1 = c_1\, i$, $i_1 = c_2\, i$, wenn c_1, c_2 Proportionalitätsfaktoren sind. Da nun das Drehmoment auf der Anziehung zwischen i_1 und i_2 beruht, so ist es proportional $c_1\, c_2 \int i^2\, dt$. Diese Instrumente geben also den effektiven Wert an. Infolge des hohen induktiven Widerstandes der Stromwickelung bei sehr kleinen Stromstärken bedürfen sie als Spannungsmesser bis 250 Volt keines Vorschaltwiderstandes.

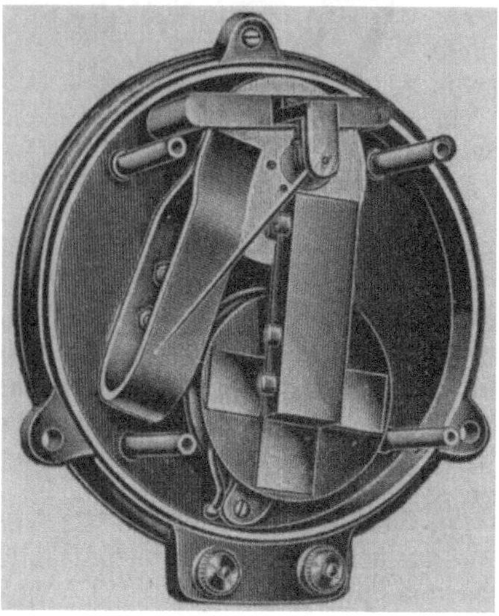

Abb. 571. Induktionsinstrument (Strom- oder Spannungsmesser) nach Benischke.

Auf phasenverschobenen Feldern beruhende Induktionsinstrumente (Drehfeldinstrumente). Abb. 572 zeigt die Einrichtung derselben, die von Siemens & Halske[3]) unter dem Namen Ferraris-Instrumente fabriziert werden. Der drehbare Teil ist die Aluminiumtrommel B zwischen den vier Polen E, F. Die Felder in E sind gegen die in F um nahezu 90^0 in der Phase verschoben, so daß die Anordnung einem Zweiphasenmotor entspricht. Diese phasenverschobenen Felder entstehen aus dem in § 230 II erläuterten Prinzip der Phasenverschiebung durch Brückenschaltung. Die Dämpfung bewirken zwei hufeisenförmige Dauermagnete, welche auf dieselbe Trommel wirken.

Im Wesen aller Induktionsinstrumente liegt es, daß sie von der Temperatur abhängig sind, weil sich der spezifische Widerstand der

---

1) DRP. Nr. 84 871, 1895. ETZ 1899, S. 82.

2) Ein Wechselstrommagnet wirkt nur wenig dämpfend auf die Bewegung der Scheibe, auch wenn der in ihr induzierte Strom stark ist, weil dieser hauptsächlich durch gegenseitige Induktion, nicht durch die Bewegung der Scheibe erzeugt wird.

3) Schrottke, ETZ 1901, S. 657.

induzierten Scheibe oder Trommel mit der Temperatur ändert. Die Abhängigkeit ist aber keine proportionale, sondern erheblich geringer, weil der Einfluß auf den Widerstand der Scheibe oder Trommel durch andere unmittelbare Einflüsse auf das Drehmoment zum Teil kompensiert wird. Da die induzierten Ströme von der Periodenzahl abhängen, so sind die Angaben dieser Instrumente auch davon abhängig. Da aber auch schon das in den Eisenkernen der Spulen erzeugte magnetische Feld

Abb. 572a, b, c. Induktionsinstrument von Siemens & Halske.

von der Periodenzahl abhängt, so ist die Abhängigkeit je nach der Art und dem Verwendungszweck verschieden. Es zeigt sich, daß bei der Eichung nach Stromstärke die Abhängigkeit von der Periodenzahl erheblich größer ist als bei der Eichung nach Spannung, weil sich da die genannten Einflüsse zum Teil aufheben.

Die Abhängigkeit von der Wellenform ist gering[1]) für solche Wellenformen, deren positive und negative Hälften gleich sind. Bei

[1]) ETZ 1901, S. 301.

Wellenformen von der durch Abb. 532 dargestellten Art, wo auch ein Gleichstrom darin enthalten ist, sind Induktionsinstrumente unbrauchbar, weil sie Gleichstrom überhaupt nicht anzeigen.

Über die Induktionsinstrumente als Leistungsmesser siehe § 280.

271. Elektromagnetische Instrumente.

Hierunter gehören alle Instrumente, die auf der Anziehung oder Abstoßung eines weichen Eisenstückes beruhen.

Die einfachste und älteste Art beruht darauf, daß ein Eisenkern in das Innere einer vom Strome durchflossenen Spule hineingezogen wird. Bei dem Feder-Stromzeiger von Kohlrausch (Abb. 573) besteht der Eisenkern aus einer Röhre von dünnem Eisenblech, die an einer Spiralfeder hängt. An der Röhre befindet sich ein Zeiger Z, der auf einer Skala einspielt. In den älteren Intrumenten von Siemens & Halske (Abb. 574) hat der Eisenkern die Form eines Kreisbogens, der in das Solenoid S hineinragt. Der Anziehung wird durch ein Gegengewichtchen oder durch eine Spiralfeder das Gleichgewicht gehalten. Diese Instrumente haben infolge des langen Eisenkörpers beträchtlichen Dauermagnetismus. Für Gleichstrom hat das zur Folge, daß die Angaben bei fallendem Strom zu hoch sind, weil der von der vorhergehenden, stärkeren Magnetisierung verbliebene Magnetismus noch wirkt. Für Wechselstrom hat das eine Abhängigkeit von der Wellenform des Stromes zur Folge. Nach § 102 ist der Dauermagnetismus um so kleiner, je kürzer das Eisenstück ist. Daher wird in den neueren Instrumenten von Siemens & Halske ein rundes Stück Eisenblech (Abb. 550) angewendet, das in der Nullstellung über der stromführenden Spule steht und beim größten Ausschlag ein Stück in diese hineingezogen ist. An der Achse befindet sich der in § 265 beschriebene Dämpferkolben.

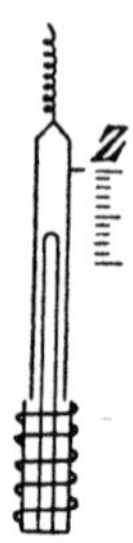

Abb. 573.

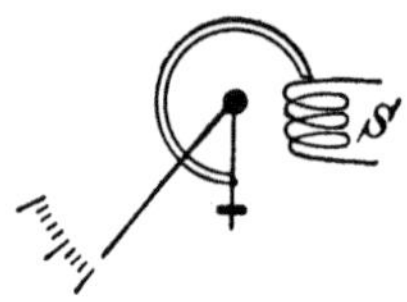

Abb. 574.

Eine andere Art elektromagnetischer Instrumente beruht auf der gleichartigen Magnetisierung zweier Eisenstücke im Innern eines Solenoides. Abb. 575 zeigt dieses Prinzip in der Anordnung von Drexler. F und F' sind die beiden Eisenstücke, von denen das erstere fest, das andere aber um die Achse A, die noch den Zeiger Z trägt, drehbar ist. Durch den Strom werden sie so magnetisiert, daß die gleichnamigen Enden nebeneinander liegen und F' infolgedessen abgestoßen wird

Bei dem System Uppenborn befinden sich im Innern der Spule zwei konaxiale Zylindermantelstücke aus Eisenblech. Das innere ist beweglich und steht in der Nullstellung gegen das andere etwas nach links verschoben (Abb. 576). Durch den Strom werden sie so magnetisiert, daß die auf derselben Seite liegenden Kanten gleichnamig sind, so daß eine noch weitere Verschiebung gegeneinander stattfindet. Abb. 579

zeigt eine ähnliche Ausführung, wobei die Skala durch geeignete Formgebung der beiden Bleche beeinflußt wird.

Bei dem System Hummel befindet sich im Innern der Spule ein zylindrisches Eisenblech, das um die Achse A drehbar ist (Abb. 577).

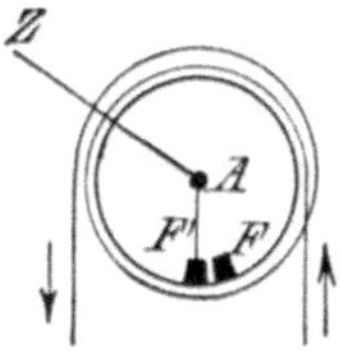

Abb. 575.

Abb. 576.

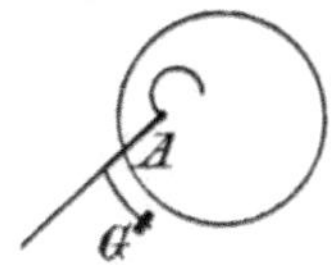

Abb. 577.

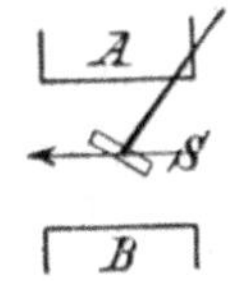

Abb. 578.

Das magnetische Feld der Spule ist nun bestrebt, das Eisenblech näher an die innere Wand der Spule zu ziehen, was gelingt, weil die Achse A exzentrisch ist.

Eine andere Art von solchen Instrumenten beruht auf dem Bestreben länglicher Eisenkörper, sich mit ihrer Längsachse in die Richtung der Kraftlinien zu stellen. Ist AB der Querschnitt einer Spule (Abb. 578), so haben die Kraftlinien die durch den Pfeil angedeutete Richtung. Das Eisenstück S sucht sich nun in diese Richtung einzustellen.

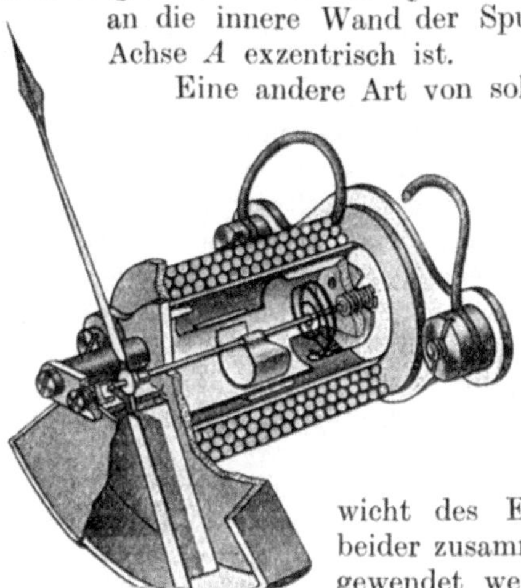
Abb. 579. Elektromagnetisches Meßinstrument von Hartmann & Braun.

Bei diesen Instrumenten kann als Gegenkraft entweder das Gewicht des Eisenstückes oder des Zeigers oder beider zusammen, oder mit einer Spiralfeder angewendet werden, wovon natürlich der Verlauf der Skala abhängt. Soll eine Spiralfeder allein wirken, so muß das Gewicht des Eisenstückes und des Zeigers durch Gegengewichte ausgeglichen werden.

Heute gibt es Eisensorten mit so geringer Koerzitivkraft, daß bei kurzen Eisenstücken wie in Abb. 550 und 579 der Dauermagnetismus so klein ist, daß der Unterschied des Ausschlages zwischen zu- und abnehendem Strom selten $1^0/_0$ übersteigt. Wird bei der Eichung der Mittelwert genommen, so gilt sie bei Amperemetern ohne weiteres auch für Wechselstrom von 0—100 Perioden. Dagegen haben Voltmeter eine größere Abhängigkeit von der Frequenz, weil der induktive Widerstand der vielgängigen Spule mit der Frequenz wächst; und zwar addiert sich dieser Fehler zu dem von der Koerzitivkraft herrührenden, so daß für eine hohe Frequenz eine besondere Eichung notwendig ist, die nur in der Nähe derselben gilt. Die Abhängigkeit von der Temperatur ist gering, wenn der unabhängige Vorschaltwiderstand groß ist gegenüber dem Widerstand der Wicklung. Die Abhängigkeit von der Wellenform kann erheblich sein[1]), wenn sehr spitze oder sehr stumpfe Wellenformen in Betracht kommen, denn dann ist die Magnetisierung bei gleichen effektiven Werten verschieden.

272. Elektrostatische Spannungsmesser.

Die einfachsten Mittel zur Messung elektrischer Spannungen (Potentialdifferenzen) sind das in § 23 beschriebene Elektroskop und das Elektrometer (System Braun). Viel genauer ist das Quadrantenelektrometer (Thomson). Es besteht im wesentlichen aus einer flachen, zylindrischen Metallbüchse, die durch zwei aufeinander senkrechte Achsenschnitte in 4 Quadranten geteilt ist (Abb. 560). In der Mitte derselben schwebt an einem feinen Drahte eine dünne Platte aus Aluminium in Form einer Lemniskate. Je zwei Quadranten *I* und *III*, *II* und *IV*, also die gegenüberliegenden, sind miteinander durch Drähte verbunden. Die Lemniskate wird mittels ihres Aufhängedrahtes mit einer Elektrizitätsquelle von konstanter Spannung verbunden und erhält so eine konstante Ladung. Verbindet man nun die Quadrantenpaare mit zwei Punkten, deren Potentialdifferenz oder Spannung gemessen werden soll, so erhält das eine eine positive, das andere eine negative Ladung. Die Lemniskate wird von dem einen angezogen, von dem anderen abgestoßen und erfährt so eine Drehung, bis die Torsion des Aufhängedrahtes den elektrischen Kräften das Gleichgewicht hält. Das ist die gewöhnliche Art der Verwendung des Quadrantenelektrometers.

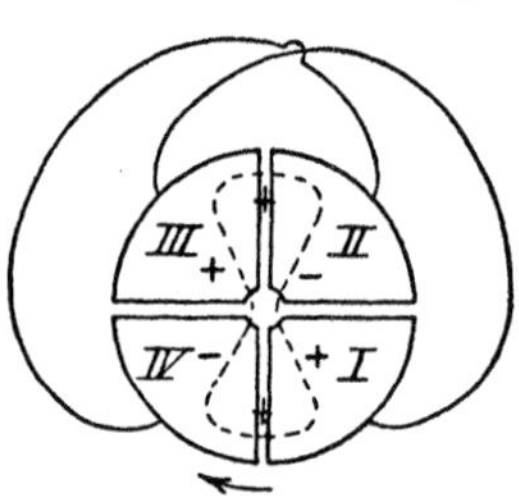

Abb. 580.

Behandelt man das Problem ganz allgemein mathematisch und bezeichnet mit u die Potentialdifferenz der Lemniskate gegen das Gehäuse, mit u_1 und u_2 die Potentialdifferenz der beiden Quadrantenpaare gegen das Gehäuse, so ist der Drehungswinkel α der Lemniskate

$$\alpha = c\,(u_1 - u_2)\left[u - \frac{u_1 + u_2}{2}\right],$$

wobei c ein Proportionalitätsfaktor ist.

Daraus ergeben sich folgende 2 Arten der Verwendung dieses Instrumentes.

1. Ist u sehr groß gegenüber $u_1 + u_2$, so kann man schreiben

$$\alpha = c\,u\,(u_1 - u_2) = c'\,(u_1 - u_2) = c'E.$$

Unter dieser Voraussetzung ist also der Ausschlagwinkel proportional der Potentialdifferenz jener Punkte, die mit den Quadrantenpaaren verbunden sind. Da der neue Proportionalitätsfaktor $c' = cu$ ist, so sind die Ausschlagswinkel um so größer, und das Instrument ist um so empfindlicher, je größer das Potential u der Lemniskate ist. In allen

[1]) ETZ 1901, S. 301.

Fällen aber muß es so groß sein, daß $u_1 + u_2$ dagegen klein ist. Man genügt dieser Bedingung, wenn man die Lemniskate mit einem Pol einer Zambonischen Säule (§ 72) oder einer Akkumulatorenbatterie verbindet, deren anderer mit dem Gehäuse verbunden ist. Da die Quadranten manchmal schon vor der Messung eine kleine Ladung besitzen, so muß man, um den Nullpunkt der Einstellung zu finden, beide Paare miteinander, oder was auf dasselbe hinauskommt, mit der Erde verbinden.

2. Eine zweite Art der Anwendung erhält man, wenn $u = u_1$ ist. Dies ist der Fall, wenn man die Lemniskate mit einem Quadrantenpaar verbindet. Dann ergibt sich aus der allgemeinen Gleichung

$$\alpha = c\,(u_1 - u_2)\,\frac{u_1 - u_2}{2} = c'\,(u_1 - u_2)^2 = c' E^2.$$

Der Ausschlagwinkel ist jetzt proportional dem Quadrate der Potentialdifferenz; es ändert sich also der Sinn der Drehung nicht, wenn die Potentialdifferenz E ihr Vorzeichen wechselt, da das Quadrat immer positiv ist. Man kann also bei dieser Schaltung die Spannung von Wechselströmen messen. Zur Bestimmung des Proportionalitätsfaktors kann man eine konstante EMK E_1 verwenden, für welche $\alpha_1 = c' E_1^2$ ist. Dann ist also $E = E_1 \sqrt{\alpha/\alpha_1}$.

Der Vorteil des Quadrantenelektrometers gegenüber den anderen Instrumenten zur Spannungsmessung liegt darin, daß kein Strom verbraucht wird, und überhaupt keine von Strom durchflossene Spule vorhanden ist, wie bei den galvanometrischen Spannungsmessern, so daß es keine Abhängigkeit von der Temperatur gibt. Die Messung mit diesem Apparat ist freilich schwieriger und umständlicher, als mit jedem anderen, so daß es nur für Laboratoriumsmessungen in Betracht kommt. Ein weiterer Übelstand ist der, daß bei sehr empfindlichen Instrumenten die obigen Gleichungen nicht genau stimmen, weil noch Nebenwirkungen dazu treten. Diese sind bei Gleichstrom kleine EMKe an den Stellen, wo verschiedene Metalle zur Berührung kommen (Lemniskate, Aufhängedraht, Schraube), so daß die Lemniskate von vornherein eine Ladung erhält. Bei Wechselstrom kann durch die Ausstrahlung aus den scharfen Kanten ein Drehmoment hinzukommen, das vom größten Wert (Scheitelwert) abhängt, also ein von der Wellenform abhängiges Drehmoment[1]).

273. Statische Spannungsmesser für hohe Spannungen.

Der Umstand, daß die statischen Instrumente keinen Strom verbrauchen, oder nur so viel, als ihrem Kapazitätswiderstand entspricht, ferner die theoretische Gleichheit der Angaben bei Wechselstrom und Gleichstrom, haben viele Bemühungen gezeitigt, sie als technische Spannungszeiger auszugestalten. Abb. 581 zeigt ein solches Instrument der Allgemeinen Elektrizitäts-Gesellschaft für 6000 Volt.

---

[1]) Näheres über die Messungen mittels des Quadrantenelektrometers bei Orlich, Zeitschr. f. Instrumentenkunde. April 1903, S. 97.

Praktisch haben diese Instrumente so viele Nachteile, daß sie fast nur mehr als Isolationsprüfer oder im Laboratorium unter besonderen Vorsichtsmaßregeln zur Anwendung kommen. Aus dem oben erwähnten Umstand, daß nämlich auch der Scheitelwert von Einfluß ist, sowie aus rückständigen Ladungen in den Isoliermaterialien ergeben sich bei höheren Spannungen oft beträchtliche Abweichungen zwischen Gleich-

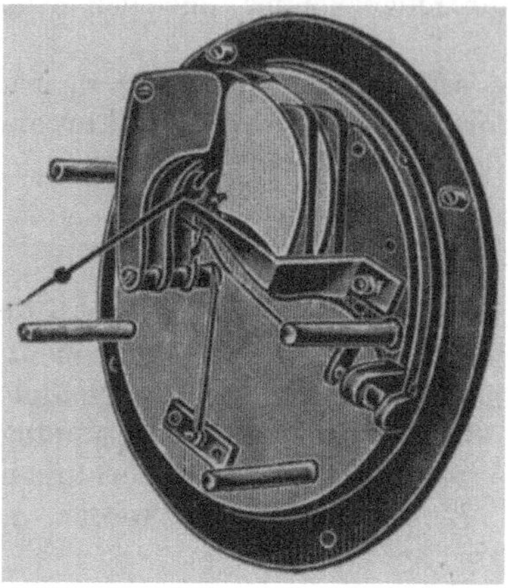

Abb. 581. Statisches Voltmeter der AEG.

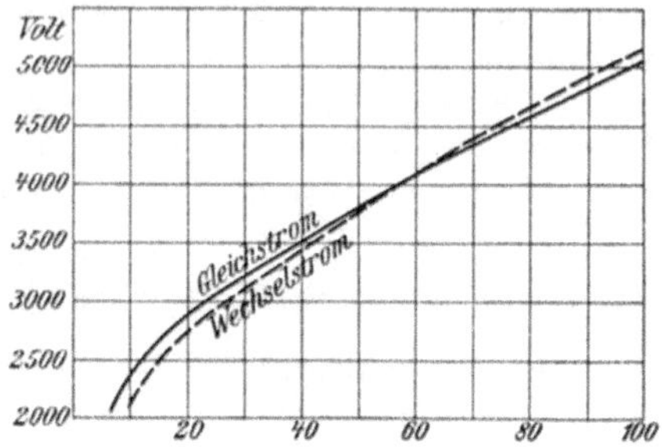

Abb. 582.

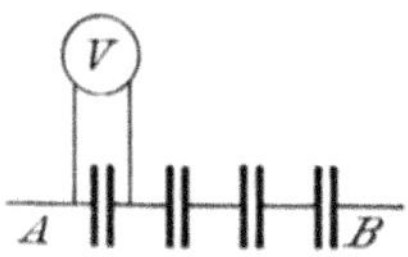

Abb. 583.

und Wechselstrom[1]). Abb. 582 zeigt diese Abweichungen bei einem Instrument für 6000 Volt nach Messungen der Physikalisch-Technischen Reichsanstalt. Ihr größter Übelstand liegt aber in der leichten Beeinflussung durch äußere Ladungen und in der leichten Zerstörbarkeit durch atmosphärische Entladungen.

Infolge des äußerst geringen Stromverbrauches können die statischen Instrumente im Nebenschluß zu einem Kondensator, der mit anderen hintereinandergeschaltet ist, verwendet werden[2]). So genügt zur Messung der Spannung zwischen AB (Abb. 538) ein Voltmeter V, dessen Meßbereich nur etwa den vierten Teil der Spannung zwischen AB zu umfassen braucht.

274. Vibrationsgalvanometer.

Galvanometer für Wechselstrom von so großer Empfindlichkeit wie für Gleichstrom (§ 267) gibt es nicht, weil keine Magnetnadel und kein Dauermagnet zur Anwendung kommen kann. Nur als Nullzeiger für Brücken- und Kompensationsmessungen läßt sich auch bei Wechselstrom ein Instrument von ähnlicher Empfindlichkeit herstellen, wenn die mechanische Schwingungsresonanz zu Hilfe genommen wird. Das älteste derartige Instrument ist im wesentlichen ebenso beschaffen, wie der in

[1]) Benischke, Physikal. Zeitschr. 7, S. 525, 1906.
[2]) Peuckert, ETZ 1908, S. 657; Benischke, ETZ 1901, S. 265.

§ 290 unter III beschriebene Oszillograph. Während aber bei jenem streng die Forderung erfüllt sein muß, daß die Drahtschleife nur die vom durchfließenden Wechselstrom aufgedrückte Schwingung ausführt, muß hier dafür gesorgt werden, daß die Schleife schon vom schwächsten durchfließenden Wechselstrom zur Eigenschwingung angeregt wird. Daher muß bei jenem die magnetische Kupplung zwischen Schleife und Feld, also das von den Polen *NS* erzeugte Feld sehr stark sein. Hier dagegen muß die magnetische Kupplung schwach sein, was eben schon bei sehr kleiner Stromstärke der Fall ist. Außerdem muß die mechanische Spannung der Schleife so sein, daß ihre Eigenschwingung gleich der Periodenzahl des durchfließenden Stromes ist. Wird der Faden einer Glühlampe von dem mit der Schleife schwingenden Spiegelchen mittels einer Linse auf einen Schirm geworfen, so zeigt sich die Resonanzschwingung an der Verbreiterung des Fadenbildes. Da die Empfindlichkeit von der Schärfe der Resonanzeinstellung abhängt, muß die mechanische Spannung der Schleife oder das magnetische Feld verändert werden können. Bedeutend größere Empfindlichkeit ergibt sich, wenn die Schleife durch eine leichte Spule wie bei den Drehspuleninstrumenten ersetzt wird[1]).

Unbequem ist es, die Resonanz durch Änderung der Schleifenspannung einstellen zu müssen. Daher haben Schering und Schmidt[2]) die Magnetnadel eines Gleichstrom-Nadelgalvanometers durch ein kleines Stückchen Eisenblech ersetzt (*B* in Abb. 584), das von dem Gleichstrom-Elektromagnet *G* seine Richtkraft erhält. Senkrecht dazu steht das Feld *W*, das von dem nachzuweisenden Wechselstrom erzeugt wird, und das Eisenstückchen in Schwingungen um die durch das Gleichstromfeld bestimmte Ruhelage versetzt. Durch Änderung des Gleichstromes in *G* kann die Richtkraft und damit die Schwingungsfrequenz in weiten Grenzen verändert werden, ohne daß die Spannung des Fadens, der das Eisenstückchen *B* trägt, verändert werden braucht.

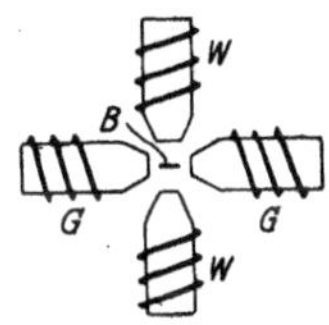

Abb. 584.

275. Galvanometrische Spannungsmesser.

Alle Strommesser für sehr kleine Stromstärken können zur Spannungsmessung verwendet werden gemäß dem Ohmschen Gesetze $E = JW$, wenn sie zwischen den Klemmen *AB* (Abb. 585) eingeschaltet werden, und der Widerstand *W* konstant ist. Zur praktischen Anwendung wird natürlich die Eichung gleich in Spannungseinheiten (Volt) statt in Stromeinheiten ausgeführt. Da der Widerstand *W* konstant sein muß, darf er keinen merklichen Temperaturkoeffizienten haben, sonst sind die

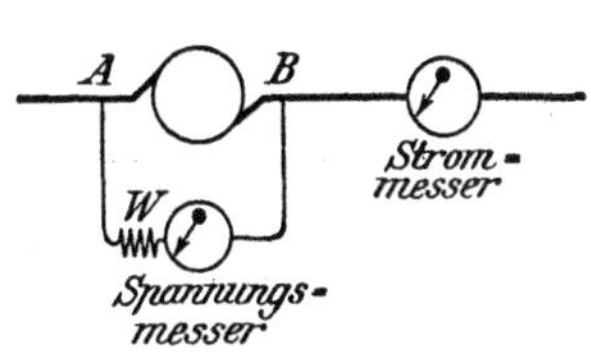

Abb. 585.

[1]) Zöllich, Arch. f. Elektr. 1913, Bd. 3, S. 369.
[2]) ETZ 1918, S. 410.

Angaben von der Temperatur abhängig. Daher soll der Widerstand der Kupferdrahtwicklung selbst nur einen kleinen Teil des gesamten Widerstandes ausmachen und der Vorschaltwiderstand aus Konstanten oder Manganin oder dgl. bestehen (vgl. das zweite Rechenbeispiel auf S. 72).

Bei Wechselstrom kann auch ein induktiver Widerstand verwendet werden. Dieser hat keinen Temperaturkoeffizienten, dafür ist er aber von der Periodenzahl abhängig. Doch wird dieser Einfluß zum Teil dadurch ausgeglichen, daß das Drehmoment des Instrumentes im entgegengesetzten Sinne von der Periodenzahl abhängt, so z. B. bei den Induktionsinstrumenten (§ 271).

Der Widerstand der Wicklung eines Spannungsmessers soll möglichst klein sein, weil dann auch der Wattverbrauch und die Erwärmung des Instrumentes und seines Vorschaltwiderstandes klein ist. Verdoppelt man den Widerstand eines Spannungsmessers, so reicht das Instrument für einen doppelt so großen Meßbereich aus, aber auch die Wärmeentwicklung ist die doppelte. Daher verwendet man bei sehr hohen Wechselspannungen kleine Transformatoren (Spannungswandler), deren Hochspannungswicklung an die zu messende Spannung angeschlossen wird, während ein Spannungsmesser für niedrige Spannung an die sekundäre Wicklung angeschlossen ist. Sind Streuung und Verluste klein, so stehen die Spannungen im selben Verhältnis wie die Windungszahlen (§ 154). Andernfalls muß das Instrument samt dem Transformator empirisch geeicht werden.

276. Indirekte Spannungsmessung.

Die indirekte Spannungsmessung, die im allgemeinen nur zur Eichung und Kontrolle von Instrumenten angewendet wird, besteht in der Vergleichung einer gegebenen Spannung mit den in § 71 besprochenen Normalelementen. Da ihre EMK nur dann konstant und gleich der Klemmenspannung ist, wenn aus dem Element kein Strom entnommen wird, und keiner hineingeht, so darf die Vergleichung nur mittels des Quadrantenelektrometers oder mittels des Kompensationsverfahrens ausgeführt werden.

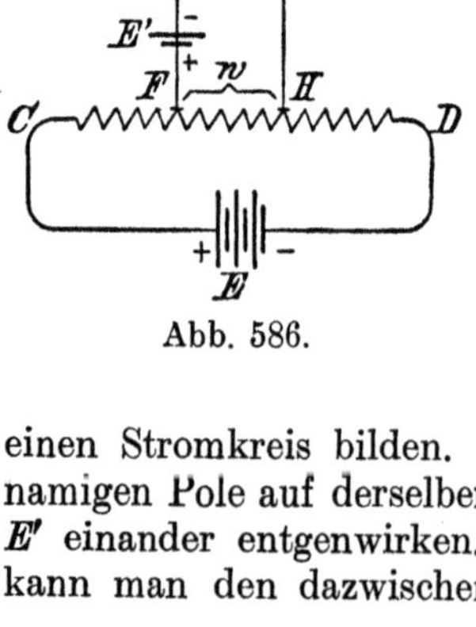

Abb. 586.

Das Kompensationsverfahren besteht in folgendem. Man schließt die zu messende Spannung E (in Abb. 586 ist es eine Batterie) durch einen bekannten veränderlichen Widerstand W (zwischen C und D). An zwei Stellen F und H desselben legt man die Drähte an, die mit dem Normalelement E' und einem empfindlichen Galvanometer einen Stromkreis bilden. E und E' sind so geschaltet, daß die gleichnamigen Pole auf derselben Seite liegen, so daß sie in dem Normalelement E' einander entgenwirken. Durch Verschieben der Kontakte F und H kann man den dazwischen liegenden Widerstand w so verändern, daß die Klemmenspannung zwischen diesen Punkten gleich ist der EMK E' des Normalelementes. Dann geht kein Strom durch das Galvanometer — sein Ausschlag ist Null. Es verhält sich nun W zu w wie die zu messende EMK zu der des Normalelementes E', also

$$\frac{E}{E'} = \frac{W}{w}.$$

Hat man einen Spannungsmesser zu eichen, so schließt man ihn an die Punkte CD an. Abb. 587 zeigt die Einrichtung des für dieses Verfahren besonders zweckmäßigen Feußnerschen Kompensationsapparates. Hierbei besteht der Widerstand W aus $W_1 + W_2 + W_3 + W_4$. Die Schalthebel k_1 und k_2 stellen die veränderlichen Kontakte F und H vor. Außerdem ist noch der Widerstand W_3 durch Stöpselung veränderlich, so daß man den zwischen F und H liegenden Widerstand w in weiten Grenzen verändern kann. Cl bedeutet das Normalelement. Um zu verhindern, daß durch letzteres ein zu starker Strom geht, bevor die Kontakte $k_1 k_2$ richtig gestellt sind, wird noch ein großer Widerstand von etwa 100000 Ohm vorgeschaltet. Hat man k_1 und k_2 angenähert so gestellt, daß das Galvanometer keinen Ausschlag zeigt, so legt man den Hebel k_3 auf 0. Nun ist der Galvanometerkreis direkt geschlossen, und man kann die genaue Einstellung vornehmen. k_3 kann endlich auch auf einen dritten Knopf ∞ gelegt werden, wodurch der Stromkreis unterbrochen wird.

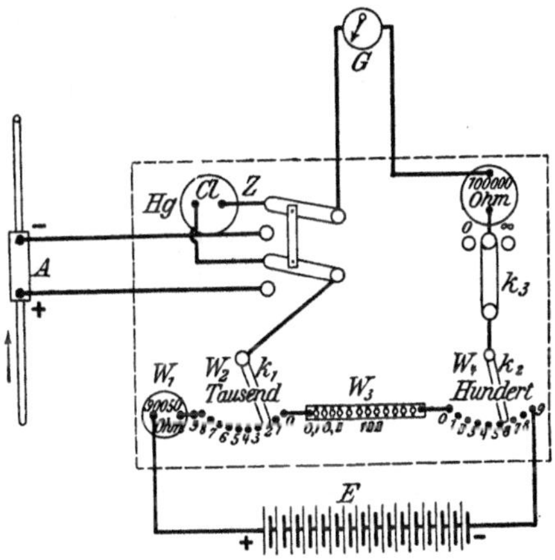

Abb. 587. Kompensationsapparat nach Feußner.

Um beliebig große Spannungen (bis 1400 Volt) zu messen, verwendet man die Batterie E als Vergleichsbatterie. Es sei z. B. die Klemmenspannung E'' (bei A) eines durch den Pfeil angedeuteten Stromes zu bestimmen. Dann schaltet man jene statt des Normalelementes Cl mittels des in Abb. 587 ersichtlichen Umschalthebels ein und verfährt in der vorher beschriebenen Weise. Es sei w'' der Widerstand zwischen k_1 und k_2, bei welchem die Nullstellung des Galvanometers erreicht wird. Dann legt man den Doppelschalthebel um auf Cl (wie es die Figur zeigt) und stellt wieder ein. Der Widerstand zwischen k_1 und k_2 sei nun w'. Dann ist

$$\frac{E''}{E'} = \frac{w''}{w'}.$$

Ist bei A ein bekannter Widerstand in den Strom eingeschaltet, so erhält man nach Ermittelung der an den Klemmen des Widerstandes herrschenden Spannung die Stromstärke aus dem Ohmschen Gesetz.

Bei Wechselstrom kann das Kompensationsverfahren nur angewendet werden, wenn die zu vergleichenden Spannungen E und E' in gleicher Phase sind. Es ist also noch ein Hilfsapparat erforderlich, um die Phase von E oder E' verschieben zu können.[1]) G muß ein Vibrationsgalvanometer (§ 274) oder Telephon sein.

277. Indirekte Strommessung.

Im vorstehenden wurde schon erwähnt, wie aus der an einem bekannten Widerstande gemessenen Spannung die Stromstärke ermittelt wird. Ein Verfahren, das gewöhnlich zur Eichung und Kontrolle von Strommessern benützt wird.

Mittels der Drehspuleninstrumente (§ 267), dynamometrischen Instrumente (§ 268) und Hitzdrahtinstrumente (§ 269) können stärkere Ströme nicht unmittelbar gemessen werden, weil sie nicht durch die Federn bzw. durch den Hitzdraht geschickt werden können. Es wird daher nur ein Zweigstrom i_1 durch das Meßinstrument geschickt (Abb. 588). Bei den dynamometrischen und Hitzdrahtwiderständen wird der Widerstand w_2 in der Regel mit dem Instrument zusammengebaut und die Eichung für den Gesamtstrom i ausgeführt. Bei den Drehspuleninstrumenten für Schalttafeln geschieht dies auch; für tragbare Instrumente aber wird die Eichung gewöhnlich in Spannungseinheiten mit Meßbereichen bis 0,075 oder 0,100 oder 0,150 Volt ausgeführt, so daß sich die Stromstärke aus dem Ausschlag und dem bekannten Widerstand w_2 nach dem Ohmschen Gesetze ergibt. Voraussetzung ist aber, daß der Zweigstrom i_1 verschwindend klein ist gegen den Gesamtstrom i; andernfalls muß i aus den Kirchhoffschen Gesetzen (§ 50) berechuet werden, wozu auch noch der Widerstand w_1 des Instrumentes bekannt sein muß. Ferner ist zu beachten, daß das Instrument keinen merklichen Temperaturkoeffizienten haben soll, oder die Messung, wenigstens ungefähr bei derselben Temperatur stattfinden soll, wie die Eichung des Instrumentes.

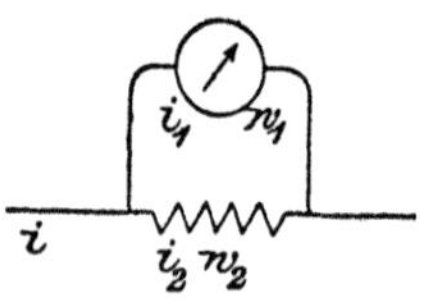

Abb. 588.

Bei Wechselstrom muß der Widerstand w_2 natürlich induktionsfrei sein, oder es muß sein Koeffizient der Selbstinduktion bekannt sein, woraus man sich für die betreffende Periodenzahl den scheinbaren Widerstand ausrechnen kann.

Zur Vergleichung von Wechselstrom mit Gleichstrom eignet sich besonders gut die optisch-pyrometrische Methode[2]). Ein dünnes Platinblech wird vom Wechselstrom zur hellen Rotglut erhitzt und darauf der glühende Faden einer Glühlampe projiziert. Durch Veränderung des Stromes der Glühlampe kann die Helligkeit so verändert werden,

---

[1]) Näheres bei W. Krukowski „Der Wechselstromkompensator“ Berlin, J. Springer.

[2]) Zeitschr. f. Instrumentenkunde, März 1904, S. 65.

daß sie gegen den Hintergrund des glühenden Platinbleches keinen Unterschied zeigt. Durch eine Reihe gleicher Versuche mit Gleichstrom kann der durch die Glühlampe gehende Strom auf den durch das Platinblech gehenden Strom geeicht werden.

278. Messung eines Stromstoßes oder einer Elektrizitätsmenge.

Geht ein kurzdauernder Strom (Stromstoß) durch ein Galvanometer, so bewirkt dieser natürlich keine dauernde Ablenkung der Nadel, sondern nur einen einmaligen Ausschlag. Diesen kann man nicht proportional der Stromstärke annehmen, da eine konstante Stromstärke überhaupt nicht vorhanden ist, sondern eine von Null bis zu einem Maximum ansteigende und dann wieder bis Null abfallende. Es herrscht also in jedem Zeitelemente dl eine andere Stromstärke und daher auch eine andere Ablenkung. Ist aber die Schwingungsdauer sehr groß gegenüber der Dauer des Stromes, was durch ein großes Trägheitsmoment des drehbaren Teiles leicht zu erreichen ist (ballistisches Galvanometer), so ist der Ausschlag proportional der Summe aller Stromstärken, das ist $\int i dt$. Diese Summe ist aber nichts anderes als die von dem kurzdauernden Strome gelieferte Elektrizitätsmenge q. Hat diese einen Ausschlag α verursacht, so ist

$$q = c\alpha,$$

wobei c ein Proportionalitätsfaktor ist, der experimentell dadurch bestimmt werden kann, daß man eine bekannte Elektrizitätsmenge durch dasselbe Galvanometer schickt. Diese erhält man am geeignetsten, wenn man die Entladung eines Kondensators von bekannter Kapazität C, der mit einer bekannten Spannung E geladen ist, durch das Galvanometer gehen läßt.

Die Konstante c läßt sich auch berechnen[1]), und dann läßt sich umgekehrt die Ladung eines Kondensators messen, und daraus bei bekannter Spannung die Kapazität berechnen.

Die Elektrizitätsmenge eines länger dauernden Stromes wird mittels Voltameters (§ 266) gemessen.

Leistungsmessung.

279. Dynamometrische Leistungsmesser.

Bei Gleichstrom ist die Leistung eines elektrischen Stromes J in einem Apparat oder einer Maschine V innerhalb der Klemmen FG (Abb. 589) gleich JE, wenn E die Spannung zwischen diesen Klemmen ist. Ein Instrument zur Messung der Leistung muß daher diese Multiplikation vornehmen. Das ist bei den Dynamometern (§ 268) der Fall. Zur Messung der Leistung geht der Strom J durch die feste Spule, während

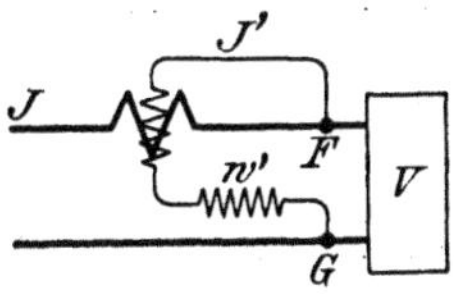

Abb. 589.

[1]) Darüber muß auf ein Lehrbuch der Physik verwiesen werden, z. B. Kohlrausch, Praktische Physik.

der von den Klemmen abgehende Nebenschlußstrom J' durch die drehbare Spule und durch einen vorgeschalteten großen Widerstand w' geht. Dann hängt der Ausschlag der drehbaren Spule von dem Produkte JJ' ab. Ist der Widerstand w' konstant, so ist J' der Spannung E proportional und daher mißt das Instrument bei entsprechender Bestimmung der Konstante oder bei entsprechender Eichung das Produkt JE, also die Leistung.

Bei Wechselstrom ist das Drehmoment D des Dynamometers

$$D = k\frac{1}{\tau}\int_0^\tau i\,i'\,dt,$$

wenn k einen Proportionalitätsfaktor bedeutet. Ist die Klemmenspannung $e = \mathfrak{E}\sin\omega t$, so ist

$$i = \mathfrak{J}\sin(\omega t - \varphi)$$
$$i' = \mathfrak{J}'\sin(\omega t - \varphi'),$$

mithin

$$D = \frac{k}{\tau}\mathfrak{J}\mathfrak{J}'\int_0^\tau \sin(\omega t - \varphi)\cdot\sin(\omega t - \varphi')\,dt$$

$$= \frac{k}{2\tau}\mathfrak{J}\mathfrak{J}'\int_0^\tau [\cos(\varphi' - \varphi) - \cos(2\omega t - \varphi - \varphi')]\,dt$$

$$= \frac{k}{2\tau}\mathfrak{J}\mathfrak{J}'\left[t\cos(\varphi' - \varphi) - \frac{1}{2\omega}\sin(2\omega t - \varphi - \varphi')\right]_0^\tau$$

$$= \frac{\mathfrak{J}\mathfrak{J}'}{2\tau}[\tau\cos(\varphi' - \varphi)]$$

und nach Einführung der effektiven Werte (§ 131)

$$D = kJJ'\cos(\varphi' - \varphi); \quad \dots\dots\dots \quad \text{(II)}$$

Nun ist (nach Gl. 117) $J' = \dfrac{E\cos\varphi'}{w'}$; mithin

$$D = k\frac{JE\cos\varphi'\cdot\cos(\varphi' - \varphi)}{w'} \quad \dots\dots \quad \text{(III)}$$

und da die Leitung $P = JE\cos\varphi$ ist, so ist

$$P = \frac{D}{k}w'\frac{\cos\varphi}{\cos\varphi'\cdot\cos(\varphi' - \varphi)}$$

oder nach Umformung der Cosinuse

$$P = \alpha w'\frac{1 + \operatorname{tg}\varphi'^2}{1 + \operatorname{tg}\varphi\operatorname{tg}\varphi'}, \quad \dots\dots\dots \quad \text{(IV)}$$

wenn α ein Eichfaktor ist.

Dieser Ausdruck geht über in $P = \alpha w'$,
wenn $\operatorname{tg}\varphi = \operatorname{tg}\varphi'$ oder wenn $\operatorname{tg}\varphi' = 0$.

Der letzten Bedingung kann man sehr nahe kommen, wenn $\frac{\omega L'}{w'}$ sehr klein ist, d. h. wenn der Vorschaltwiderstand w' sehr groß ist gegen den induktiven Widerstand $\omega L'$ der beweglichen Spule. Ist aber φ in dem zu messenden Stromkreis nahezu 90^0, so daß $\operatorname{tg}\varphi$ nahezu unendlich groß wird, so erhält der letzte Faktor auch dann einen von 1 verschiedenen Wert, wenn w' sehr groß ist. Daher kann man den Wattverbrauch eines guten Kondensators oder eines guten Kabels mit einem Leistungsmesser nicht genau messen.[1]) Aber auch durch die Wirbelströme in dem Leiter, aus dem die feste Spule gewickelt ist, werden die Angaben bei großer Phasenverschiebung beeinflußt. Daher werden diese Spulen aus dünnen Kupferblechstreifen gewickelt (Abb. 559), von denen bei größeren Stromstärken eine entsprechende Anzahl parallel geschaltet werden. Dieser Einfluß läßt sich theoretisch nicht berechnen, da er von der Gestalt der Spule abhängt; man weiß nur, daß er sich um so mehr bemerkbar macht, je größer die Phasenverschiebung φ ist. Aus demselben Grunde müssen natürlich größere Metallteile von gutem Leitungsvermögen im Innern der drehbaren und der festen Spule vermieden werden.

280. Induktions-Leistungsmesser und -Elektrizitätszähler.

Die in § 271 behandelten Induktionsinstrumente können auch als Leistungsmesser ausgeführt werden, wenn dafür gesorgt wird, daß ein Drehmoment entsteht, das dem Produkte aus Strom und Spannung proportional ist. Dies wird erreicht, wenn man ein dem Strome und ein der Spannung proportionales magnetisches Feld auf die Scheibe oder Trommel wirken läßt. Abb. 590 zeigt einen auf dem Schirmwirkungsprinzip beruhenden Leistungsmesser[2]). Der mittlere Magnet wird in den Strom J eingeschaltet (Abb. 589), die beiden äußeren in den Spannungsnebenschluß J'. Theoretisch ist nur einer nötig; dann entsteht aber noch ein zusätzliches Drehmoment auf Grund der in § 231 besprochenen Erscheinung, weil magnetische Streulinien aus den Eisenkernen seitlich austreten. Sitzen aber zu beiden Seiten des mittleren Kernes gleiche Kerne, so wirken diese zusätzlichen Drehmomente nach verschiedenen Seiten und heben sich auf. Es besteht dann bloß jenes Drehmoment, das auf dem Zusammenwirken der vom Hauptstrom i induzierten Ströme i_1 und der vom Nebenschlußstrome i' induzierten

---

[1]) Die Ungenauigkeit eines dynamometrischen Leistungsmessers ist daher keine dem Instrument an sich proportionale Größe, sondern sie mimmt sehr stark zu, wenn die Phasenverschiebung φ in dem zu messenden Stromkreis an 90^0 herankommt, auch wenn die Phasenverschiebung φ' im Spannungskreis sehr klein ist. Für die Beurteilung einer Leistungsmessung bei sehr großer Phasenverschiebung muß also Gl. (IV) herangezogen werden.

[2]) Benischke, ETZ 1899, S. 82, D. R. P. Nr. 84871, 1895.

Ströme i_2 beruht. Natürlich muß der Wicklungssinn auf den beiden äußeren Kernen entgegengesetzt sein, damit sich nicht diese Drehmomente auch aufheben, sondern addieren.

Ist die Spannung

$$e = \mathfrak{E} \sin \omega t,$$

so ist der Strom

$$i = \mathfrak{J} \sin (\omega t - \varphi).$$

Abb. 590. **Induktions-Leistungsmesser nach Benischke.**

Diesem ist i_1 proportional (§ 151). Also ist unter Berücksichtigung der Phasenverschiebung χ:

$$i_1 = c_1 \mathfrak{J} \sin (\omega t - \varphi - \chi).$$

Nach § 151 ist i_2 proportional der Spannung e unter Berücksichtigung einer Phasenverschiebung ε

$$i_2 = c_2 \mathfrak{E} \sin (\omega t - \varepsilon).$$

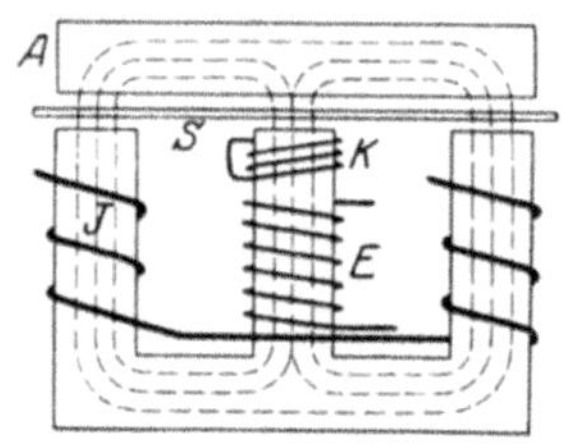

Abb. 591.

Das Drehmoment ist nun wie oben

$$D = c \frac{1}{\tau} \int_0^\tau i_1 i_2 \, dt$$

und daraus erhält man wie im vorigen Paragraph

$$D = c J E \cos (\varepsilon - \chi - \varphi).$$

Gelingt es nun $\varepsilon = \chi$ zu machen, so erhält man

$$D = c J E \cos \varphi,$$

also ein der Leistung proportionales Drehmoment, und zwar ohne den von φ' abhängigen Faktor, wie oben beim Dynamometer. Um $\varepsilon = \chi$ zu machen, hat man mehrere Mittel: Die richtige Dimensionierung der Schirme, die jetzt nur vor den beiden Spannungsmagneten sitzen, sowie das Verhältnis des induktiven Widerstandes zum Ohmschen im Spannungskreis i', das man durch vorgeschaltete Drosselspulen oder induktionsfreie Widerstände in weiten Grenzen regulieren kann. Eine ganz genaue Abgleichung für alle Strom- und Spannungswerte, für die ein Wattmeter gebraucht wird, ist aber nicht möglich, weil der magnetische Widerstand und daher auch die Selbstinduktion von der Kraftliniendichte, den Wirbelströmen und der Streuung abhängen.

Bei den auf phasenverschobenen magnetischen Feldern beruhenden Induktions-Leistungsmessern, wie den sogenannten Ferraris-Leistungszeigern von Siemens & Halske (Abb. 572) wird immer ein Pol mit der Stromwicklung und der folgende mit der Spannungswicklung versehen. Um ein der Leistung proportionales Drehmoment zu erhalten, müssen die entsprechenden Felder um genau 90^0 gegeneinander verschoben sein, wozu die in § 230 unter II und III angegebenen Hilfsschaltungen verwendet werden.

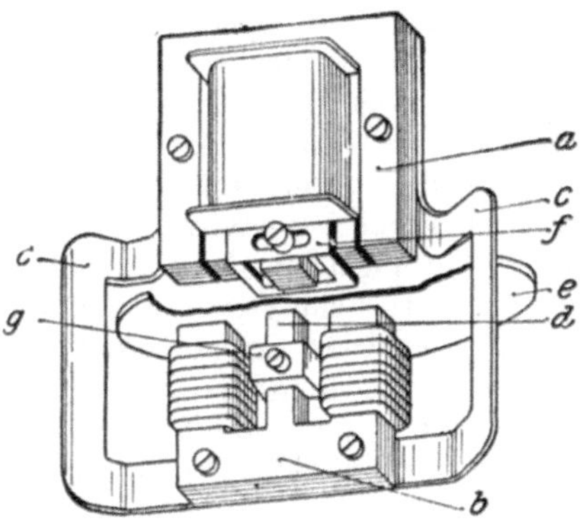

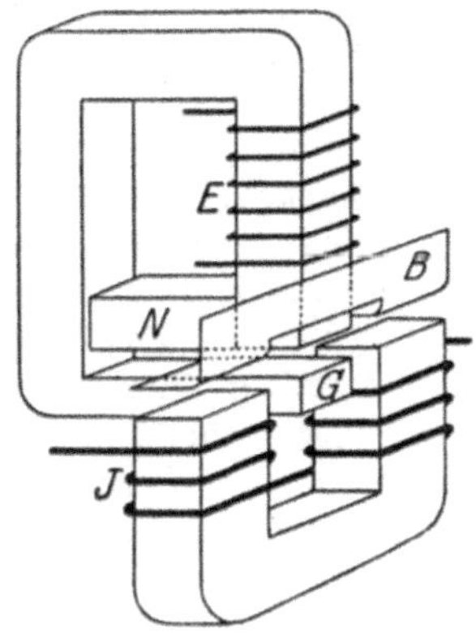

Abb. 593.

Auch alle jetzigen „Elektrizitätszähler“ für Wechselstrom, welche die elektrische Arbeit in Form von Kilowattstunden messen, beruhen auf demselben Prinzpip. Sie unterscheiden sich grundsätzlich nur dadurch von Leistungsmessern, daß die Gegenkraft wegfällt und ein Zählwerk angebracht ist, um die Umdrehungen der durch einen Dauermagnet gebremsten Scheibe zu zählen. Elektrizitätszähler werden aber immer für eine bestimmte Spannung geeicht, weil sonst keine Proportionalität besteht. Bei Leistungsmessern braucht Proportionalität mit dem Ausschlagswinkel nicht zu bestehen, weil ihre Skala empirisch geeicht werden kann. Dagegen müssen sie innerhalb gewisser Grenzen von der Spannung unabhängig sein. Die Bestrebungen, den Preis der Elektrizitätszähler und den Selbstverbrauch an elektrischer Leistung möglichst klein zu machen, haben dahin geführt, die Eisenkerne der Strom- und Spannungsspulen und ihre Anker zu vereinigen, woraus sich folgende drei Arten ergeben haben. Bei Abb. 591 sitzen zwei Stromspulen und eine Spannungsspule auf den drei Schenkeln desselben Kernes (Dreifinger-Eisen). Ihnen gegenüber auf der anderen Seite der Aluminium-

[1]) Abb. 592 aus Schmiedel „Die Entwicklung der Elektrizitätszähler nach dem Kriege“ ETZ 1922, S. 766.

scheibe *S* befindet sich der gemeinsame Anker *A*. So entsteht in allen drei Schenkeln ein aus Strom- und Kraftlinien gemischtes Feld, so daß schon ohne die oben erwähnten Hilfsschaltungen eine Phasenverschiebung von nahezu 90° besteht. Zur genauen Einstellung derselben erhält der mittlere Schenkel eine Kurzschlußwicklung (oder einen Ring), die so wirkt, wie auf S. 510 angegeben. Dabei hilft noch der Umstand mit, daß Eisenkern und Anker auf einer eisernen Grundplatte befestigt werden, so daß jeder Schenkel noch einen gewissen magnetischen Nebenschluß hat. Bei der zweiten Art (Abb. 592) stehen zwei Dreifinger-Eisen einander gegenüber. Das untere trägt auf den äußeren Schenkeln die Stromspulen, das obere auf dem mittleren Schenkel die Spannungsspule, und jeder hat einen unbewickelten Schenkel gegenüber. Außerdem besteht ein magnetischer Nebenschluß über den gemeinsamen Befestigungsrahmen *c* aus Eisen. Hier entstehen zwar Wirbelstrom- und Hystereseverluste; aber sie sind sehr klein, weil die Kraftliniendichte hier sehr klein ist. Der Spannungsmagnet hat außerdem noch zwei Jochstücke zwischen den Schenkeln, wodurch der magnetische Widerstand verkleinert, also der induktive Widerstand der Spannungsspule vergrößert wird. Das hat einen kleineren Stromverbrauch und eine größere Phasenverschiebung zur Folge. Die genaue Einstellung auf 90° ermöglichen die Kurzschlußringe *f* und *g*. Bei der dritten Art (Abb. 593) steht der Anker *G* des Spannungsmagnetes *E* zwischen den Schenkeln des Strommagnetes *J*. Das Jochstück *N* vergrößert den induktiven Widerstand. Der Strommagnet hat entweder gar keinen Anker, oder, wenn die Kraft nicht ausreicht, nur ein am Spannungsmagnet oder am Rahmen befestigtes Blech *B*.

Da der wattlose Strom ebenso Stromwärme erzeugt wie der Wattstrom, vermindert er den Wirkungsgrad der Elektrizitätswerke und ihre Leistungsfähigkeit. Daher wurde vom Verfasser schon i. J. 1899 (ETZ S. 454) vorgeschlagen, den wattlosen Strom zum Teil von den Abnehmern bezahlen zu lassen. Aber erst viel später wurde dem nähergetreten (vgl. Bußmann, ETZ 1918 S. 93; ferner in dem Bericht über die Sonderversammlung der Vereinig. d. Elektrizitätswerke 11. Nov. 1921 S. 111). Jetzt werden Zähler zur Messung der Blindleistung gebaut, die sich aus Wattzählern ebenso ergeben, wie der auf S. 639 erwähnte Blindleistungszeiger aus einem Wattzeiger (vgl. Krukowski im Sonderheft der Siemens-Zeitschr „cos φ" Nov. 1921).

281. Schaltung der Leistungsmesser bei Ein- und Mehrphasenströmen.

Bei der in Abb. 589 dargestellten Schaltung, wo *V* beispielsweise einen Stromverbraucher bedeutet, also der Nebenschluß hinter der Stromspule, bei *FG* angeschlossen ist, wird durch den Leistungsmesser die Wärmeleistung im Widerstand w' mitgemessen, weil der Strom J' auch durch die Stromspule geht. Will man die reine Leistung des Stromverbrauchers haben, so muß jene Wärmeleistung berechnet und von der gemessenen Leistung abgezogen werden. Wird der Nebenschluß vor der Stromspule angeschlossen, so wird jetzt die Wärmeleistung in w' nicht mitgemessen, wohl aber die in der Stromspule, die aber meist vernachlässigt werden kann. Ist V ein Stromerzeuger, so muß die entsprechende Wärmeleistung zu der gemessenen Leistung hinzugefügt werden. Der Vorschaltwiderstand w' soll immer so wie in Abb. 589 liegen, nicht zwischen F und dem Instrument, weil sonst die ganze Spannung innerhalb des Leistungsmessers zwischen Strom- und Spannungsspule auftritt, was bei höheren Spannungen zur Zerstörung des Instrumentes führen kann.

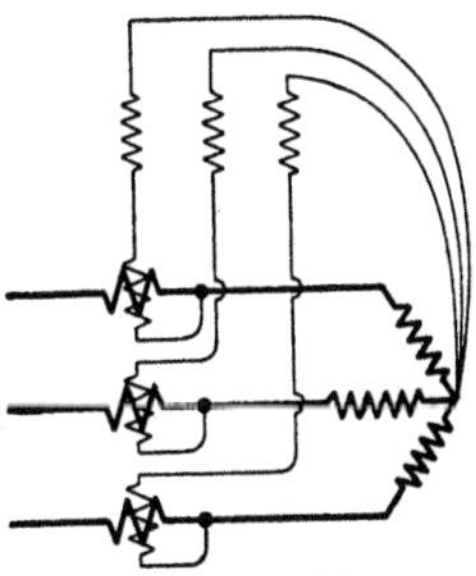

Abb. 594.

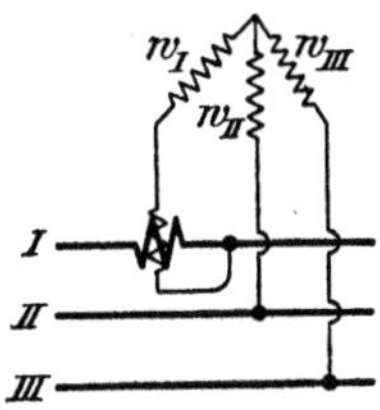

Abb. 595.

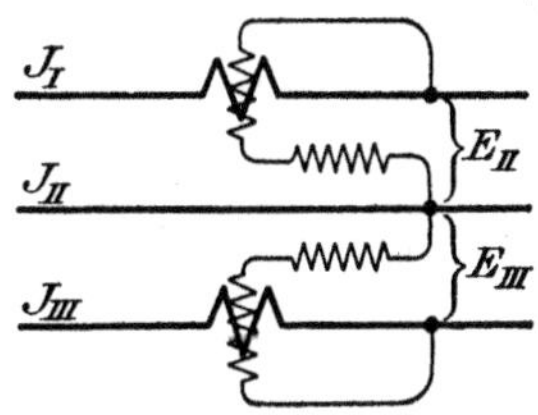

Abb. 596.

Bei Zwei- oder Dreiphasenstrom sind zur Ermittelung der gesamten Leistung zwei bzw. drei Messungen notwendig. Der Nebenschluß ist dabei immer von jener Spannung abzunehmen, die zu dem betreffenden Strom gehört. Das gibt also bei Dreiphasenstrom mit neutralem Punkt die Schaltung in Abb. 594.

Bei unzugänglichem neutralen Punkt oder bei Dreieckschaltung müssen die drei Nebenschlüsse zu einem künstlichen neutralen Punkt vereinigt werden. Ein solcher ist vorhanden, wenn die Widerstände der drei Nebenschlüsse einander gleich sind.

Weiß man, daß die drei Stromkreise gleiche Leistung haben, so genügt die Messung in einem. Ist ein neutraler Punkt nicht vorhanden, so wird wiederum ein künstlicher durch die Widerstände w_I, w_{II}, w_{III} (Abb. 595) gebildet. Dabei muß der gesamte Widerstand w_I einschließlich der Spule des Instrumentes gleich dem der anderen Zweige sein.

Bei ungleicher Leistung der drei Ströme sind zur Messung der gesamten Leistung drei Leistungsmesser nach Abb. 594, mindestens aber zwei Leistungsmesser nach Abb. 596 gemäß der in § 226 abgeleiteten Gleichung

$$P = J_I E_{II} \cos \gamma + J_{III} E_{III} \cos \delta$$

notwendig.

Ist die Phasenverschiebung φ im Drehstromsystem Null, so ist $\gamma = +30^0$ und $\delta = -30^0$ (nach Abb. 427). Ist $\varphi = 60^0$, so ist $\gamma = 90^0$, so daß dieses Wattmeter auf Null steht, und das andere die gesamte Drehstromleistung anzeigt. Ist $\varphi > 60^0$, so ist $\cos \gamma$ negativ;

dieses Wattmeter schlägt nun nach der anderen Seite aus, und seine Angabe muß von der des anderen subtrahiert werden.

Bei zusammengesetzten Wellenformen ist die Leistung (§ 216):

$$P = J_1 E_1 \cos \varphi_1 + J_3 E_3 \cos \varphi_3 + J_5 E_5 \cos \varphi_5 + \ldots$$

Ist einer der Faktoren, z. B. E_3 Null, so verschwindet das ganze Glied dritter Ordnung. Daher dürfen die durch Abb. 595 und 596 dargestellten Schaltungen nicht angewendet werden, wenn ein neutraler Leiter besteht (Abb. 421), oder die neutralen Punkte des Stromerzeugers und des Stromverbrauchers an Erde gelegt sind. Denn dann sind die Glieder dritter Ordnung an der Leistung im Erzeuger und im Verbraucher beteiligt, im Leistungsmesser aber nicht, weil sie zwar durch die Stromspule, aber nicht durch den Nebenschluß desselben gehen (§ 225). Die durch Abb. 595 dargestellte Methode wird dann wieder richtig, wenn man den künstlichen neutralen Punkt mit einem natürlichen verbindet; dann braucht man aber die Widerstände w_{II} und w_{III} überhaupt nicht.

Ist bei einem Stromerzeuger mit Dreieckschaltung ein kurzgeschlossener Strom in der Wicklung vorhanden (§ 225), so erhält man durch Messung in den Leitungen die vom Stromerzeuger in die Leitungen geschickte Leistung, nicht aber die gesamte vom Stromerzeuger entwickelte Leistung.

282. Messung des wattlosen Stromes und des Leistungsfaktors.

Aus der Messung der Leistung P, des Stromes J und der Spannung E eines Wechselstromes ergibt sich der Leistungsfaktor $\cos \varphi$ aus $\cos \varphi = \frac{P}{JE}$, und der wattlose Strom $J \sin \varphi$ aus $J \sin \varphi = \sqrt{J^2 - (J \cos \varphi)^2}$.

Für die richtige Erregung parallelgeschalteter Stromerzeuger oder eines Synchronmotors oder für die Verteilung des wattlosen Stromes zwischen zwei parallel arbeitenden Elektrizitätswerken ist es wichtig, den wattlosen Strom oder die Blindleistung auf einem Zeigerinstrument ablesen zu können. Aus einem Leistungsmesser (Wattmeter) kann man ohne Änderung des Systems ein Instrument zur Anzeige der Blindleistung $E J \sin \varphi$ machen, wenn man bewirkt, daß der Strom oder das magnetische Feld des Nebenschlusses (Spannungskreis) um 90^0 verschoben wird, so daß die Phasenverschiebung zwischen diesem und dem Hauptstrom $\varphi + 90$ beträgt. Dann ist das Drehmoment dieses Instrumentes

$$D = c J E \cos (\varphi + 90) = - c J E \sin \varphi .$$

Ist E konstant, so kann das Instrument in Einheiten des wattlosen Stromes $J \sin \varphi$ geeicht werden. Diese Einheiten sind natürlich ebenfalls Ampere, weil $\sin \varphi$ eine reine Zahl ist. Die erforderliche Phasenverschiebung von 90^0 kann bei Dynamometern annähernd erreicht werden, wenn man der beweglichen Spule statt des Widerstandes w' eine Drosselspule vorschaltet, deren Ohmscher Widerstand klein ist gegen den induktiven. Bei den Induktionsleistungsmessern, wo das magnetische Feld des Nebenschlusses um 90° gegen das des Hauptstromes verschoben ist, nimmt man eine Rückverschiebung des Feldes um nahezu 90° dadurch vor, daß man dem Nebenschluß einen hohen induktionsfreien Widerstand vorschaltet.

Bei Dreiphasenstrom kann man jeden Leistungsmesser für Blindleistung oder für wattlosen Strom eichfähig machen, wenn man ihn statt wie in Abb. 594 oder 595 so schaltet wie in Abb. 597, also den Nebenschluß zwischen die beiden anderen Leitungen, wobei der Widerstand w' induktionsfrei sein muß. Aus Abb. 430 ersieht man, daß ein zwischen I und III abgenommener Strom J_I' um 90° gegen den Strom J_{II} verschoben ist[1]).

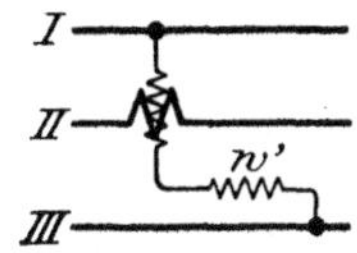

Abb. 597.

In manchen Fällen ist es wünschenswert, den Winkel φ oder den Leistungsfaktor $\cos\varphi$ unabhängig von der Stromstärke ablesen zu können. Ein solches Instrument ergibt sich aus der Vereinigung zweier dynamometrischer Wattmeter in der Art, daß das drehbare System aus zwei Spulen I und II (Abb. 598), die sich kreuzen, hergestellt wird[2]). Ist $\mathfrak{H}$ das von den Hauptstromspulen H mit dem Strome J erzeugte Feld, so ist das Drehmoment der Spule I, die den Strom J_I führt, $\mathfrak{H}\, J_I \sin\alpha$, wenn α der Winkel ist, den die Windungsebene dieser Spule mit der Richtung des Feldes $\mathfrak{H}$ bildet (§ 83), und wenn keine Phasenverschiebung zwischen J und J_I besteht. Besteht aber eine Phasenverschiebung φ, so ist das Drehmoment $\mathfrak{H}\, J_I \sin\alpha \cos\varphi$, weil nur jene Komponente des Feldes ein Drehmoment mit J_I ergibt, welche vektoriell mit diesem Strome zusammenfällt, und diese Komponente ist $\mathfrak{H} \cos\varphi$. Damit der Strom J_I keine andere Phasenverschiebung erhält als die in dem zu messenden Stromkreis vorhandnene φ, muß der Spule ein genügend großer induktionsloser Widerstand W vorgeschaltet werden. Die Windungsfläche der Spule II steht senkreeht zu der von I. Wird ferner durch Vor-

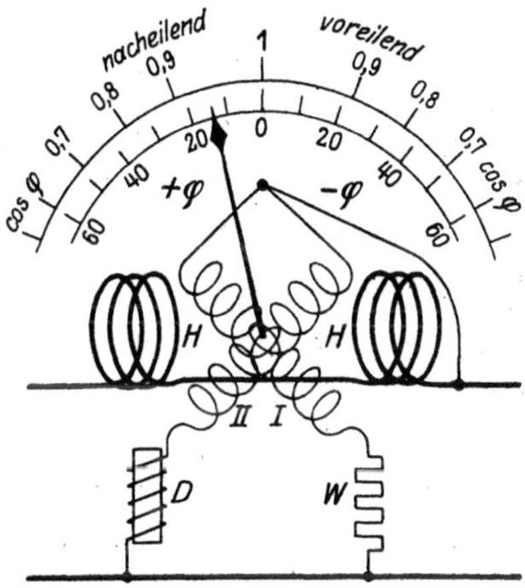

Abb. 598.

[1]) Aus T in Abb. 596 dargestellten Zweiwattmeterschaltung kann man auch die Tangente des Phasenverschiebungswinkels erhalten. Es ist nämlich (Breitfeld, EZ 1899, S. 120):

$$\operatorname{tg}\varphi = \sqrt{3}\,\frac{x_1 - x_2}{x_1 + x_2},$$

wenn x_1, x_2 die Angaben der beiden Wattmeter bedeuten. Diese Methode ist aber nur gültig, wenn Strom- und Spannungswellen sinusförmig sind (Benischke, ETZ 1903, S. 193).

[2]) Bruger (Hartmann & Braun), ETZ 1898, S. 476; 1912, S. 1308; 1913, S. 998.

schaltung der Drosselspule D dafür gesorgt, daß zu der Phasenverschiebung φ noch eine von 90^0 hinzukommt, so ist das Drehmoment der Spule II gleich $\mathfrak{H}\, J_{II} \sin(\alpha + 90) \cos(\varphi + 90)$. Sind nun die beiden Spulen derart geschaltet, daß ihre Drehmomente gegeneinander wirken, so besteht Gleichgewicht, wenn

$$\mathfrak{H}\, J_I \sin\alpha \cos\varphi = \mathfrak{H}\, J_{II} \cos\alpha \sin\varphi$$

oder

$$\operatorname{tg}\varphi = \frac{J_I}{J_{II}} \operatorname{tg}\alpha .$$

Macht man $J_{II} = J_I$, so ist der Drehwinkel α gleich dem Phasenwinkel φ, wenn α von der Stellung aus gezählt wird, wo die Spule I (die den unverschobenen Strom führt) parallel zum Felde $\mathfrak{H}$ liegt (vgl. Abb. 101). Ist J_{II} nicht gleich J_I, so besteht immer noch Proportionalität zwischen φ und α, aber die Skala muß geeicht werden. Voraussetzung ist, daß kein anderes Drehmoment hinzukommt, also weder die Schwerkraft noch ein äußeres magnetisches Feld einwirkt, und daß die Stromzuführung zu den beiden Spulen durch so dünne Drähte oder Bänder erfolgt, daß diese keine Kraft ausüben. Die vorausgesetzte Phasenverschiebung von 90^0 durch die Drosselspule D wird um so weniger erreicht, je kleiner die Poriodenzahl ist, so daß die Angaben nicht ganz unabhängig von der Periodenzahl sind, und unter 10 Perioden das Drehmoment nicht nur von φ abhängt.

Dieses System läßt sich auch umkehren, indem die Stromspule drehbar gemacht wird, und die Spulen I und II auf einen Eisenring mit 4 Polen wie in Abb. 572 festgemacht werden[1]). Das hat den Vorteil, daß die drehbare Spule nur zwei Stromzuführungen braucht, und das Drehmoment leicht stärker gemacht werden kann. Natürlich muß der Strom J mittels eines Stromwandlers auf einen sehr kleinen Wert umgeformt werden.

Herrscht in einem Dreiphasensystem gleiche Phasenverschiebung (120^0) zwischen den Strömen und gleiche Phasenverschiebung zwischen Strom- und Sternspannung jeder Leitung, so wird der Phasenmesser wie in Abb. 599 geschaltet. Der Strom J hat dann gegen den Strom J_I eine Phasenverschiebung von -30^0 und gegen I_{II} von $+30^0$ (§ 224), woraus sich wieder Proportionalität zwischen Drehmoment und φ ergibt. Bei dieser Dreiphasenschaltung schlägt aber die Spule immer nach derselben Seite aus, gleichgültig, ob φ nacheilend oder voreilend ist. Besteht die genannte Symmetrie nicht, so gibt es überhaupt keinen für das ganze System definierbaren Leistungsfaktor, sondern nur für jede Leitung. Man kann dann nur einen mittleren Leistungsfaktor bilden, indem man entweder von den drei Leistungsfaktoren den arithmetischen Mittelwert bildet, oder indem man den gesamten Wattverbrauch aller drei Leitungen durch die Summe der Volt-Ampere divi-

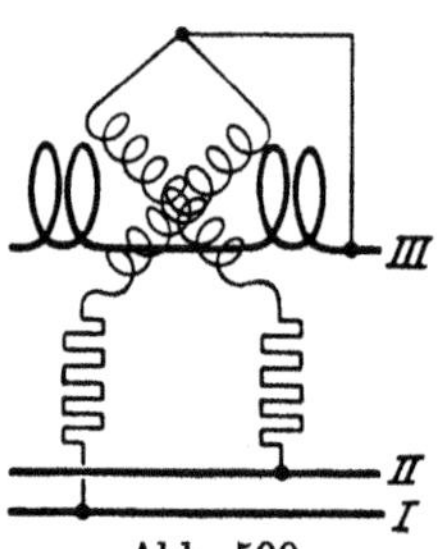

Abb. 599.

[1]) K. Gruhn (Hartmann & Braun), ETZ 1913, Heft 35.

diert. Es ist leicht einzusehen, daß durch dieses Verfahren der Leistungsfaktor eines Stromverbrauchers besser gekennzeichnet wird als durch das vorige, weil dort eine schwach belastete Leitung ebenso ausschlaggebend wäre, wie eine stark belastete.

Wenn zwei Elektrizitätswerke zwecks gegenseitiger Aushilfe durch eine Verbindungsleitung gekuppelt sind, so kann Stromlieferung hin und zurück stattfinden. Dann ändert sich die Richtung des von der Stromspule H (Abb. 598) erzeugten Feldes, und der Zeiger müßte bei Rücklieferung nach unten umschlagen, wenn er nicht durch die Stromzuführung zur drehbaren Spule gehindert würde. Für solche Fälle sind daher Instrumente nötig, welche über den ganzen Kreis anzeigen können

Abb. 600.

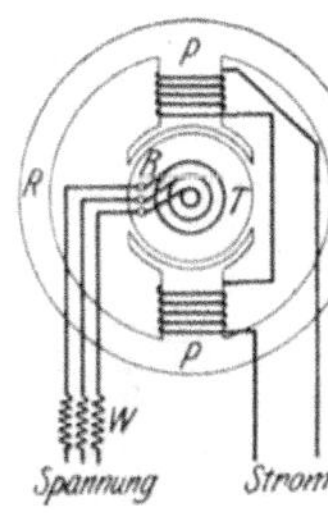

(Abb. 600), weil in jeder Richtung Nach- und Voreilung des Stromes (je nach der Erregung der Maschinen) möglich ist. Für diesen Fall führen Hartmann & Braun die auf S. 640 erwähnten Instrumente derart aus, daß die drehbare Spule ihren Strom von der sekundären Wicklung eines Stromwandlers erhält, die sich mitdreht, während die primäre Spule fest auf einem Eisenkern sitzt, der sich in der Mitte des Instrumentes unter der drehbaren Spule befindet. Eine andere Lösung zeigt Abb. 601 (Siemens & Halske) für drei Phasen. Hier werden drei, den Sternspannungen proportionale und infolge der Vorschaltwiderstände W nahezu phasengleiche Ströme einer Trommelwicklung s mittels Bürsten zugeführt, während der Strom einer Leitung in den Polfortsätzen P des Eisenringes R ein einachsiges Wechselfeld erzeugt. Die Nullstellung ist gegeben, wenn die Phasenverschiebung dieses Stromes gegen seine Sternspannung Null ist. Eilt der Strom um den Winkel φ nach oder vor, so erreicht sein Feld den Scheitelwert entsprechend später und daher stellt sich die drehbare Spule unter einem anderen Winkel ein, damit ihr Feld wieder mit dem Außenfeld zusammenfällt.

Die Schaltung der Elektrizitätszähler für **Blindleistung** (S. 636) ist dieselbe wie bei einem Zeigerinstrument für Blindleistung.

283. Stromwandler.

Die Durchleitung eines hochgespannten Stromes durch einen Strommesser oder einen Leistungsmesser ist mit schwerwiegenden Übelständen verbunden. Erstens ist eine sorgfältige Isolation notwendig, um eine Zerstörung des Instrumentes durch Übergang einer Entladung zu verhindern. Zweitens ist die Ablesung mit einiger Gefahr verbunden. Drittens treten fehlerhafte Angaben auf, wenn die Ladung einen Ausschlag des beweglichen Teiles verursacht. Das letztere zeigt sich besonders häufig bei Leistungsmessern, indem der drehbare Teil schon einen Ausschlag macht, wenn die feste Spule noch stromlos ist. Bei Schaltanlagen kommt noch besonders erschwerend hinzu, daß die Hochspannungsleitungen bis zu der Tafel, auf der die Instrumente sitzen, geführt werden müssen[1]. Durch die Anwendungvon **Stromwandlern** wird das alles vermieden.

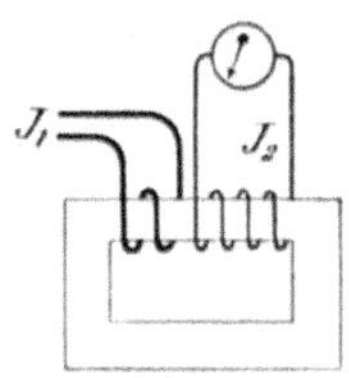

Abb. 602.

Ein solcher Stromwandler ist ein kleiner Transformator (Abb. 602 bis 604), durch dessen primäre Wicklung der zu messende Strom J_1 geschickt wird, während an die sekundäre Wicklung der Strommesser

Abb. 603. Stromwandler bis 300 A. AEG.

Abb. 604. Stromwandler bis 600 A. AEG.

oder die Stromspule des Leistungsmessers angeschlossen wird. Das Instrument wird nun entweder mit dem Stromwandler zusammen empirisch geeicht, wozu man nur einen ganz kleinen Stromwandler braucht, oder man baut den Stromwandler so groß, daß die in § 151 erhaltene Beziehung

$$J_1 = J_2 \frac{N_2}{N_1}$$

[1]) Die jüngeren Elektrotechniker lernen die Schwierigkeiten, die früher bestanden, und die man durch Meßinstrumenten-Gehäuse aus Isolierstoff nebst isolierender Befestigung derselben, durch isolierte Aufstellung der ganzen Schalttafel samt Bedienungsgang, durch Schutzfenster usw. zu überwinden suchte, gar nicht mehr kennen. Die Schwierigkeiten waren so groß, daß eine Anwendung von mehr als 10 000 V. im praktischen Betriebe unmöglich war. Das wurde erst anders durch die Erfindung der Stromwandler vom Verfasser im Jahre 1898 (ETZ 1899, S. 86). Die Abb. 603, 604 und 607—610 zeigen die verschiedenen ersten Ausführungen.

gilt[1]). Wie wir dort gesehen haben, ist dazu erforderlich, daß keine magnetische Streuung besteht ($\varkappa = 1$), und daß $w_2{}^2$ verschwindend klein ist gegen $(\omega L_2)^2$. Zu w_2 gehören die gesamten sekundären Verluste, also auch die Eisenverluste. Daher sind Stromwandler, für die die obige Gleichung hinreichend genau gilt, erst möglich, seit es legierte Bleche (S. 278) mit sehr kleinem Wirbelstrom- und Hystereseverlust gibt. Wenn der induktive Widerstand ωL_2 groß sein soll, so muß nach Gl. 111 die Kraftlinienmenge $\mathfrak{Z}$ und die Windungszahl N_2 groß sein. Da die Kraftliniendichte wegen der Eisenverluste nicht groß sein darf, muß der Eisenquerschnitt groß sein. Nach der Formel für δ (S. 298) ist die magnetische Streuung um so kleiner, je kleiner der Magnetisierungsstrom J_m ist. Daraus folgt, daß zur Erfüllung der obigen Gleichung kleine Kraftliniendichte und enge Stoßfugen im Eisenkern erforderlich sind. Am besten sind geschlossene Blechringe, die nur den Nachteil haben, daß die Wicklung von Hand ausgeführt werden muß. Ein Stromwandler, der die obige Gleichung erfüllen soll, kann also nicht klein sein[2]).

Voraussetzung für genaue Messung ist natürlich auch, daß sich die Wellenform des sekundären Stromes nicht wesentlich von der des primären unterscheidet; das ist fast immer, selbst bei stark verzerrten Wellenformen der Fall, wie aus Abb. 605 hervorgeht, welche die Stromwellen bei Anschluß eines Instrumentes mit kleinem Widerstand, und aus Abb. 606, welche sie bei Anschluß eines Instrumentes mit größerem Widerstand darstellt. Das erklärt sich daraus, daß die obige Gleichung unter den genannten Bedingungen nicht nur für die effektiven Werte sondern auch für die gleichzeitigen Augenblickswerte gilt. Dagegen kann ein erheblicher Unterschied zwischen den Wellenformen der Ströme und der in den Wicklungen induzierten EMKe bestehen, weil wegen der Hysterese des Eisens keine Proportionalität zwischen Strom und Magnetisierung besteht, sondern die durch die Hystereseschleife dargestellte Beziehung. Daher

[1]) Es wird zuweilen als ein Fortschritt der späteren Zeit hingestellt, daß ein Stromwandler nicht mitgeeicht werden braucht, sondern daß bei großem Eisenkern das Stromverhältnis gleich dem umgekehrten Windungsverhältnis gesetzt werden kann. Das trifft nicht zu, sondern es waren gerade die ersten Stromwandler des Verfassers so groß, daß dieses Verhältnis mit einer die damaligen Amperemeter übertreffenden Genauigkeit galt. Zwei Umstände nötigten aber, davon abzugehen und die Stromwandler möglichst klein zu machen. Sie sollten erstens samt dem Instrument nicht mehr kosten als ein entsprechendes Amperemeter mit Stabilitgehäuse, und sie sollten zweitens nicht heiß werden, wenn das Instrument nicht angeschlossen ist. Damals gab es noch keine Eisenbleche mit geringem Verlust.

[2]) Vergrößert man die sekundäre Windungszahl (mit wenig Windungen beginnend), während der primäre Strom und das angeschlossene Amperemeter unverändert bleiben, so bemerkt man, daß der sekundäre Strom zunimmt. Das widerspricht also der obigen Gleichung, wonach der sekundäre Strom J_2 mit wachsender Windungszahl N_2 abnehmen müßte, erklärt sich aber daraus, daß die Selbstinduktion L_2 noch zu klein ist, also die obige Gleichung noch nicht gilt. Bei fortgesetzter Vergrößerung von N_2 erreicht J_2 ein Maximum und nimmt nun weiterhin ab, und zwar umgekehrt proportional mit N_2, wenn dieses schon groß genug ist. Dieser Punkt muß überschritten sein, wenn das Stromverhältnis nach obiger Gleichung konstant sein soll.

ergab sich in Abb. 249 aus einer sinusförmigen magnetischen Welle eine sehr verzerrte Stromwelle. Wenn nun umgekehrt ein sinusförmiger Strom durch einen Stromwandler geschickt wird, so ergibt sich auf umgekehrtem Wege wie in Abb. 249 eine verzerrte magnetische Welle und infolgedessen eine verzerrte EMK.

Aber auch bei niedrigen Spannungen ist die Anwendung eines Stromwandlers von großem Vorteil, wenn die Stromstärke so groß ist, daß die Einführung entsprechender Leitungsquerschnitte in ein Meßinstrument Schwierigkeiten macht oder überhaupt unmöglich ist. Dann braucht der primäre Strom keine Windung um den Eisenkern zu machen, sondern nur gerade durchgeführt zu werden, wie die Abb. 607 und 608 zeigen. Da die Kraftlinien einen Leiter als geschlossene Linien

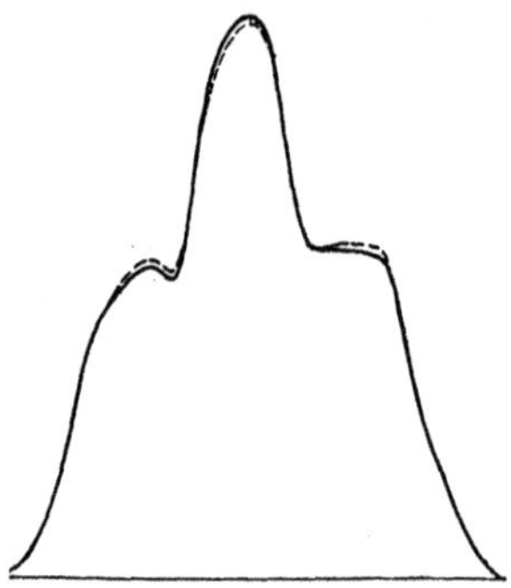

Abb. 605.

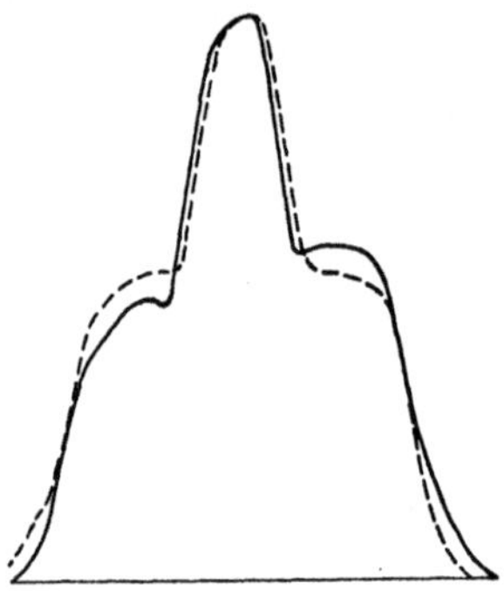

Abb. 606.

umgeben (vgl. Abb. 86), verlaufen sie im Eisenkern. Um bei sehr großen Stromstärken die Leitungsschienen nicht unterbrechen zu müssen, ist bei der in Abb. 608 dargestellten Ausführung der Eisenkern so eingerichtet, daß er auseinandergeschraubt und genau so wie bei der Eichung auf den endgültigen Stromschienen wieder befestigt werden kann.

Da sich der Stromwandler in Hintereinanderschaltung mit dem Stromverbraucher befindet, ist seine Magnetisierung bei offenem sekundärem Stromkreis bedeutend größer, als wenn er über ein Instrument geschlossen ist (§ 163), so daß eine der Wicklung schädliche Erhitzung durch die Eisenverluste möglich ist, besonders bei großen Stromwandlern, die zum gleichzeitigen Anschluß mehrerer Instrumente oder Relais bestimmt sind. Eine solche Erhitzung wird vermieden, wenn nach Abschaltung der Instrumente die sekundären Klemmen kurzgeschlossen werden.

Wenn in der Fernleitung eines großen Elektrizitätswerkes ein völliger Kurzschluß entsteht, so geht ein außerordentlich starker Strom durch einen hier eingebauten Stromwandler. Besteht seine primäre Wicklung aus einer oder mehreren Windungen, so kommt es vor, daß die aus Abb. 94 hervorgehende elektrodynamische Eigenwirkung die Spule zerreißt. Um das zu vermeiden, werden „kurzschlußsichere“

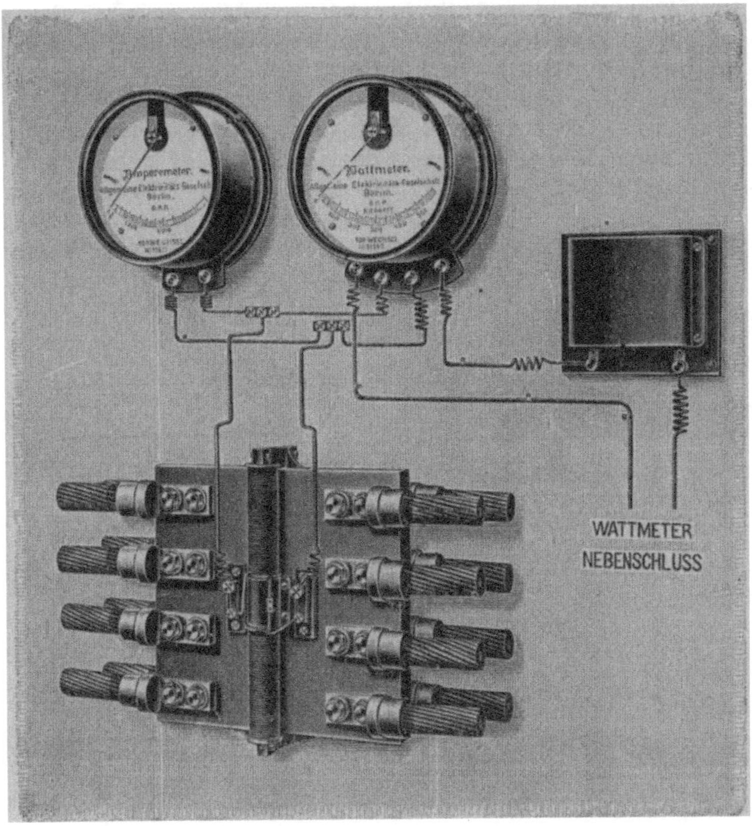

Abb. 607. Stromwandler für 10000 A mit Amperemeter u. Wattmeter. AEG.

Stromwandler auch für kleineren Strom (über 150 A) mit geradlinig durchgehender Leitung wie Abb. 604 ausgeführt. Um dabei die erforderliche Leistung zu erhalten, muß der Eisenquerschnitt entsprechend größer sein. Ist der Luftzwischenraum zwischen Leitung und Eisen nicht zu groß, so ist die Kraftlinienmenge genau so groß, wie wenn die Leitung den Eisenkern einmal umschlingt (vgl. Abb. 86 und 94), d. h. die primären Amperewindungen sind gleich der durchfließenden Stromstärke. Ein solcher Stromwandler kann in einen Ölschalter oder eine Wanddurchführung eingebaut werden, indem ein ringförmiger Eisenkern mit sekundärer Wicklung über das innere, die Leitung umhüllende Hartpapierrohr geschoben wird.

Um bei Leistungsmessern die Hochspannung vom Instrument fernzuhalten, muß auch der Nebenschlußstrom transformiert werden, was mit Hilfe der in § 275 erwähnten Spannungstransformatoren (Spannungswandler) geschieht. Das gibt die in Abb. 609 ersichtliche Schaltung von der durch Abb. 610 dargestellten Ausführung. Dabei ist Voraussetzung, daß die Phasenverschiebung zwischen den Spannungen im Spannungswandler ebenso groß ist, wie zwischen den Strömen im Stromwandler. Sie ist in beiden 180°, wenn die Streuung und die Verluste klein sind.[1])

Das magnetische Feld im Eisenkern eines Stromwandlers kann natürlich durch äußere Wechselstromfelder beeinflußt werden, z. B. von benachbarten Stromleitern mit großer Stromstärke. Darauf ist bei der Anordnung auf Schalttafeln zu achten, nötigenfalls ist der Stromwandler durch elektrodynamische Schirme von der durch Abb. 257 dargestellten Art zu schützen.

Abb. 608. Von den Schienen abnehmbarer Stromwandler. AEG.

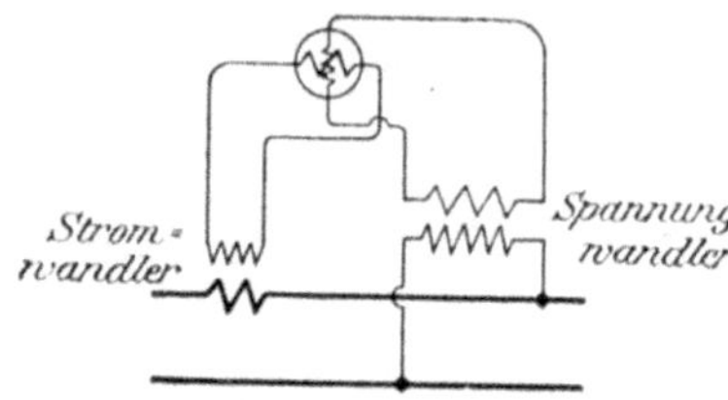

Abb. 609.

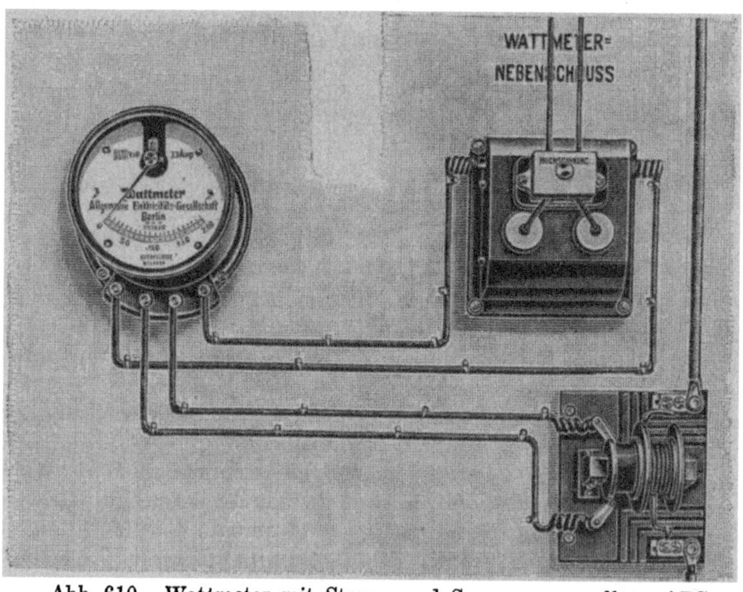

Abb. 610. Wattmeter mit Strom- und Spannungswandler. AEG.

[1]) Über Prüfung und Beglaubigung von Meßwandlern s. ETZ 1921, S. 209, 836; 1922 S. 944.

Widerstandsmessungen.

284. Widerstandsmessung durch Vergleichung. Thomsonsche Brücke.

Am einfachsten ergibt sich der Widerstand eines Leiters aus dem Ohmschen Gesetz, wenn man den Strom und die Spannung an seinen Enden mißt. Genauer und zuverlässiger ist die Vergleichung mit bekannten Widerständen, die unveränderlicher sind als Meßinstrumente. Schaltet man zu diesem Zweck den unbekannten Widerstand x und den bekannten w hintereinander (Abb. 611) und legt die Enden eines empfindlichen Strom- oder Spannungsmessers einmal an die Klemmen von x und einmal an die Klemmen von w, so verhalten sich die Ausschläge des Instrumentes wie diese Widerstände, wenn die Stromstärke unverändert geblieben ist. Ferner ist Voraussetzung, daß der Strom, der durch das Instrument geht, verschwindend klein ist gegen den Strom, der durch w und x geht. Daher verwendet man bei genauen Messungen als Spannungsmesser den Kompensationsapparat (§ 276).

Von der Forderung konstanter Stromstärke während der Messung ist man unabhängig bei der Thomsonschen Brücke, die auf dem gleichen Prinzip beruht. Sind x und w wieder die zu vergleichenden Widerständen (Abb. 612), so verbindet man alle vier Punkte so mit einem Galvanometer, daß die Spannungen an den beiden Widerständen gleichzeitig, aber im entgegengesetzten Sinne auf das Galvanometer wirken. Es zeigt daher auf Null, sobald man (durch Verschieben eines Gleitkontaktes G) $w = x$ gemacht hat. Mit G ist ein Zeiger verbunden, der

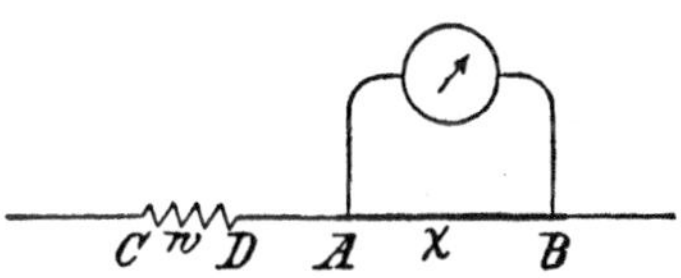

Abb. 611.

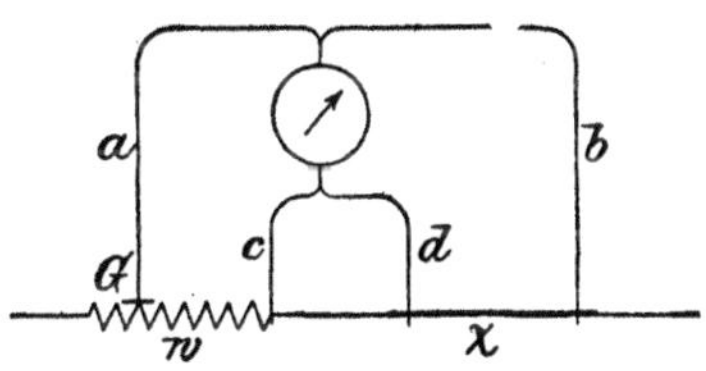

Abb. 612.

unmittelbar den Widerstand auf einer geeichten Teilung anzeigt. Besitzen die Zuleitungen zum Galvanometer Widerstände von nicht zu vernachlässigender Größe, so muß $a = b$ und $c = d$ sein, oder sie müssen in einem bestimmten Verhältnis stehen. Ist z. B.

$$\frac{a}{b} = \frac{c}{d} = 10,$$

so ist x gleich dem zehnten Teil des bei Stromlosigkeit des Galvanometers abgelesenen Widerstandes. Ganz allgemein ist

$$\frac{w}{x} = \frac{a}{b} = \frac{c}{d}.$$

285. Die Wheatstonesche Brücke.

Auch bei dieser Methode ist man von Änderungen der Stromquelle unabhängig. Abb. 613 zeigt die Schaltung. In jedem der beiden Zweige fällt das Potential vom Werte U_1 auf den Wert U_2. Es muß also zwei Punkte geben — z. B. A_1 und A_2 — die denselben Potentialwert U besitzen. Verbindet man sie durch ein Galvanometer, so zeigt dieses keinen Ausschlag, da zwischen Punkten gleichen Potentiales kein Strom entsteht. Die Punkte U_1, U_2, A_1, A_2 bestimmen vier Abschnitte mit den Widerständen w_1, w_2, w_3, w_4. Es bestehen dann nach dem Ohmschen Gesetz folgende Gleichungen

$$U_1 - U = i_1 w_1 \qquad U - U_2 = i_1 w_2$$
$$U_1 - U = i_2 w_3 \qquad U - U_2 = i_2 w_4 .$$

Daraus ist

$$i_1 w_1 = i_2 w_3 \qquad i_1 w_2 = i_2 w_4 .$$

Daraus folgt weiter

$$w_1 : w_2 = w_3 : w_4 .$$

Sind nun drei von diesen Widerständen bekannt, so kann man den vierten daraus berechnen. Am einfachsten gestaltet sich die Messung, wenn $w_1 = w_2$ ist; dann ist $w_3 = w_4$.

Wie man sieht, ist die Schaltung in bezug auf die Punkte $U_1\,U_2$ und $A_1\,A_2$ symmetrisch; man kann daher Meßbatterie und Galvanometer miteinander vertauschen, ohne daß dadurch die Meßbedingung geändert würde.

Beim Messen des Widerstandes einer Magnetwicklung hat man darauf zu achten, daß der Magnetismus, der durch den Meßstrom erregt wird, die Nadel des Galvanometers nicht beeinflußt. Man erkennt dies, indem man den Strom durch die Brücke gehen läßt, den Kontakt bei A_1 oder A_2 aber abhebt; wenn jetzt die Nadel einen Ausschlag gibt, so rührt er von äußeren magnetischen Einflüssen her. Man muß dann den Magnet weit wegstellen oder seinen magnetischen Kreis durch einen Anker kurzschließen, oder seinen Einfluß auf die Nadel durch einen Richtmagnet ausgleichen.

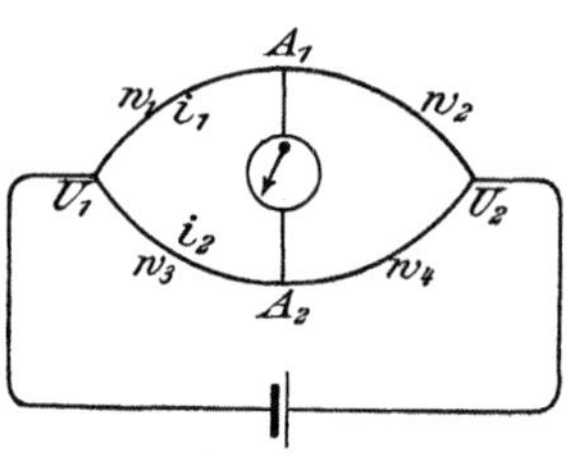

Abb. 613.

So ausgezeichnet diese Methode zur Messung größerer Widerstände ist, so ungeeignet ist sie für sehr kleine, da ja auch die Widerstände der Verbindungsdrähte und der Kontaktstellen mitgemessen werden. Man muß dann die im vorigen Paragraphen beschriebene Thomsonsche Brückenschaltung anwenden.

Über die Wheatstonesche Brücke bei Wechselstrom s. § 288.

286. Widerstandsmessung von elektrolytischen Leitern und Zellen.

Zur Messung des Widerstandes eines Elektrolyten ist die Wheatstonesche Brücke am geeignetsten. Man darf aber als Meßstrom keinen Gleichstrom verwenden, sondern nur einen Wechselstrom, weil ersterer eine Zersetzung einleitet, und gleichzeitig mit dieser eine Polarisation (§ 66) eintritt, die bekanntlich in einer entgegengesetzt gerichteten EMK besteht. Dies würde sich bei der Messung wie ein erhöhter Widerstand bemerkbar machen. Bei einem Wechselstrom fällt dies weg, weil so wie der Strom auch die Polarisation eine wechselnde ist, deren Resultierende Null ist. Jetzt kann man aber kein gewöhnliches Gleichstromgalvanometer verwenden, sondern nur ein hochempfindliches Dynamometer oder Vibrationsgalvanometer (§ 274) oder aber ein Telephon. Dieses wird von einem Wechselstrom zum Tönen gebracht, und man stellt nun in der Wheatestoneschen Brücke auf das Verschwinden dieses Tones ein. Sind die Vergleichswiderstände nicht vollständig frei von Selbstinduktion, so verstummt es niemals gänzlich und man stellt dann auf das Minimum der Tonstärke ein. Den zu messenden Elektrolyten gibt man in Röhren von bekanntem Querschnitt und führt den Strom durch Elektroden aus Platin oder platiniertem Silber zu, deren Abstand leicht gemessen werden kann, so daß man aus dem gemessenen Widerstand leicht den spezifischen berechnen kann. Sind die Gefäße für die Elektrolyten nicht direkt ausmeßbar, so eicht man sie durch eine Messung mit einem Elektrolyten, dessen spezifischer Widersand bekannt ist.

In gleicher Weise mißt man den inneren Widerstand galvanischer Zellen (Akkumulatoren). Kennt man ihre EMK, die man im stromlosen Zustand durch Messung der Klemmenspannung mit einem Voltmeter oder mit dem Kompensationsapparat erhält, so kann man eine rasche Messung in der Weise machen, daß man die Zelle durch einen bekannten Widerstand w und einen Strommesser schließt; dann erhält man aus dem Ohmschen Gesetz $J = \frac{E}{w + x}$ den inneren Widerstand x. Kennt man E nicht, so macht man noch eine zweite Messung mit einem anderen Widerstande und hat dann zwei Gleichungen, aus denen man E und x berechnen kann.

Die Messung der charakteristischen Wechselstromgrößen.

287. Die Messung des wirksamen, des Induktions- und des Kapazitäts-Widerstandes.

Wenn ein Leiter von Wechselstrom durchflossen wird, so hat er einen größeren Ohmschen Widerstand, als wenn er von Gleichstrom durchflossen wird, weil der in § 169 besprochene Einfluß der Wirbelströme bewirkt, daß vom Wechselstrom nicht der ganze Querschnitt des Leiters gleichmäßig ausgefüllt wird. Daher darf in jenen Fällen, wo dieser Einfluß erheblich ist, der Widerstand nicht mit Gleichstrom, sondern nur mit Wechselstrom bestimmt werden, wenn er bei Wechselstrom benutzt werden soll. Ferner wissen wir aus § 158, daß bei einer Spule mit Eisenkern für den gesamten Wattverbrauch und die Phasenverschiebung nicht der wahre Ohmsche Widerstand und die wahre Selbstinduktion, sondern die entsprechenden äquivalenten Werte in Betracht kommen. Daher müssen auch diese Größen mit Wechselstrom bestimmt werden und zwar bei der Periodenzahl, die in Betracht kommt. Hierzu dienen in erster Linie die Gleichungen 180 und 181, die unter allen Umständen die richtigen, betriebsmäßigen Widerstandswerte ergeben. Man muß aber Spannung, Strom und Leistung messen, was nicht immer möglich ist. Daher sind auch vergleichende Methoden mit einem Meßinstrument nötig.

Dazu dient am besten die in § 284 beschriebene Vergleichung des unbekannten Widerstandes w_s mit einem bekannten Widerstande w_n (Abb. 614), wobei natürlich Voraussetzung ist, daß der bekannte Widerstand nicht auch durch den Wechselstrom verändert wird. Bei den käuflichen Widerstandsnormalien ist dies nicht der Fall, da sie aus einem Metall von so hohem spezifischen Widerstand (Konstantan, Manganin u. dgl.) bestehen, daß merkliche Wirbelströme nicht entstehen können. Eisen enthalten sie überhaupt nicht. Als Instrument zur Vergleichung muß natürlich ein Wechselstrominstrument von genügender Empfindlichkeit dienen, und sein Stromverbrauch J_1 muß neben dem durch die Widerstände gehenden Strom J verschwindend klein sein. Ist das nicht der Fall, so muß man einen veränderlichen Vergleichswiderstand w_n haben, den man ungefähr gleich groß mit w_s machen kann, so daß bei jeder der beiden Messungen ungefähr gleich viel Strom abgezweigt wird. Am genauesten ist die Messung natürlich, wenn man die Widerstände so genau abgleichen kann, daß man gleiche Ausschläge am Instrument erhält, oder wenn man ein empfindliches Quadrantenelektrometer verwendet, das gar keinen Strom verbraucht.

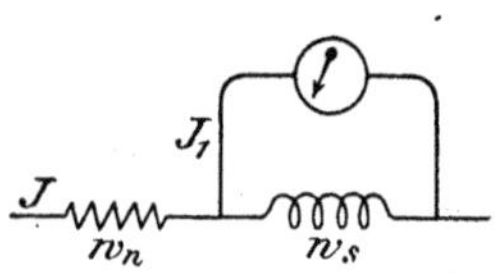

Abb. 614.

Mittels des Quadrantenelektrometers kann diese Methode zu einer Nullmethode umgestaltet werden, wenn man die Schaltung in Abb. 615 anwendet. Sind die Potentialdifferenzen $U_1 - U_2$ und $U_2 - U_3$ einander gleich, so zeigt das Elektrometer keinen Ausschlag. Dabei ist man von der Konstanz der Stromstärke unabhängig. Von Wichtigkeit ist aber, daß man die richtige Nullstellung des Elektrometers kennt, die nicht immer mit der Einstellung bei Spannungslosigkeit identisch ist. Man schaltet daher statt der Widerstände w_s und w_n vorher zwei gleiche induktionsfreie Widerstände oder zwei ganz gleich große und gleich beschaffene Kondensatoren ein. Dabei ist zu beachten, daß die volle Spannung

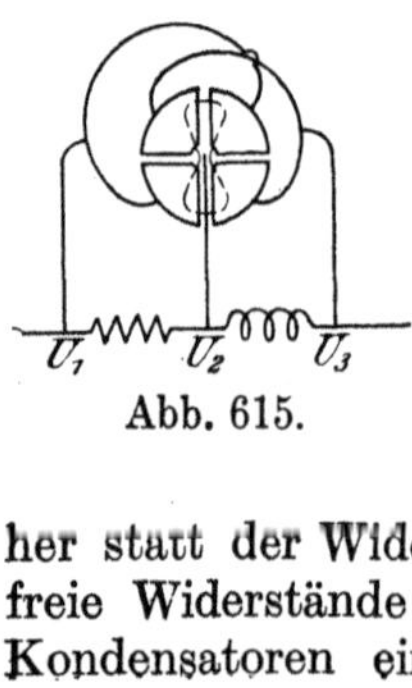

Abb. 615.

$U_1 - U_3$ zwischen den beiden Quadrantenpaaren auftritt, so daß höhere Spannungen dem Instrument gefährlich werden können.

Mit diesen Methoden kann man also wirksame Widerstände und scheinbare Widerstände von der Form

$$\sqrt{w^2 + (\omega L)^2} \qquad \text{oder} \qquad \sqrt{w^2 + \left(\frac{1}{\omega C}\right)^2}$$

mit wahren Widerständen vergleichen. Schließlich kann man L oder C berechnen, wenn w und $\omega = 2\pi\nu$ bekannt ist, und der zur Messung verwendete Strom nicht zu sehr von der Sinusform abweicht; andernfalls gilt der so gefundene Wert von L oder C nur für die betreffende Wellenform (§ 216). Für w kann man in der Regel den mit Gleichstrom gemessenen Wert einsetzen, denn er ist meist so klein gegen $(\omega L)^2$ oder $\left(\frac{1}{\omega C}\right)^2$, daß der geringe Unterschied zwischen Gleich- und Wechselstrom auf L oder C keinen merklichen Einfluß hat. Ist das nicht zulässig, so muß man eine zweite Messung machen, nachdem man zu dem scheinbaren Widerstand einen bekannten Normalwiderstand w' hinzugefügt hat. Dann hat man zwei Gleichungen

$$\sqrt{w^2 + (\omega L)^2} = w_n$$

und

$$\sqrt{(w + w')^2 + (\omega L)^2} = w_n',$$

aus denen man die Unbekannten w und ωL berechnen kann.

Die vorstehenden Methoden ermöglichen natürlich auch die Vergleichung von Kondensatoren. Die Ausschläge bei der Methode Abb. 614 verhalten sich wie die Kapazitätswiderstände, also umgekehrt wie die Kapazitäten. Hat man einen Luftkondensator von veränderlichem Abstand, so daß seine Kapazität der des anderen gleich gemacht werden kann, so kann man die Methode in Abb. 615 anwenden. Zur Berechnung der Kapazität eines Luftkondensators dienen die Formeln in § 26 und 31.

Hierfür eignet sich auch die in Abb. 616 dargestellte Schaltung, wenn die Kapazität des Elektrometers klein ist gegen die eines Kondensators. Diese Methode hat den Vorteil, daß die volle Spannung der Stromquelle nicht im Instrument zur Geltung kommt, so daß man auch hohe Spannung anwenden kann.

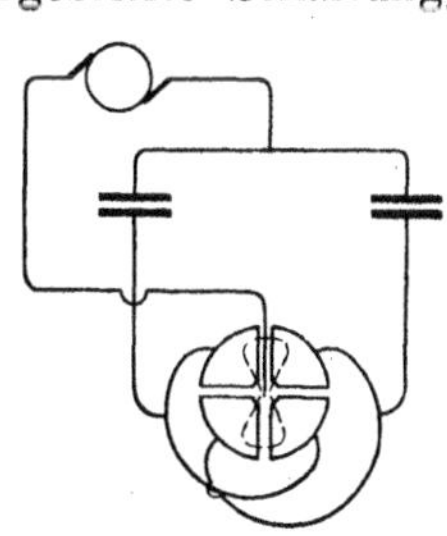

Abb. 616.

Bei der Anwendung der durch Abb. 614 dargestellten Methode zur Vergleichung zweier Kondensatoren kann man auch hochgespannten Strom anwenden, wenn man als Meßinstrument ein statisches Voltmeter von der durch Abb. 581 dargestellten Art verwendet. Das ist von Wichtigkeit für Kondensatoren mit festem Dielektrik, weil deren Kapazität bei Hochspannung manchmal anders ist als bei Niederspannung. Man erhält dann durch eine solche Messung unmittelbar den äquivalenten Kapazitätswiderstand.

Überhaupt erhält man bei Messungen mittels Wechselstrom den für Wechselstrom allein maßgeblichen äquivalenten Kapazitätswiderstand, der sich von dem reinen oder theoretischen Kapazitätswiderstand unterscheidet, wenn das Dielektrik kein vollkommenes ist, oder wenn ein Übergang der Elektrizität zwischen den Kondensatorplatten durch Ausstrahlung oder Entladung stattfindet (§ 181).

Zur Bestimmung des Koeffizienten M der gegenseitigen Induktion dient die in § 151 abgeleitete Gleichung

$$\frac{J_2}{J_1} = \frac{\omega M}{\sqrt{w_2^2 + (\omega L_2)^2}},$$

wenn der scheinbare Widerstand $\sqrt{w_2^2 + (\omega L_2)^2}$ durch eine der vorstehenden Methoden ermittelt werden kann. In der Starkstromtechnik braucht man aber diesen Koeffizienten nicht, sondern den Kupplungsfaktor $\varkappa = \frac{M}{\sqrt{L_1 L_2}}$ oder den Streufaktor $\delta = 1 - \varkappa^2$, deren Bestimmung in § 160 behandelt wurde.

288. Die Wheatstonesche Brücke bei Wechselstrom.

Die Wheatstonesche Brücke kann bei Wechselstrom nur unter besonderen Voraussetzungen angewendet werden. Nach § 285 erfolgt die Abgleichung derart, daß man Stromlosigkeit im Galvanometer herstellt. Bei Gleichstrom genügt hierzu die Bedingung, daß die Spannungen in den vier Zweigen gleich sind. Bei Wechselstrom genügt das nicht, sondern es darf auch keine Phasenverschiebung zwischen den Spannungen $U_1 - U$ und $U - U_2$ (Abb. 617) bestehen. Die Notwendigkeit dieser

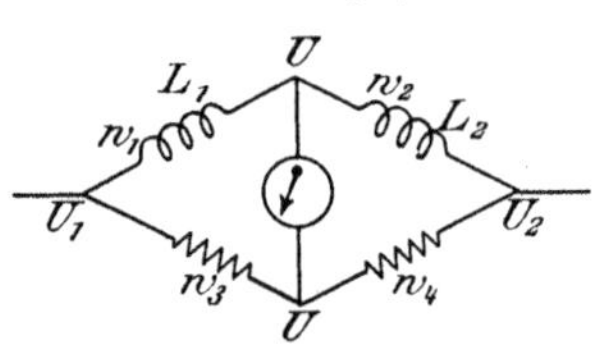

Abb. 617.

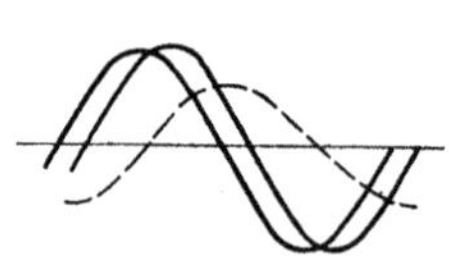
Abb. 618.

Forderung erkennt man aus Abb. 618, in der zwei gleich große aber verschobene Spannungen gezeichnet sind. Man sieht, sie ergeben eine durch die gestrichelte Linie dargestellte resultierende Spannung. Ein entsprechender Strom würde durch das Galvanometer gehen. Wir betrachten die in Abb. 617 dargestellte Brücke, deren obere Zweige scheinbare Widerstände enthalten. Dann lautet die Bedingung für gleiche Spannung

$$\frac{\sqrt{w_1^2 + (\omega L_1)^2}}{\sqrt{w_2^2 + (\omega L_2)^2}} = \frac{w_3}{w_4}$$

und die Bedingung für Phasengleichheit

$$\frac{\omega L_1}{w_1} = \frac{\omega L_2}{w_2}.$$

Im unteren Zweig, der nur induktionsfreie Widerstände enthält, sind die Phasen ohnehin gleich. Aus den beiden obigen Gleichungen ergeben sich die beiden folgenden

$$\frac{w_1}{w_2} = \frac{w_3}{w_4} = \frac{L_1}{L_2}.$$

Enthält also z. B. nur einer der vier Zweige Selbstinduktion, so kann das Galvanometer (hier kann natürlich nur ein Vibrationsgalvanometer (§ 274) oder ein Telephon verwendet werden) niemals stromlos werden[1]). Die Bedingungsgleichungen enthalten die Periodenzahl nicht; man ist also von Periodenzahl und Wellenform unabhängig. Dafür muß aber zur Bestimmung der einen Selbstinduktion die andere bekannt sein; ferner muß, um diese Gleichungen überhaupt erfüllen zu können, nicht nur w_3 und w_4, sondern auch w_2 veränderlich sein.

Aus den beiden letzten Gleichungen folgt nun

$$w_1 = w_2 \frac{w_3}{w_4}, \qquad L_1 = L_2 \frac{w_3}{w_4}.$$

w_1 und L_1 bedeuten die wirksamen Werte (§ 169) oder die äquivalenten Werte (ϱ, λ; § 152), die dem bei der Messung verwendeten Wechselstrom entsprechen.

Befindet sich an Stelle der Selbstinduktion L_1 eine Kapazität C, so ist (§ 172)

$$\frac{1}{\omega^2 C} = L_2 \frac{w_3}{w_4} \quad \text{oder} \quad C = \frac{w_4}{\omega^2 L_2 w_3}.$$

Ist die Kapazität keine reine, so erhält man den äquivalenten Kapazitätswiderstand $\frac{w_n}{\sqrt{1 + (w_n \omega C)^2}} = L_2 \frac{w_3}{w_4}$ (§ 182): Vgl. auch den Schluß des vorigen Paragraphen.

289. Bestimmung der Periodenzahl.

Die Periodenzahl eines Wechselstromes ist gleich dem Produkte aus der Umlaufszahl in einer Sekunde und der halben Polzahl. Man erhält sie also am einfachsten durch Zählung der Umlaufszahl des Stromerzeugers oder eines an sein Netz angeschlossenen Synchronmotors.

Wenn dies nicht möglich ist, läßt sie sich mittels einer stroboskopischen Scheibe, die von einer an das Netz angeschlossenen Bogen-

---

[1]) Bei allen Wechselstrommessungen ist darauf zu achten, daß in den Hilfsdrähten keine EMK induziert wird, daß sie also nebeneinander liegen oder verdrillt werden (wie in Abb. 621). Die Nichtbeachtung dieser Regel hat zu falschen Schlüssen über die Selbstinduktion geführt (ETZ 1907, S. 978).

lampe beleuchtet wird, bestimmen[1]). Wird die stroboskopische Scheibe so gedreht, daß sie still zu stehen scheint, so ist das Produkt aus der Umlaufszahl der Scheibe und der halben Segmentzahl gleich der Periodenzahl. Mit einer Glühlampe kann man die Erscheinung nur bei gedämpftem Tageslicht erkennen.

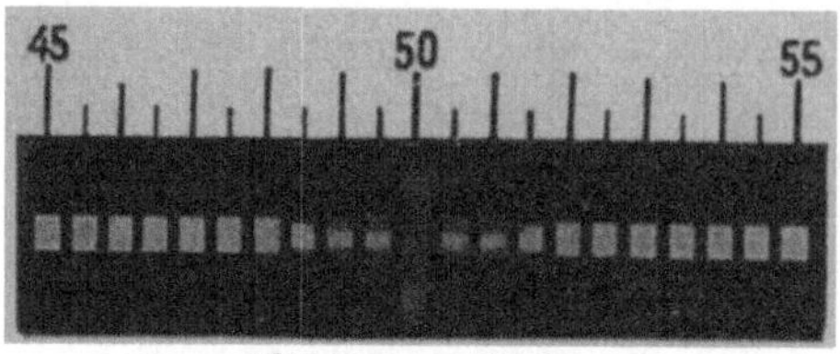

Ablesung = 50,0.

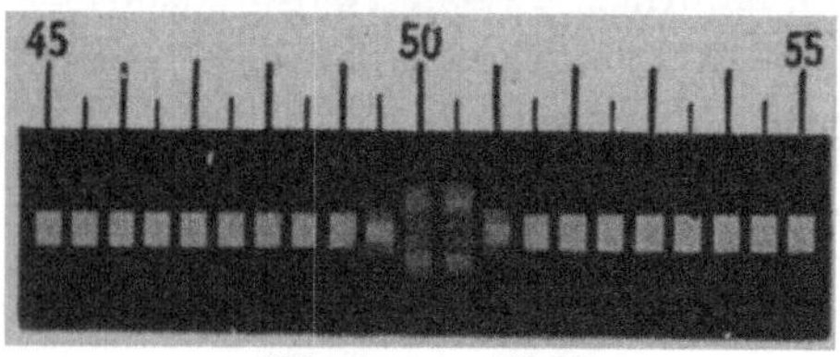

Ablesung = 50,25.

Abb. 619.

Hartmann-Kempf und Frahm haben die Resonanzschwingungen elastischer Körper angewendet. Befindet sich eine Stahlzunge vor einem von dem betreffenden Wechselstrom erregten Magnet, so gerät sie in Resonanzschwingungen, wenn ihre Eigenschwingungszahl der Polwechselzahl des Stromes gleich ist. Hat man also eine Reihe solcher abgestimmter Zungen nebeneinander, so kommt jene in Resonanz, deren Eigenschwingung mit der Polwechselzahl des Stromes übereinstimmt. Abb. 619 zeigt Ablesungen an einem solchen Apparat.

290. Die Aufnahme von Wellenformen[2]).

I. Punktförmige Aufnahme (Joubert).

Mit der Welle des Stromerzeugers S (Abb. 620) ist eine Scheibe aus Isoliermaterial fest verbunden, die auf einer Hälfte einen Metallring M trägt. Mit diesem verbunden ist der Metallkontakt K. Auf den beiden Hälften schleifen die Bürsten B_1, B_2. Ist die Maschine zweipolig, so erfolgt die Berührung zwischen K und B_2 immer bei demselben Augenblickswert des Stromes. Durch das Galvanometer G geht also ein diesem Augenblickswert proportionaler Strom, und es entsteht ein konstanter Ausschlag, weil bei 50 Perioden der Kontakt 50 mal in der Sekunde bei demselben Augenblickswert erfolgt. Wird die Bürste B_2 um einen gewissen Winkel verschoben, so erfolgt die Berührung bei einem anderen Augenblickswert. Trägt man die Drehungswinkel der Bürste B_2 als Abszissen, die Galvanometerausschläge als Ordinaten auf, so erhält man Punkte, deren Verbindung die Wellenform ergibt.

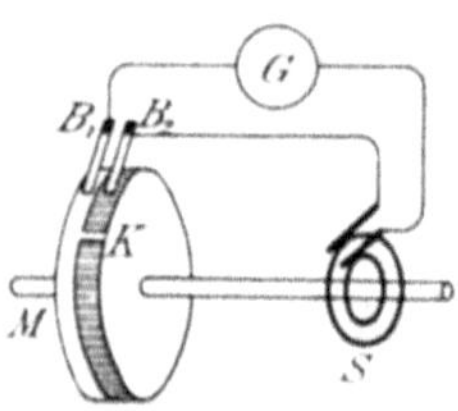

Abb. 620. Joubertsche Scheibe.

---

[1]) Benischke, ETZ 1899, S. 142. Annal. d. Phys. Bd. 5, S. 487, 1901.

[2]) Es können hier nur die Prinzipien der wichtigsten Methoden angegeben werden. Näheres siehe: Orlich, „Aufnahme und Analyse von Wechselstromkurven“, Heft 7 der „Elektrotechnik in Einzeldarstellungen“.

II. Braunsche Röhre.

Diese Röhre ist eine Kathodenstrahlröhre (§ 235) mit einem erweiterten Ende, in dem sich ein fluoreszierender Schirm *S* (Abb. 621) befindet, um hier die von der Kathode *K* auftreffenden Kathodenstrahlen sichtbar zu machen. D_1 und D_2 sind zwei Glaswände mit je einem Loch in der Mitte, so daß nur ein dünnes Kathodenstrahlbündel in das erweiterte Ende gelangt und auf dem Schirm *S* als leuchtender Punkt erscheint. Der zu untersuchende Wechselstrom wird durch eine Spule geschickt und diese so der Röhre — rechts von D_2 — genähert, daß ihre Kraftlinien das Kathodenstrahlbündel senkrecht kreuzen. Infolgedessen wird das Strahlenbündel proportional dem Strome abgelenkt, und auf dem Schirm erscheint eine leuchtende Linie. Betrachtet man diese durch einen rotierenden Spiegel, der so gestellt ist, daß seine Drehungsachse parallel zu dieser Linie liegt, so wird der leuchtende Punkt im Spiegel senkrecht zu seiner Ablenkungsrichtung verschoben, und daher sieht man bei geeigneter Drehgeschwindigkeit im Spiegel ein Bild der Stromwelle. Auf diese Weise sind die Abb. 359 bis 363 gewonnen worden. Die Kathodenstrahlen werden wie üblich durch Hochspannungsentladungen erzeugt. Am besten durch eine Elektrisiermaschine, weil damit die Röhre am wenigsten erhitzt wird[1]).

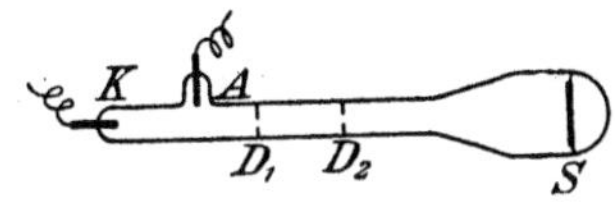

Abb. 621. Braunsche Röhre.

III. Oszillograph (Blondel).

Ein Galvanometer, das keine Trägheit hat, erhält in jedem Augenblick eine Ablenkung, die dem Augenblickswert des Stromes proportional ist wie ein Kathodenstrahlbündel. Die gewöhnlichen Galvanometer haben aber so viel Trägheit, daß sie bei Wechselstrom keinen Ausschlag zeigen, weil jedem Anstoß von einer positiven Halbwelle ein entgegengesetzter von der negativen Halbwelle folgt. Blondel ist es durch Anwendung des Deprez-D'Arsonvalschen Prinzipes (§ 267) auf folgende Weise gelungen, ein Instrument von so geringer Trägheit herzustellen, daß es den Augenblickswerten des Wechselstromes folgen kann. Zwischen zwei starken Magnetpolen *N S* (Abb. 622) befindet sich eine aus dünnen Drähten oder Bändern gebildete Stromschleife, der bei *b* der Wechselstrom zugeführt wird. Auf den beiden Drähten ist das kleine Spiegelchen *a* befestigt. Die Stromschleife wird proportional dem Strome gedreht, wie eine Ankerschleife einer Gleichstrom maschine; während der positiven Halbwelle nach der einen Seite, während der negativen nach der anderen Seite. Und da die Träg-

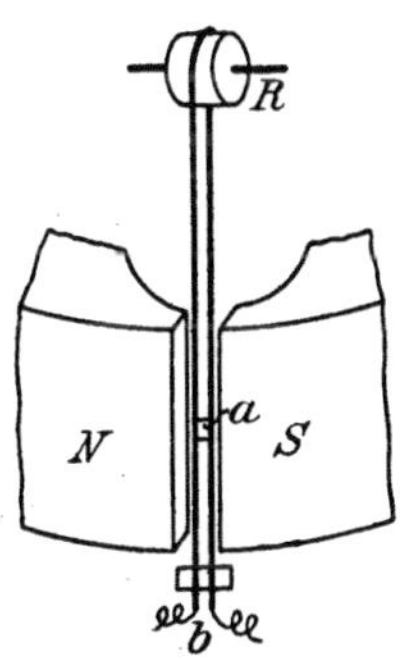

Abb. 622. Oszillograph.

[1]) Wehnelt hat die Röhre dahin abgeändert, daß die Kathodenstrahlen durch die in § 244 erwähnte Ausstrahlung aus glühenden Metalloxyden erzeugt werden. Physikal. Zeitschr. Bd. 7, S. 732, 1905.

heit dieses Systemes sehr klein ist, erfolgt die Drehung proportional den Augenblickswerten, wenn die Schleife nicht etwa durch mechanische Resonanz zu Eigenschwingungen angeregt wird. Das wird vermieden, wenn die magnetische Kupplung zwischen Schleife und Magnet, also das Feld des letzteren sehr stark ist, und wenn die Eigenschwingung der Schleife sehr viel höher ist, als die des Wechselstromes (vgl. auch § 274). Um die Bewegung des Spiegelchens sichtbar zu machen, läßt man einen kräftigen Lichtstrahl auf ihn fallen und nach Konzentration mittels einer Zylinderlinse auf ein lichtempfindliches Papier, das auf einer Trommel aufgespannt ist, die von einem Synchronmotor gedreht wird. Die Abb. 321, 322, 405, 406 u. a. sind auf diese Weise gewonnen.

IV. Glimmlicht-Ondograph (Gehrke).

In einer luftverdünnten Röhre sind zwei lange drahtförmige Elektroden (Abb. 623) eingeschmolzen. Wird eine genügend hohe Spannung angeschlossen, so überzieht sich (nach § 233) jene, die eben Kathode ist, mit dem kathodischen Glimmlicht, dessen Ausbreitung auf der Elektrode von der Spitze aus proportional der Stromstärke ist. Die Länge des Glimmlichtes auf der Elektrode ist also den Augenblickswerten des Wechselstromes, an den die Röhre angeschlossen ist, proportional. Beim Wechsel der Stromrichtung erscheint das Glimmlicht auf der anderen Elektrode. Betrachtet man sie in einem rotierenden Spiegel derart, daß die beiden Elektroden in einer Linie liegen, so sieht man leuchtende Flächen, deren äußerer Rand die Spannungswelle der Stromquelle darstellt. Da die Entladungserscheinung erst bei mehr als 300 Volt eintritt, ist diese Methode nur bei hoher Spannung verwendbar, aber gerade deshalb in manchen Fällen sehr zweckmäßig. Die Abb. 364a bis c sind nach diesem Verfahren gewonnen worden.

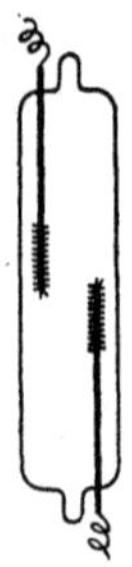

Abb. 623. Glimm-licht-Ondograph.

Läßt man bei den Apparaten II bis IV den rotierenden Spiegel weg, so sieht man eine leuchtende Linie, deren Länge gleich dem doppelten Scheitelwert ist, so daß man diesen abmessen kann, ohne die ganze Wellenform aufzunehmen.

Magnetische Messungen.

291. Bestimmung der Kraftliniendichte und Kraftlinienmenge.

I. Um die magnetische Kraft (Feldstärke) $\mathfrak{H}$ eines magnetischen Feldes in Luft mit einem anderen zu vergleichen, benützt man eine an einem Faden aufgehängte Magnetnadel und versetzt sie in beiden Feldern in Schwingungen. Ist T das Trägheitsmoment und $\mathfrak{M}$ das magnetische Moment der Nadel, so macht sie in dem Felde $\mathfrak{H}$ in einer Zeiteinheit n Schwingungen und diese sind

$$n = \frac{1}{2\pi}\sqrt{\frac{\mathfrak{M}\,\mathfrak{H}}{T}},$$

in einem anderen Felde $\mathfrak{H}'$ macht sie n' Schwingungen und daher ist

$$n^2 : n'^2 = \mathfrak{H} : \mathfrak{H}'.$$

Diese Methode ist aber nur bei schwachen Feldern anwendbar.

II. Um die durch eine gewisse Fläche gehende Kraftlinienmenge $\mathfrak{Z}$ und dadurch auch die Kraftliniendichte $\mathfrak{B}$ bzw. $\mathfrak{H}$ zu messen, verwendet man ein ballistisches Galvanometer (§ 278), das an die Enden einer Drahtspule von N Windungen angeschlossen ist (Abb. 624). Diese stellt man in dem zu messenden Felde so auf, daß sie von den Kraftlinien senkrecht durchsetzt wird. Entfernt man die Spule durch eine rasche Bewegung aus dem Felde bis an eine Stelle, wo es Null ist, so ist die induzierte EMK nach § 125

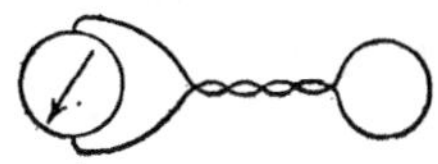

Abb. 624.

$$e = -N\frac{d\mathfrak{z}}{dt}.$$

Integriert man über die Zeit, während der die Bewegung stattfindet, so ist

$$\int e\,dt = -\int N\frac{d\mathfrak{z}}{dt}dt = -N\mathfrak{Z}$$

andererseits ist nach dem Ohmschen Gesetz

$$\int e\,dt = \int i\,w\,dt = q\,w,$$

wenn w den Widerstand des ganzen Stromkreises und q die beim Schneiden der $\mathfrak{Z}$-Kraftlinien in Bewegung gesetzte Elektrizitätsmenge bedeutet. Diese wird durch das ballistische Galvanometer gemessen, und es ist

$$\mathfrak{Z} = -\frac{q\,w}{N},$$

wobei q und w in absoluten elektromagnetischen Einheiten auszudrücken sind.

Anstatt die Stromschleife aus dem Felde zu entfernen, kann man sie auch um 90^0 drehen. Dabei kommt sie in eine Stellung, bei der sie von keinen Kraftlinien getroffen wird, so daß die Änderung derselben auch gleich $\mathfrak{Z}$ ist. Besser ist es, wenn man die Schleife um 180^0 dreht; dabei werden sämtliche $\mathfrak{Z}$-Kraftlinien zweimal geschnitten, ohne daß sich die Richtung des induzierten Stromes ändert (§ 128). Man enhält so den doppelten Ausschlag im Galvanometer und muß dann natürlich auch durch 2 dividieren.

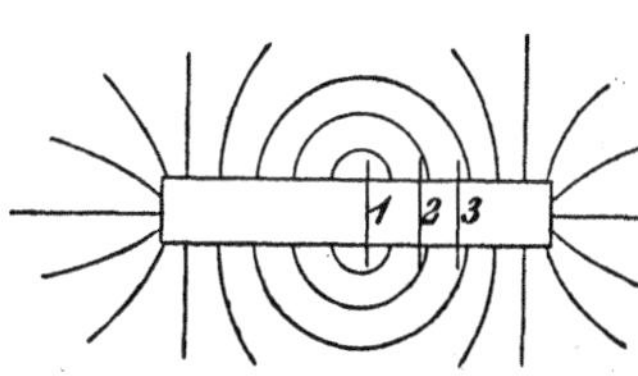

Abb. 625.

Noch besser ist es, wenn das magnetische Feld von einem Strome herrührt, der geöffnet und geschlossen werden kann. Denn in beiden Fällen ist die Änderung der Kraftlinienzahl gleich $\mathfrak{Z}$, und beim Umkehren des Stromes gleich $2\,\mathfrak{Z}$. Das Öffnen oder Schließen oder Umkehren des Stromes ist deswegen vorzuziehen, weil man dabei die Drahtschleife feststellen kann. Mit dieser Methode erhält man auch die Kraftlinienzahl in einem Elektromagnet, wenn man die Drahtschleife um denselben herumlegt und den Magnetisierungsstrom umkehrt.

Auf diese Weise erhält man auch die Kraftlinienmenge eines Elektromagnetes oder eines Dauermagnetes an beliebigen Stellen, oder die magnetische Streuung irgendeines Apparates oder einer Maschine. Man bringt die aus einer oder mehreren Windungen bestehende Meßspule über den Magnet und kehrt dann den Magnetisierungsstrom um oder entfernt die Spule so weit, bis sie von Kraftlinien nicht mehr getroffen wird. Macht man das an verschiedenen Stellen 1, 2, 3 usw. (Abb. 625), so sind die Galvanometerausschläge den durch den betreffenden Querschnitt verlaufenden Kraftlinien proportional. Verhalten sich z. B. die in den Stellungen 1 und 2 gemessenen Ausschläge wie 10 zu 9, so weiß man, daß zwischen 1 und 2 ein Zehntel aller Kraftlinien aus dem Eisen in die Luft übertritt. Auf diese Weise kann man die ganze Verteilung der Kraftlinien ermitteln. Macht man außerdem ein Bild des magnetischen Feldes durch Eisenfeilspäne, so hat man auch die Gestalt des Feldes. Der Hopkinsonsche Streufaktor (§ 110) zwischen diesen Stellen ist: $v = 10/9$; der Heylandsche Streufaktor ist: $\tau = 1/9$.

Noch einfacher ist diese Methode bei Wechselstrom-Magnetisierung. Dann braucht man die Meßspule nur an die betreffende Stelle, wo man die Kraftlinienmenge ermitteln will, zu bringen und mit einem Wechselstrom-Voltmeter zu verbinden. Dann ist nach dem Grundgesetz (Gl. 109, S. 225):

$$\mathfrak{Z} = \frac{E \cdot 10^8}{4{,}44\, \nu N},$$

wenn die Kraftlinienmenge sich nach dem Sinusgesetz ändert. Ist dies nicht der Fall, so muß man nach einer der in § 290 angegebenen Methoden die Wellenform der induzierten EMK bestimmen und nach § 215 verfahren. Bei relativen Messungen ist es natürlich nicht notwendig.

III. Magnetischer Spannungsmesser[1]). Die magnetischen Kraftlinien sind geschlossene Kurven. Sie werden erzeugt durch eine MMK $\mathfrak{F}$, welche entweder von einem Strome oder von der Koerzitivkraft eines Dauermagnetes herrührt (§ 114). Betrachtet man Teilstücke eines magnetischen Kreises mit den magnetischen Widerständen $\mathfrak{w}_1$, $\mathfrak{w}_2$, $\mathfrak{w}_3$, so ist (§ 111):

$$\mathfrak{F} = \mathfrak{w}_1 \mathfrak{Z} + \mathfrak{w}_2 \mathfrak{Z} + \mathfrak{w}_3 \mathfrak{Z}.$$

Die einzelnen Glieder der rechten Seite bezeichnet man als magnetische Spannung zwischen jenen Punkten, zwischen denen der magnetische Widerstand $\mathfrak{w}_1$ bzw. $\mathfrak{w}_2$, $\mathfrak{w}_3$ besteht. Bringt man die Enden einer Meßspule (Abb. 626) an zwei Stellen, zwischen denen die

[1]) Rogowski und Steinhaus, Archiv f. Elektrot. 1912, Bd. 1, S. 141.

magnetische Spannung $\mathfrak{w}_1\,\mathfrak{Z} = \mathfrak{f}_1 = \int_1^2 \mathfrak{H}\cdot dl$ herrscht (§ 105), so wird bei plötzlicher Entfernung der Meßspule[1]) ein Strom in ihr induziert, welcher in einem ballistischen Galvanometer gemessen und auf magnetische Spannung oder unmittelbar auf Amperewindungen geeicht werden kann, weil $\mathfrak{f}_1 = 0{,}4\,\pi\,(i\,N)_1$ ist. Die so ermittelten Amperewindungen $(iN)_1$ sind jene, welche notwendig sind, um die magnetische Spannung $\mathfrak{f}_1$ zu erzeugen, d. h. um die Kraftlinienmenge $\mathfrak{Z}$ durch den magnetischen Widerstand $\mathfrak{w}_1$ durchzutreiben. Die Wirkung in der Meß-

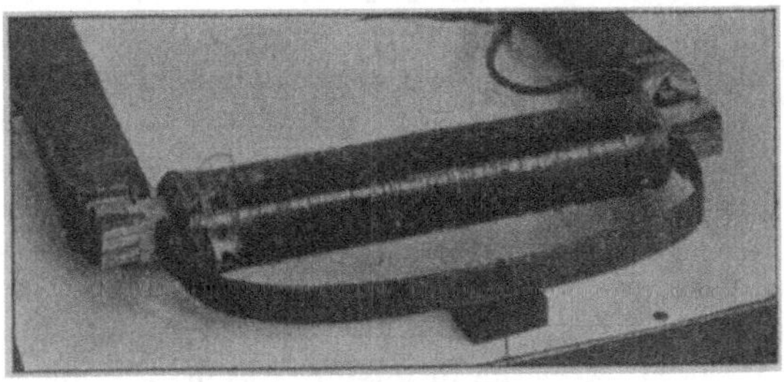

Abb. 626.

spule beruht darauf, daß eine gewisse Kraftlinienmenge $\mathfrak{Z}_m$ in sie eintritt, wenn zwischen ihren Enden die *MMK* $\mathfrak{f}_1$ (das ist die magnetische Spannung, welche gemessen werden soll) besteht. Sie ist

$$\mathfrak{Z}_m = \frac{\mathfrak{f}_1}{\mathfrak{w}_m} = \frac{1}{\mathfrak{w}_m}\int_1^2 \mathfrak{H}\cdot dl_m\,.$$

Hier bedeutet $\mathfrak{w}_m$ den magnetischen Widerstand, dl_m ein Längenelement des Kraftlinienpfades durch die Meßspule. Die Integrationsgrenzen 1 und 2 beziehen sich auf die Enden der Meßspule. Da $\mathfrak{w}_m$ für eine gegebene Meßspule konstant ist, so ist also der beim Verschwinden der Kraftlinienmenge $\mathfrak{Z}_m$ induzierte Strom dem obigen Linienintegral zwischen 1 und 2 proportional. Wie die Kraftlinien zwischen 1 und 2 verlaufen, ist gleichgültig, da es nur auf diese Grenzen ankommt.

Eine scharf definierte Feldstärke ist nur dann vorhanden, wenn sie über die Fläche der Anfangs- und Endwindungen konstant und beiderseits gleich ist. Die Meßspule wird daher flach gemacht (auf einen Streifen Karton aufgewickelt), damit sie wenigstens in einer Richtung eine bestimmte Feldstärke abgrenzt.

Die Eichung erfolgt am einfachsten dadurch, daß die Meßspule

[1]) Zweckmäßiger ist es, den Strom in der Magnetisierungswicklung umzukehren, wobei sich der doppelte Ausschlag im Galvanometer ergibt.

um einen Strom von bekannten Amperewindungen JN zu einer ringförmigen Spule (Abb. 117) geschlossen wird. Dann ist

$$\int_1^2 \mathfrak{H} \cdot dl_m = \int_0 \mathfrak{H} \cdot dl_m = cJN. \qquad (\S\ 87)$$

Abb. 627.

Abb. 626 zeigt die Anwendung zur Messung der magnetischen Spannung in einem Eisenkern zwischen den Enden der Magnetisierungsspule. Abb. 627 zeigt die Messung der magnetischen Spannung an einem Zusammenstoß zweier solcher Eisenkerne[1]). Werden diese Messungen an allen vier Seiten und Ecken eines aus 4 solchen Kernen gebildeten Körpers (Abb. 631) ausgeführt, so muß die Summe aller gemessenen Spannungen gleich sein der MMK aller vier Magnetisierungsspulen.

Es ist zu beachten, daß dieser magnetische Spannungsmesser eben nur die Spannung zwischen den Enden der Meßspule ergibt. Nur bei einem geraden oder kreisringförmigen Eisenkern mit gleichmäßiger Magnetisierung kann man annehmen, daß die Feldstärke an allen Stellen jenes Eisenquerschnittes, wo ein Ende der Meßspule angelegt wird, dieselbe ist. Dagegen gestattet eine Messung an einer Ecke wie in Abb. 627 keinen sicheren Schluß von der magnetischen Spannung zwischen zwei Stellen an der einen Seitenfläche des Eisenkernes auf die magnetische Spannung zwischen den entsprechenden Querschnitten. Daher ist das durch Abb. 625 dargestellte Verfahren einwandfreier.

Wird der magnetische Spannungsmesser bei Wechselstrommagnetisierung angewendet, so muß statt eines ballistischen Galvanometers ein empfindlicher Wechselstrommesser angewendet werden. Dann kann aber ein erheblicher Fehler dadurch entstehen, daß bei zusammengesetzten Wellenformen der induzierte Strom von der Wellenform abhängig ist (§ 217)

292. Bestimmung des Hystereseverlustes.

Von größter Wichtigkeit ist die Kenntnis der magnetischen Hysterese einer Eisensorte. Sie wird aus der Messung des gesamten Eisenverlustes V in einer von Wechselstrom magnetisierten Eisenprobe ermittelt. Den genauesten Wert erhält man, wenn man die Probe in Form eines aus Blechringen hergestellten Ringes (Abb. 628) anwendet. Mit der in dieser Abbildung dargestellten Schaltung mißt man die Klemmenspannung, den Wattverbrauch und die Stromstärke. Ist der

---

[1]) Das Verhältnis dieser zwei Messungen ergibt den Heylandschen Streufaktor $\tau = \frac{w_n}{w_s}$ (Gl. 82) für die Streuung an der Ecke dieser zwei Eisenkerne.

Ohmsche Widerstand der Wicklung verschwindend klein, so kann man die Kraftlinienmenge mittels der Gleichung 109 aus der Klemmenspannung berechnen, andernfalls muß man gemäß Abb. 202 die EMK E ausrechnen. Das Wattmeter gibt den gesamten Verlust V, bestehend aus Hysterese und Wirbelströmen nach Abzug der Stromwärme in der Wicklung, im Voltmeter und im Wattmeternebenschluß. Nach § 157 ist

$$V = (\eta \nu \mathfrak{B}^{1,6} + \beta \nu^2 \mathfrak{B}^2)\, 10^{-7}.$$

Daraus ergibt sich der Verlust für eine Periode

$$\frac{V}{\nu} = (\eta \mathfrak{B}^{1,6} + \beta \nu \mathfrak{B}^2)\, 10^{-7}.$$

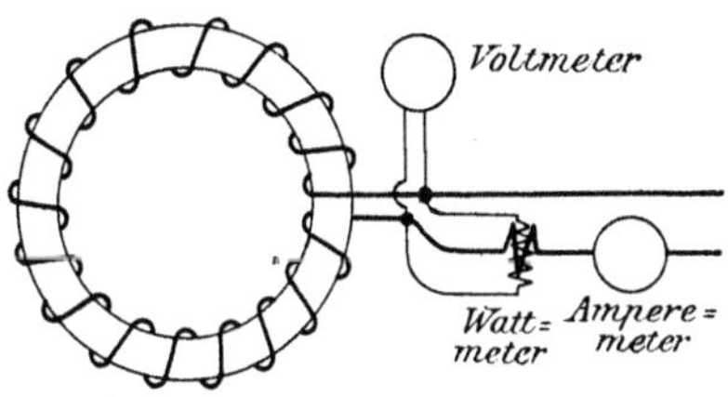

Abb. 628.

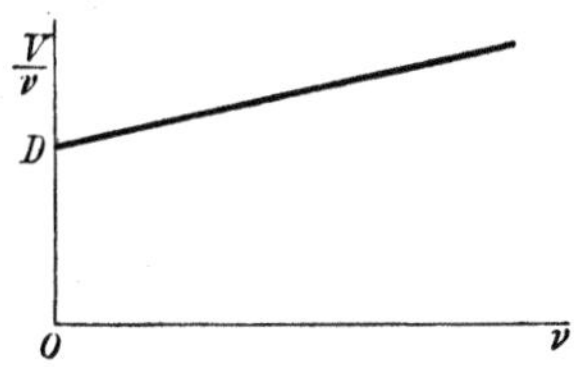

Abb. 629.

Das ist eine lineare Gleichung. Trägt man daher ν als Abszissen, $\frac{V}{\nu}$ als Ordinaten auf, so erhält man eine gerade Linie (Abb. 629). Ihre Lage ist durch mindestens zwei Punkte bestimmt. Mißt man also $\frac{V}{\nu}$ für 1 cm³ bei zwei möglichst verschiedenen Periodenzahlen, aber gleicher Kraftliniendichte $\mathfrak{B}$, so erhält man diese Linie für das betreffende Eisen. Der Abschnitt OD ist gleich $\eta \mathfrak{B}^{1,6}$, und daraus kann man den Hysteresekoeffizienten η berechnen. Der Rest ist der Wirbelstromverlust $\beta \nu \mathfrak{B}^2$, und daraus kann man den Wirbelstromkoeffizienten β berechnen. Diese Kurve ist aber nur dann eine gerade Linie, wenn der Wirbelstromverlust durch $\beta \nu^2 \mathfrak{B}^2$ hinreichend genau dargestellt ist. Das ist jedoch, wie sich in § 155 ergeben hat, nur dann der Fall, wenn der induktive Widerstand der Wirbelstrombahnen in den Eisenblechen verschwindend klein ist gegen den Ohmschen Widerstand, also nur bei genügend dünnen Blechen und bei legiertem Eisen. Ist das nicht der Fall, so gilt für den Wirbelstromverlust nicht diese einfache Formel, sondern Gl. 187, die die Periodenzahl auch im Nenner (in ω) enthält. Infolgedessen nimmt der Wirbelstromverlust langsamer zu, und der Eisenverlust für eine Periode bildet keine gerade Linie wie in Abb. 629 sondern eine nach unten gekrümmte.

Bei häufigen Untersuchungen ist die Verwendung der Ringform unbequem, weil die Wicklung immer von neuem hergestellt werden muß. Daher empfiehlt sich die vom Verfasser angegebene Anordnung (Abb. 630). Hier wird das zu untersuchende Blechpaket A in den ebenfalls aus Blech hergestellten Rahmen *BC* eingespannt, der durch Abnahme des Jochstückes *C* geöffnet werden kann. Die Magnetisierungsspule wird über *A* geschoben, und die Kraftlinien nehmen den durch die gestrichelten Linien angedeuteten Verlauf. Durch eine zweite Messung, wobei zwei Spulen über die Schenkel *B* geschoben sind, wird der Verlust im Rahmen *BC* allein bestimmt. Aus dem Unterschied der beiden Messungen ergibt sich der Verlust im Blechpaket *A* allein. Diese Anordnung hat gegenüber der vom Verband Deutscher Elektrotechniker empfohlenen (Abb. 631) den Vorteil, daß die Kraftlinien das Probepaket parallel durchlaufen, während bei dieser der Weg um die Ecken undefinierbar ist. Die Kraftliniendichte ist daher nicht überall dieselbe.

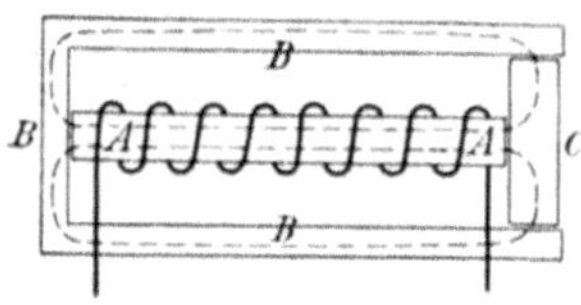

Abb. 630.

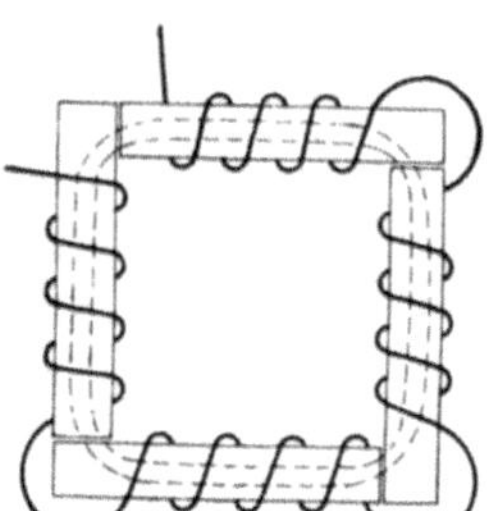

Abb. 631.

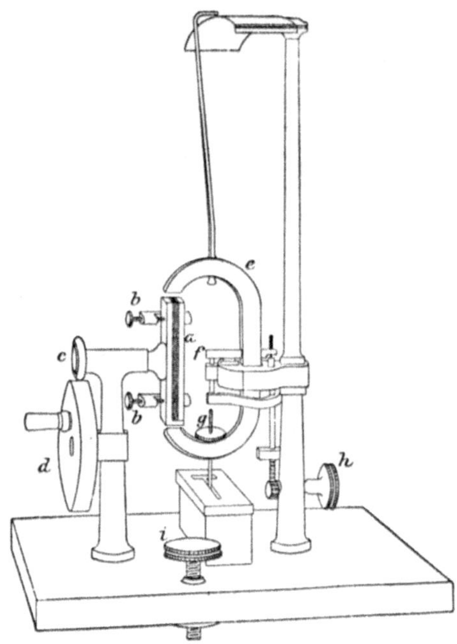

Abb. 632.

Dieser Fehler macht sich um so mehr geltend, je kürzer die Blechpakete sind[1]. Von diesem Fehler wird man nur dadurch frei, daß man eine Vergleichsmessung macht mit einem in gleicher Weise zusammengesetzten Normal-Eisenkörper, dessen richtiger Verlust in der Gewichtseinheit aus einem Ring von genügend großem Durchmesser nach Abb. 628 ermittelt wurde. Die Blechstreifen des Normal-Eisenkörpers und die Blechringe müssen aus denselben Blechtafeln geschnitten sein, wobei die Ränder wegbleiben müssen, da hier der Verlust manchmal etwas anders ist als in der Mitte.

---

[1]) Näheres über derartige Messungen, Fehlerquellen, Trennung dieser Verluste usw. enthalten die Veröffentlichungen des Verfassers in ETZ 1901 S. 52; 1902 S. 464; 1905 S. 500; 1906 S. 9.

Zur näherungsweisen Vergleichung des Hystereseverlustes zweier Eisenproben dient der Apparat von Ewing, Abb. 632. Ein aus Magnetstahl bestehender Dauermagnet *e* ist in Schneiden (bei *f*) im stabilen Gleichgewicht aufgehängt. Ein mit ihm verbundener Zeiger zeigt den Ausschlag (Ablenkung aus der Ruhelage) an. Eine aus mehreren Blechstreifen bestehende Eisenprobe ist durch die Klemmschrauben *b* an einer Achse befestigt, die durch die Friktionsscheibe *c* mittels des Rades *d* gedreht wird. Stehen die Enden der Eisenprobe den Polen des Magnetes gegenüber (wie in der Abbildung), so besteht eine Anziehungskraft zwischen letzteren und den in der Eisenprobe induzierten Polen. Wird die Probe gedreht, so wird der Magnet nachgezogen, weil die Koerzitivkraft die Pole in der Eisenprobe aufrecht erhält, bis der andere Pol des Magnetes die entgegengesetzte Induktion ausübt. Erfolgt die Drehung rasch genug, so daß mehrere Ablenkungen in einer Sekunde aufeinanderfolgen, so stellt sich eine konstante Ablenkung ein, der die Schwerkraftkomponente das Gleichgewicht hält. Eine Flüssigkeitsdämpfung begünstigt die konstante Einstellung. Die Wirkung beruht also darauf, daß die in der Eisenprobe induzierten Pole von der Koerzitivkraft derselben eine Zeitlang festgehalten werden[1]. Die Ablenkung des Magnetes ist also der Koerzitivkraft der Eisenprobe proportional; und weil diese (nach § 95) der Hysterese ungefähr proportional ist, so kann eine Vergleichung der Hysterese einer Eisenprobe mit einer anderen, schon bekannten durch die verschiedene Ablenkung des Magnetes erfolgen, aber nur näherungsweise. Der Apparat hat den Vorteil, daß man eine bedeutend kleinere Eisenmenge braucht als bei der unmittelbaren Messung des Eisenverlustes

293. Die Bestimmung der magnetischen Durchlässigkeit.

Die magnetische Durchlässigkeit $\mu = \frac{\mathfrak{B}}{\mathfrak{H}}$, bzw. die Kurven in Abb. 125 ergeben sich bei Blechen am einfachsten mittels Wechselstrom aus der in Abb. 628 dargestellten Schaltung. Aus der EMK erhält man die Kraftlinienmenge $\mathfrak{Z}$ und daraus die Kraftliniendichte $\mathfrak{B}$. Aus der Strom- und Leistungsmessung ergibt sich gemäß Abb. 246 der Magnetisierungsstrom J_m. Hieraus und aus dem Scheitelfaktor σ_i erhält man den Scheitelwert $\mathfrak{J}_m = \sigma_i J_m$ (vgl. S. 296), und daraus die magnetische Kraft $\mathfrak{H} = \frac{0{,}4\pi \mathfrak{J}_m N}{l}$ (§ 105).

Bei massiven Eisenstücken ist Wechselstrom wegen der zu starken Wirbelströme nicht anwendbar. Dann eignet sich für elektrotechnische

[1]) Die Wirkungsweise dieses Apparates wird meist falsch dargestellt, indem gesagt wird, daß er die durch Hysterese in Wärme umgesetzte Arbeit oder das Drehmoment mißt. Durch eine Ablenkung, der eine Komponente der Schwerkraft das Gleichgewicht hält, wird aber niemals eine Arbeit (Drehmoment) gemessen, sondern nur eine Kraft. Es zeigt sich auch, daß die Ablenkung von der Umdrehungszahl der Eisenprobe, also von der Periodenzahl der Magnetisierung unabhängig ist, während doch die Hysteresearbeit der Periodenzahl der Magnetisierung proportional ist.

Zwecke am besten der Apparat von Köpsel (Siemens & Halske) (Abb. 633) mit Gleichstrommagnetisierung. *P* ist der zu untersuchende Eisenstab, der in das Eisenjoch *J* eingespannt wird. Über dem Eisenstab sitzt die Magnetisierungsspule *S*. Der hier hineingeschickte Strom gibt die magnetisierende Kraft. Die von ihr erzeugten Kraftlinien gehen durch das Joch und die in diesem engebaute Spule *s* eines Drehspuleninstrumentes (§ 267). Durch dessen Wicklung wird ein Hilfsstrom *h* geschickt. Daher ist der Ausschlag der Spule *s* proportional dem Produkte aus diesem Hilfsstrom und der Kraftlinienmenge. Wird nun der Hilfsstrom gemessen, so erhält man die Kraftlinienmenge und daraus die Kraftliniendichte. Jedem Apparat wird ein Normalstab mit $\mathfrak{B}$ — $\mathfrak{H}$-Kurve beigegeben, wonach der Hilfsstrom in Einheiten von $\mathfrak{B}$ geeicht werden kann. Weiteres darüber bei H. Kath ETZ 1898, Heft 25.

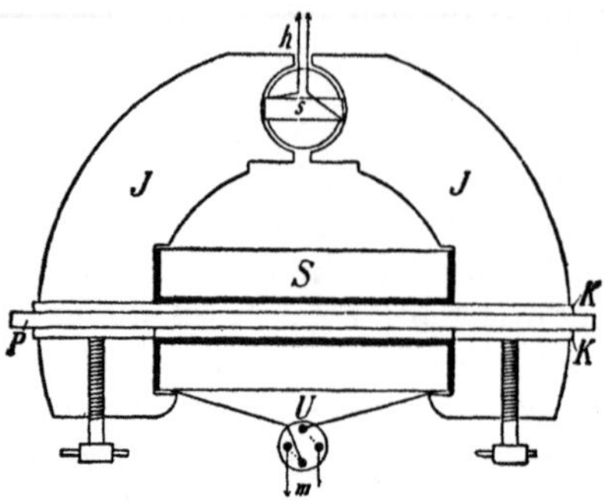

Abb. 633.

Siebzehntes Kapitel.

Das absolute und praktische Maßsystem.

294. Die Grundeinheiten.

Alle physikalischen Größen lassen sich auf drei voneinander unabhängige zurückführen; diese sind: Länge, Masse und Zeit. Die Einheiten für diese Größen sind durch internationale Vereinbarungen festgestellt und so bestimmt, daß sie, wenn die Urmaße einmal verloren gingen, wieder von neuem hergestellt werden können.

Man hat zu unterscheiden zwischen absoluten und praktischen Einheiten.

Die praktische Einheit der Länge ist der vierzigmillionste Teil des Erdmeridians und heißt Meter. Die absolute Einheit ist das Zentimeter.

Die praktische Einheit der Masse ist das Kilogramm, das ist die Masse eines Kubikdezimeters Wasser bei 4^0. Die absolute Einheit ist das Gramm.

Die praktische Einheit der Zeit ist die Stunde; die absolute Einheit die Sekunde.

Auf diese drei Größen lassen sich alle übrigen durch ihre Definition zurückführen. Man deutet sie symbolisch durch C, G, S an. Die Formel, die irgendeine Größe durch die Grundeinheiten ausdrückt, nennt man die Dimension dieser Größe.

295. Geometrische Einheiten.

Eine Fläche ist das Produkt zweier Längen. Die Dimension derselben ist also C^2 und die absolute Einheit das Quadratzentimeter.

Ein Rauminhalt ist das Produkt dreier Längen; die Dimension ist also C^3, die absolute Einheit das Kubikzentimeter; die praktische Einheit das Kubikmeter, bzw. das Liter.

Ein Winkel (Bogen) und alle trigonometrischen Funktionen haben als Verhältnis zweier Längen die Dimension 1 (dimensionslose Zahlen).

296. Mechanische Einheiten.

Die Geschwindigkeit v ist das Verhältnis des Weges zur Zeit: $v = \frac{C}{S}$. Um den Bruchstrich zu vermeiden, schreibt man die Dimension in der Form CS^{-1}.

Die Beschleunigung g ist das Verhältnis der Geschwindigkeit zur Zeit $g = \frac{v}{S}$. Also die Dimension: CS^{-2}.

Die Kraft oder das Gewicht F ist bestimmt durch das Produkt aus der Masse und Beschleunigung $F = mg$. Daher die Dimension: CGS^{-2}.

Ist $m = 1$ und $g = 1$, so ist auch $F = 1$, das heißt: die absolute Einheit der Kraft ist jene, die der Masse Eins die Beschleunigung Eins erteilt; man nennt sie ein Dyn. Die Erde erteilt durch ihre Anziehungskraft der Masse eines Grammes eine Beschleunigung von rund 980 cm. Das Gewicht eines Grammes, oder die Kraft, mit der es auf seine Unterlage drückt, ist demnach 980 absol. Einh. Die Einheit der Kraft — das Dyn — wird also durch das Gewicht des 980. Teiles von einem Gramm dargestellt; und ein Kilogrammgewicht repräsentiert 980000 Dyn. Die Begriffe Masse und Gewicht werden häufig nicht scharf genug getrennt. Im gewöhnlichen Sprachgebrauche sagt man gewöhnlich Gewicht, obwohl man die Masse meint. Es hat aber in der Regel gar kein Interesse, das Gewicht, d. h. die Anziehungskraft der Erde auf einen Körper zu kennen; es handelt sich vielmehr darum, zu wissen, wie viel man von dem Körper hat, d. h. wie viel Moleküle vorhanden sind. Daß man zur Vergleichung zweier Massen die Wage benützen kann, kommt daher, daß die Anziehungskraft an demselben Orte der Erde, also auch für beide Wagschalen dieselbe ist. Man soll daher bei technischen Angaben immer unterscheiden zwischen Gramm und Grammgewicht, zwischen Kilogramm und Kilogrammgewicht.

Die Arbeit ist das Produkt aus der Kraft und dem in der Richtung der Kraft zurückgelegten Wege $A = FC$. Dimension: C^2GS^{-2}.

Da die Einheiten der Kraft und des Weges schon festgestellt sind, so ist die Einheit der Arbeit jene, die ein Dyn auf dem Wege von 1 cm leistet, und diese heißt Erg. Die praktische Einheit der Arbeit ist das Kilogrammeter, das ist jene Arbeit, die geleistet wird, wenn man 1 kg 1 m hoch hebt. Da nach dem Vorigen 1 kg = 980000 Dyn und 1 m = 100 cm ist, so ist

$$1 \text{ kgm} = 98000000 \text{ Erg} = 98 \cdot 10^6 \text{ Erg}.$$

Das Drehmoment hat die gleiche Dimension wie die Arbeit, denn es ist das Produkt aus einer Kraft und dem Abstande des Angriffspunktes derselben vom Drehungspunkt.

Die Wärme ist bekanntlich auch eine Arbeit; man mißt sie aber mittels eines besonderen Maßes, der Kalorie. Und zwar ist eine Grammkalorie jene Wärmemenge, die notwendig ist, um die Temperatur von 1 g Wasser um 1° zu erhöhen; eine Kilogrammkalorie ist jene Wärmemenge, die 1 kg Wasser um 1° erhöht.

Um von diesen Einheiten zu den mechanischen überzugehen, braucht man eine Verwandlungszahl, ebenso wie wenn man Zoll in Zentimeter umwandeln will; und zwar ist

$$1 \text{ Kilogrammkalorie} = 427 \text{ Kilogrammeter}^{1)} = 427 \cdot 98 \cdot 10^6 \text{ Erg}.$$

Daraus folgt:

$$1 \text{ Grammkalorie} = 427 \cdot 98 \cdot 10^3 \text{ Erg.} = 418 \cdot 10^5 \text{ Erg.}$$

oder in runder Zahl: $= 42 \cdot 10^6$ Erg.

Die Zahl 427 nennt man das mechanische Wärmeäquivalent.

Aus der letzten Gleichung folgt

$$1 \text{ Erg} = 0{,}239 \cdot 10^{-7} \approx 0{,}24 \cdot 10^{-7} \text{ Grammkalorien.}$$

Über die Beziehungen zwischen Erg, Kalorie und Watt vgl. § 299.

Leistung (Effekt) P ist die auf 1 Sekunde entfallende Arbeit Man hat demnach die Arbeit durch die Zeit, in der sie geleistet wird zu dividieren:

$$P = \frac{A}{S}. \quad \text{Dimension: } C^2 G S^{-3}.$$

Als Einheit dient die Arbeit von 1 Erg in 1 Sekunde und wird Sekundenerg genannt.

Die praktische Einheit ist die Pferdestärke PS.

$$1 \text{ PS} = 75 \text{ Kilogrammeter in 1 Sekunde} = 75 \cdot 98 \cdot 10^6 = 735 \cdot 10^7 \text{ Erg in 1 Sekunde}^{2)}.$$

Die Engländer rechnen nach horse-power. 1 HP = 76 kgm.

Die Schwingungzahl irgendeiner Schwingung oder die Periodenzahl ν eines Wechselstromes hat auch eine Dimension; denn es ist $\nu = \frac{1}{\tau}$, und τ ist eine Zeit. Die Dimension ist also: S^{-1}.

Dieselbe Dimension hat auch $\omega = 2\pi\nu$, da π eine bloße Zahl ist

297. Das elektrostatische Maßsystem.

Nach dem Coulombschen Gesetze wirken zwei gleichgroße elektrische Massen m mit einer Kraft

$$F = \frac{m \cdot m}{r^2} = \frac{m^2}{r^2}$$

aufeinander[3]). Wir finden demnach aus $m = r\sqrt{F}$ und der Dimension der Kraft die Dimension einer elektrischen Masse oder Elektrizitätsmenge: $C^{3/2} G^{1/2} S^{-1}$.

---

1) Früher wurde mit 424 gerechnet. Vgl. Ausschuß für Einheiten und Formelzeichen ETZ 1922 S. 404.

2) Früher wurde mit 736 gerechnet.

3) Die Einheit der Elektrizitätsmenge ist demnach jene, die auf eine gleich große, im Abstande von 1 cm befindliche Menge die Kraft von 1 Dyn ausübt.

Da die Kraftlinienmenge $\mathfrak{Z} = 4\pi m$ ist (§ 6), und 4π die Dimension 1 hat, so ergibt sich dieselbe Dimension wie für die Elektrizitätsmenge.

Aus $\mathfrak{B} = \frac{\mathfrak{Z}}{C^2}$ ergibt sich die Dimension der elektrischen Kraftliniendichte: $C^{-1/2}G^{1/2}S^{-1}$.

Das elektrische Potential $\frac{m}{r}$ hat die Dimension $C^{1/2}G^{1/2}S^{-1}$.

Die elektrische Feldstärke $\mathfrak{H} = \frac{m}{r_2}$ hat die Dimension $C^{-1/2}G^{1/2}S^{-1}$.

Mithin hat die Dielektrizitätskonstante $\vartheta = \frac{\mathfrak{B}}{\mathfrak{H}}$ die Dimension 1.

Die elektrische Kapazität eines Leiters oder Kondensators ist nach § 21 gleich $\frac{Q}{U}$, wobei Q die Elektrizitätsmenge und U das Potential ist. Wir finden also durch Division der entsprechenden Dimensionen für die Dimension der Kapazität eine bloße Länge: C. Das stimmt mit § 21 überein, wo wir die Kapazität einer Kugel gleich ihrem Radius fanden. Die Einheit der elektrostatischen Kapazität hat demnach eine Kugel vom Radius 1.

Da die Stromstärke gleich der Elektrizitätsmenge dividiert durch die Zeit ist, so ist ihre Dimension: $C^{3/2}G^{1/2}S^{-2}$.

Nach § 87 hat das magnetische Potential eines Stromes ($U = \omega i$) dieselbe Dimension wie die Stromstärke, weil der Winkel ω die Dimension 1 hat. Dieselbe Dimension haben die Amperewindungen iN, da die Windungszahl N die Dimension 1 hat; ebenso die magnetomotorische Kraft (§ 105).

Die magnetisierende Kraft (Feldstärke) $\mathfrak{H}$ ist gleich dem Potentialgefälle (Potential durch Länge); also ihre Dimension: $C^{1/2}G^{1/2}S^{-2}$. Die Amperewindungen pro Längeneinheit (in) haben nach Gl. 51 dieselbe Dimension[1]).

Zur Ableitung der Dimensionen der magnetischen Größen im elektrostatischen Maßsystem wird das Biot-Savartsche Gesetz benutzt (Gl. 43). Nach diesem ist die magnetische Masse $m = \frac{aF}{2i}$. Mithin ist ihre Dimension $\frac{C \cdot CGS^{-2}}{C^{3/2}G^{1/2}S^{-2}} = C^{1/2}G^{1/2}$. Hieraus ergeben sich die Dimensionen der übrigen rein magnetischen Größen (Kraftliniendichte, Feldstärke, Flächendichte usw. Siehe die Zusammenstellung auf S. 633).

Die Heranziehung des Biot-Savartschen Gesetzes, also eines Strömungsgesetzes zur Dimensionsbestimmung der magnetischen Masse, hat zur Folge, daß sich für die magnetische Durchlässigkeit $\mu = \frac{\mathfrak{B}}{\mathfrak{H}}$

---

[1]) Die Windungszahl n pro Längeneinheit hat nicht die Dimension 1, denn sie ist gleich N/l, hat also die Dimension C^{-1}.

nicht die Dimension 1 wie für die Dielektrizitätskonstante, sondern $C^{-2}S^2$ ergibt.

Die elektrostatischen Einheiten werden durch *ESE* bezeichnet.

298. Das elektromagnetische Maßsytem.

Für magnetische Massen (Pole) gilt dasselbe Coulombsche Grundgesetz wie für elektrische Massen. Daher haben magnetische Masse (Polstärke) Kraftlinienmenge, Potential, magnetomotorische Kraft, Kraftliniendichte, Feldstärke, Flächendichte usw. im elektromagnetischen Maßsystem dieselben Dimensionen wie die entsprechenden elektrischen Größen im elektrostatischen Maßsystem (siehe die Zusammenstellung auf S. 633).

Mit diesem magnetischen Maßsystem wird die aus dem Biot-Savartschen Gesetz (Gl. 43) gewonnene Einheit der elektrischen Stromstärke zum elektromagnetischen Maßsystem vereinigt[1]). Die Dimension der Stromstärke folgt also aus $i = \frac{aF}{2m}$ gleich $\frac{C \cdot CGS^{-2}}{C^{3/2}G^{1/2}S^{-1}} = C^{1/2}G^{1/2}S^{-1}$.

Für die Dimensionen der übrigen elektrischen Größen im elektromagnetischen Maßsystem dürfen nun nicht die statischen Gesetze, sondern nur die der elektrischen Strömung benutzt werden.

Die Elektrizitätsmenge ist nach § 41 das Produkt aus Stromstärke und Zeit. Daher ist die Dimension der elektrischen Masse und der elektrischen Kraftlinienmenge im elektromagnetischen Maßsystem: $C^{1/2}G^{1/2}$.

Daraus folgt für die Dimension der elektrischen Kraftliniendichte: $C^{-3/2}G^{1/2}$.

Das Potential oder die Spannung (elektromotorische Kraft) gibt nach § 52 mit der Stromstärke und der Zeit die Arbeit: $A = eit$. Wir finden also aus der Dimension der Arbeit, der Stromstärke und der Zeit die Dimension der EMK: $C^{3/2}G^{1/2}S^{-2}$.

Aus § 124 folgt, daß die Einheit der EMK in einem Leiter von 1 cm Länge induziert wird, wenn man denselben mit der Geschwindigkeit 1 in einem Felde von der Stärke 1 in einer zu den Kraftlinien und zum Leiter normalen Richtung bewegt.

Nach § 39 ist die elektrische Feldstärke (elektrische Kraft) gleich dem Potentialgefälle (Potential dividiert durch eine Länge); also folgt aus der Dimension des elektrischen Potentiales die Dimension der elektrischen Feldstärke: $C^{1/2}G^{1/2}S^{-2}$.

Der Widerstand ist nach dem Ohmschen Gesetze $w = \frac{e}{i}$. Daher ist die Dimension: CS^{-1}.

Für die Kapazität folgt aus $\frac{Q}{U}$ die Dimension $C^{-1}S^2$.

---

[1]) Die elektromagnetische Einheit der Stromstärke hat dann nach § 81 jener Kreisstrom vom Radius 1, der auf eine im Mittelpunkt befindliche magnetische Masse 1 eine Kraft von 2π Dyn ausübt.

Für den Koeffizienten der Selbstinduktion und den der gegenseitigen Induktion finden wir die Dimension aus den Beziehungen

$$e = -L\frac{di}{dt}, \qquad e = -M\frac{di}{dt} \text{ (§§ 132, 146).}$$

di hat die Dimension einer Stromstärke und dt ist eine Zeit. Man erhält so für die Dimension von L und M eine Länge: C.

Die elektromagnetischen Einheiten werden gewöhnlich durch *EME* bezeichnet.

Die Benutzung des Biot-Savartschen Gesetzes zur Dimensionsbestimmung der Stromstärke im elektromagnetischen System hat zur Folge, daß sich für die Dielektrizitätskonstante $\vartheta = \frac{\mathfrak{B}}{\mathfrak{H}}$ nicht die Dimension 1 wie für die magnetische Durchlässigkeit, sondern $C^{-2}S^2$ ergibt. Beim elektrostatischen System ist es umgekehrt.

299. Die praktischen Einheiten.

Für die Praxis haben sich die absoluten Einheiten als ungeeignet erwiesen, da sie entweder zu groß oder zu klein sind, und man infolgedessen mit zu kleinen oder zu großen Zahlen zu rechnen hat. So ist z. B. die absolute Einheit der EMK etwa der hundertmillionste Teil eines Daniellschen Elementes. Man hat daher das Hundertmillionenfache der absoluten *EME* als praktische Einheit festgesetzt und Volt genannt. Also:

$$1 \text{ Volt} = 10^8 \, EME.$$

Für Widerstandsmessungen hatte schon Werner Siemens eine praktische Einheit eingeführt, nämlich den Widerstand einer Quecksilbersäule von 1 m Länge und 1 mm² Querschnitt bei 0°.

Um dieser sogenannten Siemenseinheit nahezukommen, wurde vom Elektrotechnikerkongreß in Paris (1881)

$$1 \text{ Ohm} = 10^9 \, EME$$

festgesetzt und gleich 1,06 Siemenseinheiten bestimmt. Spätere genaue Bestimmungen haben ergeben, daß 1 Ohm = 1,063 Siemenseinheiten ist (internationales Ohm).

Die praktische Einheit der Stromstärke wurde Ampere genannt. Für diese gibt es aber jetzt keine freie Wahl mehr, sondern es folgt aus dem Ohmschen Gesetze:

$$1 \text{ Ampere} = \frac{1 \text{ Volt}}{1 \text{ Ohm}} = \frac{10^8}{10^9} = \frac{1}{10} EME$$

oder

$$1 \text{ Ampere} = 10^{-1} \, EME.$$

Ein Ampere scheidet in 1 Sekunde 0,0033 mg Knallgas (H_2O), 0,328 mg Kupfer, 1,118 mg Silber aus.

Die praktische Einheit der Elektrizitätsmenge ist das Coulomb (*Cb*). Das ist jene Elektrizitätsmenge, die ein Strom von 1 *A* in 1 Sekunde liefert. Daher ist ebenso wie für das Ampere 1 Coulomb $= 10^{-1}$ *EME*.

Häufig findet man auch den Ausdruck Amperestunde. Das ist jene Elektrizitätsmenge, die 1 *A* während einer Stunde liefert; da ein Stunde 3600 Sekunden hat, so sind dies 3600 *Cb*. Ein Strom von 2 Ampere gibt also z. B. in 2 Stunden 4 Amperestunden $= 14\,400$ *Cb*. Dasselbe gibt aber auch ein Strom von 0,5 *A* in 8 Stunden.

Die praktische Einheit der Kapazität, das Farad, ergibt sich aus der Gleichung:

$$1\ \text{Farad} = \frac{1\ \text{Coulomb}}{1\ \text{Volt}} = \frac{10^{-1}}{10^{8}} = 10^{-9}\ EME.$$

Die praktische Einheit des Koeffizienten der Selbstinduktion und der gegenseitigen Induktion ist das Henry. Dieses muß dasselbe Vielfache der *EME* sein wie der Widerstand, da die Selbstinduktion in den Ausdruck für den scheinbaren Widerstand eines Wechselstromes (§ 133) vorkommt. Also

$$1\ \text{Henry} = 10^{9}\ EME.$$

Im vorigen Paragraphen haben wir für die Dimension dieser Koeffizienten eine Länge (Zentimeter) gefunden. Nun sind 10^9 Zentimeter gleich der Länge eines Erdquadranten, weshalb diese Einheit früher Quadrant hieß.

Die praktische Einheit für die elektrische Leistung heißt Watt und ergibt sich aus:

$$1\ \text{Watt} = 1\ \text{Volt} \times 1\ \text{Ampere} = 10^{8} \cdot 10^{-1} = 10^{7}\ \text{Sekundenerg.}$$

Das Produkt „Voltampere“ (scheinbare Leitsung) hat dieselbe Dimension.

Die Dimension der elektrischen Leistung ist natürlich die der Leistung überhaupt; denn es gibt nur eine Leistung und eine Arbeit, ob sie nun in der Form von mechanischer Arbeit oder von Wärme oder von elektrischer Arbeit auftritt. Man kann sich davon leicht überzeugen, wenn man die Dimension von Spannung und Strom miteinander multipliziert.

Aus den in § 296 enthaltenen Zahlen folgt dann weiter:

$$735\ \text{Watt} = 1\ \text{PS},$$

$$1\ \text{Watt} = \frac{1}{9{,}8}\ \text{kgm in 1 Sekunde},$$

$$1\ \text{Watt} = 0{,}24\ \text{Grammkalorien in 1 Sekunde}.$$

1000 Watt nennt man ein Kilowatt, und es ist

$$1\ \text{Kilowatt} = 1{,}36\ \text{PS}.$$

Für die praktische Einheit der elektrischen Arbeit wurde das Joule eingeführt. Nach § 52 ist Arbeit: $A = EJt = EQ$, wenn Q die Elektrizitätsmenge bedeutet. Dann ist

$$1\ \text{Joule} = 1\ \text{Volt} \times 1\ \text{Coulomb} = 10^{8} \cdot 10^{-1} = 10^{7}\ \text{Erg} = \frac{1}{9{,}8}\ \text{kgm}.$$

Manchmal findet man statt Joule den Ausdruck Voltcoulomb.

Nach den Beschlüssen des Ausschusses für Einheiten und Formelgrößen ist nun noch das Siemens als Einheit des Leitwertes, d. h. des reziproken Widerstandes (§ 43) hinzugekommen. Mithin ist

$$1 \text{ Siemens} = \frac{1}{1 \text{ Ohm}} = 10^{-9} \text{ EME.}$$

Ferner findet man folgende Ausdrücke: Wattstunde für die durch einen Elektrizitätszähler gemessene elektrische Arbeit. 1 Wattstunde ist die Arbeit von 1 Watt in 1 Stunde oder 60 Watt in 1 Minute oder 3600 Watt in 1 Sekunde.

1 Kilowattstunde sind 1000 Wattstunden[1]).

In vielen Fällen würde die Verwendung dieser Einheiten noch unbequem kleine oder große Zahlen ergeben. Man setzt daher zur Bezeichnung des millionsten Teiles das Wort mikro (= klein) vor. Es ist daher:

$$1 \text{ Mikroohm} = \frac{1}{1\,000\,000} \text{ Ohm} = 10^{3} \, EME.$$

$$1 \text{ Mikrofarad} = 10^{-6} \text{ Farad} = 10^{-15} \, EME.$$

Zur Bezeichnung des Millionenfachen setzt man das Wort mega (= groß) vor.

Es ist daher 1 Megohm = 1 000 000 Ohm = 10^6 Ohm = 10^{15} *EME.*

Den tausendsten Teil eines Ampere bezeichnet man auch als Milliampere.

300. Beziehung zwischen dem elektrostatischen und elektromagnetischen Maßsystem.

Vergleicht man die Dimensionen derselben Größe des einen und des anderen Maßsystems, so findet man, daß z. B. die Dimension der Elektrizitätsmenge des elektromagnetischen Systems mit CS^{-1} multipliziert werden muß, um die Dimension im elektrostatischen System zu erhalten. Nun wissen wir aus § 296, daß CS^{-1} eine Geschwindigkeit (v) ist. Vergleicht man weiter, so findet man, daß diese Geschwindigkeit überall, wenn auch mit verschiedenen Potenzexponenten auftritt. So ist z. B. die Dimension der *EME* der Kapazität mit $C^2 S^{-2} = v^2$ zu multiplizieren, um die Dimension der *ESE* zu erhalten.

Merkwürdigerweise hat die experimentelle Bestimmung dieses v ergeben, daß es gleich der Lichtgeschwindigkeit ist:

$$v = 3 \cdot 10^{10} \text{ cm in } 1 \text{ Sekunde.}$$

Es ist also eine Einheit der Kapazität im elektromagnetischen System

---

[1]) Für die Bezahlung des Elektrizitätsverbrauches wird jetzt auch der wattlose Strom in Form von Blindleistung $EJ \sin \varphi$ herangezogen (§ 136). Da die Blindleistung dieselbe Einheit (Watt) hat wie die wirkliche Leistung, sind zur Unterscheidung die Benennungen „Sinwatt“, „Sinwattstunde“, „Kilosinstunde“ vorgeschlagen worden.

gleich $(3 \cdot 10^{10})^2 = 9 \cdot 10^{20}$ Einheiten im elektrostatischen System[2]). Oder umgekehrt:

$$1\ ESE \text{ der Kapazität} = \frac{1}{9}\, 10^{-20}\ EME.$$

Und weil $10^{-9}\ EME = 1$ Farad, so ist

$$1\ ESE \text{ der Kapazität} = \frac{1}{9}\, 10^{-11} \text{ Farad} = \frac{1}{9}\, 10^{-5} \text{ Mikrofarad.}$$

Beispiel: Es sei die Kapazität eines Plattenkondensators von $S = 100$ cm² Fläche und mit einem 0,2 cm dicken Luftzwischenraum in Farad anzugeben. Nach § 27 ist die Kapazität

$$\frac{S}{4\pi a} = \frac{100}{4\pi \cdot 0{,}2} = 41\ ESE.$$

Das sind: $41\frac{1}{9}\, 10^{-11} = 4{,}5 \cdot 10^{-11}$ Farad $= 4{,}5 \cdot 10^{-5}$ Mikrofarad

$= 0{,}000\,045$ Mikrofarad.

Koeffizienten der gegenseitigen und der Selbstinduktion. Aus den Formeln in § 118 und 120 erhält man absolute elektromagnetische Einheiten, da es sich um Strömungsvorgänge handelt. Sollen sie in ESE umgewandelt werden, so ist nach der Zusammenstellung auf S. 633.

$$1\ ESE = v^2\ EME = 9 \cdot 10^{20}\ EME = 9 \cdot 10^{11} \text{ Henry.}$$

Ebenso findet man

Potential, elektromotorische Kraft: $1\ ESE = v\ EME = 300$ Volt.

Elektrischer Widerstand / Spezif. elektrischer Widerstand: $1\ ESE = v^2\ EME = 9 \cdot 10^{11}$ Ohm.

Stromstärke: $1\ ESE = \frac{EME}{v} = \frac{1}{3}\, 10^{-9}$ Ampere.

Elektrizitätsmenge: $1\ ESE = \frac{1}{3}\, 10^{-9}$ Coulomb.

Magnetische Feldstärke: $1\ ESE = \frac{EME}{v} = \frac{1}{3}\, 10^{-10}$ Gauß.

301. Verwendung der Dimensionen zur Rechnungskontrolle.

Auf S. 198 haben wir die Kraft, die zwischen zwei parallelen Stromleitern wirkt, gleich $\frac{dM}{da}\, i_1\, i_2$ gefunden. Wenn dieser Ausdruck richtig ist, so muß er die Dimension einer Kraft haben. Wir erhalten

---

[2]) Man beachte, daß die Maßzahlen einer Größe in verschiedenen Maßsystemen sich umgekehrt verhalten wie die Dimensionen. Je größer die Einheit, desto kleiner ist die Maßzahl einer Größe, die in dieser Einheit ausgedrückt wird.

in EME: $\mathrm{Dim}\,\frac{M}{a}\,i^2 = \frac{C}{C}\,[C^{1/2}\,G^{1/2}\,S^{-1}]^2 = C\,G\,S^{-2}$ und das ist wirklich die Dimension einer Kraft. Dasselbe ergibt sich im elektrostatischen Maßsystem.

Da nur gleichartige Ausdrücke addiert werden können, so muß in dem scheinbaren Widerstande eines Wechselstromes

$$\sqrt{w^2 + \omega^2 L^2}$$

der Ausdruck ωL dieselbe Dimension haben wie der Widerstand. Die Dimension von L ist C, die von ω ist S^{-1}. Die Dimension von ωL ist $C S^{-1}$, also wirklich die eines Widerstandes.

Dasselbe gilt für den scheinbaren Widerstand eines Kondensators $\frac{1}{\omega C}$ (§ 172): $\mathrm{Dim}\,\frac{1}{\omega C} = \frac{1}{S^{-1}\,C^{-1}\,S^2} = C\,S^{-1}$, also auch die eines Widerstandes.

Auf diese Weise hat man ein Kennzeichen für die Richtigkeit einer Ableitung, insofern als ein Ausdruck, der nicht die ihm zukommende Dimension hat, gewiß falsch ist. Natürlich muß man bei den magnetischen und elekrischen Größen immer innerhalb desselben Maßsystems bleiben.

Für diesen Zweck sind auf der nächsten Seite die wichtigsten Dimensionsformeln zusammengestellt.

Allgemeine Größen:

Fläche, Querschnitt	C^2
Raum	C^3
Winkel, Bogen	1
Geschwindigkeit	$C S^{-1}$
Winkelgeschwindigkeit	S^{-1}
Beschleunigung	$C S^{-2}$
Kraft	$C G S^{-2}$
Arbeit, Drehmoment	$C^2 G S^{-2}$
Leistung	$C^2 G S^{-3}$
Druck (Kraft auf die Flächeneinheit)	$C^{-1} G S^{-2}$
Trägheitsmoment	$C^2 G$
Schwingungsdauer	S
Umlaufszahl, Schwingungszahl, Periodenzahl, Frequenz	S^{-1}
Dichte (Masse der Raumeinheit)	$C^{-3} G$
Spezifisches Gewicht	1
Wirkungsgrad	1

Elektrische und magnetische Größen	Elektrostatisches Maßsystem	Elektromagnetisches Maßsystem
Elektrische Masse (Ladung) m, q Elektrische Kraftlinienmenge $\mathfrak{z}$	$C^{3/2} G^{1/2} S^{-1}$	$C^{1/2} G^{1/2}$
Elektrisches Potential U, elektromotorische Kraft E, Spannung K	$C^{1/2} G^{1/2} S^{-1}$	$C^{3/2} G^{1/2} S^{-2}$
Elektrische Kraftliniendichte $\mathfrak{B}$	$C^{-1/2} G^{1/2} S^{-1}$	$C^{-3/2} G^{1/2}$
Elektrische Feldstärke (elektrisierende Kraft) $\mathfrak{H}$	$C^{-1/2} G^{1/2} S^{-1}$	$C^{1/2} G^{1/2} S^{-2}$
Elektrische Flächendichte σ	$C^{-1/2} G^{1/2} S^{-1}$	$C^{-3/2} G^{1/2}$
Magnetische Masse (Polstärke) m „ Kraftlinienmenge $\mathfrak{z}$	$C^{1/2} G^{1/2}$	$C^{3/2} G^{1/2} S^{-1}$
Magnetisches Potential U, magnetomotorische Kraft (Amperewindungen)	$C^{3/2} G^{1/2} S^{-2}$	$C^{1/2} G^{1/2} S^{-1}$
Magnetische Kraftliniendichte $\mathfrak{B}$	$C^{-3/2} G^{1/2}$	$C^{-1/2} G^{1/2} S^{-1}$
„ Feldstärke (magnetisierende Kraft, Amperewindungen pro Längeneinheit) $\mathfrak{H}$	$C^{1/2} G^{1/2} S^{-2}$	$C^{-1/2} G^{1/2} S^{-1}$
Magnetische Flächendichte σ	$C^{-3/2} G^{1/2}$	$C^{-1/2} G^{1/2} S^{-1}$
Magnetischer Widerstand $\mathfrak{w}$	$C S^{-2}$	C^{-1}
Koeffizient der Selbstinduktion L „ der gegenseitigen Induktion M	$C^{-1} S^2$	C
Elektrischer Widerstand w	$C^{-1} S$	$C S^{-1}$
Spezifischer elektrischer Widerstand α	S	$C^2 S^{-1}$
Kapazität	C	$C^{-1} S^2$
Elektrizitätsmenge q, Q	$C^{3/2} G^{1/2} S^{-1}$	$C^{1/2} G^{1/2}$
Stromstärke	$C^{3/2} G^{1/2} S^{-2}$	$C^{1/2} G^{1/2} S^{-1}$
Dielektrizitätskonstante ϑ	1	$C^{-2} S^2$
Magnetische Durchlässigkeit μ Magnetisches Aufnahmevermögen $\varkappa$	$C^{-2} S^2$	1

Arbeiten des Verfassers aus dem Gebiete der Elektrotechnik.

ETZ = Elektrotechnische Zeitschrift; Z. f. E. = Zeitschrift für Elektrotechnik, Wien; E. u. M. = Elektrotechnik und Maschinenbau, Wien; E. K. u. B. = Elektrische Kraftbetriebe und Bahnen.

Experimental-Untersuchungen über Dielektrika. Sitzungsbericht d. Akademie d. Wissensch., Wien 1893, Bd. 102 IIa.

Zur Frage der Wärmetönung durch dielektrische Polarisation. Ebenda.

Eine neue asynchrone Wechselstromtriebmaschine. ETZ 1895, S. 368.

Die Wirkungsweise der Kondensatoren im Wechselstromkreise. ETZ 1895, S. 612.

Neue Wechselstrom-Meßinstrumente und -Bogenlampen. ETZ 1899, S. 82.

Stroboskopische Methoden zur Bestimmung der Umdrehungszahl, der Polwechselzahl und der Schlüpfung. ETZ 1899, S. 142.

Isolationsmesser für Wechselstrom-Betriebsspannung. ETZ 1899, S. 410.

Berechnung des Strompreises bei Wechselströmen. ETZ 1899, S. 454.

Über den Parallelbetrieb mit Wechselstrommaschinen. ETZ 1899, S. 870.

Präzisionsinstrumente für Wechselstrom. ETZ 1900, S. 399.

Die Abhängigkeit der Eisenverluste von der Kurvenform. ETZ 1901, S. 52.

Ein statisches Voltmeter für sehr hohe Spannungen. ETZ 1901, S. 265.

Der Einfluß der Kurvenform auf Meßinstrumente. ETZ 1901, S. 301.

Schutzvorrichtungen gegen schädliche Überspannungen. ETZ 1901, S. 589.

Messung und Berechnung der Leerlaufverluste von Drehstrommotoren. ETZ 1901, S. 698.

Spannungssicherungen. ETZ 1902, S. 552.

Formfaktor und Scheitelfaktor. ETZ 1900, S. 674, 765; Z. f. E. 1902, S. 157.

Über Resonanzerscheinungen. ETZ 1902, S. 97.

Elektrische Geschwindigkeitsmeßapparate. ETZ 1903, S. 401.

Einige Ursachen von Überspannungen in Hochspannungsanlagen. Elektrotechn. Rundschau, Frankfurt a. M. 1903, S. 75.

Über den Entwurf von Schaltanlagen für Hochspannungszentralen. Z. f. E. 1903, S. 149.

Das Pendeln parallelgeschalteter Wechselstrommaschinen. ETZ 1903, S. 195.

Über die Teilung des Wechselstromes in zwei gleichgerichtete Ströme. ETZ 1903, S. 403; Physik. Zeitschr. Bd. 4, S. 445.

Hochspannungsölschalter. ETZ 1903, S. 613.

Schlüpfungsmesser. ETZ 1904, S. 392.

Der magnetische Widerstand von Luftstrecken. ETZ 1904, S. 810.

Das Kreisdiagramm für Übersynchronismus. ETZ 1904, S. 738.

Die Berechnung von Drehstrommotoren. ETZ 1904, S. 834.

Über den Einfluß der Unterteilung einer Funkenstrecke und der Kapazität auf Funkenentladung. ETZ 1905, S. 7.

Der Einfluß der Ankerrückwirkung auf die Wellenform von Wechselstrommaschinen. Z. f. E. 1905, S. 681.

Die Abhängigkeit des Hystereseverlustes von der Wellenform bei legiertem Eisenblech. ETZ 1906, S. 9.

Vorrichtung zum selbsttätigen Parallelschalten von Drehstrommaschinen. ETZ 1906, S. 642.

Resonanz bei unvollkommenen Kondensatoren. ETZ 1906, S. 693.

Der Einfluß eines sekundären Stromes auf Überspannung und Funkenbildung. E. u. M. 1906, S. 923.
Zur Erklärung der sog. ungedämpften Schwingungen. ETZ 1906, S. 1212.
Erdleitungswiderstände bei Blitzschutzvorrichtungen und Spannungssicherungen. ETZ 1906, S. 486.
Der Resonanztransformator. ETZ 1907, S. 25.
Elektrische Kraft und Durchschlagsfestigkeit in hintereinandergeschalteten Isolierstoffen. ETZ 1907, S. 95.
Die Anwendung des Transformators als regulierbarer Widerstand. E. K. u. B. 1907, S. 408.
Resonanz unter dem Einflusse von Wirbelströmen und Hysterese. E. u. M. 1907, S. 633.
Theoretisches und Praktisches über den Parallelbetrieb von Wechselstrommaschinen. E. u. M. 1907, S. 1009.
Das elektrische Verhalten der Freileitungsisolatoren. E. K. u. B. 1908, S. 41.
Spannungsabfall und Streuung der Transformatoren. ETZ 1908, S. 71.
Störungen im Parallelbetrieb von Wechselstrommaschinen mit Riemenantrieb. E. u. M. 1908, S. 383.
Versuche mit 100000-Volt Transformatoren. E. K. u. B. 1908, S. 687.
Angriff und Durchschlag von Porzellan durch Hochspannungsentladungen. E. K. u. B. 1909, S. 401.
Die Ermittelung der Zeitkonstante und der stationären Temperatur elektrischer Maschinen. E. u. M. 1909, S. 27.
Isolatoren für Hochspannungsfreileitungen. Schweiz. Elektrotechn. Zeitschr. 1910. S. 58.
Die Wirkungsweise des einphasigen Induktionsmotors. E. K. u. B. 1910, S. 61.
Die asynchrone Drehstrommaschine beim Durchgang durch den Synchronismus und der sog. Hysteresemotor. ETZ 1910, 238.
Versuche mit Hänge- und Stützisolatoren für sehr hohe Spannungen. ETZ 1910, S. 1131.
Die experimentelle Bestimmung des Streufaktors von Transformatoren und Drehstrommotoren. E. K. u. B. 1912, S. 83.
Drehfeld-Synchronmotoren ohne Gleichstromerregung. E. u. M. 1912, S. 177, 321, 491.
Kondensatoren und Drosselspulen als Überspannungsschutz. ETZ 1915, S. 34.
Spannungswellen und Stromwellen in Hochspannungsprüfanlagen. ETZ 1915, S. 396.
Gibt es geschlossene elektrische Kraftlinien? Archiv f. Elektrot. Bd. 4, S. 366, 1916.
Die Freileitungsisolatoren in der Entwicklung der Hochspannungstechnik. ETZ 1917, S. 433.
Die elektrischen Überspannungen in der Entwicklung der Hochspannungstechnik. E. u. M. 1917, S. 609.
Die Wechselstrom-Nebenschlußmaschine als Motor und Nutzbremse. E. u. M. 1920, S. 69.
Zur Theorie des Parallelbetriebes von Synchronmaschinen. Archiv f. Elektrot. Bd. 9, S. 362, 1920.
Interferenz-Schwebungen bei pendelnden Synchronmotoren und Glühkathodenröhren. E. u. M. 1921, S. 53.
Drehmoment und Phasenverschiebung des Drehstrom-Reihenschlußmotors. E. u. M. 1921, S. 337.
Resonanzspule, Dissonanzspule, Löschtransformator. ETZ 1921, S. 695.
Transformator und Synchronmaschine in einheitlicher Darstellung. E. u. M. 1922, S. 73.

B ü c h e r.

Die Schutzvorrichtungen der Starkstromtechnik gegen atmosphärische Entladungen und Überspannungen. 3. Aufl. Braunschweig 1922.
Der Parallelbetrieb von Wechselstrommaschinen. 2. Aufl. Braunschweig 1918.
Die Grundgesetze der Wechselstromtechnik. 2. Aufl. Braunschweig 1912.
Die Drehstrommotoren. 2. Aufl. Braunschweig 1921.
Die Transformatoren. 2. Aufl. Braunschweig 1921.
Die asynchronen Wechselfeldmotoren. Berlin 1920
Die Porzellan-Isolatoren. Berlin 1921.

Schlagwörterverzeichnis.

GPSR Compliance

The European Union's (EU) General Product Safety Regulation (GPSR) is a set of rules that requires consumer products to be safe and our obligations to ensure this.

If you have any concerns about our products, you can contact us on ProductSafety@springernature.com

In case Publisher is established outside the EU, the EU authorized representative is:

Springer Nature Customer Service Center GmbH
Europaplatz 3
69115 Heidelberg, Germany

Batch number: 10682269

Printed by Printforce, the Netherlands